응용수문학

이론과 실무

APPLIED HYDROLOGY

|윤태훈|

清文閣

머리말

인간은 삶의 질을 높이고자 꾸준히 노력해 왔다. 삶의 질의 중요한 요체는 쾌적한 환경이다. 공기, 토양 및 물은 환경의 3대 주요 구성요소이고 이 중에서 물은 삶의 질을 향상시키는 핵심적인 요소이다. 깨끗하고 충분한 양의 물의 공급은 쾌적하고 건강한 환경의 조성과 보전에 필수요소이나 이는 자연재해로부터 빈번하게 위협을 받는다.

지구온난화로 인한 기후변화는 지구 곳곳에 이상기후를 유발하고, 이상기후는 홍수와 가뭄을 심화시킨다. 홍수는 인명과 자산피해를 가중시키고 사회기반시설을 파괴하며, 물 부족은 일상생활을 어렵게 하고 식량생산을 감소시켜 인류의 생존을 위협하고 질병의 발생으로 건강과 생명을 위협한다. 근년의 파키스탄, 호주, 컬럼비아의 홍수, 미국 동북부와 유럽의 폭설과 혹한은 대표적인 이상기후의 결과로 인명과 자산피해가 엄청났고 인간이 겪는 고통 또한 말할 수 없다. 2002년 8월 31일 태풍 루사로 인하여 강릉지역에 24시간 동안 내린 877 mm의 비는 강릉지역의 24시간 예상최대강수량(PMP) 510 mm를 크게 초과한 강우량이다. 강릉에서와 같은 호우는 한국의 어느 지역에서도 일어날 수 있다. 이와 같은 기후변화에 따른 강우량의 증가로 인해 소양강댐이 월류되어 댐의 붕괴에 이를 수도 있는 위험에 대처하기 위하여 여수로의 당초 설계강우량 632 mm를 810 mm로 증가하여 보조여수로가 공사 중이다.

이상기후의 심각한 물 문제로 인하여 인간이 감내해야 하는 심각한 피해, 고통과 엄청난 사회기반시설의 파괴에 대처하는 학문분야는 수문학이 유일하다. 근대에 이르러 심화되는 자연재해는 수문학의 보다 광범위하고 깊은 지식을 필요로 한다. 이에 부응하는 수문학에 관한 지식의 전달 수단이 될 수 있도록 본 응용수문학에는 종래의 수문학 관련 서적에서 다루었던 내용에 추가하여 새로운 내용을 포함시켰다. 예를 들면 확률수문량의 폭넓은 해석 응용을 위한 기하분포, 감마분포, 분위수, L-모멘트, 기준 증발산 산정도구인 FAO Penman-Monteith방법, 차단의 이론과 예제, 유속결정의 새로운 기법인 지수-유속법과 ADCP, Muskingum방법의 이론부분과 Muskingum-Cunge방법의 상술, 범용토양손실공식(USLE)의 적용, 순 단위도 개념의 이론과 응용, 빈도해석의 모멘트방법과 PWM방법의 소개와 적용, 추계수문학의 보완, 도시강우 유출조정지 설계 등을 포함시켰다.

이 책은 수문학의 기본원리와 공학수문학의 실무를 고르게 다루고 있어서 학부와 대학원 초급과정의 교재로, 또한 수문학 관련 실무자들의 참고서가 될 수 있도록 내용을 구성하였다. 독자의 이해를 돕기 위하여 개념과 원리에 관하여 많은 지면을 할애했으며 이의 이해를 돕기 위하여 231개의 예제를 포함시켰다. 따라서 이 책을 학부교재로 사용하기 위해서는 강의계획이 필요하다. 주당 3시간 1학기 또는 2학기에 따라 다르겠으나 장의 일부분 또는 장에 따라서는 내용 전부가 학부학생의 수준을 상회하므로 이들을 고려하여 주어진 학기에 소화할 수 있는 양이 되도록 절과 장을 선정하는 작업이 필요하다. 학부에 1학기 강의로는 4, 5, 6, 7, 8, 9, 10, 11, 13, 14, 17, 18장의 내용을 포함하되 이 중에서도 7, 8, 10, 14, 18장의 상당부분은 학부 교과내용에서 제외될 수 있다.

《응용수문학–이론과 실무》는 23개장으로 구성된다. 1장에서는 수문학의 정의와 연관 학문, 수문순환의 개념이 기술된다. 2, 3, 4장은 수문입력으로 2장은 수문순환의 변환과정인 유역특성에 관하여 기술되고, 3장에서는 수문순환을 유발하는 인자들이, 4장에서는 강수량의 측정과 해석이 제시된다. 5장은 지상수로 지상의 수분인 증발과 증산에 관한 기술로 측정과 추정방법을 포함한다. 6, 7장은 지표하수로 6장은 침투의 측정과 예측기법에 관한 내용이다. 7장은 지하수 수문학의 입문으로 대수층의 지질, 우물수리학, 하천과 대수층의 상호작용, 함양 및 해수침투에 관하여 기술된다.

8～12장은 지표수로 강우–유출관계를 다룬다. 8장은 유출, 수문곡선, 기저유출, 지표유출체적을 구하는 NRCS곡선번호, 지표류 및 유량빈도곡선에 관하여 기술되고, 9장은 하천유량의 측정과 해석에 관하여 기술된다. 10장에서는 단위도의 유도가 상술되고 또한 적용이 포함된다. 11장은 미계측유역의 단위도를 합성하는 기법을 제시하고 단위도의 개념적인 모형이 12장에서 기술된다.

13, 14장은 흐름추적으로 13장은 저수지를 통한 흐름추적을 설명하고 개수로의 정류와 부정류의 흐름추적은 14장에 기술된다. 15장에서는 상부유역의 침식에 관한 개념, 소유역으로부터 유사생산량의 추정방법, 소류사와 부유사이송이 상술되고 16장에서는 단일사상의 강우–유출모형, 연속하천흐름모형, 도시유출 및 수질모형이 기술된다.

17, 18장 및 19장은 통계적인 방법으로 17장은 통계학의 입문과 확률분포를, 18장은 빈도해석을, 그리고 19장은 시계열과 추계모형에 관한 내용이 기술된다. 20, 21장은 수문학적인 설계에 관한 내용으로 20장은 구조물의 규모를 정의하는 설계빈도를, 21장은 설계에 사용되는 강수량의 규모 결정에 관하여 기술된다. 22장의 도시수문학은 도시우수관리, 유출과 수질조절의 조정지에 관하여 기술된다.

23장은 생태수문학을 독립된 새로운 장으로 포함했다. 수역의 기능과 역할에 관한 인식이 달라짐에 따라 해석 또한 달라졌다. 특히 하천은 홍수로로서의 역할뿐만 아니라 생물의 서식공간과 이동통로를 제공하는 중요한 수역으로 그 가치가 많이 상승되었다. 따라서 어류서식공간을 유지, 개선하고 인위개변된 하천복원에는 수리학과 더불어 수문학의 지식을 필요로 한다. 생태수문학의 중요한 영역의 하나는 습지이다. 습지는 홍수조절효과, 수질정화, 생태계에 서식공간의 제공 등 유익한 기능과 경제적인 가치에 따라 연구와 교육의 대상이 되어 왔다. 습지는 생산성이 높은 생태계이고, 태양에너지를 포착하여 동물군집에 먹이를 제공하고, 산소를 생산하고, 비점오염물을 함유한 수질개선에 특히 효과적이다. 자연과정을 이용하는 인공습지는 점원과 비점원에 의하여 오염된 물의 수질을 개선하기 위하여 이용이 증가되고 있다.

본 응용수문학이 대학의 학부와 대학원 초급과정의 교재로, 수문학을 이해하는 데에 그리고 수문학 관련 실무를 수행하는 엔지니어에게 좋은 도구가 되고, 또한 쾌적한 환경을 위한 물 문제 해결에 수단을 제공하는 동반자가 되기 바라면서.

2011년 7월

윤 태 훈

저자 약력

윤태훈 박사는 한양대학교 토목공학과에서 33년간 봉직한 후 2003년 정년 퇴임하여 현재 한양대학교 토목공학과 명예교수이며 한강생태연구소를 운영하고 있다. 1961년 한양대 학사, 1967년 휴스턴대 석사, 1976년 고려대에서 박사학위를 받았으며 대학에서는 유체역학, 수리학, 수문학, 수치해석을 강의했으며 연구분야는 오염물과 온수방류의 확산, 유사이송의 2차원해석, 교각세굴과 세굴방지공, 실험적 연구, 2차원 흐름의 수치해석 등이다.

Journal of Hydraulic Research(IAHR), Journal of Hydraulic Engineering (ASCE)에 게재된 논문을 비롯하여 150여 편의 논문을 발표했으며 응용수문학, 생태환경수리학, FORTRAN-IV 프로그래밍 등 9편의 저서가 있다. 대학에서는 학과장, 공과대학장, 한강수리환경연구소 소장을 역임했으며, 덴마크공과대학교 객원교수, 뉴욕주립대(버팔로) 교환교수, 한국수자원공사 사외이사, 한국항만협회 이사, 대한대댐회 이사, 대한토목학회 부회장, 참여, 한국수자원학회 부회장, 고문, 전국공과대학장 협의회 회장, 새만금사업 현대건설 자문단 단장, 2002~2011 과학기술부/건설교통부 수자원의 지속적 확보기술개발사업단 전문위원회 위원장을 역임했으며 1993년 한국수자원학회 수공학워크샵을 창설했다.

국제학회활동으로는 미국토목학회의 FELLOW, 국제수리학회(International Association for Hydro-Environment Engineering and Research, IAHR)의 4년간 Council member, IAHR-APD의 10년간의 Executive Member, 2005년 IAHR 31st Congress에서 General speaker, 1992년 Sixth IAHR Int. Symposium on Stochastic Hydraulics의 Int. Advisory Comm. Member, 2004년 2nd Int. Conf. on Scour and Erosion의 Int. Board Member였고, Journal of Hydro-Environment Research의 Advisory Board Member, Journal of Hydraulic Engineering, Journal of Hydraulic Research, Journal of Hydro-Environment Research, International Journal for Numerical Method in Fluids의 Reviewer로 활동 중이다.

한국공학한림원의 정회원, 명예회원이고 상훈으로는 대한토목학회의 제1회 논문상, 학술상, 제4회 송산상, 한국수자원학회 학술상, 공로상, 한국대댐회 학술상, 한양대 백남학술상, 대한민국 녹조근정훈장을 받았으며 세계인명록으로는 1996년 MARQUIS Who's who in Science and Engineering, 2000년 Baron's Who's who in The ASIA 500과 2002년 Who's who in The Profiles of Excellence, 2007년 MARQUIS Who's who in Asia, 2002, 2009년 MARQUIS Who's who in The World에 등재되었다. 조선일보의 시론 "과학자는 배고프다", "4대강사업 성공하려면" 등 중앙 일간지에 20여 회 이상 기고했다.

차 례

제1장 서 론 1

1.1 수문학의 정의 / 1
1.2 물의 순환 / 2
1.3 지구상 물의 분포 / 4
1.4 한국의 수자원과 이용현황 / 5
1.5 한국의 하천 / 9
1.6 수문학의 역사 / 10
1.7 한국의 수문학사 / 15
1.8 수문학의 응용과 역할 / 18
1.9 수문학의 근래 경향 / 19

제2장 유역특성 21

2.1 유역면적 / 21
2.2 길이 측정 / 22
2.3 유역형상 / 23
2.4 수로경사 / 24
2.5 유역경사 / 27
2.6 고도-면적곡선 / 28
2.7 Horton법칙 / 29
2.7.1 하천차수 / 29
2.7.2 하천수법칙 / 30
2.7.3 하천길이법칙 / 31
2.7.4 하천면적법칙 / 32
2.7.5 하천경사법칙 / 32
2.8 수계밀도 / 33
2.9 수계빈도 / 34
■ 문 제 / 35

제3장 수문기상학 39

3.1 대기의 특성과 구성 / 39
3.2 태양복사 / 41
3.2.1 지구 표면에서 태양복사 / 41
3.2.2 지구 표면과 대기의 열수지 / 43
3.2.3 지구상의 열분포 / 44
3.3 순 환 / 45
3.3.1 대기순환 / 46
3.3.2 이동기단 / 47
3.3.3 전 선 / 48
3.4 기 온 / 49
3.4.1 기온의 표시 / 49
3.4.2 기온 측정 / 49
3.4.3 기온의 연직분포 / 50
3.4.4 기온의 지리적 분포 / 51
3.4.5 기온의 시간적 분포 / 54
3.5 기 압 / 55
3.6 습 도 / 56
3.6.1 수증기의 성질 / 57
3.6.2 증기압 / 59
3.6.3 가강수량 / 65
3.6.4 습도 측정 / 67
3.6.5 습도의 지리적 분포 / 67
3.6.6 습도의 시간적 분포 / 68
3.7 바 람 / 69
3.7.1 바람의 측정 / 69
3.7.2 바람의 지리적 변화 / 69
■ 문 제 / 71

제4장 강수량 75

4.1 구 름 / 75
4.1.1 구름의 형성 / 75
4.1.2 구름의 종류 / 76
4.2 강수 형성 / 77
4.3 강수의 종류 / 79
4.4 강수의 형 / 79
4.4.1 선풍형 강수 / 79
4.4.2 대류형 강수 / 80
4.4.3 산악형 강수 / 80
4.4.4 인공강우 / 80
4.5 강우량 측정 / 81
4.5.1 보통우량계 / 81
4.5.2 자기우량계 / 82
4.5.3 레이더에 의한 우량 측정 / 83
4.5.4 인공위성에 의한 강수량 측정 / 84
4.6 우량관측망 / 84
4.7 점강우기록의 연장 / 87
4.8 강우기록의 일관성 / 87

4.9 결측기록의 보완 / 90
4.10 면적평균강수량 / 92
4.11 강우자료의 표현 / 95
4.12 강수자료원 / 97
4.13 강수량의 시간, 지리적 분포 / 97
4.13.1 시간적 분포 / 97
4.13.2 지리적 분포 / 100
4.14 가능최대강수량 / 102
■ 문 제 / 104

제5장 증발, 증발산, 차단 109

5.1 증발과정 / 109
5.2 증발에 영향을 주는 인자들 / 110
5.3 증발량 측정 / 111
5.3.1 증발접시 / 112
5.4 수면으로부터 증발량 결정 / 115
5.4.1 물수지 / 115
5.4.2 에너지수지 / 116
5.4.3 질량수송방법 / 124
5.4.4 Penman방법 / 125
5.4.5 Priestley-Taylor방법 / 129
5.5 증 산 / 129
5.6 증발산 / 130
5.6.1 증발산의 측정 / 131
5.6.2 증발산량의 추정 / 132
5.7 차 단 / 143
■ 문 제 / 148

제6장 지표하흐름 151

6.1 비포화흐름 / 151
6.2 침투과정 / 156
6.3 해석적 침투모형 / 157
6.3.1 Horton모형 / 157
6.3.2 Philip모형 / 160
6.3.3 Holtan모형 / 162
6.3.4 Green-Ampt모형 / 164
6.3.5 NRCS모형 / 172
6.4 침투량 측정 / 172
6.4.1 일류침투계 / 173
6.4.2 강우모의기 / 173
6.4.3 수문곡선 해석 / 173
6.5 침투지수 / 174
■ 문 제 / 176

제7장 지하수 179

7.1 서 론 / 179

7.2 지표하수의 연직분포 / 180

7.3 대수층 / 183

7.3.1 공극률 / 184
7.3.2 보유수율 S_r / 184
7.3.3 비산출량 S_y / 185
7.3.4 저류상수 S와 비저류상수 S_S / 186

7.4 지하수운동 / 187

7.4.1 Darcy법칙 / 187
7.4.2 Darcy속도와 침윤속도 / 189
7.4.3 투수계수 / 191
7.4.4 투수량계수 / 192
7.4.5 이방성 대수층 / 192

7.5 지하수 흐름방정식 / 194

7.5.1 압력대수층 흐름방정식 / 194
7.5.2 자유수면대수층 흐름방정식 / 197

7.6 정상흐름 수리학 / 198

7.6.1 압력대수층의 일방향 흐름 / 198
7.6.2 자유수면대수층의 일방향 흐름 / 200

7.7 우물수리학 / 204

7.7.1 압력대수층의 우물수리학 / 205
7.7.2 자유수면대수층의 우물수리학 / 206
7.7.3 균일한 함양을 갖는 자유수면대수층 / 208

7.8 부정류 우물수리학 / 209

7.8.1 우물을 향한 부정류: Theis식 / 209
7.8.2 부정류 압력대수층의 해석 / 211
7.8.3 부정류 자유수면대수층의 해석 / 215

7.9 대수층경계에 인접한 우물흐름 / 218

7.9.1 하천 인근 우물 / 218
7.9.2 불투수경계에 인접한 우물 / 220

7.10 우물구역 설계 / 222

7.11 지하수함양 / 226

7.12 염수침투 / 228

■ 문 제 / 231

제8장 지표수 237

8.1 유출의 성분 / 237

8.2 유출에 영향을 주는 인자들 / 239

8.2.1 기후적인 인자 / 239
8.2.2 유역특성 / 239

8.3 수문곡선 / 240

8.4 시간매개변수 / 243

8.5 기저유출의 분리 / 244

8.5.1 감수곡선 방법 / 244
8.5.2 주 지하수감수곡선 / 244

8.5.3 N-day 방법 / 245
8.5.4 가변경사방법 / 246
8.5.5 경사급변점 또는 직선법 / 246

8.6 NRCS유출곡선번호방법에 의한 초과강우량 산정 / 247

8.7 지표류 / 261
8.7.1 지표류 이론 / 262
8.7.2 저류개념해법 / 263
8.7.3 지표류의 운동파 해 / 269
8.7.4 지표류의 확산파 해 / 271

8.8 유량의 변화성 / 272
8.8.1 유량지속곡선 / 272
8.8.2 수력발전의 유량추정 / 274
8.8.3 유량누가곡선 / 276

■ 문 제 / 283

제9장 흐름계측 289

9.1 수위 측정 / 289

9.2 자기수위계 / 290
9.2.1 수위감지장치 / 290
9.2.2 기록장치 / 291
9.2.3 자료의 수집과 보관관리 / 291

9.3 첨두수위계 / 293

9.4 관측지점의 선정 / 293

9.5 유속계에 의한 하천유속 측정 / 294
9.5.1 유속계 / 294
9.5.2 유속계 조작방법 / 295
9.5.3 유속분포 / 295
9.5.4 유속 측정 / 298
9.5.5 수심 측정 / 301

9.6 부자에 의한 유속 측정 / 302

9.7 유속-면적방법에 의한 유량 계산 / 303
9.7.1 중간단면방법 / 303
9.7.2 평균단면방법 / 304
9.7.3 수심-유속적분법 / 305
9.7.4 등속선방법 / 306

9.8 지수-유속법에 의한 유량 계산 / 307

9.9 경사-면적방법에 의한 유량 계산 / 309

9.10 추적물 희석에 의한 유량 측정(희석법) / 311
9.10.1 순간주입방법 / 311
9.10.2 일정률주입방법 / 314

9.11 음향법 / 315
9.11.1 음향유속계법 / 315
9.11.2 음향도플러흐름계측기 / 316

9.12 전자기방법 / 318

9.13 수리학적 방법에 의한 유량 측정 / 319
9.13.1 위어 / 319
9.13.2 칼날위어 / 319
9.13.3 광정위어 / 321
9.13.4 수중위어 / 322
9.13.5 오리피스 / 323
9.13.6 계측수로 / 325

9.14 수위-유량관계 / 326
9.14.1 수위-유량곡선 / 326
9.14.2 경사-수위-유량관계곡선 / 327
9.15 수위-유량곡선의 연장 / 331
9.15.1 전대수지방법 / 331
9.15.2 Stevens방법 / 334
■ 문 제 / 337

제10장 단위유량도 343

10.1 수문계모형 / 343
10.2 응답함수 / 345
10.2.1 충격응답함수 / 345
10.2.2 계단응답함수 / 346
10.2.3 단위맥동응답함수 / 347
10.3 단위유량도의 이론 / 350
10.4 회선적분 / 352
10.5 단위유량도의 유도 / 355
10.5.1 역과정방법 / 356
10.5.2 역회선방법 / 358
10.5.3 순간단위도 이용 / 359
10.5.4 S-수문곡선 이용 / 359
10.5.5 최소자승법 / 360
10.6 복합강우로부터 단위도 유도-행렬해법 / 360
10.7 단위유량도의 적용 / 363
10.8 단위도의 단위시간 변경 / 364
10.8.1 지체(또는 중첩)방법 / 364
10.8.2 S-수문곡선방법 / 365
10.9 순간단위도 / 368
■ 문 제 / 371

제11장 합성단위유량도 377

11.1 Snyder 합성단위도 / 377
11.2 NRCS 합성단위도 / 381
11.2.1 NRCS 무차원수문곡선 / 381
11.2.2 NRCS 삼각형단위도 / 383
11.3 지형학적 순간단위도 / 386
11.4 시간-면적방법 / 387
11.5 CLARK방법 / 392
11.6 수정 CLARK방법-modClark / 398
■ 문 제 / 400

제12장 단위유량도의 개념적 모형 403

12.1 유역응답 / 403
12.2 선형수로 / 405
12.3 선형저수지 / 406
12.4 선형수로와 선형저수지의 조합모형 / 410
12.5 Nash모형 / 410
■ 문 제 / 416

제13장 저수지추적 419

13.1 서 론 / 419
13.2 홍수추적방법 / 420
13.3 저수지 홍수추적 / 420
13.4 저류방정식 / 421
13.5 표고-저류량-유량관계유도 / 423
13.5.1 표고-저류량곡선 / 423
13.5.2 표고-유량곡선 / 423
13.6 저류량지시 추적방법 / 424
13.7 수정Puls추적방법 / 429
13.8 조절방류 저수지추적 / 431
■ 문 제 / 431

제14장 하도추적 435

14.1 서 론 / 435
14.2 하도저류량 / 436
14.3 Muskingum방법 / 439
14.4 Saint-Venant식 / 447
14.5 수리학적 추적모형의 분류 / 452
14.6 운동파추적 / 454
14.6.1 운동파모형 / 455
14.6.2 운동파 전파속도 / 458
14.6.3 운동파의 수치해 / 459
14.6.4 운동파의 적용한계 / 467
14.7 확산파 / 468
14.8 Muskingum-Cunge방법 / 469
14.9 동역학파 추적 / 474

14.9.1 동역학 수위-유량관계 / 475
14.9.2 동역학파 전파속도 / 476
14.9.3 음해성 동역학파모형 / 478
14.9.4 유한차분식 / 480
14.9.5 유한차분해 / 482

부록 14A 확산파모형 유도 / 486
부록 14B Muskingum-Cunge방법의 확산파모형 유도 / 487
부록 14C 계수행렬 J의 산정식 식 (14.150) 또는 (14.151) / 488
■ 문 제 / 491

제15장 침식과 유사이송 497

15.1 서 론 / 497
15.2 유사의 성질 / 498
15.3 유사생성 / 502
15.3.1 침식의 분류 / 503
15.3.2 고지침식과 범용토양손실공식 / 503
15.3.3 하도침식 / 504
15.3.4 유사산출량 / 504
15.4 범용토양손실공식 / 508
15.5 유사이송 / 518
15.5.1 유사이송역학 / 518
15.6 소류사량 / 524
15.7 부유사량 / 539
15.8 총 유사량과 하상물질유사량 / 551
15.9 유사추적 / 558
15.10 저수지의 유사퇴적 / 559
15.10.1 저수지포착률 / 560
15.10.2 저수지 설계수명 / 563
■ 문 제 / 564

제16장 수문모의모형 569

16.1 서 론 / 569
16.2 모형의 분류 / 570
16.2.1 수학적 모형의 종류 / 570
16.2.2 선형모형과 비선형모형 / 571
16.2.3 시변성모형과 시불변성모형 / 572
16.2.4 집체모형과 분포모형 / 572
16.2.5 연속모형과 이산모형 / 572
16.2.6 해석적 모형과 수치모형 / 573
16.2.7 사상 및 연속과정모형 / 573
16.3 단일사상 강우-유출모형 / 577
16.3.1 HEC-1 Flood Hydrologic Package / 577
16.3.2 HEC-HMS / 580

16.3.3 TR-20 U.S. Natural Resources Conservation Service Model / 581
16.3.4 DRM3-USGS Rainfall-Runoff Model / 582
16.3.5 TOPMODEL / 582

16.4 연속흐름모의모형 / 583
16.4.1 SWAT model / 583
16.4.2 SWRRB-Simulator for Water Resources in Rural Basins / 584
16.4.3 SHE-European Hydrologic System Model / 585
16.4.4 SWM-IV Stanford Watershed Model / 585

16.5 홍수수리모형 / 588
16.5.1 HEC-RAS / 588
16.5.2 WSPRO-A Model for Water Surface Profile Computations / 589
16.5.3 FLDWAV-NWS National Weather Flood Wave Model / 590
16.5.4 DHM-Diffusion Hydrodynamic Model / 592
16.5.5 SMS-Surface Water Modeling System / 593
16.5.6 FESWMS-Finite Element Surface Water Modeling System / 593

16.6 도시유출모의모형 / 594
16.6.1 ILLUDAS-Illinois Urban Drainage Area Simulator / 594
16.6.2 SWMM-Storm Water Management Model / 595
16.6.3 STORM-Storage, Treatment, Overflow and Runoff Model / 596

16.7 수질모형 / 596
16.7.1 HSPF-Hydrologic Simulation Program-Fortran / 596
16.7.2 QUAL2E-Stream Water Quality Model / 597
16.7.3 WASP5-Water Quality Simulation Program / 598
16.7.4 AGNPS-Agricultural Non-Point Source Pollution Model / 599
16.7.5 MIKE11-Micro Computer Based Modeling System-Rivers and Channels / 599

16.8 모형의 검정과 검증 / 600
16.8.1 검정과 검증 / 600
16.8.2 민감도해석 / 601

제17장 수문학통계학 603

17.1 확률개념 / 603
17.2 확률밀도함수와 분포함수 / 607
17.3 기대치와 분위수 / 611
17.4 모멘트 / 614
17.5 L-모멘트 / 619
17.5.1 확률가중모멘트 / 619
17.5.2 L-모멘트 / 620
17.6 수문변수의 확률분포형 / 623
17.7 매개변수 추정 - 확률분포의 적합 / 643

17.7.1 모멘트방법 / 643
17.7.2 최우도법 / 645
17.7.3 확률가중모멘트 / 647
17.7.4 L-모멘트방법 / 648

17.8 적합도검정 / 649

17.9 회귀분석 / 659

■ 문 제 / 667

제18장 빈도해석 673

18.1 재현기간 / 673

18.2 수문학적 자료 / 676

18.3 극치 I (GEV I)분포-Gumbel분포 / 678

18.4 도시위치 / 682

18.5 빈도계수에 의한 분위수 추정 / 686

18.5.1 정규분포 / 687
18.5.2 대수정규분포 / 689
18.5.3 3변수 대수정규분포 / 693
18.5.4 2변수 감마분포 / 695
18.5.5 피어선Ⅲ분포와 대수피어선Ⅲ분포 / 696
18.5.6 일반극치(GEV)분포 / 700
18.5.7 극치I(Gumbel)분포 / 702

18.6 이상치 처리 / 705

18.6.1 고이상치 / 705
18.6.2 저이상치 / 706

18.7 해석의 신뢰 / 707

18.8 지역홍수빈도해석 / 709

18.8.1 지수-홍수방법 / 710
18.8.2 중회귀방법 / 717

18.9 L-모멘트 지역빈도해석 / 717

18.10 갈 수 / 721

18.10.1 갈수의 정의와 해석목적 / 721
18.10.2 극치Ⅲ(Weibull)분포 / 725
18.10.3 갈수량 추정 / 728
18.10.4 지역갈수량의 추정 / 732

■ 문 제 / 733

제19장 시계열과 추계모형 739

19.1 서 론 / 739

19.2 시계열의 분류 / 740

19.3 시계열의 확률과정 / 741

19.4 시계열의 구조와 분해 / 744

19.5 무작위성 검정 / 749

19.6 시계열 해석 / 752

19.7 스펙트럼 해석 / 758
19.8 합성유량자료계열의 발생 / 764
19.9 순 무작위추계학적 모형 / 767
19.10 이동평균과정 / 769
19.11 자기회귀과정 / 769
19.11.1 정규분포를 갖는 유량계열 / 772 19.11.2 대수정규분포를 갖는 유량계열 / 775
19.11.3 감마분포를 갖는 유량계열 / 778
19.12 다계절 자기회귀모형 / 780
19.12.1 정규분포의 유량계열 / 780 19.12.2 대수정규분포의 유량계열 / 781
19.12.3 감마분포의 유량계열 / 781
19.13 다지체 자기회귀(Markov)모형 / 782
19.14 자기회귀-이동평균모형, ARMA(p, q) / 786
19.15 분해모형 / 789
■ 문 제 / 790

제20장 수문설계 793

20.1 서 론 / 793
20.2 수공구조물의 규모 / 794
20.3 설계빈도 / 794
20.4 설계기준의 선정 / 799
■ 문 제 / 805

제21장 설계강우량 807

21.1 설계홍수량 산정방법 / 808
21.1.1 강우-유출모형 / 808 21.1.2 빈도방법 / 808
21.1.3 위험도방법 / 809
21.2 설계홍수량 산정방법의 선정에 고려사항 / 809
21.3 설계홍수량의 산정과정 / 810
21.4 설계호우의 해석 / 810
21.4.1 호우지속기간 / 811 21.4.2 점강우량 / 811
21.4.3 강우깊이-면적관계 / 811 21.4.4 강우강도-지속기간-빈도(IDF)곡선 / 813
21.5 설계우량주상도 / 817
21.5.1 Huff분포 / 818 21.5.2 삼각형 우량주상도방법 / 821
21.5.3 교호블록방법 / 823 21.5.4 Chicago방법 / 825

21.5.5 Mononobe방법 / 828
21.6 유효강우량 결정 / 829
21.7 설계홍수량 결정방법 / 831
21.7.1 소유역 / 831
21.7.2 중규모 유역 / 832
21.7.3 경험적 방법 / 832
21.8 강우깊이-면적-지속기간(DAD)의 해석 / 833
21.9 호우최대화 / 837
21.9.1 호우전이 / 837
21.9.2 수분최대화 / 839
21.9.3 전이조정된 호우의 포락선의 작성 / 841
21.10 가능최대강수량 / 841
21.10.1 기상학적 방법 / 842
21.10.2 통계적 방법 / 843
21.10.3 일반화 PMP 산정방법 / 844
21.11 가능최대홍수량 / 845
■ 문 제 / 848

제22장 도시수문학 851

22.1 도시수문학의 특성 / 851
22.2 도시우수관거 설계(강)우량 / 855
22.3 도시유출 / 857
22.4 합리식 / 858
22.5 수정합리식 / 877
22.6 도로배수 / 879
22.6.1 쇠살대유입구 / 881
22.6.2 연석유입구 / 884
22.7 조정지에 의한 도시유출 조절 / 885
22.7.1 서 론 / 885
22.7.2 조정지와 저류지 / 886
22.7.3 계획과 설계의 절차 / 888
22.7.4 조정지용량 결정 / 891
22.8 침투증대 / 905
22.9 우수수질 관리조절조정지 / 908
22.9.1 조정지 활용현황 / 909
22.9.2 도시유출 수질관리 기본사항 / 910
22.9.3 수질향상을 위한 침투증대방안 / 910
22.9.4 우수에 포함되는 총 부유고형물 / 910
22.9.5 수면부하이론과 기본 관계식 / 911
22.10 우수수질 관리조정지/조절지 설계 / 914
22.10.1 건조정지와 습조정지 / 914
22.10.2 EPA 습조정지 설계방법 / 922
22.11 도시유출관리 모형 / 929
■ 문 제 / 929

제23장 생태수문학 935

23.1 서 론 / 935

23.2 수생태계 / 938
23.2.1 물리적인 비생물적 인자 / 940
23.2.2 생물인자 / 944
23.2.3 독립영양생물 / 945
23.2.4 종속영양생물 / 947
23.2.5 영양관계 / 947
23.2.6 유수생태계의 유기물질 / 948
23.2.7 하천연속개념 / 951

23.3 흐름과 식생의 상호작용 / 952
23.3.1 수로 흐름에 식생의 영향 / 952
23.3.2 수초에 대한 흐름의 영향 / 954
23.3.3 수 질 / 955
23.3.4 홍수맥동 / 955

23.4 자연습지 / 956
23.4.1 서 론 / 956
23.4.2 습지의 정의, 구성 및 종류 / 957
23.4.3 습지의 기능과 가치 / 960

23.5 인공습지 / 961
23.5.1 서 론 / 961
23.5.2 생태계로서의 인공습지 / 962
23.5.3 인공습지의 종류와 구조 / 964
23.5.4 오염물 제거과정 / 967
23.5.5 인공습지의 설계전반 / 975
23.5.6 1차원 1계 제거모형 / 976
23.5.7 습지규모 결정 / 979
23.5.8 습지설계 / 983
23.5.9 오염물제거율 / 988
23.5.10 습지 수리구조물 / 989
23.5.11 습지수문학 / 990
23.5.12 습지 바닥물질 / 991
23.5.13 식 생 / 992
23.5.14 관 찰 / 994

■ 문 제 / 995

부 록 A / 997

부 록 B / 1001

부 록 C / 1007

참고문헌 / 1019

찾아보기 / 1045

01 서 론

Applied Hydrology

인류문명의 발단은 물 문화라고 할 수 있다. 인류의 생존과 삶을 영위하기 위하여 마셔야 하는 물과 섭취해야 하는 음식물에 필요한 물을 공급하는 수단을 강구해야 했기 때문이다. 이러한 점에서 공학의 원조는 물공학 또는 수자원공학이라 할 수 있다. 물은 우리 몸의 70% 이상을 구성하고 인류와 생물이 존재하는 데 필요할 뿐만 아니라 식량을 생산하는 데 기본적인 요소이고 수송, 전력생산, 위락 등 많은 부문에 이용된다. 이러한 목적으로 사용될 수 있는 담수는 지구 표면의 70% 이상을 차지하고 있는 전체 물의 2.5%에 불과하고, 근래에 이르러서는 인구증가와 심한 기후변화로 인하여 물 부족문제가 심화되고 있다. 즉 홍수와 가뭄에 의한 피해 규모와 발생 빈도가 증가하여 인간사회와 생태계에 미치는 악영향 또한 심화되고 있으며, 세계기상기구는 2025년이 되면 전 세계 인구의 2/3가 물 문제로 인한 고통을 받을 것으로 예견하고 있다. 따라서 수문학에 관한 지식을 습득하고 연구하는 목적은 인간과 식량생산에 필요한 수자원을 개발하여 적정량의 물을 지속적으로 공급하고 가뭄과 홍수와 같은 자연재해에 대처하기 위함이라고 할 수 있다.

1.1 수문학의 정의

수문학(水文學; hydrology)의 hydrology는 물을 의미하는 *hydro*와 지식을 의미하는 그리스어인 *loge*의 합성어이다. 그러므로 수문학은 간단히 물의 지식 또는 과학이라고 할 수 있다. 즉 수문학은 지구과학의 한 분야로서 지구상에 존재하는 물의 생성, 순환, 분포, 물리화학적 성질, 환경에 대한 반응 및 생물체와의 관계를 다루는 학문이다. 수문학의 영역은 지구상에 있는 물의 모든 순환과정을 포함한다.

공학수문학(工學水文學; engineering hydrology)은 응용지구과학으로 물의 조절과 이용을 위한 구조물의 계획, 설계 및 운영에 관련된 분야를 다루는 학문이다. 이러한 수문학적 문제해결의 해법은 수리학, 수학, 통계학, 확률, 정보이론, 지질학 및 토양학 등의 분야를 필요로 한다. 수문학은 학제 간 과학으로, 관련된 공학, 기초과학 및 지구과학은 그림 1.1과 같다.

- **수자원 관리**
  - 법학
  - 경제학
  - 사회학
  - **응용수문학**
    - 유체역학
    - 수리학
    - **수문과학**
      - 기초과학: 수학, 통계학, 정보이론, 물리학, 화학, 생물학
      - 지구과학: 지질학, 지리학, 토양과학, 대기과학, 해양학, 빙하학
    - 기상학
  - 정치학
  - 농학
  - 임학

그림 1.1 수문학 관련 학문

1.2 물의 순환

물의 순환 또는 **수문순환**(水文循環; hydrologic cycle)은 지구상에 있는 물의 끊임없는 이동이다. 이는 수문학의 가장 기본적인 원리로서, 물이 해양과 지표면에서 증발되고 증발된 수증기가 **기단**(氣團; air mass) 형태로 이동, 상승되고 응결되어 강수로 지표면에 이르러 하천수와 지하수로 이동하여 바다에 이르는 연속적인 과정이다. 따라서 강수, 유출 및 증발은 물을 수송하는 중요한 과정이다. 이들은 **암석권**(岩石圈; lithosphere), **수권**(水圈; hydrosphere) 및 **대기권**(大氣圈; atmosphere)의 상호작용을 포함한다.

물의 순환은 시작과 끝이 없다. 그러나 그림 1.2와 같이 순환이 해양과 대지에서 증발로 시작되는 것으로 생각한다. 증발에 의한 수증기는 이동하는 기단에 의하여 이동, 상승한다. 수증기는 구름을 형성하고 적정조건에 이르면 응결되어 대지와 해상에 강수로 나타난다. 지면에 내린 강수는 다양한 경로를 따라 분산된다. 강수의 상당 부분은 토양에 잠정적으로 저류되어 있다가 증발과 식물에 의한 증산에 의하여 대기로 귀환된다. 나머지 강수의 일부분은 지면과 지표층의 토양을 통하여 수로에 유입되고 다른 일부는 지하 깊이 스며들어 지하수의 일부가 된다. 중력의 영향에 따라 지표수와 지하수는 낮은 곳으로 흘러 결국에는 바다로 흘러 들어간다. 그러나 지표수와 지하수의 상당량이 바다에 이르기 전에 증발과 증산에 의하여 대기로 귀환된다.

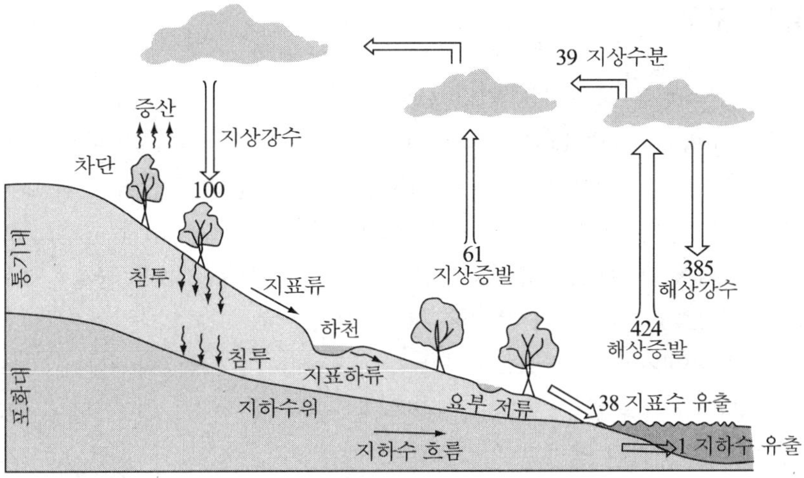

그림 1.2 물 순환의 개괄도(지상강수량 119,000 km^{3}를 100으로 한 상대단위)

물 순환과 해양: 해양은 지구상 강수의 근원이다. 따라서 해양의 상태변화에 따라 강수양상이 달라진다. 해양에 흡수되는 태양에너지가 지구의 물 순환을 유발한다. 대부분의 물 이동은 증발과 강수에 의하여 해양과 대기사이에서 일어난다. **지구해양순환**(地球海洋循環; global ocean conveyer)(그림 1.3)은 온도와 염도에 따라 결정되는 해수밀도차이에 의한 해류의 이동인 열염순환(thermohaline circulation)이다. 열은 더운 표층수흐름을 통하여 양극으로 이동하고 차가운 심층수는 적도로 귀환된다. 차가운 귀환수는 증발로 인하여 염도와 밀도가 높아지고 양극으로 흘러간 더운 물의 공간을 대체하여 상승한다. 해양순환은 이산화탄소(CO_2)를 심해에 전달하고 열과 용해물질을 배분하고 기후영역과 해양생물에 대한 영양원에 영향을 주는 점에서 인류에 미치는 영향이 지대하다.

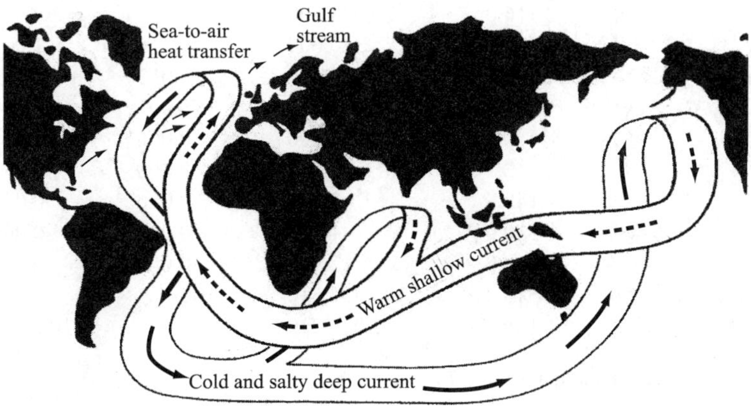

그림 1.3 지구해양순환(UNEP, 2008)

1.3 지구상 물의 분포

수문순환의 각 과정을 통과하는 연간 물의 순환량은 그림 1.2와 같다. 여기서 사용된 단위는 육지에 내린 강수량 119,000 km^3를 100으로 한 상대적인 양이다. 바다로부터 연간 증발량(424단위)은 육지의 증발량(61단위)의 7배로 지구상 강수의 주요 근원이 된다. 육지에서 바다로 유입되는 연간 물의 양은 39단위이고 이 중 거의 전부가 지표면(38단위)으로부터 발생하는 지표수이다. 이는 바다에서 육지로 유입되는 대기 수증기량(39단위)과 균형을 이룬다.

표 1.1과 그림 1.4는 지구상의 물 분포를, 표 1.2는 각 대륙의 물수지를 나타낸다. 지구상에 존재하는 물 13.38억 km^3의 약 96.5%가 바다에 존재하며 이를 지구상에 고르게 분포시킨다면 그 깊이는 약 2.6 km에 달한다. 육지에 존재하는 물은 지구상 물의 3.5%에 불과하고 이는 남·북극의 얼음으로 존재하는 물(1.7%), 지하수로 존재하는 물(1.69%) 및 0.04%의 지표수와 대기수 등으로 구성된다. 대기수는 그 양이 12,900 km^3로 지구상 총수량의 1/100,000 정도이다.

또한 육지에 존재하는 물(3.5%)의 1%는 200~600 m의 깊이에 있는 심층지하수로 염분을 포함하기도 한다. 따라서 담수는 2.5%로 이 중 68.6%는 남극과 북극의 얼음이고 나머지 30.1%가 천층지하수이다. 하천수는 담수의 0.006%에 불과하다. 식물과 동물의 조직에 존재하는 **생물수**(生物水; biological water)는 담수의 0.003%로 하천수의 절반에 이른다.

표 1.1 지구상의 물 분포

항 목	면적 (10^6 km^2)	체적 (km^3)	총수량의 백분율 (%)	담수의 백분율 (%)
바다	361.3	1,338,000,000	96.5	
지하수	269.6	23,400,000	1.69	
담수	134.8	10,530,000	0.76	30.1
염수	134.8	12,870,000	0.93	
토양수분	82.0	16,500	0.0012	0.05
극빙	16.0	24,023,500	1.7	68.6
기타빙설	0.3	340,600	0.025	1.00
호수	2.0	176,400	0.013	
담수	1.2	91,000	0.007	0.26
염수	0.8	85,400	0.006	
습지	2.7	11,470	0.0008	0.030
하천	148.8	2,120	0.0002	0.006
생물수	510.0	1,120	0.0001	0.003
대기수	510.0	12,900	0.0010	0.040
총수량	510.0	1,385,984,610	100	
담수	148.8	35,029,210	2.5	100

자료: Shiklomanov and Sokolov(1983)

표 1.2 각 대륙의 물수지

대륙	면적 (10^6 km^2)	강수량 (km^3/yr)	강수량 (mm/yr)	증발산량 (km^3/yr)	증발산량 (mm/yr)	유출 (km^3/yr)	유출 (mm/yr)
아시아	44.1	6,600	696	3,800	375	2,800	282
유럽	10.0	30,700	657	18,500	420	12,200	276
아프리카	29.8	20,700	695	17,300	582	3,400	114
북아메리카	24.1	3,400	645	3,200	420	200	27
남아메리카	17.9	15,600	1,564	8,700	403	5,900	242
남극대륙	14.1	28,000	169	16,900	946	11,100	618
오스트레일리아	7.6	2,400	447	400	28	2,000	141
총육지	148.9	111,100	746	71,400	480	39,700	266

자료: Baumgartner and Reichel(1975)

1.4 한국의 수자원과 이용현황

한국의 연평균 강수량(1969~1998)은 1,271 mm, 주요 도서를 포함하는 경우 1,283 mm이고 연평균 강수총량인 수자원 부존량은 1,276억 m^{3}이다. 한편 1974~2003의 강우기록에 의하면 연평균 강수량은 1,245 mm, 수자원 부존량은 1,240억 m^{3}이다. 한국의 연평균 강수량 1,245 mm는 세계 연평균 강수량 880 mm의 1.4배가 된다. 그러나 한국의 인구 1인당 강수총량인 2,591 m^{3}는 세계인구 1인당 강수총량 19,635 m^{3}의 1/8 정도이다. 이는 한국이 수자원 부존량에서 빈국에 속함을 의미한다.

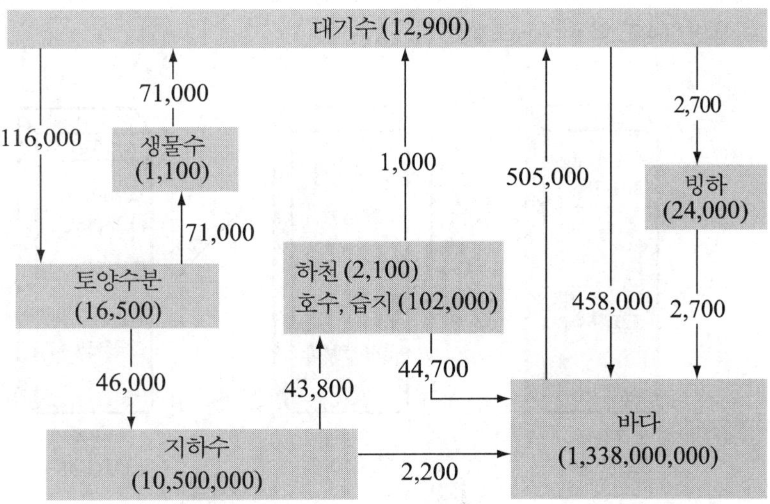

그림 1.4 수문순환과 지구상 물 분포(단위: 화살표는 흐름률(km^3/yr), 괄호 안은 체적(km^3))

연평균 수자원 총량 1,240억 m^3 중 42%에 해당되는 517억 m^3가 증발, 침투 등에 의하여 손실되며 나머지 58%인 723억 m^3가 하천을 통하여 유출된다. 하천유출량 723억 m^3 중 72%에 해당되는 522억 m^3는 홍수시 유출로 대부분이 바다로 흘러가고 평상시 유출량은 28%인 201억 m^3이다(그림 1.6). 유역별 수자원 부존량은 표 1.6과 같이 한강이 338.6억 m^3, 낙동강이 281.5억 m^3, 금강이 124.7억 m^3, 섬진강이 69.1억 m^3, 영산강 45.2억 m^3 등과 같다.

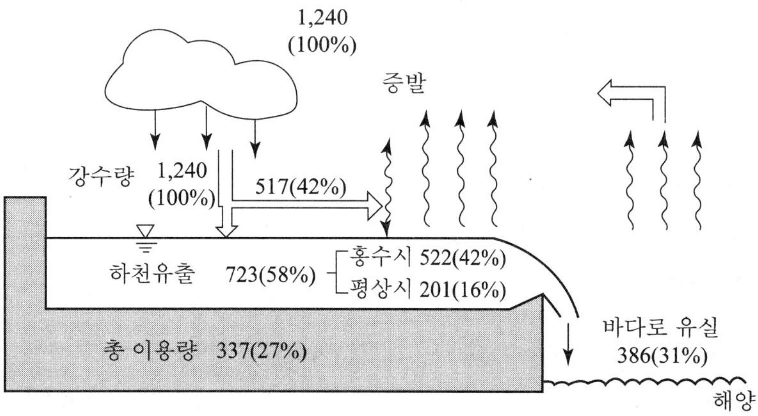

그림 1.5 한국의 연평균 강수량의 배분(단위: 억 m^3) (건교부, 2006)

지하수원의 경우 대수층의 유효공극 내에 존재하는 물로 정의되는 유효부존량은 15,450억 m^3이나 이용가능량은 132억 m^3에 불과하다. 대수층의 발달이 빈약하여 대규모 지하수의 개발은 어려운 상황이다. 1998년 현재 지하수 이용현황은 총 37억 m^3로 추정된다. 이 수치는 제주도 지하수 이용량 14.72억 m^3를 포함하지 않는다.

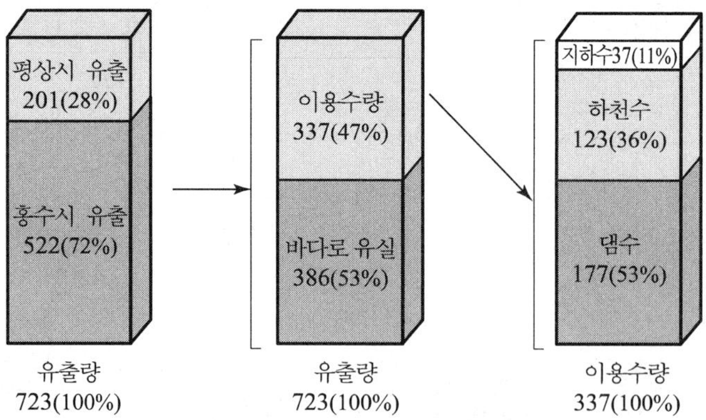

그림 1.6 한국의 하천유출량 723억 m^3의 배분현황(단위: 억 m^3/년) (건교부, 2006)

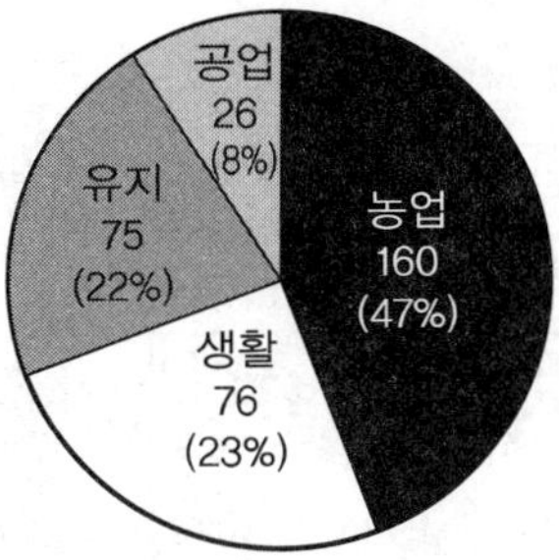

그림 1.7 이용수량 337억 m^3의 수요구성(단위: 억 m^3) (건교부, 2006)

2003년 현재 전국의 총 용수수요는 337억 m^3이며 이에 대한 공급은 하천수와 지하수 160억 m^3와 댐저류량 177억 m^3로 구성되고, 이용수량 337억 m^3의 수요는 농업용수 160억 m^3, 생활용수 76억 m^3, 하천유지용수 75억 m^3, 공업용수 26억 m^3로 구성된다(그림 1.7).

2006~2021년의 5년 단위 용수수급 계획은 표 1.3과 같다. 총 용수수요량은 하천수와 지하수 그리고 댐으로부터 공급된다. 표 1.3의 용수수급 계획은 표 1.5의 현재 건설 중이거나 계획중인 댐으로부터 용수공급을 포함한다. 표 1.3에서 2006년의 용수공급은 4.03억 m^3가 부족함을 나타낸다. 그림 1.7은 2003년 용수의 구성을 나타낸다.

표 1.3 전국 용수수급 계획(기준수요)(건설교통부, 2006) (단위: 10^6 m^3)

구분 \ 연도	2003	2006	2011	2016	2021
용수수요량	33,741	34,378	35,498	35,800	35,568
생활용수	7,627	7,877	8,103	8,180	8,195
공업용수	2,601	2,787	3,178	3,562	3,422
농업용수	15,965	15,977	15,849	15,690	15,583
유지용수	7,548	7,737	8,368	8,368	8,368
용수공급량	–	33,975	35,158	35,300	35,129
부족량	–	403	340	500	439

표 1.4 기존 댐 제원

구분	수계명	댐명	유역면적 (km²)	제원 높이 (m)	제원 길이 (m)	총 저수량 (백만 m³)	유효 저수용량 (백만 m³)	발전시설 용량 (천 kW)	사업 효과 홍수조절 (백만 m³/년)	사업 효과 용수공급 (백만 m³/년)	공사기간
	총계					18,402.0	13,194.0	2,498.9	2,777.8	17,663	
다목적댐	한 강	소양강	2,703	123	530	2,900.0	1,900.0	200.0	770.0	1,213	67~73
		충 주	6,648	97.5	447	2,750.0	1,789.0	412.0	616.0	3,380	78~86
		횡 성	209	48.5	205	86.9	73.4	1.4	9.5	120	90~02
		안 동	1,584	83	612	1,248.0	1,000.0	90.0	110.0	926	71~77
	낙동강	남 강	2,285	34	1,126	309.2	299.7	14.0	270.0	573	87~03
		합 천	925	96	472	790.0	560.0	101.2	80.0	599	82~89
		임 하	1,361	73	515	595.0	424.0	50.0	80.0	592	84~93
	밀양강	밀 양	95.4	89	535	73.6	69.8	1.3	6.0	73	90~02
	금 강	대 청	4,134	72	495	1,490.0	790.0	92.0	250.0	1,649	75~81
		용 담	930	70	498	815.0	672.0	24.4	137.0	650	90~01
	웅천천	보 령	164	50	291	116.9	108.7	0.07	10.0	107	90~00
	섬진강	섬진강	763	64	344	466.0	370.0	34.8	32.0	350	61~65
		주 암	1,010	58	330	457.0	352.0	–	60.0	270	84~92
		주암조절지	134.6	99.9	562.6	250.0	210.0	22.5	20.0	219	84~92
	직소천	부 안	59	50	282	41.5	335.6	0.02	9.3	35	90~96
	합계					12,389.1	8,654.2	1,041.7	2,459.8	10,756	
하구둑	낙동강	낙동강	23,560	18.7	2,320	50	50	–	–	750	83~88
	금 강	금 강	9,313	16.6	1,814	139.0	122.0	–	–	560	83~89
	영산강	영산강	3,371	19.5	4,351	253.0	180.9	–	–	372	78~82
	안성천	안성천	1,634	20	2,564	142.0	82.9	–	–	276	70~73
	삽교천	삽교천	1,639	18	3,360	84.0	62.8	–	–	228	77~79
	합계					618.0	448.6				
발전 전용 댐	한 강	화 천	3,901	81.5	435.0	1,018.0	658.0	108	213	–	39~44
		춘 천	4,736	40.0	453.0	150.0	61.0	57	14	–	61~65
		의 암	7,709	23.0	273.0	80.0	58.0	45	16	–	62~67
		청 평	9,921	31.0	407.0	185.0	83.0	79.6	19	–	39~43
		괴 산	671	28.0	171.0	15.0	5.7	2.6	3	–	52~57
		팔 당	23,800	29.0	575.0	244.0	18.0	80	7	–	66~73
		청평양수	–	62.0	290.0	185.0	–	400	–	–	75~80
		도 암	144.9	72.0	300.0	51.0	–	82	3	–	85~91
	낙동강	삼량진양수	1.5	88.0	269.0	6.1	–	600	–	–	79~85
	섬진강	보성강	275	12.0	274.0	5.7	4.7	3.0	1	–	31~37
	합계					1,939.8	888.4	1,457.2	276	1,315	
생공용수 전용 댐	한 강	광 동	125	40.0	282.0	11.0	8.0	–	–	26	85~89
	전 천	달 방	29	54.0	326.0	8.0	7.5	–	–	15	86~90
	낙동강	운 문	301	55.0	407.0	135.0	126.2	–	23	162	85~94
		영 천	235	42.0	300.0	96.0	81.4	–	–	107	74~80
		가 창	43	45.0	266.0	9.1	8.1	–	–	17	84~86
		공 산	60	63.5	239.0	5.5	4.5	–	–	18	79~81
	회야천	회 야	127	24.5	424.0	17.0	12.3	–	–	44	62~64
	대곡천	사 연	125	46.0	300.0	25.0	20.0	–	–	36	62~65
	대암천	대 암	77	27.0	318.0	9.0	5.0	–	–	18	68~69
	형산강	안 계	7	32.5	223.5	18.0	13.0	–	–	–	68~71
	연초천	연 초	11.7	25.0	120.0	5.0	4.0	–	–	6	77~79
	산양천	구 천	12.7	50.0	234.0	10.0	9.3	–	–	8	84~87
	섬진강	동 복	189	44.7	188.0	100.0	92.0	–	–	117	83~85
		수 어	49	67.0	437.0	28.0	22.0	–	–	30	74~78
	여천천	선 암	1.2	22.0	331.0	2.0	1.5	–	–	–	62~64
	수영강	회 동	93	33.2	174.0	18.5	15.2	–	–	25	40~46
	합계					497.1	430.6		23	629	
농업용 댐	영산강	장 성	123	36.0	613.0	90.0	84.8	–	5	74	71~76
		담 양	66	46.0	306.0	67.0	64.8	–	2	43	73~76
		광 주	41	25.0	505.0	17.0	15.2	–	2	33	74~76
		나 주	105	31.0	496.0	91.0	87.8	–	3	60	73~76
		영암금호호	539	32.3	4,339.0	378.0	214.4	–	–	248	88~96
	합계					643.0	467.0		19	457	
	기타(전국 17,753개 농업용 저수지)					2,315.0	2,305.0			2,320	

자료: 수자원 장기종합계획(2006~2020), 건설교통부(2006)

표 1.5 건설중인 댐 현황

구분	수계명	댐명	유역면적 (km²)	제원 높이 (m)	제원 길이 (m)	총 저수량 (백만 m³)	유효 저수용량 (백만 m³)	발전시설 용량 (천 kW)	사업 효과 홍수조절 (백만 m³/년)	사업 효과 용수공급 (백만 m³/년)	공사기간
다목적댐	탐진강	장흥댐	193.0	53	403	191.0	71.0	0.8	8	128	96~05
	영산강	평림댐	19.9	37	390	8.5	8.1	–	–	12	98~06
	위 천	화북댐	87.5	45	330	48.7	40.1	0.4	3.1	38	00~08
	부항천	부항댐	82	57.4	440	54.3	42.6	–	12.3	37	02~10
	길안천	성덕댐	41.3	58.5	274	27.9	24.8	0.2	4.2	21	06~10
용수전용	오류천	감포댐	3.67	35	108	2.39	2.17	–	–	2	02~06
	태화강	대곡댐	57.5	52	190	28.5	27.8	–	–	32	95~05

자료: 수자원 장기종합계획(2006~2020), 건설교통부(2006)

1.5 한국의 하천

한국의 하천은 주로 태백산맥을 발원지로 하여 서해안과 남해안으로 발달되었다. 따라서 한국 하천은 유역면적이 비교적 작고 유로연장이 짧다. 특히 동해안으로 유입되는 하천은 유로연장이 매우 짧고 경사가 급하여 출수가 매우 빠르다. 서해안과 남해안에 유입되는 하천도 상류부의 경사는 급하여 호우로 인한 홍수파가 짧은 시간 내에 중하류에 도달한다. 한강과 낙동강과 같은 대하천에서도 유출은 수일 내에 바다에 유입된다.

표 1.6 한국 10대 하천의 특성과 수자원 부존량(1969~1998)

하천명	유역면적 (km²)	유로연장 (km)[(2)] 간선	유로연장 (km)[(2)] 직할, 지방, 준용하천 포함	유역별 연평균 강수량 (mm)	유역별 연평균 유출량 (10^6 m³)	유역별 연평균 강수총량 (억 m³)	유출계수
한 강	26,018.0 (35,770)[(1)(2)]	494.4	7,099.7	1,301.3	18,879.0	338.6	0.56
낙동강	23,727.7	510.4	7,300.2	1,186.3	13,758.1	281.5	0.49
금 강	9,810.1	394.8	3,691.9	1,271.6	6,627.4	124.7	0.53
섬진강	4,896.5	223.9	2,089.0	1,411.7	3,923.5	69.1	0.57
영산강	3,429.0	138.5	1,444.2	1,317.7	2,743.7	45.2	0.61
안성천	1,699.6	75.5	605.2	1,269.2	1,315.8	21.6	0.61
삽교천	1,612.0	63.9	620.0	1,234.7	1,017.0	19.9	0.51
만경강	1,400.5	80.9	608.0	1,253.9	1,030.7	17.6	0.59
형산강	1,166.8	63.3	285.1	1,138.0	585.0	13.3	0.44
동진강	1,129.3	51.0	488.2	1,277.9	809.6	14.4	0.56
기 타	22,431.2	–	6,012.4				
계	97,318.9 (99,460.7)		30,244.8	1,245[(3)]			0.58[(3)]

자료: 수자원 장기종합계획(2000~2020) 건설교통부(2000)

[(1)]북한 포함, [(2)]한국하천일람(건설교통부, 2002), [(3)]전국 평균

수원지대의 지질은 수목성장에 부적당한 화강암지대가 많아 강우의 침투와 보수능이 낮아 호우시 일시에 많은 물이 유하하게 되어 중하류에 홍수를 유발하여 수해를 가중시킨다. 이와 같은 유역의 지형과 지질조건은 호우시에는 홍수를 유발하여 하천이 범람하고, 비강우기에는 하천유량이 작아 물 부족 현상을 초래한다. 이와 같이 한국하천은 하천의 최대유량과 최소유량의 비로 정의되는 **하상계수**(河床係數)가 매우 높다(표 1.7). 유럽 하천의 하상계수가 20~30 정도임에 반하여 한국하천의 하상계수는 300을 초과하여 하천의 치수, 이수의 물 관리에서 매우 불리하다.

표 1.7 주요 하천의 하상계수

국 명	하천명	하상계수(최대유량/최소유량)
한 국	한강 (한남대교)	390
	낙동강 (진동)	260
	금강 (공주)	300
	섬진강 (송정)	390
	영산강 (나주)	320
일 본	도네 강	236
	요도 강	117
	시나노 강	85
중 국	양자 강	22
베트남	메콩 강	35
인 도	갠지스 강	35
이집트	나일 강	30
프랑스	센 강	34
독 일	라인 강	16
영 국	템스 강	8
콩 고	콩고 강	4
미 국	미조리 강	75

1.6 수문학의 역사

수문학에 관한 과학은 인류의 문명과 같이 시작되었다. 태고시대부터 식량 생산을 위한 물을 공급하는 데 수로가 필요해서 메소포타미아 지역의 Sumeria에서는 B.C. 4000년경에 수로를 개착하고 이를 통해서 물을 공급한 개착수로관개가 시행되었으며, 근래 보도에 의하면 남미 페루 Andean에서 동시대의 것으로 판단되는 5,400년 내지 6,700년 전의 개착관개수로가 발견되었다. 이는 관개를 위한 수로 개착공사의 효시이며 영어단어 canal의 당초 뜻이 운하가 아닌 개착수로임을 나타낸다. 인류문명의 발상지인 이집트에서는 B.C. 4000년경 나일 강에 댐이 축조되었으며, B.C. 3200년경 Scorpion왕조시대에 관개수로가 존재한 근거가 있고, B.C. 3000년경 Menes왕은 비옥한 하상에 수도 Memphis를 건설하기 위하여 나일 강의 물줄기를 바꾸는 전환

댐을 건설했다는 기록이 있다. B.C. 2850년경에는 카이로 남방 수 km 지점의 건천에는 Sadd el–kafra댐이 축조되었다.

고대 로마에서는 테베레 강이 로마 시를 관통하여 흐름에도 불구하고 깨끗한 물을 로마 시민에게 공급하기 위하여 B.C. 312년 최초의 로마가도인 아피아가도와 동시에 아피아수도(Aqua Appia) 공사가 이루어졌다(시오노 나나미, 2002). 아피아수도는 산지에서 솟아나는 샘물의 수원에서 로마까지 길이 16.7 km의 지하수도로 1일 공급량은 73,000 m^3에 이르렀다. 지하에 수로를 건설한 것은 양질의 수질을 유지하고 수온상승과 증발을 억제하기 위한 목적이었다. 수원의 적정성을 판정하기 위하여 물의 색, 불순물, 주변 초목, 토양 및 주민의 상태, 청동항아리에 며칠 동안 보관하여 부패여부, 물을 끓여서 거품이나 불순물이 떠오르는지에 관해서 조사했다. 또한 생활용수로 사용하기 위하여 주택지붕의 일부는 건물 안쪽으로 경사지게 하여 빗물이 지하 저수조에 저장되도록 했다.

B.C. 144년에 착공된 세 번째 로마수도인 마르키아수도는 길이가 91.64 m로, 1일 공급량이 185,600 m^3이 이르고 680년 동안 물을 공급했다. 1870년에 복구를 통해 용량을 60% 늘려 현재 공급량은 302,400 m^3에 이른다. 아피아수도를 비롯하여 로마에 이르는 수도는 총 11개로 총연장이 402 km, 1일 공급량이 1,000,000 m^3를 넘었다. 당시 로마인구가 100만 내지 120만 명이었던 것을 감안하면 1인당 1일 급수량이 1,000리터로 현재 대도시의 물 공급량의 2배에 이르는 양이다. 이러한 수도는 로마뿐만 아니라 로마제국의 통치하에 있는 지역인 속주에서도 건설되었다. 수도가 지나는 골짜기가 작으면 사이폰을 이용했고 골짜기가 넓고 깊은 하천이면 교량위에 수도를 건설하는 수도교(水道橋; aqueduct)를 도입했다. 대표적인 수도교는 프랑스 남부 님(Nimes)근처에 있는 퐁 뒤 가르(Pont du Gard)(그림 1.8)이다. 수원지에서 님에 이르는 거리는 21 km, 고도차이는 17 m이나 고지대를 우회하여 수로길이는 50 km에 이르렀다. 퐁 뒤 가르 수도교는 길이가 275 m, 높이는 하상에서 49 m, 3층의 아치교이다. 폭 6.4 m인 1층은 도로로 사용되고 수로는 폭이 3 m인 3층에 위치한 암거로 높이가 1.45 m, 폭이 1.22 m이다.

Biswas(1992)는 그의 저서에서 대규모 관개시설, Hamurabi에 의한 수법(B.C. 1700), 페르시아의 지하수 채취공을 이용하여 함양된 지하수를 경지나 물 수요지점까지 운반하는 인공지하수로인 Kanats 건설과 같은 중동지역의 수리구조물에 관한 고고학적인 형적을 정리한 바 있다.

고대에서는 수문순환이 사색적 또는 철학적으로 다루어져 B.C. 1000년경부터 시인 Homer, 그리스의 Thales, Plato, Aristotle, 로마의 Lucetius, Seneca, Pling과 같은 철학자와 중세의 많은 학자들은 물의 순환개념과 지하수의 성인, 하천수의 수원에 관한 학설을 주장하였다. 특히 Homer는 지표수의 수원으로 바다에서 육지로 통하는 지하바다의 견해를 제안했으며, Plato는 강과 샘의 근원은 강우임을 주장했고, Aristotle는 냉기가 공기를 물로 변환하고 산은 냉기를 가져서 공기를 물로 변환한다고 주장하였다. 그러나 이와 같은 견해는 과학적이지 못했다. 그리스의 철학자 Anaxagoras(B.C. 500～428)는 바다의 물이 태양에 의하여 대기로 상승되고 대기에서 강우로 지면에 강하하여 지하저수지에 집수되어 강에 물을 공급하는 원시적인 물의 순환

그림 1.8 프랑스 남부 님(Nimes) 부근에 있는 수도교 퐁 뒤 가르(Pont du Gard) 전경

그림 1.9 프랑스 남부 님(Nimes) 부근에 있는 수도교 퐁 뒤 가르(Pont du Gard)와 수도 내부

을 믿었다. 이러한 원시적인 물의 순환에 관한 이론은 그리스 철학자 Theophrastus(B.C. 320)가 응결과 동결에 의하여 강수가 형성됨을 설명하여 대기권에서의 물의 순환을 적절히 기술함으로써 물 순환의 이론을 수정하였다.

예수와 동시대 사람인 로마의 공학자 Marcus는 Theophrastus의 이론을 확장하여 지하수는 지면침투를 통한 강우와 강설로부터 발생한다고 주장하였으며 현대 물 순환 이론의 선두자로 여겨진다. 물 순환의 개념이 중국에서는 B.C. 900년, 인도에서는 B.C. 400년, 페르시아에서는 10세기경에 대두되었다. 그러나 문예부흥기까지는 수문학의 의미있는 응용의 증거가 거의 없다.

수문계측의 역사는 다음과 같다. B.C. 3000년경 나일 강의 수위측정을 위한 Nileometer라고 하는 양수표가 개발되어 설치되었고, B.C. 1200년경 중국에서는 Oracle bones에 강우관측이 기록되었다. 인도에서는 B.C. 300년경 방대한 우량관측망이 존재했던 것으로 전해진다. 이들은 모두 세금징수의 수단이었던 것으로 전해진다.

문예부흥기에는 수문학에 관하여 완전히 철학적이었던 개념이 점차 관측과학으로 변화되었다. 레오나르도 다빈치(1452~1519)는 수문학과 수리학에 관심이 많아 봉부자를 이용하여 유속을 측정하고 처음으로 체계적인 유속분포에 관하여 연구하여 흐름면적, 유속 및 유량 간의 관계를 정립하였다.

한편 A.D. 97년 로마의 물관리장관 Frontinus는 유속을 고려하지 않고 흐름면적만을 이용하여 하천유량을 산출하였다. Frazier(1974)에 의하면 레오나르도 다빈치는 공기에 접한 수면층은 바닥에 접해 있는 물보다 저항이 작아서 빨리 흐른다고 하였다. 그러나 레오나르도 다빈치 이전에는 수조 벽면의 위, 아래에 2개의 구멍을 뚫었을 때 아래에 위치한 구멍에서 나오는 물의 유속이 빠른 점에 근거하여 수면에서보다 하상에 가까이 있는 물이 빨리 흐른다고 생각하였다. 프랑스 과학자 Bernard Palissy(1510~1589)는 하천이 바다로부터 직접 물을 공급 받는다는 이론을 반박하고 강이나 샘의 근원은 강우임을 밝혔다.

최초의 강우량과 지표류의 측정은 프랑스 박물학자 Pierre Perrault(1608~1680)에 의하여 이루어졌다. 그는 측정된 강우량을 센 강의 계산유량과 비교하여 유량은 강우량의 약 1/6임을 보였으며 나머지는 증발, 증산으로 손실된다고 주장하였고 Mariotte는 센 강의 유량을 측정하여 이를 검증되었다. 우리나라 세종 24년(1442)에 제작된 측우기는 세계 최초의 과학적 우량계로 이탈리아의 Castelli(1639)보다 200년가량 앞선다. 이 사실을 Smith(1992)는 McGraw-Hill 출판사의 Handbook of Hydrology에서, Shaw(1994)는 그의 저서 Hydrology in Practice에서 밝히고 있다. 영국의 천문학자 Halley(1656~1742)는 작은 접시를 이용하여 증발량을 측정하고 이 측정치를 이용하여 지중해의 증발량을 추정하였다. 이들은 18세기 수문학 발전의 기초를 이루었다.

18세기에 접어들어 많은 수리실험과 관측이 활발하게 이루어졌다. 베르누이정리, Chezy 평균유속공식, 피토관과 같은 새로운 수리학의 원리가 소개되었고 tipping bucket우량계, Price (1885)에 의한 **유속계**(流速計; current meter)와 같은 양질의 계측기가 개발되었다. 이들은 수리학의 기초를 확립하였고 수문학의 정량적인 발전을 크게 촉진하였다.

수문학은 19세기에 접어들면서 보다 급속하게 발전하였으며 특히 지하수 수리학과 지표수 측정에서 현저한 발전이 이루어졌다. Dalton(1802)은 증발의 원리를 수립하였고 모관수 흐름의 이론이 Hagen–Poiseuille식(1839)으로 기술되었다. 영국의 Mulvaney(1850)는 첨두유량을 결정하는 합리식을 제안하였으며 Darcy(1856)는 다공성 매질의 흐름법칙을 개발하였고 Dupuit-Thiem의 우물공식, 댐의 저류용량을 결정하는 Rippl diagram 등이 제안되었다.

지표수 수문학 분야에도 많은 공식과 계측기가 개발되어 체계적인 흐름계측이 시작되었다. Humphreys와 Abbott(1861)은 미시시피 강의 유량측정을 보고했으며 미국 지질조사청(USGS)(1888)은 유량측정의 체계적인 프로그램을 처음으로 수립하였다. 유럽에서는 라인 강의 Basel에서 1887년에 유량측정이 조직화되었다. 또한 개수로 등류의 마닝공식(1889)이 제안되었다.

20세기에 접어들어 정량적인 수문학은 자리를 잡게 되었다. 수문학 문제의 해결에 경험적인 접근방법이 주로 이용되었으며 이러한 경험적인 방법은 점차적으로 관측자료를 이용한 합리적인 해석으로 대치되었다. Green–Ampt(1911)는 물리적인 근거에 의한 침투모형을 개발했고, Hazen(1914)는 첨두홍수에 관한 빈도해석을 도입했으며, Richards(1931)는 비포화흐름의 지배방정식을 유도했다. Sherman(1932)은 유효강우량을 직접유출로 변환하는 단위유량도를 고안했고, Horton(1933)은 침투이론을 개발하여 유효강우량을 결정하는 방안을 고안했다. Theis (1935)의 우물수리의 비평형식이 제안되었으며, Gumbel(1941)은 수문자료의 빈도해석에 극치분포를 제안했다.

컴퓨터 발달: 20세기 후반에는 컴퓨터의 등장으로 보다 큰 규모에서 수문학적 해석이 가능하게 되었다. 수문과정의 복잡한 이론이 컴퓨터를 이용하여 적용 가능하게 되었고 방대한 양의 수문관측 자료를 요약된 통계량으로 나타내어 수문현상의 이해를 돕고 수문학적 설계기준의 설정에 이용되었다. 또한 수문순환의 각 과정과 이들의 성분 간의 관계를 체계화하여 컴퓨터를 이용한 유출순환모형이 개발되기에 이르렀다.

최초의 이러한 모형은 미국 육군공병단에서 개발한 SSARR(Streamflow Synthesis and Reservior Regulation)로서 유역유출 계산을 통한 저수지조작과 유역개발을 위한 모형이다. 1959년에는 Stanford Watershed Model–IV가 개발되었다. 이들 모형을 모체로 하여 많은 수정, 보완된 모형이 나오게 되었다. 현대수문학에 현저한 기여를 한 모형은 미 육군공병단의 Hydrologic Engineering Center(HEC)(1973)가 개발한 HEC프로그램으로 HEC–HMS는 기능과 활용면에서 HEC–1을 크게 개량한 수지형 유역의 강우–유출과정을 모의한다. HEC–RAS는 HEC–2를 개량한 수계의 1차원 부정류의 수리계산을 수행하고 유사이송을 포함한다. 미국 환경청(Huber와 Roesner, 1981)에 의하여 개발된 SWMM(Storm Water Management Model)은 도시우수관거 계통의 유출과 손실을 다루는 가장 종합적인 모형이다. ILLUDAS(1974)는 영국 British Road Research Laboratory에서 RRL의 명칭으로 개발된 모형을 미국에서 수정한 모형으로 도시 우수배수설계와 모의를 위하여 간단한 강우-유출 과정을 이용했다. 이와 같은 수문학적 컴퓨터 모형들은 이전에는 접근될 수 없었고 단지 경험적으로 정의된 영역에 적용되어 왔다.

수문학의 발전은 체제와 기구의 탄생을 필요로 했다. 1922년에 IASH(International Association of Scientific Hydrology)가 IUGG(International Union of Geodesy and Geophysics)내에 조직되었고, 1919년 AGU(American Geophysical Union)이 조직되었으며, ICOLD(Internationsl Commission on Large Dams)가 1928년 창립되었다. 수문연구를 지원해 온 국제기구로는 UNESCO와 WMO(World Meteorological Organization)가 있다. 수문학의 국제적인 연구와 교육프로그램으로 UNESCO는 10년간 지속된 IHD(International Hydrologic Decade, 1965～1974) 사업에 이어 1975년부터 국제수문개발계획(International Hydrological Program, IHP)을 5년 단위로 각국에서 자국 투자로 수문학 연구사업이 진행하며 7단계는 2008～2014년이다.

물 문제는 지구온난화에 의한 이상기후로 인해 국지적이 아닌 지구상의 문제인 점에서 물 관련 지식과 정보의 공유와 협조를 위하여 UN을 비롯한 세계물협의회(World Water Council), 세계물협력체(Global Water Partnership), 세계물포럼(World Water Forum)과 같은 많은 국제 물 관련기구가 최근에 탄생했다.

한 나라의 국가기구로 수문학 발전에 기여가 많은 조직은 미국의 육군공병단(U.S. Army Corps of Engineers(1802)), 지질조사청(Geological Survey, USGS(1879)), 국립해양대기청(National Oceanic and Atmospheric Administration, NOAA(1970))의 산하 기구인 기상청(National Weather Service, NWS(1870)), 개척국(Bureau of Reclamation, USBR(1903)), 1995년 자연자원보전청(National Resources Conservation Service, NRCS)으로 개칭된 토양보전청(Soil Conservation Service, SCS(1935)), 환경청(Environmental Protection Agency, EPA(1970)) 등이 있다.

1.7 한국의 수문학사

한국의 최초 수리구조물은 삼국시대 전북 김제의 벽골제(碧骨堤)(330년)와 그 후 영천의 청제(菁堤)(530～596)가 전해진다. 강우량 측정기는 1441년(세종 23년) 서운관(書雲觀)에서 처음 제작하여 한양과 전국 각 도에 설치하여 전국적인 우량관측망을 구성하였다. 1442년(세종 24년)에는 측우기가 제도화, 규격화되어 우량측정에 관한 제도를 수립했고, 서운관을 비롯하여 지방에서는 각 관아의 뜰에 설치하여 각 도의 감사가 측정 · 기록 보고하게 했다. 처음에는 쇠로 만들었으나 뒤에 구리도 사용되었으며 자기 · 도기가 대용하기도 했다. 당시 측우기는 높이 1척(尺) 5촌(寸)(30.9 cm) 직경 7.5촌(寸)(14.46 cm)의 철제원통이었다. 측우기 내 수심측정에 사용된 주척이라고 명기된 자는 척, 촌, 분까지 잴 수 있는 자로 기록되었다. 측우기는 이탈리아의 Castelli(1639)보다 200년가량 앞선다. 현존하는 측우기로는 공주감영에 있던 금영측우기가 유일하다. 또한 강우강도에 따라 작은 비에서부터 강우를 미우(微雨), 세우(細雨), 소우(小雨), 하우(下雨), 쇄우(灑雨), 추우(騶雨), 대우(大雨), 폭우(暴雨)의 8등급으로 분류했다(풍운기, 風雲記).

수위를 측정하기 위한 수위계가 측위기와 함께 제작되어 1441년(세종 23년) 청계천 마전교(馬廛橋)에 수위표가 설치되었고 이후 마전교는 수표교로 불리었다. 처음 나무기둥이 성종 때 돌기둥으로 교체되었다. 돌기둥 양면에는 1척에서 10척 까지 눈금을 새겼으며, 다시 3·6·9척에는 ○표를 파서 각각 갈수(渴水)·평수(平水)·대수(大水)를 나타내는 표지로 삼았다. 즉 6척 정도의 물이 흐르면 보통 수위이고, 9척 이상이 되면 위험 수위로 개천의 범람을 예고할 수 있도록 하였다. 현재는 세종대왕기념관 뜰에 보존되어 있는 수위표(그림 1.11)는 순조 때 만들어진 것으로 높이 3 m, 너비 20 cm, 6각 돌기둥이다.

금영측우기(錦營測雨器)는 조선 말기 1837년(헌종 3년) 청동을 사용하여 상·중·하 3단으로 제작되어 1910년까지 공주감영(公州監營)에 있던 것으로 그 후 일본 기상청에 옮겨졌다가 1971년 3월에 반환되어 현재 중앙기상대에 보물 제561호로 보관되어 있다. 이 측우기의 크기는 높이 32 cm, 바깥지름 15 cm, 안지름 14 cm, 깊이 10.8 cm, 무게 6.2 kg이다. 측우기의 대석(臺石)은 높이 1.7 m의 석재이다.

그림 1.10 금영측우기

그림 1.11 수표교와 수위표(왼쪽 사진은 설치 당시, 오른쪽 사진은 세종대왕기념관 뜰에 보존)

그림 1.12 벽골제와 벽골제의 수문 장생거(대한토목학회, 2009)

역사적인 수리구조물을 살펴보면 벽골제(碧骨堤)는 전라북도 김제시 부량면에 위치한 저수지로 대한민국 저수지의 효시이다. 축조 시기가 신라 흘해왕 21년(330)으로 기술되었으나 백제멸망이 660년임을 감안하면 백제 11대 비류왕(330)으로 보는 것이 타당할 것이다. 태종 15년(1415)에 대규모 수축공사를 하였고 1925년 동진농지개량조합이 제방을 관개용수로로 개조함으로써 제방원형은 거의 사라져 저수지형태는 찾아볼 수 없고 저수지는 농지화되었다. 1975년 발굴조사에서 5개의 수문이 발견되었으며 장생거(長生渠)는 그 중 하나로 제방 높이가 4.3 m, 마루폭이 7.5 m, 저수면적이 37 km^{2}로 추정된다.

조선 초기에도 제방축조 기록이 있고 정조 6년(1782)에 조사한 전국 제언의 총수는 3,378개소에 달한다. 조선 말기에는 수통에 의한 취수방법이 널리 사용된 것으로 전해진다. 또한 정조실록(1798)에 의하면 사이폰식의 도수공법이 적용되었다.

일제시대 조선총독부는 1915~1928년까지 14년에 걸쳐 14개 하천을 대상으로 최초 하천조사를 실시했다. 이때부터 홍수량을 m^3/s 단위로 표기하기 시작하였으며 1925년(을축년)의 홍수량이 한강 인도교(현 한강대교)에서 32,361 m^3/s로 기록되었다. 이 무렵에 조선총독부 관리인 가지야마공식이 나왔다.

해방 이후 지금까지 수문학의 현저한 발전이 있었으며 1960년대 정부의 경제개발 5개년 계획에 따른 수자원 종합개발계획이 근간이 되었다고 할 수 있다. 1966~1975년까지 수자원 종합개발 10개년 계획은 실질적으로 최초의 물을 자원으로 하는 계획이었다. 이와 병행하여 1965년 한강유역합동조사단이 구성되어 본격적이고 체계적인 하천 유역조사가 시작되었다. 이것은 미국기술자가 참여하여 수문학의 선진기술을 직접 도입하는 계기가 되었다. 1967년 한국수자원개발공사(현 한국수자원공사)가 창립되고 한강유역조사단은 이에 합병되었다.

United National Development Progress(UNDP) 자금에 의하여 낙동강 유역합동조사단이 구성되어 1966~1974년까지 약 8년간 조사업무를 수행했다. 수문 관련 부서는 내무부 토목국 이수과가 모체가 되어 건설부 수자원국(현 국토해양부 건설수자원정책실), 한국수자원공사, 기상청, 농촌공사, 수력발전을 관장하는 한국전력이 있으며, 학회로서는 1967년 창립된 한국수문학회

(1995년 한국수자원학회로 개칭), 1972년 창립된 한국대댐회, 한국관개배수위원회가 있다.

1.8 수문학의 응용과 역할

물은 인간을 비롯한 생물의 생존에 필수 불가결한 요소이고 경제성을 갖는 중요한 자원이다. 이와 같이 중요한 요소이고 자원인 물도 그 양이 적정량 한계를 벗어나 너무 많거나 적으면 심각한 사회 및 경제문제를 야기한다.

먼저 물의 양이 너무 많으면 즉 비가 많이 와서 홍수가 발생하면 하천이 넘치고 제방이 붕괴되어 자산이 침수되고 인명피해를 초래한다. 이는 홍수량의 조절을 필요로 하고 이러한 조절은 수문학에 의하여 가능하다. 반대로 물의 양이 너무 적으면 물 부족 현상인 가뭄이 발생한다. 가뭄을 극복하기 위해서, 즉 물 수요를 충족하기 위해서는 충분한 양의 양질의 물을 필요한 시간(적기)에, 필요한 장소(적지)에 공급해야 한다. 이를 위해서 (1) 용수원(수자원)을 확보하고, (2) 양질의 수질로 보존하여, (3) 물을 배분하는 것이다. 이러한 내용의 과업을 해결하는 것이 수문학이다.

앞에 기술된 내용을 구체적인 사항별로 살펴보면 다음과 같다.

(1) 예상되는 댐 지점에서 가능최대홍수량 또는 설계홍수량의 결정
(2) 다목적댐 저수지의 홍수조절용 용량의 결정
(3) 여수로, 도로암거 및 도시우수의 방류 및 배수계통에 대한 설계홍수량의 결정
(4) 저수지, 제방 및 수리구조물이 하천의 홍수량에 주는 영향
(5) 홍수예경보, 홍수터경계 및 홍수지도의 결정
(6) 계절과 경년 그리고 유역의 토지이용의 변화에 따른 유출 변화의 예측
(7) 유역의 지하수와 지표수와의 관계
(8) 가뭄에 대비한 용수원 확보 방안과 최적 물 배분방안
(9) 한발로 인한 물 부족에 대비한 저수지의 용량 결정
(10) 하천 수질유지에 필요한 하천유지용수량의 결정과 공급방안

수문학이 해결방안을 제공하거나 필요로 하는 주요 세부적인 분야를 나열하면 다음과 같다.

- 홍수조절과 홍수예경보
- 수리구조물의 설계
- 가뭄해소
- 급수
- 물 오염 방지
- 도시개발
- 산업개발
- 식량생산
- 에너지 자원개발
- 토양보전
- 환경영향평가
- 토지이용변화
- 산림과 야생동물 관리
- 군사작전

- 농경지개발
- 주운
- 위락, 낚시 및 여가
- 생태계 서식지의 보전과 조성

이들은 수문기술자가 해결해야 할 전형적인 문제들이다. 이러한 문제의 해결이 수문학의 정량적인 발전을 도모하게 된다. 이러한 해결은 수문관측과 수문학적 해석을 필요로 한다. 수문학적 해석은 강수, 침투, 증발 및 유출과 수문순환과정을 정량화하는 방법론을 개발하는 것이다. 수문학적 해석이 높은 정확도에서 정량적으로 수행되기 위해서는 장기간의 정확한 수문기록이 제공되어야 한다.

물의 사용량은 문명의 척도가 된다. 문명사회일수록 생활수준이 향상됨에 따라 상수도 수요가 증가하고, 산업사회가 되어 공업용수의 수요가 증가하고, 인간수명의 연장과 자연인구의 증가에 따라 식량생산을 위한 관개용수가 증가하고, 위락과 여가를 위한 수량과 수변공간의 수요가 증대되어 장래 물 수요는 크게 증가할 것으로 예상된다. 생활오수와 산업폐기물로 인한 물 오염이 가중되어 가용수자원이 감소하며 인구 1인당 가용수자원도 현격하게 감소하여 용수원의 확보는 더욱 심각한 문제로 등장할 것이다. 또한 생활의 고급화와 산업화는 수해로부터의 위험을 크게 한다. 따라서 향후 물에 관한 문제는 더욱 크게 다가올 것이고 이에 대한 해결책을 제공하는 수문학의 역할 또한 커질 것이며 이에는 수문기술자의 질적 향상과 수적증가가 뒤따라야 한다.

1.9 수문학의 근래 경향

최근 수문실무에서는 자연환경의 보전과 기후변화에 대한 적응이 강조되고 있다. 그동안 수자원을 개발하고 이용하는 과정에서 자연이 훼손되고 수자원이 심각한 수준으로 오염되었다. 지표수와 지하수의 오염은 가정오수와 산업폐수의 무분별한 방류, 각종 폐기물의 방치와 매립과 이로 인한 침출수의 유입으로 발생된다. 따라서 음용수 수준으로 지표수와 지하수의 수질을 보전하고 보호하며 나아가 복원하는 것에 대한 요구가 거세게 일고 있다. 복원을 통한 정수와 보전에 대한 노력은 수문학에 관한 지식과 이러한 지식을 적용할 비전을 가진 수문학분야의 종사자들의 강한 기술적인 도전과 새로운 사업 분야를 창출하고 열어갈 것이다. 지속가능한 발전을 위해 생태계의 지속가능성을 저해하지 않으면서 사회적·경제적인 복지를 극대화할 수 있도록 물, 토지 및 관련 자원이 조화를 이루는 개발과 관리를 촉진하는 과정으로 정의되는 **통합수자원관리**(統合水資源管理; integrated water resources management)기법 또한 강조된다.

기후변화에 대한 적응은 지구온난화로 인한 이상기후에 대한 대처방안을 요구한다. 대기 중에 존재하는 증기, 이산화탄소, 메탄 및 오존으로 구성되는 온실가스의 영향으로 대기의 온도가 상승하여 지구온난화를 유발한다. 대기의 온도상승은 온실가스의 농도에 비례한다. 지난 50년 동안 화석연료 사용의 급증으로 인한 지구온난화는 해수면 상승, 기후변화, 생태계의 변화 및 질병의 증가와 확산 등을 유발했다. 기온 상승으로 바닷물의 팽창과 빙하의 해빙으로 해수면상승이 일어나고, 증발이 증가하여 물 순환의 극한 상황이 심화되어 홍수와 가뭄의 빈도와 피해 규모가 증대된다. 종래에는 태풍이나 허리케인이 차가운 해상을 이동하는 과정에서 에너지손실로 세력이 약해지거나 소멸되기도 했으나 상승된 온도는 이들에 에너지 공급을 제공하여 그 세력이 강화된다. 2002년 태풍 루사와 2005년의 허리케인 카트리나는 대표적인 예이다.

화석연료 사용에 따른 이산화탄소를 감축하기 위하여 개발되는 신재생에너지가 화석연료를 100% 대체할 가능성은 거의 없으며, 획기적인 감축이 이루어진다고 해도 그때까지 배출되는 이산화탄소와 대기에서의 이산화탄소 소멸기간이 50~200년임을 고려하면 지구온난화와 이로 인한 기후변화는 계속될 것이다.

지구온난화의 악영향에 대한 조치를 적응(adaptation)이라 정의한다. 기후변화의 한 양상인 이상기후로, 최근 20년간 강우양상이 1920년대에 비하여 강우일수는 14% 감소한 반면 강우량과 강우강도는 각각 7%와 18%의 증가 추세로 나타났다. 이는 비가 나누어 오기보다 모아 집중적으로 내려 폭우와 가뭄을 심화시킨 기후의 변화를 의미한다. 2002년 8월 31일 태풍 루사로 인하여 강릉지역에 24시간 동안 내린 비의 양 870 mm는 강릉지역의 예상최대강수량(PMP) 510 mm를 크게 초과한 큰 폭우이고 이는 기존 강우기록을 이용해서는 예측이 불가능한 많은 강우량이다. 기후변화로 인한 강우량의 증가로 소양강댐 여수로 설계강우량이 632 mm에서 810 mm로 1.3배 증가됨에 따라 증가된 물을 방류하기 위하여 공사 중인 보조여수로는 최근 기후변화로 인한 강우량의 증가에 대처하기 위한 적응의 예이다. 이러한 문제는 전국에 걸쳐 일어날 것이며 앞으로 더욱 가중될 것이다.

문제는 자연적인 기후변화에 화석연료의 급증으로 인한 기후변화가 추가됨에 따라 추가적인 적응이 필요하나 추가적인 적응방안이 알려지지 않은 점이다. 이의 해결방안으로 기후변화의 영향을 평가하기 위한 컴퓨터모의프로그램이 필요하고 이를 위한 연구개발이 진행되고 있다.

02 유역특성

Applied Hydrology

유역은 강우를 유출로 변환시키는 하나의 변환기이다. 따라서 유역은 강우-유출모형에서 변환과정을 나타내는 계(系; system)로 다루어진다. 이와 같은 변환과정에서 유역은 강수량의 일부를 보수하게 되는데 이는 유출해석에서 직접유출이 아닌 점에서 손실로 취급된다. 손실이 일어나는 정도에 따라 유출의 크기가 달라지므로 유역은 유출률을 지배하게 된다. 주어진 강우량에 대한 유출이 어떻게 발생하는가를 예측하는 유출응답의 열쇠는 유역에 관한 이해를 필요로 한다. 유역의 중요한 요소는 면적, 길이, 형상, 경사, 수로계통, 토양형 및 토지이용이다. 앞의 5개 항목은 이 장에서 설명하고 나머지 2개 항목은 8장에서 설명한다.

2.1 유역면적

유역(流域; drainage basin, watershed 또는 catchment)은 단일 유출구를 통과하는 강우유출에 기여하는 모든 지면으로 정의된다. 유역의 경계는 지형분수계에 의하여 정의된다. **유역면적**(流域面積; drainage area)은 지형분수계 내의 면적이다. 유출은 분수계의 높은 지점에서 시작하여 등고선에 직각방향에서 낮은 지점으로 이동한다. 유역면적이 크면 유출도 커진다.

지형도에서 한 유역의 유역면적은 유역경계의 구분을 필요로 하고 이 면적은 일반적으로 구적기로 계산된다. 전 유역에 걸쳐 강우강도가 일정하면 유출구에서 유출체적은 강우량과 유역면적의 곱으로 주어진다. 따라서 유역면적은 강우로부터 유발될 수 있는 유출의 잠재력을 나타내는 잠재유출체적(potential runoff volume)의 척도이고 첨두유량의 가장 중요한 인자이다.

유역면적에 대한 첨두유량의 관계는 기본적으로 식 (2.1)과 같다.

$$Q_P = c\,A^{\,n} \tag{2.1}$$

여기서 Q_P는 첨두유량(m^3/s), A는 유역면적(km^2), c와 n은 회귀분석에 의해 결정되는 유역의 특성을 나타내는 매개변수이다.

2.2 길이 측정(linear measurement)

유역크기의 척도로 유역면적 외에 여러 형태의 길이가 사용된다. 대개의 경우 길이측정은 유역이나 수로의 길이가 된다. 길이의 정의로 대표적인 것은 다음과 같다.

1. **유역길이**(basin length) L: 유역의 유출구에서 주수로를 따라 유역의 분수령(최원점)까지의 거리
2. **간선수로**(幹線水路; principal water course) 또는 **유로연장**(流路延長; main stream length) L_c: 유역의 유출구에서 주수로를 따라 수로가 시작하는 지점까지의 거리
3. **유역중심거리**(length to center of area) L_{ca}: 유출구에서 주수로를 따라 유역의 중심(重心)에 가장 가까운 수로지점까지의 거리
4. L_{10-85}: 주수로를 따라 유출구에서 수로길이의 10%, 85%가 되는 두 점 간의 거리, 즉 주수로 길이의 하류 10%와 상류 15%를 제외한 수로의 길이

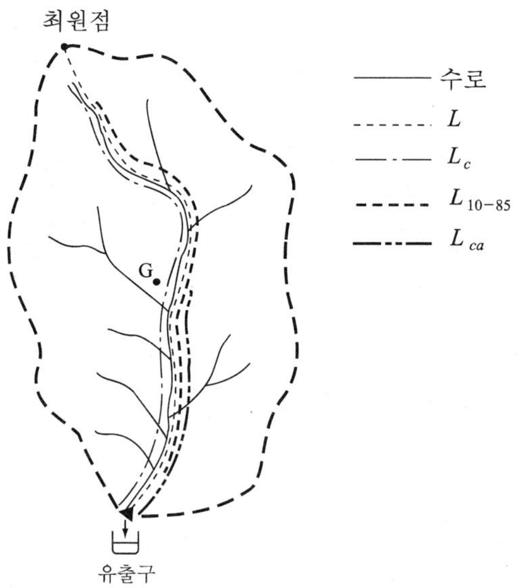

그림 2.1 유역길이의 정의

중심을 결정하는 방법은 딱딱하고 두꺼운 종이에 유역의 모양을 그린 후 유역모양대로 오려낸 후 연필심 상에서 평형을 찾는 것이다. 다른 방법은 그림 2.5와 같이 격자로 구분되는 유역의 각 요소면적에 관한 1차 모멘트를 계산함으로써 중심의 좌표인 $\bar{x}$와 $\bar{y}$를 결정한다.

$$\bar{x} = \frac{\sum_{i=1}^{n} a_i x_i}{\sum_{i=1}^{n} a_i} = \frac{1}{A}\sum_{i=1}^{n} a_i x_i, \quad \bar{y} = \frac{1}{A}\sum_{i=1}^{n} a_i y_i \tag{2.2}$$

수로길이는 유역을 통해서 물이 이동하는 시간의 척도인 시간매개변수를 계산하는 데 이용된다. 수로길이는 유역면적에 따라 증가한다. 미국 Virginia주와 Maryland주의 조사를 통하여 Hack(1957)은

$$L = 1.4\,A^{0.6} \tag{2.3}$$

을 제시하였으며 한국의 주요하천의 21개 지점의 자료에 의하면(Yoon, 1975) 식 (2.4)와 같다.

$$L = 0.52A^{0.69} \tag{2.4}$$

여기서 L은 km, A는 km^{2}의 단위를 갖는다.

2.3 유역형상

유역은 매우 다양한 모양을 갖는다. 유역의 형상은 수문곡선의 모양과 첨두에 미치는 영향이 크다. 유역의 형상을 기술하는 정량적인 매개변수들은 다음과 같다.

형상인자(形狀因子; form factor)

$$K_f = \frac{A}{L_b^2} \tag{2.5}$$

여기서 K_f는 형상인자($K_f < 1$), A는 유역면적(km^2), L_b는 유출구에서 가장 긴 수로의 시작점에 인접한 유역경계까지의 직선거리(km)이다. 유출구가 한 변의 중앙에 위치한 정사각형 유역은 $K_f = 1$, 원형유역은 $K_f = 0.79$이고 길고 좁은 유역은 $K_f < 1$이다.

밀집비(密集比; compactness ratio)

이는 유역의 주변장에 근거한 매개변수로 이를 위해서는 유역과 동일한 면적을 갖는 등가원이 정의된다. 밀집비는 유역의 주변장과 등가원 둘레와의 비이다.

$$K_c = \frac{0.282P}{A^{1/2}} \tag{2.6}$$

여기서 K_c는 밀집비($K_c \geq 1$), P는 유역의 주변장(km), A는 유역면적(km^2)이다.

유역응답(流域應答; catchment response)

강우입력에 대한 유출의 상대적인 집중 정도와 도달시간(timing)의 항으로 나타낸 유역의 반

응이다. 유역의 모양은 특히 작은 유역에서 수문곡선 모양에 미치는 영향이 크다. 다른 조건이 같을 때 (1) 길고 좁은 유역(그림 2.2a)은 형상인자가 작고 밀집비가 1보다 훨씬 커서 물이 유출구에 도달하는 시간이 길어서 지연된 유출응답을 갖는다. 이에 따라 유역의 수문곡선은 그림 2.2c의 A와 같이 기저시간이 길고 납작하게 된다. (2) 원형에 가까운 유역(그림 2.2b)은 반대로 형상인자가 크고 밀집비는 1에 가까워 신속하고 첨예한 유역응답을 갖는다. 이러한 유역은 그림 2.2c의 B와 같이 뾰족하고 기저시간이 짧은 수문곡선을 유발한다.

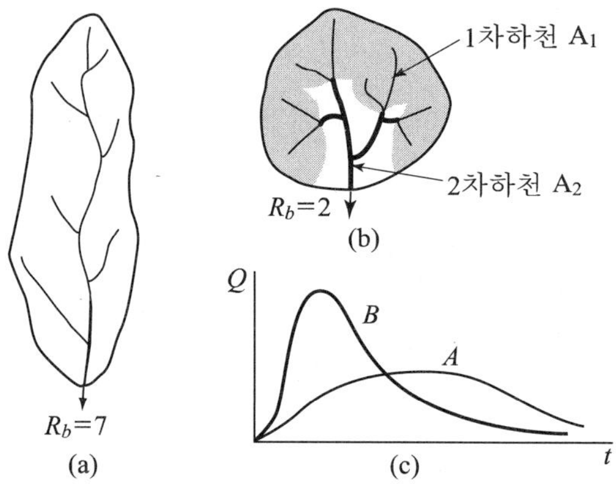

그림 2.2 유출수문곡선에 대한 유역형상의 영향

유역기복

기복(起伏; relief)은 두 기준점의 표고차이이다. **유역기복**(流域起伏; watershed relief)은 유역 분수령의 최고점과 유출구 두 지점의 표고차이이다. **기복비**(relief ratio)는 유역의 최대기복과 주수로와 평행한 방향에서 측정된 유역의 최장 수평 직선거리와의 비이다. 여기서 주수로는 유출을 유출구에 수송하는 유역 중앙에 위치한 가장 큰 수로이다. 기복비는 유역의 침식과정의 강도를 나타내는 척도로 사용된다. 유역기복의 변화를 반영하는 매개변수로는 수로경사, 유역경사 및 고도-면적곡선 등이 있다.

2.4 수로경사

수로(또는 **하도**)**종단도**(水路縱斷圖; longitudinal profile of stream)는 분수령에서부터 하도의 수평거리에 대한 하상의 표고를 도시한 것이다. 수로경사는 수로의 종단도 상에서 임의의 두 점의 표고차이와 수평거리의 비로 정의된다. 수로경사는 수로에서의 유속과 유출의 흐름특성에 미치는 영향이 크다. 하도의 종단도는 일반적으로 위로 오목한 형태이고 하류로 갈수록 경사는 완만해진다. 수로경사는 바닥마찰에 비례하고 수심에 반비례한다. 작은 계류는 바닥마찰이 크고 수심이 작아 하도(하상)경사가 급하다. 그러나 큰 하천은 작은 바닥마찰에 큰 수심을 가져

하도경사가 완만하다.

(1) 종단도에서 최대표고차이 ΔH와 수평거리 L의 비는 경사 S_1을 정의한다.

$$S_1 = \frac{\Delta H}{L} \tag{2.7}$$

(2) 경사 S_2는 그림 2.3에서 수로종단면도 아래 면적과 경사 S_2 아래 면적을 같게 하는 경사이다. 즉, A_1과 A_2를 같게($A_1 = A_2$) 하는 경사이다.

(3) 경사 S_{10-85}는

$$S_{10-85} = \frac{\Delta H_{10-85}}{L_{10-85}} \tag{2.8}$$

여기서 L_{10-85}는 유출구에서 수로의 길이 10%와 85%(낮은 10%와 높은 15% 제외)에 해당하는 두 점 간의 거리이고, ΔH_{10-85}는 수로길이 L_{10-85}에 해당하는 표고차이이다.

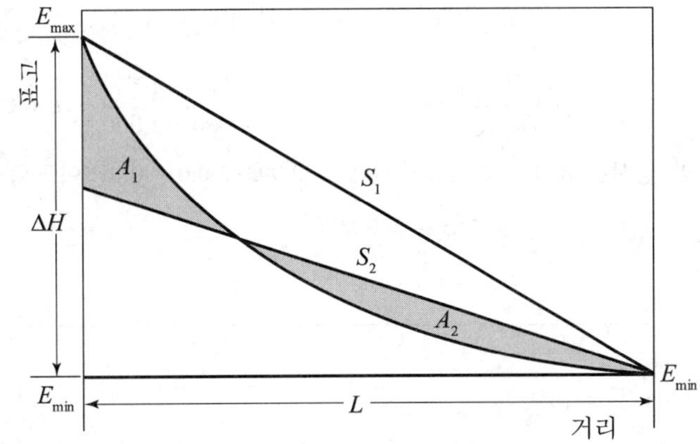

그림 2.3 수로경사의 정의

(4) 유역의 응답시간을 고려한 경사로 **등가경사**(等價傾斜; equivalent slope) S_e를 들 수 있다. 이를 구하기 위해서는 수로를 n개의 소구간으로 분할하고 각 소구간의 경사를 계산한다. 마닝공식에 따라 각 소구간의 유하시간은 경사의 제곱근에 반비례하는 것으로 가정한다. 같은 방법으로 전 하도구간을 유하하는 시간은 등가경사에 반비례하는 것으로 가정한다. 이로부터 다음 식이 유도된다(Laurenson, 1962).

$$S_e = \left(\frac{\sum_{i=1}^{n} L_i}{\sum_{i=1}^{n} L_i / S_i^{1/2}} \right)^2 \tag{2.9}$$

여기서 L_i는 i 구간의 길이, S_i는 i 구간의 경사이다.

예제 2.1

한 유역의 수로종단면도에 나타낸 5개 지점의 유출구에서부터 거리와 표고가 다음과 같다. 경사 S_1, S_2, S_{10-85}, S_e를 구하라.

거리(m)	0	2,000	5,000	10,000	15,000	17,000	20,000
표고(m)	200	204	210	222	240	260	300

[풀이] S_1 : 최대표고차이는 $\Delta H = 100\,\mathrm{m}$ 이고 유로연장은 $L = 20{,}000\ \mathrm{m}$ 이다. 따라서

$$S_1 = \frac{\Delta H}{L} = \frac{100}{20{,}000} = 0.005$$

S_2 : 그림 2.4에서 하도종단면도 아래 면적이 $600{,}000\ \mathrm{m}^2$ 이다. 그림 2.3에 따라 S_2를 $S_2 = Y/20{,}000$ 으로 나타낸다. 이 경우 Y는 $600{,}000 = \frac{1}{2}(Y \times 20{,}000)$ 로부터 $Y = 60\ \mathrm{m}$ 이다. 따라서

$$S_2 = \frac{60}{20{,}000} = 0.003$$

S_{10-85} :

$$\frac{\Delta H_{10-85}}{L_{10-85}} = \frac{H_{85} - H_{10}}{L_{85} - L_{10}} = \frac{260 - 204}{17{,}000 - 2{,}000} = 0.0037$$

S_e : 각 구간의 경사는 0.002, 0.0053, 0.0024, 0.0036, 0.01, 0.013이므로 식 (2.9)에 의하면

$$S_e = 0.00396$$

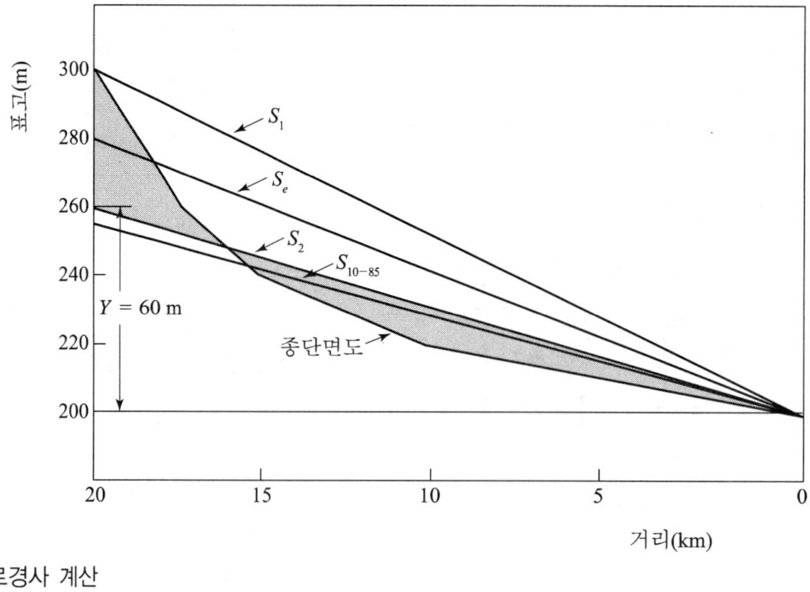

그림 2.4 수로경사 계산

2.5 유역경사

(1) **유역경사**(流域傾斜; basin slope). 두 지점 간의 표고차이와 거리와의 비로 정의되고 지표류의 유속, 유역침식능 및 지역적인 바람에도 지대한 영향을 갖는다.

$$S = \frac{h}{L} \tag{2.10}$$

여기서 h는 표고차이(m), L은 표고차이가 설정된 두 지점 간의 수평거리(m)이다. 유역 내에서도 지점에 따라 지표면 경사가 크게 변하므로 식 (2.10)이 유역의 대표경사로서 부적합한 경우가 많다. 이를 보완하는 방법이 기술된다.

(2) **Horton방법**. 이는 지형도 상에서 유역면적을 격자망으로 나타낸다(그림 2.5). 유역경계선 내의 각 가로격자선의 거리를 측정하고 이들의 합 L_H를 구한다. 세로격자선에 대해서도 같은 방법으로 세로격자선의 합 L_V를 구한다. 가로격자선이 등고선과 만나는 점의 수 N_H, 세로격자선이 등고선과 만나는 점의 수 N_V를 구한다. 유역경사 S는 다음 식으로 결정된다.

$$S = \frac{1}{2}(S_V + S_H) \tag{2.11}$$

여기서 S_V는 평균세로경사로 $S_V = N_V h / L_V$, S_H는 평균가로경사로 $S_H = N_H h / L_H$이고 h는 등고선 간격이다.

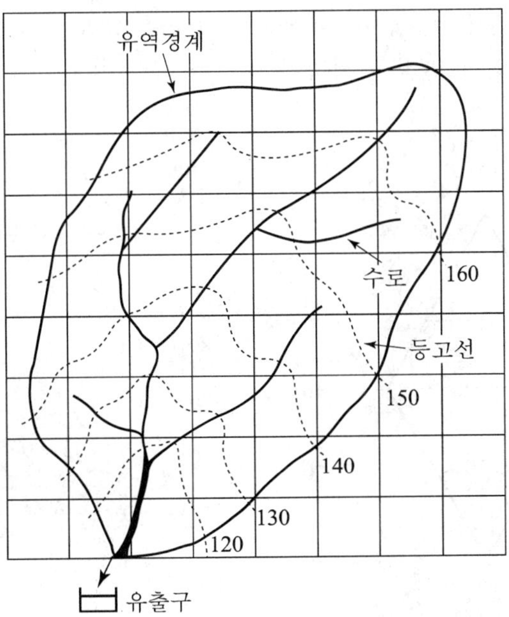

그림 2.5 유역경사 결정 격자망

(3) **격자방법**. 유역의 지형도 상에 투명한 격자망을 겹친 다음 각 격자의 최대경사 S_i를 구하고 n개의 S_i 평균치를 계산한다. 이 평균치는 지표경사의 대표치로 취해진다.

$$S = \frac{1}{n}\sum_{i=1}^{n} S_i \tag{2.12}$$

(4) **등고선법(等高線法**; Van Haveren, 1977)

$$S = \frac{h \times L_c}{A} \tag{2.13}$$

여기서 h는 등고선 간격, L_c는 유역 내 등고선의 총길이, A는 유역면적이다.

(5) **Fleming 방법**(1977). 유역을 격자망으로 분할하고 각 격자점에서 가장 가까운 수로에 가장 경사가 급한 방향에서 선을 그어 경사를 구한다. 유역경사는 이와 같이 구한 경사들의 평균이다.

$$S = \frac{1}{n}\sum_{i=1}^{n} S_i \tag{2.14}$$

여기서 S_i는 각 격자점에서 가장 가까운 수로에 대한 경사이고 n은 격자점의 수이다.

2.6 고도-면적곡선

고도-면적곡선(高度-面積曲線; hypsometric curve)은 고도를 종축으로 취하고 이 고도보다 높은 고도에 위치한 유역의 면적을 횡축에 도시한 곡선이다. 고도-면적곡선을 그림 2.6과 같이

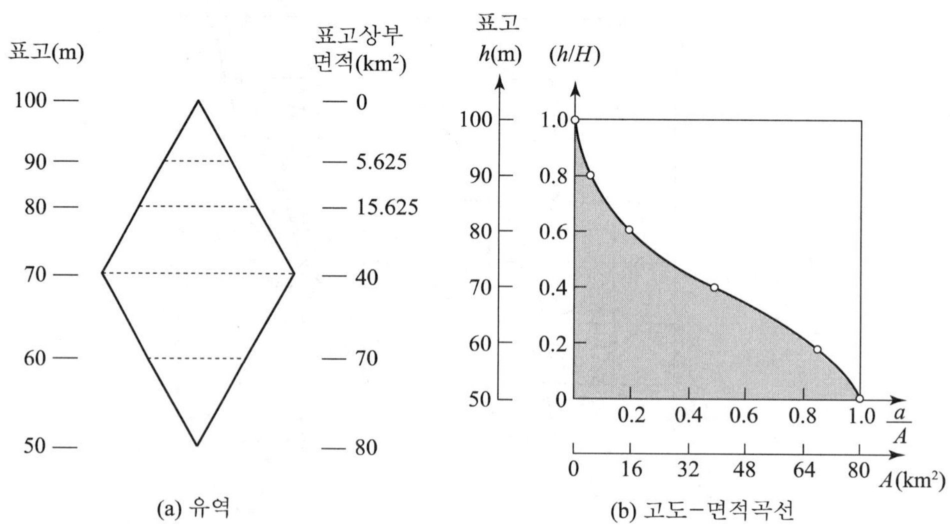

그림 2.6 고도-면적곡선 작성(McCuen, 1989)

면적은 총면적으로 나누고, 고도는 최대고도차이로 나누어 무차원으로 나타낼 수 있는데 이는 유역의 특성을 비교하는 데 유용하다.

고도-면적곡선은 한 유역의 고도-면적에 관한 특성을 나타내는 단일치 지수이고 이에는 측고면적비와 종단인자가 있다. **측고면적비**(測高面積比; hypsometric area ratio)(H_a)는 그림 2.6b에서 고도-면적곡선 아래 면적과 4개의 점 (0, 0), (0, 1), (1, 1), (1, 0)으로 형성되는 사각형 면적과의 비이다. 그림 2.6b에서 H_a는 0.43이다.

종단인자(縱斷因子; profile factor)(F_p)는 그림 2.7에서 두 점 (0, 1)과 (1, 0)을 연결하는 선으로부터 고도-면적곡선의 최대편차(D_m)와 두 점을 연결한 선의 길이(L_d)와의 비이다. 그림 2.7에서 종단인자는 0.1이고 일반적으로 0.01~0.15 범위에 있다.

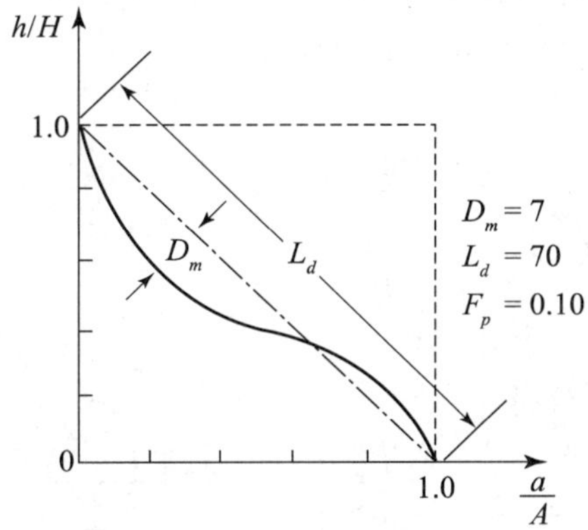

그림 2.7 고도-면적곡선에 대한 종단인자의 산정

배수양상(排水樣狀)

수로를 흐르는 물의 속도는 지표면을 흐르는 지표류의 속도보다 일반적으로 빠르다. 따라서 한 유역에서도 수로의 발달 정도에 따라 빗물이 유역의 유출구에 도달하는 도달시간이 다르게 된다. 이러한 점에서 도달시간은 많은 수문학적 설계모형에 중요한 입력이 된다. 따라서 배수양상은 호우유출의 흐름특성을 나타내는 지시기라고 할 수 있다.

2.7 Horton법칙

2.7.1 하천차수

하천차수(河川次數; stream order)는 하천이 갈라지는 분기의 척도이고 하천의 모든 길이는 그의 차수로 구분된다. 한 유역의 최상류에 위치한 하천은 하류로 유하하는 과정에서 다른 하천과 합류하고 이는 다시 하류에서 또 다른 하천과 합류한다. 그림 2.8에서와 같이 **1차하천**(first order stream)은 발원지에서 시작한 지천이 없는 하천으로 정의된다.

2차하천(second order stream)은 둘 또는 둘 이상의 1차하천이 합류하여 형성된 지류이며, **3차, 하천**(third order stream)은 둘 또는 둘 이상의 2차하천이 합류하여 형성된 지류이다. 한 유역의 **간선차수**(幹線次數; principal order)는 간선수로인 본류의 차수, 즉 유역의 유출구를 통과하는 하천의 차수로 정의된다. 가상유역의 하천차수는 그림 2.8과 같다. 이 경우 유역은 4차의 간선 차수를 갖는다. 하천차수는 다른 형태의 배수특성을 계산하는 데 이용된다.

분기비(分岐比; bifurcation ratio) R_b는 주어진 차수의 하천수 N_i와 다음으로 높은 차수의 하천수 N_{i+1}과의 비이다(그림 2.2 참조).

$$R_b = \frac{N_i}{N_{i+1}} \tag{2.15}$$

그림 2.8은 1차하천이 25개임을 나타내고 2, 3, 4차하천의 분기비가 각각 4.17(=25/6), 3.0 및 2.0임을 제시하고 평균값 3.06을 나타낸다.

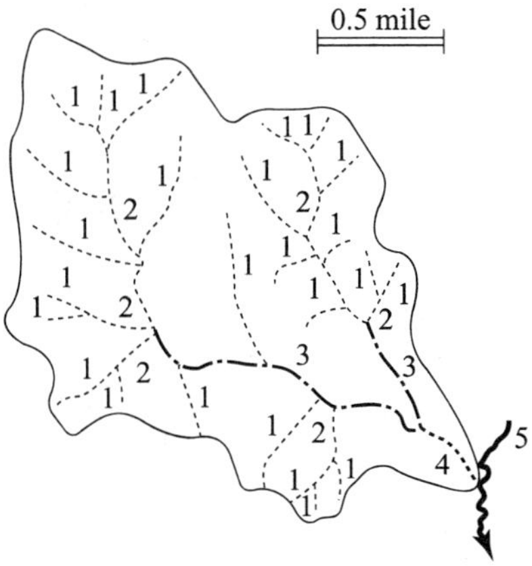

하천차수	하천수	분기비
1	25	
		4.17
2	6	
		3.0
3	2	
		2.0
4	1	

그림 2.8 간선차수 4인 유역의 하천차수(Strahler, 1964)

2.7.2 하천수법칙

하천수법칙(law of stream numbers)은 차수 i인 하천의 수 N_i를 분기비 R_b와 간선차수 k의 함수로 나타낸다.

$$N_i = R_b^{k-i} \tag{2.16}$$

분기비 R_b를 구하기 위하여 식 (2.16)의 양변의 대수를 취한다.

$$\ln N_i = (k-i)\ln R_b$$

하천차수 k가 4 이상이면 이러한 식이 $3(k-i=4-1)$개 이상이 되어 분기비 R_b는 최소자승법을 이용해서 구해진다.

$$\ln R_b = \frac{\Sigma\,[(\ln N_i)(k-i)]}{\Sigma\,(k-i)^2} \tag{2.17}$$

여기서 합은 $i=1$에서 $i=(k-1)$까지 적용되고, k는 간선차수이다. 한편 평균분기비가 3.06, 간선차수가 4인 유역(그림 2.8)에 대한 식 (2.16)은 다음과 같다.

$$N_i = 3.06^{4-i} \tag{2.18}$$

식 (2.18)에 의한 차수 1, 2, 3에 대한 하천수는 29, 9, 3으로 계산된다. 이들은 그림 2.8에서 각 차수에 대한 하천수 25, 6, 2에 근사한 결과이다.

2.7.3 하천길이법칙

하천길이법칙(law of stream lengths)은 차수 i인 하천의 평균길이 L_i를 수로길이비 R_L과 1차 하천의 평균길이 $\overline{L}_1$의 함수로 나타낸다.

$$L_i = \overline{L}_1\, R_L^{i-1} \tag{2.19}$$

여기서 **수로길이비**(stream length ratio) R_L은 임의의 차수의 수로길이와 다음 낮은 차수 하천의 평균길이의 비이다. 일반적으로 R_L의 범위는 $1.5 < R_L < 3.5$이다.

$$R_L = \overline{L}_{i+1} / \overline{L}_i \tag{2.20}$$

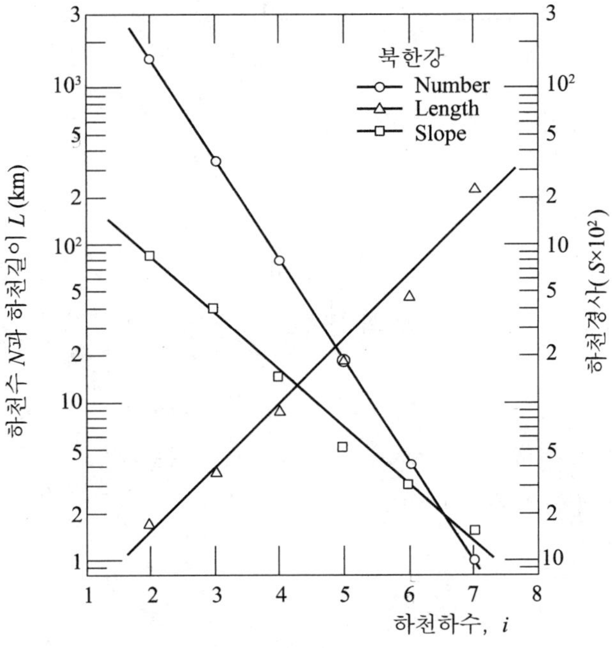

그림 2.9 북한강의 차수별 하천수에 대한 하천길이와 하천경사의 관계(Yoon, 1975)

수로길이비 R_L도 분기비 R_b와 같이 최소자승법에 의해 구해진다.

$$\ln R_L = \frac{\Sigma\left[(\ln \overline{L_i} - \ln \overline{L_1})(i-1)\right]}{\Sigma(i-1)^2} \tag{2.21}$$

여기서 합은 $i=2$ 에서 $i=k$ 까지이다.

2.7.4 하천면적법칙

하천면적법칙(河川面積法則; law of stream areas)은 차수 i 인 하천의 평균지류면적 A_i 를 1차 하천 유역의 평균면적 $\overline{A}_1$와 수로면적비 R_a의 함수로 정의한다.

$$A_i = \overline{A}_1 \; R_a^{i-1} \tag{2.22}$$

여기서 **수로면적비**(水路面積比; stream area ratio) R_a 는 임의 차수인 하천의 평균유역면적과 다음으로 낮은 차수 하천의 평균유역면적과의 비이다. R_a 의 범위는 일반적으로 $3 < R_a < 6$이다. 식 (2.19)과 (2.22)의 유사성은 유역의 길이와 면적의 높은 상관관계를 의미한다.

$$R_a = \frac{\overline{A}_{i+1}}{\overline{A}_i} \tag{2.23}$$

수로면적비 R_a도 분기비 R_b와 같이 최소자승법에 의해 구해진다.

$$\ln R_a = \frac{\Sigma\left[(\ln \overline{A_i} - \ln \overline{A_1})(i-1)\right]}{\Sigma(i-1)^2} \tag{2.24}$$

여기서 합은 $i=2$ 에서 $i=k$ 간선차수이다.

2.7.5 하천경사법칙

하천경사법칙(河川傾斜法則; law of stream slopes)은 차수 i 인 하천의 평균경사 S_i 는 1차하천의 평균경사 $\overline{S_1}$와 수로경사비 R_s의 함수로 정의한다.

$$S_i = \overline{S}_1 R_s^{\,k-i} \tag{2.25}$$

여기서 **수로경사비**(水路傾斜比; stream slope ratio) R_s는 차수 i 하천의 평균경사와 다음으로 높은 차수 하천의 평균경사의 비이다.

$$R_s = \frac{\overline{S}_i}{\overline{S}_{i+1}} \tag{2.26}$$

예제 2.2

유역면적이 240 km^{2}인 유역의 1, 2, 3, 4차하천의 하천수, 평균길이 및 평균면적이 다음 표와 같다. 매개변수 R_b, R_L, R_a를 계산하라.

차수 i	하천수 N_i	평균길이 $\overline{L_i}$ (km)	평균면적 $\overline{A_i}$ (km^2)
1	38	1.76	4.1
2	16	2.79	4.4
3	4	6.42	9.1
4	1	12.00	18.1

[풀이] 하천수: 식 (2.16)에 하천수, 차수, 간선차수 $k=4$를 대입하면

1차하천 $i=1$ $\quad 36 = R_b^3 \quad$ (a)

2차하천 $i=2$ $\quad 15 = R_b^2 \quad$ (b)

3차하천 $i=3$ $\quad 5 = R_b \quad$ (c)

식 (a, b, c)에 식 (2.17)을 적용하면 $R_b = 3.56$이다. 따라서 식 (2.16)의 유역에 대한 하천수법칙은 다음과 같다.

$$N_i = 3.56^{4-i} \tag{d}$$

하천길이: 각 차수의 하천 평균길이를 식 (2.21)에 적용하면 수로길이비는 $R_L = 1.86$이다. 따라서 하천길이법칙은 다음과 같다.

$$L_i = \overline{L_1}(1.86)^{i-1} \tag{e}$$

하천면적: 차수별 평균유역면적을 식 (2.24)에 적용하면 하천면적비는 $R_a = 1.6$이고 하천면적법칙은 다음과 같다.

$$A_i = \overline{A_1}(1.6)^{i-1} \tag{f}$$

2.8 수계밀도

수계밀도 또는 **배수밀도**(排水密度; drainage density) D는 유역 내의 총 하천길이를 총면적으로 나눈 값이고 유역의 단위면적에 대한 수로길이를 나타낸다. 따라서 D는 $[L^{-1}]$의 차원을 갖는다.

$$D = \frac{L_T}{A_k} = \sum_{j=1}^{k} \sum_{i=1}^{N_j} \frac{L_{ji}}{A_k} \tag{2.27}$$

여기서 L_T는 차수 k인 유역면적 A_k 내 수로의 총길이이다. 첨자 j는 차수를, i는 수로의 수를 나타낸다. 높은 배수밀도는 상대적으로 높은 하천밀도를 그리고 신속한 호우응답을 나타낸다. 이

는 토양이 침식성이거나 불투수성이고 경사가 급하고 식생피복이 빈약한 지역에서 관찰된다. 반대로 낮은 배수밀도는 완만한 수문학적인 응답과 빈약한 배수유역을 나타낸다. 이는 토양이 내침식성이거나 투수성이 높고 기복이 심한 지역에서 관찰된다.

2.9 수계빈도

수계빈도(水系頻度; stream frequency)는 단위면적에 대한 수로의 수로 정의된다.

$$F = \frac{\sum_{i=1}^{n} N_i}{A_k} \tag{2.28}$$

여기서 N_i는 차수 i인 하천의 수, $\sum N_i$는 차수 k인 유역 내 모든 차수의 총 하천수이고 A_k는 차수 k인 유역의 총면적이다. F는 $[L^{-2}]$의 차원을 갖는다. 배수밀도 D와 수계빈도 F 사이에는 일정한 관계가 성립됨이 밝혀졌다.

$$F = CD^2 \tag{2.29}$$

이는 무차원수 F/D^2이 일정한 상수가 됨을 시사한다. 다양한 유역특성을 갖는 156개 유역의 해석을 통하여 Melton(1958)은 $F/D^2 = 0.694$를 제시하였다.

$$F = 0.694\, D^2 \tag{2.30}$$

문 제

2.1 그림 2.5의 유역에 대한 형상인자와 밀집비를 구하라.

2.2 다음 그림에서 유역의 길이 L, L_c, L_{ca}, L_{10-85}를 결정하라.

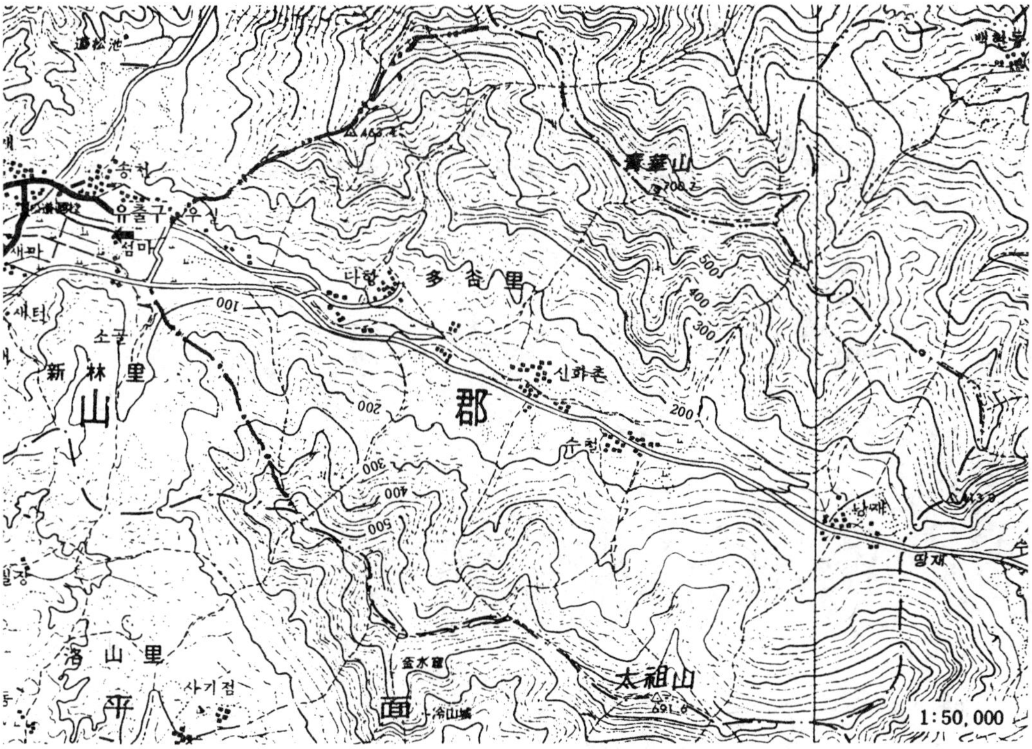

2.3 문제 2.2의 유역에 대한 수로의 경사 S_1, S_2, S_{10-85} 및 S_e를 계산하라.

2.4 문제 2.2의 유역에 대한 유역경사를 상이한 방법으로 결정하라.

2.5 그림 2.5에 주어진 유역의 수로경사를 상이한 방법으로 결정하라.

2.6 그림 2.5에 주어진 유역의 유역경사를 상이한 방법으로 결정하라.

2.7 그림 2.5에 주어진 유역의 고도-면적곡선을 작성하고 D_m, L_d, F_p, H_a를 계산하라.

2.8 문제 2.2의 유역에 대한 고도-면적곡선을 유도하고 D_m, L_d, F_p 및 H_a를 구하라.

2.9 다음 자료에 대한 수로경사를 계산하라.

유출구에서 거리(m)	표고(m)
0	144
1,070	147
1,400	149
1,950	160
2,600	178
2,820	181

2.10 낙동강수계 내성천 유역의 각 하천구간의 차수를 명시하고 분기비를 계산하라. 각 차수에 대한 예상 하천수와 실제 하천수를 계산하라.

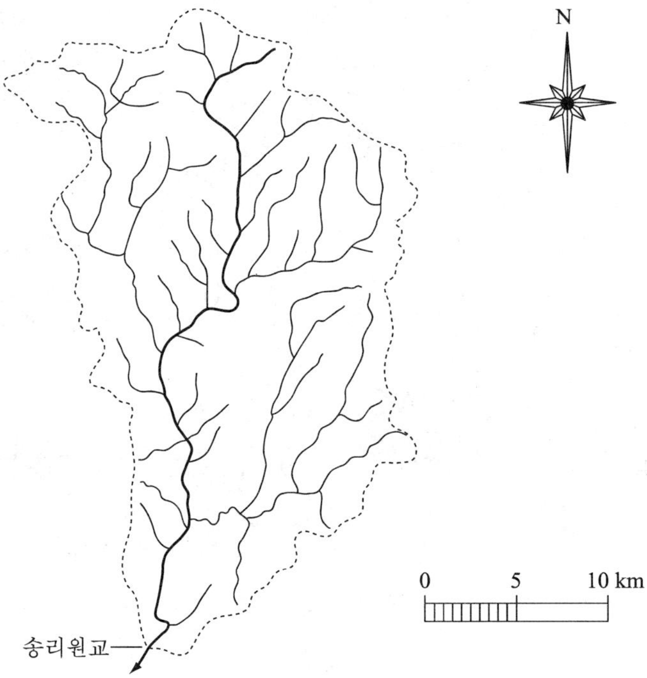

2.11 문제 2.10의 유역의 배수밀도와 수계빈도를 계산하라. 구간의 길이는 km 단위로 그림에 보인 바와 같다. 유역면적은 $A = 72\ \text{km}^2$이다.

2.12 문제 2.10의 유역에 대하여 (a) 하천길이비, (b) 하천면적비, (c) 하천경사비를 결정하라. 각 차수의 하천에 대한 평균길이, 평균면적 및 평균경사를 계산하라. 계산값과 실제값을 비교하라. 또한 결과를 하천차수에 대하여 도시하라.

2.13 다음 그림은 경북 영천군 남천유역이다. 각 하천의 차수를 명시하고 분기비를 계산하라. 각 차수의 하천수를 계산하여 실제 하천수와 비교하라.

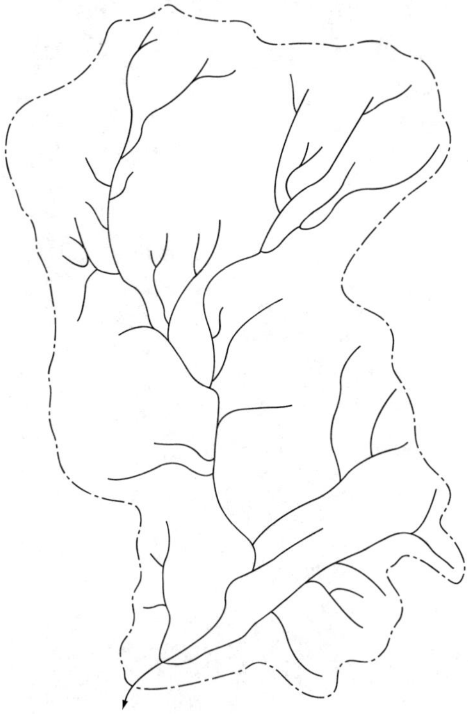

2.14 문제 2.13의 유역에 대하여 유역의 배수밀도와 수계빈도를 계산하라.

03 수문기상학

Applied Hydrology

한 지역의 수문특성은 지질, 지리 및 기후에 의하여 결정되고 이 중에서 주된 역할을 하는 것은 기후이다. 이와 연관된 기상변화와 수문과정은 지구–대기시스템을 통하여 에너지를 재분포하려는 데서 발생한다. 이러한 재분포는 지구상 태양복사의 시간–공간적인 분포가 고르지 않음으로 인한 온도의 불균형분포 때문에 일어난다.

수문특성을 결정하는 기후인자는 강수량의 양과 분포, 증발산에 대한 바람, 온도 및 습도 등이다. 기상학이 중요한 역할을 하는 수문문제로는 여수로 설계의 가능최대강수량의 결정, 저수지조작에 대한 강수량의 예보, 댐과 제방의 설계와 관련된 파랑의 추정을 위한 가능최대풍속의 결정 등이다. 이러한 점에서 수문관계자는 한 지역의 기후를 결정하는 기상과정에 관한 이해를 필요로 한다.

3.1 대기의 특성과 구성

대기(大氣; atmosphere)는 두께가 약 100 km인 지구 주위의 보호층으로서 지구 표면의 에너지 균형에 지대한 영향을 갖는다. 대기는 외계의 극한적인 영향에 대하여 지구의 방패 역할을 하고 직접적인 열손실을 막는다. 따라서 대기는 양 방향에서 에너지 여과 역할을 한다. 지구 주위의 가스는 지상 50 km를 경계로 상–하부 대기로 구분된다. **열층권**(熱層圈; thermosphere)과 **중간권**(中間圈; mesosphere)으로 구성되는 상부대기권은 기후에 중요한 역할을 하지 않고 대부분의 주요 질량과 에너지 전달은 하부대기권에서 일어난다. 하부대기권은 다시 **대류권계면**(對流圈界面; tropopause)을 경계로 **성층권**(成層圈; stratosphere)과 **대류권**(對流圈; troposphere)으로 구분된다. 대류권은 기상현상의 대부분이 일어나는 권역이며 대기질량의 75%를 포함한다.

공기의 압력과 밀도는 고도가 높아짐에 따라 감소하나 온도는 불규칙하게 변한다. 대기를 구

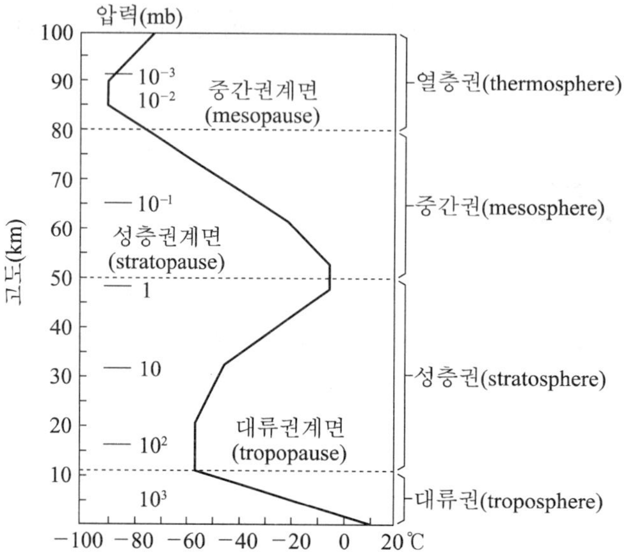

그림 3.1 대기의 구조와 고도에 대한 기온의 변화

분하는 **권**(圈; sphere)은 온도분포에 따라 정의된다. 대류권에서는 고도의 증가에 따라 온도가 감소한다. 그러나 20~50 km의 고도에서 온도가 상승하는 것은 단파의 태양복사를 흡수한 오존층이 그 일부를 열로 방출하기 때문이다.

대류권의 두께는 남북 양극의 8 km에서 적도의 16 km에 이르고(그림 3.1) 평균 11 km의 두께를 갖는 층으로, 대기 중량의 75%를 차지하고 실질적으로 대기의 모든 수분을 포함한다. 에너지, 운동량 및 질량의 전달은 대류권에서 일어나고 지구상의 바람, 강수가 발달된다. 일반적으로 지면온도가 높고 해면을 기준으로 한 압력이 높게 되면 권계면의 고도는 높아지는 경향이 있다. 지면에서 권계면에 이르는 온도는 고도가 증가함에 따라 평균 6.5°C/ km의 율로 감소한다. 대기의 주요성분은 질소(78%), 산소(21%), 아르곤(0.9%) 및 이산화탄소(0.033%)이다. 대기의 수분이 증기(가스)로 존재할 때는 보이지 않으며 이를 습도라고 하고, 응결로 인하여 미소한 물방울이 되면 보이게 되며 고도에 따라 안개 또는 구름이라고 한다. 수증기와 같이 이산화탄소는 지구로부터의 장파복사를 흡수하여 열수지에 영향을 준다. 대류권 상부 성층권은 태양 단파복사(자외선)을 흡수하여 그 일부 에너지를 열로 방출하는 오존을 포함한다.

대기압과 밀도

대기압은 대기에서 표면 위의 공기무게에 의하여 표면의 단위면적에 작용하는 힘이다. 평균해면을 기준으로 한 평균대기압은 1 bar(10^5 Pa 또는 10^5 N/m^2)이다. 1 bar의 압력은 표준수은기압계에서 평균 760 mm의 수은주에 대한 압력과 동등하다. 대기압은 일반적으로 mb로 측정되나 파스칼(Pa)이 주로 쓰이는 추세이다. 평균해면 기준 대기압은 1,013.2 mb이다. SI단위에서는 1 kPa = 10 mb이다. 공기의 밀도는 상태방정식으로부터 구해진다.

$$\rho = P/RT \tag{3.1}$$

여기서 ρ는 밀도(kg/m^3 또는 g/cm^3), R는 건조기체상수(2.87×10^6 cm^2 s^{-2} K^{-1} 또는 287 J kg^{-1} K^{-1}, 1 J = 1 kg m^2 s^{-2}), T는 공기의 온도(K)이다. 공기의 밀도는 고도에 따라 급격히 강하하고 대류권에서 저압한계는 100 mb 정도이다.

예제 3.1

5°C, $P = 350$ kPa 인 공기의 밀도를 구하라.

[풀이] 압력은 $P = 350\ \text{kPa} = 350 \times 10^3\ \text{N m}^{-2} = 350 \times 10^3\ \text{kg s}^{-2}\text{m}^{-1}$ (1 N = 1 kg m s^{-2}) 이고 건조기체상수는 $R = 287\ \text{m}^2\text{s}^{-2}\ \text{K}^{-1}$이므로 밀도는 다음과 같다.

$$\rho = \frac{P}{RT} = \frac{350 \times 10^3\ \text{kg s}^{-2}\ \text{m}^{-1}}{(287\ \text{m}^2\ \text{s}^{-2}\ \text{K}^{-1})(273+5)\ \text{K}} = 4.38\ \text{kg/m}^3$$

3.2 태양복사

지구 표면의 주요 에너지원은 **태양복사**(太陽輻射; solar radiation) 또는 **일사**(日射; insolation)라고 하는 태양으로부터의 복사에너지이다. 지구상의 기후를 유발하고 대기와 해양의 운동과 수문순환을 가동시키는 것은 태양복사이다. 지구의 한 지점에서 받는 복사에너지양은 태양복사, 태양으로부터 거리, 태양의 고도 및 일조시간의 영향을 받는다.

복사는 빛의 속도에서 파형으로 이동한다. 물체의 온도가 높을수록 짧은 파장으로 방사된다. 온도가 6,000K인 태양으로부터 에너지의 **방사율**(放射率; rate of emission)은 그림 3.2와 같고 그 중 일부는 지구에 의하여 차단된다. 태양으로부터 복사되는 총 에너지의 반이 가시적인 파장 0.4～0.7 μm 범위이고 나머지는 파장 0.1～0.4 μm 범위의 자외선 또는 0.7 μm 이상의 적외선으로 도달한다. 태양으로부터 평균거리에서 태양광선에 직각인 지구상의 단위면적이 단위시간에 받은 총 태양복사를 **태양상수**(太陽常數; solar constant)라고 한다. 태양상수의 평균값은 1.366 kW/m^2 (82.04 kJ/m^2/min, 1.96 cal/cm^2/min 또는 1.96 Ly/min)이다. 그러나 지구 중심을 지나는 원의 면적은 지구표면적의 1/4이므로 지구 표면이 받는 태양복사는 0.342 kW/m^2 또는 0.5 Ly/min이다. Ly는 Langley의 약자이고 1 Ly = 1 cal/m^{2}이다. SI단위에서는 watt/m^2(W/m^2)가 사용된다. 1 cal(15°C)/cm^2 min = 697.6 W/m^2, 1 cal(15°C)/cm^2 = 41.86 kJ/m^{2}이다.

3.2.1 지구 표면에서 태양복사

대기의 외계에 도달한 태양복사의 대부분은 대기에서 산란, 흡수되거나 구름과 지구 표면으로부터 반사된다. 공기분자에 의한 복사의 산란은 최단파장에서 가장 현저하다. 태양이 머리

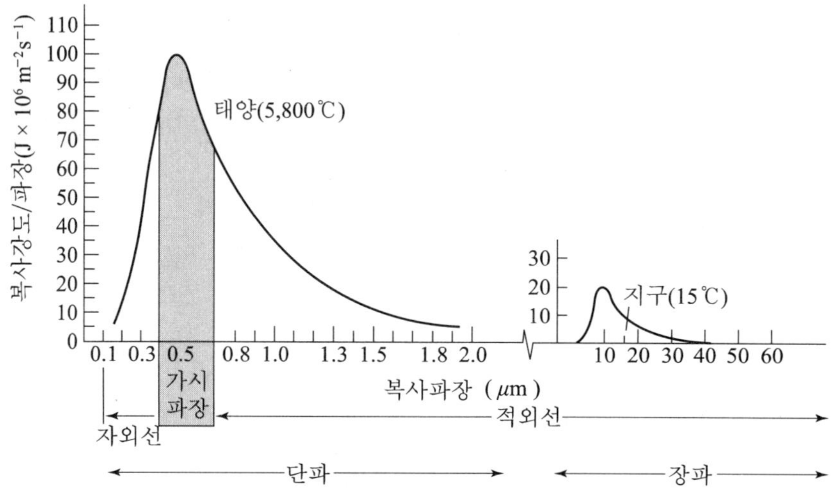

그림 3.2 태양복사의 강도분포(Marsh, 1986)

위에 있는 청명한 날에는 단파장 0.45 μm 부근에서 복사의 반이 산란되어 하늘이 파랗게 보인다. 파장 0.65μm 부근에서 복사는 산란이 매우 적다. 우주로 산란되는 복사는 입사되는 태양복사(일사량)의 약 8%에 이른다. 구름은 입사되는 태양복사의 많은 양을 우주에 반사하고 반사량은 구름의 양과 albedo에 따라 다르다. albedo는 **반사계수**(反射係數; reflection coefficient)로 입사복사에 대한 반사복사의 비이다. 구름의 albedo는 두께와 수분함량에 따라 크게 변하고 태양의 고도에 반비례한다. 높고 엷은 구름층에서는 입사복사의 20% 이하가 반사되는 반면 600 m의 두꺼운 층운이나 성층운은 80% 이상을 반사한다.

대기의 외측경계에 입사한 복사의 약 절반은 궁극적으로 지구의 표면에 도달하고 이 대부분은 지구에 흡수되며 일부는 대기와 우주로 반사된다. 지구 표면의 albedo는 태양의 고도와 지

표 3.1 지표면의 albedo

지 표 형 태	albedo(%)
산림	10～20
잔디	15～30
습지	15～20
작물피복상태의 경작지	15～25
흙색나지(건조상태)	10～25
흙색나지(습윤상태)	5～20
건조 사질토	20～45
오래된 더러운 눈	40～50
순백색 눈	80～95
순백색 눈, 건조 및 낮은 태양고도	최대

표형태에 따라 다르고 평균 0.34이다. albedo는 건조한 지표에서보다 습윤 지표면에서 적고, 낮은 고도보다 높은 태양고도에서 감소경향을 갖는다.

해양에서 albedo는 수면조도와 태양고도에 따라 다르다. 육지와 해양의 복사특성은 크게 다르다. 육지에서는 열이 지표층에 저장되어 해상보다 비교적 신속하게 온도가 높아진다. 그러나 해상에서는 입사에너지가 깊이 침투되어 재(역)복사보다 많은 에너지가 저장된다.

표 3.2 해양의 albedo

수면상태	albedo(%)
정온해면	
태양고도 50°～90°	2～3
20°	12
5°	40
거친해면	
태양고도 > 45°이면 정온해면보다 크다	
태양고도 < 45°이면 정온해면보다 작다	
해면의 평균치	6～8
호수, 하천	
태양복사	5
대기장파복사	3
지구 표면 평균	14

3.2.2 지구 표면과 대기의 열수지

대기 최상층부에 도달하는 태양복사는 연간 342 W/m^2(또는 0.5 Ly/min)이다. 이 중 30%는 단파로 우주에 반사되고 이는 대기의 최상층(구름, 먼지, 수증기)에 의하여 우주로 산란 반사되는 26%와 지구 표면에 의하여 반사되는 4%의 태양복사로 구성된다. 나머지 70%에 해당되는 240 W/m^2(= 342 × 0.7) 중 19%는 대기에 흡수되고 51%는 지구 표면에 흡수된다.

지구 표면의 복사는 평균 지구표면온도인 15°C에서 일어나고 이 복사는 흡수된 태양복사의 2.5배로 추산된다. 대기의 온실가스는 지구로부터 역복사되는 장파복사의 투과율이 낮아서 역복사의 약 95%를 흡수하고 이를 다시 지구로 다시 반사하기 때문에 순 열손실이 방지되고 열의 균형이 유지된다. 이러한 과정의 온실효과가 존재하지 않으면 지구의 평균온도는 −40°C가 될 것이다. **온실효과**(溫室效果; greenhouse effect)는 가시적인 단파의 태양복사에너지가 온실가스를 투과하여 지구에 흡수 저장되고 이 저장된 에너지가 지구 표면으로부터 장파에너지로 역복사되어 온실가스층을 투과하지 못하고 포착되어 대기에 반사함으로써 대기의 온도를 높이는 현상이다.

그림 3.3에서 지구로부터 상향 방사되는 21% 중 15%는 대기에 의하여 흡수되고 6%는 우주로 이탈한다. 이 6%는 대기에 의하여 우주로 방사되는 64%와 같이 우주에 손실되는 적외선복

표 3.3 온실가스의 구성성분

온실가스 종류	총 온실가스에 대한 백분율(%)	총 온실가스에 대한 온실가스출원의 백분율(%)
이산화탄소(CO_2)	50	화석연료(35), 벌채(10) 농업(3), 산업(2)
메탄가스(CH_4)	16	화석연료(4), 벌채(4), 농업(8)
일산화질소(N_2O)	6	화석연료(4), 농업(2)
클로로플루오르탄소(CFC_s)	20	산업(20)
오존(O_3)	8	화석연료(6), 산업(2)

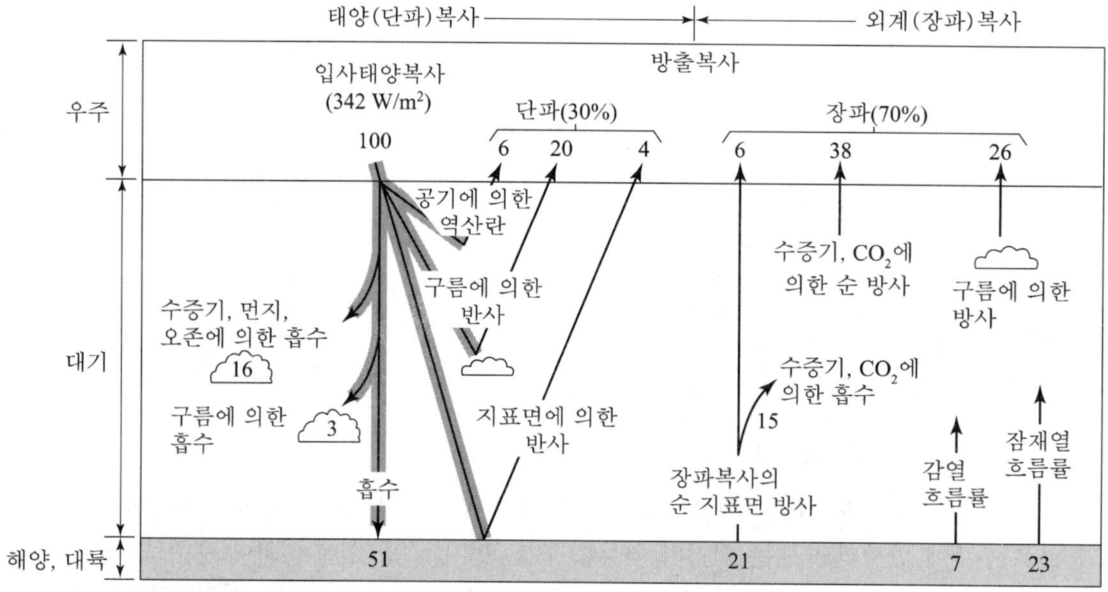

그림 3.3 입사태양복사 100단위에 대한 지구상 연평균 복사와 대기 에너지수지
(U.S. National Academy of Science, 1975)

사의 총 70%를 이룬다. 지구 표면에 흡수된 태양복사의 51%는 지구 표면에 의하여 방사되는 적외선복사 21%, 난류열전달 7% 및 잠재열전달(증발) 23%와 균형을 이룬다.

3.2.3 지구상의 열분포

태양복사는 적도에서 최고이고 남북 양극에서 최저이다. 그림 3.4에서 실선은 태양복사에너지를, 절선은 지표면으로부터 대기로 이동하는 역복사에너지(열손실)를 나타낸다. 적도의 연간 태양복사는 극의 4배에 이른다. 열수지에 따라 복사에너지는 역복사에너지와 같다. 그러나 적도에서는 열손실보다 열이득이 많고 양극에서는 열이득보다 열손실이 많은 반대현상으로 열

불균형현상이 유발된다. 이에 따라 열 균형을 이루기 위한 대기와 해양의 순환에 의하여 낮은 위도에서 높은 위도로 계속적인 대규모 열전달이 일어나 대기는 더운 공기를 양극으로, 극지의 찬 공기를 적도로 이동한다. 동계의 반구에서는 순 에너지손실이 일어나고, 하계의 반구에서는 순 열이득이 이어난다. 하계의 이득에너지는 대기표층과 해양에 저장된다.

해양의 열순환에서는 더운 물은 해양의 서쪽을 따라 극으로 이동하고, 차가운 물은 해양의 동쪽을 따라 적도로 이동한다. 낮은 위도에서 더운 물은 해양의 동쪽을 따라 극으로 이동하고, 차가운 물은 서쪽을 따라 적도로 이동한다. 적도에서 극으로 전달되는 에너지의 40%는 해양에 의해서, 60%는 공기흐름에 의하여 일어난다.

3.3 순 환

대기에 유입되는 태양에너지는 균일하지 않으므로 입력되는 태양에너지와 지구로부터 순 손실에너지 간에는 차이가 발생하여 적도에 가까운 낮은 위도에서는 입사복사가 270 W/m^{2}로써 에너지 과잉현상이 일어나고, 지구의 남・북극은 입사복사(90 W/m^2)보다 역복사가 많아서 에너지 부족현상이 일어나며(그림 3.4), 40°에 가까운 위도에서는 에너지의 균형이 이루어진다.

이와 같은 에너지 불균형은 지구상의 에너지 재분포를 유발하여 열대가 남, 북의 양극에 에너지를 공급한다. 이러한 에너지 전달은 바람과 해류에 의한 이송에 의한다. 에너지의 재분포 과정에서 더운 열대는 기단을 상승시켜 저압권을 형성한다. 열대의 온난기단은 상층대기를 따라 양극으로 이동하여 열대로 이동한 한랭기단이 차지했던 양극의 공간을 점유한다. 무거운 한랭기단은 지표면을 따라 이동한다. 지구가 회전하지 않는 비회전 지구모형에서는 양극이 고압권이 되어 한랭기단이 지면을 따라 열대로 이동하고 열대에서는 대기를 따라 양극으로 이동하는 순환인 순수 **열순환**(熱循環; thermal circulation)이 된다.

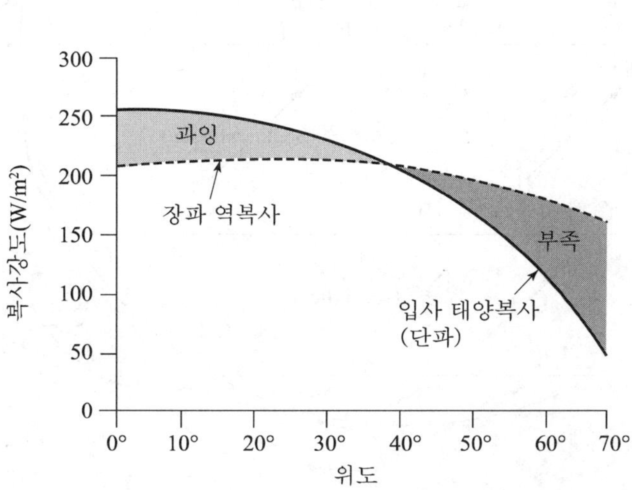

그림 3.4 지구상 위도의 열분포

3.3.1 대기순환

지구의 열순환은 지구회전의 영향으로 변형되어 대기순환을 형성하여 지구상 기후양상에 지대한 영향을 준다. 기단의 운동방향은 **겉보기힘**(apparent force)인 **편향력**(偏向力; Coriolis force)의 영향을 받는다. 편향력은 기단의 속도에 직각방향에서 **변향력**(變向力; deflecting force)으로 작용하고 속도에는 영향을 주지 않는다. 편향현상이 북반구에서는 우측으로 작용하여 흐름수역에서 우측 수면의 상승으로 나타나고, 남반구에서는 좌측으로 작용한다. 만약 이러한 편향력이 존재하지 않는다면 공기의 수평흐름은 등압선에 수직인 압력이 감소방향이 될 것이다. 그러나 실제에는 편향력과 마찰의 영향으로 인하여 흐름방향이 등압선에 수직이 아닌 방향에 있게 되어 북반구에서는 저기압중심 주위에서 반시계방향으로, 고기압중심 주위에서는 시계방향으로 이동하게 된다. 남반구에서는 반대현상이 일어난다.

대기순환의 실제 양상은 3개의 소순환을 갖는다(그림 3.5). **열대소순환**(熱帶小循環; tropical cell

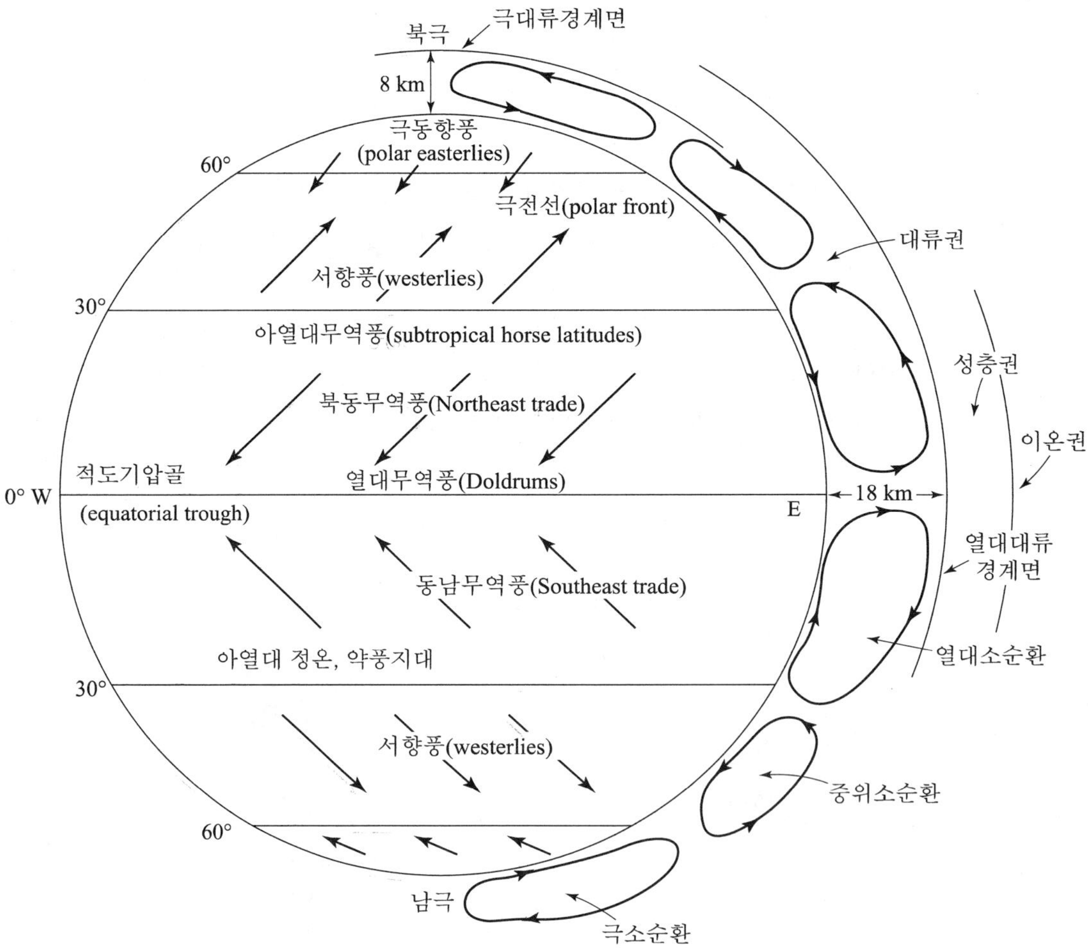

그림 3.5 지구상의 대기순환

또는 Hadley cell)에서는 가열된 공기가 적도에서 상승하여 상부층을 따라 양극을 향하여 이동하고, 이동하는 과정에서 강하하여 위도 30°에서 지면으로 하강한다. 지면에 가까워지면 일부분은 적도를 향하여, 다른 일부는 양극을 향하여 이동한다. **극소순환**(極小循環; polar cell)에서는 공기가 위도 60°에서 상승하여 상부층을 따라 극으로 이동한다. 극에 이르러 냉각되면 지면을 따라 위도 60°로 되돌아온다. **중위소순환**(中衛小循環; mid-latitude cell 또는 Ferrell cell)은 두 소순환의 마찰에 의하여 발생되며 지면의 공기는 극을 향하여 이동하고 중간 위도에서서는 현저하게 서향 편향된 공기흐름이 유발된다. 권계면 근처에서 온도와 압력의 급격한 변화는 좁은 폭의 강한 공기의 흐름을 유발하는데 이를 젵흐름(jet stream)이라고 한다. 속도는 15～58 m/s에 이르며 기단운동에 중요한 영향을 미친다.

3.3.2 이동기단

전반적인 순환의 반항구적인 상태는 통계적인 성격이어서 언제나 이동성 체계에 의하여 변한다. 반항구적이거나 또는 일시적이거나 모두 선풍 또는 역선풍으로 구분된다. **선풍**(旋風; cyclone)은 거의 원형의 저기압권으로 북반구에서는 바람이 반시계방향으로 불고 남반구에서는 시계방향으로 분다. **열대선풍**(熱帶旋風; tropical cyclone)은 낮은 위도에서 발달하여 직경 300 km에 이르는 면적에 33 m/s를 초과하는 풍속을 가진 허리케인이나 태풍으로 발전한다. **열대외선풍**(熱帶外旋風; extratropical cyclone)은 인접한 그러나 서로 반대방향으로 이동하는 온난, 한랭기단이 상호작용을 시작해서 소용돌이 운동으로 발전하여 저기압권에 중심을 갖는 온난, 한랭전선을 형성한다. 이는 열대선풍보다 규모가 커서 수천 km^2에 강우를 유발한다(그림 3.6). **역선**

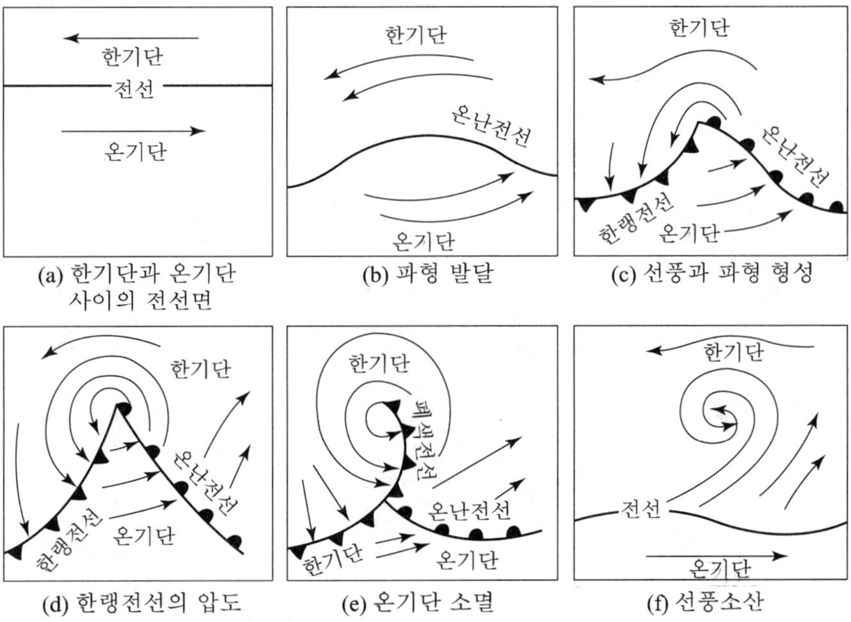

그림 3.6 전선선풍의 발달, 소멸과정

풍(逆旋風; anti-cyclone)은 고기압권 영역으로 북반구에서는 바람이 시계방향 외향나선형으로 불고 남반구에서는 반시계방향으로 분다. 기단이 상승하여 수증기가 응결되면 강우를 유발한다.

3.3.3 전 선

기단(氣團; air mass)은 큰 공기 덩어리이다. 기단은 온도가 높아질수록 압력은 낮아지고 밀도는 감소하여 가벼워진다. 기단의 온도와 수분함량 등의 성질은 수평 방향에서는 거의 균일하다. 상이한 성질의 두 기단을 분리하는 경계를 기준으로 온도와 습도의 차이가 현저할 때 이러한 경계를 **전선면**(前線面; frontal surface), 간단히 **전선**(前線; front)이라고 한다. 즉 전선은 **온기단**(溫氣團; warm airmass)과 **한기단**(寒氣團; cold airmass)이 혼합하지 않고 만나게 될 때 형성되는 뚜렷한 불연속면이다. 온기단이 활동성 기단이 되어 한기단으로 진행하면 상승하여 한기단 위로 이동하게 되고 이때 형성되는 경계는 **온난전선**(溫暖前線; warm front)으로 경사는 매우 완만하다(그림 3.7a, c). 한기단이 온기단으로 유입되면 온기단은 밀어 올려져 **한랭전선**(寒冷前線; cold front)이 형성되고 경사는 매우 급하다(그림 3.7b, d). 전선은 근본적으로 온도에서 불연속이고 기울어진 경계를 갖는다.

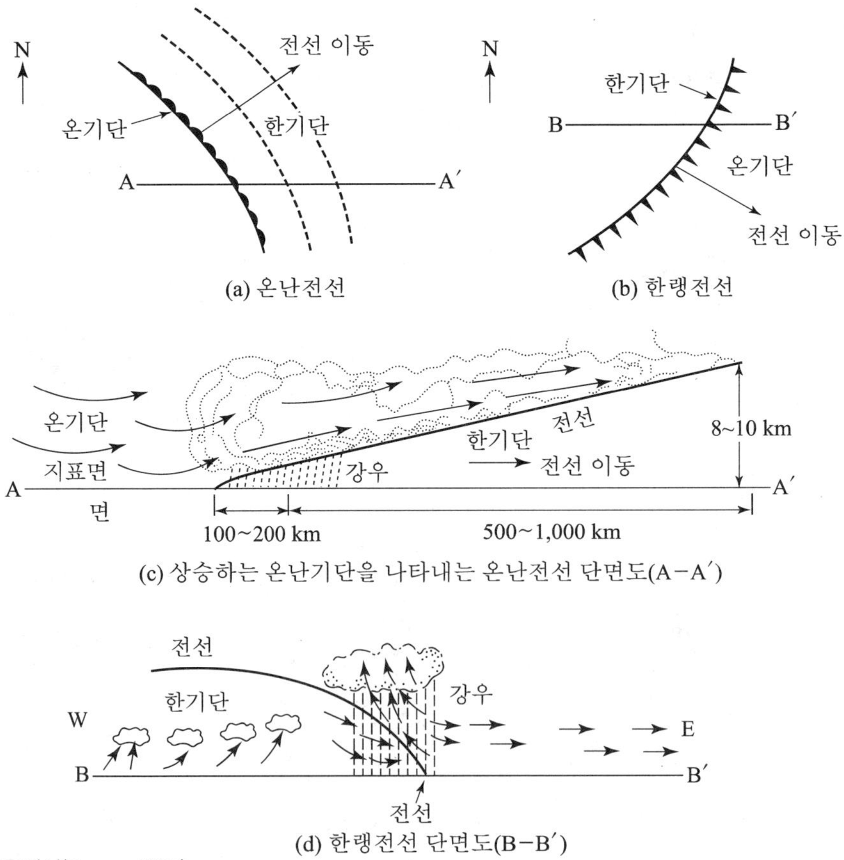

그림 3.7 강우전선(Donn, 1975)

3.4 기 온

지구와 대기의 온도는 태양복사의 불균등분포의 결과이며 대기의 온도를 특별히 기온이라고 한다. 대기의 온도 분포는 기후에 지대한 영향을 주고 강수와 해류의 발생에도 영향을 준다.

3.4.1 기온의 표시

평균기온은 산술평균을 의미하고 **평년기온**(平年氣溫; normal temperature)은 특정 일, 월, 계절 또는 연에 대한 최근 30년간의 평균온도로 정의되며 이는 비교의 기준으로 사용된다. 예를 들어 1991년 어느 지점의 평년기온은 1961～1990년의 30년 평균온도를 나타낸다. 평년기온은 30년 자료 중의 가장 오랜 10년을 제거하고 최근 10년을 추가하여 10년마다 새로이 계산된다. **일평균기온**(日平均氣溫; mean daily temperature)은 여러 가지 방법으로 계산되나 가장 정확하고 실제적인 방법은 하루의 1시간 단위의 온도를 평균하는 것이다. 경우에 따라서는 3시간 또는 6시간 단위 온도의 평균이 사용된다. 그러나 많이 쓰이는 일평균온도는 하루의 최고와 최저온도의 평균으로 이는 시간단위 온도의 평균치보다 0～1°C 범위에서 높다. **평년일평균기온**(平年日平均氣溫; normal daily temperature)은 특정 일자에 대하여 계산된 30년 동안의 일평균기온의 평균이다. **일 기온범위**(日氣溫範圍; daily temperature range)는 특정일에 기록된 최고와 최저온도의 차이이다. **월평균기온**(月平均氣溫; mean monthly temperature)은 월평균최고와 월평균최저온도의 평균이다. **연평균기온**(年平均氣溫; mean annual temperature)은 해당 년의 월평균기온의 평균이다.

도일(度日; degree−day)은 표준 또는 기준온도에 대한 일평균온도의 1°C 단위의 편차로 정의된다. 융설계산에서 1일에 대한 도일의 수는 일평균온도에서 기준온도를 뺀 것과 같고 뺀 결과가 음수이면 영으로 처리한다. N일에 대한 도일은

$$\text{degree−day} = \sum_{i=1}^{n} (\overline{t_i} - t_{ref}) \tag{3.2}$$

여기서 $\overline{t_i}$ (°C)는 일평균온도, t_{ref}(°C)는 기준온도이다. 이는 융설계산과 작물성장의 평가에 사용된다. 모든 작물은 성숙에 이르는 데 고유의 필요한 도일을 갖는다.

3.4.2 기온 측정

기온은 온도계에 의하여 섭씨(°C) 또는 화씨(°F)로 측정되고 절대온도는 Kelvin(K)으로 표시된다.

$$\text{K} = {}^\circ\text{C} + 273.15$$

기온 관측은 연속적으로 기록하는 자기온도계와 매 시간마다 또는 최고와 최저온도의 일 기록으로 구분된다. 알코올을 사용하는 **최저온도계**(最低溫度計; minimum thermometer)는 최저온

도를 측정하는 데 사용되고 수은을 사용하는 **최고온도계**(最高溫度計; maximum thermometer)는 최고온도를 측정하는 데 사용된다. **자기온도계**(自記溫度計; thermograph)는 기록지에 자동으로 시간에 대한 온도를 기록한다.

기온을 정확히 측정하기 위해서는 공기순환에 장애를 받지 않고 강수와 직사광선을 피할 수 있는 장소에 온도계를 위치시켜야 한다. 이러한 목적으로 공기의 유통이 원활한 나무상자인 백엽상이 사용되고 백엽상의 위치는 측정되는 온도가 대표적이 될 수 있는 곳이라야 한다. 지면으로부터 높이에 따라 온도 변화가 심하므로 지면으로부터 일정한 높이에 온도계가 위치해야 한다. 일반적으로 백엽상의 높이는 1.4 m이다.

3.4.3 기온의 연직분포

대류권에서 기온의 연직변화는 선형으로 취급된다. 즉 지상에서 고도의 증가에 따라 기온이 선형으로 감소한다. 이러한 온도감소율을 **체감률**(遞減率; lapse rate) 또는 연직온도구배라고 한다.

$$T = T_o - \alpha z \tag{3.3}$$

여기서 T는 고도 z에서 기온(°C), T_o는 지면온도(°C), α는 체감률로 평균 6.5°C/km이다. 체감률의 최대변화는 지면에 접한 공기층에서 일어난다. 고도에 따른 공기온도의 변화는 체감률 α와 같으므로 식 (3.3)으로부터

$$\frac{dT}{dz} = -\alpha \tag{3.4}$$

식 (3.4)로부터 고도 z_1과 z_2에 대한 기온의 변화는 다음과 같다.

$$T_2 = T_1 - \alpha(z_2 - z_1) \tag{3.5}$$

체감률은 비강수 또는 강수를 발생하게 하는 기단의 안정성, 불안정성의 형성에 중요한 역할을 한다. 이 경우 안정은 대기에서 열대류로 인한 기단의 상승능력을 나타낸다. 기단의 상승은 기단의 온도가 주변의 온도보다 높을 때에만 가능하다. 일반적으로 안정일기(기상)는 공기의 온도가 고도에 따라 감소하지 않고 증가할 때 일어나고 이러한 현상을 **온도전도**(溫度轉倒; temperature(or thermo) inversion)라 한다. 즉 지표면층에서 고도에 따라 기온이 높아지는 현상이다. 온도전도는 하늘이 청명한 야간에 지표 부근에서 일어난다. 야간, 특히 청명한 야간에는 입사복사가 지면에서 반사, 복사되는 것보다 적으므로 지표면과 지표면에 인접한 공기층의 온도는 감소하여 지표 부근 공기가 상부층보다 빨리 냉각된다. 결과적으로 지표면의 공기가 냉각되어 고도에 따라 온도가 증가한다. 이러한 조건은 공기의 혼합을 야기하는 난류가 약하여 하늘이 잔잔하고 청명하게 되어 역복사가 구름에 의하여 지장을 받지 않기 때문이다. 온도전도는 더운 기단이 차가운 기단 위에서 이동할 때에는 높은 고도에서도 일어난다. 주간에는 지상의 비교적 높은 온도 때문에 체감률이 크게 되는 경향이 있다. 이른 오전의 복사열은 야간에 형성된 역복사를 초과해서 지표면의 복사역전인 온도전도가 사라진다.

단열과정(斷熱過程; adiabatic process)은 열의 가감 없이 물질의 상태(압력, 체적, 온도)가 변하는 현상이다. 단열과정은 공기가 상승, 하강하는 경우에도 일어난다. 태양복사가 계속되어 온도가 상승함에 따라 낮은 공기층의 체감률이 $\alpha = 1°\mathrm{C}/100\ \mathrm{m}$인 건조단열체감률에 도달할 때까지 급격히 증가한다. **단열체감률**(斷熱遞減率; adiabatic lapse rate)은 주위 대기와 열 교환이 없는 상태에서 공기뭉치가 상승함에 따라 온도가 감소하는 율이다. **건조단열체감률**(乾燥斷熱遞減率; dry adiabatic lapse rate)은 열의 가감 없이 공기가 상승(압력강하) 또는 하강(압력상승)함에 따라 팽창 또는 수축으로 인하여 발생하는 비포화공기의 온도변화(감소)율(1°C/100 m)이다. 건조단열체감률의 상태에 있는 공기는 쉽게 혼합되는 반면 온도전도상태에서는 온도가 높고 가벼운 공기가 차갑고 농후한 공기 위에 위치하는 안정조건을 나타낸다. 지상 공기의 온도가 충분히 높아져서 체감률이 $1°\mathrm{C}/100\ \mathrm{m}$를 초과하면 **초단열**(超斷熱; super adiabatic)이 되고 이는 건조단열상태로 상승된 공기가 주위보다 가벼운 상태가 되어 계속 상승하는 경향을 갖기 때문에 불안정하다. 포화상태의 공기가 단열적으로 상승하면 공기의 온도는 감소하고 공기 중의 수증기는 응축하여 증발숨은열을 발산한다. 이러한 숨은열은 상승공기의 냉각률을 감소시킨다. 따라서 **포화단열체감률**(飽和斷熱 遞減率; saturated adiabatic lapse rate)은 건조단열체감률보다 작고 수증기 함량에 따라 반비례한다. 영상기온의 낮은 층에서 평균치는 대략 단열체감률의 반 정도이다. 매우 낮은 온도 또는 높은 고도에서는 매우 작은 수증기량 때문에 두 체감률 간에 거의 차이가 없다.

예제 3.2

지면의 온도가 23°C, 체감률이 6.5°C/km이다. 온도가 5°C인 기단이 고도 4,000 m에 유입될 때 이 기단은 상승 또는 하강하는지 검토하라.

[풀이] 주어진 체감률에 의하면 4,000 m 상공과 지면의 온도차이는 $4{,}000 \times 6.5/1{,}000 = 26°\mathrm{C}$이다. 따라서 4,000 m 상공의 기온은 $-3°\mathrm{C}(23-26)$이다. 유입되는 기단의 기온이 더 높으므로 계속 상승한다. 또한 이 기단이 수송하는 수분은 응결되는 것이 가능하다.

3.4.4 기온의 지리적 분포

지면의 온도는 적도에 가까운 낮은 위도에서 제일 높고, 양극으로 감에 따라 감소하는 경향을 갖는다. 그러나 이 경향은 토지, 수역, 지형과 초목의 영향에 따라 크게 달라진다. 내륙의 기온은 같은 위도의 해안보다 여름에는 높고 겨울에는 낮다. 표고가 높은 지역의 기온이 낮은 지역보다 낮고 남향경사는 북향경사보다 높은 온도를 갖는다. 표고에 대한 지면공기온도의 평균 감소율은 보통 0.5~1.0°C/100 m이다. 임야는 나지보다 일 최저온도가 더 높고 일 최고는 더 낮다. 임야의 평균온도는 비교적 공터라고 할 수 있는 지역보다 1~2°C 낮다.

표 3.4 월 평년기온(1971~2000) (단위 : °C)

측후소 \ 월	1	2	3	4	5	6	7	8	9	10	11	12	전년
속 초	−0.2	0.9	5.2	11.3	15.9	19.0	22.8	23.7	19.7	14.9	8.6	2.9	12.1
춘 천	−4.5	−1.8	4.2	11.4	16.8	21.5	24.5	24.3	18.9	12.1	4.8	−1.7	10.9
서 울	−2.5	−0.3	5.2	12.1	17.4	21.9	24.9	25.4	20.8	14.4	6.9	0.2	12.2
울릉도	1.3	1.6	5.2	10.8	15.4	18.6	22.3	23.4	19.7	15.1	9.5	4.4	12.3
수 원	−3.2	−1.0	4.5	11.2	16.7	21.4	24.8	25.2	20.2	13.4	6.1	−0.4	11.6
대 전	−1.9	0.2	5.4	12.4	17.6	22.0	25.3	25.5	20.3	13.8	6.8	0.7	12.3
포 항	1.6	3.1	7.4	13.4	17.9	21.0	24.8	25.4	21.3	16.1	9.9	4.0	13.8
대 구	0.2	2.1	7.1	13.8	18.7	22.5	25.7	26.1	21.3	15.4	8.6	2.5	13.7
광 주	0.5	1.9	6.5	12.9	17.8	22.0	25.5	26.1	21.4	15.4	8.7	2.8	13.5
목 포	1.8	2.6	6.5	12.3	17.0	21.1	24.8	26.0	22.0	16.6	10.2	4.4	13.8
부 산	3.0	4.3	8.3	13.4	17.4	20.5	24.2	25.7	22.1	17.3	11.3	5.6	14.4
제 주	5.6	6.0	8.9	13.6	17.5	21.2	25.7	26.5	22.7	17.8	12.6	8.0	15.5

자료: 한국기후표(기상청, 2001)

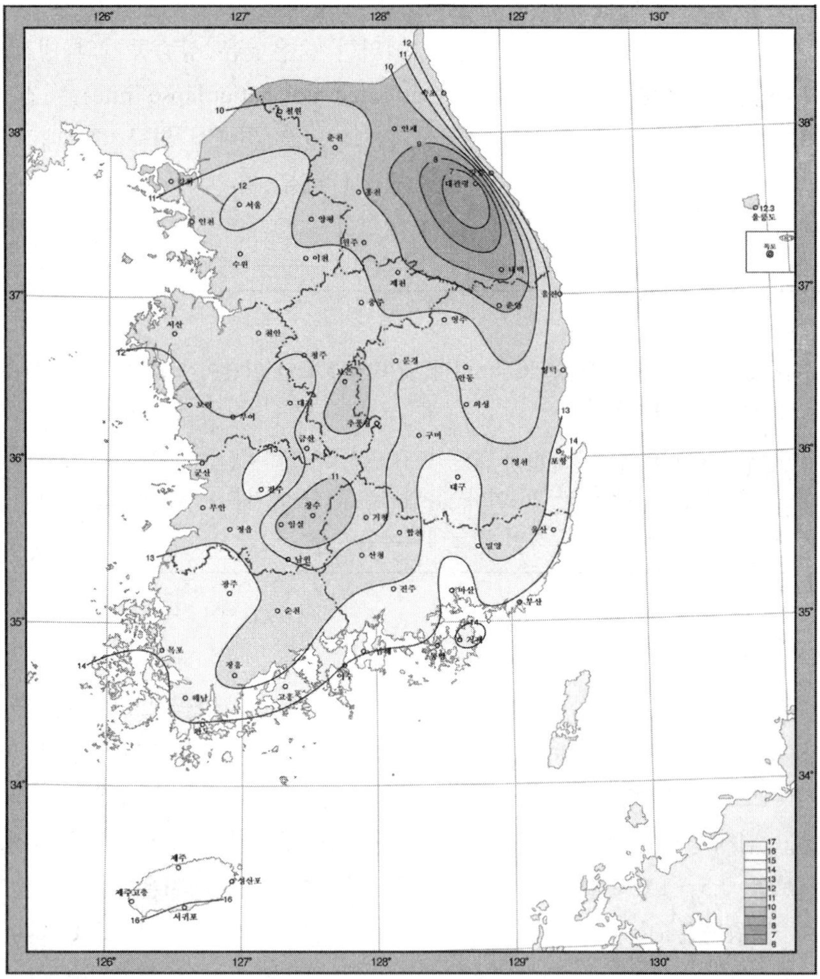

그림 3.8 연평균 평년기온(°C)(1971~2000) (한국기후도, 기상청, 2001)

표 3.5 월별 일 최고평년기온(1971~2000) (단위 : °C)

측후소 \ 월	1	2	3	4	5	6	7	8	9	10	11	12	전년
속 초	3.7	4.7	9.0	15.6	20.1	22.2	25.8	26.7	23.2	19.0	12.6	6.9	15.8
춘 천	1.3	4.4	10.8	18.7	23.6	27.4	29.2	29.5	25.1	19.3	10.8	3.7	17.0
서 울	1.6	4.1	10.2	17.6	22.8	26.9	28.8	29.5	25.6	19.7	11.5	4.2	16.9
울릉도	4.2	4.6	8.8	14.7	19.2	21.9	25.3	26.5	23.1	18.7	12.9	7.6	15.6
수 원	2.1	4.4	10.2	17.6	22.6	26.5	28.9	29.5	25.6	19.8	11.9	4.9	17.0
대 전	3.3	5.7	11.5	19.1	23.8	27.4	29.7	30.2	25.9	20.4	12.7	6.1	18.0
포 항	6.5	8.1	12.3	18.5	23.1	25.3	28.8	29.3	25.4	21.2	15.0	9.2	18.6
대 구	5.3	7.5	12.9	20.1	25.0	28.0	30.3	30.9	26.6	21.7	14.4	8.0	19.2
광 주	5.1	7.0	12.4	19.3	23.9	27.2	29.7	30.5	26.6	21.5	14.3	8.0	18.8
목 포	6.5	7.6	11.9	17.9	22.2	25.5	28.4	30.1	26.7	22.1	15.4	9.3	18.6
부 산	7.6	9.1	13.0	17.8	21.5	24.0	27.3	29.2	26.1	22.1	16.1	10.3	18.7
제 주	8.3	8.9	12.2	17.3	21.3	24.7	28.8	29.5	25.6	21.1	15.8	10.9	18.7

자료: 한국기후표(기상청, 2001)

그림 3.9 일 최고평년기온(°C)(1971~2000) (한국기후도, 기상청, 2001)

3.4.5 기온의 시간적 분포

기온은 일출 약간 후에 상승하기 시작하여 해가 가장 높은 고도에 도달한 1~3시간(해양에서는 0.5시간) 후에 최고온도에 달하고 야간에는 강하하여 일출에 최저가 된다. 기온의 일변화는 태양복사의 일변화보다 약간 지체되어 최고온도는 첨두입사복사보다 수 시간 지체되어 일어난다(그림 3.10). 이러한 지체는 일 최대입사복사보다 지구를 떠나는 최대역복사가 늦어지는 지체에 기인한다.

기온의 일변화 범위는 하늘의 상태에 따라 다르다. 구름 낀 날에는 감소된 일사량 때문에 최고기온이 더 낮고 감소된 역복사량 때문에 최저기온은 더 높다(그림 3.11). 이는 구름층이 최대입사복사와 최소입사복사의 완충역할을 하기 때문이다. 해양에서는 일변화의 범위가 보다 작다. 특히 대륙에서는 연간 기온주기에서 최고점과 최저점이 태양입사복사의 극치보다 약 1개월 정도 지체된다(그림 3.12).

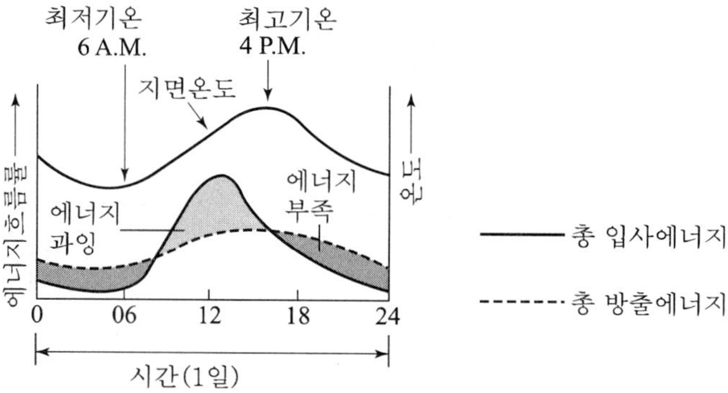

그림 3.10 기온의 변화(Marsh, 1986)

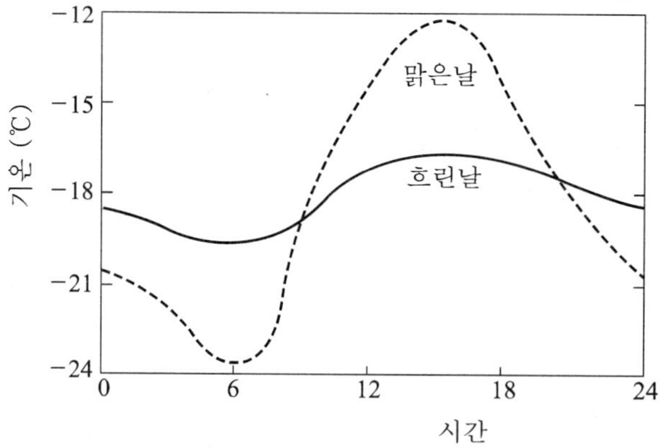

그림 3.11 일 기온에 대한 청명도의 영향(Washington, D. C.)(Trewartha, 1968)

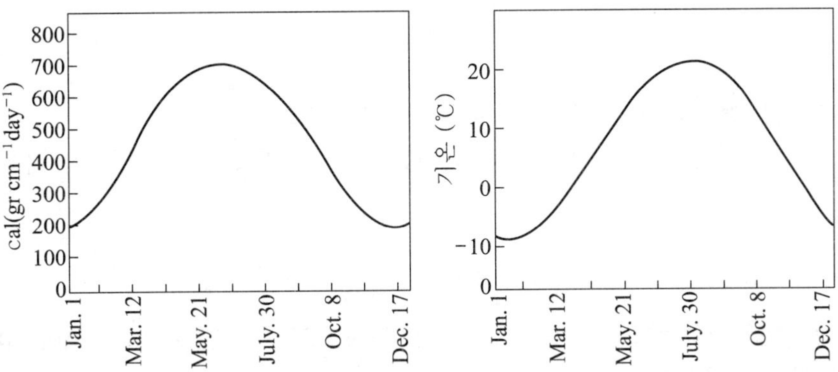

(a) 평균 태양복사에너지 (b) 평균기온

그림 3.12 태양복사에 대한 기온의 지체(미국 Madison시)(Trewartha, 1968)

3.5 기 압

대기압(大氣壓; atmospheric pressure), 간단히 기압은 대기에서 단위면적의 공기기둥 무게가 단위면적에 작용하는 힘이다. 이는 높이 760 mm의 수은기둥의 무게($\omega_m = 13.5951\ \mathrm{g/cm^3}$)에 해당하는 기압(대기압)으로 1기압(1 atm)이라 하고 이를 특히 표준기압(대기압)이라 한다. **표준기압**(대기압)(標準氣壓; standard atmospheric pressure)은 압력의 단위로 15°C 평균해수면이 받는 압력을 기준으로 측정된다. 이를 여러 가지 단위로 나타내면 다음과 같다.

$$1\ \mathrm{atm} = 760\ \mathrm{mmHg} = 10.332\ \mathrm{mH_2O} = 1{,}013\ \mathrm{mb} = 760\ \mathrm{Torr} = 1{,}013.25\ \mathrm{hPa} = 101.325\ \mathrm{kPa}$$

$$= 13.595\ \mathrm{t/m^3} \times 0.76\ \mathrm{m} = 10.33\ \mathrm{t/m^2} = 1.033\ \mathrm{kg/cm^2} = 1{,}033\ \mathrm{g/cm^2}$$

$$1\ \mathrm{hectoPascal}(1\ \mathrm{hPa}) = 100\ \mathrm{Pascal} = 0.1\ \mathrm{kPascal} = 1\ \mathrm{millibar}$$

기압은 관측점 위의 공기무게에 의한 정역학적 압력(압력이 고도에 비례하는)과 같다. 주변보다 기압이 낮은 저기압 영역은 보다 작은 대기질량을 갖고, 고기압 영역은 보다 큰 대기질량을 갖는다. 고도가 증가하면 짓눌리는 대기질량이 감소한다. 따라서 고도가 증가하면 기압은 감소한다. 해면에서 대기 최상부에 이르는 면적이 1 cm^{2}인 공기기둥의 무게는 약 6.67 kgf(65 N)이다.

지상에서 86 km(중간권)에 이르는 고도에 대한 기압은 두 개의 식으로 계산된다. 연직 정역학적 평형(vertical hydrostatic balance)은 연직압력과 중력이 같게 되는 고도에서 성립된다.

$$-dP\,dA = \rho g\,dz\,dA$$

여기서 P는 압력, ρ는 공기밀도, g는 중력가속도, z는 고도, A는 수평면적이다.

$$dP/dz = -\rho g \tag{3.6}$$

식 (3.6)은 고도에 따른 대기압의 감소율이 공기밀도와 중력의 곱과 같음을 나타낸다. 대기압은 이상가스법칙 $\rho = P/RT$에 따르므로 이를 식 (3.6)에 대입하면

$$\frac{dP}{P} = -\frac{g}{RT}dz \tag{3.7}$$

(1) **온도체감률을 고려하는 경우**: 대기권에서 온도와 고도의 선형관계 $dz = -dT/\alpha$[식 (3.3)]를 식 (3.7)에 대입한 $dP/P = (g/\alpha R)(dT/T)$를 고도 z, z_o에 대하여 적분하면

$$P = P_o(T/T_o)^{g/\alpha R} \tag{3.8}$$

여기서 P_o는 고도 z_o에서 압력강도, T와 T_o는 각각 고도 z, z_o에서 절대온도(K)이다.

(2) **낮은 성층권에서 온도 T가 상수로 가정되기도 하므로 온도체감률이 $\alpha = 0$이 되는 경우**: 식 (3.7)의 적분은 다음과 같다.

$$P = P_o \exp[-g(z - z_o)/RT] \tag{3.9}$$

식 (3.9)로부터 대기압은 고도에 따라 지수적으로 감소한다. 온도 T는 절대온도(K)이다.

기압과 밀도는 고도 10 km마다 지표면 압력이 37% 정도씩 감소한다. 지면에서 1기압은 고도 10 km에서는 0.37기압, 고도 20 km에서는 $0.14 (= 0.37 \times 0.37)$대기압으로 감소한다.

예제 3.3

고도 5,000 m의 기압을 계산하라. 지표면의 온도는 25°C이고 온도체감률은 $\alpha = 6.5$ °C/km이다.

[풀이] 건조가스상수 $R = 2.876 \times 10^6\ \text{cm}^2\text{s}^{-2}\ \text{K}^{-1}$을 적용하고 체감률 α가 Kelvin과 섭씨에서 같은 점을 고려하여 식 (3.8)의 지수항을 먼저 계산한다.

$$\frac{g}{\alpha R} = \frac{981\ \text{cm/s}^2}{6.5\ \text{K km}^{-1}(10^{-5}\ \text{km/cm})\, 2.876 \times 10^6\ \text{cm}^2\ \text{s}^{-2}\text{K}^{-1}} = 5.24$$

고도 5,000 m에서 주변온도는 식 (3.3)에 따라

$$T = T_o - \alpha z = 25 - 6.5\ \text{K km}^{-1}(10^{-3}\ \text{km/m})\, 5{,}000\ \text{m} = -7.5\ °\text{C}$$

식 (3.8)의 온도 T와 T_o는 절대온도 Kelvin[K = 273.3 + T(°C)], 대기압 $P_o = 1{,}013$ mb이므로

$$P = P_o(T/T_o)^{g/\alpha R} = 1013\left(\frac{273.3 - 7.5}{273.3 + 25}\right)^{5.24} = 553\ \text{mb}$$

$\alpha = 0$인 경우에는 식 (3.9)를 적용하면($z_o = 0$) 다음과 같다.

$$P = P_o \exp[-g(z - z_o)/RT]$$
$$= 1{,}013 \exp[-981 \times (5000 \times 10^2 - 0)/\{2.876 \times 10^6 (273.3 - 7.5)\}] = 534\ \text{mb}$$

3.6 습 도

습도(濕度; humidity)는 대기 중에 존재하는 수분의 정도를 나타낸다. 대기 중에 존재하는 물

은 증기(기체), 액체 및 고체의 세 가지 상태이나 대기에서 중요한 것은 수증기이다. 수증기는 태양복사의 매우 효과적인 흡수체로 지구상의 열과 질량의 수지에 지대한 영향을 준다. 따라서 수증기는 수문순환과정에서 중요한 역할을 한다.

3.6.1 수증기의 성질

대기 중 수분의 대부분은 증기로 존재하고 국부적으로 비강우형태의 액체, 구름 중의 작은 물방울, 눈, 우박의 고체로 존재한다. 물이 증기로 변환되는 과정을 기화(氣化; vaporization) 또는 증발(蒸發; evaporation)이라고 한다. 물분자의 운동에너지가 액체 중에 남아 있으려고 하는 인력보다 충분히 크면 물분자는 수면을 통하여 공기 중으로 탈출한다. 온도가 상승하면 운동에너지는 증가하고 표면장력은 감소하므로 증발률은 온도에 따라 증가한다. 대기 중에 있는 증기의 대부분은 수면에서 증발된 것이다. 눈이나 얼음 표면에서 물입자의 이탈도 같은 현상에 의한다. 고체상태에서 증기상태로 직접 변환되는 과정도 기화 또는 증발이라고 한다. 그러나 기상학에서는 이를 **승화**(昇華; sublimation)라고 한다. 증기가 액체나 고체상태로 변하는 과정을 **응결**(凝結; condensation)이라고 한다.

두 가지 이상의 가스로 구성되는 가스혼합물에서 각 가스는 다른 가스에 관계없이 압력을 작용하는데 이를 **부분압**(部分壓; partial pressure)이라 한다. 부분압은 어느 가스가 용기에 단독으로 존재할 때 용기의 벽에 가해지는 압력으로 정의된다. 따라서 가스혼합물에서 모든 가스는 용기의 벽에 압력을 가한다. 가스혼합물의 총압력은 이를 구성하는 모든 가스의 부분압의 합과 같다(Dalton의 법칙). 주어진 공기체적 내에서 수증기에 의하여 가해지는 부분압을 **증기압**(蒸氣壓; vapor pressure)이라 한다. 이에 따라 공기뭉치의 총압력은 [총압력 = 증기압 + 산소와 질소에 의한 압력]으로 주어진다. 만약 초기 총압력이 P인 밀폐된 용기 안의 습윤공기에서 수증기를 전부 제거한다면 남아있는 건조공기만의 최종압력 P_d는 P보다 작게 된다. 따라서 증기압 e는 습윤공기압력과 건조공기압력의 차이다.

$$e = P - P_d \tag{3.10}$$

여기서 e는 증기압, P는 습윤공기의 총압력, P_d는 건조공기의 압력이다.

공간에 존재할 수 있는 수증기의 최대량은 온도의 함수이고 다른 가스의 존재에는 거의 영향을 받지 않는다. 주어진 온도에서 공기 중의 수증기량이 최대일 때, 즉 수증기를 수용할 수 있는 공간이 다 찼을 때 그 공간은 **포화**(飽和; saturation)되었다고 한다. 그러므로 공기가 포화되었다는 표현은 옳지 않다. 포화된 공간에서 증기에 의하여 가해지는 압력을 **포화증기압**(飽和蒸氣壓; saturation vapor pressure)이라고 하며 이는 주어진 온도에 대한 최대증기압이다. **증기압부족량**(蒸氣壓不足量; vapor pressure deficit)은 동일한 온도에서 실제증기압과 포화증기압의 차이이고 이는 공기의 증발력을 나타낸다.

빙점보다 낮은 온도에서는 얼음 위의 포화증기압이 수면에서의 포화증기압보다 작다. 그 차

이는 영하 12°C 정도에서 최대이고 두 경우 증기압의 비는 온도가 감소함에 따라 증가한다. 그러므로 같거나 높은 온도의 물에 관하여 포화된 공간에 얼음을 주입하면 얼음 위에 증기가 응결된다. 수면과 접한 포화공간에서 응결과 기화는 동시에 일어난다. 만약 공간이 포화상태가 아니면 기화율이 응결률을 능가해서 순기화(수문학에서는 증발)만이 일어난다. 공간이 포화상태이면 물과 공기의 온도가 같은 조건에서 기화율과 응결률은 균형을 이룬다.

기화는 기체로 변하는 액체로부터 열을 제거하고 응결은 열을 가한다. **기화잠재열**(氣化潛在熱; latent heat of vaporation) 또는 **기화숨은열**은 온도의 변화 없이 액체상태에서 증기상태로 변하는 물질의 단위질량에 흡수되는 열량이다. 증기에서 액체상태로 변화과정은 동일한 열량을 방출한다. 물의 기화숨은열은 온도에 따라 변하고 40°C까지는 다음 식으로 결정될 수 있다.

$$H_v = 597.3 - 0.564\,T \tag{3.11}$$

여기서 H_v는 기화잠재열(cal/g), T는 온도(°C)이다. 물에 대한 **녹음숨은열**(latent heat of fussion)은 1 g의 얼음이 동일 온도의 물로 변하는 데 필요한 열량이다. 0°C 1 g의 물이 동일온도의 얼음으로 어는 경우 녹음숨은열(79.9 cal(15°C)/g)이 방출된다. 물의 **승화잠재열**(昇華潛在熱; latent heat of sublimation)은 1 g의 얼음이 액체상태를 거치지 않고 동일 온도의 증기로 변하는 데 필요한 열량이다. 이는 기화잠재열과 녹음숨은열의 합과 같고 그 값은 약 677 cal(15°C)/g이다. 동일 온도에서 증기가 얼음으로 직접 응결되는 과정은 동일한 열량을 방출한다.

동일 온도와 압력에서 수증기의 밀도는 건조공기밀도의 0.622($\rho = 0.622\rho_d$)이다. 따라서 수증기 밀도 ρ_v (g/cm³)는

$$\rho_v = 0.622\,\frac{e}{R_d\,T} \tag{3.12}$$

여기서 T는 절대온도(K), R_d는 건조공기의 기체상수($2.87\times 10^6\ \mathrm{cm^2 s^{-2} K^{-1}}$ 또는 $287\ \mathrm{J\,kg^{-1}K^{-1}}$), e는 증기압(mb)[1)]이다. 건조공기의 밀도 ρ_d (g/cm³)는

$$\rho_d = \frac{P_d}{R_d\,T} \tag{3.13}$$

여기서 P_d는 건조공기압(mb)이다. 습윤공기의 밀도 ρ_a는 단위체적의 혼합물 중의 건조공기 질량(밀도)과 수증기 질량(밀도)의 합($\rho_a = \rho_d + \rho_v$)과 같으므로 식 (3.12)와 (3.13)을 합하고 P_d에 식 (3.10) $P_d = P - e$를 대입하면 습윤공기밀도 ρ_a는

1) mb(millibar)는 기상학에서 일반적으로 사용되는 압력의 단위로 1,000 dynes/cm², 0.7943 mmHg에 해당하는 힘이다. 이로부터 1 Hg = 1.33 mb이다. 1 mb = 0.1 kPa = 100 N/m². 평균 해면공기압력은 1,013.2 mb이다. SI 압력 단위는 kilopascal(kPa)로 1 kPa = 1,000 N/m², 1,000 kg/m · s²(1 N = 1 kg · m/s²), 108 dynes/m², 104 dynes/cm², 10 mb, 7.943 mmHg와 같다.

$$\rho_a = \frac{P}{R_d T}\left(1 - 0.378\frac{e}{P}\right) \tag{3.14}$$

식 (3.14)는 습윤공기가 건조공기보다 가벼운 사실을 나타낸다.

예제 3.4

25 °C에서 20 L의 물이 증발하는 데 필요한 열량(cal)을 구하라.

[풀이] 식 (3.11)에 따라 기화숨은열은

$$H_v = 597.3 - 0.564(25)\,\text{cal/g} = 583.2\,\text{cal/g}$$

이다. 따라서, 물 20 L 또는 20,000 g이 증발하는 데 필요한 열량은 다음과 같다.

$$583.2 \times 20{,}000 = 11.664 \times 10^6\,\text{cal}$$

3.6.2 증기압

수증기의 증기압 e (mb)는 이상기체법칙에 의하여 주어진다.

$$e = \rho_v R_v T \tag{3.15}$$

여기서 T는 절대온도(K), R_v는 수증기의 기체상수(461 J kg^{-1} K^{-1})이다. 증기압은 건습구습도식(psychrometric equation)으로부터 계산 가능하다

$$e = e_s - \frac{Pc_p}{0.622\,H_v}(T_d - T_w) = e_s - \gamma(T_d - T_w) \tag{3.16}$$

여기서 e는 증기압(mb), e_s는 T_w에 대한 포화증기압(mb), c_p는 공기의 정압비열상수, P는 압력(mb), T_d, T_w는 각각 건구와 습구의 온도(°C), H_v는 기화숨은열, γ는 습도측정상수 $\gamma = Pc_p/0.622\,H_v$이다(5.4.4 참조)이다. 1기압에서 $P = 1{,}013$ mb, $c_p = 0.239$ cal g^{-1}°C^{-1} $=$ $1{,}013$ J kg^{-1} C^{-1}, 10°C에서 $H_v = 590$ cal g^{-1} 이면 습도측정상수는 $\gamma = 0.662$ mb/°C이다.

건조공기에 의한 부분압 P_d는 식 (3.10)과 (3.13)으로부터 식 (3.17)과 같이 표현된다.

$$P_d = P - e = \rho_d R_d T \tag{3.17}$$

여기서 ρ_d는 건조공기밀도, R_d(287 J/kg K)는 건조공기의 기체상수이다. 습윤공기밀도 ρ_a는 건조공기와 수증기밀도의 합이다. 즉 $\rho_a = \rho_d + \rho_v$이고, 수증기의 기체상수는 식 (3.12)와 (3.15)로부터 $R_v = R_d/0.622$이다. 0.622는 수증기의 분자중량과 건조공기의 평균분자중량의 비이다. 이들 정의와 식 (3.15), (3.17)로부터 P에 관하여 정리하면

$$P = \left[\rho_d + \frac{\rho_v}{0.622}\right] R_d\ T \tag{3.18}$$

P를 습윤공기의 기체상수 R_a항으로 나타내면

$$P = \rho_a R_a T \tag{3.19}$$

여기서 T는 절대온도(K)이다. 습윤공기와 건조공기의 가스상수의 관계는

$$\begin{aligned} R_a &= R_d(1 + 0.608\,q_h) \\ &= 287(1 + 0.608\,q_h)\ \text{J/kg K} \end{aligned} \tag{3.20}$$

여기서 q_h는 식 (3.31)에서 정의되는 비습도이다. 식 (3.20)에서 R_a는 q_h에 비례한다. q_h의 큰 값에 대해서도 R_a와 R_d의 차이는 2% 정도로 크지 않다.

주어진 공기온도에서 공기가 함유할 수 있는 최대수분량이 존재한다. 이에 상응하는 증기압을 **포화증기압**이라 한다. 이 증기압에서 증발률과 응결률은 같다. 수면에서 포화증기압은 그림 3.13에서와 같이 공기온도의 함수이고, $-20 \sim 40\,°\text{C}$ 범위에 대한 포화증기압의 간략식은 그림 3.13으로부터 다음과 같다.

$$e_s = 6.11\exp\left(\frac{17.27\,T}{237.3 + T}\right) \qquad [\text{mb}/°\text{C}] \tag{3.21a}$$

또는

$$e_s = 0.611\exp\left(\frac{17.27\,T}{237.3 + T}\right) \qquad [\text{kPa}/°\text{C}] \tag{3.21b}$$

$$e_a = e(T_d) = 6.11\exp\left(\frac{17.27\,T_d}{237.3 + T_d}\right) \qquad [\text{mb}/°\text{C}] \tag{3.22}$$

여기서 e_s는 포화증기압(mb/°C 또는 kPa/°C), T는 온도(°C), e_a는 실제증기압(mb/°C), T_d는 이슬점 온도(°C)이다. 그림 3.13의 포화증기압-온도곡선의 기울기 $\Delta = de_s/dT$는 식 (3.21)의 미분으로 주어진다.

$$\Delta = \frac{4{,}098\,[0.611\exp\{17.75\,T/(237.3 + T)\}]}{(T + 237.3)^2} \quad \text{또는} \quad \Delta = e_s\frac{4{,}098}{(237.3 + T)^2} \tag{3.23}$$

여기서 Δ는 포화증기압-온도곡선의 기울기(kPa/°C), T는 평균온도(°C)이다.

포화증기압은 온도의 함수로 표(부록 B-2와 B-3)로 주어진다. $-50 \sim 55$°C의 범위에 대한 수면상의 포화증기압은 1% 오차 이내에서 식 (3.24)로 계산될 수 있다(Bosen, 1960).

$$e_s = 33.8639[(0.00738\,T + 0.8072)^8 - 0.000019\ |\ 1.8\,T + 48\ |\ + 0.001316] \tag{3.24}$$

여기서 T는 온도(°C), e_s는 포화증기압(mb = 0.1 kPa)이다.

그림 3.13은 온도에 대한 증기압의 변화를 나타낸다. 온도가 상승하면 공기는 더 많은 수증

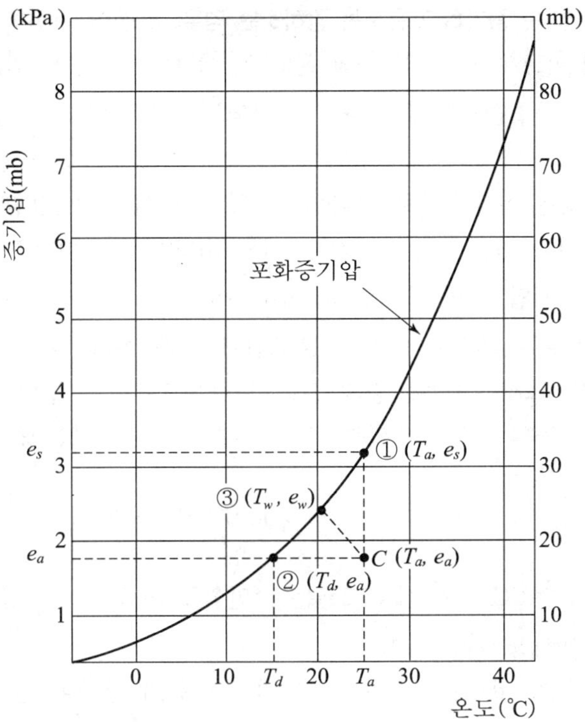

그림 3.13 온도의 함수인 포화증기압(포화증기압-온도곡선)

기를 함유할 수 있는 반면 온도가 내려가면 함유할 수 있는 수증기량도 감소한다. 수증기의 비중은 건조공기의 0.622로 가벼워서 이동이 용이하다. 그림 3.13에서 온도가 T_a, 증기압이 e_a인 C점의 포화증기압은 e_s, 이슬점 온도는 T_d이다.

(1) **온도 T_a, 증기압 e_a인 상태(C점)에서 온도가 일정하게 유지되는 경우**: C점은 포화증기압곡선 아래에 위치하여 C점의 기단은 수증기를 추가로 흡수할 수 있으므로 C점은 온도 T_a에서 공기가 포화될 때까지 연직상향으로 이동하여 점 ①에서 증기압 e_s에 이르게 된다. 증기압의 증가량 $(e_s - e_a)$는 온도 T_a에서 추가로 흡수할 수 있는 수증기의 양을 나타내고 이를 **포화(증기압)부족량**(飽和不足量; saturation (vapor pressure) deficit)이라고 한다. 포화(증기압)부족량은 공기뭉치가 추가로 취할 수 있는 수증기량의 척도를 나타낸다.

$$\text{포화(증기압)부족량} = \text{포화증기압}(e_s) - \text{실제증기압}(e_a)$$

(2) **습도의 변화 없이, 즉 증기압이 일정하게 유지되고 온도가 감소하는 경우**: C점이 수평으로 이동하여 이슬점인 점 ②에서 포화증기압곡선과 교차한다. 따라서 점 ②에서 압력은 포화증기압이 되고 온도는 이슬점이다. 즉 실제증기압 e_a는 이슬점 온도 T_d에서 포화증기압이 된다. 이슬점 이하로 온도가 강하하면 응결되어 안개나 이슬비가 조성된다.

(3) **습도(또는 증기압)는 증가하고 온도는 강하하는 경우**: C점이 사선방향으로 이동하여 점 ③에서 포화증기압에 이르게 된다. 점 ③의 온도 T_w를 **습구온도**(濕球溫度; wet bulb temperature)라고 하며 이는 습구습도계에 의하여 측정되는 온도이다.

비포화기단의 특성은 상대습도로 나타낼 수 있다. 예를 들면 그림 3.13에서 25°C에 대한 습도는 식 (3.27)에 따라 $R_h = (e_a/e_s)100 = (18\text{ mb}/32\text{ mb})100 = 56\%$이다. 포화증기압 e_s와 비포화기단의 실제증기압 e_a의 차이인 32 mb − 18 mb = 14 mb는 포화부족량이다. 비포화기단이 포화증기압에 이르는 온도는 이슬점 온도인 15.56°C이다.

얼음과 물에 대한 포화증기압은 같지 않고 영하온도에서는 물의 포화증기압이 얼음의 포화증기압보다 크다. 이들의 비는 1~50°C의 범위에 대하여 0.1% 오차 이내에서 다음과 같다.

$$\frac{e_{s,ice}}{e_{s,water}} = 1 + 0.00972\,T + 0.000042\,T^2 \tag{3.25}$$

여기서 e_s는 mb, T는 °C이다. 식 (3.25)는 수면의 포화증기압을 빙면의 포화증기압으로 변환 가능하게 하고 그 반대도 가능하다.

이슬점 또는 **노점**(露點; dewpoint) T_d는 압력과 수증기 함량이 변하지 않는 일정한 상태에서 공기가 포화되는 데 필요한 냉각온도이다. 이는 포화증기압 e_s를 주어진 증기압 e에 같게 하는 온도이다. 상대습도가 알려지면 이슬점은 −40~50°C 범위에 대하여 0.3°C 오차 이내에서 계산될 수 있다.

$$T - T_d \cong (14.55 + 0.114\,T)\text{X} + [(2.5 + 0.007\,T)\text{X}]^3 + (5.9 + 0.117\,T)\text{X}^{14} \tag{3.26}$$

여기서 T는 주변온도(°C), X는 $\text{X} = 1.0 - R_h/100$로 주어지고 R_h는 상대습도이다.

습도는 공기의 수분함량을 나타낸다. **상대습도**(相對濕度; relative humidity)는 공기와 수증기의 가스혼합물에 존재하는 수증기의 양으로 수증기밀도(실제증기압)와 포화수증기밀도(포화증기압)비의 백분율로 정의된다. 즉 포화된 공간의 수분량에 대한 주어진 공간의 수분량의 비이다. 이는 주어진 온도에서 공기가 수분을 흡수할 수 있는 능력의 척도를 나타낸다.

$$R_h = 100\,\frac{\rho_v}{\rho_s} = 100\,\frac{e_a}{e_s} \tag{3.27}$$

여기서 ρ_v는 단위체적당 질량인 공기밀도(gm^{-3}), ρ_s는 포화공기밀도(gm^{-3})이다.

상대습도는 공기온도 T와 이슬점 T_d의 항으로 −25~45°C의 범위에 대하여 0.6% 오차 이내에서 계산될 수 있다.

$$R_h \cong \left[\frac{112 - 0.1\,T + T_d}{112 + 0.9\,T}\right]^8 \tag{3.28}$$

여기서 T는 온도(°C)이고, T_d는 이슬점이다.

식 (3.27)로부터 부분압인 증기압은 포화증기압과 상대습도의 곱으로 주어진다.

$$e = e_s(R_h) \tag{3.29}$$

상대습도와 이슬점은 온도와 **습구온도강하**(濕球溫度降下; wet-bulb depression, 공기온도와 습구온도의 차이)의 함수로 표(부록 B-3, B-5)로 주어진다.

절대습도(絕對濕度; absolute humidity)는 주어진 온도에서 단위체적 공간의 수증기 질량이고 이는 수증기의 밀도(ρ_w)와 같다. 체적 $V(\mathrm{m}^3)$의 공기가 m_w의 수증기질량을 포함할 경우 절대습도 ρ_w는 다음과 같다.

$$\rho_w = \frac{\text{수증기질량(g)}}{\text{공기체적}(\mathrm{m}^3)} = \frac{m_w}{V}\,(\mathrm{gm}^{-3}) \tag{3.30}$$

비습도(比濕度; specific humidity) q_h는 습윤공기의 단위질량에 함유되어 있는 수증기의 질량으로(g/kg) 정의된다. 수분이 가감되지 않는 한 비습도는 압력과 온도변화에 영향을 받지 않는다.

$$q_h = \frac{m_w(g)}{m_w + m_d(k_g)} = \frac{\rho_w}{\rho}\,(\mathrm{g/kg}) \tag{3.31}$$

여기서 m_w는 수증기질량, m_d는 건조공기질량이다. 따라서 비습도는 동일한 체적을 갖는 비포화공기의 밀도 $\rho(\mathrm{kgm}^{-3})$에 대한 절대습도(gm^{-3})의 비와 같다. 일반적으로 q_h는 증기압과 압력의 항으로 계산된다.

$$q_h = \frac{622e}{P - 0.378e} \simeq 622\frac{e}{P} \tag{3.32}$$

여기서 q_h는 비습도($\mathrm{g\,kg}^{-1}$), P는 습윤공기의 총압(mb), e는 증기압(mb)이다.

예제 3.5

기온이 25°C, 기압이 1,000 mb인 공기의 건조밀도와 상대습도가 50%일 경우 공기의 습윤밀도를 계산하라.

[풀이]

(a) 건조밀도: $P = 1{,}000\ \mathrm{mb} = 100\ \mathrm{kPa} = 100 \times 10^3\ \mathrm{N/m^2}\,(1\ \mathrm{N} = 1\ \mathrm{kg\,m/s^2})$와 $R_d = 287\ \mathrm{Jkg^{-1}\,K^{-1}}(1\ \mathrm{J} = 1\ \mathrm{kgm^2s^{-2}})$을 식 (3.13)에 대입하면

$$\rho_d = \frac{P_d}{R_d T} = \frac{100 \times 10^3}{287\ \mathrm{J/kg\,K} \times (273 + 25)}$$

$$= 1.169\ \mathrm{kg/m^3}$$

(b) 습윤밀도: 식 (3.14)가 사용된다. 먼저 식 (3.24)를 이용하여 25°C에 대한 포화증기압이 계산된다.

$$e_s = 33.8639[(7.38\times10^{-3}\times25+0.8072)^8-1.9\times10^{-5}\mid 1.8\times25+48\mid+1.316\times10^{-3}]$$
$$=33.8639(0.935-0.001767+0.001316)$$
$$=31.65\ \text{mb}$$

따라서 증기압 e는 식 (3.29)에 따라

$$e=R_h e_s = 0.5\times31.65 = 15.83\ \text{mb}$$

식 (3.14)에 따라 습윤밀도는 다음과 같다.

$$\rho_a = \frac{P}{R_d T}\left(1-0.378\frac{e}{P}\right)$$
$$=\frac{100\times10^3}{287\times(273.3+25)}\left(1-0.378\frac{15.83}{1{,}000}\right)=1.162\ \text{kg/m}^3$$

예제 3.6

공기의 압력이 101 kPa(또는 1,010 mb), 공기의 온도가 20°C, 이슬점 온도가 15°C이다. 증기압, 상대습도, 비습도, 습윤공기밀도를 계산하라.

[풀이] 20°C에 대한 포화증기압은 식 (3.24) 또는 식 (3.21)에 의하여 구해진다. 식 (3.21a)에 의하면

$$e_s = 6.11\exp\left(\frac{17.27\,T}{237.3+T}\right)=6.11\exp\left(\frac{17.27\times20}{237.3+20}\right)=23.39\ \text{mb}$$

실제증기압 e는 식 (3.22)를 이용해서 계산된다(그림 3.13).

$$e_a = e(T_d)=6.11\exp\left(\frac{17.27\,T_d}{237.3+T_d}\right)=6.11\exp\left(\frac{17.27\times15}{237.3+15}\right)=17.06\ \text{mb}$$

$\gamma=Pc_p/0.622\,H_v$=0.662를 적용한 식 (3.16)의 간략식에 의하면 $e=23.39-0.662(20-15)=20.08$ mb로 두 식의 결과는 상당한 차이를 나타낸다.

상대습도는 식 (3.27)에 따라

$$R_h = \frac{e_a}{e_s}=\frac{17.06}{23.39}=0.73=73\%$$

비습도는 식 (3.32)에 의하여

$$q_h = 622\frac{e}{P}=622\frac{17.06}{1{,}010}=10.51\ \text{g water/kg moist air}\ \ \text{또는}\ \ 0.01051\ \text{kg water/kg}$$

습윤공기밀도는 식 (3.19)($P=\rho_a R_a T$)를 이용한다. 식 (3.20)에 비습도 $q_h=0.01051$ kg water/kg를 대입하면 습윤공기의 기체상수 R_a는

$$R_a = 287(1+0.608\,q_h)=287(1+0.608\times0.01051)=288.8\ \text{J kg}^{-1}\text{K}^{-1}$$

$101\ \text{kPa}=101\times10^3\ \text{Pa}$이므로 습윤공기밀도는 다음과 같다.

$$\rho_a = \frac{P}{R_a T}=\frac{101\times10^3}{288.8(273.3+20)}\ 1.19\ \text{kg/m}^3$$

예제 3.7

기온이 30°C, 상대습도가 80%인 경우 이슬점 온도를 구하라.

[풀이] 식 (3.28)에 의하면

$$0.8^{0.125} = \frac{112 - 0.1 \times 30 + T_d}{112 + 0.9 \times 30} = \frac{109 + T_d}{139}$$

$$T_d = 135.18 - 109 = 26.18 \text{ °C}$$

식 (3.26)에 의해서도 같은 값이 구해진다.

3.6.3 가강수량

가강수량(可降水量; precipitable water)은 대기의 단위면적을 갖는 공기기둥에 포함된 수증기량을 액체깊이(mm)로 나타낸 것이다. 가강수량은 전 수증기가 응결된다는 가정하에서 가능최대강수량의 추정치가 된다. 실제 강수량은 항상 이보다 작다.

단위면적을 갖는 공기기둥의 미소두께 dz 의 요소에 포함된 공기의 질량은 $m_a = \rho_a dz$ 이고 이 중 물의 질량은 $q_h \rho_a dz = \rho_w dz$ 이다. 고도 z_1 과 z_2 사이의 공기기둥에 포함된 가강수분의 총질량은 다음과 같다.

$$m_p = \int_{z_1}^{z_2} q_h \rho_a dz \tag{3.33}$$

Δz 에 대한 적분은

$$\Delta m_p = \bar{q}_h \bar{\rho}_a \Delta z \tag{3.34}$$

여기서 $\bar{q}_h$와 $\bar{\rho}_a$는 Δz 구간에 대한 비습도와 공기밀도의 평균치이다. 공기기둥의 가강수분의 총질량을 액체의 깊이로 나타내면

$$W_p = \sum_{z_1}^{z_2} \frac{\bar{q}_h \bar{\rho}_a \, \Delta z}{\rho_w} \text{ (mm)} \tag{3.35}$$

여기서 W_p 는 가강수량(mm)이다. 식 (3.35)를 압력의 항으로 나타내면 다음과 같다.

$$W_p = \frac{0.1}{g} \sum_{p_2}^{p_1} \bar{q}_h \, \Delta P \text{ (mm)} \tag{3.36}$$

여기서 P는 압력(mb), $\bar{q}_h$는 비습도(g kg^{-1}), g는 중력가속도(9.81 m/s^2)이다.

예제 3.8

10 km 높이인 단위면적의 포화공기기둥의 가강수량을 구하라. 지표면에서 압력은 101.3 kPa, 공기온도는 28 °C이고 체감률은 α =6.5°C/km이다.

[풀이] 고도증분 $\Delta z = 2\text{ km} = 2{,}000\text{ m}$에 대한 계산과정과 결과는 표 3.6과 같고 계산내용은 항목별로 주어진다.

표 3.6 가강수량 계산 예

고도	기온		기압	밀도	포화증기압	비습도	평균비습도	평균밀도	질량증분	총질량의
z	T	T	P	ρ_a	e_s	q_h	$\overline{q}_h$	$\overline{\rho}_a$	Δm	백분율
(km)	(°C)	(K)	(kPa)	(kg/m³)	(kPa)	(kg/kg)	(kg/kg)	(kg/m³)	(kg)	%
(1)	(2)	(3)	(4)	(5)	(6)	(7)	(8)	(9)	(10)	(11)
0	28	301	101.3	1.17	3.46	0.0212				
2	15	288	80.3	1.20	1.50	0.0092	0.0152	1.18	35.9	55
4	2	275	63.0	1.28	0.69	0.0042	0.0067	1.24	16.6	25
6	−11	262	48.8	1.35	0.30	0.0018	0.0030	1.32	7.9	12
8	−24	249	37.4	1.42	0.12	0.0007	0.0013	1.39	3.6	6
10	−37	236	28.2	1.49	0.04	0.0002	0.0005	1.46	1.5	2

2, 3란: 기온 $z = 0\text{ m}$에서 $T = 273 + 28 = 301\text{ K}$

$Z = 2\text{ km} = 2{,}000\text{ m}$에서 기온 T_2는 식 (3.5)에 따라 계산된다.

$$T_2 = T_o - \alpha(z_2 - z_o) = 28 - 0.0065(2{,}000 - 0) = 15°\text{C}$$

$$T_2 = 273 + 15 = 288\text{ K}$$

4란: 기압은 식 (3.8)을 이용해서 구하기 위해 먼저 식 (3.8)의 지수를 계산한다. 가스상수 R=287 J/kg·K를 적용하면 $g/\alpha R = 9.81/(0.0065 \times 287) = 5.26$이므로 $z = 2{,}000\text{ m}$에서 기압은 다음과 같다.

$$P_2 = P_o(T_2/T_o)^{g/\alpha R} = 101.3(288/301)^{5.26} = 80.3\text{ kPa}$$

5란: 지면에서 공기밀도는 식 (3.13)에 준하는 $P = \rho_a RT$를 이용하여

$$z = 0\text{ m} \qquad \rho_a = \frac{P}{RT} = \frac{101.3 \times 10^3}{287 \times 301} = 1.17\ \text{kg/m}^3$$

$$z = 2{,}000\text{ m} \qquad \rho_a = \frac{101.3 \times 10^3}{287 \times 288} = 1.2\ \text{kg/m}^3$$

6란: 포화증기압은 식 (3.21b)를 이용해서 계산한다.

$$z = 0\text{ m} \qquad e_s = 0.611\exp\left(\frac{17.27\,T}{273 + T}\right) = 0.611\exp\left(\frac{17.27 \times 28}{273 + 28}\right) = 3.046\text{ kPa}$$

$$z = 2{,}000\text{ m} \qquad e_s = 0.611\exp\left(\frac{17.27 \times 15}{273 + 15}\right) = 1.502\text{ kPa}$$

7란: 비습은 식 (3.32)를 이용해서 계산한다.

$$z = 0\text{ m} \qquad q_h = 0.622\frac{e_s}{P} = 0.622\frac{3{,}046}{101.3} = 0.0212\text{ kg/kg}$$

$$z = 2{,}000\ \text{m} \qquad q_h = 0.622\frac{1.502}{101.3} = 0.0092\ \text{kg/kg}$$

8, 9란: 높이 증분에 대한 비습과 공기밀도의 평균치는 다음과 같다.

비습도 $\bar{q}_h = (0.0212 + 0.0092)/2 = 0.0152$

밀도 $\bar{\rho}_a = (1.17 + 1.20)/2 = 1.18$

10란: 단위면적은 $A = 1\ \text{m}^2$이므로 가강수량의 질량은 식 (3.34)에 의하면 다음과 같다.

$$\Delta m_p = \bar{q}_h \bar{\rho}_a \Delta z = 0.0152 \times 1.18 \times 2{,}000 = 35.9\ \text{kg}$$

10란의 합인 가강수량의 총질량은 $m_p = 65.5\ \text{kg}$이고 이에 동등한 액체의 깊이는 $m_p/\rho_w A = 65.5/(1{,}000 \times 1) = 0.0655\ \text{m} = 65.5\ \text{mm}$이다. 11란에 의하면 가강수량의 50% 이상이 지상 2 km에서 일어나고, 10 km 이상의 고도에서 가강수량은 무시할 수 있을 정도이다.

3.6.4 습도 측정

습도는 일반적으로 **건습구습도계**(乾濕球濕度計; psychrometer)로 측정된다. 이 습도계는 두 개의 온도계로 구성되고 그 중 하나인 습구온도계는 물로 포화된 깨끗한 무명천으로 둘러싸고 다른 온도계는 통풍이 잘 되도록 한다. 증발의 냉각효과 때문에 습구온도계는 건구온도계보다 낮은 온도를 나타낸다. 이와 같은 온도차이 ΔT(°C)를 **습구온도강하**(濕球溫度降下; wet-bulb depression)라고 한다. 습구온도강하와 상대습도의 관계를 나타내는 표(부록 B-3)를 이용해서 상대습도를 구한다.

모발습도계(毛髮濕度計; hair hygrometer)는 모발의 길이가 상대습도에 따라 변하는 현상을 이용한다. 이 변화는 그래프용지에 상대습도를 나타내는 지시기에 전달된다. **모발자기습도계**(毛髮自記濕度計; hair hygrograph)는 그래프용지에 습도를 기록하는 펜을 가진 모발습도계이다. **자기온습계**(hygrothermograph)는 모발자기습도계와 자기온도계를 이용해 하나의 그래프용지에 상대습도와 온도를 기록한다. **노점습도계**(露点濕度計; dew point hygrometer)는 냉각되는 액체를 담은 용기의 표면이 광택이 날 정도로 깨끗한 금속통으로 이슬점은 금속통의 외부에 응결이 일어나기 시작하는 시간의 액체온도이며 실험실에서 주로 사용된다. dew-cell hygrometer는 포화된 리튬염화물용액의 온도를 조절하여 용액의 수증기압이 주위 대기의 수증기압과 동일하게 하여 이슬점을 측정한다.

3.6.5 습도의 지리적 분포

대기습도는 위도가 높아짐에 따라 감소경향을 갖는다. 그러나 온도의 역함수인 상대습도는 증가경향을 갖는다. 대기습도는 해양에서 최대이고 내륙으로 감에 따라 감소한다. 또한 표고에 따라 감소하고 나지보다 초목 위에서 더 크다. 수증기는 고도에 따라 감소한다.

표 3.7 수증기의 연직분포

고 도(km)	0.0	0.5	1.0	1.5	2.0	2.5	3.0	3.5	4.0	5.0	6.0	7.0	8.0
수증기(체적 %)	1.3	1.16	1.01	0.81	0.69	0.61	0.49	0.41	0.37	0.27	0.15	0.09	0.05

표 3.8 월 평년증기압(1971~2000) (단위: hPa)

측후소 \ 월	1	2	3	4	5	6	7	8	9	10	11	12	연평균
속 초	53.0	57.7	63.3	63.3	68.5	80.1	83.2	83.0	77.4	66.1	58.2	51.8	67.1
춘 천	70.8	67.5	65.1	61.6	66.4	72.7	79.9	80.4	79.0	76.1	74.8	73.6	72.3
서 울	62.6	61.0	61.2	59.3	64.1	71.0	79.8	77.4	71.0	66.2	64.6	63.8	66.8
인 천	63.8	63.6	65.7	66.7	70.6	76.6	82.4	80.1	74.2	68.7	66.0	64.8	70.3
울릉도	70.7	71.1	71.0	71.0	72.4	82.1	86.1	85.3	80.3	72.7	69.8	68.8	75.1
대 전	68.9	66.0	63.8	61.6	65.8	73.2	80.1	79.8	77.6	73.7	73.4	71.8	71.3
포 항	51.9	54.1	59.5	60.6	64.4	74.6	78.2	78.3	75.2	66.6	60.2	53.6	64.8
대 구	58.5	57.3	57.9	56.8	60.0	67.6	74.3	74.0	72.0	66.5	63.8	60.5	64.1
광 주	70.5	68.9	66.2	65.2	68.4	75.1	80.6	79.0	75.8	71.0	71.6	71.7	72.0
목 포	69.5	70.4	69.1	70.0	73.0	78.9	83.4	80.4	75.9	70.2	68.9	69.5	73.3
부 산	51.0	53.6	59.1	64.6	69.6	79.3	84.8	80.8	74.3	65.2	59.5	52.9	66.2
제 주	69.2	69.4	69.3	71.2	73.7	80.1	81.6	79.8	75.8	70.7	69.3	68.9	73.3

자료: 한국기후표(기상청, 2001)

비습도는 열대와 낮은 위도에서 최대이고 양극에 접근함에 따라 급격히 감소한다. 상대습도는 온도의 함수이므로 열대(높은 수분과 높은 온도)와 양극(낮은 수분과 낮은 온도)에서 첨두를 나타내고 최소는 중간 위도에서 일어난다. 상대습도는 수분함량뿐만 아니라 공기가 수분을 보유할 수 있는 능력의 척도이므로 응결과정에 중요한 역할을 한다.

3.6.6 습도의 시간적 분포

기온과 같이 대기수증기는 겨울에 최소이고 여름에 최대이다. 북반구에서는 가장 건조한 달

표 3.9 월 평년상대습도(1971~2000) (단위: %)

측후소 \ 월	1	2	3	4	5	6	7	8	9	10	11	12	연평균
속 초	53.0	57.7	63.3	63.3	68.5	80.1	83.2	83.0	77.4	66.1	58.2	51.8	67.1
춘 천	70.8	67.5	65.1	61.6	66.4	72.7	79.9	80.4	79.0	76.1	74.8	73.6	72.3
서 울	62.6	61.0	61.2	59.3	64.1	71.0	79.8	77.4	71.0	66.2	64.6	63.8	66.8
인 천	63.8	63.6	65.7	66.7	70.6	76.6	82.4	80.1	74.2	68.7	66.0	64.8	70.3
울릉도	70.7	71.1	71.0	71.0	72.4	82.1	86.1	85.3	80.3	72.7	69.8	68.8	75.1
대 전	68.9	66.0	63.8	61.6	65.8	73.2	80.1	79.8	77.6	73.7	73.4	71.8	71.3
포 항	51.9	54.1	59.5	60.6	64.4	74.6	78.2	78.3	75.2	66.6	60.2	53.6	64.8
대 구	58.5	57.3	57.9	56.8	60.0	67.6	74.3	74.0	72.0	66.5	63.8	60.5	64.1
광 주	70.5	68.9	66.2	65.2	68.4	75.1	80.6	79.0	75.8	71.0	71.6	71.7	72.0
목 포	69.5	70.4	69.1	70.0	73.0	78.9	83.4	80.4	75.9	70.2	68.9	69.5	73.3
부 산	51.0	53.6	59.1	64.6	69.6	79.3	84.8	80.8	74.3	65.2	59.5	52.9	66.2
제 주	69.2	69.4	69.3	71.2	73.7	80.1	81.6	79.8	75.8	70.7	69.3	68.9	73.3

자료: 한국기후표(기상청, 2001)

이 1, 2월이고 가장 습한 달이 7, 8월이다. 중간 이상의 위도에서는 가장 건조한 달의 내륙 월평균 가강수량은 연평균 강수량의 약 반이고 가장 습한 달은 연평균의 2배 정도에 달한다. 해안과 해양에서는 계절적인 변화가 아주 작고 열대해양에서 최소이다. 수증기함량과는 달리 상대습도는 여름에 최소이고 겨울에 최대이다.

3.7 바 람

공기의 이동으로 인하여 일어나는 바람은 여러 수문기상 과정에 매우 중요한 인자이다. 수분과 열은 쉽게 이동해서 접촉하고 있는 표면의 열과 수분조건을 받아들이는 경향을 갖는다. 수면에 접한 정체된 공기는 수면과 같은 증기압을 갖게 되어 증발이 일어나지 않는다. 수면 상부 공기층의 증기압 변화를 가져오는 바람은 증발에 중요한 영향을 행사한다. 또한 강수가 지속되는 것은 습윤공기의 지속적인 유입으로 인해 가능하므로 강수형성에도 중요하다.

3.7.1 바람의 측정

바람은 빠르기와 방향을 갖는다. 풍향은 바람이 불어오는 방향을 의미한다. 풍향은 지상풍에서는 16방위로, 대기에서는 북을 기준으로 시계방향으로 도 또는 0.1도로 나타낸다. 풍속은 km/hr, miles/hr, m/s 또는 노트로 표시된다.

$$1\ \mathrm{km/hr} = 0.621\ \mathrm{mile/hr} = 0.278\ \mathrm{m/s}$$

$$1\ \mathrm{kn} = 1{,}852\ \mathrm{m/hr} = 1{,}151\ \mathrm{mile/hr} = 0.514\ \mathrm{m/s}$$

풍속은 연직축을 회전하는 3～4개의 컵으로 구성된 **풍속계**(風速計; anemometer)로 측정한다. **프로펠러 풍속계**(propeller anemometer)는 수평회전축을 갖는 프로펠러로 구성된다.

3.7.2 바람의 지리적 변화

겨울에는 차가운 내륙에서 따뜻한 바다로 바람이 불고, 여름에는 시원한 바다에서 더운 내륙으로 바람이 분다(계절풍; monsoon). 같은 이유로 주간의 육지와 바다의 미풍은 육지와 수면의 온도차이에 기인한다.

대기의 하부에서는 나무, 건물, 다른 장애물에 의한 마찰저항으로 인하여 풍속이 감소하고 풍향이 변한다. 이 영향은 고도 600 m까지이고 이 층을 **마찰층**(摩擦層; friction layer)이라고 한다. 마찰층 밖의 풍속이 마찰로 인하여 지상에서는 40%, 바다에서는 70%로 감소한다. 고도 z에 따른 풍속의 변화는 혼합거리 $l = kz$에 대한 대수속도분포로 나타낼 수 있다.

$$\frac{\bar{v}}{v_*} = \frac{1}{\kappa}\ln\frac{z}{z_o}, \qquad z \geq z_o \tag{3.37}$$

여기서 $\bar{v}$는 지상높이 z에서 평균속도, κ는 von Karman상수, z_o는 지면조도의 척도인 조도높이(roughness height)로서 풍속이 영이 되는 점의 지면에서부터의 높이이고 이는 z 보다 작다. v_* 는 마찰속도로 $v_* = (\tau/\rho)^{1/2}$ 이다. τ는 전단응력, ρ는 공기의 밀도이다. 기상학에서는 τ가 높이의 영향을 받지 않는 것으로 고려하여 지면의 전단응력 τ_o가 전 경계층에 적용된다, 즉 $\tau = \tau_o$이다. 따라서 v_*는 지면상태와 평균풍속의 함수이다.

v_*는 평균풍속 $\bar{v}$의 3~12% 범위이고 낮은 값은 매끄러운 표면에 대한 값이다. 개략치로 $v_* = 0.1\,\bar{v}$가 사용된다. 완전히 거친흐름에 대하여 혼합거리에 대한 조도의 영향이 $z_o - z$ 영역 내에 국한되는 가정에서 혼합계수로 $l = k(z + z_o)$가 적용되고 이에 따른 유속분포는

$$\frac{\bar{v}}{v_*} = \frac{1}{k}\ln\left(\frac{z + z_o}{z_o}\right) \tag{3.38}$$

표준높이 z_1 에서 측정된 평균풍속 $\bar{v}_1$를 이용하여 높이 z 의 평균풍속 $\bar{v}$는 식 (3.38)로부터 다음과 같이 주어진다.

$$\frac{\bar{v}}{\bar{v}_1} = \frac{\ln(z/z_o + 1)}{\ln(z_1/z_o + 1)} \tag{3.39}$$

높이 z_1 과 z_3 에서 측정된 풍속이 $\bar{v}_1$와 $\bar{v}_3$인 경우 높이 $z_2 (z_1 < z_2 < z_3)$ 에서의 풍속 $\bar{v}_2$는

$$\bar{v}_2 = \bar{v}_3 - (\bar{v}_3 - \bar{v}_1)\frac{\ln(z_3/z_2)}{\ln(z_3/z_1)} \tag{3.40}$$

속도분포를 계산하는 **멱법칙분포**(冪法則分布; power law profile)는 다음과 같다.

표 3.10 월 평년풍속(1971~2000) (단위: m/s)

측후소 \ 월	1	2	3	4	5	6	7	8	9	10	11	12	연평균
속 초	3.7	3.5	3.4	3.7	3.3	2.7	2.4	2.4	2.6	2.9	3.4	3.6	3.1
춘 천	1.3	1.6	1.8	1.9	1.7	1.4	1.3	1.3	1.2	1.2	1.3	1.3	1.4
서 울	2.5	2.7	2.9	2.9	2.6	2.3	2.3	2.1	1.9	2.0	2.3	2.3	2.4
인 천	3.7	4.0	4.0	4.0	3.4	2.8	3.0	2.8	2.6	2.7	3.5	3.7	3.4
울릉도	4.0	4.1	4.3	4.9	4.9	3.6	3.8	3.8	3.6	3.8	4.0	3.9	4.0
대 전	1.4	1.7	2.0	2.2	2.1	1.9	1.9	1.8	1.5	1.3	1.3	1.3	1.7
포 항	3.1	3.1	3.1	3.2	3.0	2.7	2.8	3.0	3.0	2.7	2.7	2.9	2.9
대 구	3.1	3.2	3.2	3.2	3.1	3.0	2.9	2.9	2.5	2.4	2.6	2.9	2.9
광 주	2.2	2.4	2.5	2.5	2.3	2.1	2.4	2.1	1.9	1.8	1.9	2.0	2.2
목 포	4.8	5.2	4.8	4.3	3.9	3.5	3.9	3.7	3.6	3.9	4.3	4.4	4.2
부 산	4.1	4.2	4.3	4.4	3.9	3.6	4.2	4.1	3.8	3.6	3.8	3.9	4.0
제 주	4.9	4.7	4.1	3.7	3.2	3.1	3.2	3.2	3.2	3.5	4.1	4.6	3.8

자료: 한국기후표(기상청, 2001)

$$\frac{\bar{v}}{\bar{v}_1} = \left(\frac{z}{z_1}\right)^k \tag{3.41}$$

여기서 지수 k는 지면조도와 대기의 안정상태에 따라 변하고 일반적으로 1/7이 사용된다. 그러나 고도차이가 50 m 이상이거나 나무나 구조물에 의하여 지면풍속이 영향을 받는 경우에는 대수유속분포가 선호된다.

표 3.11 자연표면 상태에 대한 z_o와 v_*의 값

표 면 상 태	z_o(cm)	v_*(cm/s)
매우 매끄러운(진흙면, 얼음)	0.001	16
잔디, 초원(높이 1 cm까지)	0.1	26
초지(높이 10 cm까지)	0.7	36
조밀한 초지(높이 10 cm까지)	2.3	45
초지(높이 50 cm까지)	5	55
조밀한 초지(높이 50 cm까지)	9	63

표 3.12 지면상태와 고도에 대한 k값

지면유형	고도(m)	초단열	중립	안정	온도전도
초원	10～70	0.25	0.27	–	0.61
평탄지	11～49	0.16	0.20	0.25	0.36
잔디	8～120	0.14	0.17	0.27	0.32～0.77
비행장	9～27	0.09	0.08	0.18	–
산림 부근	11～124	0.19	0.29	0.35	–

문 제

순 환

3.1 적도상의 공기덩어리가 지구 표면에 대하여 상대적으로 정지상태에 있다. 공기 이동의 각 운동량의 보전을 고려하여 공기가 북위 45°로 이동할 경우 지구 표면에 대한 공기의 이론적인 동향속도(km/hr)를 계산하라. 지구의 평균직경은 6,371 km이다.

기 압

3.2 고도 3,000 m의 기압을 계산하고 대기압(atm)으로 나타내라.

습 도

3.3 15°C에서 1 L의 물이 증발하는 데 필요한 열량(cal)을 구하라.

3.4 10°C에서의 물의 기화열(cal/g)을 구하라.

3.5 15°C에서 물의 증발숨은열(cal/g)을 구하라.

3.6 다음의 경우 밀도(kg/m^3)를 구하라. (a) 32°C, 압력 900 mb의 건조공기, (b) 동일한 온도와 압력에서 상대습도가 70%인 습윤공기.

3.7 75 cm 압력에서 건구온도와 습구온도가 각각 16°C와 11°C이다. 부록 B−3을 이용하여 다음을 구하라. (a) 이슬점 온도, (b) 상대습도, (c) 포화증기압, (d) 실제증기압(mb).

3.8 측후소에서 관측된 공기압력이 101.2 kPa, 온도가 27°C, 이슬점 온도가 20°C일 때 (a) 증기압, (b) 상대습도, (c) 비습, (d) 공기밀도를 계산하라.

3.9 지면조건은 문제 3.7과 같고 체감률이 8°C/km일 경우 고도 1,500 m에서 (a) 증기압, (b) 공기압력, (c) 비습, (d) 공기밀도를 계산하라.

3.10 기온이 15°C, 상대습도가 40%인 경우 (a) 증기압, (b) 비습, (c) 공기밀도를 구하라. 단, 표준대기압은 101.1 kPa이다.

3.11 10°C, 1,000 mb에서 건조공기의 밀도를 계산하라. 상대습도가 60%인 경우 습윤공기의 밀도를 구하라.

3.12 건구온도와 습구온도가 각각 30°C, 20°C인 경우 이슬점 온도, 상대습도, 포화증기압 및 실제공기압을 계산하라.

3.13 공기온도가 5°C, 이슬점 온도가 −1.0°C일 때 식 (3.28)과 부록 B−3을 이용하여 상대습도를 결정하라.

3.14 기온이 25°C, 상대습도가 45%일 때, 식 (3.26)에 의하여 이슬점을 결정하라.

3.15 −8°C에서 수면의 포화증기압이 2.62 mb이다. 동일한 온도에서 얼음의 포화증기압은 얼마인가? 식 (3.25)와 부록 B−2의 결과를 비교하라.

3.16 지면 조건인 기온이 22°C, 압력이 101.1 kPa, 체감률이 6.5°C/km인 경우 10 km 높이의 포화대기기둥의 가강수량(mm)을 계산하라.

3.17 문제 3.11에서 0, 10, 20, 30, 40°C에 대한 가강수량을 계산하여 온도에 대한 가강수량의 변화를 도시하라.

3.18 대기압력 900, 800, 700 mb에 해당하는 기온이 15.0, 10.0, 5°C이다. 900과 700 mb 사이 대기층의 가강수량(mm)을 계산하라.

3.19 2,000 m 대기기둥에 대한 가강수량(cm)을 계산하라. 지상과 2,000 m에서의 압력과 비습도는 각각 1,015 mb, 4.58 g/kg과 400 mb, 1.5 g/kg이다.

3.20 다음 자료에 대한 4,000 m의 대기기둥에 대한 가강수량을 구하라.

고도(m)	기온(°C)	압력(mb)	증기압(mb)
0	15	1,002	6.9
500	11	932	4.9
1,000	6	866	3.7
1,500	3	804	3.2
2,000	−1	745	2.0
2,500	−5	690	1.6
3,000	−9	637	1.1
3,500	−13	589	0.8
4,000	−17	544	0.6
4,500	−21	495	0.4
5,000	−25	445	0.2

3.21 10 km 대기기둥의 가강수량을 계산하라. 지면에서 기온은 20°C, 압력은 101.5 kPa 및 체감률은 0.5°C/km이다.

바 람

3.22 식 (3.39)를 유도하라.

3.23 식 (3.40)을 유도하라.

3.24 짧은 잔디밭의 2 m 높이에서 측정된 풍속이 1 m/s이다. 전단속도를 계산하고 바닥에서 4 m 높이까지 유속분포를 도시하라. $z_o = 1$ cm로 가정한다.

3.25 8 m 높이에서 측정된 풍속이 4 m/s이다. 4 m 높이의 풍속을 산정하라. $z_o = 50$ cm로 가정한다.

3.26 50 m 상공에서 관측된 풍속이 20 km/hr이다. 높이 10 m에서 풍속을 (a) $k = 1/5$, (b) $k = 1/7$에 대하여 멱유속분포법칙을 이용하여 추정하라.

3.27 5 m와 50 m에서 관측된 풍속이 각각 4, 8 m/s이다. 식 (3.39), (3.40)을 이용하여 10 m, 30 m에서 풍속을 계산하라.

3.28 조도높이가 1 cm인 지상 2 m 높이에서 측정된 풍속이 5 m/s이다. (a) 마찰속도(cm/s), (b) 0.5 m에서 풍속(m/s)을 계산하라.

04 강수량

Applied Hydrology

강수(降水; precipitation)는 대기에서 지구 표면에 도달하는 모든 형태의 수분으로 강우, 강설, 우박, 이슬비, 진눈개비, 이슬, 서리 및 안개를 포함한다. 강수는 주로 공기 중에 존재하는 수증기로부터 생성되고 강우가 형성되기 위해서는 대기에서 기단의 상승, 냉각, 응결 및 물방울 생성과정이 필요하다. 증기, 액체 및 고체 형태로 존재하는 대기수분은 증발과 증산에 의하여 보충되고 강수로 빠져나간다.

강수는 물의 주 공급원이고 시간과 공간에서 다양한 변화를 갖는다. 한발과 홍수와 같은 강수변화성에 관한 기술과 예측은 다양한 인간 활동에 기본적으로 필요한 사항이다. 즉 강수의 변화성을 포함한 강수기록은 급수, 홍수, 한발, 관개 및 관련 구조물에 관한 조사, 설계 및 의사결정에 기본이 된다. 강수의 양, 양상 및 빈도의 지식은 시간과 공간의 다양한 크기에서 필요하다. 예를 들면 도시 소구역의 배수계통의 설계는 단일 호우사상의 자료를 필요로 하는 반면 한 지역의 급수문제는 수년간의 강수자료를 필요로 한다. 강수량자료는 유역의 유출을 산정하거나 강우-유출모형을 이용하여 하천유량을 예측하는 데 이용된다. 본 장에서는 강수의 형성, 측정방법 및 강우자료의 처리방안 등이 기술된다.

4.1 구 름

4.1.1 구름의 형성

구름입자가 대기에 떠 있을 수 없을 만큼 무거워지면 구름입자는 강수로 지면에 떨어진다. 이와 같이 강수를 유발하는 구름은 지구의 대기에 떠다니는 반경이 약 0.02~0.05 mm인 작은 물방울이나 얼음 알갱이들이 수십억 개 모인 집합체이다. 농도가 높은 구름은 반사율이 70%~95%에 이르기 때문에 구름 상부는 하얗게 보인다. 하지만 구름 속 물방울들이 빛을 산란시키므로 아래로 내려갈수록 회색이 된다. 구름은 강수를 유발하고 적외선을 강하게 흡수한다.

공기가 상승하여 공기밀도가 희박해지고 기압이 낮아지는 높이에 이르면 공기의 부피가 팽창하게 된다. 부피가 커진 공기뭉치의 가운데로 주위의 열이 전달될 시간이 충분하지 않아 공기뭉치 표면에서만 열 교환이 이루어져 공기뭉치의 대부분의 공기는 열의 가감이 없는 단열팽창을 하여 온도가 낮아지게 된다. 온도가 공기의 이슬점 이하로 낮아지게 되면 수증기가 물방울로 변하면서 구름이 생성된다. 구름은 성층권 이상으로 올라가면 공기가 그 이상 위로 올라갈 수 없으므로 더 이상 구름이 만들어지지 않는다.

구름을 생성하는 공기의 상승요인은 4가지이다. (1) 지표면이 불균등하게 가열될 때 대류에 의한 상승, (2) 공기가 산을 따라 상승할 때 지형에 의한 상승, (3) 공기가 모여드는 저기압의 중심일 때 수렴에 의한 상승, (4) 한랭기단과 온난기단이 만날 때 전선에 의한 상승.

4.1.2 구름의 종류

구름은 크게 층운과 적운으로 구분되며 고도에 따라 상층운, 중층운, 하층운, 연직발달구름의 네 가지로 분류된다.

상층운

상층운(上層雲; high cloud)은 지상 5～14 km 고도의 낮은 온도에서 형성되므로 주로 수증기가 얼어붙은 얼음의 결정으로 구성된다. 이 고도에서 형성되는 구름은 두께가 얇고 하얗게 나타나며 태양이 낮은 시간에는 다양한 색의 배열로 나타나기도 한다. 이에는 3종의 구름이 있다.

권운(卷雲; Cirrus, Ci)은 털구름 또는 새털구름이라고도 한다. 대부분 맑은 날씨에 나타나고 희고 섬세한 느낌을 주는 줄무늬 또는 명주실 모양의 구름이다. **권층운**(卷層雲; Cirrostratus, Cs)은 털층구름・면사포구름・무리구름이라고 한다. 태양이나 달의 무리(햇무리・달무리)를 나타나게 하는 반투명의 흰 베일과 같은 구름이다. **권적운**(卷積雲; Cirrocumulus, Cc)은 털쌘구름・비늘구름・조개구름이라고 한다. 생선비늘 또는 잔물결 같은 모양을 나타낸다.

중층운

중층운(中層雲; intermediate cloud)은 2,000～6,000 m 고도에서 형성되고 물방울로 구성되며 온도가 충분히 낮으면 빙정이 되기도 한다.

고층운(高層雲; Altostratus, As)은 높은 층구름・흰색차일구름이라고 하며 때로는 상층에서 나타나기도 한다. 얼룩이 없는 고른 모양을 나타낼 때도 있고 줄기가 있는 섬유나 털 모양의 조직을 나타내기도 한다. 두께는 수백 m에서 수천 m에 이른다. 구름의 상단은 10,000 m 높이까지 이르기도 한다. 따라서 두꺼운 고층운의 상층부는 빙정, 중층부는 빙정・눈송이・과냉각물방울의 혼합물, 하층부는 대부분 과냉각물방울이나 물방울로 이루어진다. 얇은 고층운에서는 해와 달을 희미하게 볼 수 있으나 두꺼운 고층운은 해와 달을 완전히 가린다. **고적운**(高積雲; Altocumulus, Ac)은 높쌘구름, 양떼구름이라고 한다. 색깔은 흰색 또는 회색이며 그림자가 나타나므로 입체감이 있다. 구름의 입자는 대부분 작은 물방울이지만 기온이 매우 낮을 때에는 빙정도 나타난다.

하층운

하층운(下層雲; low cloud)은 고도 2,000 m 이하에서 형성되므로 물방울로 구성된다. 하층운이 땅에 닿으면 안개가 된다.

층운(層雲; Stratus, St)은 층구름 또는 안개와 비슷하여 안개구름이라고도 한다. 안개가 공중으로 떠오른 것 같은 낮은 구름으로 조각조각으로 나누어진 구름조각이 되기도 한다. 지형의 영향으로 발생하므로 한정된 범위에서만 나타나며 오랫동안 남아 있는 경우는 드물고 층운에서 내리는 비는 이슬비가 보통이다. **층적운**(層積雲; Stratocumulus, Sc)은 구름의 하단은 고도가 약 500 m, 구름의 상단은 약 2,000 m에 이른다. 구름입자는 물방울로 되고 구름의 형태는 둥그스름하거나 편평하다.

연직발달구름

연직발달구름(vertically developed cloud)은 열의 대류 또는 전선에 의한 공기의 상승으로 생성되며 12,000 m 이상으로도 상승하고 상승하는 기류가 동반되기도 한다.

난층운(亂層雲; Nimbostratus, Ns)은 비층구름 · 비구름이라고도 하는 어두운 회색 구름으로 비나 눈을 유발한다. 때로는 상층과 하층에서 나타나기도 한다. 주로 2,000~7,000 m 높이에서 나타나며 하늘 전체를 덮고 두꺼운 층을 이룬다. 고층운의 구름층이 점차 두꺼워지면 구름의 바닥이 낮아져서 난층운이 되는 경우가 많다. **적란운**(積亂雲; Cumulonimbus, Cb)은 쌘비구름이라고도 하며 적운과 비슷하지만, 적운보다 연직으로 더 치솟아 있어 산이나 큰 탑처럼 보인다. 구름의 윗부분은 빙정, 아랫부분은 물방울로 이루어진다. 그리고 중간 부분은 빙정과 작은 물방울이 섞여 있다. 구름 하단의 높이는 지면에서 2 km 이하이나 상단의 높이는 12 km에 이르기도 한다. 적란운은 흔히 소나기를 동반하며 심할 때에는 우박과 뇌우 그리고 더 심할 때에는 용오름을 동반한다. 구름 속에 전하가 모여 있어 번개도 동반하므로 뇌운(雷雲)이라고도 한다. 때때로 우박과 재난적인 토네이도를 발생시키기도 한다. **적운**(積雲; Cumulus, Cu)은 쌘구름 · 뭉게구름이라고도 한다. 맑은 하늘에 떠 있는 뭉게구름으로 햇빛을 받는 곳은 눈부시게 희며 구름의 밑면은 어둡고 거의 수평을 이룬다. 지상에서 2,000 m 사이에서 나타나지만 발달하면 구름 상단의 높이가 10,000 m에 이른다. 적운은 흔히 맑은 날 햇볕이 내리쬐어 나타난 대류현상 때문에 나타난다. 이러한 적운은 아침에 나타나기 시작해 낮 동안 발달하고 저녁이 가까워지면서 사라진다. 적운에서는 비가 오지 않으며 오더라도 그 양이 매우 적다.

4.2 강수 형성

대기의 기단은 전선, 대류 및 산악의 세 과정에 의하여 상승한다. 기단이 상승하게 되면 기압이 낮아지고 팽창하여 기온이 낮아지게 된다. 온도가 낮아짐에 따라 기단의 수증기 보유능력이 감소한다. 기단의 온도가 강하하면 그 이상의 수분을 보유할 수 없는 상태, 즉 포화상태에 이르게 되고 그 이하로 온도가 내려가면 수증기의 일부는 **응결**(凝結; condensation)되어 액체상태로 변환된다(그림 3.13 참조). 만약 기온이 빙점보다 낮게 되면 수증기는 액체상태를 거치지 않고 바로 고체인 빙정(氷晶; ice crystal)으로 변환된다. 응결은 **응결핵**(凝結核; condensation nuclei) 또는 씨(seed)라고 하는 극히 작은 입자(직경 0.1 μm～10 μm 범위)인 에어로졸(aerosol) 주위에 일어난다. 따라서 응결이 일어나기 위해서는 응결핵이 필요하다. 인공강우는 응결핵을 인공적으로 공급하여 강우를 유발하는 것이다.

응결핵으로 작용하는 것은 여러 가지 물질의 작은 입자로서 공기 중에 떠있는 작은 먼지입자가 대표적인 예이다. 이온을 포함한 입자는 이온이 정전기적으로 물분자를 끌어당기기 때문에 응결에 보다 효과적이다. 대기 중의 이온은 바다에서 증발한 소금입자 또는 연소에 의한 유황과 질소의 화합물이다. 강우형성 과정은 응결핵 주위에 물분자가 부착되면서 시작된다. 기단의 온도가 내려가면 응결핵 주위에 응결되는 물입자의 양이 증가한다. 응결핵 주위에 형성되는 액체 입자는 매우 작아서 상향공기흐름으로 인해 하강하지 못한다. 이 작은 물입자가 다른 입자와 충돌 또는 병합에 의하여 성장하여 크기가 약 400 μm(0.4 nm)에 이르면 상향공기흐름을 극복할 정도가 되어 강수로 하강한다. 작은 물방울이나 빙정이 외적인자의 작용 없이 응결에 의하여 3 mm (3,000 μm) 정도의 크기인 빗방울로 성장하는 데에는 1～2일 정도가 소요된다. 따라서 작은 물방울이 빗방울로 성장하는 데에는 두 가지 외적인자의 작용이 중요하고 이 두 인자는 병합과정과 빙정과정이다.

병합과정(併合過程; coalescence process): 병합과정에서 중요한 것은 충돌이다. 충돌은 물입자의 상승과 하강 속도의 차이와 난류에 의한 공기운동에 의해서 일어난다. 충돌하는 입자는 병합되어 보다 큰 입자로 성장한다. 물입자의 중력이 마찰을 초과하여 하강하게 될 때까지 입자의 크기는 계속 성장한다. 물입자가 하강할 때 표면에서는 증발이 일어나 크기는 감소하여 에어로졸 크기로 감소하기도 한다. 중력은 입자의 하강속도를 크게 하여 직경이 7 mm 정도가 되면 빗방울의 속도는 10 m/s가 되어 하강하면서 작은 빗방울로 부서진다. 이와 같은 작은 빗방울은 다시 성장과정인 병합과정을 반복하면서 강수를 형성한다.

빙정과정(氷晶過程; crystal process): 빙정과정은 −5°C에 이르는 빙점 이하의 온도에서 빙정과 물방울이 공존할 때 일어난다. 빙정이 형성되기 위해서는 빙점 이하의 응결핵인 **결빙핵**(結氷核; freezing nuclei)이 필요하다. 빙점 이하의 온도에서는 물입자상의 증기압이 빙정상의 증기압보다 커서 빙정표면에 응결이 일어난다. −35°C에 이르는 낮은 온도조건에서는 결빙핵이 없더라도 물입자가 결빙된다. 빙정이 집단을 형성하게 되면 눈송이 형태로 강하하고 단일 빙정이 크게 성장하면 우박이나 진눈깨비로 지상에 강하한다.

4.3 강수의 종류

강수는 주로 이슬비, 비, 눈 또는 우박의 형태로 일어난다. 일반적으로 100 μm(0.1 mm)보다 작은 물입자는 안개라고 하고 이슬비(drizzle, mist)는 직경이 0.1～0.5 mm인 미립 물입자로 구성되고 강수강도는 1 mm/hr를 초과하지 않는다. 강우 또는 비는 대부분의 직경이 0.5 mm보다 큰 물입자로 구성된다. 폭풍우(rainstorm)는 기상교란을 동반한 강우사상이다.

눈은 빙정으로 구성되는 복잡한 육각형 모양이고 직경이 수 mm에 달하는 눈송이로 결집되는 경우가 많다. **강설**(降雪; snowfall)은 눈의 형태로 내리는 강수이다. 눈보라(snowstorm)는 기상교란을 동반한 강설사상이다. **적설**(積雪; snowpack)은 하나 이상의 눈보라 후에 쌓인 눈의 체적이다. 융설은 고체에서 액체상태로 변한 눈의 체적이고 유출원천의 하나이다.

우박(hail)은 구형, 원뿔형 또는 불규칙한 모양의 얼음 덩어리의 강수로 직경은 5～125 mm이다. 우빙(雨氷; glaze)은 비나 이슬비가 하강하여 지상의 차가운 표면에 접촉하자마자 얼어버린 것이다. 진눈깨비(sleet)는 지상에 가까운 빙점 이하의 공기층을 강하할 때 물방울이 얼거나 녹은 빙정이 다시 얼면서 형성되는 투명한 구형 얼음입자로 구성되는 강수이다.

4.4 강수의 형

강수는 일반적으로 기단의 상승요인에 따라 선풍형, 대류형 및 산악형 강수로 분류된다.

4.4.1 선풍형 강수

선풍형 강수(旋風型降水; cyclonic precipitation)는 저기압 지역 또는 선풍영역으로 유입되는 기단이 상승하여 발생되는 강수로 전선형 또는 비전선형이 된다. 강수의 대부분은 전선형 강수이다. **전선**(前線; front)은 일반적으로 온도가 다른 두 기단의 경계이고 **전선형 강수**(前線型降水; frontal precipitation)는 전선면 한쪽의 따뜻한 기단이 다른 쪽의 차갑고 밀도가 큰 기단 위로 상승할 때 일어난다. **온난전선형 강수**(溫暖前線型降水; warm front precipitation)는 난기단이 한기단 위로 이동할 때 발생되며 전선의 경사가 1/100～1/300로 완만하여 상승속도는 비교적 느리다. 강수는 전선보다 300～500 km 전방에까지 내리기도 하고 강수강도는 보통이며 전선이 완전히 통과할 때까지 강수가 계속된다.

한랭전선형 강수(寒冷前線型降水; cold front precipitation)는 한기단이 이동함에 따라 온기단이 강제로 상승하게 되어 일어나는 강수로 소나기와 같은 성질을 갖는다. 이 경우 한기단의 선단이 한랭전선 경계면이 된다. 한랭전선은 온난전선보다 이동이 빠르고 경사도 평균 1/50～1/150로 급하다. 결과적으로 온기단은 온난전선보다 한랭전선에 의해서 보다 급속히 강제 상승되어 강수강도도 일반적으로 더 크게 되며 최대강도의 강우량은 전선 경계 근처에서 일어난다.

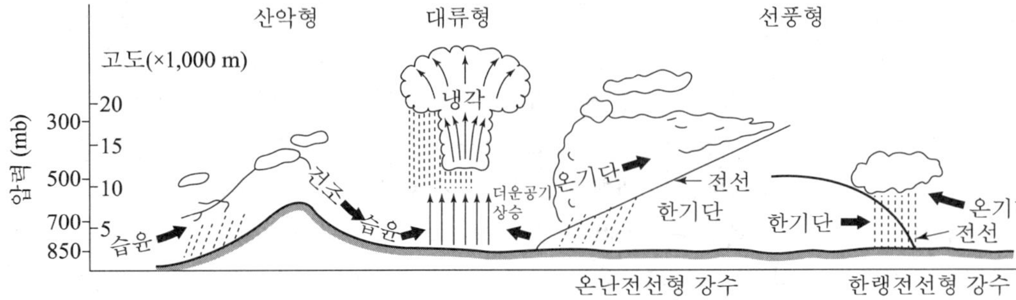

그림 4.1 강수 형성

4.4.2 대류형 강수

대류형 강수(對流型降水; convective precipitation)는 수분을 함유한 공기의 국부적인 상승에 의하여 발생된다. 여름에 지면의 상태에 따라 태양열을 흡수하는 정도가 다르므로 공간적으로 온도차이를 유발한다. 나대지의 공기는 쉽게 가열되어 주변의 공기보다 온도가 상승한다. 이러한 과정은 가열된 공기의 온도가 노점 이하로 낮아서 응결이 일어나는 고도에 도달할 때까지 반복해서 일어난다. 대류형 강수의 특성은 20 km^2보다 작은 면적에 국부적으로 발생하며 강도는 작은 소나기로부터 뇌우에 이르고 그 지속기간은 짧다. 대부분의 대류형 강수는 열대지역이나 온대지역의 여름에 일어나는 이동성이다.

4.4.3 산악형 강수

산악형 강수(山岳型降水; orographic precipitation)는 더운 습윤공기가 외적요인에 의하여 강제로 산을 따라 상승될 때 발생하는 강수이다. 더운 습윤기단이 산맥에 의하여 이동하지 못하고 상승하게 될 때 바람이 불어오는 방향(windward)의 경사면 산허리에는 비가 내리고 바람이 불어 가는 방향(leeward)의 배사면의 산복은 건조한 것이 보통이다. 산악강우의 특성은 노점이 높은 고도의 지형에서 일어나므로 정체성이고 강수강도는 중에서 높은 강도에 이르고 지속기간은 비교적 길다. 강우지역은 길고 좁다.

4.4.4 인공강우

일기수정(日氣修正; weather modification) 또는 **일기조절**(日氣調節; weather control)은 대기의 자연적인 기상학적 현상을 인공적으로 변화시키는 것이다. 이는 강수의 증가 또는 감소, 우박과 번개의 억제, 태풍의 약화, 안개의 분산, 서리 방지 등을 포함한다. **구름수정**(cloud modification 또는 cloud seed)은 기후수정의 한 형태로서 구름 속에 강수를 촉진하는 물질을 살포하여 강수를 유발하는 것으로 **인공강우**(人工降雨; artificially induced precipitation)라고도 한다.

1946년 과냉물입자를 포함한 구름에서 **건빙**(乾氷; dry ice)이 강수를 유발할 수 있다는 것이 판명되었다. 이러한 발견은 소금의 한 종류인 **요오드화銀**(silver iodide)도 강수를 유발한다는 발견에 이르게 되었다. **모립살포재**(母粒撒布材; seeding agent)로 가장 널리 사용되는 건빙, 고체 CO_2 및 요오드화은은 과냉구름 속에서 결빙핵으로 작용한다. 건빙을 구름 속에 살포하기 위해서는 항공기, 기구 또는 로켓을 이용해서 건빙을 구름 속으로 수송하고, 요오드화은의 수송은 항공기 또는 지상에서 가열하는 증발장치에 의한다. 후자의 경우 햇빛에 노출되면 유효입자수가 매 시간 1/10로 감소하는 단점이 있으나 운영비용이 저가이므로 많이 이용된다. 강수증가를 위한 **구름파종**(구름播種; cloud seeding)에는 두 가지 방법이 있다. **정적방법**(靜的方法; static approach)은 1 L의 구름에 인공핵 하나의 비율로 주입하여 빙정을 형성하고 궁극적으로 강수입자로 성장시킨다. **동적방법**(動的方法; dynamic approach)는 1 L의 적운(積雲)에 100～1,000개의 핵을 주입하여 부력과 순환을 지속하도록 자극하여 자연강수의 확률을 증가시킨다.

미국에서는 1972년에 222,000 km^2, 1977년까지 23개 주에서 676,000 km^{2}의 면적에 이르는 면적에 인공강우가 시행되었으며 최근 중국에서는 인공강우의 성공이 발표된 바 있다. 한국에서는 1995년, 2001년 지상에서 요오드화은을 연소시켜 연기를 구름까지 상승시키는 지상공급방법과 수송기를 이용하여 시도하였으나 강우에는 성공하지 못했다.

4.5 강우량 측정

강우량은 강우깊이(rainfall depth)로 나타내고 이는 강우가 지속되는 기간 동안 일정한 면적에 내린 총 강우량을 그 면적으로 나눈 값이다. 단위는 mm이고 외국에서는 cm, in가 사용된다. 강수량 측정에는 여러 가지 방법이 개발되었다. 강우량을 측정하는 **우량계**(雨量計; rain gage 또는 pluviometer)에는 보통우량계와 자기우량계가 있다. **자기우량계**(自記雨量計; recording rain gage)는 자동으로 누가강우량을 기록하고 telemeter장비를 갖추면 실시간 전송을 가능하게 하여 홍수조절과 물관리에 효율적으로 이용된다. 자기우량계에는 중량측정형, 부자형, Tipping-bucket형 등이 있다. **보통우량계**(普通雨量計; nonrecording rain gage)는 일반적으로 일 강우량을 제공하는 반면 자기우량계는 분 또는 시 강우량을 제공한다.

4.5.1 보통우량계

한국에서 사용하고 있는 보통우량계는 직경이 20 cm, 높이가 60 cm, 상단이 열린 원통과 이 원통의 상단에 위치하는 깔때기 모양의 수수기로 구성된다. 원통의 재질은 구리 또는 아연도금 철판이다. 우량 측정은 수수기를 통하여 원통에 모아진 빗물을 우량측정용 유리 플라스크에 부어 계량한다. 수수용 원통은 월류되는 빗물을 모을 수 있도록 보다 큰 용기에 설치한다. 측정은 일 1회로 하며 오전 9시에 측정한다.

일 강우량이 0.1 mm 이하이면 무강우로 처리하며 눈이나 우박의 경우에는 일정한 양의 물을 부어 녹인 후 총수량에서 부은 물의 양을 제거함으로써 강설량을 측정한다.

미국 기상청에서 사용하는 표준우량계는 직경 8 in 원통 내에 원통 횡단면적의 1/10이 되는

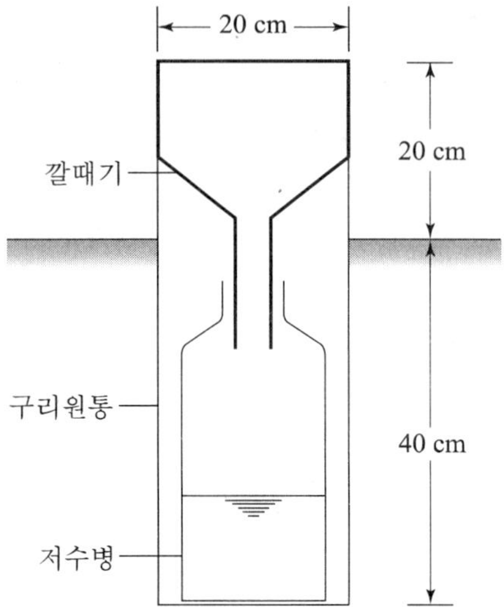

그림 4.2 보통우량계

측정원통과 눈금이 있는 측정봉으로 구성된다. 강우량 측정은 측정봉을 내부원통에 넣어 강우 깊이를 잰다. 측정원통의 단면적은 수수기 면적의 1/10이므로 0.1 in의 강우량이 측정원통에서는 깊이가 1 in가 된다. 측정봉의 눈금은 0.1 in로 되어 0.01 in 강우량의 측정이 가능하다.

4.5.2 자기우량계

자기우량계는 기록지에 시간에 대한 누가강우량을 기록하여 우량누가곡선을 제공하고 이로부터 강우량이 결정된다.

Tipping-bucket **자기우량계**는 수수기에 집수된 빗물이 한 쌍의 작은 용기 중 하나에 채워지면 평형이 깨지면서 기울어져 물을 비우게 되고 회전하여 다른 쪽의 용기가 수수기 아래에 위치한다.

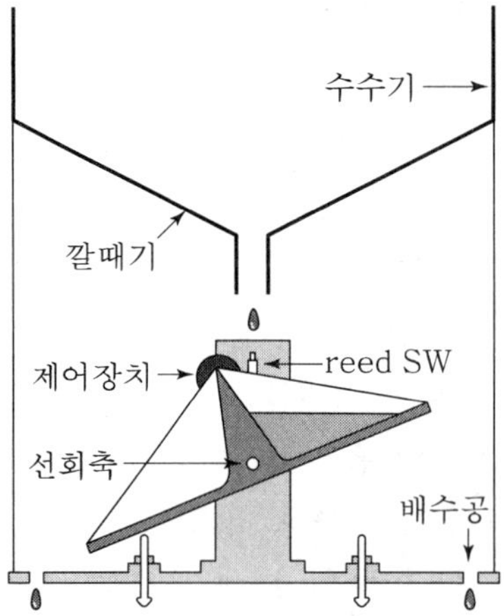

그림 4.3 Tipping-bucket형 자기우량계

기울어질 때마다 전기 맥동이 발생되어 기록계에 전송된다. 빗물이 채워지는 작은 용기는 0.1 mm 또는 0.2 mm에 대하여 설계된다. 이 우량계는 강설에는 부적당하고 기우는 용기의 관성이 모든 강우량의 측정을 방해하므로 선호되는 우량계는 아니다.

중량형 자기우량계(重量型自記雨量計; weighing type recording rain gage)는 누가강우량의 무게를 계속해서 기록하는 우량계이다. 모아진 빗물의 무게는 펜으로 기록되나 최근에는 기억장치를 이용하여 기록되거나 원격자료수집지점에 전송된다. 이 우량계는 강설량 기록에도 사용될 수 있다.

부자형 자기우량계(浮子型自記雨量計; floating type recording rain gage)는 원통에 모아진 강우량이 증가하여 수면이 상승함에 따라 수면에 위치한 부자가 같이 상승하도록 하고 상승하는 부자에 기록장치를 연결하여 시간에 따라 누가강우량을 기록한다. 원통의 빗물은 우량계에 따라 수동으로 비우거나 사이폰에 의하여 자동으로 비워진다.

저장형 우량계(貯藏型雨量計; storage type rain gage)는 직경이 보통 30.5 cm, 높이가 1.6 m인 원통으로 구성된다. 이는 원거리 산악지역과 같이 빈번한 관리가 불가능한 곳에 설치하고 장기간, 길게는 한 계절 동안 운용된다. 이는 강우뿐만 아니라 강설량 측정에 많이 이용된다. 특히 눈의 경우 바람의 영향을 막기 위하여 구멍이 많이 뚫린 Alter shield라는 바람막이를 상단 위에 설치한다.

4.5.3 레이더에 의한 우량 측정

레이더를 이용한 강수량 측정의 가장 중요한 이점은 넓은 면적에 대하여 공간과 시간의 높은 해상도의 자료를 제공하는 점이다. 레이더는 5분 간격으로 작게는 1 km^2에 대한 공간해상도에서 강우량 측정자료를 제공한다. 단일 레이더로 10,000 km^2에 이르는 면적의 강우량 측정이 가능하다. 우량 측정의 원리는 레이더가 전자에너지를 송출하면 이 에너지는 강수에 충돌하면서 그 일부가 반사되어 레이더에 되돌아오는데 이를 echo라고 하며 echo의 선명도는 강수강도의 척도이다. 반사레이더맥동(pulse)인 전자신호의 강도는 강우입자의 수, 크기의 6승에 비례하고 거리의 자승의 역함수이다. 레이더와 강수측정지점 사이의 거리는 에너지 송출시간과 echo의 수신되는 시간의 차이로 측정된다.

우량계와 연계하여 레이더를 이용하면 우량계로 측정하지 못한 지역의 강우량 측정이 가능하다. 그러나 나무나 건물에 의한 간섭이 현저하면 레이더에 의해서만 강우량을 결정하는 것은 가능하지 않다. 또한 인근 이슬비와 먼 거리의 보다 큰 강우의 신호가 유사하고 증발로 인하여 레이더에 의한 강우량과 지면에 도달하는 강우량이 다른 점 등의 문제를 안고 있다. 현재 한국에는 관악산, 동해, 군산, 부산, 제주, 백령도 및 광덕산의 7개소와 강화도에 국토해양부가 관리하는 강우레이더가 설치되어 있다.

4.5.4 인공위성에 의한 강수량 측정

인공위성은 강수를 직접 측정하는 것이 아니고 구름사진의 선명도와 강우강도의 상관을 이용하여 결정한다. 선명도는 최상층 구름의 온도 또는 고도를 나타내며, 사진이 선명할수록 구름의 고도는 높다. 가장 높고 밀도가 큰 구름이 가장 높은 강우강도를 나타낸다. 즉 선명도와 강우강도의 관계는 우량계나 레이더에 의한 강우량 측정치를 이용한 검정에 의하여 결정된다. 다른 간접적인 방법은 여러 형태의 구름으로 덮인 면적의 백분율을 결정하고 여기에 경험적으로 수립된 계수를 곱해서 각 구름에 의한 강우량을 얻는 것이다. 인공위성 방법은 우량계나 레이더의 설치가 용이하지 않거나 또 설치가 되어 있지 않는 지역과 해양의 강우량 측정에 이용된다.

4.6 우량관측망

강우는 유역면적에 공간적으로 균일하게 내리지 않는다. 따라서 유역면적(공간)과 호우기간(시간) 동안 강우의 변동성을 적절하게 관측할 수 있는 **우량관측망**(雨量觀測網; rain gage network)이 필요하다. 강우변동성은 지형, 바람, 호우 이동방향 및 호우형에 따라 다르다. 우량계의 위치와 간격은 강우자료의 사용목적과 강수형에 따라 다르게 된다.

한국의 우량관측망

한국의 강우량 관측업무는 국토해양부, 기상청, 한국수자원공사 및 한국농촌공사에 의하여 수행되고 있다. 국토해양부는 전국 5대강 유역에 설립된 홍수통제소의 설립에 따라 자기 및 보통우량 관측시설을 T/M(telemetering)관측체제로 교체하여 T/M과 자기우량계를 합해 총 269개의 우량관측소를 운영하고 있다. 기상청에서는 71개의 관측소에서 강우량뿐 아니라 기온, 증기압, 증발량, 상대습도, 적운량, 일조시간, 운량, 풍속과 풍향, 지면온도 및 지중온도를 관측한다. 한국수자원공사는 댐 관리를 목적으로 댐 상류유역에 99개의 T/M우량관측소를 운영하고 있다. 표 4.1은 이들 관측소들을 수계별, 기관별 및 기종별로 나타낸 것이고 표 4.2는 관측망의 밀도를 나타낸 것이다.

표 4.1 우량관측소 현황

구 분 / 수 계	건설교통부			기상청	수자원공사	계	비 고
	자 기	T/M	소 계	자 기	T/M		
한 강	53	32	85	11	50	146	
낙동강	54	35	89	14	24	127	
금 강	27	26	53	8	15	76	T/M: 217
섬진강	8	11	19	3	9	31	자기: 249
영산강	4	13	17	2	–	19	
기 타	32	1	33	33	1	74	
합 계	178	118	296	71	99	466	

표 4.2 수계별 우량관측망 밀도

수 계	유역면적 (km^2)	관리기관별 관측소 수			합 계	관측망 밀도 (km^2/개소)
		건설교통부 (자기, T/M)	기상청 (자기)	수자원공사 (T/M)		
한 강	26,219	85	11	50	146	180
낙동강	23,859	89	14	24	127	188
금 강	11,488	53	8	15	76	151
섬진강	4,896	19	3	9	31	158
영산강	2,798	17	2	–	19	147
소 계	69,260	263	38	98	399	174
기 타	29,977	33	33	1	67	447
합계	99,237	296	71	99	466	213

관측소의 총수는 466개소로 전국평균밀도는 213 km^2이다. 이는 세계기상기구에서 권장하는 우량관측소의 최소밀도(100～250 km^2/개소) 기준에 부합되나 관측소의 위치가 지역적으로 편중되어 관측망의 밀도가 낮은 지역도 있다.

면적평균강우량에 대한 관측망 기준

면적평균강우량 결정을 위해서는 강우의 공간변동성을 고려하는 것이 중요하다. 일반적으로 관측망이 조밀할수록 관측결과의 정도는 높게 된다. 우량계는 강우가 공간적으로 균일하지 않은, 즉 변동성이 높은 지역에는 조밀한 관측망을, 상대적으로 균일한 강우지역은 낮은 밀도의 관측망을 갖는다. 관측망 결정에는 설치와 유지비용, 관측자의 접근의 난이 정도가 중요한 사항이다.

일반적으로 강우량의 수집오차는 면적평균강우량이 증가함에 따라 증가하고 계측망 밀도, 강우지속기간, 면적이 증가함에 따라 감소하는 경향을 갖는다. 여름에는 강우의 공간적인 변동이 크기 때문에 평균오차는 겨울보다 여름에 일반적으로 크다. 동일한 정도를 위해서 여름에는 겨울의 2～3배의 관측망이 필요하다.

한 유역의 기존 우량관측망의 적정성을 통계적으로 평가한 결과 면적평균강우량의 산정에 대한 허용오차에 상응하는 **최적관측소수**(最適觀測所數; optimum number of rain gage) N은 다음과 같이 유도되었다(Gupta, 1992).

$$N = \left(\frac{C_v}{\epsilon} \right)^2 \tag{4.1}$$

여기서 C_v는 우량계의 강우량 변동계수, ϵ는 면적평균강우량 산정의 허용오차 백분율이다. 우량계가 m개소일 때 변동계수는

$$C_v = \frac{100S}{\overline{R}} \tag{4.2}$$

이며 $\overline{R}$는 평균강우량으로

$$\overline{R} = \frac{1}{m}\sum_{i=1}^{m} R_i \tag{4.3}$$

으로 계산된다. 식 (4.2)의 S는 강우량의 표준편차로

$$S = \frac{1}{m-1}\left[\sum_{i=1}^{m} R_i^2 - \left(\sum_{i=1}^{m} R_i\right)^2 / m\right]^{0.5} \tag{4.4}$$

이다. 식 (4.1)에서 ϵ은 통상 10%가 취해진다.

세계기상기구의 관측망 기준

세계기상기구(世界氣象機構; World Meteorological Organization, WMO)가 일반적인 수문기상목적을 위하여 제안한 관측망 밀도는 다음과 같다.

표 4.3 세계기상기구의 권장 우량관측망 밀도

지역특성	관측소당 권장면적(km^2)
1. 온대, 지중해, 열대의 평탄지역	600~900
2. 온대, 지중해, 열대의 산악지역	100~250
3. 불규칙한 강우특성을 갖는 작은 산악섬지역	25
4. 건조지역과 극지역	1,500~10,000

우량계의 위치 선정

우량계의 위치는 관측치의 정도에 매우 중요하다. 우량계의 설치에 적합한 장소는 휩쓸리는 바람의 영향을 받지 않는 장소로 모든 방향에서 방풍효과를 갖고 바람에 보호를 받는 장소라야 한다. 최적지는 나무와 숲에 의하여 보호를 받는 평지이다. 강우포착에 지장을 최소로 하기 위해서는 나무와 건물 같은 목적물 높이의 2배(US Environmental Science Service Administration)에 해당하는 거리보다 목적물에 가깝게 위치하지 않도록 한다. 우량계 주위에 가까운 나무의 높이가 10 m라면 나무와 우량계 간의 거리는 20 m라야 한다. 따라서 이 조건을 만족하기 위해서는 방풍림이 되는 목적물은 우량계 수수 부분으로부터 20~30 m 범위에 있게 하고 45°를 초과하지 않도록 한다.

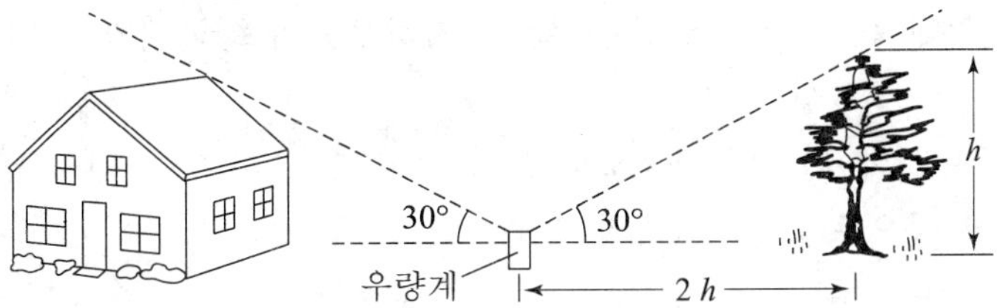

그림 4.4 우량계의 적정 위치

4.7 점강우 기록의 연장

강우자료는 다양한 목적으로 사용된다. 강우자료가 빈도해석이나 강우강도-지속기간-빈도 곡선의 작성에 사용되는 경우 기록기간이 충분하지 못한 경우가 많다. 이러한 경우 한 지점강우량에 대한 **점강우량기록연장**(点降雨量記錄延長; extension of point rainfall record)이 필요하다. 간단한 방법으로 **관측소-기록연수법**(觀側所-記錄年數法; station year method)이 있다. 이는 여러 관측소의 강우기록을 단일합성기록으로 조합하는 것이다. 조합에 사용되는 기록은 같은 기간이거나 또는 상이한 기간의 자료일 수 있다. 조합된 기록은 각 관측소 기록의 기록연수의 합과 같다. 예로 5개 관측소가 12년의 기록을 갖는다면 조합된 기록은 5×12=60년의 기록이 된다. 따라서 5개 관측소는 전부가 60년의 기록을 갖는 것으로 가정된다.

관측소-기록연수방법을 적용하기 위해서는 다음과 같은 조건이 만족되어야 한다.

(1) 각 강우기록은 독립적이다. 관측소 간의 거리가 충분히 커서 동일한 강우가 기록되지 않는다.
(2) 관측소가 위치한 지역은 **기상학적 동질성**(氣象學的同質性; meteorological homogeneity)을 가져야 한다. 모든 관측소의 기록은 동일한 유형의 호우로 인한 강우라야 한다. 간단한 검정방법은 모든 관측소의 연강우량이 거의 같은지 검토하는 것이다(18.8.1 참조).
(3) 강우빈도분포가 모든 우량계에 대하여 거의 같다.

4.8 강우기록의 일관성

우량계의 주위에 나무가 자라거나, 주변에 건물이 세워지거나, 개발에 따라 우량계가 이동 또는 교체되고 측정과정이 변경될 수 있다. 이러한 변화가 일어나면 변화시점을 기준으로 강우기록의 **일관성**(一貫性; consistency)이 결여될 수 있다. 만약 일관성이 결여되는 것으로 나타나면 변화 이전 기록과 일관성을 갖도록 변화 이후의 기록을 보정해야 한다. 그러나 변화 이후의 새로운 상태를 반영하기 위해서는 변화 이전의 자료를 보정한다. 비일관성을 조사하는 방법에는 도해법과 통계적인 방법이 있으나 이중누가해석방법의 도해법이 가장 많이 쓰인다.

이중누가해석(二重累加解析; double mass analysis)은 대상이 되는 관측소의 연 또는 계절누가강우량을 주위 여러 관측소의 연 또는 계절누가강우량의 평균치와의 비교를 통해서 주어진 관측소의 강우기록의 일관성을 조사하는 방법이다.

그림 4.5는 C 년도에 계기의 이동으로 인하여 C 년도에서 기울기가 변화한 경우를 나타낸다. 이 경우는 계기이동으로 C 년 이후의 강우량이 크게 기록된 경우이다. C 년 이후의 강우기록이 변화이전의 강우기록과 일관성을 갖게 하기 위해서는 C 년 이후의 강우기록에 B/A를 곱한다. 그러나 새로운 강우경향을 반영하려면 변화 이전의 기록에 A/B를 곱하여 보정한다. 이중누가해석의 이용에서 주의할 사항은 경사의 변화가 10% 이상으로 뚜렷하지 않고 분산이 심하면 다른 방법으로 일관성이 조사되어야 하는 점이다.

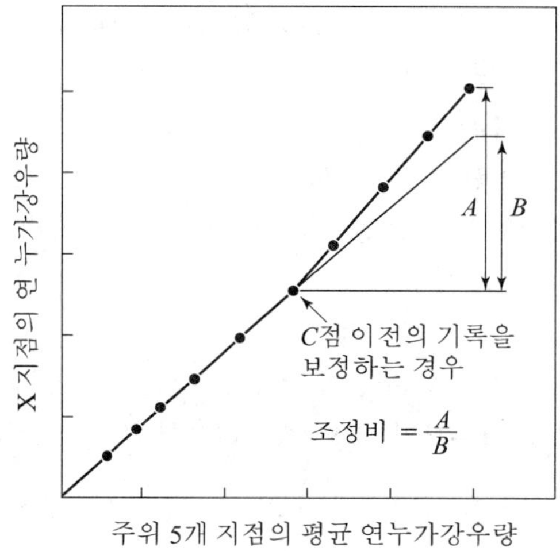

그림 4.5 강우량의 이중누가해석

예제 4.1

X관측소와 주위 10개 관측소의 36년간 연평균 강우량이 표 4.4와 같다. X관측소 강우기록의 일관성을 조사하라. 비일관성이 나타날 경우 필요한 작업을 수행하라.

[풀이] 표 4.4에서와 같이 누가강우량을 계산하고 이들을 그림 4.6과 같이 도시한다. 1964년에서 경사가 변한다. 1951～1964년의 경사는 1.1이고 1964년 이후에는 0.9이다. 두 경사의 차이는 1.1 − 0.9=0.2이고 변화율은 0.2/1.1×100=18.2%이다. 이는 10%를 초과하므로 자료는 일관성을 갖지 않는다. 1964년 이전의 강우기록과 일관성을 갖도록 하기 위하여 1964년 이후 X관측소 기록에 1.1/0.9=1.22를 곱하여 보정한다.

표 4.4 연평균 강우량과 누가강우량

연 도	연 강우량(mm)		누가연강수량(mm)	
	X관측소	10개 관측소 평균	X관측소	10개 관측소
1951	1,573	1,303	1,573	1,303
1952	1,148	1,060	2,721	2,363
1953	1,167	1,197	3,888	3,560
1954	1,246	1,072	5,134	4,632
1955	1,216	1,186	6,350	5,818
1956	1,159	870	7,509	6,688
1957	1,478	1,334	8,987	8,022
1958	1,661	1,148	10,648	9,170
1959	1,227	1,042	11,875	10,212
1960	1,041	1,034	12,916	11,246
1961	1,216	1,072	14,132	12,318
1962	1,835	1,372	15,967	13,690
1963	1,079	1,079	17,046	14,769
1964	935	954	17,981	15,723
1965	828	897	18,809	16,620
1966	1,072	1,256	19,881	17,885
1967	657	889	20,538	18,774
1968	851	1,372	21,389	20,146
1969	1,083	1,186	22,472	21,332
1970	916	878	23,388	22,210
1971	1,026	889	24,414	23,099
1972	783	878	25,197	23,977
1973	1,083	1,256	26,280	25,242
1974	1,083	1,003	27,363	26,245
1975	771	944	28,134	27,189
1976	849	1,072	28,983	28,261
1977	821	1,102	29,804	29,363
1978	870	889	30,674	30,252
1979	1,159	1,410	31,833	31,662
1980	695	897	32,528	32,559
1981	1,091	1,334	33,619	33,893
1982	790	1,079	34,404	34,972
1983	1,121	1,091	35,530	36,063
1984	1,178	1,467	36,708	37,530
1985	703	867	37,411	38,397
1986	714	1,003	38,125	39,400

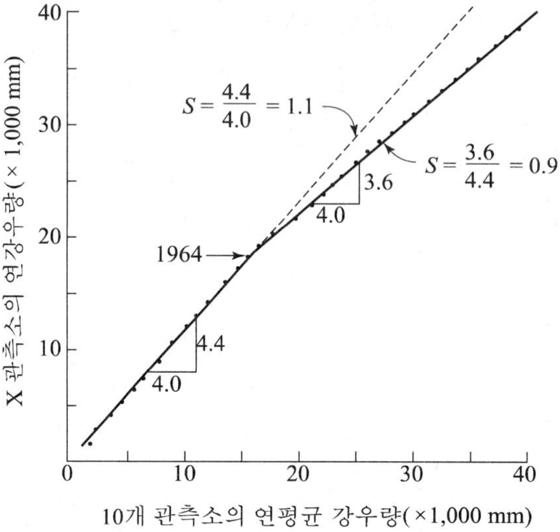

그림 4.6 강우량의 이중누가해석 예

4.9 결측기록의 보완

관측자의 부재나 계기의 고장으로 강수기록의 결측치가 발생하게 되고 이에 대한 보완이 필요하게 된다. 보완방법에는 산술평균, 평년강우량비법, 역거리법, 선형프로그램, Kriging방법 등 많은 방법이 있으나 간단한 세 방법만이 기술된다.

결측치의 보충은 주위에서 관측된 강우량의 정보를 이용하는 것으로 다음과 같은 식으로 표시할 수 있다.

$$R_x = \sum_{i=1}^{n} a_i R_i \tag{4.5}$$

여기서 R_x 는 관측점 x 의 결측치, a_i 는 관측점 i 의 기여도를 나타내는 가중인자, R_i 는 관측점 i 의 강우량, n 은 주위관측점의 수이다.

산술평균법(arithmetic average method)

주위관측소(보통 3개 이상)의 평년연강우량과 결측관측소의 평년연강우량과의 차이가 10% 이내이면 주위에 있는 관측소 강수량의 산술평균치를 결측치로 적용한다.

평년강우량비법(normal ratio method)

주위에 있는 관측소(보통 3개 이상)의 평년연강수량 중 어느 하나라도 결측지점의 평년연강수량과의 차이가 10%를 초과하면 평년강우량비법에 의하여 결측치가 보완된다.

$$P_x = \frac{N_x}{3}\left(\frac{P_A}{N_A} + \frac{P_B}{N_B} + \frac{P_C}{N_C}\right) \tag{4.6}$$

또는

$$P_x = \sum_{i=1}^{N}\left(\frac{N_x}{N_i}\right)P_i$$

여기서 P는 강수량, N은 평년연강수량, x는 결측관측소, A, B 및 C는 주위의 관측소를 나타낸다. $N_x/3N_A$, $N_x/3N_B$ 등은 주위 각 관측소의 영향을 나타내는 가중인자로 식 (4.5)의 a_i 값을 나타낸다.

역거리법(inverse distance method)

이 방법은 결측관측소와 주위관측소 간의 거리를 가중인자로 사용하는 방법이다. 그림 4.7에서 결측관측소의 좌표가 (x_o, y_o)일 때 i 관측소와의 거리의 자승은 $D_i^2 = (x_o - x_i)^2 + (y_o - y_i)^2$이고 가중인자 a_i는 식 (4.7)로 주어지고 결측치는 식 (4.7)을 식 (4.5)에 대입하여 구해진다.

$$a_i = \frac{1/D_i^2}{\sum 1/D_i^2} \tag{4.7}$$

예제 4.2

A점 주위의 강우량이 다음과 같다. 관측점의 A의 결측강우량을 추정하라.

관측점 번호	1	2	3	4	5
강우량(mm)	30	40	18	26	22

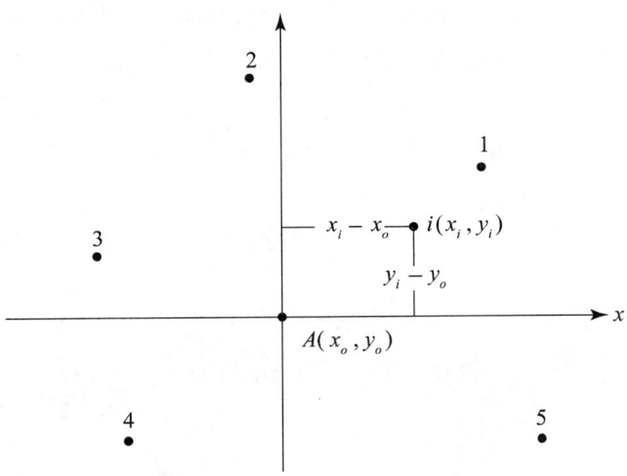

그림 4.7 역거리법

[풀이] 관측점 A 로부터 주위 각 관측점 간의 거리 $(x_i - x_o)$와 $(y_i - y_o)$를 측정한다. 계산은 다음 표와 같다.

관측점 번호	강우량 R (mm)	$x_i - x_o$	$y_i - y_o$	D_i^2	$1/D_i^2$	a_i	$a_i R_i$ (mm)
1	30	3.0	2.5	15.25	0.066	0.18	5.4
2	40	0.5	4.0	16.25	0.062	0.16	6.4
3	18	3.0	1.0	10.01	0.100	0.27	5.2
4	26	2.5	2.0	10.25	0.098	0.26	6.8
5	22	4.0	2.0	20.00	0.05	0.13	2.9
					0.376		26.7

$\Sigma 1/D^2 = 0.376$ 이므로 관측점 1의 가중인자 a_1은 식 (4.7)에 의하여

$$a_i = \frac{1/D_i^2}{\Sigma 1/D_i^2} = \frac{0.066}{0.376} = 0.18$$

관측점 A 의 강우량은 식 (4.5)에 따라

$$R_A = \Sigma\, a_i\, R_i = 26.7\,\text{mm}$$

4.10 면적평균강수량

한 유역 내에 있는 여러 관측소에서 측정되는 강우량은 서로 같지 않다. 그러나 수문해석에서는 한 유역에 대한 강우량을 하나의 대표 강우량으로 나타내는 것이 필요한 경우가 많고 이는 공간적인 평균으로 주어진다. 즉 한 유역에 대한 강우량을 단일 숫자로 나타내는 것이 필요하다. 공간평균, 즉 **면적평균강수량**(面積平均降水量; mean areal precipitation)을 구하는 방법에는 산술평균, Thiessen방법, 등우선법, 고도-면적곡선법, 격자점법, 유한요소법, Kriging 등 많은 방법이 있다.

면적평균강수량 $\overline{P}$는 유역 내 관측소의 가중평균강수량으로 나타낼 수 있다.

$$\overline{P} = \sum_{i=1}^{N} a_i\, P_i \tag{4.8}$$

여기서 $\overline{P}$는 면적평균강수량, N은 관측소의 수, a_i는 i관측소의 가중인자, P_i는 i관측소의 강수량이다. 따라서 $\overline{P}$를 산정하는 방법은 가중인자 a_i의 선택에 따라 다르게 된다. 간단한 세 방법이 기술된다.

산술평균법 (arithmetic mean method)

이는 유역 내 각 관측소에서 측정된 강우량의 산술평균이다. 이 경우 식 (4.8)의 가중인자는 $a_i = 1/N$로 동일하다. 이 방법은 우량계의 밀도와 위치, 지형이 고려되지 않으므로 평탄지역

에서 강우와 우량계의 분포가 비교적 균일한 작은 지역에 알맞다.

Thiessen(다각형)방법(Thiessen (polygon) method)

이는 강우량과 우량계의 불균일분포의 영향을 가중인자에 의하여 반영한다. 이 방법은 우량관측소의 위치를 지도 상에 도시하고 인접관측소를 직선으로 연결한다. 이들 직선의 수직 2등분선을 그어 각 관측소 주위에 다각형을 형성한다. 이 다각형의 면적은 각 우량계에 의하여 대표되는 면적으로 각 우량관측소의 영향권을 나타내는 면적이다. 이 면적은 구적기로 측정되고 이를 총면적에 대한 비로 나타내면 $a_i = A_i / A$는 식 (4.8)의 가중인자가 된다. A_i는 i 관측소 영향권의 다각형 면적이고 A는 유역면적이다. 이는 산술평균보다 정확도가 높다.

$$\overline{P} = \frac{\sum P_i A_i}{\sum A_i} = \sum \frac{A_i}{A} P_i = \sum a_i P_i \tag{4.9}$$

등우선법(等雨線法; isohyetal method)

면적평균강우량 산정에 가장 정확한 방법으로 고려된다. 이 방법은 지도 상에 각 관측소의 위치와 강우량을 표시하고 동일한 강우량을 연결한 선인 **등우선**(等雨線; isohyets)을 작성한다. 계산의 정확도는 등우선의 정확도에 따라 좌우된다. 각 등우선 사이의 면적 A_i를 구적기로 측정하면 식 (4.8)의 가중인자는 총 유역면적 A에 대한 면적비 $a_i = A_i / A$로 결정된다. 여기에 각 등우선 간의 평균강수량 $\overline{P}_i$를 곱해서 합하면 면적평균강우량이 구해진다.

이 방법은 지형의 영향을 포함하는 장점을 가지므로 산악지역에 더욱 적합하다. 그러나 이 방법은 관측점 수가 적으면 정도가 떨어지고 각 호우 사상마다 등우선의 작성을 필요로 한다.

$$\overline{P} = \frac{\sum \overline{P}_i A_i}{\sum A_i} = \sum \frac{A_i}{A} \overline{P}_i = \sum a_i \overline{P}_i \tag{4.10}$$

고도－면적법(高度－面積法; hypsometric method)

이는 유역의 지형을 고려하여 면적평균강우량을 산정하는 방법으로 강우량이 표고의 영향(높은 고도에 강우량이 많은)을 받는 산지의 중소규모 유역에 적합한 방법이다. 이 방법은 등우선도가 등고선으로 대치되는 점에서 등우선도법과 유사하다.

$$\overline{P} = \sum a_i \overline{P}_i \tag{4.11}$$

여기서 a_i는 두 등고선 사이의 면적, $\overline{P}_i$는 두 등고선 사이 면적 내에 우량관측소가 1개소 이상일 경우 강우량의 산술평균이다.

유한요소법(finite element method)

우량관측소의 위치를 절점으로 하고 이들을 연결하여 형성되는 삼각형과 사각형 요소로 유역을 나타낸다. 이는 강우량을 기둥으로 하는 천막을 나타내는 것과 같은 곡면적합이 된다. 이들 요소 내 임의 지점의 강우량 P가 계산된다. P를 나타내는 식을 적분하면 유역의 총 강우량이 구해지고 이를 면적으로 나누어 면적평균강우량을 구한다. 이 방법의 장점은 Thiessen방법에서 영향권을 나타내는 면적의 경계에서 강우량이 계단같이 불연속으로 변하는 단점을 보완하여 정확도를 높이고 등우선도의 작성이 용이하다(윤 등, 1981).

예제 4.3

그림 4.8a는 면적이 69.1 km^{2}인 유역에 위치한 관측점의 강우량을 나타낸다. 면적평균강우량을 (a) 산술평균법, (b) Thiessen방법, (c) 등우선법으로 산정하라.

[풀이]

(a) 산술평균법

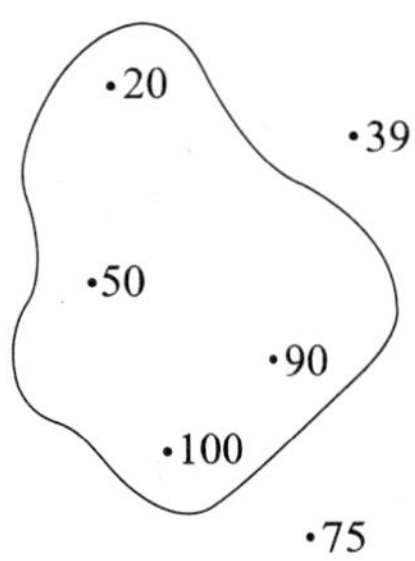

그림 4.8a 산술평균법

관측소	강우량(mm)	가중인자	$a_i\ R_i$ (mm)
A	20	1/6	3.93
B	50	1/6	8.33
C	39	1/6	6.50
D	100	1/6	16.67
E	90	1/6	15.00
F	75	1/6	12.50
계	374		62.33

또는 평균강우량 $\overline{R} = \dfrac{\Sigma R_i}{N} = \dfrac{374}{6} = 62.33\ \mathrm{mm}$

(b) Thiessen방법

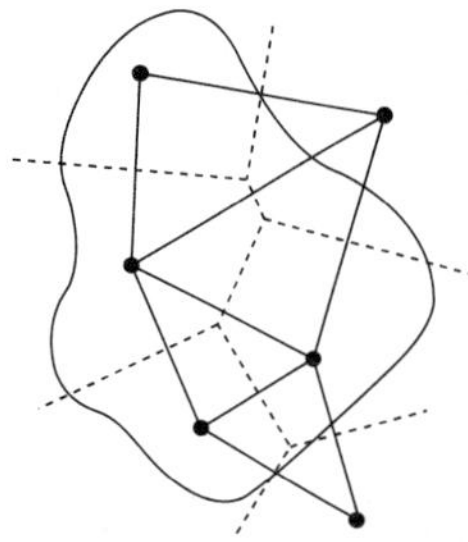

그림 4.8b Thiessen방법

관측소	강우량 R_i (mm)	면적 A_i (km^2)	가중치 $a_i = A_i / \Sigma A_i$	$a_i\ R_i$ (mm)
A	20	12.00	0.174	3.48
B	50	16.00	0.232	11.60
C	39	9.00	0.130	5.07
D	100	14.00	0.203	20.30
E	90	18.00	0.260	23.4
F	75	0.10	0.001	0.07
계	374	69.10	1.000	63.92

또는 식 (4.9)에 따라 $\Sigma\ R_i\ A_i \,/\, \Sigma\ A_i = 4418.5 / 69.1 = 63.9\ \mathrm{mm}$

(c) 등우선법

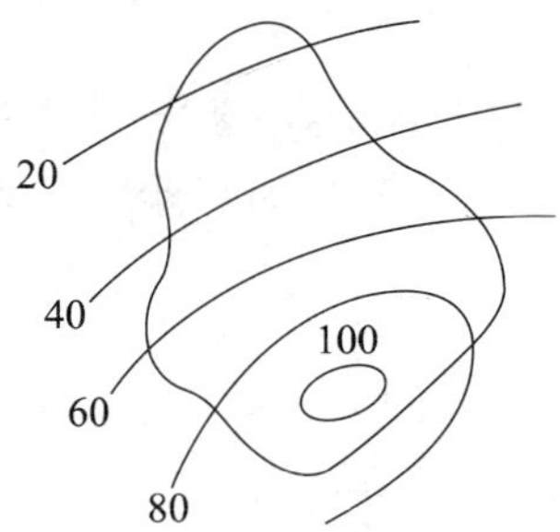

강우량 (mm)	등우선 간의 평균강우량, $\overline{R}_i$(mm)	면적 A_i (km^2)	가중치 $a_i = A_i / \Sigma A_i$	$a_i R_i$ (mm)
>100	105	1.95	0.028	2.94
80	90	15.29	0.221	19.89
60	70	15.16	0.225	15.75
40	50	20.09	0.291	14.55
20	30	14.26	0.207	6.21
< 20	18	1.95	0.028	0.51
		69.10	1.000	59.85

그림 4.8c 등우선법

또는 식 (4.10)에 따라 $\Sigma \overline{R}_i A_i / \Sigma A_i = 4{,}137.45/69.1 = 59.87$ mm

4.11 강우자료의 표현

강수는 주로 종류(강우, 강설 등), 깊이(mm), 지속기간 및 강도의 항으로 기술된다. 강우량은 유역면적에 내린 강우의 총체적(m^3), 강우의 총체적을 유역면적으로 나눈 강우깊이(mm), 단위시간에 대한 강우량인 **강우강도**(降雨强度; rainfall intensity)(mm/hr)의 세 방법으로 나타낸다. 강우가 계속되는 시간을 **지속기간**(持續期間; duration)이라 한다. 강우강도는 지속기간이 1시간인 강우량이고, 강우총체적과 강우깊이는 그 지속기간의 필요에 따라 다르게 된다. 강우자료는 지속기간별로 나타내고 지속기간은 강우자료의 사용목적에 따라 다르게 된다. 강우자료를 나타내는 지속기간으로 짧게는 10분 단위에서 1시간 단위(**시간강우량**(時間降雨量; hourly rainfall)), 24시간 또는 일단위(**일 강우량**(日降雨量; daily rainfall)), 월단위(**월 강우량**(月降雨量; monthly rainfall)), 연단위(**연 강우량**(年降雨量; annual rainfall)), 30년 단위(평년 강우량)까지 사용된다. 특히 30년 단위의 경우는 30년간의 평균을 **평년**(平年; normal annual)이라고 하고 강우량의 경우 최근 30년간의 연평균 강우량을 **평년연강우량**(平年年降雨量; normal annual rainfall)이라고 하고 10년마다 갱신된다. 이는 국가 간의 기상정보의 교환과 비교해석에 기준이 되는 자료를 제공하기 위함이다. 그림 4.16은 1971~2000년의 한국의 평년연강우량을 나타낸다.

강수자료는 보통우량계의 경우 일 강우량의 형태로, 자기우량계에서는 누가곡선의 형태로 기록된다. 강우량 자료는 일반적으로 누가곡선 또는 주상도로 나타낸다.

우량누가곡선(雨量累加曲線; rainfall mass curve)은 호우기간의 강우량을 시간에 대하여 누가한 누가강우량을 시간에 대하여 도시한 것이다(그림 4.9). 우량누가곡선은 자기우량계에 의한 자료를 이용하여 도시된다. 누가곡선으로부터 임의의 지속기간에 대한 총 강우량과 강우강도가 구해진다. 임의의 지속기간에 대한 강우량은 지속기간의 시작과 끝나는 시간에서 종거의 차이로 주어지는 강우량이고, 강우강도는 이 강우량을 지속기간으로 나눈 값이며 우량누가곡선의 기울기($i = \Delta R/\Delta t$)와 같다. 우량누가곡선은 항상 증가곡선이고 비강우기간에는 수평선 구간으로 나타난다.

우량주상도(雨量柱狀圖; rainfall hyetograph)는 단위시간에 대한 평균강우량을 나타내는 막대 그래프이다(그림 4.10). 이는 특정 호우기간에서 최대강우강도의 결정과 전반적인 강우량의 분포를 파악하는 데 유용하다.

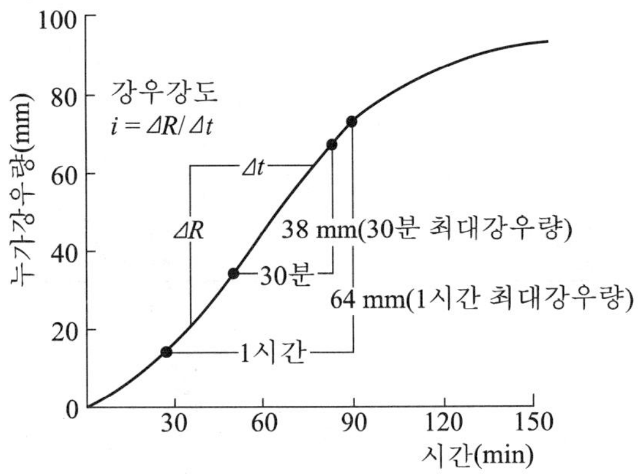

그림 4.9 우량누가곡선

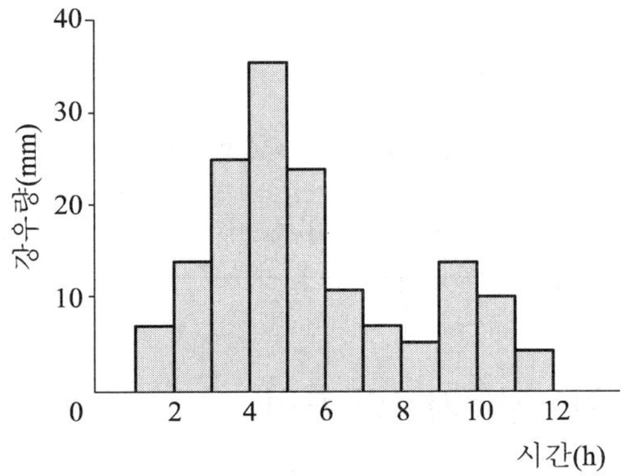

그림 4.10 우량주상도

예제 4.4

다음 10분 강우기록으로부터 30분, 40분 및 60분에 대한 최대강우량과 최대강우강도를 산정하라.

시 간(min)	10	20	30	40	50	60	70	80	90	100	110	120
강우량(mm)	2	7	5	2	7	10	14	8	5	3	4	1

[풀이]

표 4.5 예제 4.4의 계산과정

시간 (min)	강우량 (mm)	누가강우량 (mm)	지속기간별 강우량		
			30 min	40 min	60 min
10	2	2			
20	7	9			
30	5	14	14		
40	2	16	14	16	
50	7	23	14	21	
60	10	33	19	24	33
70	14	47	31	33	45
80	8	55	<u>32</u>	<u>39</u>	46
90	5	60	27	37	46
100	3	63	16	30	<u>47</u>
110	4	67	12	20	44
120	1	68	8	13	35

표 4.5로부터 지속기간 30분 최대강우량 = 32 mm, 강우강도 = 32 mm/0.5h = 64 mm/h
지속기간 40분 최대강우량 = 39 mm, 강우강도 = 39 mm/(40/60)h = 58.5 mm/h
지속기간 60분 최대강우량 = 47 mm, 강우강도 = 47 mm/1 h = 47 mm/h

4.12 강수자료원

강수업무는 주로 국토해양부와 기상청의 두 기관에서 관장하며 각 기관은 각각 월보와 연보로 강수량 기록을 발간하고 있다. 한국에서 체계적인 우량관측은 1917년 일본총독부에 의하여 시작되었으며, 건설부는 1917～1961년 기간의 일우량 기록을 「수문조사서, 우량편」으로 발간하였다. 1962년 이후의 일 우량자료는 건설교통부에 의하여 수위자료와 같이 「한국수문조사집」으로 매년 발간되고 있으며 이 중 1962～1978년의 17년간 우량, 수위기록을 모아 「한국수문조사서(우량, 수위)」를 단행본으로 발간하였다. 1973년에 설립된 한강홍수통제소를 비롯하여 5대 하천의 홍수통제소에서는 telemeter체제를 갖추어 일우량과 호우기간 시간우량을 수신하여 보관하고 있다. 한국수자원공사도 자체 telemeter 우량관측소의 우량기록을 수집하여 수문자료집을 발간하고 있다.

기상청은 주로 도시지역에 설치된 관측소를 통하여 강우량뿐만 아니라 기온, 습도, 풍속, 풍향, 일조시간, 증발량, 강설량 등의 기후자료와 같이 기상월보와 기상연보로 발간한다. 또한 평년연강우량(1971～2000)을 포함한 한국기후표와 한국기후도를 발간한다.

4.13 강수량의 시간, 지리적 분포

강수량은 대기순환의 전반적인 형태와 지역적인 인자에 따라 시간, 공간에서 변화를 갖는다. 지리적으로 강수량은 위도, 산악인자 및 수분공급원으로부터 거리에 따라 변한다.

4.13.1 시간적 분포

강수량은 시간에 따라 크게 변화한다. 따라서 하나의 강우사상은 지속기간 동안 강우량이 변할 뿐만 아니라 일, 주, 월, 계절, 년에 따라서도 다르게 된다. 강수기록은 부분적으로 증가하기도 하고 감소하기도 하나 그 추세가 계속되지 않고 평균치에 되돌아오는 경향을 갖는다. 시간적 변화의 경향을 조사하는 수단으로 장기간의 일기변수의 평균으로 정의되는 **평년평균**(平年平均; normal mean), 이동평균(식 19.33 참조)이 사용된다(그림 4.11 참조).

그림 4.11에서 지난 100년간의 연 강우량은 약간의 증가경향을 나타낸다. 근대의 5년 이동평균강우량은 가뭄이 거의 주기적으로 일어나는 경향을 보인다.

하나의 호우지속기간에 대한 시간 강우분포는 이산 또는 연속형태로 표현된다. 이산형은 강우주상도(그림 4.10)라 일컫고, 연속시간분포는 일반적으로 우량누가곡선(그림 4.9)으로 나타낸다. 지속기간(횡축)과 누가강우량(종축)을 총량에 대한 백분율로 도시하면 **무차원시간강우분포**(無次

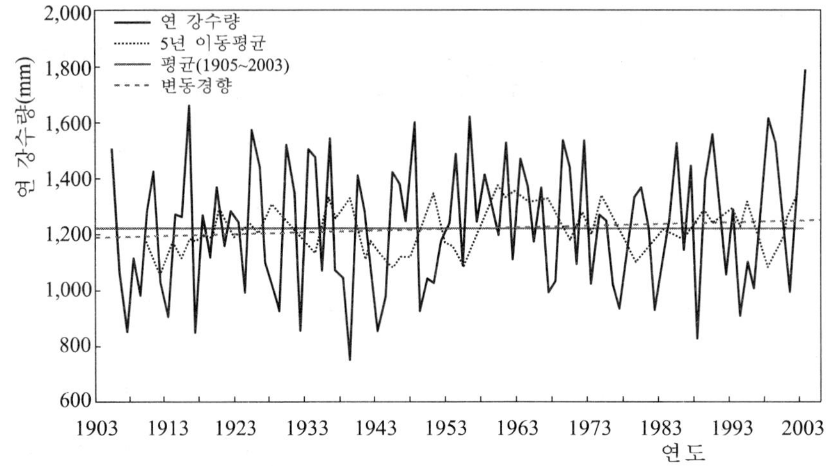

그림 4.11 연평균 강우량의 경년변화(건교부, 2006)

元時間降雨分布; dimensionless temporal rainfall distribution)를 얻을 수 있다. 이는 중요한 강우 특성인 시간적 강우양상을 나타내고 이는 총 강우량을 주상도로 변환하는 데 이용되므로 강우로부터 설계홍수량을 계산하는 데 중요한 도구가 된다. 한 지역의 시간적 강우양상은 몇 개의 전형적인 분포로 구분될 수 있다(그림 4.12).

하나의 호우사상 내에서 강우강도의 시간분포는 무작위이다. 겨울 강우나 작은 강우는 변화가 작은 비교적 균일분포이다. 그러나 호우는 높은 강우강도에서 시작하여 감소하는 전진형, 호우 중간시간에 최대강우강도가 일어나는 중앙집중형 및 최대강우강도가 늦게 발생하는 지연형의 분포형태를 갖는다.

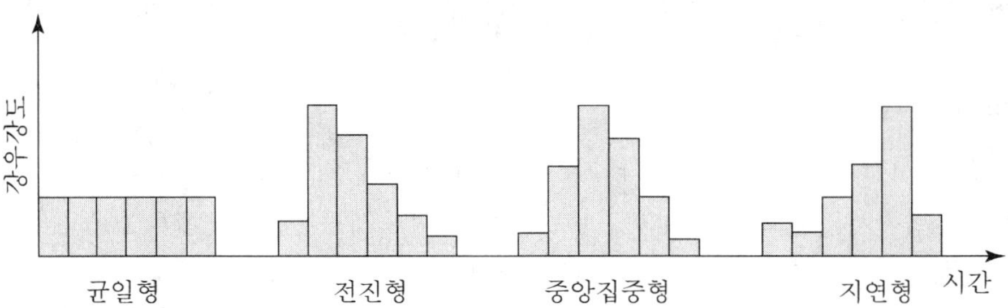

그림 4.12 강우 형태의 주상도

한국의 시간적 강우량 변화는 월 또는 계절에서 의해 심하게 나타나며 연간 강우량의 변화 또한 현저하다. 그림 4.15에서 볼 수 있는 바와 같이 월평균 강우량이 107 mm인 데 비하여 최저 12월 강우량은 14.8 mm, 최대 8월 강우량이 303.8 mm로 변화폭이 월 최소강우량의 20배 이상이고 연 강우량의 2/3 이상이 6～9월에 편재된다.

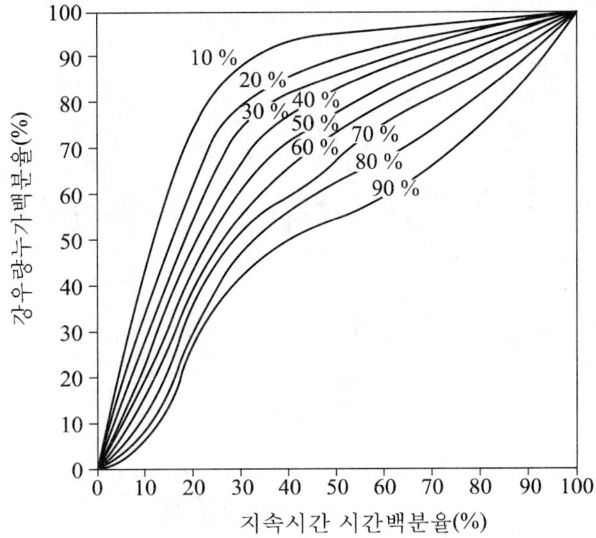

그림 4.13 한국의 1/4구간 호우 무차원 누가곡선

표 4.6 지속시간별 기왕최대강우량(mm)

측후소 \ 지속기간	10분	1시간	24시간	1개월
속 초	24.5	56.8	314.2	650.8
강 릉	18.5	60.0	305.5	683.9
춘 천	33.0	62.0	260.0	840.8
울릉도	21.2	81.6	257.8	399.8
서 울	47.2	118.6	354.7	1,354.2
수 원	27.5	69.1	313.6	851.2
서 산	23.5	79.0	192.6	533.7
충 주	24.5	89.5	212.0	580.5
울 진	15.0	42.0	248.0	347.8
대 전	29.6	79.1	303.3	681.7
추풍령	23.6	57.0	213.9	583.4
포 항	24.5	49.5	165.8	523.9
군 산	21.5	59.8	261.1	611.5
대 구	25.7	80.0	210.1	601.0
전 주	29.5	109.6	336.1	772.2
울 산	24.4	74.0	315.8	686.8
광 주	23.0	70.1	335.6	693.3
진 주	22.0	80.0	264.0	598.4
부 산	40.0	89.0	250.9	937.5
충 무	29.2	69.2	340.5	558.4
여 수	30.8	77.4	267.6	833.5
목 포	21.0	54.3	394.7	584.2
제 주	33.0	105.0	301.2	693.9

자료: 한국기후표 제 II권(기상청, 1991)

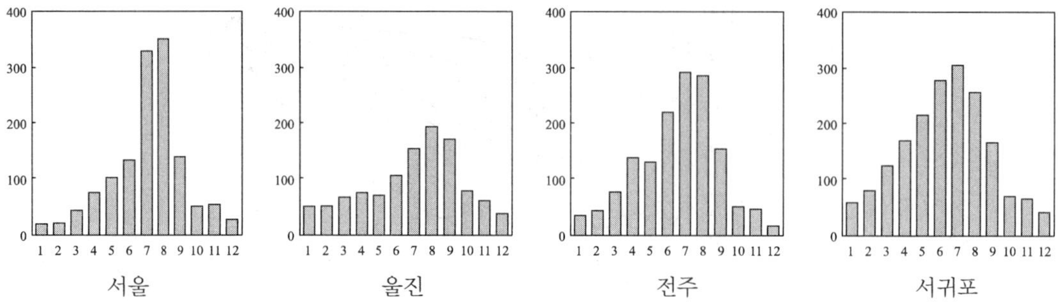

그림 4.14 평년월강수량(1971~2000) (한국기후도, 기상청, 2001)

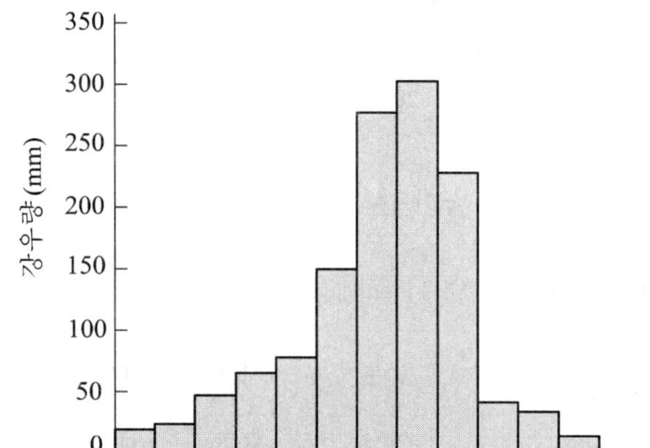

월	1	2	3	4	5	6	7	8	9	10	11	12	평균
평균강우량	15.7	26.3	42.6	64.1	72.3	163.3	281.6	303.8	228.6	40.4	29.7	14.8	106.9

그림 4.15 한국 월평균 강우량(2005년) (건교부, 2005)

4.13.2 지리적 분포

강수량은 적도 부근에서 가장 많고 위도가 증가함에 따라 감소하는 것이 일반적이나 강수량의 지리적 변화에 영향을 주는 인자는 위도 외에도 해안과 산악의 위치이다. 강수의 수분 근원이 바다로부터의 증발인 점에서 해안지역에 강수량이 많은 경향을 갖는다. 산맥을 가로질러 바람이 부는 경우 바람이 불어오는 경사면 지역에는 강우량과 강우횟수가 많다. 그러나 바람이 불어 가는 배사면 지역은 건조하고 강우량과 강우횟수도 적다. 한국의 연평균 강우량은 그림 4.16에서 알 수 있는 바와 같이 대관령-강릉지역, 남부중앙지역, 제주도지역에 많고 의성을 중심으로 한 경북지역이 가장 적다.

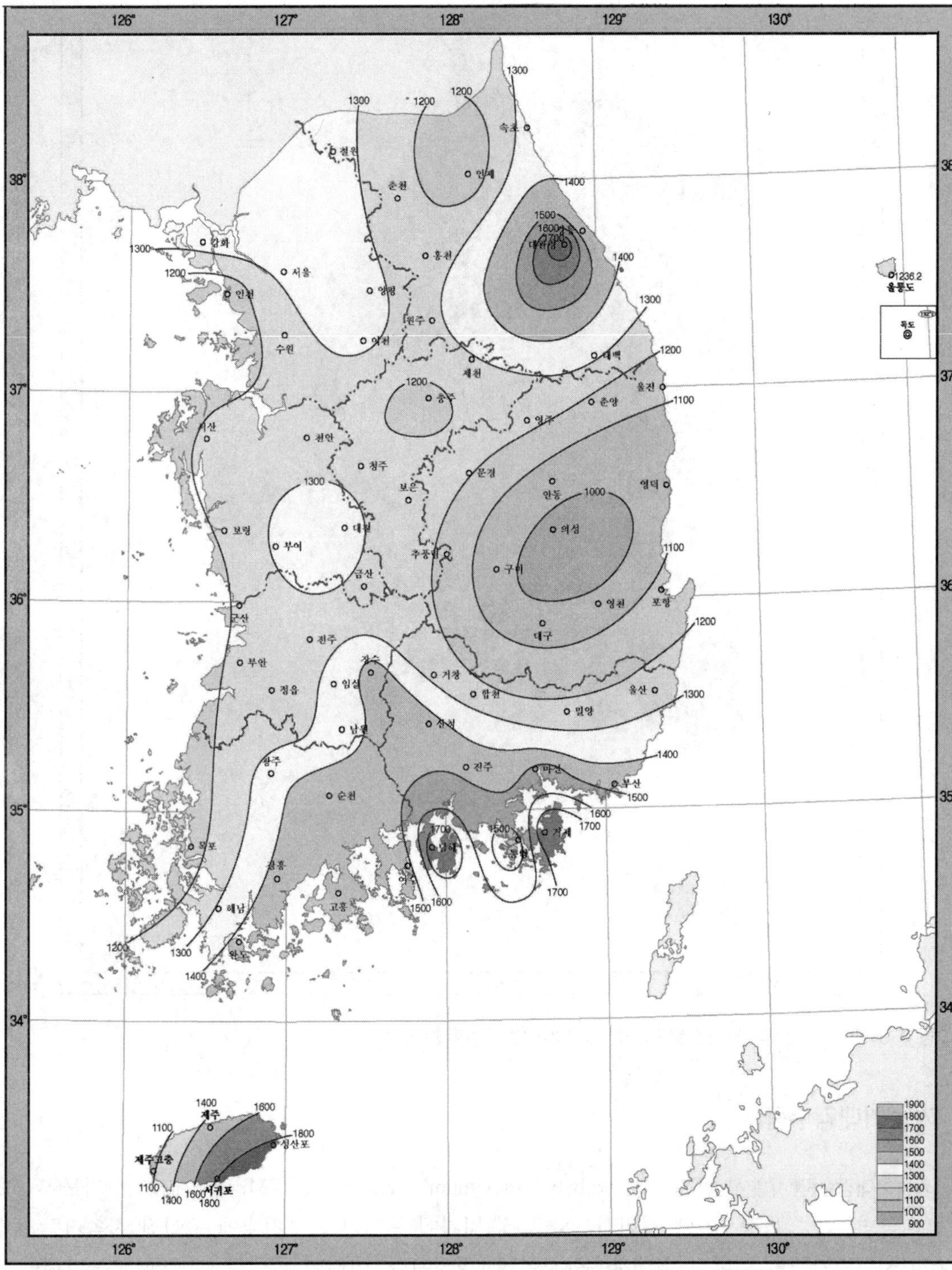

그림 4.16 평년연강우량의 분포(1971~2000) (한국기후도, 기상청, 2001)

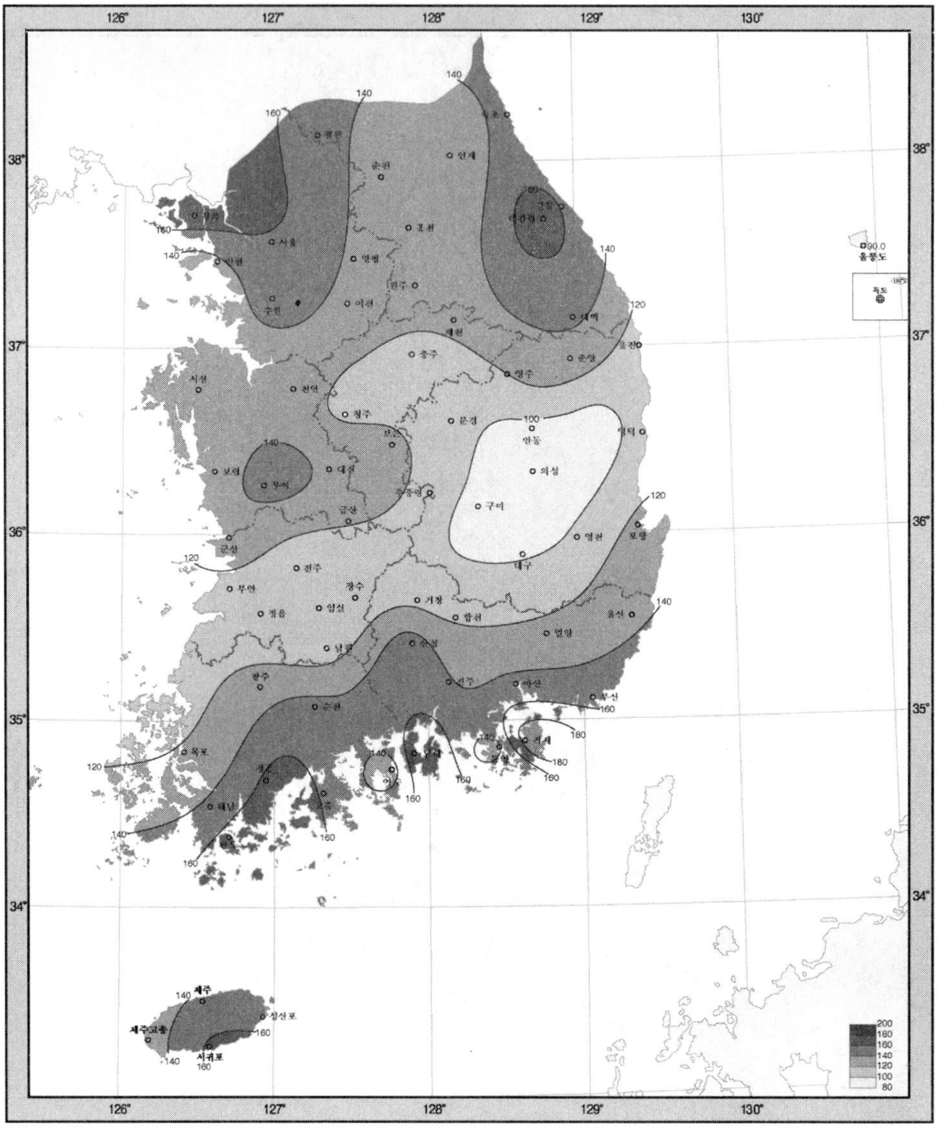

그림 4.17 평년연일최대강우량 분포(1971~2000) (한국기후도, 기상청, 2001)

4.14 가능최대강수량

가능최대강수량(可能最大降水量; probable maximum precipitation, PMP)은 세계기상기구(WMO)에 의하면 '연중 특정시기에 지리적으로 특정 위치에 주어진 호우지역에 주어진 지속기간 동안 물리적으로 가능한 이론적 최대강수량깊이'로 정의된다. 이러한 극한사상인 PMP는 막대한 자산피해와 인명손실이 예상되는 대댐의 여수로의 설계유량으로 채택되고 있다. PMP계산의 주요 과정은 관측호우의 수분최대화와 호우전이이다. 수분최대화의 목표는 가능한 최대수분을 반영하여 호우강우량을 증가하는 것이다. 호우전이는 대상 유역 주위 넓은 지역에서 발생한 주어진 호우를 대상 유역의 강우량을 대표할 수 있도록 이전하는 것이다. 지표이슬점은 수분최대화에서 수분지수로 사용된다. 가강수량은 포화 정도가 지면까지 확장된다는 가정하에 식 (3.36)을 이용하여 지표이슬점 값으로부터 계산될 수 있다. WMO에서는 최대수분량을 구하는 데 50년 이상의 최대이슬점 기록의 사용을 권장한다. 호우전이는 주어진 호우에 대하여 호우가 발생 가능한 기상학적으로 동질지역이 존재한다는 가정에 근거한다. 호우전이는 지리적인 전이과정에 존재하는 고도, 장애물 및 지형에 따른 조정을 필요로 한다. 가능최대강수량은 21.9와 21.10에서 상술된다.

표 4.7 세계의 기왕최대점강우

지속기간	강우깊이		장 소	일 자
	(in)	(mm)		
1min	1.50	38	Barot, Guadeloupe	Nov. 26, 1970
8min	4.96	126	Fussen, Bavaria	May 25, 1920
15min	7.80	198	Plumb Point, Jamaica	May 12, 1916
20min	8.10	206	Curtea ~ de ~ Arges, Roumainia	July 7, 1889
42min	12.00	305	Holt, Mo.	June 22, 1947
2h 10min	19.00	483	Rockport, W. Va	July 18, 1889
2h 45min	22.00	559	D'Hanix, Tex. (17mi NNW)	May 31, 1935
4h 30min	30.8+	782+	Smethport, Pa.	July 18, 1942
9h	42.79	1,987	Belouve, Reunion	Feb. 28, 1964
12h	52.76	1,340	Belouve, Reunion	Feb. 28 ~ 29, 1964
18h 30min	66.49	1,689	Belouve, Reunion	Feb. 28 ~ 29, 1964
24h	73.62	1,870	Cilaos, Reunion	Mar. 15 ~ 16, 1952
2days	98.42	2,500	Cilaos, Reunion	Mar. 15 ~ 16, 1952
3days	127.56	3,240	Cilaos, Reunion	Mar. 15 ~ 16, 1952
4days	146.50	3,721	Cherrapunji, India	Sept. 12 ~ 15, 1974
5days	151.73	3,854	Cilaos, Reunion	Mar. 13 ~ 18, 1952
6days	159.65	4,055	Cilaos, Reunion	Mar. 13 ~ 19, 1952
7days	161.81	4,110	Cilaos, Reunion	Mar. 12 ~ 19, 1952
8days	162.59	4,130	Cilaos, Reunion	Mar. 11 ~ 19, 1952
15days	188.88	4,798	Cherrapunji, India	June 24 ~ July 8, 1931
31days	366.14	9,300	Cherrapunji, India	July 1861
2months	502.63	12,767	Cherrapunji, India	June ~ July 1861
3months	644.44	16,369	Cherrapunji, India	June ~ July 1861
4months	737.70	18,738	Cherrapunji, India	May ~ July 1861
5months	803.62	20,412	Cherrapunji, India	Apr. ~ July 1861
6months	884.03	22,454	Cherrapunji, India	Apr. ~ Aug. 1861
11months	905.12	22,900	Cherrapunji, India	Apr. ~ Nov. 1861
1years	1,041.78	26,461	Cherrapunji, India	Aug. 1860 ~ July 1861
2years	1,605.05	40,768	Cherrapunji, India	1860 ~ 1861

자료: World Meteorological Organization(1986)

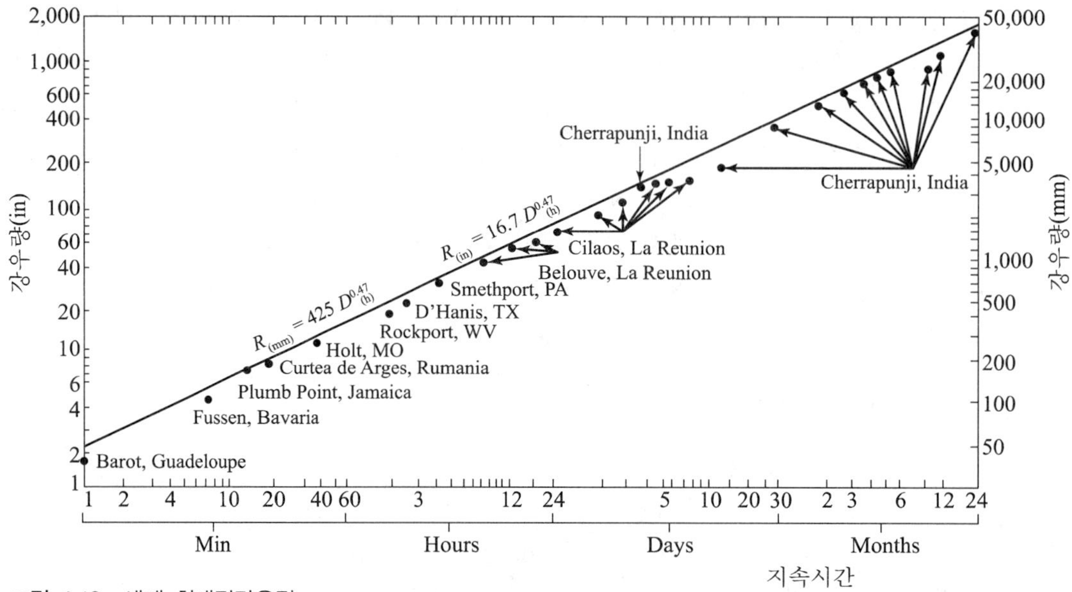

그림 4.18 세계 최대점강우량

문 제

강우기록의 일관성

4.1 관측소 X와 주변 10개 관측소의 연평균 강수량이 다음에 주어진다. (a) 관측소 X의 강우자료의 일관성을 결정하라. (b) 어느 해에 변화가 일어났는가? (c) X관측소의 비보정 연평균 강수량은 얼마인가? (d) 최근 경향에 따라 보정된 연평균 강수량은 얼마인가? (e) 조정된 자료의 이중누가우량곡선을 도시하라.

연도	연 강수량(mm)		연도	연 강수량(mm)	
	관측소 X	관측소 평균		관측소 X	관측소 평균
1965	594	676	1978	770	729
66	550	598	79	616	598
67	770	780	80	638	858
68	638	676	81	704	860
69	792	680	82	858	910
70	814	678	83	550	676
71	770	728	84	660	754
72	1,276	1,040	85	506	728
73	902	676	86	814	884
74	748	624	87	748	858
75	440	572	88	660	910
76	572	650	89	616	676
77	792	884	90	594	650

4.2 우량관측소 X의 연 강수량과 주변 8개 관측소의 평균 연강수량이 다음과 같다. X관측소 기록의 일관성이 결여되는 것으로 나타나면 이중누가해석을 이용하여 보정하라.

연도	X관측소 강우량 (mm)	8개 관측소 평균강수량 (mm)	연도	X관측소 강우량 (mm)	8개 관측소 평균강수량 (mm)
1974	1,050	840	1982	900	780
75	1,110	870	83	930	930
76	1,170	930	84	1,050	1,080
77	1,050	810	85	1,140	1,170
78	900	750	86	1,200	1,320
79	750	630	87	840	960
80	600	510	88	750	900
81	720	630	89	630	690

결측치 보완

4.3 관측점 $A(2.5, 1.5)$의 강우량이 결측된 것으로 가정하고 이 점의 강우량을 평년강우량비법으로 계산하라. 주위관측점의 평년강우량과 강우량은 다음과 같다.

관측점 좌표	평년강우량(mm)	강우량(mm)
(1, 1)	180	120
(4, 1)	120	80
(3, 3)	200	160
(2.5, 1.5)	100	?

4.4 역거리방법을 이용하여 문제 4.3을 풀고 평년강우량비 방법의 결과와 비교하라.

4.5 어느 호우기간 우량관측소 A는 고장으로 작동되지 않았으나 주변 관측소 B, C 및 D에 기록된 강우량은 각각 66, 57.1, 77.5 mm이다. A, B, C, D관측소의 평년 연강우량이 각각 853, 942, 1049, 1191 mm이다. 관측소 A의 강우량을 추정하라.

4.6 5개 우량관측소의 7월 평균강우량이 다음과 같다. 측점 B의 1990년 7월 결측값을 계산하라.

관측소	7월 평년월강우량 (mm)	1990. 7 관측치 (mm)
A	76.2	88.9
B	114.3	?
C	50.8	48.3
D	63.5	68.6
E	121.9	127.0

우량관측망

4.7 한 유역에 위치한 우량관측소가 5개이다. 이들 관측소의 1991년 연 강우량이 다음과 같다. 면적평균강우량에서 10%의 오차가 허용되는 경우 유역에 필요한 우량관측소의 적정수를 계산하라.

우량관측소 번호	1	2	3	4	5
연 강우량(mm)	890	1,105	1,653	997	1,322

면적평균강우량

4.8 한강수계 달천유역의 면적평균강우량을 산술평균, Thiessen방법 및 등우선법으로 산정하라. 각 방법의 가중인자를 계산하라. 유역면적은 1,606 km^2이다.

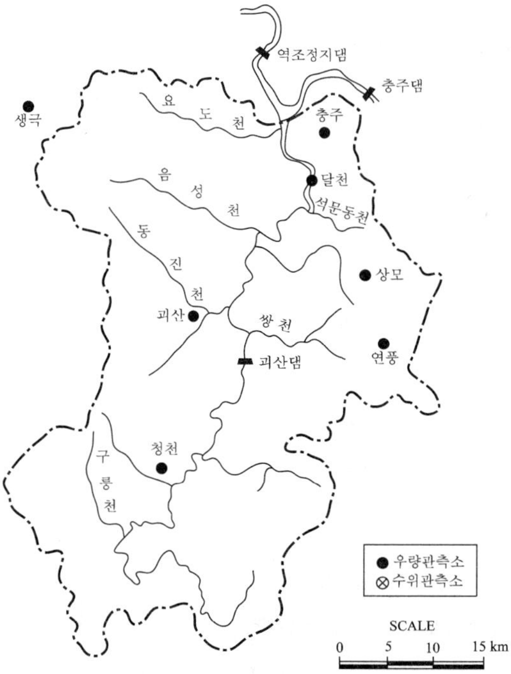

관측소	강우량(mm)	
	1970	1980
생극	1,182.9	1,068.7
충주	1,147.5	748.0
상모	1,141.2	840.1
괴산	1,413.1	1,165.0
연풍	1,258.6	1,154.5
청천	1,349.0	945.5

4.9 낙동강수계 위천의 1991년 7월 강우량이 다음과 같다. 세 가지 방법으로 유역평균강우량을 구하라. 유역면적은 472.5 km^2이다.

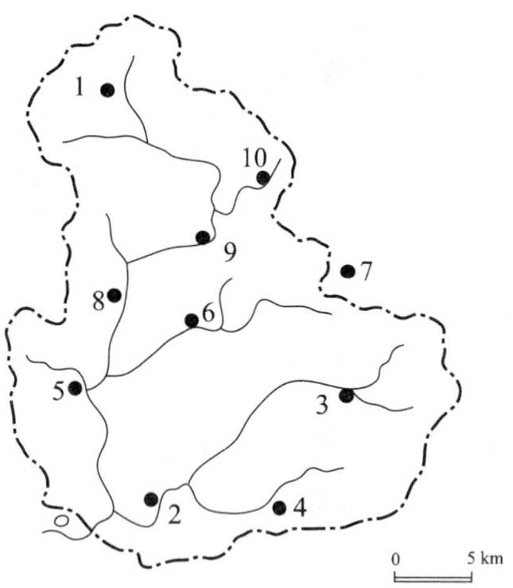

관측소 번호	1991.7 강우량(mm)
1	266.2
2	384.6
3	520.1
4	384.3
5	368.0
6	340.0
7	417.2
8	401.0
9	419.4
10	437.0
11	286.8

4.10 황강유역의 연 강우량(1992, 1993)이 다음과 같다. 면적평균강우량을 Thiessen방법과 등우선법으로 구하라. 유역면적은 $A=1{,}325.6\ km^2$이다.

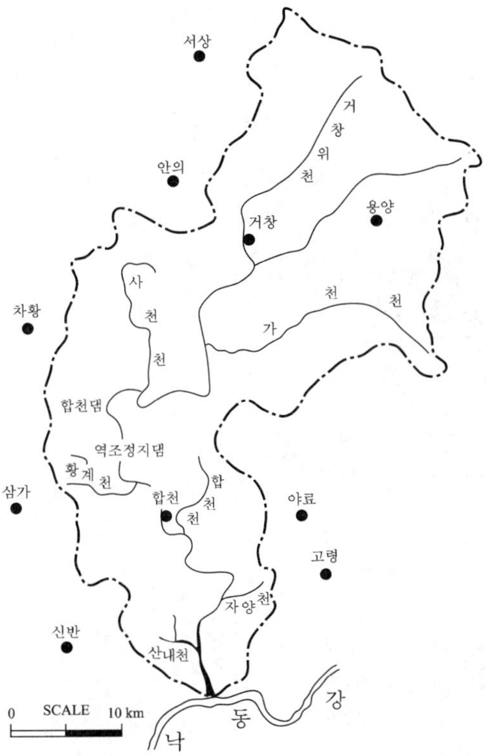

관측소	강우량(mm)	
	1992	1993
공양	974.3	1,447.6
부항	863.1	1,404.7
고령	896.3	1,309.9
야로	1,713.0	1,228.5
합천	658.4	1,226.5
신반	917.0	1,345.1
차황	824.0	1,088.7
서상	1,189.4	1,955.5
안의	1,031.0	1,751.0
삼가	1,231.7	1,488.1
거창	851.4	1,395.2

4.11 다음은 보청천유역의 1995년 연강우량이다. 세 가지 방법으로 면적평균강우량을 산정하라. 유역면적은 $475.7\ km^2$이다.

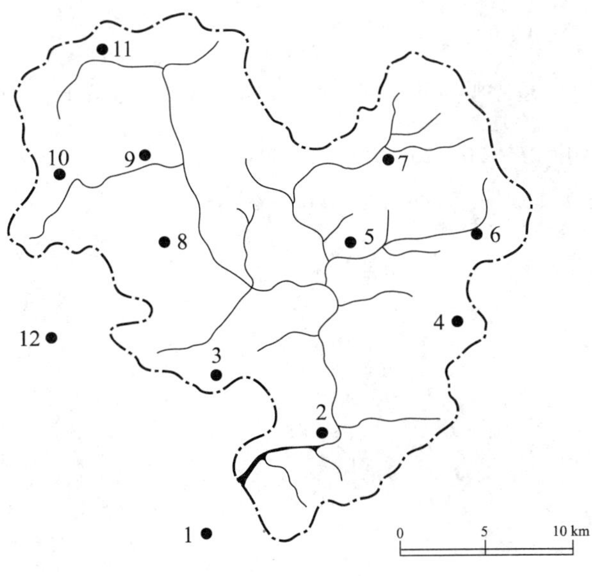

관측소 번호	연 강우량 (mm)
1	1,267.0
2	935.7
3	1,019.9
4	1,016.0
5	958.3
6	1,131.0
7	1,907.1
8	1,098.1
9	1,010.6
10	1,049.4
11	835.7
12	938.3

강우자료의 표현

4.12 다음 강우기록에 대한 강우주상도와 우량누가곡선을 도시하라. 10, 20, 30분에 대한 최대강우량과 강우강도를 계산하라.

시간(hr)	0	5	10	15	20	25	30	35	40
강우량(mm)	0	2	5	6.3	5.6	5.3	4.0	3.0	0.7

4.13 어느 유역의 강우기록이 다음과 같다. 다음을 결정하라. (a) 처음 6시간의 평균강우강도, (b) 전 호우기간 동안의 평균강우강도, (c) 3, 6, 9시간에 대한 최대강우량과 강우강도.

시간(hr)	0~3	3~6	6~9	9~12
강우량(mm)	12	24	48	6

4.14 다음 강우기록으로부터 우량누가곡선, 강우주상도를 작성하고 최대강우강도와 평균강우강도를 구하라.

시간 (min)	강우량 (mm)	시간 (min)	강우량 (mm)
4:30	0	50	72.1
40	1.5	6:00	74.6
50	3.0	10	76.2
5:00	8.1	20	78.0
10	12.2	30	80.8
20	24.3	40	83.2
30	44.2	50	84.8
40	56.9	7:00	89.2

4.15 다음 시간 강우량자료에 대하여 지속기간 1 h, 2 h 및 4 h에 대한 최대강우강도를 구하라.

시간(h)	1	2	3	4	5	6	7	8	9	10
강우량(mm)	2	5	1	6	2	5	0	9	5	2

4.16 다음 강우량 기록으로부터 총 강우량, 5, 10, 20, 30분에 대한 최대강우강도 및 평균강우강도를 구하라.

시간(min)	5	10	15	20	25	30	35	40
강우량(mm)	1.3	5.2	12.5	6.1	5.6	10.1	4.6	1.2

05 증발, 증발산, 차단

Applied Hydrology

증발은 수문순환의 중요한 과정 중 하나로 지구 지표면에 내린 연간 총 강우량의 61% 정도가 증발과 증산에 의하여 대기로 귀환된다. 지구상의 연간 증발량은 온대지역에서는 300 mm 이하, 건조지역에서는 1,000 mm에 이르고 해양수면에서는 2,000 mm를 상회한다. 증발되는 물의 양은 저수지와 지하저수지의 직접적인 손실을 구성한다. 따라서 증발에 의한 물손실의 산정은 저수지의 설계와 조작, 관개사업의 계획과 관개시설의 설계, 수질관리, 물수지와 배분 및 급수해석 등 실질적으로 모든 과업에 필요한 사항이다. 증발과 증산은 한 유역의 수분부족의 변화를 나타내는 척도이다. 이러한 관점에서 증발량과 증산량은 하천예보의 유출산정, 계획하는 관개사업에 필요한 수량의 결정에 사용되고 토양의 함수량 결정에 중요한 인자이다. 증발은 하나의 하천유역이 생산할 수 있는 수량, 저수지의 필요용량 및 작물의 소비수량의 산정에 미치는 영향이 크다.

5.1 증발과정

증발(蒸發; evaporation)은 수면(또는 지면)과 수면 상부공기와의 증기압의 차이로 인한 물분자 이동에 의하여 액체상태의 물이 수증기로 변환되어 대기로 귀환되는 과정이고, 증발량은 mm/day 또는 cm/day로 표시한다. 물분자가 수면을 돌출하는 데 필요한 에너지를 **증발잠재열**(蒸發潛在熱; latent heat of vaporization) 또는 **증발숨은열**이라 한다. 증발잠재열은 태양복사로부터 공급받으며 1대기압에서 1 g의 물을 증기로 변환하는 데 필요한 열량(cal)이다. 100°C 1기압에서 증발잠재열은 539 cal/gm이다. 즉 1 gm의 물이 증발하는 데 539 cal에 해당하는 에너지(열)가 소모된다. 1 cal는 물 1 g의 온도를 1°C(14.5°C에서 15.5°C로) 올리는 데 필요한 열량에 해당된다. 물을 증발시키는 데 필요한 열량은 100°C의 수온까지 올리는 데 필요한 열량과 증발잠재열과의 합이다. 증발은 액체로부터 에너지(열)을 제거하므로 물의 온도는 감소하는 영향을 갖는다.

수증기의 무게는 대기 중에 존재하는 다른 가스의 60% 정도로 가벼워서 수면 위의 공기 중으로 상승하는 경향을 갖는다. 수증기는 수축, 팽창하고 이로 인하여 수증기의 분자는 부분압력이라고 하는 자체의 압력을 가한다(3.6.1 참조). 고체상태에서 직접 수증기로 변환되는 과정을 **승화**(昇華; sublimation)라고 한다. 눈과 얼음으로부터 승화에 의하여 상당한 양의 수증기가 대기에 유입한다. 그러나 이는 수면에서 일어나는 증발보다 훨씬 적다.

증발이 일어나는 과정은 다음과 같다. 수온의 상승으로 활동성이 증가되어 주위 물분자와의 결속력을 초과하는 높은 에너지를 갖은 물분자는 주위 분자와의 결속을 끊고 수면에서 공기 중으로 돌출한다. 이는 돌출하는 물분자의 에너지가 증발잠재열을 초과하는 현상이다. 대기로 이동하는 물분자가 증가함에 따라 수면상부 공기층의 수증기의 밀도가 증가한다. 이에 따라 대기로 돌출하는 물분자는 이미 돌출된 분자와 충돌하여 일부 물분자는 수면에 귀환된다. 수면으로 되돌아오는 물분자보다 대기로 이동하는 물분자가 많을 때 순 증발이 일어난다. 대기 중 물분자의 밀도가 증가하여 일정한 수면 물분자의 밀도와 같게 되면 평형상태에 이른다. 즉 수면 바로 위의 공기층은 수증기로 포화상태가 되어 엷은 포화층을 형성한다. 이 포화층 공기의 압력은 포화증기압이 되고 순 증발은 정지된다. 포화층 상부의 수증기 밀도는 고도에 따라 감소한다. 증발이 계속 일어나기 위해서는 포화층 공기의 수증기가 감소 또는 제거되어야 한다.

증발은 수면과 공기 중 물분자의 농도차이에 비례하고 이 농도차이를 증기압의 항으로 나타낸 것이 **Dalton법칙**으로 식 (5.1)과 같이 기술된다.

$$E = C(e_s - e_a) \tag{5.1}$$

여기서 E는 증발량(mm/day), e_s는 수면온도의 공기포화증기압(mmHg), e_a는 공기온도 T_a에 대한 증기압(mmHg), C는 기압, 풍속 등에 따라 결정되는 계수이다.

공기의 증기압이 물의 포화증기압과 같게 되면 증발은 일어나지 않고 공기의 증기압이 가장 낮을 때 증발은 최대가 된다. 수면과 공기 간의 증기압구배는 수면에서부터 높이에 따라 다르게 된다. 따라서 증발률은 증기압구배의 함수이다.

$$E = -K\frac{de}{dz} \tag{5.2}$$

여기서 e는 증기압, z는 수면을 기준으로 한 높이, K는 전달계수이다.

5.2 증발에 영향을 주는 인자들

증발은 수면뿐만 아니라 나지, 초목으로 피복된 토양, 초목, 지붕, 도로와 같은 불투수면에서도 일어난다. 증발률은 표면의 색, 반사성질, 표면의 노출상태에 따라 다르게 된다. 증발이 일어나기 위해서는 태양복사에너지, 바람 및 수분의 공급이 필요하고 이 외에 증발에 영향을 주는 인자는 증기압구배, 온도, 기압, 습도, 수질, 토양 등이다.

태양복사열. 물분자에서 가스분자로의 상태변화는 증발잠재열의 에너지 입력을 필요로 하므로 증발과정은 태양의 직접적인 복사를 받는 상태에서 가장 활발하다. 지구에 도달하는 태양복사열을 부분적으로 차단하는 구름은 에너지입력을 감소시켜 증발과정을 완만하게 한다.

습도. 공기의 습도가 상승하면 수증기를 흡수할 수 있는 능력이 감소하여 증발률이 완만해진다. 공기가 습한 해안보다 공기가 건조한 내륙에서 증발량이 많게 된다.

바람. 증발이 계속되면 수면과 공기 사이의 경계층은 수증기의 밀도가 증가하고 포화상태에 이르기도 한다. 증발이 지속되기 위해서는 경계층이 건조한 공기로 대체되어야 하고 이는 바람에 의해서 가능하다. 증발률은 풍속에 따라 증가하나 어느 정도에 이르면 둔화된다.

기온과 증기압. 물분자의 이동은 온도에 따라 증가한다. 물분자의 운동에너지는 온도상승에 따라 증가하고 이 증가된 에너지는 수면에서 공기로 물분자 이동을 가속시킨다. 이러한 이유로 수온이 높아질수록 물분자의 운동이 활발해져 수면에서 공기로 물분자의 수송이 증가한다. 온도와 직접적으로 관계되는 것이 증기압이다. 공기 중 수증기량의 척도는 증기압의 항으로 주어지고 포화증기압과 기온과의 관계가 존재하게 된다. Dalton법칙에 따라 증발은 증기압구배 (de/dz) 또는 포화증기압과 공기증기압의 차이$(e_s - e_a)$가 커지면 증가한다.

수질. 물에 고체가 용해되어 있으면 물의 증기압은 감소한다. 따라서 순수한 물의 증기압은 동일온도에서 염수의 증기압보다 높다. 1%의 염분함유는 약 1% 정도로 증발률을 감소시킨다. 또한 염분함유율이 3% 정도인 해수에서는 증발량이 담수에서보다 3% 정도 낮게 된다. 또한 수면에 막을 형성하는 물질은 증발을 감소시킨다.

증발표면의 성질. 온도상승은 증발률을 증가시킨다. 수심이 작으면 큰 경우보다 온도상승이 빨라서 증발도 빨라진다. 검정흙이나 검정물체는 옅은 색의 흙이나 물체보다 입사되는 복사열을 더 많이 흡수해서 열로 변화시키므로 증발량이 많게 된다. 초목, 건물과 같이 강우에 노출되는 모든 표면은 증발표면이 된다. 포화토양 표면의 증발률은 같은 온도의 수면에서와 거의 같고 토양이 건조하게 되면 증발은 중단된다.

눈과 얼음 표면에서도 증발은 일어나지만 눈 표면에서 최대증발량(노점이 15°C인 조건에서)은 30°C인 수면증발량의 25%에 불과하다. 일반적으로 거칠고 불규칙한 표면에서는 마찰이 풍속을 감소시키나 난류의 유발에 의한 연직풍속성분은 증발을 증가시킨다. 수면에서 강한 바람은 파랑을 발생시켜 증발표면을 증가시킨다.

5.3 증발량 측정

증발량의 측정은 증발접시와 증발계에 의한다. 자유수면의 증발량을 측정하는 가장 보편적인 방법은 증발접시이고 이는 저수지나 호수의 증발량 결정에 사용되어 왔다. 증발접시가 널리 이용되는 것은 비용이 저렴하고 조작이 간단하고 저수지 증발량과의 비가 시간과 공간에서 그 변화가 작은 점 때문이다. **증발계**(蒸發計; atmometer 또는 evaporimeter)는 증발량을 측정하는 기구이다. 여러 종류가 있으나 일반적으로 용기 내의 물을 흡수하는 다공성구(多孔性球; porous bulb)로 구성된다. 다공성구 표면에서 증발이 발생하면 다공성구는 용기로부터 물을 흡수하므로 흡수에 따른 용기 내 수면의 강하량이 증발량의 척도가 된다.

5.3.1 증발접시

증발접시(evaporation pan)는 아연도금한 철제재질을 사용하여 제작한 원통접시이다. 여기에 물을 채우고 일정기간 동안(보통 1일) 강하된 수위를 훅게이지를 이용하여 측정한다. 이 강하된 수위는 증발량(mm/day)을 나타낸다. 증발접시에는 설치되는 장소와 상태에 따라 지상, 매설 및 부상 증발접시가 있다.

지상증발접시(地上蒸發접시; surface pan)는 가장 보편적인 증발접시로 지면에 설치된다. 증발접시의 크기는 내경이 120 cm, 깊이가 30 cm이고 내경이 20 cm, 깊이 10 cm인 소형 증발접시도 사용되고 있다.

그림 5.1 지상증발접시

증발량 측정. 증발접시에 물을 채울 때에는 접시의 상단에서 5 cm 아래까지 채우고 1일(24시간) 후에 강하된 수면을 접시벽면에 부착된 훅게이지를 이용하여 읽는다. 이와 같이 읽은 수면강하가 증발량(mm/day)이 된다. 증발량을 측정한 후에는 증발된 양에 해당하는 물을 보충하여 접시수면을 원래의 고정수위까지 올린다. 비가 오는 날의 증발량은 훅게이지로 측정한 수면강하에 일 강우량을 더해 구해진다. 일반적으로 증발량은 같은 장소에서 강우량과 풍속이 같이 측정된다. 미국에서 널리 사용되는 증발접시는 미국 기상청의 Class A Pan으로 직경이 4 ft(120.7 cm), 깊이가 10 in(25.4 cm)이다. 증발접시는 15.4 cm 정도 높이의 목재격자 위에 설치하여 접시와 지면 사이에 공기가 순환되도록 하여 증발접시에 대한 지열의 영향을 배제한다.

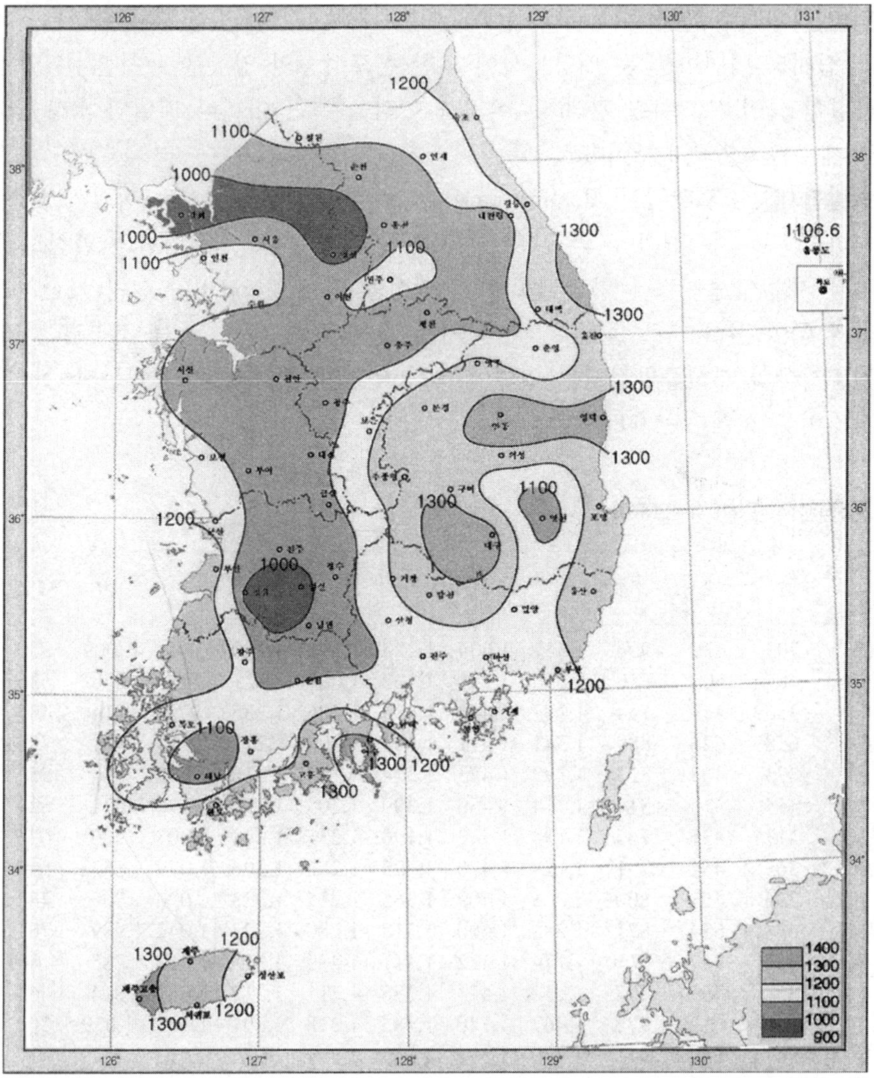

그림 5.2 평년연증발량(1971~2000) (한국기후도, 기상청, 2001)

태양열복사에 의한 접시벽면의 열전도 때문에 접시증발량은 저수지증발량보다 크게 된다. 따라서 저수지증발량은 증발접시계수를 이용해서 접시증발량을 보정하여 결정된다. **접시계수**(pan coefficient)는 저수지증발량과 증발접시증발량의 비이다.

$$E_L = KE_P \tag{5.3}$$

여기서 E_L은 저수지증발량, E_P는 증발접시증발량, K는 접시계수이다. K값은 0.6~0.8 범위이며 평균 0.7이다. K산정 시 사용되는 증발량은 일반적으로 연 증발량이나 5~9월간의 증발량이 사용되기도 한다.

매설증발접시(埋設蒸發접시; sunken pan). 이는 대개 4각형 접시로 지면보다 낮게 설치되고 이에 따라 접시의 벽면이 받는 태양복사에 의한 온도상승의 영향을 무시할 수 있는 이점이 있으나 이물질이 들어가기 쉬워 관리 및 설치가 어려울 뿐만 아니라 지열의 영향을 배제하기 어렵다. 접시계수는 0.75～0.95이다.

부상증발접시(浮上蒸發접시; floating pan). 이는 정사각형의 접시로 접시의 5/6가 물에 잠기도록 설치하고 저수지수면과 거의 같은 수위로 물을 채운다. 접시벽면의 열전도의 영향을 피할 수 있어서 저수지 증발량을 가장 정확하게 측정할 수 있다. 그러나 설치와 접근이 어렵고 파랑에 의하여 물이 접시 내로 들어가거나 나가는 것을 막을 수 없는 등 조작과 관리가 어렵다. 미국 지질조사국의 부상증발접시는 일변이 0.9 m인 정사각형으로, 깊이는 46 cm이고 38.9 cm가 물에 잠기며 접시계수는 0.80이다.

표 5.1 월평년증발량(1971～2000) (단위: 0.1 mm)

관측소명 \ 월	1	2	3	4	5	6	7	8	9	10	11	12	전년
속 초	703	639	906	1,357	1,604	1,225	1,190	1,200	998	1,009	830	778	12,439
대관령	487	507	750	1,256	1,554	1,202	1,081	975	814	870	636	532	10,664
춘 천	356	439	744	1,177	1,443	1,439	1,286	1,235	973	714	435	352	10,593
강 릉	658	626	889	1,341	1,611	1,305	1,304	1,212	1,013	961	758	719	12,397
서 울	373	463	823	1,199	1,423	1,374	1,145	1,216	1,079	895	552	400	10,942
인 천	454	513	814	1,214	1,450	1,399	1,303	1,350	1,190	972	621	473	11,753
울릉도	417	436	765	1,194	1,542	1,190	1,237	1,247	1,003	906	645	486	11,068
수 원	363	454	791	1,158	1,420	1,425	1,286	1,306	1,079	853	507	377	11,019
서 산	376	458	800	1,075	1,409	1,365	1,215	1,323	1,020	809	463	368	10,681
울 진	678	634	871	1,288	1,600	1,318	1,280	1,327	1,042	989	761	708	12,486
청 주	337	437	7,750	1,174	1,432	1,411	1,299	1,318	1,017	785	4,444	339	10,768
대 전	357	453	797	1,212	1,473	1,385	1,311	1,312	1,031	814	464	354	10,963
추풍령	540	612	975	1,463	1,740	1,485	1,318	1,391	1,143	1,039	703	572	12,981
포 항	641	644	913	1,279	1,595	1,353	1,391	1,372	1,013	957	717	659	12,534
군 산	426	510	816	1,097	1,340	1,331	1,342	1,480	1,144	977	605	463	11,531
대 구	530	606	978	1,373	1,736	1,588	1,486	1,574	1,134	978	630	522	13,135
전 주	322	372	671	1,048	1,368	1,330	1,262	1,358	1,014	838	470	331	10,384
울 산	591	627	916	1,193	1,474	1,301	1,381	1,477	1,079	986	713	618	12,356
광 주	404	485	866	1,223	1,479	1,488	1,437	1,484	1,121	938	557	422	11,904
부 산	688	704	904	1,095	1,255	1,115	1,211	1,347	1,065	1,017	764	712	11,877
통 영	567	587	854	1,073	1,275	1,112	1,137	1,340	993	904	637	574	11,053
목 포	478	520	820	1,129	1,337	1,226	1,258	1,445	1,184	1,052	679	514	11,642
여 수	726	751	1,021	1,260	1,476	1,295	1,353	1,531	1,307	1,198	838	719	13,475
제 주	543	575	864	1,126	1,390	1,289	1,609	1,570	1,212	1,081	732	589	12,580
진 주	513	590	870	1,138	1,366	1,202	1,220	1,273	1,019	914	613	498	11,216

자료: 한국기후표(기상청, 2001)

예제 5.1

(a) 일 강우량과 접시의 고정수위까지 수심을 유지하기 위하여 보충한 수량이 다음과 같을 경우 증발접시의 일 증발량을 계산하라. (b) 저수지의 수면적이 4.3 km^2이고 접시계수가 0.7이다. 저수지의 일 증발량과 6일간의 증발량을 구하라. 또한 6일간 물 손실량을 산정하라.

시간(일)	1	2	3	4	5	6
강우량(mm)	0	6	1	0	0	5
보충수량(mm)	16	15	8	14	10	12

[풀이]

(a) 일 접시증발량은 접시의 고정수위까지 채운 수량과 강우량의 합으로 주어진다.

시간(일)	1	2	3	4	5	6
접시증발량(mm)	16	21	9	14	10	17
저수지증발량(mm)	11.2	14.7	6.3	9.8	7.0	11.0

(b) 저수지의 일 증발량은 일 접시증발량에 접시계수 0.7을 곱해서 얻어진다. 6일간 증발량은 일 증발량의 합으로 60.9 mm이다. 저수지의 6일간 물 손실량은 $60.9/1{,}000 \times 4.3 \times 1{,}000^2 = 261{,}870$ m^3이다.

5.4 수면으로부터 증발량 결정

수면증발량을 결정하는 방법에는 물수지, 에너지수지, 질량수송, Penman(조합방법) 및 경험식이 있다.

5.4.1 물수지

증발량을 산정하는 **물수지**(water budget)식은 기본적으로 강우 입력과 유출, 손실 및 유역 저류량 간의 물수지를 나타낸다.

$$E = (S_1 - S_2) + I + P - O - O_s \ [\mathrm{m}^3] \tag{5.4}$$

여기서 E는 증발량, S_1과 S_2는 기간 Δt의 시작과 종료시점에서 저수지의 저류량, $S_1 - S_2 = \Delta S$는 저류량의 변화이고, I는 유입량, P는 강우량, O는 방류량 및 O_S는 저수지 바닥과 벽면을 통해서 일어나는 침윤량이다. 모든 항의 단위는 1주 또는 그 이상의 기간에 대한 체적(m^3)이다. 이 방법은 보다 일반적으로 월 또는 연 증발량 산정에 이용된다. 유입량, 방류량, 강우량 및 저류량의 변화는 비교적 정확하게 측정될 수 있다. 그러나 침윤량은 지하수위나 투수계수의 측정치로부터 간접적으로 구해지므로 정확도가 낮으나 침윤량 산정의 정확도는 증발량의 산정 결과에 영향을 미친다. 큰 온도변화에서는 저류량의 팽창과 수축의 영향이 커서 미국

Hefner 호수의 경우 밀도 변화에 대한 보정치로 10 mm가 사용된 예도 있다. 물수지방법은 특히 비도시 지역의 물손실 산정에 이용된다.

예제 5.2

수면적이 4 km^2인 호수의 월 증발량을 산정한다. 평균방류량이 1.5 m^3/s, 평균유입량이 2.0 m^3/s, 월 강우량이 90 mm이고 호수의 수면은 1개월 동안 4 cm 강하했다. 침윤량은 무시된다.

[풀이]

월 방류량 $O = 1.5 \times 3{,}600 \times 24 \times 30 = 38.88 \times 10^5 \text{m}^3$
월 유입량 $I = 2.0 \times 3{,}600 \times 24 \times 30 = 51.84 \times 10^5 \text{m}^3$
월 강우량 $P = 90/1{,}000 \times 4 \times 10^6 = 3.6 \times 10^5 \text{m}^3$

저류량의 변화는 $\Delta S = S_1 - S_2 = 4/100 \times 4 \times 10^6 = 1.66 \times 10^5 \text{m}^3$이다.

식 (5.4)를 적용하면 월 증발량은 다음과 같다.

$$E = S_1 - S_2 + I + P - O$$
$$= (1.66 + 51.84 + 3.6 - 38.88) \times 10^5 \text{ m}^3 / (4 \times 10^6 \text{ m}^2) = 0.456 \text{ m} = 45.6 \text{ cm}$$

5.4.2 에너지수지

에너지수지방법(energy budget method)은 에너지항으로 쓰인 에너지보존원리의 연속방정식을 풀어서 증발량을 구하는 방법이다. 증발에 소요되는 에너지는 유입에너지, 유출에너지 그리고 일정기간 동안 저수지수체에 저장되어 있는 에너지를 고려함으로써 얻어진다. 그림 5.3과 같은 저수지의 수체에 대한 에너지수지식은 주어진 기간 동안 증발표면에 유입되는 에너지와 유출에너지가 같다는 에너지보전원리에 근거한다.

$$Q_\theta = Q_s - Q_r + Q_a - Q_{ar} - Q_{bs} + Q_v - Q_e - Q_h - Q_w \tag{5.5}$$

여기서 Q_θ = 물에 저장된 에너지
Q_s = 입사되는 태양복사에너지
Q_r = 반사되는 태양복사에너지
Q_a = 대기로부터 입사되는 장파복사에너지
Q_{ar} = 반사되는 장파복사에너지
Q_{bs} = 수면에서 역반사되는 장파복사에너지
Q_v = 유입, 유출되는 물에 의하여 이송된 에너지
Q_e = 증발에 사용된 에너지
Q_h = 물에서 대기로 전도 되는 에너지(현열(sensible heat)손실)
Q_w = 증발되는 물에 의하여 빠져나간 에너지

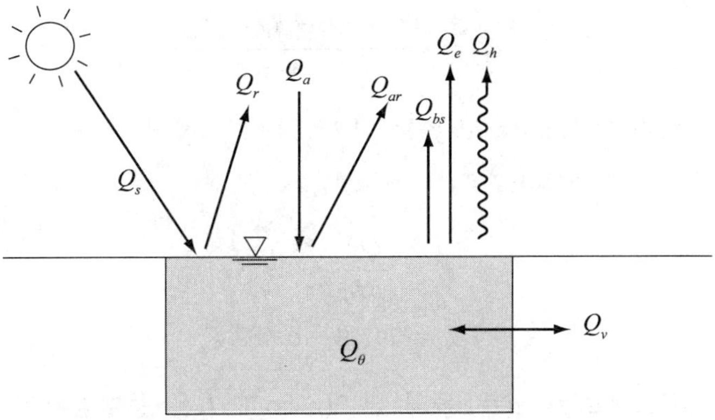

그림 5.3 저수지수체에 대한 에너지수지

식 (5.5)의 모든 항의 단위는 cal/cm^2/day 또는 langleys/day(ly/day)이다. 짧은 기간에는 물에 저장된 에너지의 변화를 정확하게 결정하는 실행성이 적으므로 에너지수지방법에 의하여 일 증발량을 산정하는 것은 불가능하고 일반적으로 적용되는 기간은 1주 또는 그 이상이 된다. 식 (5.5)에서 Q_w 는 $Q_w = CQ_e$ 와 같이 Q_e 의 항으로 나타내나 그 크기가 미소하므로 무시되고 Q_h 를 제외한 모든 양은 측정 또는 간접적으로 산정할 수 있다.

현열, Q_h

Q_h 는 측정이 어려우므로 증발에 사용된 에너지와의 관계를 이용한다.

$$B = Q_h / Q_e \tag{5.6}$$

여기서 B는 전도되는 현열과 증발잠재열의 비로 정의되는 **보웬비**(Bowen ratio)로 다음과 같이 계산된다.

$$B = 0.61 \frac{P}{1{,}000} \frac{T_s - T_a}{e_s - e_a} \tag{5.7}$$

여기서 P는 대기압(mb), e_s 는 수면온도 T_s (°C)에서 공기포화증기압(mb), e_a 는 대기온도 T_a (°C)에서 증기압(mb)이다.

순 장파복사에너지 교환 Q_b 는 대기로부터 지표면에 도달한 장파복사에너지 Q_a, 반사 장파복사에너지 Q_{ar}, 수면에서 역방사되는 장파복사에너지 Q_{bs} 의 조합으로 장파에 의한 에너지 손실을 나타낸다.

$$Q_b = Q_{ar} + Q_{bs} - Q_a \tag{5.8}$$

식 (5.6)과 (5.8)을 고려하여 식 (5.5)를 Q_e 에 관하여 정리하면

$$Q_e = \frac{Q_s - Q_r - Q_b - Q_\theta + Q_v}{1 + B} \tag{5.9}$$

증발에 사용된 에너지 Q_e (cal/cm^2/day)를 식 (5.10)에 의하여 단위시간에 대한 깊이(단위면적에 대한 체적) cm/day로 환산한다.

$$E = \frac{Q_e}{\rho L} \tag{5.10}$$

$$L = 597.3 - 0.564\,T_s \tag{5.11}$$

여기서 E는 증발량(cm/day), ρ는 물의 밀도(g/cm^3), L은 증발잠재열(cal/g), T_s(°C는 수면온도이다. 식 (5.9)를 (5.10)에 대입하면

$$E = \frac{Q_s - Q_r - Q_b - Q_\theta + Q_v}{\rho L(1 + B)} \tag{5.12}$$

태양복사에너지, Q_s

지구는 대기의 외계로부터 태양에 직각인 면에서 1.96 cal/cm^2/min(태양상수)에 해당하는 파장이 1 μm 보다 작은 단파의 태양복사에너지를 받는다. 그러나 지구 표면에 도달하는 에너지는 그림 3.3에 보인 바와 같이 그 일부이고 이는 구름에 의한 흡수와 우주로 반사 및 산란 등에 의한 손실 때문이다. 실제로 지구 표면에 도달하는 단파 태양복사에너지는 일조시간을 이용하여 보정된다.

$$Q_s = R_A\left(a + b\frac{n}{N}\right) \tag{5.13}$$

여기서 R_A는 대기 외계에 도달한 태양복사에너지(cal/cm^2/day), Q_s는 지구 표면에 도달된 단파 태양복사에너지(cal/cm^2/day), N은 최대일조시간, n는 실제일조시간, a, b는 지역에 따른 상수(표 5.4)이다.

반사 태양복사에너지, Q_r

지구 표면에 도달한 태양복사에너지는 그 일부가 반사되며 반사율은 지면의 성질에 따라 다르다.

$$Q_r = r\,Q_s \tag{5.14}$$

여기서 r은 단파반사계수(短波反射係數; albedo, short-wave reflectance)(표 5.6)이다.

표 5.2a 북반구의 외계 태양복사에너지(R_A) (단위: cal/cm^2/day)

북위	33	34	35	36	37	38	39	40	41	42	43	44
1월	473.3	458.8	444.2	429.5	414.8	400.1	385.3	370.5	355.6	340.8	325.9	311.1
2월	591.2	578.4	565.4	552.2	538.9	525.5	511.9	498.2	484.4	470.5	456.5	442.4
3월	742.2	732.7	723.0	713.2	703.1	692.7	682.2	671.5	660.6	649.4	638.5	626.6
4월	878.3	873.6	868.6	863.4	857.9	852.2	846.2	840.0	833.5	826.9	820.0	812.8
5월	965.7	965.4	964.7	963.9	962.8	961.4	959.9	958.1	956.1	953.9	951.4	948.8
6월	997.8	999.7	1,001.3	1,002.6	1,003.8	1,004.8	1,005.5	1,006.0	1,006.4	1,006.5	1,006.5	1,006.3
7월	978.6	979.5	980.1	980.5	980.6	980.6	980.3	979.8	979.1	978.1	977.0	975.7
8월	908.4	905.5	902.4	899.1	895.5	891.7	887.6	883.3	878.8	874.0	869.0	863.8
9월	790.7	783.1	775.4	767.4	759.2	750.8	742.1	733.2	724.1	714.8	705.3	695.5
10월	642.7	631.2	619.4	607.5	595.4	583.2	570.8	558.2	545.5	532.6	519.6	506.5
11월	505.8	491.9	477.8	463.6	449.4	435.1	420.7	406.3	391.8	377.2	362.6	348.0
12월	437.6	422.8	407.9	393.0	378.1	363.2	348.2	333.3	318.4	303.5	288.6	273.7

H. K. Chow, J. of Kor. Met. Soc. Vol. 10 No. 1, 1974.

표 5.2b 북반구의 외계 태양복사에너지(R_A)(Criddle, 1955) (단위: mm water/day)

북위	90°	80°	70°	60°	50°	40°	30°	20°	10°	0°
1월	–	–	–	1.3	3.6	6.0	8.5	10.8	12.8	14.5
2월	–	–	1.1	3.5	5.9	8.3	10.5	12.3	13.9	15.0
3월	–	1.8	4.3	6.8	9.1	11.0	12.7	13.9	14.8	15.2
4월	7.9	7.8	9.1	11.1	12.7	13.9	14.8	15.2	15.2	14.7
5월	14.9	14.6	13.6	14.6	15.4	15.9	16.0	15.7	15.0	13.9
6월	18.1	17.8	17.0	16.5	16.7	16.7	16.5	15.8	14.8	13.4
7월	16.8	16.5	15.8	15.7	16.1	16.3	16.2	15.7	14.8	13.5
8월	11.2	10.6	11.4	12.7	13.9	14.8	15.3	15.3	15.0	14.2
9월	2.6	4.0	6.8	8.5	10.5	12.2	13.5	14.4	14.9	14.9
10월	–	0.2	2.4	4.7	7.1	9.3	11.3	12.9	14.1	15.0
11월	–	–	0.1	1.9	4.3	6.7	9.1	11.2	13.1	14.6
12월	–	–	–	0.9	3.0	5.5	7.9	10.3	12.4	14.3

표 5.3 일평균 최대일조시간(N) (단위: hr)

북위(°N) \ 월	1	2	3	4	5	6	7	8	9	10	11	12
0°	12.1	12.1	12.1	12.1	12.1	12.1	12.1	12.1	12.1	12.1	12.1	12.1
10°	11.6	11.8	12.1	12.4	12.6	12.7	12.6	12.4	12.9	11.9	11.7	11.5
20°	11.1	11.5	12.0	12.6	13.1	13.3	13.2	12.8	12.3	11.7	11.2	10.9
30°	10.4	11.1	12.0	12.9	13.7	14.1	13.9	13.2	12.4	11.5	10.6	10.2
40°	9.6	10.7	11.9	13.2	14.4	15.0	14.7	13.8	12.5	11.2	10.0	9.4
50°	8.6	10.1	11.8	13.8	15.4	16.4	16.0	14.5	12.7	10.8	9.1	8.1

표 5.4 식 5.13 상수 a, b값

지역	a	b	참고문헌
미국	0.22	0.54	Kimbal(1914)
오스트레일리아	0.25	0.54	Prescott(1940)
캐나다 5～ 8월	0.25	0.60	Gray(1970)
9～10월	0.34	0.52	
영국	0.18	0.55	Penman(1948)

표 5.5 월평년 일조시간(1971～2000) (단위: 0.1 hr)

관측소명 \ 월	1	2	3	4	5	6	7	8	9	10	11	12	전년
속 초	1,837	1,745	1,947	2,155	2,287	1,595	1,467	1,551	1,730	1,927	1,688	1,847	21,776
철 원	1,496	1,625	1,784	2,029	2,099	1,818	1,434	1,769	1,886	1,952	1,424	1,394	20,710
대관령	1,988	1,920	2,105	2,331	2,497	1,981	1,643	1,540	1,643	1,985	1,739	1,902	23,274
춘 천	1,642	1,756	2,063	2,206	2,334	2,084	1,614	1,764	1,810	1,799	1,423	1,483	21,978
강 릉	1,855	1,716	1,839	2,069	2,214	1,641	1,487	1,539	1,615	1,863	1,687	1,836	21,361
서 울	1,584	1,633	1,975	2,107	2,243	1,878	1,307	1,553	1,845	2,005	1,513	1,499	21,142
인 천	1,756	1,795	2,083	2,192	2,400	2,062	1,661	1,951	2,055	2,098	1,663	1,656	23,372
원 주	1,786	1,825	2,137	2,372	2,542	2,323	1,975	2,068	2,039	2,065	1,646	1,654	24,432
울릉도	872	972	1,631	2,050	2,283	1,650	1,549	1,598	1,611	1,770	1,254	1,026	18,266
수 원	1,661	1,708	2,045	2,186	2,331	1,994	1,564	1,737	1,922	1,999	1,577	1,576	22,300
충 주	1,740	1,793	2,128	2,368	2,536	2,297	1,962	2,061	1,977	1,975	1,562	1,588	24,014
서 산	1,537	1,647	2,077	2,209	2,403	1,987	1,547	1,876	1,986	2,049	1,486	1,429	22,233
울 진	2,081	1,914	2,139	2,400	2,580	2,047	1,868	1,993	1,907	2,089	1,874	2,053	24,945
청 주	1,598	1,678	2,007	2,246	2,415	2,024	1,733	1,897	1,869	2,007	1,534	1,549	22,557
대 전	1,567	1,610	1,964	2,206	2,377	2,003	1,682	1,880	1,865	2,013	1,532	1,511	22,210
추풍령	1,702	1,685	1,971	2,192	2,323	1,862	1,564	1,648	1,728	2,018	1,662	1,654	22,009
안 동	1,814	1,831	1,999	2,232	2,321	1,922	1,596	1,744	1,580	1,841	1,604	1,722	22,206
포 항	1,815	1,682	1,857	2,075	2,259	1,657	1,588	1,674	1,577	1,877	1,733	1,857	21,651
군 산	1,510	1,632	1,971	2,110	2,224	1,811	1,579	1,935	1,902	1,992	1,510	1,442	21,618
대 구	1,921	1,813	2,037	2,209	2,353	1,844	1,618	1,737	1,702	2,022	1,750	1,891	22,898
전 주	1,488	1,522	1,902	2,146	2,262	1,764	1,493	1,757	1,785	1,987	1,514	1,435	21,055
울 산	1,892	1,739	1,853	2,062	2,235	1,680	1,612	1,729	1,581	1,927	1,790	1,950	22,050
마 산	1,787	1,814	1,882	2,115	2,133	1,584	1,366	1,641	1,589	2,049	1,765	1,752	21,457
광 주	1,621	1,649	1,979	2,168	2,321	1,774	1,631	1,882	1,818	2,059	1,637	1,600	22,139
부 산	1,980	1,808	1,929	2,080	2,270	1,737	1,719	2,039	1,696	2,032	1,902	2,033	23,225
통 영	1,871	1,759	1,956	2,031	2,158	1,641	1,539	1,941	1,693	2,039	1,830	1,928	22,386
옥 포	1,446	1,494	1,850	2,032	2,227	1,744	1,670	2,136	1,867	2,076	1,637	1,458	21,637
여 수	1,995	1,892	2,124	2,184	2,321	1,796	1,718	2,117	1,898	2,199	1,958	2,032	24,234
완 도	1,567	1,618	1,890	2,095	2,203	1,704	1,651	2,051	1,827	2,059	1,667	1,565	21,897
제 주	735	996	1,597	1,951	2,179	1,746	2,034	2,052	1,688	1,800	1,292	919	18,989
제주도	950	1,250	1,649	2,024	2,138	1,617	1,919	2,183	1,906	2,100	1,600	1,207	20,543
서귀포	1,536	1,528	1,745	1,855	2,028	1,469	1,442	1,864	1,779	1,998	1,743	1,630	20,617
진 주	1,883	1,801	1,987	2,083	2,176	1,618	1,563	1,782	1,632	1,997	1,745	1,877	22,144
강 화	1,792	1,902	2,264	2,379	2,567	2,312	1,907	2,122	2,252	2,206	1,706	1,626	25,035
양 평	1,725	1,812	2,136	2,271	2,448	2,236	1,873	2,028	2,024	1,998	1,556	1,582	23,688

자료: 한국기후표(기상청, 2001)

표 5.6 단파 반사계수(Eagleson, 1970)

물 질	반사계수, r
눈	0.40~0.85
얼음	0.40~0.50
물	0.03~0.40
삼림	0.14~0.18
흙-건조	0.14~0.30
흙-습윤	0.08~0.12
모래	0.34~0.43
잔디	0.18~0.26
밀	0.10~0.23
논(벼)	0.12

순 장파복사에너지 교환, Q_b

순 장파복사에너지 교환 Q_b는 대기로부터 지표면에 도달한 장파복사에너지 Q_a, 지면에서 반사되는 장파복사에너지 Q_{ar} 및 역방사된 장파복사에너지 Q_{bs}와의 차이로 정의(식 5.8)되는 에너지로, 식 (5.15)로 계산된다.

$$Q_b = \sigma T_a^4 (\epsilon - 1)(0.1 + 0.9n/N) \tag{5.15}$$

여기서 σ는 **Stefan-Bolzman상수**(1.17×10^{-7} cal/cm²/K⁴/day, 2.0×10^{-9} mm/day/K⁴, 4.903×10^{-9} MJ m⁻² K⁻⁴ day⁻¹ 또는 5.67×10^{-8} W/m²/K⁴), T_a는 대기의 절대온도(°C+273), ϵ은 방사율이다. **방사율**(放射率; emmissivity) ϵ은 하향 장파복사에너지에 대한 상향 장파복사에너지의 비로 정의되고 실제 계산은 식 (5.16)에 의한다.

$$\epsilon = a_e + b_e \sqrt{e_a} \tag{5.16}$$

여기서 e_a는 증발표면에서 2 m 높이의 대기증기압(mb)이고 a_e, b_e는 지역에 따른 상수로 표 5.7과 같다.

표 5.7 식 (5.16)의 상수 a_e, b_e (Gray, 1970)

지 역	a_e	b_e
영 국	0.53	0.065
스웨덴	0.43	0.082
알제리아	0.48	0.058
미국 Washington D.C.	0.44	0.061
Oklahoma	0.68	0.036
오스트레일리아	0.47	0.063
인 도	0.62	0.029

이송에너지, Q_v

Q_v 는 유입, 유출, 강우량, 증발 및 침윤과 같이 물의 흐름에 의하여 저수지수체의 온도가 증가하거나 감소하는 데 따른 에너지 변화량이다. 이를 산정하기 위해서는 에너지수지가 계산되는 기간 동안 유입, 유출되는 수량과 이의 온도 측정이 필요하고 이를 식으로 나타내면 다음과 같다.

$$Q_v = \frac{c_p}{\Delta t}\left(\rho_i V_i T_i + \rho_P V_P T_P - \rho_d V_d T_d - \rho_b V_b T_b - \Delta t \frac{Q_e}{L} T_s\right) \tag{5.17}$$

여기서 c_p 는 물의 **정압비열**(定壓比熱; specific heat for constant pressure)(1 cal/g/°C), ρ 는 밀도, V 는 체적, T 는 온도(°C)이다. 첨자 i 는 유입흐름, P 는 강우량, d 는 방류흐름, b 는 침윤흐름을 나타낸다. 마지막 항의 T_s 는 수면의 온도이고 Δt 는 시간 간격이다. 강우량의 온도에는 습구온도가 사용될 수 있고 침윤흐름의 온도로는 수체의 최저층의 온도가 사용될 수 있다. 유입, 유출되는 물의 온도의 변화가 없거나 작으면 Q_v 는 무시될 수 있다. Q_v 의 단위는 cal/t 이고 t 는 시간이다.

저수지의 저장에너지의 변화량, Q_θ

저수지와 같이 큰 규모의 수체에는 에너지수지방법을 적용하는 데 어려운 점은 열저장항의 산정이다. 이 어려움은 저수지의 총수량과 온도구조의 결정에 기인한다. 만약 연직온도분포가 주어지면 저수지수체의 수심을 n 개의 층으로 분할하고 각 층의 에너지변화를 구해서 합하면 저수지수체에 대한 에너지변화의 산정이 가능하다.

$$Q_\theta = \frac{c_p}{\Delta t}\left(\sum \rho_i A_{1i} T_{1i}\, \Delta h_{1i} - \sum \rho_i A_{2i} T_{2i} \Delta h_{2i}\right) \tag{5.18}$$

여기서 첨자 i 는 i 번째 층을, 1과 2는 시작과 종료시간을 나타내므로 Δh_{1i} 는 시작시간에서 i 번째 층의 두께를 나타내고, $\overline{A}_{1i}$는 시작시간에서 i 번째 층의 평균수평면적, T_{1i} 는 두께가 Δh_i 이고 면적이 $\overline{A}_i$ 인 요소수체의 시작시간에서 평균온도이다. Q_θ 는 cal/t 단위이다. 식 (5.17)과 (5.18)에서 수면적을 도입하면 단위는 cal/cm^2/day로 변환이 가능하다.

식 (5.17)의 이송에너지와 식 (5.18)의 저장에너지의 변화($Q_v - Q_\theta$)는 식 (5.4)의 물수지식을 이용해서 산정할 수 있다.

$$Q_v - Q_\theta = \frac{c_p \rho}{A}\left(IT_I + PT_P - OT_O - O_S T_S - ET_E + S_1 T_1 - S_2 T_2\right) \tag{5.19}$$

여기서 T_I, T_P, $\cdots$은 각 물리량(cm^3)에 대한 온도(°C)이고 수면적 A 의 도입은 에너지의 단위를 cal/cm^{2}으로 환산하기 위함이다. 물리량의 측정기간 Δt 를 도입하여 단위를 cal/cm^2/ day로 환산이 가능하다.

예제 5.3

북위 37.5°에 위치한 어느 저수지의 6월 증발량을 구하라. 6월 평균기온은 21.1°C, 상대습도는 60%, 대기압은 1,000 mb, 수면의 온도는 18°C, $n/N = 0.5$ 이다.

[풀이]

1. 태양복사에너지, Q_S

표 5.4로부터 $a=0.22, b=0.54$를 택하고 표 5.2a로부터 북위 37.5°에서 6월의 태양복사에너지는 1,004.3 cal/cm²/day를 취하여 식 (5.13)에 대입하면

$$Q_s = R_A\left(a+b\frac{n}{N}\right) = 1{,}004.3\times(0.22+0.54\times0.5) = 492.1\ \text{cal/cm}^2/\text{day}$$

2. 반사복사에너지, Q_r

표 5.6으로부터 수면에서 단파반사계수 $r=0.1$을 취하면 식 (5.14)에 따라

$$Q_r = rQ_s = 0.1(492.1) = 49.21\ \text{cal/cm}^2/\text{day}$$

3. 순 장파복사에너지 교환, Q_b

기온 21.1°C에 대한 포화증기압 $e_s = 18.77\ \text{mmHg}\times1.33 = 24.96\ \text{mb}$(부록 B-2)와 상대습도 60%를 이용하여 실제증기압 e_a를 구하면

$$e_a = e_s(R_h) = 24.96(0.6) = 14.98\ \text{mb}$$

표 5.7로부터 식 (5.16)의 상수 $a_e = 0.44,\ b_e = 0.061$을 취하면 방사율 ϵ은

$$\epsilon = a_e + b_e\sqrt{e_a} = 0.44 + 0.061\sqrt{14.98} = 0.676$$

따라서 식 (5.15)에 의하여 Q_b는

$$Q_b = \sigma T_a^4(\epsilon-1)\left(0.1+0.9\frac{n}{N}\right) = 1.17\times10^{-7}(21.1+273)^4(0.676-1.0)(0.1+0.9\times0.5)$$
$$= -155.98\ \text{cal/cm}^{-2}\text{day}^{-1}$$

4. 전도에너지, Q_h

전도에너지 Q_h는 Bowen비 B를 통해서 포함되고(식 5.7) Bowen비를 계산하기 위하여 수면온도 18°C에서 포화증기압 $e_s = 15.46\ \text{mmHg}\times1.33 = 20.56\ \text{mb}$(부록 B-2)를 이용하면

$$B = 0.61\frac{P}{1{,}000}\frac{T_s-T_a}{e_s-e_a} = 0.61\frac{1{,}000}{1{,}000}\frac{18-21.1}{20.56-14.98} = -0.34$$

5. 이송에너지와 저장에너지, $Q_v - Q_\theta$

적은 유입량과 유출량 그리고 저수지수체의 작은 온도변화를 고려하여 $Q_v - Q_\theta$는 무시한다.

6. 수면온도 18°C에 대한 증발잠재열은 식 (5.11)에 의하여

$$L = 597.3 - 0.564\,T\,°\mathrm{C} = 597.3 - 0.564 \times 18.0 = 587.15\ \mathrm{cal/g}$$

$Q_v - Q_\theta = 0$을 고려하고 18°C에 대한 물의 밀도 $\rho = 0.9986\ \mathrm{g/cm^3}$(부록 A-1)을 적용하면 증발량은 식 (5.12)에 의하여

$$E = \frac{Q_s - Q_r - Q_b}{\rho L(1+B)} = \frac{492.1 - 49.21 + 155.98}{0.9986 \times 587.15(1-0.34)} = 1.55\ \mathrm{cm/day}$$

따라서 6월의 증발량은 $46.5(=1.55 \times 30)$ cm이다.

5.4.3 질량수송방법

질량수송방법(質量輸送方法; mass transfer method)은 증발표면에서 대기에 이르는 와(渦)운동에 의한 수증기의 난류수송 개념에 근거하고 증발량은 증기압의 차이와 풍속의 함수로 결정된다. 이 방법은 Dalton법칙(식 5.1)의 C가 풍속의 함수로 표시된다.

$$E = f(u)(e_s - e_a) \tag{5.20}$$

여기서 E는 증발률(cm/day), $f(u)$는 풍속 u의 함수, e_s는 수면온도에 대한 공기의 포화증기압(mb), e_a는 수면으로부터 높이 h에서 공기의 증기압(mb)이다. $e_s - e_a$는 **포화증기압부족량**(飽和蒸氣壓不足量; saturation vapor pressure deficit)으로 수온에서 포화증기압과 수면상 기온의 증기압과의 차이이다. 이는 증발이 일어날 수 있는 공기의 증발력의 척도이다. 따라서 증발은 풍속과 포화증기압부족에 비례한다. $f(u)$는 $a(b+u)$와 Nu의 두 형태로 주어진다.

Meyer식(1944): 개방수면의 증발량

$$E = C\left(1 + \frac{u_8}{16}\right)(e_s - e_a) \tag{5.21}$$

여기서 E는 증발량(cm/day), C는 계수로 수면에서 0.36, 습한 표면에서 0.5이고, u_8(km/h)은 높이 8 m에서의 풍속이다.

$50\ \mathrm{m} < A^{0.5} < 100\ \mathrm{km}$ 범위의 저수지(Harbeck, 1962)

$$E = 0.029A^{-0.05}u_2(e_s - e_a) \tag{5.22}$$

여기서 A는 수면적($\mathrm{m^2}$), u_2는 수면상 2 m에서의 풍속(m/s)이다.

예제 5.4

Meyer식을 이용하여 평균기온이 21.1°C, 수면의 온도가 18°C인 6월 중 저수지의 증발량을 산정하라. 8 m 상공에서 풍속이 4 m/s, 상대습도가 60%이다.

[풀이] 18°C에 대한 포화증기압은 $e_s = 15.46\ \mathrm{mmHg} = 20.56\ \mathrm{mb}$(부록 B-2), 21.1°C에 대한 포화증기압은 $e_s = 18.77\ \mathrm{mmHg} = 24.96\ \mathrm{mb}$(부록 B-2)이므로 실제 증기압은 $e_a = 24.96 \times 0.6 = 14.98\ \mathrm{mb}$, 풍속은 $u_8 =$

$4\text{ m/s} = 14.4\text{ km/h}$ 이므로 이들을 식 (5.21)에 대입하면

$$E = 0.36\left(1+\frac{14.4}{16}\right)(20.56-14.98) = 3.82\text{ cm/day} \text{ 또는 } 114.6\text{ cm/month}$$

예제 5.5

수면적이 5 km^2인 저수지의 증발량을 구하라. 풍속이 10.3 km/h, 수면의 포화증기압이 $e_s = 21\text{mb}$, 수면 상의 공기의 증기압이 15.3 mb이다.

[풀이] $A = 5\text{ km}^2 = 5\times10^6\text{ m}^2$, $u_2 = 10.3\text{ km/h} = 10.3\times1,000/3,600 = 2.86\text{ m/s}$ 이므로 증발량은 식 (15.22)에 의하여

$$E = 0.029(5\times10^6)^{-0.05}\times2.86(21.0-15.3) = 0.22\text{ cm/day}$$

6월 증발량은 $0.22\times30 = 6.6\text{ cm/month}$

5.4.4 Penman방법(에너지수지-질량수송 조합방법)

이 방법은 물리적인 원리와 기상관측자료에 근거한 경험적인 개념을 조합한 방법이다. Penman (1948)은 증발의 두 기본 인자인 에너지공급의 에너지수지와 증발표면의 수증기를 제거하는 질량수송(또는 공기동역학)을 조합하여 Penman식을 제안했으며 이는 순 복사에너지, 공기온도, 상대습도 및 풍속을 필요로 한다. 수체의 자유수면에 대한 증발량을 산정하는 조합방법의 에너지교환은 그림 5.4에 나타낸 바와 같으며 다음과 같이 표시된다.

$$R_n = E + K + S + C \tag{5.23}$$

여기서 R_n은 순 복사에너지(mm water/day)로 식 (5.5)에 주어진 항으로 표시하면 $R_n = (Q_s - Q_r + Q_a - Q_{ar} - Q_{bs})/\rho L$과 같고, E는 수면에서 증발에 이용 가능한 에너지(mm water/day)

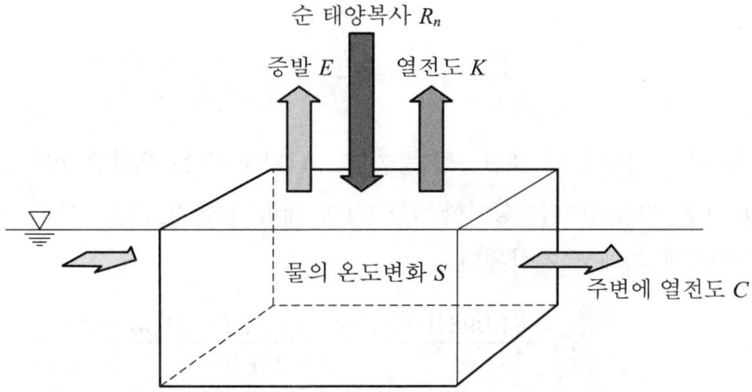

그림 5.4 수체의 열수지

로 Q_e 에 해당하고, K는 전도에너지(Q_h), S는 수체의 저장에너지(Q_θ), C는 수체에 이송되는 순 에너지(Q_v)이다.

단기간의 이송에너지 C와 저장에너지 S는 다른 에너지에 비하여 작으므로 무시하면 식 (5.23)은

$$R_n = E + K \tag{5.24}$$

E와 K는 Dalton법칙 또는 공기동역학식에 의하여 정의될 수 있다.

$$E = f(u)(e_s - e_a) \tag{5.25}$$

$$K = \gamma f_1(u)(T_s - T_a) \tag{5.26}$$

여기서 $f(u)$, $f_1(u)$는 풍속의 함수, e_s는 수면온도 T_s에서 공기포화증기압, e_a는 평균기온 T_a 에서 증기압, γ는 **습도측정상수**(psychrometric constant)(kPa/°C)로 0.066 kPa/°C 정도이고 계산식은 다음과 같다.

$$\gamma = \frac{c_p P}{\epsilon \lambda} \tag{5.27}$$

여기서 γ는 습도측정상수(kPa°C^{-1}), c_p는 정압비열($= 1.013 \times 10^{-3}$ MJ kg^{-1}°C^{-1}), P는 대기압(kPa), ϵ은 수증기/건조공기의 분자무게의 비($= 0.622$), λ는 증발잠재열(MJ kg^{-1})이다.

$$\lambda = 2.501 - 0.002361 T \tag{5.28}$$

여기서 T는 온도(°C)이다. 20°C에 대한 λ=2.45 MJ kg^{-1}을 적용하면 습도측정상수 γ는

$$\gamma = 0.665 \times 10^{-3} P \tag{5.29}$$

식 (5.28)에서 P(kPa 또는 mb)에 대한 습도측정상수 γ는 kPa/°C 또는 mb/°C단위이다.

대기의 온도 T_a는 용이하게 측정되나 평균수면온도 T_s 의 측정은 극히 어렵다. 그러나 만약 온도차이($T_s - T_a$)가 작으면 온도의 차이를 압력차이의 항으로 나타내는 것이 가능하다.

$$\Delta = \frac{de}{dT} \cong \frac{e_s - e_o}{T_s - T_a} \tag{5.30}$$

여기서 e_o는 공기온도 T_a에 대한 포화증기압, Δ (kPa/°C)는 포화증기압-온도곡선 상(그림 3.13)에서 T_a에 대한 기울기이다. 상이한 T_a(°C)에 대한 기울기 Δ 는 식 (5.30), 식 (5.31)(Ward와 Trimble, 1995)에 의해서 계산된다.

$$\Delta = \frac{4{,}098\,[0.611 \exp\{12.27\,T/(237.3 + T)\}]}{(T + 237.3)^2} \tag{5.31a}$$

$$\Delta = 0.20\,[0.00738\,T + 0.8072]^7 - 0.000116 \tag{5.31b}$$

여기서 Δ는 kPa/°C, T는 공기온도(°C)이다. 식 (5.30)의 $T_s - T_a = (e_s - e_o)/\Delta$를 식 (5.26)에 대입하고 Penman이 실험을 통하여 제시한 $f(u) = f_1(u)$를 고려하면 식 (5.24)는

$$R_n = \gamma f(u)\left(\frac{e_s - e_o}{\Delta}\right) + E \tag{5.32}$$

식 (5.32)를 정리하고 식 (5.25)를 적용하면 다음과 같다.

$$\begin{aligned}\frac{\Delta(R_n - E)}{\gamma} &= f(u)(e_s - e_o) \\ &= f(u)(e_s - e_o + e_a - e_a) = f(u)(e_s - e_a) - f(u)(e_o - e_a) \\ &= E - f(u)(e_o - e_a) = E - E_a \end{aligned} \tag{5.33}$$

여기서 E_a는 질량수송에 의한 증발부분으로 다음과 같다.

$$E_a = f(u)(e_o - e_a) \tag{5.34}$$

식 (5.33)을 E에 관하여 정리하면

$$E = \frac{\Delta R_n + \gamma E_a}{\Delta + \gamma} \tag{5.35}$$

또는

$$E = \frac{\Delta}{\Delta + \gamma} R_n + \frac{\gamma}{\Delta + \gamma} E_a \tag{5.36}$$

식 (5.36)의 R_n과 E_a의 계수항은 가중인자로 이들의 합은 1.0이다. E(mm/day)를 구하기 위해서는 R_n, E_a 및 Δ 의 값이 필요하다 Δ 는 식 (5.31)로 구해지고, 순 복사에너지 R_n은 입사에너지와 퇴출에너지, 기온 및 일조시간의 항으로 결정된다.

$$R_n = R_I(1 - r) - R_o \tag{5.37}$$

여기서 R_I는 태양입사복사에너지(cal/cm^2-day), R_o는 퇴출장파에너지(cal/cm^2-day) 및 r은 반사계수이다.

$$R_I = \left(a + b\frac{n}{N}\right)R_A \tag{5.38}$$

여기서 R_A는 mm of water/day의 단위이다. a, b는 지역에 따른 상수(표 5.4)로 0.25, 0.50가 각각 권장된다(Allen 등, 1998). R_o는 식 (5.15)로 주어지고 Penman(1948)에 의한 식은 다음과 같다.

$$R_o = \sigma T^4 (0.56 - 0.09\sqrt{e_a})(0.1 + 0.9\, n/N) \tag{5.39}$$

식 (5.38)과 (5.39)를 식 (5.37)에 대입하면

$$R_n = (1-r)R_A\left(a + b\frac{n}{N}\right) - \sigma T^4\left(0.56 - 0.09\sqrt{e_a}\right)\left(0.1 + 0.9\frac{n}{N}\right) \tag{5.40}$$

여기서 e_a는 mmHg단위, σT_a^4은 mm/day단위이고 σT_a^4의 값은 표 5.8에서 취할 수 있다.

표 5.8 σT_a^4의 값(mm water/day) (1 mm/day=58.48 cal cm^{-2}day^{-1})

°C	0	1	2	3	4	5	6	7	8	9
0	11.2	11.4	11.5	11.7	11.9	12.0	12.2	12.3	12.5	12.7
10	12.9	13.1	13.3	13.7	13.7	13.9	14.2	14.2	14.4	14.6
20	14.8	15.0	15.3	15.5	15.7	15.9	16.1	16.3	16.5	16.7
30	17.0	17.2	17.4	17.1	17.8	18.1				

식 (5.34)의 E_a는 실험식으로 주어진다(Shaw, 1994).

$$E_a = 0.35(0.5 + 0.01u_2)(e_o - e_a) \tag{5.41}$$

여기서 E_a는 mm/day, u_2는 증발표면상 2 m에서의 풍속(miles/day), e_o와 e_a는 mmHg 단위이다.

Penman식:
$$E_a = (0.175 + 0.0022u_2)(e_o - e_a) \tag{5.42}$$

여기서 E_a는 mm/day, e_o와 e_a는 mmHg 및 u_2는 km/hr 단위이다. z(m)에서 측정된 u_z(km/h)로부터 u_2는 $u_2 = u_z(2.0/z)^{0.143}$을 이용해서 구해진다.

예제 5.6

북위 37.5°에 위치한 저수지의 6월의 증발량을 산정하라. 월평균기온이 21.1°C, 2 m 상공에서 풍속은 2 m/s, 상대습도는 60% 및 대기압은 1,010 mb이다.

[풀이] 대기온도 T= 21.1 °C에 대한 포화증기압은 부록 B-2로부터 e_s=18.77 mmHg이다. 따라서 증기압은 $e_a = e_s \times R_h = 18.77(0.6) = 11.26$ mmHg이다. 식 (5.38)의 상수 a, b값은 표 5.4로부터 각각 0.22, 0.54를 취한다. 21.1°C에 대한 σT_a^4은 표 5.8로부터 $\sigma T_a^4 = 15$ mm/day, 월간 일조시간으로 표 5.5의 서울지역의 n=187.8 h/mo=6.26 h/day이고, 표 5.3으로부터 N=14.25 h/day이므로 n/N=0.44이다. 표 5.2b로부터 R_A = 16.65 mm/day. 이들 값과 albedo r= 0.05에 대한 식 (5.40)의 순 복사에너지 R_n은

$$\begin{aligned} R_n &= (1-0.05)\times 16.65(0.22+0.54\times 0.44) - 15\times(0.56 - 0.09\sqrt{11.26})(0.1+0.9\times 0.44) \\ &= 5.32 \text{ mm/day} \end{aligned}$$

T_a= 21.1 °C에 대한 Δ는 식 (5.31a)에 의하면

$$\Delta = \frac{4{,}098\,[611\exp\{17.27\times 21.1/(237.3+21.1)\}]}{(237.3+21.1)^2} = 153.6 \text{ Pa/°C} = 1.536 \text{ mb/°C}$$

P=1,010 mb에 대한 γ는 식 (5.29)에 의하여

$$\gamma = 0.665 \times 10^{-3}(1{,}010) = 0.672 \text{ mb/°C}$$
$$u_2 = 2 \text{ m/s} = 107 \text{ miles/day}$$

E_a는 식 (5.41)에 따라

$$E_a = 0.35(0.5 + 0.01 \times 107)(18.77 - 11.26) = 4.13 \text{ mm/day}$$

따라서 증발량은 식 (5.36)에 따라 4.96 mm/day이고 6월 증발량은 4.96×30 = 148.8 mm 이다.

$$E = \frac{\Delta}{\Delta + \gamma} R_n + \frac{\gamma}{\Delta + \gamma} E_a = \frac{1.536}{1.536 + 0.672} 5.32 + \frac{0.672}{1.536 + 0.672} 4.13 = 4.96 \text{ mm/day}$$

5.4.5 Priestley-Taylor방법

이 방법(Priestley와 Taylor, 1972)은 Penman방법에서 공기역학항이 태양복사에너지항의 일정 비율로 나타낼 수 있음을 고려하여 공기역학항을 무시하고 태양복사에너지항에 계수 α를 곱하여 습한 지역의 증발량 또는 증발산능(potential evapotranspiration)을 예측한다.

$$E = \alpha \frac{\Delta}{\Delta + \gamma} \frac{Q_s}{\rho L} \tag{5.43}$$

여기서 E는 cm/day, $\alpha = 1.26$이다.

예제 5.7

북위 37.5°에 위치한 어느 저수지의 월평균 기온이 21.1°C, 대기압이 P=1,010 mb, 수면온도가 18°C이다. 증발량을 Priestley-Taylor방법으로 계산하라.

[풀이] 예제 5.3으로부터 Q_s= 492.1 cal/cm^2/day, L= 587.15 cal/cm^{3}이다. 기온 21.1°C에 대한 Δ와 γ는 예제 5.6으로부터 각각 Δ = 1.536 mb, γ = 0.672 mb이고 밀도는 ρ= 0.9986 g/cm^3(부록 A-1)이다. 이들 값을 식 (5.43)에 대입하면

$$E = 1.26 \frac{1.536}{1.536 + 0.672} \frac{492.1}{0.9986(587.15)} = 0.74 \text{ cm/day}$$

5.5 증 산

증산(蒸散; transpiration)은 식물이 뿌리조직을 통하여 흙으로부터 흡수한 물을 잎의 기공을 통하여 증기상태로 대기에 발산하는 현상이다. 증산은 수분이 이탈하는 표면이 수면이 아니라 식물의 잎이라는 점을 제외하면 증발과 같이 고려될 수 있다.

증산에 영향을 주는 환경인자는 근본적으로 증발과 같다. 증산에 중요한 인자는 증기압구배, 온도, 습도, 태양복사에너지, 풍속, 토양수분 등이다. 증기압구배는 잎 내부공간과 대기와의 증기압 차이에 의하여 결정되고 잎에서 대기로 수분을 이송시키는 데 필요로 하는 에너지의 척도이다. 기온의 상승에 따라 증산은 증가하고 10°C 상승에 따라 증산은 대략 2배로 증가한다. 증산에 대한 주 에너지 공급원은 태양복사에너지이고 증산은 일사량에 따라 증가한다. 농약에 따라서는 흡수되는 일사량이 증가 또는 감소되고 이에 따라 증산도 증가, 감소된다. 바람은 잎 주위의 수분 함유막을 제거하여 증기압구배를 증가시켜 증산을 증가시킨다. 증산은 기공의 통수능과 수관의 공기흐름에 대한 저항을 포함한 식물의 형상적인 특성에도 영향을 받는다. 식물 잎의 기공의 수는 식물의 종류에 따라 다르나 일반적으로 1 cm^2에 8,000～120,000개 정도이다. 이들 기공은 주간에는 활발하게 수증기를 대기에 발산하고 야간에는 폐쇄되어 증산이 중단된다.

작물의 성장초기에 지면수분 손실의 대부분은 증발에 의하고 작물이 지면의 많은 부분을 덮게 되면 증발산의 대부분은 잎으로부터의 증산에 의한다. 성숙한 활엽수는 70 L/day를 소비하나 대부분은 증산되고 적은 부분만이 식물조직에 사용된다.

증산량의 측정. 증산량을 측정하는 **증산계**(蒸散計; phytometer)는 흙을 채우고 식물 한두 그루를 심은 용기이다. 흙표면에 왁스 같은 물질로 막을 형성하여 흙의 수분증발은 식물의 증산만으로 일어나도록 한다. 증산량은 일정기간 시점과 종점의 식물과 흙을 포함한 용기의 무게의 차이로 주어진다. 용기 내 흙의 조건이 조사대상이 되는 자연상태의 흙의 조건과 비슷할 경우 양호한 결과를 제공한다. 용기 내에 흙이 아닌 물을 채운 경우 이를 potometer라 한다.

5.6 증발산

증발산(蒸發散; evapotranspiration, ET)은 초목에 의한 증산과 수면(호수, 해양), 토양, 눈, 얼음, 초목, 기타 표면으로부터의 증발을 포함한다. **소비수량**(消費水量; consumptive use)은 지역의 총 증발량과 식물조직을 배양하는 데 필요한 물을 포함한다. 그러나 실제에 있어서 양자는 동의어로 사용된다.

한 유역의 수문학적 또는 장기간의 물수지와 대수층으로부터의 안전채수율, 홍수조절을 포함한 수자원 관리를 다루는 문제에서는 총 증발량, 즉 증발산이 필요하다. 또한 증발산을 산정하는 실질적인 적용 예는 지속적인 식물성장에 물이 부족한 기간 동안 인공적인 급수를 위한 관개계통의 설계에 필요하다. 이와 같은 관개시설에 대한 급수문제에서 증발산능이란 용어가 발생하게 되었다. **증발산능**(蒸發散能; potential evapotranspiration, PET)은 완전히 초목으로 피복된 표면에 수분공급이 제한되지 않는 개방된 수면에서와 같은 상태에서 일어나는 증발산(최대소비수량)으로 정의된다(식물이 필요로 하는 양의 물이 토양 중에 유지될 때 일어나는 증발산량). 포화지면으로부터의 증발량은 일반적으로 증발산능의 약 90%에 달한다. 따라서 증발산능은 식물의 성장에 필요한 최적물수요를 나타낸다. **실제증발산**(實際蒸發散; actual evapotranspiration,

AET)은 식물과 토양으로부터 증발산되는 수량이다.

5.6.1 증발산의 측정

증발산은 탱크형과 원통형 증발산계, 증발산 시험장, 지하수위 변동 및 유역의 물수지방법에 의하여 측정, 추정될 수 있다.

탱크형 증발산계(tanks 또는 evapotranspirometer). 이는 그림 5.5와 같이 흙을 채운 2개 이상의 수밀성탱크와 하나의 집수탱크로 구성된다. 흙탱크는 상부 표면을 잔디와 같은 식물을 심어서 식생피복이 되도록 한다. 흙탱크에 대한 물은 자연 또는 인공강우에 의해서 상부에서만 공급되고 바닥의 관수로를 통해서 일어나는 배수는 집수탱크 내의 용기에 집수된다. 일정기간 동안 흙탱크에 공급된 수량과 집수조에 모인 수량의 차이가 증발산량에 해당하는 수량이다. 모든 식물은 최적성장에 필요한 수분조건을 필요로 한다. 탱크의 흙이 이와 같은 현지의 조건을 유지할 때 측정된 수량의 차이는 증발산능(PET)이 된다. 흙탱크의 규모는 직경과 길이가 5 m 또는 10 m인 원형 또는 정사각형에 깊이는 3 m 정도이다.

원통형 증발산계(圓筒型蒸發散計; lysimeter). 이는 실제 증발산을 측정하기 위한 계측기로 주위 토양과 차단되고 작물이 자라고 있는 흙을 채운 바닥이 없는 원통이다. 따라서 토양의 보수능력을 초과하는 수분은 흙을 통하여 배수되어 집수, 계량된다. 비자연적인 성장조건을 제공하는 단점을 피하는 이점을 갖는다. 증발산량 또는 소비수량은 공급된 수량과 식물에 필요한 수분조건에 따라 배수되는 수량과의 차이로 측정된다. 증발산계가 현지 토양조건을 만족하기 위해서는 식생피복, 토양구조, 공극률, 침투와 투수계수가 현지토양에 근사하도록 해야 한다.

증발산 시험장(蒸發散試驗場; field plot). 이는 소구역(plot)으로부터 지표유출이 집수, 계량되고 심층 침투는 지하에 매설된 배수관에 의하여 집수되도록 특별히 설계된 소구역이다. 증발산량은 강수량 또는 관개형태로 공급된 수량에서 유출과 심층 침투의 물손실을 제함으로써 결정된다.

지하수위 변동. 식물이 필요한 수분을 지하수위 상부의 모관수대나 포화대에서 공급받는 자연대수층의 지역에서는 식물이 사용하는 수량에 따라 지하수위가 변동된다. 이러한 조건은 식물의 증산에 의하여 추출된 수량을 반영하는 지하수위 변동으로 나타난다. 이러한 조건에서 소비

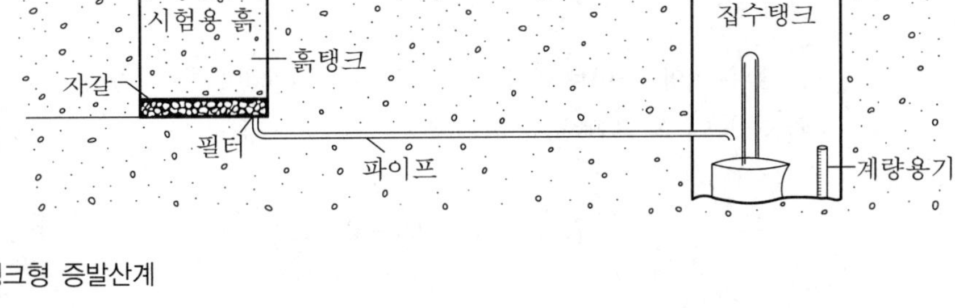

그림 5.5 탱크형 증발산계

수량을 나타내는 식(White, 1932)은

$$U = S(24r + s) \tag{5.44}$$

여기서 U는 소비수량(cm/day), S는 토양의 비산출량(7.3.3 참조), r은 0시~오전 4시까지 모관수대의 상승률(cm/h), s는 24시간 동안 지하수위의 순 변화량(cm)이다.

유역의 물수지. 한 유역의 장기간의 증발산량은 물수지 계산에 의해서 추정될 수 있다.

$$P - Q - ET - D + G \pm S = 0 \tag{5.45}$$

여기서 P는 강수량, Q는 유출, D는 침투, ET는 증발산량, G는 지하수유입량, S는 토양저류량이다. 한 유역의 저류량은 강우량과 계절에 따라 변하나 1년 단위와 같은 장기간에 걸쳐서는 그 변화가 크지 않으므로 토양수분과 지하수위 변화에 관한 항들은 무시될 수 있다. 따라서 장기간의 강수량과 하천수량의 평균치의 차이는 상당한 정확도에서 연평균 증발산량의 추정치가 될 수 있다. 따라서 식 (5.45)는

$$ET = P - Q \tag{5.46}$$

일반적으로 물수지방법에 의한 증발산량의 추정은 산정기간에 따라 정확도가 다르게 된다.

5.6.2 증발산량의 추정

고가의 측정에 의하지 않고 증발산량을 산정하는 방법에는 에너지수지방법으로 Penman방법, FAO Penman-Monteith방법, 기상자료와의 상관방법으로 Thornthwaite방법과 Turc방법, 경험식의 대표적인 Blaney-Criddle방법이 있다.

Penman방법(에너지수지방법)

증발량을 산정하는 에너지수지방법인 Penman방법은 온도, 상대습도(또는 실제 증기압), 고도, 태양복사 및 풍속의 자료를 이용하여 일, 월 및 계절의 증발산량의 산정에도 사용될 수 있다. 증발량 추정방법과의 주요 차이점은 식생피복된 표면과 수면과의 순 복사에너지의 양이다. 따라서 식생피복된 표면에서 일어나는 증산을 포함시키기 위하여 Penman의 증발량 공식인 식 (5.35)는 다음과 같이 수정된다.

$$PE = \frac{\Delta R_{nT} + \gamma E_{aT}}{\Delta + \gamma} \tag{5.47}$$

여기서 첨자 T는 증산의 포함을 나타낸다. 초목에 대한 albedo, 즉 태양복사에너지의 반사계수의 증가($r = 0.25$)와 초목이 완전한 검정색의 물체와 같이 방사하지 않는 점을 고려하여 인자 0.95를 도입하면 식 (5.37)은

$$R_{nT} = 0.75\,R_I - 0.95\,R_o \tag{5.48}$$

또는

$$R_{nT} = 0.75R_A(0.18 + 0.55n/N) - 0.95\sigma T_a^4(0.56 - 0.09\sqrt{e_a})(0.10 + 0.9n/N) \quad (5.49)$$

풍속에 대한 초목의 조도를 반영하기 위하여 식 (5.41)의 상수 0.5를 1.0로 대치한다.

$$E_{at} = 0.35(1.0 + u_2/100)(e_o - e_a) \quad (5.50)$$

많은 자료의 상관관계에 의하면 증발산능은 수면 증발량의 항으로 나타낼 수 있으며 식 (5.51)의 f는 0.6~0.8의 값을 갖는다.

$$PE = fE \quad (5.51)$$

예제 5.8

예제 5.6의 증발량 산정에 사용된 자료를 이용하여 증발산량을 추정하라.

[풀이] 기온 $T_a = 21.1°C$에 대한 포화증기압과 증기압은 각각 $e_s = 18.77\ mmHg$, $e_a = 11.26\ mmHg$, 풍속은 $u = 2.0\ m/s = 107\ mi/day$, $n/N = 0.44$, $R_A = 16.65\ mm/day$ (표 5.2b)

$$R_I(1-r) = 0.75R_A(0.18 + 0.55n/N) = 0.75 \times 16.65(0.18 + 0.55 \times 0.44) = 5.27\ mm/day$$

$$R_o = \sigma T_a^4(0.56 - 0.09\sqrt{e_a})(0.1 + 0.9\,n/N) = 15(0.56 - 0.09\sqrt{11.26})(0.1 + 0.9 \times 0.44)$$
$$= 1.92\ mm/day$$

따라서 $R_{nT} = (1-r)R_I - 0.95R_o = 5.27 - 0.95 \times 1.92 = 3.45\ mm/day$

$$E_{aT} = 0.35(1.0 + u_2/100)(e_o - e_a) = 0.35(1.0 + 107/100)(18.77 - 11.26) = 5.44\ mm/day$$

예제 5.6으로부터 21.1°C에 대한 Δ와 γ는 각각 $\Delta = 1.536\ mb$, $\gamma = 0.672\ mb$이므로 PE는

$$PE = \frac{\Delta R_{nT} + \gamma E_{aT}}{\Delta + \gamma} = \frac{1.536 \times 3.45 + 0.672 \times 5.44}{1.536 + 0.672} = 4.06\ mm/day$$

6월 중 증발산량은 121.8 mm이다. 예제 5.6의 증발량 148.8 mm와 비교하면 식 (5.51)의 f값은 $f = 0.82$로 증발산량은 저수지 증발량의 82%이다.

FAO Penman-Monteith방법

Monteith(1965)는 식생표면으로부터 증발을 산정할 수 있도록 경계층저항의 영향을 반영하는 공기역학적인 저항과 식물의 기공저항을 고려하는 수증기 이동에 대한 표면저항인 수관(canopy)저항을 포함하도록 Penman식을 수정했다. 따라서 Penman-Monteith방법은 작물의 기공과 공기역학 특성과 관련된 저항과 기상변수로부터 증발량을 산정하는 방법이다. 수관저항은 식생수관이 증산율에 미치는 영향력을 나타내고 이는 잎기공의 개폐로 이루어진다.

$$\lambda ET_o = \frac{\Delta(R_n - G) + \dfrac{86,400\rho_a c_p(e_s - e_a)}{r_{av}}}{\Delta + \gamma\left(1 + \dfrac{r_s}{r_{av}}\right)} \tag{5.52}$$

여기서 ET_o는 기준 증발산량(mm/day), λ는 증발잠재열(MJ/kg), R_n은 작물표면에서 순 복사에너지($\mathrm{MJ\,m^{-2}day^{-1}}$), G는 토양 열흐름률밀도($\mathrm{MJ\,m^{-2}day^{-1}}$), ρ_a는 공기밀도($\mathrm{kg/m^3}$), c_p는 건조공기의 비열($1.013\times10^{-3}\,\mathrm{MJ\,kg^{-1}\,°C^{-1}}$), e_s는 식생표면 포화증기압(kPa), e_a는 공기증기압(kPa), r_{av}는 공기역학적인 저항(s/m), r_s는 수관표면저항(s/m), Δ는 포화증기압-온도곡선 기울기(kPa/°C), γ는 습도측정상수(kPa/°C)이다.

기준증발산량(基準蒸發散量; reference evapotranspiration, ET_o)은 수분공급이 용이한 토양수의 표준식생표면에서 증발산(Jensen 등, 1990)으로 표준식생표면의 증발산의 측정치로 사용되고, 완전히 피복된 봄, 가을철의 잔디와 알파파가 일반적으로 표준식생으로 가장 많이 이용된다.

Allen 등(1998)은 적절한 용수공급으로 성장상태가 좋고 지면을 완전히 피복한 높이가 균일한 녹색잔디의 증발과 아주 유사한 가상작물(높이가 0.12 m, 표면저항 $r_s = 70$ s/m, albedo가 0.23, 공기역학적인 저항이 $r_{av} = 208/u_z$ (s/m), u_z는 높이 2 m에서의 풍속(m/s))을 기준작물(基準作物; reference crop)로 도입함으로써 Penman-Monteith식 식 (5.52)를 수정하여 FAO의 증발산량 계산의 표준방법으로 FAO Penman-Monteith식을 제시했다. 가상적인 기준 잔디표면에 대한 기준 증발산량을 산정하는 식으로 모든 지역과 기후에 대하여 일관된 ET_o를 제공하여 연중 상이한 기간과 상이한 지역의 증발산량과의 비교를 가능하게 하고 다른 작물의 증발산량의 관계를 조사할 수 있는 기준을 제공한다. 특히 작물증발산량 추정에는 가장 기본적이고 실용적인 방법으로 평가된다. 일관성을 위하여 모든 기상관측은 물 부족이 없는 푸른 잔디 지상 2 m에서 수행된다. FAO Penman-Monteith식은 시, 일, 주 및 월 단위 증발산량 산정에 사용된다. FAO Penman-Monteith식은 다음과 같다(Jensen 등, 1990).

$$ET_o = \frac{0.408\Delta(R_n - G) + \gamma\dfrac{900}{T + 273.2}u_2(e_s - e_a)}{\Delta + \gamma(1 + 0.34u_2)} \tag{5.53}$$

여기서 ET_o는 기준 증발산량(mm/day), R_n은 작물표면에서 순 복사에너지($\mathrm{MJ\,m^{-2}\,day^{-1}}$), G는 토양 열흐름률밀도($\mathrm{MJ\,m^{-2}\,day^{-1}}$), T는 지상 2 m에서 공기의 일평균온도(°C), u_2는 지상 2 m에서 풍속(m/s), e_s는 포화증기압(kPa), e_a는 실제증기압(kPa), $(e_s - e_a)$는 포화증기압부족량(kPa)이다. 시간증발산량(mm/h)을 구하기 위해서는 식 (5.52)의 900을 24로 나눈다. Penman-Monteith방법은 온도, 상대습도(또는 실제증기압), 고도, 태양복사 및 풍속의 자료를 이용하여 시간, 일, 5일, 월 및 계절의 증발산량의 산정에 이용된다.

평균온도 T(°C)에 대한 포화증기압 e_s(kPa)는 식 (5.54)(Murray, 1967) 또는 부록 B-2를

이용해서 구한다.

$$e_s(T) = 0.611\exp\left[\frac{12.27T}{T+237.3}\right] \tag{5.54}$$

공기의 실제증기압 $e_a(kPa)$는 식 (3.16) 또는 포화증기압 e_s와 상대습도 R_h의 곱으로 주어진다.

$$e_a = e_s R_h \tag{3.27}$$

포화증기압-온도곡선의 기울기 Δ는 다음과 같으며 식 (5.54)를 적용하면 식 (5.55)의 오른쪽 표현을 얻는다(Murray, 1967).

$$\Delta = \frac{4098\left[0.611\left(\frac{17.27T}{T+237.3}\right)\right]}{(T+237.3)^2} = e_s\frac{4,098}{(T+237.3)^2} \tag{5.55}$$

평균해수면으로부터 고도 H(m)에 대한 압력 P(kPa)는 다음 식으로 산정될 수 있다.

$$P = 101.3\left(\frac{293-0.0065H}{293}\right)^{5.26} \tag{5.56}$$

습도측정상수는 식 (5.27)로 주어진다.

$$\gamma = \frac{c_p P}{\epsilon\lambda} = 0.665\times10^{-3}P \tag{5.27}$$

여기서 γ는 습도측정상수(kPa/°C), c_p는 정압비열($=1.013\times10^{-3}$ MJ kg^{-1} °C^{-1}), P는 대기압(kPa), ϵ은 수증기/건조공기의 분자무게의 비($=0.622$), λ는 증발잠재열로 식 (5.57)로 계산되고 20°C에서 증발잠재열은 $\lambda = 2.45$ MJ kg^{-1}이다.

$$\lambda = 2.501 - 0.002361T \tag{5.57}$$

여기서 λ는 증발잠재열(MJ/kg), T는 공기온도(°C)이다. 지면으로부터 $z = 2$ m에서 풍속 u_2는

$$u_2 = u_z\frac{4.87}{\ln(67.8z-5.42)} \tag{5.58}$$

여기서 z는 지면으로부터 높이(m), u_z는 높이 z에서 풍속(m/s)이다.
순 복사에너지 R_n은 순 단파복사에너지 R_{ns}와 순 퇴출장파복사에너지 R_{nl}의 차이로 결정된다.

$$R_n = R_{ns} - R_{nl} \tag{5.59}$$

$$R_{ns} = R_s - \alpha R_s = (1-\alpha)R_s \tag{5.60}$$

여기서 α는 알베도, R_s는 태양입사복사에너지(MJ m^{-2} day^{-1} = 23.9 cal cm^{-2} day^{-1} =

$0.408 \text{ mm/day} = 11.6 \text{ W/m}^2$)로 식 (5.13)으로 주어진다. 청명한 하늘($n/N = 1$)의 경우 입사복사에너지 R_{so}는

$$R_{so} = (0.75 + 2 \times 10^{-5} z) R_s \tag{5.61}$$

여기서 z는 평균 해면상 고도(m)이다. 순 퇴출장파복사에너지 R_{nl}은

$$R_{nl} = \sigma \left(\frac{T^4_{\max K} + T^4_{\min K}}{2} \right) (0.34 - 0.14 \sqrt{e_a}) \left(1.35 \frac{R_s}{R_{so}} - 0.35 \right) \tag{5.62}$$

여기서 σ는 Stefan–Bolzman상수(4.903×10^{-9} MJ $\text{m}^{-2}\text{K}^{-4}\text{day}^{-1}$), T는 절대온도(273.15°C)이다.

토양열흐름률(soil heat flux) G는 토양을 가열하는 데 사용되는 에너지이다. G값은 토양이 더워지면(봄철) 양수이고 온도가 내려가면(가을철) 음수이다. G가 R_n에 비해서는 작은 양이나 증발산량을 산정하는 경우 이론적으로는 R_n에 G를 가감하는 것이 타당하다.

$$G = c_s \frac{T_i - T_{i-1}}{\Delta t} \Delta z \tag{5.63}$$

여기서 G는 토양열흐름률(MJ m^{-2} day^{-1}), c_s는 토양열보유능(soil heat capacity) (MJ m^{-3} $°\text{C}^{-1}$), T_i, T_{i-1}는 각각 시간 i, $i-1$에서 온도(°C), Δt는 시간 간격(day), Δz는 유효토양깊이(m)이다. Δt에는 1일 이상의 기간이 사용된다. 유효깊이 Δz는 1일 또는 그 이상에 대해서는 0.10~0.20 m, 1개월 이상인 경우에는 2 m 이상이 적용된다.

1. 10일 이내 기간: $G_{\text{day}} \cong 0$ (5.64)

2. 월단위 기간: $c_s = 2.1$ MJ m^{-3} $°\text{C}^{-1}$을 가정하면 식 (5.63)으로부터

$$G_{\text{month},i} = 0.07(T_{m,i+1} - T_{m,i-1}) \tag{5.65}$$

   $T_{m,i+1}$이 알려지지 않으면

$$G_{\text{month},i} = 0.14(T_{m,i} - T_{m,i-1}) \tag{5.66}$$

3. 시간단위에 대해서는

   주간: $G_{hr} = 0.1 R_n$ (5.67)

   야간: $G_{hr} = 0.5 R_n$ (5.68)

순 복사에너지 ($R_n - G$)(MJ m^{-2} day^{-1})는 환산인자 0.408을 곱하여 mm/day로 환산된다.

미국 토목학회(Walter 등, 2002)는 다양한 기후조건에서 정확도를 높일 수 있도록 작물의 크기(작은 작물과 큰 작물)와 시간단계(일, 시간(주야간 구분))에 대한 매개변수의 조정을 통한

FAO Penman−Monteith식의 수정식을 제시했다.

표준조건 작물증발산량(crop evapotranspiration under standard condition, ET_c)는 병충해가 없는 최적 토양수분의 비옥한 넓은 토양에서 소출이 많은 작물로부터의 증발산량을 나타낸다. 작물증발산량은 작물에 공급이 필요한 수량을 나타내는 작물 물수요량(crop water requirement)과 같다. 표준조건 작물증발산량은 기준 증발산량 ET_o에 작물계수(crop coefficient) K_c를 도입하여 계산되고(FAO, 1998) 실제 증발산량(AET)으로 취해진다.

$$ET_c = K_c ET_o \tag{5.69}$$

작물계수 K_c는 작물 성장기간에는 1.00~1.05의 범위이고 작게는 초지의 0.95에서 최대는 벼의 1.20에 이른다. 완전히 성숙한 단계에서는 잎이 그늘을 조성하여 K_c는 약간 감소하여 고구마의 0.65와 벼의 0.75에서 0.95에 이른다.

작물은 일반적으로 표준조건과 다른 비표준조건에서 재배되어 식 (5.70)으로 정의되는 **비표준조건 증발산량**(crop evapotranspiration under non−standard condition) $ET_{c\,adj}$는 표준조건 증발산량 ET_o와 다르게 된다. 토양수 부족상태가 되면 작물은 물고통을 받고 이를 **물고통계수**(water stress coefficient) K_s로 나타낸다. K_s는 작물증산에 대한 물고통의 영향을 기술한다. 비표준조건 증발산량 $ET_{c\,adj}$는 작물계수 K_c와 물고통계수 K_s를 이용해서 산정된다.

$$ET_{c\,adj} = K_s K_c ET_o \tag{5.70}$$

물고통계수 K_s는 작물에 물이 부족해지는 수분상태인 역치(閾値; threshold)조건의 $K_s = 10$에서 시들음점(wilting point)의 $K_s = 0.0$으로 감소한다.

예제 5.9

북위 37.5°, 표고 z=100 m에 위치한 지역의 월 증발산량을 FAO Penman−Monteith방법으로 구하라. 6월 평균일기온이 21.1°C, 5월 평균 일기온이 17.4°C, 상대습도는 60%, 대기압은 1,000 mb, n/N=0.5, α = 0.2, z =3 m에서 풍속이 5 m/s이다.

[풀이] 평균기온 21.1°C에 대한 포화증기압은 식 (5.54)에 따라

$$e_s(21.1) = 0.611 \exp\left[\frac{12.27 \times 21.1}{21.1 + 237.3}\right] = 1.66 \text{ kPa}$$

실제증기압 e_a는

$$e_a = e_s R_h = 1.66(0.6) = 0.996 \text{ kPa}$$

포화증기압부족량

$$e_s - e_a = 1.66 - 0.996 = 0.664 \text{ kPa}$$

포화증기압-온도곡선의 기울기 Δ(식 5.55)는

$$\Delta = e_s \frac{4{,}089}{(T+237.3)^2} = 1.66 \frac{4{,}089}{(21.1+237.3)^2} = 0.102 \text{ kPa}/°\text{C}$$

$P = 1{,}000$ mb $= 100$ kPa에 대한 습도측정상수 γ(식 5.29)는

$$\gamma = 0.665 \times 10^{-3} P = 0.665 \times 10^{-3} \times 100 = 0.0665 \text{ kPa}/°\text{C}$$

$z = 2$ m에서 풍속 u_2(식 5.58)는

$$u_2 = u_z \frac{4.87}{\ln(67.8z - 5.42)} = 5 \frac{4.87}{\ln(67.8 \times 3 - 5.42)} = 4.6 \text{ m/s}$$

북위 37.5°에 대한 6월의 외계 태양입사복사에너지(식 5.13)는 표 5.2a로부터 $R_a = 1{,}004.3 \text{ cal m}^{-2}\text{day}^{-1} = 42 \text{ MJ m}^{-2}\text{day}^{-1}$($1 \text{ cal m}^{-2}\text{day}^{-1} = 0.0418 \text{ MJ m}^{-2}\text{day}^{-1}$), 표 5.4로부터 $a = 0.22$, $b = 0.54$를 취하면

$$R_s = (a + bn/N) R_A = (0.22 + 0.54 \times 0.5)42 = 20.58 \text{ MJ m}^{-2}\text{day}^{-1}$$
$$R_{so} = (0.75 + 2 \times 10^{-5} \times 100)42 = 31.58 \text{ MJ m}^{-2}\text{day}^{-1}$$
$$R_s / R_{so} = 20.58/31.58 = 0.65$$

반사계수 $\alpha = 0.2$에 대한 순 단파복사에너지 R_{ns}(식 5.60)는

$$R_{ns} = (1-\alpha) R_s = (1-0.2)20.58 = 16.46 \text{ MJ m}^{-2}\text{day}^{-1}$$
$$\sigma T^4 = 4.903 \times 10^{-9} (21.1 + 273.3)^4 = 36.76 \text{ MJ m}^{-2}\text{day}^{-1}$$

순 퇴출장파복사에너지 R_{nl}(식 5.62)은

$$R_{nl} = \sigma T^4 (0.34 - 0.14\sqrt{e_a})(1.35 R_s / R_{so} - 0.35)$$
$$= 36.76(0.34 - 0.14\sqrt{0.996})(1.35 \times 0.65 - 0.35) = 3.90 \text{ MJ m}^{-2}\text{day}^{-1}$$

따라서 순 복사에너지 R_n은

$$R_n = R_{ns} - R_{nl} = 16.46 - 3.90 = 12.56 \text{ MJ m}^{-2}\text{day}^{-1}$$

토양열흐름률 G(식 5.66)는

$$G = 0.14(T_{m,i} - T_{m,i-1}) = 0.14(21.1 - 17.4) = 0.52 \text{ MJ m}^{-2}\text{day}^{-1}$$
$$0.408\Delta(R_n - G) = 0.408 \times 0.102(12.56 - 0.52) = 0.5 \text{ MJ m}^{-2}\text{day}^{-1}$$

식 (5.53)에 위에서 산정된 값을 적용하면 일 증발산량은

$$ET_o = \frac{0.408\Delta(R_n - G) + \gamma \dfrac{900}{T+273.2} u_2(e_s - e_a)}{\Delta + \gamma(1 + 0.34 u_2)}$$

$$= \frac{0.5 + 0.0665 \dfrac{900}{21.1 + 273.2} 4.6 \times 0.664}{0.102 + 0.0665(1 + 0.34 \times 4.6)} = 4.15 \text{ mm/day}$$

따라서 6월 증발산량은 $4.15 \times 30 = 124.5$ mm/mo이다.

Thornthwaite방법

Thornthwaite(1948)는 미국 중동부지역의 원통형 증발산계를 이용하여 측정한 증발산과 기온과의 상관을 이용하여 증발산능을 추정하는 방법을 개발하였다. 이 방법은 온도자료만을 사용하여 월 또는 계절의 증발산능을 산정하는 간편성의 이점을 가지나 이론적인 타당성이 약하여 Penman방법에 필요한 자료가 없는 지역에 한해서 적용이 권장된다. 이 방법은 1개월 이상의 기간에 대한 월평균온도 T_m (°C)과 위도를 이용하여 월 증발산능, PET를 계산한다.

$$PET_x = 1.62\left(\frac{10\,T_m}{J}\right)^a \tag{5.71}$$

여기서 $a = 6.75\times10^{-7}J^3 - 7.71\times10^{-5}J^2 + 1.792\times10^{-2}J + 0.492$, PET_x는 월 증발산능(cm/mo), J는 **연열지수**(年熱指數; annual heat index)로 월평균온도의 항으로 계산된다. 기온이 영하인 달은 계산에서 제외된다.

$$J = \sum_{m=1}^{12}\left(\frac{T_m}{5}\right)^{1.5} \tag{5.72}$$

식 (5.71)의 PET_x는 1개월을 30일로 취하고 일출에서 일몰까지의 시간인 일평균 일조시간을 12시간으로 취했을 때 월 증발산능이다. 따라서 평균기온이 T_m 인 특정 월의 실제 증발산능은 다음과 같이 보정된다.

$$PET = PET_x\frac{DN}{360} \tag{5.73}$$

여기서 PET는 특정 월의 증발산능(cm/mo), D는 특정 월의 일수, N은 일조시간이다. 일조시간 N은 표 5.3에 주어지나 일조시간 조정인자 $DN/360$은 표 5.9에 주어진다.

표 5.9 식 (5.71)의 일조시간 보정인자(Bras, 1990)

북위	1월	2월	3월	4월	5월	6월	7월	8월	9월	10월	11월	12월
0°	1.04	0.94	1.04	1.01	1.04	1.01	1.04	1.04	1.01	1.04	1.01	1.04
10°	1.00	0.91	1.03	1.03	1.08	1.06	1.08	1.07	1.02	1.02	0.98	0.99
20°	0.95	0.90	1.03	1.05	1.13	1.11	1.14	1.11	1.02	1.00	0.93	0.94
30°	0.90	0.87	1.03	1.08	1.18	1.17	1.20	1.14	1.03	0.98	0.89	0.88
35°	0.87	0.85	1.03	1.09	1.21	1.21	1.23	1.16	1.03	0.97	0.86	0.85
40°	0.84	0.83	1.03	1.11	1.24	1.25	1.27	1.18	1.04	0.96	0.83	0.81
45°	0.80	0.81	1.02	1.13	1.28	1.29	1.31	1.21	1.04	0.94	0.79	0.75
50°	0.74	0.78	1.02	1.15	1.33	1.36	1.37	1.25	1.06	0.92	0.76	0.70

예제 5.10

서울지역의 월평균온도가 표 5.10의 2란과 같다. 월 증발산능을 구하라. 작물의 성장기가 5월 15일에서 9월 15일까지일 때 계절소비수량을 산정하라.

표 5.10 Thornthwaite방법에 의한 증발산능 계산 예

월 (1)	월평균온도 T_m(°C) (2)	월열지수 $j=(T_m/5)^{1.5}$ (3)	PET_x (cm) (4)	일조시간 보정인자 표 5.9 (5)	PET (cm) (6)
1	−3.5	–	–	–	–
2	−1.1	–	–	–	–
3	4.1	0.74	1.028	1.03	1.059
4	11.4	3.48	4.245	1.10	4.670
5	17.1	6.43	7.450	1.22	9.089
6	21.1	8.85	9.971	1.23	12.264
7	24.5	11.09	12.267	1.25	15.334
8	25.3	11.64	12.826	1.17	15.006
9	20.5	8.47	9.580	1.04	9.963
10	13.9	4.70	5.590	0.97	5.422
11	6.6	1.52	1.989	0.84	1.671
12	−0.6	–	–	–	–

$J=\sum j=56.92$

[풀이]

$$a=(6.75\times10^{-7})56.92^3-(7.71\times10^{-5})56.92^2+(1.792\times10^{-2})56.92+0.492=1.387$$

서울지역의 위도가 북위 37.5°이므로 이에 해당되는 표 5.10의 5란의 일조시간 보정인자 1.22는 표 5.9로부터 얻어진다. 월 증발산능은 6란과 같다.

계절 증발산능은 6란의 해당 계절의 합으로 52.28 cm이다.

$$PET=(9.089)\frac{16}{31}+12.264+15.334+15.006+(9.963)\frac{15}{30}=52.28\text{ cm}$$

Blaney–Criddle방법

Blaney–Criddle방법(1962)은 관개시설의 설계에서 작물의 물수요 추정에 미국 서부지역에서 널리 사용되어 온 소비수량공식으로 위도와 온도자료만을 이용해서 월 또는 계절의 실제 증발산량의 산정을 가능하게 한다. 작물이 받는 에너지 산정에 태양복사 대신에 월평균기온과 연 일조시간의 월 백분율을 사용할 수 있는 것으로 가정된다. 작물의 일별 소비수량은 월평균온도, 연 일조시간의 월별 백분율과 **작물계수**(作物係數; crop coefficient)의 곱으로 주어진다.

$$ET = k_c P(0.46T + 8.13) \tag{5.74}$$

여기서 ET는 월 소비수량(mm/mon), P는 연간 일조시간에 대한 월평균 일조시간의 백분율 ((주어진 월의 일평균 일조시간/연간 총 일조시간)$\times 100$)로 일 인자로 표 5.11로 주어지고, T는 주어진 월 일평균온도(°C), k_c는 각 작물에 따른 작물계수로 표 5.12와 같다.

표 5.11 Blaney-Criddle의 일 일조시간 인자 P(Ponce, 1989)

북위 \ 월	1	2	3	4	5	6	7	8	9	10	11	12
60°	0.15	0.20	0.26	0.32	0.38	0.41	0.40	0.34	0.28	0.22	0.17	0.13
50°	0.19	0.23	0.27	0.31	0.34	0.36	0.35	0.32	0.28	0.24	0.20	0.18
40°	0.22	0.24	0.27	0.30	0.32	0.34	0.33	0.31	0.28	0.25	0.22	0.21
30°	0.24	0.25	0.27	0.29	0.31	0.32	0.31	0.30	0.28	0.26	0.24	0.23
20°	0.25	0.26	0.27	0.28	0.29	0.30	0.30	0.29	0.28	0.26	0.25	0.25
10°	0.26	0.27	0.27	0.28	0.28	0.29	0.29	0.28	0.28	0.27	0.26	0.26
0°	0.27	0.27	0.27	0.27	0.27	0.27	0.27	0.27	0.27	0.27	0.27	0.27

표 5.12 작물계수, k_c(Blaney and Criddle, 1962; Ponce, 1989)

작 물	성장기간	작물계수	
		습윤지역	건조지역
감 자	3～5개월	0.65～0.75	
고구마		0.30～0.45	
곡 물	3개월	0.75～0.85	
담 배	4개월	0.70～0.80	
목 화	7개월	0.60～0.70	
바나나	연중	0.80～1.00	
벼	3～5개월	1.00～1.10	
알파파		0.85～0.90	
양 파		0.30～0.45	
오렌지	연중	0.45～0.55	
옥수수	4개월	0.75～0.85	
초원, 잔디		0.75～0.85	
채 소		0.15～0.30	
콩	3개월	0.60～0.70	
토마토	4개월	0.65～0.70	
포도밭	5～7개월	0.50～0.60	

예제 5.11

북위 38°에 위치한 지역의 벼농사 생육기간이 5월 20일에서 10월 14일까지이다. 월 평균기온이 다음과 같을 때 6월과 계절 소비수량을 산정하라.

[풀이] 5월의 소비수량

5월의 일 인자 P_d는 표 5.11로부터 $P_d = 0.318$이므로 12일간에 대한 월 인자는 $P_5 = 0.318 \times 12 = 3.82$이고

벼의 작물계수는 표 5.12로부터 $k_c = 1.00$이다. $P_5 = 3.82$와 $k_c = 1.00$을 식 (5.74)에 적용하면 5월 소비수량은

$$ET_5 = 1.00 \times 3.82(0.46 \times 16.9 + 8.13) = 60.75 \text{ mm/mo}$$

기간 (1)	월평균기온 (°C) (2)	일수 (3)	일 인자 P_d (4)	월 인자 P_d ×월 일수 (5)	ET (mm) (6)
5월 20~31일	16.9	12	0.318	3.82	60.75
6월	21.1	30	0.336	10.08	179.79
7월	23.7	31	0.326	10.11	190.41
8월	24.2	31	0.308	9.55	183.95
9월	18.6	30	0.280	8.40	140.16
10월 11~15일	11.9	15	0.252	3.78	51.42
					$\sum = 806.48$

6월의 소비수량

6월의 일 인자 P_d는 표 5.11로부터 $P_d = 0.336$이므로 월 인자는 $P_6 = 0.336 \times 30 = 10.08$이다.
벼의 작물계수 $k_c = 1.00$와 $P_6 = 10.08$을 식 (5.74)에 적용하면 6월 소비수량은

$$ET_6 = 1.00 \times 10.08(0.46 \times 21.1 + 8.13) = 179.79 \text{ mm/mo}$$

같은 요령으로 계산을 수행하면 월 소비수량은 6란과 같고 계절 소비수량은 이들의 합으로 806.48 mm이다.

Turc방법

지금까지의 증발량, 증발산의 산정은 토양수의 공급이 충분한 경우로 증발산능에 해당된다. 따라서 실제 증발산은 증발산능보다 작다. Turc(1961)는 지구상의 거의 모든 지역에 위치한 254개 유역의 자료분석을 통하여 증발량을 강수량과 기온의 함수로 나타냈으며 이와 같이 계산되는 증발량은 증발산량으로도 사용된다.

$$E = \frac{P}{[0.9 + (P/I_T)^2]^{1/2}} \tag{5.75}$$

여기서 E는 연 증발량(mm/yr), P는 연 강우량(mm), $I_T = 300 + 25T + 0.05T^3$, T는 평균기온(°C)이다. Turc는 또한 단기간인 10일간에 대한 증발량의 식을 제안하였다.

$$E = \frac{P + a + 70}{\left[1 + \left(\frac{P+E}{L}\right) + \left(\frac{70}{2L}\right)^2\right]^{1/2}} \tag{5.76}$$

여기서 E는 10일간의 증발량(mm/10 day), P는 10일간의 강우량(mm), a는 강우량이 없는 10일 동안의 나지로부터 증발량($1 < a < 10$ mm), L은 공기의 **증발능**(蒸發能; evaporation capacity)이다.

$$L = \frac{1}{16}(T+2)Q_s^{0.5} \tag{5.77}$$

여기서 T는 10일 동안의 평균기온(°C), Q_s는 태양복사에너지(cal/cm^2/day)이다. 식 (5.76)은 매개변수 a를 통하여 토양수분과 수분공급이 충분한 성장조건을 반영하는 상수 70에 의하여 작물인자를 포함하고 있으나 E의 산정은 주로 L에 관계된다.

서부유럽 기후조건에 대한 태양복사 R_s(calcm^{-2}d^{-1})를 이용한 10일 증발량 E(mm/10day)는 다음과 같다(Turc, 1961).

$$ET = 0.013\frac{T}{T+15}(R_s+50) \qquad R_h \geq 50 \tag{5.78}$$

$$ET = 0.013\frac{T}{T+15}(R_s+50)\left(1+\frac{50-R_h}{70}\right) \qquad R_h < 50 \tag{5.79}$$

여기서 T는 기온(°C), R_h는 상대습도(%)이다. Turc식은 상대습도가 50% 이상인 습한 기후에 잘 맞는 것으로 알려졌다.

5.7 차 단

차단(遮斷; interception)은 지상의 식생, 구조물을 포함한 물체의 표면에 부착상태로 유역에 머무는 강수량이다. 빗방울이 잎에 떨어지면 부착력에 의하여 잎 표면에 엷은 막이 형성된다. 지속되는 강우는 중력이 부착력보다 크게 될 때까지 잎 표면에 축적된다. 이 시점에서 일부 빗방울이 유출되고 거의 일정한 양이 잎에 머문다. 강우량, 바람 등 조건이 변하지 않으면 이러한 평형상태는 계속되고 차단손실은 일정하게 된다. 부착력의 강도는 차단하는 물체의 표면에 따라 다르고 이로 인하여 차단되는 차단수량이 달라진다.

나무, 관목, 잔디의 무리를 이루는 잎에는 1.3 mm 정도의 물이 저류된다. 차단수는 증발하므로 손실이다. 차단으로 인한 손실이 많은 것 같지 않아도 연간 차단수는 많은 양이 된다. 연간 호우가 100회라면 호우당 2 mm의 차단은 연간 200 mm에 이른다. 식생에 의한 연간 차단 백분율은 10%에서 밀도가 높은 삼림지역의 25%에 이른다. 그림 5.6(Bonan, 2002)은 강수량, 통과류, 줄기흐름의 관계를 나타낸다. 20 mm 강수의 경우 17 mm는 통과류로, 1 mm는 줄기흐름으로 지면에 도달하고 2 mm는 차단된다.

차단영향 인자

호우특성. 강수사상의 수와 간격, 강수의 강도와 양, 풍속이 차단을 결정하는 호우특성이다. 안개는 집중적인 강우보다 차단손실이 많다. 잎에 떨어지는 빗방울의 충격으로 잎이 진동할 정도로 충분한 운동에너지를 가진 빗방울은 충격이 없으면 잎에 남아있을 빗물을 제거한다. 대류형 호우와 바람을 동반하는 호우는 완만하고 가벼운 전선형 호우보다 차단이 작다.

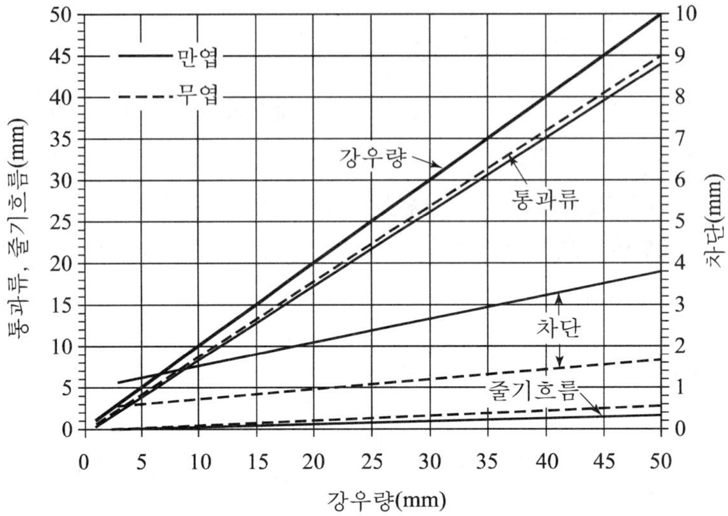

그림 5.6 낙엽성 숲의 통과류, 줄기흐름, 차단과 강우량과의 관계(Zinke, 1967)

식생특성. 식생의 종, 수령, 밀도, 상태에 따라 부착효과가 다르다.

계절. 계절에 따라 변하는 식물은 성숙도에 따라 차단이 달라진다. 다 자란 식물의 차단이 자라거나 죽어가는 식물보다 많다. 겨울과 봄철의 차단이 여름보다 작다.

차단량 추정

차단의 대부분은 호우 초기에 발생한다. 총차단에 대한 표현(Horton, 1919)은

$$I = S_v + RE\,t_r \tag{5.80}$$

여기서 I는 연직투영면적에 대한 총 차단량(mm), S_v는 수관의 단위 투영면적에 대한 식생의 차단저류용량(mm), R는 수관 투영면적에 대한 식생표면면적의 비, E는 호우기간 동안 식생표면적으로부터 증발률(mm/hr), t_r은 강우지속기간(hr)이다. Horton에 의하면 차단손실은 단위호우의 강수량에 선형으로 증가한다. $K = REt_r/P_s$라 놓으면 식 (5.80)은

$$I = S_v + KP_s \tag{5.81}$$

여기서 P_s는 단위호우의 총 강수량이다. 강우량이 영에서 많은 강우량으로 증가함에 따라 식 (5.80)으로 주어지는 차단이 지수적으로 감소한다고 가정하면 식 (5.80)은 다음과 같이 된다(Linsley 등, 1982).

$$I = (S_v + REt_r)(1 - e^{-kP}) \tag{5.82}$$

여기서 P는 총 강우량, $k = 1/(S_v + REt_r)$이다. Merriam(1960)에 의한 식 (5.80)의 수정식은 관측치에 대한 적합도가 더 높다.

$$I = S_v(1 - e^{-P/S_v}) + REt_r \tag{5.83}$$

여기서 P는 총 강우량이다. P가 커지면 식 (5.83)은 식 (5.80)에 수렴한다. $K = REt_r/P$을 적용하면 식 (5.83)은

$$I = S_v(1 - e^{-P/S_v}) + KP \tag{5.84}$$

많은 차단손실 관측결과는 식 (5.85)에 적합되는 것으로 밝혀졌다.

$$I = a + bP^n \tag{5.85}$$

여기서 a, b는 식생피복에 따른 상수, 지수 n은 거의 1.0에 가까워 차단손실과 강우량은 선형관계를 갖는다. 차단에 연관된 유출은 수관밀도와 잎 표면 저류용량에 따른 통과류와 줄기흐름의 합으로 주어진다.

수관밀도(樹冠密度; canopy density)는 단위 지표면적에 대한 강수를 차단하는 식생 표면의 수평투영면적의 비이다.

$$D_c = \frac{A_v}{A_L} \tag{5.86}$$

여기서 D_c는 수관밀도, A_v는 차단 식생표면의 수평투영면적, A_L은 A_v를 포함한 토지표면적이다.

통과류(通過流; throughfall)는 수관의 장애를 받지 않고 강하하여 식생수관 사이의 공간을 통해서 직접 토양 표면에 도달하는 강수부분과 수관의 차단저류용량을 초과하여 잎으로부터 흘러내리는 강수부분으로 구성된다. **줄기흐름**(stemflow)은 차단된 후에 식생의 줄기를 따라 흘러내려 지면에 도달하는 강수부분이다. 차단저류는 주어진 시간에 물체 표면에 머물러 있는 강수량이다.

차단과정은 식 (5.87), 그림 5.7과 같다.

$$\Delta S_v = PD_c - E \tag{5.87}$$

여기서 ΔS_v는 차단저류용량이 최대치 $S_{v\max}$에 이르기까지 수관 단위면적당 차단저류용량의 증분이다. E, P, $S_{v\max}$ 관계는 다음과 같다.

(1) $E > P$: 차단저류용량이 고갈될 때까지 차단저류로부터 증발손실이 일어난다.
(2) $P > E$: 차단저류용량이 초과될 때까지(차단저류가 $S_{v\max}$에 이를 때) 차단저류는 증가한다.
(3) $P > S_{v\max}$: 차단저류용량이 초과되고 초과되는 강우는 통과류에 기여한다.

차단저류용량이 초과되어 발생하는 통과류와 차단저류용량의 변화는 다음과 같다.

$$T_t = S_{vt-1} + \Delta S_{vt} - S_{v\max} \tag{5.88}$$

$$S_{vt} = S_{vt-1} + \Delta S_{vt} - T_t \tag{5.89}$$

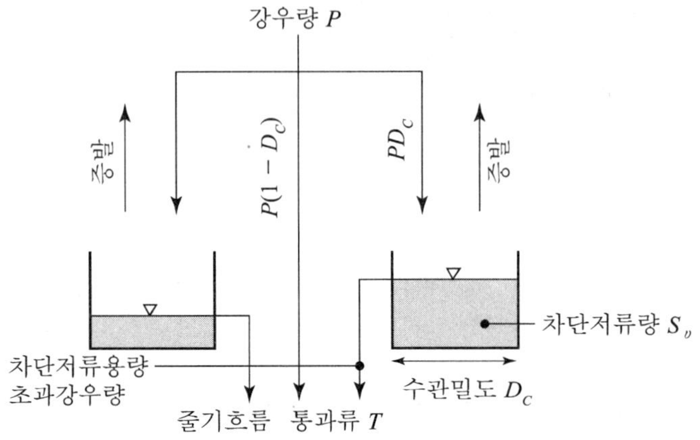

그림 5.7 차단과정과 통과류

여기서 T_t는 시간 t에서 통과류, S_{vt-1}은 시간 $t-1$에서 차단저류량, ΔS_{vt}는 시간 t에서 차단저류량의 증분이다. 식 (5.88)에서 T가 음수이면 $T=0$으로 취급된다.

예제 5.12

강우량과 증발량이 표 5.13의 2, 3란과 같다. 최대 차단저류용량이 $S_{v\max}=3\,\mathrm{mm}$, 수관밀도가 $D_c=0.7$, $S_{vt=0}=0$인 경우 통과류와 차단저류량간의 물수지를 계산하여 도시하라.

[풀이] 계산과정과 결과는 표 5.13과 같으며 강우량, 증발량 및 통과류는 그림 5.8에 보인 바와 같다.

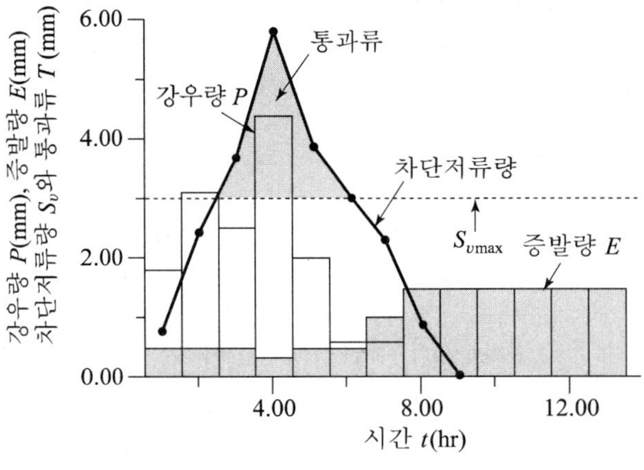

점좌표

t	S_v+T
1	0.76
2	2.43
3	3.68
4	5.73
5	3.90
6	2.92
7	2.34
8	0.84
9	0.0

그림 5.8 예제 5.12의 계산결과인 강우량, 증발량 및 통과류

표 5.13 차단저류량과 통과류 계산 예

시간 t(hr)	1	2	3	4	5	6	7	8	9
강우량 P(mm)	1.8	3.1	2.5	4.4	2.0	0.6	0.6		
증발량 E(mm)	0.5	0.5	0.5	0.35	0.5	0.5	1.0	1.5	1.5
차단강우량 PD_c(mm)	1.26	2.17	1.75	3.08	1.40	0.42	0.42		
차단저류량증분 (식 5.87)	0.76	1.67	1.25	2.73	0.90	−0.08	−0.58	−1.5	−1.5
통과류 (식 5.88)	0.0	0.0	0.68	2.73	0.90	0.0	0.0	0.0	0.0
차단저류량 (식 5.89)	0.76	2.43	3.0	3.0	3.0	2.92	2.34	0.84	0.0

차단량 측정

차단량의 측정은 수관 위 또는 인근 개방공간에 설치된 우량계에 의한 강우량 P와 수관 아래 지면에 설치된 다수의 우량계에 의한 통과류 T와 줄기 아랫부분 주위에 부착된 칼라(collar)에 연결된 집수통에 모아진 줄기흐름의 차이로 측정된다. 따라서 차단량 I는

$$I = P - (T + S) \tag{5.90}$$

예제 5.13

강우량 33.6 mm가 측정되는 동안 30×30 m의 면적에서 통과류가 19.2 mm, 수집통의 줄기흐름이 11,000 L로 측정되었다. 차단량을 산정하라.

[풀이] 줄기흐름은 11,000 L=11 m^{3}는 $11\ m^3/900\ m^2 = 0.012\ m = 12\ mm$ 이므로

$$I = P - (T + S) = 33.6 - (19.2 + 12.0) = 2.4\ mm$$

차단량은 2.4 mm 또는 7.1%이다.

문 제

증발량 측정

5.1 일 강우량과 보충한 수량이 다음과 같은 경우 증발접시의 일 증발량을 구하라.

시간(day)	1	2	3	4	5
강우량(mm)	0	16.2	31	0	0.5
보충수량(mm)	6.4	0.5	2.0	7.1	2.5

5.2 문제 5.1에서 접시계수가 0.7이다. 수면적이 1.5 km^2인 저수지의 5일 증발량과 물손실을 구하라.

5.3 측후소에서 관측된 자료가 다음과 같다. 평균 증발접시계수를 구하라.
(힌트: 질량수송방법으로 일 증발량을 먼저 계산한다.) $A = 2.5\ \text{km}^2$

일자	평균수온 (°C)	평균공기온도 (°C)	상대습도 (%)	풍속 (mph)	접시증발량 (mm)
6.7	16	25	45	18	4.2
6.14	17	30	20	10	5.7
6.20	15	23	47	40	7.6
6.26	23	32	35	30	19.3

증발량 결정

5.4 수면적이 2.2 km^2인 어느 저수지에서 한 달 동안 관측된 사항이 다음과 같을 때 저수지의 저류량의 변화를 산정하라. 유입량이 0.84 m^3/s, 유출량이 0.75 m^3/s, 침윤손실이 38 mm, 총 강우량이 108 mm, 증발량이 152 mm이다.

5.5 어느 저수지의 수면적이 708,000 m^2이고, 어느 한 달 동안 유입량이 1.5 m^3/s, 유출량이 1.25 m^3/s, 저류량의 증가가 708,000 m^3, 강수량이 225 mm일 경우 증발량(mm)을 산정하라. 침윤손실은 무시한다.

5.6 안동호의 6월 중 기상자료가 다음과 같을 때 안동호의 6월 중 물손실량을 산정하라. 수면적이 51.3 km^2, 풍속 $u_2 = 10\ \text{km/hr}$, 평균기온 28°C, 상대습도 75%이다.

5.7 Penman공식을 이용해서 북위 31°에 위치한 어느 지역의 3월과 6월의 증발량을 계산하고 두 결과의 변화를 검토를 검토하라.

기상조건	3월	6월
평균기온(°C)	5.1	21.5
평균상대습도(%)	65.9	75.4
일조시간(hr)	223.0	336.0
평균풍속(m/s)	2.6	2.1

5.8 대전지방의 5월 기상자료가 다음과 같을 때 5월 증발량을 계산하라. 평균기온=17.5°C, 상대습도=67%, 대기압=1,012 mb, 수면온도=15°C, 평균풍속=2.1 m/s, 월 일조시간=296 hrs.

5.9 다음에 주어진 여름 동안(6~8월)의 기상조건에 대한 물의 손실을 계산하라. 수면적이 10.86 km^2, 평균풍속이 9 knots, e_s와 e_a값이 각각 15.3 mb와 11.2 mb이다.

5.10 어느 지역의 7월 평균기온이 28°C, 태양복사에너지가 380 ly/day, 평균 이슬점온도가 16°C, 평균풍속이 50 mi/day이다. 7월 한 달간 10 m × 25 m 수영장의 수심을 일정하게 유지하는 데 필요한 최소공급수량을 결정하라.

5.11 안동호의 6월 중 증발량을 에너지수지방법으로 산정하라. 위도 북위 36.5°, 평균기온 26°C, 일조시간 10 hr, 수면온도 18°C, 상대습도 70%, 수면적 51.3 km^{2}이다.

5.12 다음 기상조건에 대한 증발량을 Penman방법으로 산정하라. 공기온도 25°C, 순 복사에너지 578 cal/cm^2/day, 풍속 $u_2 = 150\ \text{km/day}$, 상대습도 50%이다.

5.13 문제 5.7의 자료에 대한 증발량을 조합방법으로 산정하라.

5.14 Priestley-Taylor식을 이용하여 공기온도가 15°C, 순 복사에너지가 560 cal/cm^2/day인 지점의 증발량을 구하라.

5.15 기온이 5°C, 순 복사에너지가 100 cal/cm^2/day인 겨울과 기온이 30°C, 순 복사에너지가 520 cal/cm^{2}day인 여름의 증발량(mm/day)을 Priestley-Taylor방법으로 산정하라.

5.16 7월 중에 평균 순복사에너지가 520 cal/cm^2/day, 기온이 28°C, 상대습도 60%, 풍속 $u_2 = 25\ \text{m/s}$, 수면온도가 19°C, 대기압이 1,000 mb, $n/N = 0.6$ 일 때 증발량(mm/day)을 (a) 에너지방법, (b) 질량수송, (c) Penman 방법 및 (d) Priestley-Taylor방법으로 구하라.

증발산

5.17 다음 조건에 대하여 Penman방법으로 일 증발산능을 계산하라. 북위 32°, 표고가 해발 300 m, 월평균기온 18°C, 평균습도 70%, 평균관측 일조시간 10시간, 2 m에서 풍속이 50 km/day, 지면은 녹색작물이다.

5.18 문제 5.15에 대하여 Penman방법으로 6월의 증발산능을 추정하라. 상대습도는 40%, 풍속이 9 km/hr, $n/N = 65\%$, 반사계수 $r = 28\%$이다.

5.19 북위 36° 해발 표고가 120 m 지역의 6월 일평균기온이 20.9°C, 일조시간이 310 h/mo, 2 m에서 풍속이 $u_2 =$ 2 m/s, 상대습도가 72%, 5월의 일평균기온이 16.8°C이다. Penman-Monteith식으로 6월 증발산량을 구하라.

5.20 북위 36° 해발 표고가 120 m 지역의 6월 10일 일평균기온이 19.6°C, 일조시간이 $n = 10$ h, 10 m에서 풍속이 10 m/s, 상대습도가 72%이다. Penman-Monteith식으로 일 증발산량을 구하라.

5.21 북위 36° 해발 표고가 120 m 지역의 6월 10일 일평균기온이 19.6°C, 일조시간이 $n = 10$ h, 10 m에서 풍속이 10 m/s, 상대습도가 72%이다. Penman-Monteith식으로 시간증발산량(mm/h)을 구하라. 이 경우 Penman-Monteith식에 입력되는 값은 mm/h 단위이고 900은 37로 대치된다.

5.22 북위 35°에 위치한 어느 지역의 6월 증발산능을 Thornthwaite방법으로 계산하라. 월평균기온(°C)은 다음과 같다.

월	1	2	3	4	5	6	7	8	9	10	11	12
기온(°C)	−3.5	−1.1	4.1	11.4	17.1	21.1	24.5	25.3	20.5	13.9	6.6	−0.6

5.23 북위 34° 지역에서 재배되는 고구마의 5월 평균기온이 21°C이다. 월 소비수량을 구하라.

5.24 북위 32°에 위치한 지역의 월 증발산능을 산정하라. 월평균기온은 다음과 같다. 작물재배기간이 5월 19일부터 9월 20일까지일 때 이 기간에 대한 소비수량을 결정하라.

월	평균기온(°C)	월	평균기온(°C)
1	−2.1	7	24.9
2	−0.3	8	25.1
3	−4.3	9	20.1
4	11.9	10	13.3
5	17.1	11	6.1
6	21.4	12	−0.2

5.25 수원지방의 기상자료(1961~1990)가 다음과 같다. 상이한 방법으로 증발량과 증발산량을 계산하여 비교 검토하라.

월	평균기온 (°C)	상대습도 (%)	대기압 (mb)	일조시간 (hr)	일조율 (%)	평균풍속 (m/s)
1	−3.9	70	1,025.3	127.4	56	1.6
2	−1.8	69	1,023.7	173.6	57	1.8
3	3.7	69	1,020.5	216.3	58	2.0
4	10.9	68	1,016.4	221.2	56	2.0
5	16.5	71	1,012.1	243.9	56	1.7
6	20.9	76	1,008.3	215.0	49	1.5
7	24.4	82	1,006.8	157.0	35	1.5
8	25.1	81	1,008.1	179.2	43	1.3
9	19.8	78	1,003.9	195.7	52	1.2
10	13.0	76	1,019.9	204.8	52	1.2
11	5.7	71	1,023.6	157.1	52	1.4
12	−1.2	70			54	1.4

5.26 북위 40°에 위치한 어느 지역의 7월 중 작물에 대한 증발산을 Blaney-Criddle방법으로 구하라. 일평균기온은 25°C, 상대습도 60%, 풍속 1 m/s이다.

5.27 북위 35°에 위치한 포도밭의 월평균온도가 다음과 같다. Blaney-Criddle방법으로 증발산을 구하라.

월	6	7	8	9
평균온도(°C)	25.5	28.0	26.3	24.0

차 단

5.28 강우량과 증발량이 다음과 같다. 최대 차단저류용량이 $S_{v\max} = 4\,\mathrm{mm}$, 수관밀도가 80%, $S_{vt=0} = 0$인 경우 시간별 통과류와 차단저류량을 구하여 도시하라.

시간 t(hr)	1	2	3	4	5	6	7	8	9	10
강우량 P(mm)	3.0	5.1	4.0	7.0	3.0	1.6	0.6			
증발량 E(mm)	0.8	0.8	1.0	1.5	1.5	1.0	1.0	0.8	0.8	0.8

06
지표하흐름

Applied Hydrology

지표하흐름(subsurface flow)은 넓은 의미에서 지표토양을 통해서 스며드는 침투, 표토층의 흐름인 중간흐름(interflow), 지하수흐름을 포함한 지표하의 모든 흐름을 의미한다. 지표하흐름의 발생과정과 영역은 그림 6.1과 같다. 그러나 좁은 의미의 지표하흐름은 침투된 강수부분이 표토층을 횡적으로 이동하여 하천에 이르는 흐름이고 이를 **지표하유출**(地表下流出; subsurface (storm) runoff)이라고도 한다. 본 장에서는 좁은 의미의 지표하흐름이 기술된다.

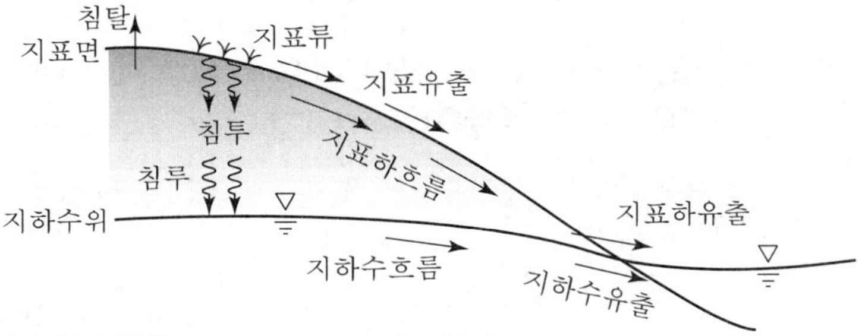

그림 6.1 지표하수의 흐름과 영역

6.1 비포화흐름

토양의 성질

토양은 기본적으로 암석 표면층의 풍화작용과 침식의 결과물로 식물에서 발생된 유기물질과 다른 유기물을 포함한다. 토양의 표면층인 표토는 주로 부드러운 유기물 또는 부식토로 구성되고 표토하부에는 뿌리 등으로 변형된 풍화물질이 존재한다. 토양은 기본적으로 토립자, 입자 간의 공극 및 물의 세 요소로 구성되고 물은 공극의 일부 또는 전부를 점유한다. 공극에 있는 물을 **토양수**(土壤水; soil water)라고 한다. 토양이나 암석 틈에 저류되어 있는 물의 양은 토양의 총체적에 대한 공극체적의 비로 정의되는 공극률에 의하여 지배되고 20~60%의 범위를 갖는다. 토양은 일반적으로 평균입경으로 분류된다(표 15.1).

표토층은 흙입자 사이에 공간을 갖는 다공성 매질이고 이러한 공간을 **공극**(空隙; void, interstice, pore, pore space)이라고 한다. 공극이 공기 또는 공기와 물로 채워지면 비포화상태이고 이러한 표토층의 흐름을 **비포화흐름**(unsaturated flow)이라고 한다. 공극이 완전히 물로 채워지면 포화상태가 되고 흐름은 **포화흐름**(saturated flow)이 된다. 포화흐름은 토양의 투수계수와 동수경사에 의하여 지배되는 반면 비포화흐름은 수분과 토립자 간의 흡인력의 영향을 받는다. 표토층 토양은 비가 온 후 잠정적인 기간을 제외하고는 비포화상태에 있다.

그림 6.2에서 비포화 토양의 단면은 고체 입자와 공극으로 구성됨을 보인다. 공극의 정도를 나타내는 **공극률**(空隙率; porosity)은 공극의 체적($\forall_v$)과 표본토양의 총체적($\forall$)의 비로 정의된다.

$$\eta = \frac{\text{공극체적}}{\text{토양 총체적}} = \frac{\forall_v}{\forall} \tag{6.1}$$

토양의 공극률 η의 범위는 대략 0.25 ~ 0.75이다. 공극의 체적 $\forall_v$는 물 $\forall_w$와 공기 $\forall_a$의 체적으로 구성되고($\forall_v = \forall_w + \forall_a$) 체적은 cm^3 또는 단위면적당 깊이(cm)로 나타낸다. **공극비**(空隙比; void ratio) e는 공극의 체적($\forall_v$)과 토양표본의 고체체적($\forall_s$)의 비로 정의된다.

$$e = \frac{\text{공극체적}}{\text{고체체적}} = \frac{\forall_v}{\forall_s} \tag{6.2}$$

토양표본의 물의 함유량을 나타내는 **토양함수비**(土壤含水比; soil moisture(water) content) θ는 체적 또는 질량으로 표시되고 체적함수비와 중량함수비로 구분된다.

$$\theta = \frac{\text{공극 내 물의 체적}}{\text{토양의 총체적}} = \frac{\forall_w}{\forall} \quad \text{또는} \quad \theta = \frac{\text{물의 질량}}{\text{고체 질량}} = \frac{M_w}{M_s} \tag{6.3}$$

θ의 범위는 $0 \leqq \theta \leqq \eta$이고 토양이 포화상태일 때 토양함수비는 공극률과 같게 된다. 공극이 물로 채워지는 정도를 나타내는 **포화도**(飽和度; degree of saturation) S는 토양표본의 물의 체적과 공극체적의 비로 정의된다.

$$S = \frac{\text{물의 체적}}{\text{공극체적}} = \frac{\forall_w}{\forall_v} \tag{6.4}$$

함수비, 공극률 및 포화도 간의 관계는 다음과 같다.

$$\theta = \eta S \tag{6.5}$$

예제 6.1

공극률이 0.5, 포화도가 0.6, 토양층의 두께가 1 m인 표토층에 저류될 수 있는 물의 최대깊이와 토양수의 체적함수비를 구하라.

[풀이] 식 (6.1)로부터 공극의 체적은 $\forall_v = \eta \forall$ 로 주어지므로

$$\forall_v = 0.5 \times 100 = 50 \text{ cm/단위면적(cm}^2)$$

체적함수비는 식 (6.5)로부터

$$\theta = \eta S = 0.5 \times 0.6 = 0.3 \text{ cm/cm} \quad \text{또는} \quad \text{cm}^3/\text{cm}^3$$

연속방정식

그림 6.2에 보인 **검사체적**(檢査體積; control volume)의 체적은 $d\forall = dx\, dy\, dz$ 이고 이에 포함된 물의 체적은 $\theta\, dx\, dy\, dz$ 이다. 토양을 통한 물의 흐름은 토양의 단위면적에 대한 체적흐름률을 의미하는 Darcy흐름률(Darcy flux) $q = Q/A$ 로 측정된다. Darcy흐름률은 벡터이므로 각 좌표방향의 성분을 가지나 여기서는 수평 성분을 영으로 가정하고 연직 성분만이 고려된다. $z-$축에 따라 상향흐름이 양(+)으로 고려된다.

검사체적에 대한 질량보존원리는

$$0 = \frac{d}{dt}\int_{CV} \rho_w\, d\forall + \int_{CS} \rho_w \boldsymbol{V} \cdot d\boldsymbol{A} \tag{6.6}$$

여기서 ρ_w 는 물의 밀도, $\boldsymbol{V}$는 속도벡터, $d\boldsymbol{A}$ 는 $\boldsymbol{V}$에 수직인 면적요소, CV는 검사체적 및 CS

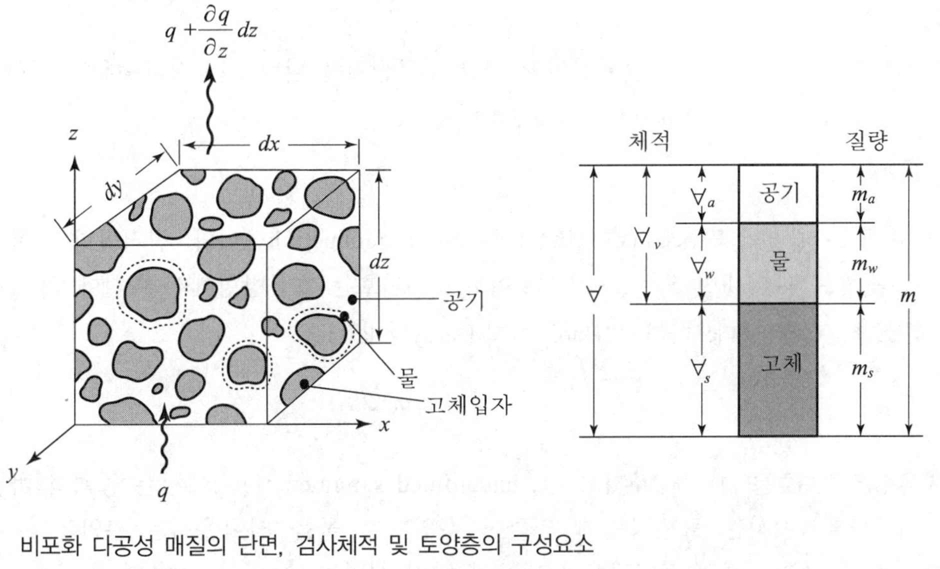

그림 6.2 비포화 다공성 매질의 단면, 검사체적 및 토양층의 구성요소

는 **검사경계면**(檢査境界面; control surface)이다. 식 (6.6)의 첫 항은 검사체적 내에 저장된 물의 질량 시간 변화율로 ρ_w를 상수로 가정하면 다음과 같다.

$$\frac{d}{dt}\int_{CV}\rho_w\,d\forall = \frac{d}{dt}(\rho_w\,\theta\,dx\,dy\,dz) \tag{6.7}$$

$$= \rho_w\,dx\,dy\,dz\frac{d\theta}{dt}$$

식 (6.6)의 둘째 항은 검사체적의 경계를 통하여 이송된 물의 순유출이다. 그림 6.2에서 검사체적의 바닥에서 유입유량은 $q\,dx\,dy$, 윗면에서 유출유량은 $\left(q+\frac{\partial q}{\partial z}dz\right)dx\,dy$ 이므로 **순유출**(純流出; net outflow)은

$$\int_{CS}\rho_w\boldsymbol{V}\cdot d\boldsymbol{A} = \rho_w\left(q+\frac{\partial q}{\partial z}dz\right)dx\,dy - \rho_w q\,dx\,dy$$

$$= \rho_w\,dx\,dy\,dz\frac{\partial q}{\partial z} \tag{6.8}$$

식 (6.7)과 (6.8)을 식 (6.6)에 대입하고 $\rho_w\,dx\,dy\,dz$로 나누면

$$\frac{\partial\theta}{\partial t}+\frac{\partial q}{\partial z}=0 \tag{6.9}$$

식 (6.9)는 다공성 매질에서 **1차원 비포화부정류 연속방정식**(1次元 非飽和不定流 連續方程式; continuity equation for one-dimensional unsteady unsaturated flow)이다. 이 식은 지표하천층 흐름에 적용된다. 심층 대수층과 같이 깊이가 크게 되면 유체의 압력변화로 인하여 물의 밀도와 공극의 밀도가 변하므로 이들의 영향이 연속방정식에 포함되어야 한다.

운동방정식

Darcy흐름률 q는 매질의 단위길이에 대한 수두손실을 나타내는 지하수위의 경사 S_f와 매질의 성질인 투수계수의 지배를 받는다(7.4.1 참조).

$$q = KS_f \tag{6.10}$$

여기서 K는 매질의 **투수계수**(透水係數; hydraulic conductivity)이다. 연직방향 흐름에서 흐름의 총수두를 h로 나타내면 $S_f = -\partial h/\partial z$ 이고 $(-)$기호는 흐름방향에서 마찰에 의하여 총수두 h가 감소함을 나타낸다. 따라서 Darcy법칙(Darcy's law)은

$$q = -K\frac{\partial h}{\partial z} \tag{6.11}$$

자유수면 포화흐름(自由水面飽和흐름; unconfined saturated flow)에서는 중력과 마찰이 작용하나 비포화흐름에서는 표면장력에 의하여 흙입자가 물을 빨아올리는 **흡인력**(吸引力; suction force)이 포함된다. 흙의 흡인작용은 다음과 같이 설명될 수 있다. 건조한 흙 원기둥을 물을 채

운 용기에 연직으로 세우면 수분이 건조한 흙기둥에 흡상되어 수면보다 높이 올라간다. 이 올라가는 높이는 흡인력과 중력이 평형을 이루는 높이이다. 수두 h는 높이로 측정되고 이는 유체의 단위중량에 대한 에너지이다. 비포화 다공성 매질에서 유체의 총 에너지 중에서 토양의 흡인력에 의한 에너지 부분을 **흡인수두**(吸引水頭; suction head) ψ라고 한다. 흡인수두는 매질의 함수비의 함수이다.

그림 6.3에 보인 바와 같이 점토의 경우 ψ와 K는 함수비에 따라 현저한 변화를 보인다. 총수두 h는 흡인수두 ψ와 (중력)수두 z의 합이다.

$$h = \psi + z \tag{6.12}$$

매질 내의 유속은 매우 작으므로 속도수두는 포함되지 않는다. 식 (6.12)를 식 (6.11)의 h에 대입하면

$$q = -K\left(\frac{\partial \psi}{\partial z} + \frac{\partial z}{\partial z}\right) \tag{6.13}$$

식 (6.13)에서 q는 흡인력과 중력에 의하여 발생함을 나타낸다. 토양함수비 θ를 도입하여 식 (6.13) 우변의 첫 항에 연쇄법칙을 적용하면

$$\begin{aligned} q &= -\left(K\frac{\partial \psi}{\partial \theta}\frac{\partial \theta}{\partial z} + K\right) \\ &= -\left(D\frac{\partial \theta}{\partial z} + K\right) \end{aligned} \tag{6.14}$$

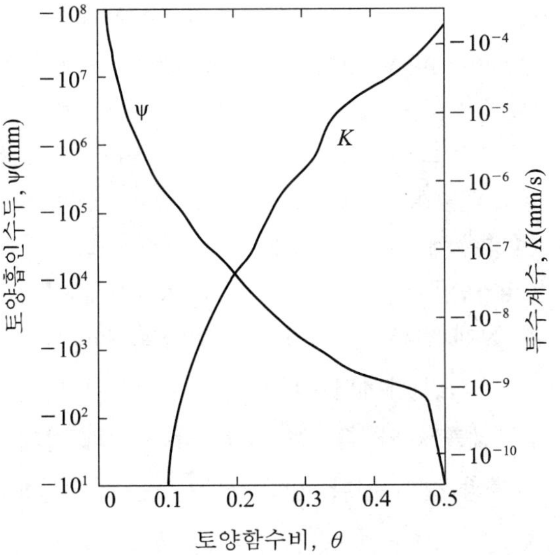

그림 6.3 점토의 함수비에 따라 토양흡인수두 ψ와 투수계수 K의 변화(Raudkivi, 1979)

여기서 D는 **토양수확산계수**(土壤水擴散係數; soilwater diffusivity) $K\frac{\partial \psi}{\partial \theta}$이고 L^2/T의 차원을 갖는다. 식 (6.14)를 식 (6.9)에 대입하면

$$\frac{\partial \theta}{\partial t} = \frac{\partial}{\partial z}\left(D\frac{\partial \theta}{\partial z} + K\right) \tag{6.15}$$

식 (6.15)는 다공성 매질의 **비포화부정류**(非飽和不定流; unsteady unsaturated flow)에 대한 지배방정식인 **1차원 Richard식**(one dimensional Richard's equation)으로 해는 수치해석에 의하여 주어진다. 식 (6.15)에서 흡인 성분과 중력 성분의 상대적인 중요성은 초기조건의 영향을 받는다. 초기에 토양이 건조하면 흡인력이 지배적이 되어 흐름은 수평 또는 연직이 된다. 토양이 습윤(포화)상태이면 흡인력은 감소하고 중력이 흐름을 주도한다.

6.2 침투과정

침투(浸透; infiltration)는 물이 중력과 모세관 작용에 의하여 토양 표면의 공극을 통하여 토양층 내로 스며드는 현상이다. 침투는 지면경사, 수로양상, 토양형과 지질, 초목 및 불투수지면 면적의 영향을 받는다. 물이 하부 공극으로 이동하는 경우에는 중력과 모관력(또는 장력, 흡인력)이 같이 작용한다. 즉 중력은 물을 공극 내로 밀어 넣고 모관력은 물을 끌어들인다. 그러나 공극으로부터 물이 빠져나가는 경우 두 힘은 서로 반대로 작용한다. 물이 흙에 스며드는 율을 **침투율**(浸透率; infiltration rate) f라고 하고 f는 mm/h의 차원을 갖는다. 대부분의 조건에서 침투율은 물이 흙 표면을 처음 접촉하는 초기에 최대이고 이는 중력과 모세관작용에 의하며 그 속도 또한 최대이다. 흙구조 내로 침투된 물은 지표층에서는 횡방향으로 흘러 중간흐름을 형성하나 대부분은 연직으로 이동하여 지하수에 이른다. 이와 같이 중력에 의한 토양층 내의 연직흐름을 **침루**(浸漏; percolation)라고 한다. 토양 표면에서 침투된 물이 침루에 의하여 이동되지 않고 표토층에 잔류상태에 있으면 침투는 장애를 받아 계속될 수 없다. 침투된 물은 마찰이 가장 작은 통로를 따라 중력수로 아래로 흘러 지하수에 이른다. **모관력**(毛管力; capillary force)은 중력수를 **모세관공극**(毛細管空隙; capillary pore space)으로 흡인하여 하향하는 중력수를 감소시킨다. 이러한 현상은 중력수에 저항을 크게 하여 결과적으로 침투를 감소시킨다.

주어진 조건에서 물의 공급이 충분할 때 일어나는 최대침투율을 **침투능**(浸透能; infiltration capacity) f_P라고 한다. 실제 침투율 f는 **공급률**(供給率; supply rate) i_s(강우량−(증발+차단))가 침투능 f_P와 같거나 초과할 때에만 침투능 f_P와 같게 된다. 즉 호우기간 동안에는 어느 시점에서나 침투율 f는 공급률 i_s와 침투능 f_P의 작은 값과 같게 된다. 이론적으로 $i_s \leq f_P$일 때 실제 침투율은 공급률과 같게 된다. 많은 경우 i_s는 강우강도 i로 대체된다.

$$f = i, \qquad i < f_P \tag{6.16}$$

$$f = f_P, \qquad i > f_P \tag{6.17}$$

만약 손실이 주로 침투에 의하여 발생한다면 유효강우강도 i_e는 다음 식으로 산정될 수 있다.

$$i_e = i - f \tag{6.18}$$

f는 강우 초기에 침투가 최대인 초기침투율 f_o와 같고 시간이 경과됨에 따라 감소한다. 초기침투가 크게 되는 것은 모관력과 중력에 의한다. 침투가 계속되어 토양이 포화되면 침루에 의하여 표토층의 흙에서 물이 아래로 빠져나가는 양만큼 침투가 일어나 침투율이 일정하게 되고 이 일정한 침투율을 **종기침투율**(終期浸透率; final infiltration rate) f_c 라고 한다.

모관작용에 의하여 토양수분을 지표면으로 끌어올리는 과정을 **침탈**(浸脫; exfiltration)이라고 한다. 이 과정은 상향 모관력이 중력을 초과할 때 일어난다. 침탈된 물은 보통 증발에 의하여 지면에서 사라진다. 지면의 증발잠재력은 상향 모관력을 증가시켜 모관상승, 즉 침탈의 증가에 이른다.

6.3 해석적 침투모형

해석적 침투모형은 일반적으로 침투율을 토양특성과 경과시간의 함수로 나타낸다. 이들 모형의 매개변수는 시간에 대한 침투율의 측정자료를 이용해서 결정된다. 강우기간에는 차단, 증발 및 요부저류로 구성되는 지면보류가 무시할 정도여서 강우량은 침투와 유출로 나타나는 유효강우량의 두 성분으로 구성된다. 따라서 침투모형은 유효강우량을 구하는 수단이 된다.

6.3.1 Horton모형

침투율은 시간에 따라 지수적으로 감소하여 거의 일정한 값에 도달한다(Horton, 1939). 즉

$$f = f_c + (f_o - f_c)e^{-kt} \tag{6.19}$$

여기서 f 는 시간 t 에서 침투율(mm/h), f_o 는 강우 초기에 최대인 초기침투율이고 이는 침투가 계속됨에 따라 감소하여 토양이 포화되었을 때 일정치인 종기침투율 f_c 에 이른다. k 는 **감쇠상수**(減衰常數; decay constant) T^{-1} 이다. 식 (6.19)는 $t = 0$ 에서 $f = f_o$ 이고 $t = \infty$ 이면 $f = f_c$ 가 된다. 매개변수 f_o, f_c, k는 침투의 관측자료로부터 결정된다. 식 (6.19)의 적분은 시간 t 에서의 **누가침투량**(累加浸透量; cumulative infiltration)을 제공한다.

$$F = f_c t + \frac{f_o - f_c}{k}(1 - e^{-kt}) \tag{6.20}$$

t 가 크게 되는 경우 k 는 식 (6.20)으로부터 다음과 같이 구할 수 있다.

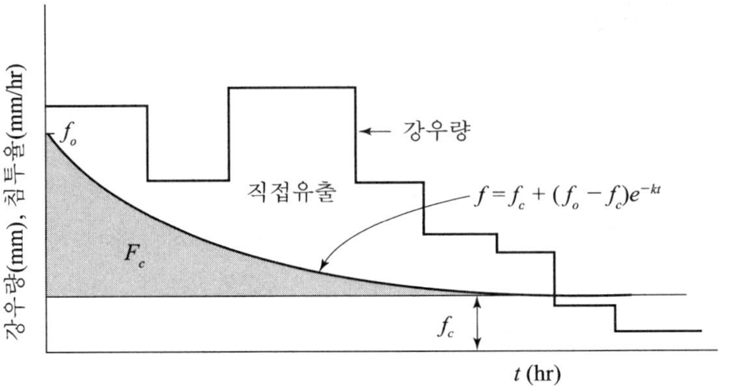

그림 6.4 Horton의 침투율과 누가침투량

$$k = \frac{f_o - f_c}{F_c} \tag{6.21}$$

여기서 F_c는 $F_c = F - f_c t$ 로서 그림 6.4에서 음영부분의 면적이다. Horton모형은 호우기간 동안 $i_s \geq f_P$일 때 적용된다(Linsley, 1982). 매개변수의 결정은 다음 두 가지 간단한 방법으로 침투자료에 곡선을 적합시키는 것이다. (1) t에 대한 f값을 도시할 경우 f값이 거의 일정하게 될 때 f는 f_c값을 제시한다. 따라서 미지수는 f_o와 k가 된다. 시간-침투곡선 상 임의의 두 점 t와 f값을 식 (6.19)에 대입하여 얻어지는 2개의 식은 미지수 f_o와 k를 제공한다. f_o/f_c의 값은 대략 5 정도이다. (2) 다른 방법은 식 (6.19) 양변의 대수를 취한다.

$$\ln(f - f_c) = \ln(f_o - f_c) - kt \tag{6.22}$$

반대수지상에 식 (6.22)를 도시하면 직선을 나타내므로 경사 $(-k)$와 절편 $\ln(f_o - f_c)$를 쉽게 얻는다. f_c는 f가 거의 일정하게 되는 값이고 $f - f_c$는 $t = 0$에서 $f_o - f_c$가 된다.

예제 6.2

Horton매개변수가 $f_o = 3.0\ \text{cm/hr}$, $f_c = 0.4\ \text{cm/hr}$, $k = 1.5\ \text{hr}$인 지역에 내린 강우강도가 표 6.1의 2란과 같다. 침투에 의한 손실을 구하고 유효강우강도를 결정하라.

[풀이] 계산내용은 표 6.1과 같다. 침투능 f_P는 시간 간격 Δt의 중앙에서 계산되어 Δt가 끝나는 시간에 수록된다. $\Delta t = 0 - 0.1\ \text{hr}$의 중간값 $t = 0.05\ \text{hr}$에 대해서 계산되는 침투능은 $t = 0.1\ \text{hr}$에 수록된다.

$$f_P = 0.4 + (3.0 - 0.4)\exp(-1.5 \times 0.05) = 2.81\ \text{cm/hr}$$

표 6.1 Horton모형을 이용한 침투 예제

t (hr) (1)	i (cm/hr) (2)	f_P (cm/hr) (3)	f (cm/hr) (4)	i_e (cm/hr) (5)
0.00	1.00	3.00	1.00	0.00
0.10	1.00	2.81	1.00	0.00
0.20	1.00	2.48	1.00	0.00
0.30	2.00	2.19	2.00	0.00
0.40	2.00	1.94	1.94	0.06
0.50	2.00	1.72	1.72	0.28
0.60	3.00	1.54	1.54	1.48
0.70	3.00	1.38	1.38	1.62
0.80	3.00	1.24	1.24	1.76
0.90	3.00	1.13	1.13	1.87
1.00	3.00	1.03	1.03	1.97
1.10	1.50	0.94	0.94	0.56
1.20	1.50	0.86	0.86	0.64
1.30	1.00	0.80	0.80	0.20
1.40	1.00	0.74	0.74	0.26
1.50	1.00	0.69	0.69	0.31
	Σ=30.00		Σ=19.25	Σ=10.77

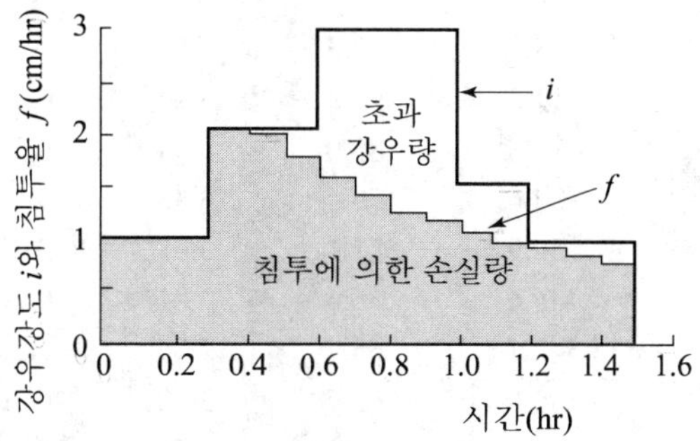

그림 6.5 Horton방법에 의한 침투율 산정 예

이와 같이 계산된 f_P는 3란에 주어지고 4란에 수록된 침투율은 i와 f_P 중 작은 값이다. 이는 $t = 0.10$ h의 경우 침투가능량은 $f_P = 2.81$ cm/h이나 단지 $i = 1.0$ cm/h가 공급되기 때문이다. 유효강우강도 i_e는 $i_e = i - f$로 주어진다. 결과는 그림 6.5에 도시된 바와 같다. 총 강우량 $\Delta t \sum i = (0.1\text{ hr})(30\text{ cm/hr}) = 3.0\text{ cm}$ 중 누가침투량 $F = \Delta t \sum f = (0.1\text{ hr})(19.25\text{ cm/hr}) = 1.93\text{ cm}$는 침투되고 나머지 총 유효강우량 $\Delta t \sum i_e = (0.1\text{ hr})(10.77\text{ cm/hr}) = 1.08\text{ cm}$는 유출된다.

6.3.2 Philip모형

Philip침투모형은 다음과 같다(Philip, 1957).

$$f = \frac{1}{2} S t^{-0.5} + A \qquad (6.23)$$

여기서 f는 시간 t에서의 침투율(mm/h), S는 토양의 흡입능을 나타내는 **흡수계수**(吸收係數; sorptivity), A는 침투를 나타내는 매개변수로 투수계수와 같은 차원을 가지며, 그 크기는 지표면에서의 포화투수계수에 근사한 값을 갖는다. 식 (6.23)에 따라 $t=0$에서 $f=\infty$이나 실제는 유한한 값을 가지며 $t=\infty$에서는 $f=A$이다. 식 (6.23)의 적분은 누가침투량을 제공한다.

$$F = S t^{0.5} + A t \qquad (6.24)$$

매개변수의 산정은 정규방안지에 f의 측정치를 $t^{-0.5}$에 대하여 도시하고 직선을 적합시킨다. 식 (6.23)에 따라 절편은 A를, 경사는 1/2 S를 제공한다.

예제 6.3

표 6.2의 누가침투량과 침투율의 측정치에 대하여 (a) Horton모형, (b) Philip모형을 적합시켜라.

표 6.2 침투량의 측정치와 계산 예

시간 (min) (1)	누가침투량 F(mm) (2)	침투율 f (mm/h) (3)	$\ln(f-f_c)$ (4)	$t^{-0.5}$ (5)	$1/F$ (6)
3	8.6	172.3	4.81	0.58	0.116
5	11.3	92.2	3.74	0.45	0.089
10	17.8	88.0	3.64	0.32	0.056
15	24.6	79.4	3.38	0.26	0.041
20	30.9	71.1	3.05	0.22	0.032
25	36.6	66.6	2.81	0.20	0.027
30	42.1	65.7	2.75	0.18	0.024
40	53.0	63.7	2.62	0.16	0.019
50	63.9	64.3	2.66	0.14	0.016
60	73.7	58.2	2.10	0.13	0.014
80	93.4	57.3	1.99	0.11	0.011
100	112.8	58.4	2.13	0.10	0.0089
120	131.9	55.5	1.70	0.091	0.0076
140	151.0	49.9		0.084	0.0066

[풀이]

(a) Horton모형

f_c값으로 50.0 mm/h를 택한다. 시간 t에 대한 $\ln(f-f_c)$(표 6.2의 4란)를 계산하여 t에 대하여 도시

하고 직선을 적합시킨다(그림 6.6). 그림에서 직선의 기울기는 $k=-0.016$이고, 절편은 $\ln(f_o-f_c)=3.4$이다. $f_o-f_c=30.0$이므로 f_o는 $f_o=f_c+30=50+30=80\,\mathrm{mm/h}$가 된다. 따라서 Horton모형은 $f=50.0+30e^{-0.016t}$이 되고 t는 min이고, f는 mm/h 단위이다. 이를 적분하면 $F=0.83t+31.25(1-e^{-0.016t})$이 된다.

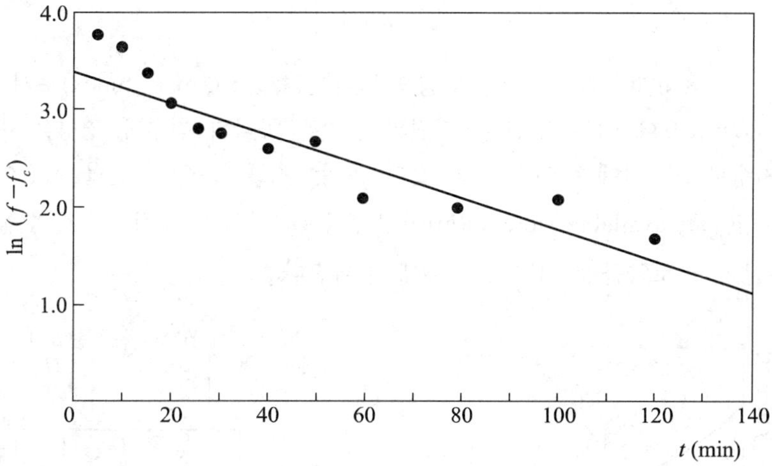

그림 6.6 Horton모형의 계산 예

(b) Philip모형

$t^{-0.5}$을 계산하여 $t^{-0.5}$(표 6.2의 5란)을 f에 대하여 도시하고 직선을 적합시킨다(그림 6.7). 그림으로부터 기울기는 $1/2S=142$, 절편은 $A=43$을 얻는다. 따라서 Philip모형은

$$f = 142t^{-0.5} + 43$$

여기서 t는 min, f는 mm/h, F는 mm 단위이다.

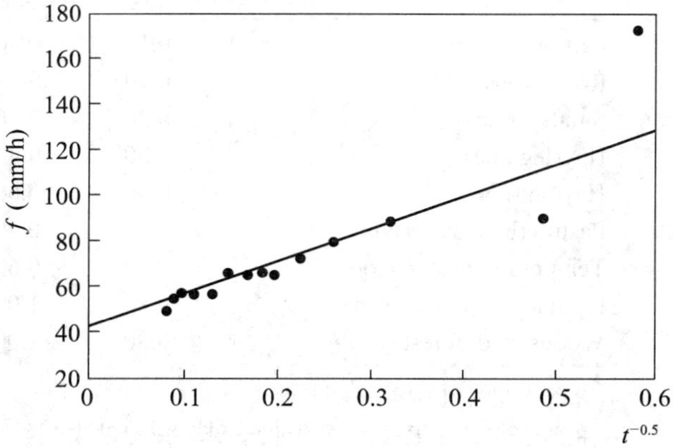

그림 6.7 Philip모형의 계산 예

6.3.3 Holtan모형

Holtan모형은 침투율이 토양이 물을 보유할 수 있는 가용저류용량에 비례한다는 개념에 근거한다. 물이 침투하면 가용저류용량은 감소하고 이에 따라 침투율도 감소한다. Holtan방법은 당초 농지에 대하여 개발되었으나(Holtan, 1961) 비농지에 대해서도 널리 이용되고 있다.

$$f = GIA\, S_a^{1.4} + f_c \tag{6.25}$$

여기서 f는 침투율(in/h), GI는 작물의 **성장지수**(成長指數; growth index)로서 파종 시 $GI=0$ 에서 수확기 $GI=1.0$ 에 이르고, A 는 지면과 연결된 공극과 침투에 영향을 주는 뿌리의 밀도를 나타내는 지수로 표 6.3에 주어진 바와 같다. S_a 는 지표층토양이 물을 저장할 수 있는 **가용저류용량**(可用貯留容量; available storage)(in)이고 f_c 는 침투율이 일정치에 달했을 때의 종기침투율(in/h)로 수문학적 토양군에 따라 표 6.4에 주어진다.

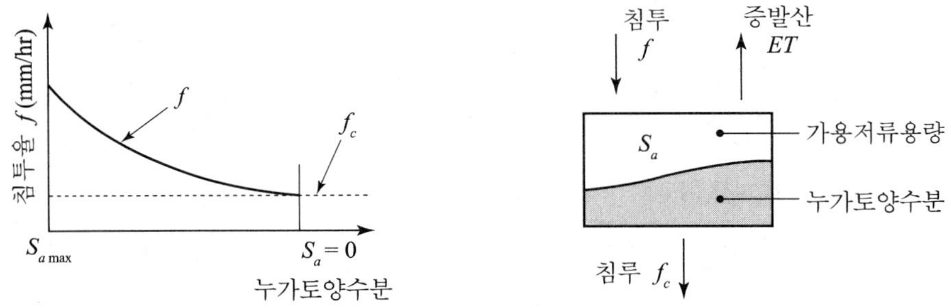

그림 6.8 Holtan모형의 토양수분과 가용저류용량

표 6.3 Holtan모형의 A 지수(Frere, 1975)

토지이용과 피복	지면상태[a]	
	불량	양호
Fallow[b]	0.10	0.30
Row crops	0.10	0.20
Small grains	0.20	0.30
Hay(legumes)	0.20	0.40
Hay(sod)	0.40	0.60
Pasture(bunch grass)	0.20	0.40
Temporary pasture(sod)	0.20	0.60
Permanent pasture(sod)	0.80	1.00
Woods and forests	0.80	1.00

a 잡초와 방목에 대하여 필요한 조정

b 휴경지의 경우 불량은 줄경작을, 양호는 잔디가 입혀진 상태를 의미

표 6.4 종기침투율(Musgrave, 1955)

수문학적 토양군	f_c(cm/h)	f_c(in/h)
A	0.76	0.3 ~ 0.45
B	0.38 ~ 0.76	0.15 ~ 0.30
C	0.13 ~ 0.38	0.05 ~ 0.15
D	0.0 ~ 0.13	0 ~ 0.05

가용저류용량 S_a는 침투가 진행됨에 따라 감소한다. 이 과정에서 침투율 f는 S_a를 잠식하는 반면 침루에 해당하는 종기침투율 f_c와 증발산 ET는 S_a를 부분적으로 회복시킨다. 따라서 Δt시간 동안 S_a의 감소 ΔS_a는 다음 식으로 계산된다.

$$\Delta S_a = f\Delta t - (f_c\Delta t + ET) \tag{6.26}$$

여기서 $f\Delta t = F$는 Δt 동안의 침투량으로 $f\Delta t$와 $i\Delta t$ 중에 작은 값이 적용된다. Holtan모형은 보다 물리적인 근거와 강우량이 적은 기간 동안 침투와 침투능의 회복을 기술할 수 있는 점에서 Horton모형에 대하여 이점을 갖는다. 그러나 이 모형의 어려운 점은 표토층 두께의 결정이다. Holtan은 경작깊이를 표토층의 두께 d로 사용할 것을 제안하였다. Holtan모형의 적용과정은 다음과 같다. (1) 초기함수비 θ_i를 측정 또는 추정한다. (2) 초기가용저류용량은 $S_a = (\theta_s - \theta_i)\,d$에 의하여 계산된다. 여기서 θ_s는 포화함수비로 공극률과 같고 θ는 주어진 시간에서 초기함수비이다. (3) 식 (6.25)를 이용하여 초기침투율 f를 계산한다. (4) 시간 Δt 경과 후 S_a는 식 (6.26)을 이용하여 $S_{ai} = S_{ai-1} - \Delta S_a$에 의하여 계산한다. (5) 시간 Δt 후의 침투율을 식 (6.25)에 의하여 계산한다. (6) 위 과정을 반복한다.

예제 6.4

다음에 주어진 강우사상에 대한 각 시간 간격의 침투량을 Holtan방법으로 산정하라. 불량한 지면상태인 목초지에 대한 작물성장지수 $GI = 1.0$을 이용한다. 토양형은 B형으로 이에 상응하는 f_c는 $f_c = 0.2\ \text{in/h}$, 초기 가용저류용량은 $S_a = (\theta_s - \theta_i)d = 0.5\ \text{in}$이다. 증발산량은 무시된다($ET = 0.0$).

[풀이] 불량상태인 목초지에 대한 A는 표 6.3으로부터 $A = 0.2$이므로 $GIA = 0.2$이다. 3란의 $S_{a1} = 0.5$는 초기가용저류용량이고 4란의 시간 $t = 1\ \text{hr}$에서 f_P는 식 (6.25)에 따라 $f_P = 0.2 \times 0.5^{1.4} + 0.2 = 0.2758$로 계산되고 5란의 침투율 f는 i와 f_P 중 작은 값이다. 6란의 가용저류용량의 감소 ΔS_a는 식 (6.26)으로 계산된다. $\Delta S_a = 0.2758 \times 1 - (0.2 \times 1 + 0) = 0.0758$. 7란의 S_{a2}는 $S_{a2} = S_{a1} - \Delta S_a = 0.5 - 0.0758 = 0.424$로 계산된다. 8란의 유효강우강도는 $i_e = i - f = 0.28 - 0.2758 = 0.0042\ \text{in/hr}$로 산정된다. 침투에 의한 총손실은 $F = \Delta t \times \sum f = (1\ \text{hr})(1.0046\ \text{in/hr}) = 1.0046\ \text{in}$이고 총 유효강우량은 (8란)$\times\,\Delta t$로 $\Delta t \sum i_e = (1\ \text{hr})(0.1354\ \text{in/hr}) = 0.1354\ \text{in}$이다. 계산결과는 그림 6.9에 도시된 바와 같다.

표 6.5 Holtan모형 계산 예

t (hr) (1)	i (in/hr) (2)	S_{a1} (in) (3)	f_P (in/hr) (4)	f (in/hr) (5)	ΔS_a (in) (6)	S_{a2} (in) (7)	i_e (in/hr) (8)
1	0.28	0.500	0.2758	0.2758	0.0758	0.424	0.0042
2	0.34	0.424	0.2602	0.2602	0.0602	0.364	0.0798
3	0.30	0.364	0.2486	0.2486	0.0486	0.315	0.0514
4	0.22	0.315	0.2396	0.2200	0.0396	0.275	0.0000
5	0.00	0.275	0.2328	0.0000	0.0328	0.243	0.0000
	Σ=1.14			Σ=1.0046			Σ=0.1354

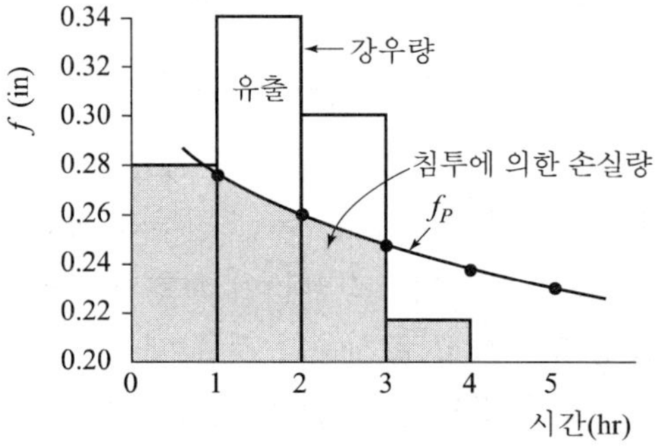

그림 6.9 Holtan침투율 계산

6.3.4 Green–Ampt모형

Green–Ampt모형은 보다 물리적인 근거를 가진 모형으로 (1) Darcy법칙의 이론적인 근거에서 유도되었고, (2) 매개변수는 흙성질로부터 계산될 수 있는 물리적인 의미를 갖으며, (3) 다양한 토양조건에서 좋은 결과를 제공하고, (4) 깊이에 따라 투수계수가 변하는 토양에 적용 가능하다.

Green–Ampt모형에서 건조토양으로 물의 침투는 습윤토양과 건조토양을 구분하는 뚜렷한 경계로 정의되는 **습윤전선**(濕潤前線; wetting front)의 형상으로 일어난다고 가정된다. 침투가 계속되어 습윤전선이 아래로 이동함에 따라 토양의 함수비는 강우 초기의 함수비 θ_i에서 포화함수비 θ_s(공극률 η)로 증가한다. 침투가 진행되는 임의의 시간 t에서 함수비 분포는 그림 6.10의 곡선으로 표시된 바와 같다. 강우강도 i가 침투율 f를 초과하면 지면에 물이 고이고 이의 수심인 **담수심**(湛水深; ponding depth) h_o는 $t=0$에서부터 유지되는 것으로 가정된다. Darcy법칙을 적용한 Green–Ampt식은 다음과 같다(Green과 Ampt, 1911).

$$f_P = K\frac{h_o+\psi+Z}{Z} \tag{6.27}$$

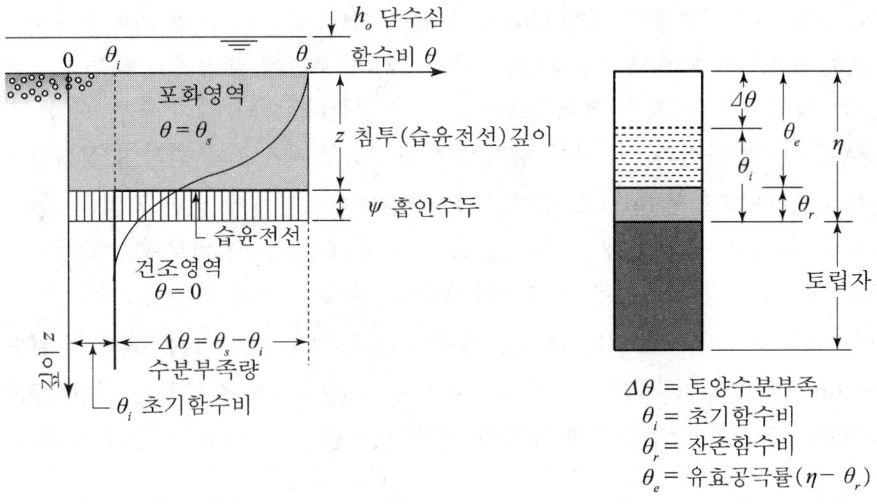

그림 6.10 Green-Ampt모형

여기서 K는 투수계수(cm/h), h_o는 담수심(cm), ψ는 습윤전선의 **모관흡인수두**(毛管吸引水頭; capillary suction head)(cm), Z는 습윤전선의 깊이(cm)이다.

Δt시간 동안 침투량은 $f\Delta t$이고 이는 또한 침투깊이를 나타낸다. Δt 동안 습윤전선이 ΔZ 하강한다면 이로 인하여 물로 채워진 공극의 체적은 $\Delta Z(\theta_s-\theta_i)$이고 이는 침투량 $f\Delta t=\Delta Z(\theta_s-\theta_i)$를 나타낸다. 이로부터 Δt 동안 포화영역 깊이의 증분 ΔZ는

$$\Delta Z=\frac{f\Delta t}{\theta_s-\theta_i} \tag{6.28}$$

Δt 동안 침투율 f는 i와 f_P 중 작은 값이다. 총 (누가)침투량 $F=ft$와 토양 내 누가침투깊이 Z의 관계는 다음과 같이 주어진다.

$$Z=\frac{F}{\theta_s-\theta_i}=\frac{F}{\Delta\theta} \tag{6.29}$$

또는

$$F=(\theta_s-\theta_i)Z=\Delta\theta Z \tag{6.30}$$

여기서 $\Delta\theta=\theta_s-\theta_i$는 초기함수비 θ_i와 포화함수비 θ_s의 차이로 **토양수분부족**(土壤水分不足; soil water deficit)이다. 담수심이 매우 작으면 $h_o\cong 0$이고 식 (6.30)을 이용하면 식 (6.27)은

$$f_P=K\left(1+\frac{\psi\Delta\theta}{F}\right) \tag{6.31}$$

$f=dF/dt$이므로 $t=0$에서 $F=0$인 조건에서 식 (6.31)을 적분하면 누가침투량 F가 얻어진다.

$$F=Kt+\psi\Delta\theta\ln\left(1+\frac{F}{\psi\Delta\theta}\right) \tag{6.32}$$

식 (6.32)는 누가침투량에 대한 Green–Ampt식이다. K, t, ψ 및 $\Delta\theta$가 주어지면 F를 가정(통상 초기가정으로 $F=Kt$)하고 이를 식 (6.32)의 우변에 대입하여 좌변의 F를 구하고 좌우변의 값이 같게 될 때까지 반복계산으로 F를 결정한다. 이와 같이 구한 F를 식 (6.31)에 대입하여 침투율 f_P를 구한다. 또 다른 방법은 식 (6.32)를 시간 t에 관하여 정리한 후 일련의 F를 가정하여 t를 구하고 식 (6.31)로부터 f를 계산하여 시간 t에 대한 f와 F를 도시한다. 이 곡선으로부터 주어진 시간에 대한 f와 F를 구한다. Green–Ampt모형을 강우에 적용하는 경우 식 (6.30 ~ 6.32)는 강우 초기부터 지면이 담수상태($i \geqq f_P$)인 경우이고 침투율 f는 침투능 f_P와 같다. 만약 $i < f_P$이면 지면담수는 담수시간 t_P까지 일어나지 않는다. **담수시간**(湛水時間; ponding time)은 강우가 시작하는 시간에서 지면이 담수되기 시작하는 시간까지의 시간 간격으로 정의된다. 일정한 강우강도에 대하여 실제 침투율 f는 다음과 같이 요약될 수 있다.

(1) $t < t_P$일 때 $$f = i \tag{6.33}$$

(2) $t = t_P$일 때 $$f = f_P = i \tag{6.34}$$

$t = t_P$에서 누가침투량 F_P는 $F_P = i\,t_P$로 주어진다. 그러나 t_P가 알려지지 않은 상태이므로 F_P는 식 (6.31)에서 $f = i$로 놓고 F에 관하여 정리하여 F_P를 계산하는 식 (6.35)를 얻는다.

$$F_P = \frac{\psi\Delta\theta}{i/K - 1} \tag{6.35}$$

담수시간 t_P $$t_P = \frac{F_P}{i} \tag{6.36}$$

또는 식 (6.35)와 (6.36)으로 부터

$$t_P = \frac{K\psi\,\Delta\theta}{i(i-K)} \tag{6.37}$$

(3) $t > t_P$일 때 $$f = f_P = K + \frac{K\Delta\theta\psi}{F} \tag{6.38}$$

담수 후에 실제 침투량을 구하기 위하여 식 (6.32)는 다음과 같이 수정된다(Mein과 Larson, 1973).

$$K(t - t_P + t_P') = F - \psi\Delta\theta \ln\left(1 + \frac{F}{\psi\Delta\theta}\right) \tag{6.39}$$

여기서 t_P'은 강우 초기부터 담수가 발생되는 경우 F_P가 침투되는 데 요하는 시간과 동등한 시간으로 담수상태에서 유도된 식 (6.32)를 이용해서 구해진다. Green–Ampt모형의 적용은 F의 증분에 대하여 식 (6.39)로부터 t를 구하고 식 (6.38)을 이용하여 f를 계산함으로써 t에 대한 f와 F가 결정된다.

표 6.6 토양별 Green-Ampt모형 매개변수(Rawls, 1983)

토양 종류	공극률 $\eta=\theta_s$	유효공극률 θ_e	습윤전선의 흡인수두 ψ(cm)	투수계수 K(cm/h)
Sand	0.437	0.417	4.95	11.78
Loamy sand	0.437	0.401	6.13	2.99
Sandy loam	0.453	0.412	11.01	1.09
Loam	0.463	0.434	8.89	0.34
Silt loam	0.501	0.486	16.68	0.65
Sandy clay loam	0.398	0.330	21.85	0.15
Clay loam	0.464	0.309	20.88	0.10
Silty clay loam	0.471	0.432	27.30	0.10
Sandy clay	0.430	0.321	23.90	0.06
Silty clay	0.479	0.423	29.22	0.05
Clay	0.475	0.385	31.63	0.03

Green-Ampt모형의 매개변수: Green-Ampt모형을 적용함에는 투수계수 K, 모관흡인수두 ψ, 포화함수비 θ_s(공극률 η), 초기함수비 θ_i 등의 매개변수의 값이 필요하다. 이들 매개변수들은 침투 측정자료에 Green-Ampt모형을 적합시켜 결정된다. 초기함수비 θ_i는 실측에 의하여 결정되고 θ_s, ψ, K의 값으로 표 6.6이 이용될 수 있다. 그러나 이는 일차적인 값으로 이용되고 실측자료를 이용하여 보정되어야 한다. 표 6.6은 Rawls 등(1983)이 미국 전역에 걸쳐 약 5,000개의 토양표본을 분석하여 결정한 결과이다.

초기함수비 θ_i 대신 **유효포화**(有效飽和; effective saturation) S_e가 주어지는 경우 $\Delta\theta=\theta_s-\theta_i$는 다음과 같이 계산된다(Brooks와 Corey, 1964).

$$\Delta\theta=(1-S_e)\theta_e \tag{6.40}$$

여기서 θ_e는 **유효공극률**(有效空隙率; effective porosity)로 $\theta_e=\eta-\theta_r$로 정의되고 θ_r은 중력에 의하여 배수된 후 부착력에 의하여 토양입자의 표면에 남아 있는 수분인 토양의 **잔존함수비**(殘存含水比; residual moisture content)이다(7.3.2 보유수율 참조). S_e는 최대가용함수비인 유효공극률 $\theta_e=\eta-\theta_r$에 대한 가용함수비 $\theta-\theta_r$의 비이다.

$$S_e=\frac{\theta-\theta_r}{\eta-\theta_r}=\frac{\theta-\theta_r}{\theta_e} \tag{6.41}$$

여기서 θ는 함수비이다. θ의 범위가 $\theta_r\le\theta\le\eta$이면 S_e의 범위는 $0\le S_e\le 1.0$이다.

증발을 무시할 경우 직접유출 또는 유효강우량은 지면의 물수지에 따라 다음과 같이 주어진다.

$$i_e=i\,\Delta t-\Delta F-\Delta S \tag{6.42}$$

여기서 i_e는 직접유출(mm 또는 cm), ΔF는 식 (6.39)로 계산되는 Δt 동안 누가침투량의 변화량(mm), ΔS는 Δt 동안 지면요부의 저류량 변화(mm)이다.

예제 6.5

표 6.2의 누가침투량과 침투율의 측정치에 대하여 Green-Amp침투모형을 적합하라.

[풀이] 식 (6.31)을 식 (a)와 같이 변형하고 f 를 $1/F$(표 6.2의 6란)에 대하여 도시하여 직선을 적합시킨다(그림 6.11).

$$f = K + K\Delta\theta\,\psi\frac{1}{F} \tag{a}$$

그림 6.11로부터 절편은 $K = 50\ \mathrm{mm/h}$ 이고 직선의 기울기는 $K\Delta\theta\,\psi = 700$이다. 이로부터 $\Delta\theta\,\psi = 14$가 된다. 따라서 식 (a)는

$$f = 50 + \frac{700}{F} \tag{b}$$

$\frac{dF}{dt} = f$ 이므로

$$\frac{dF}{dt} = 50 + \frac{700}{F} = \frac{50F + 700}{F} \tag{c}$$

또는

$$\frac{F}{50F + 700}dF = dt \tag{d}$$

$t = 0$ 에서 $F = 0$ 임을 이용하여 적분하면

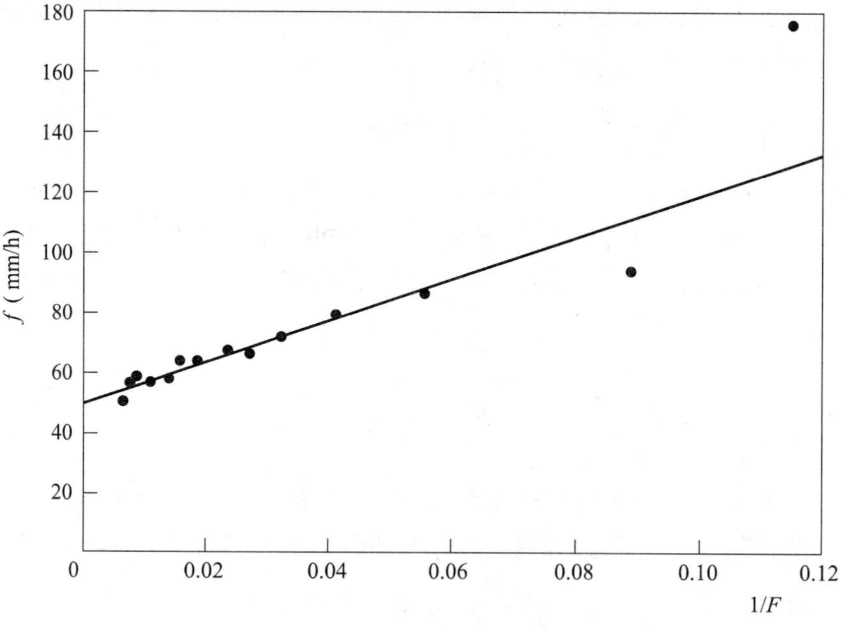

그림 6.11 Green-Ampt모형의 계산 예

$$t = \frac{F}{50} - \frac{700}{50^2 \log(50F+700)} + C\left(= \frac{700}{50^2} \log 700\right)$$

$$= \frac{F}{50} + 0.28 \log\left(\frac{14}{F+14}\right) \qquad \text{(e)}$$

일련의 F값에 대하여 식 (b)와 (e)를 이용하여 f 와 t 를 구한다. t 에 대한 f 와 F 를 표로 작성하거나 도시하면 임의의 t 에 대한 f 와 F를 구할 수 있다.

예제 6.6

초기유효포화가 30%인 silty clay loam 토양에 침투가 시작한 지 1시간 후의 침투율과 누가침투량을 Green–Ampt모형을 이용하여 계산하라. 지면은 담수상태이나 담수심은 무시한다.

[풀이] 표 6.6으로부터 silty clay loam에 대한 $\theta_e = 0.432$, $\psi = 27.3$ cm 및 $K = 0.1$ cm/hr 이고 초기유효포화는 $S_e = 0.3$ 이다. 식 (6.40)으로부터

$$\Delta\theta = (1 - S_e)\theta_e = (1 - 0.3)(0.432) = 0.302$$

$$\psi\,\Delta\theta = 27.3 \times 0.302 = 8.24 \text{ cm}$$

$t = 1$ hr 에서 누가침투량은 식 (6.32)를 이용하여 반복법으로 계산된다. $F(t)$ 의 가정치로 $F(t) = Kt = 0.1$ cm 를 취하면 식 (6.32)는

$$F(t) = Kt + \psi\Delta\theta \ln\left(1 + \frac{F(t)}{\psi\Delta\theta}\right) = 0.1 + 8.24 \ln\left(1 + \frac{0.1}{8.24}\right) = 0.199 \qquad \text{(a)}$$

$F = 0.199$를 식 (a)의 우변에 대입하여 새로운 F값 $F = 0.119$ cm 를 얻는다. 반복계산을 수행하면 $F =$ 1.31 cm 에 수렴된다. 침투율은 식 (6.31)에 F를 대입하여 구해진다.

$$f = K\left(1 + \frac{\psi\Delta\theta}{F}\right) = 0.1\left(1 + \frac{8.24}{1.31}\right) = 0.729 \text{ cm/hr}$$

예제 6.7

토양이 실트롬인 지역에 내린 강우강도가 표 6.7과 같다. 토양의 특성은 $\theta_s = 0.50$, $\psi = 16.68$ cm, $K =$ 0.65 cm/hr, $\theta_i = 0.30$이다. Green–Ampt모형으로 유효강우량을 구하라. 요부저류는 0.5 cm이다.

[풀이] 지면에 요부가 없는 경우에는 담수가 시작되면서 유출이 일어난다. 그러나 지면요부가 있는 경우에는 강우량이 침투량을 초과하게 될 때 지면담수가 시작되어 $S = 0.5$ cm가 다 채워질 때까지 계속된다. $S = 0.5$ cm가 만족되는 시간 이후 침투를 초과하는 강우량은 유출로 나타난다. 강우가 중단되면 요부의 물은 고갈될 때까지 침투된다. 토양수분 부족은 $\Delta\theta = \theta_s - \theta_i = 0.5 - 0.3 = 0.2$이다.

1. 제1강우기간($0 \sim 0.5$ hr)
   강우강도가 투수계수보다 작으므로($i < K$) 담수는 일어나지 않고 모든 강우는 침투된다. 누가침투량은 $F_1 = i\Delta t = 0.5(0.5) = 0.25$ cm 이고 침투능은 식 (6.31)에 따라

표 6.7 예제 6.7의 계산 내용

t (hr)	F (cm)	f_P (cm/hr)	Δt (hr)	ΔF (cm)	i (cm/hr)	$i\Delta t$ (cm)	ΔS (cm)	$\sum\Delta S$ (cm)	i_e (cm/hr)
0.0	0.0	∞	0.5						
				0.25	0.5	0.25	0.0	0.0	0.0
0.5	0.25	4.59	0.5						
				1.00	2.0	1.00	0.0	0.0	0.0
1.0	1.25	2.38	0.5						
				0.96	4.0	2.0	0.50	0.50	0.54
1.5	2.21	1.63	0.5						
				0.75	3.0	1.00	0.0	0.50	0.75
2.0	2.96	1.38	0.5						
				0.64	1.5	0.75	0.0	0.50	0.11
2.5	3.60	1.25	0.5						
				0.62	0.5	0.25	−0.37	0.13	0.0
3.0	4.22	1.16	0.5						

$$f_P = K\left(1+\frac{\psi\Delta\theta}{F}\right) = 0.65\left(1+\frac{16.68(0.2)}{0.25}\right) = 9.32\ \text{cm/hr}$$

2. 제2강우기간(0.5 ~ 1.0 hr)

담수시점에서 누가침투량(식 6.35)과 제2강우기간의 침투량은

$$F_P = \frac{\psi\Delta\theta}{i/K-1} = \frac{16.68(0.2)}{2/0.65-1} = 1.61\ \text{cm}$$

$$\Delta F_P = 1.61 - 0.25 = 1.36\ \text{cm}$$

따라서 담수시간은 $t_P = F_P/i = 1.36/2.0 = 0.68$ hr이다. t_P가 0.5 hr보다 크므로 제2강우기간에서는 담수가 일어나지 않으며 모든 강우는 침투되고 침투량은 $\Delta F_2 = i\Delta t = 2.0(0.5) = 1.0$ cm이고 누가침투량은 $F_2 = 0.25 + 1.0 = 1.25$ cm이다. 침투능은

$$f_P = 0.65\left(1+\frac{16.68(0.2)}{1.25}\right) = 2.38\ \text{cm/hr}$$

3. 제3강우기간(1.0 ~ 1.5 hr)

강우강도 $i = 4.0$ cm/hr가 침투능 $f_P = 2.38$ cm/hr보다 크므로 제3강우기간의 시점($t = 1.0$ hr)에서 담수가 발생된다. 따라서 t_P는 $t_P = 1$ hr로 수정된다. 담수가 시작되었으므로 식 (6.32)의 t를 t_P'으로 대치하여 t_P'을 구한다. $0.65t_P' = 1.25 - 16.68(0.2)\ln(1+1.25/16.68\times 0.2)$. 이로부터 $t_P' = 0.289$ hr이다. 따라서 식 (6.39) $0.65(t-1.0+0.289) = F - 16.68(0.2)\ln[1+F/(16.68\times 0.2)]$를 t에 관하여 정리하면

$$t = 0.711 + 1.538F - 5.132\ln(1+0.3F) \tag{a}$$

식 (a)로부터 $t = 1.5$ hr에서 누가침투량은 $F_3 = 2.21$ cm이고 이 기간의 침투량 ΔF_4는 연속되는 누가침투량의 차이로 주어진다. 즉 $\Delta F_4 = 2.21 - 1.25 = 0.96$ cm. $i\Delta t = 2.0$ cm의 $\Delta F = 0.96$ cm 초과량 1.04 cm는 요부에 저류되어 저류량 S를 형성한다. 초과량 1.04 cm는 $S = 0.5$ cm를 만족하므로 유출이 시작되고 $S = 0.5$ cm의 초과량 $1.04 - 0.50 = 0.54$ cm는 유출된다. 침투능은

$$f_P = 0.65\left(1+\frac{16.68(0.2)}{2.21}\right) = 1.63\ \text{cm/hr}$$

4. 제4강우기간(1.5 ~ 2.0 hr)
강우강도 $i = 3.0$ cm/hr가 침투능 $f_P = 1.63$ cm/hr보다 크므로 제4강우기간에서 담수는 계속된다. $t = 2$ hr에서 누가침투량은 식 (a)로부터 $F_4 = 2.96$ cm이다. $i\Delta t = 1.5$ cm가 $\Delta F = 0.75$ cm를 0.75 cm 초과한다. 요부는 만수상태로 요부저류량의 변화가 없으므로($\Delta S = 0.0$) 이 초과량 0.75 cm는 전량 유출된다(식 6.42).

$$i_e = i\Delta t - \Delta F - \Delta S = 1.5 - 0.75 - 0.0 = 0.75 \text{ cm}$$

$$f_P = 0.65(1 + 16.68(0.2)/2.96) = 1.38 \text{ cm/hr}$$

5. 제5강우기간(2.0 ~ 2.5 hr)
강우강도 $i = 1.5$ cm/hr가 침투능 $f_P = 1.38$ cm/hr보다 크므로 담수는 계속된다. $t = 2.5$ hr에서 누가침투량은 식 (a)로부터 $F_s = 3.6$ mm이다. $i\Delta t = 0.75$ cm는 $\Delta F = 0.64$ cm를 초과하고 요부는 만수상태이므로 저류량은 변화가 없다($\Delta S = 0.0$). 이 기간의 유출은

$$i_e = i\Delta t - \Delta F - \Delta S = 0.75 - 0.64 - 0.0 = 0.11 \text{ cm}$$

$$f_P \equiv 0.65(1 + 16.68(0.2)/3.6) = 1.25 \text{ cm/hr}$$

6. 제6강우기간(2.5 ~ 3.0 hr)
강우강도 $i = 0.5$ cm/hr가 침투능 $f_P = 1.25$ cm/hr보다 작으므로 강우는 전량 침투되고 요부에서도 침투가 일어나고 이로 인한 요부저류량의 감소량은

$$\Delta S = i\Delta t - \Delta F_6 = 0.25 - 0.62 = -0.37 \text{ cm}$$

따라서 요부의 남은 저류량은 $0.5 - 0.37 = 0.13$ cm가 된다.

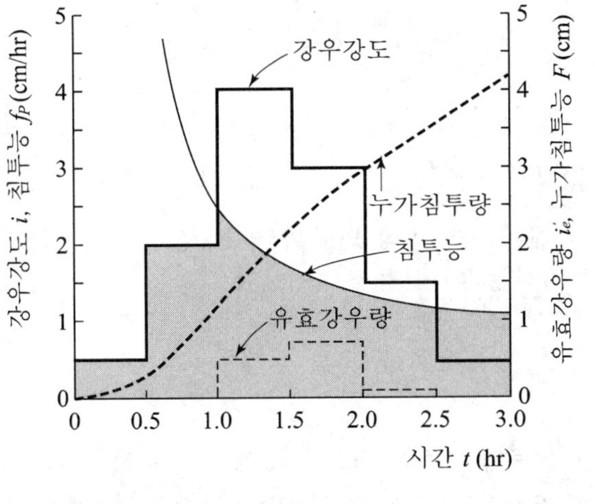

그림 6.12 Green-Ampt모형에 의한 침투율과 유효강우강도 계산 예

6.3.5 NRCS모형

미국 자연자원보전청(自然資源保全庁; U. S. Natural Resources Conservation Service, NRCS (이전 토양보전청, Soil Conservation Service) 1972)은 작은 농경지의 유출 산정을 위한 곡선번호방법을 개발하였으며 방법의 자세한 내용은 8.6절에 기술된다. NRCS모형은 두 가정에 근거한다. (1) 요부와 토양저류용량을 통하여 유역이 물을 보유할 수 있는 최대잠재보유수량 S가 존재한다. (2) 실제 저류용량 F와 최대잠재보유수량 S의 비는 유출 Q와 초기손실 I_a를 뺀 강우량 P와의 비와 같다. 즉,

$$\frac{F}{S}=\frac{Q}{P-I_a} \tag{6.43}$$

I_a와 S는 선형관계를 갖는다.

$$I_a = aS$$

여기서 a는 상수이다. 큰 호우에는 $a=0.2$, 중소 호우에는 $a=0.1$이 적용된다. 물수지로부터

$$F=P-I_a-Q \tag{6.44}$$

식 (6.43)과 (6.44)로부터 Q를 소거하고 F에 관하여 정리하면

$$F=\frac{S(P-I_a)}{P-I_a+S} \tag{6.45}$$

식 (6.45)는 P, S 및 I_a의 항으로 누가침투량을 나타낸다. 식 (6.45)를 미분하면

$$f=i\ \frac{S^2}{(P-I_a+S)^2} \tag{6.46}$$

여기서 $f=\frac{dF}{at}$, i는 $i=\frac{dP}{dt}$로 강우강도이다. 매개변수 S는 곡선번호로부터 계산된다. NRCS모형은 작은 농경유역에서는 비교적 만족할 만한 침투량을 제공하는 것으로 알려졌고 토지이용 변화의 영향을 평가하는 데 사용될 수 있다.

6.4 침투량 측정

침투량을 측정하는 **침투계**(浸透計; infiltrometer)는 지점측정과 지역측정으로 구분된다. 지점측정에는 일류토양에 적합한 일류침투계, 지면에 빗방울의 영향이 크게 작용하는 경우에 적합한 강우모의기, 큰 공극이 있는 토양에 적합한 장력침투계, 고랑관개와 같이 흐르는 물의 영향이 큰 경우의 고랑침투계가 있고, 지역측정에는 수문곡선 해석방법이 있다. 많이 쓰이는 침투량의 결정방법은 일류침투계, 강우모의기, 수문곡선 해석의 세 가지 방법이다.

6.4.1 일류침투계

일류침투계(溢流浸透計; flooding infiltrometer) 또는 **원관침투계**(圓管浸透計; cylinder infiltrometer)는 동심원인 2개의 금속원통으로 구성되고 내부 원통은 직경이 30~100 cm, 높이가 20 cm 정도이다. 지면에서 5 cm 깊이로 매설하고 두 개의 원통에 물을 채워 일정한 수심(5 cm)이 유지되도록 하고 규칙적인 시간 간격(5, 10, …, 60분 등)에서 일정한 수심을 유지하기 위하여 추가로 부은 물의 양을 이용하여 침투량을 결정한다. 외부 원통은 횡방향으로 이동되는 물을 공급하고 내부 원통 주위의 흙을 포화시켜 내부 원통의 물이 연직방향으로만 이동하도록 하기 위함이다. 2중 원통의 복잡함을 개선하기 위하여 단일원통 이동식 침투계가 개발되었다.

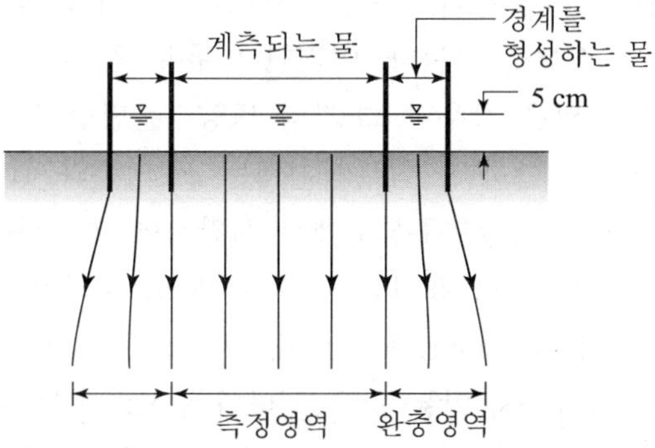

그림 6.13 일류형 침투계

6.4.2 강우모의기

스프링클러형 침투계(springkler infiltrometer)라고도 하는 **강우모의기**(降雨模擬機; rainfall simulator)는 일류침투계의 정수압과 흙에 작용하는 빗방울 충격의 영향이 결여되는 단점을 보완하기 위하여 개발되었다. 강우모의기에서는 경계벽이 설치된 매우 작은 구역의 흙의 침투능을 초과하는 공급률로 스프링클러를 이용하여 물을 공급한다. 공급되는 수량을 측정하고 모의유역에서 흘러나오는 물(유출)은 모아서 계량한다. 공급되는 수량과 유출의 차이가 침투량이 된다. 강우모의기는 강우강도, 지속기간 등 자연강우의 모의가 가능하다.

6.4.3 수문곡선 해석

강우량과 이로 인한 유출수문곡선을 해석하여 한 유역의 침투량을 산정하는 것이 가능하다. 다수의 우량계를 이용하여 한 유출사상에 대한 유역의 평균강우량을 구한다. 이러한 호우에 대한 유출의 양은 하천수위표에 의하여 측정된다. 유역에 내린 강우량과 유출된 수량의 차이는 유역의 침투량 산정의 기초가 된다. 수문학적 수지는 증발산, 요부저류 및 차단의 산정을 필요로 한다. 증발산은 단기호우의 경우 무시할 정도이고 장기강우의 경우 매우 작다.

수문곡선에 의한 침투량 산정은 유역단위 침투량인 반면, 침투계에 의한 침투량 측정은 유역 내 한 점에 대한 값이다. 전 유역에 대하여 침투량은 균일하지 않으므로 평균치를 구할 수 있도록 침투량 측정은 유역의 여러 지점에서 수행되어야 한다.

6.5 침투지수

큰 유역의 경우 강우에 대한 유출의 응답이 늦고 지속기간이 긴 호우에 대한 침투의 시간분포는 크게 중요하지 않다. 이러한 조건에서는 강우가 지속되는 동안 침투율이 일정한 것으로 가정된다. 이와 같이 일정한 침투율을 **침투지수**(浸透指數; infiltration index)라고 한다. 일정한 침투율의 침투지수법은 강우 초기의 높은 침투율을 과소하게 산정하고 강우 종기의 낮은 침투율을 과대하게 산정하는 경향을 갖는다. 이러한 이유로 침투지수법은 지속기간이 길어서 초기의 높은 침투율의 비중이 낮은 강우나, 초기의 토양수분함량이 높아 초기침투율이 상대적으로 작은 상태에 있는 유역에 적합하다. 침투지수에는 ϕ-지수와 W-지수가 있다.

ϕ-지수(ϕ-**指數**; ϕ-index)는 강우주상도에서 시간축에 평행선을 그어 윗부분의 강우량이 직접유출과 같게 구분하는 직선으로 표시되는 강우강도로 정의된다. 그림 6.14에서 흰 부분의 면적은 유역의 관측된 직접유출고(mm)를 나타내므로 ϕ로 표시된 직선은 ϕ-지수가 된다. 직선 아래면적은 직접유출로 나타나지 않는 강우를 나타내므로 이는 지면보류(차단, 요부저류, 증발)와 침투를 포함한 모든 손실을 나타낸다. ϕ-지수는 시산방법 또는 질량평형(예제 6.8)을 이용해서 결정된다.

W-지수(W-**指數**; W-index)는 강우강도가 침투능을 초과하는 시간 동안의 평균침투율이다.

$$W = \frac{F}{T} = \frac{1}{T}(P - Q_S - S) \tag{6.47}$$

여기서 T는 강우강도가 침투능을 초과하는 기간, F는 T시간 동안의 총 침투량, P는 T에 해당하는 시간의 총 강우량, Q_S는 직접유출, S는 지면보류이다. W-지수는 요부저류와 강우

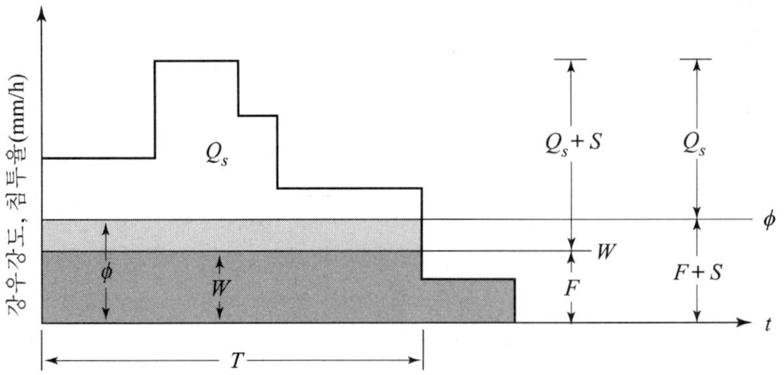

그림 6.14 ϕ-지수와 W-지수의 정의

기간 동안 무강우시간을 포함한다. W-지수는 식 (6.49)에서와 같이 근본적으로 ϕ-지수에서 시간 평균된 지면보류(요부저류와 차단)를 뺀 값과 같다.

$$\phi = \frac{F+S}{T} = \frac{P-Q_S}{T} \tag{6.48}$$

$$W = \frac{P-Q_S-S}{T} = \frac{P-Q_S}{T} - \frac{S}{T} = \phi - \frac{S}{T} \tag{6.49}$$

토양이 매우 습윤한 조건에서 침투능은 최소이고 지면보류(S)는 매우 작아서 식 (6.49)에서 W-지수와 ϕ-지수는 거의 같게 된다. 이 경우 W-지수를 $W_{\min}$-지수($W_{\min}$-index)라고 하고 최대가능홍수량 산정에 사용된다.

예제 6.8

6시간 강우량이 다음과 같고, 유출고가 26 mm이다. ϕ-지수와 W-지수를 계산하라. 지면보류는 총 강우량의 20%이다.

시간(hr)	0	1	2	3	4	5	6
강우강도(mm/h)		5	18	15	3	10	5

[풀이]

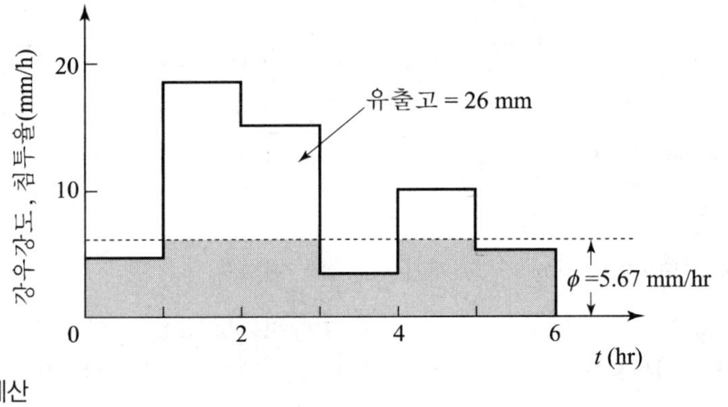

그림 6.15 ϕ-지수 계산

총 강우량은 56 mm이므로 침투된 강우깊이는 30 mm(=56−26)이다. 그림 6.15에서 ϕ값이 5~10 mm 범위에 있는 것으로 가정하면 질량평형은 다음과 같이 나타낼 수 있다.

$$(18-\phi)\times 1 + (15-\phi)\times 1 + (10-\phi)\times 1 = 26\ \text{mm} \tag{a}$$

식 (a)를 ϕ에 관하여 풀면 $\phi = 5.67\ \text{mm/h}$로 가정한 ϕ의 범위는 타당하다. 만약 가정이 틀리면 계산된 ϕ-지수는 가정된 범위를 벗어난다.

W-지수는 ϕ-지수에서 지면보류율을 뺀 것과 같고 강우강도가 침투능을 초과하는 시간은 3시간이므로

$$W = \phi - \frac{S}{T} = 5.67 - \frac{56\times 0.2}{3} = 5.67 - 3.73 = 1.94\ \text{mm/h}$$

문 제

Horton모형

6.1 Horton식의 매개변수가 $f_o = 75\ \mathrm{mm/hr}$, $f_c = 13\ \mathrm{mm/hr}$, $k = 4.2\ \mathrm{hr}^{-1}$이다. 0, 0.5, 1.0, 1.5, 2 hr 후의 침투율과 누가침투량을 구하고 이들 결과를 시간의 함수로 도시하라. 또한 침투율을 누가침투량의 함수로 도시하라.

6.2 문제 6.1에서 0.75와 1.5 hr 사이의 침투증분을 구하라.

6.3 다음 자료에 Horton식을 적합하라.

시간(hr)	1	3	∞
침투율(mm/hr)	2.36	1.28	1.00

6.4 silt loam 토양에서 침투율이 다음과 같다. Horton식의 매개변수 f_o, f_c 및 k를 결정하라.

시간(hr)	0	0.08	0.17	0.30	0.44	0.70	1.12	2.62	3.20
침투율(mm/hr)	6.7	5.4	4.4	3.3	2.5	1.5	0.7	0.2	0.1

6.5 5 mm/h의 강우가 지속될 때 sandy clay에 침투되는 침투율의 측정자료가 다음과 같다. 침투율을 Horton식으로 나타내는 데 필요한 매개변수 f_o, f_c 및 k를 결정하라. $t = 1.2\ \mathrm{hr}$에서 요부저류가 만족되는 것으로 가정한다.

시간(hr)	0	1.10	1.56	2.33	3.07	3.92	4.88	7.09
누가침투량(mm)	0	5.4	7.5	10.0	12.0	14.0	16.0	20.0
침투율(mm/hr)	5	5	3.7	2.9	2.5	2.2	2.0	1.7

Philip모형과 Holtan모형

6.6 문제 6.5의 자료에 대하여 Philip식의 매개변수를 결정하라.

6.7 점토에 대한 Philip식의 매개변수가 $S = 42\ \mathrm{mm\ hr}^{-1/2}$, $A = 90\ \mathrm{mm/hr}$일 경우 0.5시간 간격으로 3시간 기간의 누가침투량과 침투율을 계산하라. 침투율과 누가침투량을 시간의 함수로 도시하라. 지면은 처음부터 담수조건에 있다.

6.8 다음 자료로부터 Philip침투식의 매개변수를 결정하라.

시간(hr)	2	4
침투율(mm/hr)	16	14

6.9 Philip식의 매개변수가 $S = 45\ \mathrm{mm\,hr}^{-1/2}$, $A = 3.6\ \mathrm{mm/hr}$이다. 시간 0, 0.5, 1.0, 1.5 및 2.0 시간(hr)에서 누가침투량을 결정하라. 침투율과 누가침투량을 시간의 함수로 도시하고 침투율을 누가침투량의 함수로 도시하라. 지면은 계속 담수상태로 가정한다.

6.10 다음 강우량에 대하여 각 시간 간격별 침투량을 Holtan방법으로 산정하라. 유역의 반은 삼림이고 나머지 반은 소립 곡물이다. 토양형은 B형이고 $GI=1.0$이다.

시간(hr)	0	1	2	3	4	5
강우량(mm)		10	20	30	5	0

Green-Ampt모형

6.11 강우강도가 각각 (a) 10 mm/hr, (b) 25 mm/hr인 조건에서 초기유효포화가 25%인 점토롬토양의 지면을 담수시키는 데 필요한 담수시간과 누가침투량을 계산하라.

6.12 25% 초기포화상태의 점토롬에 내린 30 mm/hr의 강우에 대한 1시간 후의 누가침투량과 침투율을 계산하라.

6.13 초기유효포화가 20%인 실트점토토양의 수면담수에 필요한 담수시간과 침투식을 다음 조건에서 산정하라. (a) 10 mm/hr, (b) 30 mm/hr.

6.14 초기유효포화가 40%인 사질롬토양에 대하여 1시간 후의 침투율(mm/hr)과 침투심(mm)을 Green-Ampt방법으로 구하라. 지면은 계속 담수상태로 가정한다.

6.15 Green-Ampt방법을 이용하여 침투율과 누가침투량을 10분 간격으로 6시간까지 계산하라. 실트점토토양의 초기유효포화는 20%이고 계속 담수상태이다.

6.16 초기함수율이 0.2인 사질롬에 12 mm/hr의 강우가 일정하게 내린다. Green-Ampt방법으로 유효강우강도를 결정하라. 포화상태에서 함수율이 0.52이고 투수계수가 2×10^{-4} mm/s이다. 평균 모관흡인수두는 260 mm이다.

6.17 120분 동안 20분 간격으로 내린 강우강도가 38, 38, 152, 101, 25, 81 mm/hr로 총 강우량은 145 mm이다. Green-Ampt방법으로 연속된 강우의 유효강우량을 산정하라. 포화투수계수 20 mm/hr, 공극률 0.6, 초기함수율 0.26, 평균 모관흡인수두 182 mm, 요부저류 12 mm를 가정한다.

6.18 30분 간격으로 3시간 내린 강우강도가 12, 0.5, 112, 125, 76 mm/hr이다. Green-Ampt방법으로 30분 간격의 유효강우량을 구하라. 토양은 사질토로서 공극률이 0.6, 포화투수계수가 8.4×10^{-3} mm/s, 초기함수율이 0.15, 평균 모관흡인수두 162 mm이고 요부저류는 무시한다.

침투량 측정

6.19 다음 두 경우에 대한 침투심과 침투율을 구하라.

	시간(min)	강우량(mm)	유출(mm)
(a)	10	18	9
(b)	16	22	17

6.20 내부 원통의 직경이 25 cm인 2중 일류침투계의 중앙 원통에 30분 동안 0.4 L의 물을 부은 경우 침투율을 구하라.

6.21 폭이 30 cm, 길이가 50 m인 밭의 관개고랑에 주입된 유량이 1 L/s이고 흘러나온 물이 0.85 L/s인 경우 평균 침투율을 구하라.

침투지수

6.22 다음 강우에 대한 유출고가 190 mm이다. ϕ–지수를 계산하라.

시간(hr)	0～2	2～4	4～6	6～8	8～10	10～12
강우강도(mm/hr)	12	24	48	36	6	18

6.23 어느 호우의 20분 간격의 강우강도가 다음과 같다. 직접유출이 62 mm일 경우 (a) 총 강우량과 (b) ϕ–지수를 결정하라.

20분 기간	1	2	3	4	5
강우강도(mm/hr)	62	126	162	87	24

6.24 유역면적이 12 km^2인 유역의 수문곡선으로부터 계산된 직접유출의 체적이 2.1×10^6 m^3이다. 이 수문곡선을 유발한 호우는 52 mm/hr의 강우강도로 5시간 지속됐다. (a) ϕ–지수와 (b) 유효강우량을 구하라.

6.25 문제 6.22에서 차단과 요부저류의 합이 $S = 10$ mm로 가정하고 W–지수를 계산하라.

07 지하수

Applied Hydrology

7.1 서 론

지하수는 넓은 의미로 지질층의 모든 공극을 채우고 있는 물을 나타내는 데에 사용되기도 하여 지표하수와 혼동을 가져오기도 하는데 이에 관한 Meinzer(1923)의 지하수와 지표하수에 대한 정의는 다음과 같다. 지표면 아래 존재하는 모든 물을 **지표하수**(地表下水; subsurface water)라고 하고 이는 후술되는 통기대와 포화대의 물을 총칭한다. **지하수**(地下水; groundwater)는 포화대에 존재하는 물로서 지하수위 아래에 있는 물을 의미한다.

지하수는 비교적 오염될 가능성이 적고 작은 도시나 관개시설이 없는 지역의 용수공급원이 되며 하천의 상시유량의 원천이 된다. 또한 지하수는 수문순환의 중요한 과정을 이루고 있으며 우물, 하천, 호수 및 해안으로 흐른다.

지하수 흐름을 이해하는 데에는 시간과 공간의 영향, 다공성 매질과 유체의 성질 및 흐름의 경계에 관한 지식이 필요하다. 지하수 흐름은 3차원 흐름이나 우물과 같이 흐름이 대칭이 아니면 이론적인 해는 매우 복잡하다. 그러나 한 방향에서 흐름의 변화가 작으면 2차원 흐름의 가정이 가능하고 실제 대부분의 문제가 이에 속한다. 경우에 따라서는 1차원의 흐름도 가정된다. 지하수의 흐름과 성질은 시간과 공간에 따라 변한다. 시간에 따라 변할 때 부정류 문제가 되고 공간에 따라서만 영향을 받을 때는 부등류 문제가 된다. 지하수흐름의 경계는 지질구조와 자유수면으로 주어지며 지하수흐름을 해석함에는 이러한 경계가 정의되어야 한다.

지하수가 흐르는 **다공성 매질**(多孔性媒質; porous medium)은 등방과 이방성, 균질과 비균질 매질로 구분된다. **등방성 매질**(等方性媒質; isotropic medium)은 주어진 점에서 모든 방향으로 균일한 성질(예로 투수계수)을 갖는다. **이방성 매질**(異方性媒質; anisotropic medium)은 방향에 따라 그 성질(투수계수)이 다르다. **비균질성 매질**(非均質性媒質; heterogeneous medium)은 등방 또는 이방성 매질에서 공간적으로 불균일한 성질을 갖는 반면 **균질성 매질**(均質性媒質; homogeneous medium)은 모든 점에서 그 성질(투수계수)이 균일하다. 흐름영역의 모든 점에서 방향에 관계없이 투수계수가 같은 매질을 **균질등방성 매질**(均質等方性媒質; homogeneous and isotropic medium)이라 한다. 투수계수가 흐름방향에 따라 다르나 이러한 성질이 흐름영역의 모든 점에서 동일한 매질을 **균질이방성 매질**(均質異方性媒質; homogeneous anisotropic medium)이라 한다.

지하수 수문학은 대수층이 급수원이 되고 폐기물로부터 오염의 위협이 되는 점에서 중요하다. 대수층으로 폐기물의 유입으로 지하수의 수질이 악화되고, 양수로 인하여 흐름 양상이 변한다. 따라서 수문 전문가는 지하수흐름과 오염물 이동의 방향과 양을 예측할 수 있는 지식을 갖추는 것이 필요하다.

7.2 지표하수의 연직분포

지표하수 또는 넓은 의미의 지하수의 영역은 지하수위를 기준으로 하여 지하수위 상부층은 통기대, 지하수위 하부층은 포화대로 구분된다. **지하수위**(地下水位; water table, phreatic surface)는 정수압이 대기압과 같은 점을 연결한 면으로 정의되며 이는 통기대와 포화대 사이에 불투수층이 존재하지 않는 자유수면 대수층에 나타나며 우물을 굴착했을 때 우물의 수면이 된다. 연직단면에서 지표하수의 구분이 그림 7.1에 주어지고, 그림 7.2는 지표하수의 분류와 발생을 나타내는 지각의 상부 단면도이다.

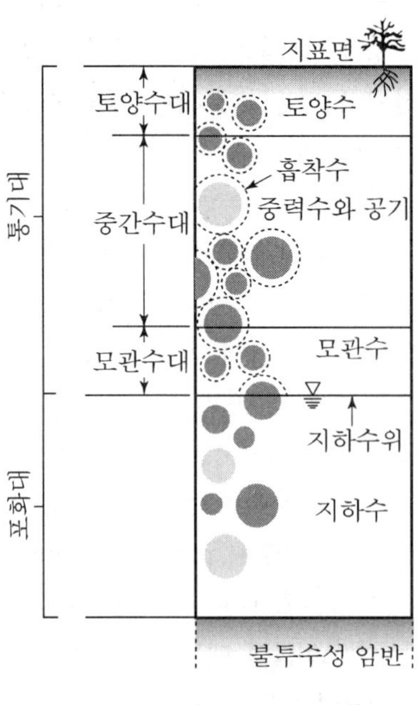

그림 7.1 지표하수의 구분

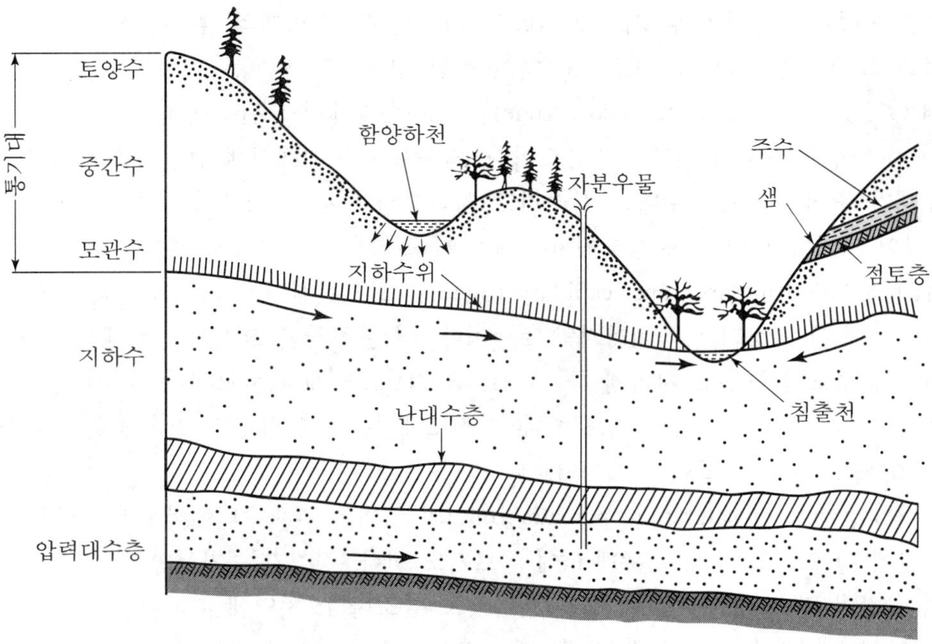

그림 7.2 지하수의 발생

통기대(通氣帶; vadose zone, zone of aeration)는 공극이 물과 공기로 채워진 층으로 이는 다시 토양수대, 중간수대, 모관수대로 세분된다. 통기대에서 수분의 이동은 큰 공극을 통해서는 중력에 의한 **중력수**(重力水; gravity water)로 아래로 이동하고 작은 공극을 통해서는 모세관현상에 의하여 물이 흡수된다. 하향운동하는 중력수는 그 과정에서 **모관공극**(毛管空隙; capillary pore)에 의해서도 흡수된다. 지면에 있는 모관공극이 물로 채워지고 흡수력이 감소하면 물이 지면을 통하여 흙 속으로 스며드는 현상으로 정의되는 침투율은 감소하고 균질 흙에서는 통기대가 포화될 때까지 점진적으로 감소한다. 통기대가 포화되면 흙 속에서 물의 이동은 중력에 의하여 일어나고 이를 침루라 한다. 일단 통기대가 포화되면 침투는 침루에 따르게 된다. 즉 흙 속에서 물의 이동이 크게 되면 이에 따라 침투율도 증가한다.

토양수(土壤水; soil wate)는 통기대의 공극에 존재하는 물을 지칭한다. 공극에 존재하는 토양수는 세 형태를 갖는다. 분자흡수력에 의하여 세립 흙입자의 표면에 부착되는 엷은 수막인 **흡착수**(吸着水; hygroscopic water), 세립자보다 큰 미립자 사이의 공극에 표면장력에 의한 **모관수**(毛管水; capillary water) 및 중력에 의하여 하향운동하는 중력수이다. 모관수와 흡착수는 중력에 의하여 배수되지 않는다. 강우로 인하여 토양수대가 모관수를 초과하는 토양수를 보유하면 중력에 의한 중력수로 배수된다. 물이 공극으로 내려갈 때에는 중력과 장력이 같이 작용한다. 중력은 물을 공극으로 밀어 넣고 장력은 공극 내로 끌어들인다. 그러나 공극에서 물이 빠져나갈 때에는 이들은 서로 반대로 작용한다.

토양수대(土壤水帶; soil water zone)는 토양수가 존재하는 지표영역으로 지표면에서 지하로 식물의 뿌리가 미치는 영역인 **뿌리대**(root zone)까지 이른다. 뿌리대의 깊이는 흙과 초목에 따라 크게 변하고 그 깊이는 10 m에 이르기도 하며 심한 강우기간 외에는 비포화상태에 있다.

중간수대(中間水帶; intermediate vadose zone)는 토양수대에서 모관수대에 이르는 중간영역으로 물의 연직 하향흐름(중력수)의 연결통로이다. 지하수위가 지표면에 접근해 있으면 토양수대와 모관수대가 중첩되어 중간수대는 사라지고 지하수위가 깊은 경우에는 중간수대의 깊이가 100 m 이상이 되기도 한다. 건조상태에서는 수분이 흡착수와 모관수로 존재한다.

모관수대(毛管水帶; capillary zone, capillary fringe)는 모세관현상에 의하여 지하수면으로부터 흙입자 사이로 물이 흡상되는 높이까지의 토층이다. 이는 공극의 크기에 반비례하고 표면장력에 비례하는 흙구조의 함수로 지역에 따라 다르다. 점토토양에서는 모세관공극이 작아 흡인력이 커서 모관수대가 1 m 이상이 되기도 한다. 사질토에서는 흡인력은 작으나 공극 크기가 커서 보다 많은 물을 보유한다. 압력은 대기압보다 작다.

포화대(飽和帶; zone of saturation, phreatic zone)의 영역은 지하수면에서부터 아래로는 불투수층인 암반에 이르고 그 깊이는 수백 m에 이르기도 한다. 깊이가 증가하면 상부의 무게에 따라 공극의 공간이 감소 내지 사라져 물의 함유량도 감소한다. 지역에 따라서는 포화대가 한정된 불투수층 위에 국부적으로 존재하는데 이를 **주수**(宙水; perched ground water)라고 한다. 포화대에서 발생하는 물을 일반적으로 단순히 지하수라고 한다.

지하수는 강수를 근원으로 하는 **대기수**(大氣水; meteoric water), 암석의 형성과정에서 암석에 존재하는 물로 일반적으로 염분을 함유하는 **암석수**(岩石水; connate water), 지층 내에서 화학적으로 생성되며 암석의 틈을 통하여 지면으로 나오는 **초생수**(初生水; juvenile water)로 구성된다. 암석수와 초생수는 그 양은 많지 않으나 지하수에 바람직하지 않은 광물질의 제공원이 되어 문제가 된다.

강수량이 적고 지하수위가 매우 깊으면 강수로부터의 함양은 거의 없고 관개, 호수 및 하천으로부터의 함양이 주 공급원을 이룬다. **지하수함양**(地下水涵養; groundwater recharge)에 기여하는 하천을 **함양하천**(涵養河川; influent stream 또는 losing stseam)이라고 한다. 한편 하천이 지하수위와 교차하게 되어 지하수가 하천으로 흘러 나오는 하천을 **침출천**(浸出川; effluent stream 또는 gaining stream)이라고 한다. 항상 물이 흐르는 **항류천**(恒流川; perennial stream)은 일반적으로 침출천인 경우가 많다. 이에 반하여 **간헐천**(間歇川; ephemeral stream)은 근원이 지하수가 아니라 강우이므로 비우기에는 물이 흐르지 않는다.

포화대가 지표면과 교차하는 지점에서는 샘이 형성된다. 이와 같은 샘이 규모가 비교적 크면 하천의 근원인 흐름을 형성하고 작은 경우에는 흘러나오면서 증발되기도 한다. 그림 7.3은 여러 가지 형태의 샘과 대수층의 구분을 나타낸다.

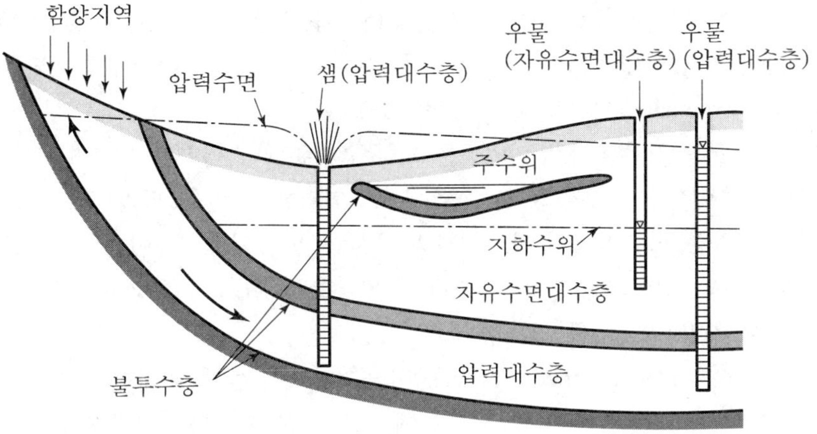

그림 7.3 대수층과 우물의 구분

7.3 대수층

대수층(帶水層; aquifer)이란 충분한 양의 물을 보유할 뿐만 아니라 한 지점에서 다른 지점으로 물을 수송할 수 있는 투수성의 지질구조이다. 비압밀상태의 모래와 자갈이 대표적인 예이다. 이에 반하여 **난대수층**(難帶水層; aquiclude)은 포화상태로 물을 보유하고는 있으나 우물과 샘에 충분한 양의 물을 공급할 만한 속도로 물을 수송할 수 없는 지질구조로서 점토가 그 예이다. **비대수층**(非帶水層; aquifuge)은 물을 보유하지도 않고 수송할 수도 없는 암석과 같은 지질층이다. **반대수층**(半帶水層; aquitard)은 포화상태로 물을 보유하나 빈약한 투수성으로 지하수이동이 저해되어 우물로 자유로이 흘러나오지 못한다. 그러나 대수층과의 물 이동은 상당한 정도이므로 그 두께가 크면 중요한 지하저수지 역할을 한다. 예로 점토성 모래를 들 수 있다.

대수층은 지하수면의 존재에 따라 자유수면대수층과 압력대수층으로 구분된다.

자유수면대수층(自由水面帶水層; unconfined aquifer, free, phreatic, water-table aquifer). 이는 지하수위를 상부경계로 가지며 지하수위는 자유수면과 같이 대기압하에 있어서 지하수위가 기우는 방향으로 물이 흐르게 되는 대수층으로 비피압대수층이라고도 한다. 자유수면대수층에 굴착된 우물의 수위는 자유수면이 된다. 지하수위의 상승과 강하는 대수층에 저류되어 있는 수량의 변화에 주로 기인한다. 지하수위의 모양과 경사 는 양수상태와 투수성에 따라 다르게 된다. 하천제방의 침윤선으로 나타나는 흐름은 자유수면대수층의 한 예이다. 자유수면대수층의 특별한 경우가 주수대수층이다(그림 7.3). 이는 지하수의 한 부분이 국부적으로 주지하수대수층과 불투수층으로 분리됨에 따라 일어난다.

압력대수층(壓力帶水層; confined aquifer, pressure aquifer, artesian aquifer). 이는 지층형성 과정에서 대수층 위에 불투수층이 존재하게 되어 상부에 있는 불투수층의 눌림에 의하여 대기압보다 큰 압력을 받는 대수층으로 피압대수층이라고도 한다. 압력대수층에 굴착된 우물의 수면은 대수층 상부에 위치한 불투층보다 높게 되고 이는 관수로의 **위압수두**(位壓水頭; piezometric head)에 해당한다. 압력대수층이 지면에까지 이어져 지표수가 토양에 침투되는 지역을 **함양지역**(涵養地域; recharge area)이라고 한다(그림 7.3).

압력대수층에 굴착된 우물의 수면변동은 지하수 저류량의 변화가 아니라 주로 압력변화에 기인한다. 압력대수층에 있는 우물의 정수압수두를 연결한 곡면을 **압력수면**(壓力水面; piezometric surface)이라고 한다. 압력대수층에 수 개의 우물을 굴착했을 때 이들 우물의 수면은 압력수면을 정의한다. 압력수면이 지표면보다 높게 되면 **유출천**(流出泉; flowing well)이 생긴다. 이를 자분우물(artesian well) 또는 샘이라 한다.

주수대수층(宙水帶水層; perched aquifer). 지하수위보다 높게 위치한 불투수층 위에 형성된 국부적인 대수층이다. 침투수는 이 불투수층에 모여 포화렌스를 형성한다. 주수대수층의 수위를 주수위라 한다. 이는 자유수면대수층의 특별한 경우이다.

누수대수층(漏水帶水層; leaky aquifer). 일반적으로 완전한 자유대수층이나 압력대수층은 드물고 대개의 대수층은 이들의 혼합상태인 누수대수층이다. 누수대수층의 물은 인접한 반대수층을 통하여 공급된다. 예로 부분적으로 반투수성 압력층을 포함한 압력대수층, 반투수성 지층 위에 위치한 자유대수층을 들 수 있다. 실제로 압력대수층의 경계층이 완전한 불투수층이 아닌 경우에는 이 경계층을 통해서 압력대수층으로 물이 이동된다. 따라서 이러한 경우에는 흐름영역이 변경되므로 누수가 계산에 포함된다.

7.3.1 공극률

대수층의 중요한 성질의 하나가 **공극**(空隙; void, interstice, pore, pore space)으로 이는 흙입자나 암석입자 간의 틈이다. 이들 공극은 수로역할을 하므로 지하수에 중요한 인자이다. 공극은 지질형성 과정에서 생긴 것과 지질형성 후에 생긴 것으로 구분된다. 후자는 절리, 균열, 용액통로, 식물과 짐승에 의한 것을 예로 들 수 있다. **공극률**(空隙率; porosity)은 매질 내의 공극의 체적 $\forall_v$ 와 매질의 총체적 $\forall$ 와의 비로 정의되고 대수층의 보수용량의 척도로 20%~60% 범위이다.

$$\eta = \frac{\forall_v}{\forall} \tag{7.1}$$

유효공극률(有效空隙率; effective porosity)은 지하수흐름에 기여하는 상호 연결된 공극의 부피와 총부피의 비이다.

7.3.2 보유수율 S_r

지하수위가 강하하면 중력에 의하여 공극에 있는 물은 빠져나오고 그 공간은 공기로 채워진다. 그러나 액체와 고체벽면 사이에는 부착력이 존재하고 이 부착력은 중력보다 커서 공극 벽면에는 부착력에 의하여 일부 물이 남아 있게 된다. 이와 같이 남아 있는 물의 체적과 매질의 총체적과의 비를 자유수면대수층의 **보유수율**(保留水率; specific retention of unconfined aquifer)이라 한다.

$$S_r = \frac{\forall_r}{\forall} \tag{7.2}$$

여기서 $\forall$는 매질의 체적, $\forall_r$은 부착력과 표면장력에 의하여 토립자 표면에 잔존하는 물의 체적이다.

7.3.3 비산출량 S_y

비산출량(比產出量; specific yield(of unconfined aquifer))은 자유수면대수층에서 매질로부터 중력에 의하여 자유로이 흘러나오는 물의 체적과 매질의 총체적과의 비로서 유효공극률이라고도 한다. 보유수율로 인하여 비산출량은 일반적으로 공극률보다 작다. 미립자인 점토토양에서는 정전기 인력으로 공극의 체적이 커도 비산출량은 매우 작다. 입자가 커서 배수가 자유로운 물질에서는 비산출량이 공극률과 거의 같다(그림 7.4).

비산출량의 구체적인 정의는 지하수위의 단위강하에 따라 단위면적을 갖는 (자유수면)대수층 기둥으로부터 흘러나오는 물의 체적이다. 이는 후술되는 압력대수층의 저류상수에 상응된다. 정의에 따라

$$S_y = \frac{1}{A}\frac{d\forall}{dh} \tag{7.3}$$

여기서 S_y는 비산출량, A는 매질의 면적, $d\forall$는 흘러나오는 물의 체적, dh는 지하수위의 강하이다. 따라서 비산출량과 보유수율의 합은 공극률 η와 같게 된다.

$$\eta = S_r + S_y \tag{7.4a}$$

또는

$$S_y = \eta - S_r \tag{7.4b}$$

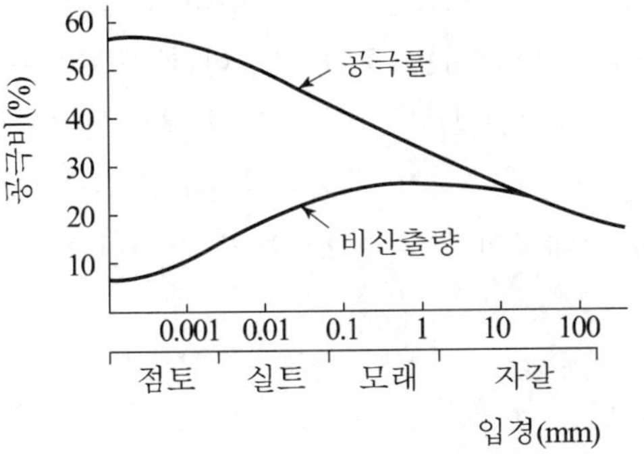

그림 7.4 입경에 대한 공극률과 비산출량

예제 7.1

면적 0.015 km^2에 걸쳐서 지하수위가 1.5 m 강하하였다. 토양의 비산출량이 4%일 때 이 지역으로부터 흘러나오는 수량을 결정하라.

[풀이] 면적이 $A=15,000\ m^2$, 토양의 총체적이 $15,000\times1.5=22,500\ m^3$이다. 따라서 총수량은 $S_y\times$(토양의 총체적)이므로 $0.04\times22,500=900\ m^3$이다.

7.3.4 저류상수 S와 비저류상수 S_S

저류상수(貯留常數; storage coefficient, storativity)는 압력대수층에서 단위압력 수두강하에 따라 단위면적을 갖는 압력대수층의 기둥으로부터 흘러나오는 물의 체적이다. 이는 자유수면대수층의 비산출량에 대응하는 매개변수이다. 그러나 압력대수층은 포화상태로 남아있고 공극으로부터 흘러나오는 물은 자유수면대수층에서와 같이 중력에 의해서가 아니라 공극압력의 변화에 기인한다.

압력대수층 상부의 토양의 무게는 압력대수층의 입자와 공극 내 물에 의하여 지지된다. 압력대수층의 지하수를 양수함에 따라 공극의 수압은 감소한다. 이로 인하여 입자는 압축되고 물은 팽창한다. Jacob에 의한 이들의 관계는 다음과 같다.

$$S=\eta\,\gamma_w b\left(\frac{1}{E_w}+\frac{1}{\eta E_s}\right) \tag{7.5a}$$

또는

$$S=\rho g b(\alpha+\eta\beta) \tag{7.5b}$$

여기서 S는 저류상수, b는 대수층의 두께, E_w는 물의 체적탄성계수, E_s는 토립자의 체적탄성계수, α는 대수층의 압축률$(1/E_s)$, β는 물의 압축률$(1/E_w)$, η는 공극률, γ_w는 물의 단위중량이다.

식 (7.5)의 첫째 항은 물의 팽창률을, 둘째 항은 대수층의 압축률을 나타낸다. 저류상수는 대수층의 두께를 포함하므로 대수층 또는 지역에 따라 변한다. 만약 두께 b를 포함시키지 않는다면 대수층의 성질을 상수로 나타내는 것이 가능하다. 저류상수 S는 대수층에 따라 변하는 대수층의 두께 b를 포함하므로 $b=1$로 하여 두께를 포함시키지 않음으로써 대수층의 성질을 상수인 비저류상수 S_S로 나타내는 것이 가능하다. **비저류상수**(比貯留常數; specific storage)는 단위압력 수두강하에서 단위체적의 대수층으로부터 흘러나오는 물의 체적으로 정의된다.

$$S_S=\frac{S}{b}=\rho g(\alpha+\eta\beta) \tag{7.6}$$

예제 7.2

압력대수층의 두께가 45 m, 공극률이 0.35이다. (a) 저류상수와 비저류상수를 구하라. (b) 수위강하가 10 m일 때 대수층에서 흘러나오는 수량을 구하라. $\alpha = 1.5 \times 10^{-9}\,\text{cm}^2/\text{dyn}$, $\beta = 1.215 \times 10^{-9}\,\text{cm}^2/\text{dyn}$

[풀이]

(a) 저류상수는 식 (7.5b)에 따라

$$\begin{aligned} S &= \gamma_w b(\alpha + \eta\beta) \\ &= 980\,\frac{\text{dyn}}{\text{cm}^3}\,(45 \times 100)\text{cm}\,(1.5 \times 10^{-9} + 0.35 \times 1.215 \times 10^{-9})\,\frac{\text{cm}^2}{\text{dyn}} \\ &= 8.49 \times 10^{-3} \end{aligned}$$

비저류상수는 식 (7.6)에 따라

$$S_S = \frac{S}{b} = \frac{8.49 \times 10^{-3}}{45 \times 100} = 1.89 \times 10^{-6}/\text{cm}$$

(b) 흘러나오는 수량은 $S\times$(수두강하) 또는 $S_S\times$(두께)$\times$ 수두강하이므로

$$8.49 \times 10^{-3} \times 10 = 0.085\ \text{m}^3/\text{단위면적}(\text{m}^2)$$

예제 7.3

자유수면대수층의 면적이 120 km^2, 비산출량이 0.015이다. 지하수위가 0.3 m 강하할 경우 대수층에서 빠져나가는 수량을 구하라.

[풀이] 유출되는 유량은 비산출량$\times$면적$\times$지하수위강하로 다음과 같다.

$$0.015 \times 120 \times 10^6 \times 0.3 = 5.4 \times 10^5\ \text{m}^2$$

7.4 지하수운동

7.4.1 Darcy법칙

Darcy법칙은 지하수운동의 기본법칙으로 1856년 프랑스의 Henri Darcy에 의해 제안되었다. 즉 다공성 매질을 통하여 흐르는 유량 Q는 수두손실 h_L과 단면적 A에 비례하고 흐름의 길이 L에 반비례한다.

$$\begin{aligned} Q &= -\frac{KAh_L}{L} \\ &= KAS \end{aligned} \tag{7.7}$$

여기서 K는 비례상수로 투수계수이고 $S = -h_L/L$은 동수경사이다. (−)기호는 흐름방향으

로 수두가 감소함을 나타낸다. 주어진 투수계수와 경계조건에서 유량을 구하는 식 (7.7)의 해는 유망(流網; flow net)과 수치해석으로 주어진다. 수치해석은 식 (7.30)의 1차원 해로 주어진다. 단위면적에 대한 유량이 **비유량**(比流量; specific discharge) q, 또는 **유출속도**(流出速度; discharge velocity) V로 정의되므로 식 (7.7)은

$$q = V = -K\frac{h_L}{L} \tag{7.8}$$

여기서 q는 비유량, V는 매질의 전단면을 통하여 흐르는 **Darcy속도**(Darcy velocity) 또는 유출속도, h_L은 길이 L에 대한 수두손실이다.

수두손실을 결정하기 위하여 그림 7.5에서 단면 1, 2에 에너지식을 적용하면

$$\frac{V_1^2}{2g} + \frac{P_1}{\gamma} + z_1 = \frac{V_2^2}{2g} + \frac{P_2}{\gamma} + z_2 + h_L \tag{7.9}$$

여기서 V는 Darcy유속, P는 압력, γ는 물의 단위중량, z는 표고이다. 그러나 다공성 매질에서는 유속이 매우 작으므로 속도수두는 큰 오차 없이 무시될 수 있다. 따라서 속도수두를 무시하면 수두손실 h_L은

$$h_L = \left(\frac{P}{\gamma} + z_1\right) - \left(\frac{P}{\gamma} + z_2\right) \tag{7.10}$$

따라서 에너지 손실수두는 포텐셜만의 함수로 정의된다. h_L/L은 동수경사로 수두의 경사 S와 같게 되므로 동수경사 h_L/L을 dh/dL로 나타내면 유속은 식 (7.8)로부터

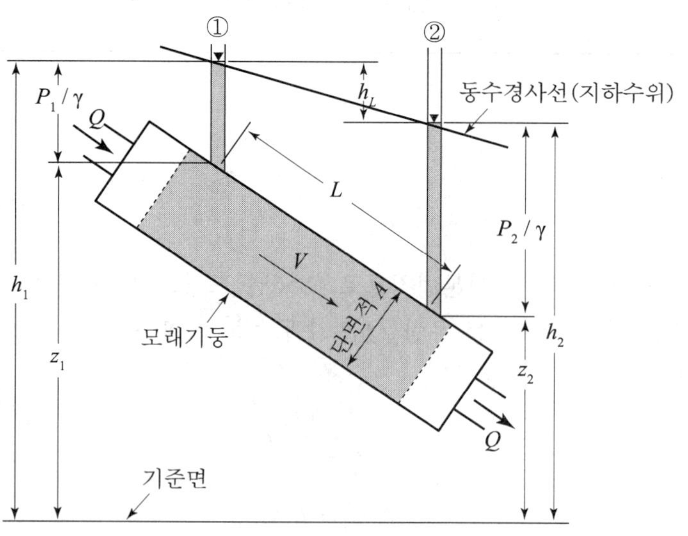

그림 7.5 Darcy법칙의 모래기둥의 수두손실

$$V = -K\frac{dh}{dL}$$

또는
$$V = KS \tag{7.11}$$

Darcy법칙은 1차원 흐름에 대하여 제안되었으나 실제 흐름은 3차원이므로 각 좌표방향에 속도 성분이 존재하게 된다. 따라서 3차원 흐름에 대한 Darcy식은 다음과 같다.

$$\begin{aligned} V_x &= -K_x\frac{\partial h}{\partial x} \\ V_y &= -K_y\frac{\partial h}{\partial y} \\ V_z &= -K_z\frac{\partial h}{\partial z} \end{aligned} \tag{7.12}$$

식 (7.12)는 각 좌표방향의 투수계수가 상이한 이방성 매질에 대한 Darcy식이다. 등방성 매질에 대해서는 $K = K_x = K_y = K_z$ 이므로 식 (7.12)는

$$V_x = -K\frac{\partial h}{\partial x},\ \ V_y = -K\frac{\partial h}{\partial y},\ \ V_z = -K\frac{\partial h}{\partial z} \tag{7.13}$$

유량을 구하기 위한 식 (7.7)의 해는 도식적 또는 수치적 해법으로 구해진다. 도식적 해는 유선과 등포텐셜선으로 구성되는 유망을 구축하여 주어진다.

7.4.2 Darcy속도와 침윤속도

다공성 매질의 흐름은 실제로 공극을 통해서만 일어나는 데 반하여 식 (7.8)과 (7.11)에서 Darcy속도는 매질의 전단면을 통하여 흐름이 일어나는 것으로 가정했으므로 가상속도이다. V_v를 매질의 공극만을 통해서 흐르는 **침윤속도**(浸潤速度; seepage velocity), A_v를 공극의 면적이라고 하면 연속방정식으로부터

$$Q = AV = A_v V_v \quad \text{또는} \quad V_v = V\frac{A}{A_v} \tag{7.14}$$

매질의 길이 L을 우변의 분모, 분자에 곱하면

$$V_v = V\frac{AL}{A_v L} = V\frac{\forall}{\forall_v}$$

공극률의 정의인 $\eta = \forall_v / \forall$ 에 따라 실제속도인 침윤속도 V_v는 식 (7.15)와 같고 Darcy속도 V보다 크게 된다.

$$V_v = \frac{V}{\eta} \tag{7.15}$$

층류에서 유속은 동수경사에 선형적으로 변하므로 Darcy법칙도 다공질의 층류에 적용되는

것으로 생각할 수 있다. 층류는 레이놀즈수로 구분되므로 Darcy법칙이 적용될 수 있는 흐름(의 한계)도 레이놀즈 R_e수로 정의될 수 있다. 실험에 의하면 Darcy법칙은 $R_e < 1$ 의 범위에서 적용되고 $R_e \leqq 10$ 의 범위에서도 적용 가능하다.

$$R_e = \frac{Vd_m}{\nu} \tag{7.16}$$

여기서 V는 Darcy속도(cm/s), d_m 은 흙입자의 평균입경(cm) 및 ν는 동점성 계수(cm^2/s)이다.

예제 7.4

그림 7.6의 압력대수층의 투수계수가 50 m/day, 공극률이 0.2이다. 800 m 떨어진 두 지점에 위치한 우물의 수위가 각각 45 m, 49 m이다. 압력대수층의 두께가 30 m, 평균폭이 3 km이다. (a) 대수층을 통하여 흐르는 유량을 구하라. (b) Darcy속도와 침윤속도를 계산하라. (c) 4 km 하류지점까지의 유하시간을 구하라.

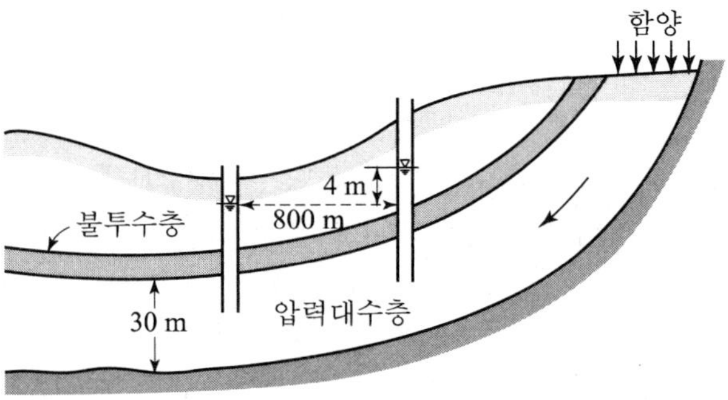

그림 7.6

(a) 흐름단면적$= 30 \times (3 \times 1{,}000) = 9 \times 10^4\ \mathrm{m}^2$

동수경사 $S = \dfrac{49-45}{800} = 5 \times 10^{-3}\ \mathrm{m/m}$

유량은 식 (7.7)에 따라

$$Q = KAS = 50 \times (9 \times 10^4) \times (5 \times 10^{-3}) = 22{,}500\ \mathrm{m}^3/\mathrm{day}$$

(b) Darcy속도 $V = \dfrac{Q}{A} = \dfrac{22{,}500}{9 \times 10^4} = 0.25\ \mathrm{m/day}$

이는 식 (7.11)에 의해서도 얻어진다. 침윤속도는 식 (7.15)에 의하여

$$V_v = \frac{V}{\eta} = \frac{0.25}{0.2} = 1.25\ \mathrm{m/day}$$

(c) 4 km 하류까지 유하시간

$$t = \frac{L}{V_v} = \frac{4{,}000}{1.25} = 3{,}200\ \mathrm{days}$$

7.4.3 투수계수

대수층은 지하 저수지로서의 기능을 가질 뿐만 아니라 높은 에너지수두에서 낮은 에너지수두로 물을 수송하는 도수로(導水路) 역할도 한다. 이러한 두 기능은 공극의 체적뿐만 아니라 공극의 연결상태의 영향도 받는다. 도수역할에 중요한 매개변수인 투수계수는 Darcy식의 비례상수로서 다공성 매질의 성질과 이를 통하여 흐르는 유체의 성질의 조합을 나타낸다.

유체의 성질로는 점성계수 μ, 단위중량 γ, 매질의 성질에는 공극, 입자크기 분포, 입자형상이 관련된다. 매질의 **투수성**(透水性; permeability)은 물의 수송능력을 나타내는 매질의 성질이고 흐름과는 무관하다. 수송매질로서의 매질의 성질을 나타내는 것이 **고유투수계수**(固有透水係數; intrinsic(or specific) permeability) k이다. 매질의 투수성질인 k와 유체의 성질을 조합했을 때 이를 **투수계수**(透水係數; coefficient of permeability, hydraulic conductivity)라고 한다. 투수계수는 공극체적의 척도일 뿐만 아니라 공극의 연결수준을 나타낸다.

$$K = \frac{k\gamma}{\mu} \tag{7.17}$$

여기서 K는 투수계수, k는 고유투수계수, γ는 물의 단위중량, μ는 물의 점성계수이다.

투수계수는 식 (7.11)로부터 흐름의 단위길이에 대한 단위수두 강하에서 단위면적을 통하여 단위유량이 수송될 때 K는 1(단위시간에 대한 단위길이)의 투수계수를 갖는다고 한다. 따라서 투수계수는 속도 $[LT^{-1}]$의 차원을 갖는다. 식 (7.11)로부터

$$K = -\frac{V}{dh/dL} = -\frac{\mathrm{m/day}}{\mathrm{m/m}} = -\mathrm{m/day}$$

투수계수의 단위는 m/day, ft/day, gallons/day/ft^2(meinzer) 등이다.

투수계수는 흐름과 매질의 성질(투수성)을 나타내는 반면 고유투수계수는 물의 수송능력을 나타내는 매질의 성질이고 흐름과는 무관하다.

식 (7.17)의 K를 식 (7.11)에 대입하고 $V = q$를 고려하면 고유투수계수 k는

$$k = \frac{q\nu}{gS} \tag{7.18}$$

여기서 q는 비유량($V = Q/A$)으로 Darcy속도와 같고, ν는 동점성계수($= \mu/\rho$)이다. 단위 동수경사에서 단위면적을 통하여 단위 동점성계수의 단위유량이 흐를 때 매질은 1의 고유투수계수를 갖는다고 한다. 식 (7.17)을 식 (7.11)에 대입하고 k의 단위에 관하여 정리하면 면적의 단위 L^2을 가짐을 알 수 있다. k의 단위로는 Darcy가 있고 이 값은

$$1\,\mathrm{Darcy} = 0.987(\mu\mathrm{m})^2 = 0.987 \times 10^{-8}\,\mathrm{cm}^2$$

표 7.1 공극률, 비산출량, 투수계수(Todd, 1980)

매질의 종류	공극률 (%)	비산출량 (%)	투수계수 (m/day)
Gravel, coarse	28	23	150
Gravel, medium	32	24	270
Gravel, fine	34	25	450
Sand, coarse	39	27	45
Sand, medium	39	28	12
Sand, fine	43	23	2.5
Silt	46	8	0.08
Clay	42	3	0.0002
Sandstone, fine-grained	33	21	0.2
Till, predominantly silt	34	6	–
Till, predominantly sand	31	16	0.49
Till, predominantly gravel	–	16	30
Tuff	41	21	0.2
Granite, weathered	45	–	1.4

7.4.4 투수량계수

투수량계수(透水量係數; transmissivity)는 대수층 총두께의 물수송능력을 나타낸다. 두께가 균일한 대수층에서 투수량계수는

$$T = Kb \tag{7.19}$$

여기서 T는 투수량계수, b는 대수층의 두께이다. 투수량계수의 단위는 (m/day)(m)= m^2/day이다.

투수계수는 공식, 실험실 방법, 추적물시험, 관측우물의 양수시험 등에 의하여 결정할 수 있다. 투수계수 결정에 가장 신뢰할 수 있는 방법은 양수시험방법이다.

7.4.5 이방성 대수층

지금까지의 투수계수에 관한 기술은 대수층의 지질구조가 균질 등방성 매질인(즉 모든 곳에서 모든 방향의 투수계수 K가 동일한) 것으로 가정되었다. 그러나 이와 같은 지질구조는 거의 발견될 수 없고 방향에 따라 투수계수 K의 값이 다른 이방성 구조이다. 이러한 경우에는 각 방향에 따라 K가 다르게 된다.

수평흐름

그림 7.7과 같이 압력대수층이 두 개의 수평층으로 구성되고 각 층의 수평방향 투수계수가 각각 K_1, K_2, 두 층의 연직방향 투수계수가 K_z이고, $K_z \ll K_1$ 또는 K_2라면 흐름은 주로 수평방향으로 일어난다. 이러한 경우 전체 층의 수평방향 투수계수 K_x를 구하는 것이 필요하게

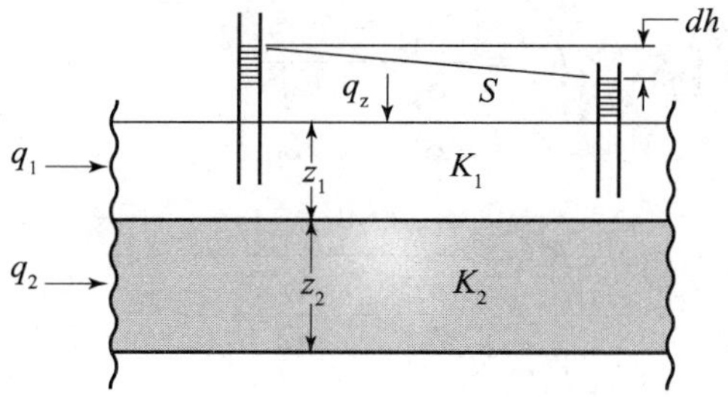

그림 7.7 이방성 대수층

된다. 상부층의 수평방향의 단위폭당 유량 q_1 은

$$q_1 = K_1 S z_1 \tag{a}$$

여기서 S는 동수경사이고 수평방향 흐름에 대한 S는 각 층에서 동일하다. 따라서 K_x 는 수평방향 총유량 $q_x = q_1 + q_2 = K_x S(z_1 + z_2)$ 로부터 구할 수 있다.

$$K_x = \frac{K_1 z_1 + K_2 z_2}{z_1 + z_2} \tag{b}$$

n 개의 대수층에 대한 표현은 다음과 같다.

$$K_x = \frac{K_1 z_1 + K_2 z_2 + \cdots + K_n z_n}{z_1 + z_2 + \cdots + z_n} \tag{7.20}$$

연직흐름

연직흐름의 경우 상부층의 수평 단위면적에 대한 유량 q_z 는

$$q_z = K_1 \frac{dh_1}{z_1} \tag{c}$$

여기서 dh_1 은 윗층에서의 수두손실로 이에 관하여 풀면 $dh_1 = z_1 q_z / K_1$ 과 같다. 연속조건에 의하여 각 층의 q_z 는 동일하므로 두 층의 총 수두손실은

$$dh_1 + dh_2 = \left(\frac{z_1}{K_1} + \frac{z_2}{K_2}\right) q_z \tag{d}$$

유량 q_z 를 두 개층의 연직투수계수 K_z 의 항으로 나타내면

$$q_z = K_z \left(\frac{dh_1 + dh_2}{z_1 + z_2}\right) \tag{e}$$

여기서 K_z 는 전체 두 개층의 연직투수계수이다.

식 (e)를 수두손실 $dh_1 + dh_2$ 에 관하여 정리하여 식 (d)와 같게 놓고 K_z에 관하여 정리하면

$$K_z = \frac{z_1 + z_2}{\dfrac{z_1}{K_1} + \dfrac{z_2}{K_2}} \tag{f}$$

n 층에 대해서는

$$K_z = \frac{z_1 + z_2 + \cdots + z_n}{\dfrac{z_1}{K_1} + \dfrac{z_2}{K_2} + \cdots + \dfrac{z_n}{K_n}} \tag{7.21}$$

이는 다층대수층의 등가연직 투수계수를 나타낸다.

7.5 지하수 흐름방정식

7.5.1 압력대수층 흐름방정식

연속방정식은 질량보존원리로부터 유도된다. 질량보존원리는 순 질량유출률(질량유입률 − 질량유출률)이 질량변화율과 같음을 의미한다. x, y, z 방향의 속도성분을 u, v, w, 유량성분을 Q_x, Q_y, Q_z 라 한다. x – 방향의 순 질량유출률은 단면 1(그림 7.8)을 통한 질량유입률과 단면 2를 통한 질량유출률의 차이이다.

$$\text{단면 1의 질량유입률} = (\rho\, Q_x)_1 = (\rho u)\,\Delta y\,\Delta z \tag{a}$$

$$\text{단면 2의 질량유출률} = (\rho\, Q_x)_2 = \left[(\rho u) + \frac{\partial}{\partial x}(\rho u)\Delta x\right]\Delta y \Delta z \tag{b}$$

따라서 x 방향의 순 유출률은

$$\begin{aligned} \text{유입률} - \text{유출률} &= (\rho u)\Delta y \Delta z - \left[(\rho u) + \frac{\partial(\rho u)}{\partial x}\Delta x\right]\Delta y \Delta z \\ &= -\frac{\partial(\rho u)}{\partial x}\Delta x \Delta y \Delta z \end{aligned} \tag{c}$$

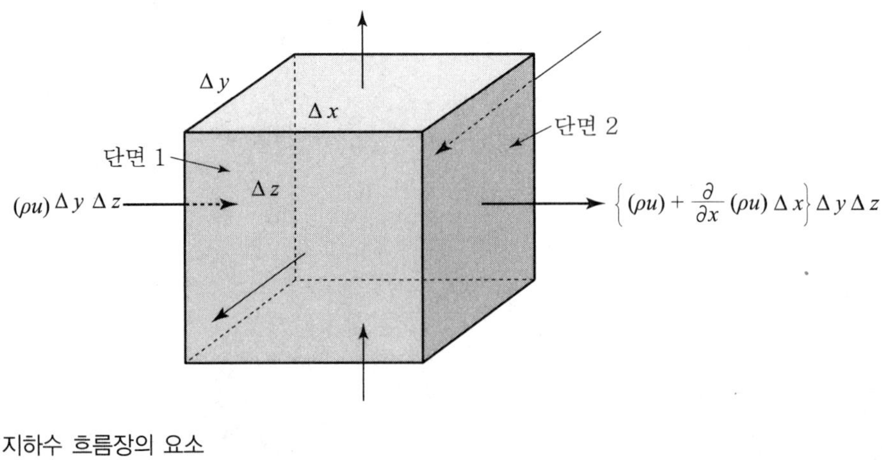

그림 7.8 지하수 흐름장의 요소

같은 방법으로 y, z 방향에 대한 순 질량유출률은 각각

$$-\frac{\partial(\rho v)}{\partial y}\Delta x\,\Delta y\,\Delta z, \qquad -\frac{\partial(\rho w)}{\partial z}\Delta x\,\Delta y\,\Delta z \tag{d}$$

로 주어진다. 요소 내 유체의 질량은

$$\Delta M = \rho\eta\,\Delta x\Delta y\,\Delta z \tag{7.22}$$

여기서 η은 공극률이다. 요소 $\Delta x\Delta y\Delta z$에 대한 총 순질량유출률은 x, y, z 방향의 순 질량 유출률의 합으로 주어지고 이는 요소 내의 질량 ΔM의 변화율과 같다.

$$-\left[\frac{\partial(\rho u)}{\partial x}+\frac{\partial(\rho v)}{\partial y}+\frac{\partial(\rho w)}{\partial z}\right]\Delta x\Delta y\Delta z = \frac{\partial(\Delta M)}{\partial t} \tag{7.23a}$$

또는

$$\left[\frac{\partial(\rho u)}{\partial x}+\frac{\partial(\rho v)}{\partial y}+\frac{\partial(\rho w)}{\partial z}\right] = -\frac{1}{\Delta x\Delta y\Delta z}\frac{\partial(\Delta M)}{\partial t} \tag{7.23b}$$

식 (7.23)에서 (−)기호는 대수층으로부터 물이 흘러나오는 경우를 순 유출률을 (+)로 하기 위함이다. ΔM의 변화율(식 7.22)에서 ρ, η 및 Δz는 연직방향의 압축과 팽창에 의하여 변하고 수평방향의 변화는 무시된다. 따라서 질량변화율은

$$\frac{\partial \Delta M}{\partial t} = \left(\eta\Delta z\frac{\partial\rho}{\partial t}+\rho\Delta z\frac{\partial\eta}{\partial t}+\rho\eta\frac{\partial(\Delta z)}{\partial t}\right)\Delta x\,\Delta y \tag{e}$$

첫째 항은 물의 압축을, 나머지 두 항은 매질의 압축을 나타낸다. 이들을 대수층의 압축계수 α, 유체의 압축계수 β, 및 공극압 P의 항으로 나타내면(Marino와 Luthin, 1982)

$$\frac{\partial\Delta M}{\partial t} = (\alpha+\eta\beta)\rho\Delta x\,\Delta y\,\Delta z\,\frac{\partial P}{\partial t} \tag{f}$$

여기서 $\alpha = \frac{1}{E_s}$, $\beta = \frac{1}{E_w}$, $E_s=$ 대수층 매질의 체적탄성계수, $E_w=$물의 체적탄성계수이다. 압력을 수두($P=\gamma h$) 항으로 나타내면

$$\frac{\partial\Delta M}{\partial t} = (\alpha+\eta\beta)\,\rho\Delta x\Delta y\Delta z\;\gamma\frac{\partial h}{\partial t} \tag{7.24}$$

한편 식 (7.23b)의 좌변을 전개하면

$$\rho\left(\frac{\partial u}{\partial x}+\frac{\partial v}{\partial y}+\frac{\partial w}{\partial z}\right)+\left(u\frac{\partial\rho}{\partial x}+v\frac{\partial\rho}{\partial y}+w\frac{\partial\rho}{\partial z}\right) \tag{g}$$

식 (g)의 둘째 항은 첫째 항에 비하여 매우 작으므로 무시한다. 따라서 식 (7.23b)는

$$-\rho\left(\frac{\partial u}{\partial x}+\frac{\partial v}{\partial y}+\frac{\partial w}{\partial z}\right) = \frac{1}{\Delta x\Delta y\Delta z}\frac{\partial\Delta M}{\partial t} \tag{7.25}$$

각 좌표방향에 대한 Darcy식은

$$u = -K_x \frac{\partial h}{\partial x}, \; v = -K_y \frac{\partial h}{\partial y}, \; w = -K_z \frac{\partial h}{\partial z} \tag{7.13}$$

식 (7.13)과 (7.24)를 식 (7.25)에 대입하면 연속방정식은

$$\frac{\partial}{\partial x}\left(K_x \frac{\partial h}{\partial x}\right) + \frac{\partial}{\partial y}\left(K_y \frac{\partial h}{\partial y}\right) + \frac{\partial}{\partial z}\left(K_z \frac{\partial h}{\partial z}\right) = (\alpha + \eta\beta)\gamma \frac{\partial h}{\partial t} \tag{7.26}$$

식 (7.6)의 비저류상수 $S_S = \rho g(\alpha + \eta\beta) = (\alpha + \eta\beta)\gamma$를 고려하면 식 (7.26)은

$$\frac{\partial}{\partial x}\left(K_x \frac{\partial h}{\partial x}\right) + \frac{\partial}{\partial y}\left(K_y \frac{\partial h}{\partial y}\right) + \frac{\partial}{\partial z}\left(K_z \frac{\partial h}{\partial z}\right) = S_S \frac{\partial h}{\partial t} \tag{7.27}$$

이는 **이질이방성 압력대수층의 연속방정식**(異質異方性 壓力帶水層의 連續方程式; continuity equation for nonhomogeneous anisotropic confined aquifer)이다. 균질이방성이면 투수계수는 공간적으로 동일하므로

$$K_x \frac{\partial^2 h}{\partial x^2} + K_y \frac{\partial^2 h}{\partial y^2} + K_z \frac{\partial^2 h}{\partial z^2} = S_S \frac{\partial h}{\partial t} \tag{7.28}$$

균질등방성 압력대수층에 대해서는 $K_x = K_y = K_z = K$이므로

$$\frac{\partial^2 h}{\partial x^2} + \frac{\partial^2 h}{\partial y^2} + \frac{\partial^2 h}{\partial z^2} = \frac{S_S}{K} \frac{\partial h}{\partial t} \tag{7.29}$$

두께가 b인 압력대수층의 경우 저류상수는 $S = S_S b$ (식 7.6), 투수량계수는 $T = Kb$ (식 7.19)이므로 이들을 적용하면 식 (7.29)는

$$\frac{\partial^2 h}{\partial x^2} + \frac{\partial^2 h}{\partial y^2} + \frac{\partial^2 h}{\partial z^2} = \frac{S}{T} \frac{\partial h}{\partial t} \tag{7.30}$$

저류상수 S는 무차원수로서 단위수두 강하에서 단위면적을 갖는 대수층의 기둥으로부터 흘러나오는 수량으로 정의된 바 있다. 식 (7.30)은 압력대수층의 부정류 미분방정식 또는 지하수흐름의 **비평형식**(非平衡式; nonequilibrium equation)이다. 식 (7.30)은 열전도 확산식과 유사하다. 압력 또는 수두가 시간에 따라 변하지 않는 정상흐름에서 식 (7.30)은 Laplace방정식으로 표현된다.

$$\frac{\partial^2 h}{\partial x^2} + \frac{\partial^2 h}{\partial y^2} + \frac{\partial^2 h}{\partial z^2} = 0 \tag{7.31}$$

또는
$$\nabla^2 h = 0$$

7.5.2 자유수면대수층 흐름방정식

자유수면대수층의 경우에는 흐름이 자유수면을 갖는 흐름이므로 물의 압축은 고려되지 않는다. 따라서 밀도는 상수로 취급되므로 연속방정식은 질량률 ρQ 대신 유량 Q의 항으로 쓸 수 있다. 연직방향에는 흐름이 무시되므로 2차원 흐름이 고려된다.
x 방향의 순 유출률은

$$\begin{aligned} \text{순 유출률} &= \text{유입률} - \text{유출률} \\ &= u\Delta y\Delta z - \left(u + \frac{\partial u}{\partial x}\Delta x\right)\Delta y\Delta z \\ &= -\frac{\partial u}{\partial x}\Delta x\Delta y\Delta z = -\frac{\partial Q_x}{\partial x}\Delta x \end{aligned} \tag{h}$$

같은 방법에서 y–방향의 순 유출률은

$$-\frac{\partial v}{\partial y}\Delta x\Delta y\Delta z = -\frac{\partial Q_y}{\partial y}\Delta y \tag{i}$$

식 (h)와 (i)의 합인 요소의 총 유출률은 요소에 저장된 물의 체적의 변화율과 같다.

$$-\left(\frac{\partial Q_x}{\partial x}\Delta x + \frac{\partial Q_y}{\partial y}\Delta y\right) = \frac{\partial \Delta \forall}{\partial t} \tag{7.32}$$

수두가 h인 요소 내의 물의 체적은 $\Delta\forall = S_y h\Delta x\Delta y$ 이므로 체적의 변화율은

$$\frac{\partial \Delta \forall}{\partial t} = S_y\frac{\partial h}{\partial t}\Delta x\Delta y \tag{j}$$

여기서 S_y 는 비산출량으로 이 값은 유효공극률과 같으며 포화된 다공성 매질의 부피에서 배수될 수 있는 수량이다. 한편 Darcy법칙에 따라 x, y 방향의 유량은

$$\begin{aligned} Q_x &= -K_x\frac{\partial h}{\partial x}h\Delta y \\ Q_y &= -K_y\frac{\partial h}{\partial y}h\Delta x \end{aligned} \tag{7.33}$$

식 (7.33)과 식 (j)를 식 (7.32)에 대입하면

$$\frac{\partial}{\partial x}\left(K_x h\frac{\partial h}{\partial x}\right) + \frac{\partial}{\partial y}\left(K_y h\frac{\partial h}{\partial y}\right) = S_y\frac{\partial h}{\partial t} \tag{7.34}$$

식 (7.34)는 **비선형 Boussinesq식**(nonlinear Boussinesq equation)으로 해는 극히 어렵다. 균질 등방성 자유대수층의 경우에는

$$\frac{\partial}{\partial x}\left(h\frac{\partial h}{\partial x}\right) + \frac{\partial}{\partial y}\left(h\frac{\partial h}{\partial y}\right) = \frac{S_y}{K}\frac{\partial h}{\partial t} \tag{7.34a}$$

등방균질매질에서 압력 또는 수두가 시간에 변하지 않는 정상흐름에서는

$$\frac{\partial^2 h^2}{\partial x^2} + \frac{\partial^2 h^2}{\partial y^2} = 0 \tag{7.34b}$$

식 (7.34)의 Boussinesq식의 선형화에는 일반적으로 두 방법이 사용된다(Willis와 Yeh, 1987).

(1) 첫째 방법은 지하층 흐름계 내에서 흐름의 깊이의 변화는 미미하다는 가정에 근거한다. 수두 h를 흐름의 평균두께 $\overline{h}$와 $\overline{h}$로부터 편의 $\hat{h}$로 나타낸다.

$$h = \overline{h} + \hat{h}$$

만약 $\hat{h} \ll h$라고 가정하면 Boussinesq식은

$$\frac{\partial}{\partial x}\left(K_x \overline{h}\,\frac{\partial h}{\partial x}\right) + \frac{\partial}{\partial y}\left(K_y \overline{h}\,\frac{\partial h}{\partial y}\right) = S_y \frac{\partial h}{\partial t} \tag{7.35}$$

(2) 식 (7.35)의 우변을 다시 쓰면

$$S_y \frac{\partial h}{\partial t} = \frac{S_y}{2h}\frac{\partial h^2}{\partial t}$$

$\overline{S} = S_y/2h$가 상수이고 $S_y/2\overline{h}$와 같다고 가정하면 Boussinesq식은 h^2에 관하여 선형이 된다.

$$\frac{\partial}{\partial x}\left(K_x \frac{\partial h^2}{\partial x}\right) + \frac{\partial}{\partial y}\left(K_y \frac{\partial h^2}{\partial y}\right) = 2\,\overline{S}\frac{\partial h^2}{\partial t} \tag{7.36}$$

7.6 정상흐름 수리학

정상상태의 흐름은 시간에 따라서 흐름특성이 변하지 않고($d/dt = 0$), 공간에 대해서만 수두와 흐름특성이 변함을 의미한다. 7.5절의 지배방정식의 해는 비교적 간단한 경계조건과 대수층이 균질등방성인 조건에서 가능하고 복잡한 경계를 갖는 흐름의 해석은 수치모의를 이용해서 가능하다.

7.6.1 압력대수층의 일방향 흐름

그림 7.9는 일방향 흐름을 나타낸다. 일방향 흐름에 대한 식은 식 (7.31)로부터

$$\frac{\partial^2 h}{\partial x^2} = 0 \tag{a}$$

일반해는

$$h = Ax + B \tag{b}$$

경계조건 $x = 0$에서 $h = h_o$를 식 (b)에 적용하면

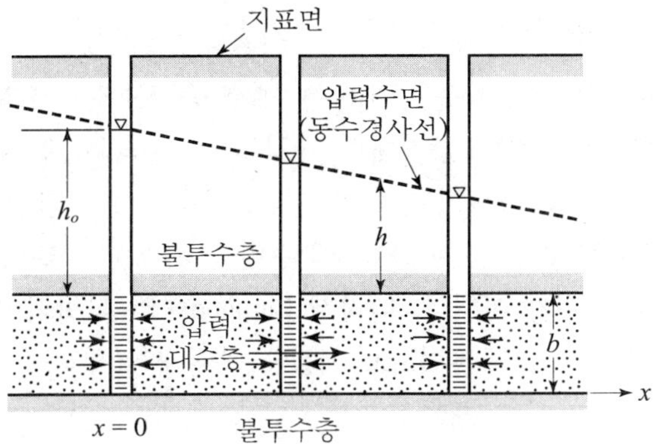

그림 7.9 압력대수층에서 정상 일방향 흐름

$$B = h_o \tag{c}$$

식 (b)를 미분하면
$$\frac{dh}{dx} = A \tag{d}$$

Darcy식은
$$V = -K\frac{dh}{dx} \tag{e}$$

식 (d)와 (e)로부터 A는
$$A = -V/K \tag{f}$$

식 (c)와 (f)를 식 (b)에 대입하면
$$h = -\frac{V}{K}x + h_o \tag{7.37}$$

수두 h는 흐름방향에서 x에 따라 선형으로 감소된다. 식 (7.37)을 V에 관하여 정리하고 두께 b를 곱하면 대수층의 단위폭당 유량은 다음과 같다.

$$q = Kb\frac{h_o - h}{x} \tag{7.38}$$

예제 7.5

하천에 평행하게 굴착된 수로의 수위가 37 m, 하천의 수위가 40 m이다. 하천과 수로는 폭이 500 m이고 두께 10 m의 압력대수층으로 연결되어 있다. 투수계수가 0.008 m/hr일 때 하천으로부터 수로로 유입되는 침윤량을 결정하라.

[풀이] 식 (7.38)에 따라

$$q = Kb\frac{h_o - h}{x} = (0.008)(10)\left(\frac{40-37}{500}\right)$$
$$= 0.00048\ \text{m}^3/\text{hr} \ \text{ 또는 } \ 0.0115\ \text{m}^3/\text{day}$$

7.6.2 자유수면대수층의 일방향 흐름

자유수면대수층에서는 흐름영역을 구분하는 경계 중 하나가 자유수면이다. 따라서 흐름영역의 모든 경계가 알려지는 고정된 압력대수층에서와는 달리 자유수면대수층에서는 자유수면이 유선을 형성하여 자유수면의 높이가 변하게 된다. 따라서 흐름단면이 변하게 되어 지하수면이 흐름분포를 결정하고 반대로 흐름분포가 지하수면을 지배하게 된다. 또한 자유수면대수층에서는 흐름이 수두의 1차 함수가 아니다. 따라서 Laplace식의 직접적인 해석이 가능하지 않다. 이러한 자유수면대수층의 흐름문제는 **Dupuit가정**에 근거해서 해석될 수 있다. Dupuit가정은 다음과 같다.

1. 유속은 동수경사선의 정현(sine)(dh/ds)이 아니라 정접(tangent)(dh/dx)에 비례한다. 따라서 Darcy식은 $V = -K\dfrac{dh}{dx}$로 표시된다.
2. 연직단면의 모든 점에서 흐름은 수평이고 균일하다. 따라서 모든 유선(流線)은 수평이고 등포텐셜선은 연직이다.

그림 7.10과 같은 $x-z$ 평면에서 1차원 흐름의 단위폭당 유량 q는 Darcy법칙에 따라

$$q = -Kh\frac{dh}{dx} \tag{7.39}$$

여기서 h는 지점 x에서 자유수면 또는 침윤선의 높이이다. 1차원 흐름의 경우 식 (7.34b)는

$$\frac{d^2h^2}{dx^2} = 0 \tag{a}$$

식 (a)를 적분하면

$$h^2 = Ax + B \tag{b}$$

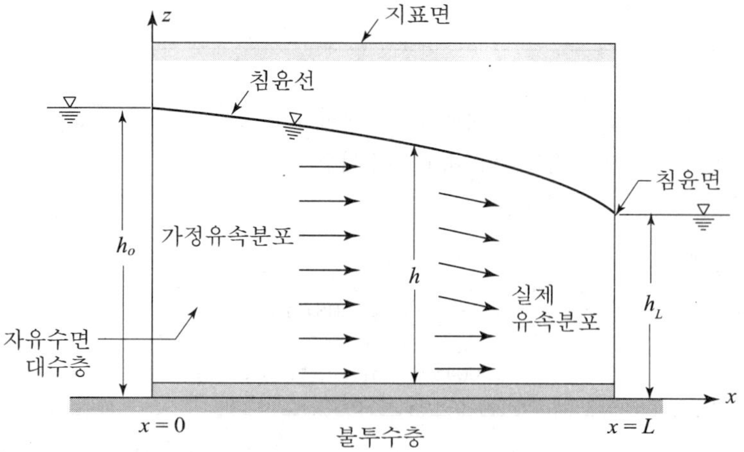

그림 7.10 자유대수층의 정상흐름

여기서 A, B는 상수이다. 경계조건 $x=0$, $h=h_o$로부터 B는

$$B=h_o^2 \tag{c}$$

식 (b)를 미분하면

$$2h\frac{dh}{dx}=A \tag{d}$$

식 (7.39)를 변형하면 $h\dfrac{dh}{dx}=-\dfrac{q}{K}$와 같다. 이를 식 (d)와 같게 놓고 정리하면 상수 A를 얻는다.

$$A=-2\frac{q}{K} \tag{e}$$

상수 A, B를 식 (b)에 대입하면 식 (7.40)을 얻는다.

$$h^2=h_o^2-\frac{2q}{K}x \tag{7.40}$$

식 (7.40)은 자유수면의 식으로 **듀핏식**(Dupuit equation)이라 한다. 식 (7.40)에 경계조건 $x=L$, $h=h_L$을 적용하고 q에 관하여 정리하면

$$q=\frac{K(h_o^2-h_L^2)}{2L} \tag{7.41}$$

식 (7.41) 또한 Dupuit식이라 한다. 식 (7.41)을 식 (7.40)에 대입하면

$$h=\left(h_o^2-\frac{(h_o^2-h_L^2)}{L}x\right)^{1/2} \tag{7.42}$$

식 (7.42)를 **듀핏포물선**(Dupuit parabolic line)이라 한다.

예제 7.6

제방(그림 7.10 참조)의 폭이 60 m, 투수계수가 $K=10^{-6}\,\mathrm{m/s}$ 일 때 제방의 단위길이당 유량을 구하라. 제방의 좌우측의 수심은 각각 10 m와 2 m이다.

[풀이] 식 (7.41)을 이용한다.

$$q=\frac{K(h_o^2-h_L^2)}{2L}=\frac{10^{-6}(10^2-2^2)}{2(60)}$$
$$=8.0\times10^{-7}\,\mathrm{m^3/s/m}\ \text{ 또는 }\ 0.069\,\mathrm{m^3/day/m}$$

침투 또는 증발이 일어나는 자유수면대수층

그림 7.11과 같이 강우로 인한 침투(또는 함양)율이 단위면적에 R인 경우를 고려한다. 증발인 경우에는 $R<0$이 된다.

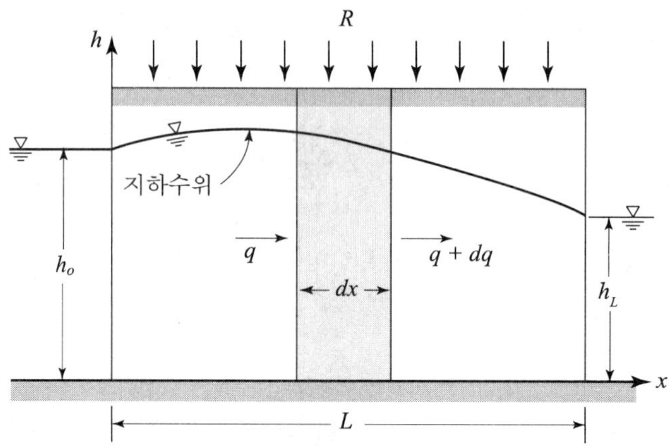

그림 7.11 두 수로 사이의 자유수면대수층

요소에 대한 연속방정식은 정류($\partial/\partial t = 0$)조건의 순유출만이 고려된다. 즉 단위폭에 대한 유출량 − 유입량 = 0을 나타내는 연속방정식 $(q+dq)-q-Rdx=0$을 정리하면

$$\frac{dq}{dx}=R \tag{a}$$

식 (7.39)를 x에 관하여 미분하고 식 (a)와 같게 놓으면 식 (b)를 얻는다.

$$K\frac{d}{dx}\left(h\frac{dh}{dx}\right)+R=0 \tag{b}$$

또는 $$\frac{d^2h^2}{dx^2}=-\frac{2R}{K}$$

식 (b)를 적분하면 $$h^2=-\frac{R}{K}x^2+Ax+B \tag{c}$$

식 (c)는 타원방정식이다. 증발의 경우에는 $h^2=Rx^2/K+Ax+B$로 되어 쌍곡선식이 된다. 경계조건 $x=0$, $h=h_o$와 $x=L$, $h=h_L$을 식 (c)에 적용하여 상수 A, B를 구하면 $B=h_o^2$, $A=(h_L^2-h_o^2)/L+RL/K$이다. 상수 A, B를 식 (c)에 대입하면 수심 h는

$$h=\left(h_o^2-\frac{(h_o^2-h_L^2)x}{L}+\frac{R(L-x)x}{K}\right)^{1/2} \tag{7.43}$$

식 (a)를 적분하고 경계조건 $x=0$, $q=q_o$를 고려하면

$$q=Rx+q_o \tag{d}$$

q는 임의의 연직단면에서의 침윤유량이다. 식 (7.39)와 (d)를 같게 놓으면

$$-Kh\frac{dh}{dx} = Rx + q_o \tag{e}$$

이를 적분하고 경계조건($x=0,\ h=h_o$와 $x=L,\ h=h_L$)을 적용하면

$$q_o = \frac{K(h_o^2 - h_L^2)}{2L} - \frac{RL}{2} \tag{f}$$

식 (f)의 q_o를 식 (d)에 대입하면 거리 x에서의 유량 q의 표현을 얻는다.

$$q = \frac{K(h_o^2 - h_L^2)}{2L} - R\left(\frac{L}{2} - x\right) \tag{7.44}$$

예제 7.7

다음 그림과 같은 경우에 Dupuit식을 이용하여 $x=0, 100, 300$ m 지점에서 섬의 단위길이당 유량 q를 구하라. 투수계수는 $K=3$ m/day(또는 3 m^3/day/m^2)이고 강우로 인한 함양률은 $R=10$ mm/day(또는 0.01 m^3/day/m^2) 이다.

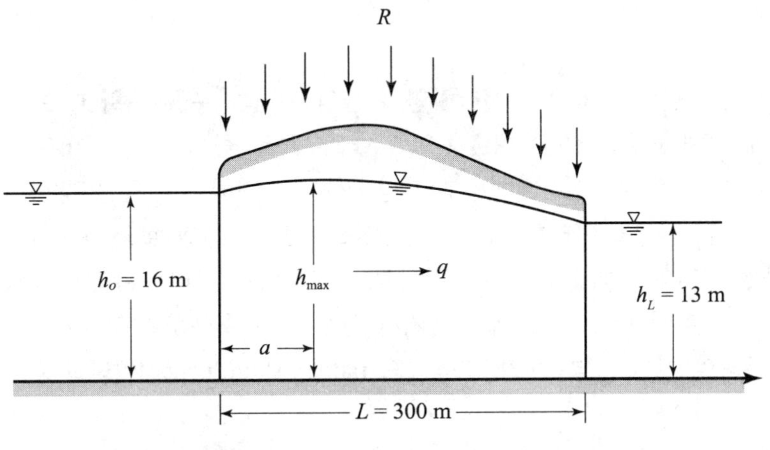

그림 7.12

[풀이] 식 (7.44)의 x에 0, 100, 300을 대입하면 각 지점에 대한 유량들이 계산된다.

$$\begin{aligned} q_o &= \frac{K(h_o^2 - h_L^2)}{2L} - \frac{RL}{2} = \frac{3(16^2 - 13^2)}{2(300)} - \frac{0.01(300)}{2} \\ &= 0.435 - 1.5 = -1.065 \text{ m}^3/\text{day/m} \end{aligned}$$

$$q_{100} = -0.065 \text{ m}^3/\text{day/m}$$

$$q_{300} = 1.935 \text{ m}^2/\text{day/m}$$

(−)부호는 (−)x 방향으로, 즉 우측에서 좌측으로 흐르는 것을 의미한다.

예제 7.8

예제 7.7에서 강우량이 $R = 3.3 \times 10^{-3}$ m/s 이다. 자유수면(침윤선)의 최대높이와 최대높이가 일어나는 지점의 거리를 구하라.

[풀이] 자유수면의 높이가 최대인 점까지의 거리를 a라 하면 a는 분수계(分水界; water divide)가 된다. a점은 $q = 0$인 지점이므로 식 (7.44)에서 $q = 0$으로 놓고 $x = a$에 관하여 정리하면 거리 a의 표현을 얻는다.

$$a = \frac{L}{2} - \frac{K(h_o^2 - h_L^2)}{2RL} \tag{7.45}$$

주어진 값들을 대입하면 $a = 18.2$ m를 얻고 이를 식 (7.43)에 대입하면 침윤선의 최대높이 $h_{\max}$는

$$h_{\max} = \left(h_o^2 - \frac{(h_o^2 - h_L^2)a}{L} + \frac{R(L-a)a}{K} \right)^{1/2} \tag{7.46}$$

해당 값을 식 (7.46)에 대입하면 $h_{\max} = 16.01$ m 이다.

7.7 우물수리학

새로 굴착한 우물에서 양수를 시작하면 우물의 수면과 우물 주위 대수층 지하수위의 정수압과의 차이에 의해서 우물 주위 대수층으로부터 우물로 물이 흘러 들어온다. 따라서 우물 주위 대수층의 지하수위는 우물 경계에서부터 강하하기 시작하여 우물을 향하여 경사를 갖는 깔때기 모양의 곡선이 된다. 이러한 곡선을 **수면강하곡선**(水面降下曲線; cone of depression)이라 한다. 양수하기 이전의 지하수위와 수면강하곡선 간의 연직거리를 **수면강하**(水面降下; drawdown) z(그림 7.13, 7.14)라 한다. 우물에서 장기간 양수를 한 후에도 수면강하가 일어나지 않는 지점의 우물로부터의 거리를 **영향반경**(影響半徑; radius of influence)이라고 한다. 이는 수면강하곡선의 경계를 이룬다.

우물수리학(well hydraulics)에서는 수면강하곡선이 안정된 정상상태로 보고 해석하는 **방사정류**(放射定流; steady radial flow) 또는 **평형상태**(平衡狀態; equilibrium state)와 시간에 따라 수면강하곡선이 변하는 부정류조건에서 흐름을 해석하는 **방사부정류**(放射不定流; unsteady radial flow) 또는 **비평형상태**(非平衡狀態; nonequilibrium state)가 있다. 부정류 지하수흐름(식 7.30)을 극좌표로 나타낸 미분방정식은 다음과 같다.

$$\frac{\partial^2 h}{\partial r^2} + \frac{1}{r}\frac{\partial h}{\partial r} = \frac{S}{T}\frac{\partial h}{\partial t} \tag{7.47}$$

여기서 h는 수두, r은 반경, t는 시간, T는 투수량계수 및 S는 저류상수이다.

저류상수 S는 지하수위(또는 압력수두)가 단위깊이 강하할 때 단위면적을 갖는 대수층 기둥

으로부터 흘러나오는 수량으로 정의된 바 있다. 압력대수층의 저류상수 S는 자유수면대수층의 지하수위하에서 비산출량 S_y와 같다. 평형상태, 즉 정류에서 식 (7.47)은

$$\frac{d^2h}{dr^2}+\frac{1}{r}\frac{dh}{dr}=\frac{1}{r}\left(\frac{d}{dr}(r\frac{dh}{dr})\right)=0 \tag{7.48}$$

또는

$$r\frac{dh}{dr}=C \tag{7.49}$$

상수 C는 Darcy법칙을 적용해서 구해진다.

7.7.1 압력대수층의 우물수리학

흐름은 모든 곳에서 수평이므로 Dupuit가정을 적용할 수 있다. 두께 b, 반경 r인 원통 둘레 면적 $2\pi rb$를 통해서 우물을 향하여 흐르는 유량은

$$Q=AV=2\pi rbK\frac{dh}{dr} \tag{7.50}$$

식 (7.49)의 C는 $Q/2\pi bK$임을 알 수 있다. 경계조건 $r=r_w$, $h=h_w$를 적용하여 식 (7.50)을 r에 관하여 적분하고 Q에 관하여 정리하면

$$Q=2\pi Kb\frac{h-h_w}{\ln(r/r_w)} \tag{7.51}$$

이는 반경 r이 증가하면 h는 무한히 증가하는 것을 나타낸다. h의 최대치는 h의 초기치인 h_o이다. 따라서 양수가 계속되고 시간이 경과함에 따라 수면강하곡선이 강하하므로 정류는 존재할 수 없다. 그러나 양수시간이 길게 되면 수면강하곡선의 변화가 미미하게 된다. 또한 r이

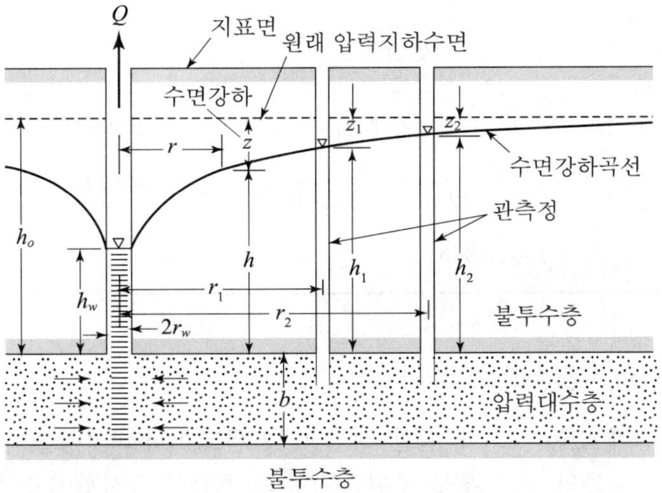

그림 7.13 압력대수층에 굴착된 우물

상당히 크면 h는 h_o에 근접하고 수면강하는 우물로부터 거리에 대수적으로 변한다. 식 (7.51)을 **평형식**(平衡式; equilibrium equation) 또는 Thiem식이라 하며 이로부터 대수층의 성질인 K나 T를 구할 수 있다. 임의의 두 점으로 수면강하곡선을 정의할 수 있으므로 하나의 우물로부터 상이한 거리에 있는 두 관측정의 수면강하를 측정함으로써 식 (7.52)로부터 K 또는 T를 계산할 수 있다.

$$T = Kb = \frac{Q}{2\pi(h_2 - h_1)} \ln\frac{r_2}{r_1} \tag{7.52}$$

r_1과 r_2는 우물로부터 두 관측정까지의 거리이고 h_1과 h_2는 이들 관측정의 수두이다. 그러나 실제에는 수두 h보다 수면강하 $z = h_o - h$가 측정되므로 식 (7.52)를 z항으로 나타내면

$$T = \frac{Q}{2\pi(z_1 - z_2)} \ln\frac{r_2}{r_1} \tag{7.53}$$

식 (7.52), (7.53)을 적용하기 위해서는 평형상태, 즉 수면강하의 시간에 따른 변화가 완만하게 될 때까지 일정한 율로 양수를 계속해야 한다. 또한 수면강하의 측정이 용이하도록 하기 위해서 관측정은 우물에 가까워야 한다.

예제 7.9

압력대수층의 평균두께가 20 m, 대수층 상부의 불투수층의 두께가 25 m이다. 직경 0.5 m 양수우물과 이로부터 10 m, 50 m에 관측우물이 위치한다. Q=0.1 m^3/s로 장기간 양수한 후 관측정의 수위강하가 10 m 관측정에서 3 m, 50 m 관측정에서 2 m이다. (a) 투수계수와 (b) 우물에서 수면강하를 구하라.

[풀이]

(a) $T = Kb$를 고려하여, 식 (7.53)을 두 관측정에 적용하면

$$K = \frac{0.1}{2\pi(20)(3-2)} \ln\frac{50}{10} = 1.28 \times 10^{-3}\ \mathrm{m/s}$$

(b) 식 (7.53)을 양수우물과 10 m 관측정에 적용하면 우물에서 수면강하 z는

$$z - 3 = \frac{0.1}{2\pi(20)(1.28 \times 10^{-3})} \ln\frac{10}{0.25} = 2.29$$

$$z = 5.29\ \mathrm{m}$$

7.7.2 자유수면대수층의 우물수리학

자유수면대수층에 있는 우물에 관한 정상방사흐름도 Dupuit가정을 이용하여 유도된다. 불투수층까지 굴착한 우물의 경우 우물 주위 대수층의 흐름이 방사형이고 수면강하가 대수층의 두께에 비하여 작을 때($z \ll h_o$), 우물 주위 동심원을 형성하는 경계의 수두를 일정하게 취급할

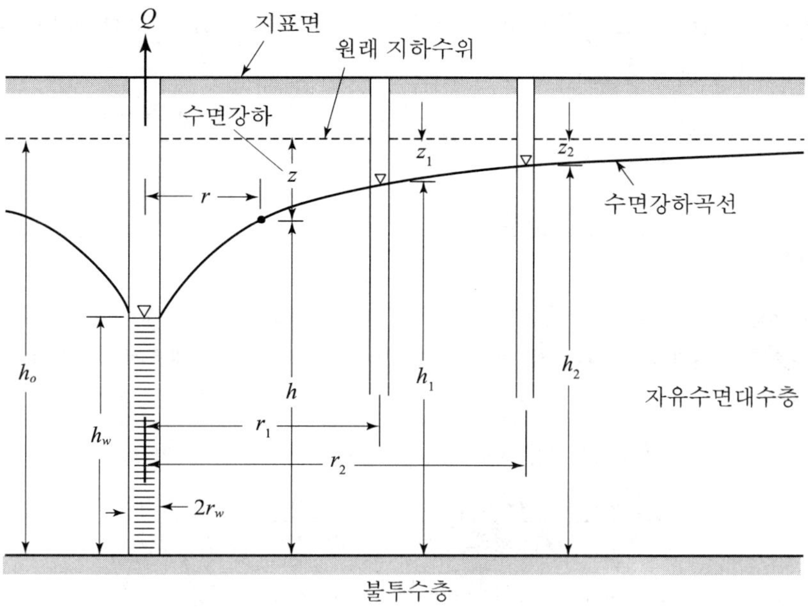

그림 7.14 자유수면대수층에 굴착된 우물

때 이는 정상류 흐름해석을 가능하게 한다. 반경 r 에서 높이 h 인 원통둘레면적$(2\pi rh)$을 통해서 우물을 향하여 흐르는 유량은 우물에서의 양수량 Q와 같다.

$$Q = 2\pi rKh\frac{dh}{dr} \tag{7.54}$$

이 경우 식 (7.49)의 C는 $Q/2\pi Kh$ 이다. 식 (7.54)를 적분하여 경계조건 $r = r_w$ 에서 $h = h_w$ 이고 $r = r_o$에서 $h = h_o$임을 적용하면

$$Q = \pi K\frac{h_o^2 - h_w^2}{\ln(r_o/r_w)} \tag{7.55}$$

여기서 r_o는 영향반경을 나타내고 이는 대수층과 양수조건에 따라 다르나 실제에서 100～500 m가 채택된다.

반경 r_1과 r_2에 대하여 식 (7.55)를 변형하면

$$Q = \pi K\frac{h_2^2 - h_1^2}{\ln(r_2/r_1)} \tag{7.56}$$

또는

$$K = \frac{Q}{\pi(h_2^2 - h_1^2)}\ln\frac{r_2}{r_1} \tag{7.57}$$

우물 주변에서는 흐름의 연직성분이 크게 되며 Dupuit가정에 위배되나 식 (7.57)로 구해지는 K는 실제 문제에서 충분히 정확하다. 수면강하 z가 대수층의 두께 y에 비하여 아주 작다고

가정하여 $2y = h_1 + h_2$를 고려하고 수두 h를 수면강하 z항으로 나타내면 식 (7.57)은 다음과 같이 쓸 수 있다.

$$K = \frac{Q\ln(r_2/r_1)}{2\pi(z_1 - z_2)y} \tag{7.58}$$

예제 7.10

직경 40 cm인 우물이 불투수암반층까지 굴착되었다. 지하수위가 h_o =30 m이고 6 m^3/min으로 24시간 양수한 후 우물의 수위가 27 m의 안정수위에 이르렀다. 100 m 떨어진 관측정의 수면강하가 1.2 m이었다. 투수계수를 구하라.

[풀이] $Q = 6\ \text{m}^3/\text{min} = 0.1\ \text{m}^3/\text{s}$ 이고 $h = h_o - z = 30 - 1.2 = 28.8\ \text{m}$ 이므로 식 (7.57)로부터

$$K = \frac{Q}{\pi(h^2 - h_w^2)}\ln\frac{r}{r_w} = \frac{0.1}{\pi(28.8^2 - 27.0^2)}\ln\frac{100}{0.2}$$

$$= 1.97\times10^{-3}\ \text{m/s} \quad \text{또는} \quad 170.2\ \text{m/day}$$

7.7.3 균일한 함양을 갖는 자유수면대수층

그림 7.15는 강우량과 같이 일정한 율 R로 함양되는 대수층에 위치한 우물을 나타낸다. 함양되는 물이 한 곳 우물로 모이므로 유량 Q는 우물에 가까워짐에 따라 증가하여 우물에서 최대치 Q_w에 달한다. 반경 r에 위치한 두께가 dr인 원통을 통해서 우물을 향하여 흐르는 유량의 증분 dQ는 원통 윗면에서 원통으로 유입되는 양과 같다.

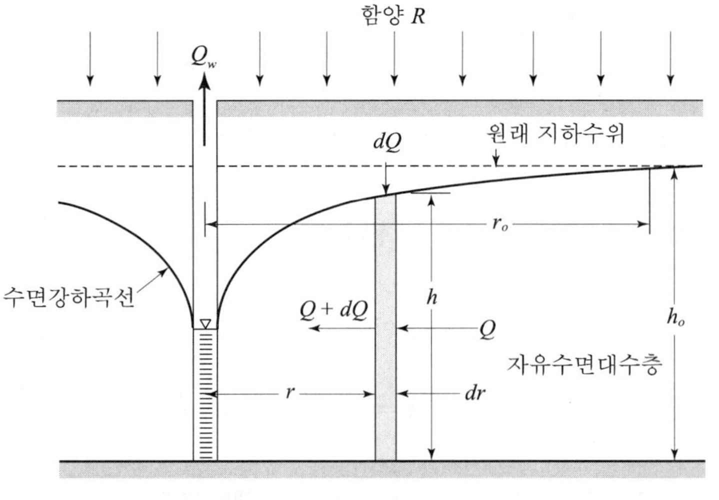

그림 7.15 균일함양되는 자유수면대수층에 굴착된 우물

$$dQ = -\,2\pi r\,dr\,R \tag{a}$$

$(-)$기호는 r이 증가함에 따라 Q가 감소하기 때문이다. 식 (a)를 적분하면

$$Q = -\,\pi r^2 R + C \tag{b}$$

적분상수 C는 $r=0$에서 $Q=Q_w$인 경계조건에 따라 $C=Q_w$이다.

$$Q_w = \pi r^2 R + Q \tag{c}$$

Q_w는 함양유량과 대수층에서 유입되는 유량의 합을 나타낸다. 식 (7.54)의 Q를 이에 대입하면

$$Q_w = \pi r^2 R + 2\pi r K h\,\frac{dh}{dr} \tag{d}$$

$r=r_o$에서 $h=h_o$임을 고려하여 적분하고 Q_w에 관하여 정리하면

$$h_o^2 - h^2 = \frac{R}{2K}(r^2 - r_o^2) + \frac{Q_w}{\pi K}\ln\frac{r_o}{r} \tag{e}$$

$$Q_w = \pi K\frac{h_o^2 - h^2 + \left[\dfrac{R}{2K}(r_o^2 - r^2)\right]}{\ln(r_o/r)} \tag{7.59}$$

이를 식 (7.56)과 비교하면 강우로 인한 연직함양의 영향은 $\dfrac{\pi K\dfrac{R}{2K}(r_o^2 - r^2)}{\ln(r_o/r)}$ 만큼의 유량증가로 나타남을 알 수 있다.

7.8 부정류 우물수리학

7.8.1 우물을 향한 부정류: Theis식

우물에서 양수가 계속되는 동안 우물에 흘러 들어오는 물은 대수층 내 저류량의 감소에 의하므로 우물 주위 대수층의 지하수위(수두)는 계속 강하한다. 따라서 흐름상태도 시간에 따라 변한다. 이와 같이 수두와 흐름상태는 시간에 따라 변하므로 정상상태인 평형상태에 달하지 않는 비평형상태에 있게 된다. 이를 나타내는 미분방정식이 식 (7.47)이다.

$$\frac{\partial^2 h}{\partial r^2} + \frac{1}{r}\frac{\partial h}{\partial r} = \frac{S}{T}\frac{\partial h}{\partial t} \tag{7.47}$$

식 (7.47)을 수면강하 z항으로 나타내면

$$\frac{\partial^2 z}{\partial r^2} + \frac{1}{r}\frac{\partial z}{\partial r} = \frac{S}{T}\frac{\partial z}{\partial t} \tag{7.60}$$

Theis는 지하수흐름과 열전도와의 유사성에 근거를 두어 시간과 대수층의 저류특성을 고려한 해를 구하였고 이는 다음 가정을 근거로 한다.

1. 대수층은 균질등방성, 균일두께이고 무한한 영향반경을 갖는다.
2. 대수층의 투수량계수는 일정하다.
3. 물은 대수층의 저류량으로부터 흘러나오고 수두강하에 따라 순간적으로 물이 흘러나온다.
4. 우물은 대수층의 총두께에 걸쳐 굴착되고 우물의 직경이 매우 작아서 우물 내의 저류는 무시된다.
5. 양수량은 일정하고 양수 전 지하수위와 흐름은 수평이다.

우물을 일정한 강도의 수학적인 sink로 가정하고 $t=0$ 에서 $h=h_o(z=0)$ 와 $t \geq 0$ 일 때 $r \to \infty$ 에서 $h=h_o(z=0)$ 의 경계조건을 적용하여 구한 식 (7.47)의 해는

$$z=\frac{Q}{4\pi T}\int_u^\infty \frac{e^{-u}}{u}du \tag{7.61}$$

$$u=\frac{r^2 S}{4Tt} \tag{7.62}$$

여기서 z 는 우물에서 거리 r 에 있는 관측정에서의 수면강하(m), Q 는 양수량(m^3/day), T 는 투수량계수(m^3/day/m), t 는 양수 개시 후 경과시간(day), S 는 저류상수이다. 식 (7.61)을 **비평형식**(非平衡式; nonequilibrium equation) 또는 **Theis식**(Theis equation)이라고 한다. 식 (7.61)의 적분은 u 의 함수인 지수적분으로서 급수 $W(u)$ 로 전개될 수 있고 $W(u)$ 를 **우물함수**(well function)라고 한다. 우물함수를 도입하면 식 (7.61)은

$$z=\frac{Q}{4\pi T}W(u) \tag{7.63}$$

$$W(u)=\int_u^\infty \frac{e^{-u}}{u}du=-0.5772-\ln u+u-\frac{u^2}{2\cdot 2!}+\frac{u^3}{3\cdot 3!}-\cdots \tag{7.64}$$

상이한 u 에 대한 우물함수 $W(u)$ 의 값은 표 7.3으로 주어진다. 따라서 식 (7.61)은 다음과 같이 표현된다.

$$z=\frac{Q}{4\pi T}\left[-0.5772-\ln u+u-\frac{u^2}{2\cdot 2!}+\frac{u^3}{3\cdot 3!}-\cdots\right] \tag{7.65}$$

비평형식은 우물의 양수 시험자료를 이용하여 S 와 T 의 계산을 가능하게 하고 다음과 같은 이유로 평형식보다 우선적으로 채택된다. (1) 저류상수 S 값이 결정될 수 있고, (2) 하나의 관측정만이 필요하고, (3) 일반적으로 단기간의 양수로 가능하고, (4) 정류의 가정이 필요 없다. 식 (7.65)를 적용함에는 수학적인 어려움 때문에 Theis, Jacob 및 Chow방법과 같은 근사해가 나오기에 이르렀으며 Theis, Jacob방법이 다음에 기술된다.

예제 7.11

압력대수층에 양수율이 3,000 m^3/day인 우물이 계획된다. 대수층의 두께가 $b=50$ m, 저류상수가 $S=0.0008$, 투수계수가 $K=20$ m/day이다. 우물경계 150 m에서 (a) 1일, (b) 30일 양수 후 수면강하를 구하라.

[풀이] 투수량계수는 $T=Kb=20\times 50=1{,}000\ \mathrm{m^2/day}$. 식 (7.62)에 따라 u값은

1일 양수 후 $\quad u=r^2S/4Tt=150^2\times 0.0008/(4\times 1{,}000\times 1)=4.5\times 10^{-3}$

30일 양수 후 $\quad u=r^2S/4Tt=150^2\times 0.0008/(4\times 1{,}000\times 30)=1.5\times 10^{-4}$

$u=4.5\times 10^{-3}$, $u=1.5\times 10^{-4}$에 대한 우물함수 $W(u)$는 표 7.2로부터 각각 $W(u)=4.84$, $W(u)=8.29$이므로 식 (7.63)에 따라 수면강하는

1일 양수 후 $\quad z=QW(u)/4\pi T=3{,}000\times 4.84/(4\times 3.14\times 1{,}000)=1.16\ \mathrm{m}$

30일 양수 후 $\quad z=3{,}000\times 8.29/(4\times 3.14\times 1{,}000)=1.98\ \mathrm{m}$

표 7.2 우물함수 $W(u)$

u	1.0	2.0	3.0	4.0	5.0	6.0	7.0	8.0	9.0
×1	0.219	0.049	0.013	0.0038	0.0011	0.00036	0.00012	0.000038	0.000012
$\times 10^{-1}$	1.82	1.22	0.91	0.70	0.56	0.45	0.37	0.31	0.26
$\times 10^{-2}$	4.00	3.35	2.96	2.68	2.47	2.30	2.15	2.03	1.92
$\times 10^{-3}$	6.33	5.64	5.23	4.95	4.73	4.54	4.39	4.26	4.14
$\times 10^{-4}$	8.63	7.94	7.53	7.25	7.02	6.84	6.69	6.55	6.44
$\times 10^{-5}$	10.94	10.24	9.84	9.55	9.33	9.14	8.99	8.86	8.74
$\times 10^{-6}$	13.24	12.55	12.14	11.85	11.63	11.45	11.29	11.16	11.04
$\times 10^{-7}$	15.54	14.85	14.44	14.15	13.93	13.75	13.60	13.46	13.34
$\times 10^{-8}$	17.84	17.15	16.74	16.46	16.23	16.05	15.90	15.76	15.65
$\times 10^{-9}$	20.15	19.45	19.05	18.76	18.54	18.35	18.20	18.07	17.95
$\times 10^{-10}$	22.45	21.76	21.35	21.06	20.84	20.66	20.50	20.37	20.25
$\times 10^{-11}$	24.75	24.06	23.65	23.36	23.14	22.96	22.81	22.67	22.55
$\times 10^{-12}$	27.05	26.36	25.96	25.67	25.44	25.26	25.11	24.97	24.86
$\times 10^{-13}$	29.36	28.66	28.26	27.97	27.75	27.56	27.41	27.28	27.16
$\times 10^{-14}$	31.66	30.97	30.56	30.27	30.05	29.87	29.71	29.58	29.46
$\times 10^{-15}$	33.96	33.27	32.86	32.58	32.35	32.17	32.02	31.88	31.76

7.8.2 부정류 압력대수층의 해석

Theis방법

식 (7.63)과 (7.62)를 다시 쓰면

$$z=\left[\frac{Q}{4\pi T}\right]W(u) \tag{7.63a}$$

$$\frac{r^2}{t}=\left[\frac{4T}{S}\right]u \tag{7.66}$$

식 (7.63a)와 (7.66)에서 괄호 안의 값은 일정한 양수량 Q에 대하여 상수이므로 $W(u)$와 u의

관계는 z와 r^2/t의 관계와 같게 된다. 즉 $r^2/t-z$ 곡선은 $u-W(u)$의 곡선과 비슷하게 된다. Theis방법의 과정은 다음과 같다. 전대수지 상에서 $W(u)$를 종축에, u를 횡축에 도시하여 **유형곡선**(類型曲線; type curve)을 작성한다.

유형곡선이 작성된 동일한 크기의 전대수지 상에 수면강하 z를 종축에, r^2/t를 횡축에 도시하여 자료곡선을 얻는다. 작성한 두 곡선의 두 좌표축들을 평행하게 유지하면서 두 곡선이 일치할 때까지 상하좌우로 조정한다. 이와 같이 조정하여 두 곡선이 일치하게 되면 겹치는 부분의 임의의 점을 선정한다. 선정되는 점은 꼭 곡선 상의 점이 될 필요는 없다. 그러나 유형곡선 상에서 10의 배수가 되는 좌표의 점을 취하는 것이 편리하다. 이 임의의 점의 좌표 $W(u)$, u, z, r^2/t을 이용하여 식 (7.63a), (7.66)으로부터 S, T를 구한다.

예제 7.12

압력대수층에 굴착한 우물에서 양수되는 유량이 2,500 m^3/day이고 양수기간 동안 우물에서 $r=60$ m 떨어진 관측정에서 관측된 수면강하는 표 7.4와 같다. Theis방법으로 투수량계수 T와 저류상수 S를 구하라.

표 7.3 양수시험자료

t (min) (1)	z (m) (2)	r^2/t (m^2/min) (3)	t (min) (4)	z (m) (5)	r^2/t (m^2/min) (6)	t (min) (7)	z (m) (8)	r^2/t (m^2/min) (9)
0	0	∞	8.0	0.53	450	60	0.93	60
1.0	0.20	3,600	10	0.57	360	80	0.90	45
1.5	0.27	2,400	12	0.60	300	100	0.96	36
2.0	0.30	1,800	14	0.63	257	120	1.00	30
2.5	0.34	1,440	18	0.67	200	150	1.04	24
3.0	0.37	1,200	24	0.72	150	180	1.07	20
4.0	0.41	900	30	0.76	120	210	1.10	17
5.0	0.45	720	40	0.81	90	240	1.12	15
6.0	0.48	600	50	0.85	72	–	–	–

[풀이]

관측자료로부터 표 7.3의 3, 6 및 9란과 같이 r^2/t을 계산하고 z와 r^2/t을 전대수지 상에 도시하여 $r^2/t-z$ 자료곡선을 얻는다(그림 7.16). 또한 표 7.2의 $W(u)$와 u를 동일 규격의 전대수지에 도시하여 이 점들을 연결하는 유형곡선을 그린다.

두 대수지를 겹친 다음 좌표축들이 서로 평행하도록 유지하면서 두 곡선이 일치할 때까지 상하 좌우로 이동시킨다. 곡선을 포함한 일치한 부분의 모든 점은 해가 되므로 임의의 한 점 A를 선정하여 $W(u)=1.00$, $u=1\times10^{-2}$, $z=0.18$ m 및 $r^2/t=150\ \mathrm{m^2/min}=216{,}000\ \mathrm{m^2/day}$를 얻는다. 이들 값을 적용하면 식 (7.63)으로부터 투수량계수 T는

$$T=\frac{Q}{4\pi z}W(u)=\frac{2{,}500(1)}{4\pi(0.18)}=1{,}105\ \mathrm{m^2/day}$$

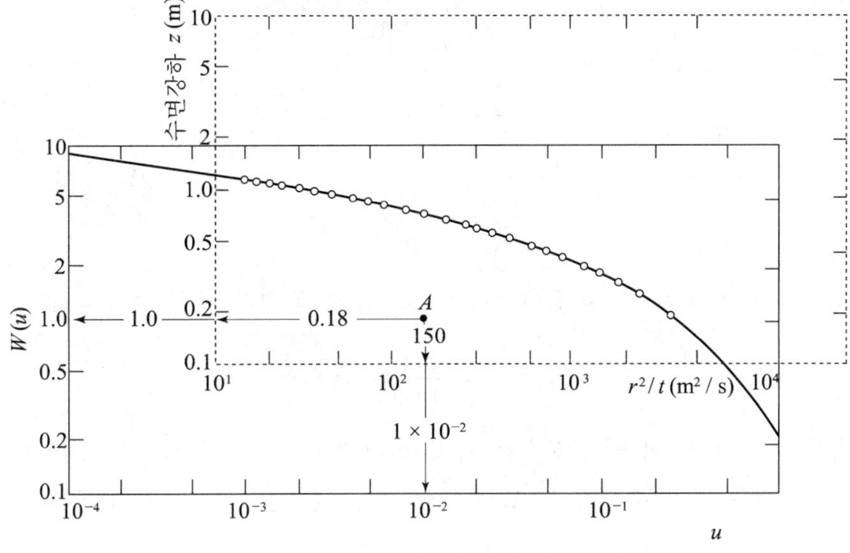

그림 7.16 비평형식의 Theis해법

식 (7.62)로부터 저류상수 S는

$$S=\frac{4Tu}{r^2/t}=\frac{4(1{,}105)(1\times10^{-2})}{216{,}000}=0.000205$$

Cooper-Jacob方法

이 방법은 흐름이 정상상태에 이르렀을 때 적용 가능한 Theis방법을 간단화한 방법이다. 식 (7.62)에서 r이 작고 양수시간 t가 크게 되면 u는 작은 값이 되어 식 (7.65)에서 처음 두 개항 이외에는 무시할 만큼 작은 값이 된다. 따라서 식 (7.65)의 수면강하는 다음과 같이 된다.

$$z=\frac{Q}{4\pi T}\left(-0.5772-\ln\frac{r^2S}{4Tt}\right) \tag{a}$$

$$=\frac{Q}{4\pi T}\left(\ln 0.562-\ln\frac{r^2S}{4Tt}\right)$$

이를 상용대수로 바꿔서 다시 쓰면

$$z=\frac{2.3\,Q}{4\pi T}\log\frac{2.25\,Tt}{r^2S} \tag{b}$$

따라서 식 (b)의 z와 t를 반대수지 상(t를 대수축)에 도시하면 직선이 된다. 그림 7.17에서 $z=0$일 때 시간을 t_o라고 하면 식 (b)는

$$0 = \frac{2.3Q}{4\pi T}\log\frac{2.25\,Tt_o}{r^2/S} \tag{c}$$

가 되고 이를 정리하면

$$\frac{2.25\,Tt_o}{r^2\,S} = 1 \tag{d}$$

또는

$$S = \frac{2.25\,Tt_o}{r^2} \tag{7.67}$$

시간 t_1과 t_2 사이의 수면강하변화 $\Delta z = z_2 - z_1$을 고려하면 식 (b)는

$$T = \frac{2.3Q}{4\pi\Delta z}\log t_2/t_1 \tag{e}$$

시간축에서 $t_2/t_1 = 10$이 되도록 t_2와 t_1을 하나의 대수주기에 대하여 취하면 $\log(t_2/t_1) = 1$이 되고 이에 해당하는 수면강하 Δz를 취하면 식 (e)는 다음과 같이 된다.

$$T = \frac{2.3Q}{4\pi\Delta z} \tag{7.68}$$

따라서 대수층의 흐름특성을 구하는 과정은 먼저 식 (7.68)로부터 T를 구하고 식 (7.67)을 이용하여 S를 결정한다. 이 Cooper–Jacob방법은 $u < 0.01$의 범위에서 타당하다. 따라서 양수시간은 다음 조건을 만족해야 한다.

$$t \geq 25\frac{r^2S}{T}$$

예제 7.13

표 7.4의 양수시험자료에 대한 투수량계수 T와 저류상수 S를 Cooper–Jacob방법으로 구하라.

[풀이] 표 7.4의 z와 t를 그림 7.17과 같이 반대수지에 도시하고 이들 점들을 직선으로 나타낸다. 시간축의

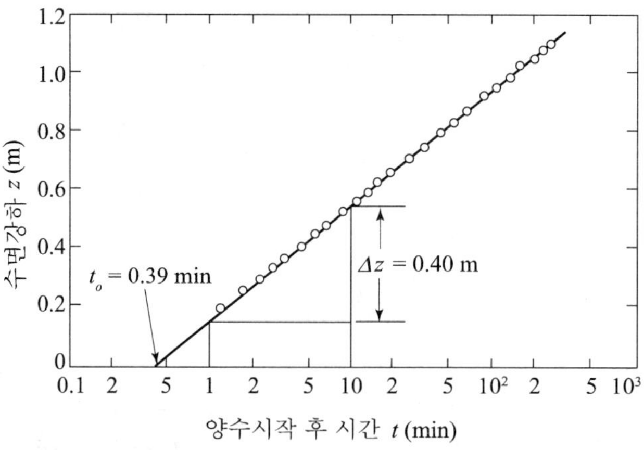

그림 7.17 비평형식의 Cooper–Jacob해법

$\log_{10}(t_2/t_1) = \log_{10}(10/1)$ 에 해당하는 $\Delta z = 0.4$ m 와 $z = 0$ 에 대한 $t_o = 0.39$ min $= 2.7 \times 10^{-4}$ day 를 읽는다. 이들을 식 (7.68)에 적용하면 투수량계수 T는

$$T = \frac{2.30Q}{4\pi \Delta z} = \frac{2.30(2{,}500)}{4\pi(0.40)} = 1{,}144.5 \text{ m}^2/\text{day}$$

저류상수 S는 식 (7.67)로부터

$$S = \frac{2.25\, Tt_o}{r^2} = \frac{2.25(1{,}144.5)(2.7 \times 10^{-4})}{(60)^2} = 0.000193$$

예제 7.14

투수계수가 10 m/day, 저류상수가 0.002, 두께가 30 m인 압력대수층에 우물을 굴착하여 2,000 m³/day의 양수율로 양수한다. 우물에서 20 m인 지점의 10일 후의 수면강하를 구하라.

[풀이] 투수량계수는 $T = Kb = 10 \times 30 = 300 \text{ m}^2/\text{day}$ 이므로 $r = 20$ m 에서 u는

$$u = \frac{r^2 S}{4Tt} = \frac{20^2 \times 0.002}{4 \times 300 \times 10} = 6.7 \times 10^{-5}$$

우물함수는 표 7.3으로부터 $u = 6.7 \times 10^{-5}$ 에 대하여 $W(u) = 9.035$ 이다. 따라서 $r = 20$ m 에서 수면강하는

$$z = \frac{Q}{4\pi T} W(u) = \frac{2{,}000 \times 9.035}{4\pi \times 300} = 4.8 \text{ m}$$

예제 7.15

예제 7.14에서 30일간 양수한 후의 영향반경을 구하라.

[풀이] 영향반경 r_o 에서는 수면강하가 영($z_o = 0.0$)이나 $z_o = 1$ cm $= 0.01$ m 를 가정한다. 식 (7.63)에 의하여

$$W(u) = \frac{4\pi T z_o}{Q} = \frac{4\pi \times 300 \times 0.01}{2{,}000} = 0.019$$

u는 표 7.3으로부터 $W(u) = 0.019$ 에 대하여 $u = 2.75$ 이다. 따라서 식 (7.62)로부터 영향반경은

$$r_o = \left(\frac{4Ttu}{S}\right)^{0.5} = \left(\frac{4 \times 300 \times 30 \times 2.75}{0.002}\right)^{0.5} = 7{,}036 \text{ m}$$

7.8.3 부정류 자유수면대수층의 해석

압력대수층의 해는 다음과 같은 이유로 자유수면대수층에 적용되지 않는다. 자유수면대수층에서는 (1) 대수층에 저류된 물이 빠져나가는 대수층의 탈수(dewatering)현상이 일어나고, (2) 우물 주변에서 연직흐름이 발생하고, (3) 압력대수층에서는 흐름이 압력에 의하여 일어나는 반면 자유수면대수층에서는 중력에 의하여 매질로부터 물이 빠져나오므로 흐름의 지연이 발생한다.

만약 수면강하가 대수층의 두께에 비하여 작으면 탈수와 연직흐름의 영향을 무시할 수 있고 양수가 장기간 계속되면 지연영향도 무시될 수 있다. 또한 양수가 장기간 지속되면 평형상태에 이를 수 있어 평형상태의 해석방법이 사용될 수 있다. 이러한 경우에는 압력대수층의 해법이 적용될 수 있다.

Hantush(1964)에 의하면 우물 인근(대수층 두께의 20%보다 작은 범위의)영역에서 다음의 조건에서는 연직흐름의 영향은 무시된다.

$$t > 5\frac{b\,S_y}{K_z} \tag{7.69}$$

여기서 t는 시간, b는 대수층의 두께, K_z는 연직투수계수, S_y는 지하수위의 단위강하에서 단위면적을 갖는 대수층기둥에서 흘러나오는 수량으로 비산출량 또는 유효공극과 같고 압력대수층의 저류상수에 대응하는 자유대수층의 매개변수이다.

Stallman(1971)에 의하면 다음 조건에서는 지하수 지연흐름의 영향을 받지 않는다.

$$t > 10\frac{S_y\,z}{K_z} \tag{7.70}$$

양수기간이 식 (7.69), (7.70)에 의한 시간보다 길게 되면 압력대수층의 방법이 사용 가능하다. 또한 수면강하가 초기지하수위의 25% 이하이면 압력대수층 해석방법이 적용이 가능하다. 압력대수층의 방법을 사용하기 위해서는 지하수위강하의 관측치가 다음 식에 따라 보정된다.

$$z' = z - \frac{z^2}{2b} \tag{7.71}$$

여기서 z'은 수면강하의 보정치, z는 수면강하의 관측치, b는 대수층의 두께이다.
압력대수층의 방법으로 구한 저류상수는 자유대수층에 대하여 다음과 같이 보정된다.

$$S_y = \frac{b-z}{b}S_y' \tag{7.72}$$

S_y는 보정된 비산출량, S_y'은 계산된 비산출량, z는 모든 관측우물의 기하평균반경에서 양수 종료 시의 지하수면강하이다.

예제 7.16

포화대수층의 두께가 25.5 m인 자유수면대수층의 관측정에서 측정된 수면강하가 2.76 m이다. 보정이 필요한지를 검토하고 필요하면 보정을 가하라.

[풀이] 포화대수층의 두께에 대한 수면강하의 백분율($(2.76/25.5)\times 100 = 10.82\%$)이 11% 정도이나 보정이 시도된다. 포화대수층의 두께가 $b = 25.5$ m 이므로 식 (7.71)에 따라 보정된 수면강하는

$$(h_o - h)' = (h_o - h) - (h_o - h)^2/2b$$
$$= 2.76 - \left[(2.76)^2/(2 \times 25.5)\right] = 2.61 \text{ m}$$

예제 7.17

포화대의 두께가 20 m인 자유수면대수층에 굴착된 우물에서 0.025 m^3/sec로 양수한다. 우물에서 10 m 떨어진 관측우물에서 측정된 수면강하는 다음과 같다. 대수층의 특성을 결정하라.

[풀이] 식 (7.71)을 이용하여 수면강하 z를 z'으로 보정한다.

t (min)	20	50	70	120	200	400	700	1,000	1,500	2,000
수면강하 z (m)	0.5	0.59	0.66	0.82	0.96	1.15	1.32	1.42	1.55	1.64
보정수면강하 z' (m)	0.5	0.58	0.65	0.8	0.94	1.12	1.28	1.37	1.49	1.57

압력대수층의 Cooper–Jacob방법을 이용한다. 그림 7.18과 같이 $t - z'$을 도시하여 $t_o = 6.5\,\text{min}$, 하나의 대수주기에 대한 $\Delta z = 0.63$ m를 얻는다. 식 (7.68)에 따라 투수량계수는

$$T = \frac{2.3Q}{4\pi\Delta z} = \frac{2.3(0.025)}{4\pi(0.63)} = 0.00727 \text{ m}^2/\text{s} \text{ 또는 } 628 \text{ m}^2/\text{day}$$

$t_o = 6.5\,\text{min} = 6.5/(24 \times 60) = 0.0045$ day이므로 식 (7.67)에 따라서 비산출량은

$$S_y' = \frac{2.25\,Tt_o}{r^2} = \frac{2.25(628)(0.0045)}{10^2} = 0.0636$$

양수종료시간 2,000 min에서 조정된 수면강하는 $z = 1.57$ m이므로 보정된 비산출량은 식 (7.72)에 의하여

$$S_y = \frac{(b-z)S_y'}{b} = \frac{20 - 1.57}{20}(0.0636) = 0.0586$$

연직흐름과 지연흐름을 무시할 만큼 양수기간이 충분했는지 검토된다. 식 (7.69)에 따라

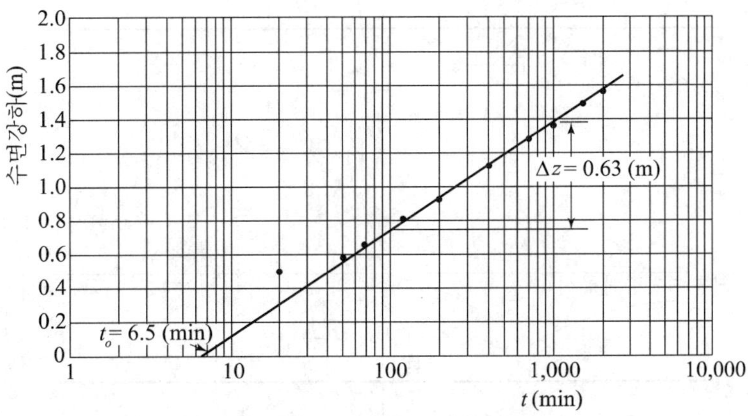

그림 7.18 자유대수층에 대한 비평형식의 해

$$t > \frac{5\,bS_y}{K_z} = \frac{5\,bS_y}{T/b} = \frac{5(20)(0.0586)}{628/20} = 0.187 \text{ day} \quad \text{또는} \quad 269 \text{ min}$$

양수시작 후 시간이 269 min 이상이 되면 연직흐름의 영향은 무시될 수 있다. 식 (7.70)에 의하면

$$t > \frac{10\,S_y z}{K_z} = \frac{10(0.0586)(1.57)}{628/20} = 0.0293 \text{ day} \quad \text{또는} \quad 42.2 \text{ min}$$

42.2 min 이상이면 지연흐름 영향도 무시된다. 양수종료시간 2,000 min을 고려하면 연직흐름과 지연흐름의 영향은 무시될 수 있다.

7.9 대수층경계에 인접한 우물흐름

모든 대수층은 하천, 호수와 같이 물을 공급하는 함양경계 또는 암석층과 같이 물의 공급을 차단하는 불투수층을 우물 주위의 경계로 갖는다. 이와 같은 경계에 인접한 우물은 경계의 영향을 받으므로 무한경계의 대수층에 근거한 공식들은 유한경계의 대수층에는 적용되지 않는다. 유한경계대수층의 해석을 가능하게 하기 위해서는 유한경계대수층을 무한경계대수층으로 변환시키는 것이 필요하고 이는 **영상우물**(image well)과 중첩원리를 적용함으로써 가능하다.

7.9.1 하천 인근 우물

그림 7.19a와 같이 하천 인근에 있는 우물에서 일정한 유량 Q를 양수하는 경우 임의의 지

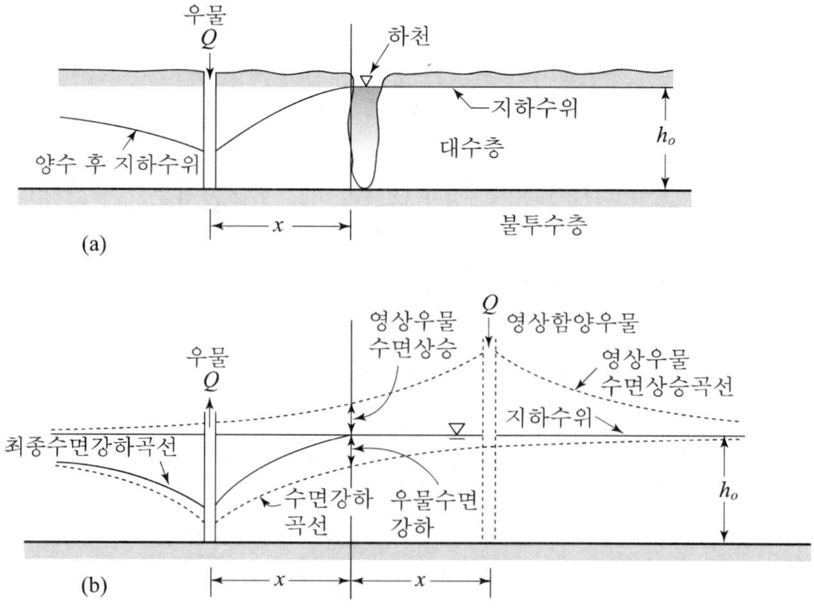

그림 7.19 영상함양우물

점에서 자유수면의 변화, 하천으로부터 유입된 유량 Q_s 에 대한 Q의 비를 구하는 것 등이 요구된다. 이들에 대한 해석과정은 다음과 같다. 대수층의 크기가 무한대라고 생각하고 그림 7.19b와 같이 양수정에 의한 수면하강곡선을 작성하고 우물의 반대쪽에 하천으로부터 등거리(x)에 실제우물인 양수정과 성질이 같은 **영상함양정**(影像涵養井; image recharge well)을 위치시킨다. 하천은 대수층에 물을 공급하므로 영상우물은 함양정으로 가정된다. 함양정의 수면상승곡선은 실제우물의 그것과 같으나 뒤집어 놓은 모양이 된다. 하천에서의 수위는 양수정에 의한 수면강하와 함양정에 의한 수면상승이 같은 값이므로 상쇄되어 변함이 없고 최종적인 수면강하곡선은 [(함양정의 수면상승곡선)−(양수정의 수면 강하곡선)]으로 구해진다.

그림 7.20에서 좌표의 원점을 두 우물을 연결한 선과 하천과의 교차점으로 할 경우 하천으로부터 거리 a에 위치한 실제우물과 영상함양우물에 대한 임의의 점 P의 좌표가 x, y이면 우물과 P점 간의 거리는

$$r_1 = \sqrt{(a-x)^2 + y^2} \tag{a}$$

$$r_2 = \sqrt{(x+a)^2 + y^2} \tag{b}$$

실제우물로부터 거리 a의 O점과 거리 r_1의 P점 간에 압력대수층우물의 식 (7.53)을 적용한다. O와 P점에서 수면강하의 차이를 z_1이라고 하면, 즉 $z_1 = h_o - h_P$

$$z_1 = \frac{Q}{2\pi bK} \ln \frac{a}{r_1} \tag{c}$$

영상우물로부터 거리 a의 O점과 거리 r_2의 P점에서의 수면강하의 차이를 z_2라고 하면 $z_2 = h_o - h_P = -(h_P - h_o)$이므로 식 (7.53)은

$$z_2 = -\frac{Q}{2\pi bK} \ln \frac{a}{r_2} \tag{d}$$

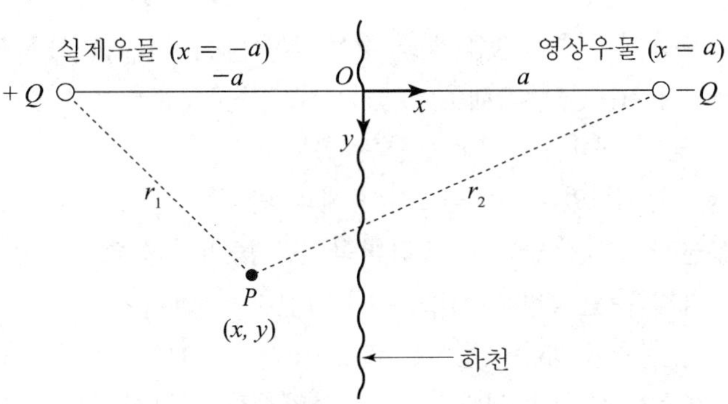

그림 7.20 하천 인근의 실우물과 영상우물의 좌표

점 $P(x,\ y)$의 수면강하 z는 z_1과 z_2의 합인 총 수면강하 $z = z_1 + z_2$로 주어진다.

$$z = \frac{Q}{4\pi bK} \ln \frac{y^2 + (a+x)^2}{y^2 + (a-x)^2} \tag{7.73}$$

위와 같은 과정은 자유대수층에 대한 관계식 유도에도 적용될 수 있다.

예제 7.18

직경 0.5 m의 우물이 투수계수가 15 m/day, 두께가 25 m인 압력대수층에 굴착된다. 계속된 양수에 따라 우물의 수면강하가 1 m일 때, 우물이 하천으로부터 (a) 60 m일 때 양수율과 (b) 3,000 m일 때 양수율을 구하라.

[풀이]

(a) $a = 60\ \mathrm{m}$인 경우 그림 7.20에서 $x = 60 - 0.25 = 59.75\ \mathrm{m}$, $y = 0$이므로 식 (7.73)에 의하면

$$Q = \frac{4\pi bKz}{\ln \dfrac{y^2 + (a+x)^2}{y^2 + (a-x)^2}} = \frac{4\pi(25)(15)(1)}{\ln[(60 + 59.75)^2/(60 - 59.75)^2]}$$

$$= 381\ \mathrm{m^3/day}$$

(b) $a = 3{,}000\,\mathrm{m}$인 경우

$$Q = \frac{4\pi(25)(15)(1)}{\ln[(3{,}000 + 2{,}999.75)^2/(3{,}000 - 2{,}999.75)^2]}$$
$$= 233\ \mathrm{m^3/day}$$

(a)의 경우 동수경사가 급하므로 유량은 60% 정도 증가된다.

7.9.2 불투수경계에 인접한 우물

우물 주위의 대수층이 불투수층경계를 갖는 경우에는 경계를 통해서 흐름이 일어나지 않는다. 따라서 우물의 불투수경계 반대쪽에 있는 대수층으로부터는 지하수의 공급을 받지 못한다. 이와 같이 공급을 받지 못하는 양의 수량은 우물의 반대쪽에 있는 우물에서 양수로 인하여 일어나는 것으로 생각할 수 있다. 즉 불투수경계의 반대쪽 등거리에 유량 Q를 양수하는 영상우물을 두어 실제우물과 영상우물의 수면강하곡선을 중첩하여 해석된다. 즉 [(실제우물의 수면강하곡선) + (영상우물의 수면강하곡선)]으로 주어진다.

그림 7.21에서 두 우물이 양수우물이므로 식 (d)의 (−)부호는 (+)가 된다. 기준거리 R(하천이 있는 경우의 기준거리 a에 해당하는)을 수위강하 영향이 없는 지점인 영향원의 반경이나 섬의 경계로 하고 이 경우 수두는 H_o이다. 따라서 식 (c), (d)의 합은

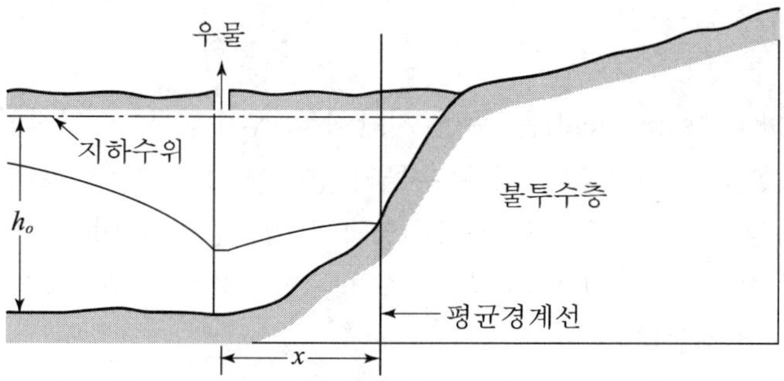

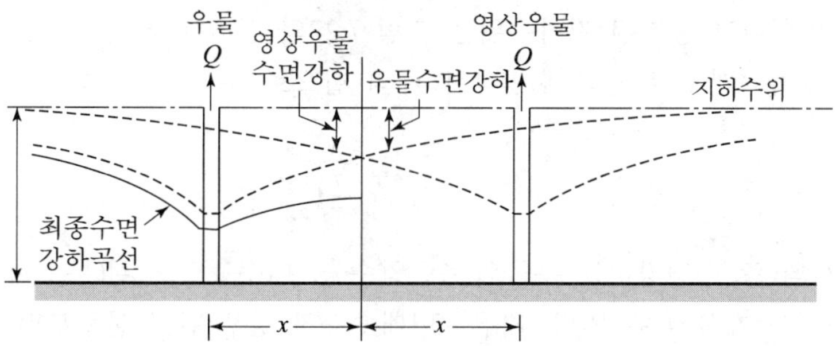

그림 7.21 불투수층경계의 실제우물과 영상우물

$$z = \frac{Q}{2\pi bK} \ln \frac{R^2}{r_1 r_2} \tag{7.74}$$

r_1, r_2는 식 (a), (b)로 정의되고 R은 영향원의 반경, 또는 섬의 경계이다. 이와 같은 과정은 자유수면대수층에 대한 관계식 유도에도 적용될 수 있다.

예제 7.19

예제 7.18에서 영향원의 반경이 1.2 km이고 불투수경계가 우물로부터 60 m 거리에 위치할 경우 양수율을 구하라.

[풀이] $y=0$이므로 P점은 두 우물의 연결직선 상에 있다. P점의 x−좌표는 불투수경계인 O점으로부터 $x = 60 - 0.25 = 59.75$ m이므로 식 (a), (b)의 r_1, r_2는 각각 $r_1 = \sqrt{(60-59.75)^2+0} = 0.25$와 $r_2 = \sqrt{(60+59.75)^2+0} = 119.75$이다. 식 (7.74)로부터 양수율은

$$Q = \frac{2\pi Kbz}{\ln(R^2/r_1 r_2)} = \frac{2\pi(15)(25)(1)}{\ln[1{,}200^2/(0.25)(119.75)]}$$

$$= 218.4 \text{ m}^3/\text{day}$$

따라서 불투수경계에 인접한 우물의 양수율은 예제 7.18의 하천 인근 우물의 경우보다 작다.

7.10 우물구역 설계

안전채수량(安全採水量; safe yield)은 주변 지반침하, 염수침투, 자연적인 지하수함양으로 보충이 불가능한 과도한 지하수위강하, 기존 우물의 양수에 대한 간섭, 특히 주변의 오염된 지표수의 과도한 유도함양, 기존의 오염된 지하수영역에 접근됨이 없이 양수할 수 있는 지하수의 양수율이라고 할 수 있다. 따라서 이와 같은 조건을 만족하는 양수비용이 양수되는 물값과 같게 되는 지하수위가 존재한다.

우물구역(well field)에 인접한 여러 개의 우물에서 동시에 양수할 경우 수면강하곡선은 중첩되어 간섭이 일어나고 중첩된 지하수위는 그림 7.22와 같이 나타난다. 따라서 임의의 지점에서의 수면강하 z_T는 개개 우물의 수면강하 z_i의 합으로 주어진다. 즉

$$z_T = \sum_{i=1}^{N} z_i \tag{7.75}$$

한 지점에서의 총 수면강하는 우물의 수, 양수율, 대수층의 성질(투수계수) 및 우물 간의 거리 등이 주어지면 계산될 수 있다. 자유수면대수층의 경우 한 우물로부터 거리 r과 양수로 인한 지하수위 변화가 거의 없는 지점까지의 거리 r_o(영향반경) 간에 대한 식은 식 (7.56)으로부터 다음과 같이 얻어진다.

$$h_o^2 - h^2 = \frac{Q}{\pi K}\ln(r_o/r) \tag{7.76}$$

여기서 h_o와 h는 r_o와 r에서의 지하수위이다. 이는 Q, K, r_o, r 및 h_o가 주어지면 우물로부터 거리 r에서의 수면강하 $z(=h_o - h)$를 구할 수 있음을 나타낸다.

만약 우물이 N개이면 식 (7.76)은 수면강하의 중첩원리(식 7.75)에 따라 다음과 같이 된다.

$$h_o^2 - h^2 = \sum_{i=1}^{N} \frac{Q_i}{\pi K}\ln\left(\frac{r_{oi}}{r_i}\right) \tag{7.77}$$

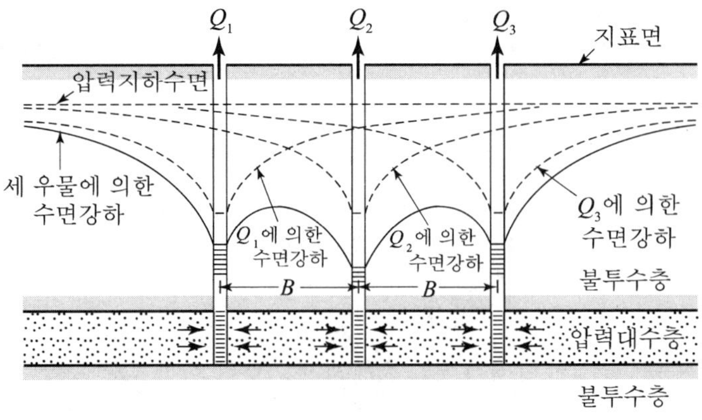

그림 7.22 우물간섭

여기서 r_{oi}는 우물 i의 영향반경, r_i는 우물 i에서 수면강하를 구하는 지점까지의 거리이다.

식 (7.77)은 수면강하가 비교적 작은 경우에 적용된다. 압력대수층에 대한 식은 다음과 같다.

$$h_o - h = \sum_{i=1}^{N} \frac{Q_i}{2\pi Kb} \ln\left(\frac{r_{oi}}{r_i}\right) \tag{7.78}$$

우물손실

양수우물 내의 수위강하는 두 성분으로 구성된다. 하나는 우물벽면에서 지하수위의 **형성손실**(形成損失; formation loss) z_a(그림 7.23)와 또 하나는 우물벽면에서 지하수위와 우물 내의 수면과의 연직거리 z_w이다. z_w를 **우물손실**(well loss)이라 하고 다음과 같이 주어진다.

$$z_w = CQ^2 \tag{7.79}$$

여기서 C는 상수로서 $C < 0.5\ \text{min}^2/\text{m}^5$의 값을 갖는다. 따라서 총 수면강하 $z_t = z_a + z_w$는

압력대수층에서 정류 $$z_t = \frac{2.3Q}{2\pi T}\log\frac{r_o}{r_w} + CQ^2 \tag{7.80}$$

부정류 $$z_t = \frac{2.3Q}{4\pi T}\log\frac{2.25Tt}{r_w^2 S} + CQ^2 \tag{7.81}$$

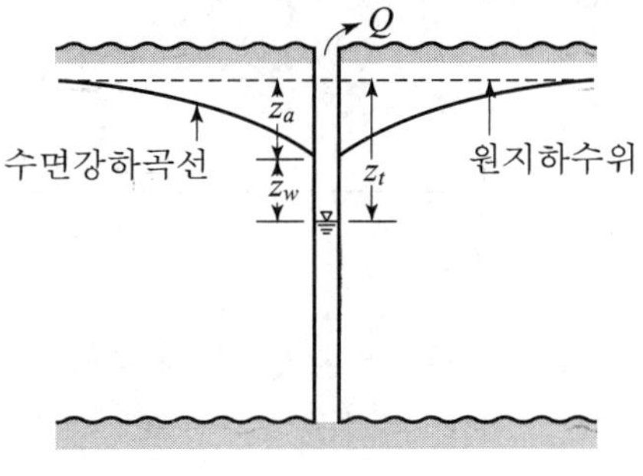

그림 7.23 양수우물에서 형성손실과 우물손실

우물효율과 비양수량

우물효율(well efficiency)은 다음과 같이 정의된다.

$$E = \frac{z_a}{z_t} \times 100$$

또는

$$E = \left(1 - \frac{z_w}{z_t}\right) \times 100 \tag{7.82}$$

만약 우물손실이 영이면 효율은 100%이다. **비양수량**(比揚水量; specific capacity)은 단위수면강하에 대한 우물의 양수율로 정의된다.

$$\text{비양수량} = \frac{Q}{z_t} \tag{7.83}$$

비양수량은 양수율과 시간에 따라 감소한다.

예제 7.20

압력대수층에 굴착된 직경 30 cm 우물에서 12시간 동안 1.5 m^3/min으로 양수한 결과 우물에서 수면강하가 7 m였다. 투수량계수와 저류상수가 각각 500 m^2/day, 6×10^{-3}이다. (a) 우물손실, (b) 우물의 효율 및 (c) 우물의 비양수량을 결정하라.

[풀이] $Q=1.5\,\text{m}^3/\text{min}=2{,}160\,\text{m}^3/\text{day}$, $r_w=0.3/2=0.15\,\text{m}$ 이고 12시간($t=0.5$ day)의 양수시간이 평형상태에 이를 만큼 충분히 긴 시간은 아니므로 부정류의 식 (7.81)을 이용하면 지하수위의 형성손실 z_a는

$$\begin{aligned} z_a &= \frac{2.3Q}{4\pi T}\log\frac{2.25\,Tt}{r_w^2 S} \\ &= \frac{2.3(2{,}160)}{4\pi(500)}\log\frac{2.25(500)0.5}{(0.15)^2(6\times10^{-3})} \\ &= 5.24\,\text{m} \end{aligned}$$

(a) 우물손실 z_w: 총 수면강하가 $z_t=7\,\text{m}$ 이므로 $z_w=z_t-z_a=7.0-5.25=1.76\,\text{m}$

(b) 우물효율 E: $E=\dfrac{z_a}{z_t}\times100=\dfrac{5.24}{7}\times100=74.9\%$

(c) 비양수량 $=\dfrac{Q}{z_t}=\dfrac{1.5}{7}=0.214\,\text{m}^2/\text{min}$

우물구역 설계

우물구역 설계(design of well field)는 우물의 위치, 우물의 수 및 우물 간의 간격을 결정하는 것이다. 대수층의 수문학적 특성과 양수양상이 우물의 위치 결정에 영향을 미친다. 가장 보편적인 우물 위치의 기준은 (1) 함양경계에 인접하고, (2) 불투수층경계에는 직각으로 하되 가능한 한 멀리 위치시킨다.

우물의 수: 필요한 우물의 수는 우물 구역에서 취수되는 총수량을 한 우물의 **가능양수량**(可能揚水量; potential yield)으로 나누어 결정된다. 한 우물의 가능양수량은 다음 두 방법으로 구해진다.

1. 우물의 비양수량에 가능최대수면강하의 1/2～2/3를 곱한다. 가능최대수면강하 z_o는 양수 이전의 수위와 최저양수수위의 차이이다.
2. Cooper–Jacob식으로부터 양수기간 365일에 대한 영향원의 반경 r_o값을 구한다. $r=r_o$에서 $z=0$ 이므로 식 (7.67)로부터

$$r_o^2 = \frac{2.25\,Tt}{S} \tag{7.84}$$

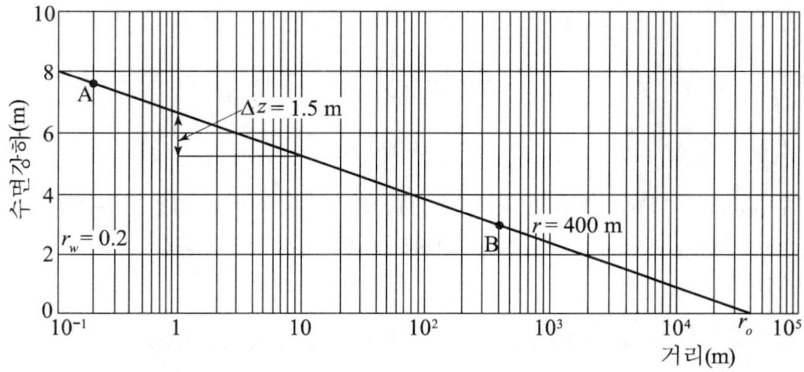

그림 7.24 우물구역의 수면강하-거리해석

반대수지 상에서 r_o와 우물경계에서 가능최대수면강하 z_o의 1/2이 일어나는 지점(그림 7.24에서 A점)을 연결한다. 이로부터 횡축(거리)의 한 대수주기에 해당하는 수면강하 Δz를 횡축에서 읽은 다음 Cooper–Jacob식 식 (7.68)에 준하여 예상 양수율을 추정한다. 가능최대수면강하의 50%만이 양수율 결정에 사용되고 나머지 50%는 우물손실, 우물간섭, 경계영향 등에 소모된 것으로 추정한다. 따라서 Δz의 경우도 Δz의 50%만이 양수에 사용되므로 식 (7.68)의 $Q = 4\pi T\Delta z/2.3$는 다음과 같이 수정된다.

$$Q = 2.7\,T\,\Delta z \tag{7.85}$$

양수율 추정에 Δz의 50%만이 양수에 사용되므로 우물 간격의 결정에서 우물 간격이 클수록 우물 간의 간섭은 적어지나 우물 간의 관로와 동력장비 비용은 크게 된다.

한 우물이 다른 우물의 수면강하에 영향을 주는 우물간섭만을 고려할 경우 적정 우물 간격을 결정하는 과정은 다음과 같다.

1. 우물 1, 2, 3이 1, 2, 3의 순서로 직선 상에 위치할 경우 중앙의 우물 2는 우물 1과 3의 영향을 받는다.
2. 우물구역 해석에서 가능최대수면강하의 1/2은 우물손실, 우물간섭 및 경계영향에 소모되는 것으로 취급한다. 우물손실은 식 (7.79)로 결정되고 경계영향을 무시할 경우 나머지 수면강하는 우물간섭에 배당된다.
3. 두 우물은 서로 간섭하므로 수면강하 값은 2로 나눈다. 각 우물에 의한 수면강하 1/2을 그림 7.24에 도시하면 이는 우물 2(B점)로부터 우물 1, 3까지의 거리를 나타낸다.

예제 7.21

투수량계수가 800 m^2/day, 저류상수가 6×10^{-4}인 대수층으로부터 8,000 m^3/day를 취수한다. 최대허용수면강하가 15 m이다. 직경 40 cm의 우물을 파는 경우 우물의 수를 결정하라.

[풀이] 양수기간 365일에 대한 지하수위 변동이 없는 영향원의 반경 r_o는 식 (7.84)로부터

$$r_o^2 = \frac{2.25(800)365}{6 \times 10^{-4}}$$

$$r_o = 33{,}090 \text{ m}$$

가능최대수면강하가 15 m이므로 이의 1/2은 $(15)/2 = 7.5$ m이다. 그림 7.24에서 $r_o = 33{,}090$ m와 $r_w = 0.2$ m에서 수면강하가 7.5 m인 점(A점)을 연결하고 한 대수주기에 대한 $\Delta z = 1.5$ m를 읽으면 예상 양수율은 식 (7.85)로부터

$$Q = 2.7\,T\Delta z = 2.7(800)(1.5) = 3{,}240 \text{ m}^3/\text{day}$$

우물의 수는 $$\text{우물의 수} = \frac{8{,}000}{3{,}240} = 2.47$$

따라서 세 개의 우물이 필요하다.

예제 7.22

예제 7.21에서 우물효율이 80%이고 간섭은 외곽우물에 의해서만 일어날 경우 우물의 간격을 결정하라.

[풀이] 경계영향을 무시할 경우 가능최대수면강하의 1/2인 7.5 m는 우물손실과 간섭에 할당되므로 z_a=7.5 m가 된다. 따라서 식 (7.82)에 따라 총 수면강하 z_t는

$$z_t = \frac{z_a}{E} \times 100 = \frac{7.5}{80} \times 100 = 9.375 \text{ m}$$

우물손실은 $z_w = z_t - z_a = 9.375 - 7.5 = 1.875$ m. 우물간섭에 할당되는 수면강하 $= 15 - 9.375 = 5.625$ m.
단위우물에 대한 우물간섭에 의한 수면강하 $= 5.625/2 = 2.8$ m.
그림 7.24에서 수면강하가 2.8 m인 점(B점)을 표시한다. 우물(종축)에서 B점까지의 거리 400 m가 우물 간격이 된다.

7.11 지하수함양

지하수함양(地下水涵養; groundwater recharge)은 지표면에서 지하저류지(대수층)에 물을 다시 채우는 것이다. 강수량이 지하수함양에 원천이 될 뿐 아니라 자연적인 함양방법이다. 그러나 많은 지역이 인공함양을 필요로 하고, 이에는 여러 가지 방법이 있다. 인간 활동에 의하여 지하수 함양사업과는 별개로 함양되기도 한다. 유역에 대한 지하수함양은 하천의 상시 흐름을 지배한다.

인공함양방법

일반적인 인공함양방법에는 다섯 가지가 있다.

1. 살수(撒水): 침투지법, 수로방법, 구거법, 일수법
2. 함양갱
3. 함양우물
4. 유도함양
5. 폐수처분

침투지법(浸透池法; basin method): 단일 또는 여러 개의 침투지에 하천물을 채우면, 토양을 침투해서 지하저류지를 다시 채우게 된다. 침투지는 제방을 쌓거나 굴착해서 형성되고, 함양률은 지하수위와 침투지의 수위 차이에 비례한다. 함양률은 시간에 따라 감소하고, 이는 주로 미세입자에 의하여 토양공극이 막히기 때문이다(22.8 침투지 참조).

수로방법(水路方法; stream channel method): 충적하천에서는 하상과 하안을 통하여 지하로 물이 스며들어간다. 함양률을 높이기 위해 하상을 넓고 평탄하게 하거나, 하상재료를 사용하여 임시 댐을 축조하기도 한다.

구거법(溝渠法; ditch method): 수로방법과 유사하다. 하천에 인접해서 바닥이 평편하고 얕은 그리고 연속된 도랑을 파고, 하천물을 유입시킨다. 도랑의 폭은 0.3 m～1.5 m 정도이고, 도랑의 경사는 미세부유물이 퇴적되지 않을 정도가 필요하다(22.8 침투도랑 참조).

일수법(溢水法; flooding method): 침투지법과 유사하나 제방이나 굴착에 의하지 않는다. 비교적 평탄한 자연대지에서 침투되도록 물을 살수한다. 침식을 방지하고, 흙이 교란되는 것을 피하기 위하여 엷은 층에서 낮은 유속으로 물을 지면에 분포시킨다. 자연적인 경계가 없을 경우에는 일수지역 주위에 둑을 쌓는 것이 필요하다. 이 방법은 간단하고 저렴하다.

함양갱(涵養坑; recharge pit): 비교적 얕고 견고한 지층의 아래에 투수성층이 존재할 경우, 지층에 갱을 뚫는 것은 효율적인 함양방법이 된다. 경우에 따라서는 갱의 바닥과 측벽을 투수성이 높은 재료로 채운다. 이와 같은 자갈층은 미세물질로 막히는 것을 방지하기 위함이고, 2～3년마다 자갈층을 바꾼다.

함양우물(涵養우물; recharge well): 구조는 양수우물과 같으나 조작은 우물과 반대로 지면에서 물이 주입된다. 수위강하곡선과 반대인 **수면상승곡선**(水面上昇曲線; cone of recharge)이 형성된다.

유도함양(誘導涵養; induced recharge): 하천 주변에 위치한 우물에서 양수를 하면 우물의 수위가 낮아지고, 하천에서 우물을 향하여 급한 동수경사가 형성되어 우물을 향해 많은 유량이 유입되는 과정을 유도침투라 한다.

폐수처분(廢水處分; wastewater disposal): 2차 처리된 물을 함양목적으로 사용하면 물리화학적 및 생물학적 불순물을 제거하여 수질을 개선한다. 주입방법으로 살수법, 함양갱, 함양정 등이 사용된다.

7.12 염수침투

염수침투(鹽水浸透; saline water intrusion in aquifer)는 해안지역의 지하수 개발로 인한 담수 지하수위의 저하로 해수와 담수 간의 정역학적인 평형이 깨져 비중이 큰 해수가 담수대수층으로 유입되는 현상이다. 염수는 지하수의 주요 오염원의 하나이다. 염수침투가 일어나는 것은 다음 세 가지 경우이다. (1) 해안지역에서 지하수 개발에 따른 양수로 인한 지하수위의 강하로 지하수면 경사가 감소 또는 역경사가 되어 비중이 큰 해수의 침투를 허용하고, (2) 지하수와 해수 사이의 장벽(barrier)의 제거, 예로 해안 배수로의 굴착으로 조석에 의한 해수가 내륙으로 들어와 해수가 대수층으로 스며들어 가고, (3) 염분을 포함한 오수를 지하에 폐기함으로써 침투를 통하여 일어난다.

Ghyben–Herzberg관계

해안지역에 위치한 우물의 경우(그림 7.25) 지하수와 해수 간의 정역학적 평형은 다음과 같이 기술된다.

$$\rho_s g h_s = \rho_f g (h_s + h_f) \tag{7.86}$$

여기서 ρ_f와 ρ_s는 각각 담수와 해수의 밀도, h_s는 기준면에서 해수의 수두, h_f는 해면 상 담수의 수두이다.

식 (7.86)을 h_s에 관하여 정리하면

$$h_s = \frac{\rho_f}{\rho_s - \rho_f} h_f \tag{7.87}$$

식 (7.87)을 **Ghyben–Herzberg관계**라 한다. $\rho_f = 1.0\ \mathrm{g/cm^3}$, $\rho_s = 1.025\ \mathrm{g/cm^3}$를 식 (7.87)에 적용하면

$$h_s = 40 h_f \tag{7.88}$$

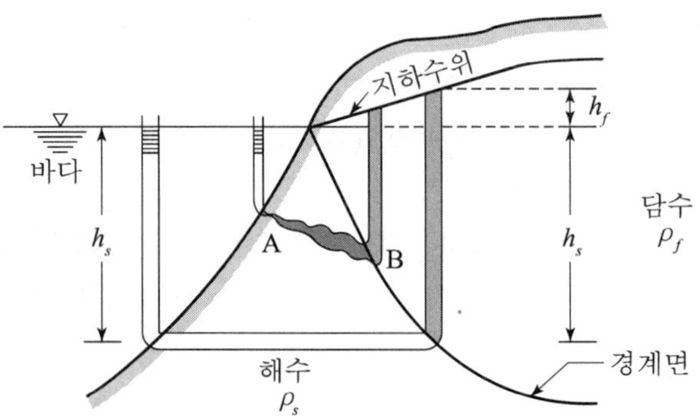

그림 7.25 해안자유대수층에서 담수와 염수와의 관계

이는 h_s가 h_f의 40배가 됨을 의미한다. 즉 해수의 침투를 막기 위해서는 해수면상 담수의 수두 1 m에 대하여 해수-담수 경계면이 해수면보다 40 m보다 작아야 한다. 즉 $h_s < 40h_f$일 때 해수의 침투가 일어나지 않는다. Ghyben-Herzberg관계는 흐름이 거의 수평인 경우에 만족할 만한 결과를 제공하고 해안 부근에서와 같이 연직흐름성분이 크게 되면 염수-담수경계면의 위치결정에 많은 오차가 포함된다.

압력대수층에 대해서는 지하수위를 압력수두로 대체함으로써 적용가능하다. 염수와 담수 간에 평형상태가 유지되기 위해서는 (1) 지하수위가 해수면보다 높아야 하고, (2) 지하수위는 해안쪽으로 경사를 가져야 한다. (1)의 경우는 과대한 양수로 지하수위가 강하하여 해안쪽으로 경사를 가진 지하수위가 반대로 감소 내지는 우물쪽으로 경사를 갖게 되어 해수의 침투를 유도하게 된다. 해수의 침투로 해안대수층이 오염되면 염분을 제거하는 것은 거의 불가능하게 되어 대수층은 수원으로서 그 기능을 상실하게 된다.

예제 7.23

해안에서 150 m, 300 m 거리에 위치한 관측정에서 측정된 해수면 상 지하수위가 각각 0.36 m, 0.8 m이다. 염수-담수경계면을 구하라.

[풀이] $\rho_f = 1.0\ \mathrm{g/cm^3}$, $\rho_s = 1.025\ \mathrm{g/cm^3}$을 고려하여 식 (7.88)에 의하면 해수면하 염수-경계면 위치는

150 m 거리의 관측정에서 $h_s = 40h_f = 40 \times 0.36 = 14.4\ \mathrm{m}$

300 m 거리의 관측정에서 $h_s = 40h_f = 40 \times 0.8 = 32.0\ \mathrm{m}$

염수면상승

담수층 하부에 염수층이 존재하는 해안지역에 위치한 우물에서 양수할 경우 염수와 담수의 경계면의 국부적인 상승이 일어난다(그림 7.26). 이러한 현상을 **염수면상승**(鹽水面上昇; upconing)이라고 한다. 자유수면대수층의 경우 염수면상승 z_u는 식 (7.87)에 따라

$$z_u = \frac{\rho_f}{\rho_s - \rho_f} z_f \tag{7.89}$$

정상상태의 압력대수층에서 염수면상승 z_u(Todd, 1980)는

$$z_u = \frac{Q\rho_f}{2\pi d K(\rho_s - \rho_f)} \tag{7.90}$$

여기서 K는 투수계수, d는 우물바닥 아래 초기담수-염수경계면의 깊이이다. z_u값이 한계치 $z_c = 0.3 \sim 0.5\ d$에 이르면 염수는 우물에 도달하여 우물물을 오염시킨다. 염수-담수경계면의 상승을 한계치 이하로 유지하는 최대양수율은 $z_u = 0.5\ d$를 식 (7.90)에 대입하여 구해진다.

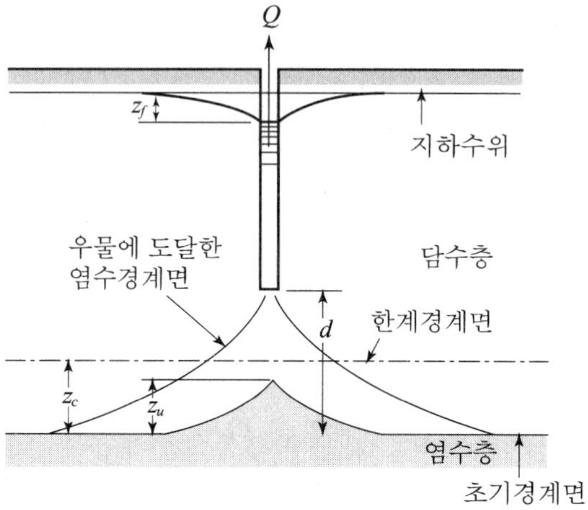

그림 7.26 양수우물에서 염수의 염수면상승

$$Q_{\max}=\pi d^{2}K\frac{\rho_s-\rho_f}{\rho_f} \tag{7.91}$$

실제 상황에서는 담수층과 염수층 사이의 중간층으로 염기성층이 형성되어 작은 양의 양수에서도 염수가 우물에 이르게 된다. 그러나 염수면상승 효과는 d를 증가시키고 Q를 감소시킴으로써 최소화할 수 있다.

예제 7.24

예제 7.23의 300 m 지점에 위치한 우물에서 염수의 유입을 막기 위하여 지하수위와 해수–담수경계면 간의 연직거리를 5 m로 유지할 때 지하수의 강하를 구하라.

[풀이] 지하수위가 해수면 상 0.8 m이므로 지하수위와 염수–담수경계면 간의 연직거리(그림 7.25)는 $h_s+h_f=32.0+0.8=32.8$ m이다. 따라서 그림 7.26에서 다음 관계식이 성립된다.

$$32.8=z_u+z_f+5 \tag{a}$$

한편 식 (7.89)로부터 $$z_u=[1.0/(1.025-1.0)]z_f=40z_f \tag{b}$$

식 (b)를 식 (a)에 대입하면 $$27.8=z_u+z_f=40z_f+z_f=41z_f \tag{c}$$

식 (c)로부터 $z_f=0.65$ m이다. 따라서 우물에 염수 유입을 방지하기 위해서는 우물에서 양수로 인한 수위강하가 0.65 m를 초과하지 않아야 한다.

예제 7.25

대수층의 담수층 깊이가 40 m이고 이 담수층 아래 염수층($\rho_s=1.025$ g/cm^3)이 존재한다. 담수층에 깊이 25 m의 우물이 굴착된다. 대수층의 투수계수가 300 m/day일 때 염수의 유입 없이 양수할 수 있는 최대유량을 구하라.

[풀이] 그림 7.26의 d는 $d=40-25=15$ m이다. 주어진 값들을 식 (7.91)에 적용하면

$$\begin{aligned} Q_{\max} &= \pi d^2 K \frac{\rho_s - \rho_f}{\rho_f} \\ &= \pi (15\ \mathrm{m})^2 (300\ \mathrm{m/day}) \left(\frac{1{,}025 - 1{,}000}{1{,}000} \right) \\ &= 5{,}298.75\ \mathrm{m^3/day}\ \text{또는}\ 0.061\ \mathrm{m^3/s} \end{aligned}$$

염수침투 방지

대수층이 한번 염수침투로 오염되면 회복하는 데에 수년이 소요되거나 회복이 불가능하므로 염수침투를 방지하는 것이 필요하다. 해안에서 염수침투 방지방법으로는 (1) 동수경사가 해안쪽으로 향하도록 우물구역의 위치선정과 양수를 조작한다. (2) 인공함양으로 평형상태에 근거한 담수–염수경계면을 낮게 하여 $h_s < 40\,h_f$의 관계가 유지되도록 한다. (3) 해안에 인접 평행한 우물을 굴착하고 양수를 계속해서 해안염수와 육지의 담수가 유입되도록 한다. (4) 해안에 인접 평행한 우물을 파고 인공함양을 통해서 동수경사가 해안과 육지로 향하도록 한다. (5) 수밀성 지수벽 역할을 하도록 대수층의 상당 깊이까지 불투수층 심벽을 건설한다.

염수면상승에 대해서는 (1) 가능한 한 염수층으로부터 우물을 멀리한다. (2) 식 (7.89)에 준하도록 양수율을 낮게 유지한다. (3) 담수 아래의 염수를 양수하는 별도의 우물을 유지 관리한다.

문 제

대수층

7.1 대수층 공극률이 0.35인 사암 1 $\mathrm{m^3}$ 내의 고형 물질의 체적은 얼마인가?

7.2 어느 한 종류의 흙의 밀도가 1.6 $\mathrm{g/cm^3}$, 토립자의 비중이 2.6이다. 공극률은 얼마인가?

7.3 면적이 20 $\mathrm{km^2}$인 자유수면대수층의 지하수위가 지면에서 20 m에 위치한다. 이 대수층에 $4\times10^7\ \mathrm{m^3}$의 물이 가해졌을 때 지하수위가 8 m 상승했다. 대수층의 비산출량을 구하라.

7.4 어느 압력대수층의 평균두께가 50 m, 공극률이 0.35이다. 물의 압축률이 $4.3\times10^{-5}\ \mathrm{cm^2/kg}$, 다공성 매질의 압축률이 $3.5\times10^{-5}\ \mathrm{cm^2/kg}$이다. 대수층의 저류상수를 계산하라.

7.5 문제 7.4에서 다공성 매질의 압축률이 미지이고 저류상수가 0.0004이다. 매질의 압축률을 구하라. 또한 물과 매질의 압축률에 의한 저류상수의 구성비율을 구하라.

7.6 평균입경이 0.002 m, 온도가 20°C일 때 Darcy법칙이 적용될 수 있는 최대유속은 얼마인가?

7.7 한 토양의 투수계수가 15°C에서 0.005 m/s일 경우 고유투수계수는 얼마인가?

7.8 유체의 밀도가 $\rho = 1\,\mathrm{g/cm^3}$, 고유투수계수가 $k = 5$ Darcys, 유체점성계수가 $\mu = 1cP$인 다공성 매질의 투수계수를 계산하라. 1 poise(1P)=1 g $\mathrm{cm^{-1}s^{-1}}$, $1cP = 0.01\mathrm{P}$

7.9 다음 지층의 투수계수를 산정하라.

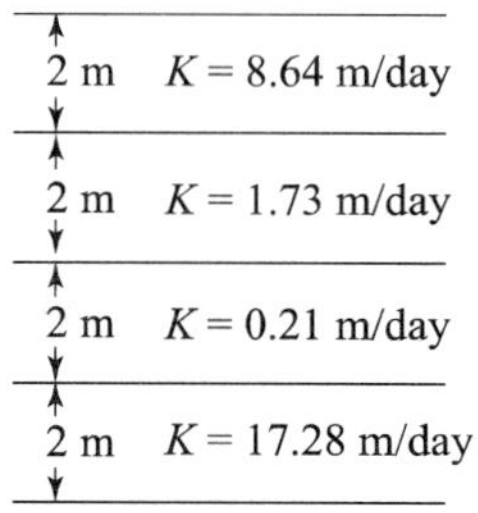

지하수운동

7.10 다음 조건에 대한 Darcy속도와 침윤속도를 계산하라. 투수계수 $K = 2 \times 10^{-5}\,\mathrm{cm/s}$, 동수경사 $S = 0.01$, 단면적 $A = 80\,\mathrm{cm^2}$, 공극률 $\eta = 0.25$

7.11 투수계수 $K = 8 \times 10^{-5}\,\mathrm{cm/s}$인 다공성 매질에서 동수경사 $S = 0.01$, 단면적 $A = 1{,}200\,\mathrm{m^2}$에 대한 유량을 구하라.

7.12 그림의 경우 투수계수가 $120\,\mathrm{m/day}$이고 공극률이 0.26이다. 두 우물의 수면차이가 30 cm이다. (a) 대수층의 단위폭에 대한 유량을 구하라. (b) 함양지점에서 하천에 이르는 도달시간을 구하라.

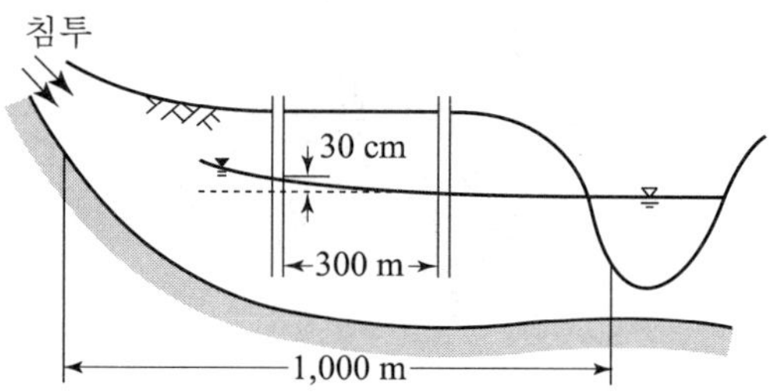

정상흐름 수리학(자유수면대수층)

7.13 두 수역을 분리시키는 자유수면대수층의 폭이 250 m이다. 투수계수가 1.2 m/day, 수면차이는 0.8 m, 수위가 낮은 수역의 수심이 1.5 m이다. 유량($\mathrm{m^3/s/m}$)을 구하라.

7.14 두 수역을 분리하는 자유수면대수층의 폭이 170 m이다. 수면차이는 40 m, 유량이 0.018 $\mathrm{m^3/s/m}$, 수위가 낮은 수역의 수심이 1.8 m이다. 대수층의 투수계수를 구하라.

7.15 두 하천 사이에 위치한 압력대수층의 평균두께가 15 m, 투수계수가 0.001 m/s이다. 수위가 30 m인 하천으로부터 300 m 지점에 위치한 압력수두가 29.5 m이다. 두 하천 사이의 유량을 구하라.

7.16 100 m 떨어진 두 관측우물의 수면차이가 40 cm이고, 사암층의 고유투수계수가 10 Darcy일 때 자유수면대수층 지하수흐름의 유속을 구하라. 온도는 15°C이다.

우물수리학

7.17 두 관측우물의 간격이 30 m, 수면차이가 10 cm이다. 수면이 높은 우물에 주입된 추적물이 낮은 수면의 우물에 도달하는 데 6일이 걸렸다. 투수계수를 구하라.

7.18 투수계수가 20 m/day인 자유수면대수층에 굴착된 직경 30 cm 우물의 수면이 바닥으로부터 60 m이고, 이는 원래의 지하수위보다 양수로 인하여 10 m 낮은 것이다. 영향반경이 1 km일 경우 우물의 양수율을 계산하라.

7.19 투수계수가 $K = 30$ m/day 인 자유수면대수층에 굴착된 두 관측우물의 간격은 2 km이고 수위는 각각 50, 40 m이다. 유량을 구하라.

7.20 투수계수가 30 m^3/day/m^2인 자유수면대수층에 굴착된 40 cm의 우물에서 0.03 m^3/s로 양수한다. 70 m 떨어진 관측우물의 수면이 원래의 지하수위 50 m보다 3 m 강하되었다. 우물의 수위를 구하라.

7.21 문제 7.20에서 대수층의 공극률이 0.2일 때 관측우물에서 양수우물까지 흐르는 시간을 구하라.

7.22 초기 지하수위가 8.2 m인 자유수면대수층에 굴착된 우물에서 65 L/s 율로 정상상태에 이를 때까지 양수한다. 우물에서 15 m, 31 m 떨어진 관측우물의 수면강하가 각각 1.8 m, 1.4 m이다. 투수량계수를 결정하라.

정상흐름 수리학(압력대수층)

7.23 두께가 25 m, 투수계수가 10 m/day인 압력대수층에 직경 40 cm인 우물이 굴착된다. 이 우물은 반경이 1 km인 원형 섬의 중앙에 위치한다. 섬 주위의 수위가 70 m이다. 우물의 수위가 50 m 이상으로 유지되도록 하기 위한 양수율을 결정하라. 공극률이 0.25일 경우 섬의 경계에서 우물까지의 흐름시간을 구하라.

7.24 두께 30 m인 압력대수층에 30 cm 우물이 굴착된다. 우물로부터 15 m와 40 m에 위치한 두 관측우물의 수면차이가 3 m이다. 정상상태에 도달한 양수율이 4 m^3/min이다. 투수량계수를 구하라.

7.25 압력대수층의 두께가 30 m, 투수계수가 70 m/day이고 반경 30 m 우물에서 100 m 떨어진 관측우물의 수면이 양수우물보다 50 m 높다. 양수율을 결정하라.

7.26 압력대수층의 두께가 50 m, 폭이 600 m이다 1.2 km 떨어진 두 관측우물의 수면이 각각 70 m, 62 m, 투수계수가 0.7 m/day이다. (a) 대수층을 흐르는 1일 유량, (b) 두 관측 우물 중간에 위치한 지점에서 압력수두는 얼마인가?

부정류 우물수리학

7.27 투수량계수가 0.004 m^2/s, 저류상수가 0.0005인 대수층에 굴착된 우물에서 0.004 m^3/s로 양수한다. 양수시작 24시간 후에 우물에서 250 m 떨어진 관측우물의 수면강하를 계산하라.

7.28 4 L/s로 양수함에 따라 150 m 떨어진 관측우물에서 수면강하는 다음과 같다. 투수량계수와 저류상수를 구하라.

시간(min)	0	10	15	30	60	90	120
수면강하(m)	0	0.16	0.25	0.42	0.62	0.73	0.85

7.29 투수량계수가 1,250 m^2/s인 압력대수층에 굴착된 우물에서 거리 61 m에 위치한 관측우물의 양수시험자료가 다음과 같다. 양수율을 계산하고 유형곡선방법으로 저류상수를 구하라.

시간(min)	1	3	5	10	18	30	50	100	150	210	240
수면강하(m)	0.2	0.37	0.45	0.57	0.67	0.76	0.85	0.99	1.05	1.1	1.12

7.30 300 m^3/day로 양수를 시작한 후 여러 개의 관측우물에서 시행된 압력대수층 시험자료가 다음과 같다. 유형곡선 방법으로 투수량계수와 저류상수를 구하라.

우물번호	1	2	3	4	5	6
거리(m)	4.6	10.4	20	34.5	65.8	91.8
수면강하(m)	1.35	0.9	0.65	0.41	0.20	0.14

7.31 압력대수층과 양수조건이 다음과 같다. 수면강하를 구하라. $Q = 0.003\ \mathrm{m}^3/\mathrm{s}$, $T = 70\ \mathrm{m}^2/\mathrm{day}$, $t = 365\ \mathrm{days}$, $r = 0.2\ \mathrm{m}$, $S = 6\times10^{-3}$.

7.32 문제 7.28을 Cooper–Jacob방법으로 풀되 방법의 타당성을 검토하라.

7.33 문제 7.30을 Cooper–Jacob방법으로 풀고 방법의 타당성을 조사하라.

7.34 투수계수가 15 m/day, 저류상수가 0.004, 두께가 25 m 인 대수층에 굴착된 우물에서 125 m^3/day로 양수할 때 우물에서 10 m 거리에 위치한 관측정에서 양수 5일 후의 수면강하를 구하라.

7.35 투수량계수가 120 m^2/day, 저류상수가 0.03인 대수층에 75 m의 우물이 굴착된다. 직경 30 cm 우물에서 2 m^3/min의 율로 양수한다. 우물의 수위가 15 m일 때 1년과 3년 후의 양정고를 구하라.

7.36 투수량계수가 100 m^2/day, 저류상수가 0.2인 대수층에 직경 40 cm의 우물이 굴착된다. 양수를 시작해서 2년 후의 최대수면강하가 7 m를 초과하지 않을 양수율을 구하라.

7.37 두께 25 m인 압력대수층에 직경 20 cm의 우물이 굴착된다. 25 L/s로 양수를 시작해서 15시간 후에 우물의 수면강하가 3 m, 3일 후에 수면강하가 3.3 m가 된다. 투수량계수와 저류상수를 계산하라. 또한 수면강하가 4.0 m가 될 때까지의 양수기간을 계산하라.

7.38 두께가 15 m인 자유수면대수층에 굴착된 우물에서 거리 20 m에 위치한 관측우물의 양수시험결과가 다음과 같다. 양수율은 0.095 m^3/s이다. 투수량계수와 비산출량을 구하라. 이 경우 압력대수층으로 취급하는 것이 가능한가?

시간(min)	30	60	90	120	300	500	1,000	2,400
수면강하(m)	2.44	3.23	3.88	4.11	4.83	5.52	7.02	8.85

대수층경계에 인접한 우물

7.39 두께가 50 m, 투수계수가 20 m/day인 압력대수층에서 5 m^3/min로 양수한다. A점과 우물에서 수면강하를 구하라.

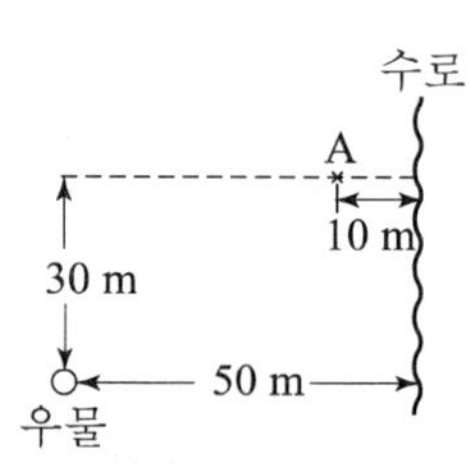

7.40 투수계수 K=30 m/day인 자유수면대수층의 한쪽 경계가 하천이다. 하천에서 80 m 거리에 직경 40 cm의 우물을 파서 3,000 m^3/day로 양수할 경우 우물에서 수면강하를 결정하라. 하천의 수심은 20 m이다.

7.41 문제 7.39에서 하천 위치에 불투수층이 존재할 경우 A점에서의 수면강하를 구하라. 영향원의 반경은 2 km이다.

7.42 다음의 경우 110 m^3/day로 양수할 때 수면강하를 구하라.

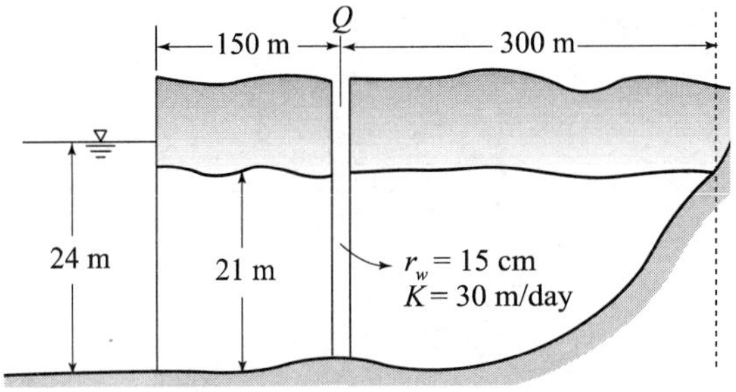

우물구역 설계

7.43 물수요가 11,500 m^3/day이다. 대수층의 투수량계수가 560 m^2/day, 저류상수가 8×10^{-4} 및 가능최대수면강하가 15 m이다. 직경 20 cm의 우물을 굴착하고자 할 때 우물효율을 90%로 하여 우물구역을 설계하라.

7.44 압력대수층의 20 cm 우물에서 1 m^3/min 율로 양수한다. 투수량계수와 저류상수가 각각 450 m^2/day와 0.0003이다. 우물의 효율이 70%이면 12시간 후에 총 수면강하는 얼마인가? 또한 우물의 비양수량도 결정하라.

7.45 자유수면대수층의 우물에서 양수율이 2,000 m^3/day이고 대수층의 비산출량이 0.02이다. 직경 30 cm 우물에서 12시간 양수 후 비양수량이 150 m^2/day이다. 우물효율이 70%일 때 대수층의 투수량계수를 구하라.

염수침투

7.46 해안대수층의 담수층의 두께가 30 m이다. 우물을 24 m 깊이로 굴착하여 0.014 m^3/s로 양수한다. 대수층의 투수계수가 30 m/hr이다. 정상상태에서 염수의 염수면상승을 계산하라.

7.47 문제 7.46에서 염수가 양수되는가? 만약 그렇지 않다면 염수가 올라오지 않은 조건에서 최대양수율은 얼마이겠는가?

08 지표수

Applied Hydrology

8.1 유출의 성분

초기강우의 대부분은 초목이나 건물에 의해 차단되고 지면에 도달한 강우부분은 지면을 통하여 지중으로 침투한다. **차단**(遮斷; interception)은 식물의 수관과 줄기에 강수가 저류되는 현상이다(5.8 참조). 차단된 강우의 대부분은 증발되고 차단은 수종에 따라 강우량의 20%에 이르기도 한다. 차단이 만족된 후 강우가 계속되어 침투로 인해 표토층이 포화상태에 달하면 침투능을 초과하는 강우는 지표면 오목한 부분인 요부에 저류되는 **요부저류**(凹部貯留; depression storage)상태에 있게 되고, 비가 계속되어 요부를 넘치는 물은 지표면을 수막으로 덮고 수막의 두께가 증가하면 중력에 의하여 흐름(지표류)이 형성되어 수로에 유입된다. **유출**(流出; runoff)은 이와 같이 수로흐름으로 나타나는 강수부분을 의미한다. **지면보류**(地面保留; surface retention)는 지면에 또는 지면 상부에 남아있는 강수부분으로 차단, 요부저류 및 호우기간의 증발을 포함한다. 이에 반하여 **수문손실**(水文損失; hydrologic losses)은 식생차단, 요부저류 및 토양침투를 포함한다.

강우가 지면에 내려 수로에 도달하고 증발, 증발산으로 대기에 직접 귀환하는 과정의 수문순환을 **유출순환**(流出循環; runoff cycle)이라 한다. 그림 8.1은 비교적 건조한 지역에 내린 호우의 분리와 각 성분크기의 시간적인 변화를 나타낸다. 강우가 지면에 도달하여 하천에 이르는 경로에 따라 유출은 지표유출, 지표하유출, 지하수유출로 구분되고 이들은 총유출 또는 하천흐름을 구성하는 성분이다.

지표유출(地表流出; surface runoff)은 지표면을 흘러서 유역의 출구인 유출구(流出口; outlet)에 나타나는 유출부분으로 수로에 내리는 강수를 포함한다. 지표유출은 강우깊이가 수문손실을 초과할 때 일어난다. 수로에 도달하기까지 지표면 위를 흐르는 지표유출을 특히 **지표류**(地表流;

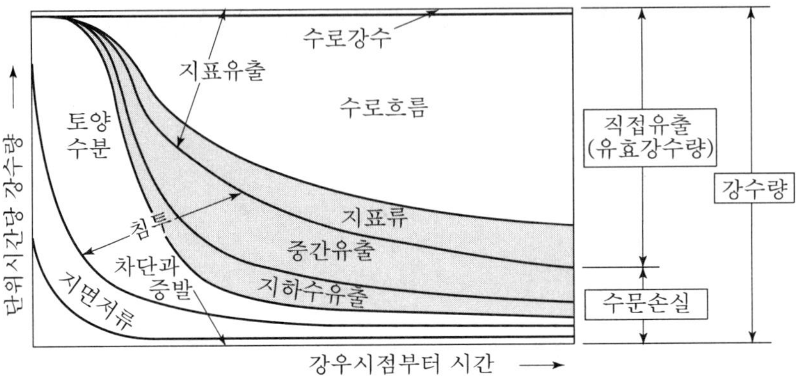

그림 8.1 강우의 분리도

overland flow)라 한다. 이와 구별하기 위하여 하천을 흐르는 유출을 **하천흐름**(streamflow)이라 하며, 이들의 합을 **총유출**(總流出; total runoff)이라 한다. 지표유출은 첨두유량에 기여하는 주요 성분이고 또한 수로에 제일 먼저 도달하여 수문곡선의 증수부와 첨두를 형성한다.

지표하유출(地表下流出; subsurface runoff) 또는 **중간유출**(interflow)은 표토 속으로 침투하여 표토층을 통하여 하천에 이르기까지 횡적으로 흐르는 강우부분이다. 따라서 이는 지표유출 같이 빨리 흐르지 않으므로 지표유출보다 늦게 수로에 도달하고 첨두에 기여하지 않는다. 지표하유출은 그 일부가 단시간 내에 하천에 이르는 **신속지표하유출**(迅速地表下流出; prompt subsurface runoff)과 장기간 후에 지하수 형태로 하천흐름에 합류하는 **지연지표하유출**(遲延地下表流出; delayed subsurface runoff)로 구분된다.

지하수유출(地下水流出; groundwater runoff)은 간단히 지하수라고도 하며 표토층을 통하여 침투한 물이 심층 포화대수층에 이르러 지하수를 형성하는 유출부분으로 결국에는 하천으로 유출된다.

실제로 유출을 해석하는 경우 상기 3종의 분류와는 달리 총유출을 직접유출과 기저유출로 구분한다. **직접유출**(直接流出; direct runoff)은 강수 후 비교적 짧은 시간 내에 하천으로 흘러들어가는 유출부분으로 지표유출, 신속지표하유출 및 하천강수(channel precipitation)로 구성된다. **기저유출**(基底流出; base flow)은 지하수와 지연지표하유출로 구성되어 갈수기에 하천의 흐름을 형성하고 이를 유발한 강우와는 수일, 수 주간의 지체를 갖는다. 강우 이전 하천의 평상시 흐름은 기저유출에 기인하고 강우기간 동안 기저유출은 침투를 통하여 증가된다.

강수기간 동안 강수는 전술한 차단, 요부저류 및 증발로 구성되는 지면보류, 침투, 초과강수로 분리된다. **초과강수**(超過降水; precipitation excess)는 지표유출에 직접 기여하는 강수부분으로 강수가 강우만으로 구성될 때는 **초과강우**(超過降雨; rainfall excess)가 된다.

지표유출을 형성하지 않는 강수부분, 즉 침투와 지면보류를 **강우손실**(降雨損失; abstraction)이라 한다. 그러나 이들 양이 수문순환계에서 실제로 손실되는 것은 아니다. 강수량 중 직접유출에

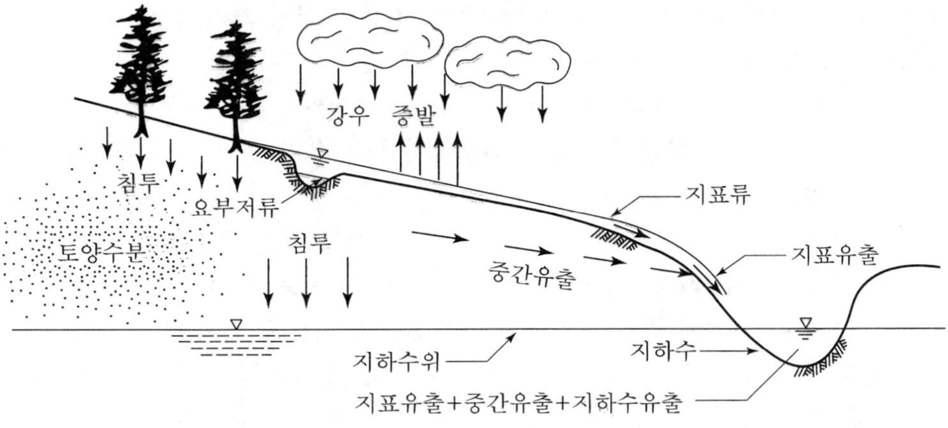

그림 8.2 유출성분

기여하는 부분을 **유효강수량**(有效降水量; effective precipitation)이라 하며 이는 초과강수와 신속 지표하유출을 유발하는 강수부분으로 구성된다. 강수가 강우만으로 구성되는 경우 **유효강우량**(有效降雨量; effective rainfall)이라 한다. 신속지표하유출을 직접유출에 포함시키지 않으면 유효강우량과 초과강우는 같게 되고 일반적으로 양자는 동의어로 사용된다.

8.2 유출에 영향을 주는 인자들

유출은 유역의 기후적인 인자(climate factor)와 유역특성(basin charateristics), 수로특성(channel characteristics) 및 토지이용을 나타내는 지형학적 인자(地形學的因子; physiographic factor)의 영향을 받는다.

8.2.1 기후적인 인자

유출은 강수로부터 차단, 요부저류, 증발, 증산, 침투 등에 의한 손실을 제외한 나머지 강수부분이다. 손실을 유발하는 이들 인자들은 기후와 계절변화에 따라 다르게 된다. 유출은 비, 눈, 서리 등 강수의 종류와 강수의 형, 강우강도, 지속시간, 지역적 분포, 강수빈도, 호우이동방향 등에 따라 달라진다. 유역 내 초목의 종류, 구성, 성장 정도, 밀도, 차단의 정도는 계절에 따라 다르게 된다. 증발과 증산은 기온, 바람, 대기압, 온도의 기후적인 인자에 따라 크게 영향을 받는다.

8.2.2 유역특성

유역(流域; basin, watershed, catchment 또는 river basin)이란 하천의 임의의 단면을 통과하는 유량에 기여하는 분수령으로 경계를 갖는 모든 지면으로 정의된다. 따라서 유역은 하나의 유출구를 갖는다. 이러한 유역의 특성을 나타내는 인자는 유역의 크기, 모양, 지형, 경사, 향방, 토양, 표고, 하천의 밀도와 지질 등이다.

지질은 유역의 침투성을 결정한다. 침투성이 낮은 유역은 높은 첨두유량, 높은 유출률, 비교적 급한 수문곡선의 증수부를 유발한다. 침투성이 높은 유역은 첨두유량과 유출률이 작고 완만한 증수부를 갖는다.

유역면적이 크면 일반적으로 유출은 크게 된다. 유역면적 전체에 대한 유출을 나타내는 방법의 하나는 단위면적당 유량(총유출/유역면적, $m^3/sec/km^2$)으로 정의되는 **비유량**(比流量; specific discharge)이다. 일반적으로 유역면적이 크게 되면 도달시간은 길어지며 첨두유량은 감소 경향을 나타낸다. 유역의 모양은 유출구에서 첨두가 일어나는 시간과 크기에 크게 영향을 준다. 긴 장방형유역에서는 일반적으로 첨두유량이 일어나는 시간이 길고 첨두의 크기는 작으며 첨두부의 모양은 두툼하게 된다. 반면 부채꼴이나 반원형의 유역에서는 첨두가 일어나는 시간도 빠르고 그 크기도 크게 된다(그림 2.2).

수리학적 조도는 지면을 유하하는 물의 수심과 속도에 영향을 주는 지표의 물리적 특성의 복합물이다. 조도가 작을수록 수문곡선의 첨두는 크고 빨리 도달하게 된다. 요부저류요소가 많을수록 유출수문곡선의 첨두는 감소하고 도달시간은 길어진다.

유역의 경사가 크게 되면 물의 유하시간이 단축되고 침투량 또한 감소하여 첨두유량을 발생하는 시간이 빨라질 뿐만 아니라 그 크기도 증가한다. 유역의 향방, 즉 유역이 위치한 방향에 따라 강우량이 달라진다. 예를 들어 기류의 이동방향에 유역의 분수령 부분이 산맥으로 분계되어 있으면 산악강우를 형성하고, 강우전선이 계절성을 가지고 있으면 향방에 따라 유출은 달라진다. 유역에 따라 차이는 있으나 표고가 증가함에 따라 강우량도 증가하는 것으로 나타난다. 이 외에도 물리적인 요소로 초기함수조건, 침투, 표토의 종류, 지리조건, 호수, 습지 등의 지형조건, 수계망에 따라 크게 영향을 받는다.

수로의 특성은 흐름의 속도와 소통능력에 의하여 지배된다. 속도와 소통능력에 영향을 주는 인자는 수로의 크기, 조도, 저류효과를 갖는 단면의 변화와 배수(背水)를 초래하는 인자, 수로의 종단경사, 길이 및 지류 등이다.

8.3 수문곡선

수문곡선(水文曲線; hydrograph)은 시간에 대한 유량의 변화를 나타내는 그래프이다. 수문곡선은 유출에 영향을 주는 모든 인자들의 특성을 반영한다. 시간의 단위는 분, 시간 및 일이다.

넓은 의미의 수문곡선은 유량뿐만 아니라, 수위와 유속의 시간적인 변화도 포함한다. 따라서 이들을 특별히 구별할 때에는 **유량수문곡선**(流量水文曲線; discharge hydrograph), **수위수문곡선**(水位水文曲線; stage hydrograph)이라 하나 일반적으로 수문곡선은 유량수문곡선을 지칭한다. 수문곡선이 시작해서 끝나는 시간폭은 단일호우사상의 수 시간에서부터 하천의 연간유출에 대한 년(年)이 되기도 한다. 시간폭이 1년인 **연수문곡선**(年水文曲線; annual hydrograph)은 유역의 강수량, 증발량 및 하천수의 장기간의 물수지를 나타낸다. 수문곡선은 수위수문곡선의 수위변화를 수위-유량곡선에 의하여 유량으로 환산하여 얻어진다. 이러한 수문곡선은 여수로 같은 구조물 설계뿐만 아니라 흐름의 추적과 분석, 흐름의 모의발생 등 조사연구에 사용된다.

수문곡선의 성분

단일호우에 의하여 유발되는 대표적인 수문곡선은 **증수부**(增水部; rising limb) 또는 **상승부, 첨두부**(尖頭部; crest), **감수부**(減水部; falling limb 또는 recession curve)로 구성된다. 증수부의 모양은 유출을 야기하는 강우의 성격과 유역의 형상에 따라 달라진다. 유역의 경사가 급하고 형상이 반원형에 가까우면 증수부는 급한 경사를 갖고 유역이 완경사에 길면 완만한 증수부를 나타낸다(그림 2.2 참조). 감수부의 변곡점은 하천에 대한 지표유출의 유입이 끝나는 시간으로 고려된다. 따라서 이 시간 이후의 감수곡선은 유역으로부터 탈수됨을 나타낸다.

감수곡선은 강우특성에는 무관하고 중간유출과 지하수감수곡선에 영향을 주는 침투와 지표토양에 따라 달라진다. 감수곡선을 식으로 나타내면

$$Q_1 = Q_o\, k_r \tag{8.1}$$

여기서 Q_o는 임의의 시간의 유량, Q_1은 단위시간(보통 24시간) 후의 유량, k_r은 **감수상수**(減水常數; recession(depletion) constant)로 1보다 작다. 식 (8.1)의 일반식은

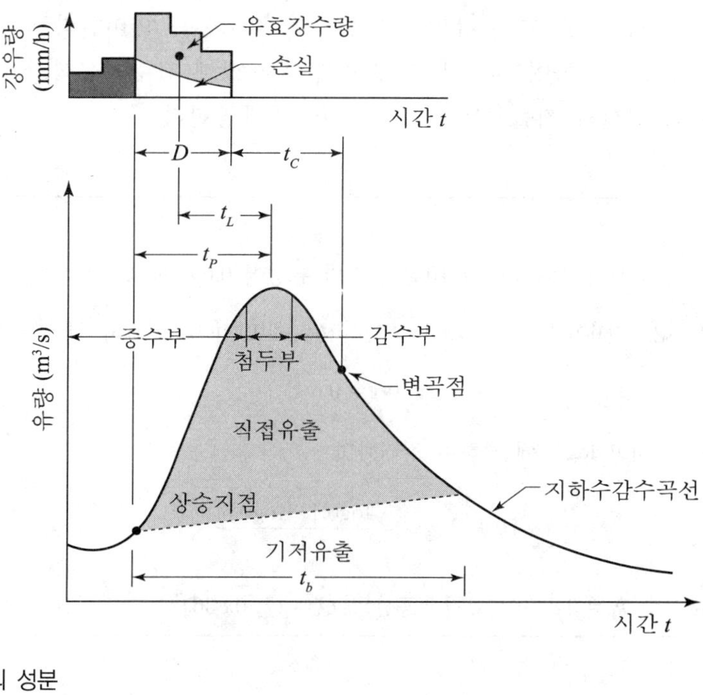

그림 8.3 수문곡선의 성분

$$Q_t = Q_o\, k_r^t \tag{8.2a}$$

또는

$$Q_t = Q_o e^{-\alpha t} \tag{8.2b}$$

여기서 Q_t 는 t 단위시간(그림 8.3에서 t_b 이후의 시간) 후의 유량, α는 감수상수이다.

감수기간에는 유역에 유입이 없으므로 하천유량 Q_t 는 유역의 저류량 S_t 의 변화(감소)를 나타낸다. 즉

$$-\frac{dS_t}{dt} = Q_t \tag{a}$$

식 (a)에 식 (8.2a)를 대입하고 $t=0$에서 t까지 적분하면

$$S_o - S_t = \frac{Q_t - Q_o}{\ln k_r} \tag{b}$$

식 (b)는 시간 간격($t=0$에서 t까지)의 유량의 항으로 유역의 저류량의 변화를 나타낸다. $t=\infty$에서 유역이 완전히 탈수상태가 되어 $Q_{t=\infty}=0$과 $S_{t=\infty}=0$이 됨을 고려하여 시간 t에서 $t=\infty$까지 식 (a)를 적분하면

$$S_t = -\frac{Q_t}{\ln k_r} \tag{8.3}$$

k_r 과 Q_o 가 주어지면 식 (8.2a)와 (8.3)으로부터 시간 t 에 대한 유역의 잔존저류량이 계산될 수 있으며 이들 식에서 (−)기호는 유역의 저류량이 감소함을 의미한다.

유량을 대수종축으로 하여 시간에 대해 반대수지 상에 감수곡선식 식 (8.2a)를 도시하면 직선으로 나타나고 직선의 기울기는 감수상수 k_r을 제공한다.

예제 8.1

어느 유역의 수문곡선의 감수부에서 10일 간격의 유량이 0.6 m^3/s, 0.1 m^3/s이다. 감수상수를 결정하라.

[풀이] $t=0$ 에서 $Q_o = 0.6\ m^3/s$, $t=10$ days 에서 $Q_{10} = 0.1\ m^3/s$ 이므로 이들을 식 (8.2a)에 대입하면

$$0.1 = 0.6\, k_r^{10}$$

양변의 대수를 취하고 $\log k_r$ 에 관하여 정리하면

$$\log k_r = \frac{\log 0.1 - \log 0.6}{10}$$

이로부터 감수상수 $k_r = 0.836$이고 감수곡선은 $Q_t = Q_o(0.836)^t$

감수곡선의 마지막 부분은 직접유출과 중간유출이 끝난 이후의 유출이므로 이 부분의 경사는 지하수의 감수상수 k_r 을 나타낸다(그림 8.4). 이 경사를 첨두까지 연장하고 이를 수문곡선의 상승시점과 연결하면 이 두 직선의 상부는 지표유출과 지표하유출을, 하부는 지하수유출을 나타낸다. 이 두 직선과 수문곡선 사이의 종거를 다시 도시하면 이는 지표유출과 지표하유출의 합을 나타내는 수문곡선이다. 지표유출과 지표하유출로 구성되는 수문곡선에 대해 같은 과정을 되풀이하면 지표유출과 지표하유출이 분리된다.

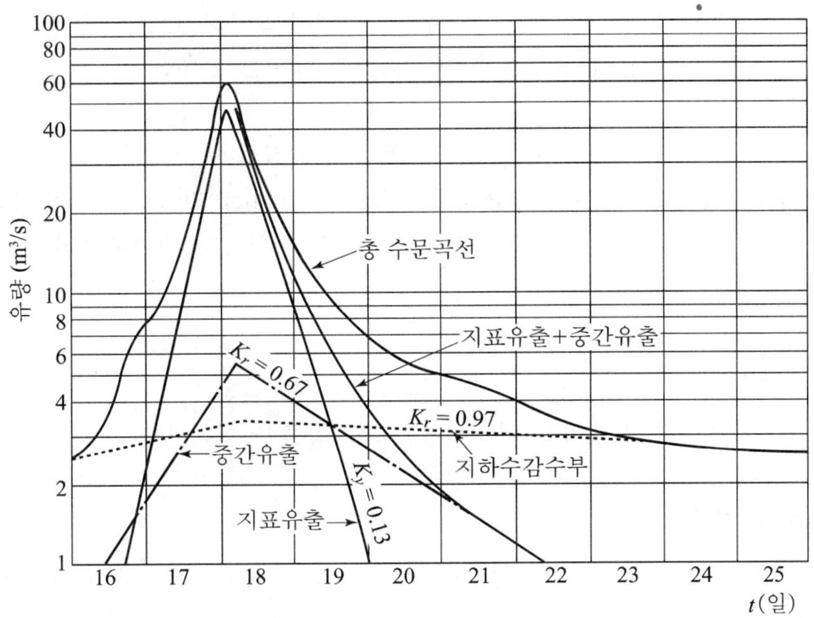

그림 8.4 감수곡선해석에 의한 수문곡선 성분분리(Linsley, 1982)

8.4 시간매개변수

수문곡선의 특성을 그림 8.3과 같이 시간의 항으로 기술할 수 있다.

첨두시간(尖頭時間; time to peak) t_p: 수문곡선의 상승시점에서 첨두까지 시간이다. 이는 유역특성과 강우의 공간 분포에 따라 다르게 된다. 유역의 상류부에 내린 강우에 의한 첨두시간은 하류부 강우의 경우보다 길다. 긴 첨두시간을 갖는 수문곡선은 짧은 경우보다 작은 첨두를 갖는다.

지체시간(遲滯時間; lag time 또는 basin lag) t_L: 유효강우량의 중심에서 수문곡선 중심까지의 시간폭으로 정의한다. 그러나 실제로는 강우중심에서 첨두까지 시간이 많이 사용된다.

도달시간(到達時間; time of concentration) t_c: 도달시간은 두 방법으로 정의된다. (1) 유역의 가장 먼 지점(수리학적으로)의 물입자가 유출구까지 유하하는 데 소요되는 시간, (2) 강우주상도와 수문곡선을 도시한 그래프에서 유효강우량이 끝나는 시간에서 수문곡선 감수부의 변곡점까지의 시간이다(McCuen, 1989).

기저시간(基底時間; time base) t_b: 직접유출이 시작되는 시간에서 끝나는 시간까지의 시간폭으로 정의된다.

8.5 기저유출의 분리

한 호우에 대한 수문곡선은 호우 이전의 하천유량과 호우로 인한 유출량을 합한 것이므로 특정 호우와 이로 인한 유출 간의 관계를 해석하기 위해서는 총유량으로부터 호우에 의하여 발생된 유량, 즉 직접유출을 분리하는 것이 필요하다. 직접유출은 유효강우량에 해당하는 유출부분이다. 따라서 수문곡선해석의 첫 단계는 수문곡선을 직접유출과 기저유출로 분리하는 일이며 이 작업을 **기저유출의 분리**(基底流出分離; baseflow separation)라 한다. 이는 직접유출 성분의 시작과 끝을 정의한다. 호우시점에서 수문곡선의 급격한 상승이 직접유출의 시작으로 판별될 수 있으나 끝은 분명하게 판명되지 않는다.

8.5.1 감수곡선 방법

그림 8.4에서 지하수 감수곡선 아랫부분은 기저유출을 나타낸다.

8.5.2 주 지하수감수곡선

주 지하수감수곡선(主地下水減水曲線; master groundwater(또는 baseflow) recession curve, 또는 normal depletion curve)은 하나의 주어진 하천지점에서 관측된 많은 수의 감수곡선을 중첩하여 얻어지는 유량감소를 나타내는 특성곡선이다. 다수의 수문곡선의 감수부만을 그림 8.5a와 같이 도시하고 이들을 다시 반대수 트레이싱지 상의 대수종축에 유량을 취하여 도시한다(그림 8.5b). 이 과정은 그림 8.5a의 각 감수곡선을 반대수 트레이싱지에서 제일 작은 감수곡선부터 유량크기에 맞추어 차례로 붙여 가면 그림 8.5b가 얻어진다. 그림 8.5b에서 유량이 제일 작은 감수곡선에서 시작하여 모든 감수곡선에 접선이 되는 직선을 적합시킨다. 이 직선을 선형방안지에 도시하면 주 지하수감수곡선을 얻는다(그림 8.5c). 주 지하수감수곡선에 식 (8.2)를 적합시켜 곡선을 식으로 나타낸다.

기저유출분리에 적용은 그림 8.5d에 주어진 수문곡선의 감수부에 트레싱지에 작성된 주 지하수감수곡선을 중첩시켜 두 곡선이 분리되는 점(N)을 표시한다. N은 직접유출이 끝나는 점을 나타내므로 N과 상승기점을 연결하여 기저유출을 분리한다.

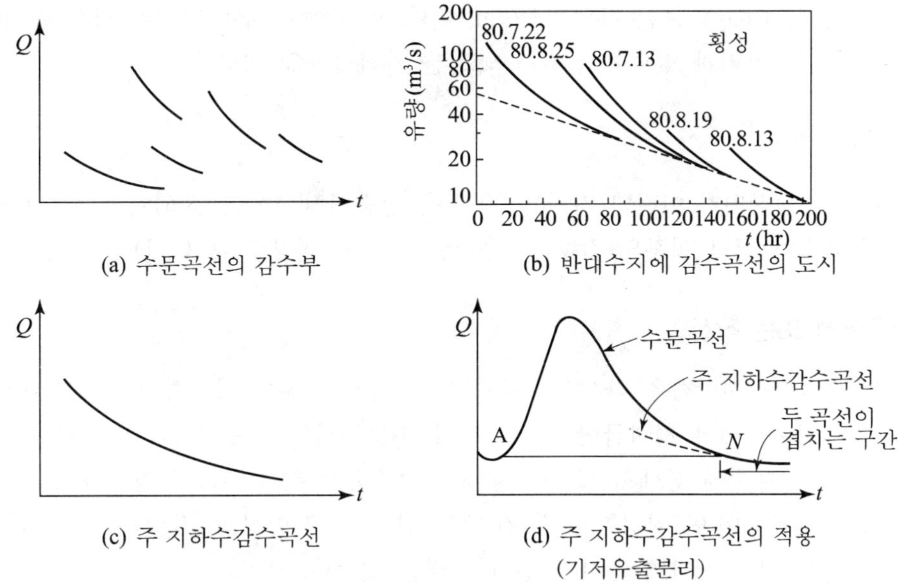

(a) 수문곡선의 감수부

(b) 반대수지에 감수곡선의 도시

(c) 주 지하수감수곡선

(d) 주 지하수감수곡선의 적용 (기저유출분리)

그림 8.5 주 지하수감수곡선의 유도와 적용

8.5.3 N-day 방법

이 방법은 직접유출이 첨두 이후 고정시간 N-day에서 끝나는 것으로 가정한다. 그림 8.6에서 상승시점(A) 이전의 감수곡선을 첨두(C점)까지 연장하고 C와 N을 연결한다. N점은 식 (8.4)로 정의된다(Linsley, 1982).

$$N = 0.8\,A^{0.2} \tag{8.4}$$

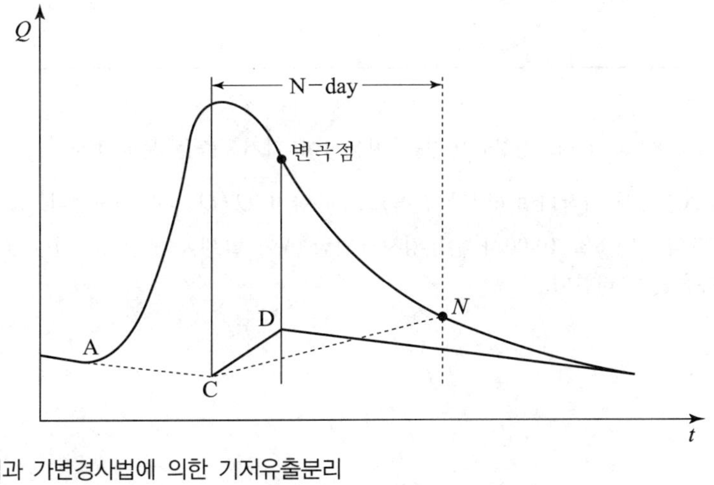

그림 8.6 N-day법과 가변경사법에 의한 기저유출분리

여기서 N은 시간(day), A는 유역면적(km^2)이다. 이 방법은 유역면적이 작은 유역에는 적합하지 않은 것으로 알려져 있으며 일반적으로 긴 기저시간을 제공한다.

8.5.4 가변경사방법

직접유출이 시작되기 이전의 기저유출곡선을 상승시점 A(그림 8.6)에서 첨두(C점)까지 연장하고 직접유출이 끝난 이후의 감수곡선을 변곡점까지 연장한 후 C, D를 직선으로 연결한다.

8.5.5 경사급변점 또는 직선법

주 지하수감수곡선방법은 다수의 수문곡선이 있을 경우에 가능하며 그렇지 않은 경우에는 수문곡선의 감수부에서 경사급변점을 찾아서 수문곡선의 상승기점과 연결하는 것이다. 이는 (1) 감수부를 반대수지 상에서 도시(유량을 대수종축에 취하여)하여 경사가 변하는 점을 찾거나, (2) 감수부에 대하여 일정한 시간 간격(2시간 또는 2 이상)의 유량의 비를 계산하고 이 비를 시간에 대하여 도시하여 경사가 변하는 점을 찾는다.

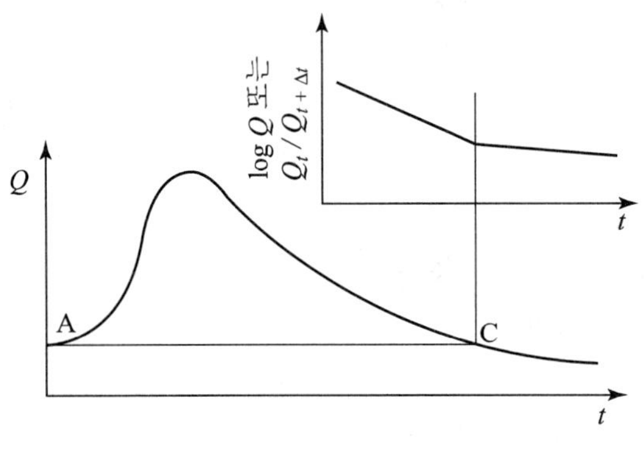

그림 8.7 경사급변점에 의한 기저유출분리

예제 8.2

수문곡선이 그림 8.8과 같다. 경사급변점을 이용하여 기저유출을 분리하라.

[풀이] 감수부의 A점에서 시작하여 6시간 간격으로 유량비 Q_t/Q_{t+6}을 계산한다. 표 8.1의 5란을 시간에 대하여 도시하면(그림 8.8) 6일 10:00시경에 경사급변점 N이 발생함을 알 수 있다. 따라서 N과 상승기점을 연결하여 기저유출을 분리한다.

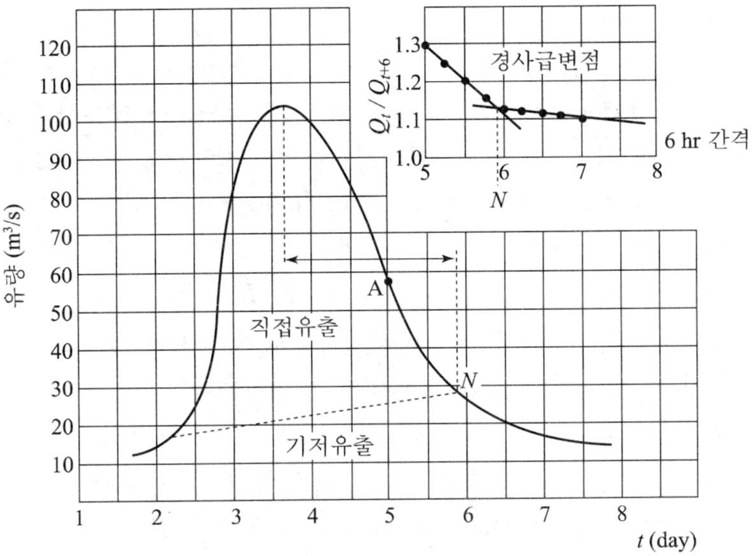

그림 8.8 경사급변점에 의한 기저유출분리 계산 예

표 8.1 경사급변점을 이용한 기저유출분리 계산 예

일 (1)	시간 (hr) (2)	Q_t (m^3/s) (3)	Q_{t+6} (m^3/s) (4)	Q_t/Q_{t+6} (5)
5	12:00	58.0	45.0	1.29
	18:00	45.0	36.0	1.25
	24:00	36.0	30.0	1.20
6	6:00	30.0	25.9	1.16
	12:00	25.9	22.9	1.13
	18:00	22.9	20.6	1.11
	24:00	20.6	18.9	1.09
7	6:00	18.9	17.7	1.07
	12:00	17.7	16.9	1.05
	18:00	16.9	16.4	1.03
	24:00	16.4	–	–

8.6 SCS유출곡선번호방법에 의한 초과강우량 산정

초과강우량(超過降雨量; rainfall excess)은 총 강우량 중에서 지표유출로 나타나는 강우부분이다. 초과강우량은 차단, 요부저류, 증발, 침투의 형태로 나타나는 강우부분인 손실을 총 강우량에서 빼줌으로써 얻어진다.

미국 자연자원보전청(自然資源保全庁; U.S. Natural Resources Conservation Service, NRCS) (이전 토양보전청(Soil Conservation Services, SCS))은 유역의 토양특성과 지면피복상태에 관한 자료만을 이용해서 총 강우량으로부터 초과강우량을 구할 수 있는 **NRCS유출곡선번호방법**, 간단히 **곡선번호방법**(NRCS runoff curve number method)을 개발하였다.

강우가 시작하여 차단, 요부저류 및 침투로 인하여 유출이 시작되기까지 유출로 나타나지 않는 초기강우부분을 **초기손실**(初期損失; initial abstraction) I_a 라 한다. 유출이 시작된 후에 유출로 나타나지 않는 강우부분을 **실제보유수량**(實際保留水量; actual retention) 또는 총손실이라 하고 이는 주로 침투로 구성되어 표토층에 잔존하는 강우로 F로 나타낸다. 따라서 총 강우량은 직접유출(Q), 실제보유수량(F), 초기손실(I_a)의 세 성분으로 분리되며 이들 관계는 그림 8.9와 같다.

유출이 시작된 후 강우량 P가 증가함에 따라 Q와 F는 증가하며 F는 **최대잠재보유수량**(最大潛在保留水量; maximum potential retention) S에 이르게 된다. S는 유역이 수분을 보유할 수 있는 최대용량, 즉 통기대의 모든 공극이 물로 채워지는 잠재보유수량의 크기를 나타내고 이는 유역의 토양형, 토지이용과 처리상태를 나타내는 수문학적 토양–피복형의 성질을 표시한다.

곡선번호방법에서 총 강우량 P는 잠재유출이 되는 셈이다. 따라서 유출이 시작된 후 실제보유수량 F는

$$F = P - Q \tag{8.5}$$

F에 대한 잠재보유수량은 S이고 $S \geq F = P - Q$의 관계를 갖는다. 곡선번호방법은 보유수량과 유출 간의 비례가정에 근거한다. 즉 실제보유수량(F)과 최대잠재보유수량(S)의 비는 실제유출(Q)과 잠재유출(총 강우량)(P)의 비와 같다는 비례가정에 근거한다.

$$\frac{Q}{P} = \frac{F}{S} \tag{8.6}$$

그러나 실제 적용에 있어서는 잠재유출(총 강우량)에서 초기손실 I_a를 빼줌으로써 식 (8.5), (8.6)은 각각 다음과 같이 수정된다.

$$F = (P - I_a) - Q \tag{8.7}$$

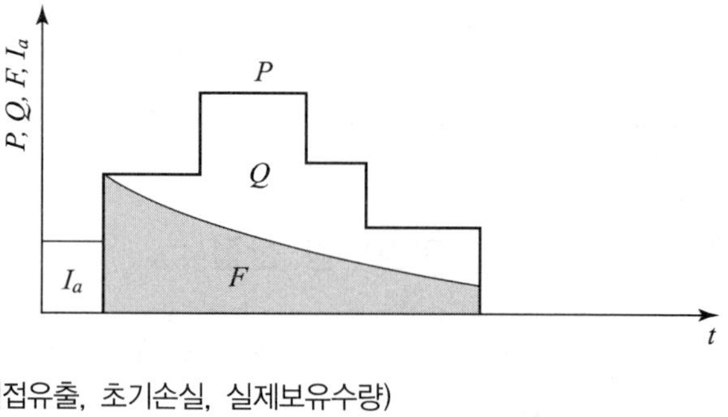

그림 8.9 강수량의 분리(직접유출, 초기손실, 실제보유수량)

$$\frac{Q}{P-I_a}=\frac{F}{S} \tag{8.8}$$

여기서 모든 양은 mm 단위이다.

식 (8.8)에서 $(P-I_a)$는 초기손실이 만족된 후에 유출에 기여하는 강우량이므로 $Q/(P-I_a)$는 유출과 유출로 나타나는 강우부분의 비이다. S가 강우량을 보유할 수 있는 최대잠재보유수량이므로 $[(P-I_a)-Q]/S$는 F/S로서 총 보유용량 S에 대한 강우량으로 채워질 수 있는 실제보유용량 부분의 비율이다. 따라서 식 (8.8)은 강우로 채워지는 보유용량비율(F/S)이 유출로 나타나는 강우비율$[Q/(P-I_a)]$과 같다는 사실을 의미한다. 또한 식 (8.8)로부터 알 수 있는 사실은 S가 큰 유역에서는 유출비율(Q/P)은 감소하고, 동일한 S를 갖는 유역에서는 큰 강우사상에서 많은 강우부분이 유출로 나타난다. 식 (8.8)을 Q에 관하여 정리하면

$$Q=\frac{(P-I_a)^2}{(P-I_a)+S} \qquad P>I_a \tag{8.9}$$

$$Q=0 \qquad P\leqq I_a$$

식 (8.9)는 직접유출 Q에 대하여 한 개의 기지값 P와 2개의 미지값 I_a와 S를 포함한다. 식 (8.9)의 변수들은 그림 8.10과 같이 누가곡선의 형태로 설명될 수 있다.

초기손실 I_a는 최대잠재보유수량 S와 다음과 같은 관계를 갖는다.

$$I_a=0.2\,S \tag{8.10}$$

이는 물리적으로 주어진 호우에 대하여 유출이 시작되기 전에 최대잠재보유수량 S의 20%는 초기손실로 채워짐을 의미한다. 식 (8.10)을 이용하면 식 (8.9)는 다음과 같이 된다.

$$Q=\frac{(P-0.2S)^2}{P+0.8S} \qquad P\geqq 0.2S \tag{8.11}$$

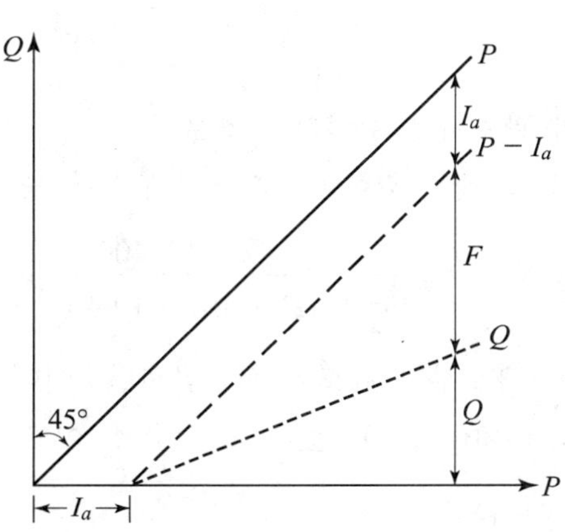

그림 8.10 강수량, 유출고, 초기손실 및 실제보유수량 간의 누가곡선관계

식 (8.11)은 주어진 강우량 P에 대한 유출고 Q(mm)를 산정하는 기본식이다. 식 (8.11)의 P와 Q는 각각 누가강우량(mm)과 누가유효강우량(또는 누가유출고)(mm)이다.

식 (8.11)을 이용하여 주어진 강우량에 대한 유출고를 산정하기 위해서는 S값을 제공하는 수단이 필요하다. 이 목적을 위하여 미국 자연자원보전청의 **유출곡선번호**(流出曲線番號; NRCS runoff curve number, RCN)가 개발되었다. 간단히 **곡선번호**(曲線番號; curve number) CN은 유역의 수문학적 토양형, 토지이용과 처리상태 및 선행토양함수조건의 함수이며 한 유역의 유출능력을 나타내는 무차원수로서 최대잠재보유수량 S와는 다음과 같은 관계를 갖는다.

$$S = \frac{25,400}{\mathrm{CN}} - 254 \tag{8.12}$$

또는

$$\mathrm{CN} = \frac{25,400}{S + 254} \tag{8.13}$$

여기서 S는 mm 단위이다. CN은 1에서 100의 범위의 값을 갖는다. CN=100일 때 $S=0$이고 CN=1일 때 S=25,146이다. 따라서 강우의 손실부분을 유역이 수용할 수 있는 최대잠재보유수량 S는 유출곡선번호에 반비례한다. CN=100 은 $S=0$인 경우로 완전불투수층에서와 같이 손실은 일어나지 않고 강우는 전량 유출되어 유출은 총 강우량과 같게 된다. 한편 CN=1일 때 모든 강우량은 손실로 나타나고 유출은 영이 된다.

CN과 총 강우량이 주어지면 식 (8.11)과 (8.12)를 이용하여 초과강우량을 계산할 수 있다. 또한 상이한 CN에 관하여 식 (8.11)을 도시한 그림 8.11을 이용하여 Q를 구할 수 있다.
식 (8.11)을 CN항으로 나타내면 다음과 같다.

$$Q = \frac{25.4[\mathrm{CN}(P/25.4+2)-200]^2}{\mathrm{CN}[\mathrm{CN}(P/25.4-8)+800]} \qquad P \geq 25.4\left(\frac{200}{\mathrm{CN}}-2\right) \tag{8.14}$$

식 (8.14)의 P, Q는 mm 단위이고 $I_a = 0.2S$인 경우이다. 강우-유출 자료가 주어질 경우 식 (8.14)로부터 곡선번호가 산정될 수 있다.

곡선번호 결정

(1) 강우량과 유출고의 관측치가 주어지는 경우
식 (8.11)의 S를 식 (8.13)에 대입하여 CN을 강우량과 유출고의 항으로 나타내면

$$\mathrm{CN_{obs}} = \frac{25,400}{254 + 5P + 10Q - 10\sqrt{Q^2 + 1.25QP}} \tag{8.15}$$

여기서 $\mathrm{CN_{obs}}$는 관측기록으로부터 유도된 관측곡선번호이다. 따라서 한 유역의 강우량 P와 유출고 Q의 관측치가 주어지면 곡선번호를 결정할 수 있다.

(2) 유역특성으로부터 구하는 경우
미계측유역의 유출곡선번호는 미국 NRCS에 의하여 제공된 표 8.4와 8.6으로부터 구해질 수

있다. 이들 표의 CN은 다양한 수문학적 토양피복상태에 따라 다르고 수문학적 토양피복상태는 수문학적 토양군, 토지이용과 처리, 수문학적 지표조건, 선행함수조건의 조합을 설명한다. 수문학적 토양군은 토양의 유형을 설명하고, 토지이용과 처리는 식생피복의 유형과 상태를 설명하며, 수문학적 조건은 직접유출을 조장 억제하는 유역표면의 영향력을 기술하고, 선행함수조건은 최근 강우의 포착에 의하여 토양에 저장된 수분함량의 척도를 나타낸다.

수문학적 토양군: 한 유역에 내린 총 강우량 중 직접유출로 나타나는 초과강우량은 유역의 토양특성에 따라 크게 다르게 된다. NRCS는 토양의 유출특성을 결정하는 기후, 경사, 생물학적 활동, 구성물질 등과 같은 인자들의 영향을 반영하는 토양형과 토지이용을 고려하여 침투능의 서술적 지수로서 토양을 A, B, C, D의 4개 **수문학적 토양군**(水文學的土壤群; hydrologic soil group)으로 분류하였다. 표 8.2로부터 유출률은 A, B, C, D의 순으로 증가하고 배수는 그 반대임을 알 수 있다.

표 8.2 수문학적 토양군

토양군	토양성질
A	낮은 유출률(lowest runoff potential) 깊은 자갈층으로 높은 침투율 배수 매우 양호
B	비교적 낮은 유출률(moderately low runoff potential) 사질토로서 대체로 높은 침투율 배수 대체로 양호
C	비교적 높은 유출률(moderately high runoff potential) 대부분 점토토양 콜로이드 천적토로 낮은 침투율 배수 대체로 불량
D	높은 유출률(highest runoff potential) 점토질 토양으로 거의 불투수성이고 낮은 침투율 배수 매우 불량

토지이용과 처리: 유역 지표면 조건의 영향은 토지이용과 처리등급으로 평가된다. 토지이용양상은 모든 종류의 식생, 잡물과 부초(mulch), 나지의 휴경지 그리고 수면(호수, 습지 등), 불투수지면(도로, 지붕 등) 및 도시지역의 비농업적인 이용과 같은 유역피복을 포함한다. 토지처리는 등고선, 계단식과 같은 농기계경작과 방목관리, 작물윤작과 같은 관리방법과 같은 농업적인 토지이용에 적용된다. 곡선번호는 경작지, 초지, 삼림(forest)과 임야(woods)를 구분한다. 경작지는 휴경지, 줄경작, 소립낱알작물, 조밀파종의 콩과류, 윤작, 경사경작, 등고선, 계단식 경작지를 구분한다.

수문학적 조건: 초지(grassland)와 목초지(pasture)는 자생초지의 피복면적과 방목 정도로 평가된다. 불량수문조건은 50% 미만의 초지피복과 과방목(heavy grazing), 보통수문조건은 50~

75% 초지피복과 중간방목, 양호한 수문조건은 75% 이상 초지피복과 가벼운 방목이다. 임야는 농장과 목장용으로 조성되는 작은 고립된 숲이나 나무들이다. 임야의 수문조건으로 불량은 과방목 또는 정기적인 소각으로 잡물(litter)이 거의 없거나 약간의 관목(shrub)이 있는 상태, 보통은 방목과 소각을 하지 않고 약간의 잡물과 상당한 관목이 있고, 양호는 방목을 허용하지 않고 잡물과 관목으로 뒤덮인 상태이다.

선행함수조건: 선행함수조건(先行含水條件; antecedent moisture condition, AMC)은 유출의 크기에 직접적인 영향을 주는 호우 이전 토양의 수분상태를 나타내는 지표이다. 유출곡선방법은 5일 선행 강우량에 따라 3단계의 선행함수조건을 갖는다. 건조 선행함수조건(AMC-I)은 토양이 건조해서 유출잠재력이 최저이고, 평균 선행함수조건(AMC-Ⅱ)은 평균유출조건이고, 습한 선행함수조건(AMC-Ⅲ)은 유역이 선행강우로 포화되어 유출이 최고인 상태이다.

표 8.2의 토양분류와 지면피복상태를 나타내는 토지이용을 알면 이에 대한 유출곡선번호 CN을 표 8.4와 8.6으로부터 결정할 수 있다. 그러나 표 8.4와 8.6의 CN은 토양의 수분상태가 건조하거나 습하지 않은 중간의 평균상태이므로 강우 이전 토양의 수분상태(건조 또는 습윤)AMC에 따라 CN의 조정이 필요하다. 실제 AMC를 적용함에 1년을 **성수기**(盛水期; growing season)와 **비성수기**(非盛水期; dormant season)로 구분하고 5일 선행강우량 P_5를 기준으로 표 8.3과 같이 정량적인 조건이 제시된다.

Hawkins 등(1985)은 AMC-Ⅱ와 AMC-I, AMC-Ⅲ에 대한 최대잠재보유수량 간에 다음과 같은 관계가 성립됨을 밝혔다.

$$\frac{S_{\mathrm{I}}}{S_{\mathrm{II}}} = \frac{S_{\mathrm{II}}}{S_{\mathrm{III}}} \cong 2.3$$

이 관계를 이용하면 평균수분상태인 AMC-Ⅱ의 조건에 대한 CN으로부터 건조상태(AMC-I)와 습윤상태(AMC-Ⅲ)에 대한 CN을 구하는 것이 가능하다.

표 8.3 선행토양함수조건

AMC	선행토양수분상태	5일 선행강우량 P_5(mm)	
		성수기	비성수기
Ⅰ	토양이 건조상태로 유출률이 낮은 상태	$P_5 < 35.56$	$P_5 < 12.70$
Ⅱ	토양의 수분과 유출률이 보통인 상태	$35.56 < P_5 < 53.34$	$12.70 < P_5 < 27.94$
Ⅲ	선행강우로 인하여 토양이 포화상태로 유출률이 높은 상태	$P_5 > 53.34$	$P_5 > 27.94$

표 8.4 도시지역의 유출곡선번호(AMC-II, I_a=0.2S)

피복상태		수문학적 토양군별 유출곡선번호			
피복형 및 수문학적 조건	평균 불투수면적(%)	A	B	C	D
A. 완전히 개발된 도시지역					
개방공간(잔디, 공원, 골프장, 묘지 등):					
불량상태(poor): 초지피복 50% 이하		68	79	86	89
보통상태(fair): 초지피복 50～75%		49	69	79	84
양호상태(good): 초지피복 75% 이상		39	61	74	80
불투수지역:					
포장된 주차장, 지붕, 접근차도		98	98	98	98
도시도로 및 지역 간 도로(streets & roads)					
포장도로(연석 및 우수관거가 있는)		98	98	98	98
포장도로(개거가 있는)		83	89	92	93
자갈도로		76	85	89	91
흙길		72	82	87	89
도시지구(urban districts):					
상업 및 업무지역	85	89	92	94	95
산업시설지역	72	81	88	91	93
주거지구(지구면적에 따라):					
1/8 acre(500 m^2 이하)	65	77	85	90	92
1/4 acre(1,000 m^2 이하)	38	61	75	83	87
13 acre(1,400 m^2 이하)	30	57	72	81	86
1/2 acre(2,000 m^2 이하)	25	54	70	80	85
1 acre(4,000 m^2 이하)	20	51	68	79	84
2 acre(8,100 m^2 이하)	12	46	65	77	82
B. 개발 중인 도시지역					
새로 조성된 단지(식생피복이 없는 투수성 지역)		77	86	91	94

표 8.5 도시불투수지역 유출곡선번호(AMC-II)

불투수지역 면적(%)	곡선번호
100	98
90	97.5
80	97
70	96.5
60	96
55	95
50	94
45	93
40	92.5
35	91
< 30	91

표 8.6 도시지역의 유출곡선번호(AMC-II, $I_a=0.2S$)

	피복상태		수문학적 조건	수문학적 토양군별 유출곡선번호			
	토지이용상태	처리상태		A	B	C	D
농경지	휴경지(fallow)	나지토양	–	77	86	91	94
	줄경작(row crops)	경사 경작(straight row)	poor	72	81	88	91
			good	67	78	85	89
		등고선 경작(contoured)	poor	70	79	84	88
			good	65	75	82	86
		등고선, 테라스 경작(terraced)	poor	66	74	80	82
			good	62	71	78	81
	소립곡물(small grains) (밀, 보리, 귀리, 호밀 등)	경사 경작	poor	65	76	84	88
			good	63	75	83	87
		등고선 경작	poor	63	74	82	85
			good	61	73	81	84
		등고선, 테라스 경작	poor	61	72	79	82
			good	59	70	78	81
	조밀파종콩과작물 (close-seeded legumes) 또는 윤환채초지 (rotation meadow)	경사 경작	poor	66	77	85	89
			good	58	72	81	85
		등고선 경작	poor	64	75	83	85
			good	55	69	78	83
		등고선, 테라스 경작	poor	63	73	80	83
			good	51	67	76	80
비농경지	목초지(pasture), 초지(grassland) 또는 목야지(range)	장비 비사용	poor	68	79	86	89
			fair	49	69	79	84
			good	39	61	74	80
		등고선 경작	poor	47	67	81	88
			fair	25	59	75	83
			good	6	35	70	79
	채초지(meadow)	등고선 경작	good	30	58	71	78
	관목(bush)		poor	48	67	77	83
			good	20	48	65	73
	임야(woods)		poor	45	66	77	83
			fair	36	60	73	79
			good	25	55	70	77
	농가(farmsteads)(건물, 주변 도로와 대지)		–	59	74	82	86

수문학적 조건은 침투와 유출에 영향을 주는 식생지역의 밀도와 수관, 연중 계속피복량, 초지 또는 조밀파종 콩과식물의 양, 지면의 잔존물의 피복백분율, 지면조도와 같은 인자들의 조합에 근거한다. **불량**(poor): 침투에 지장을 주고 유출을 증가하는 인자. **양호**(good): 평균 이상으로 침투를 증가시키고 유출을 감소하는 인자.

목초지, 초지: 불량: 피복이 50% 이하이고 부초가 없고 과방목됨. **보통**: 피복이 50~75%이고 과방목되지 않음. **양호**: 피복이 75% 이상이고 약간의 방목.

관목: 불량: 피복 50% 이하. **보통**: 피복이 50~75%. **양호**: 피복이 75% 이상.

임야: 불량: 숲 잔존물과 작은 나무가 있고 관목은 과잉방목 또는 정규적인 소각으로 파손. **보통**: 임야는 방목되나 소각되지 않고, 약간의 숲 잔존물이 토양을 피복. **양호**: 임야는 방목되지 않고 토양은 상당 부분이 잔존물과 관목으로 피복.

$$\mathrm{CN}(\mathrm{I}) = \frac{\mathrm{CN}(\mathrm{II})}{2.3 - 0.013\,\mathrm{CN}(\mathrm{II})} \tag{8.16}$$

$$\mathrm{CN}(\mathrm{III}) = \frac{\mathrm{CN}(\mathrm{III})}{0.43 + 0.0057\,\mathrm{CN}(\mathrm{II})} \tag{8.17}$$

여기서 CN(I), CN(II), CN(III)는 각각 AMC-I, II, III에 대한 곡선번호이다.

표 8.4의 주거지 토지이용에 대한 CN은 불투수면적의 비율을 평균치로 가정한 경우이다. 따라서 이 비율이 변하면 CN도 변하게 된다. 도시지역의 불투수성 지역에 대한 CN은 표 8.5와 같다. 표 8.6은 농경지 소유역의 자료를 근거로 한 결과이다.

한국의 26개 유역의 250개 강우-유출 자료를 이용하여 해석한 결과에 의하면 (1) 계측유역의 경우에는 식 (8.15)에 의하여 계산된 CN의 중앙치가 관측치에 가장 가까운 결과를 제공하고, (2) 미계측유역의 경우 첨두유량 산정에는 CN-II가, 유출체적 산정에는 CN-III가 관측치에 가까운 값을 제공하는 것으로 나타났다(윤, 1992).

이와 같이 한 유역의 토양특성과 식생피복상태(토양이용과 처리상태)를 이용하여 구한 유출곡선번호를 **유역유출곡선번호**(basin runoff curve number)라 한다. 곡선번호 CN이 결정되면 초과강우량은 식 (8.11) 또는 (8.14)를 이용해서 또는 그림 8.11에 의하여 구해질 수 있다.

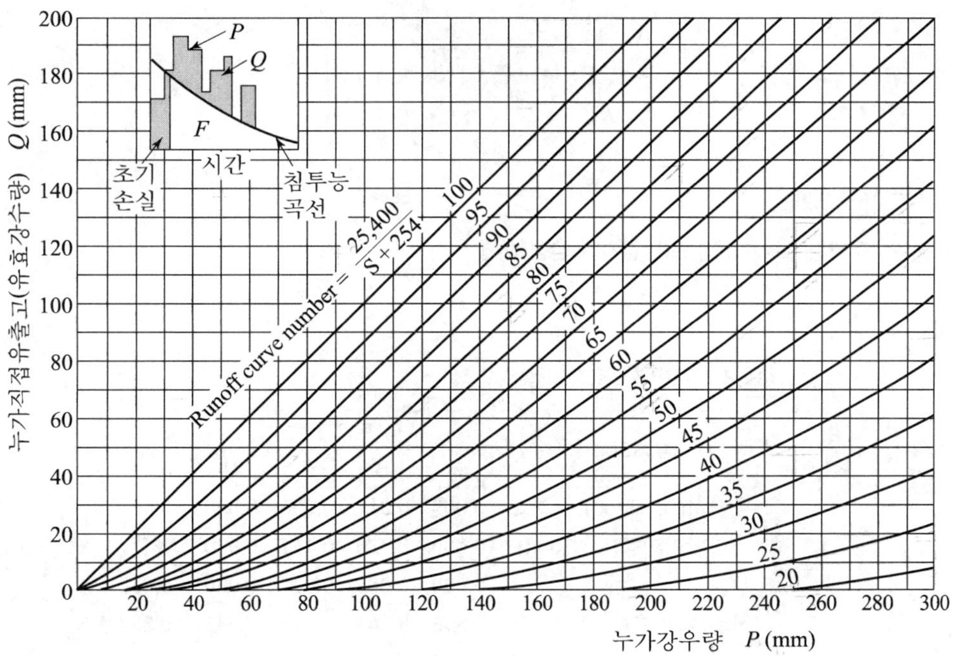

그림 8.11 NRCS강우유출식의 도해

예제 8.3

경기도 반월지역 장상리(현 안산시)의 1982년 토지이용과 토양형이 그림 8.12, 표 8.7과 같다. 유역의 평균유출곡선번호(CN-Ⅱ)를 결정하라.

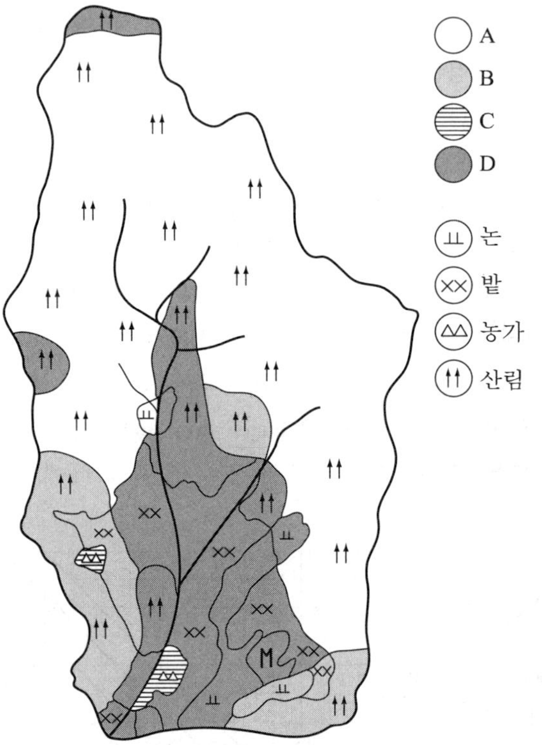

그림 8.12 토양형-토지이용분포(반월지역 장상리(현 안산시))

[풀이]

표 8.7 토양형-토지이용별 면적 (단위: km^2)

토지이용	토양형				계
	A	B	C	D	
줄경작(S, Good)	0.000	0.011	0.056	0.000	0.067
소립낟알작물(S, Good)	0.000	0.326	0.151	0.000	0.477
농가	0.000	0.005	0.027	0.000	0.032
삼림(저밀도)	0.596	0.143	0.116	0.033	0.888
유역총계	0.596	0.485	0.350	0.033	1.464

계산과정은 표 8.8과 같다.

표 8.8 유역의 평균 유출곡선번호 CN의 산정(AMC-II 조건)

토지이용	토양형								토지이용별 면적	토지이용별 CN 및 유역평균 CN
	A		B		C		D			
	면적	CN	면적	CN	면적	CN	면적	CN		
줄경작(S, Good)	0.000	67	0.011	78	0.056	85	0.000	89	0.067	83.85
소립낱알작물(S, Good)	0.000	63	0.326	75	0.151	83	0.000	87	0.477	77.53
농가	0.000	59	0.005	74	0.027	82	0.000	86	0.032	80.75
삼림(저밀도)	0.596	56	0.143	75	0.116	86	0.033	91	0.888	64.28
면적총계	0.596		0.485		0.350		0.033		1.464	69.85

1. 토지이용별 CN

계산 예로 삼림에 대한 계산과정이 기술된다. 토지이용이 삼림으로 되어 있는 토양군은 A, B, C, D의 4종이다.

삼림의 A, B, C, D 토양군별 면적과 CN은 각각 (0.596 km^2, 56), (0.143 km^2, 75), (0.116 km^2, 86) 및 (0.033 km^2, 91)이므로 토지이용(삼림)에 대한 가중평균 CN은

$$\mathrm{CN} = \frac{\Sigma A_i\, CN_i}{\Sigma A_i} = \frac{0.596\times 56 + 0.143\times 75 + 0.116\times 86 + 0.033\times 91}{0.596 + 0.143 + 0.116 + 0.033 = 0.888}$$

$$= 64.28$$

2. 유역평균 CN

유역평균 CN은 토지이용별 CN의 토지이용별 면적의 가중평균으로 주어진다.

$$\mathrm{CN} = \frac{\Sigma A_i\, CN_i}{\Sigma A_i} = \frac{0.067\times 83.75 + 0.477\times 77.53 + 0.032\times 80.75 + 0.888\times 64.28}{0.067 + 0.477 + 0.032 + 0.888 = 1.464}$$

$$= 69.85$$

예제 8.4

면적이 1.2 km^{2}인 지역이 개발된다. 그 중 75%가 불투수성 지역이고 나머지 25%가 투수성 지역이다. 투수성 지역의 1/2은 양호한 상태의 잔디이고 나머지 1/2은 빈약한 잔디피복상태이다. 수문학적 토양군은 C이다. 개발지역의 CN을 결정하고 표 8.9의 2란의 강우자료에 대한 초과강우량과 손실을 구하라.

[풀이] CN 산정 내용은 다음 표와 같다. 표에서 CN비율은 총면적에 대한 면적비를 가중치로 한 곡선번호이다. 불투수성 지역의 경우 98×0.75=73.5이다. 따라서 면적가중치로 산정한 CN은 93.5이고 참고로 표 8.5에 의한 불투수성 지역(75%)의 유출번호는 CN=96.8이다. 이에 대한 최대잠재보유수량 S는 식 (8.12)에 따라 $S = 25{,}400/93.5 - 254 = 17.66\ \mathrm{mm}$이고 초기손실 I_a는 $I_a = 0.2S = 0.2(17.66) = 3.53\ \mathrm{mm}$이다. 이들을 이용한 계산내용은 표 8.9와 같다.

피복상태	피복비율	CN	CN 비율
불투수성 지역	0.75	98	73.5
투수성 지역			
양호잔디	0.125	74	9.2
불량잔디	0.125	86	10.8
			가중 CN=93.5

표 8.9 초과강우량과 손실 계산

시간 t (hr)	강우강도 i (mm/hr)	강우량 ΔP (mm)	누가강우량 P (mm)	누가초과강우량 P_e (mm)	초과강우량 Q (mm)	손실 F (mm)
0.0	0.0	0.0	0.0	0.0	0.0	0.0
1	1.0	1.0	1.0	0.0	0.0	0.0
2	5.0	5.0	6.0	0.3	0.3	2.17
3	20.0	20.0	26.0	12.53	12.28	9.89
4	10.0	10.0	36.0	21.03	8.45	11.44
5	4.0	4.0	40.0	24.57	3.54	11.90

초기손실 $I_a=3.53$ mm는 처음 1시간의 강우량 1 mm와 다음 1시간의 강우량 5 mm 중 2.53 mm를 포함한다. 따라서 2시간대에서 $I_a=3.53$ mm를 만족한 후 초과강우량(유출)이 발생하게 되고 이는 식 (8.11)을 이용하면 $Q=(6-0.2\times17.66)^2/(6+0.8\times17.66)=0.30$ mm로 계산된다. t_2에서 손실(누가침투량) $F=2.17$ mm는 식 (8.7) $F=P-(I_a+Q)=6-(3.53+0.3)$ 또는 식 (8.18)로부터 구해진다.

초과강우량과 손실의 시간분포

초과강우량의 시간분포 계산은 먼저 시간별 누가강우량에 식 (8.11)을 적용하여 누가초과강우량을 구한다. 시간별 초과강우량은 이와 같이 구한 시간별 누가초과강우량의 차이로써 구해진다. 식 (8.7)과 (8.8)로부터 F에 관하여 정리하면

$$F=\frac{S(P-I_a)}{P-I_a+S} \qquad P\geqq I_a \tag{8.18}$$

식 (8.18)로부터 구해지는 F는 누가손실 또는 누가실제보유수량의 시간분포이다. 손실의 시간분포는 시간별 누가손실의 차이로 주어진다.

식 (8.18)의 I_a와 S를 상수로 간주하고 시간에 관하여 미분하면

$$\frac{dF}{dt}=\frac{S^2dP/dt}{(P-I_a+S)^2} \tag{8.19}$$

$P \to \infty$ 이면 표토층이 완전포화상태가 되므로 $\dfrac{dF}{dt} \to 0$은 예상되는 사실이나 우변의 $\dfrac{dP}{dt}$ (강우강도)의 존재는 강우강도가 증가하면 유역 내 수분보유율도 증가하는 경향을 의미한다. 이 사실은 NRCS곡선방법의 물리적인 근거가 강하지 못하다고 할 수 있는 점이다.

예제 8.5

면적이 0.03 km^{2}이고 수문학적 토양군이 D인 공원 잔디에 내린 50 mm의 강우로 인한 유출고와 유출체적을 AMC-Ⅱ와 Ⅲ에 대하여 구하라.

[풀이] 표 8.4로부터 양호상태 잔디(lawn), D군에 대한 CN은 80이다.

AMC-Ⅱ: CN=80을 식 (8.12)에 대입하여 최대보유수량 S를 구한다.

$$S = \frac{25{,}400}{80} - 254 = 63.5\ \text{mm}$$

S= 63.5 mm와 P=50 mm를 식 (8.11)에 대입하여 유출고 Q를 구한다.

$$Q = \frac{(50 - 0.2 \times 63.5)^2}{50 + 0.8 \times 63.5} = 13.8\ \text{mm}$$

AMC-Ⅱ 조건에서 강우량의 27.6%(13.8/50=0.276)가 유출로 나타난다. 유출체적 V_Q는

$$V_Q = AQ = 0.03 \times 10^6\,(\text{m}^3) \times 13.8 \times 10^{-3}\,(\text{m}) = 414\ \text{m}^3$$

AMC-Ⅲ: AMC-Ⅲ에 대한 CN=80을 식 (8.17)에 대입하여 구하고 이를 식 (8.12)에 적용하여 S를 구한다.

$$\text{CN(Ⅲ)} = \frac{80}{0.43 + 0.0057 \times 80} = 90.3$$

$$S = \frac{25{,}400}{90.3} - 254 = 27.3\ \text{mm}$$

유출고 Q는 P=50 mm와 S=27.3 mm를 식 (8.11)에 대입하여 구하고 이를 이용하여 유출체적을 계산한다.

$$Q = \frac{(50 - 0.2 \times 27.3)^2}{50 + 0.8 \times 27.3} = 27.6\ \text{mm}$$

$$V_Q = A_Q = 0.03 \times 10^6 \times 27.6 \times 10^{-3} = 828\ \text{m}^3$$

예제 8.6

0.6 km^{2}의 유역이 0.4 km^{2}의 밭 경작과 0.2 km^{2}의 산림으로 구성되어 있다. 수문학적 토양군은 각각 D와 C이다. AMC-Ⅲ 조건에서 30 mm의 강우량에 대한 유출고와 유출체적을 구하라.

[풀이] 표 8.6으로부터 CN값은 등고선 경작 소립낟알작물(small grain, D, Good)이 CN=84, 양호삼림이 CN=77이다. 이 경우에는 면적가중평균 CN이 계산된다.

$$\text{면적가중평균 CN(II)} = \frac{\sum A\text{CN}}{\sum A} = \frac{0.4 \times 84 + 0.2 \times 77}{0.4 + 0.2} = 81.7$$

AMC-III에 대한 CN(III)은 식 (8.17)로부터 CN(III)=91.2를 구하고 이를 식 (8.12)에 대입하여 $S = 25.4\ \text{mm}$를 얻는다. $S = 25.4\ \text{mm}$와 $P = 30\ \text{mm}$를 식 (8.11)에 대입하여 유출고를 계산한다.

$$Q = \frac{(P - 0.2S)^2}{P + 0.8S} = \frac{(30 - 0.2 \times 25.4)^2}{50 + 0.8 \times 25.4} = 12.3\ \text{mm}$$

$$V_Q = AQ = 0.6 \times 10^6 \times 12.3 \times 10^{-3} = 7{,}380\ \text{m}^3$$

예제 8.7

예제 8.3에서 산정된 CN(69.85)과 AMC-II 조건을 적용하여 표 8.10의 2란에 주어진 호우에 대한 손실과 초과강우량의 시간분포를 결정하라.

[풀이] 계산내용은 표 8.10과 같다.

표 8.10 시간별 초과강우량과 손실 계산

시간 t (hr) (1)	누가강우량 P (mm) (2)	강우량 (mm) (3)	누가손실(mm) I_a (4)	누가손실(mm) F (5)	손실 f (mm/h) (6)	누가초과 강우량, P_e (mm) (7)	초과강우량 Q (mm) (8)
0	0	0	0	–	–	0	
1	5.1	5.1	5.1	–	–	0	
2	23.0	17.9	21.92	1.07	1.07	0.01	0.01
3	32.3	9.3	21.92	9.48	8.41	0.9	0.89
4	58.7	26.4	21.92	27.54	18.06	9.24	8.34
5	118.1	59.4	21.92	51.23	23.69	44.95	35.71
6	134.4	16.3	21.92	55.51	4.28	56.97	12.02
7	136.1	1.7	21.92	55.92	0.41	58.26	1.29

CN=69.85에 대한 S와 I_a는 각각 식 (8.12)와 식 (8.10)에 따라

$$S = 25{,}400/\text{CN} - 254 = 109.6\ \text{mm}$$

$$I_a = 0.2S = 21.92\ \text{mm}$$

누가강우량이 21.92 mm가 될 때까지 모든 강우량은 초기손실이 된다. 즉 누가강우량이 초기손실 $I_a = 21.92\ \text{mm}$를 초과할 때에 유출이 시작된다. 이는 처음 1시간에 일어난 강우량 5.1 mm와 다음 1시간에 일어난 강우량 17.9 mm 중 16.82 mm를 포함한다. $P > 21.92\ \text{mm}$에 대하여 연속적인 손실 F가 계산된다. 식 (8.18)에 따라

$$F = \frac{S(P - I_a)}{P - I_a + S} = \frac{109.6(P - 21.92)}{P - 21.92 + 109.6} = \frac{109.6(P - 21.92)}{P + 87.68} \quad \text{(a)}$$

예를 들면 2시간 후에 누가강우량이 $P=23.0\text{ mm}$이므로 식 (a)에 의하면 F는

$$F=\frac{109.6(23.0-21.92)}{23.0+87.68}=1.07\text{ mm}$$

이는 5란에 보인 바와 같이 누가손실의 시간별 변화를 나타낸다. 손실의 시간분포는 5란의 시간별 누가손실의 차이로서 6란에 주어진다. 누가초과강우량은 초기손실과 손실량에 대한 잔류강우량이다. $t=2\text{ hr}$의 경우 P_e는 식 (8.7)에 의하여

$$\begin{aligned}P_e &= P-I_a-F=23.0-21.92-1.07\\ &=0.01\text{ mm}\end{aligned}$$

이는 7란에 보인 바와 같고, 8란의 초과강우량은 7란의 시간별 누가초과강우량의 차이로 주어진다. 즉 8란은 초과강우량의 시간별 분포이다. 이들 결과는 식 (8.11)을 이용하여 초과강우량을 먼저 구하고 식 (8.7)에 의하여 F를 구할 수 있다.

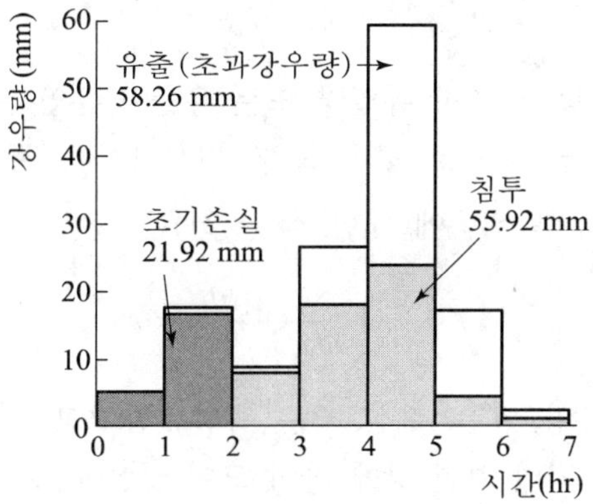

그림 8.13 예제 8.7의 계산결과

8.7 지표류

지표류(地表流; overland flow)는 수로계통에 이르는 지표면 상의 빗물흐름으로 정의된다. 여기서 수로는 집중된 흐름이 일어나는 지형구조이다. 강우가 지속되어 토양이 포화상태에 이르게 되어 침투율이 감소하면 지면요부가 채워지기 시작한다. 지면요부가 채워지고 강우량이 침투능을 초과하면 지표류 형태의 유출이 시작된다. 지표류는 지표면 상에 엷은 수막형태로 흐르므로 **박류** 또는 **판상류**(薄流 또는 板狀流; sheet flow)라고도 한다. 지표류는 2차원 흐름으로 초기에는 층류이나 수심과 유속이 증가하면 난류가 된다. 이 경우 한계 레이놀즈수는 500이다. 지표류는 수심이 작으나 지면을 덮는 물의 양은 상당한 양에 이르고 이를 **지면저류**(地面貯留; surface detention)라 한다. 이는 하천에 유입되기 이전에 일어나므로 최초의 지표유출이다. 지표류모형은 확정론적 방법으로 첨두에 이르는 유출집중과 **유출확산**(流出擴散; runoff diffusion)

의 영향을 포함하고 수문곡선의 발생을 가능하게 한다. 또한 지표류모형에서는 시간과 공간에서 초과강우량의 변화가 가능하다. 지표류는 소유역의 유출양상을 나타내므로 지표류모형의 적용은 원칙적으로 소유역에 국한된다.

8.7.1 지표류 이론

지표류의 수학적 기술은 질량보존의 연속방정식에 근거한다.

$$\frac{\partial Q}{\partial x} + \frac{\partial A}{\partial t} = 0 \tag{8.20}$$

식 (8.20)은 흐름방향의 단위길이에 대한 유량의 변화($\partial Q/\partial x$)와 단위시간에 대한 흐름면적 또는 단위길이의 저류량 $S = A \times 1$ 의 변화($\partial A/\partial t$) 간의 평형을 설명한다. 중간유입이 있는 경우 식 (8.20)은

$$\frac{\partial Q}{\partial x} + \frac{\partial A}{\partial t} = q_l \tag{8.21}$$

여기서 q_l은 단위길이당 중간, 측방 유입량 또는 유출량[유입은 (+), 유출은 (−)][L^2/T]이다. 일반적으로 지표류는 흐름방향으로 길이가 L, 경사가 S_o, 폭이 무한대인 평면에서 일어나는 것으로 가정된다. 이 경우 단위폭에 대한 식 (8.21)은

$$\frac{\partial q}{\partial x} + \frac{\partial h}{\partial t} = i \tag{8.22}$$

여기서 q는 단위폭당 유량, h는 수심, i는 측방유입(초과 강우량) 또는 단위면적당 유입량 (L/T)이다. 강우가 시작되면 평면 상에 물이 모여 낮은 데로 흐르기 시작한다. 유출구를 통과하는 유량과 평면 상의 저류량은 영에서부터 증가하기 시작한다. 강우가 지속되어 가장 먼 지점의 강우가 유출구를 통과하는 시점에서 유출구의 유출량과 평면 상의 저류량은 일정한 값에 이르게 되고 이 일정한 값을 각각 **평형유출**(平衡流出; equilibrium outflow)과 **평형저류체적**(平衡貯留體積; equilibrium storage volume)이라 한다. 평형에 이르는 시간은 도달시간과 같고 지표류에서는 **평형시간**(平衡時間; time to equilibrium)이라 한다. 강우가 지속되면 평형상태는 계속되고 강우가 중단되면 유출과 저류량은 짧은 시간에 감소하여 영에 이르게 된다. 이 과정이 그림 8.14에 설명된다.

평형상태에서 유출량은 유효강우량의 유입과 같으므로

$$q_e = 0.278 \times 10^{-6} iL \tag{8.23}$$

여기서 q_e는 평형유출량(m^3/s/m), i는 유효강우량(mm/hr), L은 평면의 길이(m)이다. 식 (8.23)은 합리식(식 22.1)에서 $C=1$, $A=L$인 경우이다. 한편 Chow(1988)는 침투율과 지표면의 경사를 도입하여 평형유출을 다음과 같이 유도하였다.

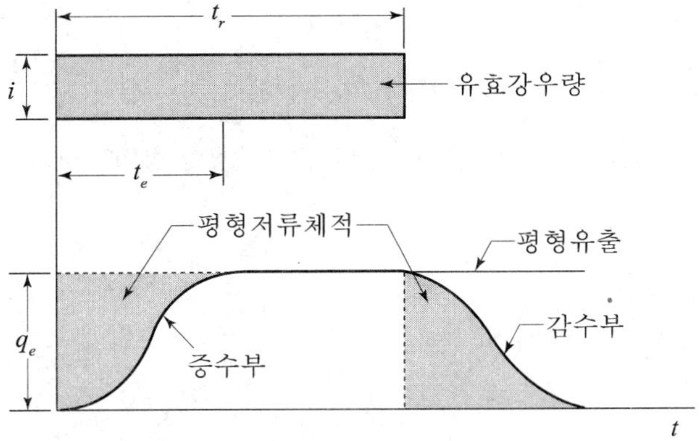

그림 8.14 지표류 수문곡선

$$q_e = 0.278 \times 10^{-6}(i-f)L\cos\theta \tag{8.24}$$

여기서 i는 강우강도(mm/h), f는 침투율(mm/h) 및 θ는 지면경사이다. 평형저류체적은 그림 8.14에서 음영부분의 면적으로 다음과 같이 근사된다.

$$S_e = \frac{q_e t_e}{2} \tag{8.25}$$

여기서 S_e는 단위폭당 평형저류체적(m^3/m), t_e는 평형시간(sec)이다. 지표류해석은 하류단에서 흐름상태, 평형흐름의 유량, 평형시간, 지표류 수문곡선의 상승부와 감수부의 모양을 필요로 하고 이들은 연속방정식과 운동량방정식의 해로 주어진다.

연속방정식(식 8.22)의 $q(=uh)$를 유속의 항으로 나타내면

$$\frac{\partial h}{\partial t} + u\frac{\partial h}{\partial x} + h\frac{\partial u}{\partial x} = i \tag{8.26}$$

여기서 u는 평균유속 $u = q/h$이다. 운동량방정식은

$$\frac{\partial u}{\partial t} + u\frac{\partial u}{\partial x} + g\frac{\partial h}{\partial x} + g(S_f - S_o) + \frac{iu}{h} = 0 \tag{8.27}$$

식 (8.26)과 (8.27)로 기술되는 지표류의 해는 (1) 저류개념, (2) 운동파기법, (3) 확산파기법 및 (4) 동역학파기법과 같은 접근방법으로 얻어진다. 저류개념은 저수지추적에 이용된 개념과 유사하다. 운동파기법은 저류개념의 개선방법이나 유출의 확산을 고려하지 않은 유출해석이다. 확산파기법은 운동파기법의 개선방법으로 유출확산을 포함한 기법이다. 동역학파기법은 확산파기법의 개선방법으로 식 (8.26)과 (8.27)의 해를 구하는 기법이다.

8.7.2 저류개념해법

이 기법은 주로 Horton(1938)과 Izzard(1944) 작업에 근거한다. 평형상태에서 유출량 q_e와 저

류체적 S_e 의 관계는

$$q_e = aS_e^m \tag{8.28}$$

여기서 a, m 은 상수이다. 평균수심 h_e 는 다음과 같이 정의된다.

$$h_e = \frac{S_e}{L} \tag{8.29}$$

식 (8.28)과 식 (8.29)를 조합하면

$$q_e = bh_e^m \tag{8.30}$$

여기서 $b = aL^m$ 이다. 지수 m값은 흐름에 따라 다르다. 즉 층류에서는 $m = 3$, 난류에서는 평균유속공식에 따라 Chezy와 Darcy−Weisbach공식의 경우 $m = 3/2$, Manning공식의 경우 $m = 5/3$ 이다. 평형시간은 식 (8.25)와 (8.28)을 t_e에 관하여 정리하면

$$t_e = \frac{2}{q_e^{(m-1)/m} a^{1/m}} \tag{8.31}$$

(1) **층 류**

개수로 흐름의 평형상태에서 전단응력 τ는

$$\tau = \gamma RS_o \tag{8.32}$$

여기서 γ는 물의 단위중량, R은 동수반경, S_o는 수로경사이다. 지표류는 흐름의 폭이 무한대인 경우로 취급되므로 동수반경 R은 수심으로 대치되고 그림 8.15에서 수심이 y 인 a 점의 전단응력은

$$\tau = \rho g(h_e - y)S_o \tag{8.33}$$

로 주어진다. 한편 층류에서 전단응력은 Newton의 점성법칙 $\tau = \mu dv/dy$ 로 주어지므로 이를

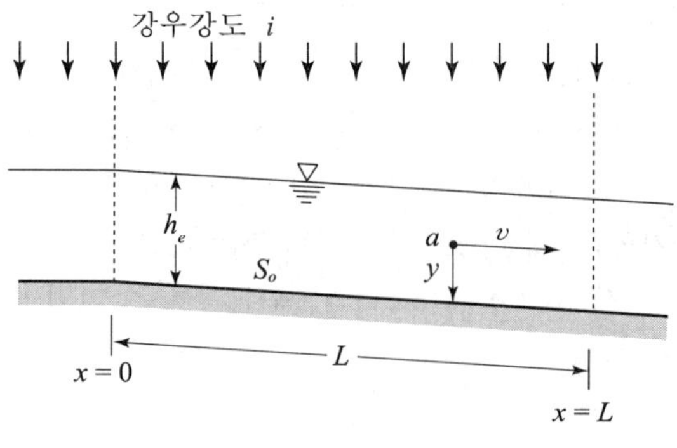

그림 8.15 지표류

식 (8.33)과 같게 놓고 dv에 관하여 정리하면

$$dv = \frac{gS_o}{\nu}(h_e - y)dy \tag{8.34}$$

경계조건 $y=0$에서 $v=0$을 고려하여 식 (8.34)를 적분하면 유속분포를 얻는다.

$$v = \frac{gS_o}{\nu}\left(h_e y - \frac{y^2}{2}\right) \tag{8.35}$$

여기서 ν는 동점성계수($\nu = \mu/\rho$)이다. 평균유속 V는 v를 수심 h_e에 대하여 적분하고 수심 h_e로 나눔으로써 구해진다.

$$V = \frac{gS_o h_e^2}{3\nu} \tag{8.36}$$

단위폭당 유량 q는 식 (8.36)에 수심을 곱해서 결정된다.

$$q = \frac{gS_o}{3\nu}h_e^3 \tag{8.37}$$

식 (8.37)로부터 식 (8.30)의 b와 m은

$$b = aL^m = \frac{gS_o}{3\nu}, \qquad m = 3 \tag{8.38}$$

등류에서는 $S_o = S_f = h_f/L$이므로 이를 고려하여 식 (8.36)을 h_f에 관하여 정리하면

$$h_f = \frac{24\nu}{Vh_e}\frac{L}{4h_e}\frac{V^2}{2g} \tag{8.39}$$

식 (8.39)는 식 (8.40)의 Darcy–Weisbach식임을 알 수 있다.

$$h_f = f\frac{L}{4R}\frac{V^2}{2g} \tag{8.40}$$

여기서 $f = 96/R_e$이고 레이놀즈수는 $R_e = V4R/\nu$, $R = h_e$이다. $R_e \leqq 2{,}000$일 때 흐름은 층류이다.

강우상태에서 마찰인자 f는 강우강도에 따라 증가한다. $f = C_L/R_e$로 가정할 경우 C_L은 **저항계수**(抵抗係數; resistance coefficient)이고 Chow와 Yen(1976)에 의하면

$$C_L = 96 + 108(i/25.4)^{0.4} \tag{8.41}$$

여기서 i는 강우강도(mm/hr)이다.

등류에 대한 $h_f/L = S_o$를 고려하여 식 (8.40)을 수심 $h_e(=R)$에 관하여 정리하면

$$h_e = \frac{f\ V^2}{8gS_o} \tag{8.42}$$

$V = q/h_e$를 대입하면 식 (8.42)는

$$h_e = \left(\frac{f}{8gS_o}\right)^{1/3} q^{2/3} \tag{8.43}$$

식 (8.37)과 식 (8.43)의 비교에서 지표류의 평형유량은 $q_e \sim h_e^3$의 관계를, 강우상태에서 지표류의 평형유량은 $q_e \sim h_e^{3/2}$의 관계를 가짐을 알 수 있다. 식 (8.31)에 $q = iL$과 $m = 3$ (층류)을 적용하면 층류의 평형시간은

$$t_e = \frac{2L^{1/3}}{i^{2/3} b^{1/3}} \tag{8.44}$$

여기서 t_e는 평형시간(s), L은 지표류의 길이(m), i는 강우강도(m/s)이다.

(2) 난 류

난류에서 평균유속은 Manning공식으로 정의된다.

$$V = \frac{1}{n} R^{2/3} S_o^{1/2} \tag{8.45}$$

$R = h_e$를 고려하여 식 (8.45)에 수심을 곱하고 단위폭의 유량으로 표시하면

$$q = \frac{S_o^{1/2}}{n} h_e^{5/3} \tag{8.46}$$

이로부터 식 (8.30)의 b와 m은 각각

$$b = aL^m = \frac{1}{n} S_o^{1/2}, \quad m = \frac{5}{3} \tag{8.47}$$

가 됨을 알 수 있다. 식 (8.31)에 $q = iL$을 고려하면 난류의 평형시간은

$$t_e = \frac{2(nL)^{1/m}}{i^{(m-1)/m}\ S_o^{1/2m}} \tag{8.48}$$

여기서 t_e는 평형시간(s), L은 지표류의 길이(m), i는 강우강도(m/s)이다.

식 (8.48)은 Manning공식에 근거한 $m = 5/3$에 대하여 유도되었으나 $m = 5/3 \sim 3$ 범위의 층류-난류혼합흐름에도 적용된다. 식 (8.46)을 h_e에 관하여 정리하면

$$h_e = \left(\frac{n\ q_e}{S_o^{1/2}}\right)^{3/5} \tag{8.49}$$

층류($m = 3$)와 난류($m = 5/3$)의 중간흐름으로 75%가 난류흐름인 $m = 2$에 대하여 Horton에

의한 지표류 수문곡선은 다음과 같다(Dooge, 1973).

$$\frac{q}{q_e} = \tan h^2 \left[2\left(\frac{t}{t_e} \right) \right] \tag{8.50}$$

$m = 3$ (층류)에 대한 무차원 상승수문곡선은 그림 8.16과 같다(Izzard, 1944). 식 (8.23)과 식 (8.44)에 의하여 q_e 와 t_e 를 각각 계산하고 이들을 그림 8.16에 적용하여 $m = 3$에 대한 수문곡선의 상승부를 계산할 수 있다.

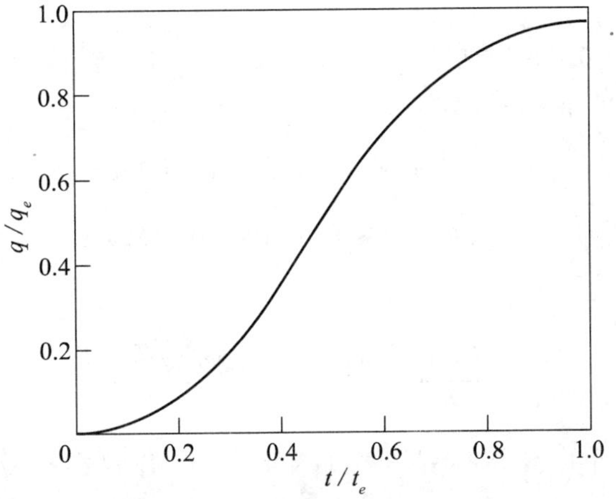

그림 8.16 저류개념에 의한 무차원 상승수문곡선($m = 3$)(Izzard, 1944)

예제 8.8

강우강도가 50 mm/h, 포장된 지면의 길이가 12 m, 경사가 $S_o = 0.01$, 조도계수가 0.012, 수온이 20°C이다. 난류에 대한 수문곡선을 결정하라.

[풀이] 평형유량은 식 (8.23)에 의하여

$$q_e = 0.278 \times 10^{-6}(50 \times 12) = 1.668 \times 10^{-4}\ \mathrm{m^3/s/m}$$

75% 난류를 고려하면 m 값은 $m = 2$, 강우강도는 $i = 50\ \mathrm{mm/h} = 50\ \mathrm{mm}(\mathrm{m}/1{,}000\ \mathrm{mm})/3{,}600\ \mathrm{sec} = 1.4 \times 10^{-5}\ \mathrm{m/s}$ 이므로 평형시간은 식 (8.48)에 의하여

$$t_e = \frac{2(nL)^{1/m}}{i^{(m-1)/m} S_o^{1/2m}} = \frac{2(0.012 \times 12)^{1/2}}{1.4 \times 10^{-5(2-1)/2} 0.01^{1/(2 \times 2)}}$$

$$= \frac{0.759}{(1.4 \times 10^{-5})^{1/2} 0.01^{1/4}} = 641.6\ \mathrm{sec}$$

식 (8.50)에 의하여 수문곡선은 다음과 같다.

$$q = q_e \tanh^2\left[2\left(\frac{t}{t_e}\right)\right]$$
$$= 1.668 \times 10^{-4} \tanh^2\left(\frac{2t}{641.6}\right)$$

시간 t(sec)	10.0	180	270	360	450
유량 $q\,(10^{-4})(\mathrm{m^3/s})$	1.50×10^{-3}	0.430	0.785	1.088	1.307

예제 8.9

길이가 30 m, 경사가 0.5%인 불투수지면에 20 mm/h 강도의 강우가 발생하는 경우 지표면의 하류단에서 단위폭당 유량, 수심 및 유속을 구하라. $\nu = 1.2 \times 10^{-6}\,\mathrm{m^2/s}$.

[풀이] $f = 0$과 $\theta = \tan^{-1}(S_o) = \tan^{-1}(0.005) = 0.286$, $\cos\theta = 1.0$을 고려하여 식 (8.24)를 이용하면

$$q_e = 0.278 \times 10^{-6}(i - f)L\cos\theta = 0.278 \times 10^{-6}(20 - 0) \times 30 \times 1.0 = 1.668 \times 10^{-4}\,\mathrm{m^3/s/m}$$

레이놀즈수는

$$R_e = \frac{4Vh_e}{\nu} = \frac{4q_e}{\nu} = \frac{4 \times 1.668 \times 10^{-4}}{1.2 \times 10^{-6}} = 556$$

따라서 흐름은 층류이다. 식 (8.41)에 의하여 저항계수 C_L을 구한다.

$$C_L = 96 + 108(20/25.4)^{0.4} = 194$$

마찰손실계수는 $f = C_L/R_e = 194/556 = 0.349$, 평형수심은 식 (8.43)에 따라

$$h_e = \left(\frac{f}{8gS_o}\right)^{1/3} q_e^{2/3} = \left(\frac{0.349}{8 \times 9.81 \times 0.005}\right)^{1/3}(1.668 \times 10^{-4})^{2/3} = 0.00291\,\mathrm{m}$$

유속은

$$V = q_e/h_e = 1.66 \times 10^{-4}/0.00291 = 0.057\,\mathrm{m/s}$$

예제 8.10

아스팔트 포장된 폭이 140 m, 경사가 0.02인 도로에 200 mm/h의 강우가 내렸다. 도로의 단위길이에 대한 유량, 수심 및 유속을 구하라. $n = 0.015$, $\nu = 1.2 \times 10^{-6}\,\mathrm{m^2/s}$.

[풀이] $f = 0$, $\theta = \tan^{-1}(0.02) = 1.15$, $\cos\theta = 1.00$ 및 $L = 140/2 = 70\,\mathrm{m}$이므로 식 (8.24)에 의하면 평형유출은

$$q_e = 0.278 \times 10^{-6}(i - f\ )L\cos\theta = 0.278 \times 10^{-6}(200 - 0)70 \times 1.0$$
$$= 3.89 \times 10^{-3}\,\mathrm{m^3/s/m}$$

레이놀즈수는 $R_e = 4q_e/\nu = 4 \times 3.89 \times 10^{-3}/1.2 \times 10^{-6} = 12{,}967$이므로 이 흐름은 난류이다.

수심은 식 (8.49)로 주어진다.

$$h_e = 0.015^{0.6}(3.89\times10^{-3})^{0.6}/0.02^{0.3} = 0.0093\ \text{m}$$

유속은 $$V = q_e/h_e = 3.89\times10^{-3}/0.0093 = 0.42\ \text{m/s}$$

8.7.3 지표류의 운동파 해

운동량방정식에서 동역학항(관성항과 압력항)이 무시할 만큼 작고 중력과 마찰력이 지배적일 때 운동파가 일어나고 이 경우 운동량방정식(식 8.27)은 다음과 같이 된다.

$$S_o = S_f \tag{8.51}$$

이는 등류의 식이고 배수의 영향이 없으므로 유량은 수심만의 함수이다. 즉

$$q = bh^m \tag{8.52}$$

여기서 b, m은 식 (8.30)과 유사한 상수들이다. 저류체적에 근거한 식 (8.28)의 Horton방법과 수심에 근거한 식 (8.52)의 운동파방법과의 차이는 다음과 같이 이상적인 저수지와 수로를 통해서 설명될 수 있다. (1) 수면경사가 영인, 즉 수면이 수평인 이상적인 저수지에서 방류량은 저류량의 단일함수이다(식 8.28). 따라서 저류체적은 수위만의 함수이므로 방류량은 수위와 수심에 의하여 결정된다. (2) 한편 수면경사가 영이 아닌 이상적인 수로에서 유량은 실질적으로 수심에 관계된다.

Horton방법에서 유출량은 저류체적에 관계되므로 유출량은 저류체적을 나타내는 지표류의 공간 평균수심에 관계된다. 반면 운동파방법에서 유출량은 유출수심에 관계된다. 지표류는 영이 아닌 수면경사를 가져 저수지보다는 수로흐름과 같은 거동을 가지므로 저류개념보다 운동파방법이 지표류 해석에 더 적합하다. 그러나 운동파는 확산을 결여하는 반면 저류개념은 이를 포함한다. 따라서 유출확산(runoff diffusion)이 현저한 경우에는 저류개념이 운동파방법보다 적절하다. 지표류의 운동파방법은 연속방정식(식 8.22)과 운동량방정식(식 8.51)의 변형인 식 (8.52)로 구성된다. 연속방정식을 다시 쓰면

$$\frac{\partial q}{\partial x} + \frac{\partial h}{\partial t} = i \tag{8.22}$$

수심 h는 식 (8.22)의 수치해로 결정되고 이를 식 (8.52)에 대입하면 유량이 결정된다.

식 (8.52)에서 b와 m을 상수로 취급하고 수심에 관하여 미분하면

$$\frac{\partial q}{\partial h} = mbh^{m-1} = m\left(\frac{q}{h}\right) = mu = c_k \tag{8.53}$$

여기서 c_k는 운동파의 전파속도이다. m은 일반적으로 1보다 크므로 c_k는 일반적으로 평균유속 u보다 크다. 식 (8.22)의 첫 항에 연쇄법칙을 적용하고 $\partial q/\partial h = c_k$를 고려하면

$$\frac{\partial q}{\partial h}\frac{\partial h}{\partial x}+\frac{\partial h}{\partial t}=i$$

또는
$$\frac{\partial h}{\partial t}+c_k\frac{\partial h}{\partial x}=i \tag{8.54}$$

식 (8.54)는 h를 독립변수로 하는 지표류에 적용 가능한 운동파식이다. c_k는 $c_k = dx/dt$로서 $x-t$ 평면에서 **특성곡선**(特性曲線; characteristic curve)의 경사이다. 식 (8.22)에 c_k를 곱하고 둘째 항에 연쇄법칙을 적용하면 q를 독립변수로 하는 운동파식을 얻는다.

$$\frac{\partial q}{\partial t}+c_k\frac{\partial q}{\partial x}=ic_k \tag{8.55}$$

식 (8.54)의 좌변은 h의 전미분 dh/dt와 같으므로

$$\frac{dh}{dt}=i \tag{8.56}$$

식 (8.56)을 적분하면

$$h=it \tag{8.57}$$

식 (8.57)은 유효강우량 i가 일정할 때 수심은 시간에 선형으로 증가함을 나타낸다. 식 (8.52)를 평형상태에 대하여 쓰면

$$q_e=bh_e^m \tag{8.58}$$

식 (8.30)의 평균수심과 달리 식 (8.58)의 h_e는 출구에서 평형흐름의 수심이다. 식 (8.52)를 식 (8.58)로 나누고 식 (8.57)을 대입하면

$$\frac{q}{q_e}=\left(\frac{h}{h_e}\right)^m \tag{8.59}$$

$$\frac{q}{q_e}=\left(\frac{t}{t_k}\right)^m \tag{8.60}$$

여기서 t_k는 **운동학적 시간매개변수**(運動學的時間媒介變數; kinematic time parameter) 또는 도달시간으로 다음과 같이 정의된다.

$$t_k=\frac{h_e}{i} \tag{8.61}$$

식 (8.60)은 $t \leqq t_k$에 대하여 적용된다. 그렇지 않으면 유량은 평형유량을 초과하게 되고 이는 물리적으로 불가능하다. 이러한 점에서 t_k는 운동학적 첨두시간으로 해석될 수 있다. 식 (8.58)에 $q_e=iL$, $b=\frac{1}{n}S_o^{1/2}$(식 (8.46)과 (8.52)로부터) 및 식 (8.61)을 적용하면 운동학적 시간매개변수는

$$t_k = \frac{(nL)^{1/m}}{i^{(m-1)/m} S_o^{1/(2m)}} \tag{8.62}$$

t_k가 결정되면 식 (8.60)은 지표류수문곡선의 증수부를 제공한다. t_k는 식 (8.48)의 t_e의 1/2과 같음을 알 수 있다.

Woolhiser와 Liggett(1967)에 의하여 정의된 **운동파수**(運動波數; kinematic wave number) K는 다음과 같다.

$$K = \frac{S_o L}{F^2 h_o} \tag{8.63}$$

여기서 F는 출구에서의 평형흐름에 대한 Froude수, h_o는 출구에서의 평형흐름의 수심, 즉 h_e이다. $K > 20$ 인 흐름은 운동학적 흐름을 나타낸다. 따라서 $K > 20$ 일 때 식 (8.52)가 적용 가능하고 K가 작은 경우에는 식 (8.52)가 식 (8.27)의 근사해가 될 수 없다. S_o가 클수록 K는 크게 되며 흐름은 운동학적 흐름에 가깝게 된다. 실질적으로 $S_o = 0.01$ 또는 그 이상이면 흐름은 운동학적 흐름이다. 그림 8.17은 상이한 K에 대한 운동파식의 해를 무차원 시간 $t^* = t/t_k$에 대하여 무차원 유량 $q^* = q/q_e$를 도시한 것이다. 그림 8.17에서 알 수 있는 바와 같이 $K \leqq 10$이면 운동량방정식에서 관성항과 압력항을 비포함시킴으로써 큰 오차가 유발된다.

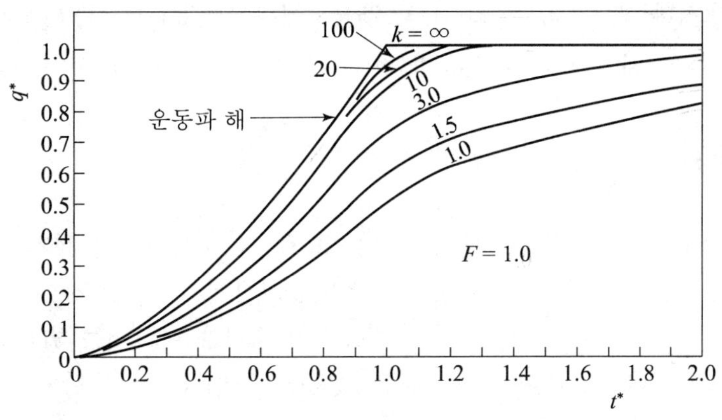

그림 8.17 수문곡선 증수부에 대한 K의 영향(Woolhiser와 Liggett, 1967)

8.7.4 지표류의 확산파 해

확산파(擴散波; diffusion wave)해법은 운동파해법에 유출의 확산영향을 나타내는 항이 추가된다. 이 확산의 영향을 나타내는 항이 운동량방정식(식 8.27)에서 흐름의 수심구배를 나타내는 $\frac{\partial h}{\partial x}$이다.

$$\frac{\partial h}{\partial x} = S_o - S_f \tag{8.64}$$

식 (8.64)는 정상부등류의 식으로 관성항이 압력, 마찰 및 중력에 비하여 작으므로 무시된 흐름이다.

Lighthill과 Whitham(1955)은 식 (8.26)과 식 (8.64)를 조합하여 다음과 같이 나타냈다.

$$\frac{\partial h}{\partial t} + c\frac{\partial h}{\partial x} = i + \nu_h \frac{\partial^2 h}{\partial x^2} \tag{8.65}$$

여기서 c는 넓은 수로의 난류상태의 Manning마찰에 대한 확산파의 전파속도, ν_h는 **수로확산계수**(水路擴散係數; channel diffusivity)로 다음과 같이 각각 정의된다.

$$c = \frac{5}{3}u_o \tag{8.66}$$

$$\nu_h = \frac{u_o h_o}{2S_o} \tag{8.67}$$

여기서 u_o와 h_o는 기준 유속과 수심이다.

식 (8.65)에서 2계 미분항은 열전도에서와 같이 유출의 확산을 나타낸다. S_o가 매우 작으면 수로확산계수 ν_h는 매우 크게 되고 극한조건으로 $S_o \rightarrow 0$ 이면 $\nu_h \rightarrow \infty$ 되며 식 (8.65)는 적용 불가능하다. 그러나 $S_o = 0.01 \sim 0.001$ 의 완경사에서 식 (8.65)의 확산항의 영향이 뚜렷하게 된다. 즉 경사가 완만해짐에 따라 운동파해법이 적절하지 않을 때 확산파해법이 적용된다.

8.8 유량의 변화성

하천유량은 시간과 공간에서 일정하지 않으므로 특정 지점에서 장기간에 대한 유량이나 수위자료의 측정 또는 추정을 필요로 한다. 임의의 기간에 대한 한 지점의 기록으로부터 하천유량의 경향을 탐색하는 것이 가능하다. 하천유량의 경향을 나타내는 변동성 조사에는 빈도곡선, 지속기간곡선, 누가곡선이 이용된다. 빈도곡선은 18장에서 기술된다.

8.8.1 유량지속곡선

지속(기간)곡선(持續(期間)曲線; duration curve)은 자료기록기간 내에서 특정 기록치와 같거나 초과(또는 작게)되는 기간의 백분율을 나타내는 곡선이다. 도시되는 자료가 하천유량일 때 이를 **유량지속곡선**(流量持續曲線; flow duration curve) 또는 **유황곡선**(流況曲線)이라 한다. 사용되는 기간단위는 일, 월 및 년이다. 백분율의 계산은 먼저 최소 10년 이상의 유량자료를 증가크기순으로 정리하고 각 유량(또는 유량자료를 계급구간으로 구분하는 경우 계급구간유량)과 같거나 큰 유량이 발생한 일수를 총일수로 나누어 시간백분율을 얻는다. 유량지속곡선은 시간백분율을 횡축에, 유량크기(계급의 경우 하한치)를 종축에 도시하여 작성된다. 가뭄이나 전력에 관한 문제에서는 연중 지속되리라 예상되는 최소연속유량에 관한 정보가 필요하므로 유량자료는 증가순으로 정리되고, 홍수문제에서는 감소크기순으로 정리된다. 시간단위는 저수시설 없이 취수하는 경우에는 최소유량이 나타나도록 일 유량을 사용하고 저수지설계에는 월 또는 년단위가 사용된다. 시간단위가 증가하면 곡선의 변화폭이 감소하여 곡선의 경사는 완만해진다(그림 8.18).

곡선 아래의 면적은 어느 기간 동안 총 유출체적을 표시하므로 유량지속곡선은 저수시설 없이 특정 목적에 얼마만큼의 물을 사용할 수 있는가, 어떤 특정 유량을 1년 중 며칠이나 공급할 수 있는가, 또는 저수지 축조 여부 등을 결정하는 데 필요하다. 유량지속곡선은 홍수나 가뭄의 지속기간을 결정하는 데 유용할 뿐만 아니라, 주운, 수력발전, 급수, 관개 및 수질문제에도 필요하다.

그림 8.19에서 A유역의 경우 저수시설 없이 전 기간을 통하여 취수할 수 있는 유량은 300 m^3/s 정도이고 20%에 해당하는 기간에는 2,800 m^3/s의 유량이 사용 가능하다. 만약 전 기간을 통해서 1,300 m^3/s의 유량공급이 필요할 경우 47%에 해당하는 기간(1년 중 172일간)에는 공급이 가능하나 나머지 53%에 해당하는 기간의 공급을 위해서는 저수시설이 필요하다. 저수시설의 영향은 유량지속곡선의 저수부분을 올리고 고수부분을 낮추어 전체적으로 유량의 변화폭이 감소하고 또한 곡선의 경사도 완만해진다(그림 8.19). 저수시설 등으로 유량이 조절되는 경우인 조절유량지속곡선의 작성은 자연유량과 달리 저수용량의 함수로 계산된 조절유량이 사용된다. 그림 8.19에서 조절 후에는 1,300 m^3/s 공급기간이 75%로 늘어나 전 기간에 대하여 소요량 1,300 m^3/s 공급이 가능하게 된다. 발전전용의 경우 1,300 m^3/s에 대해서는 상시발전인 **고정발전**(固定發電; firm power)이 가능하고, 1,300 m^3/s를 초과하는 나머지 25% 기간에 대해서는 **2차 발전**(二次發電; secondary power)이 가능하다. 저수시설 없이 발전하는 **수로식 발전**(水路式發電; run of river power)의 경우에는 비조절지속곡선이 사용된다.

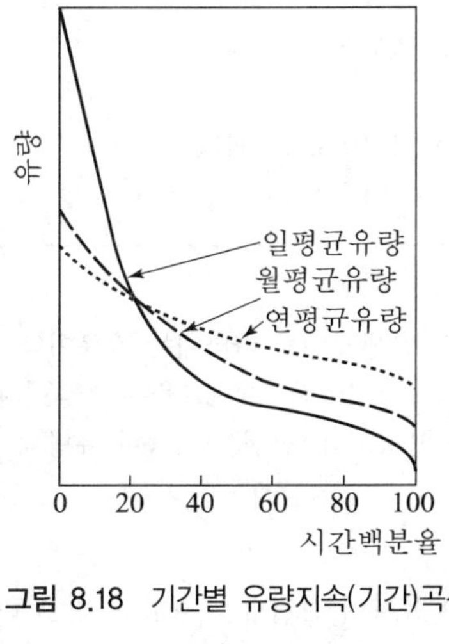

그림 8.18 기간별 유량지속(기간)곡선

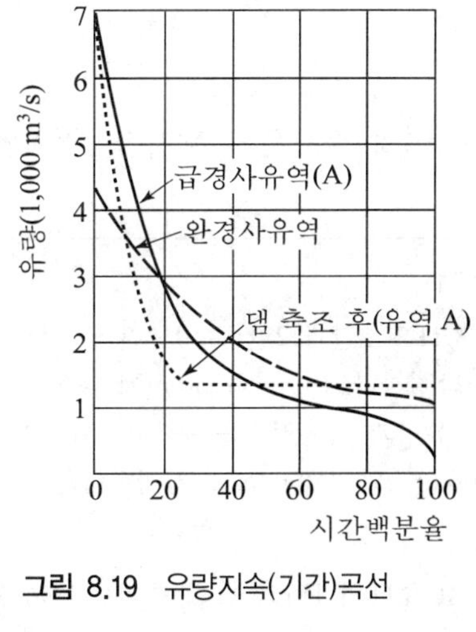

그림 8.19 유량지속(기간)곡선

유량지속곡선의 설계도구로서의 약점은 유량의 발생순서를 나타내지 않는 점이다. 따라서 갈수량이 얼마나 오래 지속되는지 또는 갈수기가 어떻게 분포되었는지는 알 수 없다. 이 경우에는 수문곡선이 사용된다.

유량지속곡선은 하천 간의 유황 비교에 매우 효과적이다. 지속곡선이 완만한 하천은 다공성 물질의 유역으로 저류량이 많고 넓은 홍수터가 발달되어 유역이 포화되지 않는 경우 유출은 강우양상의 반영도가 낮다. 이러한 하천은 홍수가 적고 지하수 공급이 많은, 즉 하상계수가 낮은 하천이다. 지속곡선의 경사가 급한 하천은 유역에 저류량이 적고 유출은 강우양상의 반영도가 높은 작은 산지유역인 경우로 홍수와 한발이 빈번하고 지하수가 적은 하천으로 하상계수는 높아 이수와 치수면에서 매우 불리하다. 후자의 경우는 조절을 필요로 하여 상류에 댐을 축조하여 조절하면 하류에서의 지속곡선은 완만하게 되어 상시유량의 증가를 도모할 수 있다.

8.8.2 수력발전의 유량추정

수력발전에서 수차는 특정 유량(예로 평균유량의 1.3배)에서 조작되도록 설계된다. 따라서 이를 크게 초과하는 유량은 이용이 불가능하며 아주 낮은 유량에서는 효율이 떨어지고 특정 최소유량 이하에서는 수차를 정지시킨다. 수차의 출력은 주로 최대와 최소유량 사이의 유량지속곡선의 형상에 좌우된다. 수차의 설계유량이 Q_d라면 수차는 $0.25\,Q_d$와 Q_d의 범위에서 조작되는 것으로 가정된다. 수차에 의하여 발전되는 전력 P는

$$P = \frac{\rho g \eta Q H}{1{,}000} \text{ (kW)} \tag{8.68}$$

여기서 Q(m^3/s)와 H(m)는 각각 유량과 수두, η는 수차와 발전기의 효율, ρ는 물의 밀도(1,000 kg/m^3) 및 g는 중력가속도(9.81 m/s^2)이다. 수차에 의하여 생산되는 에너지 E는 시간에 대한 수력 P의 적분으로 주어진다. 이 경우 수두는 변하지 않는 것으로 가정된다.

$$E = \rho g \eta H \int Q dt \text{ (kWh)} \tag{8.69}$$

식 (8.69)의 적분은 유량지속곡선에서 상하경계 사이의 면적이 된다.

예제 8.11

표 8.11의 1란과 2란은 10년간 월 유량기록의 계급구간과 발생횟수를 나타내는 자료이다. (a) 유량지속곡선을 작성하라. (b) 낙차 50 m에 대한 전력지속(기간)곡선을 작성하라. 발전효율은 80%이다. (c) 예상되는 평균월유량과 평균전력을 구하라. (d) 연간 평균전력생산을 산정하라. 발전이 가능한 유량의 상하 범위를 각각 100 m^3/s와 450 m^3/s로 가정한다.

[풀이]

(a) 표 8.11의 1란과 같이 증가순으로 정리된 계급구간의 유량에 같거나 초과하는 유량(또는 계급구간)의

표 8.11 10년 월평균기록과 예제 8.11의 계산

월평균유량 (m³/s) (1)	발생횟수 (2)	같거나 초과 되는 횟수 m (3)	하한치에 같거나 초과되는 백분율 $m/n\times 100$ (4)	월간전력 $P=0.393\,Q$ (MW) (5)
50～99	2	120	100	19.7
100～149	3	118	98.3	39.3
150～199	4	115	95.8	59.0
200～249	15	111	92.5	78.6
250～299	20	96	80.0	98.3
300～349	24	76	63.3	117.9
350～399	21	52	43.3	137.6
400～349	17	31	25.8	157.2
450～499	9	14	16.7	176.9
500～549	4	5	4.2	196.5
550～599	1	1	0.8	216.2

수를 아래에서 위로 계산한다(3란). 큰 유량에서 작은 유량으로 계산되는 것은 최소유량이 모든 시간에 대하여 같거나 초과되도록 하여 가뭄이나 전력문제에 유용하도록 하기 위함이다. 백분율은 계급구간의 초과횟수 m을 총횟수 n으로 나누어 얻는다(4란). 4란의 백분율(횡축)과 1란의 유량계급의 하한치(종축)를 도시하여 유량지속곡선을 작성한다(그림 8.20).

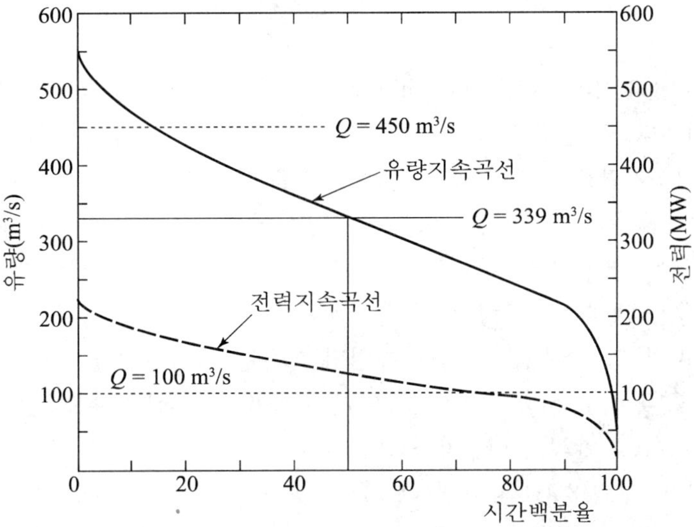

그림 8.20 유량 및 전력지속곡선

(b) **전력지속곡선**(電力持續曲線; power duration curve)은 유량지속곡선의 유량을 전력으로 환산한 곡선이다. 전력지속곡선은 유량계급구간의 하한치를 월간 전력으로 환산하고 이를 백분율에 대하여 도시하여 작성한다. 월간 발전되는 전력은 식 (8.68)로부터

$$P=\frac{1{,}000\times 9.81\times 0.8\times 50Q}{1{,}000}=392.4\ Q\text{kW}=0.3924\ Q\text{MW} \tag{a}$$

식 (a)를 이용하여 5란을 계산하여 4란의 백분율에 대하여 도시하면 전력지속곡선을 얻는다(그림 8.20).

(c) 예상되는 평균월유량은 50% 기간에 해당되는 유량이므로 유량지속곡선으로부터 339 m^3/s이고 이에 해당되는 전력은 전력지속곡선으로부터 135 MW이다.

(d) 100 ~ 450 m^3/s 범위의 평균유량 275 m^3/s가 연중 지속되는 것으로 가정된다. 이 유량에 대한 연간 에너지는 (b)의 결과를 이용하면 Q=275 m^3/s에 대한 발전용량은 $P=392.4Q=392.4\times 275=107{,}910$ kW이다. 따라서

$$\text{연간 에너지생산 : } E=P\times 365\times 24=107{,}910\times 365\times 24=945{,}291\ \text{kWh}$$

8.8.3 유량누가곡선

유량누가곡선(流量累加曲線; flowmass curve 또는 Rippl diagram)은 시간에 대한 누가유량의 도시이다. 즉 기점시간부터 시간(월 또는 연)을 횡축에, 각 시간까지 발생한 유출 또는 유량의 총체적을 종축에 도시하여 작성된다(그림 8.21b). 그러나 실제 유량누가곡선의 작성에서는 하천수면에서의 증발량과 수로경계의 침윤에 대해 누가유량을 보정해야 한다. 유량누가곡선에서 시간 t 에 대한 종거는 해당 수문곡선에서 t 까지 수문곡선 아래 면적이 되며 이를 식으로 나타내면 다음과 같다.

$$\forall = \int_{t_1}^{t_2} Q dt \approx \sum_{t_1}^{t_2} Q\Delta t \tag{8.70}$$

여기서 $\forall$ 는 **유출체적**(流出體積; m^3, m^3/sec - day), Q 는 시간의 함수로 주어지는 유량 또는 수문곡선의 종거이다. 곡선의 경사가 급한 구간은 (유입)유량이 많은 풍수기간을, 완만한 구간은 유량이 적은 저수기간을 나타낸다. 곡선의 양 끝을 연결한 직선 A–A′의 기울기는 총 기록기간의 평균유량을 나타낸다. 따라서 유량누가곡선 상에서 두 점 간의 종거차이는 두 점 간의 시간에 대한 총유량을 나타낸다. 따라서 이 두 점을 연결한 선의 경사는 그 기간 동안의 평균유량을 나타낸다($Q=d\forall/dt$). 유량누가곡선 상 어느 한 점에서의 경사는 그 시간에 있어서의 유량 또는 저수지의 경우에는 저수지에 유입되는 유량을 나타낸다.

물의 **수요율**(需要率; rate of draft)과 동일한 경사를 갖는 선을 **수요율선**(需要率線; draft line)이라 한다(그림 8.21c). 만약 유량누가곡선의 기울기가 수요율선보다 급하면 자연하천의 공급률은 수요율보다 크다. 그림 8.21b의 A–B, C–D 및 F–G 기간에서는 공급이 수요를 초과한다. 기울기가 수요율선보다 완만하면 공급은 수요를 충족시키지 못한다. 그림 8.21b에서 B–C′과 D–F 기간이 이에 해당한다. 따라서 이들 기간에서 수요를 충족시키기 위해서는 상류 저수지로부터 방류가 필요하다. 관개용수와 같이 수요가 일정하지 않으면 수요율선은 곡선이 된다. 점 B, D, H,

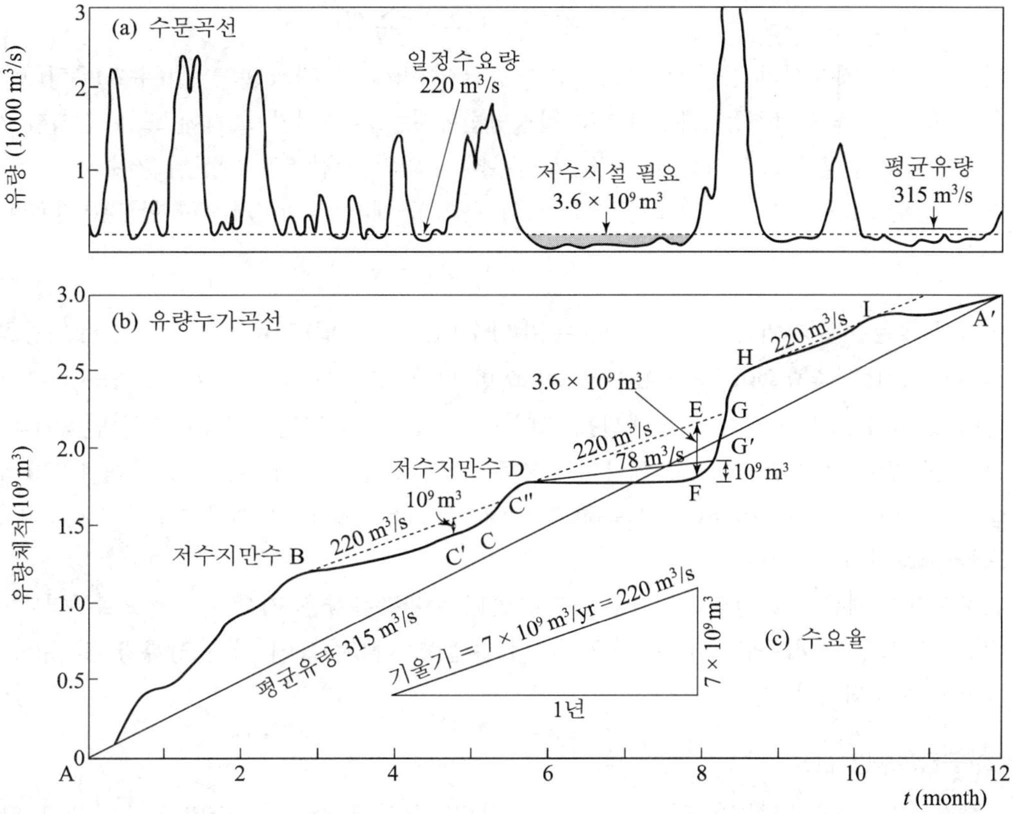

그림 8.21 수문곡선과 유량누가곡선

I는 저수지가 만수상태로 고려된다. D점에 대해 생각하면 수문곡선(그림 8.21a)에서 알 수 있는 바와 같이 갈수기가 계속되므로 저수지는 만수상태로 물을 저장하고 있어야 차기 갈수기에 용수공급이 가능하게 된다.

A–A′이 유량누가곡선의 접선이고 A에서 저수지가 비어있는 상태라면 A–A′과 곡선의 종거 차이는 그 시점에서 저수지의 저류용량을 나타낸다. B에서 A–A′에 평행한 접선을 긋는다면 두 직선의 종거 차이는 B시점까지의 모든 유량을 저류하고 물의 낭비를 막는 데 필요한 저수지의 총 저류용량을 나타낸다. 저수지용량이 C까지는 감소하고 다시 증가하기 시작하여 만수된다.

유량누가곡선의 주요 용도는 특정 수요를 충족시키는 데 필요한 저수지용량의 결정, 주어진 저수용량으로부터 공급 가능량의 결정, 저수지조작 및 홍수추적의 도구로 사용된다.

(1) 저수지용량 결정

연속되는 기간 동안에 대하여 저수지에 유입(공급)량과 유출(수요)량의 차이의 누가치 중에서 최대치가 필요한 저류용량이 된다.

$$S = \max(\sum I - \sum O) \tag{8.71}$$

여기서 S는 저수지의 용량(m^3), I는 유입(공급)유량(m^3/s) 및 O는 유출(수요)유량(m^3/s)이다. 유량누가곡선을 이용하는 저수지용량 결정방법에서는 저수지가 초기에 또는 건기가 시작되는 시점에서 만수상태로 고려된다. 시작 시점부터 임의의 기간별로 계산된 저수지의 누가유입량(또는 공급량)과 누가방류량(또는 수요량)의 차이 중에서 최대치가 필요한 저류용량이 된다.

$$S = \max(\forall_D - \forall_S) \tag{8.72}$$

여기서 S는 저수지의 용량(m^3), $\forall_D$는 누가수요(또는 유입)량(m^3) 및 $\forall_S$는 누가공급량(또는 유량)(m^3)이다. 수요율이 만약 220 m^3/s라 하면 그림 8.21c와 같이 220 $m^3/s/yr$의 기울기를 작성하여 B, D, H, I점에서 이에 평행선을 그어 이들 평행선과 유량누가곡선과의 연직거리 차이 중 제일 큰 값이 식 (8.72)의 S에 해당되는 저수지의 최소용량이 된다. 다시 말해서 220 m^3/s를 공급하는 데 C′에서는 10^9 m^3가 부족하고 F에서는 3.6×10^9 m^3가 부족하므로 3.6×10^9 m^3가 필요한 최소저수지용량이 된다.

저수지의 저류용량 산정 시 저수지에 유입되는 관측유량은 저수지 수면으로부터 증발량, 강수량, 댐을 통한 침윤량, 인접유역으로부터 유입량, 하류수요에 따른 방류량 및 유사유입량에 대하여 보정되어야 한다.

(2) 공급가능량 산정

유량누가곡선의 다른 용도는 주어진 저수용량으로부터 공급가능량의 결정이다. 만약 저수지의 용량이 10^9 m^3로 주어졌을 경우 공급가능량을 유량누가곡선 상에서 구해보기로 한다. B, D점에서 종거차가 10^9 m^3가 되도록 접선을 그어 C″점과 G′점을 얻는다. BC″의 기울기는 220 m^3/s으로 220 m^3/s의 공급이 가능하고 DG′은 78 m^3/s의 공급량을 나타내므로 최대공급가능량은 220 m^3/s이 된다.

예제 8.12

표 8.12의 1, 2란은 어느 하천의 월평균 유량기록이다. 다음을 결정하라. (a) 여수로를 통해서는 유량이 방류되지 않는 경우 연간 총 유입량을 일정한 율로 방류할 때 최소저수지용량, (b) 일정률 방류에 필요한 최소저수지용량, (c) 낙차가 60 m, 발전소 효율이 80%인 경우 평균전력, (d) 저수지의 용량이 1.2×10^8 m^3로 주어질 경우 가능한 최대방류량.

[풀이] 편의상 1개월을 30일로 취하면 1개월=30일×86,400 s = 2.592×10^6 s. 따라서 월간 유입량의 체적은 월 유량×2.592×10^6 m^3이다. 월 유입체적과 월 누가유입체적은 표 8.12의 3, 5란에 주어진 바와 같다. 표 8.12의 1란과 5란을 도시하여 유량누가곡선을 작성한다.

(a) 그림 8.22에서 O와 A를 연결하면 OA의 경사는 연평균유량을 나타낸다.

$$1{,}405\times10^6\ m^3/(360\times86{,}400s) = 45.2\ m^3/s$$

표 8.12 예제 8.12의 계산

월 (1)	월평균 유량 (m^3/s) (2)	유입량 체적 (10^6 m^3) (3)	월평균 수요 (10^6 m^3) (4)	누가유입 체적 $\sum I$ (10^6 m^3) (5)	누가수요량 $\sum D$ (10^6 m^3) (6)	$\sum I - \sum O$ (10^6 m^3) (7)	월별초과수요 (10^6 m^3) (8)	누가초과 수요 (10^6 m^3) (9)	누가초과 유입량 (10^6 m^3) (10)
1	30.1	78.0	117	78.0	117	−39	−39	−39	−
2	72.6	188.2	117	266.2	234	32.2	71.2	−	71.2
3	67.1	173.8	117	440.0	351	89	56.8	−	128
4	23.1	60	117	500	469	31	−57	−57	−
5	20.1	52	117	552	586	−34	−65	−122	−
6	30.1	78	117	630	703	−73	−39	−161	−
7	58.6	152	117	782	870	−38	35	−	35
8	99.5	258	117	1,040	937	103	141	−	176
9	59.8	155	117	1,195	1,054	141	38	−	214
10	32.8	85	117	1,280	1,171	109	−32	−32	−
11	25.1	65	117	1,345	1,288	57	−52	−84	−
12	23.1	60	117	1,405	1,405	0	−57	−141	−

연간 일정한 율로 방류하는 경우 $45.2\ m^3/s$는 연평균 수요율이 된다. 이를 월평균 수요량으로 환산하면 $45.2 \times 2.592 \times 10^6 = 117 \times 10^6\ m^3$ 이다(4란). 이로부터 월간 누가수요량을 나타낸 것이 표 8.12의 6란이다.

(1) 해석적 방법

방법 ① 7란의 누가유입량과 누가수요량 차이에서 최대치와 이어지는 최소치와의 차이 중 최대가 저수지의 용량이 된다.

$$S = 89 - (-73) = 1.62 \times 10^8\ m^3$$

방법 ② 3란과 4란의 월별 유입량과 수요량을 이용하여 월별 초과수요(=월 유입량체적(3란)−월평균 수요량(4란))를 계산한다(8란). 차이가 양수이면 유입량이 수요량을 초과하여 물부족은 발생하지 않는다. 반대로 그 차이가 음수이면 물부족이 발생한다. 8란의 값을 이용하여 수요가 공급을 초과하는 월별 누가초과수요와 공급이 수요를 초과하는 누가초과유입량을 계산한다(9, 10란). 9란에서 식 (8.71)의 S에 해당하는 최대 누가초과수요는 6월에 발생하고 그 양은 $-161 \times 10^6\ m^3$로 이는 물부족을 나타내고 또한 이 양이 $45.2\ m^3/s$의 수요를 충족하는 최소저수지용량이 된다. 표 8.12의 10란에서와 같이 저수지는 7월에 다시 만수되고 7월 이후로 $2.14 \times 10^8\ m^3$가 유입된다.

방법 ③ 그림 8.22의 B점인 3월에서 저수지가 만수되므로 3월 이후 월별로 [누가수요(4란)−누가공급(5란)]의 차이를 계산하면 다음과 같다.

5월: $117 \times 10^6 \times (5-3) - (552-440) \times 10^6 = 122 \times 10^6\ m^3$

6월: $117 \times 10^6 \times (6-3) - (630-440) \times 10^6 = 161 \times 10^6\ m^3$

7월: $117 \times 10^6 \times (7-3) - (782-440) \times 10^6 = 126 \times 10^6\ m^3$

위 결과로부터 물부족은 6월에 최대가 되므로 식 (8.72)의 S인 저수지용량은 $1.61 \times 10^8 m^3$가 된다.

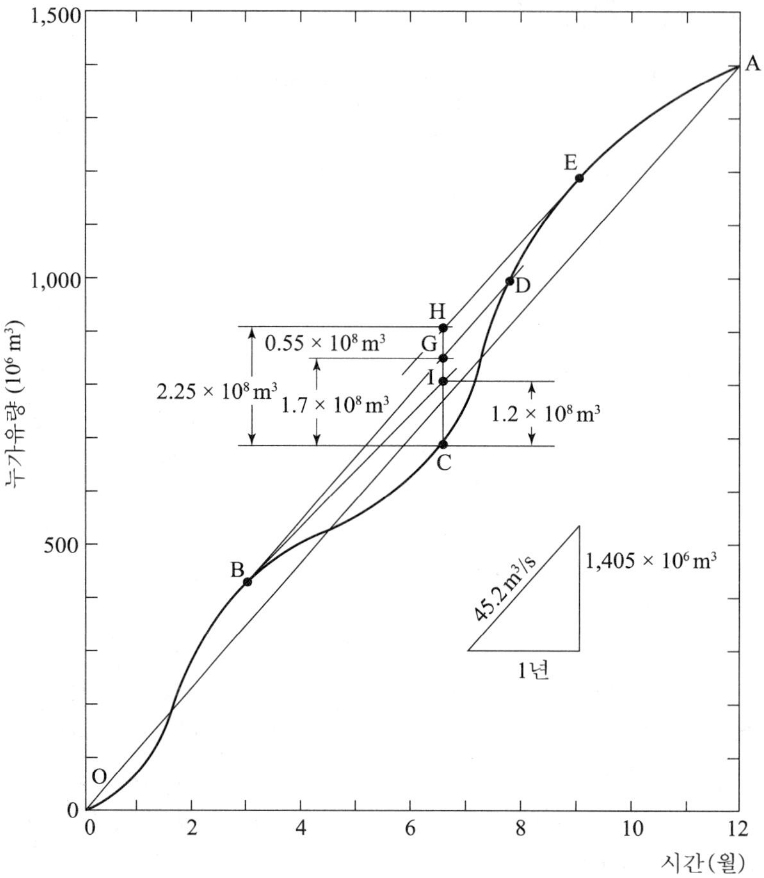

그림 8.22 유량누가곡선

(2) 도해법

저수지가 만수인 곡선 상의 B점에서 연평균유량에 해당하는 수요율 45.2 m^3/s 에 평행선 BD를 긋는다. 유량누가곡선과 수요율선 간의 최대종거차이는 C점에서 1.7×10^8 m^3 이고 이는 식 (8.72)의 S값으로 최소 저수지용량이 된다. 도해법과 해석방법의 차이는 해석적 방법에서 월간 유량이 선형으로 변하는 것으로 가정된 사실과 도해법의 개략적인 도시에 기인한다. 따라서 기간을 감소시키고 도해법의 정도를 높이면 두 방법의 차이는 작게 될 것이다. D점 상부에 해당하는 또는 GH부분은 $Q=45.2$ m^3/s 를 초과하여 넘치는 유량으로 여수로를 월류하는 유량이다.

(b) 그림 8.22의 E점에서 OA에 평형선을 그어 H점을 얻는다. 종거 GH는 0.55×10^8 m^{3}에 해당하고 이는 방류관이 아닌 여수로 등을 통해서 방류되는 수량이므로 여수로를 통해서 방류하지 않고 전량을 일정률로 방류관을 통해서 하류로 방류하기 위해서는 $1.70 \times 10^8 + 0.55 \times 10^8 = 2.25 \times 10^8$ m^{3}가 최소저류용량인 저수지가 필요하다. 만약 저류용량이 이보다 작으면 물이 월류되어 낭비되고 이보다 크게 되면 저수지는 영원히 만수되지 않는다.

(c) 연평균 방류량 $Q= 45.2$ m^3/s 에 대한 전력은

$$P = \frac{\rho g \eta Q H}{1{,}000} = \frac{1{,}000 \times 9.81 \times 0.8 \times 45.2 \times 60}{1{,}000} = 21{,}284 \text{ kW}$$
$$= 21.284 \text{ MW} = 28{,}914 \text{ hp}(1 \text{ hp} = 736 \text{ W})$$

(d) 이는 시산방법으로 결정된다. 유량누가곡선 B–C–D 구간에서 $1.2 \times 10^8 \text{ m}^3$에 해당하는 종거를 여러 점에서 세우고 각 종거의 상단과 점 B를 연결하여 얻어지는 경사 중에서 가장 급한 경사가 최대방류량을 제공한다. 그림 8.22의 C점에서 $1.2 \times 10^8 \text{ m}^3$에 해당하는 I점을 B와 연결하고 양 종축까지 연장하면 만나는 점의 누가유량이 각각 125, $1{,}370 \times 10^6 \text{ m}^3$이다. 따라서 경사는 $(1{,}370 - 125) \times 10^6 \text{ m}^3/\text{yr} = 1{,}245 \times 10^6 \text{ m}^3/\text{yr} = 39.5 \text{ m}^3/\text{s}$이고 이는 주어진 저류용량 $1.2 \times 10^8 \text{ m}^3$에 대한 최대방류량이 된다.

예제 8.13

표 8.13의 4란과 같이 월별로 변동되는 수요를 충족시킬 저류용량을 결정하라. 저수지면적은 10 km^2이다. 강우량을 저수지유입량으로 환산하는 경우 유출계수는 0.6으로 가정된다.

표 8.13 유량, 강우량 및 수요자료

월	평균유량 (cm)	강우량 (cm)	수요 (cm)	월증발량 (cm)	손실 (cm)	월	평균유량 (cm)	강우량 (cm)	수요 (cm)	월증발량 (cm)	손실 (cm)
10	70	8	20	5	2	4	30	6	45	5	2
11	50	6	25	5	2	5	40	8	50	0	2
12	30	3	28	4	1	6	100	15	56	12	2
1	30	3	30	2	1	7	250	20	60	16	2
2	20	3	30	2	1	8	200	15	50	12	2
3	20	3	35	2	1	9	120	10	20	8	2

표 8.14 변동수요에 대한 저류용량 계산

월 (1)	유입량 (cm) (2)	강우량 (cm) (3)	수요 (cm) (4)	증발량 (cm) (5)	손실 (cm) (6)	총수요 (4)+(5)+(6) (cm) (7)	총 유입량 (2)+(3) (cm) (8)	유입량과 수요차이 (8)−(7) (cm) (9)	누가 초과 수요 (cm) (10)	누가 초과 유입량 (cm) (11)	누가 수요 ΣO (cm) (12)	누가 유입량 ΣI (cm) (13)	누가유입량과 누가 수요 차이 $\Sigma I - \Sigma O$(cm) (14)
10	70	8	20	5	2	27	78	51	–	51	27	78	51
11	50	6	25	5	2	32	56	24	–	85	59	134	75
12	30	3	28	4	1	32	33	1	–	86	91	167	76
1	30	3	30	2	1	33	33	0	–	–	124(200)	200	76
2	20	3	30	2	1	33	23	−10	−10	–	157(233)	223	66
3	20	3	35	3	1	38	23	−15	−25	–	195(271)	246	51
4	30	6	45	5	2	52	36	−16	−41	–	247(323)	282	35
5	40	8	50	6	2	58	48	−10	−51	–	305(381)	330	25
6	100	15	56	12	2	80	115	35	–	35	385(461)	445	60
7	250	20	60	16	2	78	270	192	–	227	463(539)	715	252
8	200	15	50	12	2	64	215	151	–	278	527(603)	930	403
9	120	10	20	8	2	30	130	100	–	478	557(633)	1,060	503

(a) 도해법

유량(유입량)누가곡선(13란)에 누가수요곡선(12란)을 중첩 도시한다(그림 8.23). 그러나 이들 곡선들로부터는 두 곡선이 중첩되는 시점이 제공되지 않아 저류용량 결정에 필요한 정보를 얻을 수 없다. 두 곡선이

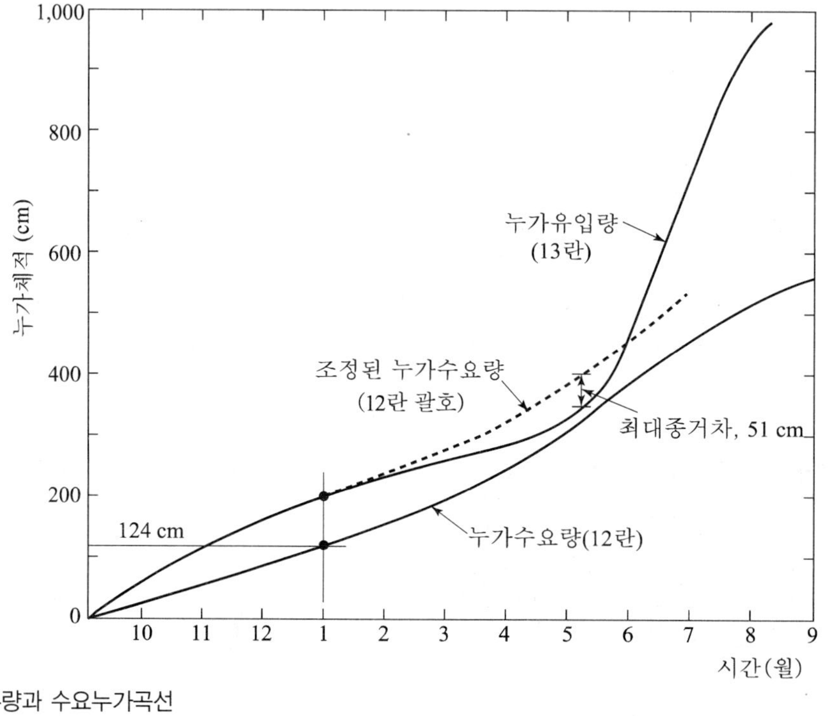

그림 8.23 유량과 수요누가곡선

중첩되는 시점을 위한 조정방안으로 유량(유입)누가곡선에서 만수로 판단되는 1월에 두 곡선이 중첩되도록 누가수요곡선을 조정하는 것이다. 즉 누가수요곡선을 1월에서 유량누가곡선과 중첩시키기 위해서는 1월 누가수요 124 cm를 200 cm로 상향조정하고 2월 이후에는 200 cm에 7란의 수요를 합해서 2월에는 200+33=233 cm를, 3월에는 233+38=271 cm로 조정되며 이들은 12란 괄호 안의 값과 같다. 조정된 누가수요량곡선과 유량(유입량)누가곡선의 최대종거차이는 5월에서 51 cm이고 이를 체적으로 환산하면 저류용량 S는

$$S = (51\ \text{cm})(A(\text{km}^2)) = \frac{51}{100} \times (10 \times 10^6) = 5.1 \times 10^6\ \text{m}^3$$

(b) 해석적 해법

표 8.14의 10란에서와 같이 누가초과수요를 구하면 식 (8.71)의 S는 51 cm가 되므로 이를 충족하기 위해서는 최소 51 cm에 해당하는 저류용량이 필요하다. 또한 누가차이를 이용할 경우 식 (8.72)에 따라 14란에서 최대치와 후속되는 최소치와의 차이에 의해서도 같은 결과를 얻을 수 있다. 즉,

$$S = 76 - 25 = 51\ \text{cm}$$

이에 저수지수면적 A를 곱하여 체적으로 환산하면 저수지용량은 $5.1 \times 10^6\ \text{m}^3$가 된다.

문 제

수문곡선

8.1 어느 하천의 수문곡선 감수부의 유량이 시간 t_p에서 1,200 m^3/s이다. 24시간 간격의 감수상수가 0.8일 때 5일 후의 시간$(t_p + 5)$에서 유량을 산정하라.

8.2 한 하천의 수문곡선 감수부의 유량 160 m^3/s가 3일 후에 120 m^3/s로 감소했다. 감수곡선을 구하라.

8.3 다음 유량자료로부터 감수상수를 이론과 도해법으로 구하라.

시간(day)	1	2	3	4	5	6	7	8	9	10
유량(m^3/s)	20	14	30	39	24	12	8.3	5.0	1.3	0

8.4 다음 자료를 반대수지에 도시하여 직접유출이 중단되는 시간을 이용하는 방법 외에 다른 방법으로 감수상수를 결정하라. 유역면적은 0.45 ha이다.

시간(h)	유량(m^3/s)	시간(h)	유량(m^3/s)	시간(h)	유량(m^3/s)
1	3.18	7	4.32	13	1.87
2	3.11	8	0.27	14	1.68
3	3.05	9	6.53	15	1.50
4	6.85	10	4.68	16	1.35
5	5.89	11	3.27		
6	9.61	12	2.33		

8.5 그림 8.4에서 기저유출과 지표유출을 구하라.

기저유출 분리

8.6 일평균유량의 수문곡선이 다음 표와 같다. (a) 지표유출, 중간유출 및 기저유출의 감수상수를 결정하라. (b) 지표유출, 중간유출 및 기저유출을 분리하고 각 수문곡선과 체적을 계산하라.

시간(day)	유량(m^3/s)	시간(day)	유량(m^3/s)
1	250	12	150
2	238	13	141
3	4,815	14	132
4	7,335	15	125
5	5,922	16	118
6	1,386	17	111
7	454	18	105
8	252	19	100
9	197	20	95
10	176	21	90
11	161		

8.7 유역면적이 1,200 km^{2}인 지점의 수문곡선이 다음과 같다. (a) 감수상수를 0.9로 가정하여 기저유출을 분리하라. (b) 감수상수 외 다른 방법들을 이용하여 직접유출을 구하여 비교하라. (c) 비유량(m^3/s/km^2)을 구하라.

시간(day)	유량(m^3/s)	시간(day)	유량(m^3/s)
1	6.8	8	100.5
2	1,067.0	9	86.7
3	778.3	10	74.7
4	435.8	11	64.1
5	278.9	12	55.1
6	178.6	13	47.3
7	133.9	14	41.1

8.8 문제 8.7에서 직접유출을 다음 단위로 표시하라. (a) m^3/s-day(SMD). (b) 유출고(mm) (유출체적을 유역면적으로 나누어 유역의 단위면적당 강우깊이를 유출고(runoff depth)라 정의함)

8.9 다음 수문곡선에 대하여 감수곡선방법으로 기저유출을 분리하고 유출고를 결정하라. 유역면적은 0.15 km^{2}이다.

시간(hr)	1	2	3	4	5	6	7	8	9	10	11	12	13	14	15
유량(m^3/s)	0.9	0.88	2.0	4.6	5.7	4.5	3.0	1.9	1.4	1.0	0.75	5.4	0.48	0.43	0.4

8.10 다음 수문곡선의 기저유출을 (a) 감수곡선방법과 (b) 경사급변점방법으로 분리하여 직접유출 수문곡선을 구하고 (c) 유출고를 계산하라. 유역면적은 275 km^{2}이다.

시간(h)	유량(m^3/s)	시간(h)	유량(m^3/s)	시간(h)	유량(m^3/s)
0	6.85	35	72.0	70	13.7
5	6.25	40	62.5	75	10.0
10	5.60	45	53.5	80	6.0
15	25.0	50	44.0	85	3.25
20	60.0	55	34.0	90	3.0
25	78.0	60	27.5	95	2.80
30	85.7	65	20.5		

8.11 문제 8.9를 (a) 경사급변점, (b) N-day 방법으로 해석하라.

NRCS-유출곡선번호

8.12 면적이 4.2 km^{2}인 유역의 40%가 주거지역, 10%가 포장도로, 10%가 상업지역, 20%가 산업지역, 20%가 공원 등 공지이다. 수문학적 토양군이 C이고 강우량이 120 mm이다. AMC-II 조건에 대한 유출고를 계산하라.

8.13 면적이 7.5 km^{2}인 유역의 50%가 산림, 20%가 주거지역, 30%가 양호한 상태의 초원이다. 수문학적 토양군이 40%는 B이고 60%는 C이다. 강우량이 96 mm일 때 AMC-III 조건에 대한 유출고를 산정하라.

8.14 CN=82, AMC-Ⅱ 조건에 대한 25년 설계강우량에 대한 누가유출고를 계산하라. 또한 누가손실을 계산하여 누가유출고와 누가손실을 시간에 대하여 도시하라. 초과강우량의 주상도를 작성하라.

시간(h)	0.5	1.0	1.5	2.0	2.5	3.0	계
25년(mm)	9.3	14.4	56.7	38.0	12.8	8.7	139.9
100년(mm)	11.7	19.9	70.9	46.3	18.2	14.5	181.5

8.15 문제 8.14를 100년 설계강우에 대하여 되풀이하라.

8.16 서울지역에 위치한 집수면적 2 km^{2}의 토지이용과 수문학적 토양군이 다음과 같다. 성수기의 5일 선행강우량이 37.5 mm일 때 10년 빈도 3시간 지속 강우에 대한 유출체적을 계산하라.

면적(km^2)	토양형	토지이용과 수문학적 조건
0.4	C	주거지역
1.2	D	경작지(conservation treatment)
0.4	B	삼림(good cover)

지표류

8.17 지표류 평면의 길이가 70 m이다. 초과강우량 30 mm/h에 대한 평형유량을 구하라.

8.18 지표류 평면의 길이가 100 m, 폭이 150 m, 평형시간이 0.8 h 및 초과강우량이 50 mm/h이다. 평형저류체적(m^3)을 결정하라.

8.19 $L = 50\ \text{m}$, $S_o = 0.01$, $i = 60\ \text{mm/h}$, 수온 20°C인 층류에 대한 평형시간을 저류개념해법으로 결정하라.

8.20 문제 8.18에서 평형상태에서 평균지표류 수심을 계산하라. 만약 수온이 25°C로 상승하면 수심의 변화는 어떻게 되는가?

8.21 $L = 50\ \text{m}$, $S_o = 0.02$, $i = 60\ \text{mm/h}$, $n = 0.05$ 인 난류에 대한 평형시간을 저류개념해법으로 결정하라.

8.22 $L = 80\ \text{m}$, $S_o = 0.015$, $i = 40\ \text{mm/h}$, $n = 0.05$ 의 75% 난류에 대한 지표류의 증수부를 Horton식(식 8.50)으로 계산하라.

8.23 $L = 40\ \text{m}$, $S_o = 0.008$, $n = 0.07$, $i = 50\ \text{mm/h}$ 인 지표류에 운동파해법이 적용 가능한지 밝혀라.

8.24 폭이 25 m, 길이가 $L = 50\ \text{m}$, 경사가 $S_o = 0.0025$ 인 주차장이 콘크리트로 포장되었다. 강우강도가 $i = 65\ \text{mm/h}$ 인 30분 강우에 대한 수문곡선을 Izzard방법으로 구하라.

8.25 길이가 20 m, 경사가 1%인 불투수면에 70 mm/h의 강우가 내린다. 불투수면의 하류단에서 단위폭의 유량, 수심 및 유속을 구하라. ($n = 0.015$, $\nu = 1.2 \times 10^{-6}\ \text{m}^2/\text{s}$)

8.26 문제 8.24에서 강우강도 230 mm/h일 때 흐름을 해석하라.

8.27 문제 8.24에서 침투율이 12 mm/h인 잔디에 비가 내리고 마찰손실계수가 $f = 75$일 때 흐름을 해석하라.

유량의 변화성(유량지속곡선과 유량누가곡선)

8.28 다음은 평창강 방림지점의 월평균 유량기록(1991년)이다.

시간(월)	1	2	3	4	5	6	7	8	9	10	11	12
유량(m^3/s)	0.06	0.05	6.8	45.41	31.42	18.77	61.91	26.45	14.06	32.14	16.9	1.04

(a) 유량지속곡선을 작성하라. (b) 낙차 15 m, 발전소 효율을 80%로 가정하여 전력지속곡선을 작성하라. (c) 예상평균유량과 전력을 결정하라. (d) 고정전력을 구하고 이를 2배로 할 경우 필요한 조치는?

8.29 다음은 어느 하천의 2년간 월평균 유량기록이다.

시간(월)	1	2	3	4	5	6	7	8	9	10	11	12
유량(m^3/s)	1.6	6.8	35.8	16.9	21.0	30.9	74.3	45.1	26.0	36.9	6.3	32.5
	28.3	10	9.5	45.7	17.9	42.2	101.3	60.6	60.7	18.0	84	3.4

(a) 평균유량을 구하라. (b) 월평균 20 m^3/s를 공급 받을 수 있는 기간은 얼마인가? (c) 낙차를 20 m, 발전소 효율은 80%라 할 때 3 MW를 발전할 수 있는 기간은? (d) 평균유량 이하의 유량에 의해서 얻을 수 있는 총전력은 얼마인가?

8.30 일정 수요율 30 m^3/s을 충족하기 위한 최소저수지용량을 도해법으로 계산하라. 월별 유량은 다음과 같다.

시간(월)	1	2	3	4	5	6	7	8	9	10	11	12
평균월유량(m^3/s)	12	18	24	60	54	66	72	60	54	42	48	18

8.31 문제 8.30를 해석해법으로 풀고 문제 8.30의 결과와 차이가 있는지 설명하라.

8.32 월 하천유량이 다음과 같다. 30 m^3/s의 수요를 유지하는 데 필요한 최소저수지용량을 결정하라. (a) 도해법, (b) 해석적 방법.

시간(월)	1	2	3	4	5	6	7	8	9	10	11	12
평균월유량(m^3/s)	42	48	18	12	18	24	60	54	66	72	60	54

8.33 문제 8.32에서 저수지용량이 2,500 m^3/s-day일 경우 최대균일방류량을 결정하라.

8.34 문제 8.32에서 수요가 다음과 같이 변동되는 경우 월수요를 충족하는 저수지용량을 결정하라. 저수지면적은 15 km^2이고 강우량의 유출환산에 필요한 유출계수는 $C = 0.5$이다.

시간(월)	1	2	3	4	5	6	7	8	9	10	11	12
수요량(cm)	48	52	44	50	73	62	49	38	25	31	37	44
증발량(cm)	12	14	18	19	19	18	16	12	10	6	6	10
월강우량(cm)	7	6	4.5	3	18	24	18	14	12	10	12	9

8.35 어느 하천의 월유량이 다음과 같다. 최대균일수요를 충족하는 최소저수지용량을 결정하라.

시간(월)	1	2	3	4	5	6	7	8	9	10	11	12
유량(m^3/s)	75	66	40	23	26	41	5	74	66	40	26	29

8.36 어느 하천의 월유량이 다음과 같다. 낙차가 30 cm, 발전소효율이 85%일 경우 40 MW를 발전하는 데 필요한 저류용량을 결정한다. 또한 최대고정발전은 얼마나 되겠는가?

시간(월)	1	2	3	4	5	6	7	8	9	10	11	12
유량(m^3/s)	56.2	61.5	119.2	257.9	234	202	162	132	189	212	184.2	126.3

8.37 어느 하천의 월평균유량이 다음과 같다. 평균유량을 구하라. 월류가 허용되지 않을 경우 저수지의 용량을 결정하라.

시간(월)	10	11	12	1	2	3	4	5	6	7	8	9
유량(m^3/s)	12	4.2	5.2	4.8	2.4	3.0	6.3	9.7	15.3	16.6	17.0	16.9

09 흐름계측

Applied Hydrology

흐름계측(hydrometry 또는 stream gaging)은 강우량, 지하수, 지표수, 강설량, 증발, 토양수분 및 유사이송의 질과 양을 포함하는 물순환 요소의 계측과학이다. 그러나 많은 경우 흐름계측은 개방된 흐름수역에서 수위, 유량, 하상표고 및 유사이송을 계측하는 협의의 의미로 정의된다.

하천에 흐르는 물의 양과 공간, 시간적인 변화에 관한 자료는 지표수 공급과 관리, 수자원구조물 설계, 홍수예보 및 물수지에 중요하고 필요한 정보이다. 이러한 정보 중에서 가장 직접적인 것은 하천의 한 횡단면을 통과하는 단위시간에 대한 물의 양으로 정의되는 **하천유량**(河川流量; stream-flow) 간단히 **유량**(流量; discharge)의 측정이다. 유량의 직접적이고 연속적인 측정은 어려우나 수위의 연속적인 기록을 얻는 것은 상대적으로 용이하므로 대부분의 하천유량관측소에서 획득되는 기본자료는 하천의 수위이고 이를 유량으로 환산한다. 그러나 근래에는 계측기의 발달로 현지에서 수심과 유량의 직접적인 측정이 이루어지고 있다.

흐름계측은 **관측소**(觀測所; gaging station)와 하천에서 연속적인 수위와 유량을 측정하는 과정이고 이는 측정방법과 계측기의 사용을 포함한다. 계측 대상은 수위, 유량, 하상표고 및 유사량이다. 이러한 목적으로 연속적인 수위 관측, 유량 측정 및 유사량과 같은 수문학적인 양의 측정을 가능하게 하는 장비를 하천관측소에 설치한다. 하천유역에는 다수의 관측소로 구성되는 관측망이 형성되어 수자원에 관한 정보가 제공된다.

9.1 수위 측정

수위(水位; stage)는 고정된 기준면에 대한 하천수면의 표고이고 하상에서 수면까지의 연직거리인 수심과는 구별된다. 기준면은 평균해면 또는 하상보다 낮게 임의로 취해지는 기준이 될 수 있는 지점의 표고이다. 기준면은 영구적인 기준으로 유지하기 위하여 안정된 구조물에 설정한다. 이와 같은 기준표고를 **영점표고**(零点標高; gage datum)라 한다. 수위를 측정하는 **수위계**(水位計; stage gage)에는 보통수위계와 자기수위계의 두 종류가 있다. **보통수위계**(普通水位計; nonrecording 또는 manual gage)는 지정된 시간에 수동으로 수위를 측정하는 것으로 그림 9.1에서와 같이 눈금이 새겨진 자(尺)로서 교각이나 구조물에 고정하여 수면이 상승한 높이를 눈금으로 읽는 **준척수위계**(準尺水位計; staff gage), 추를 내려뜨려 수위를 읽는 **추선수위계**(錘線水位計; wire weight gage), 부자를 이용한 **부자수위계**(浮子水位計; float gage), 첨두수위계 등이 있다. **자기수위계**(自記水位計; recording gage)는 자동으로 연속적인 수위를 기록한다.

수위 측정의 목적은 시간에 대한 수위의 관계를 나타내는 수문곡선과 수위에 대한 유량의 관계를 나타내는 수위-유량관계곡선의 작성, 주운, 홍수예보, 물 관리 및 오폐수 처분에 이용하기 위함이다.

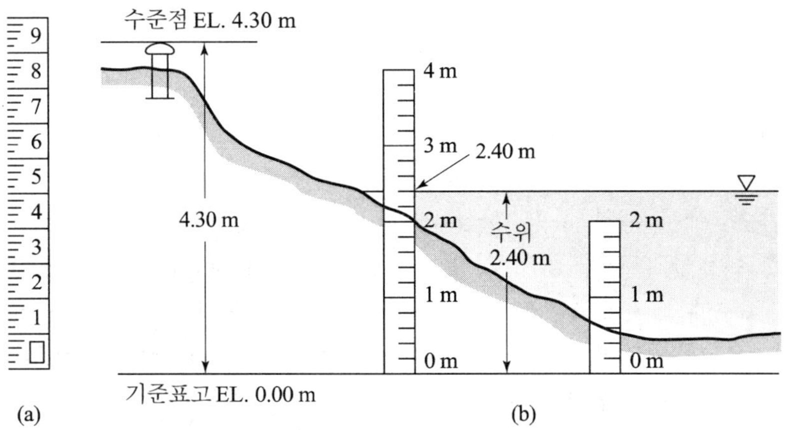

그림 9.1 준척수위계

9.2 자기수위계

자기수위계는 수위감지, 기록 및 자료의 수집과 보관관리의 세 부분으로 구성된다.

9.2.1 수위감지장치

부자감지기: 수면과 같이 승강하는 부자에 줄을 연결하고 이 줄의 다른 끝에 연결된 펜이 이동하여 수위를 기록한다. 부자는 **정온정**(静穩井; stilling well)에 설치되고 정온정은 하안 또는 제방에 위치한다. 제방에 설치하는 경우에는 직경이 5 cm 정도인 두 개의 관을 통하여 하천에 연결된다. 두 개의 관을 설치하는 것은 고장이나 수선을 위함이다. 정온정의 바닥은 최저수위보다 1 m 정도 낮게 하고 상부는 100년 홍수위 이상으로 한다.

기포수위감지기(氣泡水位感知器; bubble gage sensor): 수중에 위치한 관의 끝에 오리피스를 연결하고 질소와 같은 가스를 오리피스를 통하여 기포로 방출한다. 오리피스에서 수압은 그 점의 수심에 비례하므로 관의 가스압력은 기준면에 설치된 오리피스에서 수압 또는 수두와 같다. 따라서 관의 가스압력을 측정하여 기준면에 대한 수심을 얻는다.

압력변환기(壓力變換器; pressure transducer): 수중 임의의 점의 정수압은 수심에 직접 비례하므로 이 수압을 전기적인 신호로 변환하여 기록한다.

영상수위계: 설치된 카메라를 통하여 수위표의 영상과 수위의 독치를 전송받아 실시간 수위관측이 가능하다.

9.2.2 기록장치

시계를 이용하여 기록지나 테이프가 감기도록 하고 부자나 기포수위계에 의하여 펜을 작동시킨다. 최근에 개발된 기록장치는 감지기로부터 신호를 수신해서 기록에 필요한 형태로 변환하여 기록하거나 자료를 다른 기억장치에 전송한다.

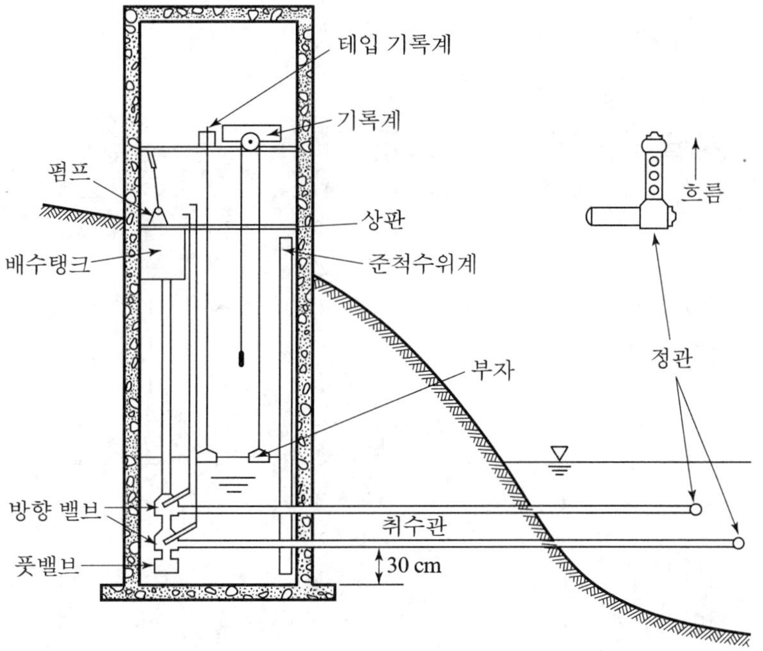

그림 9.2 정온정 설치(Herschy, 1985)

9.2.3 자료의 수집과 보관관리

하천흐름의 체계적인 계측은 국토해양부, 한국수자원공사, 한국농촌공사에 의하여 수행된다. 이들 기관은 수위 측정을 위하여 수위관측소를 운영하고 있으며(표 9.1) 수위는 주로 자기수위계와 전송형(T/M) 자기수위계를 채용하고 있다. 일부 수위관측소는 부근 하천단면의 유속 측정을 통하여 유량 측정을 병행하고 있다. 국토해양부의 경우 4대강 홍수통제소가 관장하던 유량측정업무의 효율을 높이기 위하여 2007년 신설된 한국건설기술연구원산하 유량조사사업단으로 이관되었다.

계측된 수위와 유량자료는 국토해양부가 발간하는 한국수문조사연보를 통해서 보급되고 있다. 연보는 일 수위, 홍수위, 홍수위도 및 일 유량을 포함한다. 이들 자료는 다음과 같은 웹사이트로부터 제공받을 수 있다.

한강홍수통제소(www.hrfco.go.kr)
한국수자원공사(www.kwater.co.kr)
국가수자원관리종합정보시스템(www.wamis.go.kr)

하천흐름의 체계적인 기록은 다음과 같은 측정과 계산의 과정을 거친다. 즉 (1) 관측소 부지 선정과 계측기 설치, (2) 연속적인 수위 측정, (3) 정기적인 유량 측정, (4) 수위-유량곡선 작성, (5) 수위-유량곡선을 이용하여 수위를 유량으로 환산, (6) 측정, 계산된 자료의 정리와 발간 등이다.

표 9.1 자기수위관측소 현황

수계명	국토해양부			한국수자원공사			한국농촌공사			합계		
	T/M	자기	소계	T/M	자기	소계	T/M	자기	소계	T/M	자기	소계
홍수통제소	213	24	237	92	92	3	3	305	27	332		
한강	65	8	73	23	–	23	–	–	–	88	8	96
낙동강	50	12	62	45	–	45	–	1	1	95	13	108
금강	49	3	52	14	–	14	–	1	1	63	4	67
섬진강	16	1	17	10	–	10	–	1	1	26	2	28
영산강	33	–	33	–	–	–	–	–	–	33	–	33
안성천	6	1	7	–	–	–	–	–	–	6	1	7
형산강	6	–	6	1	–	1	–	–	–	7	–	7
태화강	4	–	4	2	–	2	–	–	–	6	–	6
삽교천	12	–	12	–	–	–	–	3	3	12	3	15
만경강	10	–	10	–	–	–	3	1	4	13	1	14
동진강	6	–	6	–	–	–	–	5	5	6	5	11
기타 하천	9	6	15	15	–	15	–	1	1	24	7	31
합계	266	31	297	110	–	110	3	13	16	379	44	423

자료: 국토해양부, 한국수문조사연보(수위편), 2005

9.3 첨두수위계

첨두수위계(尖頭水位計; crest stage gages)는 준척수위계를 읽는 것이 용이하지 않거나, 자기수위계가 첨두수위를 기록한다는 보장이 되지 않는 지점에서 **첨두수위**(尖頭水位; crest stage, highwater mark)에 대한 저렴하고 보완적인 기록을 제공한다. 이러한 목적으로 여러 가지 방안이 고안되었다.

(1) 수위에 따라 상승하여 최고수위에서 정지하여 남아 있는 작은 부자.
(2) 비에 젖지 않도록 보호된 교각이나, 막대에 수용성 페인트를 칠해서 최고수위를 읽는다.
(3) 병 계측기: 이는 준척의 눈금을 나타내는 높이마다 빈 병을 수평으로 위치시킨다. 물이 채워진 제일 위쪽의 병이 최고수위를 나타낸다(그림 9.18 참조).
(4) 미국 지질조사국에서 사용되는 수위계는 눈금막대, 연직원통 및 소량의 코르크로 구성된다. 수위가 상승하면 원통바닥의 코르크는 수면에 떠서 상승하여 물이 올라간 최고수위 흔적으로 눈금막대에 남게 된다. 눈금막대를 꺼내서 첨두수위를 읽고 코르크를 닦은 후 다시 통에 넣는다.

9.4 관측지점의 선정

흐름계측이 단지 홍수예경보나 주운 보조수단으로 수위만을 기록한다면 위치선정에 중요한 사항은 접근성이다. 그러나 목적이 유량 측정이라면 유량에 영향을 주는 수리학적 인자가 접근성과 더불어 위치선정에 중요한 요건이 된다. 수위-유량관계는 계측단면 또는 하상의 물리적인 특성에 의하여 지배된다. 이와 같이 지배하는 인자가 수로의 짧은 구간에 위치하면 수위관측소는 **단면지배**(斷面支配; section control)를 받고, 만약 수위-유량관계가 계측지점 하류 수로구간의 경사, 횡단면 크기, 조도 및 형상에 지배되면 수위관측소는 **수로지배**(水路支配; channel control)를 받는다.

많은 경우 수위가 변함에 따라 지배형태는 단면지배 또는 수로지배가 된다. 급변류에서와 같이 수위변화가 현저해서 한계수심이 일어나는 지점은 이상적인 저수(低水)의 단면지배이다. 만약 지배단면이 암반이라면 이는 거의 영구적이고 한 번 검정이 되면 자주 하지 않아도 된다. 이와 같은 자연적인 지배가 존재하지 않는 지점에서는 안전한 저수의 수위-유량관계를 수립하기 위하여 콘크리트위어를 설치한다. 여수로는 단면지배의 목적으로 활용될 수 있다. 단면지배는 저수에서 효과적이나 고수위가 되면 수로지배하에 있게 된다.

수로지배는 세굴과 퇴적으로 인하여 시간에 따른 변화 가능성이 많다. 따라서 정확한 수위-유량관계를 유지하기 위해서는 유량 측정이 보다 자주 수행되어야 한다. 수로지배에서 중요한 인자는 수면경사이다. 댐이나 하천의 합류로 인하여 배수(背水) 영향을 받거나 조석의 영향을 받는 구간에서는 수위-유량관계가 복잡하므로 이러한 구간은 수위관측지점으로 적당하지 않기 때문에 피해야 한다. 단면지배를 받는 수위관측소는 급변류로 한계수심이 일어나는 암반이나 콘크리트위어에 위치시키고, 수로지배를 받는 수위관측소는 배수나 조석의 영향을 받지 않고 세굴 퇴적이 적은 직선수로구간을 선정하는 것이 필요하다.

하천을 따라 형성되는 계측망은 하천의 임의의 단면에서의 수위정보를 상하류 계측기록의 내삽으로 얻을 수 있도록 배치한다.

9.5 유속계에 의한 하천유속 측정

9.5.1 유속계

유속계(流速計; current meter)는 유량을 측정하는 가장 보편적인 계측기이다. 유속계는 컵 또는 프로펠러 형태인 여러 개의 회전자로 구성된다. 주어진 시간 동안 회전자의 회전수는 흐름의 유속에 직접 비례하고 회전수 N과 유속 v의 관계는 선형이다.

$$v = a + bN \tag{9.1}$$

여기서 a, b의 값은 각 유속계의 검정에 의하여 주어진다. 유속계는 회전축의 방향에 따라 연직축유속계와 수평축유속계로 분류된다. 연직축 회전자는 컵 또는 날개이고 수평축 회전자는 프로펠러이다. 두 경우 다 같이 매(또는 5) 회전마다 '딸각' 소리를 내거나 회전수를 수자로 제시하고 기억장치에 저장된다. 연직축 컵유속계는 **프라이스유속계**(Price current meter)라고 하며 구조와 명칭은 그림 9.3과 같다.

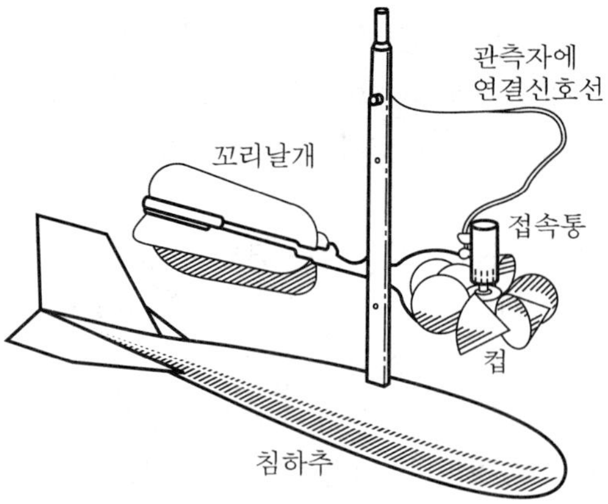

그림 9.3 Price유속계

프라이스유속계의 문제점: 측방향의 흐름도 유속계 회전자의 회전에 영향을 주므로 측방 흐름이 있는 수역에서는 실제 종방향 유속보다 큰 유속이 계측될 수 있다. 이러한 지역에서는 정확한 유속 측정을 위하여 프로펠러유속계 또는 Sontek사의 2, 3차원 유속계인 Flow tracker와 같은 유속계가 사용되어야 한다.

9.5.2 유속계 조작방법

유속계의 조작은 하천의 크기와 접근 용이도에 따라 다르게 된다.

도섭(徒涉; wading): 눈금 있는 장대에 유속계를 부착하여 관측지점에 위치시키고 관측자는 하안쪽 하류에 위치한다. 수심이 1.5 m, 유속이 1.5 m/s보다 작은 경우에 적합하다.

교량: 하천을 횡단하는 교량 위에서 유속계를 수동 또는 고가 활차에 의해 강하한다.

보트: 폭이 아주 넓은 하천에서는 보트를 이용해서 유속을 측정한다. 먼저 하천을 횡단하는 줄을 늘어뜨리는 것이 필요하다. 이는 측정이 필요한 위치에 보트를 고정하고, 하폭을 측정하는 추가적인 목적을 갖는다.

케이블 방법: 관측자는 하안에서 기계적인 조작으로 유속계를 관측지점까지 이동시키고 필요 수심까지 강하시킨다.

케이블카: 관측자는 케이블카를 타고 하천을 횡단 이동하면서 유속계를 강하시킨다.

9.5.3 유속분포

매끄러운 경계를 갖는 수로에서 난류의 연직방향 유속분포는 난류응력이 무시할 정도이고 점성응력이 지배적인 바닥 인접영역인 내부영역, 난류응력이 지배적이고 점성응력이 매우 작은 상부영역인 외부영역, 중간의 중복되는 영역인 난류영역으로 구분될 수 있다. 바닥(경계벽)에 인접한 아주 엷은 층인 점성(층류)저층의 유속분포는 뉴턴의 점성법칙 $\tau = \mu du/dy$에 의한 전단응력과 점성계수에 관계된다. 여기서 τ는 전단응력, μ는 점성계수, u는 벽면으로부터 거리 y에서 유속이다. 점성저층에서 τ는 실제로 상수이고 벽면 전단응력 τ_o와 같다. 따라서 점성법칙은 $du/dy = \tau_o/\mu$와 같이 되고 이를 적분하면

$$u = \frac{\tau_o y}{\mu} \tag{9.2}$$

우변의 분모, 분자에 ρ를 곱하고 정리하면

$$\frac{u}{\sqrt{\tau_o/\rho}} = \frac{\sqrt{\tau_o/\rho}}{\nu} y \tag{9.3}$$

위 식에서 $\sqrt{\tau_o/\rho}$는 속도의 차원을 가지며 전단(마찰)속도로 정의되고 u_*로 표현된다.

$$u_* = \sqrt{\tau_o/\rho} \tag{9.4}$$

식 (9.3)의 $\sqrt{\tau_o/\rho}$에 u_*를 대입하면 점성저층에 대한 유속분포의 표현을 얻는다.

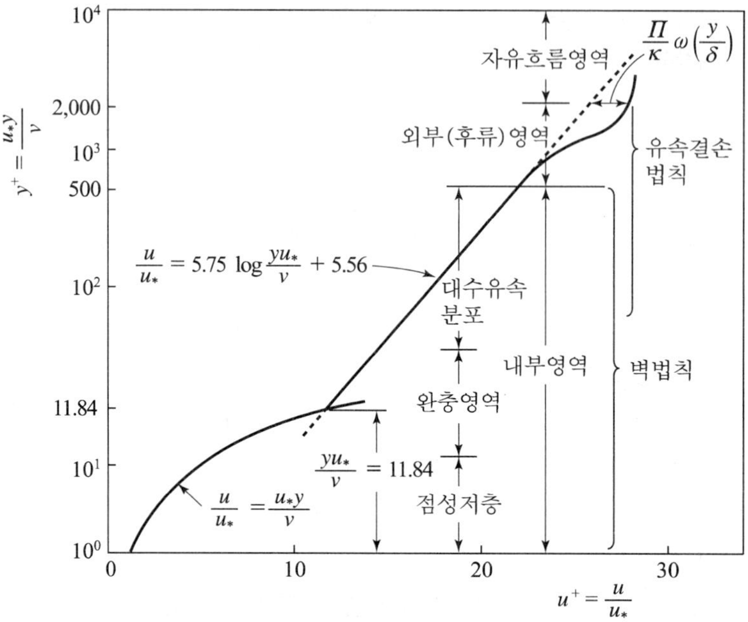

그림 9.4 난류경계층의 흐름영역과 유속분포

$$\frac{u}{u_*} = \frac{u_* y}{\nu} \tag{9.5}$$

식 (9.5)는 $u_* y/\nu < 5$의 바닥의 엷은 층에 적용된다.

2차원 등류에 대한 전단응력은

$$\tau = \mu \frac{d\bar{u}}{dy} - \rho \overline{u'v'} \tag{9.6}$$

여기서 τ는 전단응력, μ는 점성계수, $\bar{u}$는 평균유속, ρ는 밀도, u'은 x−방향 유속 u의 변동성분, v'은 y−방향 유속 v의 변동성분이다. 완전히 발달된 난류에서는

$$\tau \approx -\rho \overline{u'v'} = \rho l^2 \left(\frac{du}{dy}\right)^2 \tag{9.7}$$

식 (9.7)에 Prandtl혼합거리 l을 도입하고 완전난류의 수로바닥 부근 영역에서 전단응력이 일정하고 바닥에서의 전단응력과 같다는 가정($\tau = \tau_o$)을 적용하면 식 (9.9)를 얻는다.

$$l = \kappa y \tag{9.8}$$

$$\tau \approx \tau_o = \rho \kappa^2 y^2 \left(\frac{du}{dy}\right)^2 \tag{9.9}$$

식 (9.9)에 $u_* = \sqrt{\tau_o/\rho}$를 적용하고 적분하면

$$\frac{u}{u_*}=\frac{1}{\kappa}\ln y+C \tag{9.10}$$

여기서 u_*는 전단속도(또는 마찰속도), κ는 카만상수($\kappa=0.4$), C는 적분상수이다. 수리학적으로 바닥이 매끄러운 개수로에서 C는 전단속도와 동점성계수 ν 만의 함수로 실험결과에 의하면 $C=5.56$이다. 따라서 식 (9.10)은

$$\frac{u}{u_*}=5.75\log\frac{u_* y}{\nu}+5.56 \tag{9.11}$$

식 (9.11)에서 난류인 개수로 흐름의 유속 u는 거리 y의 대수분포를 나타낸다. 식 (9.11)은 **대수유속분포**(對數流速分布; logarithmic velocity distribution)로 $u_* y/\nu=30\sim500$ 또는 y/δ(수로의 경우 y/h)<0.2 범위의 **내부영역**(內部領域; inner region)에 적용된다. 여기서 δ는 경계층의 두께, h는 수심이다. 난류의 평균유속이 흐름경계벽으로부터 $u_* y/\nu=0\sim500$ 범위에서 거리의 대수에 비례하는 유속분포를 **벽법칙**(壁法則; law of the wall)이라 한다.

수리학적으로 바닥이 자갈바닥과 같이 거친 개수로에서 C는 조도크기 κ만의 함수이다.

$$\frac{u}{u_*}=5.75\log\frac{y}{\kappa}+8.5 \tag{9.12}$$

식 (9.11), (9.12)는 전단응력이 상수인 $y/h\le0.2$의 내부영역에 한해서 적용이 가능하다. 그러나 식 (9.12)는 외부영역에도 사용되어 왔다.

유속이 주로 난류전단에 의하여 지배되는 난류경계층 상부영역인 **외부영역**(外部領域; outer region)($0.2<y/h<1.0$)에 대한 유속분포는 **유속결손법칙**(流速缺損法則; velocity-defect law)으로 기술된다.

$$\frac{u_{\max}-u}{u_*}=-\frac{1}{\kappa}\ln\frac{y}{\delta} \tag{9.13}$$

여기서 $u_{\max}$는 최대유속으로 경계층의 상부경계유속($\delta\simeq h$인 경우 자유수면유속)이다. 식 (9.13)은 매끄러운 벽면과 거친 벽면에 모두 적용된다. Coles(1956)는 **후류함수**(後流函數; wake function) $\omega(y/\delta)=2\sin^2(\pi y/2\delta)$를 도입하여 내부영역과 외부영역의 난류에 대하여 적용이 가능한 유속분포를 제안했다.

$$\frac{u}{u_*}=\frac{1}{\kappa}\ln\frac{u_* y}{\nu}+B+\frac{\Pi}{\kappa}\omega\left(\frac{y}{\delta}\right) \tag{9.14}$$

여기서 Π는 후류강도계수($\Pi=0.55$, B$=5.1$)이다. 식 (9.14)의 유속결손분포는

$$\frac{u_{\max}-u}{u_*}=-\frac{1}{\kappa}\ln\frac{y}{\delta}+\frac{\Pi}{\delta}2\cos^2\left(\frac{\pi y}{2\delta}\right) \tag{9.15}$$

대수분포를 따르는 연직유속분포는 멱함수로 매우 근사하게 나타낼 수 있다. 유속분포의 **멱법칙**(冪法則; power law)은 다음과 같다(Dickinson, 1967).

$$\frac{u}{u_{\max}} = \left(\frac{y}{h}\right)^{1/N} \tag{9.16}$$

매끄러운 난류에서는 $N = 7$이고 개수로 등류에 대해서는 다음 식으로 정의된다(Chen, 1990).

$$N = \kappa\sqrt{8/f} \tag{9.17}$$

넓은 4각형 개수로에서 최대유속은

$$u_{\max} = \frac{N+1}{N}\frac{q}{h} = \frac{N+1}{N}u_*\sqrt{\frac{8}{f}} \tag{9.18}$$

여기서 q는 단위폭의 유량, f는 Darcy마찰계수이다. 평균유속 $\bar{u}$는 $y = 0$에서 수심 h까지 적분을 이용하여 결정된다.

$$\bar{u} = \frac{1}{h}\int_0^h u\,dy \tag{9.19}$$

예제 9.1

수심이 1.4 m인 수로의 연직유속분포가 $u = 2y^{1/7}$이다. 평균유속을 구하라.

[풀이]

$$\bar{u} = \frac{1}{1.4}\int_o^{1.4} v\,dy = \frac{1}{1.4}\int_o^{1.4} 2y^{1/7}dy$$

$$= \frac{1}{1.4}\frac{7}{8}\left[(2y)^{8/7}\right]_o^{1.4} = 2.0\ \mathrm{m/s}$$

9.5.4 유속 측정

실제 하천의 대표적인 연직유속분포는 그림 9.5와 같으며 이는 대수유속분포에 의하여 가장 근사하게 표현된다. 최대유속은 수면에서 $0.05y \sim 0.25y$의 범위에서 일어난다. 유량 산정을 위해서는 평균유속이 필요하고 이는 다음 방법들에 의하여 구해진다.

1. 1점법(one-point method 또는 six-tenth depth method)
2. 2점법(two-point method)
3. 연직유속곡선(도시)방법(vertical velocity curve(graphical) method)
4. 전수심측정방법(integrated measurement method)

5. 3점법(three-point method)
6. 수면유속법(surface velocity method)
7. 5점법(five-point method)
8. 6점법(six-point method)

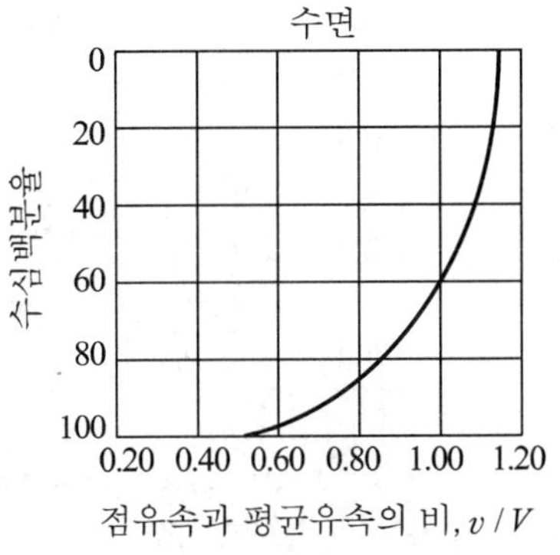

그림 9.5 하천의 대표적인 연직유속분포

가장 보편적인 방법은 처음 두 방법이다. 1점법은 수면에서 수심의 0.6 지점의 유속을 평균유속으로, 2점법은 수면에서 수심의 0.2, 0.8배되는 두 점 유속의 평균을 평균유속으로 취하는 방법이다. 이들은 10개 지점에서 측정하는 10점법에 비하여 0.7%의 오차를 갖는 것으로 조사되었다(Savini와 Bodhaine, 1971). 연직유속곡선방법은 하상과 수면 사이 여러 수심에서 유속을 측정하여 수심을 종축에, 유속을 횡축에 그림 9.7과 같이 도시한다. 종축과 곡선 사이의 면적을 구하고 이를 수심으로 나누어 평균유속을 얻는다.

전수심측정방법은 유속계를 일정한 속도로 수면에서 바닥까지 강하하고 다시 바닥에서 수면까지 상승하여 얻어지는 유속을 평균유속으로 나타내고 연직축유속계는 이 방법에 사용되지 않는다. 3점법은 1점법과 2점법의 조합이다. 홍수시에는 수면유속이 주로 측정되고 여기에 계수 0.85~0.90를 곱하여 평균유속을 구한다.

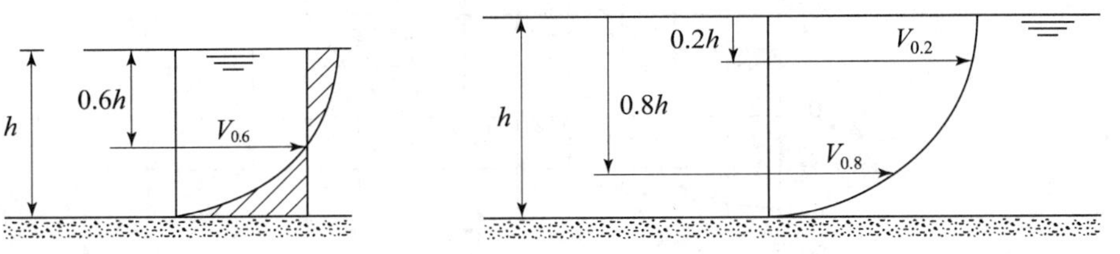

그림 9.6 1점법과 2점법

예제 9.2

수심이 4 m인 하천의 한 연직단면에서 측정된 점유속이 다음과 같다. 여러 가지 방법으로 평균유속을 결정하라.

수심 y(m)	수심비 y/h	유속 V(m/s)
0.2	0.05	1.1
0.8	0.20	1.05
1.6	0.40	1.0
2.4	0.60	0.9
3.2	0.80	0.7
3.8	0.95	0.2

[풀이]

1. 1점법: 표에서 수심비 0.6에 해당하는 유속으로 $V = V_{0.6} = 0.9\ \text{m/s}$
2. 2점법: $V = \dfrac{1}{2}(V_{0.2} + V_{0.8}) = \dfrac{1}{2}(1.05 + 0.7) = 0.875\ \text{m/s}$
3. 3점법: $V = \dfrac{1}{4}(V_{0.2} + 2V_{0.6} + V_{0.8}) = \dfrac{1}{4}(1.05 + 2(0.9) + 0.7) = 0.8875\ \text{m/s}$
4. 연직유속(분포)곡선방법:

주어진 자료를 그림 9.7과 같이 도시하고 이로부터 다음 표를 작성한다. 2란과 3란의 곱은 수심구간의 유량 Δq이고 이들의 합은 단위폭의 유량 $q = V\Delta h$이므로 평균유속은 $V = 3.422/4 = 0.8555\ \text{m/s}$이다.

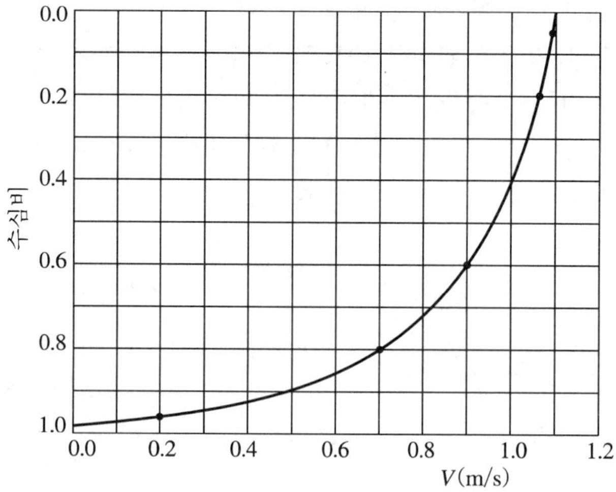

그림 9.7 연직유속분포(예제 9.2)

수심비 간격 $\Delta h/h$ (1)	수심 간격 $\Delta h(\mathrm{m})$ (2)	유속 V(m/s) (3)	수심구간 유량 $\Delta q(\mathrm{m}^3/\mathrm{s}/\mathrm{m})$ (4)=(2)×(3)
0.0～0.1	0.4	1.10	0.440
0.1～0.2	0.4	1.075	0.430
0.2～0.3	0.4	1.04	0.416
0.3～0.4	0.4	1.01	0.404
0.4～0.5	0.4	0.97	0.388
0.5～0.6	0.4	0.92	0.368
0.6～0.7	0.4	0.85	0.340
0.7～0.8	0.4	0.75	0.300
0.8～0.9	0.4	0.60	0.240
0.9～1.0	0.4	0.24	0.096
합 계			$q=3.422$

5. 수면유속법: $V=0.85\,V_{surf}=0.85(1.1)=0.935\ \mathrm{m/s}$

6. 5점법: $$V=\frac{1}{10}(V_{surf}+3\,V_{0.2}+3\,V_{0.6}+2\,V_{0.8}+V_{bed})$$
$$=\frac{1}{10}(1.1+3(1.05)+3(0.9)+2(0.7)+0.15)=0.850\ \mathrm{m/s}$$

7. 6점법: $$V=\frac{1}{10}(V_{surf}+2(V_{0.2}+V_{0.4}+V_{0.6}+V_{0.8})+V_{bed})$$
$$=\frac{1}{10}(1.1+2(1.05+1.0+0.9+0.7)+0.15)=0.855\ \mathrm{m/s}$$

예제 9.2의 경우 평균유속 산정결과는 연직유속분포곡선, 6점법, 5점법, 2점법순으로 좋은 결과를 제공한다.

9.5.5 수심 측정

수심 측정(水深測定; sounding; echosounding; bathymetry)은 수심을 비롯하여 하천 횡단면, 하상형상, 하상표고 및 하상변동에 관한 정보를 제공한다. 이러한 자료는 유량계산, 수리구조물의 설계, 준설 및 주운에 필요하다. 유량 측정을 포함한 이들 작업에는 하천을 횡단하는 작업선이 필요하고 근래에는 이러한 목적으로 GPS가 이용된다. 유량 산정에는 유속이 측정되는 점의 수심과 유속의 동시 측정이 필요하고 수심 측정은 다음 방법들에 의하여 가능하다.

(1) **도섭봉**(徒涉棒; wading(sounding) rod): 눈금이 그려진 봉의 영점을 하상에 위치시켜 눈금에서 수심을 읽는다.

(2) **음파측심기**(音波測深器; sonic sounder, echosounder): 음향측심의 원리에 근거한 음파측심기는 하천수심에 대한 연속기록을 제공한다. 변환기(transducer)에서 고정된 시간 간격으로 발신된 초음파신호가 하상에 도달한 후 반사되어 되돌아오는 시간이 계기에서 측정된다. 수중의

음속을 앎으로써 계기는 되돌아오는 데 걸리는 시간으로부터 수심을 계산하여 기록한다. 이 방법은 유속과 수심의 제한을 받지 않는다.

(3) **측심추**(測深錘; sounding weight(line)): 금속줄에 연결된 추를 강하하여 수심을 측정한다. 추는 교량, 보트, 케이블에서 강하되고 수심과 유속이 크게 되면 무거운 추를 기계적으로 감아 오르내린다. 측심추의 측심선은 빠른 흐름으로 인하여 연직거리가 아닌 하류로 휘어진 길이를 나타내므로 이에 대한 보정이 필요하다.

9.6 부자에 의한 유속 측정

유속을 측정하는 가장 간단한 방법은 주어진 거리 L을 부자가 통과하는 데 소요되는 시간 t를 측정하여 거리 L을 시간 t로 나누는 것이다.

$$v = L/t \tag{9.20}$$

이 방법은 홍수시 과대한 유속, 수심 또는 부유물로 인하여 유속계의 사용이 불가능할 때 이용된다. 부자에는 수면, 수중 및 **봉부자**(棒浮子; float rod) 등 여러 종류가 있다. 하폭의 4~5배에 해당하는 직선하도구간 상류단면의 약간 상류에서 하폭을 몇 개의 소폭구간으로 나누고 각 소폭구간에서 부자를 띄운다. 일반적으로 부자는 교량, 제방 또는 보트를 이용하여 띄운다. 식 (9.20)에 의한 유속은 수면부자는 0.85, 수중 및 봉부자는 1.0의 보정계수를 곱하여 평균유속으로 환산된다.

전자부자는 봉부자에 GPS 전자칩을 내장하여 부자가 이동하는 시간과 좌표(거리와 방향)의 실시간정보를 제공받아 보다 정확도가 높은 유속의 측정이 가능하고 야간이나 우천시에도 측정이 가능하다. 이 방법은 유량의 예비조사에 많이 이용된다.

유량 계산에는 유속 측정 시의 수위와 흐름단면적이 필요하다.

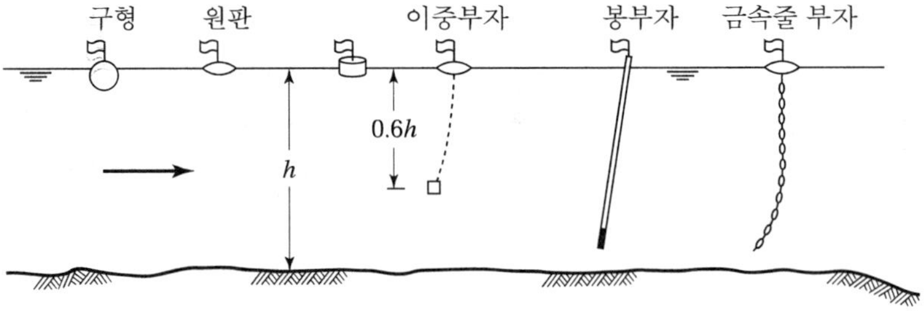

그림 9.8 유속측정부자

9.7 유속-면적방법에 의한 유량 계산

유속-면적방법(流速-面積方法; velocity-area method)은 연속방정식 $Q=VA$에 근거한다. 실제로 하천유량의 결정은 하천의 흐름단면을 여러 개의 소단면으로 분할하고 각 소단면의 평균유속과 면적의 곱으로 주어지는 각 소단면의 유량을 구한 후 이들을 합하여 결정한다.

$$Q=\sum V_i A_i \tag{9.21}$$

여기서 Q는 하천단면의 유량(m^3/s), V_i는 소단면의 평균유속(m/s), A_i는 소단면의 면적(m^2)이다. 소단면은 연직단면으로 그 수는 5~15개 정도가 권장되고 한 소단면의 유량이 총유량의 10%를 초과하지 않도록 분할한다. 소단면의 유속과 면적의 곱을 얻는 과정에 따라 중간단면, 평균단면, 수심-유속적분 및 등속선방법이 있으며 그 중 중간단면방법이 많이 사용된다.

9.7.1 중간단면방법(midsection method)

각 **연직선**(鉛直線; vertical)의 유속을 연직선을 포함한 소단면의 평균유속으로 취한다. 그림 9.9에서 연직선 ③의 유속 V_3는 사선으로 나타낸 소단면 ③의 평균유속이다.

소단면 ③의 유량 $$A_3 V_3=\frac{b_2+b_3}{2}d_3 V_3$$

소단면 ⓘ의 유량 $$A_i V_i=\frac{b_{i-1}+b_i}{2}d_i V_i \tag{9.22}$$

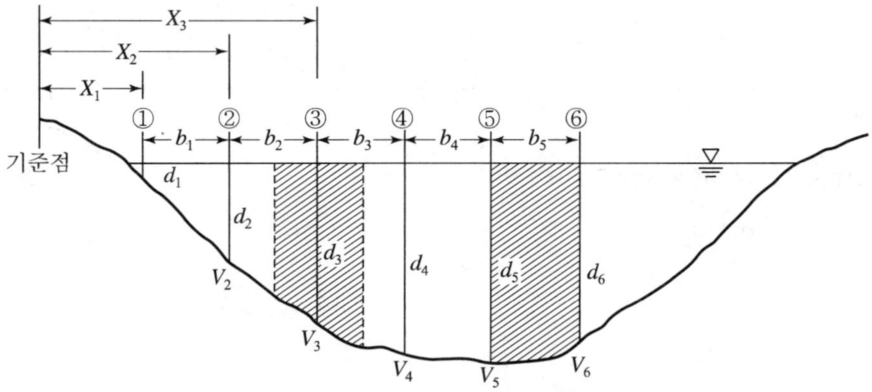

그림 9.9 중간단면방법과 평균단면방법의 소단면

예제 9.3

표 9.2의 (1)~(4)란의 측정자료에 대한 유량을 중간단면방법으로 계산하라. 유속계검정은 $v=0.05+0.02N$이고 v는 m/s, N은 회전수(rpm)이다.

[풀이] 계산은 표 9.2와 같다. 첫 소단면의 유량계산에서 평균유속은 인접 소단면 유속의 65~90%를 취한다. 따라서 첫 소단면의 평균유속은 $V_2 \times 0.65 = 0.73 \times 0.65 = 0.47\ \mathrm{m/s}$ 이다. 5란의 점유속은 $v = 0.05 + 0.02\,N$으로 계산된다. $N = 42$ 의 경우 $v = 0.05 + 0.02 \times 42 = 0.89\ \mathrm{m/s}$ 이다. 평균유속은 2점법으로 계산된다. 폭(7란)은 1란 거리의 차이이고 유효폭은 측점(연직선)의 좌우에 있는 소구간폭의 평균이다. 9란의 면적은 2란×8란이다. 각 소단면의 유량은 6란과 9란의 곱으로 10란에 보인 바와 같고 유량은 각 소단면 유량의 합인 $7.486\ \mathrm{m^3/s}$ 이다.

표 9.2 중간단면방법에 의한 유량계산

기준점으로 부터 거리 x(m)	수심 y (m)	유속계 위치 y/d	유속계 회전수 N(rpm)	유속 점유속 (m/s)	유속 평균 (m/s)	폭 b (m)	유효폭 (m)	면적 A ($\mathrm{m^2}$)	유량 ΔQ ($\mathrm{m^3/s}$)
(1)	(2)	(3)	(4)	(5)	(6)	(7)	(8)	(9)	(10)
3.0	0.3				0.47	0.0	0.5	0.15	0.071
4.0	1.1	0.2	42	0.89	0.73	1.0	1.0	1.1	0.803
		0.8	26	0.57					
5.0	2.2	0.2	48	1.01	0.89	1.0	1.0	2.2	1.958
		0.8	36	0.77					
6.0	2.6	0.2	54	1.13	0.95	1.0	1.0	2.6	2.470
		0.8	36	0.77					
7.0	2.0	0.2	40	0.85	0.81	1.0	1.0	2.0	1.620
		0.8	36	0.77					
8.0	0.8	0.6	26	0.57	0.57	1.0	1.0	0.8	0.456
9.0	0.4	0.6	12	0.29	0.29	1.0	1.0	0.4	0.108
10.0	0.0				0.00	1.0	0.5	0.0	0.000
합계								9.25	7.486

9.7.2 평균단면방법(mean section method)

그림 9.9에서 연직선 ⑤, ⑥의 경우 유속이 측정된 연직선 ⑤, ⑥ 사이의 면적을 소단면으로 취한다.

소단면 ⑤−⑥의 유량 $$q_{5-6} = b_5 \frac{d_5 + d_6}{2} \frac{V_5 + V_6}{2}$$

소단면 $i-(i+1)$의 유량 $$q_{i-i+1} = b_i \frac{d_i + d_{i+1}}{2} \frac{V_i + V_{i+1}}{2} \tag{9.23}$$

예제 9.4

예제 9.3의 자료에 평균단면방법을 이용하여 유량을 산정하라.

[풀이] 계산은 표 9.3과 같으며 6란까지는 예제 9.3과 같다. 7란의 평균유속은 소단면의 양단 연직선의 유속(6란)의 평균[(0.47+0.73)/2=0.6, (0.73+0.89)/2=0.81]으로 계산되고 평균수심은 소단면 양단 수심(2란)의 평균[(0.3+1.1)/2=0.7, (1.1+2.2)/2=1.65]으로 계산된다. 10란의 면적은 8란과 9란의 곱으로 주어진다. 11란의 각 소단면의 유량은 7란과 10란의 곱으로 주어지고 유량은 11란에 보인 각 소단면 유량의 합인 7.242 m^3/s이다.

표 9.3 평균단면방법에 의한 유량 계산

기준점으로부터 거리 x(m) (1)	수심 y (m) (2)	유속계 위치 y/d (3)	유속계 회전수 N(rpm) (4)	유속: 점유속 (m/s) (5)	유속: 평균 (m/s) (6)	소단면의 평균유속 (m/s) (7)	소단면의 평균수심 (m) (8)	폭 b (m) (9)	면적 A (m^2) (10)	유량 ΔQ (m^3/s) (11)
3.0	0.3							1.0		
					0.47					
4.0	1.1	0.2	42	0.89		0.60	0.7	1.0	0.7	0.42
					0.73					
5.0	2.2	0.2	48	1.01		0.81	1.65	1.0	1.65	1.337
					0.89					
6.0	2.6	0.2	54	1.13		0.92	2.40	1.0	2.40	2.208
					0.95					
7.0	2.0	0.2	40	0.85		0.88	2.30	1.0	2.30	2.024
					0.81					
8.0	0.8	0.6	26	0.57		0.69	1.40	1.0	1.40	0.966
					0.57					
9.0	0.4	0.6	12	0.29		0.43	0.6	1.0	0.6	0.258
					0.29					
10.0	0.0					0.145	0.2		0.2	0.029
합계									9.25	7.242

9.7.3 수심-유속적분법(depth-velocity integration method)

각 연직선 상의 여러 수심에서 유속을 측정하고 이 유속을 수심에 대하여 도시하여 각 연직선에 대한 수심-유속곡선을 얻는다(그림 9.10 하부). (1) 각 연직선에 대한 수심-유속곡선의 면적을 구하면 이는 각 연직선의 (수심×유속)의 값으로 소구간의 유량(q)을 나타낸다.

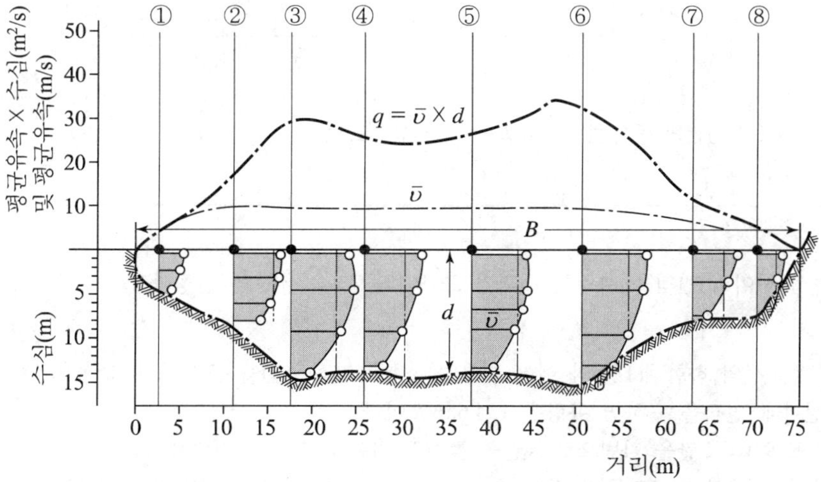

그림 9.10 수심유속적분방법

(2) 수면폭을 나타내는 횡축에 대하여 종축에 (수심×유속)을 도시한다(그림 9.10 상부). (3) 수면(횡축)과 곡선 사이의 면적은 유량을 나타낸다.

9.7.4 등속선방법 (velocity–contour method)

흐름단면을 여러 개의 연직선으로 분할하고 각 연직선 상의 여러 점(수심)에서 측정된 유속을 흐름의 횡단면도 상에 점으로 나타내고 유속이 같은 점을 연결하여 하천의 한 흐름단면의 **등속선도**(等速線圖; isovel)를 작성한다(그림 9.11a).

(1) 가장 높은 유속에서 시작하여 등속선 사이의 면적을 결정한다. 각 등속선에 대한 유속과 누가면적을 도시하여 곡선으로 나타낸다(그림 9.11b). 이와 같은 곡선의 면적은 유량을 나타낸다.

(2) 이는 다음과 같은 과정으로도 구할 수 있다. 큰 유속에서부터 유속의 크기순으로 등속선 사이의 평균유속을 높이로 하고 등속선 간의 면적을 밑변으로 하는 네모기둥을 연속해서 그려간다(그림 9.11b). 등속선 사이의 면적(A_i)과 두 등속선의 평균유속 V_i의 곱은 면적 A_i의 유량을 나타내므로 모든 등속선 사이 네모기둥의 면적(유량)을 합하면 구하고자 하는 유량이 결정된다.

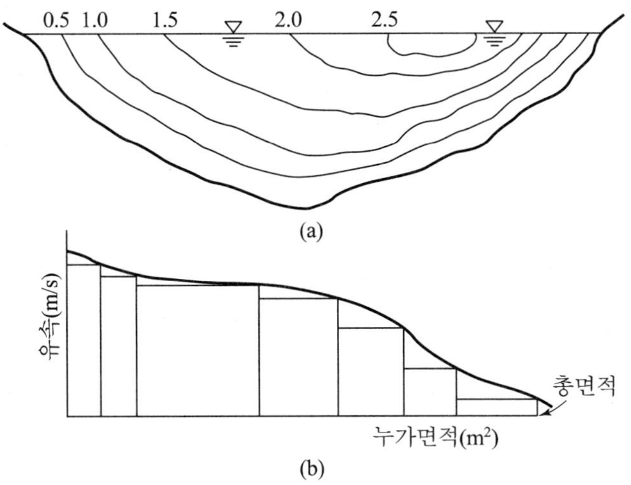

그림 9.11 (a) 하천단면의 등속선, (b) 유속–누가면적의 도시.

예제 9.5

각 등속선 사이의 면적을 측정한 결과가 표 9.4와 같다. 유량을 결정하라.

[풀이]

방법 1. 등속선의 하한계(1란)와 이에 대응하는 누가면적(3란)을 도시하여 그림 9.12에서 실선 ①로 나타낸다. 곡선아래 면적을 구하면 유량은 134.6 m^3/s이다.

방법 2. 표 9.4의 2란을 밑변으로, 4란을 높이로 하는 사각형을 연속해서 그려서 그림 9.12 ②와 같은 주상도를 작성한다. 각 네모기둥의 면적은 각 등고선 사이의 유량을 나타내고 이(5란)의 합은 총유량 133.26 m^3/s를 제공한다.

표 9.4 등속선방법에 의한 유량 계산

등속선 (m/s) (1)	등속선 간의 면적, A_i (m^2) (2)	누가면적 $\sum A$ (m^2) (3)	등속선 간의 평균유속, V_i (m/s) (4)	등속선 간의 유량 (m^2/s) (5)=(2)×(4)
>2.5	5.0	5.0	2.7*	13.50
2.5～2.0	20.5	25.5	2.25	46.13
2.0～1.5	25.2	50.7	1.75	44.10
1.5～1.0	16.3	67.0	1.25	20.38
1.0～0.5	10.8	77.8	0.75	8.10
0.5～0.0	4.2	82.0	0.25	1.05

* 평균유속을 2.7 m/s로 취함 $\Sigma = 133.26$

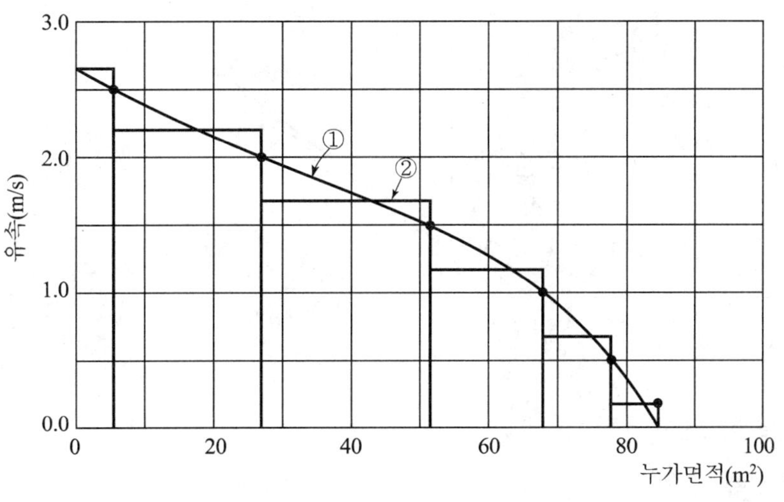

그림 9.12 등속선 간의 면적과 평균유속의 도시(예제 9.5)

9.8 지수-유속법에 의한 유량 계산

지수-유속법은 조석의 영향, 하류에 위치한 댐 또는 두 하천의 합류의 영향에 따른 배수, 역류, 조도의 변화로 인하여 재래의 수위-유량관계곡선이 부적당하거나 불가능한 관측소 또는 수역에 적용하기 위하여 USGS에 의하여 개발되었다. **지수-유속법**(指數-流速法; index-velocity method)의 원리는 지수-유속(V_i)과 수로평균유속(V)의 $V_i - V$ 관계식인 **지수-유속곡선**(指數-流速曲線; index-velocity rating)을 수립하는 것이다.

곡선의 작성: 먼저 계측이 수행되는 수로구간과 단면이 선정된다. 유량 Q가 측정된다. Q가 측정되는 동안 유속과 수위가 측정되고 이 기간에 대한 평균유속과 수위가 계산된다. 이렇게

계산된 평균유속이 지수-유속 V_i이다. 평균수위에 대한 단면적 A를 수위-면적곡선으로부터 구하고 $V = Q/A$를 이용하여 수로평균유속 V(예로 표 9.5의 $V = 2.482/8.175 = 0.304$)를 계산한다. 이들 자료를 이용하여 표 9.5와 같은 표를 작성한다. 지수-유속곡선은 표 9.5의 지수-유속 V_i를 횡축에, 수로평균유속 V를 종축에 도시(그림 9.13)하여 유도되는 회귀식(식 9.24)이다.

표 9.5 지수-유속방법 개발에 수집된 자료의 예시

횡단시간	측정유량 Q (m^3/s)	평균유속 V (m/s)	표본수집시간	수위 h (m)	지수-유속 V_i (m/s)	횡단면적 A (m^2)
11:43:55	2.482	0.304	11:43:55	0.470	0.351	8.175
11:58:02	2.264	0.280	11:48:17	0.460	0.3336	8.098

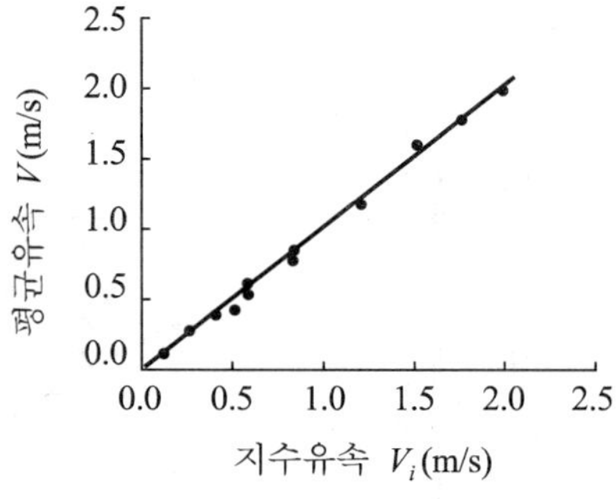

그림 9.13 지수유속곡선

$$\text{선형의 경우} \qquad V = aV_i + c \tag{9.24}$$

$$\text{곡선의 경우} \qquad V = aV_i + bSV_i + c \tag{9.25}$$

여기서 S는 수위, a, b는 회귀식의 계수, c는 상수이다.

수위-면적곡선(水位-面積曲線; stage-area rating): 계측기가 설치된 단면 인근 수로의 수심측량자료를 이용하여 수위의 함수로 횡단면적을 계산하여 표준횡단면이 구축된다. 수위와 이에 해당되는 횡단면적을 도시하여 수위-면적곡선을 작성한다. 수위가 측정되는 수로단면과 횡단면적의 범위는 예상되는 최저, 최고수위의 구간에 대한 면적이다. 수로평균유속 $V = Q/A$의 계산에 사용되는 단면적 A는 항상 수위-면적곡선을 이용해서 계산된다.

지수-유속(指數-流速; index-velocity): 지수-유속은 하천의 횡단구간에 설정된 통상 10~20여개의 요소(cell)에서 측정되는 유속의 시간평균으로 주어지고 평균은 유량이 측정되는 기간에 대하여 계산된다.

지수-유속 측정: 음향유속계(acoustic velocity meters), 음향도플러유속계(acoustic Doppler velocity meters, ADVM), 음향도플러흐름계측기(acoustic Doppler profilers), RD Channelmaster H-ADCP

유량 측정: Price AA current metering(최소유속 6 cm/s), acoustic current meter(ACM)(최소유속 1 cm/s), RD StreamPro ADCP

유량 산정: 유량은 식 (9.26)을 이용하여 계산된다.

$$Q = VA = (aV_i + c)A \tag{9.26}$$

이 경우 수로평균유속 V는 지수-유속곡선 또는 식 (9.24)로부터 지수-유속 V_i에 대하여 구해지고, A는 수위-면적곡선으로부터 구해진다. 식 (9.26)에 사용되는 지수-유속 V_i는 지수-유속곡선의 작성에서와 같은 평균시간폭, 요소(cell)의 수와 위치에서 측정되어야 한다.

9.9 경사-면적방법에 의한 유량 계산

경사-면적방법(傾斜-面積方法; slope-area method)은 수리학적 원리를 이용한 수위-유량곡선의 연장방법으로 이는 대홍수의 홍수흔적을 이용하여 대홍수의 유량을 구하는 방법으로 이용된다. 수면곡선의 경사를 결정하기 위해서는 하천구간의 상・하류에 두 개 이상의 고수흔적(高水痕迹; high water mark)이 필요하고 횡단면의 수리자료(단면적, 동수반경)는 홍수가 지난 후에 측량을 통해서 계산되며 유량은 마닝공식을 이용해서 결정된다.

$$Q = \frac{1}{n} A R^{2/3} S^{1/2} \tag{9.27}$$

단면적과 동수반경은 에너지경사 S를 결정하는 상・하류 두 단면의 평균값들이다. 이 방법에 의한 결과는 10% 정도 오차를 갖는 것으로 알려져 있다. 에너지경사 S는 상・하류의 고수위 흔적으로 결정된다.

$$S = \frac{h_1 - h_2}{L} \tag{9.28}$$

여기서 h_1과 h_2는 상류와 하류의 고수위 흔적이고 L은 구간의 길이이다. 그러나 부등류인 경우에는 상・하류의 유속이 다르므로 속도수두가 포함되어야 한다.

$$S = \frac{(h_1 + V_1^2/2g) - (h_2 + V_2^2/2g)}{L} \tag{9.29}$$

여기서 V_1과 V_2는 상・하류 단면에서 평균유속이다.

예제 9.6

폭이 10 m인 사각형 단면의 소하천에서 홍수가 지난 후 1 km 구간의 상・하류에서 조사된 고수의 홍수흔적이 각각 22.5 m, 22.0 m이다. 이에 대응하는 수심이 2.5 m, 2.1 m이고 마닝 조도계수는 0.025로 조사되었다. 유량을 구하라.

[풀이]

방법 1

상・하류 두 단면의 단면적과 동수반경은 다음과 같다.

$$A_1 = 2.5 \times 10 = 25\ \mathrm{m}^2, \quad R_1 = \frac{25}{(2.5 \times 2 + 10)} = 1.667\ \mathrm{m}$$

$$A_2 = 2.1 \times 10 = 21\ \mathrm{m}^2, \quad R_2 = \frac{21}{(2.2 \times 2 + 10)} = 1.458\ \mathrm{m}$$

평균단면적과 평균동수반경

$$\overline{A} = \frac{1}{2}(25 + 21) = 23\ \mathrm{m}^2, \quad \overline{R} = \frac{1}{2}(1.667 + 1.458) = 1.5625\ \mathrm{m}$$

수면경사는 수면차이가 $\Delta y = 0.5\ \mathrm{m}$ 이므로 $S_f = \Delta y / L = 0.5/1{,}000 = 0.0005$

단면적과 동수반경의 평균치를 마닝공식에 적용하면 유량은

$$Q = \frac{1}{n} A\ R^{2/3} S^{1/2} = \frac{1}{0.025} \times 23 \times 1.5625^{2/3} \times 0.0005^{1/2}$$
$$= 27.7\ \mathrm{m}^3/\mathrm{s}$$

방법 2

방법 1에서는 수면경사와 에너지경사가 같은 등류로 취급되었다. 그러나 홍수시에는 홍수파가 형성되어 등류가 일어나지 않는다. 따라서 부정류의 경우 평균에너지경사 S_f 는 평균통수능을 이용해서 구해진다.

$$S_f = \frac{Q^2}{K^2} = \frac{h_f}{L} \tag{9.30}$$

여기서 h_f 는 하도구간 L 에 대한 수두손실이고 K 는 **통수능(通水能; conveyance)**이다.

$$K = \frac{1}{n} A R^{2/3} \tag{9.31}$$

상・하류 두 지점에서 통수능은 각각 $K_1 = \frac{1}{0.025} \times 25 \times 1.667^{2/3} = 1{,}046.15$

$$K_2 = \frac{1}{0.025} \times 21 \times 1.458^{2/3} = 1{,}080.2$$

평균통수능은 기하평균으로 주어진다.

$$K = (K_1 K_2)^{0.5} = (1{,}046.15 \times 1{,}080.2)^{0.5} = 1{,}063 \tag{9.32}$$

또한 $S_f = 0.5/1{,}000 = 0.0005$ 이므로 $Q = K S_f^{0.5}$ 으로부터 유량은

$$Q = 1{,}063 \times 0.0005^{0.5} = 23.77\ \mathrm{m}^3/\mathrm{s}$$

두 단면 간의 수두손실 h_f 는 에너지수두 $z + v^2/2g$ 의 차이로 정의된다.

$$h_f = \left(z_1 + \frac{V_1^2}{2g}\right) - \left(z_2 + \frac{V_2^2}{2g}\right) = \left(z_1 + \frac{Q^2}{2g A_1^2}\right) - \left(z_2 + \frac{Q^2}{2g A_2^2}\right) \tag{9.33}$$

$$= \left(22.5 + \frac{23.77^2}{19.62 \times 25^2}\right) - \left(22.0 + \frac{23.77^2}{19.62 \times 21^2}\right)$$

$$= 0.5 + 0.046 - 0.065 = 0.481$$

여기서 z는 수위이다.

새로운 h_f를 이용하여 S_f와 Q가 차례로 다시 계산되고 그 내용은 다음 표와 같다.

반복횟수	h_f (m)	S_f	Q (m^3/s)	$V_1^2/2g$ (m)	$V_2^2/2g$ (m)	h_f (식 9.33) (m)
1	0.500	0.000500	23.77	0.046	0.065	0.481
2	0.481	0.000481	23.31	0.044	0.063	0.481

2회 계산결과 이 하천의 유량은 23.31 m^3/s이고 방법 1에서 등류로 취급하여 구한 유량 27.7 m^3/s는 $27.7 - 23.31 = 4.39\ m^3/s$ 또는 19% 크게 산정된다.

9.10 추적물 희석에 의한 유량 측정(희석법)

희석법(稀釋法; dilution method)은 주어진 양과 농도의 추적물을 하천흐름에 주입하여 완전한 혼합이 이루어진 하류지점(하폭의 25배 이상의 거리)에서 농도를 측정하고 질량보존법칙을 적용하여 유량을 결정한다. 주입방법에는 순간주입과 일정율주입의 두 방법이 있으며 사용되는 **추적물**(追跡物; tracer)로는 염화나트륨, 중크롬산나트륨, 리튬나트륨, 형광물질, Rhodamine B, 박테리아와 방사성동위원소 등이 있다.

9.10.1 순간주입방법 (gulp 또는 sudden injection method)

농도가 C_1, 체적이 V인 추적물용액을 하천(그림 9.14의 단면 ①)에서 순간적으로 주입하고 완전한 혼합이 이루어진 하류 한 지점(단면 ②)을 통과하기 시작해서 완전히 통과할 때까지(단면 ②의 농도 C_2가 배경농도 C_o에 같게 될 때까지) 혼합물의 표본을 일정한 시간 간격으로 채취하여 **시간 - 농도곡선**(時間 - 濃度曲線; time-concentration curve)을 얻는다.

$$\text{단면 ①에서 추적물의 질량} = VC_1$$

$$\text{단면 ②에서 추적물의 질량} = Q\int_0^\infty (C_2 - C_o)dt$$

$$\cong Q\sum_{i=1}^{N}(C_{2i} - C_o)\Delta t$$

여기서 N은 표본의 수이다. 이들을 같게 놓고 Q에 관하여 정리하면

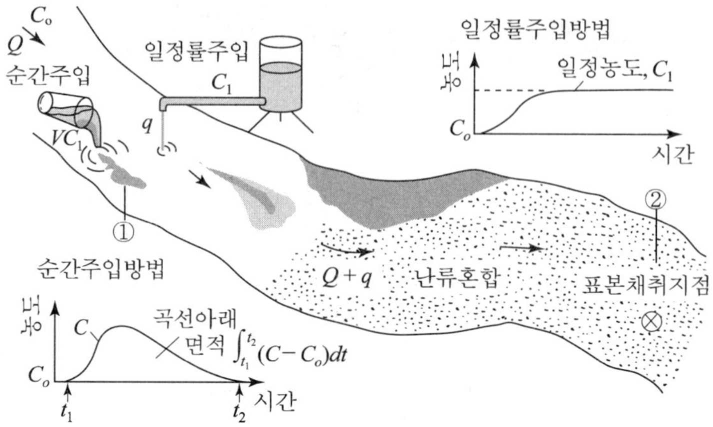

그림 9.14 희석법에 의한 유량 측정

$$Q = \frac{VC_1}{\sum_{i=1}^{N}(C_{2i} - C_o)\Delta t} \tag{9.34}$$

여기서 C_1 =주입되는 추적물의 농도(mg/L 또는 μg/L), C_o=추적물의 배경농도(mg/L 또는 μg/L), C_2 =하류단면에서 추적물표본의 농도(mg/L 또는 μg/L), V=주입용액의 체적(L), Q=하천유량(L/s 또는 m^3/s)이다.

배경농도가 무시할 만큼 작거나 영이면 식 (9.34)에서 C_o는 제거된다. 순간주입방법은 간단하고 경제적이나 정밀한 표본채취 과정이 필요하고 일정률주입방법보다 정확도가 떨어진다.

예제 9.7

농도가 2.4 g/L인 추적물 20 L를 하천에 일시에 주입한 후 하류 5 km, 10 km의 두 지점에서 측정한 농도가 다음과 같다. (a) 5 km, 10 km 지점에서 유량을 구하라. (b) 유량이 일정하다고 가정하고 추적물의 손실을 백분율로 구하라. (c) 색소운(色素雲; dye cloud)의 평균속도를 계산하라.

시간(hr)	0	0.5	1.0	1.5	2	2.5	3	3.5	4	4.5	5	5.5	6	6.5	7
5 km 지점에서 농도(μg/L), C_2	0	0.2	0.6	1.2	0.8	0.7	0.3	0.1	0	0					
10 km 지점에서 농도(μg/L), C_2	0	0	0	0.1	0.6	0.8	0.6	0.5	0.3	0.3	0.2	0.1	0	0	0

[풀이] C_1 = 2.4 g/L, Δt = 0.5 hr 이고 배경농도 C_o = 0 이므로 식 (9.34)는 $Q = VC_1/\sum C_{2i}\Delta t$로 된다.

(a) 5 km 지점에서

$$Q=\frac{VC_1}{\Sigma C_{2i}\Delta t}=\frac{20(2.4)}{1.95\times 10^{-6}(3{,}600)}=6{,}838\ \mathrm{L/s}\ \text{ 또는 } 6.838\ \mathrm{m^3/s}$$

10 km 지점에서

$$Q=\frac{VC_1}{\Sigma C_{2i}\Delta t}=\frac{20(2.4)}{1.75\times 10^{-6}(3{,}600)}=7{,}619\ \mathrm{L/s}\ \text{ 또는 } 7.619\ \mathrm{m^3/s}$$

(b) 추적물 손실 $=\dfrac{\Sigma C_5-\Sigma C_{10}}{\Sigma C_5}\times 100=\dfrac{3.9-3.5}{3.9}\times 100=10\%$

표 9.6 희석법에 의한 유량 계산

시간	5 km 지점			10 km 지점		
(hr)	$C_2(\mu g/L)$	$C_2\Delta t$	C_2t	$C_2(\mu g/L)$	$C_2\Delta t$	C_2t
0	0	0	0	0		
0.5	0.2	0.1	0.10	0		
1.0	0.6	0.3	0.60	0	0	0
1.5	1.2	0.6	1.80	0.1	0.05	0.15
2.0	0.8	0.4	1.60	0.6	0.3	1.20
2.5	0.7	0.35	1.75	0.8	0.4	2.00
3.0	0.3	0.15	0.90	0.6	0.3	1.80
3.5	0.1	0.05	0.35	0.5	0.25	1.75
4.0	0	0	0	0.3	0.15	1.20
4.5	0	0	0	0.3	0.15	1.35
5.0				0.2	0.1	1.00
5.5				0.1	0.05	0.55
6.0				0	0	.0
합계	3.9	1.95	7.1	3.5	1.75	11.0

(c) 추적물 또는 색소운의 속도를 구하기 위해서는 색소운의 이동거리 계산이 선행된다. 시간-농도곡선의 중심에 대한 시간은 $t=0$에 관한 시간-농도곡선의 1차 모멘트를 취함으로써 구해진다.
5 km 지점에서 색소운의 중심에 대한 시간: t_5

$$\Sigma C_2 t=t_5\Sigma C$$

$$t_5=\frac{\Sigma C_2 t}{\Sigma C}=\frac{7.1}{3.9}=1.82\ \mathrm{hr}$$

10 km 지점에서 색소운의 중심에 대한 시간: t_{10}

$$\Sigma C_2 t=t_{10}\Sigma C$$

$$t_{10}=\frac{\Sigma C_2 t}{\Sigma C}=\frac{11.0}{3.5}=3.14\ \mathrm{hr}$$

두 지점 간 색소운의 이동시간 $=3.14-1.82=1.32$ hr이므로 색소운의 속도는

$$v_c = \frac{L}{t_{10} - t_5} = \frac{5\ \text{km}}{1.32\ \text{hr}} = 1.05\ \text{m/s}$$

9.10.2 일정률주입방법(constant rate method)

농도가 C_1인 추적물 용액을 일정한 율 q로 주입하기 시작해서 하류 임의의 지점에서 농도가 일정하게 될 때까지 충분히 긴 기간 동안 계속 주입하고 이 지점에서 추적물 표본을 2~3회(이론적으로 1회) 채취한다. 질량보존원리를 적용하면

$$QC_o + qC_1 = (Q+q)C_2 \tag{9.35}$$

여기서 q= 추적물 용액의 주입률(L/s 또는 m^3/s), C_2= 하류에서 일정한 수준에 달한 추적물의 농도(mg/L)이다. 식 (9.35)를 Q에 관하여 정리하면

$$Q = \frac{C_1 - C_2}{C_2 - C_o} q \tag{9.36}$$

$Q \gg q$와 $C_2 \gg C_o$인 점을 감안하면 식 (9.36)은

$$Q = \frac{C_1}{C_2} q \tag{9.37}$$

이 방법에서 중요한 점은 일정한 양의 추적물의 주입이다. 이 목적으로 Marriotte용기가 사용될 수 있다. 또한 이 방법에서는 주입지점에서부터 농도를 측정하는 하류단면에 이르는 구간에서 적절한 혼합이 일어나고 추적물이 흡착 등으로 손실되지 않음이 필요하다.

이 방법은 순간주입방법보다 고가이고 시간이 많이 소요되며 홍수시에는 부적당하다. 그럼에도 불구하고 표본채취가 2~3회로 충분하고 농도가 일정하게 되는 기간에는 어느 시간에서나 채취할 수 있는 이점이 있다. 그러나 순간주입방법보다 많은 양의 추적물이 소요된다.

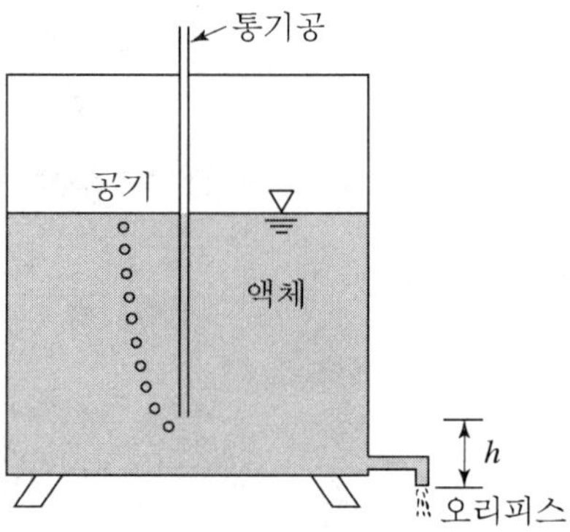

그림 9.15 Marriotte bottle

예제 9.8

농도가 2.0 g/L인 추적물 용액을 $3.2\times10^{-5}\,\mathrm{m^3/s}$ 로 주입하고 하류 3개 지점에서 채취한 농도가 $C_2=$ $4.2\,\mu\mathrm{g/L}$(또는 $4.2\times10^{-6}\,\mathrm{g/L}$), $4.15\,\mu\mathrm{g/L}$, $4.30\,\mu\mathrm{g/L}$이다. 유량을 결정하라.

[풀이]

하류지점의 농도 C_2는 산술평균으로 산정한다.

$$C_2=\frac{4.20+4.15+4.30}{3}=4.22\,\mu\mathrm{g/L}\quad \text{또는}\quad 4.22\times10^{-6}\,\mathrm{g/L}$$

식 (9.37)에 의하면 유량은

$$Q=\frac{C_1}{C_2}q=\frac{2.0}{4.22\times10^{-6}}3.2\times10^{-5}=15.2\,\mathrm{m^3/s}$$

9.11 음향법

9.11.1 음향유속계법

음향유속계법(acoustic velocity method)은 음향속도계를 이용하여 유량을 구하는 방법이다. **음향유속계**(音響流速計; acoustic velocity meter, AVM)는 하천 양안 대각선 상에 위치한 2개의 변환기(變換器; transducer)에서 동시에 음파를 발신하고 수신한다. 흐름을 거스르는 상류로 발신되는 음파의 전파시간은 흐름에 편승하는 하류로 발신되는 음파의 전파시간보다 길게 되고 이 전파시간의 차이는 변환기가 위치한 수심의 평균유속에 비례한다. AVM은 이 관계를 이용하여 평균유속을 구하는 계측기로 하천, 수로, 수압관, 도관 및 터널의 유량 측정에 적용되어 왔으며 역류의 측정도 가능하다.

음파 또는 음향맥동(acoustic pulse(ping))이 A에서 B로 흐름에 편승하여 하류로 이동할 때 음향경로에 평행한 흐름유속성분은 V_{pd}는

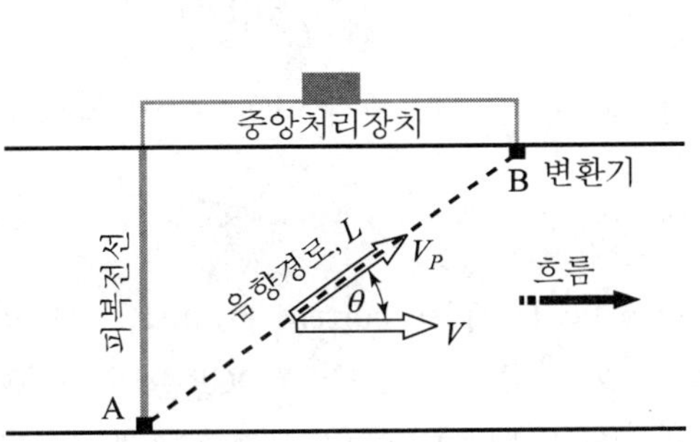

그림 9.16 음향속도계방법

$$V_{pd} = L/t_{AB} - C \tag{9.38}$$

여기서 L은 음향경로의 길이, $t_{AB}(=L/(C+V_{pd}))$는 A에서 B점까지 음파의 전파시간, C는 정수에서 음속이다.

같은 방법에서 B에서 A로 흐름을 거슬러 상류로 전파되는 음향맥동의 음향경로에 평행한 흐름유속성분 V_{pu}는

$$V_{pu} = C - L/t_{BA} \tag{9.39}$$

여기서 $t_{BA}(=L/(C-V_{pu}))$는 B에서 A점까지 음파의 전파시간이다. 식 (9.38)과 (9.39)는 정수에서 물의 전도도와 온도의 영향을 받는 음속 C에 근거한 시간이다. 음향경로에 따른 경로유속은 상, 하류유속의 평균으로 주어진다.

$$V_P = (V_{pd} + V_{pu})/2 = L/2(1/t_{AB} - 1/t_{BA}) \tag{9.40}$$

여기서 V_P는 음향경로에 평행한 평균경로속도이고 평균과정에서 음속 C는 상쇄된다. 흐름방향의 유속성분은

$$V = V_P/\cos\theta \tag{9.41}$$

여기서 V는 흐름방향의 유속성분으로 수로의 평균유속, θ는 음향경로와 수로 흐름방향 간의 각도이다.

유량은 평균유속 V, 평균수심 d, 하폭 $B = L\sin\theta$의 곱으로 주어지므로 유량 Q는

$$Q = VdB = \frac{V_P\, d\, L\sin\theta}{\cos\theta} = V_P\, d\, L\tan\theta \tag{9.42}$$

단 하나의 수심에서 측정하는 경우에는 수심 $0.6d$에서 수행된다. 그러나 보다 보편적인 측정은 수 개의 수심에 여러 쌍의 변환기를 하천 양안에 설치하여 수행한다. 이 경우 식 (9.42)는 다음과 같이 수정된다.

$$Q = \sum_{i=1}^{n} V_P\, d_i L\tan\theta \tag{9.43}$$

여기서 d_i는 변환기 i에 해당하는 수면에서 하향 연직거리(m)이다.

9.11.2 음향도플러흐름계측기

음향도플러흐름계측기(acoustic Doppler current profiler, ADCP)는 도플러원리를 이용하여 수위, 유속, 유량을 측정하고 이동선박에 장착된 ADCP는 유속, 흐름방향, 수심 측정이 가능한 계측기이다. 최대 측정가능수심은 1,000 m에 이르고 128개 수심의 흐름정보 제공이 가능하다.

도플러효과는 상대적인 이동으로 인하여 관측되는 반향(echo)의 변형이다. 파가 이동하는 수

로 옆에 서 있는 관측자가 주어진 시간 t_1 동안 파가 8개 지나가는 것을 관측한다고 가정한다. 만약 관측자가 파를 향하여 이동하면 t_1 동안 8개 이상의 파를 보게 되고 주파수는 증가한다. 한편 관측자가 반대방향, 즉 파와 같은 방향으로 이동하면 t_1 동안 8보다 적은 수의 파를 보게 되고 주파수는 감소한다. 이러한 현상을 **도플러효과**(Doppler effect)라 한다.

도플러변이(Doppler shift)는 동일한 음원으로부터의 소리를 정지상태에서 들을 때와 이동하면서 들을 때의 주파수의 차이이다. 예를 들어 정지상태에서 듣는 음의 주파수가 10 kHz이고 이동 중에 듣는 음의 주파수가 10.1 kHz라면 도플러변이는 0.1 kHz이다. 이들 관계를 식으로 나타내면(RD Instruments, 1996)

$$F_d = F_s(V/C) \tag{9.44}$$

여기서 F_d는 도플러변이된 주파수(Hz), F_s는 정지음원에서 발신되는 음의 주파수(Hz), V는 음원과 수신자 간의 상대적인 속도(수신자가 음원을 향하여 걷는 속도)(m/s), C는 음속(m/s)이다. 식 (9.44)에서 수신자가 보다 빨리 이동(V가 증가)하면 도플러변이(F_d)는 증가하고, 수신자가 음원으로부터 멀어지면(V가 음수) F_d는 음수이다. 음의 주파수(F_s)가 증가하면 F_d는 증가하고, 음속(C)이 증가하면 F_d는 감소한다.

수중에서 전파되는 음은 작은 부유물체에 의하여 산란된다. 음을 산란하는 미립의 부유물체는 미립자 또는 플랑크톤이다. ADCP는 고정된 주파수에서 초음속의 음파를 발신하고 산란자(scatterer)에 의하여 되돌아오는 반향의 수신에 의한 도플러효과를 이용한다. 이에 중요한 사실은 부유미립자인 산란자가 흐름과 같은 속도로 이동하는 점이다. 발신되는 음은 산란자에 의해서 모든 방향으로 산란된다. 음의 대부분은 산란자에 의하여 영향을 받지 않고 전방으로 진행한다. 음원으로 되돌아오는 적은 양의 역산란은 도플러변이이다.

음 산란자가 ADCP로부터 멀어지면 산란자가 느끼는 음은 ADCP와 산란자 간의 상대속도에 비례하여 보다 낮아진 주파수로 도플러변이된 음이다. 산란자가 멀어짐에 의하여 도플러변이된 음의 일부는 산란자가 음원인 것처럼 ADCP를 향하여 역산란된다. 결과적으로 음은 산란자의 멀어짐에 의하여 변이되고 ADCP는 이 변이된 역산란을 수신하는 것이 된다. 따라서 ADCP는 음을 발신하고 수신하여 도플러변이가 2회 발생하므로 식 (9.44)는

$$F_d = 2F_s(V/C) \tag{9.45}$$

도플러변이는 음원과 수신자가 가까워지거나 멀어짐에 따라, 즉 동일방향과 반대방향선에 한해서 일어난다. 도플러변이를 동일-반대방향선에 국한할 경우 산란자의 이동방향이 ADCP변환기가 발신하는 음향방향과 다르게 되면 부유입자로부터 되돌아오는 반향을 ADCP 발신방향의 성분으로 그림 9.17에 따라 식 (9.46)과 같이 조정이 필요하다.

$$F_d = 2F_s(V/C)\cos A \tag{9.46}$$

여기서 A는 ADCP와 부유입자의 연결선과 반향속도방향과의 각도이다.

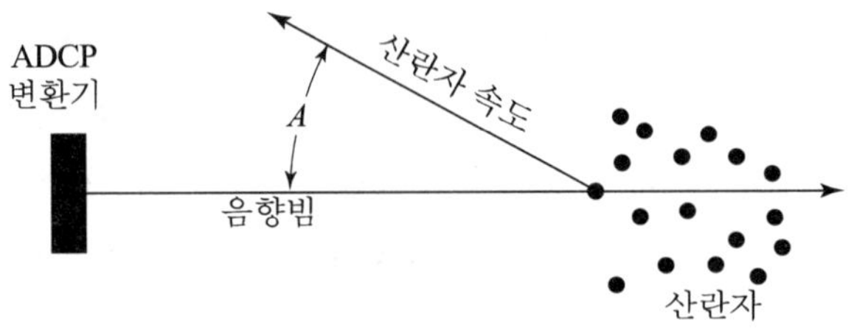

그림 9.17 상대속도벡터(RD Instruments, 1996)

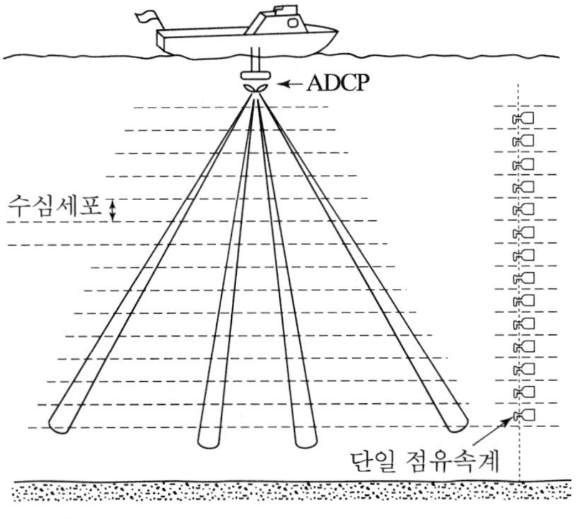

그림 9.18 재래유속계와 ADCP수심세포의 비교(RD Instruments, 1996)

ADCP는 음향맥동을 연속적으로 발신하여 수신되는 역산란반향이 128개에 이르고 전수심이 이에 상응하는 많은 수의 수심을 나타내는 균일한 수심폭의 수심세포(depth cell)로 분할되고 (그림 9.18) 이들 수심세포 자료에 대한 컴퓨터프로그램의 해석을 통하여 수위, 유속, 흐름방향, 유량이 제공된다.

실제 하천의 유속은 ADCP 기준으로 측정된 유속을 ADCP변환과정을 통해서 지구좌표로 환산한 유속이다. ADCP의 장점은 균일한 수심세포로 분할된 각 세포에 대하여 유속분포가 주어지고 이는 단일 점유속계에 상응된다. 따라서 ADCP유속분포는 그림 9.18과 같이 일정한 수심 간격으로 많은 수의 유속계를 연직으로 배열한 것과 같다. 유속계와 달리 ADCP 유속분포는 일정한 수심 간격에서 유속을 제공하고, 수심세포의 수심구간에 대하여 평균유속을 제공한다. 그러나 수면의 0.75 m 구간과 바닥에서 0.05 h 구간에서는 ADCP가 적용되지 않는다.

9.12 전자기방법

전자기방법(電磁氣方法; electromagnetic method)은 수초가 많고 하상이 변동하는 하천에 적합하고 역류의 측정도 가능하다. 그러나 이 방법은 유속계를 이용하는 현지의 검정과 전원을 필요로 한다. 전자기유도(electromagnetic induction)이론에 의하면 하천의 흐르는 물에는 지구자장의 연직성분에 의하여 기전력(emf)이 유발된다. 이러한 기전력은 양안에 설치한 전극에 의하여 감지되고 흐름단면의 평균유속에 직접적으로 비례한다. 그러나 지구자장에 의하여 유도되는 기전력은 매우 약하고 전기모터나 주변의 전기적 잡음의 간섭에 의하여 측정이 어렵다. 따라서 전극에서 측정이 용이하도록 기전력의 전위를 높이기 위하여 하천을 횡단하여 하상에 대형코일을 매설하여 자장을 유발한다. 실험적으로 구한 식은 다음과 같다.

$$Q = K\frac{Ehr_w}{Ir_b} \tag{9.47}$$

여기서 $Q=$유량(m^3/s), $h=$평균수심(m), $I=$코일전류(A), $E=$전극에서 측정되는 전압(mV), $r_w=$물의 저항(Ω · m), $r_b=$하상의 저항(Ω)이다. E, r_w, I, r_b와 수심 h는 현지에서 기록되고 계수 K는 유속계를 이용한 검정에 의하여 결정된다. 주변의 전기장비에 의하여 유도되는 간섭이나 배경잡음을 잡음제거 감지자를 이용하여 측정하고 계산과정에서 이에 대한 보정이 포함되어야 한다.

9.13 수리학적 방법에 의한 유량 측정

수심이 작은 하천, 개천 또는 개수로의 유량 측정에는 위어, 오리피스 그리고 계측용수로가 이용된다. 이들 장치들은 대개 영구적인 구조물이고 이들에 의한 측정은 에너지원리에 근거한다.

9.13.1 위어

위어(weir)는 수로를 가로질러 설치되어 그 위로 물이 흐르도록 하는 장애물이라 할 수 있다. 장애물이 연직평판으로 상단이 칼날같이 될 때 **칼날위어**(sharp crested weir)라 하고, 상단이 흐름방향으로 상당한 길이를 가질 때 **광정위어**(broad crested weir)라 한다. 위어는 그 모양에 따라 삼각형, 사각형, 사다리꼴 위어로 분류된다. 사각형위어 단면이 수로폭과 같으면 전폭위어(suppressed weir), 수로폭보다 작으면 수축위어(contracted weir)라 하고, 하류수심이 위어마루보다 높으면 **수중위어**(submerged weir)라 한다.

9.13.2 칼날위어

위어공식은 단수축과 접근유속에 따라 적용공식이 다르게 된다.

전폭사각형위어(suppresed rectangular weir): 그림 9.19의 유선 AB상의 단면 ①, ②에 베르누이식을 적용하고 접근유속을 무시할 경우 유량은 다음과 같이 주어진다(Vennard와 Street, 1976).

$$Q = \frac{2}{3}\sqrt{2g}\,LH^{3/2}$$

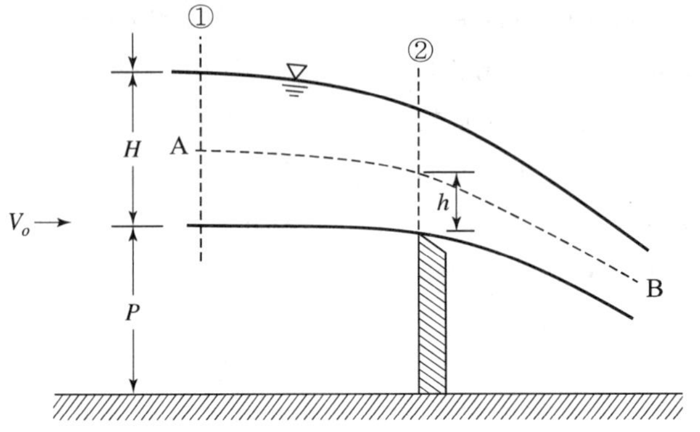

그림 9.19 칼날위어

흐름의 수축과 다른 영향을 고려하기 위하여 유량계수를 도입하면 다음과 같다.

$$Q = \frac{2}{3} C_d \sqrt{2g}\, L H^{3/2} \tag{9.48}$$

여기서 Q는 유량(m^3/s), L은 위어길이(m), H는 수두(m) 및 C_d는 유량계수이다.

Rehbock의 실험에 의한 유량계수 C_d는

$$C_d = 0.611 + 0.08\, H/P \tag{9.49}$$

여기서 P는 위어의 높이이다.

단수축사각형위어(end contracted rectangular weir): 위어폭이 수로폭보다 작은 위어로 위어폭은 단수축에 따라 감소된다.

$$Q = \frac{2}{3} C_d \sqrt{2g}\,(L - 0.1\, n\, H) H^{3/2} \tag{9.50}$$

여기서 n은 단수축의 수이고 양단수축이면 $n = 2$ 이다.

접근유속이 고려되는 사각형위어

접근유속이 고려되는 경우 식 (9.50)은 다음과 같이 수정된다.

$$Q = \frac{2}{3} C_d \sqrt{2g}\,(L - 0.1nH)\left[\left(H + \frac{V_o^2}{2g}\right)^{3/2} - \left(\frac{V_o}{2g}\right)^{3/2}\right] \tag{9.51}$$

식 (9.51)에서 접근유속 V_o값은 Q가 알려진 후에 가능하다. 따라서 처음에는 $V_o = 0$ 으로 놓고 Q를 구하고 이를 식 (9.51)에 대입하여 V_o를 구한다. 이 V_o를 이용하여 개선된 Q를 계산하고 1% 오차범위가 될 때까지 이 과정이 반복된다.

삼각형위어: 삼각형 단면에서는 수두를 증가시킬 수 있어 작은 유량 측정에 적합하다.

$$Q = \frac{8}{15} C_d \sqrt{2g} \tan\frac{\theta}{2} H^{5/2} \tag{9.52}$$

여기서 θ는 위어의 끼인각이다. $\theta = 90°$인 경우 $C_d = 0.585$이고 이를 식 (9.52)에 대입하고 정리하면

$$Q = 1.38 H^{5/2} \tag{9.53}$$

9.13.3 광정위어

위어마루의 흐름방향 길이가 수두 H의 $0.47H$배 이상이면 광정위어로 분류된다. 그림 9.20에서 단면 ①, ②에 위어마루를 기준으로 에너지식을 적용하면

$$H + V_o^2/2g = h + V^2/2g \tag{a}$$

접근유속 V_o를 무시하고 V에 관하여 정리하면 $V = \sqrt{2g(H-h)}$이고 유량은 $Q = AV$로부터

$$Q = C_d Lh \sqrt{2g(H-h)} \tag{b}$$

광정위어(②점)의 흐름이 한계류이면 $h = \frac{2H}{3}$이고 유량은 최대가 된다. $h = \frac{2}{3}H$를 식 (b)에 대입하고 정리하면 다음과 같이 된다.

$$Q = 0.385 C_d \sqrt{2g} LH^{3/2} \tag{9.54}$$

유량계수는 $C_d = 0.85 \sim 1.1$의 값을 가지나 모형실험이나 현지 측정을 통해서 검정되어야 한다. 유량 측정에서 광정위어가 칼날위어에 대하여 장점을 갖지 않는 점에서 광정위어는 유량 측정에 거의 사용되지 않는다.

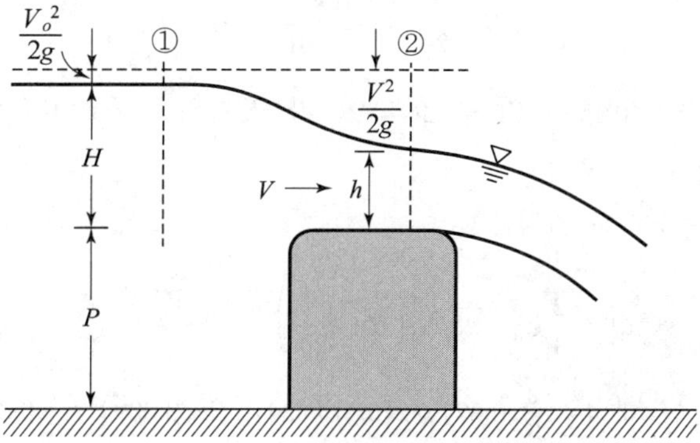

그림 9.20 광정위어

작은 유량의 정확도를 높이고 큰 유량도 계측하기 위해서는 좁은 삼각형 또는 사각형위어와 긴 광정위어의 조합이 이용된다.

9.13.4 수중위어

하류수위가 위어마루보다 높게 되면 위어는 수중위어가 되고 위어를 통과하는 유량은 잠기는 현상의 영향으로 감소된다. 하류수심이 작아서 자유롭게 흐르는 자유위어와 수중위어의 유량관계는 위어 상하류 수두의 항으로 나타낼 수 있다(Villemonte, 1947).

$$\frac{Q}{Q_s} = \left[1 - \left(\frac{H_2}{H_1}\right)^n\right]^{0.385} \tag{9.55}$$

여기서 Q는 자유위어의 유량, Q_s 는 수중위어의 유량, H_1은 상류수두, H_2는 하류수두, $n=$ 위어형상계수이다.

수축위어	$n = 1.14$
전폭위어	$n = 1.50$
90°삼각위어	$n = 2.50$

예제 9.9

수로폭이 20 m, 수심이 2.6 m, 평균유속이 1.20 m/s이다. 수심을 3.6 m로 증가시키는 데 필요한 위어의 높이를 구하라.

[풀이] 수로의 유량: $Q= bhV = 20(2.6)(1.20) = 62.4\ \mathrm{m^3/s}$. 위어의 설치로 위어 상류수위는 1 m 상승되어 수심이 3.6 m가 된다. 위어가 설치되는 경우 접근유속과 속도수두는 다음과 같다.

$$\text{접근유속}\quad V_o = \frac{Q}{bh} = \frac{62.4}{20(3.6)} = 0.87\,\mathrm{m/s}$$

$$\text{속도수두}\quad \frac{V_o^2}{2g} = \frac{0.87^2}{2(9.81)} = 0.039\,\mathrm{m}$$

위어가 자유 또는 수중위어인지 알 수 없으므로 자유방류와 수중위어의 두 경우를 다 고려한다.

a. 자유방류의 경우

식 (9.51)에서 $C_d = 0.62$ 로 가정하면

$$Q = \frac{2}{3} C_d \sqrt{2g}\, L\left[\left(H + \frac{V_o^2}{2g}\right)^{3/2} - \left(\frac{V_o^2}{2g}\right)^{3/2}\right]$$

$$62.4 = \frac{2}{3}(0.62)\sqrt{2(9.81)}\,(20)[(H + 0.039)^{3/2} - 0.039^{3/2}]$$

$$H = 1.39\ \mathrm{m}$$

위어마루를 기준으로 수두는 1.39 m이므로 위어높이 P는 $3.6 = P + H$로부터 $P = 3.6 - 1.39 = 2.21\ \mathrm{m}$ 이

다. 하류수위(2.6 m)가 위어높이를 초과하므로 수중위어가 된다.

b. 수중위어의 경우

위어마루에 대한 상·하류수두는 각각 $H_1 = 3.6 - P$, $H_2 = 2.6 - P$이다. 수심이 3.6 m로 증가된 상태에서 접근유속의 영향을 무시한 경우 수중위어의 유량은 식 (9.48)로부터

$$Q_s = \frac{2}{3} C_d \sqrt{2g}\, L H_1^{3/2} = \frac{2}{3}(0.62)\sqrt{2(9.81)}\,(20)(3.6 - P)^{3/2}$$
$$= 36.6\,(3.6 - P)^{3/2}$$

식 (9.55)로부터

$$\frac{Q}{Q_s} = \frac{62.4}{36.6(3.6 - P)^{1.5}} = \left[1 - \left(\frac{2.6 - P}{3.6 - P}\right)^{1.5}\right]^{0.385}$$

시산에 의하면 $P = 2.1$ m이다. 따라서 수심을 3.6 m로 증가시키는 위어높이는 2.1 m이다.

9.13.5 오리피스

오리피스의 유량은 압력에 의해서 일어나고, 압력을 나타내는 수두의 함수로 주어진다. 오리피스는 크기에 따라 소형, 대형으로, 모양에 따라 원형, 사각형 및 삼각형으로, 유입부 모서리 모양에 따라 직각유입형, 둥근유입형으로 분류된다.

소형 오리피스

그림 9.21의 단면 ①, ②에 오리피스 중심을 기준으로 적용한 베르누이식에 의한 유속은

$$V_2 = C_v \sqrt{2gh}$$

여기서 C_v는 유속계수이다. 유량은

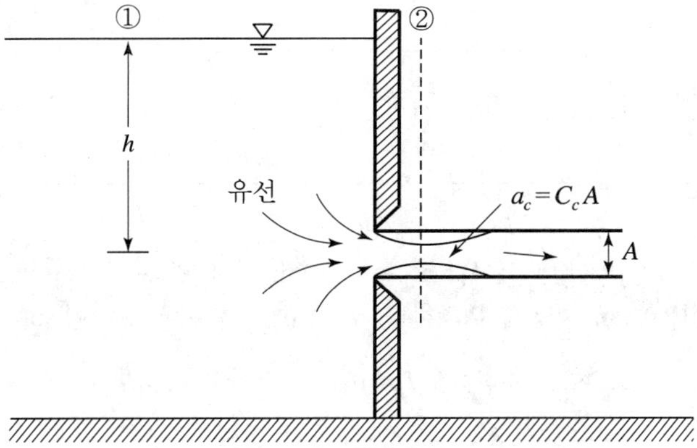

그림 9.21 오리피스 흐름

$$Q = a_c V_2 = C_c A C_v \sqrt{2gh}$$
$$= C_d A \sqrt{2gh} \tag{9.56}$$

여기서 C_c는 수축계수, $a_c (= C_c A)$는 수축단면적, A는 오리피스 단면적, $C_d (= C_c C_v)$는 유량계수로 0.6~0.8의 값을 갖는다. C_v는 유속계수이다.

대형 오리피스

오리피스 상의 수두가 오리피스 크기(직경)의 5배보다 작으면 대형 오리피스로 규정되고, 젵 흐름의 유선은 오리피스 단면에 수직이 아니며, 유속은 오리피스 단면에 걸쳐 일정하지 않고 흐름은 위어처럼 작용하여 식 (9.56)은 적용되지 않는다.

그림 9.22와 같이 수두가 작은 사각형오리피스에서 수면으로부터 수심 h에 있는 요소 Bdh를 통과하는 흐름의 유속은 $\sqrt{2gh}$이므로 유량은

$$dQ = Bdh \sqrt{2gh}$$

총유량은 dQ를 H_1에서 H_2까지 적분하고 유량계수 C_d를 도입함으로써 얻어진다.

$$Q = \frac{2}{3} C_d \sqrt{2g} B (H_1^{3/2} - H_2^{3/2}) \tag{9.57}$$

접근유속이 무시할 수 없을 정도이면 속도수두를 식 (9.57)의 H_1과 H_2에 포함시켜야 한다.

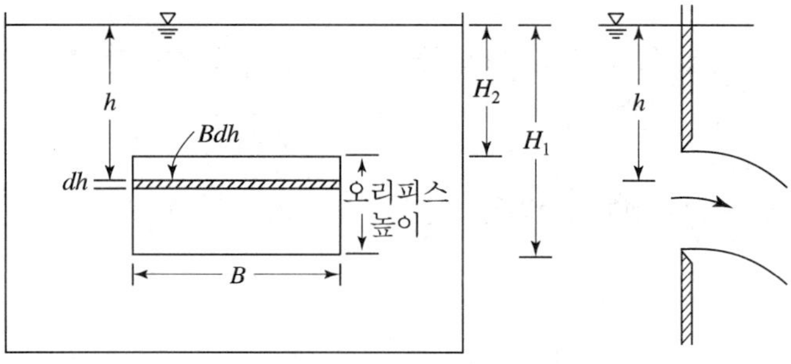

그림 9.22 대형 사각형위어

예제 9.10

폭이 3 m, 수심이 2 m인 수로에 폭이 2 m, 높이 0.7 m인 사각형오리피스를 갖는 강판을 설치하였다. 오리피스 상단이 수면에서 0.5 m 아래에 위치한다. $C_d = 0.62$를 이용하여 유량을 결정하라.

[풀이] 접근유속을 무시하고 유량을 구한다. $H_2 = 0.5\,\text{m}$, $H_1 = 0.5 + 0.7 = 1.2\,\text{m}$이므로 식 (9.57)로부터 유량은

$$Q = \frac{2}{3}(0.62)\sqrt{2(9.81)}\,(2)(1.2^{3/2} - 0.5^{3/2})$$
$$= 3.52\ \text{m}^3/\text{s}$$

접근유속은 $3.52/(3\times 2)=0.59\ \mathrm{m/s}$, 속도수두는 $0.59^2/(2\times 9.81)=0.018\ \mathrm{m}$ 이므로 접근유속을 고려한 경우 유량은 식 (9.57)에 따라

$$Q=\frac{2}{3}(0.62)\sqrt{2\times 9.81}\,(2)(1.218^{3/2}-0.518^{3/2})$$
$$=3.56\ \mathrm{m^3/s}$$

9.13.6 계측수로

계측수로는 (1) 수로의 폭을 수축하거나, (2) 수로폭의 수축과 하상에 턱을 설치하여 국부적으로 흐름을 가속시키는 방안이다. 첫째 방안은 **벤투리수로**(venturi flume)라 한다. 계측수로는 수축단면에서 한계흐름이 일어나도록 설계되고 계측수로의 유량은 에너지식에 근거하여 구해진다. 계측수로는 다음과 같은 장점을 갖는다. (1) 수두손실과 상하 수위 차이가 작다. (2) 접근유속의 영향을 적게 받는다. (3) 토사 퇴적 문제가 없다. (4) 부유물의 제약을 받지 않는다. (5) 물에 잠기는 문제가 없고 양호한 측정이 가능하다.

그림 9.23의 **수축부**(收縮部; throat) 단면 ②에서 비에너지와 유속은 각각

$$H=h_2+\frac{V_2}{2g} \tag{a}$$

$$V_2=\sqrt{2g(H-h_2)} \tag{b}$$

사각형 수축부 단면(폭이 b)의 경우 유량은

$$Q=bh_2\sqrt{2g(H-h_2)} \tag{c}$$

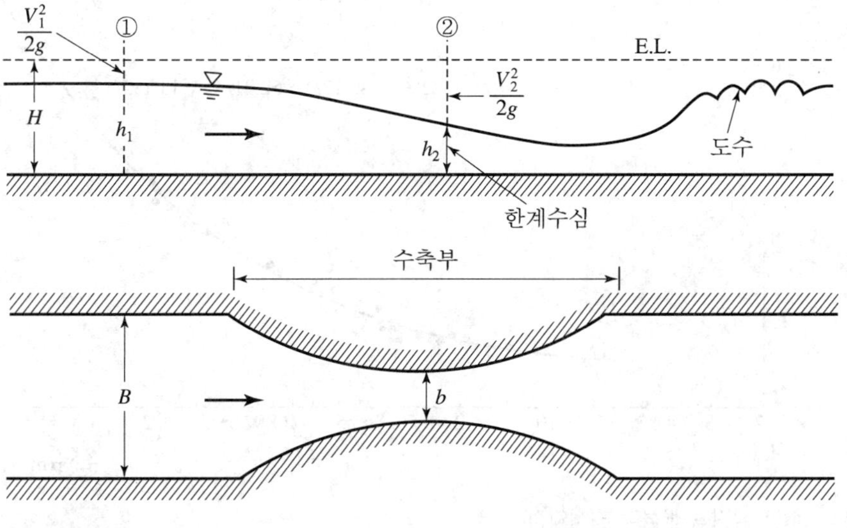

그림 9.23 벤투리계측수로

만약 수축부에서 한계흐름이 일어난다면 $h_2 = \frac{2}{3}H$ 이다. 따라서 유량은

$$Q = 0.385\, C_d \sqrt{2g}\, bH^{3/2} \tag{9.58}$$

식 (9.58)에서 H는 접근유속수두를 포함한 총수두이다. 수축부를 포함한 계측수로를 USBR에 의하여 개발된 표준치수로 설치되는 계측수로를 파샬계측수로(Parshall flume)라 한다.

9.14 수위-유량관계

9.14.1 수위-유량곡선

수위-유량곡선(水位-流量曲線; stage - discharge curve, rating curve)은 수위와 유량의 관계를 나타내는 곡선으로 수위에 대하여 측정된 유량을 도시하여 얻어진다. 수위-유량곡선의 주목적은 측정된 수위를 유량으로 환산하기 위함이다. 대개의 경우 간단히 수위와 유량의 도시로 충분하고 대표적인 곡선모양은 포물선이다(그림 9.24). 곡선 주위 자료점의 분산이 작아야 하고 일반적으로 2%보다 작은 것이 요구된다. 분산이 크게 되는 원인은 다음과 같다. (1) 하상의 세굴과 퇴적, 수초의 성장으로 인하여 수위-유량관계의 지배인자가 이동하는 경우, (2) 수면곡선이 조석, 저수지 수위 변동, 지류 유입 등에 의한 배수의 영향을 받는 경우, (3) 측정이 주의 깊게 수행되지 않는 경우이다. 그러나 수위만 가지고 유량이 직접 결정되지 않고 수면경사와 같은 제3의 매개변수를 통해서 유량이 결정되는 경우가 존재한다. 많은 경우 유량 측정은 저수위나

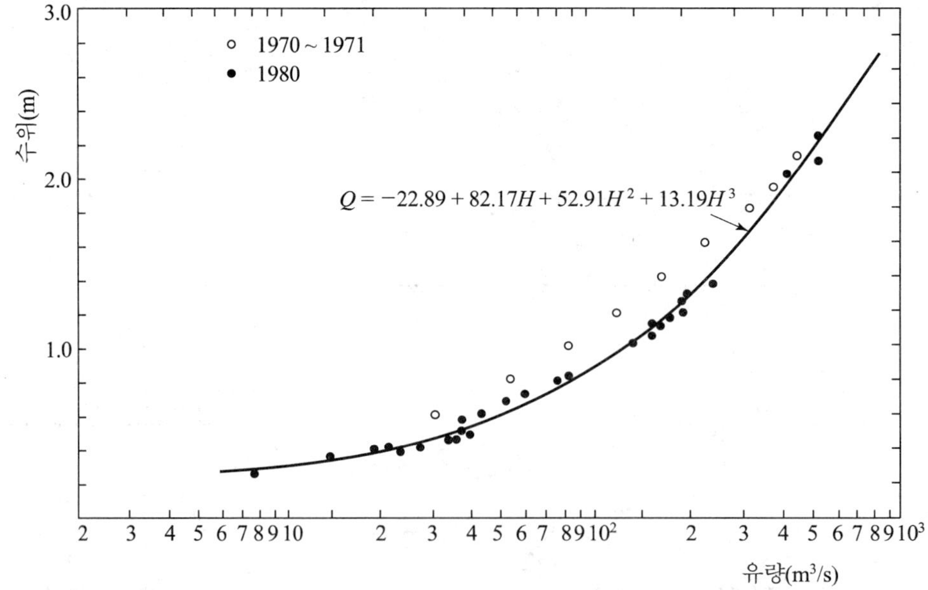

그림 9.24 수위-유량곡선(섬강 횡성지점)

평수위에서 이루어진다. 그러나 치수문제를 다루는 경우에는 고수위의 홍수량자료가 필요하다. 따라서 수위-유량곡선의 또 다른 중요한 목적은 수위-유량곡선의 연장이다.

9.14.2 경사-수위-유량관계곡선

하천폭의 감소, 수리구조물 및 하천의 합류로 인하여 배수가 일어나게 되면 유량은 수위와 수면경사의 함수가 되므로 수면경사가 제3의 매개변수로 포함되어야 한다. 수면경사를 유량의 영향인자로 포함시키기 위해서는 **기준관측소**(基準觀測所; base gaging station)와 하류에 **보조관측소**(補助觀測所; auxiliary gaging station)를 설치하여 수위를 동시 관측한다. 두 관측소의 수위 차이는 하천구간의 수면강하(fall) F 또는 수면경사 $S=F/L$를 나타낸다. 마닝공식에 따라 유량은 경사 S 또는 수면강하 F의 함수이므로 다음과 같이 표현된다.

$$\frac{Q}{Q_o}=\left(\frac{S}{S_o}\right)^m=\left(\frac{F}{F_o}\right)^k \tag{9.59}$$

여기서 Q_o는 $F=F_o$ 또는 $S=S_o$인 등류의 유량이다. 마닝공식에 의하면 지수 m은 $m=0.5$이다. 두 관측소 간의 수면은 일반적으로 직선이 아니므로 $F/L=S$가 성립되지 않는다. 따라서 지수 k는 0.5가 되지 않고 측정자료를 이용해서 결정된다.

(1) 일정수위강하-수위-유량곡선

F의 변화폭이 크지 않아 평균수위강하 F_o가 일정한 값일 때 경사-수위-유량 간의 관계를 일정수위강하-수위-유량관계라 한다. 기준관측소와 보조관측소는 충분한 거리에 위치하여 수면강하 F가 적어도 30 cm는 되어서 관측오차가 최소가 되도록 한다. 절차는 다음과 같다. 측정되는 모든 유량에 대하여 수면강하 F를 결정한다. F의 변화폭이 크지 않으면 평균값을 기준이 되는 F_o로 선정한다. 먼저 수위-유량관계곡선을 도시하고 각 자료점에는 F값을 병기하여 $F/F_o=1$이 되는 곡선을 적합시킨다(그림 9.25). 이 곡선이 $F=F_o$를 나타내는 Q_o-곡선이다. 만약 $F/F_o\neq 1$이면 F/F_o와 Q/Q_o의 관계를 별도로 도시하여 보조곡선인 **보정곡선**(補正曲線; correction curve)(그림 9.25)을 얻는다. 이와 같이 구한 **일정수위강하-수위-유량곡선**(一定水位降下-水位-流量曲線; constant fall rating curve)을 이용하여 수면경사의 영향을 받는 유량을 구하는 과정은 다음과 같다.

1. 기준관측소 수위 g에 해당하는 F에 대하여 F/F_o를 계산한다.
2. 보정곡선을 이용하여 F/F_o에 대한 Q/Q_o를 구한다.
3. 수위 g에 대한 유량 Q_o를 Q_o-곡선에서 읽는다.
4. 2단계의 Q/Q_o와 3단계의 Q_o를 곱하여 Q를 구한다. 유량 Q는 $S=F/L$를 만족하지 않는 수면경사에 관하여 보정된 유량이다.

전대수지 상에서 보정곡선이 직선(그림 9.26)으로 도시되면 이 직선의 기울기는 식 (9.59)의 k 값이 된다. 일단 k가 결정되면 식 (9.59)와 Q_o-곡선만을 이용하여 기준관측소와 보정관측소에서 동시 측정한 수위에 대한 유량 Q를 결정할 수 있다.

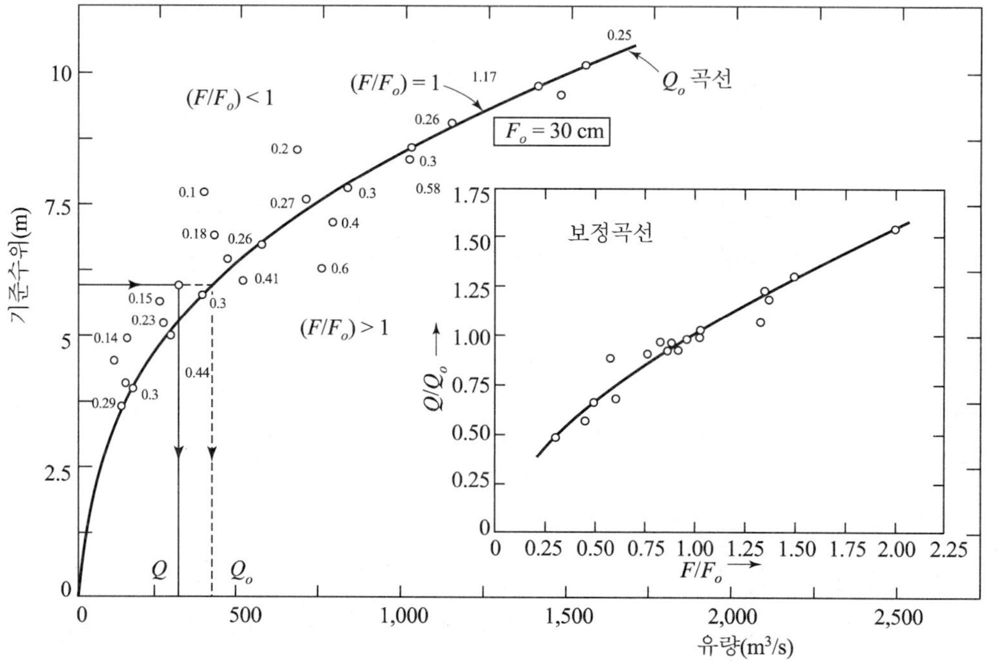

그림 9.25 일정수위강하-수위-유량곡선

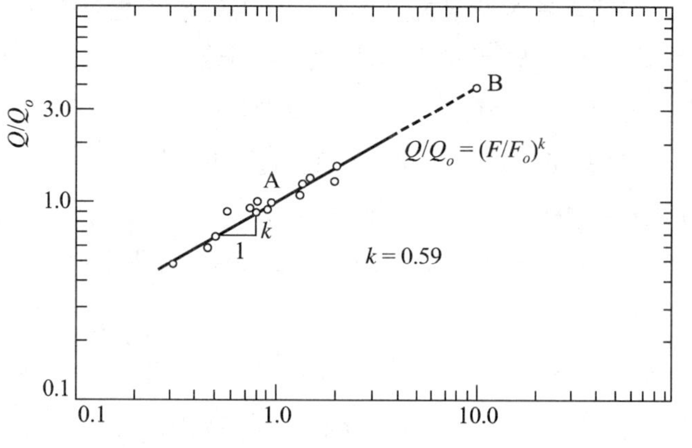

그림 9.26 보정곡선($Q/Q_o = (F/F_o)^k$ 의 지수 k 결정)

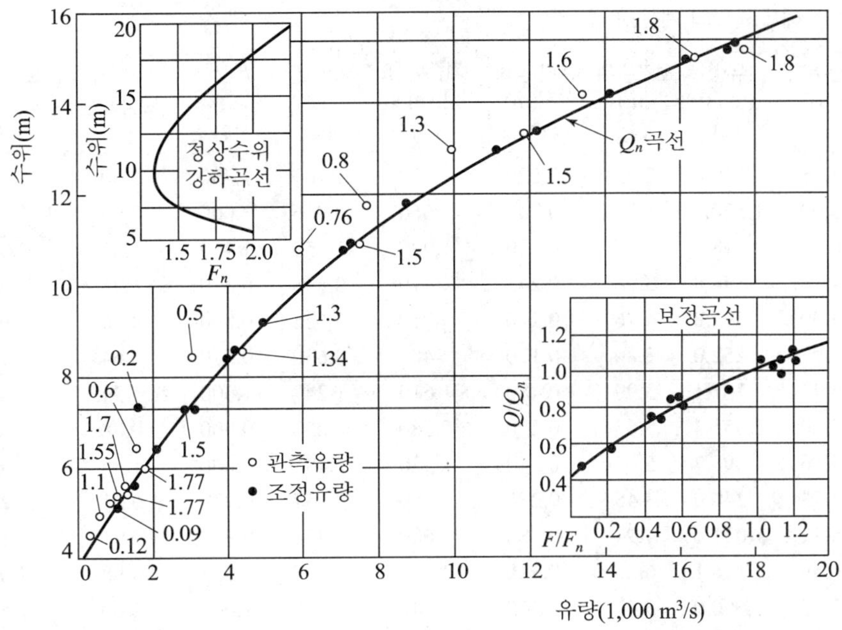

그림 9.27 정상수위강하-수위-유량곡선

(2) **정상수위강하-수위-유량곡선**

수위강하 F의 변동폭이 커서 평균수위강하를 F_o로 나타내는 것이 부적당하고 F의 변동이 수위의 함수인 경우에는 **정상수위강하-수위-유량곡선**(正常水位降下-水位-流量曲線; normal fall rating curve)이 사용된다. 일정수위강하와 다른 점은 일정한 수위강하 F_o 대신에 **정상수위강하**(正常水位降下; normal fall) F_n이 사용되는 점이다. F_n은 수위의 함수로서 보조곡선인 정상수위강하곡선으로 정의된다. 이 방법으로 유량을 계산하기 위해서는 기준, 보조관측소에서 동시관측한 수위자료로부터 F를 계산하고 기준관측소 수위에 대하여 정상수위강하곡선에서 F_n을 읽는다. F/F_n을 계산하고 보정곡선으로부터 F/F_n에 대한 Q/Q_n을 결정하고 여기에 Q_n-곡선으로부터 기준관측소 수위에 대하여 읽은 Q_n을 곱하여 Q를 결정한다.

예제 9.11

표 9.7은 기준관측소와 520 m 하류에 위치한 보조관측소의 수위와 유량자료이다. 경사-수위-유량관계곡선을 작성하고 수위-유량곡선의 평균오차를 계산한다. 또한 6.4 m와 6.2 m의 기준 및 보조수위에 대한 유량을 구하라.

[풀이] 기준수위와 보조수위의 차이로 수면강하 F를 계산한다(4란). 4란의 평균수면강하가 0.336 m로 계산되나 편의상 F_o 값으로 0.3 m를 취한다. 기준수위와 관측유량을 도시하고 수위강하 F_o=0.3에 대한 기준유량곡선인 Q_o-곡선을 작성한다(그림 9.28). Q_o-곡선으로부터 주어진 기준수위에 대한 Q_o(5란)를 읽고

표 9.7 예제 9.10의 계산 과정

기준수위 (m) (1)	유량 (m^3/s) (2)	보조수위 (m) (3)	수면강하 F(m) (4)	기준유량 Q_o (m/s) (5)	Q/Q_o (2)/(5) (6)	F/F_o (7)	Q/Q_o 보정곡선 (8)	보정유량 Q(m^3/s) (9)	오차 (10)
3.25	140.0	2.73	0.520	120	1.167	1.730	1.40	168	−28
6.00	1,520.0	5.70	0.300	1,660	0.916	1.000	0.95	1,577	−57
6.29	2,218.5	5.87	0.420	1,920	1.155	1.400	1.21	2,323	−105
4.18	398.8	3.98	0.243	470	0.848	0.810	1.91	391	18
5.00	597.0	4.76	0.240	950	0.628	0.800	0.66	627	−30
3.97	252.0	3.80	0.170	400	0.630	0.570	0.64	256	−4
4.47	761.1	3.99	0.480	610	1.247	1.600	1.34	817	−56
5.90	1,355.4	5.63	0.270	1,580	0.858	0.900	0.88	1,390	−35
5.56	1,898.7	5.02	0.540	1,320	1.438	1.800	1.45	1,914	−15
3.73	240.0	3.45	0.280	280	0.857	0.933	0.91	255	−15
5.22	1,031.0	4.94	0.280	1,080	0.954	0.933	0.91	983	48
6.59	2,176.1	6.28	0.310	2,140	1.017	1.033	0.98	2,097	79
5.86	1,600.0	5.47	0.320	1,540	1.039	1.067	1.00	1,540	60

Q/Q_o(6란)와 F/F_o(7란)를 도시하여(그림 9.29) 보정곡선을 작성한다. 각 수위강하 F/F_o(7란)에 대한 Q/Q_o(8란)를 보정곡선(그림 9.29)으로부터 읽고 이에 Q_o–곡선으로부터 읽은 Q_o(5란)를 곱하여 보정유량 Q(9란)를 얻는다. 평균오차는 부호를 무시하고 계산한 오차의 합을 관측횟수로 나누어 550/13=42.3 m^3/s를 얻는다.

기준관측수위 6.4 m에 대한 수위강하는 $F=6.4-6.2=0.2$ m, 수위 6.4 m에 대한 Q_o는 그림 9.28의

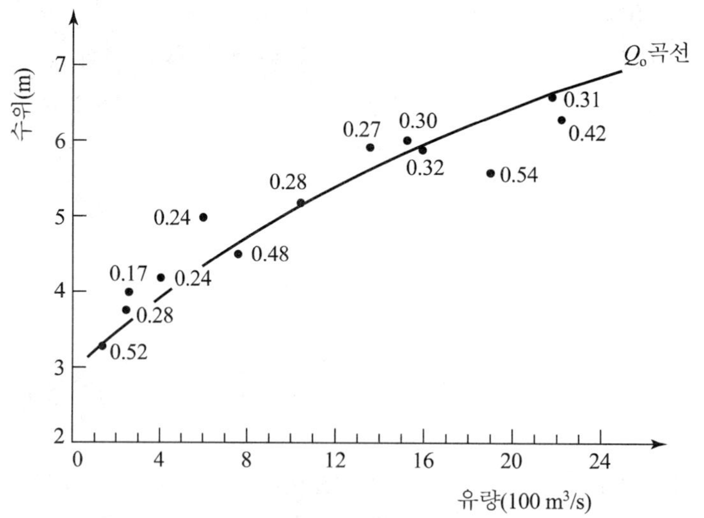

그림 9.28 일정수위강하 0.3 m에 대한 수위–유량곡선

Q_o - 곡선으로부터 $Q_o = 1{,}700\ \mathrm{m^3/s}$ 이다. 그림 9.29로부터 $F/F_o = 0.2/0.3 = 0.667$ 에 대한 Q/Q_o 는 0.86이다. 따라서 수위 6.4 m에 대한 유량은 $Q = Q/Q_o \times Q_o = 0.86 \times 1{,}700 = 1{,}462\ \mathrm{m^3/s}$ 이다.

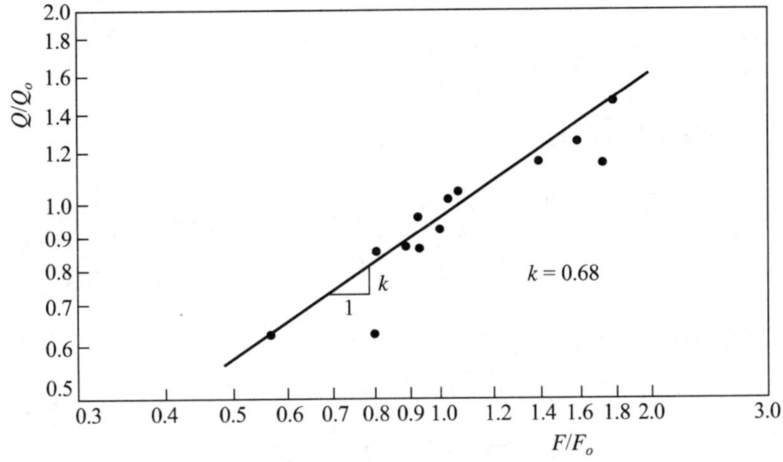

그림 9.29 보정곡선

9.15 수위-유량곡선의 연장

일반적으로 홍수시와 같은 고수위에서는 빠른 유속, 큰 수심 및 부유물 등으로 인하여 유량 측정이 어렵거나 불가능하고 또한 위험하다. 따라서 고수위에 대한 유량을 얻기 위해서는 수위-유량곡선의 연장이 필요하고 이는 전대수지방법, Stevens방법, 9.9절의 경사-면적방법에 의해서 가능하다.

9.15.1 전대수지방법(logarithmic method)

수위-유량곡선을 다음과 같이 유량을 수위의 지수함수로 가정한다.

$$Q = k(g - z)^b \tag{9.60}$$

여기서 g 는 수위, k 와 b 는 상수이고, z 는 유량이 영이 되는 수위이다. 식 (9.60)의 Q 와 수위 $(g-z)$ 를 전대수지에 도시하면 직선이 되므로 연장이 가능하다. 그러나 식 (9.60)의 z 값이 주어지지 않으면 z 값이 먼저 결정되어야 한다. z 값에 따라 $Q \sim g$ 의 도시는 다음 표와 같이 곡선의 모양이 달라진다. 따라서 $z = 0$ 에 대하여 수위와 유량을 전대수지에 도시하고 표를 참고하여 $Q \sim (g-z)$ 의 도시가 직선이 될 때까지 z 를 변화시킨다. 즉 $z = 0$ 일 때 $Q \sim g$ 곡선이 아래로 볼록하면 유량이 영인 수위가 영점표고보다 높으므로 수위를 $(g-z)$ 만큼 낮추는 것이 필요하다.

영점표고에 대한 z 값	곡선형태	직선이 되기 위한 식의 형태	비고
0	직선	$Q=kg^b$	유량이 영인 수위가 영점표고와 일치
$+z$	凹	$Q=k(g-z)^b$	유량이 영인 수위가 영점표고보다 높다.
$-z$	凸	$Q=k(g+z)^b$	유량이 영인 수위가 영점표고보다 낮다.

z를 구하는 대수적인 과정은 다음과 같다.

1. 수위–유량곡선에서 두 점을 선정하여 Q_1, Q_2와 g_1, g_2를 읽어서 Q_3를 계산한다.

$$Q_3=\sqrt{Q_1 Q_2}$$

2. 수위–유량곡선에서 Q_3에 대한 g_3를 읽는다.
3. 전대수지 상에서 직선의 성질에 따라 z는

$$z=\frac{g_1 g_2-g_3^2}{g_1+g_2-2g_3} \tag{9.61}$$

예제 9.12

어느 수위표 지점의 수위–유량곡선의 작성을 위한 수위와 유량의 측정자료가 표 9.8의 1, 2란과 같다. 홍수시 관측된 수위가 4.50 m이다. 수위 4.50 m에 대한 유량을 전대수지방법과 대수적인 과정에 의하여 구하라.

표 9.8 전대수지방법에 의한 연장

수위 g(m) (1)	유량 Q(m^3/s) (2)	g−0.45 (m) (3)	g−0.40 (m) (4)	g−047 (m) (5)
0.634	30.0	0.185	0.234	0.164
0.702	41.8	0.252	0.302	0.232
0.872	77.5	0.422	0.472	0.402
1.168	139.8	0.718	0.758	0.698
1.335	187.9	0.885	0.935	0.865
1.408	219.0	0.958	1.008	0.938
1.658	268.5	1.208	1.258	1.188
1.715	283.1	1.265	1.315	1.245
1.825	303.9	1.375	1.425	1.355
1.933	371.8	1.483	1.533	1.463
2.152	428.4	1.702	1.752	1.682
2.191	456.7	1.741	1.791	1.721
2.487	538.8	2.037	2.087	2.017
2.777	653.1	2.327	2.377	2.307
2.830	682.6	2.380	2.430	2.360
2.917	708.6	2.467	2.517	2.447
3.128	773.7	2.678	2.728	2.658

[풀이]

(a) 전대수지방법

표 9.8의 1, 2란의 자료를 도시한 수위-유량곡선이 그림 9.30과 같다. 또한 1, 2란의 자료를 그림 9.31의 전대수지에 도시한 $z=0$인 곡선은 위로 오목한 곡선이므로 이는 z값이 영이 아님을 의미한다.

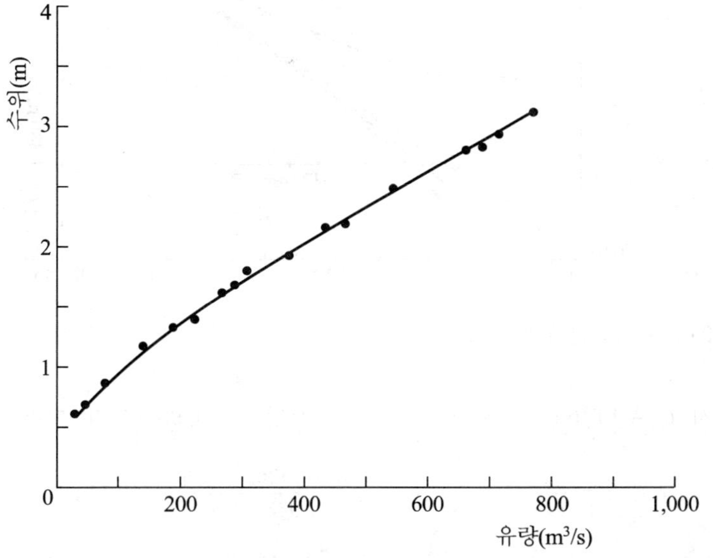

그림 9.30 수위-유량곡선(예제 9.12)

그림 9.30을 살펴보면 $Q=0$에 대한 z값은 대략 0.45이다. 0.45를 적용하여 표 9.8의 3란(g−0.45)을 작성하고 이를 유량에 대하여 도시하면 약간 아래로 오목한 곡선이 된다(그림 9.31). 따라서 직선이 되는 z값은 $z=0-0.45$ 사이에 있음을 알 수 있다. 이번에는 0.4를 적용하여 4란을 작성하여 유량에 대하여 도시하면 거의 직선으로 나타나므로 0.4를 z값으로 채택한다. 그림 9.31에서 $z=0.4$인 직선을 연장하여 (수위−0.4) $= 4.5-0.4=4.1$ m에 대한 유량을 읽으면 1,330 m³/s이다. 식 (9.60)의 b값은 직선의 역경사로 주어지므로 그림 9.31의 수치를 적용하면

$$b=\frac{37}{27}=1.37$$

k값은 (수위-0.45)1.0일 때 유량이다. (수위-0.45)1.0로부터 수위$=1+0.45=1.45$ m에 대한 유량은 그림 9.30에서 210 m^3/s이므로 $k=210$ m^3/s이다. 따라서 이 경우 식 (9.60)은 다음과 같이 주어진다.

$$Q=210(g-0.4)^{1.37} \qquad \text{(a)}$$

식 (a)를 이용한 수위 4.5 m에 대한 유량은 1,451 m^3/s이다.

(b) 대수적인 과정

그림 9.30에서 임의로 선정한 $g_1=0.634$ m와 $g_2=1.933$ m에 해당하는 유량은 각각 $Q_1=30.0$ m^3/s, $Q_2=371.8$ m^3/s이므로 Q_3는

$$Q_3=\sqrt{Q_1Q_2}=\sqrt{(30.0)(371.8)}=105.6 \text{ m}^3/\text{s}$$

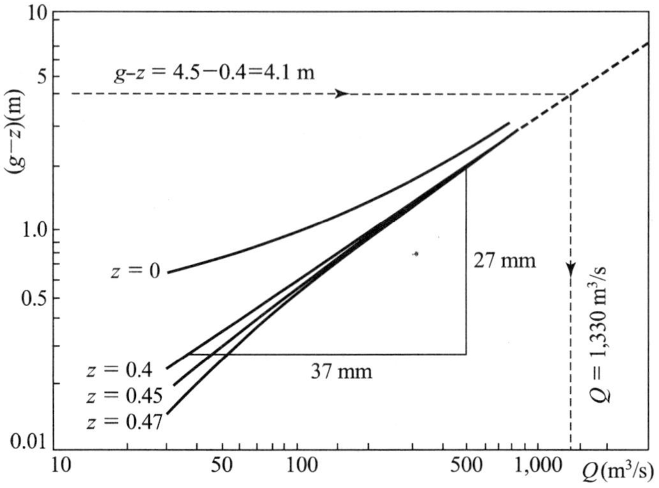

그림 9.31 식 9.60의 z 값 산정(예제 9.12)

그림 9.30에서 $Q_3 = 105.6 \text{ m}^3/\text{s}$에 대한 수위를 읽으면 $g_3 = 0.96$ m이다. 따라서 z는

$$z = \frac{g_1 g_2 - g_3^2}{g_1 + g_2 - 2g_3} = \frac{0.634 \times 1.933 - 0.96^2}{0.634 + 1.933 - 2(0.96)} = 0.47 \text{ m}$$

표 9.8의 5란인 $z = 0.47$을 나타내는 그림 9.31의 곡선을 연장하면 식 (9.60)의 b는 $z = 0.4$의 경우와 거의 같으므로 $b = 1.37$이다. k은 전대수지방법에서와 같이 $k = 210 \text{ m}^3/\text{s}$이므로 식 (9.60)은

$$Q = 210(g - 0.47)^{1.37} \tag{b}$$

식 (b)에 의한 수위 4.5 m에 대한 유량은 $1{,}417 \text{ m}^3/\text{s}$이다.

9.15.2 Stevens방법

이는 Chezy평균유속공식을 이용한 방법이다.

$$Q = AC\sqrt{RS} \tag{9.62}$$

여기서 Q는 유량(m³/s), A는 흐름단면적(m²), R은 동수반경(m), S는 에너지선의 경사, C는 Chezy상수이다. S를 일정하다고 가정하여 $C\sqrt{S} = k$로 놓고 넓은 수로로 가정하여 동수반경 R을 수심 h로 대치하면 식 (9.62)는

$$Q = kA\sqrt{h} \tag{9.63}$$

따라서 식 (9.63)에서 Q는 변수 $A\sqrt{h}$의 일차함수이므로 $Q \sim kA\sqrt{h}$의 관계는 직선이 됨을 알 수 있다. 한편 $A\sqrt{h}$는 수위 g의 함수이고 Q는 $A\sqrt{h}$의 함수인 동시에 g의 함수이므로 $Q \sim A\sqrt{h}$의 관계와 $g \sim A\sqrt{h}$의 관계를 같은 그림에 도시하고 고수위에 대한 유량을

$Q \sim A\sqrt{h}$ 의 연장선 상에서 구할 수 있다.

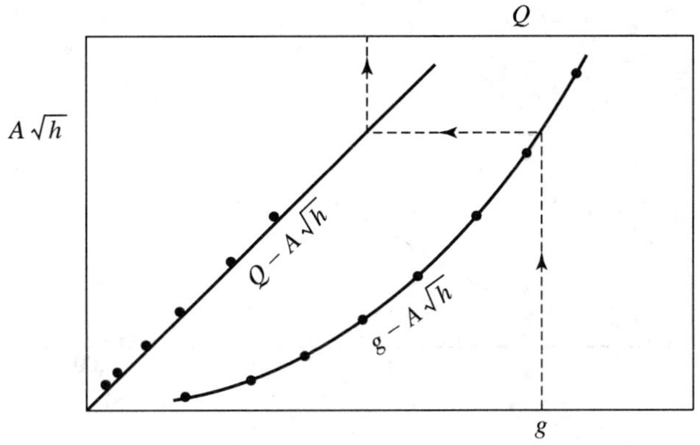

그림 9.32 Stevens방법

예제 9.13

표 9.9의 1~4란은 수위-유량곡선의 자료이다. 곡선을 연장하고 수위 5.48 m에 대한 유량을 (a) 전대수지법, (b) Stevens방법에 의하여 결정하라.

[풀이]

(a) 전대수지법: 수위와 유량을 전대수지에 도시하면 그림 9.33에서와 같이 직선으로 나타나므로 절선 부분과 같이 연장이 가능하다. 이로부터 수위 5.48 m에 대한 유량은 1,700 m^3/s이다.

표 9.9 수위-유량곡선 연장(전대수지법, Stevens방법)

수위 (m) (1)	면적 $A(m^2)$ (2)	수심 h(m) (3)	유량 (m^3/s) (4)	$A\sqrt{h}$ (5)
1.60	126.9	1.12	207.0	134.3
0.78	45.6	0.30	43.5	25.0
1.95	202.9	1.47	326.8	246.0
3.06	357.7	2.58	640.5	574.5
2.56	272.1	2.08	454.5	392.4
3.60	410.8	3.12	805.5	725.7
4.20	492.6	3.72	1,060.5	950.2
1.14	85.7	0.66	114.6	69.6
1.83	173.6	1.35	280.5	201.7
2.32	240.9	1.84	400.5	326.8
2.73	327.0	2.25	556.0	490.5
3.12	376.6	2.64	683.4	612.0
4.00	484.2	3.52	1,023.0	908.0
4.56	509.0	4.08	1,158.0	1,029.0
5.48	586.0	5.00	1,450.0	1,300.0

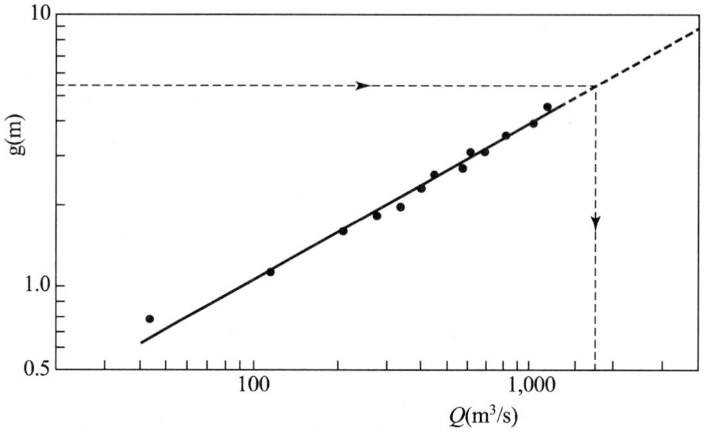

그림 9.33 예제 9.13의 전대수지법(예제 9.13)

(b) Stevens방법: 표 9.9의 5란의 $A\sqrt{h}$ 를 계산한다. 3란과 5란을 이용하여 $h-A\sqrt{h}$ 를, 5란과 4란을 이용하여 $A\sqrt{h}-Q$ 를 동일한 산술방안지에 도시한다(그림 9.34). 수위 = 영점표고 + 수심의 관계식을 이용하여 수심이 영인 영점표고를 결정한다. 표 9.9에서 수위가 1.6 m 인 경우 수심이 1.12 m 이므로 영점표고 $= 1.6 - 1.12 = 0.48$ m 이다. 수위 5.48 m 에 대한 수심은 $h = 5.00$ m $(5.48 - 0.48)$ 이므로 그림 9.34에서 $h = 5.00$ m 에 대하여 $h-A\sqrt{h}$ 곡선에서 $A\sqrt{h} = 1{,}300$ 을 읽고, $A\sqrt{h}-Q$ 곡선에서 $A\sqrt{h} = 1{,}300$ 에 대하여 $Q = 1{,}450\ \mathrm{m^3/s}$ 를 읽는다.

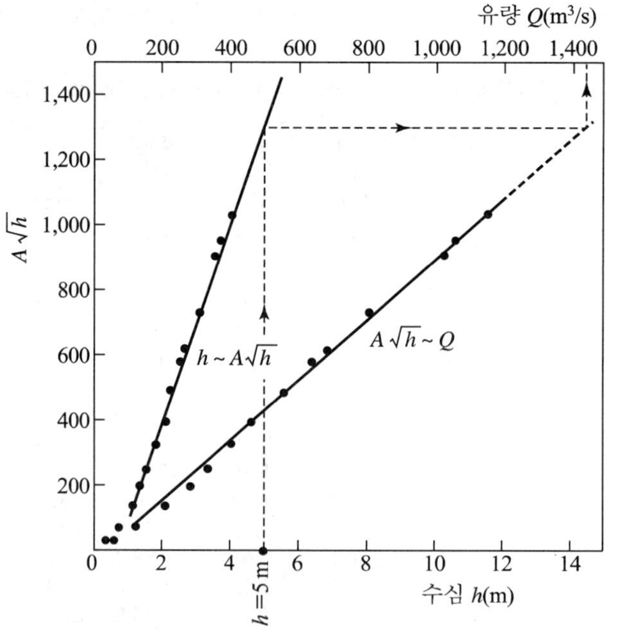

그림 9.34 예제 9.13의 Stevens방법

문 제

하천유량 측정

9.1 연직유속분포가 $v = 1.9(2-y)^{1/7}$ 일 때 수심 2 m에 대한 평균유속을 구하라. y는 수면에서부터 측정되는 수심이다.

9.2 연직유속분포가 대수분포로 주어진다.

$$v = 1.4 + 0.8\log\frac{y}{d}$$

여기서 y는 하상에서부터 연직거리이다. 수심이 $d = 2.0$ m인 경우 다음 방법으로 평균유속을 구하라.
(a) 직접적분방법, (b) 도시적분방법

9.3 다음은 수심 3 m인 연직선의 점유속이다. 상이한 방법으로 평균유속을 계산하라.

수심비(y/d)	유속(m/s)
0.05	0.84
0.20	0.82
0.40	0.78
0.60	0.71
0.80	0.62
0.90	0.52

유량 계산

9.4 유속측정 결과가 다음과 같다. 유량을 산정하라.

하안으로부터 거리(m)	0	2	4	6	8	10	12	14	16	18	20
수심(m)	0	1.3	2.7	3.7	4.1	4.3	3.3	2.7	1.9	1.3	0.6
유속(m/min)	0	40	46	54	58	50	48	46	44	26	0

9.5 다음 유속측정 자료에 대한 유량을 산정하라.

좌안으로부터 거리(m)		0	1	2	3	4	5	6	7
수심(m)		0.0	1.25	2.0	3.0	2.5	2.0	1.5	0.0
유속(m/s)	$0.2d$	0.0	0.5	0.75	1.00	0.85	0.80	0.70	0.0
	$0.8d$	0.0	0.3	0.5	0.6	0.5	0.5	0.4	0.0

9.6 측정된 유속을 이용하여 작성한 등속선 사이의 면적이 다음과 같다. 유량을 결정하라.

유속(m/s)	등속선 간의 면적(m^2)
>0.5	1.6
0.5 ~ 0.4	4.5
0.4 ~ 0.3	6.9
0.3 ~ 0.2	8.3
0.2 ~ 0.1	3.2
0.1 ~ 0.0	3.2

9.7 유속측정 성과가 다음과 같다. 중간단면방법으로 유량을 계산하라.

측점번호 i	하안부터 거리 (m)	수심 (m)	평균속도 (m/s)
1	0.0	0.00	0.00
2	4.0	1.00	0.16
3	10.0	1.50	0.4
4	16.0	1.60	0.54
5	22.0	1.90	0.67
6	28.0	1.50	0.36
7	34.0	1.45	0.43
8	40.0	1.80	0.72
9	45.0	2.05	1.02
10	50.0	1.95	1.20
11	55.0	1.90	1.25
12	60.0	1.70	1.53
13	65.0	2.00	1.56
14	70.0	2.20	1.48
15	75.0	2.40	1.31
16	80.0	2.40	1.02
17	85.0	2.70	0.78
18	90.0	1.80	1.02
19	95.0	1.20	0.77
20	98.0	1.00	0.59
21	99.0	0.00	0.00

9.8 문제 9.7을 평균단면방법으로 풀어라.

9.9 문제 9.7을 수심-유속적분방법으로 풀어라.

9.10 유량측정 결과가 다음과 같다. 유속계 검정은 $v = 0.04 + 0.02\,N$이고 v는 m/s, N은 분당 회전수이다. 중간단면방법으로 유량을 결정하라.

하안으로부터거리 (m)	수심 (m)	유속계 위치 y/d	회전수 (rpm)
0	0.00		0
2	0.50	0.60	45
4	0.95	0.60	53
6	1.62	0.20	59
		0.80	47
8	1.80	0.20	66
		0.80	52
10	1.24	0.20	52
		0.80	40
12	0.20	0.60	32
13	0.00		0

9.11 폭이 6 m인 사각형수로의 유량을 경사–면적방법으로 구하라. 500 m 구간의 상·하류 수심이 각각 2.0 m, 2.2 m, 수면의 차이가 0.25 m, 조도계수가 0.025이다.

9.12 길이가 900 m인 하천구간의 상·하류 흐름단면적이 각각 400 m^2, 462 m^2, 수심이 각각 4 m, 4.2 m이고, 수면차이가 0.5 m, 조도계수가 0.03이다. 유량을 결정하라.

희석법

9.13 일정률주입방법의 희석법을 이용한 유량 측정에서 농도가 6.8 g/L인 추적물을 10 mL/s로 주입한다. 혼합이 전단면에 걸쳐 일어난 하류지점에서 측정된 농도가 0.051 mg/L이다. 유량을 구하라.

9.14 순간주입방법의 희석법을 이용한 유량 측정에서 농도가 4.2 g/L, 체적이 12.0×10^{-3} m^3인 추적물을 주입한 후 하류에서 채취된 시간–농도곡선이 다음과 같다. 유량을 구하라.

시간(min)	0	3	6	9	10	13	18	23	30
농도(μg/L)	0	0.7	5.1	11.2	12.0	9.0	4.1	1.2	0

수리학적 방법에 의한 유량 측정

9.15 폭이 3 m인 사각형위어에 수두 0.3 m로 물이 흐른다. 만약 위어를 90°인 삼각형위어로 교체할 경우 위어 상의 수심을 구하라. 삼각형과 사각형위어의 유량계수는 각각 $C_d = 0.59$, $C_d = 0.63$이다.

9.16 수로의 폭이 3.5 m, 등류수심이 1.8 m이다. 수로의 유량이 10 m^3/s일 때 수로 끝에 위어를 설치하여 자유방류되는 위어의 높이를 결정하라. 위어의 유량계수는 $C_d = 0.95$이다.

9.17 수중위어의 깊이가 3 m이다. 위어마루의 높이가 상류수위보다는 20 cm, 하류수위보다는 15 cm 낮다. 유량을 구하라. 위어의 유량계수는 $C_d = 0.82$이다.

9.18 길이 1 m, 높이 0.5 m인 탱크에 사각형오리피스가 설치되어 오리피스 상단이 수면보다 3 m 아래 위치한다. 오리피스를 (a) 소형 오리피스, (b) 대형 오리피스로 취급하여 유량을 결정하라. 위어의 유량계수는 $C_d = 0.62$ 이다.

수위 – 유량곡선

9.19 다음 방법으로 수위–유량곡선을 유도하라. (a) 도시방법 (b) 회귀식.

수위(m)	0.7	1.0	1.2	1.4	1.5	1.7	2.1	2.5	2.7	3.0
유량(m^3/s)	7	11	15	18	20	25	35	45	58	72

9.20 다음 자료를 이용하여 수위–유량곡선을 작성하라.

수위(m)	0.3	0.6	0.9	1.2	1.5	2.0	2.3	2.6	3.0	3.3	3.7	3.85
유량(m^3/s)	2	12	33	66	119	182	266	378	490	630	770	840

9.21 다음은 기준관측소와 2,000 m 하류에 위치한 보조관측소에서 측정한 유량자료이다. 경사-수위-유량관계를 수립하라. 기준관측소와 보조관측소에서 수위가 각각 8.75 m, 8.0 m일 때 유량을 산정하라.

기준관측소 수위 (m)	보조관측소 수위 (m)	유량 (m^3/s)
1.113	1.052	35
2.307	0.380	207
1.460	1.256	79
2.064	1.448	166
1.856	1.155	165
2.240	1.432	201
7.739	5.087	996
7.209	5.289	781
10.659	7.779	1,416
4.127	2.530	446
6.206	4.024	761
5.008	3.091	581

9.22 다음 하천유량자료에 대한 일정수위강하-수위-유량곡선을 작성하고 수위-유량곡선의 오차를 산정하라.

기준수위 (m)	보조수위 (m)	수위강하 (m)	유량 (m^3/s)
5.70	5.97	0.27	36.3
5.71	6.08	0.36	42.3
5.65	6.01	0.36	40.2
5.87	6.23	0.36	43.2
6.31	6.74	0.42	58.5
5.35	5.58	0.24	27.1
5.71	6.06	0.35	39.3
5.56	5.84	0.28	32.1
5.77	6.07	0.30	38.4
5.37	5.69	0.32	35.7
5.80	6.10	0.30	39.3
5.97	6.35	0.38	48.0
6.04	6.38	0.34	45.9
5.47	5.87	0.41	38.7
5.19	5.50	0.31	29.9
5.36	5.75	0.39	37.2
5.73	6.01	0.28	38.4
5.50	5.90	0.40	40.2

9.23 다음 자료의 경우 일정수위강하와 정상수위강하-수위-유량곡선 중 어느 것이 적용되는지 결정하라.

수위 (m)	유량 (m^3/s)	수위강하 (m)
1.6	2	1.1
2.0	20	0.5
4.5	160	1.7
3.0	40	1.0
1.8	15	0.6

9.24 다음 하천유량자료에 대한 정상수위강하 – 수위 – 유량곡선을 작성하라.

기준수위 (m)	보조수위 (m)	수위강하 (m)	유량 (m^3/s)
6.85	6.96	0.12	18.2
7.26	7.51	0.26	33.3
7.44	7.59	0.16	26.8
9.75	10.76	1.01	137.6
7.65	7.91	0.26	38.8
5.94	5.96	0.02	40
7.55	7.75	0.20	33.6
7.60	7.96	0.36	48.4
5.47	5.57	0.10	84
4.96	5.06	0.10	6.6
5.06	5.16	0.10	6.3
9.14	10.07	0.93	121.6
7.62	8.1	0.48	56.4
7.53	8.01	0.48	53.6
7.82	8.3	0.48	57.6
7.46	7.62	0.17	28.4
7.22	7.94	0.12	22.0
7.00	70.3	0.02	8.4
5.67	5.77	0.10	8.8
6.83	6.88	0.05	12.0

수위 – 유량곡선의 연장

9.25 다음 자료에 대한 수위 – 유량곡선을 작성하라. 전대수지방법, Stevens방법으로 수위 – 유량곡선을 연장하여 수심 2.7 m에 대한 유량을 구하라.

수위 (m)	면적 (m^2)	수심 (m)	유량 (m^3/s)
10.52	23.7	0.45	30.6
11.04	108.0	0.63	147
11.28	161.1	0.96	231
11.68	214.2	1.38	321
12.01	295.2	1.56	453
12.34	356.4	1.71	570
12.76	450.0	1.83	750
14.35	738.0	2.7	–
10.75	60.7	0.54	81
11.21	141.3	0.84	198
11.52	193.5	1.17	283
11.79	261.9	1.47	393
12.05	307.8	1.62	483
12.63	433.8	1.80	723
12.97	472.5	1.95	819

9.26 문제 9.20에서 수위 5.0 m에 대한 유량을 구하라.

10 단위유량도

Applied Hydrology

10.1 수문계모형

계(系; system)는 입력과 출력을 상호 관련시키는 구조이고 그림 10.1은 가장 간단한 계로 black-box모형을 나타낸다. 수문순환은 **수문계**(水文系; hydrologic system)로 간주될 수 있고, 유역은 강우입력에 대하여 유출출력을 갖는 강우-유출계가 된다. 선형계의 간단한 예로 110 V 입력을 220 V 출력으로 변환(승압)하는 변압기를 들 수 있다.

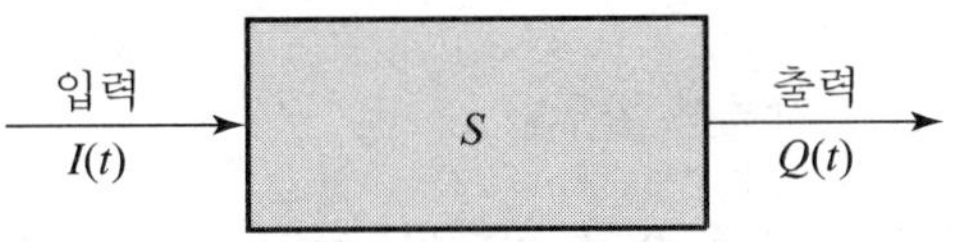

그림 10.1 계의 Black-box 모형

그림 10.1에서 S는 계의 **변환함수**(變換函數; transfer function)이다. 그림 10.2는 저수지를 계로 나타낸 예로 유입량 $I(t)$에 대한 방류량 $Q(t)$를 나타내는 **선형저수지**(線型貯水池; linear

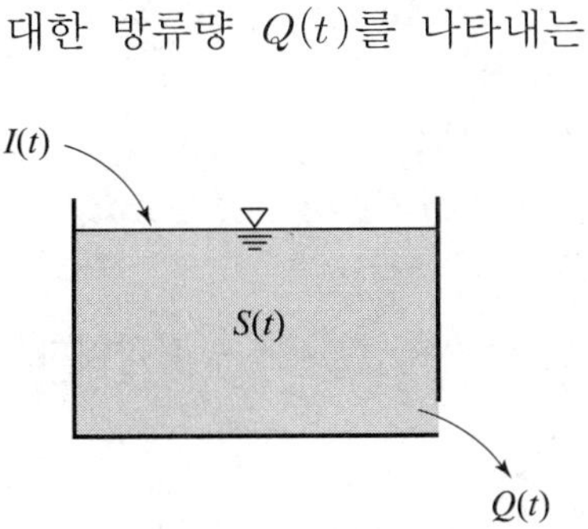

그림 10.2 선형저수지

reservoir)를 설명한다.

$$S(t) = KQ(t) \tag{10.1}$$

식 (10.1)에서 저수지의 저류용량 $S(t)$는 방류량에 비례하고 비례상수 K는 **저류상수**(貯留常數; storage constant)이다. 따라서 모든 수문현상은 계로 나타낼 수 있음을 알 수 있다.

비례원리와 중첩(가법(加法))원리를 만족하는 계를 **선형계**(線型系; linear system)라 하고 그렇지 않은 계를 비선형계라 한다. 또한 선형계는 계의 거동이 선형미분방정식으로 기술되는 계이다.

비례원리: 이는 계의 입력과 출력이 같은 축척비를 갖는 것을 의미한다.

$$y = H(ax) = aH(x) \tag{10.2}$$

중첩(가법)원리: 두 입력의 합에 의한 계의 출력이 두 출력의 합과 같게 되는 것을 의미한다.

$$y_1 + y_2 = H(x_1) + H(x_2) = H(x_1 + x_2) \tag{10.3}$$

여기서 x, y는 입력과 출력, H는 **계함수**(系函數; system function), **응답함수**(應答函數; response function), 또는 **변환함수**(變換函數; transfer function)이고, a는 상수이다.

$y(t) = H[x(t)] = [x(t)]^2$은 다음과 같이 가법이 적용되지 않는 점에서 선형이 아닌 비선형이다.

$$H(x_1 + x_2) = (x_1 + x_2)^2 \neq H(x_1) + H(x_2) = x_1^2 + x_2^2$$

저수지의 저류량 S와 유출량 Q의 일반적인 관계는 다음과 같다.

$$S = KQ^n \tag{10.4}$$

여기서 n은 지수이고 K는 저류상수이다.

(i) **선형계**: $n = 1$이고 저류상수 K가 시불변상수이면 저류량은

$$S = KQ \tag{10.5}$$

연속방정식으로부터

$$I - Q = \frac{dS}{dt} \tag{10.6}$$

를 얻고 이에 식 (10.5)를 대입하면

$$I = Q + K\frac{dQ}{dt} \tag{10.7}$$

식 (10.7)은 선형저수지를 설명하는 선형미분방정식이다. K가 시간의 함수($K = K(t)$)라면 식 (10.5)와 (10.6)으로부터

$$I = Q\left(1 + \frac{dK(t)}{dt}\right) + K(t)\frac{dQ}{dt} \tag{10.8}$$

식 (10.8)은 시변 선형저수지를 설명하는 선형미분방정식이다.

(ii) **비선형계:** $n \neq 1$이고 K가 시불변상수이면 식 (10.4)의 미분은

$$\frac{dS}{dt} = \frac{d}{dt}(KQ^n) = KnQ^{n-1}\frac{dQ}{dt}$$

이에 식 (10.6)을 적용하면

$$I = Q + KnQ^{n-1}\frac{dQ}{dt} \tag{10.9}$$

식 (10.9)는 비선형저수지를 설명하는 비선형미분방정식이다.

10.2 응답함수

10.2.1 충격응답함수

선형계의 응답은 충격응답함수로 특징지어진다. **단위충격응답함수**(單位衝擊應答函數; unit impulse response function) $u(t-\tau)$는 시간 τ에서 선형계에 순간적으로 입력된 단위충격(單位衝擊; unit impulse)에 대한 시간 t에서 계의 출력을 나타내는 함수이다. 시간 $(t-\tau)$는 충격이 적용된 이후 시간지체이다(그림 10.3). 그림 10.2에서 비어 있는 저수지가 단위량의 물로 인하여 순간적으로 채워질 경우 저수지의 유출함수 $Q(t)$는 충격응답함수이다.

그림 10.4에서 선형계에 시간 τ_1에서 크기 2단위와 시간 τ_2에서 크기 3단위의 충격이 적용된다면 비례와 중첩의 두 원리에 따라 계의 응답은 $2u(t-\tau_1) + 3u(t-\tau_2)$가 된다. 연속된 입력은 미소충격의 합으로 처리될 수 있다. 시간 τ와 $\tau + d\tau$ 사이에서 계에 입력 $I(\tau)d\tau$를 고려한다. 예를 들어 $I(\tau)$가 강우강도(mm/hr)이고 $d\tau$는 지속시간(hr)이라면 $I(\tau)d\tau$는 $d\tau$시간 동안 계에 입력된 강우량(mm)이 된다. 응답함수가 $u(t-\tau)$인 계에 입력이 $I(\tau)d\tau$이면 $(t-\tau)$ 시간 후 계의 출력인 직접유출은 $I(\tau)u(t-\tau)d\tau$가 된다. 시간함수인 총입력 $I(\tau)$에 대한 응답은 각 충격에 대한 응답을 적분해서 얻을 수 있다. 이 경우 적용되는 적분은 회선적분(식 10.10)이고 이는 10.4절에서 상술된다.

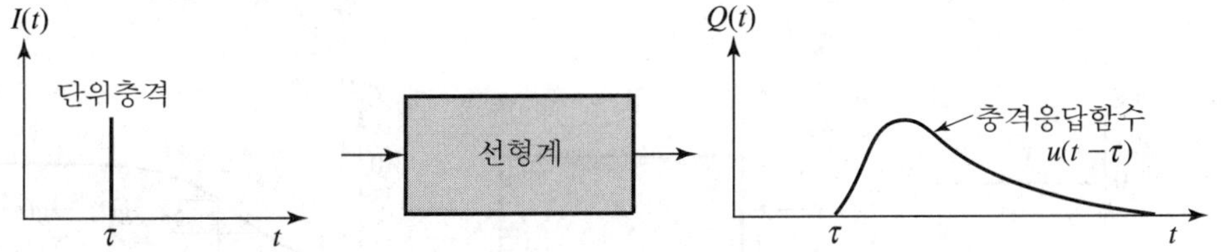

그림 10.3 선형계에 대한 단위충격응답함수

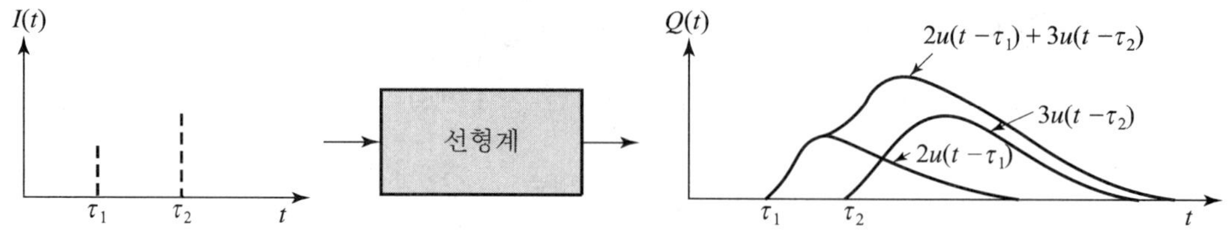

그림 10.4 두 충격에 대한 충격응답함수

$$Q(t) = \int_0^t I(\tau) u(t-\tau) d\tau \tag{10.10}$$

수문학에서 적용되는 회선적분의 대부분은 초과강우주상도와 같이 입력이 시간 간격에 대한 값인 이산형으로 주어지므로 해석결과도 이산형으로 주어지게 된다. 따라서 이러한 이산형 입력을 처리하기 위해서는 단위계단응답함수와 단위맥동응답함수가 필요하다.

10.2.2 계단응답함수

단위계단입력(單位階段入力; unit step input)은 시간 $t = 0$ 에서 그 크기가 0에서 1까지 증가하여 $t > 0$에 대해서 1의 값이 계속된다. **단위계단응답함수**(單位階段應答函數; unit step response function) $g(t)$는 단위계단입력에 대한 계의 출력을 나타낸다. $g(t)$는 식 (10.10)에서 $I(\tau) = 1(\tau \geq 0)$로 놓음으로써 얻어진다.

$$Q(t) = g(t) = \int_0^t u(t-\tau) d\tau \tag{10.11}$$

$l = t - \tau$로 놓으면 $d\tau = -dl$이고, 적분한계 $\tau = t$는 $l = t - t = 0$이며, $\tau = 0$은 $l = t - 0 = t$로 되어 식 (10.11)은 다음과 같다.

$$g(t) = -\int_t^0 u(l) dl = \int_0^t u(l) dl \tag{10.12}$$

시간 t에서 단위계단응답함수 $g(t)$의 값은 충격응답함수를 시간 t까지 적분한 값과 같다(그림 10.6).

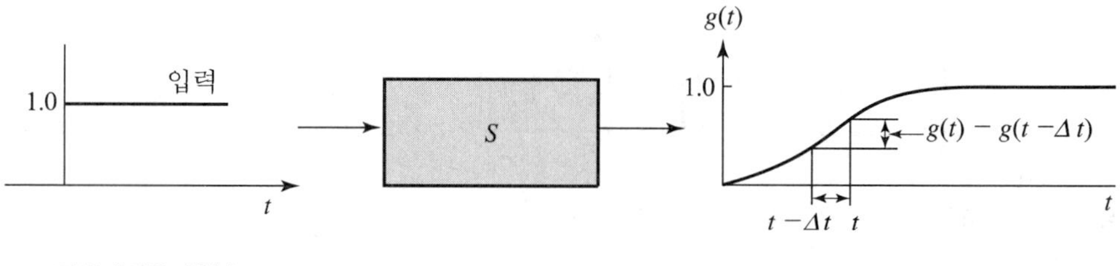

그림 10.5 단위계단응답함수

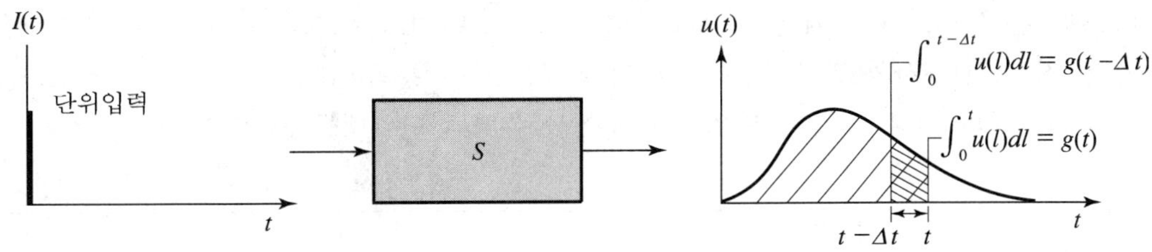

그림 10.6 충격응답함수

10.2.3 단위맥동응답함수

단위맥동입력(單位脈動入力; unit pulse input)은 시간 Δt 동안에 발생하는 단위량의 입력 $(I(\tau)\Delta t = 1)$이다. 따라서 입력은 $0 \leqq \tau \leqq \Delta t$ 동안 $I(\tau) = 1/\Delta t$의 크기를 갖는다. **단위맥동응답함수**(單位脈動應答函數; unit pulse response function)는 지속기간이 Δt의 단위맥동에 대한 초기에 정지상태에 있는 계의 출력이고 다음과 같은 과정으로 구해진다(그림 10.7). 시간 $t = 0$에서 시작하는 크기가 $I = 1/\Delta t$인 단위계단입력에 대한 응답은 $I_g(t) = \dfrac{1}{\Delta t} g(t)$이다(단위입력에 대한 응답이 $g(t)$이므로 $(1/\Delta t)$입력에 대해서는 $g(t)$를 $(1/\Delta t)$배 한다). 시간 $t = 0$이 아닌 Δt에서 시작하는 단위계단입력에 대한 응답은 Δt만큼 지체된 $g(t - \Delta t)$이므로 $I = 1/\Delta t$ 크기인 단위맥동입력에 대한 응답은 $\dfrac{1}{\Delta t} g(t - \Delta t)$가 된다. 지속기간이 Δt인 단위맥동입력에 대한 응답은 $t = 0$에서 시작하는 $1/\Delta t$ 크기의 계단입력에 대한 응답(그림 10.7a)에서 $t = \Delta t$에서 시작하는 $1/\Delta t$ 크기의 계단입력에 대한 응답(그림 10.7b)을 빼줌으로써 단위맥동응답함수 $h(t)$(그림 10.7c)가 구해진다.

$$h(t) = \frac{1}{\Delta t}[g(t) - g(t - \Delta t)] = \frac{1}{\Delta t}\left[\int_0^t u(l)dl - \int_0^{t-\Delta t} u(l)dl\right] \tag{10.13}$$

$$h(t) = \frac{1}{\Delta t}\int_{t-\Delta t}^{t} u(l)dl \tag{10.14}$$

$g(t) - g(t - \Delta t)$는 그림 10.6에서 충격응답함수의 $t - \Delta t$에서 t까지의 면적과 같고, 그림

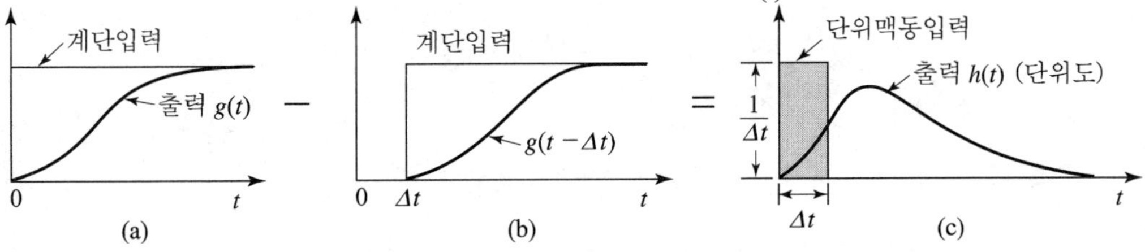

그림 10.7 단위맥동응답함수의 유도 $[(a) - (b) = (c)]$

10.5에서는 $t-\Delta t$와 t에서의 종거차이와 같으므로 $h(t)$는 그림 10.5에서 단위계단응답함수의 두 점 간의 경사와 같다. 식 (10.14)의 과정은 S-수문곡선(10.8절)에 의한 단위도의 단위시간 변화과정의 원리가 된다. 단위도는 주어진 유역의 단위맥동응답함수이다.

예제 10.1

선형저수지의 충격, 계단 및 맥동응답함수를 결정하고 $K=3h$와 $\Delta t=1.5h$에 대하여 이들을 도시하라.

[풀이] 저수지에 유입량 $I(t)$와 저수지로부터 방류량 $Q(t)$의 차이는 저류량의 변화율이므로 연속방정식은

$$I-Q=\frac{dS}{dt} \tag{10.15}$$

식 (10.1)의 미분 $\frac{dS}{dt}=K\frac{dQ}{dt}$를 식 (10.15)에 대입하여 정리하면

$$\frac{dQ}{dt}+\frac{1}{K}Q(t)=\frac{1}{K}I(t) \tag{a}$$

식 (a)의 양변에 적분인자 $e^{t/K}$을 곱하면

$$e^{t/K}\frac{dQ}{dt}+\frac{1}{K}e^{t/K}Q(t)=\frac{1}{K}e^{t/K}I(t) \tag{b}$$

식 (b)의 좌변 두 항을 조합하면 식 (b)는 $\frac{d}{dt}(Qe^{t/K})=\frac{1}{K}e^{t/K}I(t)$ (c)

초기조건 $t=0$에서 $Q=Q_o$를 이용하여 적분하면

$$\int_{Q_o,0}^{Q(t),t}d(Qe^{t/K})=\int_0^t\frac{1}{K}e^{\tau/K}I(\tau)\,d\tau \tag{d}$$

좌변의 적분을 수행하면 $Q(t)e^{t/K}-Q_o=\int_0^t\frac{1}{K}e^{\tau/K}I(\tau)\,d\tau$ (e)

$Q(t)$에 관하여 정리하면 $Q(t)=Q_oe^{-t/K}+\int_0^t\frac{1}{K}e^{-(t-\tau)/K}I(\tau)\,d\tau$ (f)

$Q_o=0$에 대하여 식 (f)를 식 (10.10)과 비교하면 응답함수는

$$u(t-\tau)=\frac{1}{K}e^{-(t-\tau)/K}$$

이 됨을 알 수 있다.

(a) 충격응답함수: $l=t-\tau$로 놓으면 선형저수지의 충격응답함수는

$$u(l)=\frac{1}{K}e^{-l/K} \tag{10.16}$$

이는 선형저수지의 순간단위도이다. 주어진 입력을 식 (10.16)으로 나타낸 계의 응답함수와 회선함으로써 입력에 대한 유량이 계산된다.

(b) 단위계단응답함수: 단위계단응답은 식 (10.12)에 따라

$$g(t)=\int_0^t u(l)\,dl=\int_0^t \frac{1}{K}e^{-l/K}dl=[-e^{-l/K}]_0^t=1-e^{-t/K} \tag{g}$$

(c) 단위맥동응답함수: 단위맥동응답은 식 (10.13)에 따라

$$h(t)=\frac{1}{\Delta t}[g(t)-g(t-\Delta t)]$$

(1) $0 \leqq t \leqq \Delta t$ 에서, 즉 $t=\Delta t$ 에서는 $t-\Delta t=\Delta t-\Delta t=0$ 이므로 $g(t-\Delta t)$가 존재하지 않는다. 따라서 $g(t-\Delta t)=0$ 이므로

$$h(t)=\frac{1}{\Delta t}g(t)=\frac{1}{\Delta t}(1-e^{-t/K}) \tag{h}$$

(2) $t>\Delta t$

$$h(t)=\frac{1}{\Delta t}[g(t)-g(t-\Delta t)]=\frac{1}{\Delta t}[1-e^{-t/K}-(1-e^{-(t-\Delta t)/K})]$$

$$=\frac{e^{-t/K}}{\Delta t}(e^{\Delta t/K}-1)=\frac{1}{\Delta t}(1-e^{-t/K}) \tag{i}$$

(d) $K=3\,\mathrm{hr}$ 인 선형저수지의 충격응답함수와 계단응답함수 그리고 $\Delta t=1.5h$인 맥동응답함수가 그림 10.8에 도시된 바와 같다. $\Delta t=1.5h$에서 단위맥동응답함수 $h(1.5)$는 0.26이다.

$$h(1.5)=(1/1.5)(1-e^{(-1.5/3)})=0.26$$

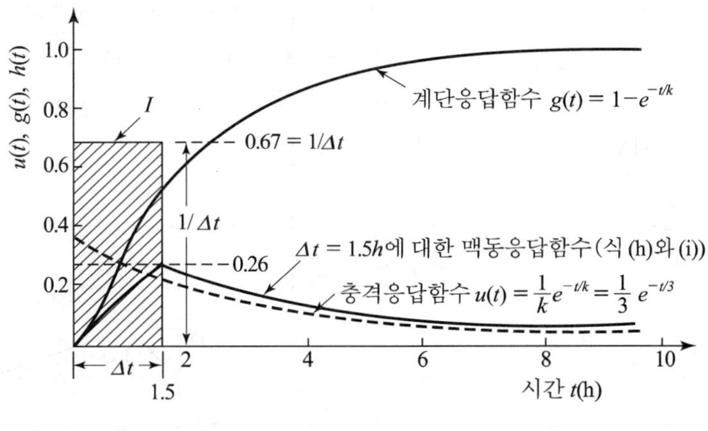

그림 10.8 $K=3\,\mathrm{hr}$ 인 선형저수지의 응답함수(예제 10.1)

10.3 단위유량도의 이론

1932년 미국의 Sherman은 유효강우량을 직접유출로 변환하는 도구로서 단위유량도의 개념을 개발하였다. 한 유역의 **단위유량도**(單位流量圖; unit hydrograph), 간단히 **단위도**(單位圖; unitgraph)는 단위시간 동안 일정한 강우강도로 전 유역에 걸쳐 균일하게 발생한 1 cm(또는 1 mm)의 유효강우량에 의하여 유발되는 직접유출수문곡선으로 정의된다. Sherman의 단위강우량은 1 inch이고 SI단위에서는 1 cm, 1 mm가 사용되나 본 장에서는 주로 1 cm가 사용된다. 이 경우 수문곡선의 유출체적도 1 cm(또는 1 mm)에 해당하는 유출고를 나타낸다. **유출고**(流出高; runoff depth)는 유출체적을 유역면적으로 나누어 유출을 깊이로 나타낸 것이다. 이 경우 단위시간은 도달시간보다 작은 임의의 시간으로 유효강우량의 지속기간이 된다. 단위도의 기본개념은 다음 여섯 개의 가정에 근거한다.

1) **기저시간의 일정**(principle of equal time base)

동일한 지속기간을 갖는 유효강우량으로 인한 수문곡선의 기저시간은 강우강도에 관계없이 일정하다. 이는 상이한 강우강도에 따라 유출의 크기는 달라도 유출이 시작해서 끝나는 시간폭이 같음을 의미한다.

2) **비례원리**(principle of proportionality)

주어진 지속기간의 강우에 의한 직접유출수문곡선의 기저시간이 일정하므로 수문곡선의 종거는 유효강우량의 체적에 비례한다. 지속기간이 D인 유효강우량과 이에 의한 직접유출수문곡선의 기저시간이 $2D$인 단위도를 생각한다.

그림 10.9a에서 1 cm 유효강우량으로 인한 직접유출수문곡선은 단위도의 종거에 1(cm)를 곱하여 얻어지고 그림 10.9b에서는 단위도의 종거에 2(cm)를 곱하면 2 cm 유효강우량에 대한 직접유출수문곡선이 구해진다. 그림 10.9에서 주목되는 사실은 그림 10.9b의 유효강우량이 그림 10.9a의 2배이면 이로 인한 수문곡선의 종거도 2배가 되는 점이다.

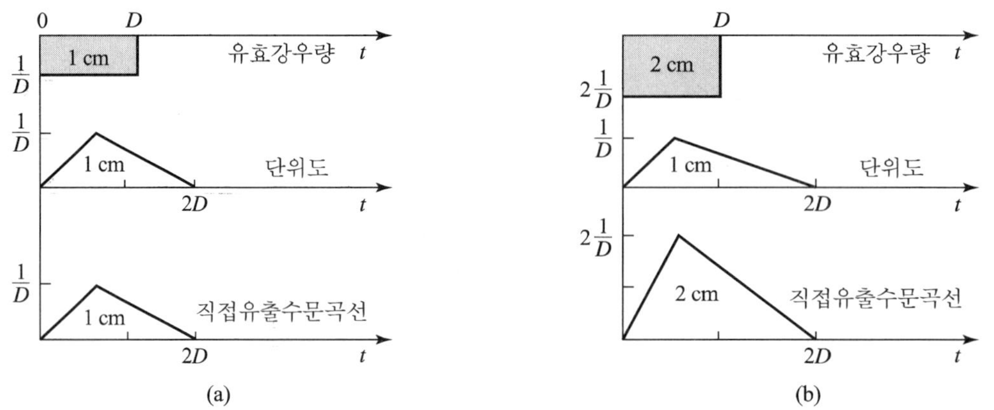

그림 10.9 비례원리

3) **중첩원리**(principle of superposition)

연속된 두 개의 단위유효강우량에 대한 수문곡선은 각 단위유효강우량에 의한 수문곡선들을 단위시간만큼 서로 지체시킨 후 이들 종거의 합으로 주어진다. 유효강우량이 $2D$ 동안 지속되는 경우를 고려한다.

그림 10.10에서 2 cm 강우는 시간 D에서 시작하므로 2 cm 강우에 적용되는 단위도와 이 강우로 인한 유출수문곡선도 시간 D에서 시작됨을 알 수 있다. 즉 시간 D만큼 지체된다. 따라서 2 cm 강우에 의한 직접유출수문곡선은 D시간 지체된 단위도의 종거를 2배하여 얻어진다. 유효강우량 1 cm와 2 cm에 의한 수문곡선은 1 cm에 의한 수문곡선의 종거와 D시간 지체된 2 cm에 의한 수문곡선의 종거를 중첩하여 얻어진다.

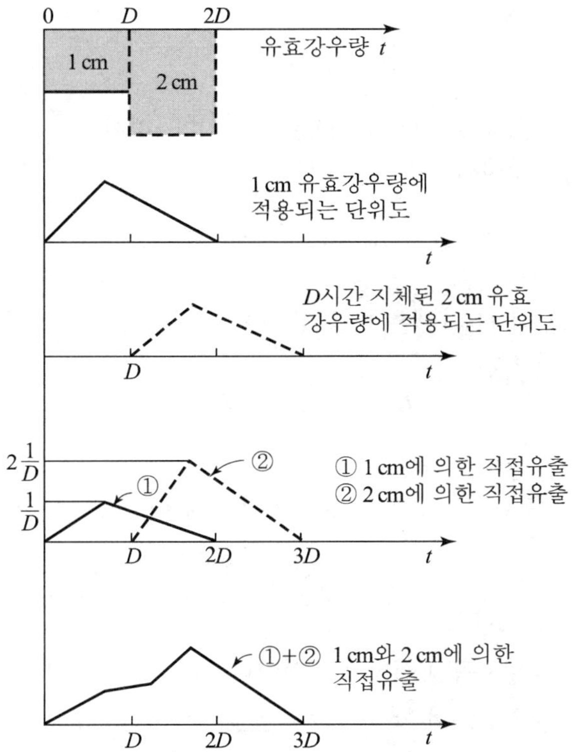

그림 10.10 비례-지체-중첩과정

4) 수문곡선의 모양은 유역특성(모양, 크기, 경사, 토양 등)과 강우특성(강우양상, 강도, 지속기간)을 반영한다(그림 2.2).

5) 유효강우량은 지속기간 동안 균일한 시간분포, 즉 일정한 강우강도를 갖는다.

6) 유효강우량은 유역의 전 면적에 걸쳐 균일한 공간분포를 갖는다.

단위도의 한계: 단위도를 적용하기 위해서는 위의 4, 5, 6 조건이 만족되어야 하는데 이 점이

단위도 적용에 제약조건이 된다. 따라서 단위도를 적용하기 위하여 선정되는 호우는 일정 강우강도의 가정을 만족하기 위하여 그 지속기간이 짧아야 하고, 유역면적이 크면 강우분포가 불균일하게 되므로 이 가정을 만족하기 위해서는 소유역으로 분할하여 적용함이 필요하다. 단위도의 적용한계는 Sherman에 의하면 1,300～8,000 km^2, Linsley에 의하면 5,000 km^{2}이다.

10.4 회선적분

그림 10.10에서와 같이 유효강우량 1 cm와 2 cm에 의한 직접유출수문곡선을 구하는 과정은 (1) 비례원리에 의한 곱, (2) 강우지속기간에 따른 지체, (3) 중첩의 3단계로 구성된다. 이들 세 과정을 수학에서 **회선적분**(回旋積分; convolution integral)이라 하고 이를 식으로 나타내면

$$Q(t) = \int_0^t R(\tau)u(t-\tau)\,d\tau \tag{10.17}$$

여기서 R은 유효강우량, u는 단위도, Q는 유출이다. 실제 수문자료는 이산형으로 주어지므로 식 (10.17)을 이산형으로 쓰면

$$Q(t) = \sum_{\tau=0}^{t} R(\tau)u(t-\tau)\,\Delta\tau \tag{10.18}$$

수치계산을 위하여 식 (10.18)은 다음과 같이 표현된다.

$$Q_n = \sum_{m=1}^{n \le M} R_m U_{n-m+1} \tag{10.19}$$

또는

$$Q_n = \sum_{m=1}^{n} R_m U_{n-m+1} \qquad n \leqq M \tag{10.20a}$$

$$Q_n = \sum_{m=1}^{M} R_m U_{n-m+1} \qquad M \leqq n \leqq n_U \tag{10.20b}$$

여기서 Q_n은 직접유출수문곡선(선형계의 출력)의 종거, R_m은 유효강우량(맥동입력), U_{n-m+1}은 단위도(단위충격응답함수)의 종거, M은 R_m의 종거수, n_U는 단위도 U_{n-m+1}의 종거수 및 N은 직접유출수문곡선 Q_n의 종거수이다. 이들은 다음과 같은 관계를 갖는다.

$$N = M + n_U - 1 \tag{10.21}$$

식 (10.19)를 풀어 쓰면 다음과 같다.

$$\begin{aligned} Q_1 &= R_1 U_1 \\ Q_2 &= R_2 U_1 + R_1 U_2 \\ Q_3 &= R_3 U_1 + R_2 U_2 + R_1 U_3 \\ &\vdots \end{aligned}$$

$$
\begin{aligned}
Q_m &= R_m U_1 + R_{m-1} U_2 + \cdots + R_1 U_m \\
&\vdots \\
Q_{N-1} &= R_m U_{N-m} + R_{m-1} U_{N-m+1} \\
Q_N &= R_M U_{N-M+1}
\end{aligned}
\tag{10.22}
$$

이를 행렬로 나타내면

$$[Q] = [R][U] \tag{10.23}$$

직접유출수문곡선의 종거가 N이면 Q_n에 관하여 N개의 식이 존재하고(식 10.22), Q_n은 최대 $(N-M+1)$개의 단위도 종거의 항으로 기술된다.

식 (10.17)과 (10.18)의 과정이 그림 10.11에 설명되고 식 (10.22)의 곱-지체-중첩의 과정은 그림 10.9와 10.10에서 상술된다.

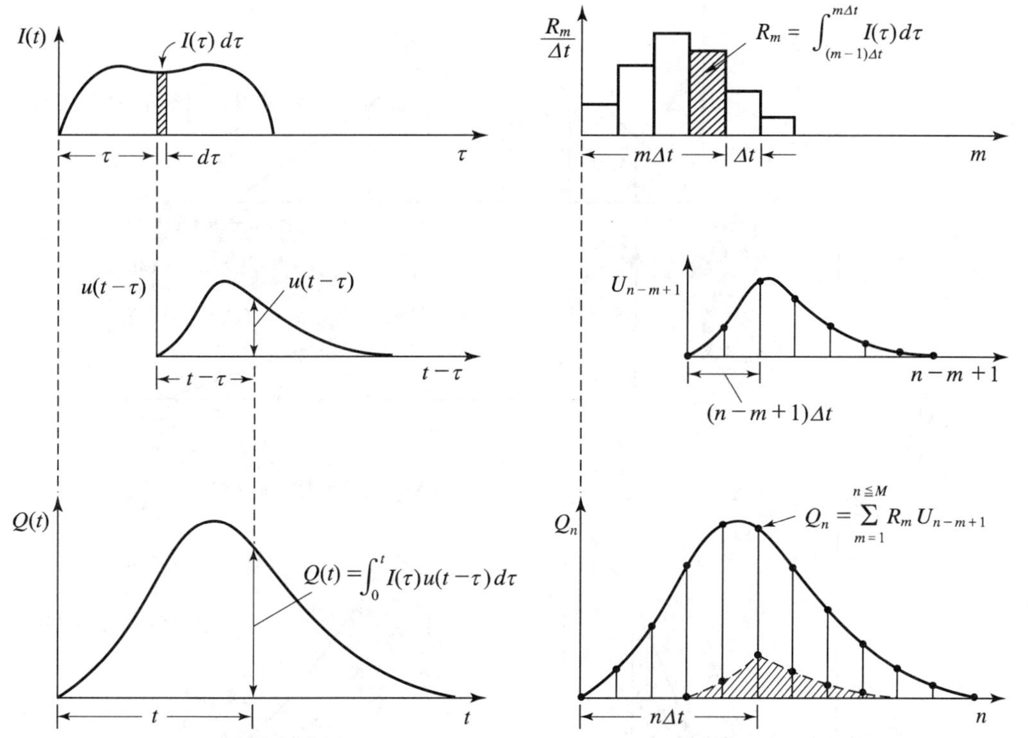

그림 10.11 회선적분

예제 10.2

연속된 유효강우량 R_1, R_2, R_3에 대한 직접유출수문곡선의 종거를 계산하라. 선형계의 단위충격응답함수(단위도)(그림 10.12b)는 여섯 개의 종거로 구성된다.

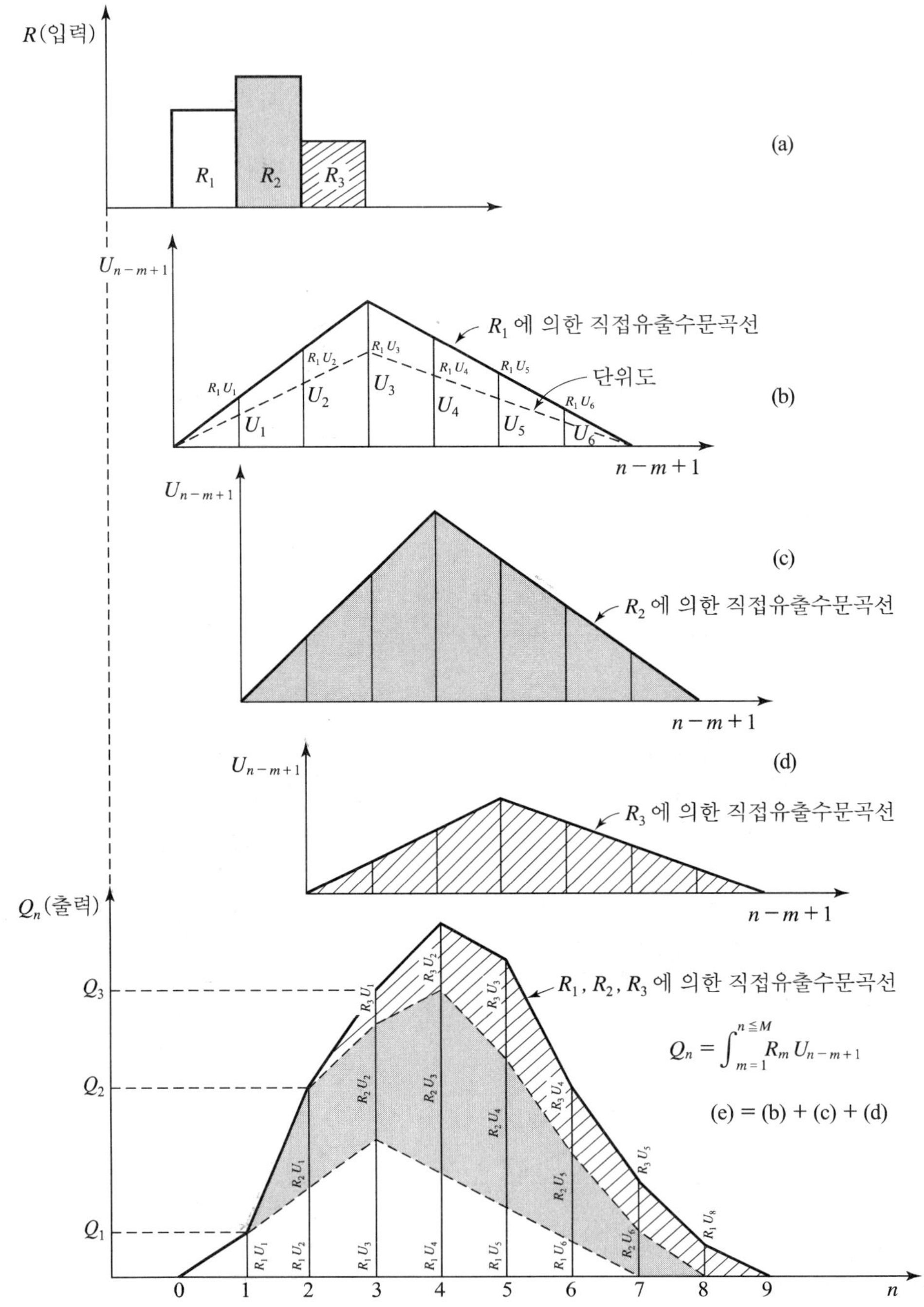

그림 10.12 선형계의 출력에 대한 회선적분식의 적용(예제 10.2)

[풀이] $M=3$, $n_U=6$ 이므로 Q_n 의 종거수는 $N=M+n_U-1=3+6-1=8$이다.

$n=1$: $n<M$이므로 $Q_1=\sum_{m=1}^{1} R_m U_{n-m+1}$, 따라서 $Q_1=R_1 U_{1-1+1}=R_1 U_1$

$n=2$: $n<M$이므로 $Q_2=\sum_{m=1}^{2} R_m U_{n-m+1}$, 따라서 $Q_2=R_1 U_2+R_2 U_1$

$n=3$: $n=M$이므로 $Q_3=\sum_{m=1}^{3} R_m U_{n-m+1}$, 따라서 $Q_3=R_1 U_3+R_2 U_2+R_3 U_1$

$n=4, 5\sim 7$: $n>M$이므로 $Q_n=\sum_{m=1}^{m} R_m U_{n-m+1}$,

따라서

$$
\begin{aligned}
Q_4 &= R_1 U_{4-1+1}+R_2 U_{4-2+1}+R_3 U_{4-3+1} \\
&= R_1 U_4+R_2 U_3+R_3 U_2 \\
Q_5 &= R_1 U_5+R_2 U_4+R_3 U_3 \\
Q_6 &= R_1 U_6+R_2 U_5+R_3 U_4 \\
Q_7 &= R_2 U_6+R_3 U_5 \\
Q_8 &= R_3 U_5
\end{aligned}
$$

계산결과와 과정은 그림 10.12와 같다.

10.5 단위유량도의 유도

단위도는 일반적으로 강우-유출사상을 나타내는 강우량과 이로 인한 수문곡선을 이용해서 유도된다. 순간단위도기법을 이용해서도 유도가 가능하며 미계측유역에서는 단위도를 합성하는 합성단위도기법이 사용된다. 사용되는 수문곡선은 단위유량도의 가정을 만족할 수 있도록 강우지속기간이 짧고 유역면적이 작은 유역으로부터의 단일호우에 의한 단봉수문곡선을 선정함이 요망된다. 지속기간이 짧으면 균일한 강우강도와 균일한 공간분포에 대한 조건의 만족이 가능하다.

단일호우로 인한 수문곡선으로부터 유도되는 단위유량도는 오차를 포함하는 경우가 많으므로 동일한 지속기간을 갖는 수 개의 호우 각각에 대하여 단위유량도를 유도하고 이들을 평균해서 유역의 대표단위도를 결정한다. 이 경우 특히 단위도의 첨두가 동일시각에 일어나지 않는 경우가 대부분이고 산술평균을 하게 되면 실제보다 낮은 첨두를 초래하므로 가장 좋은 방법은 첨두의 크기와 발생시간을 각각 평균하여 이 점을 통과하고 유출고가 1 cm가 되도록 단위도의 첨두부를 도시한다(그림 10.13).

강우량과 수문곡선의 실측자료를 이용하여 단위도를 유도하는 방법에는 역과정방법과 역회선방법이 있다.

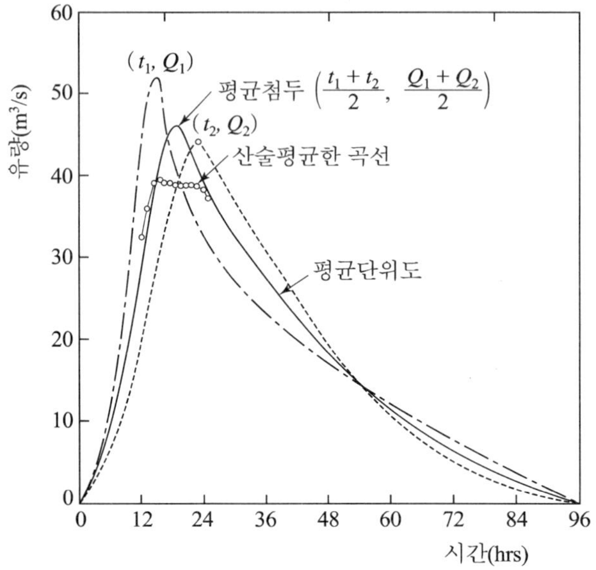

그림 10.13 평균단위유량도의 작성

10.5.1 역과정방법(Inverse procedure method)

단위도의 주 용도가 유효강우량으로부터 직접유출수문곡선을 구축하는 것이다. 반대로 강우와 유출자료부터 단위도를 유도하는 것은 역과정이 된다. 역과정방법에 의한 단위도 유도과정은 다음과 같다.

1. 수문곡선을 직접유출과 기저유출로 분리한다.
2. 직접유출수문곡선을 적분해서 직접유출체적을 구한다.
3. 직접유출체적을 유역면적으로 나눈 깊이인 유출고(cm 또는 mm)를 구한다.
4. 직접유출수문곡선의 종거를 직접유출고로 나누어 단위도 종거를 계산한다.
5. ϕ−지수방법 등을 이용하여 단위도의 단위시간을 결정한다.

예제 10.3

유역면적이 200 km^{2}인 유역의 강우량과 수문곡선이 표 10.1에 주어진다. 역과정방법으로 단위유량도를 유도하고 단위도의 단위시간을 결정하라.

[풀이] 기저유출은 직접유출이 6월 17일 18시에 끝나는 것으로 하여 상승시점과 이 점을 연결하여 분리한다. 직접유출은 표 10.1의 7란과 같다. 직접유출의 총량을 체적으로 환산하여 유역면적으로 나눔으로써 총 직접유출을 깊이로 표시한다. 즉

$$\frac{2{,}896\ \mathrm{m^3/s} \times 2 \times 3{,}600\ \mathrm{s}}{200 \times 10^6\ \mathrm{m^2}} = 0.104\ \mathrm{m} = 10.4\ \mathrm{cm} = 104\ \mathrm{mm}$$

표 10.1 역과정에 의한 단위도 유도

일자 (1)	시간 (hr) (2)	강우강도 (mm/hr) (3)	유효강우강도 (mm/hr) (4)	총유량 (m^3/s) (5)	기저유량 (m^3/s) (6)	직접유출 (m^3/s) (7)	단위유량도 (m^3/s) (8)
6/16	06	4	0	30	30	0	0
	08	26	18	310	35	275	26.4
	10	28	20	510	40	470	45.2
	12	22	14	565	48	517	49.7
	14	4	0	460	50	410	39.4
	16	1.2	0	370	52	318	30.5
	18			310	55	255	24.5
	20			260	58	202	19.4
	22			224	60	164	15.8
6/17	24			185	65	120	11.5
	02			150	68	82	7.9
	04			130	72	58	5.6
	06			100	75	25	2.4
	08			80	80	0	0
	10			60	60	0	0
	12			52	52	0	0
	14			45	45	0	0
	16			42	42	0	0
	18			38	38	0	0
	$\sum$	85.2	52			2,896	278.3

단위도는 1 cm의 체적(또는 1 cm의 유효강우량)에 대한 수문곡선이므로 비례가정에 따라 직접유출수문곡선의 종거를 10.4로 나눔으로써 단위도가 얻어진다(표 10.1의 8란과 그림 10.14).

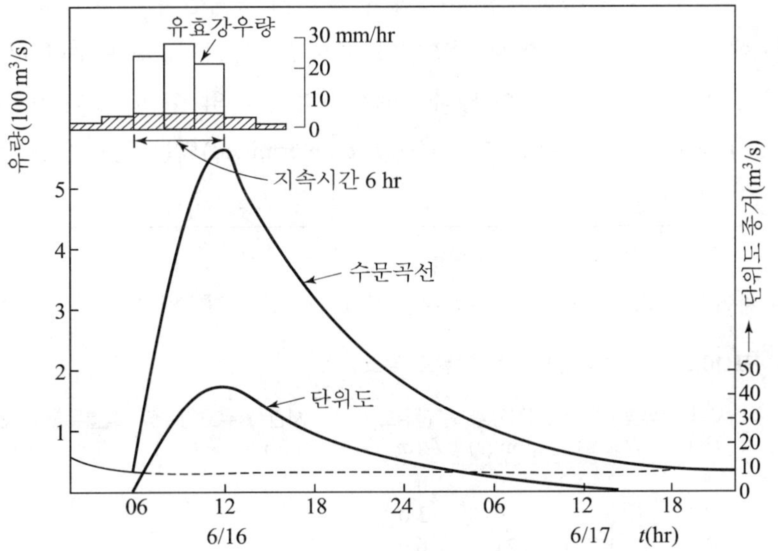

그림 10.14 단위유량도의 유도

단위도의 단위시간 결정: 단위도의 단위시간은 유효강우량의 지속시간과 같으므로 유효강우량의 지속기간을 구하는 것이 된다. 총 강우량은 $R=85.2\times 2=170.4$ mm이므로 손실량은 총 강우량−직접유출고= $170.4-104=66.4$ mm이다. ϕ−지수법을 적용하면 ϕ−지수는 8 mm/h이므로 우량주상도로부터 유효강우량의 지속기간은 6시간이 된다. 따라서 유도되는 단위도의 지속기간은 6시간이고 유도되는 단위도는 6시간 단위도가 된다. 4란의 유효강우강도는 3란의 강우강도에서 ϕ−지수 =8 mm/h 를 빼줌으로써 얻어진다.

10.5.2 역회선방법(Deconvolution method)

회선적분식(식 10.19 또는 10.22)에서 Q와 R이 주어지면 U를 구하는 것이 가능하고 이는 회선의 역과정이므로 역회선방법이라 한다. 식 (10.22)에서 R_1, Q_1이 주어지면 U_1이 구해지고, 식 Q_2에 R_1, R_2, Q_2, U_1을 대입하면 U_2가 구해진다. 이와 같이 주어진 값들을 계속 대입하여 단위도의 종거를 구하는 점에서 **전방대입법**(forward substitution method)이라고도 한다. 식 (10.19)를 단위도의 종거 U에 관하여 정리하면

$$U_n=\frac{Q_n-\sum_{j=n-1,1}^{m=2,M}U_jR_m}{R_1} \tag{10.24}$$

식 (10.24)에서 n은 1에서 n_U까지 변한다. n_U는 단위도의 종거수로 수문곡선의 종거수가 N, 유효강우량 주상도의 종거수가 M일 때

$$n_U=N-M+1 \tag{10.25}$$

j는 $(n-1)$에서 1까지 감소하고 m은 2에서 M까지 증가한다. $n=1,2,\cdots,n_U$에 대한 U_n의 계산과정은 예제 10.4의 식 (b)에서 설명된다. 주어진 Q_n과 R_m으로부터 U를 구하는 경우 식 (10.21)로부터 $N>n_U$임을 알 수 있다. 이는 미지수 U의 수 n_U보다 미지수를 포함한 식의 수가 많음을 나타내고 이 경우는 과잉결정(overdetermined)되는 문제가 된다.

예제 10.4

표 10.2에 주어진 유효강우량과 직접유출에 대한 1시간 단위도를 역회선방법으로 유도하라.

표 10.2 역회선방법에 의한 단위도 유도

시간 (h)	유효강우량 R(cm)	직접유출 Q(m^3/s)	단위도 U(m^3/s)	시간 (h)	유효강우량 R(cm)	직접유출 Q(m^3/s)	단위도 U(m^3/s)
1	2	0	0	6		16.5	1.5
2	3	6	3.0	7		7.5	0
3	1	21	6.0	8		1.5	
4		30	4.5	9		0	
5		25.5	3.0				

[풀이] 유효강우량의 종거가 $M=3$, 수문곡선의 종거수가 $N=7$이므로 단위도의 종거수는 5이다.

$$n_U = N - M + 1 = 7 - 3 + 1 = 5$$

식 (10.22)에 따라 직접유출을 유효강우량 R과 단위도의 종거 U의 항으로 나타낸다.

$$\begin{aligned}
Q_1 &= R_1 U_1 \\
Q_2 &= R_1 U_2 + R_2 U_1 \\
Q_3 &= R_1 U_3 + R_2 U_2 + R_3 U_1 \\
Q_4 &= R_1 U_4 + R_2 U_3 + R_3 U_2 \\
Q_5 &= R_1 U_5 + R_2 U_4 + R_3 U_3 \\
Q_6 &= \qquad\quad R_2 U_5 + R_3 U_4 \\
Q_7 &= \qquad\qquad\qquad\quad R_3 U_5
\end{aligned} \tag{a}$$

식 (a) 또는 식 (10.24)를 이용하여 U_n을 구하면 다음과 같다.

$$\begin{aligned}
U_1 &= \frac{Q_1}{R_1} = \frac{6}{2} = 3 \\
U_2 &= \frac{Q_2 - R_2 U_1}{R_1} = \frac{21 - 3\times 3}{2} = 6 \\
U_3 &= \frac{Q_3 - R_2 U_2 - R_3 U_1}{R_1} = \frac{30 - 3\times 6 - 1\times 3}{2} = 4.5 \\
U_4 &= \frac{Q_4 - R_2 U_3 - R_3 U_2}{R_1} = \frac{25.5 - 3\times 4.5 - 1\times 6}{2} = 3.0 \\
U_5 &= \frac{Q_5 - R_2 U_4 - R_3 U_3}{R_1} = \frac{16.5 - 3\times 3 - 1\times 4.5}{2} = 1.5
\end{aligned} \tag{b}$$

이와 같이 유도된 단위도는 사용된 자료가 정확하면 타당성을 갖는다. 그러나 사용된 자료가 정확하지 않을 경우 단위도의 유출고가 1 cm와 다를 수 있고 이 경우 단위도의 유출고가 1 cm가 되도록 종거를 조정한다. 특히 조정을 필요로 하는 이유는 식 (a)에서 미지수를 포함한 식은 7개이나 5개의 단위도종거를 구하는 과정에서 사용된 식은 처음 5개뿐이다. 따라서 구해진 U_1, ⋯, U_5는 나머지 두 식도 만족해야 하는 문제를 안고 있다.

10.5.3 순간단위도 이용

이는 10.9절에서 기술된다.

10.5.4 S-수문곡선 이용

임의의 지속기간을 갖는 단위도는 S-수문곡선(10.8.2)과 임의의 시간만큼 지체된 S-수문곡선의 종거 차이의 정규화를 통해서 유도된다. 1시간 단위도로부터 t_o시간 단위도는 식 (10.33)

으로 구해지고 t_1시간 단위도로부터 t_o시간 단위도 유도에는 식 (10.32)가 사용된다.

10.5.5 최소자승법

예제 10.4에서 주어진 식은 7개이나 단위도를 유도하는 데에는 처음 5개 식만이 사용되었다. 유도된 단위도의 종거 U_1, ⋯, U_5는 나머지 식 2개도 만족해야 한다. 이와 같이 주어진 식이 미지수보다 많은 경우는 최적해를 필요로 한다. 이는 관측된 유량과 유도된 단위도를 이용하여 계산된 유량의 차이인 잔차의 자승합을 최소로 하는 단위도를 구하는 것이다. 즉 식 (10.26)에서 E를 최소로 하는 U를 구하는 것이다.

$$E=\sum_{i=1}^{N}\epsilon_i^2=\sum_{i=1}^{N}(Q_i-Q_{ci})^2 \tag{10.26}$$

여기서 E는 잔차의 자승합, Q는 관측유량, Q_c는 유도된 단위도를 사용하여 계산된 유량, ϵ은 Q와 Q_c의 차이이다.

예제 10.5

예제 10.4에서 단위도를 최소자승법을 이용해서 구하라.

[풀이] 실측치와 계산치의 차이인 잔차의 자승합은 식 (a)로 부터

$$\begin{aligned}E=\sum_{i=1}^{N}\epsilon_i^2=&(Q_1-R_1U_1)^2+(Q_2-R_1U_2-R_2U_1)^2+(Q_3-R_1U_3-R_2U_2-R_3U_1)^2\\&+(Q_4-R_1U_4-R_2U_3-R_3U_2)^2+(Q_5-R_1U_5-R_2U_4-R_3U_3)^2\\&+(Q_6-R_2U_5-R_3U_4)^2+(Q_7-R_3U_5)^2\end{aligned} \tag{c}$$

각 i에 대하여 $\partial E/\partial U_i=0$을 취함으로써 식 (c)의 합을 최소화할 수 있다. $i=1,2$에 대한 $\partial E/\partial U_i=0$을 구하면

$$\begin{aligned}&\partial E/\partial U_1:\ (Q_1-R_1U_1)R_1+(Q_2-R_1U_2-R_2U_1)R_2+(Q_3-R_1U_3-R_2U_2-R_3U_1)R_3=0\\&\partial E/\partial U_2:\ (Q_2-R_1U_2-R_2U_1)R_1+(Q_3-R_1U_3-R_2U_2-R_3U_1)R_2\\&\qquad\qquad+(Q_4-R_1U_4-R_2U_3-R_3U_2)R_3=0\end{aligned}$$

$i=3,4,5$에 대해서도 이와 같은 식을 구하면 U_i의 5개의 미지수에 대한 5개의 선형방정식을 얻는다. 이들을 풀면 7개의 식 전부를 만족하는 5개의 단위도의 종거 $U_1, U_2, \cdots, U_5$를 얻는다.

10.6 복합강우로부터 단위도 유도-행렬해법

실제 강우기록은 간단한 단일첨두를 유발하는 이상적인 호우로 기록되기보다는 다첨두의 복

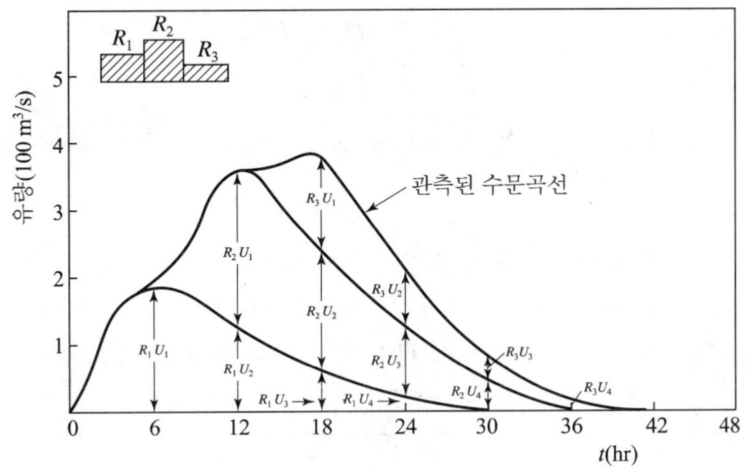

그림 10.15 복합강우로부터 단위도 유도

잡한 수문곡선을 유발하는 복합강우가 대부분이다. 이러한 경우 단위도 유도방법으로 역과정방법은 적합하지 않다. 다첨두의 복잡한 수문곡선으로부터 단위도를 유도함에는 역회선방법이 적용될 수 있다.

그림 10.15에서와 같이 강우주상도를 일정한 시간 간격의 강우요소로 구분하는 것이 가능할 때 수문곡선을 각 강우요소에 상응하는 요소수문곡선으로 분리하는 것이다. 또는 그림 10.12a, e에서와 같이 유효강우량 주상도와 수문곡선 상에서 같은 시간 간격에 대한 Q를 읽을 수 있다. 이 경우 식 (10.19)의 Q와 R이 주어진다.

식 (10.20) 또는 (10.22)를 행렬로 나타내면

$$\begin{bmatrix} R_1 & 0 & 0 & 0 \\ R_2 & R_1 & 0 & 0 \\ R_3 & R_2 & R_1 & 0 \\ 0 & R_3 & R_2 & R_1 \\ 0 & 0 & R_3 & R_2 \\ 0 & 0 & 0 & R_3 \end{bmatrix} \begin{bmatrix} U_1 \\ U_2 \\ U_3 \\ U_4 \\ 0 \\ 0 \end{bmatrix} = \begin{bmatrix} Q_1 \\ Q_2 \\ Q_3 \\ Q_4 \\ Q_5 \\ Q_6 \end{bmatrix} \tag{10.27}$$

또는

$$[R][U] = [Q] \tag{10.23}$$

행렬 $[R]$은 정사각형 행렬이 아니므로 $[R]$의 역행렬이 존재하지 않는다. 또한 식 (10.27)에서 미지수 U보다 식이 더 많으므로 단위도종거는 과잉결정된다. 따라서 식 (10.27)의 과잉결정 조건 때문에 해는 $U = R^{-1}Q$로 주어지지 않는다. U에 관하여 식 (10.23)을 풀기 위해서는 먼저 R의 전치행렬 R^T을 양변의 앞에 곱하여 정사각형 행렬 Z로 변환한다.

$$R^T RU = R^T Q \tag{10.28}$$

$$ZU = R^T Q \tag{10.29}$$

여기서 $Z = R^T R$이다. 식 (10.29)의 양변에 Z의 역행렬 Z^{-1}을 곱하여 U를 구한다.

$$U = Z^{-1} R^T Q \tag{10.30}$$

식 (10.30)에 의한 해는 많은 요소가 영이므로 역행렬을 구하는 과정이 용이하지 않고 또한 U의 종거가 음수가 되거나 체적이 1보다 작거나 진동을 나타낸다. 따라서 관측치 Q와 계산치 $RU(=Q_c)$와의 차이 $(Q-RU)$를 식 (10.26)에 따라 최소로 하는 최적해가 필요하다.

예제 10.6

유효강우량이 0.4, 0.8, 직접유출수문곡선의 종거가 0.24, 0.64, 0.32이다. 행렬해법을 이용하여 단위도를 유도하라.

[풀이] 단위도의 종거수는 식 (10.25)에 따라 $n_U = N - M + 1 = 3 - 2 + 1 = 2$이다. 식 (10.27)의 행렬로 나타내면

$$\begin{bmatrix} 0.4 & 0 & 0 \\ 0.8 & 0.4 & 0 \\ 0 & 0.8 & 0 \end{bmatrix} \begin{bmatrix} U_1 \\ U_2 \\ 0 \end{bmatrix} = \begin{bmatrix} 0.24 \\ 0.64 \\ 0.32 \end{bmatrix} \tag{a}$$

R의 전치행렬 R^T을 R 앞에 곱하여 정사각형 행렬 Z를 구한다.

$$Z = R^T R = \begin{bmatrix} 0.4 & 0.8 & 0 \\ 0 & 0.4 & 0.8 \\ 0 & 0 & 0 \end{bmatrix} \begin{bmatrix} 0.4 & 0 & 0 \\ 0.8 & 0.4 & 0 \\ 0 & 0.8 & 0 \end{bmatrix} = \begin{bmatrix} 0.8 & 0.32 & 0 \\ 0.32 & 0.8 & 0 \\ 0 & 0 & 0 \end{bmatrix} \tag{b}$$

Z의 역행렬을 구하면

$$Z^{-1} = \begin{bmatrix} 1.488 & -0.595 & 0 \\ -0.595 & 1.488 & 0 \\ 0 & 0 & 0 \end{bmatrix} \tag{c}$$

$Z^{-1} R^T$을 계산하면

$$Z^{-1} R^T = \begin{bmatrix} 1.488 & -0.595 & 0 \\ -0.595 & 1.488 & 0 \\ 0 & 0 & 0 \end{bmatrix} \begin{bmatrix} 0.4 & 0.8 & 0 \\ 0 & 0.4 & 0.8 \\ 0 & 0 & 0 \end{bmatrix} = \begin{bmatrix} 0.595 & 0.952 & -0.476 \\ -0.238 & 0.119 & 1.190 \\ 0 & 0 & 0 \end{bmatrix} \tag{d}$$

따라서 식 (10.30)의 U는

$$U = Z^{-1} R^T Q = \begin{bmatrix} 0.595 & 0.952 & -0.476 \\ -0.238 & 0.119 & 1.190 \\ 0 & 0 & 0 \end{bmatrix} \begin{bmatrix} 0.24 \\ 0.64 \\ 0.32 \end{bmatrix} = \begin{bmatrix} 0.6 \\ 0.4 \\ 0 \end{bmatrix} = \begin{bmatrix} U_1 \\ U_2 \\ 0 \end{bmatrix} \tag{e}$$

이로부터 단위도의 종거는 0.6, 0.4, 0이다.

10.7 단위유량도의 적용

6.3절의 침투해석, 8.6절의 NRCS방법, 21.6절의 방법을 이용하여 강우기록으로부터 손실량을 분리하여 유효강우량을 구한다. 단위도가 적용될 수 있도록 이 유효강우량을 단위도의 단위시간 간격의 주상도로 나타낸다. 만약 이 경우 주상도에서 각 강우요소의 지속시간이 다르게 되면 각 지속기간에 해당하는 단위도가 필요하게 된다. 주상도의 각 강우요소의 유효강우량을 단위도의 종거에 곱하여 얻어지는 개개 수문곡선의 종거의 합인 중첩이 직접유출수문곡선이 된다. 각 수문곡선의 시점은 해당 유효강우량의 시작시간과 같게 되어 지속시간만큼씩 지체된다. 총 수문곡선은 직접유출수문곡선에 기저유출을 합하여 얻어진다.

예제 10.7

표 10.3의 3란의 3시간 단위도를 적용하여 2란의 강우량에 대한 최대유량을 구하라.

[풀이] 3시간 단위도가 적용될 수 있도록 강우기록을 3시간 간격으로 분할하고 손실우량의 분리는 일정비손실우량법(一定比損失雨量法)(강우주상도 상에서 일정한 비율의 강우량을 손실로 취급하는 방법)을 적용한다(21.6 절). 이는 유출계수와 같은 개념이다. 유출계수 C를 0.6으로 가정하면 유효강우량은 각각 12 mm, 24 mm, 0 mm, 17 mm가 된다. 이들 유효강우량에 대한 직접유출은 단위도의 종거에 이들 유효강우량을 곱해서 얻어지고 유효강우량의 시점만큼 지체된 결과는 각각 4, 5 및 6란과 같다. 총 직접유출은 4, 5 및 6란의 직접유출의 중첩으로 주어지며 7란과 같다. 총 수문곡선은 7란에 8란의 기저유출을 합하여 얻어진다. 최대유량은 표 10.3의 9란 또는 그림 10.16에 보인 바와 같이 355.2 m^3/s이다.

표 10.3 단위도 적용 예

시간 (hr) (1)	강우량 (mm) (2)	3 hr 단위도 (m^3/s) (3)	(3)×1.2 (m^3/s) (4)	(3)×2.4 (m^3/s) (5)	(3)×1.7 (m^3/s) (6)	직접유출 (4)+(5)+(6) (m^3/s) (7)	기저 유출 (m^3/s) (8)	총유량 (7)+(8) (m^3/s) (9)
09	20	0	0			0	20	20.0
12	40	60	72	0		72	10	92.0
15	8	93	111.6	144.0		255.6	19	274.6
18	28	71	85.2	232.2	0	317.4	18	335.4
21		54	64.8	170.4	102.0	337.2	18	355.2
24		40	48.0	129.6	158.1	335.7	18	353.7
03		29	34.3	96.0	120.7	251.5	18	269.5
06		20	24.0	69.6	91.8	185.4	20	205.4
09		13	15.6	48.0	68.0	131.6	21	152.6
12		7	8.4	31.2	49.3	88.9	22	110.9
15		3	3.6	16.8	34.0	54.4	23	77.4
18		0	0	7.2	22.1	29.3	24	53.3
21				0	11.9	11.9	25	36.9
24					5.1	5.1	25	30.1
03					0	0	25	25.0

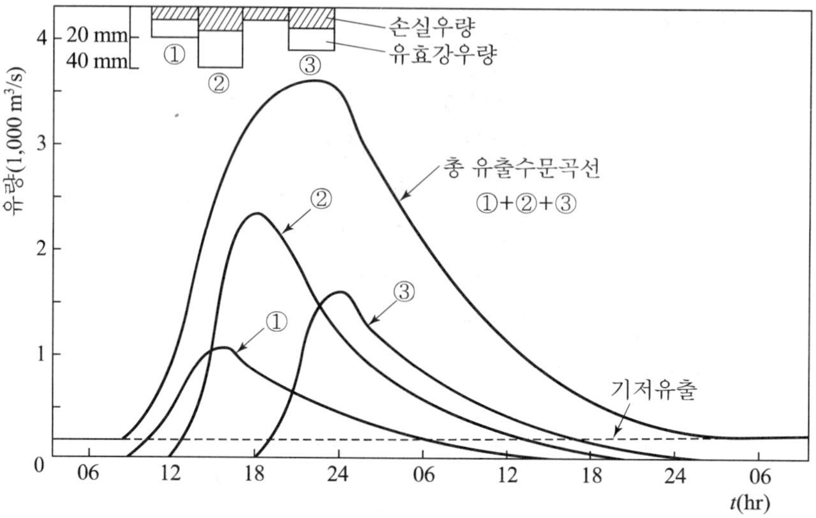

그림 10.16 단위도의 적용

10.8 단위도의 단위시간 변경

단위도는 특정 지속기간의 단위강우량에 대한 단위직접유출을 나타낸다. 따라서 동일한 유역에 대해서도 강우지속기간이 다르게 되면 단위도 역시 다르게 된다. 단위도는 단위직접유출고(1 cm)를 나타내므로 강우지속기간이 길어지면 단위도의 기저시간은 길어지고 첨두는 이에 반비례하여 감소한다. 단위도의 지속기간 변경에는 지체방법과 S-수문곡선방법이 있다.

10.8.1 지체(또는 중첩)방법(lagging 또는 superposition method)

이 방법은 지속기간을 배수로 증가시키는 경우에 한해서 가능하다. 따라서 t_1시간 단위도로부터 nt_1시간 단위도의 유도를 생각한다. 그러나 여기서는 $n=2$에 대해서 설명하기로 한다. t_1시간 단위도를 유발하는 유효강우량은 $1/t_1$ cm/hr(또는 $1/t_1$ mm/hr)의 강우강도로 t_1시간 내린다. 만약 $1/t_1$ cm/hr의 강우가 $2t_1$시간 계속해서 내렸다면 유효강우량은 2 cm가 되고 지속기간은 $2t_1$시간이 된다. 따라서 $2t_1$시간 지속된 강우로 인한 수문곡선은 직접유출이 2 cm이므로 수문곡선의 종거를 2로 나누면 유출이 1 cm가 되어 $2t_1$시간 단위도가 얻어진다. 실제로 이를 구하는 과정은 $t_1=$ 4시간 단위도의 경우 $t_1=$ 4시간 단위도에 다른 4시간 단위도를 4시간 지체시켜 두 개의 4시간 단위도의 종거를 합하여 얻어지는 수문곡선의 종거를 2로 나누면 8시간 단위도가 얻어진다. 8시간 단위도는 기저시간이 4시간만큼 더 길어지며 첨두는 감소한다. 이는 동일한 강우량이 1/2의 강우강도로 2배의 지속기간만큼 더 오래 내리는 강우를 생각하면 쉽게 이해될 수 있다.

예제 10.8

표 10.4의 2란에 주어진 2시간 단위도로부터 6시간 단위도를 결정하라.

[풀이] $\frac{6\text{시간 단위도}}{2\text{시간 단위도}} = 3$이므로 3개 단위도를 중첩해서 유도된다. 또한 6시간 단위도는 2시간 단위도를 유발한 5 mm/h(=10 mm/2 h)의 2시간 지속된 강우 1 cm가 3회 연속해서 일어나는 경우이다. 이는 강우강도가 5 mm/h, 지속기간이 6시간인 3 cm의 강우가 되므로 1 cm가 되기 위해서는 강우량을 3으로 나누어 강우강도가 5/3 mm/h가 되도록 한다. 표 10.4의 2란은 2시간 단위도의 종거이고 3, 4란은 각각 2, 4시간씩 지체시킨 2시간 단위도의 종거이다. 5란은 이들 세 단위도 종거의 합으로 3 cm의 유출고를 나타낸다. 따라서 5란의 수문곡선의 종거를 3으로 나누면 유출고는 1 cm가 되어 단위도가 되고 이를 유발한 유효강우량의 지속기간은 6시간이므로 6시간 단위도가 된다(그림 10.9, 10.10 참조).

표 10.4 지체 방법에 대한 단위도의 단위시간 변경

시간 (hr) (1)	2 h 단위도 (m^3/s) (2)	2시간 지체된 2 h 단위도 (m^3/s) (3)	4시간 지체된 2 h 단위도 (m^3/s) (4)	합계 (2)+(3)+(4) (m^3/s) (5)	6시간 단위도 (5)/3 (m^3/s) (6)
0	0			0	0
1	1.50			1.50	0.50
2	8.52	0		8.52	2.84
3	11.80	1.50		13.30	4.43
4	6.10	8.52	0	14.62	4.87
5	1.40	11.80	1.50	14.70	4.90
6	0	6.10	8.52	14.62	4.87
7		1.40	11.80	13.20	4.40
8		0	6.10	6.19	2.30
9			1.40	1.40	0.47
10			0	0	0
계	29.32			87.96	29.58

10.8.2 S-수문곡선방법

S-수문곡선방법을 이용하면 주어진 단위시간의 단위도를 길거나 또는 짧은 단위시간의 단위도로 변환하는 것이 가능하다.

S-수문곡선(S-水文曲線; S-hydrograph, SH)은 1 cm/h의 일정한 강우강도로 무한기간 동안 내리는 연속유효강우에 의하여 유발되는 수문곡선이다. 한 유역에 $1/t_1$ mm/h의 강우강도로 무한히 지속되는 강우가 도달시간에 해당되는 시간에 이르면 유출구에서 유출은 **평형유출**(平衡流出; equilibrium outflow) Q_e에 달하여 그림 10.17a와 같은 S-수문곡선이 얻어진다.

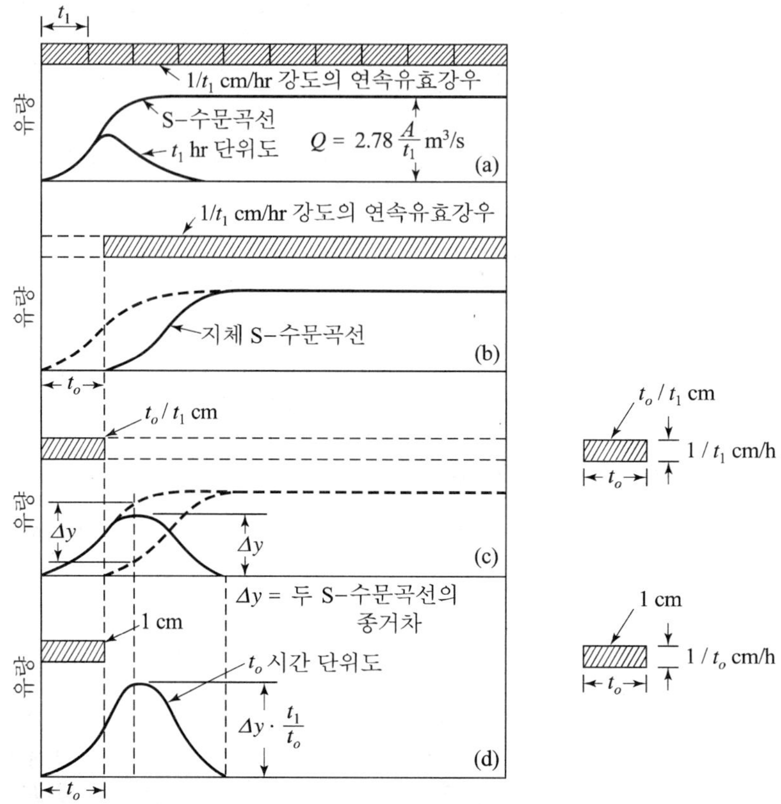

그림 10.17 S-수문곡선에 의한 단위시간 변경

$$Q_e = \frac{1}{t_1}(\text{mm/h})A\ (\text{km}^2) = 0.278\frac{A}{t_1}(\text{m}^3/\text{s}) \tag{10.31a}$$

또는

$$Q_e = \frac{1}{t_1}(\text{cm/h})A\ (\text{km}^2) = 2.78\frac{A}{t_1}(\text{m}^3/\text{s}) \tag{10.31b}$$

그림 10.17a에서와 같이 무한히 지속되는 유효강우량을 t_1시간 단위로 구분할 경우 각 단위 강우($1\,\text{cm} = (1/t,\ \text{cm/h})t_1\text{h}$)로 인한 수문곡선은 단위도가 될 것이다. 따라서 S-수문곡선은 t_1시간 단위도를 t_1시간만큼 차례로 지체시켜 이들의 종거를 중첩해 감으로써 작성된다. 단위도의 기저시간이 t_b일 때 t_1시간마다 1 cm의 직접유출을 발생하는 강우가 계속된다면 t_b시간 후에 평형유출에 도달한다. 따라서 S-수문곡선 작성에는 t_b/t_1개의 t_1시간 단위도가 필요하다.

S-수문곡선에 의한 단위시간 변경과정

t_1시간 단위도로부터 t_o시간 단위도를 구하는 과정은 그림 10.17과 같다.

(1) 그림 10.17a는 $1/t_1$ cm/h 강우강도로 t_1시간 내린 단위유효강우량(1 cm)에 의한 t_1시간

단위도와 이의 연속으로 인한 S-수문곡선을 나타낸다.

(2) 만약 (1)과 같은 강우강도의 강우가 t_o시간 후에 시작되는 경우 이로 인한 S-수문곡선은 t_o시간만큼 늦게 시작되고 이를 t_o시간 **지체S-수문곡선**(遲滯S-水文曲線; lagged 또는 offset S-hydrograph)이라 한다(그림 10.17b).

(3) 이 두 S-수문곡선의 종거차이에 의한 수문곡선(그림 10.17c)은 강우강도 $1/t_1$ cm/hr, 지속기간 t_o시간인 유효강우량 t_o/t_1 cm로 인한 수문곡선이다.

(4) 지속기간이 t_o시간인 유효강우량 t_o/t_1 cm를 t_o/t_1로 나누면 강우량이 1 cm가 되고 이로 인한 수문곡선은 단위도가 된다. 따라서 그림 10.17c의 수문곡선의 종거를 t_o/t_1로 나누면 단위도가 얻어진다. 이 단위도는 유효강우량의 지속기간이 t_o시간이므로 t_o시간 단위도이다. 이 과정은 t_1시간 S-수문곡선(또는 t_1시간 단위도)으로부터 t_o시간 단위도를 유도하는 것이므로 t_o는 t_1보다 클 수도 작을 수도 있다. 위 과정을 식으로 나타내면 다음과 같다.

t_1시간 S-수문곡선(또는 t_1시간 단위도)으로부터 t_o시간 단위도 유도:

$$u(t_o;t)=\frac{t_1}{t_o}\left[S(t)-S(t-t_o)\right] \tag{10.32}$$

여기서 $u(t_o;t)$는 t_o시간 단위도, S는 t_1시간 단위도로부터 유도된 S-수문곡선이다.

1시간 S-수문곡선(또는 1시간 단위도)으로부터 t_o시간 단위도 유도:

$$u(t_o;t)=\frac{1}{t_o}\left[S(t)-S(t-t_o)\right] \tag{10.33}$$

예제 10.9

유역면적이 10.55 km^{2}인 유역의 2시간 단위도(표 10.5의 2란)로부터 6시간, 1시간 단위도를 유도하라.

[풀이] 표 10.5의 3란에 주어진 S-수문곡선은 2란의 2시간 단위도를 2시간씩 지체시킨 2시간 단위도들의 종거를 중첩하여 얻어진다. S-수문곡선의 첨두 또는 평형유출은 식 (10.31b)에 따라 $Q_e=2.78(10.55/2)=14.57$ m^3/s이므로 3란의 진동하는 값을 14.67 m^3/s로 조정함이 필요하다. 그러나 차이가 크지 않으므로 조정하지 않고 계산이 수행된다. (1) 6시간 단위도: 2시간 단위도를 유발한 유효강우량은 지속기간이 2 hr이고 강우강도가 5 mm/hr(0.5 cm/hr × 2 hr = 1 cm)이다. 5란에 주어지는 수문곡선은 3란의 S-수문곡선에서 4란의 6시간 지체 S-수문곡선을 뺌으로써 얻어진 수문곡선으로, 0.5 cm/hr 강우강도로 6시간 내린 3 cm(0.5 cm/hr × 6 hr)의 유효강우량에 의한 수문곡선이다. 따라서 1 cm에 의한 수문곡선, 즉 단위도를 얻기 위해서는 5란의 종거를 3(=6/2)으로 나누는 것이 필요하다. (2) 1시간 단위도: 8란은 3란의 S-수문곡선에서 7란의 1시간 지체 S-수문곡선을 뺌으로써 얻어진 수문곡선이다. 이는 유효강우량 0.5 cm(=0.5 cm/hr × 1 hr)에 의한 수문곡선이므로 8란의 종거에 2를 곱하여 1 cm가 되게 함으로써 1시간 단위도가 얻어진다.

표 10.5 S-수문곡선에 의한 단위도의 단위시간 변경

시간 (hr) (1)	2 h 단위도 (m^3/s) (2)	2 h S-수문곡선 (3)	6 h 지체 S-수문곡선 (4)	S-수문곡선 종거차 (3)−(4) (5)	6 h 단위도 (5)÷6/2 (6)	1 h 지체 S-수문 곡선 (7)	S-수문곡선 종거차 (3)−(7) (8)	1 h 단위도 (8)÷1/2 (9)
0	0	0		0	0	0	0	0
1	1.50	1.50		1.50	0.50	0	1.50	3.00
2	8.52	8.52		8.52	2.84	1.50	7.02	14.04
3	11.80	13.30		13.30	4.43	8.52	4.78	9.56
4	6.10	14.62		14.62	4.87	13.30	1.32	2.64
5	1.40	14.70		14.70	4.90	14.62	0.08	0.16
6	0	14.62	0	14.62	4.87	14.70	0	0
7		14.70	1.50	13.20	4.40	14.62		
8		14.62	8.52	6.10	2.03	14.70		
9		14.70	13.30	1.40	0.47	14.62		
10		14.62	14.62	0		14.70		
11		14.70	14.70	0		14.62		

10.9 순간단위도

단위유효강우량(1 cm 또는 1 mm)이 전 유역에 걸쳐 균일하게 순간적으로 내릴 경우 생성되는 유출수문곡선을 **순간단위도**(瞬間單位圖; instantaneous unit hydrograph, IUH)라 한다. IUH는 주어진 유역의 단위충격응답함수이고 선형과 시간불변의 가정에 근거한다. 순간입력이 델타함수로 표시되는 점에서 순간단위도는 유역의 충격응답함수 또는 그린함수이다. 균일한 강우입력에 대한 응답인 유역의 유출은 강우입력과 순간단위도의 회선적분에 의하여 주어진다(그림 10.11).

$$y(t) = \int_0^t I(\tau)u(t-\tau)d\tau \tag{10.34}$$

여기서 $y(t)$는 유출, $I(t)$는 강우입력, $u(t-\tau)$는 유역의 단위응답인 순간단위도(IUH)이며 선형계의 충격응답함수로 **핵함수**(核函數; kernel function)라 한다. $y(t)$는 유역의 단위면적에 대한 강우유출률이다. 따라서 면적이 A인 유역의 유출구에서 유출 $Q(t)$에 대해서 $y(t)$는 Q/A를 나타내고 L/T의 차원을 갖는다. $y(t)$는 단위강우량(1 cm)에 대한 단위유출률(1 cm/h)이므로 $u(t)$는 T^{-1}의 차원을 갖는다. 면적 A인 유역에 대한 유출 $Q(t)$는

$$Q(t) = A\int_0^t I(\tau)u(t-\tau)d\tau \tag{10.35}$$

그림 10.11에 보인 바와 같이 식 (10.34)에서 주어진 시간 t에서 $y(t)$는 강우시작시간 $\tau = 0$

에서 $\tau = t$까지 각 순간 τ에서 $u(t-\tau)$를 가중인자로 하는 과거 모든 강우입력의 결과이다. 적분에서 τ는 가변수이고 t는 상수로 취급된다. IUH모양은 단일첨두를 갖는 수문곡선이고 $s = t - \tau$에 대한 특성은 다음과 같다(그림 10.11 참조).

$$\begin{aligned} 0 \le u(s) \le \text{양의 첨두치} \quad & s > 0 \\ u(s) = 0 \quad & s \le 0 \\ u(s) \to 0 \quad & s \to \infty \end{aligned} \tag{10.36}$$

$$\int_0^\infty u(s)ds = 1.0 \tag{10.37}$$

$$\int_0^\infty u(s)tds = t_L \tag{10.38}$$

t_L은 순간단위도의 **지체시간**(遲滯時間; lag time)이고 이는 강우주상도의 중심과 직접유출수문곡선의 중심 간의 시간 간격으로 정의된다. IUH의 경우 IUH의 유효강우량의 지속기간이 영인 점에서 t_L은 IUH 중심까지의 시간이다.

D_u시간 단위도의 유도: 순간단위도 식 (10.34)를 이용하여 강우입력 $I(t) = 1/D_u$에 대한 D_u시간 단위도 $u(D_u; t)$의 유도가 가능하다.

$$\begin{aligned} I = 1/D_u \quad & 0 \le t \le D_u \\ I = 0 \quad & t > D_u \end{aligned} \tag{10.39}$$

D_u시간 단위도는 지속기간이 D_u인 유효강우량 $I(t)$와 IUH 종거 $u(t)$의 곱을 $t=0$에서 $t = D_u$까지의 회선적분으로 주어진다.

$$u(D_u; t) = \int_0^{D_u} \frac{1}{D_u} u(t-\tau)d\tau \tag{10.40}$$

$(t-\tau) = s$로부터 $d\tau = -ds$를 고려하면 식 (10.40)은

$$u(D_u; t) = \frac{1}{D_u} \int_{t-D_u}^{t} u(s)ds \tag{10.41}$$

식 (10.41)은 그림 10.18에서 시간 t_1에서 단위도 UH의 종거 u_1을 나타낸다. t_1에서 D_u시간 단위도의 종거 u_1은 시간 $(t_1 - D_u)$에서 t_1까지 순간단위도(IUH) $u(t)$의 적분치를 적분시간인 D_u로 나눈 평균치이다.

IUH이론에서 유효강우량이 유역에 적용되는 지속기간은 영이며 이는 이론적인 개념이고 실제 유역에서는 실현될 수는 없다. IUH는 강우지속기간에 관계되지 않으므로 단위도에 대한 유효강우량의 지속기간의 영향을 제거할 수 있고 강우에 대한 유역의 반응을 특징짓는 점에서 유용하다. 따라서 IUH를 유역의 지상학적 인자에 관계시킬 수 있다.

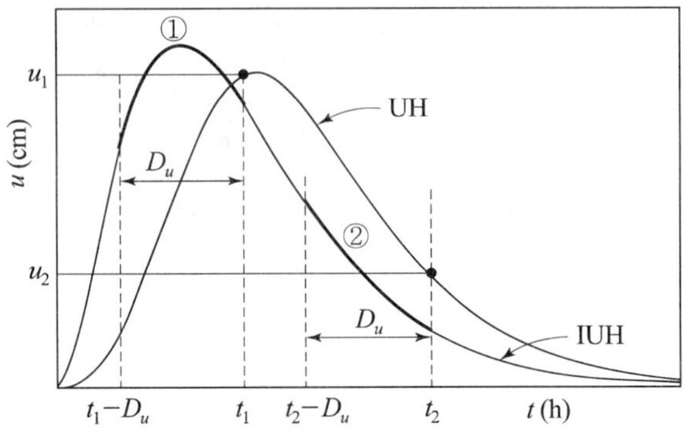

그림 10.18 순간단위도와 D_u시간 단위도의 관계: 시간 t_1에서 D_u시간 단위도의 종거 u_1은 순간단위도의 시간 $t_1 - D_u$에서 t_1구간의 평균치임을 나타낸다.

S-수문곡선의 유도; 순간단위도를 이용해서 S-수문곡선이 유도된다. 즉 $t = 0$에서 시작하는 일정한 단위입력 $I(t) = 1.0$의 단위계단함수에 식 (10.34)를 적용하여 S-수문곡선을 유도한다.

$$S(t) = \int_0^t u(t-\tau)d\tau \tag{10.42}$$

$I(t)$의 단위가 L/T, $u(t)$의 단위가 T^{-1}이므로 $S(t)$ 또한 L/T의 단위를 갖는다.

식 (10.33)에서 t_o가 무한히 작아지면($t_o \to 0$)

$$u(t_o;t) = \frac{1}{t_o}\left[S(t) - S(t-t_o)\right] \to \frac{dS}{dt} \tag{10.43}$$

따라서 dS/dt는 유역에 순간적으로 일어난 단위강우량에 대한 응답을 정의한다. 즉 이는 지속기간이 무한히 작은 단위유효강우량(1 cm 또는 1 mm)으로 인한 유출수문곡선인 순간단위도를 정의한다. 따라서 S-수문곡선의 기울기 dS/dt는 시간 t에서의 순간단위도의 종거 $u(t)$를 제공하고 유역의 물리적인 특성을 나타낸다.

$$u(t) = \frac{dS(t)}{dt} \tag{10.44}$$

식 (10.44)는 시간 t에서 IUH의 종거는 단위지속시간의 단위유효강우량에 의한 S-수문곡선의 시간 t에서 기울기로 주어짐을 나타낸다. 이는 식 (10.42)에서와 같이 S-수문곡선은 IUH를 적분한 곡선이고 시간 t에서 S-수문곡선종거는 IUH를 $0 \sim t$까지 적분한 면적이기 때문이다. IUH는 Fourier변환, Laplace변환, 유역의 지상인자에 연계된 수학적 모형 등에 의하여 결정될 수 있다.

IUH, UH 및 SH의 관계

순간단위도, 단위도 및 S-수문곡선의 관계는 다음과 같이 정리된다.

IUH와 D_u시간 단위도: $$u(D_u;t)=\frac{1}{D_u}\int_{t-D_u}^{t}u(s)ds \tag{10.45}$$

D_u시간 단위도와 S-수문곡선(1시간 단위도로부터 유도) :

$$u(D_u;t)=\frac{1}{D_u}[S(t)-S(t-D_u)] \tag{10.46}$$

IUH와 S-수문곡선(1시간 단위도로부터 유도) :

$$u(t)=\frac{dS(t)}{dt} \tag{10.47}$$

문 제

응답함수

10.1 어느 계의 맥동응답함수의 종거가 0.12, 0.6, 0.35, 0.1이다. 이 계에 작용하는 맥동입력의 크기가 3과 4일 때 출력을 계산하라.

10.2 한 유역이 $K=1$ h인 선형저수지로 모형화된다. 이 유역에 지속기간이 1.0, 1.5 및 2.0 h인 크기 1의 맥동입력이 작용할 때 충격응답함수와 맥동응답함수를 계산하고 도시하라.

10.3 $K=2$ h인 선형저수지로 모형화되는 유역에 2시간 간격으로 7 cm와 5 cm의 강우가 내린다. 직접유출수문곡선을 계산하라.

회선적분

10.4 선형저수지의 저류상수 K가 유효강우량주상도와 직접유출수문곡선의 중심 간의 시간으로 정의되는 지체시간 t_L과 같음을 증명하라.

10.5 단위도의 기저시간이 3 h이고 종거는 1.0, 0.5 m^3/s이다. 유효강우량 (a)=20 mm, (b)=30 mm에 대한 직접유출을 구하고 이들을 깊이(cm)로 나타내라. 유역면적은 0.54 km^2이다.

10.6 단위도의 기저시간이 5 h이고 종거는 1.0, 2.0, 1.35, 0.67 m^3/s이다. 한 시간 간격의 유효강우량이 20, 50, 30 mm이다. 직접유출수문곡선을 구하라. 직접유출고를 계산하여 유효강우량과 비교하라. 유역면적은 1.8 km^2이다.

단위도 유도

10.7 유효강우량의 강도와 지속기간이 각각 1 cm/h, 4시간이다. 이로 인한 직접유출수문곡선은 기저시간이 8시간, 첨두가 중앙에서 1 cm/h인 삼각형이다. 4시간 단위도를 구하라.

10.8 초과강우량과 직접유출이 다음과 같다. 단위도를 유도하라. 유역면적은 얼마인가?

시간(hr)	1	2	3	4	5	6	7	8	9
초과강우량(mm)	25.0	50.0	0	25.0					
직접유출(cm^3/s)	0.3	3.4	11.2	15.7	14.0	12.6	7.0	2.8	1.4

10.9 6시간 82 mm의 호우에 의한 다음 홍수수문곡선으로부터 단위도와 유역면적을 구하라.

시간 (h)	유량 (m^3/s)	시간 (h)	유량 (m^3/s)
08	55	12	179
12	50	16	148
16	49	20	121
20	66	24	77
24	176	04	49
02	264	08	36
04	289	10	30
06	264	12	22
08	247	16	0

10.10 유역면적이 45 km^{2}인 유역에서 관측된 유출자료가 다음과 같다. 기저유출을 1.5 m^3/s로 가정하여 1시간 단위도를 유도하고 단위시간을 결정하라.

시간(hr)	0	1	2	3	4	5	6	7	8	9	10	11	12
유량(m^3/s)	1.5	3.0	6	12	18	12	10.5	9	7.5	6	4.5	3	1.5

10.11 기저유출을 분리하고 단위도를 유도하라. 유역면적은 60 km^{2}이다.

시간 (h)	유량 (m^3/s)	시간 (h)	유량 (m^3/s)
08	46	12	122
12	41	16	94
16	40	20	72
20	55	24	55
24	113	04	40
04	147	08	29
06	152	12	22
08	147	16	15

10.12 다음과 같은 강우, 유출자료를 이용하여 단위도와 단위시간을 유도하라. 유역면적은 9.54 km^{2}이고 초과강우량 산정에는 ϕ-지수를 사용하라.

시간(hr)	0	1	2	3	4	5	6	7	8	9	10	11
강우량(mm)	12	32	32	12								
유량(m^3/s)	3	3	10	21	30	24	18	12	9	6	3	3

10.13 문제 10.9의 수문곡선이 2시간 지속된 호우로 인한 수문곡선일 경우 역과정방법으로 단위도를 결정하라.

10.14 문제 10.10의 수문곡선이 5시간 지속된 호우로 인한 수문곡선일 경우 역과정방법으로 단위도를 유도하라.

10.15 직접유출수문곡선과 유효강우량이 다음과 같을 경우 역회선방법으로 단위도를 계산하라.

시간(hr)	0		1		2		3		4		5		6	7	8	9	10	11	12
유효강우량(mm)		5.5		9		11		8		5.5		2.4							
유량(m^3/s)	0		6		20		50		80		102		100	80	52	30	10	3	0

10.16 유역면적이 240 km^2인 유역의 자료가 다음과 같을 때 역회선방법으로 6시간 단위도를 유도하라. 강우량손실 산정에는 일정비손실우량법을 적용하고 기저유출은 22 m^3/s이다.

시간(hr)	6	12	18	24	30	36	42	48	54	60	66
강우량(mm)	16.5	38.5	27.5	16.5							
유량(m^3/s)	29	78	191	249	191	109	54	36	27	24	23

10.17 다음에 주어진 수문곡선과 유효강우량으로부터 역회선방법에 의해 단위도를 유도하라.

시간(hr)	0		1		2		3		4		5		6	7	8	9	10	11	12
유효강우강도(mm/hr)		0.5		0.8		1.0		0.7		0.5		0.2							
유량(m^3/s)	0		5		18		46		74		93		91	73	47	23	9	2	0

10.18 유역면적이 18 km^2인 유역으로부터 강우–유출기록이 다음과 같다. 0.5시간 단위도를 행렬기법, 선형프로그램 및 선형회귀기법으로 유도하라. 균일 강우손실을 가정한다.

시간(hr)	0.5	1.0	1.5	2.0	2.5	3.0	3.5	4.0	4.5
강우량(mm)	7	3.0	3.3	3.6	4.6	3.6	1.8		
유량(m^3/s)	1.0	2.0	3.6	5.7	8.4	8.7	7.1	4.8	3.2

시간(hr)	5.0	5.5	6.0	6.5	7.0	7.5	8.0	8.5	9.0
유량(m^3/s)	1.0	2.0	3.6	5.7	8.4	8.7	7.1	4.8	3.2

10.19 기저유출을 일정하게 0.4 m^3/s로 가정하여 역회선방법으로 단위도를 유도하라.

시간(hr)	1	2	3	4	5	6	7	8	9	10	11
강우량(mm)	25	50	0	25							
유량(m^3/s)	0.4	0.8	5.2	16.4	22.8	20.4	18.4	10.4	4.4	2.4	0.4

10.20 행렬해법으로 단위도를 유도하라.

시간(h)	유효강우량(cm)	직접유출(cm/hr)
2	2	0.5
4	2	1.0
6		0.5

10.21 다음 자료에 대한 단위도의 종거를 최소자승법으로 구하라.

시간(h)	1	2	3	4	5	6
강우량(cm)	2.0	4.0	1.0			
유출(cm/h)	0.66	2.07	2.47	1.43	0.63	0.13

단위도 적용

10.22 다음 3시간 단위도를 이용하여 주어진 강우량에 대한 수문곡선을 계산하라. 유출곡선번호 CN = 80을 가정한다.

단위도 시간(hr)	0	3	6	9	12	15	18	21	24
유량(m^3/s)	0	12	24	36	30	24	18	12	0

강우량 시간(hr)	0		3		6		9		12
강우량(mm/hr)		6		10		18		2	

10.23 2시간 단위도와 유효강우량이 다음과 같은 유역의 수문곡선을 계산하라. 기저유출은 15 m^3/s로 가정한다.

시간(hr)	0	1	2	3	4	5	6	7	8	9	10	11	12	13
유량(m^3/s)	0	6	18	36	72	90	88	66	54	42	30	18	6	0

시간(hr)	0		3		6
유효강우강도(mm/hr)		10		20	

10.24 다음 1시간 삼각형단위도를 이용하여 주어진 호우에 대한 유출수문곡선을 계산하라.

강우량 시간(hr)	0		1		2		3		4
강우량(mm)		25		25		75		58	

단위도 시간(hr)	0	1	2	3	4	5	6
유량(m^3/s)	0	1.0	2.0	1.5	1.0	0.5	0

10.25 한 유역이 크기, 모양, 경사 및 수로길이가 거의 같은 A, B 두 소유역으로 구성되고 이들 소유역의 유출이 유역의 유출구 C에서 합류한다. 소유역의 1시간 단위도가 개발 이전과 개발 후(도시화)에 대하여 주어진다.

1시간 단위도	시간(hr)		0	1	2	3	4	5	6
	유량(m^3/s)	개발 전	0	9	0				
		개발 후	0	1	2	3	2	1	0

(a) 기존의 상태에서 60 mm/hr로 2시간 내린 강우에 대한 첨두유출을 유역의 유출구 C에서 구하라. 총 강우손실은 25 mm이다.

(b) A는 기존상태에 있고 B는 완전도시화가 된 것으로 가정한다. 유효강우량이 50 mm/hr로 1시간 내릴 경우 유역의 유출구에서 유출수문곡선을 유도하라.

(c) A, B가 전부 완전도시화될 경우, 유효강우량이 50 mm/hr로 1시간 내릴 경우 유출구에서 유출수문곡선을 계산하라.

단위시간 변경(S-수문곡선)

10.26 2시간 단위도의 기저시간이 4 h, 첨두가 중앙에서 0.75 cm/h인 삼각형이다. 4시간 단위도를 구하라.

10.27 1시간 단위도의 기저시간이 3 h, 높이가 1 h에서 1 cm/h이다. 2시간 단위도를 유도하라.

10.28 문제 10.26을 S-수문곡선방법으로 풀어라.

10.29 문제 10.27을 S-수문곡선방법으로 구하라.

10.30 다음 1시간 단위도로부터 2시간 단위도를 유도하라. (a) 지체방법, (b) S-수문곡선방법

시간(hr)	0	1	2	3	4	5	6
Q(m^3/s)	0	14	28	21	14	7	0

10.31 면적이 265 km^{2}인 유역의 4시간 단위도로부터 8시간 단위도를 (a) 지체방법, (b) S-수문곡선방법에 의하여 구하라.

시간(hr)	0	1	2	3	4	5	6	7	8	9	10
Q(m^3/s)	0	5.6	35	61.6	84	98	84	72.8	64.4	53.2	44.8
	11	12	13	14	15	16	17	18	19	20	21
	37.8	30.8	25.2	19..6	15.4	11.2	8.4	5.6	2.8	1.4	0

10.32 다음의 4시간 단위도로부터 6시간 단위도를 유도하라. 6시간 단위도를 이용하여 4시간 단위도를 유도하여 결과를 검증하라.

시간(hr)	0	2	4	6	8	10	12	14	16	18	20	22	24
Q(m^3/s)	0	10	30	60	100	90	80	70	50	40	20	10	0

10.33 면적이 32.5 km^{2}인 유역에 내린 균일강도의 강우로 인한 유출수문곡선이 다음과 같다. (a) S-수문곡선을 작성하고 S-수문곡선의 평형유출로부터 호우의 강우강도(cm/h)를 결정하라. (b) 2시간 단위도를 유도하라. (c) 2시간 단위로 내린 강우로 인한 유출고가 0.4, 1.0 및 1.4 cm일 때 이 호우로 인한 첨두유출(m^3/s)을 구하라.

시간(h)	유출(m^3/s)	시간(h)	유출(m^3/s)
0	0	8	21.6
1	4.4	9	17.2
2	16.7	10	12.7
3	40.1	11	9.1
4	49.9	12	5.8
5	44.8	13	3.6
6	35.1	14	1.7
7	28.4	15	0

순간단위도

10.34 강우강도가 일정한 유효강우로 인한 S-수문곡선이 $S(t) = 8{,}600\, t/(2+t)$ 로 주어진다. 여기서 S는 m^3/s단위, t는 h단위이다. (a) 순간단위도를 유도하고 유출고가 1 cm가 되도록 환산하라. (b) 2시간에 걸쳐 내린 시간당 강우량이 각각 5 cm, 7 cm이다. 순간단위도를 이용하여 2, 3시간 후의 유량을 계산하라.

10.35 주어진 유역의 순간단위도가 $u(t) = (t+1.5)^{-2}$이다. $u(t)$의 단위는 T^{-1}이다. (a) 1 cm/h의 유효강우량이 무한히 지속될 때 이로 인한 S-수문곡선의 식을 유도하라. (b) 3시간 동안 2 cm/h의 강우강도로 내린 유효강우로 인한 4시간 후의 유출률(유량)을 계산하라. (c) 처음 3시간에는 2 cm/h로, 다음 5시간 동안에는 1.6 cm/h로 내린 강우로 인한 5시간 후의 유출률을 계산하라.

11
합성단위유량도

Applied Hydrology

단위도 유도에 필요한 유역의 강우량과 유출자료가 없는 유역의 경우가 대부분이다. 이와 같이 관측기록이 없는 미계측유역에 대해서는 단위도의 주요 특성과 유역의 물리적인 특성을 관련시킨 경험식을 이용하여 단위도가 합성된다. 이와 같이 유도되는 단위도를 **합성단위유량도**(合成單位流量圖; synthetic unit hydrograph)라 한다. 합성단위도 유도에는 세 가지 유형이 있다. (1) 수문곡선특성(첨두유량, 기저시간 등)과 유역특성과의 관계(Snyder, 1938; Gray, 1961), (2) 무차원단위도 이용(NRCS, 1972), (3) 유역저류모형의 응용(Clark, 1943). 이들은 각 방법이 유도된 유역과 유사한 특성을 갖는 유역에 적용됨이 원칙이다.

11.1 Snyder 합성단위도

유역면적이 30～30,000 km^{2}인 미국 Appalachia지역에 대하여 Snyder(1938)는 단위도를 유역의 특성의 항으로 정의하였다. 이와 같이 합성되는 단위도는 그림 11.1에서와 같이 5개의 특성치를 필요로 하고 이들은 다음에 기술된다.

유역지체

유역지체(流域遲滯; basin lag) 또는 **지체시간**(lag time) t_L은 유효강우의 중심에서부터 수문곡선의 중심까지의 시간폭으로 정의된다. 그러나 간편한 방법으로 유효강우 중심에서 첨두까지의 시간이 많이 채택된다. 그러나 이러한 자료가 없는 경우 유역특성으로 정의된다.

$$t_L = C_t (LL_C)^{0.3} \tag{11.1}$$

여기서 t_L은 유역지체(hr), L은 유로연장(km), L_C는 유역의 유출구에서 유로를 따라 유역의

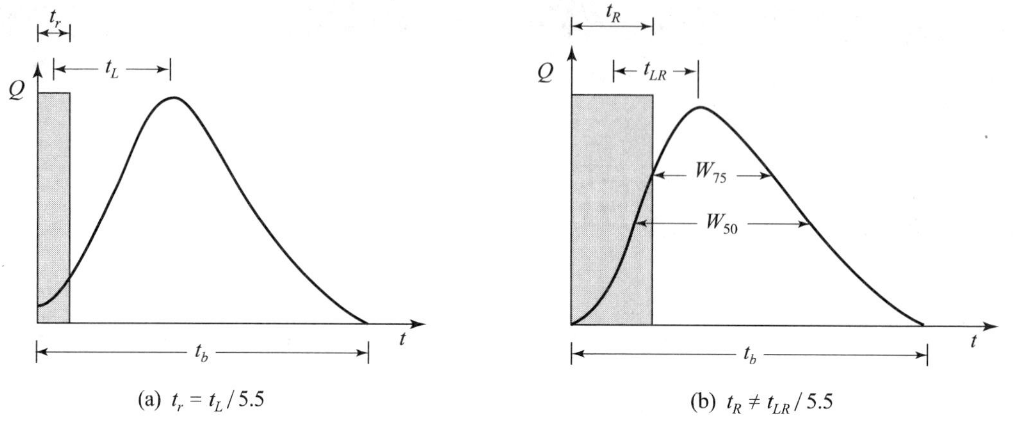

그림 11.1 Snyder 합성단위도

중심에 가장 가까운 유로 상의 지점까지의 거리(km), C_t는 동일지역의 계측유역으로부터 유도되는 유역경사를 나타내는 계수로 일반적으로 1.4～1.7의 값을 취한다. 낮은 C_t값은 급경사 유역을 나타낸다.

첨두유량

$$Q_P = \frac{C_P A}{t_L} \tag{11.2}$$

여기서 Q_P는 첨두유량(m^3/s), A는 유역면적(km^2), C_P는 유역의 저류용량을 나타내는 계수로 동일지역의 계측유역으로부터 유도된다. Q_P가 1 cm(또는 1 mm) 유효강우량에 대한 첨두유량일 때 C_P값은 일반적으로 1.5～1.9(또는 0.15～0.19)의 값을 취한다. 1 cm 유효강우량에 대하여 식 (11.2)는

$$Q_p = \frac{2.78 C_P' A}{t_L} \tag{11.3}$$

$2.78\, C_P' = C_P$이므로 C_P'의 범위는 $C_P' = 0.54 \sim 0.68$ 정도이다. 여기서 2.78은 m^3/s 단위의 Q를 얻기 위한 환산계수이다.

강우지속기간

$$t_r = \frac{t_L}{5.5} \tag{11.4}$$

여기서 t_r은 강우지속기간(hr)이다. 실제 강우지속기간 t_R이 t_r과 다를 경우에는 t_L과 Q_P는 다음과 같이 조정된다.

$$t_{LR} = t_L + \frac{t_R - t_r}{4} \tag{11.5}$$

$$Q_{PR} = \frac{Q_P t_L}{t_{LR}} \tag{11.6}$$

기저시간

$$t_b = 72 + 3t_L \tag{11.7}$$

여기서 t_b는 기저시간(hr)이다. 그러나 많은 경우 식 (11.7)로 계산되는 기저시간이 너무 클 때 다음과 같이 조정되기도 한다. 단위도의 면적은 1 cm의 직접유출을 나타내므로 단위도를 삼각형으로 가정하면 $[(Q_{PR}t_b \times 3{,}600\ \mathrm{s/hr})/2]/A \times 10^6\ \mathrm{m}^2 = 1/100\ \mathrm{m}$의 관계식으로부터 기저시간은

$$t_b = \frac{5.56A}{Q_{PR}} \tag{11.8}$$

단위도의 시간폭

미 육군공병단에 의하여 제안된 단위도의 폭은 다음과 같다.

$$W_{50} = 2.14(Q_{PR}/A)^{-1.08} \tag{11.9}$$

$$W_{75} = 1.22(Q_{PR}/A)^{-1.08} \tag{11.10}$$

여기서 W_{50}과 W_{75}는 각각 첨두유량의 50%, 75%에 대한 수문곡선의 시간폭(hr)이다.

계측유역에서 C_t와 C_P 계산: 유역의 지형도 상에서 L, L_C가 측정되고 유역으로부터 유도된 단위도로부터 지속기간 t_R, 유역지체 t_{LR} 및 첨두유량 Q_{PR}이 구해진다. (1) $t_{LR} = 5.5t_R$이면 $t_R = t_r$, $t_{LR} = t_L$, $Q_{PR} = Q_P$이고 C_t와 C_P는 식 (11.1)과 (11.2)에 의하여 계산된다. (2) $t_{LR} \neq 5.5t_R$이면 표준유역지체는

$$t_L = t_{LR} + \frac{t_r - t_R}{4} \tag{11.11}$$

식 (11.4), (11.11)을 연립하여 풂으로써 t_r과 t_L을 구하고 C_t와 C_P는 $Q_{PR} = Q_P$와 $t_{LR} = t_L$을 적용하여 식 (11.1)과 (11.2)로부터 계산한다.

예제 11.1

유역면적이 3,000 km^2, $L = 120$ km, $L_C = 60$ km인 유역에서 유도된 단위도로부터 $t_R = 10$ hr, $t_{LR} = 27$ hr, 첨두유량이 125 m^3/s이다. C_t와 C_P를 결정하라.

[풀이] 식 (11.4)에 의한 유역지체 $5.5\,t_R = 55$ hr는 실제 유역지체 $t_{LR} = 27$ hr와는 차이가 크다. 따라서 식 (11.11)에 따라

$$t_L = t_{LR} + 0.25(t_r - t_R) = 27 + 0.25(t_r - 10) \tag{a}$$

식 (11.4)와 (a)를 연립해서 풀면 $t_r = 4.67$ hr, $t_L = 25.7$ hr를 얻는다.

식 (11.1)을 이용해서 C_t를 구하면

$$t_L = C_t(LL_C)^{0.3}$$
$$25.7 = C_t(120 \times 60)^{0.3}$$
$$C_t = 1.79$$

식 (11.2)의 Q_P와 t_L을 Q_{PR}과 t_{LR}로 대치하여 C_P를 구한다.

$$Q_{PR} = \frac{C_P A}{t_{LR}}$$
$$125 = \frac{C_P 3{,}000}{27}$$
$$C_P = 1.13$$

예제 11.2

유역면적이 2,000 km^2, $L = 80$ km, $L_C = 40$ km, $C_t = 1.8$, $C_P = 1.13$ 인 유역의 6시간 단위도를 유도하라.

[풀이] 식 (11.1)과 (11.4)로부터 $t_L = 1.8(80 \times 40)^{0.3} = 20.3$ hr

$$t_r = t_L / 5.5 = 20.3 / 5.5 = 3.7 \text{ hr}$$

6시간 단위도는 $t_R = 6$ hr 이므로 $t_r = 3.7$ hr 와는 차이가 크다. 따라서 식 (11.5)에 의하여

$$t_{LR} = t_L + 0.25(t_R - t_r) = 20.3 + 0.25(6 - 3.7) = 20.9 \text{ hr}$$

식 (11.2)로부터

$$Q_P = \frac{1.13\,A}{t_L} = \frac{1.13 \times 2{,}000}{20.3} = 111.3 \text{ m}^3/\text{s}$$

식 (11.6)으로부터

$$Q_{PR} = Q_P t_L / t_{LR} = 111.3 \times 20.3 / 20.9 = 108.1 \text{ m}^3/\text{s}$$

기저시간은 식 (11.7)로부터

$$t_b = 72 + 3t_L = 72 + 3 \times 20.9 = 134.7 \text{ hr}$$

이는 너무 큰 값으로 판단되므로 식 (11.8)을 이용하면

$$t_b = \frac{5.56\,A}{Q_{PR}} = \frac{5.56 \times 2{,}000}{108.1} = 102.87 \text{ hr}$$

수문곡선의 폭은 식 (11.9), (11.10)으로부터

$$W_{50} = 2.14(108.1/2{,}000)^{-1.08} = 50.0\ \text{hr}$$

$$W_{75} = 1.22(108.1/2{,}000)^{-1.08} = 28.5\ \text{hr}$$

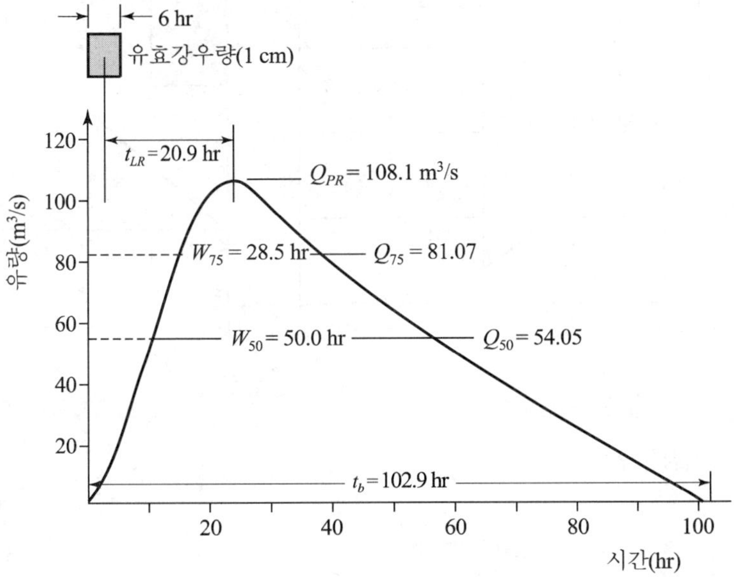

그림 11.2 Snyder 합성단위도의 계산 예

11.2 NRCS 합성단위도

11.2.1 NRCS 무차원수문곡선

NRCS 무차원수문곡선방법(NRCS 無次元水文曲線方法; NRCS nondimensional hydrograph method)은 유량을 첨두유량과의 비로, 시간을 첨두까지의 시간인 첨두시간(尖頭時間; time to peak)과의 비로 나타내는 무차원단위도이다. 첨두유량과 유역지체가 주어지면 무차원수문곡선을 이용하여 단위도가 유도될 수 있다. 그림 11.3a는 무차원수문곡선을 나타내고 표 11.1은 이에 관한 표이다. 첨두유량 Q_P와 첨두시간 t_P는 그림 11.3b에 보인 삼각형단위도로부터 추정된다.

그림 11.3a의 종거를 표 11.1과 같이 유출체적의 항으로 나타낼 수 있다. V는 총 유출체적이고 V_a는 시간 t에서 누가유출체적이다. 무차원단위도에서 주목되는 사실은 그림 11.3a 또는 표 11.1로부터 $t_P = 0.2t_b$ 또는 $t_b = 5t_P$, 감수부 변곡점의 위치는 $1.7t_P$이고 증수부의 체적은 총체적의 37.5 %인 점이다.

무차원단위도는 지리적으로 상이하고 크기가 다양한 유역의 다수의 단위도로부터 유도된 평균 무차원수문곡선이다. 무차원단위도의 특징은 유역의 크기와 형상의 영향이 배제되는 점이고

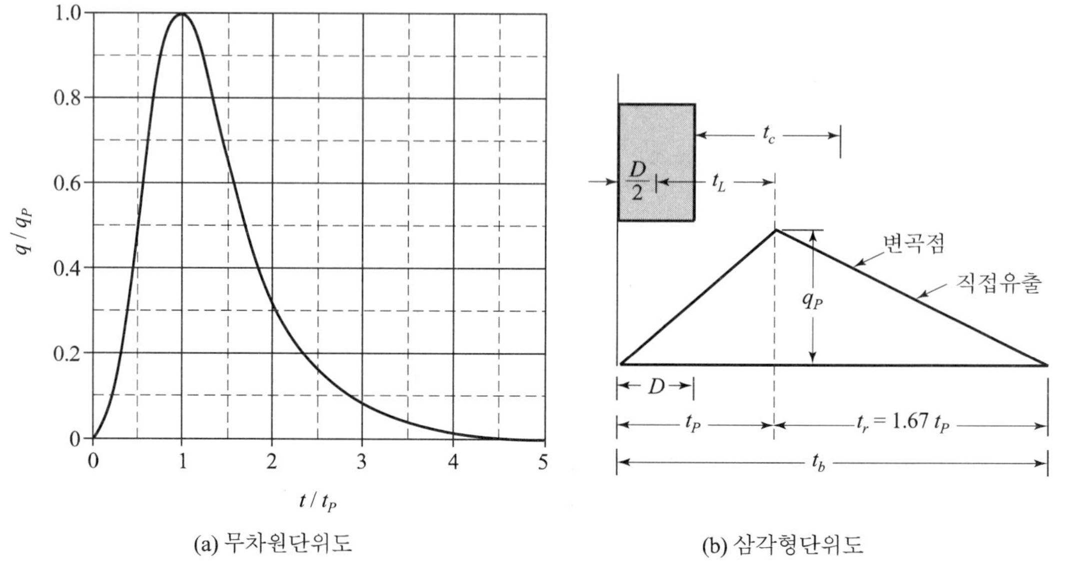

그림 11.3 NRCS 합성단위도

표 11.1 무차원단위도의 비

시간비 (t/t_P)	유량비 (q/q_P)	누가체적비 (V_a/V)	시간비 (t/t_P)	유량비 (q/q_P)	누가체적비 (V_a/V)
0	0.000	0.000	1.7	0.460	0.790
0.1	0.030	0.001	1.8	0.390	0.822
0.2	0.100	0.006	1.9	0.330	0.849
0.3	0.190	0.012	2.0	0.280	0.871
0.4	0.310	0.035	2.2	0.207	0.908
0.5	0.470	0.065	2.4	0.147	0.934
0.6	0.660	0.107	2.6	0.107	0.953
0.7	0.820	0.163	2.8	0.077	0.967
0.8	0.930	0.228	3.0	0.055	0.977
0.9	0.990	0.300	3.2	0.040	0.984
1.0	1.000	0.375	3.4	0.029	0.989
1.1	0.990	0.450	3.6	0.021	0.993
1.2	0.930	0.522	3.8	0.015	0.995
1.3	0.860	0.589	4.0	0.011	0.997
1.4	0.780	0.650	4.5	0.005	0.999
1.5	0.680	0.700	5.0	0.000	1.000
1.6	0.560	0.751			

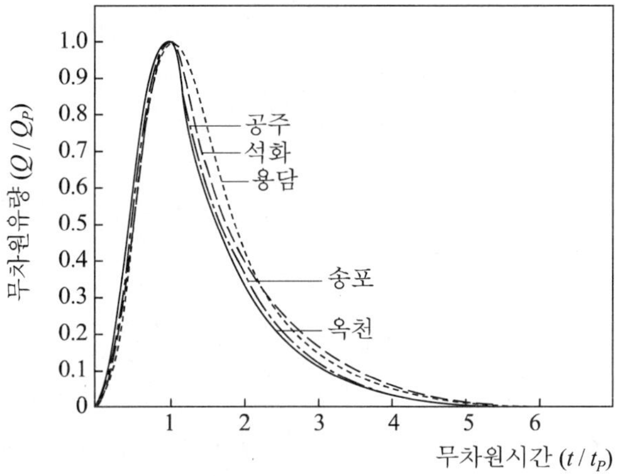

그림 11.4 무차원단위도(금강수계)

이는 그림 11.4의 금강수계의 상이한 유역의 무차원단위도에서 분명하게 나타난다.

11.2.2 NRCS 삼각형단위도

표 11.1에서 알 수 있는 바와 같이 무차원단위도에서 증수부, 즉 첨두시간 t_P까지 유출체적이 전체의 37.5%이고 기저시간 t_b에 대한 유출체적이 100%인 점으로부터 다음 관계가 성립된다.

$$t_b = t_P / 0.375 = 2.67 t_P \tag{11.12}$$

이로부터 감수부의 시간폭 t_r은

$$t_r = t_b - t_P = 1.67 t_P \tag{11.13}$$

그림 11.3b로부터 첨두시간은

$$t_P = \frac{D}{2} + t_L \tag{11.14}$$

여기서 D는 유효강우량의 지속기간이다.

많은 유역의 자료를 분석한 결과로부터 NRCS는 유역지체 t_L을 도달시간 t_c의 항으로 제안하였다.

$$t_L = 0.6 t_c \tag{11.15}$$

NRCS는 두 가지 방법으로 t_c를 정의한다. (1) 유역의 분수령에서 유출구까지 유하시간, (2) 유효강우가 끝나는 시간에서 단위도 감수부의 변곡점까지 시간. 한편 단위도를 삼각형으로 나타낼 경우 삼각형단위도의 면적은 1 cm의 직접유출과 같으므로 밑변이 2.67 t_P, 높이가 Q_P인 삼각형으로부터 첨두유량 Q_P는

$$Q_P = \frac{2.08\,A}{t_P}(\text{m}^3/\text{s cm}) \tag{11.16a}$$

$$Q_P = \frac{0.208\,A}{t_P}(\text{m}^3/\text{s mm}) \tag{11.16b}$$

여기서 A는 유역면적(km^2)이다. 한편 유역특성과 잠재보유수량을 이용한 NRCS의 유역지체는 다음과 같다.

$$t_L = \frac{L^{0.8}(S+1)^{0.7}}{8334\,Y^{0.5}} \tag{11.17}$$

여기서 t_L은 유역지체(h), L은 유역의 유로연장(m), S는 잠재보유수량(mm), Y는 유역경사(%)이다. NRCS방법은 유역면적이 작은($A < 1{,}300\ \text{km}^2$) 유역에 적합하다.

예제 11.3

도달시간이 1.5 hr, 유역면적이 4 km^2인 유역의 20분 단위도를 (a) 무차원단위도, (b) 삼각형 수문곡선방법으로 유도하라.

[풀이]

(a) 무차원단위도

강우지속기간이 $t_r = 20\text{ 분} = 0.33\text{ hr}$, 지체시간은 $t_L = 0.6\,t_c = 0.6 \times 1.5 = 0.9\text{ hr}$ 이므로 첨두시간은

$$t_P = D/2 + t_L = 0.33/2 + 0.9 = 1.065\text{ hr}$$

식 (11.16a)로부터 첨두는 $Q_P = 2.08 \times 4/1.065 = 7.8\ \text{m}^3/\text{s cm}$

표 11.1을 이용하여 계산된 20분 단위도는 표 11.2와 같다.

표 11.2 NRCS방법에 의한 합성단위도

t/t_P	t(hr)	Q/Q_P	$Q(\text{m}^3/\text{s})$
0	0	0	0
0.2	0.213	0.100	0.780
0.5	0.533	0.470	3.667
0.8	0.850	0.930	7.254
1.0	1.065	1.000	7.800
1.5	1.600	0.680	5.304
2.0	2.130	0.280	2.184
3.0	3.200	0.055	0.429
4.0	4.260	0.011	0.086
5.0	5.330	0.000	0.000

(b) 삼각형단위도

삼각형단위도는 $t_b = 2.67\,t_P = 2.67 \times 1.065 = 2.84$ hr, $t_P = 1.065$ hr와 $Q_P = 7.8\ \mathrm{m^3/s}$를 이용하여 작성되고 직접유출고는 1 cm에 대하여 검토된다.

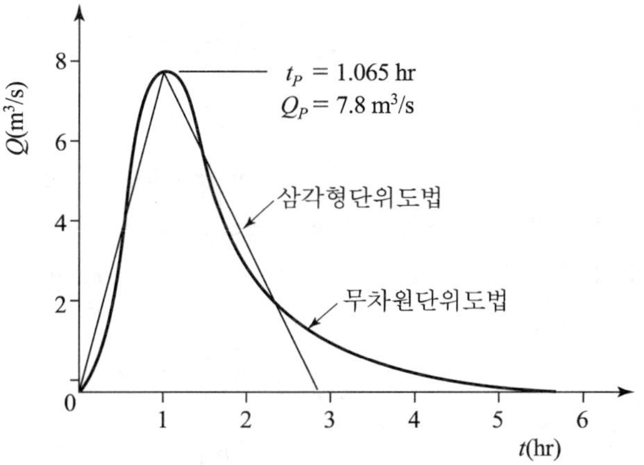

그림 11.5 무차원단위도와 삼각형단위도(계산 예)

예제 11.4

수문학적 토양군이 D이고 면적이 2 km^{2}인 상업지역에 대한 1시간 삼각형단위도를 유도하라. 평균 유역경사는 1%, 유로연장은 1,800 m, 1시간 강우량은 63 mm이다.

[풀이] NRCS 유출곡선번호방법을 이용한다. 토양군 D의 상업지역에 대한 곡선번호는 표 8.4로부터 CN= 95이다. 선행함수조건은 AMC-Ⅱ로 가정하면 잠재보유수량 S는 식 8.12에 따라

$$S = \frac{25{,}400}{CN} - 254 = \frac{25{,}400}{95} - 254 = 13.4\ \mathrm{mm}$$

직접유출고(식 8.11)는

$$Q = \frac{(P - 0.2S)^2}{P + 0.8S} = \frac{(63 - 0.2 \times 13.4)^2}{63 + 0.8 \times 13.4} = 49.4\ \mathrm{mm}$$

유역지체와 첨두시간은 각각 주어진 값들을 식 (11.17)과 (11.14)에 대입하면

$$t_L = \frac{1{,}800^{0.8}(13.4 + 1)^{0.7}}{8{,}334 \times 1.0^{0.5}} = 0.31\ \mathrm{h}$$

$$t_P = \frac{D}{2} + t_L = 0.5 + 0.31 = 0.81\ \mathrm{h}$$

유효강우량 1 mm에 대한 삼각형단위도의 첨두유량 Q_P는 식 (11.16b)에 의하면

$$Q_P = \frac{0.208 \times A}{t_P} = \frac{0.208 \times 2}{0.81} = 0.51\ \mathrm{m^3/s}$$

단위유효강우량 1 mm에 대한 첨두유량이 0.51 m^3/s 이므로 유효강우량(직접유출고) 49.4 mm 에 대한 첨두유량은 49.4×0.5125.2 m^3/s 이다. 따라서 삼각형단위도는 첨두시간이 0.81 h, 첨두유량이 25.2 m^3/s, 기저시간이 $t_b = 2.67\, t_P = 2.67 \times 0.81 = 2.16$ h 이다.

11.3 지형학적 순간단위도

지형학적 순간단위도(地形學的瞬間單位圖; geomorphologic instantaneous unit hydrograph, GIUH)는 통계적인 개념과 유역구성법칙(drainage composition) 또는 Horton법칙을 이용하여 삼각형 IUH의 첨두와 첨두시간이 다음과 같이 주어진다(Rodriguez–Iturbe와 Valdes, 1979).

$$q_P = 1.31 \frac{R_L^{0.43}\, V}{L_\Omega} \tag{11.18}$$

$$t_P = 0.44 \frac{L_\Omega}{V} \left(\frac{R_b}{R_a} \right)^{0.55} \frac{1}{R_L^{0.78}} \tag{11.19}$$

여기서 q_P는 첨두유량(h^{-1}), t_P는 첨두시간(hr), L_Ω 는 간선차수하천의 길이(km), 분기비 R_b, 수로길이비 R_L 및 수로면적비 R_a 는 각각 식 (2.15), (2.20) 및 (2.23)으로 정의되고 V는 수로망에서 유속(m/s)이다.

Rosso(1984)에 의한 식 (11.18), (11.19)의 수정형은

$$q_P = 0.36\, R_L^{0.43}\, V / L_Q \tag{11.20}$$

$$t_P = 1.58 \frac{L_\Omega}{V} \left[\frac{R_b}{R_a} \right]^{0.55} \frac{1}{R_L^{0.38}} \tag{11.21}$$

Rosso는 식 (11.20), (11.21)을 감마 확률밀도함수의 첨두와 첨두시간에 적합시켰다.

$$h(t) = GIUH(t) = \left[\frac{t}{k} \right]^{\alpha - 1} \frac{e^{-t/k}}{k\Gamma(\alpha)} \tag{11.22}$$

$$\alpha = 3.29 \left[\frac{R_b}{R_a} \right]^{0.78} R_L^{0.07} \tag{11.23}$$

$$k = 0.70 \left[\frac{R_a}{R_b R_L} \right]^{0.48} \frac{L_\Omega}{V} \tag{11.24}$$

그림 11.6는 Rosso(1984)의 이태리, Ilice천의 관측수문곡선과 GIUH에 의한 수문곡선의 비교를 나타낸다.

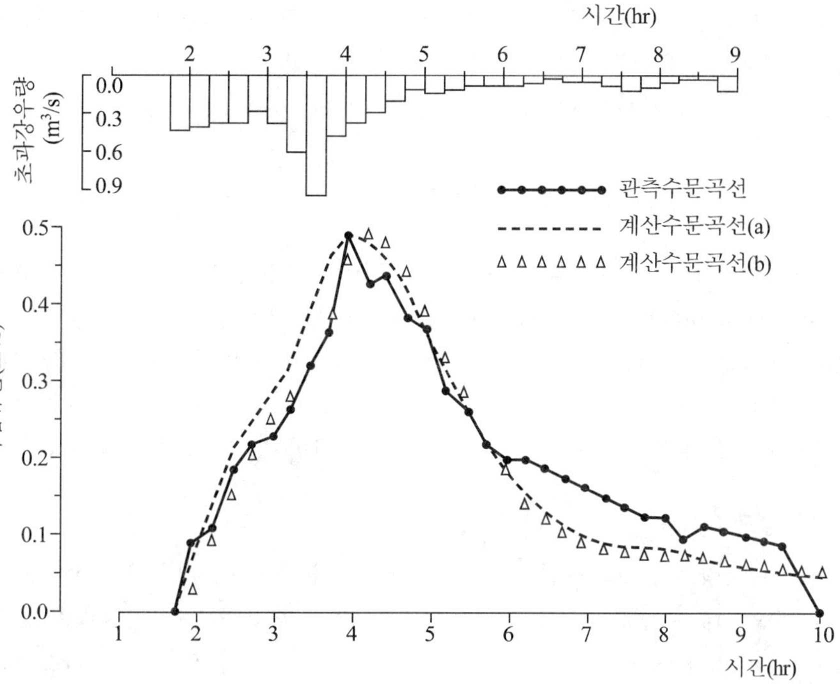

그림 11.6 관측수문곡선과 계산수문곡선, (a) 관측수문곡선으로부터 추정된 매개변수에 의한 감마UH를 이용, (b) GIUH를 이용

11.4 시간–면적방법

수문학적 유역추적인 **시간–면적방법**(時間–面積方法; time–area method)은 시간–면적주상도의 추적개념에 의하여 유효우량주상도를 유출수문곡선으로 변환시키는 방법이다. 이 방법은 유역의 **전이**(轉移; translation)영향만을 포함하고 유역의 저류영향은 포함하지 않는다. 따라서 시간–면적방법을 이용하여 유도한 수문곡선은 저류영향 또는 확산의 영향이 결여되어 저류영향이 고려된 수문곡선보다 큰 첨두를 갖는다. 저류영향을 고려하기 위해서는 시간–면적방법에 의한 전이수문곡선을 유입수문곡선으로 하여 유역의 유출구에 위치한 선형저수지를 통한 추적을 수행한다. 저류의 영향은 저류상수 K에 따라 결정되고 이는 11.5절에서 기술된다.

시간–면적방법의 골격이 되는 것은 등시간선이고 시간–면적방법을 적용하기 위해서는 등시간선의 작성이 필요하다. **등시간선**(等時間線; isochrons)은 유역의 유출구까지 동일한 **유하시간**(流下時間; travel time)을 갖는 지점을 연결한 선이다. 유역을 등시간선에 의하여 구분되는 수개의 소유역으로 분할한다(그림 11.7a). **시간–면적주상도**(時間–面積柱狀圖; time–area diagram)는 등시간선 사이의 면적을 각 유하시간에 대한 도시로(그림 11.7b) 유역의 출구까지 상이한 소유역의 유하시간 분포를 나타내고 이는 유출구로부터 유출의 시간분포를 추정하는 데 이용된다. 시간–면적주상도는 출구에 대한 유하시간의 밀도함수이고 유역에 균일하게 내린 순간단위입력에 의한 유출을 나타낸다. 따라서 시간–면적함수 $A_r = A_r(t)$는 단위도와 같은 유역의 응답함수이고 강우입력 $I(t)$에 대한 유출은 다음과 같이 표현된다.

$$Q(t) = \int_0^t I(\tau) A_r(t-\tau) d\tau \tag{11.25}$$

시간–면적방법에 의한 수문곡선은 유출의 전이영향만을 모의하므로 **전이수문곡선**(轉移水文曲線; translation hydrograph)이라고도 하며, 크기에는 변함없이 전이만을 모의하므로 선형수로(線型水路; linear channel)로 대표되고 전이내용은 단순히 지체이다. 시간–면적주상도의 종거는 등시간 i와 $i-1$ 사이의 기간에 유출구를 통과하는 평균유출을 나타낸다. 시간–면적주상도의 횡축인 시간폭은 도달시간 t_c를 나타낸다. 따라서 그림 11.7b에서 $t_5 = t_c$가 된다.

시간-면적주상도의 적용

주어진 설계우량주상도에 대한 전이수문곡선의 계산과정이 기술된다. 이 경우 유효강우주상도(그림 11.7c)와 시간–면적주상도(그림 11.7b)의 시간 간격은 같아야 한다. 그림 11.7c에서 강우의 각 요소는 전 유역에 적용된다. 각 소유역으로부터 유출은 시간–면적주상도의 시간 간격

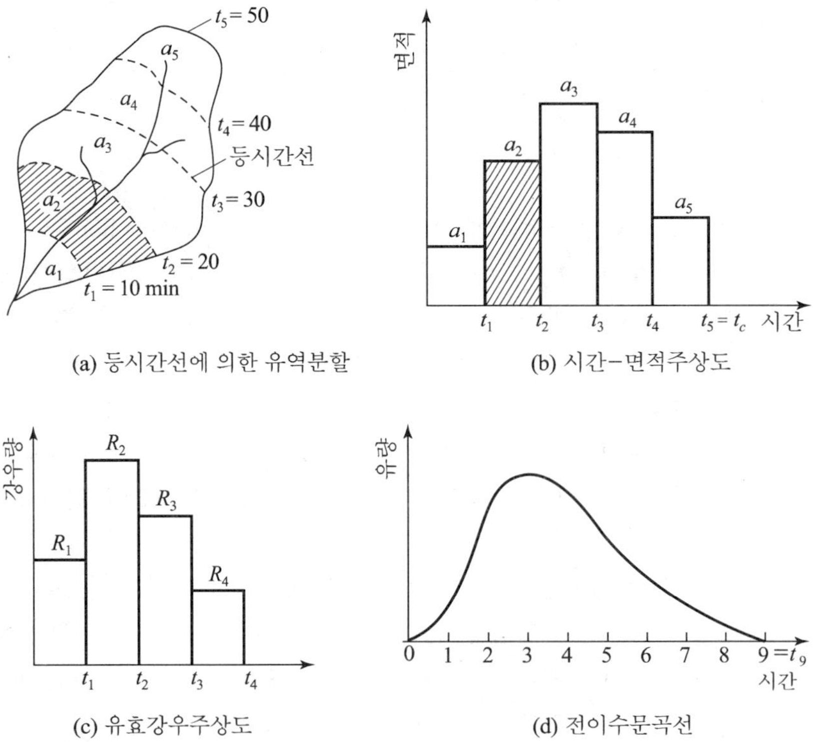

(a) 등시간선에 의한 유역분할 (b) 시간–면적주상도
(c) 유효강우주상도 (d) 전이수문곡선

그림 11.7 시간–면적방법

만큼 지체되어 유출구에 도달한다. 상이한 강우 R_1, R_2, ⋯에 대한 소구역 a_1, a_2, ⋯으로부터 유출구에 동시에 도달하는 유출은 시간-면적주상도에 따른 시간 간격만큼 지체시키고 이들의 합을 구함으로써 결정된다. 즉

$$Q_1 = R_1 a_1$$

$$Q_2 = R_2 a_1 + R_1 a_2$$

$$Q_3 = R_3 a_1 + R_2 a_2 + R_1 a_3 \tag{11.26}$$

일반형은

$$Q_i = R_i a_1 + R_{i-1} a_2 + \cdots + R_1 a_i \tag{11.27}$$

또는

$$Q_i = \sum_{k=1}^{i \le n} R_{i-k+1} a_k \tag{11.28}$$

여기서 Q_i는 전이수문곡선의 종거(m³/s), R_i는 유효강우주상도의 종거(mm/hr), a_i는 시간-면적주상도의 종거(km²), n은 시간구간의 수이다.

예를 들면 강우량 R_1에 대한 a_3의 유출, R_2에 대한 a_2의 유출, R_3에 대한 a_1의 유출은 유출구에 동시에 도달하여 총유량 Q_3를 구성한다(식 11.26). 시간-면적주상도 $A_r(t)$는 식 (11.25)와 같이 단위도의 기능을 갖는다. 소유역의 수와 같은 시간-면적주상도의 종거수는 단위도의 종거수와 일치한다. 따라서 식 (10.21)에 따라 그림 11.7d의 전이수문곡선의 종거수는 8(소유역의 수 + 유효강우요소의 수 − 1=5+4−1)이다. $i = 1$, 2, ⋯, 8에 대해 식 (11.28)을 적용하면 그림 11.7d와 같은 전이(유출)수문곡선을 얻는다. 유출수문곡선의 기저시간은 도달시간 5와 유효강우량의 지속기간 4의 합인 9이다. 식 (11.28)에서 유효강우량 R(mm/hr)에 대한 유량 $Q = Ra(\text{mm/h km}^2)$는 다음 식에 의하여 $Q(\text{m}^3/\text{s})$로 환산된다.

$$Q(\text{m}^3/\text{s}) = 0.278\, Ra \tag{11.29}$$

여기서 a는 소유역의 면적(km²)이다.

이 방법의 장점은 유역의 형상과 강우의 시간변화가 시간-면적주상도에 반영되어 결과적으로 유출수문곡선에 반영되는 점이다.

시간-면적주상도의 작성

시간-면적주상도의 작성에는 여러 방법이 있으나 Laurenson방법과 하도종단곡선방법이 기술된다.

(1) Laurenson방법

마닝공식에서 유속이 $S^{1/2}$에 비례하는 점에 근거하여 유하시간은 $\sum L/S^{1/2}$에 비례하는 것으로 가정된다. 여기서 L과 S는 각각 흐름경로의 길이와 경사이다. 문제의 지점에서 유출구까지 흐름경로가 등고선에 의하여 수 개의 구간으로 구분될 경우 각 구간의 $L/S^{1/2}$을 계산하여 합한다. 작성과정은 다음과 같다.

1. 지형도 상에서 흐름경로가 등고선과 교차하는 지점을 표시한다.
2. 흐름경로를 따라 등고선과 교차하는 지점들 사이의 흐름구간거리를 표로 작성한다.
3. 유하시간은 $L/S^{1/2} = L/(H/L)^{1/2} = L^{3/2}/H^{1/2}$이고 H는 등고선 간격으로 일정하므로 각 구간거리의 $L^{3/2}$을 계산한다.
4. 유출구에서 각 지점까지의 $\sum L^{3/2}$을 계산하고 이들을 유출구에서 가장 먼 지점의 $\sum L^{3/2}$ 값인 $(\sum L^{3/2})_{\max}$에 대한 비로 나타낸다.
5. $\sum L^{3/2}/(\sum L^{3/2})_{\max}$의 값을 모든 지점에 표시하고 이에 도달시간을 곱하면 각 지점의 유출구까지의 유하시간 $t_1, t_2, \cdots$이 구해진다. 같은 시간($t_1, t_2, \cdots$)을 갖는 지점을 연결하여 등시간선도를 작성한다.
6. 등시간선 사이의 면적을 구적기로 구하여 $a_1, a_2, \cdots$으로 표시하고 이들을 $t_1, t_2, \cdots$에 대하여 도시하여 시간–면적주상도(그림 11.7b)를 얻는다.

(2) 하도종단도방법

1. 유역의 도달시간 t_c를 계산한다. 계측유역에서는 유효강우량이 끝나는 시간에서 유출수문곡선 감수부의 변곡점까지의 시간이 도달시간으로 취해진다(그림 11.12). 미계측유역에서는 표 22.9의 식을 이용하여 계산한다.
2. 시간 간격의 선정: 시간 간격 Δt는 시간–면적주상도 작성에 충분한 수($n = t_c/\Delta t$)의 종거가 되도록 정한다.
3. 유역도 상에 단계 2에서 선정된 시간 간격에 따른 등시간선의 작성: 이는 본류의 하도종단도를 작성하고 횡축의 거리축척에 $t = 0 \sim t_c$의 도달시간축척을 중첩시킨다(그림 11.8). 종단도는 시간축척에 따라 n개의 구간으로 분할되고, 이로 인한 교차점의 표고를 종단도 상에서 읽는다(그림 11.8에서 $t = 2\,\mathrm{hr}$가 종단도와 교차하는 a점에 대한 표고 42 m를 종축에서 읽는다). 이 과정은 주요 지류에 대해서도 수행된다. 표고에 대한 유하시간을 그림 11.8로부터 읽어 유역도 상에 기입하고 같은 유하시간을 연결하여 등시간선을 작성한다(그림 11.9).
4. 등시간선 사이의 면적을 구적기로 측정하여 $a_1, a_2, \cdots$으로 표시하고 이들을 $t_1, t_2, \cdots$에 대하여 도시하여 시간–면적주상도를 얻는다.

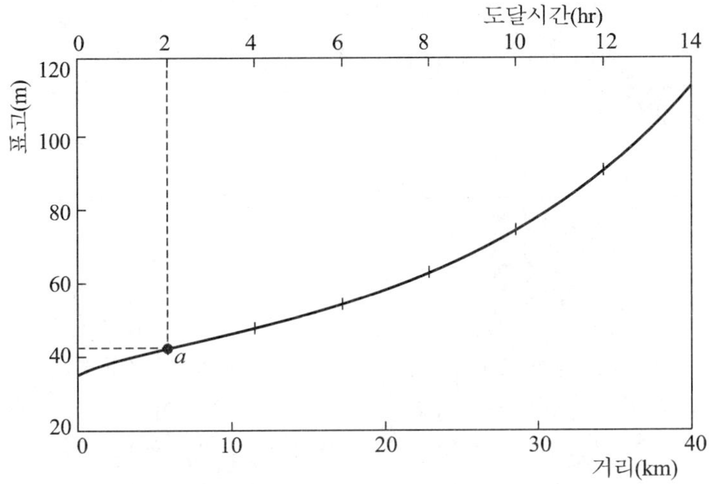

그림 11.8 도달시간이 중첩된 하도종단도

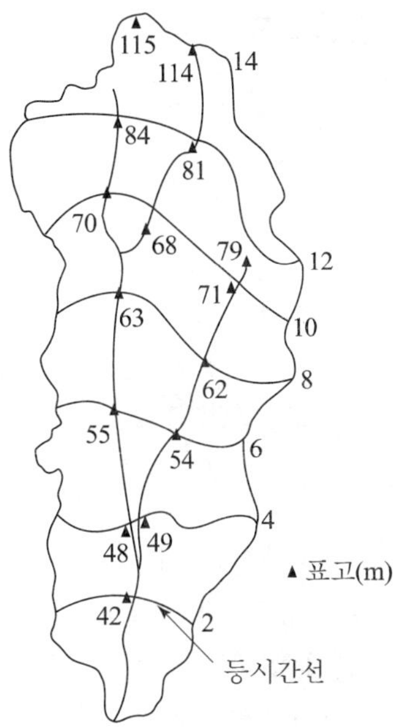

그림 11.9 표고와 유하시간이 표시된 등시간선도

예제 11.5

표 11.3의 2, 3란에 주어진 유효강우주상도와 시간-면적주상도에 대한 유출수문곡선을 구하라.

표 11.3 시간-면적방법에 의한 전이수문곡선 유도

시간 (h)	강우강도 R (mm/h)	요소면적 a (km^2)	유량 Ra(km^2 mm/h) 10	20	15	합계	유량 (m^3/s)
(1)	(2)	(3)	(4)	(5)	(6)	(7)	(8)
0			0			0	0
1	10	10	100	0		100	27.8
2	20	30	300	200	0	500	139.0
3	15	25	250	600	150	1,000	278.0
4		20	200	500	450	1,150	319.7
5				400	375	775	215.0
6					300	300	83.4
7					0	0	0

[풀이] 계산되는 수문곡선의 종거 수는 식 (10.21)에 따라 소구역 수 + 유효강우량 요소 수 $-1=4+3-1=6$ 개가 된다. 유출수문곡선의 종거는 식 (11.26)에 따라 계산된다(표 11.3의 7란).

$$Q_1 = R_1 a_1 = 10\times 10 = 100\,(\mathrm{km^2\ mm/h})$$

$$Q_2 = R_2 a_1 + R_1 a_2 = 20\times 10 + 10\times 30 = 500\,(\mathrm{km^2\ mm/h})$$

이들을 식 (11.29)에 의하여 유량을 (m^3/s) 단위로 환산하여 8란을 얻는다.

$$Q_1 = 0.278 \times 100 = 27.8(m^3/s)$$

$$Q_2 = 0.278 \times 500 = 139.0(m^3/s)$$

나머지 계산은 표 11.3에 주어진다. 유출수문곡선의 기저시간은 도달시간(4 h)과 유효강우량의 지속기간(3 h)의 합으로 정의되므로 7 h가 된다.

11.5 CLARK방법

Clark방법은 순간단위도 개념을 이용하고 한 유역에 대하여 단 하나의 단위도를 유도한다. Clark방법의 기본개념은 유역을 대표하는 시간-면적주상도의 추적에 의하여 지속기간이 영인 단위유효강우량을 유출수문곡선으로 변환하는 것이다. 이와 같이 유도되는 수문곡선은 지속기간이 영이고 단위강우량(1 cm 또는 1 mm)이므로 순간단위도(IUH)이다. 추적과정은 직렬로 연결된 선형수로와 유역의 출구에 위치하고 유역과 동등한 저류특성을 갖는 선형저수지로 구성된다. 선형수로의 출력이 선형저수지의 입력이 되고 선형저수지의 출력이 IUH가 된다. 선형수로는 크기에는 변화 없이 유출의 전이(translation)만을 모의하고 그 내용은 지체이다. 선형저수지는 유역의 저류와 저항의 영향을 반영하고 내용은 유출의 **확산**(擴散; diffusion) 또는 **감쇠**(減衰; attenuation)이다. 즉 강우입력주상도를 유출수문곡선으로 변환하는 것은 전이영향의 결과인 지체와 저류영향의 결과인 변형과 감쇠를 포함한다. 선형계에서 이들 영향을 반영하는 간단한 방법은 이들을 더하는 것이다. 집결된 저류요소를 통한 추적은 시간-면적함수(주상도)에 연화영향을 주므로 시간-면적함수의 정확한 형상은 결정적인 영향을 갖지 않는다. 시간-면적함수(주상도)의 형상의 중요도가 낮으므로 이를 이등변 삼각형으로 대치해도 정확도에는 거의 차이가 없고 중요한 매개변수는 도달시간 t_c와 저류상수 K이다. 그림 11.10은 이들의 영향을 나타낸다.

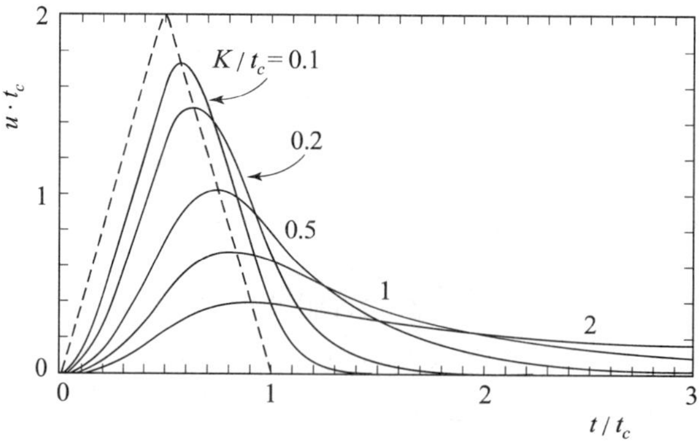

그림 11.10 상이한 K/t_c를 갖는 선형 저류요소를 통하여 삼각형 시간-면적함수 $A_r(t)$를 추적하여 얻은 단위응답함수

선형저수지의 역할은 유역의 유출구에 가상적인 선형저수지를 위치시켜 저류량이 유출량에 선형으로 비례하도록 한다.

$$S_i = KO_i \tag{11.30}$$

여기서 S_i는 기간 i 끝에서 저류량, O_i는 기간 i 동안의 유출량, K는 저류상수로 시간의 차원[T]을 갖는다.

유입량과 유출량의 차이는 저류량의 변화와 같으므로

$$\bar{I}_i - \frac{O_{i-1} + O_i}{2} = \frac{S_i - S_{i-1}}{\Delta t} \tag{11.31}$$

여기서 $\bar{I}_i$는 기간 i 동안의 평균유입량으로 시간-면적주상도로부터 결정된다. 식 (11.30)을 식 (11.31)에 대입하고 O_i에 관하여 정리하면

$$O_i = C\bar{I}_i + (1 - C)\,O_{i-1} \tag{11.32}$$

$$C = \frac{2\Delta t}{2K + \Delta t} \tag{11.33}$$

식 (11.32)의 수치해는 시간-면적주상도로 정의되는 유입량의 추적으로 그림 11.11d와 같은 IUH가 된다. Δt 시간 단위도는 Δt 간격의 두 IUH의 종거의 평균으로 계산되고(10.9절 참조) Δt 시간 단위도의 시간 i에서의 종거는 다음과 같다.

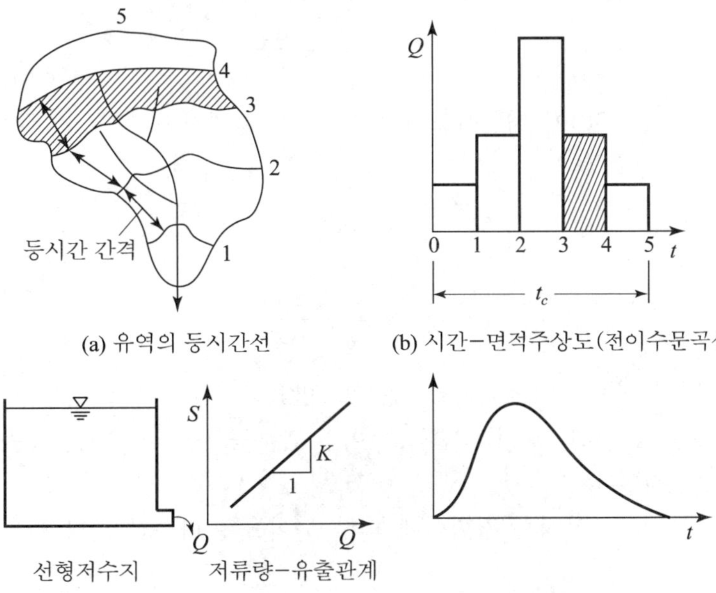

(a) 유역의 등시간선 (b) 시간-면적주상도(전이수문곡선)

(c) 저수지의 저류량-유출관계 (d) IUH

그림 11.11 Clark단위도 개념

$$U_i = \frac{1}{2}(O_i + O_{i-1}) \tag{11.34}$$

Clark방법에는 다음 세 자료가 필요하다.

1. **도달시간,** t_c: 계측유역의 경우 t_c는 유효강우량이 끝나는 시간에서 수문곡선의 감수부 변곡점까지의 시간이다. 미계측유역에서는 경험공식을 이용하여 산정한다. 도달시간은 유역의 등시간선도의 작성에서 유역을 분할하는 소유역의 수를 정의한다.
   한국 5대 하천의 유역면적이 33.6～4,255.7 km^2인 중소하천 52개 지점의 자료를 이용하여 유도된 도달시간은 다음과 같다(윤 등, 2005).

$$t_c = 1.08\frac{A^{0.09}L^{0.16}}{S^{0.12}} \tag{11.35}$$

   여기서 t_c는 도달시간(h), A는 유역면적(km^2), L은 유로연장(km), S는 유로경사(m/m)이다.
2. **저류상수,** K: 이는 유역의 저류특성을 반영한다. 계측유역에서 저류상수는 수문곡선의 변곡점에서의 평균유량을 변곡점의 기울기로 나눈 값과 같으며 선형저수지에서는 저류량-유량 곡선의 경사(식 10.1)를 나타낸다. 유출수문곡선에서 감수부의 변곡점에 해당하는 시간에서 유역에 대한 유입이 끝나므로 식 (11.31)에서 $\overline{I}_i = 0$으로 놓으면

$$-\frac{O_{i-1}+O_i}{2} = \frac{S_i - S_{i-1}}{\Delta t} \tag{11.36}$$

   또는

$$-\overline{O} = \frac{dS}{dt} \tag{11.37}$$

식 (11.30)을 식 (11.36)에 대입하고 K에 관하여 정리하면

$$K = \frac{(O_{i-1}+O_i)/2}{-(O_i - O_{i-1})/\Delta t} \tag{11.38}$$

또는

$$K = -\frac{\overline{O}}{dO/dt} \tag{11.39}$$

식 (11.39)로부터 K는 변곡점의 평균유량을 변곡점의 기울기로 나눈 값과 같다. K를 구하는 다른 방법은 식 (10.1)에 따라 변곡점 이후 감수곡선이 나타내는 유출체적을 변곡점의 유량으로 나누는 것이다.

미계측유역에서 K의 산정은 경험식에 의하고 이들은 다음과 같다.

Clark식

$$K = \frac{CL}{\sqrt{S}}\,(\mathrm{h}) \tag{11.40}$$

여기서 L은 유로연장(km), S는 평균경사, C는 0.5～1.4의 값을 취한다.

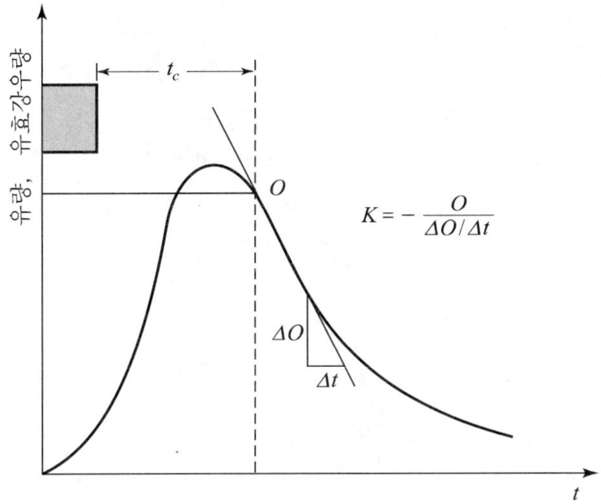

그림 11.12 도달시간과 저류상수의 결정

Linsley식 $$K = \frac{bL\sqrt{A}}{\sqrt{S}} \quad \text{(h)} \tag{11.41}$$

여기서 A는 유역면적(km^2), b는 0.01～0.03의 값을 취한다.

Sabol식(1988) $$K = \frac{t_c}{1.46 - 0.0867L^2/A} \tag{11.42}$$

여기서 K는 저류상수(h), t_c는 도달시간(h), A는 유역면적(km^2), L은 유로연장(km)이다. 한국 5대 하천의 유역면적이 33.6～4,255.7 km^{2}인 중소하천 52개 지점의 자료를 이용하여 유도된 상관계수가 0.82인 저류상수는 다음과 같다(윤 등, 2005).

$$K = 1.89A^{0.108}L^{0.179} \tag{11.43}$$

여기서 K는 저류상수(h), A는 유역면적(km^2), L은 유로연장(km)이다.

Sabol의 식(식 11.42)의 부적절성: 다음은 Journal of Hydraulic Engineering에 게재된 Sabol(1988) 논문에 포함된 내용이다. "자료가 사용된 계측지점은 12지점이고 이 중 단지 3지점만이 USGS관리하에 있고 나머지 9개 지점은 신뢰할 수 있는 기관이 아닌 밝히지 않은 기관에서 독자적으로 관리하고 있는 지점들이다. 또한 모든 지점들이 계측되지 않았고, 뚜렷한 유출사상에 대한 쓸모 있는 수문곡선의 자료가 없고, 계측기가 유역의 유출구에 위치하지 않았다." 이와 같이 부정확한 수문곡선의 감수부 자료를 이용해서 감수상수 K_r을 구하고 이러한 K_r을 사용하여 저류상수 K(Sabol은 R 사용)를 유도하며 이를 이용하여 식 (11.42)를 도출했다. Sabol은 회귀식인 식 (11.42) 유도에 사용된 자료와 상관을 나타내는 그림을 제시하지 않았고 상관계수도 제시하지 않았다. 또한 Sabol은 논문의 결론에서도 식 (11.42)에 관하여 언급하지 않았다. 이러한 점들을 감안할 때 Sabol식(식 11.42)의 사용은 참고에 국한되어야 한다.

3. **시간−면적주상도:** 유역의 지형도 상에서 출구에 대하여 등유하시간을 갖는 지점을 연결한 등시간선을 긋는다(그림 11.11a). 등시간선 사이의 면적을 구하고 도달시간의 함수로 면적을 도시하여 그림 11.11b와 같이 시간−면적주상도를 작성한다. 이 경우 면적은 cm(또는 mm)−km^{2}의 단위를 가지므로 유량(m^3/s)의 단위로 변환된다.

$$I_i = \frac{2.78a_i}{\Delta t}\left(\text{또는 } I_i = \frac{0.278\,a_i}{\Delta t}\right) \tag{11.44}$$

여기서 I_i는 시간−면적주상도로 나타낸 유입량의 기간 i의 끝에서 종거(m^3/s), a_i는 시간−면적주상도의 종거(km^2), Δt는 계산 간격의 시간(hr)이다.

Clark방법의 장점과 시간-면적방법과의 차이. 관측수문곡선으로부터 유도되는 단위도는 유효강우량의 지속기간에 따라 상이한 모양을 갖는다. 그러나 Clark방법의 IUH는 지속기간의 영향을 배제하고 한 유역에 유일한 단위도를 정의한다. 또한 시간-면적방법과 같이 유역특성(모양, 수리학적 길이, 지표면 조도 등)이 시간-면적주상도에 반영되므로 이는 단위도에도 반영된다.

시간-면적방법은 시간-면적주상도를 통한 선형수로를 모의하는 유역의 전이영향만을 포함하고 유역의 저류영향을 포함하지 않는다. 그러나 Clark방법은 연속방정식을 통한 선형저수지 추적을 모의하여 저류의 영향을 포함한다. 즉 시간-면적방법은 유출의 전이(지체)만을, Clark 방법은 전이와 저류(확산 또는 감쇠)를 다 같이 포함하여 실제유출의 물리적인 현상을 보다 구체적으로 기술한다.

예제 11.6

유역면적이 173 km^2, t_c=6 hr, K=5 hr인 유역의 2시간 단위도를 유도하라. (a) 강우강도가 전 유역에 걸쳐 1 cm로 일정한 경우, (b) 지역에 따라 강우강도가 변하는 경우.

[풀이]

(a) 시간 간격 Δt=1 hr에 대한 등시간선 간의 면적을 도시한 시간-면적주상도는 그림 11.13과 같다. Δt=1 hr이므로 식 (11.44)는 $I_i = 2.78\,a_i$가 되고 a(cm−km^2)는 I(m^3/s)로 환산한다(표 11.4의 3란). 식 (11.33)과 (11.32)에 따라

$$C = \frac{2\Delta t}{2K+\Delta t} = \frac{2(1)}{2(5)+1} = 0.182$$

$$O_i = CI_i + (1-C)\,O_{i-1} = 0.182I_i + 0.818\,O_{i-1} \tag{a}$$

식 (a)를 이용하여 유입량(3란)을 추적하여 유출량, 즉 순간단위도를 얻는다(4란).

$$t = 1\text{ h:}\ \ O_1 = 0.182I_1 + 0.818\,O_o = 0.182(50) + 0.818(0) = 9.1\text{ m}^3/\text{s}$$

$$t = 2\text{ h:}\ \ O_2 = 0.182I_2 + 0.818\,O_1 = 0.182(66.7) + 0.818(9.1) = 19.58\text{ m}^3/\text{s}$$

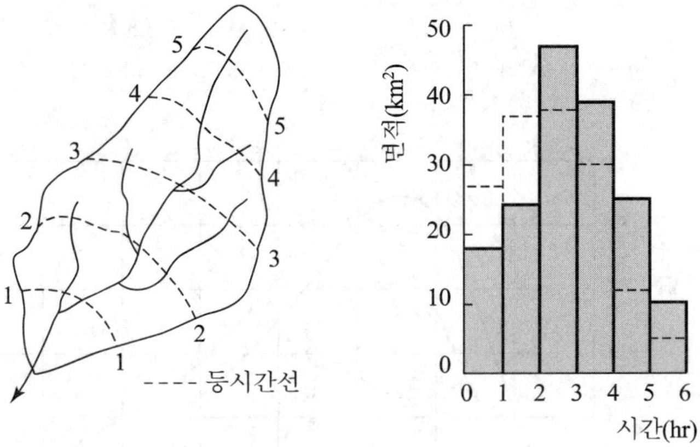

그림 11.13 유역의 등시간선도와 시간-면적 주상도

표 11.4 Clark방법에 의한 단위도 유도

시간	유입량		O(IUH)	2 hr UH
	면적 a	I		Q
(hr)	(km^2)	(m^3/s)	(m^3/s)	(m^3/s)
(1)	(2)	(3)	(4)	(5)
0	0	0	0	0
1	18	50.0	9.1	
2	24	66.7	19.58	9.79
3	47	130.7	39.80	
4	38	105.6	51.78	35.63
5	25	69.5	55.01	
6	11	30.6	50.57	51.18
7			41.37	
8			33.84	42.20
9			27.68	
10			22.64	28.24
11			18.52	
12			15.15	20.40
13			12.39	
14			10.14	122.65
15			8.29	
16			6.78	8.46
17			5.55	
18			4.54	5.66

2시간 단위도는 2시간 간격의 IUH의 종거의 평균을 각 시간 간격(2시간)의 끝에서 취함으로써 얻어진다(5란). $t=2\,\mathrm{h}$의 경우 $(0.0+19.58)/2=9.79\ \mathrm{m^3/s}$

(b) 강우가 전 유역에 걸쳐 균일하게 1 cm 내린 (a)의 경우와는 달리 1, 2구역에는 1.5 cm, 3, 4구역에는 0.8 cm, 5, 6구역에는 0.5 cm가 내렸다면 표 11.4의 2란의 값은 다음과 같이 조정되고 2란 이하의 과정은 (a)의 경우와 같다. 즉 1, 2구역에는 1.5배, 3, 4구역에는 0.8배, 5, 6구역에는 0.5배한다.

(a)의 경우	0	18	24	47	38	25	11
(b)의 경우	0	27	36	37.6	30.4	12.5	5.5

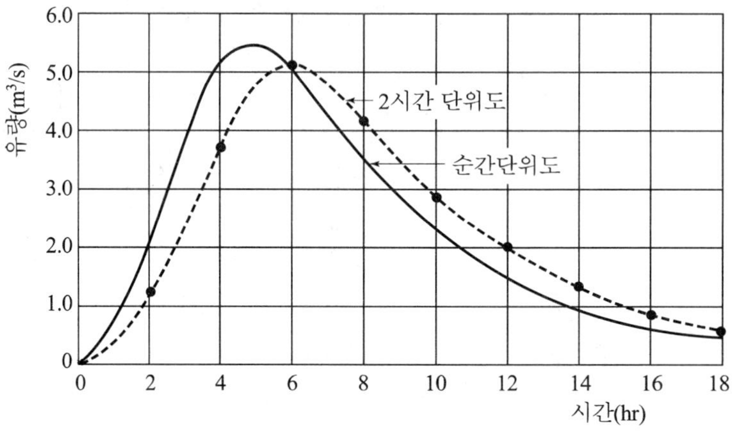

그림 11.14 IUH와 2시간 단위도(예제 11.6)

11.6 수정 CLARK방법-modClark

수정 Clark방법(modified Clark method, modClark)은 유역과 강우의 공간적인 분포를 이용하기 위하여 HEC에 의하여 개발되었다(US Army Corps of Engineers, 1996). modClark는 Clark의 개념적 단위도에 근거하여 격자형 강우자료를 사용하는 선형, 준-분포강우-유출(단위도)방법이다. modClark는 입력자료로 수치표고모형(digital elevation model, DEM)과 Next Generation Weather Surveilance Radar(NEXRAD)의 두 종의 수치공간분포자료를 사용하고 도달시간 t_c와 저류상수 K의 두 매개변수를 필요로 한다. 미 기상청의 NEXRAD는 4 km 격자에 대한 강수측정치를 제공한다.

modClark에서는 유역을 균일격자세포로 분할한다. 각 세포에 대하여 NEXRAD와 같은 프로그램을 통하여 격자형 강우자료를 부여하고, 초과강우량을 계산하여 초과강우량 주상도를 구축하고 이를 각 세포의 시간지수(time index)에 따라 지체시킨 후 Clark방법(선형저수지추적)에 따라 유출구까지 추적한다. 각 세포의 시간지수는 다음 식으로 계산된다.

$$t_{cell} = t_c \frac{d_{cell}}{d_{\max}} \tag{11.45}$$

여기서 t_{cell}은 세포에서 유출구까지 유하시간, t_c는 유역의 도달시간, d_{cell}은 세포에서 유출구까지 유하거리 및 $d_{\max}$는 가장 먼 세포에서 유출구까지 유하거리(유로연장)이다. 도달시간 t_c에는 Kirpich공식이 사용된다.

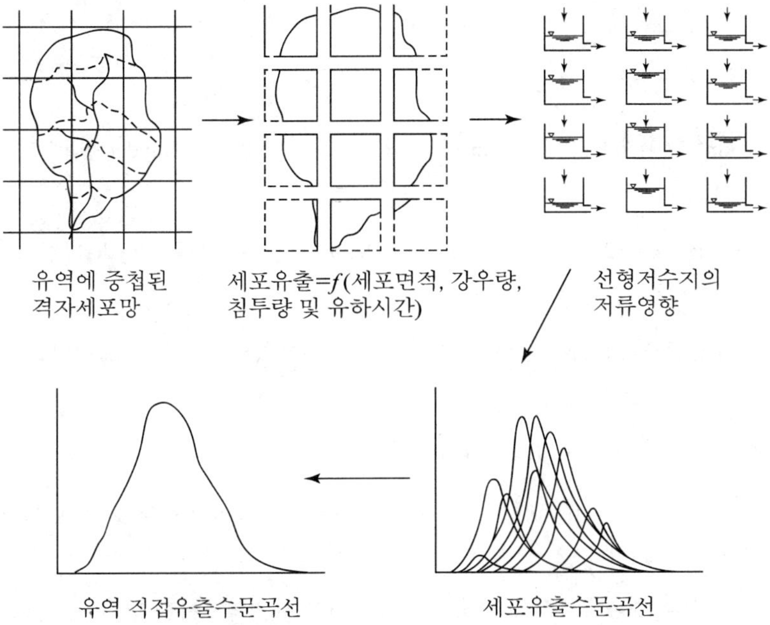

그림 11.15 modClark 직접유출방법론

$$t_c = \frac{0.0663 L^{0.77}}{S^{0.385}} \tag{11.46}$$

여기서 t_c= 도달시간(hr), L= 유로연장(km), S는 경사 $S = H/L$ 및 H= 표고차이(m)이다. 식 (11.46)의 t_c는 미국의 농경지 급경사(3~10%) 소유역에 대해서 개발된 공식으로 불투수성 포장지역에서는 계산된 t_c에 0.4를, 콘크리트 수로에서는 0.2를 곱한다.

유출구까지 추적된 모든 세포의 수문곡선을 조합하여 유역의 직접유출수문곡선을 얻는다. 여기에 기저유출을 더하면 유역출구에서의 수문곡선이 구해진다.

t_{cell}은 세포의 경사와 면적을 이용해서도 구해진다(Maidment 등, 1995).

$$t_{cell} = \frac{l_{cell}}{v_{cell}}, \quad v_{cell} = S^a A^b \tag{11.47}$$

여기서 l_{cell}은 세포 내 유로연장, S는 세포경사, A는 세포에 기여하는 누가면적이고 지수 a, b의 값은 0.5 정도이다.

문 제

Snyder 합성단위도

11.1 유역면적이 40 km^2, L=10 km, L_c=3 km인 유역의 4시간 단위도를 Snyder방법으로 유도하라. C_t=1.80, C_P=1.6.

11.2 유역면적이 360 km^2, L=32 km, L_c=13 km인 유역의 2시간 단위도를 Snyder방법으로 유도하라. C_t=1.45, C_P=1.7.

11.3 유역면적이 300 km^2, L=21 km, L_c=9 km인 유역의 2시간 단위도를 Snyder방법으로 유도하라. C_t=1.5, C_P'=0.66

11.4 유역면적이 480 km^2, L=28 km, L_c=16 km인 유역의 3시간 단위도를 유도하라. C_t=1.4, C_P=1.6

11.5 (a) 유역면적이 250 km^2, L=30 km, L_c=18 km, t_R=2 h, t_{LR}=5 h인 유역에 대한 C_P와 C_t를 결정하라. 첨두유량은 270 m^3/s cm이다.

(b) 동일 유역의 상류 150 km^2, L=20 km, L_c=12 km인 유역의 2시간 단위도를 유도하라.

NRCS 합성단위도

11.6 문제 11.1의 유역의 4시간 단위도를 NRCS방법으로 유도하고 문제 11.1의 결과와 비교하라.

11.7 유역면적이 20 km^2, 도달시간이 1 h이다. NRCS 삼각형단위도방법으로 1시간 단위도를 유도하라.

11.8 문제 11.3을 NRCS방법으로 풀라.

11.9 유역면적이 400 km^2, 유역지체가 8 h인 유역의 4시간 단위도를 NRCS방법으로 계산하라.

11.10 유역면적이 2 km^2, L=2 km, L_c=1 km인 유역의 4시간 단위도를 (a) Snyder, (b) NRCS방법으로 유도하라.

11.11 유역면적이 2.5 km^2, L=1.9 km, L_c=1.4 km, C_t=1.5, C_P=0.14인 유역에 대한 2시간 단위도를 (a) Snyder 방법, (b) NRCS방법으로 유도하라.

시간 – 면적방법

11.12 유역면적이 42 km^2, 도달시간 6시간인 유역의 시간–면적주상도를 이용하여 주어진 유효강우량에 대한 유출수문곡선을 계산하라.

시간 (h)	면적 (km^2)	유효강우량 (mm)
0		
2	8	04
4	20	10
6	14	20
8		25
10		08

11.13 유역면적이 61 km^2, 도달시간이 4시간이고 시간-면적주상도와 강우량이 다음과 같다. 유출수문곡선을 계산하라. NRCS곡선번호는 CN=75이다.

시간 (h)	면적 (km^2)	총 강우량 (mm/h)
0		
1	11	8
2	17	20
3	23	35
4	10	25
5		20
6		6

11.14 유역면적이 80 km^{2}인 유역의 유출수문곡선을 시간-면적방법으로 구하라.

시간 (h)	면적 (km^2)	총 강우량 (mm/h)
0		
1	13	7
2	23	12
3	28	14
4	16	20
5		8
6		6

11.15 폭이 100 m, 길이가 1,000 m, 평균경사가 0.01인 직사각형 유역의 도달시간과 유역지체를 계산하라. 시간-면적주상도를 작성하라. 50 mm/h의 강도로 2시간 지속된 유효강우량에 대한 직접유출수문곡선을 작성하라.

11.16 상류폭이 200 m, 길이가 1,000 m인 삼각형 유역의 흐름방향 경사가 0.01이다. 시간-면적주상도를 작성하라. 50 mm/h의 강도로 2시간 지속된 유효강우량에 대한 직접유출수문곡선을 작성하고 문제 11.15와 비교하라.

11.17 문제 2.2의 지형도를 이용하여 등시간선도를 작성하라.

11.18 임의의 유역의 지형도를 이용하여 등시간선도를 작성하라.

Clark방법

11.19 $\Delta t = 3$ h, $K = 3$ h를 이용하여 Clark방법으로 3시간 단위를 유도하라.

시간(h)	0	3	6	9	12
면적(km^2)		51	65	35	14

11.20 $\Delta t = 1$ h, $K = 2$ h를 이용하여 Clark방법으로 3시간 단위를 유도하라.

시간(h)	0	1	2	3	4	5	6
면적(km^2)		8	16	24	16	10	6

11.21 유역면적이 200 km^{2}인 유역으로부터 다음과 같은 등유하시간 자료를 얻었다. Clark방법으로 다음을 유도하라. (a) 순간단위도, (b) 1시간 단위도. 도달시간=8시간, 저류상수=7.6시간.

면적번호	면적 (km^2)	유하시간 (hr)
1	8.5	1
2	24.0	2
3	50.0	3
4	37.0	4
5	21.0	5
6	28.0	6
7	25.5	7
8	4.0	8

11.22 유역면적이 275 km^2, 도달시간이 24 h인 유역의 시간–면적주상도가 다음과 같다. 문제 8.10의 수문곡선은 5시간 지속된 강우로 인한 수문곡선이고 변곡점은 t=40 h에서 일어난다. 다음을 구하라. (a) 저류상수, (b) 시간–면적주상도, (c) 순간단위도, (d) 5시간 단위도

시간(h)	0	3	6	9	12	15	18	21	24
면적(km^2)		10	30	40	65	50	40	30	10

11.23 1시간 단위도의 종거가 다음과 같다. 선형저수지의 저류상수를 결정하라.

시간 (h)	유량 (m^3/s)	시간 (h)	유량 (m^3/s)
0	0	8	31
1	7.5	9	19
2	24	10	11
3	52	11	7
4	65	12	5
5	98	13	4
6	80	14	3
7	52		

12 단위유량도의 개념적 모형

Applied Hydrology

단위도는 강우(유효강우주상도)를 유출(직접유출수문곡선)로 변환하는 변환기이다. 이러한 변환기는 개념적인 요소를 이용해서 수립될 수 있다. 개념적인 요소는 선형수로와 선형저수지이다. 이들 요소는 유역이 강우에 대한 응답을 나타내는 성질을 포함하므로 유역의 순간단위도(IUH)를 유도하는 데 이용될 수 있다.

12.1 유역응답

한 유역의 유출은 지표류와 수로흐름으로 구성된다. 유역의 한 지점의 유입량이 다음 지점 또는 유역의 유출구에 도달하는 데에는 일정한 거리를 유하하게 된다. 유하하는 동안 유입량은 지표면과 수로의 저류영향으로 변화를 갖게 된다. 이러한 유입량의 변화는 (1) **전이**(轉移; translation)와 (2) **저류**(貯留; storage)영향에 의해서 **지체**(遲滯; delay 또는 lag)와 **감쇠**(減衰; attenuation) 또는 **확산**(擴散; diffusion)으로 나타난다. 이 경우 확산은 흐름상태(수문곡선)의 변화를 포함한다.

수로의 한 구간에 대한 유입량을 $I(t)$, 유출량을 $Q(t)$라 할 때 그림 12.1에서 $Q(t)$는 시간 간격 T만큼 단순히 이동된 $I(t)$의 정확한 재현이다.

$$Q(t) = I(t-T) \tag{12.1}$$

그림 12.1a는 **단순전이**(單純轉移; pure translation)의 한 예이고 그림 12.1b는 저류영향의 한 예로, 전이와 저류의 영향이 다 나타남을 알 수 있다. 저류의 영향은 첨두가 Q_1에서 Q_2의 감소로 나타난다.

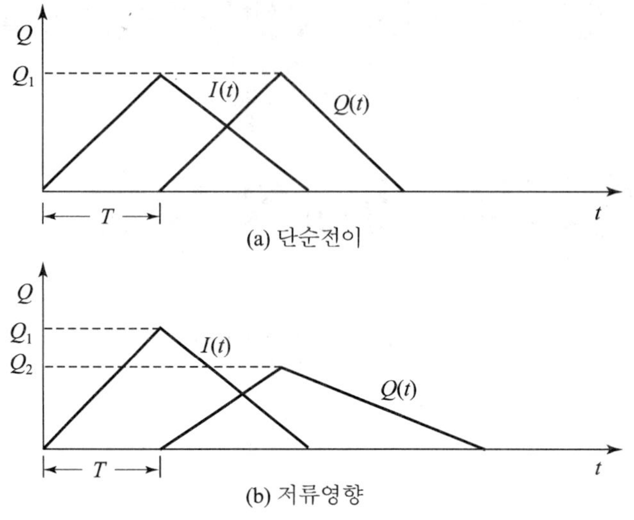

그림 12.1 전이와 저류의 영향

연속방정식

유역을 하나의 계(系)로 취급할 경우 연속방정식은

$$I - Q = \frac{dS}{dt} \tag{12.2}$$

여기서 I는 유입량, Q는 유출량, S는 저류량이다. 식 (11.2)는 주어진 입력에 대하여 2개의 미지수 Q와 S를 갖는다. 따라서 식 (12.2)에서 Q에 관한 해를 구하기 위해서는 S를 소거할 제2의 식이 필요하다.

저류특성

한 유역의 저류량 S와 유출량 Q를 도시하면 그림 12.2와 같이 고리모양을 나타낸다. 이는 S와 Q의 관계가 **단일치**(單一値; single valued)함수가 아니라 **이중치**(二重値; double valued)함수

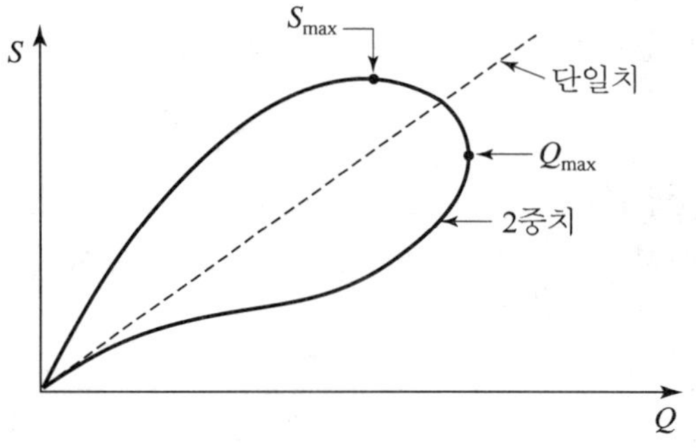

그림 12.2 전형적인 저류량-유량관계

이고 저류첨두와 유출첨두가 동시에 발생하지 않는 사실을 나타낸다. $Q-t$와 $S-t$ 관계를 같은 시간축에 대하여 도시하면 저류첨두가 유량첨두보다 일찍 일어난다는 사실을 분명하게 한다. 그러나 단일치의 직선 상에서는 Q와 S의 첨두가 동시에 일어난다. 수로의 흐름이 정류일 때 $Q-S$ 관계를 도시하면 단일치의 직선이 된다. 부정류에 의한 쐐기저류량이 여기에 중첩되면 $Q-S$의 도시는 고리모양이 된다. $Q-S$의 관계는 해석의 간단을 위해서 많은 경우 단일치함수로 취급된다. 즉

$$S = KQ \tag{12.3}$$

여기서 K는 저류상수이다.

12.2 선형수로

선형수로(線型水路; linear channel)는 주어진 수로구간 x를 통하여 임의의 크기인 유량 Q가 전이되는 데 소요되는 시간 T가 일정한 가상수로이다. 선형수로를 통하여 추적되는 유입수문곡선은 그 모양이 변하지 않는다. 유입량이 $I = f(t)$이면 유출량은 **전이시간**(轉移時間; translation time) T에 의한 시간변화 외에는 유입량과 같다. 즉 $Q = f(t-T)$. 따라서 주어진 수로구간에서 유속은 모든 유량에 대하여 일정하고 구간에 따라서 달라질 수 있다.

측방유입이 없는 수로의 1차원 연속방정식은

$$\frac{\partial A}{\partial t} + \frac{\partial Q}{\partial x} = 0 \tag{12.4}$$

마닝공식에 따라 흐름단면적을

$$A = \alpha Q^{\beta} \tag{12.5}$$

으로 나타낼 수 있다. 마닝공식을 적용하면 α, β는 다음과 같이 정의된다.

$$\alpha = \left(\frac{nP^{2/3}}{S^{1/2}}\right)^{0.6} \tag{12.6}$$

$$\beta = 0.6 \tag{12.7}$$

그러나 선형수로에서는 $\beta = 1$로 가정되어 흐름단면적 A와 유량 Q의 관계는 선형이다.

$$A = \alpha Q \tag{12.8}$$

여기서 α는 **전이계수**(轉移係數; translation coefficient)로 전이시간 T의 함수 $\alpha = f(T)$이고 주어진 구간에서는 상수이다. 식 (12.8)을 식 (12.4)에 대입하면

$$\alpha\frac{\partial Q}{\partial t} + \frac{\partial Q}{\partial x} = 0 \tag{12.9}$$

그림 12.3에서와 같이 x_o에서 유입량을 $Q(x_o, t)$라 하고 x_1에서 유출량을 $Q(x_1, t)$라 한다. 주어진 $Q(x_o, t)$에 대한 식 (12.9)의 해는 식 (12.10)과 같이 된다.

$$Q(x_1, t) = Q(x_o, t - T) \tag{12.10}$$

여기서 T는 x_o에서 x_1까지 유하시간이다. x_1에서의 유출량은 단순히 시간 T만큼 지체된 유입량임을 알 수 있다(그림 12.1 참조). T는 다음과 같이 정의된다.

$$T = \alpha(x_1 - x_o) \tag{12.11}$$

식 (12.10)은 유입량에 대한 수로의 영향이 유하시간 T의 단순전이라는 선형수로를 정의한다.

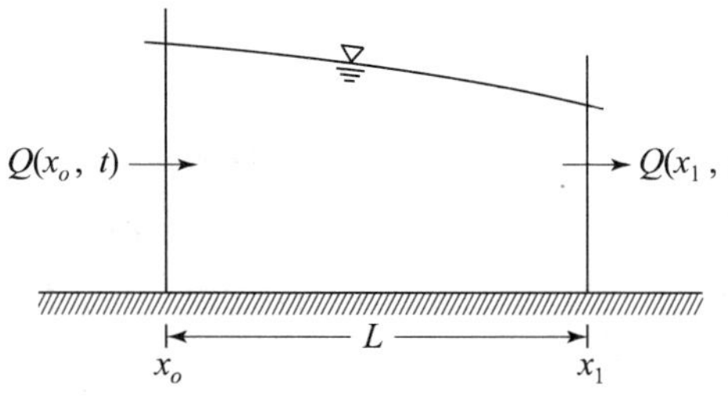

그림 12.3 수로구간

12.3 선형저수지

개념적인 순간단위도(IUH)는 하천유역이 하나의 선형저수지와 같이 거동하는 가정에 근거한다. 그림 12.4는 유입량 I와 방류량 Q에 대한 선형저수지의 개요를 나타낸다. **선형저수지**(線型貯水池; linear reservoir)는 저류량 S가 유출량 Q에 선형적으로 비례하는 가상적인 저수지이다. 즉

$$S = KQ \tag{12.3}$$

저수지는 유입량에 대하여 지체와 감쇠의 영향을 갖는다. 저수지의 유입량 I와 유출량 Q의 차이는 저류량의 변화율이므로 연속방정식은

$$I - Q = \frac{dS}{dt} \tag{12.2}$$

식 (12.3)을 식 (12.2)에 대입하고 정리하면

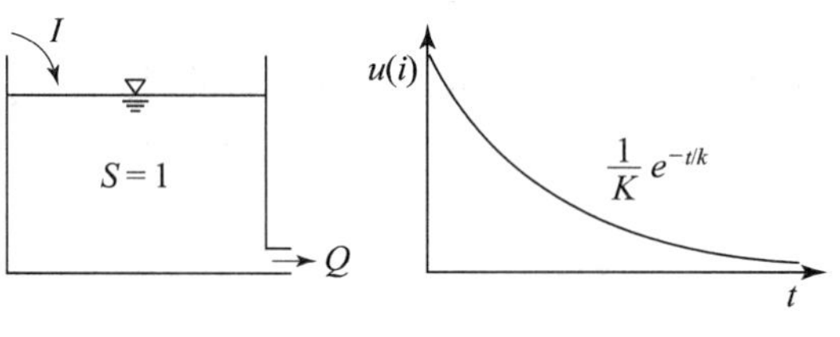

그림 12.4 선형저수지의 IUH

$$\frac{dQ}{dt}+\frac{Q}{K}=\frac{I}{K} \tag{12.12}$$

(1) 유입량 I가 일정한 경우: 이 경우 선형상 미분방정식인 식 (12.12)의 해는

$$Q=Ce^{-t/K}+I \tag{12.13}$$

초기조건 $t=0$에서 $Q=0$을 적용하면 $C=-I$

따라서 일정한 유입량 I에 대한 선형저수지의 방류량은

$$Q=I(1-e^{-t/K}) \tag{12.14}$$

$t\to\infty$이면 $Q(t)=I(t)$이고 이는 유출이 유입과 같게 되는 평형상태를 나타낸다.

(2) 시간 t_o에서 유입량 I가 중단되는 경우: 이 경우 식 (12.12)는

$$Q=-K\frac{dQ}{dt} \tag{12.15}$$

식 (12.15)를 적분하면 $t-t_o=\tau=-K\ln Q+C_1$

또는 $$Q=Ce^{-\tau/K},\quad \ln Q=\ln C-\frac{\tau}{K} \tag{12.16}$$

여기서 τ는 유입량이 중단된 이후 경과된 시간이다. $t=t_o(\tau=0)$에서 $Q=Q_o$를 적용하면 $C=Q_o$이므로 식 (12.16)은

$$Q=Q_oe^{-\tau/K}=Q_oe^{-(t-t_o)/K} \tag{12.17}$$

식 (12.17)은 유입량 I가 중단된 이후에 일어나는 유량을 제공한다.

식 (12.14)와 (12.17)을 정리하면 그림 12.5에서와 같이 시간 t_o에서 유입량 I가 중단됨은 유입량 I의 지속기간이 t_o임을 나타낸다. 직접유출이 평형유량(첨두유량)에 도달하는 시간을 t_e라 하면 다음과 같은 두 경우가 고려된다(예제 10.1 참조).

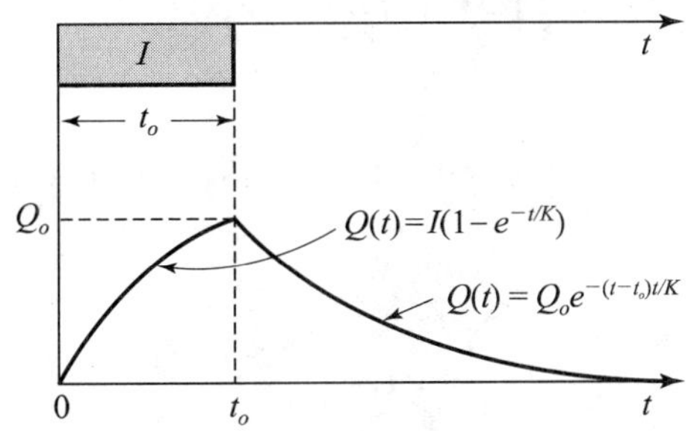

그림 12.5 선형저수지 수문곡선

i) 지속기간이 평형시간보다 짧은 경우($t_o \leq t_e$)

식 (12.14)는 $t < t_o$에 대한 직접유출 수문곡선의 상승부를 나타낸다. 이는 $Q(t) = \int_0^t I(\tau)u(t-\tau)\,dt$의 적분을 수행해도 동일한 결과를 얻는다. $u(t)$는 선형저수지의 순간단위도로 식 (10.16)으로 정의되고 이를 적용하면 다음과 같다.

$$Q(t) = \int_0^t Iu(t-\tau)d\tau = I\int_0^t \frac{1}{K}e^{-(t-\tau)/K}d\tau = \frac{I}{K}e^{-t/K}\int_0^t e^{\tau/K}d\tau$$

$$= \frac{I}{K}e^{-t/K}K(e^{t/K}-1) = I(1-e^{-t/K})$$

$t_o = t_e$이면 Q는 평형상태의 첨두유량에 이르고(그림 12.6a의 절선) 그 값은

$$Q_P = Q_o = I(1-e^{-t_e/K}) \tag{12.18}$$

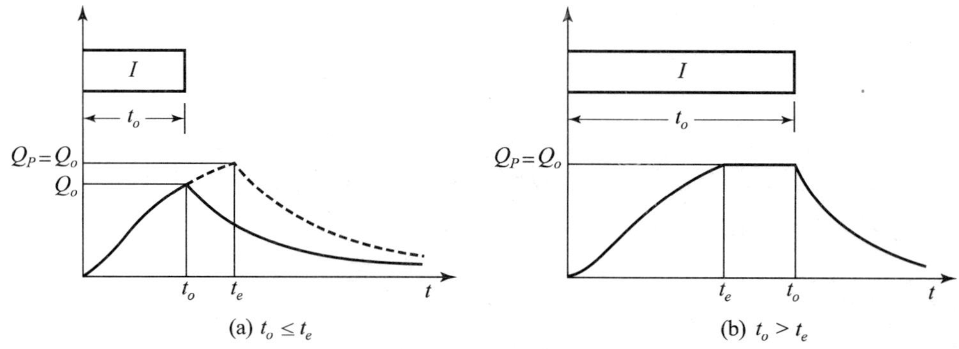

그림 12.6 선형저수지(지속기간 t_o 입력에 대한 직접유출수문곡선)

ii) 지속기간이 평형시간보다 긴 경우($t_o > t_e$)

이 경우 유출수문곡선은 그림 12.6b에서와 같이 증수부, 평형유출 및 감수부로 구성되며 식 (12.14)와 (12.18) 및 (12.17)에 의하여 각각 기술된다.

선형저수지의 순간단위도

$t_o = 0$에서 저류량이 S_o인 저수지를 채우는 순간유입량의 경우 식 (12.3)은 $S_o = KQ_o$이고 $\tau = t$이므로 식 (12.17)은

$$Q = \frac{S_o}{K}e^{-t/K} \tag{12.19}$$

IUH는 무한히 짧은 지속기간의 단위충격에 대한 응답이므로 단위입력, 즉 단위체적 $S_o = 1$을 적용하면 선형저수지의 IUH는 식 (12.20)과 같고 이는 식 (10.16)에서와 같이 다른 접근방

법에 의해서도 유도된다.

$$u(t) = \frac{1}{K} e^{-t/K} \tag{12.20}$$

즉 식 (12.20)은 계의 응답을 나타내는 선형저수지의 순간단위도이다. 계의 응답인 식 (12.20)에 주어진 입력을 적용하여 회선적분을 수행하면 계의 출력인 유량을 얻는다. 이 과정이 그림 12.7에 예시된다.

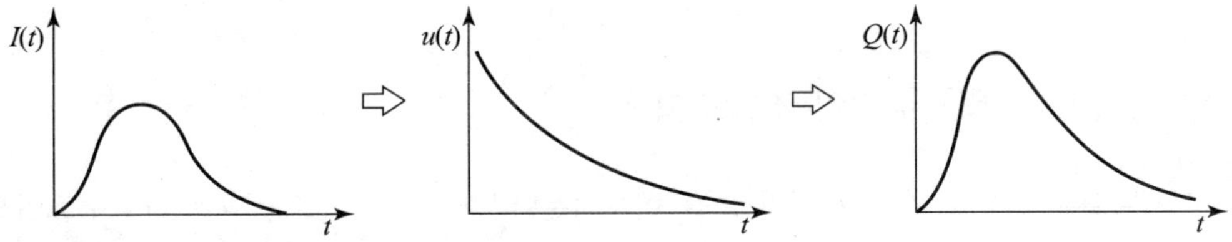

그림 12.7 입력 I와 계 응답 $u(t)$의 회선에 의한 유량 $Q(t)$

선형저수지의 IUH를 이용한 S-수문곡선

S-수문곡선은 단위계단 입력의 응답으로 무한히 지속된 일정한 강도의 입력에 의한 출력을 나타낸다. 식 (10.17)을 적용하면

$$S = \int_0^t u(t-\tau) I(\tau) d\tau \tag{12.21}$$

일정한 단위강도의 입력 $I(\tau) = 1\,(\tau > 0)$(단위도의 단위입력에 해당)에 대한 식 (12.21)은

$$S = \int_0^t u(t-\tau) d\tau \tag{12.22}$$

$s = t - \tau$라 놓으면 $d\tau = -ds$이므로 식 (12.22)는

$$S = \int_0^t u(s)\,ds = \int_0^t \frac{1}{K} e^{-s/K} ds = -e^{-s/K} \,\Big|_0^t$$

$$S = 1 - e^{-t/K} \tag{12.23}$$

식 (12.23)은 S-수문곡선을 나타낸다.

선형저수지의 IUH를 이용한 t_o-시간단위도

지속기간 t_o에 대한 식 (10.41)은

$$u(t_o, t) = \frac{1}{t_o} \int_{t-t_o}^{t} u(0, s)\,ds \tag{12.24}$$

선형저수지의 순간단위도 식 (12.24)의 $u(s)$는

$$u(t_o, t) = \frac{1}{t_o}\int_{t-t_o}^{t} \frac{1}{K}e^{-s/K}ds = \frac{1}{t_o}(-e^{-s/K}) \mid_{t-t_o}^{t}$$

$$= \frac{1}{t_o}\left(-e^{-t/K} + e^{-(t-t_o)/K}\right)$$

$$u(t_o, t) = \frac{1}{t_o}e^{-t/K}\left(e^{t_o/K} - 1\right) \tag{12.25}$$

식 (12.25)는 t_o-시간단위도를 정의한다.

12.4 선형수로와 선형저수지의 조합모형

선형수로는 유량 Q가 수로구간 x를 이동하는 데 시간 T가 소요되는 가상수로이므로 유입수문곡선이 수로를 통하여 추적될 때 모양은 변하지 않고 단순히 전이만 일어난다. 따라서 선형수로의 유출수문곡선은 유입수문곡선이 시간 T만큼 지체가 된 경우이다.

$$Q = I(t - T) \tag{12.1}$$

주어진 구간에서 유속이 일정하게 되므로 흐름면적 A와 유량의 관계는 선형이다.

$$Q = \alpha A \tag{12.26}$$

여기서 α는 전이계수로 전이시간의 함수이다.

선형수로와 선형저수지의 조합은 지체를 반영하는 식 (12.1)과 저수지추적을 나타내는 식 (12.20)으로 이루어지고 이 경우 IUH는

$$u(t) = \frac{1}{K}e^{-(t-T)/K} \tag{12.27}$$

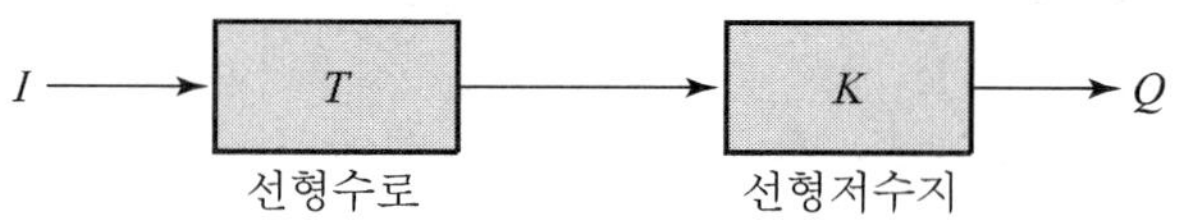

그림 12.8 선형수로와 선형저수지모형

12.5 Nash모형

대표적인 개념적 순간단위도는 매개변수가 2개인 **Nash모형**이다. 이는 n개의 선형저수지로 구성되고 한 저수지의 유출량은 다음 저수지의 유입량이 된다. 수학적으로 Nash모형은 상류 유입량을 하류 선형저수지에 n번 회선함으로써 얻어진다(Nash, 1957).

저류상수가 K_1인 첫째 저수지의 출력이 $Q_1 = 1/K_1 e^{-t/K_1}$이면 이는 또한 첫째 저수지의 IUH이다. 저류상수가 K_2인 둘째 저수지의 IUH가 $1/K_2 e^{-t/K_2}$일 경우 직렬로 연결된 두 선형

저수지의 유출량은 통합 계의 IUH가 된다. 즉 둘째 저수지의 유출량 Q_2는 Q_1 유입량에 둘째 저수지의 IUH를 핵함수로 하는 식 (12.28)의 회선적분으로 주어진다.

$$\begin{aligned} Q_2(t) = u(t) &= \int_0^t Q_1(t) u_2(t-\tau) d\tau = \int_0^t \frac{1}{K_1} e^{-\tau/K_1} \frac{1}{K_2} e^{-(t-\tau)/K_2} d\tau \\ &= \int_0^t \frac{1}{K_1} e^{-\tau/K_1} \frac{1}{K_2} e^{-t/K_2} e^{\tau/K_2} d\tau = \frac{1}{K_1 K_2} e^{-t/K_2} \int_0^t e^{(K_1-K_2)\tau/K_1K_2} d\tau \\ &= \frac{1}{K_1K_2} e^{-t/K_2} \left[e^{t(K_1-K_2)/K_1K_2} - 1 \right] \frac{K_1K_2}{K_1-K_2} \\ &= \frac{1}{K_1-K_2} (e^{-t/K_1} - e^{-t/K_2}) \end{aligned} \tag{12.28}$$

모든 선형저수지의 저류상수가 같을 경우, 즉 $K_1 = K_2 = \cdots = K$이면 개개 저수지의 출력(IUH)은 다음과 같이 유도된다. 처음 저수지의 유출량은 식 (12.20)으로 표시되고 이는 둘째 저수지의 유입량으로 고려된다. 식 (12.20)을 변수 τ인 유입량으로, 변수 $t-\tau$인 IUH를 핵함수로 한 식 (12.29)의 회선적분은 둘째 저수지의 유출량을 제공한다.

$$\begin{aligned} Q_2 &= \int_0^t I_1(\tau) u(t-\tau) d\tau = \int_0^t \frac{1}{K} e^{-\tau/K} \frac{\tau}{K} e^{-(t-\tau)/K} d\tau \\ &= \frac{t}{K^2} e^{-t/K} \end{aligned} \tag{12.29}$$

식 (12.29)로 주어지는 둘째 저수지의 유출량은 셋째 저수지에 유입량이 되어 셋째 저수지를 통하여 추적된다.

$$\begin{aligned} Q_3 &= \int_0^t I_2(\tau) u(t-\tau) d\tau = \int_0^t \frac{\tau}{K^2} e^{-\tau/K} \frac{1}{K} e^{-(t-\tau)/K} d\tau \\ &= \frac{t^2}{2K^3} e^{-t/K} \end{aligned} \tag{12.30}$$

이와 같은 추적과정을 계속하여 n번째 저수지로부터 유출량 $Q_n (= u(t))$을 얻는다.

$$u(t) = Q_n(t) = \frac{1}{K\Gamma(n)} \left(\frac{t}{K} \right)^{n-1} e^{-t/K} \tag{12.31}$$

이는 IUH를 나타내는 감마분포의 확률밀도함수 또는 불완전감마함수로 2개의 매개변수를 포함한다. K는 축척매개변수로, n은 형상매개변수로 고려되고 이들 n, K에 따라 다양한 수문곡선의 형상을 갖는다(그림 12.9). K가 아주 작게 되면 수문곡선의 지속기간은 짧아지고 첨두는 아주 크게 된다. $n=1$은 순수저류작용, $n \to \infty$은 순수전이작용이 된다. n, K는 유역특성인 유역면적, 평균경사 및 유로연장의 직접적인 영향을 받는다.

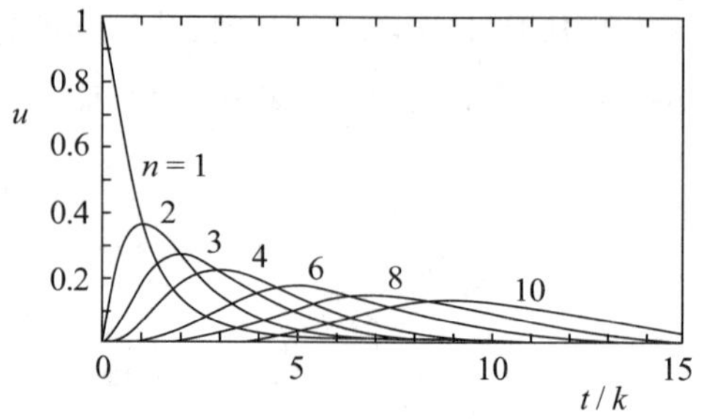

그림 12.9 감마밀도함수로 주어지는 단위응답함수

Nash모형의 매개변수 K와 n은 모멘트방법에 의하여 결정될 수 있다. IUH는 $t=0$에서 순간적으로 적용된 유효강우량의 물입자들이 유역유출구에 도달하는 도달시간의 빈도이다. 입자들의 평균도달시간인 IUH의 지체시간은 $t=0$인 원점에 관한 IUH의 1차 모멘트로 정의된다.

$$
\begin{aligned}
M_1 &= \int_0^\infty u(t)\,t\,dt = \int_0^\infty \left(\frac{t}{K}\right)^{n-1} \frac{t}{\Gamma(n)} e^{-t/K} d\left(\frac{t}{K}\right) \\
&= nK\int_0^\infty \left(\frac{t}{K}\right)^{n} \frac{1}{\Gamma(n+1)} e^{-t/K} d\left(\frac{t}{K}\right) \\
&= nK
\end{aligned}
$$

위 식의 적분은 $(N+1)$차 감마밀도함수의 적분이다. 따라서 감마밀도함수의 곡선아래 면적은 1이므로 $M_1 = nK$가 된다. 이는 IUH의 지체시간(lag time)이다.

같은 방법으로 시간의 원점에 관한 2차 모멘트는

$$
\begin{aligned}
M_2 &= \int_0^\infty u(t)t^2 dt = \int_0^\infty \left(\frac{t}{K}\right)^{n-1} \frac{t^2}{\Gamma(n)} e^{-t/K} d\left(\frac{t}{K}\right) \\
&= n(n+1)K^2\int_0^\infty \left(\frac{t}{K}\right)^{n+1} \frac{1}{\Gamma(n+2)} e^{-t/K} d\left(\frac{t}{K}\right) \\
&= n(n+1)K^2
\end{aligned}
$$

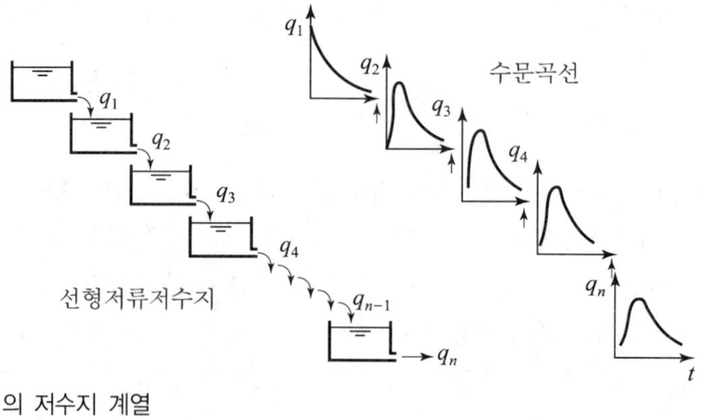

그림 12.10 Nash모형의 저수지 계열

따라서 IUH의 원점에 관한 1, 2차 모멘트는 각각

$$M_1 = nK \tag{12.32}$$

$$M_2 = n(n+1)K^2 \tag{12.33}$$

1차 모멘트 M_1은 유효강우량 중심과 IUH 중심과의 지체시간을 나타낸다. 선형의 원칙에 따라 유효강우주상도의 각 요소와 이로 인한 직접유출수문곡선은 동일한 지체시간을 갖는다. 즉 유효강우주상도의 중심과 직접유출수문곡선의 중심 간의 시간차이는 $M_1 = nK$와 같다.

유효강우주상도의 원점에 관한 1차 모멘트를 총 유효강우량으로 나눈 값을 M_{R1}, 직접유출수문곡선의 원점에 관한 1차 모멘트를 총 직접유출로 나눈 값을 M_{Q1}이라 하면 다음 관계식을 얻는다.

$$M_{Q1} - M_{R1} = nK \tag{12.34}$$

또한 유효강우량주상도의 원점에 관한 2차 모멘트를 총 유효강우량으로 나눈 값을 M_{R2}, 직접유출수문곡선의 원점에 관한 2차 모멘트를 총 직접유출로 나눈 값을 M_{Q2}라 하면

$$M_{Q2} - M_{R2} = n(n+1)K^2 + 2nKM_{R1} \tag{12.35}$$

M_{R1}, M_{Q1}, M_{R2} 및 M_{Q2}는 수문자료로부터 결정이 가능하므로 식 (12.34)와 (12.35)로부터 n, K를 구할 수 있고 이는 IUH를 정의한다. Nash는 유역면적 12~2,200 km^{2}의 범위에 대하여 n=2.08~5.55, K=1.52~14.35를 제시한 바 있고, 한국 하천의 18개 유역의 유역면적 54~1,360 km^{2}에 대하여 n= 1.00~5.98, K= 1.57~10.30이 제시된 바 있으며 이들은 유역특성의 항으로 결정될 수 있다(윤, 1986). 즉

$$n = 0.271\,L^{0.264}S^{-0.276} \tag{12.36}$$

$$K = 45.169\,L^{-0.945}L_{ca}^{0.689}S^{0.16} \tag{12.37}$$

여기서 L은 유로연장(km), L_{ca}는 유출구에서 유역의 중심에 가장 가까운 유로 상의 지점까지의 거리(km) 및 S는 유역경사이다.

예제 12.1

다음 표는 유역면적이 426.7 km^{2}인 평창강 유역의 4번 수위표지점의 1991. 8. 2 호우의 유효강우량과 직접유출수문곡선의 종거이다. IUH의 n과 K를 결정하라.

시간(h)	0	3	6	9	12	15	18	21	24	27
R(mm)	3.7	11.06	6.0	4.7						
R(m^3/s)	146.2	437.0	237.1	185.7						
Q(m^3/s)	3.3	41.6	171.3	166.5	128.5	100.7	84.4	67.7	56.1	

시간	27	30	33	36	39	42	45	48	51	54
$Q(m^3/s)$	45.9	7.5	30.3	26.7	18.3	12.8	9.0	3.7	1.2	

[풀이] 유효강우량 R(mm)에 유역면적을 곱하여 m^3/s의 단위로 환산한다. 예로 유효강우량 3.7 mm는

$$\frac{3.7\times\dfrac{1}{1{,}000}\mathrm{m}\times 426.7\times 10^6\ \mathrm{m}^2}{3\times 3{,}600\ \mathrm{s}}=146.2\ \mathrm{m}^3/\mathrm{s}$$

가 된다. 유효강우량과 직접유출수문곡선 종거의 합은 각각 $\sum R=1{,}006(\mathrm{m}^3/\mathrm{s})$, $\sum Q=1{,}002.53(\mathrm{m}^3/\mathrm{s})$으로 약간의 차이가 나므로 $1{,}005\ \mathrm{m}^3/\mathrm{s}$로 통일한다. 이들 종거는 3시간 간격이므로 우량주상도와 수문곡선하의 면적은 $1{,}005\times 3=3{,}015(\mathrm{m}^3/\mathrm{s})\ \mathrm{h}$이다.

유효강우량에 대한 1차 모멘트:

강우량증분 $146.2\ \mathrm{m}^3/\mathrm{s}$의 시간폭이 3시간이므로 주상도에서 이의 면적은 (146.2×3)이다. 따라서 1차 모멘트는 $(146.2\times 3)\times 1.5$(모멘트팔)$=3(146.2\times 1.5)$로 계산된다. 이에 준한 M_{R1}과 M_{R2}는 다음과 같이 계산된다.

$$\begin{aligned}M_{R1}&=\sum\ (\text{강우량증분}\times\text{모멘트팔})/\text{총면적}\\&=3(146.2\times 1.5+437\times 4.5+237.1\times 7.5+185.7\times 10.5)/3{,}015\\&=5.88\ \mathrm{h}\end{aligned}$$

유효강우량에 대한 2차 모멘트: 이는 다음 평행축의 정리에 의하여 계산된다.

$$I_x=I_{xc}+Ad^2=\frac{bh^3}{12}+Ad^2$$

$$\begin{aligned}M_{R2}&=[\text{강우량증분의 중심에 대한 2차 모멘트}+\text{증분}\times(\text{모멘트팔})^2]\ /\ \text{총면적}\\&=\left(\frac{Rt^3}{12}+Rt^2\right)/\text{총면적}\\&=\frac{3}{3{,}015}\left[\frac{3^3}{12}(146.2+437+237.1+185.7)\right.\\&\quad\left.+(146.2\times 1.5^2+437\times 4.5^2+237.1\times 7.5^2+185.7\times 10.5^2)\right]=45\ \mathrm{h}^2\end{aligned}$$

같은 방법으로 직접유출수문곡선에 대한 1, 2차 모멘트를 구하면

$$M_{Q1}=17.6\ \mathrm{h}$$
$$M_{Q2}=415.2\ \mathrm{h}^2$$

계산된 모멘트를 식 (12.34)에 대입하면

$$nK=M_{Q1}-M_{R1}=17.6-5.88=11.72 \tag{a}$$

식 (a)로부터 $nk=11.72$와 모멘트의 값들을 식 (12.35)에 대입하면

$$\begin{aligned}M_{Q2}-M_{R2}&=n(n+1)K^2+2nKM_{R1}\\&=(nK)^2+(nK)K+2(nK)M_{R1}\end{aligned} \tag{b}$$

$$415.2-45=11.72^2+11.72K+2\times 11.72\times 5.88$$

식 (b)로부터 K를 구하고 이를 식 (a)에 대입하여 n을 구하면

$$K=8.1\text{h}$$

$$n=\frac{11.72}{K}=\frac{11.72}{8.1}=1.45$$

따라서 IUH는 n과 K를 식 (12.31)에 대입하여 얻어진다.

$$u(t)=\frac{1}{8.1(1.45-1)!}\left(\frac{t}{8.1}\right)^{1.45-1}e^{-t/8.1}$$

Nash모형은 흐름의 전이개념을 포함하지 않는다. 이의 보완을 위해서 Dooge(1959)는 선형수로와 선형저수지가 교호로 구성되는 계를 제안하고 유역은 등시간선을 이용하여 n개의 소유역으로 분할하였다. 각 소유역은 선형수로와 선형저수지 계열로 대표된다.

실제 적용이 용이하도록 수정된 Chow–Singh모형은 다음과 같다. 이 모형은 하나의 전이계수 a를 갖는 선형수로와 저류계수가 각각 K_1, K_2인 2개의 연속된 선형저수지로 구성된다.

$$u(t)=\frac{1}{K_2-K_1}\int_0^{t'\leq T}[e^{-(t-\tau)/K_2}-e^{-(t-\tau)/K_1}]w(\tau)\,d\tau \tag{12.38}$$

여기서 $w(\tau)$는 무차원 시간-면적주상도의 종거이다. 실제 적용에서 K_1은 평균치가 0.25인 상수로 가정되고 시간-면적곡선은 실제 소유역의 모양이 아닌 사각형, 삼각형, 사다리꼴 및 정현곡선의 하나로 가정된다.

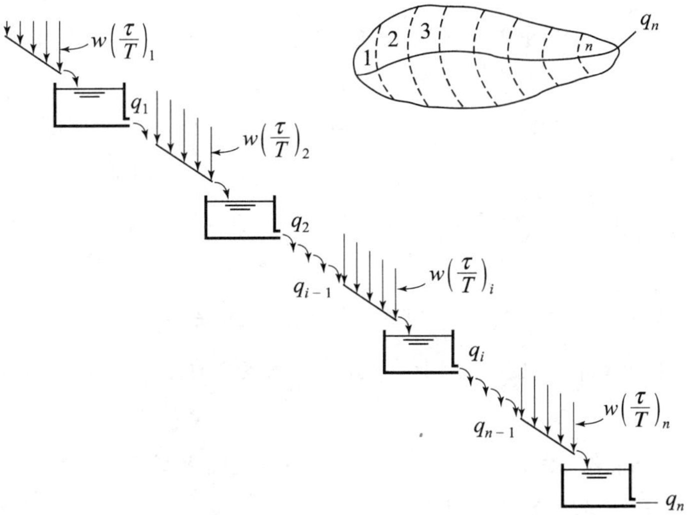

그림 12.11 Dooge모형의 선형수로와 선형저수지의 추적

문 제

12.1 선형수문계에서 계의 저류량 $S(t)$는 $S(t)=KQ(t)$와 같이 유출량 $Q(t)$에 비례하는 것으로 가정한다. K는 저류상수이고 초기조건은 $Q(t=0)=0$이다. 유입량 $I(t)$와 저류상수 K의 항으로 유출량 $Q(t)$의 식을 유도하라.

12.2 한 하천구간의 상, 하류에서 관측된 수문곡선이 다음과 같다. 하천구간의 저류량을 계산하여 유입량, 유출량 및 저류량을 시간에 대하여 도시하라.

시간(h)	유입량(m^3/s)	유출량(m^3/s)	시간(h)	유입량(m^3/s)	유출량(m^3/s)
0	162	108	36	1,314	2,268
3	288	180	39	1,062	1,926
6	630	360	42	882	1,584
9	1,530	720	45	720	1,296
12	2,898	1,224	48	594	1,062
15	4,104	1,800	51	432	666
18	5,094	2,376	54	306	450
21	3,960	2,916	57	288	270
24	2,808	3,420	60	306	450
27	3,546	3,546	63	288	270
30	1,944	3,258	66	126	162
33	1,620	2,700	69	110	140

12.3 문제 12.2의 저류량과 유출량을 도시하고 특성을 기술하라. 또한 원점을 통과하는 단일곡선으로 저류량-유출량 관계를 나타낼 때 대표성을 검토하라.

12.4 문제 12.2의 하천구간을 전이시간이 10 h인 선형수로로 나타낼 경우 유입수문곡선에 대한 유출수문곡선은 어떻게 되겠는가?

12.5 문제 12.2의 유입량과 유출량의 원점에 관한 1차 모멘트를 계산하라. 두 1차 모멘트의 차이의 수문학적 의미는 무엇인가?

12.6 식 (12.23)의 K에 상이한 값을 적용한 S-수문곡선을 계산하고 이를 예제 10.9의 S-수문곡선과 비교하여 K의 값을 추정하라.

12.7 식 (12.25)에 $t_o=6$시간과 상이한 K값을 적용하여 얻은 단위도를 예제 10.3의 단위도와 비교하여 K값을 추정하라.

12.8 Nash모형에서 일정한 K에 대하여 n을 변화시키면서 IUH를 발생시켜 IUH에 대한 n의 영향을 조사하라.

12.9 Nash모형에서 n을 일정하게 고정하고 상이한 K에 대하여 IUH를 발생시키고 IUH에 대한 K의 영향을 조사하라.

12.10 유효우량주상도, 직접유출곡선 및 순간단위도의 면적의 중심에 관한 2차 모멘트를 각각 M_{2R}, M_{2Q} 및 M_{2U}라 할 때 $M_{2Q}=M_{2R}+M_{2U}$이 성립됨을 보여라.

12.11 식 (12.35)를 증명하라.

12.12 유효우량주상도, 직접유출수문곡선 및 IUH의 시간원점에 관한 1차 모멘트를 각각 M_{1R}, M_{1Q} 및 M_{1U}라 하면

$$M_{1Q} = M_{1R} + M_{1U} = nK \tag{12.39}$$

가 성립됨을 보여라. 또한 각 곡선아래 면적의 중심에 관한 2차 모멘트를 각각 M_{2R}, M_{2Q} 및 M_{2U}라 할때 Laplace변환을 적용하면 식 (12.40)이 성립됨을 증명하라.

$$M_{2U} = M_{2Q} - M_{2R} = nK^2 \tag{12.40}$$

12.13 식 (12.39)와 (12.40)을 이용하여 예제 12.1의 자료에 대한 IUH를 결정하라.

12.14 20 mm/h의 강도로 4시간 지속된 유효강우량에 대한 유역면적이 1 km^2인 유역의 직접유출수문곡선을 계산하라. 저류상수는 K=3 h이다.

12.15 다음 자료에 대하여 Nash방법에 의한 IUH를 결정하라. 유역면적이 38 km^2, 강우량손실이 6 mm/hr, 기저유출이 5 m^3/s이다.

시간(6 hr 단위)	1	2	3	4	5	6	7	8	9
강우량(mm/hr)	15	42	35	35	11				
유량(m^3/s)	18	90	200	220	175	100	50	21	10

12.16 어느 지역에 2 mm/hr의 강우가 4시간 지속되었다. 이 지역의 침투는 Horton침투식으로 주어지고 매개변수는 f_o= 2 mm/hr, f_c= 0.5 mm/hr, k= 6 hr^{-1}이다. 이 지역의 순간단위도가 다음과 같다.

$$u(t) = \frac{1}{4} e^{-t/4}$$

유출수문곡선을 계산하고 t= 4 hr에서 유출을 구하라(힌트: 회선적분 사용).

13 저수지추적

Applied Hydrology

13.1 서 론

추적(追跡; routing)은 하천구간이나 저수지를 통하여 이동하는 물(수문곡선)의 시간 공간적인 변화(수심 또는 유량)를 저류와 흐름저항을 고려하여 예측하는 수학적 기법이다. 추적의 목적은 홍수예보, 저수지와 수로의 설계, 홍수터의 기능조사, 유역모의를 위한 것이다. **저수지추적**(貯水池追跡; reservoir routing)은 유입수문곡선, 초기조건, 저수지 특성 및 조작규정이 주어진 조건에서 저수지로부터 방류되는 유출수문곡선을 계산하는 과정이다. 저수지 방류량은 수문에 의하여 조절, 비조절 또는 조절과 비조절의 조합형 중 하나이다. 조절방류는 수문이 있는 여수로 방류로서 수문 조작에 따라 결정된다. 대규모 저수지는 대개 조절방류구조이다. 수문이 없거나 완전히 개방된 상태는 비조절방류이고 이 경우 방류량은 저수지수위만의 함수이다. 소규모 홍수조절지는 대개 비조절방류구조이다. 조절과 비조절방류의 조합형은 수문을 통한 조절방류와 비상여수로를 통한 방류이다.

계획되는 저수지에 적용되는 저수지추적은 설계목적으로 그 내용은 다음과 같다. (1)홍수조절이 목적인 경우, 주어진 설계유입수문곡선에 대하여 설정된 유량을 방류하기 위해 필요한 저수지의 용량(또는 댐 높이)과 여수로의 규모가 결정된다. (2) 설정된 저수지의 용량(또는 댐 높이)과 여수로에 대하여 주어진 설계유입수문곡선의 감쇠효과를 조사한다.

기존 저수지에 저수지추적을 적용하는 것은 저수지 조작이 그 목적이다. (1) 주어진 저수지 용량과 여수로 여건에 따라 상이한 유입조건과 저수지 조건에 따라 수문의 개방조건을 결정하는 것이다. (2) 이상기후 등으로 인한 유입수문곡선의 변화에 대하여 저수지의 용량(또는 댐 높이)과 여수로의 적정성을 검토한다. 저수지추적의 기본이 되는 저류추적은 유역, 특히 저수지를 포함한 유역의 유출해석과 단위도의 유도에도 적용된다.

13.2 홍수추적방법

흐름추적(흐름追跡; flow routing)은 수문계의 상류에 주어진 유입수문곡선에 대하여 하류에서 흐름의 도달시간과 크기, 즉 유출수문곡선을 결정하는 과정이다. 수문계가 수로이면 과정을 **하도추적**(河道追跡; streamflow routing)이라 하고 수문계가 저수지면 저수지추적이라 한다. 또한 흐름이 홍수이면 과정을 **홍수추적**(洪水追跡; flood routing)이라 한다. 추적은 크게 수문학적 추적과 수리학적 추적으로 구분된다.

수문학적 추적(水文學的追跡; hydrological routing)은 질량보존에 근거한 저류개념을 나타내는 연속방정식의 변형인 저류방정식과 유량과 저류량의 관계를 이용하는 방법으로 특정 지점에서 시간만의 함수로 흐름이 계산된다. 수정Puls방법, Muskingum 및 Muskingum−Cunge방법을 포함하고 **집체추적**(集体追跡; lumped routing)이라고도 한다.

수리학적 추적(水理學的追跡; hydraulic routing)은 질량과 운동량보존의 원리에 근거한 연속방정식과 운동량방정식을 푸는 과정으로 추적방법은 완전한 동역학파식에서 운동파근사해에 이르고 수문계를 통하여 공간과 시간의 함수로 흐름이 계산된다. **분포추적**(分布追跡; distributed routing)이라고도 한다.

수문학적 추적은 계산과정이 간단하다. 그러나 합류에 의한 배수나 댐에 의한 단파는 해석되지 않는다. 반면 수리학적 추적은 상세한 정보를 제공하나 해석과정이 복잡하고 계산시간이 길고 많은 입력자료를 필요로 한다.

13.3 저수지 홍수추적

홍수파가 저수지를 통과하게 되면 첨두는 감쇠, 지체되고 기저시간은 길어지는 변화를 받게 된다. 이와 같은 수문곡선에 대한 저수지 영향의 이해를 돕기 위하여 그림 13.1에 보인 바와 같은 유입수문곡선과 유출수문곡선을 생각한다. 유입수문곡선은 저수지의 상류에서 유입되므로 저수지에 의하여 영향을 받지 않는다. 그러나 유출수문곡선은 저수지에 의해 변형된 수문곡선이다. 유출수문곡선의 첨두는 유입수문곡선의 첨두보다 작고 늦게 나타나고 유출수문곡선의 기저시간은 유입수문곡선의 기저시간보다 길어짐을 알 수 있다. 이와 같은 유출첨두의 감소를 **감쇠**(減衰; attenuation)라 하고, 두 첨두의 시간차이를 **지체**(遲滯; lag)라 한다.

이들은 홍수추적에 중요한 매개변수이고 저수지의 저류량 S와 유량 Q의 관계를 나타내는 **저류함수**(貯留函數; storage function)의 형태에 따라 다르게 된다.

$$S = f(Q) \tag{13.1}$$

저류함수에는 세 가지 형태를 들 수 있다. (1) 저류량은 방류량만의 비선형함수로 이는 저수지의 저류량과 저수지수면에 대한 방류량과의 관계로 결정된다. 이는 본 장에서 다루는 저수지추적의 기본이 된다. (2) 저류량이 유입량과 유출량의 선형함수로 하도추적의 Muskingum방법이

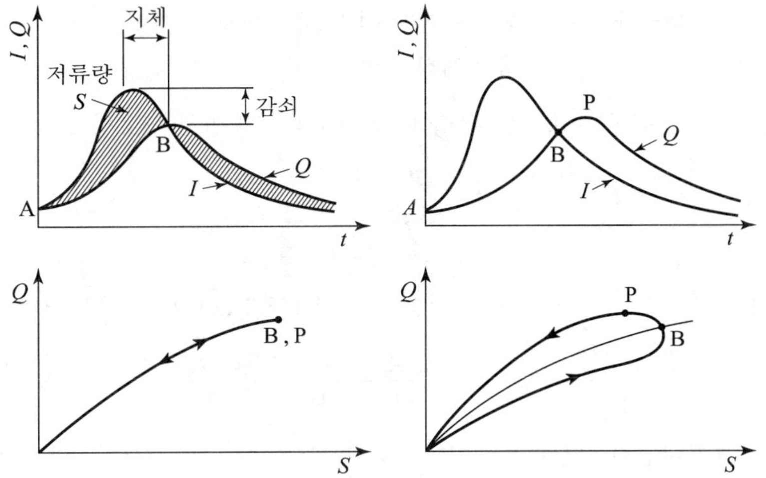

(a) 단일치 관계 (b) 2중치 관계

그림 13.1 저수지추적

대표적이다. (3) 다수 선형저수지모형의해석으로 저류량은 유량 Q와 시간미분인 dQ/dt의 함수로 결정된다.

저류량-유량관계는 그림 13.1에서와 같이 단일치 또는 2중치가 된다. 단일치 저류량-유량관계는 그림 13.1a와 같고 수평수면을 갖는 저수지에 적용된다. 이러한 저수지는 길이에 비하여 넓고 깊다. 저수지수면이 수평일 때 저류량은 수면표고의 함수이고 저수지의 방류량 또한 수면표고(또는 방류구에서 수심)의 함수이다. 이들 두 관계를 조합함으로써 단일치 저류함수 $S=f(Q)$가 얻어진다. 그림 13.1a(윗 부분)의 증수기간 동안(A에서 B까지) 유입량이 유출량을 초과하여 두 곡선 사이의 사선부는 저수지의 저류량이 구축됨을 나타낸다.

유출수문곡선의 감수기간에는 유출량이 유입량을 초과하여 두 곡선 사이의 면적은 저류된 수량의 감소를 나타낸다. 이는 유입수문곡선과 유출수문곡선이 교차하는 B점에서 저류량이 최대임을 의미한다. 식 (13.5)에서 최대저류량은 $I-O=dS/dt=0$일 때 일어나기 때문이다. 또한 그림 13.1a에서 유출량은 B점에서 최대이고 이는 저류량이 최대일 때 여수로의 수두 또한 최대가 되기 때문이다. 그림 13.1b의 2중치 저류량-유량관계는 배수(backwater)영향으로 저수지수면이 심한 곡선으로 나타나는 깊고 좁은 저수지나 수로에 적용된다. 배수에 의한 저류량은 흐름계를 통과하는 유량변화율에 좌우된다. 배수에 의한 지체영향 때문에 첨두유출은 유입수문곡선과 유출수문곡선의 교차점보다 늦게 일어나 유출수문곡선의 첨두를 나타내는 P는 B와 일치하지 않는다.

13.4 저류방정식

저수지추적의 개념은 저수지의 저류효과를 이용하여 유입량에 대한 유출량을 감소시키는 것이다. 이 감소를 유발하는 저류량은 유입체적과 유출체적의 차이가 된다.

[유입체적－유출체적] = [저류량]

이를 시간(Δt)에 대한 변화량인 유량의 항으로 나타내면 유입유량 I와 유출유량 Q의 차이는 저류량의 변화 $\Delta S/\Delta t$와 같다.

$$I - Q = \frac{\Delta S}{\Delta t} \tag{13.2}$$

이 관계식은 개수로 부정류의 연속방정식인 식 (13.3)으로부터 유도된다.

$$\frac{\partial A}{\partial t} + \frac{\partial Q}{\partial x} = 0 \tag{13.3}$$

여기서 A는 흐름단면적, Q는 유량이다. 식 (13.3)은 수로의 검사체적에서 단위길이의 저류량의 변화율 $\frac{\partial A}{\partial t}\left(= \frac{\partial}{\partial t} S(= A \times 1)\right)$와 단위길이에 대한 유량의 변화(유입량과 유출량과의 차이) $\frac{\partial Q}{\partial x}$와의 질량평형을 나타낸다. 식 (13.3)을 유한차분으로 나타내면

$$\frac{\Delta A}{\Delta t} + \frac{\Delta Q}{\Delta x} = 0 \tag{13.4}$$

여기서 ΔQ를 하도구간 또는 검사체적의 유입량 I와 유출량 Q의 항($\Delta Q = I - Q$)으로 나타내고 ΔA를 저류량의 증분 $\Delta S = \Delta A\, \Delta x$로 나타내면 식 (13.2)를 얻는다. 식 (13.2)는 식 (13.3)의 x에 관한 적분이고 미분형으로 나타내면 식 (13.5)와 같다.

$$I - Q = \frac{dS}{dt} \tag{13.5}$$

식 (13.2), (13.5)는 주어진 하도구간의 유입량과 유출량의 차이가 구간의 저류량의 변화율과 같음을 시사한다. 작은 시간 간격 Δt에 대한 평균유입량 $\overline{I}$와 평균유출량 $\overline{Q}$의 항으로 식 (13.2)를 다시 쓰면

$$\overline{I} - \overline{Q} = \frac{\Delta S}{\Delta t} \tag{13.6}$$

ΔS는 Δt 동안의 저류량의 변화량이다. 식 (13.6)을 $\Delta t(= t_2 - t_1)$의 시작되는 시간 t_1과 끝나는 시간 t_2에서의 값들로 표시하면 다음과 같다.

$$\frac{I_1 + I_2}{2}\Delta t - \frac{Q_1 + Q_2}{2}\Delta t = S_2 - S_1 \tag{13.7}$$

식 (13.7)은 저류시설의 추적방정식이고 I_1, I_2, Q_1 및 S_1은 시간 t_1에서 알려지고 시간 t_2에서의 값인 Q_2와 S_2는 미지이다. 식 (13.7)에서 I와 Q의 변화는 Δt 동안 선형이다. 이 선형조건을 만족하기 위해서 Δt는 작아야 한다. 두 미지수 Q_2와 S_2를 구하기 위해서는 식 (13.7) 외

에 Q와 S의 관계를 나타내는 저류량 - 유량함수관계(strorage–discharge function)가 필요하다. 식 (13.7)에서 Δt를 **추적기간**(追跡期間; routing period)이라 하며 이의 결정은 다음 조건에 준한다. $\overline{I}$는 추적기간 동안 수문곡선이 직선임을 가정하므로 이 가정이 성립되기 위해서는 Δt가 충분히 작아야 하나, 너무 작으면 계산량이 과대해지므로 또한 너무 작지 않도록 한다. 반면 Δt가 너무 커서 홍수파가 추적구간을 유하하는 데 소요되는 **유하시간**(流下時間; travel time)보다 길게 되면 홍수파의 첨두가 추적기간 내에 추적구간을 완전히 통과하게 되어 첨두가 포착되지 못한다. 따라서 이들 조건을 만족하는 적정 추적기간은 유하시간의 1/2～1/3로 취해진다. 그러나 컴퓨터의 연산속도가 빨라져 Δt는 수치해석에서 안정조건을 만족하는 한 필요한 대로 작게 취해질 수 있다.

13.5 표고-저류량-유량관계유도

식 (13.7)을 이용해서 저수지추적을 수행하기 위해서는 (1) 표고 - 저류량곡선, (2) 표고 - 유량곡선, (3) 저류량 - 유량관계곡선 및 (4) 저류량지시곡선의 4개의 함수관계가 필요하다.

13.5.1 표고-저류량곡선

이는 표고에 대한 저류량을 나타내는 곡선으로 지형도의 등고선을 이용해서 작성된다. 표고 h_i에 해당하는 등고선으로 둘러싸인 면적 A_i를 구적기로 구하고 같은 방법으로 표고 h_{i+1} $(= h_i + \Delta h)$에 해당하는 면적 A_{i+1}을 구하면 표고 h_i와 h_{i+1} 사이의 저류량 ΔS는

$$\Delta S = \frac{1}{2}(A_i + A_{i+1})\Delta h \tag{13.8}$$

여기서 $\Delta h (= h_{i+1} - h_i)$는 등고선 간격이다. 따라서 표고 h_n에 대한 저류량 S_n은

$$S_n = \frac{\Delta h}{2}\left(A_1 + 2\sum_{i=2}^{n-1} A_i + A_n\right) \tag{13.9}$$

h_n과 S_n을 도시하면 표고 - 저류량곡선을 얻는다(그림 13.3).

13.5.2 표고-유량곡선

평상시에는 방류관을 통하여 저수지의 물을 하류로 방류한다. 그러나 홍수시에는 여수로를 통하여 방류되고 여수로와 방류관을 통하여 방류되기도 한다. 여수로를 통한 방류는 저수지수위가 여수로 마루보다 높게 될 때부터 일어난다. 방류관의 유량은 오리피스공식을 이용해서 산정되고, 여수로 유량은 위어공식에 의해서 계산된다. 그러나 나팔형 여수로의 경우에는 위어월류부의 수두에 따라 흐름상태가 달라지므로 위어와 오리피스공식이 다 사용된다. 표고 - 유량곡선은 저수지수위에 따라 방류량을 계산해 표고와 방류량을 도시하여 작성된다.

표 13.1 댐방류량 공식

방류구조	유량공식	기 호
비조절 월류여수로 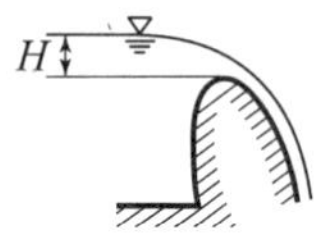	$Q = CLH^{3/2}$	$Q =$ 유량(m^3/s) $C =$ 유량계수 $L =$ 위어 유효길이(m) $H =$ 접근속도수두를 포함한 총수두
조절 월류여수로 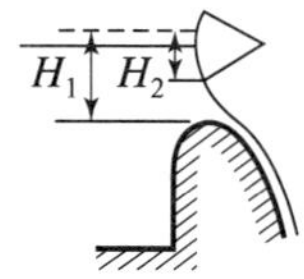	$Q = \frac{2}{3}\sqrt{2g}\,CL(H_1^{3/2} - H_2^{3/2})$	$H_1 =$ 여수로 마루기준 총수두 $H_2 =$ 수문의 하부단 기준 총수두
나팔형 여수로 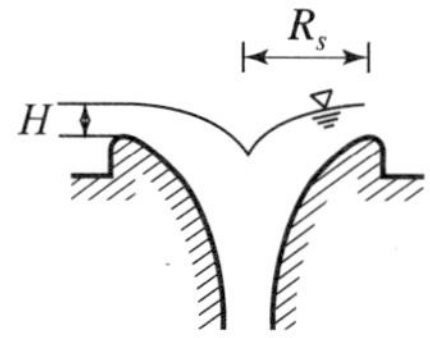	$Q = C_o(2\pi R_s)H^{3/2}$	$C_o = H$와 R_s에 대한 유량계수 $R_s =$ 월류부의 반경
방류관 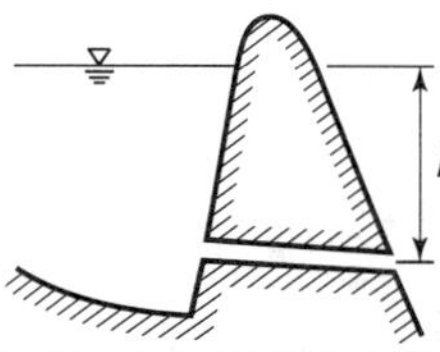	$Q = C_d A\sqrt{2gh}$	$h =$ 오리피스 수두 $C_d =$ 유량계수 $A =$ 방류관 단면적

13.6 저류량지시 추적방법

저수지추적식인 식 (13.7)에서 I_1와 I_2는 주어지고 Q_1과 S_1은 초기치로 주어지거나 전 단계 계산에서 알려진다. 따라서 식 (13.7)은 Q_2와 S_2의 2개의 미지값을 갖는다. 기지의 값들이 좌변에 오도록 식 (13.7)을 정리하면

$$\frac{1}{2}(I_1 + I_2)\Delta t + \left(S_1 - \frac{1}{2}Q_1\Delta t\right) = S_2 + \frac{1}{2}Q_2\Delta t \qquad (13.10)$$

식 (13.10)을 이용하여 Q_2를 구하기 위해서는 저류량-유량함수 관계를 나타내는 **저류량-지시곡선**(貯留量-指示曲線; storage-indication curve)이 필요하다.

저류량-지시곡선의 작성: 표고-저류량곡선과 표고-유량곡선을 이용하여 저류량-지시곡선 작성과정은 다음과 같다(그림 13.2).

1. 유량 Q를 선정하고 표고-유량곡선으로부터 Q에 해당하는 표고 h를 읽는다(그림 13.2a).
2. 1단계의 h에 대한 저류량 S를 표고-저류량곡선에서 읽는다(그림 13.2b).
3. 1, 2단계에서 구한 S와 Q를 이용하여 $S + Q\Delta t/2$(또는 $2S/\Delta t + Q$)를 계산한다.

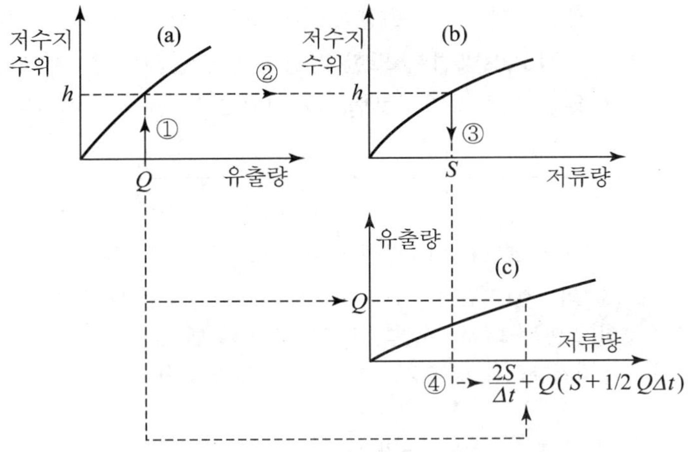

그림 13.2 저류량-지시곡선 작성과정

4. Q와 $(S+\ Q\Delta t/2)$를 도시하여 저류량-지시곡선을 작성한다(그림 13.2c와 13.4).

저수지 추적과정: 식 (13.10)을 이용하여 댐 하류로 방류되는 유출수문곡선을 구하기 위해서는 유입수문곡선, 저류량-유량관계(저류량-지시곡선), 저류량 S와 방류량 Q의 초기치, 추적기간(Δt)이 필요하다. 식 (13.10)에 의한 저수지 추적과정은 다음과 같다.

1. 평균유입유량 계산: $(1/2)(I_1+I_2)\Delta t$
2. 초기치 또는 전 단계의 S_1과 Q_1을 이용하여 $S_1-(1/2)Q_1\Delta t$ 계산
3. 단계 1, 2의 결과를 이용하여 $[S_2+(1/2)Q_2\Delta t]$의 값을 제공하는 식 (13.10)의 좌변을 계산
4. 저류량-지시곡선으로부터 단계 3의 $[S_2+(1/2)Q_2\Delta t]$에 해당하는 Q_2 결정(그림 13.4b)
5. 저류량-유량관계(저류량-지시곡선)로부터 Q_2에 대한 S_2 결정(그림 13.4a)

I_2, Q_2, S_2를 다음 단계의 I_1, Q_1, S_1의 새로운 값으로 하여 위의 5단계를 반복한다. 이 과정은 유출수문곡선이 완전히 얻어질 때까지 계속된다. 유입량의 평균과정 $1/2(I_1+I_2)$은 선형을 가정하므로 Δt는 선형가정을 만족하도록 짧게 취해야 한다.

저수지 추적방법의 명칭: Lawler(1964)에 의하면 저수지추적곡선으로 저류량곡선(S), $S-1/2\,Q\Delta t$, $S+1/2Q\Delta t$의 세 곡선을 사용한 추적과정을 Puls method라 하고 S곡선과 $S+1/2\,Q\Delta t$곡선의 두 곡선만을 사용한 과정을 modified Puls method라 한다. 많은 문헌이 $Q+2S/\Delta t$곡선을 사용하는 방법에 저류량지시추적방법(storage-indication method, SI)과 수정Puls방법(modified Puls method, MP)을 같이 사용하고 일부는 level pool method를 사용하고 또 다른 일부는 SI와 Puls method를 사용한다. McCuen(1989)은 $S+1/2Q\Delta t$곡선을 사용하는 과정을 저류량지시 추적방법, $Q+2S/\Delta t$ 형태의 곡선을 사용하는 과정을 MP라 한다. $S+1/2Q\Delta t$의 곡선은 저류량의 항으로 저류량을 나타내는 곡선으로 저류량지시곡선이 되므로 저류량지시방법이 타당하게 판

단된다. $Q+2S/\Delta t$는 저류량이 아닌 유량의 항이고 여기에 $Q-S$곡선을 추가한 두 곡선으로 추정이 가능한 점에서 수정 Puls방법이 또한 타당하게 판단되어 본 서에서는 McCuen 명명방법인 $S+1/2Q\Delta t$곡선 사용을 저류량지시방법, $Q+2S/\Delta t$곡선 사용을 수정 Puls방법에 따른다.

예제 13.1

여수로를 설계하는 과정에서 표 13.3의 2란에 주어진 설계유입수문곡선이 저수지를 통하여 추적된다. 표고-저류량관계는 표 13.2의 3란(그림 13.3)과 같으며 방류량은 $Q=2.0\,LH^{3/2}$으로 주어진다(표 13.2의 4란, 그림 13.3). 여수로의 길이는 15 m, 마루의 표고는 520 m, 댐 정부의 표고는 526 m이다. 초기 저수지수위는 표고 520 m이고 초기저류량과 방류량은 모두 영으로 가정된다.

표 13.2 표고-저류량-유량 관계

표고 (m) (1)	수두 (m) (2)	저류량, S $\times 10^6$(m^3) (3)	유량, Q (m^3/s) (4)	$S+1/2\,Q\Delta t$ $\times 10^6$(m^3) (5)	$2S/\Delta t+Q$ (m^3/s) (6)
520	0.0	0	0	0	0
520.5	0.5	0.125	10.6	0.144	80
521	1.0	0.3	30.0	0.354	197
522	2.0	0.62	84.9	0.773	429
523	3.0	1.0	155.9	1.281	711
524	4.0	1.43	240.0	1.862	1,034
525	5.0	1.91	335.4	2.514	1,397
526	6.0	2.56	440.9	3.294	1,830

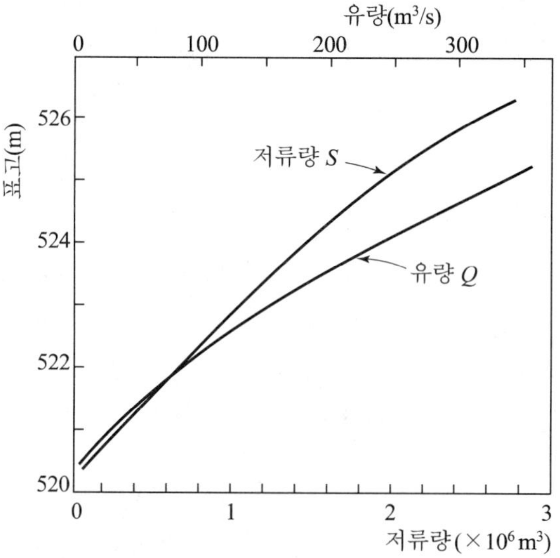

그림 13.3 표고-저류량곡선과 표고-유량곡선

[풀이] 표고-유량곡선과 저류량지시곡선의 작성: 유입수문곡선이 1시간 간격이므로 추적기간 Δt는 $\Delta t = 1\,\mathrm{hr} = 3{,}600\,\mathrm{sec}$가 된다. 표 13.2에서 2란의 수두 0.5 m 에 해당하는 3란의 유량은 $Q = 2 \times 15 \times 0.5^{1.5} = 10.6\,\mathrm{m^3/s}$이고 $S + 1/2\,O\Delta t$의 값은 $125{,}000 + 0.5 \times 10.6 \times 3{,}600 = 144{,}080\,\mathrm{m^3}$, 6란의 $2S/\Delta t + Q$의 값은 $2 \times 125{,}000/3{,}600 + 10.6 = 80\,\mathrm{m^3/s}$이다. 표 13.2의 4란의 유량에 대한 S, $S + 1/2\,Q\Delta t$ 및 $2/S\Delta t + Q$를 도시한 것이 그림 13.4이다.

추적계산: 식 (13.10)을 이용해서 수행된다. 표 13.3에서 첫 시간 간격에서는 $I_1 = Q_1 = S_1 = 0$이므로 $S_1 - 1/2\,Q_1\Delta t = 0$이다. $1/2(I_1 + I_2) = 1/2(0 + 40) = 20\,\mathrm{m^3/s}$이고 $1/2(I_1 + I_2)\Delta t = 20 \times 3{,}600 = 72{,}000\,\mathrm{m^3}$이므로 식 (13.10)의 좌변은 $1/2(I_1 + I_2)\Delta t + (S_1 - 1/2 \times Q_1\Delta t) = 72{,}000 + 0 = 72{,}000\,\mathrm{m^3}$이다. 따라서 식 (13.10)의 우변은 $S_2 + 1/2\,Q_2\Delta t = 72{,}000\,\mathrm{m^3}$이고 이에 해당하는 Q_2는 그림 13.4나 표 13.2(4란과 5란)의 내삽에 의하여 $Q_2 = 5.5\,\mathrm{m^3/s}$이다.

$t = 3\,h$: 그림 13.4a에서 $Q_2 = 5.5\,\mathrm{m^3/s}$에 해당하는 저류량은 $S_2 = 63{,}000\,\mathrm{m^3}$이므로

$$S_2 - 1/2\,Q_2\Delta t = 63{,}000 - 0.5 \times 5.5 \times 3{,}600 = 53{,}100\,\mathrm{m^3}$$

또는

$$S_2 - 1/2\,Q_2\Delta t = (S_2 + 1/2\,Q_2\Delta t) - Q_2\Delta t$$

$$= 63{,}000 + 0.5 \times 5.5 \times 3{,}600 - 5.5 \times 3{,}600 = 53{,}100\,\mathrm{m^3}$$

$1/2(I_2 + I_3)\Delta t = 1/2(40 + 90) \times 3{,}600 = 234{,}000\,\mathrm{m^3}$이므로 식 (13.10)은

$$1/2(I_2 + I_3)\Delta t + (S_2 - 1/2(Q_2\Delta t) = S_3 + 1/2\,Q_3\Delta t = 234{,}000 + 53{,}100 = 287{,}100\,\mathrm{m^3}$$

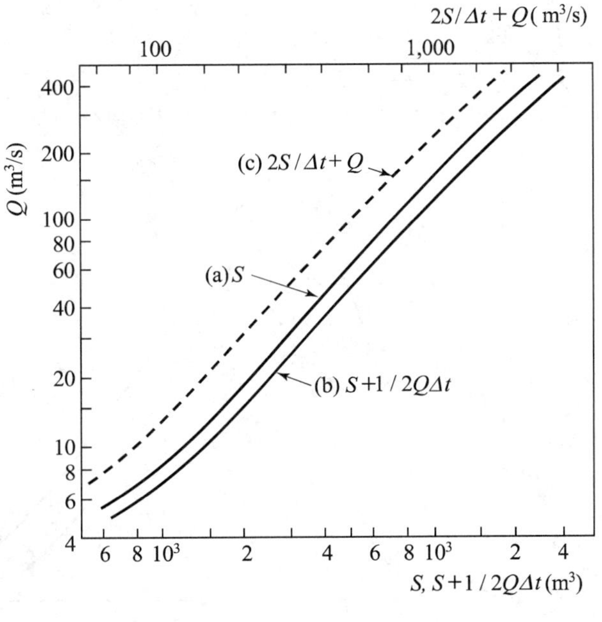

그림 13.4 저류량-유량곡선과 저류량지시곡선

표 13.3 Puls(저류량지시)추적방법의 계산 예

시간 (hr)	유입량 I (m^3/s)	$(I_1+I_2)/2$ (m^3/s)	$1/2(I_1+I_2)\Delta t$ ($\times 10^3$ m^3)	$S-Q\Delta t/2$ ($\times 10^3$ m^3)	$S+Q\Delta t/2$ ($\times 10^3$ m^3)	유출량 Q (m^3/s)	저류량 S ($\times 10^3$ m^3)
(1)	(2)	(3)	(4)	(5)	(6)	(7)	(8)
1	0	20	72	0	72	0	0
2	40	65	234	53.1	287.1	5.5	63
3	90	127.5	459	205	664	23.5	247
4	165	210	756	418	1,174	70	544
5	255	277.5	999	522	1,521	140	940
6	300	297	1,069	689	1,757	192	1,240
7	294	282	1,015	975	1,990	225	1,380
8	270	250	900	1,086	1,986	258	1,550
9	230	207.5	747	1,086	1,833	258	1,550
10	185	165	594	1,007	1,601	235	1,430
11	145	128.5	463	915	1,378	203	1,280
12	112	98.5	355	804	1,159	170	1,110
13	85	70.5	254	685	939	139	935
14	56	45.5	164	557	721	107	750
15	35	25	90	451	541	77	590
16	15	7.5	27	361	378	55	460
17	0	33					

$S_3 + 1/2\,Q_3\,\Delta t = 287{,}100\ \mathrm{m}^3$ 에 해당되는 Q_3 는 그림 13.4a나 표 13.2의 내삽에 의하여 $Q_3 = 23.5\ \mathrm{m}^3/\mathrm{s}$ 가 된다. 이와 같이 반복 계산된 결과는 표 13.3과 그림 13.5에 도시되었다.

그림 13.5에서 유입첨두 $302\ \mathrm{m}^3/\mathrm{s}$ 는 6시 15분에 일어나고 유출첨두는 이보다 2시간 15분 지체된 8시 30분에 $262\ \mathrm{m}^3/\mathrm{s}$ 로 감소된다. 즉 저수지지체가 2시간 15분이다. 유출량은 유입량과 유출량이 같게 되는 시간 t_{SM}에서 최대가 된다. 저류량이 최대인 시간 t_{SM}에서 저수지수위가 최대이다. 저수지수위가 최대, 즉 위어

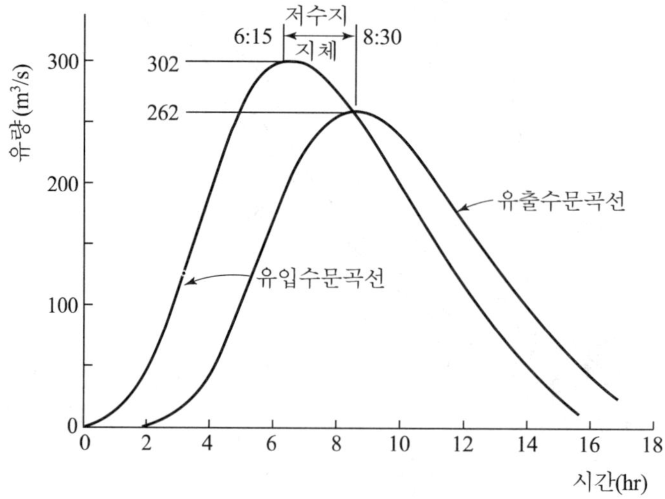

그림 13.5 유입수문곡선과 추적유출수문곡선

상의 수두 H가 최대일 때 저류량과 유량이 최대가 되기 때문이다. 최대수위는 그림 13.3에서 최대저류량 $S_{max} = 1,580,000\ m^3$에 대하여 522.4 m 이다. 이는 댐높이 526 m에 대하여 3.6 m의 여유고를 갖는다. 만약 여유고가 충분하지 않으면 여수로의 길이를 증가 또는 여수로 마루높이를 낮추는 것이 필요하고 다음 두 경우가 고려된다. (1) 댐높이를 일정하게 유지할 경우, (2) 댐높이 조정이 가능할 경우. 후자의 경우에는 여유고를 만족하도록 댐높이를 증가시킨다.

13.7 수정Puls추적방법

식 (13.10)의 양변에 $2/\Delta t$를 곱하면

$$I_1 + I_2 + (2S_1/\Delta t - Q_1) = 2S_2/\Delta t + Q_2 \tag{13.11}$$

수정Puls추적방법(修正Puls追跡方法; modified Puls routing method)이 저류량-지시방법과 다른 점은 Q와 $(S + Q\Delta t/2)$곡선 대신에 Q와 $(2S/\Delta t + Q)$곡선이 필요하고, 저류량의 단위가 아니라 유량의 단위에서 추적계산이 수행되고, 평균유입량의 계산이 필요 없고 단순히 더하는 것만이 필요한 점이다. 이 추적방법은 하도추적에도 사용된다. 그림 13.2에서 표고에 대한 유량 Q와 저류량 S를 이용하여 $(2S/\Delta t + Q)$를 계산해 이를 횡축에, Q를 종축에 도시하여 추적곡선이 작성된다(그림 13.4c). 추적계산은 식 (13.11)의 좌변의 각 항이 기지이므로 좌변의 계산결과는 우변의 $(2S_2/\Delta t + Q_2)$값을 제공하고, 이에 대응하는 Q_2는 저수지추적곡선 상에서 또는 내삽법으로 구해진다. 다음 시간단계의 계산을 위해 $(2S_2/\Delta t - Q_2)$의 값이 필요하고 이는 직접 계산하거나 또는 다음 식으로 계산된다.

$$\left(2\frac{S_2}{\Delta t} - Q_2\right) = \left(\frac{2S_2}{\Delta t} + Q_2\right) - 2Q_2 \tag{13.12}$$

예제 13.2

예제 13.1을 수정Puls방법으로 추적하라.

[풀이] 저류량-유량곡선은 예제 13.1에서 기술된 바와 같이 표 13.2의 4, 6란을 도시하여 작성된다(그림 13.4c).

추적계산: $t = 2\text{h}$: $Q_1 = S_1 = 0$이므로 $2S_1/\Delta t - Q_1 = 0$이다. 따라서 식 (13.11)은

$$(I_1 + I_2) + (2S_1/\Delta t - Q_1) = 2S_2/\Delta t + Q_2$$
$$(0 + 40) + 0 = 40$$

$2S_2/\Delta t + Q_2 = 40\ m^3/s$에 대한 Q_2는 그림 13.4c에서 읽거나 또는 표 13.2(4란과 6란)의 내삽에 의하여 $Q_2 = 5.7\ m^3/s$를 얻는다.

추적계산: $t=3\text{ h}$: $2S_2/\Delta t-Q_2$의 값은 식 (13.12)에 의하여 구해지나 그림 13.4a에서 $Q_2=5.7\text{ m}^3/\text{s}$에 대하여 $S_2=66{,}000\text{ m}^3$이므로

$$2S_2/\Delta t-Q_2=2\times 66{,}000/3{,}600-5.7=31\text{ m}^3/\text{s}$$

식 (13.11)에 의하여

$$(I_2+I_3)+(2S_2/\Delta t-Q_2)=2S_3/\Delta t+Q_3$$

$$(40+90)+31=161\text{ m}^3/\text{s}$$

$2S_3/\Delta t+Q_3=161\text{ m}^3/\text{s}$에 대한 Q_3는 그림 13.4c 또는 표 13.2의 내삽에 의하여 $Q_3=24\text{ m}^3/\text{s}$이다. 계산 결과는 표 13.4와 같으며 예제 13.1의 저류량지시 추적방법과 같은 결과가 얻어짐을 알 수 있다.

유입량체적은 $2{,}277\text{ m}^3/\text{s}\times 3{,}600\text{ s}=8{,}197{,}200\text{ m}^3$, 방류량의 체적은 $2{,}184.7\text{ m}^3/\text{s}\times 3{,}600\text{ s}=7{,}864{,}920\text{ m}^3$으로 $332{,}280\text{ m}^3$의 저류효과를 갖는다.

표 13.4 수정Puls 추적방법의 계산 예

시간 (hr) (1)	유입량 I (m^3/s) (2)	I_1+I_2 (m^3/s) (3)	$2S/\Delta t-Q$ (m^3/s) (4)	$2S/\Delta t+Q$ (m^3/s) (5)	방류량 Q (m^3/s) (6)	저류량 S ($\times 10^6\text{m}^3$) (7)
1	0		0		0	0
2	40	40	31	40	5.7	0.066
3	90	130	116	161	24	0.252
4	165	255	232	371	70	0.544
5	255	420	381	652	141	0.94
6	300	555	514	936	208	1.30
7	294	594	587	1,108	252	1.51
8	270	564	605	1,151	262	1.56
9	230	500	587	1,105	252	1.51
10	185	415	541	1,002	227	1.38
11	145	330	496	871	193	1.24
12	112	257	479	753	165	1.07
13	85	197	356	626	133	0.88
14	56	141	290	497	99	0.7
15	35	91	239	381	72	0.56
16	15	50	189	289	50	0.43
17	0	15		204	31	

$\sum I=2{,}277\text{ m}^3/\text{s}$ $\qquad$ $\sum Q=2{,}184.7\text{ m}^3/\text{s}$

13.8 조절방류 저수지추적

대부분의 저수지는 여수로에 설치된 수문을 이용하여 방류량을 조절한다. 홍수조절의 경우 저수지 조작규정에 따라 설정된 유량이 방류된다. 조절되는 방류량이 포함되는 경우 식 (13.7)은

$$\frac{I_1 + I_2}{2} - \frac{Q_1 + Q_2}{2} - \overline{Q}_r = \frac{S_2 - S_1}{\Delta t} \tag{13.13}$$

또는

$$I_1 + I_2 + \frac{2S_1}{\Delta t} - Q_1 - 2\overline{Q}_r = \frac{2S_2}{\Delta t} + Q_2 \tag{13.14}$$

여기서 $\overline{Q}_r$는 Δt시간 동안 평균조절방류량이다. 모든 방류량이 조절되는 경우 식 (13.13)은

$$S_2 = S_1 + \frac{\Delta t}{2}(I_1 + I_2) - (\Delta t)\overline{Q}_r \tag{13.15}$$

식 (13.15)에서 저류량은 평균유입량과 평균조절방류량에 따라 갱신된다.

문 제

13.1 우수조절용 사각형 단면의 지하탱크의 크기가 길이 30 m, 폭 20 m, 높이 3 m이다. 탱크의 배수는 탱크바닥에 설치된 오리피스에 의한다. 오리피스의 단면적은 0.14 m^2, 유량계수는 0.6이다. 수위-유량곡선과 수위-저류량곡선을 작성하라.

13.2 문제 13.1의 결과를 이용하여 저류량-지시곡선을 작성하고 저류량-유량곡선을 같이 도시하라. $\Delta t = 5\ \text{min}$.

13.3 문제 13.2의 결과를 이용하여 다음 유입수문곡선을 문제 13.1의 탱크를 통하여 추적하라. 초기저류량과 유량은 영이다.

시간(min)	0	5	10	15	20	25	30	35	40	45	50
유량(m^3/s)	0	0.3	0.9	1.4	1.70	1.54	1.26	0.9	0.42	0.14	0

13.4 계획되는 댐의 저류량과 유량이 다음과 같다. $2S/\Delta t+Q$와 Q의 저수지추적곡선을 작성하라. $\Delta t=2\,\mathrm{hr}$.

저류량($10^6\,m^3$)	86	93	101	115	127
유량(m^3/s)	66	261	597	1,529	2,610

13.5 문제 13.4의 특성을 갖는 저수지에 대한 다음 수문곡선의 추적을 수정Puls방법으로 수행하라. 저수지의 최대저류량과 유량은 얼마인가? 저수지의 초기 저류용량은 $86\times10^6\,m^3$이다.

시간(h)	0	2	4	6	8	10	12	14	16	18
유입량(m^3/s)	69	115	267	345	600	1,510	2,220	1,680	1,070	750

13.6 다음 자료를 이용하여 저수지추적곡선 $S+\frac{Q}{2}\Delta t$와 $\frac{2S}{\Delta t}+Q$를 작성하라. $\Delta t=2\,\mathrm{hr}$이다. 저류량-유량곡선을 같이 도시하라.

표고 (m)	저류량 ($10^5\,m^3$)	유량 (m^3/s)	표고 (m)	저류량 ($10^5\,m^3$)	유량 (m^3/s)
360	0	0	384	126	92
365	2.9	0	385	155	138
370	17	0	386	172	161
375	40	0	387	230	207
380	69	0	388	264	230
381	80	12	389	322	310
382	92	35	390	345	345
383	115	69			

13.7 초기 저수지수위를 380 m로 가정하고 다음 유입수문곡선으로 인한 문제 13.6의 저수지의 최대저수위와 유량을 결정하라. 초기 저수지수위를 각각 370 m와 383 m로 가정하여 추적결과를 비교하라.

시간 (hr)	유량 (m^3/s)	시간 (hr)	유량 (m^3/s)
0	46	16	184
2	75	18	172
4	92	20	148
6	126	22	126
8	138	24	115
10	195	26	92
12	230	28	69
14	218	30	46

13.8 저수지의 저류용량과 여수로의 용량이 다음에 주어진 바와 같다. 주어진 홍수수문곡선을 저수지를 통하여 추적하라.

표고별 저류용량과 유량

표고(m)	5	5.3	5.6	5.9	6.2	6.5
저류용량(10^5 m^3)	5.4	7.6	12.4	19.6	29.7	40.5
유량(10^2 m^3/s)	0	0.45	1.65	3.15	5.25	7.20

유입수문곡선

시간(hr)	0	0.5	1.0	1.5	2.0	2.5	3.0	3.5	4.0	4.5	5.0	5.5	6.0	6.5
유량(10^2 m^3/s)	0	0.6	2.1	4.8	8.4	9.9	7.2	5.3	3.8	2.7	1.8	1.1	0.5	0

13.9 다음 유입수문곡선을 저수지를 통해서 추적하라. 여수로의 특성은 다음과 같다.
$Q = 1.8\,LH^{3/2}$, 길이 $L = 21$ m, 정부높이 = 18 m.

유입수문곡선

시간(hr)	0	0.4	0.8	1.2	1.6	2.0	2.4	2.8	3.2	3.6
유량(m^3/s)	0	18	63	75	48	28.5	16.5	9	2.4	0

표고-저류용량

표고(m)	18	18.3	18.6	18.9	19.2	19.5
저류용량(m^3)	370	407	444	487	530	580

13.10 다음 저류용량-유량자료를 이용하여 $2S/\Delta t + Q$와 Q의 관계를 계산하여 도시하라. $\Delta t = 2$hr.

저류용량(10^6 m^3)	70	76	81.5	95	105.2
유량(m^3/s)	56	225	515	1,320	2,250

초기 저류용량을 70×10^6 m^3으로 하여 다음 유입수문곡선을 추적하라.

시간(hr)	0	2	4	6	8	10	12	14	16	18
유량(m^3/s)	50	84	193	250	430	1,090	1,610	1,216	775	540

13.11 저수지의 초기저류량을 81.5×10^6 m^3으로 가정하여 문제 13.10을 풀어라.

13.12 초기 저수지수위를 4.35 m, 추적기간 $\Delta t=$ 15분으로 하여 다음 저수지추적을 수행하라.

표고-저류용량-유량

수위(m)	4.35	4.50	4.65	4.80	4.95	5.10	5.25	5.28	5.35	5.40	5.47	5.55	5.70
저류량(m^3)	20	54	115	254	574	1,185	2,185	2,445	3,145	4,550	5,385	8,615	16,610
유량(m^3/s)	0.00	0.44	0.95	1.58	2.12	2.84	3.63	3.80	4.24	4.48	4.85	5.44	6.43

유입수문곡선

시간(h:min)	0:00	0:15	0:30	0:45	1:00	1:15	1:30	1:45	2:00	2:15	2:30	2:45	3:00
유량(m^3/s)	0	0.16	0.24	0.37	0.65	1.22	3.12	6.24	8.36	9.18	9.32	8.87	8.19
	3:15	3:30	3:45	4:00	4:15	4:30	4:45	5:00	5:15	5:30	5:45	6:00	
	7.48	6.78	6.10	5.44	4.79	4.23	3.77	3.41	3.12	2.85	2.61	2.39	

13.13 댐마루의 표고가 115 m, 여수로의 마루표고가 110 m, 유량이 $Q = 1.7(18)H^{1.5}$으로 주어지는 댐의 여유고를 수정Puls방법으로 결정하라. 초기 저수지수위는 여수로의 정부로 가정한다.

표고-저류용량

표고(m)	110	111	112	113	114	115
저류용량(10^2 m^3)	3.00	3.05	3.15	3.35	3.25	4.25

유입수문곡선

시간(hr)	0	1	2	3	4	5	6	7	8	9	10
유량(m^3/s)	0	10	16	33	60	93	115	137	165	148	120
	11	12	13	14	15	16	17	18	19	20	21
	104	80	60	42	32	15	10	7	2	1	0

13.14 문제 13.13에서 여유고를 2.5 m로 하여 여수로의 길이를 결정하라.

13.15 문제 13.13에서 초기 저수지수위가 109 m이다. 수정Puls방법에 의한 추적결과를 문제 13.13 결과와 비교하라.

13.16 문제 13.8을 수정Puls방법으로 추적하라.

13.17 문제 13.9를 수정Puls방법으로 추적하라.

13.18 예제 13.1에서 초기저류량을 0.3×10^6 m^3로 가정하여 저수지추적을 수행하고 예제 13.1의 결과와 비교하라. 여유고가 충분한지 검토하라.

14 하도추적

Applied Hydrology

14.1 서 론

하도추적(河道追跡; stream channel (또는 river) routing)은 고유의 하도특성을 갖는 한 하도구간의 상류에서 유입되는 유입량(또는 유입수문곡선)과 중간에서 유입되는 측방유입량에 대한 하도구간의 하류에서 유출량(또는 유출수문곡선)을 계산하는 과정이다. 하나의 하도구간을 통과하는 홍수파는 하도의 저항과 저류효과에 의하여 홍수파의 첨두는 감쇠되고 지체된다. 추적 계산은 하도의 저류효과가 홍수첨두의 감쇠에 주는 영향의 결정, 홍수벽과 제방의 설계수위의 결정 및 홍수예경보 등에 이용된다. 하도추적을 목적별로 살펴보면 다음과 같다.

(1) **수위** : 대상 지점에 도달하는 홍수파의 최대수위와 수위의 변동(상승과 하강)을 예측하는 것으로 이러한 정보는 하도에 건설되는 구조물의 설계와 홍수예보에 필요하다.
(2) **첨두유량** : 홍수파의 최대유량 예측은 여수로, 교량, 암거 및 수로단면 설계에 필요하다.
(3) **총유량** : 홍수량의 체적은 홍수조절, 조정지(또는 유수지), 관개 및 급수시설의 설계와 조작에 필요하다.
(4) **범람면적** : 최대수위에서 범람되는 지역의 정보(침수위와 침수범위)는 토지이용, 홍수터의 점유와 구조물 관리 및 홍수예경보에 중요하다.
(5) **홍수예보** : 특정 지점의 홍수발생에 대한 경보시간, 범람 또는 침수의 시작시간과 기간 및 위험수위 또는 피해예상수위 도달시간의 예보 등을 포함한다.

하도추적은 하천의 부정류 계산을 지칭하게 된다. 13장에서 언급된 바와 같이 흐름추적과 홍수추적은 동의어로 사용되는데 이는 대부분의 흐름추적의 응용이 홍수해석, 홍수조절, 구조물 설계 또는 홍수예경보에 관한 내용이기 때문이다.

하도추적에는 수문학적 하도추적과 수리학적 하도추적의 두 방법이 있다. 저수지추적의 경우와 같이 수문학적 추적은 저류개념의 연속방정식에 근거하고 수리학적 추적은 질량과 운동량 보전의 원리에 근거한다(13.2 참조). 수리학적 추적기법에는 세 유형이 있다. (1) 운동파, (2) 확산파, (3) 동역학파. 동역학파는 개수로에서 부정류에 대한 가장 완전한 모형이고 운동파와 확산파모형은 동역학파모형의 간단형으로 간단함의 이점을 갖는다.

수문학적 하도추적은 수정Puls방법, Muskingum방법 및 Muskingum–Cunge방법으로 대표되고 수문학 분야의 대부분의 문제에서 만족할 만한 결과를 제공하나 역류가 발생하거나, 합류점이나 삼각주와 같이 복잡한 수로계통 및 배수가 일어나는 경우에는 적합하지 않다. 댐 파괴로 인한 홍수파도 수문학적 추적방법에 의해서는 다루어질 수 없다. 연속방정식과 운동량방정식을 이용하는 수리학적 추적은 위에 언급된 복잡한 흐름의 추적을 가능하게 하나 많은 입력자료, 복잡한 작업, 많은 계산시간을 필요로 한다. 수리학적 추적은 지표류 또는 박류(또는 판상류) 및 복잡한 유역의 유출해석모의 등에 널리 이용된다.

14.2 하도저류량

하도추적에 필요한 자연하천의 저류량은 저수지의 경우와 달리 유출량만의 함수가 아니라 유입량과 유출량에 의하여 결정된다. 그림 14.1a에서 유입량과 유출량의 종거차이는 식 $I-O=\Delta S/\Delta t$에 따라 하도구간의 저류량 변화율을 나타낸다.

유입량이 유출량을 초과하여 하도구간 내 저류량이 증가하면 $\Delta S/\Delta t$는 양수이고, 유출량이 유입량을 초과하여 저류량이 감소하면 $\Delta S/\Delta t$는 음수가 된다. 하도구간의 저류량을 유출량에 대하여 도시하면 고리(loop)모양을 나타낸다. 그림 14.1d에서 주어진 유량에 대한 저류량은 홍수파의 상승단계에서 하강단계에서보다 크게 됨을 알 수 있다.

하도저류량은 태형저류량과 쐐기저류량으로 구성된다. **태형저류량**(台形貯留量; prism storage)은 그림 14.2에서 하상의 평행선 아래 저류량을 일컫고 평행선과 수면 사이의 저류량을 **쐐기저류량**(쐐기貯留量; wedge storage)이라 한다. 홍수파가 하천의 한 구간을 통과할 때, 상승단계 기간에는 구간의 하류 유출량이 증가하기 이전에 상류 유량이 증가하여 상당량의 쐐기저류량이 존재한다. 홍수파의 하강단계 기간에는 구간의 유출량보다 유입량의 감소가 현저하여 쐐기저류량은 실제로 존재하지 않는 음수가 된다. 즉 같은 유량에 대하여 구간 내의 저류량은 하강단계에서보다 상승단계에서 크게 되어 그림 14.1d와 같이 고리모양을 나타낸다.

하도추적은 쐐기저류량을 나타내는 유량-저류량관계를 필요로 한다. 이는 유입량과 유출량의 함수로 결정되며 다음 두 방법에 의하여 산정될 수 있다.

(1) **수면곡선방법**: 추적하도구간을 여러 개의 소구간으로 분할하고 주어진 유량의 수면곡선에 대해 각 소구간의 체적을 계산하여 합을 구한다. 이러한 과정은 각 유량에 대하여 수행된다. 이 방법은 하천의 횡단면 측량과 부정류 수면곡선 계산에 많은 작업을 필요로

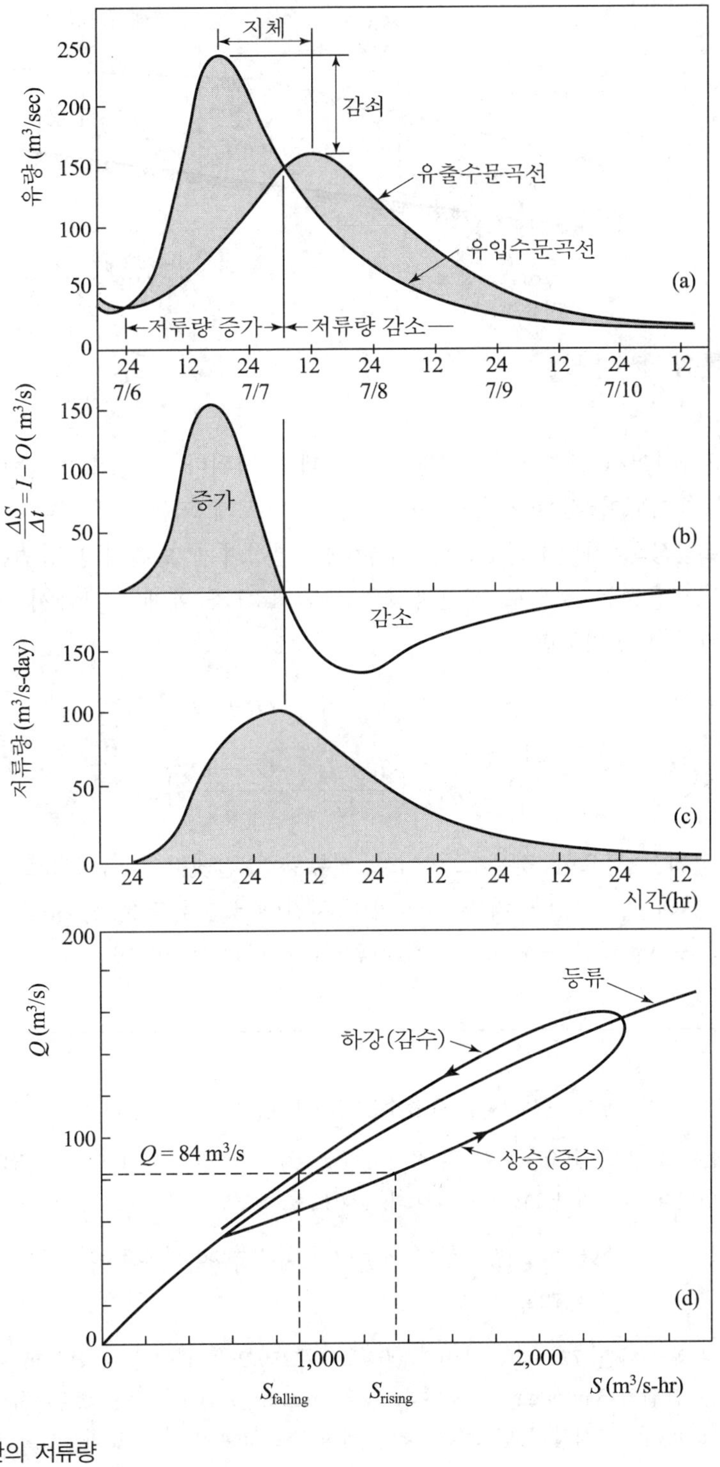

그림 14.1 하도구간의 저류량

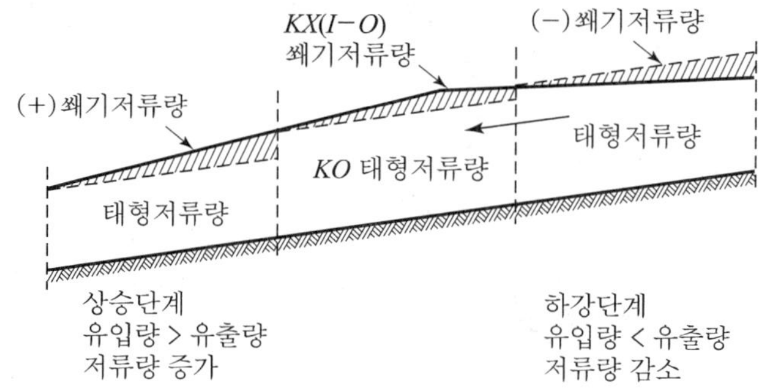

그림 14.2 태형 및 쐐기저류량

하고 고가이어서 다른 방법이 불가능할 때 채택된다. 예를 들면 수로의 변경이나 제방의 축조가 계획되어 건설 전후의 흐름조건이 다르게 되는 경우이다.

(2) **저류연속방정식:** 자연하천구간의 저류량을 결정하는 보편적인 방법은 저류연속방정식(식 13.7)을 이용하는 것으로 계산과정은 그림 14.1과 예제 14.1에서 설명된다. 식 (13.7)을 S_2에 관하여 정리하면

$$S_2 = S_1 + [I_1 + I_2 - (O_1 + O_2)]\Delta t/2$$

$$= S_1 + \left(\frac{I_1 + I_2}{2} - \frac{O_1 + O_2}{2}\right)\Delta t \tag{14.1}$$

추적과정에서 필요한 것은 ΔS이고 저류량의 절댓값이 아니므로 $S = 0$에 대한 기준은 임의로 취해질 수 있다. 따라서 임의의 시간에서 저류량은 $S = 0$을 기준으로 한 시점 이후의 양(+)의 저류량과 음(−)의 저류량(그림 14.1b)의 합을 구하는 것이다.

예제 14.1

표 14.1의 2란과 3란에 주어진 유입, 유출수문곡선에 대한 수로구간의 저류량을 결정하라.

[풀이] 계산과정은 표 14.1에 요약된다. 추적시점인 $t = 6$ hr 에서 $S = 0.0$으로 가정되고 이 값이 4란과 5란의 첫 줄에 기입된다. 추적기간 Δt는 6 hr이다. $t = 12$ hr에 대한 저류량은 $S = 72\ \mathrm{m^3/s\ hr}$(4란)로 계산되고

$$S_2 = S_1 + [I_1 + I_2 - (O_1 + O_2)]\Delta t/2 = 0.0 + (32 + 64 - (32 + 40))(6/2)$$

$$= 72\ \mathrm{m^3/s}\ h$$

이를 $\mathrm{m^3}$ 단위로 환산하면 $72(\mathrm{m^3/s})(\mathrm{h})(3{,}600\ \mathrm{s/h}) = 259{,}200\ \mathrm{m^3}$이다. 4란의 $\mathrm{m^3/s}$-hr단위를 24로 나누면 5란의 $\mathrm{m^3/s}$–day 단위의 3 $\mathrm{m^3/s}$-day를 얻는다. 단위 $\mathrm{m^3/s}$-hr는 1시간 동안 흐른 물의 체적으로 3,600 $\mathrm{m^3}$와 같고, 단위 $\mathrm{m^3/s}$-day는 24시간 동안 흐른 물의 체적으로 86,400 $\mathrm{m^3}$와 같다. 이들 단위는 큰 수치의 체적을 취급할 때 편리하다. 그림 14.1a, b는 이 계산과정을 설명하고 그림 14.1c는 5란의 결과를 도시한 것이다.

표 14.1 하도저류량 계산

시간 (hr)	유입량 (m^3/s)	유출량 (m^3/s)	저류량	
			(m^3/s-hr)	(m^3/s-day)
(1)	(2)	(3)	(4)	(5)
06	32	32	0	0.00
12	64	40	72	3.00
18	180	54	522	21.75
24	240	86	1,362	56.75
06	204	120	2,076	86.50
12	152	144	2,352	98.00
18	114	160	2,238	93.25
24	84	152	1,896	79.00
06	64	128	1,500	62.50
12	50	102	1,152	48.00
18	40	84	924	38.50
24	32	64	696	29.00
06	26	52	522	21.75
12	22	40	390	16.25
18	20	32	300	12.50
24	18	26	240	10.00
06	18	22	204	8.50
12	16	20	180	7.50
18	16	20	158	6.50

14.3 Muskingum방법

Muskingum방법은 1938년 미국 Ohio 주의 Muskingum 강 유역의 홍수방어수단의 설계를 위하여 개발된 이래 가장 보편적으로 사용되는 수문학적 하도추적방법이다. 하도의 저류량은 일반적으로 유입량과 유출량의 함수이다. Muskingum방법에서 저류량은 유입량과 유출량의 선형함수($S=KQ$)이고 쐐기저류량과 태형저류량의 합으로 주어진다. 태형저류량은 KO이고 쐐기저류량은 $KX(I-O)$이다. 따라서 총 저류량은 두 성분의 합이다.

$$S=KO+KX(I-O)$$

또는

$$S=K[XI+(1-X)O] \tag{14.2}$$

여기서 S는 저류량, I는 유입량, O는 유출량, K와 X는 추적매개변수이고, X는 $0 \le X \le 0.5$ 범위의 유입량과 유출량에 대한 가중인자이다. 유입량과 유출량의 단위가 m^3/s이고 K의 단위가 hr이면 저류량 S의 단위는 m^3/s-hr로 m^3/s-h $=3,600\ m^3$이다. K가 sec 단위이면 저류량의 단위는 m^3이다. 식 (14.2)은 본질적으로 선형저수지 개념의 일반화이며 선형저수지추적은 Muskingum하도추적에서 $X=0$인 특수한 경우이다. 홍수파의 모양이 변하지 않고 운동파전파속도로 전파되는 선형운동파와 달리 Muskingum홍수파는 전이와 변형(감쇠)을 포함한다.

시간 1, 2에서 저류량은 각각

$$S_1 = K[XI_1 + (1-X)O_1] \tag{14.3}$$

$$S_2 = K[XI_2 + (1-X)O_2] \tag{14.4}$$

저류량의 변화에 대한 식 (13.7)을 다시 쓰면

$$S_2 - S_1 = \frac{I_1 + I_2}{2}\Delta t - \frac{O_1 + O_2}{2}\Delta t \tag{14.5}$$

식 (14.3), (14.4)를 식 (14.5)에 대입하고 O_2에 관하여 정리하면

$$O_2 = C_o I_2 + C_1 I_1 + C_2 O_1 \tag{14.6}$$

$$C_o = \frac{-KX + 0.5\Delta t}{D_o}, \quad C_1 = \frac{KX + 0.5\Delta t}{D_o}$$

$$C_2 = \frac{K - KX - 0.5\Delta t}{D_o} \tag{14.7}$$

$$D_o = K - KX + 0.5\Delta t \tag{14.8}$$

유입수문곡선, 초기조건, 추적기간 Δt, 추적매개변수 K, X가 주어지면 추적계수는 식 (14.7~8)에서 계산되고 유출수문곡선은 식 (14.6)으로 계산된다.

추적매개변수(追跡媒介變數; routing parameter) K, X, Δt, Δx

추적매개변수 K: K는 하도구간에 대한 홍수파의 유하시간으로 해석되고 추적의 전이부분을 담당한다. K는 하도구간의 길이와 유량의 크기(홍수파 속도)의 함수이고 시간의 차원을 갖는다.

추적매개변수 X: X는 단순히 유입량과 유출량의 상대적인 영향을 나타내는 가중인자(加重因子; weighting factor)이다. 저수지수위가 하류에 있는 여수로만에 의하여 조절되는 수평수면의 저수지를 통과하는 순수저류작용의 경우 저류량 S는 유입유량의 영향을 받지 않는다. 따라서 $X=0$이다. 한편 수로에 평행한 수면을 갖는 균일사각형수로에서는 상하류 단면에서의 유량이 저류량 S에 미치는 영향이 같아 두 단면에 동일한 가중치 $X=0.5$가 부여된다. 쐐기저류량은 구간의 상하류 단면에 따라서 달라진다. 따라서 X는 쐐기저류량의 모양에 따라 다르게 된다. 하도저류량의 영향은 첨두유량을 감소시키고 수문곡선의 기저시간을 길게 하는 점에서 X는 확산이나 첨두의 감쇠와 같은 의미로 사용되고 유량과 흐름의 확산을 유발하는 하도특성의 함수이다.

$X=0$에서 쐐기저류량은 존재하지 않고 따라서 배수도 존재하지 않는다. 이는 수평수면을 갖는 저수지의 경우로 저류만을 반영한다(그림 14.4). 이 경우 식 (14.2)는 선형저수지인 $S=KO$가 된다. 즉 $X=0$에서 Muskingum추적은 선형저수지추적으로 변환된다. $X=0.5$는 유입량과 유출량에 동등한 가중치를 부여하여 홍수파는 단순히 이동(전이)만을 하게 된다. 0.5

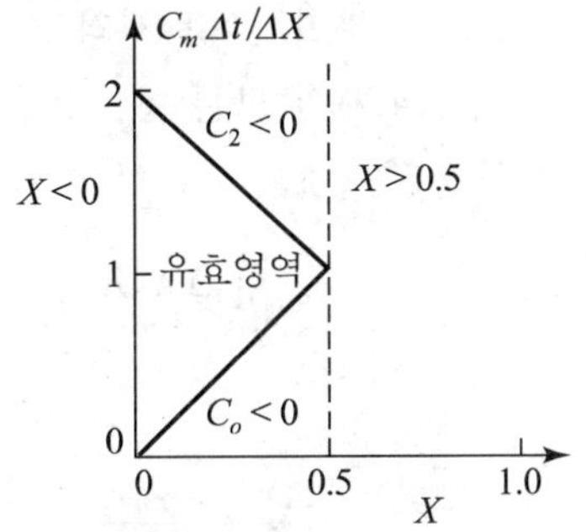

그림 14.3 식 14.6의 유효영역: 굵은 선의 삼각형은 Muskingum추적식의 유효영역으로 $0 \le X \le 0.5$와 C_o, C_1 및 C_2가 양수인 조건을 나타낸다(Miller와 Cunge, 1975).

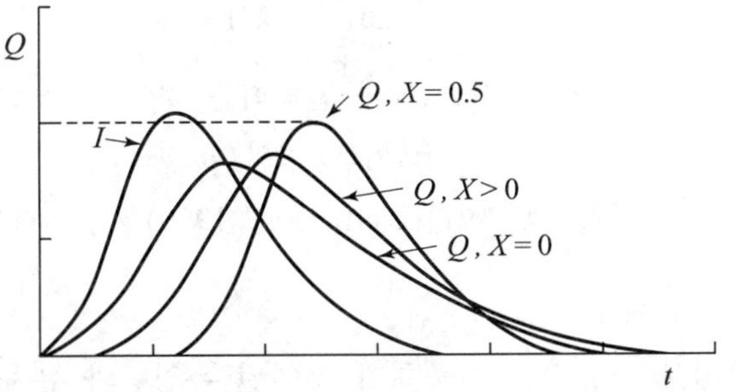

그림 14.4 하도추적에서 전이와 저류과정, $X = 0.5$는 단순전이, $X > 0$은 전이와 저류, $X = 0$은 단순저류인 유출수문곡선을 나타낸다.

보다 큰 $X > 0.5$는 수문곡선의 증폭(음의 확산)을 유발하여 실제와 부합되지 않는다. $K = \Delta t$, $X = 0.5$이면 유출수문곡선은 유입수문곡선과 같은 모양을 유지하고 K에 해당하는 시간만큼 하류로 이동한다. 자연하천에서 X는 0.0~0.3의 범위에 있고 평균 0.2 정도이다. 추적결과는 X값에 민감하지 않으므로 X값 결정에 높은 정확도가 꼭 필요하지는 않다. 이와 같은 제약조건에 따른 X의 범위는 그림 14.3과 같다.

$$0 \le X \le 0.5 \tag{14.9}$$

추적매개변수 Δt: 시간단계 Δt는 홍수파의 시간적인 거동의 충분한 해석능이 가능하도록 유입홍수파의 기저시간보다 작아야 한다.

$$\Delta t \le \alpha t_P \tag{14.10}$$

여기서 t_P는 유입수문곡선에서 첨두시간이고 α값에는 4~5범위에서 5가 권장된다(Jones, 1981). 초기에는 음수의 유출량이 발생하기도 하므로 이를 방지하기 위해서는

$$\Delta t \ge 2KX \tag{14.11}$$

추적매개변수 Δx: 추적하도구간이 분할된 몇 개의 소구간(Δx)에 대한 추적이 권장된다. 음수의 유출을 피하기 위해서는 식 (14.7)의 모든 계수는 양수이어야 한다. 이들 제약조건을 만족하는 Muskingum파의 전파속도 c_m은

$$c_m = \Delta x / K \tag{14.12}$$

식 (14.11)과 식 (14.12)로부터

$$\frac{\Delta x}{\Delta t} \le \frac{c_m}{2X} \tag{14.13}$$

또는 식 (14.7) C_2와 식 (14.12)로부터

$$\frac{\Delta x}{\Delta t} \ge \frac{c_m}{2(1-X)} \tag{14.14}$$

그러나 경우에 따라서는 이들 조건들을 다 만족하는 것이 불가능한 경우도 발생하나 결과에 미치는 영향은 작은 것으로 알려진다. 또한 $\Delta x \le t_P c_m / 2X$가 만족되면 음수유출량은 크기가 작고 지속시간이 짧아 무시할 정도이다(Laurenson, 1979).

추적매개변수 K, X의 결정

Muskingum방법에서 저류량은 가중치가 부여된 유입량과 유출량의 단일치 함수임을 가정하는 것이다. 따라서 식 (14.2)에서 저류량 S는 $XI+(1-X)O$의 선형함수이므로 X의 바른값이 사용되는 경우 S를 $XI+(1-X)O$에 대해 도시하면 직선이 되고 기울기는 K를 제공한다. 하도구간에 주어지는 유입, 유출수문곡선으로부터 K와 X를 결정하는 과정은 다음과 같다.

(1) 식 (14.2)에 따라 종축에 S를, 횡축에는 몇 개의 선정된 X에 대한 $XI+(1-X)O$를 도시하면 일반적으로 고리형태를 나타낸다. 이 중에서 직선에 가장 가까운 고리형태를 제공하는 X가 주어진 하도구간에 대한 적절한 X값이 된다. 저류상수 K는 식 (14.2)에 따라 직선의 기울기로 주어진다(그림 14.5b).

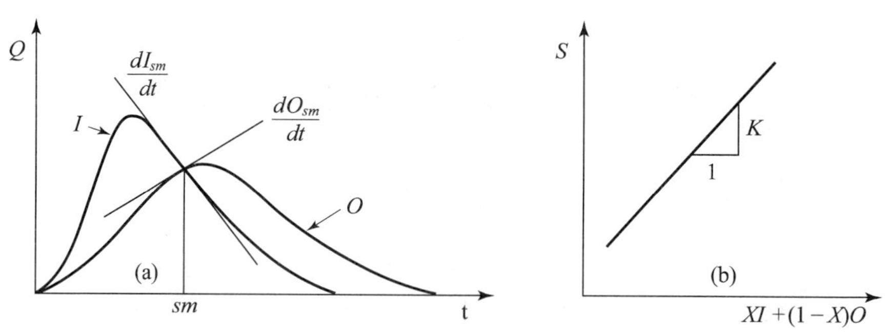

그림 14.5 Muskingum추적방법의 가중인자 X(a)와 K(b)의 결정

(2) 유입수문곡선과 유출수문곡선이 교차하는 시간(그림 14.5a에서 $t = sm$)에서 저류량이 최대이므로 $dS/dt = 0$이다. 따라서 $S = XI + (1 - X)O$를 시간에 관하여 미분하여 영으로 놓으면

$$X\left(\frac{dI}{dt}\right)_{sm} = -(1-X)\left(\frac{dO}{dt}\right)_{sm} \tag{14.15}$$

식 (14.15)를 만족하는 X는 추적매개변수 X를 제공한다. 식 (14.15)의 dI/dt와 dO/dt는 그림 14.5a의 $t = sm$에서 각 수문곡선의 기울기로 주어진다.

(3) K는 홍수파가 하도구간을 유하하는 데 요하는 시간이므로 관측된 첨두유량의 유하시간으로부터 결정될 수 있다. 관측된 수문곡선이 없는 경우에는 후술되는 Muskingum–Cunge방법을 이용해서 K, X를 결정할 수 있다.

(4) **최소자승법에 의한 매개변수 결정:** $y = O_2 - O_1$, $x_1 = I_2 - O_1$, $x_2 = I_1 - O_1$을 정의하고 이들을 O_2, I_2, I_1에 관하여 정리하여 식 (14.6)에 대입하여 다음 표현을 얻는다.

$$y = C_o x_1 + C_1 x_2 \tag{14.16}$$

y, x_1, x_2는 유입, 유출수문곡선의 자료로부터 주어지고 y는 x_1, x_2의 선형회귀식이다. 식 (14.16)의 계수 C_o, C_1을 계산하기 위하여 식 (14.16)에 최소자승법을 적용한다 (Brutsaert, 2005).

$$C_o = \frac{\sum y x_1 \sum x_2^2 - \sum y x_2 \sum x_1 x_2}{\sum x_1^2 \sum x_2^2 - \left(\sum x_1 x_2\right)^2}$$

$$C_1 = \frac{\sum y x_2 \sum x_1^2 - \sum y x_1 \sum x_1 x_2}{\sum x_1^2 \sum x_2^2 - \left(\sum x_1 x_2\right)^2} \tag{14.17}$$

식 (14.17)에서 합은 주어진 모든 자료에 대해서 수행된다. C_o, C_1이 구해지면 C_2는 $C_2 = 1 - C_o - C_1$으로부터 구해진다. 추적은 이들 계수를 식 (14.6)에 적용하여 계산된다. Muskingum 추적매개변수 K, X는 식 (14.7)의 역에 의하여 계산된다. 즉

$$K = (C_1 + C_2)/(C_o + C_1) \tag{14.18}$$
$$X = 1/2(C_1 - C_o)/(C_1 + C_2)$$

Muskingum추적에서는 수위와 유량의 단일치관계가 가정된다. 즉 하나의 수위에는 단 하나의 유량만 존재한다. 유하시간은 유량에 따라 변하나 단일 유하시간이 적용된다. 하도경사가 완만–급경사 범위의 하도에서 상승부가 완만한 수문곡선에 한해서 적용된다. 댐 붕괴로 인하여 급격히 상승하는 수문곡선과 합류, 구조물 및 조석에 의하여 배수영향을 받는 하도구간에는 적용되지 않는다. 추적 소구간 수는 $K/\Delta x$로 정해질 수 있다.

예제 14.2

표 14.2의 2, 3란에 주어진 유입 및 유출수문곡선에 대한 Muskingum 추적매개변수 X와 K를 구하라.

[풀이] $X=0.15$의 경우

$t=0$ hr: 저류량은 $S=0.0$ (초기저류량을 영으로 가정)

가중유량 (식 14.2)은 $XI+(1-X)O=0.15\times1.0+(1-0.15)\times1.0=1.0\ \mathrm{m^3/s}$

$t=1$ hr: 저류량(식 14.1)은 $S=0.0+[(1.0+2.0)/2-(1.0+0.89)/2]\times3{,}600=2{,}000\ \mathrm{m^3}$

가중유량은 $XI+(1-X)O=0.15\times2.0+(1-0.15)\times0.89=1.06\ \mathrm{m^3/s}$

나머지 부분에 대한 계산은 표 14.2에 주어진다.

표 14.2의 $X=0.15$, 0.2 및 0.25에 대한 $XI+(1-X)O$와 S값이 그림 14.6에 도시되었다. 이로부터 $XI+(1-X)O$와 S의 선형관계를 가장 잘 나타내는 $X=0.2$가 적정치로 취해진다. 따라서 K값은 $X=0.2$의 $t=0\sim4$ hr 사이의 값을 이용해서 계산된다. 표 14.2에서 $t=0$과 4 hr에 대한 $XI+(1-X)O$는 각각 1.0, 2.09 m^3/s이고 S는 각각 0.0과 19,568 m^{3}이다. 따라서 K는 기울기 = 4.99 hr로 주어진다. K는 그림 14.6에 적합된 직선의 기울기로도 구해진다.

$$K=\frac{S}{XI+(1-X)O}$$

$$=\frac{19{,}568-0.0}{2.09-1.0}=17{,}952\ \mathrm{s}$$

$$=4.99\ \mathrm{hr}$$

표 14.2 Muskingum추적방법의 매개변수 결정

t	I	O	S	$X=0.15$	$X=0.2$	$X=0.25$
				$XI+(1-X)O$		
hr (1)	m^3/s (2)	m^3/s (3)	m^3 (4)	m^3/s (5)	m^3/s (6)	m^3/s (7)
0	1.00	1.00	0	1.00	1.00	1.00
1	2.00	0.89	2,000	1.06	1.11	1.17
2	4.00	0.91	9,560	1.37	1.53	1.68
3	3.00	1.71	17,444	1.90	1.97	2.03
4	2.00	2.11	19,568	2.09	2.09	2.08
5	1.50	2.14	18,218	2.04	2.01	1.98
6	1.00	2.05	15,176	1.89	1.84	1.76
7	1.00	1.82	11,810	1.70	1.66	1.62
8	1.00	1.64	9,182	1.54	1.51	1.48
9	1.00	1.50	7,130	1.43	1.40	1.38
10	1.00	1.35	5,600	1.30	1.24	1.26
11	1.00	1.20	4,610	1.17	1.16	1.15

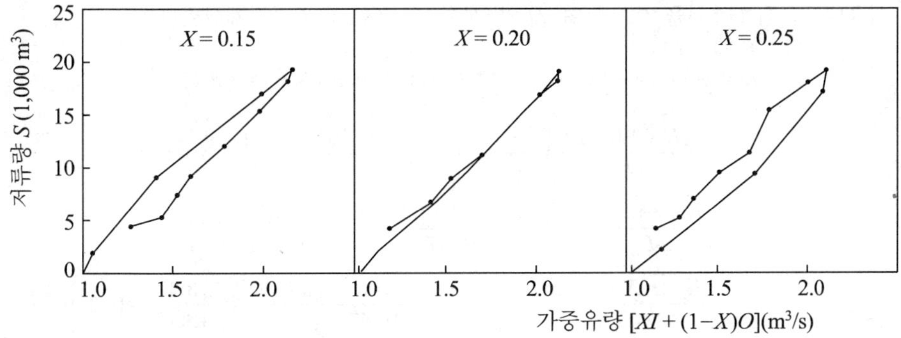

그림 14.6 Muskingum추적방법의 매개변수의 결정

예제 14.3

표 14.3의 2란에 유입수문곡선이 주어지고 기저유출은 50 m^3/s이다. K= 18.3 hr, X= 0.1 및 Δt= 6 hr에 대하여 유입수문곡선을 Muskingum방법으로 추적하여 유출수문곡선을 계산하라.

표 14.3 Muskingum방법에 의한 하도추적

	시간 (hr) (1)	유입량, I (m^3/s) (2)	$0.06I_2$ (m^3/s) (3)	$0.248I_1$ (m^3/s) (4)	$0.692O_1$ (m^3/s) (5)	유출량, O (m^3/s) (6)
16	09	50	–	–	–	50.00
	15	100	6.00	12.40	34.60	53.00
	21	200	12.00	24.80	36.70	73.50
17	03	290	17.40	49.60	50.86	117.86
	09	348	20.88	71.92	81.56	174.36
	15	360	21.60	86.30	120.66	228.56
	21	345	20.70	89.28	158.16	268.14
18	03	307	18.42	85.56	200.35	289.53
	09	270	16.20	76.14	185.55	292.69
	15	228	13.68	66.96	202.54	283.18
	21	192	11.52	56.54	195.96	264.02
19	03	156	9.36	47.62	182.70	239.68
	09	132	7.92	38.69	165.86	212.47
	15	110	6.60	32.74	147.03	186.37
	21	96	5.76	27.28	128.97	162.01
20	03	84	5.04	23.81	112.11	140.96
	09	74	4.44	20.83	97.54	122.81
	15	65	3.90	18.35	84.98	107.23
	21	60	3.60	16.12	74.20	93.92
21	03	57	3.42	14.88	64.99	83.29
	09	55	3.30	14.14	57.64	75.08
	15	50	3.00	13.64	51.96	68.60

[풀이] 식 (14.8), 식 (14.7)을 이용하여 D_o와 계수 C_o, C_1 및 C_2를 계산한다.

$$D_o = K - KX + 0.5\Delta t = 18.3 - 18.3(0.1) + 0.5(6) = 19.47$$

$$C_o = \frac{-KX + 0.5\Delta t}{D_o} = \frac{-18.3(0.1) + 0.5(6)}{19.47} = \frac{1.17}{19.47} = 0.06$$

$$C_1 = \frac{KX + 0.5\Delta t}{D_o} = \frac{18.3(0.1) + 0.5(6)}{19.47} = \frac{4.83}{19.47} = 0.248$$

$$C_2 = \frac{K - KX - 0.5\Delta t}{D_o} = \frac{18.3 - 18.3(0.1) - 0.5(6)}{19.47} = \frac{13.47}{19.47} = 0.692$$

계수 C_o, C_1 및 C_2의 합이 1.0이 되는지 검토한다.

$$C_o + C_1 + C_2 = 0.06 + 0.248 + 0.692 = 1.000$$

초기조건은 $I_1 = O_1 = 50\ \text{m}^3/\text{s}$ 이다. 첫째 시간구간에서 유출량 O_2는 초기치 $I_1 = O_1 = 50\ \text{m}^3/\text{s}$ 와 표 14.3의 $I_2 = 100\ \text{m}^3/\text{s}$ 를 식 (14.6)에 대입하여 구한다.

$$\begin{aligned} O_2 &= C_o I_2 + C_1 I_1 + C_2 O_1 = 0.06 I_2 + 0.248 I_1 + 0.692 O_1 \\ &= 0.06(100) + 0.248(50) + 0.692(50) \\ &= 6.0 + 12.4 + 34.6 = 53\ \text{m}^3/\text{s} \end{aligned}$$

다음 시간구간의 계산은 같은 내용의 반복이다. 계산된 유출수문곡선은 유입수문곡선과 같이 그림 14.7에 도시된 바와 같고 유출수문곡선의 첨두는 유입첨두보다 18.3 hr 지체됨을 알 수 있는데 이는 문제에 주어진 유하시간과 일치한다.

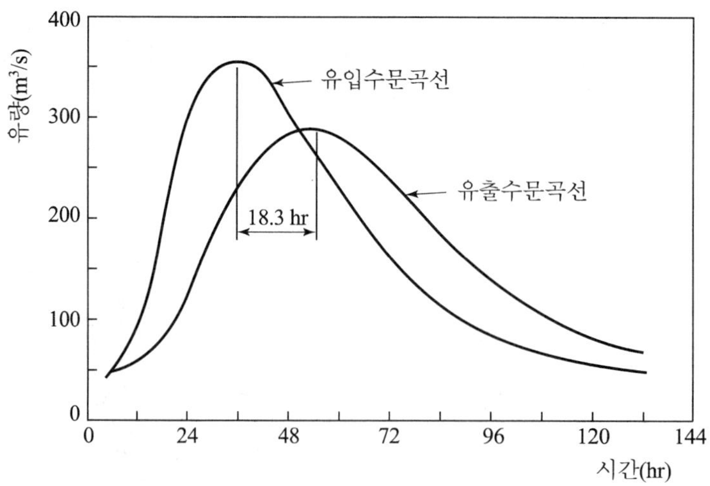

그림 14.7 Muskingum방법에 의한 하도추적(예제 14.3)

14.4 Saint-Venant 식

Saint-Venant식은 연속방정식과 운동방정식으로 구성되고 1차원 비정상변화류의 흐름을 기술한다. Saint-Venant식의 유도는 다음 가정을 전제로 한다. (1) 흐름은 일방향이고 유속은 흐름단면적에 걸쳐 균일하다. (2) 수압은 정수압이다. (3) 바닥의 경사는 작다. (4) 전단에 의한 마찰손실의 계산에 마닝공식이 사용된다. (5) 유체는 무수축, 일정한 밀도의 유체이다.

연속방정식

연속방정식의 근거가 되는 질량보존, 즉 부정류의 질량보존원리는 Reynold수송이론으로부터 유도된다.

$$0 = \frac{d}{dt}\int_{CV} \rho \, d\forall + \int_{CS} \rho \boldsymbol{V} \cdot d\boldsymbol{A} \tag{14.19}$$

여기서 $\forall$는 **검사체적**(檢査體積; control volume, CV)의 체적, A는 검사체적의 경계면인 **검사경계면**(檢査境界面; control surface, CS), V는 유속, ρ는 유체밀도 및 t는 시간이다. 식 (14.19)는 검사체적 내의 질량증가율과 검사경계면을 통한 질량의 순 유출률의 합이 영임을 나타낸다. 즉 유출량에서 유입량을 뺀 값이 저류량의 변화율과 같음을 의미한다. 강우량이나 측방유입량을 갖는 하도구간에 이 개념을 적용하기 위하여 그림 14.8과 같이 하도구간 Δx 인 검사체적을 생각한다. 검사체적에 유입량은 상류단에서 유입되는 유량 Q와 수로의 측벽에 분포되어 있는 **측방유입량**(側方流入量; lateral inflow) q의 합이다. q의 차원은 수로의 단위길이당 유량이므로 $m^3/s/m$이고 측방유입량은 $q\,dx$ 이다. 따라서

$$질량유입률 = \int_{\substack{CS \\ IN}} \rho \boldsymbol{V} \cdot d\boldsymbol{A} = -\rho(Q + q\,dx) \tag{14.20}$$

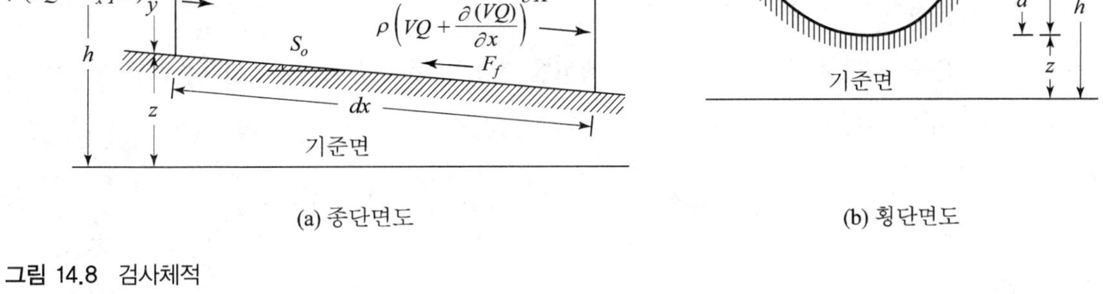

그림 14.8 검사체적

여기서 (−)기호는 $\boldsymbol{V}\cdot dA = \boldsymbol{V}\cdot n dA$에서 n을 외향법선으로 규정할 때 $\boldsymbol{V}$와 n의 방향이 서로 반대이기 때문이다.

검사체적으로부터 질량유출률은

$$\text{질량유출률} = \int_{\substack{CS\\OUT}} \rho \boldsymbol{V}\cdot d\boldsymbol{A} = \rho\left(Q + \frac{\partial Q}{\partial x}dx\right) \tag{14.21}$$

검사체적의 체적은 $A dx$이고 A는 흐름단면적이다. 검사체적 내 저류된 질량의 변화율은

$$\text{질량변화율} = \frac{d}{dt}\int_{CV} \rho d\forall = \frac{\partial(\rho A dx)}{\partial t} \tag{14.22}$$

순 유출률은 (유출량 − 유입량)이고 식 (14.19)는 순 유출률이 질량변화율과 같음을 의미하므로 식 (14.20), (14.21) 및 (14.22)를 식 (14.19)에 대입하면

$$\frac{\partial(\rho A dx)}{\partial t} - \rho(Q + q dx) + \rho\left(Q + \frac{\partial Q}{\partial x}dx\right) = 0 \tag{14.23}$$

밀도 ρ가 상수이면 식 (14.23)의 양변을 ρdx로 나누어 **보전형 연속방정식**(保全形連續方程式; conservative form of continuity equation)을 얻는다.

$$\frac{\partial A}{\partial t} + \frac{\partial Q}{\partial x} = q \tag{14.24}$$

식 (14.24)는 균일수로와 비균일수로에 다 같이 적용된다. **균일수로**(均一水路; prismatic channel)는 단면적과 경사가 일정한 수로이다.

측방유입량을 무시하고 유량 Q를 유속의 항 $V = Q/A$로 나타내고 식 (14.24)를 수로의 단위폭에 대한 표현으로 바꾸면

$$\frac{\partial y}{\partial t} + \frac{\partial}{\partial x}(Vy) = 0 \tag{14.25}$$

식 (14.35)를 **비보전형 연속방정식**(非保全形連續方程式; non−conservative form of continuity equation)이라 한다.

운동량방정식

운동량보전은

[운동량의 순 유출률] + [검사체적에 저장된 운동량의 변화율] = [외력의 합]

이 됨을 기술한다. 따라서 뉴턴의 제2법칙에 따라

$$\Sigma F = \frac{d}{dt}\int_{CV} \boldsymbol{V}\rho d\forall + \int_{CS} \boldsymbol{V}\rho \boldsymbol{V}\cdot d\boldsymbol{A} \tag{14.26}$$

검사체적에 작용하는 외력은 다음과 같다.

$$\sum F = F_g + F_f + F_p \tag{14.27}$$

여기서 F_g는 물의 무게에 의한 중력, F_f는 바닥과 측벽에 작용하는 마찰력, F_p는 압력이다.

중력. 검사체적 내 유체의 체적은 $A\,dx$이고 무게는 $\rho g A\,dx$이다. 수로바닥의 경사가 작으면 $\sin\theta \cong \tan\theta = S_o$이므로 중력은

$$F_g = \rho g A\,dx \sin\theta \approx \rho g A S_o\,dx \tag{14.28}$$

마찰력. 검사체적의 바닥과 벽면에 작용하는 전단응력에 의한 마찰력은 $-\tau_o P\,dx$이다. 여기서 τ_o는 바닥전단응력, P는 윤변이다. $\tau_o = \gamma R S_f = \rho g (A/P) S_f$를 고려하면 마찰력은

$$F_f = -\rho g A S_f\,dx \tag{14.29}$$

여기서 S_f는 **마찰경사**(摩擦傾斜; friction slope)로 마닝공식으로부터 결정된다.

압력. 압력은 검사체적의 상류단면에 작용하는 압력 F_{pu}와 하류단면에 작용하는 압력 $F_{pd} = F_{pu} + \dfrac{\partial F_{pu}}{\partial x} dx$, 제방에 의하여 작용하는 압력 F_{pb}의 합력이다.

$$\begin{aligned} F_p &= F_{pu} - F_{pd} + F_{pb} = F_{pu} - \left(F_{pu} + \frac{\partial F_{pu}}{\partial x} dx\right) + F_{pb} \\ &= -\frac{\partial F_{pu}}{\partial x} dx + F_{pb} \end{aligned} \tag{14.30}$$

그림 14.8에서 면적 $b\,dd$인 요소에 작용하는 수압은 수심이 $(y-d)$이므로 $\rho g (y-d) b\,dd$이다. 따라서 상류 흐름단면에 작용하는 수압 F_{pu}는

$$F_{pu} = \int_0^y \rho g (y-d) b\,dd \tag{14.31}$$

식 (14.30)의 $\dfrac{\partial F_{pu}}{\partial x}$는 Leibnitz법칙*에 따라

$$\begin{aligned} \frac{\partial F_{pu}}{\partial x} &= \int_0^y \rho g \frac{\partial y}{\partial x} b\,dd + \int_0^y \rho g (y-d) \frac{\partial b}{\partial x} dd \\ &= \rho g A \frac{\partial y}{\partial x} + \int_0^y \rho g (y-d) \frac{\partial b}{\partial x} dd \end{aligned} \tag{14.32}$$

여기서 $A = \displaystyle\int_0^y b\,dd$이다. 벽면에 의한 힘은 요소 dx를 통하여 수로폭의 변화율 $\dfrac{\partial b}{\partial x}$에 관계된다.

---

* $\dfrac{d}{dx}\displaystyle\int_{a(x)}^{b(x)} f(x,y)dy = \int_{a(x)}^{b(x)} \frac{\partial f(x,y)}{\partial x} dy + f(x,b(x))\frac{db(x)}{dx} - f(x,a(x))\frac{da(x)}{dx}$

$$F_{pb} = \left[\int_0^y \rho g(y-d)\frac{\partial b}{\partial x}dd\right]dx \tag{14.33}$$

식 (14.32)와 (14.33)을 식 (14.30)에 대입하면 압력은

$$F_p = -\rho g A \frac{\partial y}{\partial x} dx \tag{14.34}$$

식 (14.27)의 외력의 합은 식 (14.28), (14.29) 및 (14.34)를 식 (14.27)에 대입하여 얻어진다.

$$\sum F = \rho g A S_o dx - \rho g A S_x dx - \rho g A \frac{\partial y}{\partial x} dx \tag{14.35}$$

운동량 순유출. 검사체적에 대한 질량유입률이 $-\rho(Q+qdx)$(식 14.20)이므로 운동량 유입률은 식 (14.20)의 좌변과 우변의 질량유입률에 각각의 유속을 곱하여 계산된다.

$$\int_{IN} \boldsymbol{V}\rho \boldsymbol{V}\cdot d\boldsymbol{A} = -\rho(\beta VQ + \beta v_x q dx) \tag{14.36}$$

여기서 βVQ는 수로의 상류단에서 유입되는 운동량이고 $\rho v_x qdx$는 수로에 측방유입량의 운동량이다. v_x는 측방유입량의 수로방향 유속성분이다. 단면의 운동량보정계수 β는 다음과 같이 정의된다.

$$\beta = \frac{1}{V^2 A}\int\int v^2 dA \tag{14.37}$$

검사체적에서 유출되는 운동량은

$$\int_{OUT} \boldsymbol{V}\rho \boldsymbol{V}\cdot d\boldsymbol{A} = \rho\left[\beta VQ + \frac{\partial(\beta VQ)}{\partial x}dx\right] \tag{14.38}$$

검사경계면을 통한 운동량의 순유출은 식 (14.36)과 (14.38)로부터

$$\int_{CS} \boldsymbol{V}\rho \boldsymbol{V}\cdot d\boldsymbol{A} = -\rho(\beta VQ + \beta v_x q dx) + \rho\left[\beta VQ + \frac{\partial(\beta VQ)}{\partial x}dx\right] \tag{14.39}$$

$$= -\rho\left(\beta v_x q - \frac{\partial(\beta VQ)}{\partial x}\right)dx$$

운동량 변화율. 검사체적의 체적이 Adx이고 이에 대한 운동량은 $\rho A dx V$ 또는 $\rho Q dx$이므로 검사체적에 저장된 운동량의 변화율은

$$\frac{\partial}{\partial t}\int_{CV} \boldsymbol{V}\rho d\forall = \rho\frac{\partial Q}{\partial t}dx \tag{14.40}$$

따라서 운동량방정식은 식 (14.35), (14.39) 및 (14.40)을 식 (14.26)에 대입하여 얻어진다.

$$\rho g A S_o dx - \rho g A S_f dx - \rho g A \frac{\partial y}{\partial x} dx \qquad (14.41)$$
$$= -\rho\left[\beta v_x q - \frac{\partial(\beta V Q)}{\partial x}\right] dx + \rho \frac{\partial Q}{\partial t} dx$$

양변을 ρdx 로 나누고 V를 Q/A 로 대치하면 **보전형 운동량방정식**(保全形運動量方程式; conservative form of momentum equation)을 얻는다.

$$\frac{\partial Q}{\partial t} + \frac{\partial(\beta Q^2/A)}{\partial x} + gA\left(\frac{\partial y}{\partial x} - S_o + S_f\right) - \beta q v_x = 0 \qquad (14.42)$$

측방유입량을 무시한 흐름의 단위폭에 대한 **비보전형 운동량방정식**(非保全形運動量方程式; non-conservative form of momentum equation)은

$$\frac{\partial V}{\partial t} + V\frac{\partial V}{\partial x} + g\left(\frac{\partial y}{\partial x} - S_o + S_f\right) = 0 \qquad (14.43)$$

단면변화와 풍속을 포함한 운동량방정식

단면의 확대와 수축. 수로의 단면 급확대와 수축은 와(eddy)운동을 통하여 에너지손실을 유발한다. 이러한 손실은 관수로의 급확대와 수축의 경우와 유사하다. 와운동에 의한 손실수두 h_e 는 수로구간의 속도수두변화 $\frac{V^2}{2g} = \frac{(Q/A)^2}{2g}$ 의 함수이다.

$$h_e = K_e \frac{(Q/A)^2}{2g} \qquad (14.44)$$

여기서 K_e 는 무차원 확대 또는 수축 손실계수이다. 와손실경사 S_e 는 $S_e = dh_e/dx$ 로부터

$$S_e = \frac{K_e}{2g}\frac{\partial(Q/A)^2}{\partial x} \qquad (14.45)$$

따라서 와손실을 야기하는 항력 F_e 는

$$F_e = -\rho g A S_e dx \qquad (14.46)$$

식 (14.46)의 적용에서 수로확대에는 (−), 수로수축에는 (+)부호가 추가로 적용된다.

바람전단. 바람에 의한 전단력 F_w 는 수면에 대한 바람의 마찰저항에 의하여 발생한다.

$$F_w = \tau_w B dx \qquad (14.47)$$

여기서 B는 수로폭, Bdx 는 구간 dx 의 수면적, τ_w 는 수면 상의 바람전단응력이고 다음과 같이 주어진다.

$$\tau_w = \frac{-\rho C_f |V_r| V_r}{2} \qquad (14.48)$$

여기서 V_r은 자유수면경계에 대한 바람의 상대속도이고 V_r^2 대신 $|V_r|V_r$의 사용은 τ_w가 V_r의 반대방향에서 작용하기 때문이다. C_f는 전단응력계수이다. 바람의 속도 V_w는 하도흐름의 유속 Q/A와 ω의 각도를 가지므로 상대속도 V_r은

$$V_r = \frac{Q}{A} - V_w \cos\omega \tag{14.49}$$

식 (14.48), (14.49)를 고려하면 바람전단력은

$$F_w = -\rho C_f |V_r| V_r B\, dx/2 = -\rho W_f B dx \tag{14.50}$$

여기서 W_f는 바람전단인자로 $W_f = C_f|V_r|V_r/2$이다.

확대/수축(식 14.46)과 바람전단(식 14.50)을 고려한 운동량방정식은

$$\frac{\partial Q}{\partial t} + \frac{\partial(\beta Q^2/A)}{\partial x} + gA\left(\frac{\partial y}{\partial x} - S_o + S_f + S_e\right) - \beta q V_x + W_f B = 0 \tag{14.51}$$

식 (14.51)의 수심 y는 그림 14.5에 보인 바와 같이 수면표고 h로 대치된다.

$$h = y + z \tag{14.52}$$

여기서 z는 기준면에서 하상의 표고이다. 식 (14.52)를 x에 관하여 미분을 취하고 $\partial z/\partial x = -S_o$를 고려하면

$$\frac{\partial h}{\partial x} = \frac{\partial y}{\partial x} - S_o \tag{14.53}$$

식 (14.53)을 적용하면 식 (14.51)은 h의 항으로 표현된다.

$$\frac{\partial Q}{\partial t} + \frac{\partial(\beta Q^2/A)}{\partial x} + gA\left(\frac{\partial h}{\partial x} + S_f + S_e\right) - \beta q V_x + W_f B = 0 \tag{14.54}$$

14.5 수리학적 추적모형의 분류

부정류에 작용하는 중요한 힘은 관성력, 압력, 중력 및 마찰력이다. 부정류의 운동방정식은 이들의 항으로 구성되고 표 14.4의 각 항의 물리적인 의미는 다음과 같다. **국부가속**(局部加速; local acceleration)항은 시간에 대한 유속변화에 의한 운동량의 변화를 설명하고, **이송가속**(移送加速; advective acceleration)항은 수로를 따라 공간적인 유속변화에 의한 운동량의 변화를 설명하고, 이들 국부, 이송가속항은 관성력을 나타낸다. 압력항은 수로를 따라 수심의 변화에 비례하는 운동량을 설명하고, 중력항은 하상경사 S_o에 비례하는 운동량을, 마찰력항은 마찰경사 S_f에 비례하는 운동량을 나타낸다.

표 14.4 Saint-Venant식의 요약

연속방정식

보전형	$\dfrac{\partial A}{\partial t} + \dfrac{\partial Q}{\partial x} = 0$
비보전형	$\dfrac{\partial y}{\partial t} + V\dfrac{\partial y}{\partial x} + y\dfrac{\partial V}{\partial x} = 0$

운동량방정식

보전형

$$\frac{1}{A}\frac{\partial Q}{\partial t} + \frac{1}{A}\frac{\partial}{\partial x}\left(\frac{Q^2}{A}\right) + g\frac{\partial y}{\partial x} - g(S_o - S_f) = 0$$

국부 가속항 / 이송 가속항 / 압력항 / 중력항 / 마찰력항

비보전형 (단위폭에 대한)

$$\frac{\partial V}{\partial t} + V\frac{\partial V}{\partial x} + g\frac{\partial y}{\partial x} - g(S_o - S_f) = 0$$

- $g(S_o - S_f)$ 항: 운동파모형
- $g\dfrac{\partial y}{\partial x}$ 항부터: 확산파모형
- $\dfrac{\partial V}{\partial t}$ 항부터: 동역학파모형

운동파

자연하천 흐름에 지배적인 힘은 중력과 마찰력이다. 관성력과 압력이 중요하지 않고 중력과 마찰력이 지배적인 흐름은 **운동파**(運動波; kinematic wave)이다. 운동파에서는 중력과 마찰력이 평형($S_o = S_f$)을 이루어 등류를 발생하므로 현저한 가속이 일어나지 않는다. 따라서 홍수파모양에는 변화가 없고 첨두의 감쇠 없이 하류방향으로만 흐른다. 운동파도 동역학파와 같이 시간-공간평면에서 특성곡선으로 나타낼 수 있으나 파의 하류방향인 1방향 특성곡선만이 존재한다. 이는 배수나 역류가 발생하지 않는 비교적 급한 수로에 적용됨을 의미한다. 에너지경사선은 수로바닥과 평행하고 작은 구간에서 흐름은 **정상등류**(定常等流; steady uniform flow)가 된다. 따라서 제방의 고정된 위치에 있는 관측자에게 보이는 수면의 변화는 비교적 긴 기간에 걸쳐 수면 전체가 상승, 하강하는 것으로 보인다(그림 14.9).

확산파

압력, 중력 및 마찰력에 비하여 관성항이 무시할 정도인 흐름은 **확산파**(擴散波; diffusion wave)로 기술될 수 있다. 확산파는 홍수파의 감쇠를 포함하므로 흐름은 **정상부등류**(定常不等流; steady nonuniform flow)이다. 운동파에 $\partial y/\partial x$항이 추가되고 이는 감쇠효과를 반영한다. 확산파는 홍수터 등으로 인한 감쇠요인을 포함하여 운동파가 적용될 수 없는 하도에 사용된다.

동역학파

동역학파는 압력, 중력 및 마찰력뿐만 아니라 관성항도 포함한다. 동역학파에는 홍수파의 감쇠와 상류(常流)에서 유량이나 수위의 변화가 상류로 전파되는 배수와 역류현상도 포함된다.

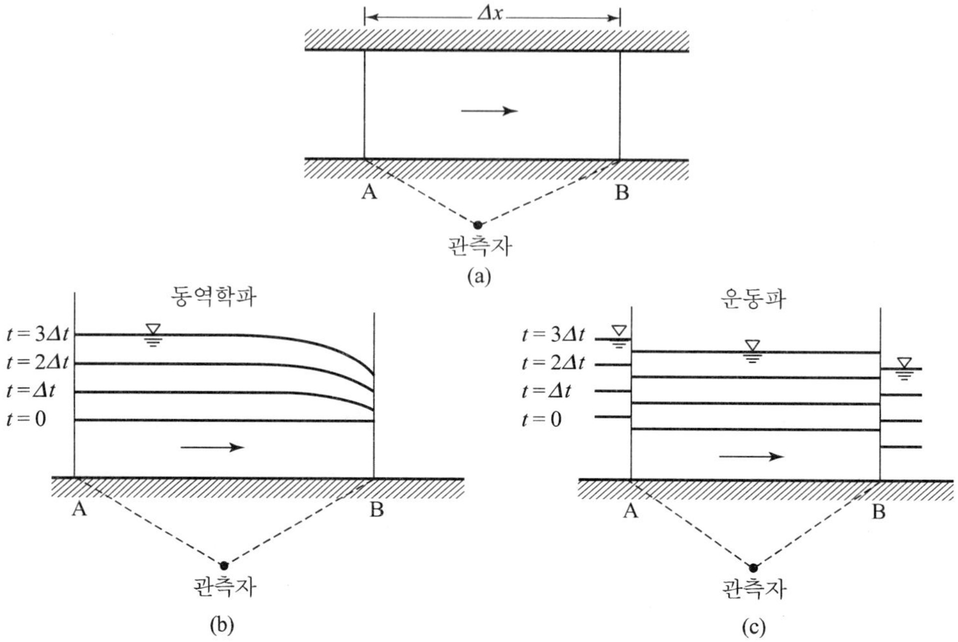

그림 14.9 정지관측자에게 보이는 짧은 구간의 운동파와 동역학파(홍수파 통과 시 운동파에서는 수면이 하상에 평행한 정상류이고 동역학파에서는 감쇠가 일어나 수면은 하상에 평행하지 않는다.)

따라서 동역학파에 대한 에너지경사선과 수면경사는 짧은 구간에서도 수로바닥에 평행하지 않고 흐름은 **비정상부등류**(非定常不等流; unsteady nonuniform flow)이다. 동역학파는 상・하류로 전파되어 이들은 시간-공간평면에서 2개의 특성곡선(特性曲線)으로 나타낼 수 있다.

표 14.5 운동량방정식의 형

모형	흐름	운동량방정식
운동파	정상등류	$S_f = S_o$
확산파	정상부등류	$S_f = S_o - \dfrac{\partial y}{\partial x}$
동역학파	비정상부등류	$S_f = S_o - \dfrac{\partial y}{\partial x} - \dfrac{1}{g}\dfrac{\partial V}{\partial t} - \dfrac{V}{g}\dfrac{\partial V}{\partial x}$

14.6 운동파추적

운동파는 중력과 마찰력이 중요하고 가속항의 관성력과 압력은 중요하지 않은 흐름이다. 중력과 마찰력이 서로 평형을 이루어 흐름은 등류가 된다. 홍수파에는 운동파와 동역학파가 다 존재하나 많은 경우 수로경사가 급하면 운동량방정식 식 (14.43)에서 중력과 마찰력이 지배적이어서 대부분의 홍수파는 운동파로 이동한다. 운동파추적은 연속방정식과 등류의 운동량방정식을 푸는 것이다. 급경사수로, 우수배수계통과 같이 정리된 수로(도시지역)에 적합하며 배수영향을 처리하지 못한다. 감쇠 없이 전이만 일어나므로 운동파추적은 수문곡선을 구성하는 각 요소 유량이 하류단에 도달하는 시간을 계산하는 것이 된다.

14.6.1 운동파모형

운동파모형은 연속방정식과 운동량방정식의 조합으로 구성된다.

연속방정식
$$\frac{\partial A}{\partial t}+\frac{\partial Q}{\partial x}=q \tag{14.55}$$

운동량방정식
$$S_o= S_f \tag{14.56}$$

관성, 압력, 중력 및 마찰력을 포함하는 운동량방정식에서 국부, 이송가속항과 압력항이 제외되므로 운동량방정식 식 (14.43)은 식 (14.56)과 같이 간단히 된다. 식 (14.56)은 중력과 마찰력이 평형을 이루므로 흐름은 등류이다. 등류는 마닝공식이나 체지공식으로 기술된다. 마닝공식은

$$Q=\frac{1}{n}AR^{2/3}S_f^{1/2}=\left(\frac{1}{n}\frac{S_f^{1/2}}{P^{2/3}}\right)A^{5/3} \tag{14.57}$$

식 (14.56)으로 표현되는 운동량방정식은 등류이므로 등류의 식인 식 (14.57)을 고려하면 운동량방정식은 다음과 같이 두 형태로 나타낼 수 있다.

(1) **유량을 단면적의 함수로 나타내는 경우**

$$Q=\alpha A^{\beta} \tag{14.58}$$

여기서 α, β는 유량－단면적곡선의 매개변수로 마닝공식을 적용하는 경우 식 (14.57)로부터

$$\alpha=\frac{1}{n}\frac{S_f^{1/2}}{P^{2/3}} \tag{14.59}$$

$$\beta=5/3 \tag{14.60}$$

윤변 P는 A에 관계되지 않는 것으로 가정하고, 즉 α를 상수로 가정하고 식 (14.58)을 A에 관하여 미분을 취하면

$$c_k=\frac{dQ}{dA}=\alpha\beta A^{\beta-1}=\beta\frac{Q}{A}=\beta V \tag{14.61}$$

여기서 V는 평균유속, c_k는 운동파의 전파속도이다. 식 (14.24)의 첫 항에 연쇄법칙을 적용하고 식 (14.61)을 적용하면 **운동파모형**(運動波模型; kinematic wave model)을 얻는다.

$$\frac{\partial Q}{\partial t}+\left(\frac{dQ}{dA}\right)\frac{\partial Q}{\partial x}=\left(\frac{dQ}{dA}\right)q$$

또는
$$\frac{\partial Q}{\partial t} + c_k \frac{\partial Q}{\partial x} = c_k q \tag{14.62}$$

증간유입량이 없는 경우

$$\frac{\partial Q}{\partial t} + c_k \frac{\partial Q}{\partial x} = 0 \tag{14.63}$$

식 (14.63)은 흐름이 운동파, 즉 관성과 압력(수심구배)이 무시된 파의 운동을 기술하는 운동파 모형으로 x와 t를 독립변수로 하는 1계 편미분방정식이다. 따라서 운동파는 전파속도 $\frac{dQ}{dA}$(또는 $\beta V = c_k$)로 이동하고 감쇠되지는 않는다. 파의 감쇠는 2계 편미분방정식에 의해서만 기술될 수 있다.

c_k가 상수이면 식 (14.63)은 선형으로 D'Alembert에 의한 일반해는

$$Q = f(x - c_k t) \tag{14.64}$$

$t = 0$에서 $Q = f(x)$가 초기조건을 나타낼 때 수문곡선 $f(x)$는 x에 따른 Q의 변화를 설명한다. 시간 t_1, t_2에서 해는 각각 $f(x - c_k t_1)$, $f(x - c_k t_2)$이다. 관측자가 속도 c_k로 하류방향으로 이동한다면 관측자에게는 수문곡선이 변화 없는 $f(x)$로 보인다. 이러한 현상은 이동좌표계 $\xi = x - c_k t$로 재현할 수 있다. 따라서 추적곡선의 모양은 시간에 관계없이 항상 $Q = f(x)$가 된다. 이를 정리하면 운동파추적에서 수문곡선은 속도 c_k로 양의 x방향으로 이동하되 수문곡선의 모양이 변하지 않고 첨두도 감쇠하지 않는다. 이는 c_k가 상수인 선형조건에서 가능하다.

한편 $c_k = dQ/dA \neq$ 상수, 즉 c_k가 상수가 아니면 식 (14.63)은 비선형이 되어 수로를 따라 전파될 때 비선형의 영향으로 파의 모양이 변한다. 파 모양의 변화는 Q에 따른 c_k의 변화에 좌우된다. Q 증가에 따라 c_k가 증가하면 수문곡선의 선단은 거리에 따라 뾰족해지고, Q 증가에 따라 c_k가 감소하면 수문곡선의 선단은 거리에 따라 납작해진다.

(2) 단면적을 유량의 함수로 나타내는 경우

$$A = \alpha_1 Q^{\beta_1} \tag{14.65}$$

여기서 α_1, β_1은 유량−단면적곡선의 매개변수이다.

$$\alpha_1 = \left(\frac{n P^{2/3}}{S_f^{1/2}} \right)^{0.6} \tag{14.66}$$

$$\beta_1 = 0.6 \tag{14.67}$$

식 (14.24)의 첫 항에 연쇄법칙 $(\partial A/\partial Q)(\partial Q/\partial t)$를 적용하고 여기에 식 (14.65)의 Q에 관한 미분(α_1은 Q에 관하여 상수로 가정)을 대입하면 다른 형태의 운동파모형을 얻는다.

$$\frac{\partial Q}{\partial x} + \alpha_1 \beta_1 Q^{\beta_1 - 1} \frac{\partial Q}{\partial t} = q \tag{14.68}$$

식 (14.65)로부터 $\alpha_1 \beta_1 Q^{\beta_1 - 1} = \beta_1 \frac{A}{Q} = \frac{\beta_1}{V}$과 $\beta_1 = \frac{1}{\beta}$ 임을 고려하면 $\frac{\beta_1}{V} = \frac{1}{c_k}$ 이므로 $\alpha_1 \beta_1 Q^{\beta_1 - 1} = 1/c_k$ 이다. 이를 고려하면 식 (14.68)은 식 (14.62)와 같게 됨을 알 수 있다.

β값은 흐름, 횡단면의 모양 및 마찰적용식에 따라 다르게 된다. 마찰을 마닝공식으로 나타내는 경우 난류는 $\beta = 1 \sim 5/3$, 넓은 수로의 층류는 $\beta = 3$, 천이류에서 $\beta = 5/3 \sim 3$의 값을 갖는다. Chezy식으로 기술되는 넓은 수로의 흐름은 $\beta = 3/2$의 값을 갖는다. 난류의 경우 $1 \sim 5/3$ 범위의 β값은 단면형상에 따라 직사각형과 삼각형이 4/3, 사다리꼴이 $4/3 \sim 5/3$, 원형이 1.25 이다.

A와 Q의 선택의 차이점: 식 (14.58)의 양변의 대수를 취하고 미분하면

$$\ln Q = \ln \alpha + \beta \ln A \tag{14.69}$$

$$\frac{dQ}{Q} = \beta \frac{dA}{A} \tag{14.70}$$

마닝공식 또는 Darcy–Weisbach공식을 사용하는 경우 β는 1보다 크다. 횡단면적을 독립변수로 선정하면 유량계산의 오차는 $\beta(>1)$만큼 증폭된다. 그러나 식 (14.65)에서와 같이 Q를 독립변수로 선정하면 이를 피할 수 있다.

예제 14.4

마닝공식을 이용하여 삼각형수로의 β를 계산하라.

[풀이] 삼각형수로 단면에서 사면의 경사가 z일 때 단면적 A, 윤변 P 및 동수반경 R은 각각

$$A = zy^2$$
$$P = 2y\sqrt{1+z^2}$$
$$R = A/P$$

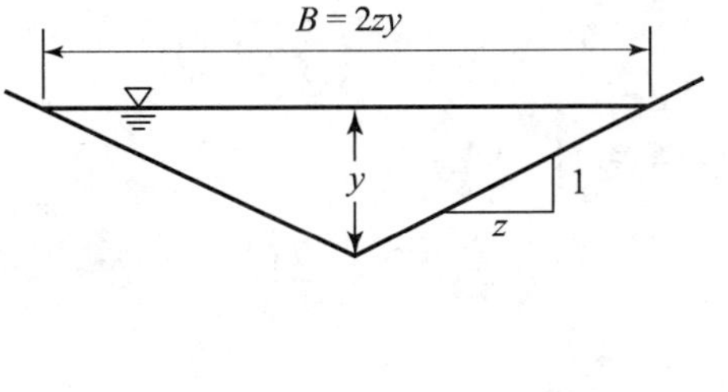

그림 14.10 삼각형수로

이들을 식 (14.57)의 마닝공식에 대입하면

$$Q = \frac{\sqrt{S}}{n}\frac{A^{5/3}}{P^{2/3}} = \frac{\sqrt{S}}{n}\frac{(zy^2)^{5/3}}{(2y\sqrt{1+z^2})^{2/3}}$$

$$= \frac{\sqrt{S}z^{5/3}y^{10/3}}{n\,2^{2/3}y^{2/3}(1+z^2)^{1/3}} = \frac{0.63\sqrt{S}}{n}\left(\frac{z}{1+z^2}\right)^{1/3}A^{4/3}$$

식 (14.58)에 따라 $\beta=4/3$이다.

14.6.2 운동파 전파속도

수파(水波; water wave)는 유량이나 수면표고와 같은 흐름양상의 변화이고 파의 **전파속도**(傳播速度; wave celerity)는 흐름의 변화, 즉 파형이 수로를 따라 이동하는 속도이고 그 크기는 파형에 따라 다르다. 운동파에서는 운동량방정식의 가속항과 압력항이 무시할 정도이므로 파운동은 주로 연속방정식에 의하여 기술된다. 파가 전파되는 것은 정지상태 또는 운동하는 유체에서 다 같이 일어나므로 파의 전파속도는 물이 흐르는 속도와는 판이하게 다르다. 운동파는 유량 변화의 결과이다. 유량의 변화인 증분 dQ를 전미분으로 나타내고 양변은 dx로 나누면

$$dQ = \frac{\partial Q}{\partial x}dx + \frac{\partial Q}{\partial t}dt \tag{14.71}$$

$$\frac{dQ}{dx} = \frac{\partial Q}{\partial x} + \frac{dt}{dx}\frac{\partial Q}{\partial t} \tag{14.72}$$

식 (14.68)과 식 (14.72)는 다음 조건에서 동일하게 된다.

$$\frac{dQ}{dx} = q \tag{14.73}$$

$$\frac{dx}{dt} = \frac{1}{\alpha_1\beta_1 Q^{\beta_1 - 1}} \tag{14.74}$$

식 (14.65)를 A에 관하여 미분하고 $\frac{dQ}{dA}$에 관하여 정리하면

$$\frac{dQ}{dA} = \frac{1}{\alpha_1\beta_1 Q^{\beta_1 - 1}} \tag{14.75}$$

식 (14.74)와 (14.75)는 우변이 같으므로

$$\frac{dx}{dt} = \frac{dQ}{dA}$$

또는

$$c_k = \frac{dQ}{dA} = \frac{dx}{dt} \tag{14.76}$$

여기서 c_k는 운동파 전파속도이다. 흐름을 따라 속도 $dx/dt = c_k$로 이동하는 관측자는 유량

증가율이 $dQ/dx = q$ 임을 보게 되고 만약 $q = 0$ 이면 관측자는 유량이 일정한 것을 느끼게 될 것이다. $dA = Bdy$ (B는 하폭)를 고려하면 운동파 전파속도는 수심 y 의 항으로 나타낼 수 있다.

$$c_k = \frac{1}{B}\frac{dQ}{dy} \tag{14.77}$$

$$c_k = \frac{1}{B}\frac{dQ}{dy} = \frac{1}{B}\frac{d(VA)}{dy} = V + A\frac{dV}{dA} \tag{14.78}$$

식 (14.77)로부터 운동파 전파속도는 수위-유량곡선의 기울기 dQ/dy의 함수임을 알 수 있다. 이 기울기는 수위에 따라 변하므로 운동파 전파속도는 상수가 아니라 수위에 따라 변함을 알 수 있다. 만약 $c_k = \beta V$가 Q의 함수이면 식 (14.62)는 반복해를 필요로 하는 비선형식이다. 따라서 비선형운동파의 해는 수위와 유량의 변화에 따른 운동파 전파속도의 변화를 포함한다. 간단한 선형해(예제 14.6 및 14.8)는 상수의 운동파 전파속도를 가정한다.

예제 14.5

사각형수로의 폭이 60 m, 하상경사가 0.01 및 조도계수가 0.03이다. 유량이 170 m^3/s일 때 평균유속과 운동파의 전파속도를 계산하라.

[풀이] $R \simeq y$를 고려한 마닝공식은 $Q = \frac{1}{n} AR^{2/3} S^{1/2}$

$$= \frac{1}{n} S^{1/2} (By) y^{2/3}$$

y 에 관하여 정리하고 주어진 값들을 대입하면

$$y = \left(\frac{nQ}{S^{1/2}B}\right)^{3/5} = \left(\frac{0.03 \times 170}{(0.01)^{1/2} \times 60}\right)^{3/5} = 0.91 \text{ m}$$

유속은 $V = Q/(By) = 170/(60 \times 0.91) = 3.11 \text{ m/s}$

운동파의 전파속도 c_k는 식 (14.77)에 의하면

$$c_k = \frac{1}{B}\frac{dQ}{dy} = \frac{1}{B}\frac{d}{dy}\left(\frac{S^{1/2}B}{n} y^{5/3}\right)$$

$$= \frac{S^{1/2}}{n}\frac{5}{3} y^{2/3} = \frac{0.01^{1/2} \times 5 \times 0.91^{2/3}}{0.03 \times 3} = 5.22 \text{ m/s}$$

14.6.3 운동파의 수치해

운동파모형의 해는 이론해와 수치해로 주어진다. 식 (14.62) 또는 (14.68)의 수치해는 주어진 하도매개변수 α와 β, 측방유입량 $q(t)$ 및 초기, 경계조건에 대하여 $x - t$ 격자망의 각 점에서 $Q(x, t)$를 구하는 것이고 궁극적으로는 구간 하류에서 유출수문곡선 $Q(L, t)$를 구하는 것이다.

운동파모형인 식 (14.62) 또는 (14.68)의 수치해에서 파가 전파하는 과정에서 파고와 파형이 변하는 경우가 발생한다. 이러한 변화는 물리적인 현상에 의해서가 아닌 수치기법에 의해서 발생된다. 파의 변형은 적용되는 수치기법과 Courant수의 크기에 좌우된다. 파의 변화는 파고의 감소, 파형의 변화 또는 양자의 조합이 된다. 파고의 감소를 **감쇠**(減衰; attenuation, dissipation), 형상의 변화를 **분산**(分散; dispersion), 감쇠와 분산의 조합을 **확산**(擴散; diffusion)이라 한다.

식 (14.62) 또는 (14.68)은 시간과 공간에서 유량 Q의 변화를 기술하는 비선형 1계 편미분방정식이다. 이는 파의 전파속도 c_k(또는 dQ/dA)가 유량의 함수이기 때문이다.

비선형인 식 (14.62), (14.68)에 대한 유한차분식을 수립하는 데 세 가지 방법이 기술된다. (1) 식 (14.62)에서 $c_k = dQ/dA$(또는 식 (14.68)에서 이에 해당하는 $\alpha_1 \beta_1 Q^{\beta_1 - 1}$)의 상수값을 사용하는 선형화, (2) dQ/dA(또는 $\alpha_1 \beta_1 Q^{\beta_1 - 1}$)에 기지값의 Q를 사용하는 선형기법, (3) 비선형기법.

수치기법의 정확도는 미분방정식을 재현하는 능력의 척도이다. 정확도가 높을수록 재현의 정도가 높게 된다. 전방 또는 후방차분화는 1계 기법(1階技法; first order scheme)으로 1계 정확도(1階正確度; first order accuracy)를 가져서 수치감쇠(數値減衰; numerical attenuation)와 수치분산(數値分散; numerical dispersion), 즉 수치확산(數値擴散; numerical diffusion)을 야기한다. 중앙차분은 2계 기법으로 2계 정확도(2階正確度; second order accuracy)를 가져서 수치분산만을 야기한다. 3계 기법은 감쇠와 분산의 어느 것도 야기하지 않는다. 수치감쇠와 분산은 격자크기에 의하여 발생되는 것이고 물리적 현상에 관계되지는 않는다.

유한차분해는 계산과정에서 수치오차를 유발한다. 주어진 시간단계에서 다음 시간단계로 계산이 진행되는 과정에서 이러한 오차가 증폭되지 않을 때 유한차분기법은 안정하게 된다. 수치안정은 상대적인 격자크기에 좌우된다. 양해법에서 안정조건은 Courant조건으로 주어지고 **Courant수**는 다음과 같이 정의된다.

$$C = c_k \frac{\Delta t}{\Delta x} \tag{14.79}$$

식 (14.79)에서 Courant수 C는 파의 전파속도 c_k와 **격자전파속도**(格子傳播速度; grid celerity) $\Delta x / \Delta t$와의 비이다. 양해법의 안정조건은 다음과 같다.

$$C = c_k \frac{\Delta t}{\Delta x} \leq 1 \tag{14.80}$$

또는

$$\Delta t \leq \frac{\Delta x}{c_k} \tag{14.81}$$

Courant조건은 시간증분 Δt가 구간 Δx에서 파가 전파되는 데 소요되는 시간보다 작아야 한다. 또는 격자전파속도 $\Delta x / \Delta t$가 운동파의 최대전파속도보다 커야 한다. Δt가 아주 커서 Courant조건이 만족되지 않으면 물의 적체가 일어난다.

(1) **운동파 전파속도의 상수에 의한 선형화**

운동파의 전파속도 식 (14.62)의 c_k 또는 식 (14.68)의 $\alpha_1 \beta_1 Q^{\beta_1 - 1}$이 상수로 가정되어 식 (14.62) 또는 (14.68)은 선형이 된다.

전방차분. 1계 수치기법인 전방 또는 후방차분을 이용하여 식 (14.62)의 수치해가 시도된다. 시간과 공간에 전방차분을 이용하여 측방유입량 q를 무시하고 식 (14.62)를 차분화하면

$$\frac{Q_{i+1}^{n+1} - Q_{i+1}^{n}}{\Delta t} + c_k \frac{Q_{i+1}^{n+1} - Q_{i}^{n+1}}{\Delta x} = 0 \tag{14.82}$$

Q_{i+1}^{n+1}에 관하여 정리하면

$$Q_{i+1}^{n+1} = C_o Q_i^{n+1} + C_2 Q_{i+1}^{n} \tag{14.83}$$

$$C_o = \frac{C}{1+C}, \qquad C_2 = \frac{1}{1+C} \tag{14.84}$$

여기서 C는 식 (14.79)로 정의되는 Courant수이다.

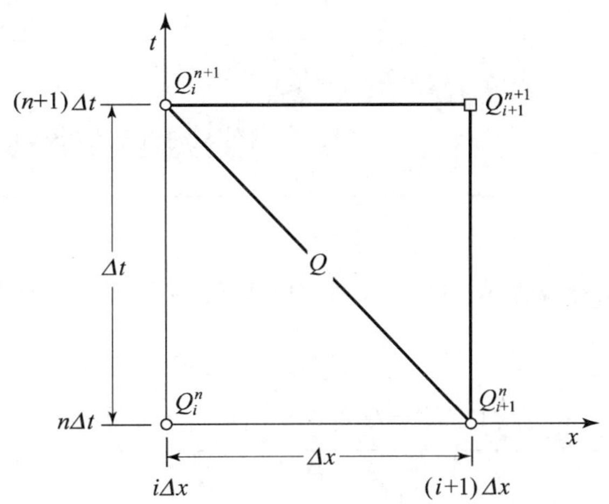

그림 14.11 운동파모형의 차분화

예제 14.6

전방차분식 식 (14.83)을 이용하여 표 14.6의 2란에 주어진 유입수문곡선을 전방차분기법으로 추적하라. $V = 1.2$ m/s, $\Delta x = 7{,}200$ m, $\beta = 5/3$이다.

[풀이] $c_k = \beta V = 5/3(1.2) = 2$이므로 식 (14.79)에 따라 $C = 1.0$이므로 $C_o = 0.5$, $C_2 = 0.5$이다. 따라서 식 (14.83)은 $Q_{i+1}^{n+1} = 0.5\, Q_i^{n+1} + 0.5\, Q_{i+1}^{n}$이 되고 계산결과는 표 14.6의 3란과 같다. 1계 수치기법인 전방차분은 120 m^3/s의 유입첨두가 96.38 m^3/s의 유출첨두로 감소하고 형상이 변하는 현저한 수치확산을 야기한다.

표 14.6 운동파추적(예제 14.6, 14.7)

시간 (h)	유입량 (m³/s)		전방차분 예제 14.6		중앙차분 예제 14.7	
			유출량(m³/s)			
		V(m/s)	1.2	1.2	1.2	0.8
		Δx (m)	7,200	7,200	4,800	4,800
		Courant No. C	1.0	1.0	1.5	1.0
(1)	(2)		(3)	(4)	(5)	(6)
0	0		0	0	0	0
1	24		12.00	0	4.8	0
2	48		30.00	24	32.64	24
3	72		51.00	48	55.87	48
4	96		73.50	72	80.03	72
5	120		96.75	96	103.9	96
6	96		96.38	120	118.4	120
7	72		84.19	96	86.72	96
8	48		66.10	72	64.26	72
9	24		45.05	48	39.95	48
10	0		22.53	24	16.01	24
11			11.26	0	−3.2	0
12			5.63		0.64	
13			2.82		−1.3	
14			1.41			
15			0.70			
			이동과 확산	단순이동	이동과 분산	단순이동

중앙차분. 측방유입량 q를 무시하고 2계 정확도인 중앙차분을 이용하여 식 (14.62)를 차분화하면

$$\frac{\frac{1}{2}\left(Q_{i+1}^{n+1}+Q_i^{n+1}\right)-\frac{1}{2}\left(Q_{i+1}^{n}+Q_i^{n}\right)}{\Delta t} + c_k\frac{\frac{1}{2}\left(Q_{i+1}^{n}+Q_{i+1}^{n+1}\right)-\frac{1}{2}\left(Q_i^{n}+Q_i^{n+1}\right)}{\Delta x}=0 \tag{14.85}$$

Q_{i+1}^{n+1}에 관하여 식 (14.85)를 정리하면

$$Q_{i+1}^{n+1}=C_o Q_i^{n+1}+C_1 Q_i^n+C_2 Q_{i+1}^n \tag{14.86}$$

$$C_o=\frac{C-1}{1+C},\ C_1=1,\ C_2=\frac{1-C}{1+C} \tag{14.87}$$

여기서 C는 식 (14.79)로 정의되는 Courant수이다

예제 14.7

중앙차분식 식 (14.86)을 이용하여 표 14.6의 유입수문곡선을 다음의 세 경우에 관하여 추적하라. $\Delta x = 4{,}800$ m, $\beta = 5/3$, $\Delta t = 1$ hr 이다.

[풀이]

(a) V=1.2 m/s, Δx =7,200 m:

식 (14.79)에 따라 $C = 1.0$이다. 식 (14.87)에 의한 계수는 $C_o = 0$, $C_1 = 1.0$, $C_2 = 0$이므로 식 (14.86)은 $O_2 = 0.0(I_2) + 1.0(I_1) + 0.0(O_1) = I_1$이 되며 표 14.6의 4란에서와 같이 Δt 시간에 해당하는 시간만큼 유입수문곡선의 단순이동으로 나타난다. 즉 $C = 1.0$인 조건에서 중앙차분기법은 수치확산을 발생하지 않는다.

(b) V=1.2 m/s, Δx =4,800 m:

식 (14.79)에 의하면 $C = 1.5$이고 식 (14.87)에 의한 계수는 $C_o = 0.2$, $C_1 = 1.0$, $C_2 = -0.2$이다. 따라서 식 (14.86)은 $O_2 = 0.2\,I_2 + 1.0\,I_1 - 0.2\,O_1$ 이 되고 계산결과는 표 14.6의 5란과 같다. 이는 시간 Δt에 해당하는 이동을 나타냄과 동시에 전파속도 c_k가 격자전파속도 $\Delta x/\Delta t$와 같지 않기 때문에 형상이 변화된 약간의 수치분산이 야기되고 첨두크기에는 작은 변화가 나타난 것이다. 음수의 값을 포함한 수치분산은 2계 수치기법과 관련된 오차에 기인한다.

(c) V=0.8 m/s, Δx =4,800 m:

식 (14.79)에 따라 $C = 1.0$이 되며 결과는 첫째 경우와 같이 수문곡선의 단순이동만으로 나타난다.

추적결과에서 알 수 있는 바와 같이 2계 정확도기법은 수치확산을 야기하지 않는다. Courant수가 $C = 1.0$이면, 즉 파의 전파속도 $\beta V = c_k$가 격자전파속도 $\Delta x/\Delta t$와 같으면 중앙차분은 모양의 변화 없이 수문곡선을 하류로 이동하되 수치확산은 유발하지 않는다. Courant수가 $C = 1.0$과 다르게 되면 모양이 변하는 수치분산을 나타낸다.

---

(2) 기지의 값을 이용한 선형화기법

차분식 작성에 전방차분이 이용되고 이는 그림 14.11에서 격자의 세 모서리의 알려진 값을 이용해서 Q_{i+1}^{n+1}을 구하는 것이다. 식 (14.68)을 차분화하는 경우 ($\alpha_1 \beta_1 Q^{\beta_1 - 1}$)에 포함된 유량 Q에 Q_{i+1}^{n+1}이 사용되면 식 (14.68)은 Q_{i+1}^{n+1}에 관하여 비선형이 된다. 이를 선형화하기 위해서는 $\alpha_1 \beta_1 Q^{\beta_1 - 1}$에 사용되는 Q값에 그림 14.11에 보인 대각선 상의 값의 평균을 사용하는 것이다.

$$Q \approx \frac{Q_{i+1}^{n} + Q_i^{n+1}}{2} \tag{14.88}$$

측방유입량 q는 $(i+1)$번째 값의 평균으로 주어진다.

$$q = \frac{q_{i+1}^{n+1} + q_{i+1}^{n}}{2} \tag{14.89}$$

시간과 공간에 다 같이 전방차분을 이용하여 식 (14.68)을 차분화하고 식 (14.88), (14.89)를 대입하면 선형운동파의 유한차분형을 얻는다.

$$\frac{Q_{i+1}^{n+1}-Q_{i}^{n+1}}{\Delta x}+\alpha_1\beta_1\left(\frac{Q_{i+1}^{n}+Q_{i}^{n+1}}{2}\right)^{\beta_1-1}\left(\frac{Q_{i+1}^{n+1}-Q_{i+1}^{n}}{\Delta t}\right) \tag{14.90}$$

$$=\frac{q_{i-1}^{n+1}+q_{i+1}^{n}}{2}$$

식 (14.90)을 Q_{i+1}^{n+1}에 관하여 정리하면

$$Q_{i+1}^{n+1}=\frac{\dfrac{\Delta t}{\Delta x}Q_{i}^{n+1}+\alpha_1\beta_1 Q_{i+1}^{n}\left(\dfrac{Q_{i+1}^{n}+Q_{i}^{n+1}}{2}\right)^{\beta_1-1}+\Delta t\left(\dfrac{q_{i+1}^{n+1}+q_{i+1}^{n}}{2}\right)}{\dfrac{\Delta t}{\Delta x}+\alpha_1\beta_1\left(\dfrac{Q_{i+1}^{n}+Q_{i}^{n+1}}{2}\right)^{\beta_1-1}} \tag{14.91}$$

예제 14.8

폭이 60 m, 길이가 5,000 m, 경사가 0.01, 마닝조도계수가 $n=0.03$인 수로구간에 대한 선형운동파모형을 수립하고 $\Delta x=1{,}000\text{ m}$, $\Delta t=3\text{ min}$을 이용하여 표 14.7의 3란의 유입수문곡선을 추적하라. 측방유입량은 없고 초기조건은 유량이 50 m^3/s이다.

[풀이] $\beta_1=0.6$이고 α_1은 $P\approx B=60\text{m}$를 고려하여 식 (14.66)을 이용하면

$$\alpha_1=\left(\frac{nP^{2/3}}{S_f^{1/2}}\right)^{0.6}=\left[\frac{0.030\times 60^{2/3}}{(0.01)^{1/2}}\right]^{0.6}=2.5$$

$\Delta t=3\text{ min}=180\text{ sec}$, $\Delta x=1{,}000\text{ m}$ 및 $q=0$에 대한 식 (14.91)은

$$Q_{i+1}^{n+1}=\frac{\dfrac{180}{1{,}000}Q_{i}^{n+1}+(2.5)(0.6)\,Q_{i+1}^{n}\left(\dfrac{Q_{i+1}^{n}+Q_{i}^{n+1}}{2}\right)^{(0.6-1)}}{\dfrac{180}{1{,}000}+(2.5)(0.6)\left(\dfrac{Q_{i+1}^{n}+Q_{i}^{n+1}}{2}\right)^{(0.6-1)}} \tag{a}$$

표 14.7에서와 같이 계산은 상류에서 하류로 진행한다. 이는 흐름이 하류로만 진행하는 운동파의 특성에 의한다. 초기조건 $Q_i^1=50\text{ m}^3/\text{s}$에 따라 첫 줄은 전부 50 m^3/s가 된다. 상류경계조건은 유입수문곡선 Q_i^n으로 $i=1$란의 유량이다.

유량이 50 m^3/s를 초과하기 시작하는 것은 $t=9\text{ min}$ 이후이므로 $t=12\text{ min}$에 대한 유량 Q의 계산이 예시된다. $n=4$에 대한 Q_i^4 값은 전부 계산된 기지의 값이고 $i=1$란의 Q_1^5은 경계조건으로 주어지므로 첫 번째 미지값은 $Q_{i+1}^{n+1}=Q_2^5$이다. 표 14.7에 음영으로 보인 바와 같이 세 개의 알려진 값 $Q_1^4=50\text{ m}^3/\text{s}$, $Q_1^5=57.5\text{ m}^3/\text{s}$, $Q_2^4=50\text{ m}^3/\text{s}$로부터 직사각형으로 표시된 Q_2^5을 구하는 것이다. 이들 세 값을 차분식 (a)에 대입하면

표 14.7 선형운동파의 수치해

시간 (min)	시간지수 n	거리(m) 0	1,000	2,000	3,000	4,000	5,000
		$i=1$	2	3	4	5	6
0	1	50.00	50.00	50.00	50.00	50.00	50.00
3.0	2	50.00	50.00	50.00	50.00	50.00	50.00
6.0	3	50.00	50.00	50.00	50.00	50.00	50.00
9.0	4	50.00	50.00	50.00	50.00	50.00	50.00
12.0	5	57.50	52.79	51.02	50.37	50.14	50.05
15.0	6	65.00	57.43	53.41	51.49	50.63	50.26
18.0	7	72.50	63.30	57.16	53.60	51.73	50.08
⋮	⋮	⋮	⋮	⋮	⋮	⋮	⋮
51.0	18	155.00	146.28	137.05	127.26	116.96	106.34
54.0	19	162.50	153.97	144.97	135.44	125.35	114.81
57.0	20	170.00	161.65	152.87	143.58	133.74	123.38
60.0	21	162.50	162.06	157.24	150.02	141.33	131.61
63.0	22	155.00	158.69	157.93	153.77	147.17	138.83
66.0	23	147.50	153.39	155.78	154.72	150.73	144.40
69.0	24	140.00	147.11	151.78	153.29	151.94	147.94
72.0	25	132.50	140.33	151.69	150.02	151.04	149.40
75.0	26	125.00	133.29	146.36	145.47	148.42	148.94
78.0	27	117.50	126.13	140.29	140.05	144.51	146.86
⋮	⋮	⋮	⋮	⋮	⋮	⋮	⋮
144.0	49	50.00	50.03	50.20	50.68	51.70	53.43
147.0	50	50.00	50.02	50.13	50.48	51.25	52.62
150.0	51	50.00	50.01	50.09	50.34	50.92	52.00

$$n=5,\ i=2,\ Q_2^5=\frac{\dfrac{180}{1,000}Q_1^5+(2.5)(0.6)Q_2^4\left(\dfrac{Q_2^4+Q_1^5}{2}\right)^{-0.4}}{\dfrac{180}{1,000}+(2.5)(0.6)\left(\dfrac{Q_2^4+Q_1^5}{2}\right)^{-0.4}}=52.79\ \mathrm{m^3/s}$$

다음은 $n=5(12\ \mathrm{min})$에 대한 $i=3(2,000\ \mathrm{m})$에서의 유량 $Q_{n+1}^{i+1}=Q_3^5$을 구하는 것이다. 이는 $Q_2^4=50\ \mathrm{m^3/s}$, $Q_2^5=52.79\ \mathrm{m^3/s}$, $Q_3^4=50\ \mathrm{m^3/s}$로부터 Q_3^5을 구하는 것이다. 이들을 차분식 식 (a)에 대입하면 $Q_3^5=51.02\ \mathrm{m^3/s}$를 얻는다. 같은 과정을 통해서 Q_i^5 계산이 끝나면 Q_i^6이 계산된다. 그림 14.12는 5개 지점에 대하여 계산된 유출수문곡선을 나타낸다.

운동파의 전파속도는 예제 14.5에 준하여 계산되고 이들은 $\Delta x/\Delta t$와 일치하지 않으므로 수치분산이 예상되며(문제 14.20) 1계 수치기법이 사용된 점에서 확산이 예상된다. 표 14.7의 직사각형으로 표시된 첨두유량은 하류로 유하함에 따라 감쇠를 나타내는데 이와 같은 결과는 위 사실을 입증한다.

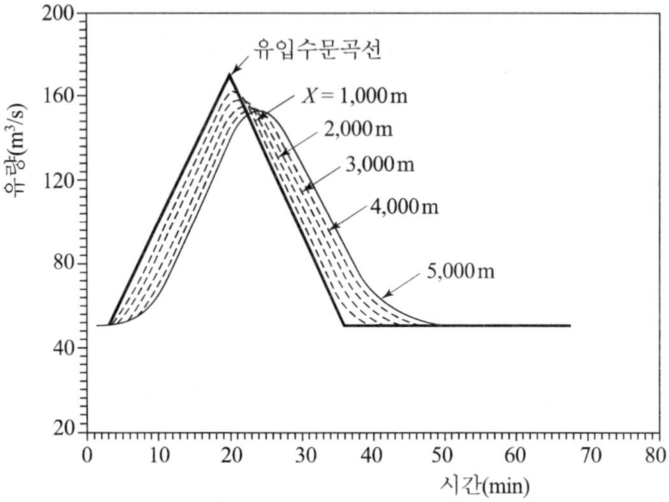

그림 14.12 운동파의 수치해(기지의 값을 이용한 선형화기법)(예제 14.8)

(3) 비선형 운동파기법

식 (14.68)의 유한차분화는 연속방정식 식 (14.24)와 식 (14.65), 두 식의 차분화의 조합으로 나타낼 수 있다. 먼저 식 (14.24)를 전방차분화하면

$$\frac{A_{i+1}^{n+1} - A_{i+1}^{n}}{\Delta t} + \left(\frac{Q_{i+1}^{n+1} - Q_{i}^{n+1}}{\Delta x}\right) = \frac{q_{i-1}^{n+1} + q_{i+1}^{n}}{2} \tag{14.92}$$

식 (14.65)의 차분화는 다음과 같이 나타낸다.

$$A_{i+1}^{n+1} = \alpha_1 \left(Q_{i+1}^{n+1}\right)^{\beta_1} \tag{14.93}$$

$$A_{i+1}^{n} = \alpha_1 \left(Q_{i+1}^{n}\right)^{\beta_1} \tag{14.94}$$

식 (14.93), (14.94)를 식 (14.92)에 대입하면 비선형 운동파모형의 차분식을 얻는다.

$$\frac{\Delta t}{\Delta x} Q_{i+1}^{n+1} + \alpha_1 \left(Q_{i+1}^{n+1}\right)^{\beta_1} = \frac{\Delta t}{\Delta x} Q_{i}^{n+1} + \left(Q_{i+1}^{n}\right)^{\beta_1} + \Delta t \left(\frac{q_{i+1}^{n+1} + q_{i+1}^{n}}{2}\right) \tag{14.95}$$

식 (14.95)의 좌변은 미지항만을 포함한다. 기지항인 우변을 D로 나타내고 식 (14.95)의 잔존오차를 $F(Q)$로 표시하면

$$F(Q) = \frac{\Delta t}{\Delta x} Q_{i+1}^{n+1} + \alpha_1 \left(Q_{i+1}^{n+1}\right)^{\beta_1} - D \tag{14.96}$$

Q_{i+1}^{n+1}에 관한 $F(Q)$의 미분을 $F'(Q)$로 나타내면

$$F'(Q) = \frac{\Delta t}{\Delta x} + \alpha_1 \beta_1 \left(Q_{i+1}^{n+1}\right)^{\beta_1 - 1} \tag{14.97}$$

식 (14.97)의 해는 $F(Q)=0$을 만족하는 Q_{i+1}^{n+1}을 구하는 것이고 이는 Newton–Raphson방법으로 주어진다. 즉

$$\left(Q_{i+1}^{n+1}\right)_{k+1} = \left(Q_{i+1}^{n+1}\right)_k - \frac{F\left(Q_{i+1}^{n+1}\right)}{F'\left(Q_{i+1}^{n+1}\right)} \tag{14.98}$$

여기서 k는 반복계산 횟수이고 반복과정의 수렴조건은

$$|F(Q)_{k+1}| \leq \epsilon \tag{14.99}$$

여기서 ϵ은 오차한계이다.

Q_{i+1}^{n+1}의 초기치는 수렴에 중요하다. 식 (14.91)의 선형기법에 의한 해를 초기치로 사용하는 것이 수렴에 효과적이다. 식 (14.95)는 조건 없이 안정함이 밝혀졌고 또한 광범위한 $\Delta t/\Delta x$에 대해서도 큰 오차 없이 추적이 가능함이 밝혀졌다.

14.6.4 운동파의 적용한계

홍수파의 본체부분은 운동파이고 운동파 전파속도로 유하한다. 따라서 감쇠가 매우 작거나 존재하지 않는다. 실제로 장기간 급경사수로를 유하하는 홍수파는 운동파이다. 지표류와 수로흐름에 대한 운동파의 적용기준이 Woolhiser–Liggett과 Ponce에 의하여 각각 제안되었으며 Ponce(1989)에 의하면 다음 조건을 만족하는 수로에서 흐름은 운동파이다.

$$\frac{t_r S_o V_o}{y_o} \geq N \tag{14.100}$$

여기서 t_r은 유입수문곡선의 **상승시간**(上昇時間; time of rise), S_o는 바닥경사, V_o는 평균유속, y_o는 평균수심이다. 정확도에서 운동파가 되기 위한 조건은 $N=85$이다.

예제 14.9

유입수문곡선의 상승시간이 12 hr, 바닥경사가 $S_o = 0.001$, 평균유속이 $V_o = 2\ \mathrm{m/s}$, 평균수심이 2 m인 홍수파가 운동파인지 검토하라.

[풀이] 주어진 값들을 식 (14.100)의 좌변에 대입하면 43.2이다. 이는 85보다 작으므로 운동파가 아니고 현저한 확산이 예상된다. 만약 바닥경사가 $S_o = 0.01$이 되면 식 (14.100)의 좌변은 432가 되어 운동파조건을 만족한다. 이는 수로경사가 급할수록 흐름은 완전한 운동파가 됨을 시사한다.

14.7 확산파

운동파방법은 지표류, 급경사흐름 추적에 적합하다. 대부분의 자연하천의 부정류에는 확산이 존재하나 운동파방법은 수치확산을 도입하지 않고서는 수문곡선의 확산을 계산하는 것이 가능하지 않다. 그러나 확산파모형은 이러한 확산의 계산이 가능하다.

관성이 압력, 중력 및 마찰력에 비하여 무시할 정도로 작은 홍수파는 **확산파**(擴散波; diffusion wave)로 기술될 수 있으며 확산파모형은 연속방정식 식 (14.24)와 식 (14.43)에서 국부, 이송의 두 가속항이 제외된 운동방정식 식 (14.101)로 이루어진다.

$$\frac{\partial y}{\partial x} = S_o - S_f \tag{14.101}$$

운동파에서는 운동량방정식이 정상등류로 귀결되는 데 반하여 확산파에서는 정상부등류가 됨을 알 수 있다. 따라서 운동파와 확산파의 차이점은 $\partial y / \partial x$ 항의 유무이다. $\partial y / \partial x$ 는 개수로의 부등류에 존재하는 홍수파의 감쇠를 유발하는 자연적인 확산과정을 나타내고 수심의 공간변화를 나타내는 이송가속항이다. 연속방정식 식 (14.24)와 식 (14.101)은 정상부등류를 기술하는 두 편미분방정식이다. 이들 두 식은 Q를 종속변수로 하는 하나의 식으로 정리된다. 이의 유도는 부록 14A에 주어진다.

$$\frac{\partial Q}{\partial t} + c_k \frac{\partial Q}{\partial x} = D \frac{\partial^2 Q}{\partial x^2} \tag{14.102}$$

여기서 c_k 는 운동파전파속도(dQ/dA)이고 D는 **수리확산계수**(水理擴散係數; hydraulic diffusivity)이다. 식 (14.102)의 좌변은 운동파식임을 알 수 있고 우변은 물리적인 확산을 기술하는 2계 편미분항이다. 또한 식 (14.102)는 색소나 오염물에 관한 **확산방정식**(擴散方程式; diffusion equation)과 같음을 알 수 있고 이로부터 홍수파의 감쇠가 기술될 수 있음을 알 수 있다. 수리확산계수는 **수로확산계수**(水路擴散係數; channel diffusivity)라고도 하며 $L^2 T^{-1}$의 차원을 가지며 다음과 같이 정의된다.

$$D = \frac{Q_o}{2BS_o} = \frac{q_o}{2S_o} \tag{14.103}$$

여기서 Q_o 는 평균유량, B는 수로폭, $q_o = Q_o / B$ 이다. 식 (14.102)로부터 산지하천과 같이 급경사수로에서는 D가 작아서 우변은 무시되어 운동파가 됨을 알 수 있고, 경사가 완만한 하천에서는 D가 크게 되어 감쇠를 나타내는 확산항이 중요하게 된다. 식 (14.102)는 식 (14.62)나 (14.68)보다 홍수파 이동을 더 정확하게 해석한다. 또한 식 (14.102)는 운동량의 모든 영향을 기술하지는 못하나 긴 하천이나 홍수터를 갖는 하천에서 중요한 홍수첨두의 물리적인 감쇠를 기술한다. 확산파모형은 운동파가 갖지 않는 홍수파의 감쇠의 기능을 갖는다. 확산파는 완만한 하도에서 급상승하는 수문곡선에 적합하다.

확산파의 적용한계

대부분의 홍수파는 약간의 물리적인 확산을 가지므로 운동파보다는 확산파에 의하여 보다 근사하게 모의된다. 이러한 이유로 확산파가 운동파보다 실제 문제에 널리 이용된다. 확산파모형으로 홍수의 이동과 확산을 적절히 기술할 수 없는 경우에는 동역학파모형이 사용된다. 동역학파는 특히 상류영역에서 강하게 감쇠현상을 갖는다. 그러나 실제 대부분의 홍수흐름은 확산이 완만하여 확산파로 모의될 수 있다. 확산파의 확인 여부의 기준은 다음 조건에 준한다.

$$t_r S_o \left[\frac{g}{y_o} \right]^{1/2} \geq M \tag{14.104}$$

여기서 t_r은 유입수문곡선의 상승시간, S_o는 바닥경사, y_o는 평균수심, g는 중력가속도이다. Ponce(1989)는 $M=15$를 제시하였다.

예제 14.10

예제 14.9의 홍수파가 확산파인지 검토하라.

[풀이] $t_r = 12$ hr, $S_o = 0.001$, $y_o = 2$ m를 식 (14.104)의 좌변에 대입하면 95.7로서 15보다 크다. 문제의 홍수파가 예제 14.9의 운동파 기준은 만족하지 않으나 확산파조건은 만족하여 확산파로 판명된다. 만약 식 (14.104)의 확산파조건도 만족하지 않는다면 동역학파가 사용되어야 할 것이다. 만약 바닥경사가 0.0001로 완만한 하천이면 식 (14.104)의 좌변은 9.57로 15보다 작아 확산파조건을 만족하지 않으므로 동역학파모형이 적용되어야 한다. 동역학파추적은 운동파, 확산파에서 제외되었던 국부, 이송가속성분의 관성을 포함한다.

14.8 Muskingum–Cunge방법

Muskingum–Cunge방법은 흐름과 하도특성에 의한 확산을 고려한 추적매개변수의 갱신 계산을 통하여 수문곡선의 감쇠를 반영할 수 있는 확산유사모형(擴散類似模型)으로 연속(저류)방정식에 근거한 Muskingum방법을 수정한 모형이다.

그림 14.11에 준한 식 (14.6)의 Muskingum추적식은 다음과 같다.

$$Q_{i+1}^{n+1} = C_o Q_i^{n+1} + C_1 Q_i^n + C_2 Q_{i+1}^n \tag{14.105}$$

Cunge(1969)는 유량에 관한 Taylor전개를 이용하고 적용되는 매개변수에 따라 식 (14.105)는 운동파모형식(식 14.68) 또는 운동파 전파속도 c_k와 확산계수 D가 각각 식 (14.106)과 (14.107)로 정의될 때 확산파모형식(식 14.102)이 되는 것을 밝혔다. 환언하면 식 (14.105)가 이송–확산식 (14.102) 또는 식 (14.108)의 유한차분형이 되는 것을 밝혔다.

$$c_k = \frac{\Delta x}{K} \tag{14.106}$$

$$D = \frac{c_k \Delta x}{2}(1 - 2X) \tag{14.107}$$

Muskingum–Cunge방법의 확산식인 식 (14.108)은 연속방정식으로부터 유도되고 이 과정은 부록 14B에 주어진다.

$$\frac{\partial Q}{\partial t} + \frac{\Delta x}{K}\frac{\partial Q}{\partial x} = \left[c_k(1 - X)\Delta x - \frac{\Delta x^2}{2K}\right]\frac{\partial^2 Q}{\partial x^2} \tag{14.108}$$

식 (14.108)의 괄호[ ]는 확산계수를 나타내어 식 (14.108)은 운동파 전파속도와 확산계수를 갖는 이송–확산식이다. 식 (14.108)에서 $\partial Q/\partial x$와 $\partial^2 Q/\partial x^2$의 계수는 각각

$$\text{운동파 전파속도} \qquad c_{kn} = \Delta x / K \tag{14.109}$$

$$\text{확산계수} \qquad D_n = \Delta x\left[c_k(1 - X) - c_{kn}/2\right] \tag{14.110}$$

여기서 c_{kn}, D_n은 수치해석과정에서 생성된 값들이다. 식 (14.110)은 이산화의 산물인 Δx가 저류방정식에 내재해 있는 확산의 발원지임을 설명한다. 추적매개변수 X, K를 추정하기 위하여 식 (14.109), (14.110)의 수치적인 확산을 물리적인 확산과 같게 놓는다(Cunge, 1969). 즉 c_{kn}을 식 (14.76)의 c_k와, D_n을 식 (14.103)의 D와 같게 놓고 X, K에 관하여 정리하면

$$K = \frac{\Delta x}{dQ_o/dA_o} = \frac{\Delta x}{c_k} \tag{14.111}$$

$$X = \frac{1}{2}\left(1 - \frac{Q_o}{c_k \Delta x B S_o}\right) \tag{14.112}$$

여기서 c_k는 Q_o에 해당하는 운동파 전파속도(식 (14.61) 또는 (14.76)으로 계산), Q_o는 기준유량, A_o는 기준유량에 준하는 흐름단면적, B는 Q_o와 연관된 수면폭, S_o는 하상경사이다. 식 (14.112)의 물리량은 시간(Δt)과 공간(Δx)에 대한 평균이다. 수치적 안정을 위해서 $0 \leqq X \leqq 1/2$이 요구된다.

식 (14.111)은 주어진 유량이 운동파 전파속도 c_k로 구간 Δx를 유하하는 데 소요된 홍수파 유하시간임을 나타낸다. c_k는 선형모형에서는 상수이고 비선형모형에서는 유량에 따라 변한다. 식 (14.112)에서 X는 구간길이 Δx, 기준유량 Q_o, 운동파 전파속도 c_k 및 하상경사 S_o의 함수임을 나타낸다.

측방유입량을 고려할 경우 식 (14.102)와 (14.105)는 각각 다음과 같이 수정된다.

$$\frac{\partial Q}{\partial t} + c_k\frac{\partial Q}{\partial x} - D\frac{\partial^2 Q}{\partial x^2} = c_k q_L \tag{14.113}$$

$$Q_{i+1}^{n+1} = C_o Q_i^{n+1} + C_1 Q_i^n + C_2 Q_{i+1}^n + C_3 q_L \tag{14.114}$$

여기서 $q_L = q\Delta x$, 식 (14.105)와 (14.114)의 계수 C_o, C_1 및 C_2는 식 (14.7∼8)로 주어지고 C_3는 식 (14.115)로 정의된다.

$$C_3 = \frac{\Delta t}{K - KX + 0.5\Delta t} = \frac{\Delta t}{D_o} \tag{14.115}$$

Muskingum방법은 매개변수 X를 변화시킴에 의하여 확산을 반영할 수 있고, 선형운동파식은 적용되는 차분화방법과 격자크기에 따라 수치감쇠, 분산을 야기한다(예제 14.6, 7 및 8). K와 X가 상수로 취해지면 식 (14.105)는 운동파모형(식 14.62 또는 14.68)의 유한차분해가 된다. K와 X가 식 (14.111)과 (14.112)로 주어지는 경우 식 (14.105)는 확산파모형의 근사해가 된다.

수치오차를 최소화하기 위한 Δt와 ΔX의 선정은 다음과 같다(Jones, 1981).

$$\Delta t \leqq T_r / M \tag{14.116}$$

여기서 $M \geqq 5$이고 T_r은 수문곡선에서 상승부의 시간이다.

$$\Delta x \simeq 0.5 c_k \Delta t \left[1 + \left(1 + 1.5 \frac{q}{c_k S_o \Delta t} \right)^{1/2} \right] \tag{14.117}$$

여기서 q는 단위폭의 유량이다. 또한 정도를 높이기 위해서는 Δx와 Δt가 작아야 한다. 완만하게 상승하는 수문곡선에 대한 Δt의 최소치로 $\Delta t = t_P/5$가 권장된다. 여기서 t_P는 수문곡선의 첨두시간이다. X의 변화가 추적결과에 미치는 영향은 민감하지 않다. 따라서 상수 X의 적용도 무방하다(Koussis, 1978).

Muskingum–Cunge추적은 식 (14.105)의 대수식을 푸는 것으로 수행된다. K와 X는 다 같이 시간과 공간에 따라 변하므로 각 시간과 공간으로 정의되는 계산점에서 식 (14.111)과 (14.112)를 이용하여 새롭게 계산되고 이들을 식 (14.7∼8)에 대입하여 식 (14.105)의 C_o, C_1 및 C_2가 다시 구해진다.

Muskingum–Cunge방법은 운동파방법에 대하여 2가지 장점을 갖는다. (1) 운동파의 해는 편미분방정식의 유한차분식에 의하여 주어지는 데 반하여 식 (14.105)의 해는 선형대수식에 의하여 주어진다. 전체 추적구간에 대한 해를 통하여 수문곡선이 제공되는 운동파추적에 반하여 필요한 단면에서 완전한 수문곡선을 제공한다. (2) 식 (14.105)에 의한 해는 운동파방법에 비하여 Δt와 Δx의 선정에 융통성이 있어서 파의 감쇠를 작게 하는 경향이 있다.

Muskingum–Cunge방법의 장단점: 장점으로는 정확도에서는 거의 같으나 간편성 때문에 Muskingum–Cunge방법이 확산파모형보다 선호된다. 즉 매개변수추정에 많은 작업을 요하는 Muskingum방법에 반하여 Muskingum–Cunge방법은 매개변수의 검정을 필요로 하지 않는다. Muskingum–Cunge방법에서 추적매개변수 X, K는 식 (14.111)과 (14.112)를 통하여 흐름특성을 반영할 수 있다. 매개변수는 물리적인 근거를 가지므로 미계측 지점에도 적용 가능하고 넓은 유량범위에서 부정류식의 결과와 대등한 결과를 제공한다.

단점과 한계로는 상류로 전파되는 하류교란을 처리하지 못하고 하류 홍수터의 범람으로 인하여 운동파 전파속도에 변화가 클 때 하류경계에서 수문곡선을 정확하게 예측하지 못한다. Muskingum–Cunge방법은 이송확산식의 근사해로 고려되어 홍수파의 감쇠는 반영하나 역류와 배수영향을 반영하지 못하고 평탄수로에서 급격히 상승하는 홍수파에는 부적당하다. Muskingum방법과 같이 단일함수 수위–유량관계에 한정되므로 배수영향이 없는 하도, 부정류를 포함하지 않는 하도에 적용되는 한계를 갖는다.

Muskingum방법과 Muskingum–Cunge방법의 차이점: Muskingum방법은 저류개념에 근거하므로 X, K는 하도구간에 대한 평균치이고 기록을 이용해서 계산된다. 그러나 Muskingum–Cunge방법에서는 X, K가 실측 유량자료와 하도특성을 이용하여 추적단계마다 갱신 계산되므로 흐름과 하도특성의 반영도가 높다. 이러한 점에서 운동파성격을 갖는다.

Muskingum–Cunge방법에서 추적계산은 선형 또는 비선형의 형태로 진행될 수 있다.

(1) **선형 또는 상수 Muskingum–Cunge방법**: 추적매개변수는 기준유량을 이용하여 계산되며 추적기간 동안 상수로 유지된다. 이는 Muskingum방법과 유사하나 다른 점은 Muskingum–Cunge방법에서는 측정이 가능한 유량과 수로특성을 사용하여 K, X를 계산하나 Muskingum방법에서는 역사적인 기록을 이용하는 점이다.

(2) **비선형 또는 변수 Muskingum–Cunge방법**: 각 시간, 소 구간마다 추적매개변수가 계산되는 점에서 비선형이다. 추적매개변수는 변하는 유량의 변화폭에 따라 식 (14.111)과 (14.112)에 의하여 계산된다. 선형과 비선형에 식 (14.111), (14.112)의 K, X의 사용은 추적결과에서 차이가 거의 없는 것으로 알려진다.

기준유량 Q_o의 선정: 기준유량으로는 평균 또는 첨두유량이 선정된다. 기준유량으로 평균유량이 약간의 개선을 제공하는 반면 첨두유량의 사용은 작업이 간편하다(Ponce와 Yevjevich, 1978). 이들 두 유량의 조정치로 식 (14.118)이 사용된다.

$$Q_o = Q_b + 1/2(Q_P + Q_b) \tag{14.118}$$

여기서 Q_b는 기저유출, Q_P는 첨두유량이다. 첨두유량을 사용하는 경우가 첨두와 첨두시간이 동역학 추적결과에 더 근접하다는(Merkel, 2002) 엇갈린 결과들이 발표되었다. 예제 14.11에서 알 수 있는 바와 같이 일반적으로 기준유량의 크기가 추적결과에 미치는 영향은 무시할 정도이다.

예제 14.11

표 14.8의 2란은 유입수문곡선이다. $\Delta x = 18$ km 하도구간의 하류에서 $\Delta t = 1$ hr에 대한 유출수문곡선을 Muskingum–Cunge방법으로 구하라. 하천의 특성은 하폭이 $B = 190$ m, 수로경사가 $S_o = 0.0006$, 조도계수가 $n = 0.03$이다. 기준유량으로 첨두유량에 근접하는 $Q_o = 1{,}700\ \text{m}^3/\text{s}$를 선정한다.

표 14.8 Muskingum-Cunge 하도추적 예제

t	I	Q		
		Q=1,700	Q=1,078	Q=1,900
(hr)	(m^3/s)	(m^3/s)	(m^3/s)	(m^3/s)
(1)	(2)	(3)	(4)	(5)
0	140	140	140	140
1	220	137	129	147
2	360	192	170	207
3	625	304	259	330
4	910	525	461	548
5	1,390	785	733	827
6	1,635	1,211	1,131	1,216
7	1,735	1,512	1,449	1,498
8	1,530	1,679	1,665	1,634
9	1,290	1,580	1,608	1,545
10	1,065	1,379	1,429	1,359
11	853	1,160	1,218	1,148
12	724	944	996	944
13	595	790	835	789
14	500	653	690	654
15	410	546	577	545
16	346	450	475	451
17	282	378	399	376
18	216	311	331	309
19	190	244	258	246
20	160	206	217	206

[풀이] 마닝공식에 의하면 $Q_o = 1{,}700\ \mathrm{m^3/s}$에 대한 수심과 유속은 각각 $y_o = 4.28\ \mathrm{m}$, $V_o = 2.1\ \mathrm{m/s}$이고 직사각형수로로 가정할 경우 수심 $y = 2,\ 3\ \mathrm{m}$에 대한 단면적은 각각 380, 570 $\mathrm{m^2}$이고 유량은 각각 485 $\mathrm{m^3/s}$, 948 $\mathrm{m^3/s}$이다. 식 (14.58)로부터 유도되는 $\beta = \log(Q_2/Q_1)/\log(A_2/A_1)$를 이용하여 계산한 계급구간의 β값은

$$\beta = \log(948/485)/\log(570/380) = 1.65$$

이다. 이를 이용한 운동파 전파속도 c_k는 $c_k = \beta V_o = 1.65 \times 2.1 = 3.47\ \mathrm{m/s}$이다. 따라서 K와 X는

$$K = \frac{18{,}000\ \mathrm{m}}{3.47\ \mathrm{m/s}} = 5{,}187\ \mathrm{s} = 1.44\ \mathrm{hr}$$

$$X = \frac{1}{2}\left(1 - \frac{1{,}700}{3.47(18{,}000)(190)(0.0006)}\right) = 0.38$$

식 (14.7~8)로부터 $C_o = -0.034$, $C_1 = 0.752$와 $C_2 = 0.282$를 얻는다. 추적은 식 (14.105)를 이용하여 수행되며 결과는 표 14.8과 그림 14.11에 보인 바와 같다. 기준유량의 선정에 대한 Muskingum-Cunge방법의 민감도를 조사하기 위하여 유량 $Q_o = 1{,}900$과 1,078 $\mathrm{m^3/s}$에 대한 추적결과도 주어진다. 1,078 $\mathrm{m^3/s}$는 $Q_b + (Q_P + Q_b)/2$로 산정된 평균유량이다. 두 유량에 대한 매개변수는 다음과 같다.

$Q_o = 1{,}900\ \mathrm{m^3/s}$, $y_o = 4.60\ \mathrm{m}$, $V_o = 2.17\ \mathrm{m/s}$, $\beta = 1.65$, $c_k = 3.58\ \mathrm{m/s}$, $K = 1.397\ \mathrm{hr}$, $X = 0.259$

$Q_o = 1{,}078\ \mathrm{m^3/s}$, $y_o = 3.25\ \mathrm{m}$, $V_o = 1.75\ \mathrm{m/s}$, $\beta = 1.65$, $c_k = 2.89\ \mathrm{m/s}$, $K = 1.73\ \mathrm{hr}$, $X = 0.409$

그림 14.13에서와 같이 유출수문곡선은 기준유량의 선정에 크게 영향을 받지 않음을 알 수 있다. β는 마닝공식을 이용하는 경우 $\beta = 5/3$이다. 그러나 홍수터를 갖는 복단면에는 적용되지 않는다. $\beta > 1.0$의 경우 평균유속은 유량증가에 따라 증가하고 $\beta < 1.0$의 경우는 수심이 작은 홍수터가 포함되어 유량증가에 따라 평균유속은 감소한다. 한편 $\beta = 1.0$의 경우에는 평균유속은 일정하다.

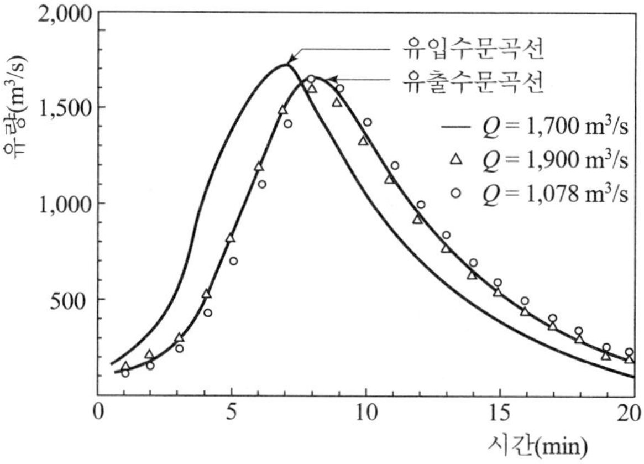

그림 14.13 Muskingum-Cunge 하도추적 수문곡선(예제 14.11)

14.9 동역학파 추적

운동파는 정상등류에 부합되도록 운동량방정식을 간단화하여 얻어지고 확산파는 정상부등류에 부합되도록 운동량방정식을 간단화하여 얻어진다. 이들 중 특히 확산파는 하도추적에 널리 사용되어 왔다. 운동파와 확산파모형은 수로경사가 일반적으로 급하고($S_o > 0.0001$) 조석, 지류 및 저수지 조작과 같은 하류교란의 영향이 상류로 전파되지 않고 하류로만 전파되는 흐름을 기술하는 데 적용된다.

배수(back water)영향과 같이 관성과 압력이 다 같이 중요한 흐름을 해석하기 위해서는 운동량방정식에 관성과 압력이 다 필요하다. 이러한 경우에는 **동역학파 추적방법**(動力學波追跡方法; dynamic wave routing method)이 필요하며 이는 완전한 Saint-Venant식의 수치해를 필요로 한다. 또한 자연하천은 물론 도시유역과 우수배수계통을 포함한 흐름의 보다 높은 정확도의 수문학적 모의는 동역학파와 같은 복잡한 흐름추적모형을 필요로 한다. 동역학파는 운동파나 확산파보다 많은 물리적인 정보를 제공하나 해는 훨씬 복잡하다. St. Venant식의 해는 특성곡선방법과 수치해의 두 방법으로 주어진다. 동역학파의 수치해는 연속, 운동량방정식을 수치적으로 푸는 것으로 해법에는 유한차분법, 유한요소법, 유한체적법이 있다.

동역학파는 운동파나 확산파의 해가 물리적인 현상을 적절히 나타내지 못하는 경우에 권장된다. 특히 아주 평탄한 경사를 갖는 수로의 흐름, 저수지에 유입량, 현저한 배수 또는 역류가 일어나는 경우 동역학파 해가 적용된다. 또한 하천수위의 정확한 시간변화가 요구되는 경우에도 권장된다.

동역학파 추적은 다른 추적방법보다 많은 물리적인 성질을 반영하므로 정확도가 높아서 다른 추적방법을 비교하는 기준이 된다. 그러나 동역학파 추적의 단점은 많은 기하학적인 자료와 경계조건을 필요로 하고 이들 자료가 적절하게 제공되지 않으면 정확도가 낮아지는 것이다. 또한 많은 경우 수치해의 불안정이 발생하여 해에 대한 수렴이 어려워진다.

14.9.1 동역학 수위-유량관계

등류는 하상경사 S_o와 마찰경사 S_f가 같은 경우, 즉 관성과 압력이 무시할 정도이고 중력과 마찰력만이 중요한 경우에 일어난다. 등류인 경우 수위와 유량의 관계는 그림 14.14a의 등류 수위-유량곡선과 같이 단일치 함수로 하나의 수위에 대응하는 유량은 하나이다. 운동량방정식에서 관성과 압력과 같은 항이 무시할 정도가 아니면 수위-유량관계는 그림 14.14b와 같이 단일치 함수가 아닌 고리모양을 형성하는데 이는 수위가 유량만의 함수가 아니고 변하는 에너지경사, 수로와 제방의 저류량의 영향을 받기 때문이다. 주어진 수위에 대한 유량은 수문곡선의 감수부에서보다 증수부에서 더 크다. 수문곡선이 여러 개의 첨두를 갖게 되면 다중고리를 갖는 복잡한 수위-유량곡선이 된다(그림 14.15).

이러한 고리가 형성되는 것은 수리학적인 현상에 의한 것이고 세굴, 퇴적 또는 하상 변화에 의한 것이 아니다. 고리의 폭은 부정류의 척도로서 고리의 넓은 폭은 심한 부정류인 동역학흐름을 나타낸다. 고리의 폭이 좁으면 흐름은 약한 부정류인 확산파임을 시사하고 만약 고리가 실질적으로 존재하지 않으면 흐름은 운동파로 근사될 수 있다. 운동파흐름의 기본가정은 운동량이 정상등류로 모의될 수 있어 수위-유량곡선은 단일치 함수이다. 댐 파괴 홍수파와 같이 심한 부정류에 대해서는 동역학파만이 고리형태의 수위-유량관계를 적절하게 해석하는 방법이다.

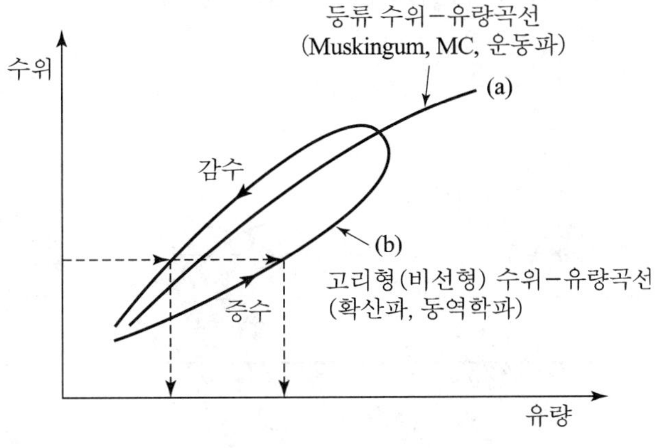

그림 14.14 수위-유량곡선

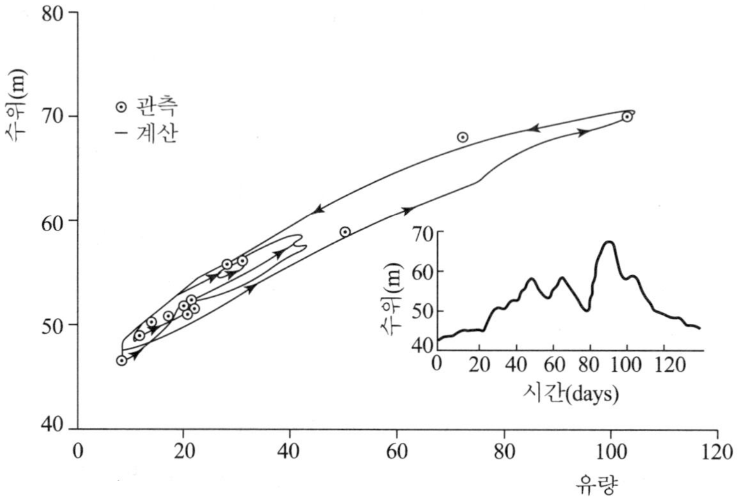

그림 14.15 다중첨두의 수위-유량곡선(Chow, 1988)

14.9.2 동역학파 전파속도

동역학파(動力學波; dynamic wave)를 수학적으로 기술함에는 연속방정식과 완전한 운동량방정식을 필요로 하는 장파로 정의된다. 식 (14.76)으로 주어지는 운동파 전파속도는 하류의 한 방향으로만 전파된다. 그러나 동역학파에서는 $x-t$평면에서 두 개의 특성곡선으로 대표되듯이 두 개의 속도가 존재하고 동역학파의 운동을 기술함에 운동량방정식 식 (14.43)의 모든 항이 포함되므로 동역학적 교란은 상류와 하류 양방향으로 전파된다.

자연하천의 홍수파에는 운동파와 동역학파가 다 같이 존재한다. 운동량방정식에서 다른 항이 무시할 정도가 아닌 경우에는 바닥경사 S_o가 가장 지배적이어서 홍수파의 본체는 운동파로 이동한다. 따라서 대부분의 홍수파는 운동파로 이동하고 홍수파 본체의 속도는 운동파속도로 근사된다. 운동량방정식인 식 (14.43)에서 다른 항들이 무시할 정도가 아닌 경우 이들은 그림 14.16에서와 같이 홍수파의 본체 전후에서 속도 $V \pm \sqrt{gy}$로 이동하는 **동역학파 선단**(動力學波先端; dynamic wave front)을 형성한다.

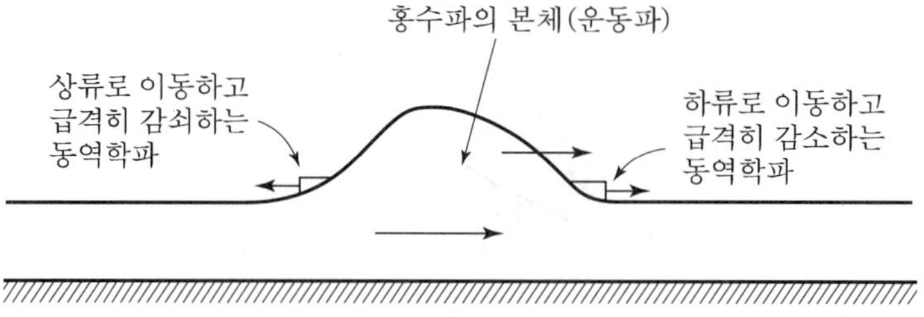

그림 14.16 홍수파 이동

넓은 사각형수로($R \cong y$)에 Chezy식을 적용할 경우 식 (14.61)의 β는 $\beta = 3/2$이므로 운동파 전파속도 c_k는

$$c_k = \frac{3}{2} V \tag{14.119}$$

산지급류를 제외하면 대부분의 자연하천의 흐름이 $1/2\,V < \sqrt{gy}$ 또는 $F_r < 2$인 점을 감안하면 식 (14.119)의 c_k는 동역학파 선단의 속도 $V + \sqrt{gy}$ 보다 작다. 이러한 흐름에서 동역학파 선단은 홍수파의 본체(운동파)를 앞지른다. 상류로 전파되는 동역학파의 속도 $V - \sqrt{gy}$는 항상 $c_k = dQ/dA$ 보다 작으므로 홍수파 본체 후미에 있게 된다. $F_r > 1$ 또는 $V > \sqrt{gy}$인 사류에서는 파가 상류로 전파될 수 없으므로 운동파의 근사가 잘 맞는다. 동역학파는 지배적인 운동파의 영향을 주로 받아 운동파로 이동하는 홍수파 본체보다 훨씬 빠르게 이동하고 빨리 감쇠하기 때문에 거의 식별되지 않는다.

동역학파 전파속도는 Saint-Venant식에 대한 특성곡선식을 개발하여 얻어질 수 있다. 비보전형 Saint-Venant식(식 14.43)으로부터 특성곡선식은

$$\frac{dx}{dt} = V \pm c_d \tag{14.120}$$

$$\frac{d}{dt}(V \pm 2c_d) = g(S_o - S_f) \tag{14.121}$$

여기서 c_d는 동역학파 전파속도로서 사각형수로에서 다음과 같이 정의된다.

$$c_d = \sqrt{gy} \tag{14.122}$$

여기서 y는 수심이다. 임의의 단면을 갖는 수로에서는 $c_d = \sqrt{gA/B}$이다. 전파속도 c_d는 정지수역에서 동역학파의 속도이다. 전술한 바와 같이 이동하는 물(그림 14.16)에서는 $V - c_d$의 속도로 상류로 진행하는 파와 $V + c_d$의 속도로 하류로 진행하는 파의 두 파가 존재한다.

예제 14.12

사각형수로의 폭이 80 m, 바닥경사가 0.005, 마닝조도계수가 0.03이다. 유량이 140 m^3/s인 지점에서 동역학파의 전파속도를 구하라.

[풀이] $R \approx y$, $S_o = S_f$ 및 폭 B인 수로에 대한 마닝공식은

$$Q = \frac{1}{n} S_f^{1/2} A R^{2/3} = \frac{1}{n} S_o^{1/2} (By) y^{2/3}$$

y에 관하여 정리하고 주어진 값들을 대입하면

$$y = \left[\frac{nQ}{S_o^{1/2} B} \right]^{3/5} = \left[\frac{0.03 \times 140}{0.005^{1/2} \times 80} \right]^{3/5} = 0.84 \text{ m}$$

따라서 평균유속은

$$V=\frac{Q}{By}=\frac{140}{80\times 0.84}=2.08\ \mathrm{m/s}$$

운동파 전파속도 c_k는 식 (14.77)에 따라

$$c_k=\frac{1}{B}\frac{dQ}{dy}=\frac{1}{B}\frac{d}{dy}\left[\frac{S_o^{1/2}B}{n}y^{5/3}\right]$$

$$=\left[\frac{S_o^{1/2}}{n}\right]\left[\frac{5}{3}\right]y^{2/3}=\frac{0.005^{1/2}\times 5\times 0.84^{2/3}}{0.03\times 3}=3.5\ \mathrm{m/s}$$

동역학파 전파속도는

$$c_d=\sqrt{gy}=\sqrt{9.81\times 0.84}=2.87\ \mathrm{m/s}$$

상류로 전파되는 동역학파의 전파속도는

$$V-c_d=2.08-2.87=-0.79\ \mathrm{m/s}$$

하류로 전파되는 동역학파의 전파속도는

$$V+c_d=2.08+2.87=4.95\ \mathrm{m/s}$$

그림 14.16을 참고로 하여 결과를 해석할 경우 운동파 전파속도(3.5 m/s)로 유하하는 홍수파는 물의 평균유속(2.08 m/s)보다 빨리 이동하고 동역학파는 상류로는 0.79 m/s의 속도로, 하류로는 4.95 m/s로 동시에 이동한다.

14.9.3 음해성 동역학파모형

음해성 차분법은 기지의 값을 가진 현 시간단계와 미지의 값인 다음 시간단계의 공간횡축의 모든 점에 St.Venant식을 동시에 적용하여 구성되는 연립방정식의 해를 구하는 것이다. 기지의 값을 가진 현 시간단계로부터 미지의 값인 다음 시간단계의 값을 공간에 차례로 구하는 양해법은 그 적용이 간단하나 수치안정에 필요한 시간증분의 크기에 제약을 받는다. 예를 들면 양해법은 수치안정에 1분의 시간증분이 필요한 데 반하여 음해법에서는 같은 문제 해석에 1시간의 시간증분도 사용 가능하다.

음해성 차분기법은 그림 14.17에서 보인 P 점 주위의 가중 4점방법을 사용한다. 수위, 유량과 같은 변수를 u로 나타낸다.

시간차분화: 시간차분화는 거리 $i\Delta x$와 $(i+1)\Delta x$에서 시간차분치의 평균으로 근사된다. i에서 $\frac{\partial u}{\partial t}$의 차분화는 $(u_i^{j+1}-u_i^j)/\Delta t$이고, $(i+1)$에서는 $(u_{i+1}^{j+1}-u_{i+1}^j)/\Delta t$이므로 거리 i와 $(i+1)$의 중간에 위치한 P 점에서 $\frac{\partial u}{\partial t}$의 차분화는

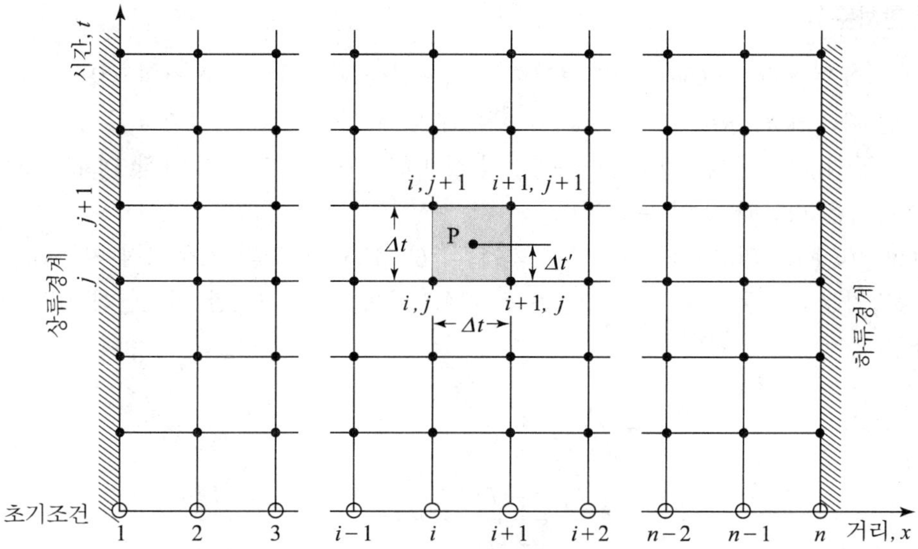

그림 14.17 $x-t$ 평면 상의 차분해법

$$\frac{\partial u}{\partial t}=\frac{u_i^{j+1}+u_{i+1}^{j+1}-(u_i^j+u_{i+1}^j)}{2\Delta t} \tag{14.123}$$

공간차분화: 시간 $j\Delta t$와 $(j+1)\Delta t$에서 공간차분에는 평균이 아닌 가중인자 θ가 적용된다. j에서 $\dfrac{\partial u}{\partial x}$의 차분화는 $(u_{i+1}^j-u_i^j)/\Delta x$이고, $(j+1)\Delta t$에서는 $(u_{i+1}^{j+1}-u_i^{j+1})/\Delta x$이므로 가중인자 θ를 적용할 경우 $\dfrac{\partial u}{\partial x}$의 차분화는

$$\frac{\partial u}{\partial x}=\theta\frac{u_{i+1}^{j+1}-u_i^{j+1}}{\Delta x}+(1-\theta)\frac{(u_{i+1}^j-u_i^j)}{\Delta x} \tag{14.124}$$

u의 평균치도 같은 방법으로 정의된다.

$$\overline{u}=\theta\frac{u_i^{j+1}+u_{i+1}^{j+1}}{2}+(1-\theta)\frac{(u_i^j+u_{i+1}^j)}{2} \tag{14.125}$$

여기서 $\theta(=\Delta t'/\Delta t)$는 그림 14.17에서 시간축에 대한 P 점의 위치를 결정한다. $\theta=0$이면 P 점은 j 시간선에 위치하고 기법은 완전 양해법이 된다. $\theta=1$이면 P 점은 $(j+1)$시간선에 위치하고 기법은 완전 음해법이 된다. 음해법은 θ가 0.5~1.0 범위에 있는 경우이고($\theta=0.5$이면 box scheme이라 한다) Fread는 $\theta=0.55\sim0.6$의 값을 제안했다.

음해법과 양해법의 주요 차이점은 음해법은 모든 시간증분에 대해서 조건 없이 안정한 반면 양해법은 Courant조건을 만족하는 시간증분에서만 안정하다. $0.5\leqq\theta\leqq1.0$의 조건에서 가중 4점법은 어느 시간증분에서나 조건 없이 안정하다.

14.9.4 유한차분식

차분화에는 Saint-Venant식의 보전형이 사용된다. 그 이유는 하천의 점변-장기 홍수파에서부터 댐 파괴에 의하여 발생하는 파와 같은 단파에 이르는 넓은 범위의 유량을 모의하는 데 필요한 융통성을 갖기 때문이다. 연속방정식(식 14.24)와 운동량방정식(식 14.42) 또는 식 (14.54)의 차분식은 다음과 같이 유도된다.

Saint-Venant식의 동역학추적 차분화에 식 (14.123~125)의 가중 4점 차분화기법이 사용된다. 공간차분화 $\partial Q/\partial x$와 $\partial h/\partial x$는 식 (14.124)에 따라 인접한 시간단계선의 사이에서 주어진다.

$$\frac{\partial Q}{\partial x} = \theta \frac{Q_{i+1}^{j+1} - Q_i^{j+1}}{\Delta x_i} + (1-\theta)\frac{(Q_{i+1}^{j} - Q_i^{j})}{\Delta x_i} \tag{14.126}$$

$$\frac{\partial h}{\partial x} = \theta \frac{h_{i+1}^{j+1} - h_i^{j+1}}{\Delta x_i} + (1-\theta)\frac{h_{i+1}^{j} - h_i^{j}}{\Delta x_i} \tag{14.127}$$

시간차분화에는 식 (14.123)이 이용된다.

$$\frac{\partial A}{\partial t} = \frac{A_i^{j+1} + A_{i+1}^{j+1} - (A_i^j + A_{i+1}^j)}{2\Delta t_j} \tag{14.128}$$

$$\frac{\partial Q}{\partial t} = \frac{Q_i^{j+1} + Q_{i+1}^{j+1} - (Q_i^j + Q_{i+1}^j)}{2\Delta t_j} \tag{14.129}$$

q와 A 같은 비도함수의 차분화는 식 (14.125)에 의하여 인접한 시간단계선 사이에서 주어진다.

$$\begin{aligned} q &= \theta \frac{q_i^{j+1} + q_{i+1}^{j+1}}{2} + (1-\theta)\frac{(q_i^j + q_{i+1}^j)}{2} \\ &= \theta \bar{q}_i^{j+1} + (1-\theta)\bar{q}_i^j \end{aligned} \tag{14.130}$$

$$\begin{aligned} A &= \theta \frac{A_i^{j+1} + A_{i+1}^{j+1}}{2} + (1-\theta)\frac{(A_i^j + A_{i+1}^j)}{2} \\ &= \theta \bar{A}_i^{j+1} + (1-\theta)\bar{A}_i^j \end{aligned} \tag{14.131}$$

연속방정식의 차분화: 식 (14.126), (14.128) 및 (14.130)을 식 (14.24)에 대입하여 얻어진다.

$$\begin{aligned} &\frac{A_i^{j+1} + A_{i+1}^{j+1} - A_i^j - A_{i+1}^j}{2\Delta t_j} \\ &+ \theta\left(\frac{Q_{i+1}^{j+1} - Q_i^{j+1}}{\Delta x_i} - \bar{q}_i^{j+1}\right) + (1-\theta)\left(\frac{Q_{i+1}^j - Q_i^j}{\Delta x_i} - \bar{q}_i^j\right) = 0 \end{aligned} \tag{14.132}$$

운동량방정식의 차분화: 식 (14.126), (14.127), (14.129), (14.130) 및 (14.131)을 식 (14.54)에 대입하여 구해진다.

$$\frac{Q_i^{j+1}+Q_{i+1}^{j+1}-Q_i^j-Q_{i+1}^j}{2\Delta t_j}+\theta\left[\frac{(\beta Q^2/A)_{i+1}^{j+1}-(\beta Q^2/A)_i^{j+1}}{\Delta x_i}+g\overline{A}_i^{j+1}\right.$$

$$\left.\left\{\frac{h_{i+1}^{j+1}-h_i^{j+1}}{\Delta x_i}+\left(\overline{S_f}\right)_i^{j+1}+\left(\overline{S_e}\right)_i^{j+1}\right\}-\left(\overline{\beta q v_x}\right)_i^{j+1}+\left(\overline{W_f}\,\overline{B}\right)_i^{j+1}\right]+(1-\theta)\left[\frac{(\beta Q^2/A)_{i+1}^j-(\beta Q^2/A)_i^j}{\Delta x_i}\right.$$

$$\left.+g\overline{A}_i^j\left\{\frac{h_{i+1}^j-h_i^j}{\Delta x_i}+\left(\overline{S_f}\right)_i^j+\left(\overline{S_e}\right)_i^j\right\}-\left(\overline{\beta q v_x}\right)_i^j+\left(\overline{W_f}\,\overline{B}\right)_i^j\right]=0 \tag{14.133}$$

연속방정식(식 14.132)와 운동량방정식(식 14.133)에 Δx를 곱하여 다음과 같이 수정한다.

연속 방정식

$$\theta(Q_{i+1}^{j+1}-Q_i^{j+1}-\overline{q}_i^{j+1}\Delta x_i)+(1-\theta)(Q_{i+1}^j-Q_i^j-\overline{q}_i^j\Delta x_i)$$
$$+\frac{\Delta x_i}{2\Delta t_j}(A_i^{j+1}+A_{i+1}^{j+1}-A_i^j-A_{i+1}^j)=0 \tag{14.134}$$

운동량 방정식

$$(\Delta x_i/2\Delta t_j)[Q_i^{j+1}+Q_{i+1}^{j+1}-Q_i^j-Q_{i+1}^j]+\theta[(\beta Q^2/A)_{i+1}^{j+1}-(\beta Q^2/A)_i^{j+1}$$
$$+g\overline{A}_i^{j+1}\{h_{i+1}^{j+1}-h_i^{j+1}+(\overline{S_f})_i^{j+1}\Delta x_i+(\overline{S_e})_i^{j+1}\Delta x_i\}-(\overline{\beta q v_x})_i^{j+1}\Delta x_i$$
$$+(\overline{W_f}\,\overline{B})_i^{j+1}\Delta x_i]+(1-\theta)[(\beta Q^2/A)_{i+1}^j-(\beta Q^2/A)_i^j+g\overline{A}_i^j\{(h_{i+1}^j-h_i^j)$$
$$+(\overline{S_f})_i^j\Delta x_i+(\overline{S_e})_i^j\Delta x_i\}-(\overline{\beta q v_x})_i^j\Delta x_i+(\overline{W_f}\,\overline{B})_i^j\Delta x_i]=0 \tag{14.135}$$

여기서 평균치는 다음과 같이 한 구간에 대한 값으로 정의된다.

$$\overline{\beta}_i=\frac{\beta_i+\beta_{i+1}}{2} \tag{14.136}$$

$$\overline{A}_i=\frac{A_i+A_{i+1}}{2} \tag{14.137}$$

$$\overline{B}_i=\frac{B_i+B_{i+1}}{2} \tag{14.138}$$

$$\overline{Q}_i=\frac{Q_i+Q_{i+1}}{2} \tag{14.139}$$

$$\overline{R}_i=\frac{\overline{A}_i}{\overline{B}_i} \tag{14.140}$$

S_f 는 마닝공식으로부터 주어진다.

$$(\overline{S}_f)_i=\frac{n_i^2\,|\overline{Q}_i|\,\overline{Q}_i}{A_i^2R_i^{4/3}} \tag{14.141}$$

$|Q|Q$의 부호는 흐름이 하류이면 (+), 상류이면 (−)가 된다. 수로단면의 확대 또는 수축에 의한 수두손실은 상・하류 속도수두 자승의 차이에 비례한다. 따라서 확대 또는 수축에 의한 손

실수두 S_e 는

$$(S_e)_i = \frac{(K_e)_i}{2g\,\Delta x_i}\left(\left(\frac{Q}{A}\right)^2_{i+1} - \left(\frac{Q}{A}\right)^2_i\right) \tag{14.142}$$

여기서 K_e 는 확대 또는 수축 손실계수이다.

수면에 대한 바람의 상대속도 V_r 은 다음과 같다.

$$(\overline{V}_r)_i = \left(\frac{\overline{Q}_i}{A_i}\right) - (V_w)_i \cos\omega \tag{14.143}$$

여기서 ω 는 흐름방향과 바람방향 간의 각도이다. 바람전단인자는

$$(\overline{W}_f)_i = (C_w)_i \left|(\overline{V}_r)_i\right| (\overline{V}_r)_i \tag{14.144}$$

여기서 C_w 는 마찰항력계수이다.

식 (14.134), (14.135)의 첨자가 j 인 항은 초기조건으로 주어지거나 Saint-Venant식의 전 시간단계의 해로서 알려진 값들이다. g, Δx, β_i, C_w 및 V_w 는 주어진 값들이다. $(j+1)$시간단계에서 미지항은 Q_i^{j+1}, Q_{i+1}^{j+1}, h_i^{j+1}, h_{i+1}^{j+1}, A_i^{j+1}, A_{i+1}^{j+1}, B_i^{j+1} 및 B_{i+1}^{j+1} 이다. 그러나 모든 미지의 값은 Q_i^{j+1}, Q_{i+1}^{j+1}, h_i^{j+1} 및 h_{i+1}^{j+1} 의 항으로 나타낼 수 있으므로 실제 미지수는 이들 4개이다. 이들 미지항의 멱승이 1 이상이므로 식 (14.134), (14.135)는 비선형방정식이다.

연속방정식과 운동량방정식은 그림 14.17에서 보인 바와 같이 상류경계 $i=1$과 하류경계 $i=N$ 사이의 $(N-1)$개 사각형 격자의 개개에 대하여 고려되므로 $(2N-2)$개의 식이 성립된다. N 개 격점의 각 점에는 Q와 h 의 두 미지항이 존재한다. 따라서 $(j+1)$시간단계에서 미지항의 총수는 $2N$ 이 된다. $2N$ 미지항의 해에 필요한 2개의 추가방정식이 상 · 하류 경계조건에 의하여 제공된다. 상류경계조건은 일반적으로 기지의 유입수문곡선으로 명시되고 하류경계조건은 수위수문곡선, 유량수문곡선 또는 수위-유량곡선으로 제공된다.

14.9.5 유한차분해

다음에 기술되는 연립유한차분방정식의 해는 Fread(1976)방법에 준한다. 연립비선형차분식은 $(j+1)$시간단계에서의 미지수 h 와 Q 의 함수로 식 (14.145)와 같이 표시된다.

$2N$의 미지수를 갖는 $2N$비선형연립방정식의 해는 Newton-Raphson방법으로 각 시간단계에 대하여 구하게 된다. $(j+1)$시간단계에 대한 계산과정은 $2N$ 미지값에 시산치를 부여함으로써 시작된다. Q와 h 의 시산치로는 초기치($j=1$인 경우) 또는 이전 시간단계의 계산치가 사용된다. 식 (14.145)에 시산치를 사용함에 따라 정확해와 시산치의 차이인 $2N$개의 잔존치가 발생한다. 즉 식 (14.134), (14.135) $j+1$ 에서의 미지값에 정확해가 아닌 추정치를 사용함으로써 우

변은 영이 아닌 값이 잔존하게 된다. k회 반복계산에서 이들 잔존치는 식 (14.146)과 같이 표시된다.

상류경계조건	$UB(h_1, Q_1) = 0$
격자 1에 대한 연속방정식	$C_1(h_1, Q_1, h_2, Q_2) = 0$
격자 1에 대한 운동량방정식	$M_1(h_1, Q_1, h_2, Q_2) = 0$
⋮	
격자 i에 대한 연속방정식	$C_i(h_i, Q_i, h_{i+1}, Q_{i+1}) = 0$
격자 i에 대한 운동량방정식	$M_i(h_i, Q_i, h_{i+1}, Q_{i+1}) = 0$ (14.145)
⋮	
격자 $N-1$에 대한 연속방정식	$C_{N-1}(h_{N-1}, Q_{N-1}, h_N, Q_N) = 0$
격자 $N-1$에 대한 운동량방정식	$M_{N-1}(h_{N-1}, Q_{N-1}, h_N, Q_N) = 0$
하류경계조건	$DB(h_N, Q_N) = 0$

$$\begin{aligned}
&UB(h_1^k, Q_1^k) = RUB^k \\
&C_1(h_1^k, Q_1^k, h_2^k, Q_2^k) = RC_1^k \\
&M_1(h_1^k, Q_1^k, h_2^k, Q_2^k) = RM_1^k \\
&\quad\vdots \\
&C_i(h_i^k, Q_i^k, h_{i+1}^k, Q_{i+1}^k) = RC_i^k \\
&M_i(h_i^k, Q_i^k, h_{i+1}^k, Q_{i+1}^k) = RM_i^k \\
&\quad\vdots \\
&C_{N-1}(h_{N-1}^k, Q_{N-1}^k, h_N^k, Q_N^k) = RC_{N-1}^k \\
&M_{N-1}(h_{N-1}^k, Q_{N-1}^k, h_N^k, Q_N^k) = RM_{N-1}^k \\
&DB(h_N^k, Q_N^k) = RDB^k
\end{aligned} \tag{14.146}$$

식 (14.146)의 상첨자는 계산의 반복횟수를 나타낸다. 식 (14.146)의 해는 잔존치가 영 또는 영에 아주 근접하도록 하는 미지의 h, Q값을 구하는 것이고 이는 Newton–Raphson방법을 이용해서 계산된다. Newton–Raphson방법은 Taylor전개로 유도된다.

$f(x) = 0$의 해를 구하는 경우 추정치 x_o에 관한 $f(x)$의 Taylor전개는 2계항 이상을 무시할 경우

$$f(x) = 0 = f(x_o) + f'(x_o)(x - x_o) \tag{14.147}$$

또는

$$f'(x_o)(x - x_o) = -f(x_o) \tag{14.148}$$

식 (14.147)의 $\boldsymbol{x}$는 미지값의 벡터로 $\boldsymbol{x} = (Q_1, h_1, Q_2, h_2, \cdots, Q_N, h_N)$을 나타내고 k회 반복과정 후의 값은 $\boldsymbol{x}^k = (Q_1^k, h_1^k, Q_2^k, h_2^k, \cdots, Q_N^k, h_N^k)$으로 표시된다. 따라서 식 (14.148)은

$$f'(\boldsymbol{x}^k)(\boldsymbol{x}^{k+1} - \boldsymbol{x}^k) = -f(\boldsymbol{x}^k) \tag{14.149a}$$

또는

$$J(\boldsymbol{x}^k)(\boldsymbol{x}^{k+1} - \boldsymbol{x}^k) = -f(\boldsymbol{x}^k) \tag{14.149b}$$

여기서 J는 $J(\boldsymbol{x}^k) = f'(\boldsymbol{x}^k)$을 나타내는 Jacobian으로 $\boldsymbol{x}^k$에서 $f(\boldsymbol{x})$의 1계 편미분으로 구성되는 계수행렬이다. 식 (14.149)의 해는 $\Delta \boldsymbol{x}^k (= \boldsymbol{x}^{k+1} - \boldsymbol{x}^k)$을 구하는 것이고 기지의 $\boldsymbol{x}^k$으로부터 $\boldsymbol{x}^k$의 개선치 $\boldsymbol{x}^{k+1} = \boldsymbol{x}^k + \Delta \boldsymbol{x}^k$을 얻는다. 이 과정은 $\Delta \boldsymbol{x}^k$이 허용오차보다 작을 때까지 반복한다.

식 (14.149b)의 연립방정식은 식 (14.145)의 h와 Q에 관한 Jacobian $J(\boldsymbol{x}^k)$과 식 (14.146)의 음수의 잔존치의 벡터 $-f(\boldsymbol{x}^k)$을 포함한다. 식 (14.149b)의 Jacobian을 1계 편미분으로 나타내면 식 (14.150)과 같다.

식 (14.150)에서 dh_1은 $\boldsymbol{x}^{k+1} - \boldsymbol{x}^k = \Delta \boldsymbol{x}^k$에 대응하는 $h_1^2 - h_1^1 = dh_1$이다. 식 (14.150)을 행렬로 나타내면 식 (14.151)과 같고 계수행렬은 부록 14B에 주어진다. 식 (14.151)은 4개의 연속하천구간(5개의 횡단면)에 대하여 식 (14.151)을 행렬로 나타낸 것이다.

$$\begin{aligned}
&\frac{\partial M_1}{\partial h_1} dh_1 + \frac{\partial M_1}{\partial Q_1} dQ_1 + \frac{\partial M_1}{\partial h_2} dh_2 + \frac{\partial M_1}{\partial Q_2} dQ_2 = -RM_1^k \\
&\qquad\qquad\qquad\qquad \vdots \\
&\frac{\partial C_i}{\partial h_i} dh_i + \frac{\partial C_i}{\partial Q_i} dQ_i + \frac{\partial C_i}{\partial h_{i+1}} dh_{i+1} + \frac{\partial C_i}{\partial Q_{i+1}} dQ_{i+1} = -RC_i^k \\
&\frac{\partial M_i}{\partial h_i} dh_i + \frac{\partial M_i}{\partial Q_i} dQ_i + \frac{\partial M_i}{\partial h_{i+1}} dh_{i+1} + \frac{\partial M_i}{\partial Q_{i+1}} dQ_{i+1} = -RM_i^k \\
&\qquad\qquad\qquad\qquad \vdots \\
&\frac{\partial C_{n-1}}{\partial h_{n-1}} dh_{n-1} + \frac{\partial C_{n-1}}{\partial Q_{n-1}} dQ_{n-1} + \frac{\partial C_{n-1}}{\partial h_n} dh_n + \frac{\partial C_{n-1}}{\partial Q_n} dQ_n = -RC_{n-1}^k \\
&\frac{\partial M_{n-1}}{\partial h_{n-1}} dh_{n-1} + \frac{\partial M_{n-1}}{\partial Q_{n-1}} dQ_{n-1} + \frac{\partial M_{n-1}}{\partial h_n} dh_n + \frac{\partial M_{n-1}}{\partial Q_n} dQ_n = -RM_{n-1}^k \\
&\frac{\partial DB}{\partial h_n} dh_n + \frac{\partial DB}{\partial Q_n} dQ_n = -RDB^k \\
&\frac{\partial UB}{\partial h_1} dh_1 + \frac{\partial UB}{\partial Q_1} dQ_1 = -RUB^k
\end{aligned} \tag{14.150}$$

$$\frac{\partial C_1}{\partial h_1}dh_1+\frac{\partial C_1}{\partial Q_1}dQ_1+\frac{\partial C_1}{\partial h_2}dh_2+\frac{\partial C_1}{\partial Q_2}dQ_2=-RC_1^k$$

$$\begin{matrix}\text{상류경계}\\ C_1\\ M_1\\ C_2\\ M_2\\ C_3\\ M_3\\ C_4\\ M_4\\ \text{하류경계}\end{matrix}
\begin{bmatrix}
\frac{\partial UB}{\partial h_1} & \frac{\partial UB}{\partial Q_1} & & & & & & & & \\
\frac{\partial C_1}{\partial h_1} & \frac{\partial C_1}{\partial Q_1} & \frac{\partial C_1}{\partial h_2} & \frac{\partial C_1}{\partial Q_2} & & & & & & \\
\frac{\partial M_1}{\partial h_1} & \frac{\partial M_1}{\partial Q_1} & \frac{\partial M_1}{\partial h_2} & \frac{\partial M_1}{\partial Q_2} & & & & & & \\
 & & \frac{\partial C_2}{\partial h_2} & \frac{\partial C_2}{\partial Q_2} & \frac{\partial C_2}{\partial h_3} & \frac{\partial C_2}{\partial Q_3} & & & & \\
 & & \frac{\partial M_2}{\partial h_2} & \frac{\partial M_2}{\partial Q_2} & \frac{\partial M_2}{\partial h_3} & \frac{\partial M_2}{\partial Q_3} & & & & \\
 & & & & \frac{\partial C_3}{\partial h_3} & \frac{\partial C_3}{\partial Q_3} & \frac{\partial C_3}{\partial h_4} & \frac{\partial C_3}{\partial Q_4} & & \\
 & & & & \frac{\partial M_3}{\partial h_3} & \frac{\partial M_3}{\partial Q_3} & \frac{\partial M_3}{\partial h_4} & \frac{\partial M_3}{\partial Q_4} & & \\
 & & & & & & \frac{\partial C_4}{\partial h_4} & \frac{\partial C_4}{\partial Q_4} & \frac{\partial C_4}{\partial h_5} & \frac{\partial C_4}{\partial Q_5} \\
 & & & & & & \frac{\partial M_4}{\partial h_4} & \frac{\partial M_4}{\partial Q_4} & \frac{\partial M_4}{\partial h_5} & \frac{\partial M_4}{\partial Q_5} \\
 & & & & & & & & \frac{\partial DB}{\partial h_5} & \frac{\partial DB}{\partial Q_5}
\end{bmatrix}
\begin{bmatrix} dh_1\\ dQ_1\\ dh_2\\ dQ_2\\ dh_3\\ dQ_3\\ dh_4\\ dQ_4\\ dh_5\\ dQ_5\end{bmatrix}
=
\begin{bmatrix} -\mathrm{RUB}\\ -\mathrm{RC_1}\\ -\mathrm{RM_1}\\ -\mathrm{RC_2}\\ -\mathrm{RM_2}\\ -\mathrm{RC_3}\\ -\mathrm{RM_3}\\ -\mathrm{RC_4}\\ -\mathrm{RM_4}\\ -\mathrm{RDB}\end{bmatrix}
\qquad (14.151)$$

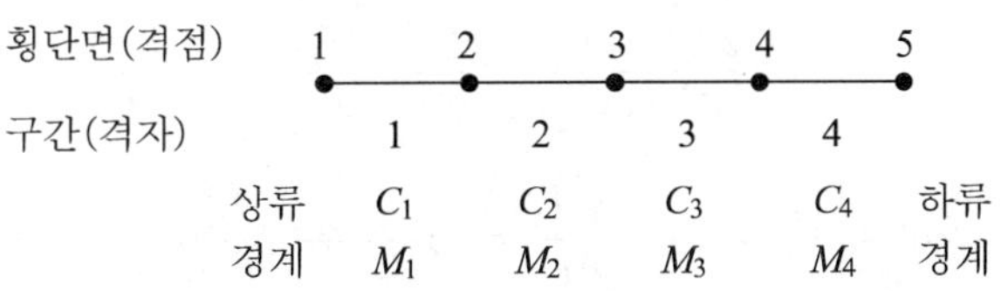

식 (14.150) 또는 (14.151)의 해는 Gauss소거법 또는 역행렬을 이용해 구해진다. 식 (14.151)에서와 같이 Jacobian계수행렬은 대각선을 따라 최대 4인 대(帶; band)를 형성한다. 따라서 대행렬해법이 이용되어 해가 간단하게 된다. 식 (14.150) 또는 (14.151)의 해는 식 (14.149)의 해에서와 같이 dh_i와 dQ_i를 제공한다. $k+1$회 반복계산의 미지값인 h_i^{k+1}과 Q_i^{k+1}은 dh_i와 dQ_i 그리고 기지의 h_i^k과 Q_i^k을 이용해서 결정된다.

$$h_i^{k+1}=h_i^k+dh_i \qquad (14.152)$$

$$Q_i^{k+1}=Q_i^k+dQ_i$$

동역학파 추적의 대표적인 모형으로는 미국 기상청(USNWS)의 DWOPER, DAMBRK와 이들 양자를 조합한 FLDWAV가 있다.

부록 14A 확산파모형 유도

확산파모형은 연속방정식 식 (14.24)와 식 (14.43)에서 관성항이 무시된 운동량방정식으로 구성된다.

연속방정식 $$\frac{\partial A}{\partial t} + \frac{\partial Q}{\partial x} = q \tag{14A.1}$$

운동량방정식 $$\frac{\partial y}{\partial x} = S_o - S_f \tag{14A.2}$$

식 (14.57)의 마닝공식을 통수능 $K\left(= \frac{1}{n} A R^{2/3}\right)$항으로 나타낸다.

$$Q = K S_f^{1/2} \tag{14A.3}$$

식 (14A.3)을 식 (14A.2)의 S_f에 대입하면

$$\frac{Q^2}{K^2} = S_o - \frac{\partial y}{\partial x} \tag{14A.4}$$

연속방정식과 식 (14A.4)로부터 y를 소거하여 Q를 x와 t의 함수로 나타낼 수 있도록 한다. 식 (14A.4)를 t에 관하여 미분하고 식 (14A.1)에서 $q=0$으로 가정하여 x에 관하여 미분하면 $\frac{\partial^2 y}{\partial x \partial t}$를 소거할 수 있다. 먼저 식 (14A.4)를 t에 관하여 미분하면

$$\frac{2Q}{K^2}\frac{\partial Q}{\partial t} - \frac{2Q^2}{K^3}\frac{\partial K}{\partial t} = -\frac{\partial^2 y}{\partial x \partial t} \tag{14A.5}$$

식 (14A.1)을 x에 관하여 미분하고 $\frac{\partial A}{\partial x} = B\frac{\partial y}{\partial x}$를 고려하여 B로 나누면

$$\frac{\partial^2 y}{\partial x \partial t} = -\frac{1}{B}\frac{\partial^2 Q}{\partial x^2} \tag{14A.6}$$

식 (14A.5)와 (14A.6)으로부터 $\frac{\partial^2 y}{\partial x \partial t}$를 소거하면

$$\frac{1}{B}\frac{\partial^2 Q}{\partial x^2} - \frac{2Q}{K^2}\frac{\partial Q}{\partial t} + \frac{2Q^2}{K^3}\frac{\partial K}{\partial t} = 0 \tag{14A.7}$$

연쇄법칙에 따라 $\frac{\partial K}{\partial t}$를 $\frac{\partial K}{\partial t} = \frac{\partial K}{\partial A}\frac{\partial A}{\partial t}$와 같이 쓰고 이를 식 (14A.1)에 대입하면

$$\frac{\partial K}{\partial t} = \frac{dK}{dA}\left(-\frac{\partial Q}{\partial x}\right) \tag{14A.8}$$

간단을 위하여 $Q=K\sqrt{S_f}$ 대신 $Q=K\sqrt{S_o}$ 로부터 dK/dA 를 구하여 식 (14A.8)에 대입하면

$$\frac{\partial K}{\partial t}=\frac{1}{\sqrt{S_o}}\frac{dQ}{dA}\left(-\frac{\partial Q}{\partial x}\right) \tag{14A.9}$$

식 (14A.7)과 (14A.9)로부터 $\partial K/\partial t$ 를 소거하고 $Q=K\sqrt{S_o}$ 와 $c_k=dQ/dA$ 를 고려하여 $K^2/(2BQ)$를 곱하고 정리하면

$$\frac{\partial Q}{\partial t}+c_k\frac{\partial Q}{\partial x}=D\frac{\partial^2 Q}{\partial x^2} \tag{14A.10}$$

식 (14A.10)은 수로를 유하하는 홍수파의 확산을 나타낸다. D와 c_k를 사용함으로써 저류와 마찰에 의한 홍수파의 감쇠를 포함시킬 수 있다.

부록 14B Muskingum-Cunge방법의 확산파모형 유도

Muskingum-Cunge방법의 확산식이 연속방정식으로부터 유도된다. 수로 구간의 상류와 하류의 유입량과 유출량의 연속방정식은

$$\begin{aligned}\frac{dS}{dt}&=Q_i-Q_o\\&=Q(x)-Q(x+\Delta x)\end{aligned} \tag{14B.1}$$

여기서 S는 구간저류량, Q_i는 구간의 유입량, Q_o는 유출량, Δx는 구간거리이다. 식 (14.2)의 하도저류량은

$$S=K[XI+(1-X)O] \tag{14B.2}$$

I와 O를 유량 Q로 나타내면 S와 dS/dt는

$$S=KXQ(x,t)+K(1-X)Q(x+\Delta x,t)$$

$$\frac{dS}{dt}=KX\frac{dQ(x,t)}{dt}+K(1-X)\frac{dQ(x+\Delta x,t)}{dt}$$

dS/dt의 표현을 적용하면 식 (14B.1)은 다음과 같다.

$$KX\frac{dQ(x,t)}{dt}+K(1-X)\frac{dQ(x+\Delta x,t)}{dt}=Q(x)-Q(x+\Delta x) \tag{14B.3}$$

Q와 dQ/dt의 Taylor전개는 각각

$$Q(x+\Delta x)=Q(x,t)+\Delta x\frac{\partial Q}{\partial x}+\frac{\Delta x^2}{2}\frac{\partial^2 Q}{\partial t\partial x}+\cdots \tag{14B.4}$$

$$\frac{\partial Q}{\partial t}(x+\Delta x,t)=\frac{\partial Q(x,t)}{\partial t}+\Delta x\frac{\partial^2 Q}{\partial x\,\partial t}+\frac{\Delta x^2}{2}\frac{\partial^3 Q}{\partial t\,\partial x^2}+\cdots \tag{14B.5}$$

식 (14B.4)와 (14B.5)를 식 (14B.3)에 대입하고 3승 이상의 고차항을 무시하면

$$K\frac{\partial Q}{\partial t}+K(1-X)\Delta x\frac{\partial^2 Q}{\partial x\,\partial t}=-\Delta x\frac{\partial Q}{\partial x}-\frac{\Delta x^2}{2}\frac{\partial^2 Q}{\partial x^2} \tag{14B.6}$$

$q=0$인 연속방정식 (14.24)는

$$\frac{\partial Q}{\partial x}+\frac{\partial A}{\partial t}=0 \tag{14B.7}$$

$\partial A/\partial t$에 연쇄법칙을 적용하면

$$\frac{\partial A}{\partial t}=\frac{\partial A}{\partial Q}\frac{\partial Q}{\partial t}=\frac{1}{c_k}\frac{\partial Q}{\partial t}=-\frac{\partial Q}{\partial x} \tag{14B.8}$$

여기서 c_k는 운동파 전파속도 $\partial Q/\partial A=c_k$(식 14.61)이다. 식 (14B.8)의 마지막 두 항으로부터

$$\frac{\partial Q}{\partial t}=-c_k\frac{\partial Q}{\partial x} \tag{14B.9}$$

식 (14B.9)로부터

$$\frac{\partial}{\partial t}=-c_k\frac{\partial}{\partial x} \tag{14B.10}$$

식 (14B.10)을 이용하면 식 (14B.6)의 $\partial^2 Q/\partial t\partial x$는 다음과 같이 된다.

$$\frac{\partial^2 Q}{\partial t\partial x}=\frac{\partial}{\partial t}\left(\frac{\partial Q}{\partial x}\right)=-c_k\frac{\partial}{\partial x}\left(\frac{\partial Q}{\partial x}\right)=-c_k\frac{\partial^2 Q}{\partial x^2}$$

이를 적용하면 식 (14B.6)은

$$\frac{\partial Q}{\partial t}+\frac{\Delta x}{K}\frac{\partial Q}{\partial x}=\left[c_k(1-X)\Delta x-\frac{\Delta x^2}{2K}\right]\frac{\partial^2 Q}{\partial x^2} \tag{14B.11}$$

식 (14B.11)은 운동파 전파속도와 확산계수를 갖는 이송–확산식(식 14.102)이다.

부록 14C 계수행렬 J의 산정식 식 (14.150) 또는 (14.151)

연속방정식: 식 (14.134)에서 도함수에 기여하는 항은 h^{i+1}과 Q^{i+1}과 관련된 항이다. $\frac{\partial}{\partial h}$에 대해서 연쇄법칙 $\frac{\partial}{\partial h}=\frac{\partial}{\partial A}\frac{\partial A}{\partial h}=B\frac{\partial}{\partial A}$가 사용된다.

$\boldsymbol{\frac{\partial C}{\partial h_i}}$: 식 (14.134)에서 h_i에 관련된 항은 $\frac{\Delta x_i}{2\Delta t_j}(A)_i^{j+1}$이므로

$A=Bh$를 고려하면 $\frac{\partial C}{\partial h_i}$는

$$\frac{\partial C}{\partial h_i}=\frac{\Delta x_i}{2\Delta t_j}(B+B_o)_i^{j+1} \tag{14C.1}$$

같은 방법으로 다른 계수행렬은 다음과 같다.

$$\frac{\partial C}{\partial Q_i} = -\theta \tag{14C.2}$$

$$\frac{\partial C}{\partial h_{i+1}} = \frac{\Delta x_i}{2\Delta t_j}(B+B_o)_{i+1}^{j+1} \tag{14C.3}$$

$$\frac{\partial C}{\partial Q_{i+1}} = \theta \tag{14C.4}$$

여기서 B_o는 수로외각 사수영역 단면의 폭이다.

운동량방정식: 식 (14.135)에서 도함수에 기여하는 항은 h^{j+1}과 Q^{j+1}에 관련된 항이다. 따라서 h^{j+1}과 Q^{j+1}에 관한 M의 도함수는

$$\frac{\partial M}{\partial h_i} = \theta\left\{\left(\frac{\beta Q^2 B}{A^2}\right)_i^{j+1} + g\overline{A}_i^{j+1}\left[-1+\left(\frac{\partial S_f}{\partial h}\right)_i^{j+1}\Delta x_i + \left(\frac{\partial S_e}{\partial h}\right)_i^{j+1}\Delta x_i\right] + \frac{gB_i^{j+1}}{2}\left[h_{i+1}^{j+1} - h_i^{j+1} + (\overline{S}_f)_i^{j+1}\Delta x_i + (\overline{S}_e)_i^{j+1}\Delta x_i\right] + \frac{1}{2}\left(\overline{W}_f\frac{dB}{dh}\right)_i^{j+1}\right\} \tag{14C.5}$$

$$\frac{\partial M}{\partial Q_i} = \frac{\Delta x_i}{2\Delta t_j} + \theta\left\{-2\left(\frac{\beta Q}{A}\right)_i^{j+1} + g\overline{A}_i^{j+1}\left[\left(\frac{\partial S_f}{\partial Q}\right)_i^{j+1}\Delta x_i + \left(\frac{\partial S_e}{\partial Q}\right)_i^{j+1}\Delta x_i\right]\right\} \tag{14C.6}$$

$$\frac{\partial M}{\partial h_{i+1}} = \theta\left\{\left(\frac{\beta Q^2 B}{A^2}\right)_{i+1}^{j+1} + g\overline{A}_i^{j+1}\left[-1+\left(\frac{\partial S_f}{\partial h}\right)_{i+1}^{j+1}\Delta x_i + \left(\frac{\partial S_e}{\partial h}\right)_{i+1}^{j+1}\Delta x_i\right] + \frac{gB_{i+1}^{j+1}}{2}\left[h_{i+1}^{j+1} - h_i^{j+1} + (\overline{S}_f)_i^{j+1}\Delta x_i + (\overline{S}_e)_i^{j+1}\Delta x_i\right] + \frac{1}{2}\left(\overline{W}_f\frac{dB}{dh}\right)_{i+1}^{j+1}\Delta x_i\right\} \tag{14C.7}$$

$$\frac{\partial M}{\partial Q_{i+1}} = \frac{\Delta x_i}{2\Delta t_j} + \theta\left\{2\left(\frac{\beta Q}{A}\right)_{i+1}^{j+1} + g\overline{A}_i^{j+1}\left[\left(\frac{\partial S_f}{\partial Q}\right)_{i+1}^{j+1}\Delta x_i + \left(\frac{\partial S_e}{\partial Q}\right)_{i+1}^{j+1}\Delta x_i\right]\right\} \tag{14C.8}$$

S_f의 도함수는 식 (14.141)의 미분으로 주어진다.

$$\frac{\partial \overline{S}_f}{\partial h_i} = 2(\overline{S}_f)_i\left(\frac{1}{\overline{n}_i}\frac{d\overline{n}_i}{dh_i} - \frac{5B_i}{6\overline{A}_i} + \frac{1}{3\overline{B}_i}\frac{dB_i}{dh_i}\right) \tag{14C.9}$$

$$\frac{\partial \overline{S}_f}{\partial h_{i+1}} = 2(\overline{S}_f)_i\left(\frac{1}{\overline{n}_i}\frac{d\overline{n}_i}{dh_{i+1}} - \frac{5B_{i+1}}{6\overline{A}_i} + \frac{1}{3\overline{B}_{i+1}}\frac{dB_{i+1}}{dh_{i+1}}\right) \tag{14C.10}$$

$$\frac{\partial \overline{S}_f}{\partial Q_i} = \frac{(\overline{S}_f)_i}{\left(\frac{1}{\overline{n}_i}\frac{d\overline{n}_i}{dQ_i} + \frac{1}{Q_i}\right)} \tag{14C.11}$$

$$\frac{\partial \overline{S}_f}{\partial Q_{i+1}} = \frac{(\overline{S}_f)_i}{\left(\frac{1}{\overline{n}_i}\frac{d\overline{n}_i}{dQ_{i+1}} + \frac{1}{\overline{Q}_{i+1}}\right)} \tag{14C.12}$$

S_e 의 도함수는 식 (14.142)의 미분으로 주어진다.

$$\left(\frac{\partial \overline{S}_e}{\partial h}\right)_i = \left(\frac{K_e Q^2 B}{g \Delta x A^3}\right)_i \tag{14C.13}$$

$$\left(\frac{\partial \overline{S}_e}{\partial h}\right)_{i+1} = \left(\frac{-K_e Q^2 B}{g \Delta x A^3}\right)_{i+1} \tag{14C.14}$$

$$\left(\frac{\partial \overline{S}_e}{\partial Q}\right)_i = \left(\frac{-K_e Q}{g \Delta x A^2}\right)_i \tag{14C.15}$$

$$\left(\frac{\partial \overline{S}_e}{\partial Q}\right)_{i+1} = \left(\frac{K_e Q}{g \Delta x A^2}\right)_{i+1} \tag{14C.16}$$

상·하류 경계조건의 도함수는 다음과 같다.

상류경계조건: 유량수문곡선으로 주어지는 경우

$$\frac{\partial UB}{\partial h_1} = 0 \tag{14C.17}$$

$$\frac{\partial UB}{\partial Q_1} = 1 \tag{14C.18}$$

하류경계조건:

수위수문곡선으로 주어지는 경우: $DB = h_n^{j+1} - h'(t) = 0$

$$\frac{\partial DB}{\partial h_n} = 1 \tag{14C.19}$$

$$\frac{\partial DB}{\partial Q_n} = 0 \tag{14C.20}$$

유량수문곡선으로 주어지는 경우: $DB = Q_n^{j+1} - Q'(t) = 0$

$$\frac{\partial DB}{\partial h_n} = 0 \tag{14C.21}$$

$$\frac{\partial DB}{\partial Q_n} = 1 \tag{14C.22}$$

수위-유량곡선으로 주어지는 경우: 하류경계에서 수위 h_n^{j+1}에 대응하는 유량 Q'은 선형외삽으로 주어진다.

$$Q' = Q_k + (Q_{k+1} - Q_k)(h_n^{j+1} - h_k)/(h_{k+1} - h_k) \tag{14C.23}$$

하류경계조건은

$$DB = Q_n^{j+1} - Q' = 0 \tag{14C.24}$$

따라서 DB의 도함수는

$$\frac{\partial DB}{\partial h_n} = \frac{\partial Q'}{\partial h_n} = -\frac{Q_{k+1} - Q_k}{h_{k+1} - h_k} \tag{14C.25}$$

$$\frac{\partial DB}{\partial Q_n} = 1 \tag{14C.26}$$

여기서 k는 반복횟수이다.

문 제

하도저류량

14.1 다음에 주어진 하도구간의 상하류 수문곡선을 이용하여 하도저류량을 결정하라.

시간(hr)	0	6	12	18	24	30	36	42	48	54	60	66
유입량(m^3/s)	10	16.6	49	52	41	28	18	13	10	9.5	9	8.5
유출량(m^3/s)	10	10	16	26	35.6	40	38	30.4	21	14.2	10	9.5

14.2 다음에 주어진 하도구간의 상하류 수문곡선을 이용하여 하도저류량을 계산하라.

시간(hr)	0	12	24	36	48	60	72	84	96	108	120	132	144	156
유입량(m^3/s)	17.3	28.9	35.9	37.0	30.6	22.0	16.4	12.6	9.8	7.7	6.2	5.0	4.2	3.6
유출량(m^3/s)	3.1	7.5	16.3	28.8	33.7	34.0	28.0	21.9	17.0	13.6	10.9	9.0	7.5	6.2

Muskingum추적

14.3 Muskingum추적방법의 매개변수 K에 대한 다음 식을 유도하라.

$$K = \frac{0.5\,\Delta t[(I^{n+1} + I^n) - (Q^{n+1} + Q^n)]}{X((I^{n+1} - I^n) - (Q^{n+1} + Q^n) + (1-X)(Q^{n+1} - Q^n))}$$

14.4 문제 14.1의 자료를 이용하여 Muskingum추적에 필요한 상수 K와 X를 유도하라.

14.5 다음 자료로부터 Muskingum 추적매개변수를 유도하라.

시간(hr)	0	6	12	18	24	30	36	42	48	54	60	66
유입량(m^3/s)	0.5	2.3	5.1	3.75	3.0	2.3	1.7	0.75	0.75	–	–	–
유출량(m^3/s)	0.5	1.0	2.0	3.2	3.4	3.1	2.64	2.1	1.4	1.1	1.0	0.86

14.6 문제 14.2의 수문곡선을 이용하여 Muskingum 추적매개변수를 계산하라.

14.7 다음 유입수문곡선에 대한 Muskingum추적방법으로 8 km 하류지점에서의 수문곡선을 계산하라. $K = 12$ hr, $X = 0.15$. 유출수문곡선의 초기치는 유입수문곡선의 초기치와 같다.

시간(hr)	9.00	15.00	9.00	15.00	9.00	15.00	9.00	15.00	9.00	15.00	9.00
유량(m^3/s)	1.5	2.25	4.5	13.5	30	25.2	22.5	18	9.0	3.0	1.5

14.8 1,340 m 하천구간의 Muskingum 매개변수가 $K = 0.24$ hr, $X = 0.25$이다. 초기유량을 22 m^3/s로 가정하여 추적하라.

시간(hr)	0	0.5	1.0	1.5	2.0	2.5	3.0	3.5	4.0	4.5	5.0	5.5	6.0	6.5	7.0	7.5	8.0
유입량(m^3/s)	25	30.4	37.3	46.1	58.4	78	173.1	386	538	625	610	616	584	437	294	193	137

14.9 Muskingum 매개변수가 $K = 8$ hr, $X = 0.15$인 수로구간의 하류에서 수문곡선을 유도하라.

시간(hr)	6	12	18	24	30	36	42	48	54	60	66	72	78	94
유량(m^3/s)	4.5	4.8	9.0	22.5	25.5	16.5	12.0	9.0	6.0	4.5	3.0	3.0	2.4	1.5

14.10 하천구간의 상·하류단의 다음 유량기록에 대한 (a) 추적계수 C_o, C_1, C_2를 다중회귀식 식 (14.17)을 이용하여 결정하라. (b) 추적계수를 이용하여 Muskingum 매개변수 K, X를 구하라. (c) 이들 계수와 매개변수를 사용하여 유입수문곡선을 추적하여 측정된 유출기록과 비교하라.

시간 (day)	유입량, I (m^3/s)	유출량, O (m^3/s)	시간 (day)	유입량, I (m^3/s)	유출량, O (m^3/s)
1	601	550	9	1,898	2,605
2	1,516	706	10	1,501	2,030
3	4,182	1,756	11	1,193	1,598
4	7,115	4,177	12	988	1,262
5	7,078	6,392	13	866	1,013
6	4,992	6,653	14	782	869
7	3,413	5,091	15	703	769
8	2,449	3,688	16	637	730

Saint-Venant식

14.11 (a) 수문학적 추적과 수리학적 추적의 장단점을 기술하라.

(b) 운동파 근사의 한계는 무엇인가?

(c) 어느 경우에 운동파모형이 동역학파모형에 대등한가?

(d) 선형과 비선형 운동파모형의 차이를 기술하라.

14.12 운동량 보정계수 $\beta = (1/V^2 A) \int\int v^2 dA$를 다음의 수심, 유속측정자료를 이용하여 계산하라.

하한으로부터 거리(m)	0	10	20	30	40	50	60	70	80	90	100	110	120
수심(m)	0	2.7	3.37	3.37	3.3	3.45	3.37	3.42	2.88	2.2	1.21	0.5	0
유속(m/s)	0	0.16	0.9	0.87	1.0	0.81	0.65	0.5	0.46	0.33	0.2	0.12	0

운동파추적

14.13 넓은 사각형수로의 흐름에 마닝공식이 적용될 때 운동파 전파속도가 $c_k = 5\,V/3$임을 증명하라. V는 평균유속이다.

14.14 폭이 B, 길이 L, 경사 S_o, 마닝조도계수 n, 유량이 Q인 넓은 사각형수로에서 운동파의 유하시간 T가 다음과 같이 됨을 증명하라.

$$T = \frac{3}{5}\left[\frac{nB^{2/3}}{S_o^{1/2}}\right]^{3/5} Q^{-2/5} L$$

$B = 60\text{ m}$, $L = 80$, $S_o = 0.00035$, $n = 0.04$, $Q = 60\text{ m}^3/\text{s}$ 일 때 유하시간(day)을 구하라.

14.15 마닝공식, Chezy공식 및 Darcy-Weisbach식을 이용하여 β값을 유도하라.

14.16 2,000 m 상류지점을 30,000 m^3/s의 홍수첨두가 통과할 때 경보를 한다면 하류지점에서는 얼마의 시간여유를 갖게 되는가? 수로는 하폭이 150 m, 경사가 1 %, 마닝조도계수가 0.035인 사각형수로로 가정하라.

14.17 다음과 같은 특성을 갖는 홍수파가 운동파인지 검토하라. 상승시간 $t_r = 6\text{ hr}$, 바닥경사 $S_o = 0.016$, 평균유속 $V_o = 1.0\text{ m/s}$, 평균수심 $y_o = 2.5\text{ m}$.

14.18 다음과 같은 홍수파가 확산파인지 검토하라. 상승시간 $t_r = 6\text{hr}$, 바닥경사 $S_o = 0.006$, 평균수심 $y_o = 2.5\text{ m}$.

운동파의 수치해

14.19 제형수로에서 홍수파의 추적에 대한 선형운동파모형의 차분식을 개발하라. 측방유입은 무시한다.

14.20 $\Delta t = 1\text{ min}$, $\Delta x = 60\text{ m}$를 이용하여 다음 수문곡선의 추적을 선형수치운동파모형으로 계산하라. 계산은 20분까지 수행한다.

시간(hr)	0	20	40	60	80	100	120	140	160
유량(m^3/s)	15	42	275	375	310	163	75	25	17

14.21 사각형수로의 폭이 30 m, 바닥경사가 0.015, 마닝조도계수가 0.032이다. $\Delta x = 1{,}500\text{m}$, $\Delta t = 10\text{min}$을 이용하여 선형운동파모형으로 Q_{i+1}^{j+1}을 결정하라. $R = y$로 가정하라.

격자	$i, j+1$	i, j	$i+1, j$
Q(m^3/s)	29	22	19.7

14.22 문제 14.21을 뉴턴방법을 이용하여 비선형운동파모형으로 해석하라.

14.23 예제 14.9에서 운동파 전파속도를 구하고 Courant조건을 검토하라.

14.24 예제 14.9를 Newton-Raphson기법을 이용한 비선형운동파기법으로 수행하라.

확산파

14.25 문제 14.14를 확산파모형으로 해석하라.

Muskingum-Cunge방법

14.26 사각형수로에서 홍수파를 추적하기 위한 Muskingum-Cunge방법에 대한 컴퓨터 프로그램을 작성하라.

14.27 폭이 30 m, 길이 2,400 m, 경사 0.005, 마닝조도계수 $n = 0.015$인 사각형 콘크리트수로에서 유입수문곡선 $Q = 60 + 84\left(\frac{-\cos 2\pi t}{T}\right)$를 Muskingum-Cunge방법으로 추적하라. $T = 120\,\text{min}$이다.

14.28 하폭이 60 m, 하상경사가 0.005, 조도계수가 0.025인 사격형수로의 18 km 하도구간의 상류의 유입수문 곡선이 다음과 같다. 6 km의 소구간을 이용하여 Muskingum-Cunge방법으로 추적하라.

시간 (hr)	유입량 (m^3/s)	시간 (hr)	유입량 (m^3/s)	시간 (hr)	유입량 (m^3/s)
0	25	7	325	14	133
1	30	8	320	15	100
2	65	9	300	16	75
3	102	10	275	17	61
4	162	11	240	18	44
5	238	12	210	19	30
6	308	13	168	20	25

동역학파추적

14.29 $x-t$ 격자망에서 4개 점의 유량이 $Q_i^j = 210\ \text{m}^3/\text{s}$, $Q_i^{j+1} = 215\ \text{m}^3/\text{s}$, $Q_{i+1}^j = 203\ \text{m}^3/\text{s}$, 및 $Q_{i+1}^{j+1} = 208\ \text{m}^3/\text{s}$이다. $\Delta t = 1\ \text{hr}, \Delta x = 300\ \text{m}$, $\theta = 0.55$를 사용하여 4점 음해법에 의하여 $\frac{\partial Q}{\partial t}$와 $\frac{\partial Q}{\partial x}$를 계산하라.

14.30 식 (14.133)과 (14.134)를 유도하라.

14.31 (a) 부록 14C.1~4를 유도하라. (b) 부록 14C.5~8을 유도하라.

14.32 완전한 동역학파모형에 사용된 음해법이 조건적으로 안정하더라도 한계흐름에 접근될 때 이 방법이 불안정하게 됨을 설명하라.

14.33 본수로와 매우 넓은 홍수터로 구성된 횡단면의 하천을 모형화할 때 불안정 문제가 일어날 수 있는 이유를 설명하라(힌트: 표고 - 동수반경, 표고 - 하폭, 표고 - 유량관계를 고려한다).

14.34 어떤 조건에서 $n-Q$관계가 완전한 동역학파모형을 푸는 데 불안정성 문제를 일으키는가?

14.35 DWOPER 또는 FLDWAV모형을 이용하여 다음을 수행하라. 3 km 구간의 사다리꼴 관개용수로의 단면과 상류유입수문곡선은 다음과 같다.

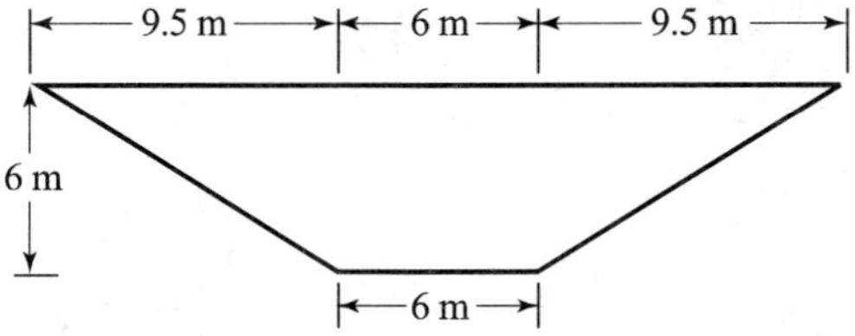

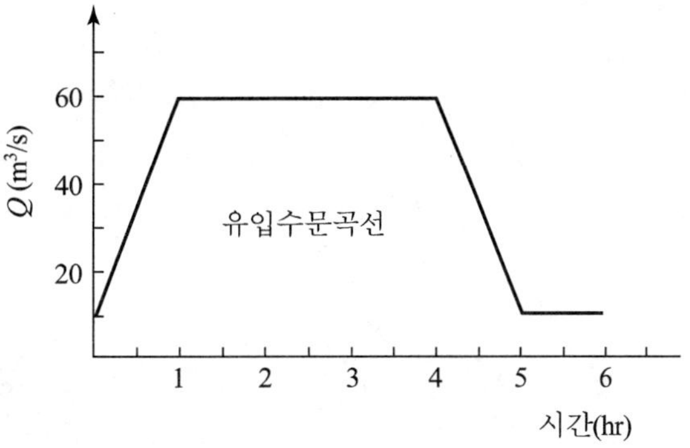

하상경사는 $S_o = 0.0003$, 하류단의 하상표고는 110 m, 마닝조도계수는 $n = 0.025$이다. $\Delta x = 300$ m, $\Delta t =$ 0.1 hr를 처음 6시간에 대한 모형의 거동으로 모의한다. 유입, 유출수문곡선을 도시하고 전 수로에 대한 유량분포를 1시간 간격으로 도시하라. 전 수로 구간의 초기조건은 10 m^3/s이고 하류경계조건은 다음과 같이 수위 – 유량곡선으로 주어진다.

수위(m)	111	112	113	114	115	116
유량(m^3/s)	6	20	30	56	80	113

14.36 문제 14.35에 지류가 유입된다. 지류의 길이는 1 km, 하상경사는 0.0006, 조도계수는 0.025이고 수로단면과 유입수문곡선은 본류와 동일하다. 지류는 본류구간의 하류단에서 1.2 km지점에서 유입된다. 초기조건은 다 같이 10 m^3/s이고 합류점에서는 20 m^3/s이다. 하류단에서 유출수문곡선을 도시하고 문제 14.35의 결과와 비교하라. 또한 1시간 간격으로 수로의 유량분포를 도시하라.

15 침식과 유사이송

Applied Hydrology

15.1 서 론

강우와 지표유출은 지표면으로부터 토립자를 이탈, 이동시키는 주요 인자이다. **유사**(流砂; sediment)는 물, 바람에 의하여 지표면으로부터 이탈, 이송 및 퇴적되는 **토립자**(土粒子; soil particle)이다. 수문순환에서 유사의 연구는 생성, 이송 및 퇴적의 세 과정으로 구분된다. 이는 수문순환의 다양한 물 수송상태와 연관된다. 유역에서 토립자 이탈에 의한 유사생성은 주로 빗방울 충격의 결과이다. 지표면으로부터 토립자가 이탈되면 지표유출은 하향경사를 따라 먼저 지표류 상태로, 종국에는 하천흐름 상태로 유사를 수송하는 역할을 한다. **유사퇴적**(流砂堆積; sediment deposition)은 흐름의 운동에너지가 감소하여 토립자가 흐름에 휩쓸리는 현상인 유사의 유입(誘入)이 지속될 수 없고 유사를 운반할 능력이 상실될 때에 일어난다.

유사생성(流砂生成; sediment production)은 유사의 생산, 유사의 근원과 양의 확인 및 하류지점에 운반된 유사량인 유사산출량 결정의 과정을 지칭한다. 유사의 근원은 일반적으로 상류유역이고 하안침식도 중요한 유사원이다. **유사이송**(流砂移送; sediment transport)은 흐르는 물에 의하여 부유상태, 바닥을 따라 전도와 활동상태로 유사가 이송되는 현상을 지칭한다. 하천흐름이 수로바닥에 세굴을 유발하고 토립자를 부유, 소류상태로 이송하고 퇴적시켜 하상지형을 변형하는 현상을 광의의 유사이송이라 한다. 유사이송은 흐름이 유사를 운송할 수 없어서 퇴적이 일어날 때까지 하류 방향으로 계속된다. 유사퇴적이 처음 발생하는 전형적인 경우는 흐름이 감속되는 저수지 입구이다. 퇴적은 흐름에너지가 갑자기 감소하거나 유사를 운송할 흐름의 능력이 현저하게 감소하는 곳에서는 어디서나 일어난다. 하천을 따라 퇴적을 유발하는 구조물이 없으면 유사이송은 해안까지 진행되며 운동에너지가 소산(消散)되어 퇴적이 일어나 삼각주를 형성한다.

유역의 유사산출량의 추정과 유사이송은 다음과 같은 많은 문제의 해결에 필요하다. 댐과 저수지의 설계, 오염물의 수송, 토양보전의 설계, 안정하도설계, 도시용수, 관개 및 위락에 사용되는 수질의 영향, 주운수심의 유지, 홍수기간 동안 수위결정, 어족, 생물군과 같은 하천생태계에 대한 영향의 평가, 유사입자에 부착된 오염물의 이동조사, 잡물저류지의 설계, 저수지나 호소의 용량감소, 유역관리의 효과결정 등에 필요하다. 또한 교량과 제방의 세굴위험의 예측, 저수지퇴적량의 예측, 강과 하구바닥 지형의 변화를 예측하는 도구이다. 유사는 자체로서 오염물인 동시에 방사성 물질, 농약, 영양물과 같은 오염물의 운반자이기도 하다.

15.2 유사의 성질

유사형성

유사는 암석의 분리와 분해의 산물이다. **분리**(分離; disintegration)는 화학적인 변화 없이 암석이 작은 입자로 부서지는 모든 과정인 쇄설(鎖屑)과정을 포함한다. 암석의 분리는 큰 온도변화나 결빙과 해빙의 반복에 의한다. **분해**(分解; decomposition)는 화학반응에 의하여 암석의 광물질 성분이 쇄설되는 과정이다. 분해는 탄산염화작용, 수화작용, 산화 및 용해과정을 포함한다.

입자성질

유사입경크기(流砂粒徑크기; size of sediment particle). 유사는 크기에 따라 전석, 자갈, 모래, 실트, 점토의 5개 군으로 구분되고 표 15.1에 보인 바와 같다. 조약돌은 개개로 측정되고 자갈은 개개 또는 체를 이용하여 측정된다. 모래는 체를 이용해서 측정되고 실트와 점토는 정지상태의 수중에서 침강속도를 측정하여 구분된다. 유사의 크기는 입자의 직경으로 측정된다.

1. **평균입경**(平均粒徑; mean diameter): 입자의 가장 긴 크기를 a, 다른 두 직교방향의 크기를 b, c라 할 때 a, b, c의 산술평균이다.
2. **공칭입경**(公稱粒徑; nominal diameter): 유사입자와 같은 체적을 갖는 구(球)의 직경이다.
3. **침강입경**(沈降粒徑; fall diameter 또는 sedimentation diameter): 24°C 정지상태의 증류수에서 입자와 동일한 침강속도와 비중(2.65)을 갖는 구의 직경이다.
4. **체입경**(sieve diameter): 주어진 입자가 겨우 통과하는 사각형 체 개구부 일변의 길이와 같은 구의 직경이다.

그러나 실제로 사용되는 하상물질의 크기는 입경분포에 의하여 정의된다(Simons and Senturk, 1992). 주로 사용되는 입자의 크기는 다음과 같다.

d_{35}: 표본의 작은 35%의 최대입경으로 Einstein에 의하여 사용되었다.

d_{50}: 표본의 작은 50%의 최대입경으로 중앙치에 해당된다. 유사혼합물의 대표입경으로 가장 많이 사용된다.

d_{65}: 작은 65%의 최대입경으로 유사혼합물의 조도를 나타내는 데 사용되어 왔다.

평균입경 d_m

$$d_m = \Sigma \frac{\Delta_i d_i}{100} \tag{15.1}$$

여기서 Δ_i는 그림 15.1의 종축에서 증분을 나타내고, d_i는 증분 Δ_i의 상·하한치에 의하여 정의되는 크기의 평균이다.

표 15.1 체에 의한 유사 분류(USDA)(15)

등급	크기(mm)
전석(boulders)과 호박돌(cobbles)	
매우 큰 전석(very large boulders)	4,096～2,048
큰 전석(large boulders)	2,048～1,024
중간 전석(medium boulders)	1,024～512
작은 전석(small boulders)	512～256
큰 호박돌(large cobbles)	256～128
작은 호박돌(small cobbles)	128～64
자갈(gravel)	
매우 굵은 자갈(very coarse gravels)	64～32
굵은 자갈(coarse gravels)	32～16
중간 자갈(medium gravels)	16～8
작은 자갈(fine gravels)	8～4
아주 작은 자갈(very fine gravels)	4～2
모래(sand)	
매우 굵은 모래(very coarse sand)	2.0～1.0
굵은 모래(coarse sand)	1.0～0.5
중간 모래(medium sand)	0.50～0.25
잔 모래(細沙; fine sand)	0.250～0.125
아주 잔 모래(very fine sand)	0.125～0.062
실트(silt)	
굵은 실트(coarse silt)	0.062～0.031
중간 실트(medium silt)	0.031～0.016
잔 실트(fine silt)	0.016～0.008
아주 잔 실트(very fine silt)	0.008～0.004
점토(clay)	
굵은 점토(coarse clay)	0.0040～0.0020
중간 점토(medium clay)	0.002～0.0010
잔 점토(fine clay)	0.0010～0.0005
아주 잔 점토(very fine clay)	0.0005～0.00025

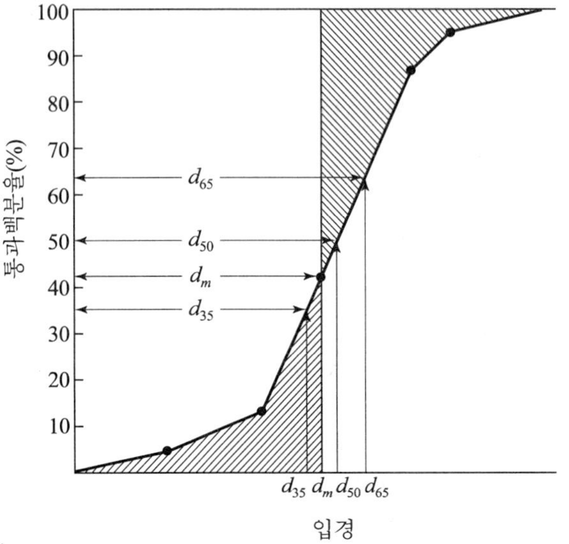

그림 15.1 입경빈도분포곡선

기하평균입경: $\boldsymbol{d}_g$

기하평균입경(幾何平均粒徑; geometric mean size)은 식 (15.2)를 이용해서 계산할 수 있다.

$$\boldsymbol{d}_g = \text{antilog}\left[\Sigma\ \frac{\Delta_i \log d_i}{100}\right] \tag{15.2}$$

여기서 $\boldsymbol{d}_g$는 기하평균입경이다. 입자의 분포가 대수정규분포일 경우 기하평균입경은 15.9%와 84.1%를 통과하는 직선이 50%선과 만나는 점으로 정의된다.

$$\boldsymbol{d}_g = (d_{15.9}\, d_{84.1})^{1/2} \tag{15.3}$$

여기서 $d_{15.9}$과 $d_{84.1}$은 각각 입자무게의 작은 15.9%와 84.1%에 해당하는 입자크기이다. 이 경우 **기하표준편차**(幾何標準偏差; geometric standard deviation) σ_g는

$$\sigma_g = \left(\frac{d_{84.1}}{d_{15.9}}\right)^{1/2} \tag{15.4}$$

유사분포가 대수정규분포가 아닌 경우에도 $\boldsymbol{d}_g$와 σ_g는 같은 방법으로 계산된다.

형상: 입자형상은 구형도와 원상도의 항으로 정의되고 수치로 나타낸다. **구형도**(球形度; sphericity)는 입자와 같은 체적을 갖는 구의 표면적과 입자의 표면적의 비이다. 그러나 표면적의 측정이 어려운 점에서 구형도는 입자와 같은 체적을 갖는 구의 직경과 입자를 외접하는 구의 직경과의 비로 정의된다. 구가 아닌 모든 형상은 1보다 작은 구형도를 갖는다. **원상도**(圓狀度; roundness)는 입자 모서리의 평균곡률반경과 최대내접원의 반경과의 비로 정의된다. 이는 유사입자 모서리의 날카로움(sharpness)을 의미하고 입자의 마모 정도를 나타내는 척도로 사용된다.

형상인자(形狀因子; shape factor)는 입자형상을 나타내는 도구로 사용되기도 한다.

$$SF = \frac{c}{(ab)^{1/2}} \tag{15.5}$$

여기서 SF는 형상인자, a, b 및 c는 직교좌표계에서 입자길이이다. 일반적으로 a는 가장 긴, b는 중간, c는 가장 짧은 길이이다. 둥글게 된 자연유사입자는 $SF = 0.7$ 정도이다.

단위중량과 비중: 유사입자의 단위중량은 단위체적의 무게이다. 유사입자의 비중은 동일한 체적을 갖는 입자의 무게와 물의 무게와의 비이다. 유사의 비중으로 일반적으로 2.65가 사용된다.

침강속도: 유사입자의 **침강속도**(沈降速度; fall velocity)는 정지상태인 수중에서 입자의 종기 침강속도이다. 침강속도는 입자의 성질(크기, 형상 및 단위중량), 주변 유체의 단위중량 및 점성의 함수이다. 구형입자의 침강속도는 [입자의 수중무게 = 항력] 의 관계식인 $(\gamma_s - \gamma)\frac{\pi}{6}d_s^3 = C_D\frac{1}{2}\rho w^2\frac{\pi}{4}d_s^2$ 으로부터 유도되며 다음과 같다.

$$w = \left(\frac{4}{3}\frac{gd_s}{C_D}\frac{\gamma_s - \gamma}{\gamma}\right)^{1/2} \tag{15.6}$$

여기서 w는 침강속도, g는 중력가속도, d_s는 입자직경, C_D는 항력계수, γ_s는 유사입자의 단위중량, γ는 물의 단위중량이다. 항력계수는 $R_e = wd_s/\nu$ 로 정의되는 입자레이놀즈수의 함수이다. ν는 물의 동점성계수이다. 입자레이놀즈수 R_e가 0.1보다 작으면 항력계수는 $C_D = 24/R_e$와 같고 이를 식 (15.6)에 대입하면 **스토크법칙**(Stokes' law)을 얻는다.

$$w = \frac{gd_s^2}{18\nu}\left(\frac{\gamma_s - \gamma}{\gamma}\right) \tag{15.7}$$

퇴적유사의 단위중량: 퇴적유사의 단위중량은 단위체적에 대한 퇴적유사의 건조무게이다. 유사입자 간의 공극 때문에 퇴적유사의 단위중량은 개개 입자의 단위중량보다 항상 작다. 퇴적유사의 단위중량은 유사의 무게를 체적으로 또는 체적을 무게로 환산하는 데 필요하다. 이는 특히 유사퇴적으로 인한 저수지의 용량감소를 계산하는 데 필요하다.

퇴적유사의 단위중량은 경과시간의 영향을 많이 받으며 이는 특히 실트와 점토에서 현저하다. 저수지 퇴적유사의 시간에 대한 단위중량의 변화는 Lane과 Koelzer(1953)식으로 주어진다.

$$\gamma_m = \gamma_1 + B\log T \tag{15.8}$$

여기서 γ_m은 T년 후 퇴적유사의 단위중량(kg/m^3), γ_1은 초기중량으로 일반적으로 압밀되기 시작하여 1년 후의 퇴적유사의 단위중량이 사용되고, B는 압밀을 나타내는 계수이다. 표 15.2는 γ_1과 B의 값을 제공한다.

표 15.2 저수지 퇴적유사의 단위중량 산정에 관한 상수(Dendy와 Bolton, 1976) (단위: kg/m^3)

저수지 조건	모래		실트		점토	
	γ_1	B	γ_1	B	γ_1	B
항상 또는 거의 잠긴 경우	1,497	0	1,046	91.8	483	258
저수지 수위강하 … 있는 경우	1,497	0	1,191	43.5	741	172
저수지 수위강하 … 심한 경우	1,497	0	1,272	16.1	966	97
저수지에 통상 물이 없는 경우	1,497	0	1,320	0	1,256	0

예제 15.1

저수지에 퇴적된 유사의 50년 후 단위중량을 구하라. 토사는 항상 물에 잠긴 상태이고 모래(30%), 실트(40%) 및 점토(30%)로 구성된다.

[풀이] 각 성분 퇴사의 단위중량은 표 15.2를 이용하면

$$\text{모래}\quad \gamma_m = 1,497 + (0)\log 50 = 1,497\ \text{kg/m}^3$$

$$\text{실트}\quad \gamma_m = 1,046 + 91.8\log 50 = 1,201\ \text{kg/m}^3$$

$$\text{점토}\quad \gamma_m = 483 + 258\log 50 = 921\ \text{kg/m}^3$$

따라서 평균단위중량은 $\gamma = 1,497 \times 0.3 + 1,201 \times 0.4 + 921 \times 0.3 = 1,205.8\ \text{kg/m}^3$

15.3 유사생성

하천에 존재하는 유사는 그 근원이 토양침식이다. **침식**(浸蝕; erosion)은 물, 바람 및 지질학적인 인자의 작용에 의하여 지표면으로부터 토양과 암석물질이 이완, 분리 및 이송되는 일련의 자연적인 과정이다. 장기적으로 침식의 영향은 지표면이 삭박(노출된 표면으로부터 토양과 암석입자들이 제거)되어 낮은 지대로 이송되고 종국에는 퇴적되는 과정으로 이어진다.

유사생성에 관해서는 근원지에서 침식되는 유사량과 하류지점에 운송되는 유사량은 구분된다. **총 유사생성량**(總流砂生成量; gross sediment production 또는 gross erosion)은 근원으로부터 침식, 제거되는 유사량이고, **유사산출량**(流砂産出量; sediment yield)은 침식된 토립자가 주어진 하류지점에 실제로 운송되는 양이다. 즉 유사산출량은 특정기간 동안 주어진 지점에서 측정 가능한 유역으로부터의 총 유사량으로 정의된다. 침식된 입자는 문제의 지점에 도달하기 전에 일부가 퇴적되기도 하므로 유사산출량은 총 유사생성량보다 일반적으로 적다. 유사산출량과 총 유사생성량의 비를 **유사운반비**(流砂運搬比; sediment delivery ratio, SDR)라 하고 이는 이송과정에서 퇴적으로 인하여 침식된 유사의 감소량의 측정도구이다.

$$SDR = \frac{S}{E_g} \tag{15.9}$$

여기서 S는 유사산출량, E_g는 총 유사생성량이다. 총 유사생성량은 일반적으로 단위시간, 유역의 단위면적에 대한 유사의 무게로 추정된다(ton/ha/yr 또는 ton/km^2/yr). 유사산출량은 특정 지점을 통과하는 단위시간에 대한 유사량의 무게로 나타낸다(ton/day).

15.3.1 침식의 분류

(1) 소요시간에 의한 분류

침식은 소요시간과 근원에 따라 분류될 수 있다. 소요시간에 따라 정상침식과 가속침식으로 분류된다. **정상침식**(定常浸蝕; 또는 **지질학적 침식**(normal 또는 geologic erosion))은 지구 표면을 형성하는 고체물질에 따라 다양한 속도로 일어난다. 정상침식은 기후, 모암, 강우, 지형 및 식생피복의 함수로 극히 완만하게 일어난다. **가속침식**(加速浸蝕; 또는 **인위적 침식**(accelerated 또는 human induced erosion))은 일반적으로 식생피복의 감소로 정상침식보다 빠른 속도로 일어난다. 벌채, 경작, 산불 및 자연식생의 파괴는 가속침식을 유발한다.

(2) 근원에 의한 분류

근원에 따라 침식은 판상침식, 세류침식, 구곡침식, 하도침식으로 분류된다. **판상침식**(板狀浸蝕; sheet erosion)은 주로 지표류에 의하여 지표면의 엷은 층이 제거되는 현상이다. **세류침식**(細流浸蝕; rill erosion)은 실개천 흐름과 같은 흐름에 의하여 토양이 제거되는 현상이다. **구곡침식**(溝谷浸蝕; gully erosion)은 발단(發端)과정에 있는 수로에서 제거되는 토양으로 정상적인 경작에서는 제거될 수 없을 정도의 큰 입자이다. **하도침식**(河道浸蝕; channel erosion)은 그 발단이 하안침식과 하상저하 형태로 하상에서 일어나는 침식이다. 그러나 실무에서는 고지침식과 하도침식으로 구분된다. **고지침식**(高地浸蝕; upland erosion)은 주로 판상침식과 세류침식으로 구성되고 하도침식은 판상, 세류침식을 제외한 모든 침식을 포함한다.

15.3.2 고지침식과 범용토양손실공식

유사생성에 주요한 인자는 강우와 유역특성이다. 강우인자는 호우의 총 운동에너지와 강우강도의 조합으로 주어진다. 유역인자는 토양의 침식성, 사면의 길이와 경사, 식생피복과 관리상태, 경작방법을 포함한다. 미국에서는 농업부 농업연구소(Agricultural Research Service)에 의하여 개발된 **범용토양손실식**(汎用土壤損失式; universal soil loss equation, USLE)을 이용하여 고지침식량을 산정한다. USLE식은

$$A = RKLSCP \tag{15.10}$$

여기서 A는 판상, 세류침식에 의한 연 토양손실량(ton/acre/year), R은 강우인자, K는 토양 침

식인자, L은 사면-길이인자, S는 사면경사, C는 작물관리인자 및 P는 경작인자이다.

15.3.3 하도침식

하도침식은 고지침식을 제외한 구곡침식, 하안침식, 하상저하, 홍수터 세굴 및 다른 모든 유사원을 포함한다. 구곡은 발달과정에 있는 초기수로이다. 구곡의 발달은 심한 기후변화, 부적절한 토지이용, 또는 수로 바닥표고의 변화에 따라 가속된다. 하류지점에 운송되는 유사의 양으로 나타나는 구곡작용은 완경사에서 급경사에 이르는 두꺼운 표토층을 갖는 지역에서 뚜렷하게 발견된다. 구곡작용으로 발생되는 총 유사량은 일반적으로 고지침식량보다 적다. 수로법선의 변경이나 하안의 자연식생 제거는 하안침식 증가의 원인이 된다. 전형적인 댐 하류의 하상저하(河床低下)는 추가적인 유사원을 구성한다.

여러 형태의 하도침식에 의한 토양손실을 결정하는 방법은 다음과 같다. (1) 상이한 시간에 촬영된 항공사진을 비교해서 수로의 발달정도로 평가한다. (2) 하천의 횡단면의 측량을 실시하여 횡단면적의 변화로 결정한다. (3) 역사적인 자료를 수집하여 수로의 발달정도로 결정한다. (4) 현장조사를 실시하여 수로의 연간 발달정도로 평가한다. 현지조사에 근거한 하안침식의 추정식은 다음과 같다.

$$S = HLR \tag{15.11}$$

여기서 S는 연간 하안침식의 체적, H는 제방의 평균높이, L은 침식되는 제방길이(양안이 침식되면 2배) 및 R은 연간 제방의 후퇴율(한쪽은 침식되고 다른 한쪽이 퇴적되는 경우에는 순후퇴율을 적용한다.)이다.

하상저하의 추정식은

$$S = WLD \tag{15.12}$$

여기서 S는 연 하상저하의 체적, W는 하상저하 구간의 평균하폭, L은 하상저하 구간의 길이, D는 연 하상저하율이다.

15.3.4 유사산출량

실제로 공학에서 중요한 것은 근원에서 침식되는 유사생성량이 아니라 하류지점에 운반되는 유사량인 유사산출량이다. 유사산출량은 모든 형태의 침식을 포함하는 총 유사생성량에 유사운반비를 곱해서 계산된다. 따라서 유사산출량의 계산은 총 유사생성량과 적절한 유사운반비의 산정에 달려있다.

유사운반비는 주로 (1) 유사원, (2) 하천운반계통과 유사원과의 거리, (3) 하천운반계통의 밀도와 조건, (4) 유사의 크기와 조직 및 (5) 유역특성의 함수이다. 유사운반비는 유사원에 따라 다르게 된다. 판상, 세류침식에 의한 모든 유사가 하천흐름에 포함되지는 않는다. 그러나 하도침식에 의한 유사는 일반적으로 하류지점에 운반된다. 운반계통에 대한 유사원의 근접정도가 유사운반비 산정에 중요한 변수이다. 하류지점에 운반되는 유사의 양은 주로 하천운반계통, 즉 흐름이 유사입자를 유입(誘入)해서 보유하는 능력에 좌우된다. 실트와 점토는 모래보다 쉽게 운반될 수 있다. 유역특성도 유사운반비에 영향을 미친다. 유역의 심한 기복은 높은 침식률과 운반비를 나타내고 높은 수계밀도는 높은 유사운반비를 나타낸다.

유사운반비의 추정

유사운반비(SDR)는 총 유사생성량에 대한 유사산출량의 비이다. 유사산출량은 여러 가지 방법으로 산정될 수 있다. 저수지에서 유사산출량의 산정은 저수지 퇴적량의 측량에 의하여 결정될 수 있다. 또는 문제의 지점에서 유사량을 직접 측정하여 산정 가능하다. 총 유사생성은 USLE와 같은 경험식을 이용하여 계산된다.

실제 측정치가 없는 경우에는 통계적인 해석을 이용하여 SDR을 예측하는 지역적인 회귀식을 개발할 수 있다. 가장 간단한 SDR 예측식은 유역면적에 근거하는 것이다. SDR은 주어진 면적에 대하여 큰 변화를 보이나 개략적인 값은 유역면적의 항으로 나타낼 수 있다.

Singh(1992) $$SDR = A^{-0.2} \tag{15.13a}$$

Boyce(1975) $$SDR = 0.41\,A^{-0.3} \tag{15.13b}$$

여기서 A는 유역면적(km^2)이고 표 15.3은 유역면적에 대한 SDR을 나타낸다. 표 15.3의 사용은 토양의 조직, 침식형태, 운반계통 및 퇴적면적을 고려하는 판단을 필요로 한다. 예로 유역이 사질토이면 표 15.3으로 주어지는 SDR값은 감소되어야 한다. 표 15.3과 그림 15.2에서 SDR은 유역면적이 증가함에 따라 감소하는 것을 알 수 있다. 유역면적이 증가하면 유역의 기복은 감소하고 유역 내 유사가 퇴적될 가능성이 높기 때문이다. 개략적인 SDR은 그림 15.2과 표 15.3에서 얻어질 수 있으나 보다 정밀한 조사가 필요하다.

표 15.3 유사운반비(NRCS, 1971)

면 적(km^2)	유사운반비
0.05	0.580
0.10	0.520
0.50	0.390
1.0	0.350
5.0	0.250
10.0	0.220
50.0	0.153
100.0	0.127
500.0	0.079
1,000.0	0.059

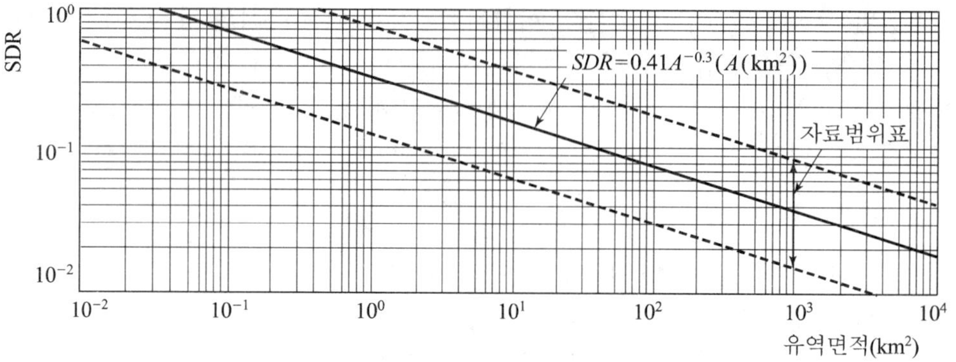

그림 15.2 유역면적과 SDR의 관계(Boyce, 1975; Frentle and Julien, 1987)

한편 SWAT(Soil and Water Assessment Tool)에서는 강우량과 유출자료를 이용해서 SDR을 추정한다.

$$SDR = \left[(q_P/P_r)(0.78285 + 0.21716\,Q/P)\right]^{0.56} \tag{15.13c}$$

여기서 q_P는 첨두유출(mm/hr), P_r은 첨두강우강도(mm/hr), P는 강우량(mm), Q는 유출고(mm)이다.

유사산출량(또는 비유사량) 경험식

유역의 단위면적에 대한 유사산출량을 **비유사(산출)량**(比流砂(産出)量; specific sediment yield)이라 하고 이는 유역특성에 근거한 경험식을 이용해서 추정된다.

(1) **유역면적에 의한 유사산출량:** 유역면적이 1～30,000 mi²인 유역에 대하여 Dendy–Bolton(1976)은 다음과 같은 경험식을 유도하였다.

$$\frac{S}{S_R} = \left(\frac{A}{A_R}\right)^{-0.16} \tag{15.14}$$

여기서 S는 연간 비유사산출량(ton/mi²/year), S_R은 유역면적 1 mi²에 대한 기준 유사산출량으로 $S_R = 1{,}645$ ton/mi²/yr에 해당된다. A는 유역면적(mi²), A_R은 기준 유역면적(1 mi²)이다.

(2) **연평균유출에 의한 비유사산출량:** Dendy–Bolton은 연평균유출자료를 갖는 505개의 저수지 퇴적자료를 이용하여 다음과 같은 경험식을 유도하였다.

연평균유출, $Q < 2\text{in}$

$$\frac{S}{S_R} = 1.07\left(\frac{Q}{Q_R}\right)^{0.46} \tag{15.15a}$$

연평균유출, $Q \geq 2\text{in}$

$$\frac{S}{S_R} = 1.19e^{-0.11(Q/Q_R)} \tag{15.15b}$$

여기서 Q는 연평균유출(in), Q_R은 기준 연평균유출로 $Q_R = 2\ \text{in}$이다.

$S_R = 1{,}645\ \text{tons/mi}^2/\text{yr}$, $Q_R = 2\ \text{in}$ 및 $A_R = 1\ \text{mi}^2$을 적용하면 식 (15.14)와 (15.15a, b)는

$$Q < 2\ \text{in} \qquad S = 1{,}280\, Q^{0.46}\,(1.43 - 0.26\,\log A) \tag{15.16a}$$

$$Q \geqq 2\ \text{in} \qquad S = 1{,}965\, e^{-0.055Q}\,(1.43 - 0.26\,\log A) \tag{15.16b}$$

경우에 따라서는 토양, 지질, 지형, 토지이용 및 식생이 연평균유출이나 유역면적보다 유사산출량에 영향을 크게 미친다. 그러므로 식 (15.16)은 유역계획에 대한 유사산출량 산정에 일차적인 개략치를 제공한다.

예제 15.2

유역면적이 각각 35.5 mi^2, 11,283 mi^2, 연평균유출이 3.15 in, 1.45 in이다. Dendy-Bolton방법으로 유사산출량을 계산하라.

[풀이] 유출이 각각 3.15>2 in, 1.45<2 in이므로 식 (15.16b)와 (15.16a)가 각각 적용된다.

$Q = 3.15 > 2\ \text{in}$

$$S = 1{,}965\exp(-0.055 \times 3.15)(1.43 - 0.26\log 35.5) = 1{,}696\ \text{tons/mi}^2/\text{yr}$$

유사산출량 $1{,}696 \times 35.5 = 60{,}241\ \text{tons/yr}$

$Q = 1.45 < 2\ \text{in}$

$$S = 1{,}280 \times 1.45^{0.46}(1.43 - 0.26\log 11{,}283) = 572\ \text{tons/mi}^2/\text{yr}$$

유사산출량 $572 \times 11{,}283 = 6{,}453{,}876\ \text{tons/yr}$

유사량곡선

유사량곡선(流砂量曲線; sediment rating curve)은 유사량과 유량의 관계곡선으로 유사량 측정자료가 없을 경우 주어진 유량에 대한 유사량추정에 사용된다. 유사량곡선은 유량과 유사량의 동시측정자료에 의하여 작성되고 유사량공식을 이용하여 작성되기도 한다.

Fleming(1969)은 세계 250여 유역자료를 이용하여 식 (15.17)과 표 15.4를 유도하였다.

표 15.4 식 15.7의 상수 a와 n 값

식생피복	n	a
광엽과 소나무과 식물의 혼합	1.02	4,000
소나무과 식물과 긴 잔디	0.82	59,000
짧은 잔디와 관목	0.65	177,000
불모지와 관목	0.72	446,000

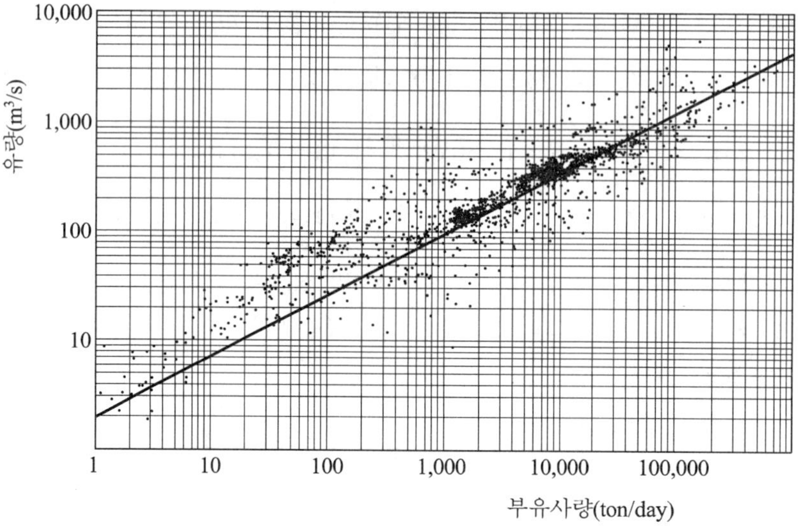

그림 15.3 유사량곡선

$$Q_s = a\, Q^n \tag{15.17}$$

여기서 Q_s는 연평균 부유사량(tons), Q는 연평균유량(m^3/s) 및 a, n은 상수로 표 15.4에 주어진다. 식 (15.17)은 개략적인 유사량의 규모를 제공하고 ±50%의 오차가 예상된다.

15.4 범용토양손실공식

범용토양손실공식(汎用土壤損失公式; universal soil loss equation, USLE)은 미국 동부 26개 주 48개 연구소에서 25,000 유출사상에 관한 40년간의 연구를 통하여 농업부의 지원하에 Winschmeier와 Smith(1960, 1978)에 의하여 개발되었다. 사용된 자료는 휴경이 지속된 길이가 22.13 m, 경사가 9%인 표준 침식연구토지인 **단위발**(unit plot)에서 수집되었다. USLE는 당초 농업경영자, 영농엔지니어 및 보전관리자들에 편리한 작업도구를 제공하기 위하여 개발되었으나 농경지와 건설현장과 같은 지반이 교란되는 지역에 대한 유사예측과 침식조절계획에 광범위하게 이용될 뿐 아니라 저수지토사퇴적과 하천토사부하에 대한 고지침식, 농경지로부터 오염원 조절, 대체토지 이용과 처리방안 등을 결정하는 데 적용되어 왔다.

$$A = RKLSCP \tag{15.10}$$

여기서 A은 판상, 세류침식에 의한 연 토양손실량(ton/ha/yr) 또는 단일 호우에 의한 토양손실량(ton/ha/호우), R은 강우인자로 특정 호우나 연평균 강우량의 운동에너지의 척도, K는 토양침식인자, L은 사면-길이인자, S는 사면경사, C는 작물관리인자 및 P는 경작인자이다. 미국에서 적용 가능한 이들 인자는 표와 도표로 제공된다. USLE는 작은 지역의 판상 및 세류침식에 대한 식으로 구곡침식, 수로침식에는 부적당하고 퇴적을 반영하지 못한다. USLE는 피복 또는 잔유물이 없고 새로 밭갈이를 한 경사가 9%, 길이가 22.13 m인 단위밭 토양의 침식량에 관한 식이다. 강우량과 토양의 두 주요 인자는 표준조건에서 침식이 가능한 양을 결정하고 경사, 관리, 조정인자들은 침식감소(경사가 증가하는 경우에는 증가) 가능성을 결정한다.

도로건설현장의 토양손실량을 추정하기 위하여 C와 P를 하나의 무차원 매개변수 VM으로 통합했다. 따라서 VM은 연간 토양손실량을 추정하는 식 (15.10)과 달리 주어진 호우사상에 대한 특정 기간에 발생하는 토양손실량을 추정한다(Clyde, 1980).

$$A = RKLS(VM) \tag{15.18}$$

강우인자(降雨因子; rainfall factor) R : 강우량 외 다른 인자가 일정하면 경작지로부터 토양손실은 호우의 빗방울이 갖는 총 운동에너지 $E(10^7$ ton/ha)와 30분 최대강우강도 I_{30}(mm/hr)의 곱 EI_{30}에 직접 비례한다. EI_{30}은 지면으로부터 분리된 토양입자를 수송하는 빗방울의 충격력과 지표유출에 의한 교란이 조합된 잠재력을 반영한다. 연간 또는 해당 기간에 대한 EI_{30}의 합은 강우침식지수가 된다. R은 특정 호우사상 또는 연평균 강우량에 대하여 계산된다.

(1) 특정 호우사상의 강우인자 R(MJ mm/ha h)

개별 호우사상에 대한 강우인자 R은 호우의 총 운동에너지(E)와 30분 최대강우강도(I_{30})의 곱으로 주어진다. 빗방울 크기의 중앙치는 일반적으로 강우강도에 따라 증가하고 자유낙하하는 빗방울의 종말속도는 빗방울 크기에 따라 증가한다. 운동상태에 있는 질량의 에너지는 속도의 자승에 비례하므로 강우에너지는 강우강도에 직접적으로 관계된다. 다음은 15분 강우를 기본으로 한 R-인자에 대한 계산과정(Renard 등, 1992)이다.

1) 강우량이 12.5 mm 이상인 호우를 선정한다. 그러나 15분 강우량이 6 mm를 초과하면 12.5 mm 이하인 강우사상도 포함 가능하다.
2) 15, 30분 또는 임의의 시간 간격으로 호우를 여러 구간으로 분할한다($i = 1, 2, \cdots, n$).
3) 각 구간의 강우량 r(mm)과 강우강도 i(mm/hr)를 구한다.
4) 각 구간의 운동에너지(KE)를 계산한다(Brown과 Foster, 1987).

USLE공식 $$KE_j = 13.32 + 9.78 \log i \tag{15.19}$$

RUSLE1공식 $$KE_j = 0.29[1 - 0.72 \exp(-0.05 i)] \tag{15.20}$$

RUSLE2공식 $$KE_j = 0.29[1 - 0.72 \exp(-0.082 i)] \tag{15.21}$$

여기서 KE_j는 구간단위시간의 강우량이 갖는 단위에너지로 MJ/ha mm 단위를 가지며 i는 구간의 강우강도(mm/h)이다.

5) 구간의 총 에너지 E_i 계산: 이는 각 구간의 강우량이 갖는 총 에너지로 4)단계의 운동에너지 KE_j에 구간강우량 $r(\mathrm{mm})$을 곱해서 얻는다.

$$E_i = KE_j \times r(\mathrm{MJ/ha}) \tag{15.22}$$

6) 호우의 총 에너지 계산: 이는 독립 호우사상이 갖는 총 에너지로 모든 구간에너지 E_i의 합으로 주어진다.

$$E = \sum E_i(\mathrm{MJ/ha})$$

7) 강우인자 계산: 먼저 호우의 30분 최대강우량과 강우강도 I_{30}를 구하고 호우의 총 운동에너지 $E=\sum E_i$에 I_{30}(mm/h)를 곱하여 강우인자 R을 얻는다.

$$R = EI_{30} = E \times I_{30} \tag{15.23}$$

여기서 R의 단위는 [MJ mm/ha h]이다.

(2) 연 강우인자 R(MJ mm/ha h yr)

연 강우인자는 연중 개별 호우사상의 강우인자의 합으로 주어진다.

$$R_k = \sum_{j=1}^{m} (EI_{30})_j \tag{15.24}$$

여기서 k는 연 지수, j는 연중 호우의 지수, m은 연간 호우의 수, EI_{30}은 각 호우의 강우인자, R_k는 k년도 강우인자로 k년의 모든 호우의 총 운동에너지이다. 연평균 강우인자는 연 강우인자들의 평균으로 주어진다.

$$R = \sum_{k=1}^{n} R_k / n \tag{15.25}$$

여기서 R은 연평균 강우인자, n은 기록연수이다.

적절한 연평균 강우인자를 산출하기 위해서는 최소 15년 자료가 요구되고 20, 30년이 권장된다. 50년 이상의 큰 호우는 연평균 강우인자를 왜곡시킬 우려가 있으므로 제외된다. 30년 이상의 장기 강우강도의 자료가 있는 경우 2년 빈도를 갖는 강우인자의 계산이 가능하다(Ateshian, 1974).

$$R = 0.417P^{2.17} \tag{15.26}$$

여기서 P는 지속기간이 6시간, 재현기간이 2년인 호우의 강우량(mm)이다.

기후변화에 따라 지역의 연평균 강우량이 변하나 일정 기간에 대해서 일정량의 강우량이 채택된다. 따라서 이 일정량의 연평균 강우량을 갖는 지역에 대한 강우인자 R도 일정한 값으로 산정될 수 있다. 표 15.5는 한국 지역별 강우인자이다(박정환 등, 2000).

표 15.5 우량관측지점별 연평균 강우인자(MJ mm/ha h yr) (박정환 등, 2000)

관측소	R-인자	관측소	R-인자	관측소	R-인자	관측소	R-인자
강릉	4,170	밀양	3,660	아산	4,920	전주	4,280
강화	6,660	보령	5,510	양평	5,240	정읍	4,340
거제	7,970	보은	3,860	여수	5,520	제천	4,360
거창	3,630	부산	6,080	영덕	2,580	진주	5,230
고흥	6,400	부안	3,960	영주	3,890	청주	4,410
광주	4,600	부여	5,400	영천	2,530	추풍령	2,800
군산	4,050	산청	5,420	울산	4,500	춘천	4,130
금산	3,810	서산	4,980	의성	2,650	충주	3,950
남원	4,110	선산	2,460	이천	4,830	통영	5,020
남해	8,030	서울	5,270	인제	2,740	포항	2,620
대구	2,710	속초	3,830	인천	4,510	합천	4,040
대전	4,750	수원	4,910	임실	3,550	해남	4,880
목포	3,510	순천	4,690	장흥	5,980	홍천	4,860
문경	2,820						

예제 15.3

표 15.6에 주어진 호우사상의 강우인자 R을 식 (15.23)을 이용하여 계산하라.

표 15.6 강우인자 계산 예

시간	지속기간	누가강우량	구간강우량	구간강우강도	단위운동에너지	구간총에너지
				i	KE_i	E
(h:min)	(min)	(mm)	(mm)	(mm/h)	(MJ/ha mm)	(MJ/ha)
14:00		0.0				
14:15	15	1.32	1.32	0.33	0.087	0.115
14:30	15	14.08	12.76	3.19	0.129	0.412
14:45	15	38.23	24.15	6.04	0.163	0.985
15:00	15	67.63	29.40	7.35	0.176	1.294
15:15	15	75.24	7.61	1.90	0.111	0.211
1:30	15	75.55	0.31	0.08	0.088	0.007
합계	90		75.55			E=3.024

[풀이] 시간 14:15(15분)에 대한 강우량 $I=1.32$ mm의 운동에너지 KE의 계산(식 15.21)

$$KE_j = 0.29[1-0.72\exp(-0.082i)]$$
$$= 0.29[1-0.72\exp(-0.082\times 0.33)] = 0.087 \text{ MJ/ha mm}$$

30분 최대강우량은 우량누가곡선으로부터 구해지나 편의상 표에서 구하면 시간 14:30~15:00의 24.15+

$29.40 = 53.55\ \mathrm{mm}$가 된다. 따라서 30분 최대강우강도는 $i_{30} = 53.55/0.5 = 107.1\ \mathrm{mm/h}$이다. 호우의 강우인자 R은 식 (15.23)에 따라 호우의 총 운동에너지 $E = \sum E_i = 3.024$ MJ/ha에 $i_{30} = 107.1\ \mathrm{mm/h}$를 곱하여 주어진다.

$$R = E \times i_{30} = 3.024 \times 107.1 = 323.87\ \ \mathrm{MJ\ \ mm/ha\ \ h}$$

토양침식인자(土壤浸蝕因子; soil erodibility factor) K (Mg ha h/ha MJ mm): 토양침식인자 K는 침식에 대한 토양 표면의 저항척도이다. K는 단위밭(unit plot)으로부터 단위강우인자 R에 대한 토양손실량(ton/ha yr)으로 정의된다. 단위밭은 길이가 22.13 m, 길이방향 경사가 9%, 휴경 나지로 밭갈이는 경사방향으로 이루어지는 구획토지이다. 단위밭 인자들의 값은 기준이 되어 $L = S = C = P = 1.0$이다. K값은 모래, 실트, 극세사, 유기물의 백분율과 토양의 조직과 투수성의 함수로 그림 15.4로 주어진다. 실트와 극세사의 함유율이 70%($(S_i + vfS) < 70\%$) 이하이면 K는 식 (15.27)을 이용하여 계산될 수 있다.

$$K = \left[2.1 \times 10^{-4}(12 - M)\{(S_i + vfS)(100 - C)\}^{1.14} + 3.25(A - 2) + 2.5(P - 3)\right]/759 \quad (15.27)$$

여기서 M은 유기물 함량(%), S_i는 실트함유율(%)(0.002 ~ 0.05 mm), vfS는 극세사함유율(%)(0.05 ~ 0.1 mm), C는 점토함유율(%)(< 0.002 mm), A는 토양조직코드(그림 15.4에서 4종), P는 투수성등급(그림 15.4에서 6종)이다.

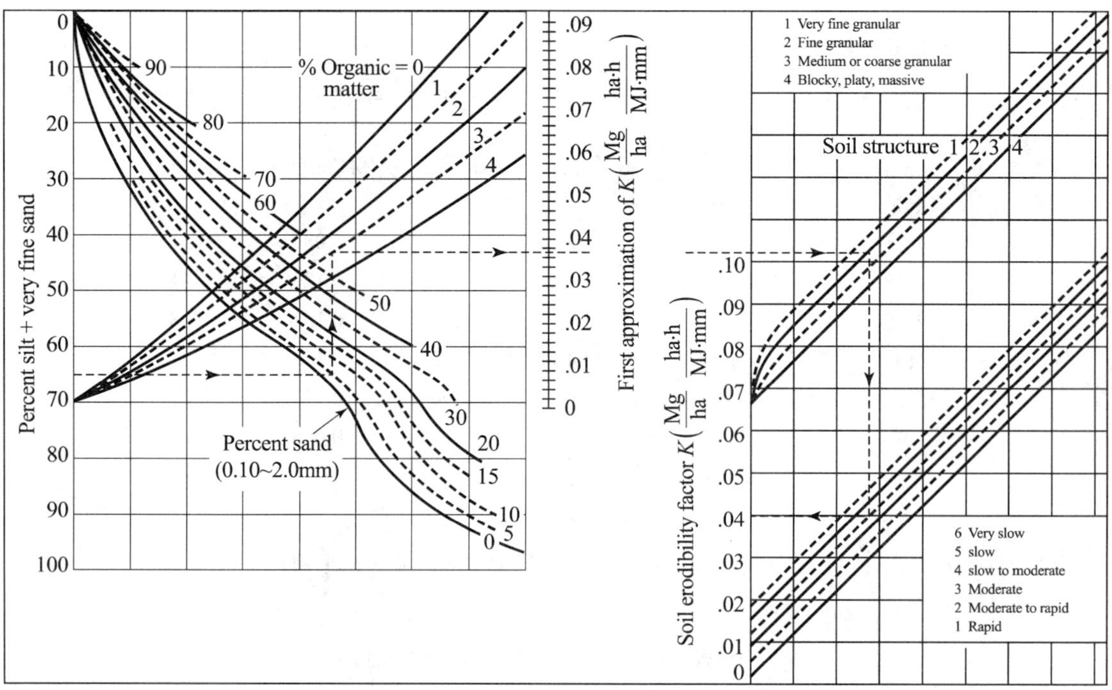

그림 15.4 토양침식인자 K도표

예로 $S_i = 20\%$, $vfS = 10\%$, $C = 10\%$, $M = 2\%$, $A = 2$, $P = 3$이면 $K = 0.0179$이다. K의 범위는 $0 \sim 0.7$이고 높은 K는 침투가 작아 침식가능성이 높다.

지형인자(地形因子; topographic factor) LS: 흐르는 물에 의한 토양침식률은 사면길이(L)와 사면경사(S)의 함수이다. 하나의 통합된 지형인자 LS는 사면길이와 사면의 가파름의 특정 조합이 갖는 침식능을 나타내고 단위밭으로부터의 토양손실량에 대한 주어진 길이와 경사를 갖는 사면토지로부터의 토양손실량의 비로 정의된다. 지표면으로부터 토양입자를 분리해서 수송하는 유출의 능력은 유출속도에 따라 급격히 증가한다. 유출률이 증가하고 흐름이 집중되고 경사가 급해짐에 따라 유출속도는 증가한다. LS가 클수록 침식은 증가하고 특히 L이 크면 물의 집중도가 높아진다.

$$LS = \left(\frac{l}{22.1}\right)^m \left(\frac{65.4S^2}{S^2 + 10{,}000} + \frac{4.6S}{(S^2 + 10{,}000)^{1/2}} + 0.065\right) \tag{15.28}$$

여기서 l은 사면의 길이(m), $(l/22.1)^m$은 사면의 길이 l의 수평거리, S는 사면의 경사(%), 지수 m은 사면의 경사에 따라 주어진다.

사면경사	$S < 1\%$	$S = 1 \sim 3\%$	$S = 3.5 \sim 4.5\%$	$S > 5$
m	0.2	0.3	0.4	0.5

한편 RUSLE에서는 지수 m이 사면의 경사각으로 정의된다.

$$m = B/(1 + B) \tag{15.29}$$

$$B = \sin\theta / [0.0896(3(\sin\theta)^{0.8} + 0.56)] \tag{15.30}$$

여기서 θ는 사면의 경사각(°)이다.

피복관리인자(被覆管理因子; cover and management factor) C: C-인자는 계속되는 경운 휴경지의 토양손실량에 대한 특정 조건에서 경작되는 토지의 토양손실량과의 비로 정의되고 이는 상호 관련되는 피복과 작물관리의 조합된 영향을 나타내는 척도이다. 계속하여 작물을 재배하지 않는 휴경지에서 토양손실은 식 (15.10)의 $RKLS$로 계산된다. 그러나 경작지에서는 재배되는 작물이 침식을 억제하여 실제 토양손실은 이보다 훨씬 작다. 이 감소되는 양은 피복, 작물의 윤작, 관리방안이 어떠한 형태로 조합되는가에 따라 다르고 또한 강우시 식생의 성장단계에 따라서도 다르다. 따라서 C-인자는 지역과 계절에 따라 다르게 된다.

작물, 성장단계, 작부체계(작물의 종류별 재배순서), 경작체계, 곡물수확, 잔류물 및 관리방안에 좌우된다. C-인자는 농경지, 건설현장, 초지, 목장, 유휴지, 삼림지에 대하여 표로 주어진다(Winschmeier와 Smith, 1978). C값은 교란되지 않는 삼림지역의 0.0001에서 식생이 없는 교란지역의 최대 1.0에 이르고 농경지역에서는 지역단위로 추정된다. **작부체계**(作付體系; cropping system)는 주어진 토지에서 기상조건, 노동력, 지력유지 및 재배 농산물에 따라 생산성 향상을 위하여 곡물과 휴경의 연차적인 재배순서와 공간적인 배치와 같은 체계적이고 적극적인 토지 이용방법이다.

표 15.7 경작관리에 대한 C−값(Winschmeier와 Smith, 1978)

1. 항구적인 초지, 목장 및 유휴지

식생수관		토양지표면피복 지면피복 면적(%)					
식생유형	피복유형	0	20	40	60	80	95
수관이 거의 없는 상태	G	0.45	0.20	0.10	0.042	0.013	0.003
	W	0.45	0.24	0.15	0.091	0.043	0.011
큰 잡초 또는* 작은 덤불	G	0.17～0.36†	0.10～0.17	0.06～0.09	0.032～0.038	0.011～0.013	0.003
	W	0.17～0.36	0.12～0.20	0.09～0.13	0.068～0.083	0.038～0.041	0.011
수북한 덤불** 또는 수풀	G	0.28～0.40	0.14～0.18	0.08～0.09	0.036～0.040	0.012～0.013	0.003
	W	0.28～0.40	0.17～0.22	0.12～0.14	0.078～0.087	0.040～0.042	0.011
나무와 아주*** 적은 덤불	G	0.36～0.42	0.17～0.19	0.09～0.10	0.039～0.041	0.012～0.013	0.003
	W	0.36～0.42	0.20～0.23	0.13～0.14	0.084～0.089	0.041～0.042	0.011

2. 비교란 삼림지역

수관과 덤불 피복 면적(%)	50 cm 깊이의 썩은 낙엽피복 면적(%)	C−값
100～75	100～90	0.0001～0.001
75～45	85～75	0.002～0.004
40～20	70～40	0.003～0.009

3. 건설지 경사

부초 종류	부초량 (tons/acre)	지면경사 (%)	C−값	길이한계 †† (m)
부초가 없는 경우	0	–	1.0	–
고정장비에	1.0	1～10	0.2～1.0	30～60
매여 있는 밀집	1.5	1～10	0.12	45～90
또는 건초	2.0	1～50	0.06～0.2	10～120
쇄석(6～13 mm)	135	0～50	0.05	25～60
	240	0～50	0.02	45～90
나무조각	7	0～20	0.08	15～25
	12	0～33	0.05	25～45
	25	0～50	0.02	45～60

* 수관에서 지면까지 빗방울의 낙하고(average drop fall height) 50 cm

** 수관에서 지면까지 빗방울의 낙하고 2 m

*** 수관에서 지면까지 빗방울의 낙하고 4 m

† 모든 C−값은 수관 피복백분율(%) 25～75%에 대한 값이다. 0.17～0.36에서 0.17은 25%, 0.36은 75% 피복에 대한 C−값이다.

†† ft를 m 단위로 조정한 값

G: 지면피복이 잔디, 잔디류 식물, 깊이가 적어도 50 cm되는 다져진 썩은 덤불

W: 지면피복이 주로 광엽 초본식물 또는 비부식 잔류물 또는 양자인 경우

부초(mulch): 작물의 잎이나 줄기, 짚, 기타 유기물이나 폴리에틸렌 필름 등을 지면에 깔아 빗방울 침식을 방지하고 토양 수분보존, 온도조절, 표면고결 억제, 잡초방지, 유익한 박테리아의 번식촉진 등의 효과를 얻는 방법

위성영상의 정규식생지수(normalized difference vegetation index, NDVI)를 이용하여 C-인자의 산정방안이 제시되었다(De Jong 등, 1998).

$$C = 0.431 - 0.805NDVI \tag{15.31}$$

위성영상의 단점은 NDVI와 C-인자가 촬영되는 순간의 값이라는 점이다.

침식조절인자(侵蝕調節因子; erosion control practice factor) P : 사면의 보호를 위한 잔디나 밀식재배작물은 유출을 완만하게 하고 토양손실을 줄일 수 있는 지원조치를 필요로 한다. 이러한 목적의 지원조치인 주요 침식조절 방안은 등고선경작(contour tillage), 대상경작(strip cropping on contour), 계단식체계(terrace system) 등이다. 침식조절인자 P는 사면방향경작(up-and-down slope cultivation)의 토양손실량에 대한 특정 침식조절 방안을 실시하여 일어나는 토양손실량의 비로 정의된다.

USLE는 연 단위로 작은 유역으로부터 고지침식량을 계산할 수 있도록 개발되었으며 토립자의 분리와 수송의 성분은 포함하나 퇴적은 고려되지 않는다. 따라서 USLE는 유사생성 계산에는 사용될 수 없다.

표 15.8 등고선경작, 등고선대상경작, 계단경작에 대한 P-값(Winschmeier와 Smith, 1978)

토지	등고선경작		등고선대상경작					계단식경작			
경사 (%)	P값	최대 길이† (m)	A	B	C	대상폭 (m)	최대 길이† (m)	농장 계획 등고선	대상	잔디 수로 유출구	급경사 지하 유출구
1~2	0.6	120	0.30	0.40	0.60	40	240	0.6	0.30	0.12	0.05
3~5	0.5	90	0.25	0.38	0.50	30	180	0.5	0.25	0.10	0.05
6~8	0.5	60	0.25	0.38	0.50	30	120	0.5	0.25	0.10	0.05
9~12	0.6	40	0.30	0.45	0.60	25	70	0.5	0.30	0.12	0.05
13~16	0.7	25	0.35	0.52	0.70	20	50	0.7	0.35	0.14	0.05
17~20	0.8	20	0.40	0.60	0.80	20	40	0.8	0.40	0.16	0.06
21~25	0.9	15	0.45	0.68	0.90	15	30	0.9	0.45	0.18	0.06

A: 4년 윤작(첫 해 줄경작(row crop), 둘째 해 소립낱알작물(small grain), 셋째-넷째 해 초지)
B: 4년 윤작(2년 줄경작, 겨울곡물, 1년 초지)
C: 줄경작과 밀식작물의 교호대상재배
† ft를 m 단위로 조정한 값

수정범용토양손실공식(MUSLE)

수정범용토양손실공식(Modified Universal Soil Loss Equation, MUSLE)은 단일 유출사상에 대한 유사량을 추정하기 위한 식이다. Williams(1975)는 유사생성의 주 인자가 강우량보다 유출이라는 점에 근거하여 R-인자를 유출사상의 체적과 첨두유량의 곱인 유출인자로 대치했다.

$$S = 95(QP_P)^{0.56}KLSCP \tag{15.32}$$

여기서 S는 단일 호우사상에 대한 유사생성량(ton), Q는 유출사상의 체적(ft^3), P_P는 첨두유량(ft^3/s)이고 K, LS, C, P는 USLE와 같다. MUSLE는 단일 사상에 대해서는 개선된 결과를 제공하나 수문자료입력에 높은 정확도를 요구한다.

개정범용토양손실공식(RUSLE)

개정범용토양손실공식(Revised Universal Soil Loss Equation, RUSLE)은 기본구조는 USLE와 동일하나 보다 적용성이 넓고 계절적인 변화를 보다 정확하게 반영할 수 있도록 인자들이 많이 보완되었다(Renard 등, 1994). R-인자는 저류수면에 대한 보정을 도입했고, K-인자는 시간 변화가 가능하고 암반에 대한 보정을 가했으며, LS-인자는 세류와 세류 간의 침식비가 고려되도록 개정되었다. C-인자는 계절별 토양침식비를 이전 토양이용 PLU의 지표피복 SC, 작물수관 CC, 지면조도 SR, 토양수분 SM의 연속함수로 나타냄으로써 작물의 피복, 뿌리의 성장단계, 경운과 잔류물 분해 등의 고려가 가능하다. P-인자는 방목지, 등고선경작, 대상경작, 계단경작에 대한 조건을 포함하도록 확장되었다. 또한 K, C, P는 EI_{30}의 15일 단위 월별 분포를 포함하는 기후자료의 변화가 고려된다. RUSLE의 R-인자 계산식은 식 (15.21), (15.22)로 주어진다. 최신판인 RUSLE2의 컴퓨터프로그램이 미국 Natural Resources Conservation Service(NRCS)를 통해서 제공된다.

예제 15.4

토지이용과 토양특성이 표 15.9와 같고 연평균 강우인자가 R=3,800(MJ mm/ha h yr)이고 침식조절을 위하여 시행된 조치는 없다. 연간 토양손실을 120 ton/yr 이하로 유지하기 위한 관리방안은 어떤 것이 되겠는가?

표 15.9 범용토양손실공식(MUSLE) 예제의 주어진 조건

구역	면적 (ha)	사면길이 (m)	사면경사 (%)	토지이용	토양구성 (%)	토양구조 A	투수도 B
A	8	100	6	수풀이 있는 관목임야	점토(22), 유기물(5) 실트극세사(38)	3	6
B	5	150	6	밀식작물 피복률 40%	점토(30), 유기물(5) 실트극세사(46)	3	5
C	10	300	6	밀식작물 피복률 40%	점토(30), 유기물(5) 실트극세사(46)	3	4

[풀이]

A구역:

1) 토양침식인자 K(Mg ha h/ha MJ mm)

실트와 극세사의 함유율(38%)이 70% 이하이므로 K 계산에 식 (15.27)이 이용된다. 주어진 조건들을 식 (15.27)에 대입하면

$$K = \left[2.1\times 10^{-4}(12-M)\{(S_i+vfS)(100-C)\}^{1.14}+3.25(A-2)+2.5(P-3)\right]/759$$

$$=[2.1\times10^{-4}(12-5)\{38(100-22)\}^{1.14}+3.25(3-2)+2.5(6-3)]/759=0.0317$$

2) 지형인자 LS

$l=100\,\mathrm{m}$, S=6%이므로 지수 m은 $m=0.5(S>5\%)$이다. 이들을 식 (15.28)에 적용하면

$$LS=\left(\frac{l}{22.1}\right)^m\left(\frac{65.4S^2}{S^2+10{,}000}+\frac{4.6S}{(S^2+10{,}000)^{1/2}}+0.065\right)$$

$$=\left(\frac{100}{22.1}\right)^{0.5}\left(\frac{65.4\times6^2}{6^2+10{,}000}+\frac{4.6\times6}{(6^2+10{,}000)^{1/2}}+0.065\right)=1.223$$

3) 작물관리인자 C

USLE에서는 작물에 따라 파종에서 수확까지 기간을 4기로 구분하여 각 기간에 대한 EI_{30}와 토양손실비 등을 고려하여 C-값을 산정하나 본 예제에서는 표 15.7을 이용하여 개략 산정한다. 표 15.7의 "비교란 삼림지역"에서 피복면적 75%를 적용하여 C=0.001을 취한다.

4) 침식조절인자 P

침식에 대한 조절방안이 취해지지 않으므로 P=1.0이다.

주어진 조건에 대한 토양손실량은 식 (15.10)에 산정된 인자의 값들을 적용하면 $A=RKLSCP=3{,}800\times0.0317\times1.223\times0.001\times1.0=0.147$ ton/ha yr이다. B구역과 C구역에 대해서도 같은 방법으로 계산된 결과는 다음 표와 같다.

표 15.10 예제 15.4의 계산과정

구역	A	B	C
강우인자 R	3,800	3,800	3,800
토양침식인자 K	0.0317	0.0302	0.0269
지형인자 LS	1.223	1.498	2.119
작물관리인자 C	0.001	0.1	0.1
침식조절인자 P	1.0	1.0	1.0
연평균손실량 A(ton/ha yr)	0.147	17.19	21.66
면적(ha)	8	5	10
총 손실량(ton/yr)	1.176	85.96	216.6

A, B, C구역의 연간 총 손실량은 303.74 ton/yr이다. 감소목표 연간손실량 120 ton/yr는 303.74 ton/yr의 120/2,303.74 ≃ 0.4 또는 40%이다. 토양손실량을 줄일 수 있는 방안은 C와 P이다. 현 상태에서 B와 C구역의 C-값이 $C=0.1$이므로 감소목표량을 달성하기 위해서는 C=0.1을 $0.1\times0.4=0.04$로 감소하는 것이다. 피복률을 현재의 40%에서 60%로 증가시키면 C는 $C=0.042$로 감소한다(표 15.7의 수관이 없는 상태). 따라서 토양손실량은

B구역 $3{,}800\times0.0302\times1.498\times0.042\times1.0=7.22$ ton/ha yr, $7.22\times5=36.1$ ton/yr

C구역 $3{,}800\times0.0269\times2.119\times0.042\times1.0=9.097$ ton/ha yr, $9.096\times10=90.97$ ton/yr

총 토양손실량은 $1.176+36.1+90.97=128.25$ ton/yr로 감소한다.

15.5 유사이송

유사이송(流砂移送; sediment transport)은 흐르는 물에 의하여 유사가 유입(誘入; entrainment), 이송되는 현상이다. 유사이송의 원리에 관한 이해는 수리, 수문 및 수자원 공학에 관한 많은 문제의 해석에 기본이다. 유사이송의 연구는 유사이송역학, 유사이송예측 및 유사추적으로 구분될 수 있다. 유사이송역학은 유사가 흐르는 물에 의하여 유입, 수송되는 기본과정을 지칭한다. 유사이송예측은 수로나 하천에서 유사이송이 평형 또는 정상상태일 때 유사량을 예측하는 방법과 기법이다. 유사이송의 예측은 유사이송공식에 의하여 이루어진다. 유사추적은 유사이송이 비평형 또는 비정상상태에서 유사량을 예측하는 기법으로 시간과 공간에 대한 유사량의 변화, 하상의 상승과 저하에 관한 정보를 제공한다. 유사이송에 관한 기술은 유체역학, 하천공학 및 충적지형학의 원리에 근거한다. 흐름의 에너지와 난류는 유사를 유입하고 수송하는 능력을 하천에 부여한다.

15.5.1 유사이송역학

유사량(流砂量; sediment load 또는 sediment discharge)은 하천흐름에 의하여 주어진 지점을 통과하는 유사의 이송률이고 단위는 단위시간당 무게(kg/s) 또는 체적(m^3/s)이다. 이송형태에 따라 유사량은 소류사와 부유사로 분류된다. **소류사**(掃流砂; bed load)는 주로 연직속도구배에 의한 하상전단응력과 난류작용에 의하여 하상을 따라 입자가 미끄러지는 활동, 굴러가는 전동 및 바닥에서 뛰어오르는 도약의 형태로 이동하는 유사량이다. **부유사**(浮遊砂; suspended load)는 난류작용에 의하여 흐름에 뜬 상태로 이동하는 유사량이다. 소류사로 수송되는 입자는 그 크기가 부유사로 수송되는 입자보다 크다. 소류사와 부유사의 구분은 명확하지 않은데 이는 입자에 따라서 한 지점에서는 소류사로, 다른 지점에서는 부유사로 이동하기 때문이다. **하상물질유사량**(河床物質流砂量; bed material load 또는 bed sediment load)은 하상에 근원을 갖고 소류사 또는 부유사로 이동하는 유사량이다. 즉 이는 소류사량과 부유상태의 하상물질유사량의 합이다. **세유사량**(洗流砂量; washload)은 부유상태의 미세입자로 구성되고 흐름단면에 고르게 분포된다. 주 근원은 하상이 아닌 판상침식으로 퇴적가능성이 없는 실트, 점토와 같은 미립유사량이다. 세유사량은 흐름의 수리학에 영향을 받지 않고 하도를 따라 흘러간다. **총 유사량**(總流砂量; total sediment load)은 주어진 흐름 단면적을 통과하는 유사의 총량으로 정의된다.

$$\text{총 유사량} = \text{소류사량} + \text{부유사량} = \text{세유사량} + \text{하상물질유사량}$$

만약 주어진 흐름단면에 대한 유량이 $Q(\mathrm{m^3/s})$, 유사량이 $Q_s(\mathrm{kg/s})$, 그리고 유사농도가 $C(\mathrm{kg/m^3})$일 때 이들의 관계는

$$Q_S = CQ\,(\mathrm{kg/s}) \tag{15.33a}$$

$$Q_S = 86.4\,CQ\,(\mathrm{ton/day}) \tag{15.33b}$$

유사의 시동

하상에 있는 입자에 흐름에 의하여 작용하는 힘이 자연적인 저항을 충분히 능가할 때 입자의 운동이 일어난다(그림 15.5a). 흐르는 유체에 의하여 입자에 작용하는 전단력이 증가하여 입자가 움직이기 시작하는 현상을 **시동**(始動; threshold motion)이라 한다. 이동하상 개수로에서 유사입자에 작용하는 힘에는 중력 $W=\rho_s g \forall$, 부력 $F_b=\rho g \forall$, 항력 $F_D=C_D \rho A_s V^2/2$, 양력 $F_L=C_L \rho A_s V^2/2$이 있다(그림 15.5b). 여기서 $\forall$는 입자체적, A_s는 입자단면적, V는 평균유속, C_D와 C_L은 항력과 양력계수이다. 유사이송에 관련되는 매개변수는 바닥전단응력 τ_o, 입자밀도 ρ_s, 유체밀도 ρ, 중력가속도 g 및 점성계수 μ이다. 차원해석에 의한 이들의 관계는

$$f\left(\frac{\tau_o}{\rho g d_s}, \frac{\rho_s}{\rho}, \frac{u_* d_s}{\nu}\right)=0 \tag{15.34}$$

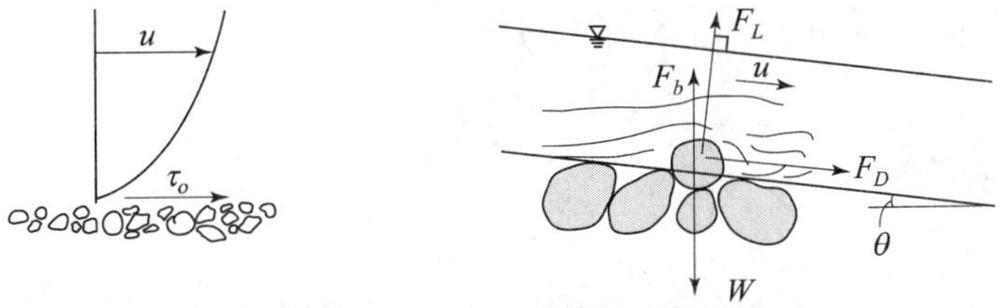

(a) 하상에 작용하는 전단응력 (b) 돌출입자에 작용하는 힘

그림 15.5 입자에 작용하는 힘

하천의 흐름은 하상 부근에서 현저한 연직속도구배(du/dy)를 갖는다. 이러한 속도구배는 하상에 놓여있는 입자에 전단응력인 하상전단응력을 작용한다. **하상전단응력**(河床剪斷應力; bottom shear stress)은

$$\tau_o=\gamma R S \tag{15.35a}$$

넓은 수로의 경우 $R \simeq d$이므로

$$\tau_o=\rho g d S \tag{15.35b}$$

여기서 τ_o는 바닥전단응력, γ는 물의 단위중량, d는 수심 및 S는 흐름의 에너지경사이다.

하상의 입자는 바닥과의 접점에 관한 불안정력(항력, 양력, 부력) 모멘트가 자중에 의한 안정모멘트보다 크게 될 때 움직이게 되고 이 현상은 통상 전단응력항으로 정의된다. **한계(하상)전단응력**(限界(河床)剪斷應力; critical(bottom) shear stress) 또는 **한계소류력**(限界掃流力; critical tractive force)은 입자가 움직이기 시작하는 바닥전단응력으로 정의되고 이보다 큰 바닥전단응력에서 입자는 이동하게 된다. 주어진 흐름과 유사의 조건에 대한 한계소류력의 결정은 그 성질상 경험적이다. **Shields곡선**(Shields曲線; Shields' diagram)(그림 15.6)은 한계소류력을 결정하기 위하여 이론과 경험적인 접근방법을 조합한 결과로서 입자의 이동 여부를 나타낸다. 즉 곡선

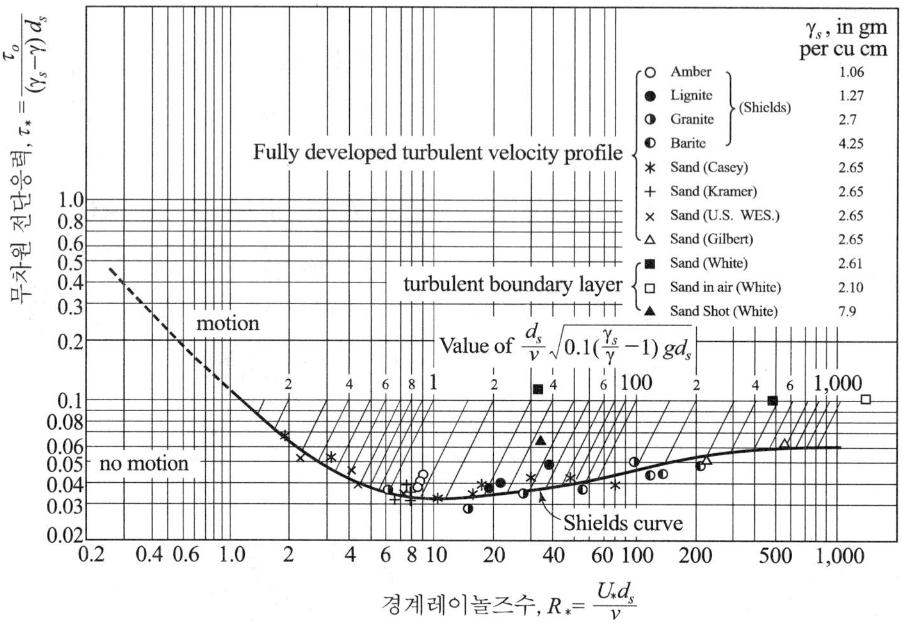

그림 15.6 Shields' diagram

상부는 입자가 이동하는 이동영역, 곡선하부는 비이동영역이다.

Shields곡선의 횡축은 **경계(또는 전단)레이놀즈수**(boundary(shear) Reynolds number) R_* 로 다음과 같다.

$$R_* = \frac{u_* d_s}{\nu} \tag{15.36}$$

여기서 u_* 는 전단속도, d_s 는 평균입경 및 ν 는 동점성계수이다. 전단속도는

$$u_* = \sqrt{\tau_o/\rho} = \sqrt{gdS} \tag{15.37}$$

여기서 ρ 는 물의 밀도이다. Shields곡선의 종축은 무차원 전단응력인 Shields매개변수(또는 안정매개변수)로

$$\tau_* = \frac{\tau_o}{\rho(S_s-1)gd_s} \quad \text{또는} \quad \boldsymbol{F}_*^{\,2} = \frac{u_*^2}{g(s_s-1)d_s} \tag{15.38}$$

여기서 τ_* 는 Shields매개변수, F_* 는 입자후르드수 및 S_s 는 입자의 비중이다. Shields매개변수의 한계치인 한계Shields매개변수(또는 무차원 한계소류력) τ_{*c} 는 바닥입자의 시동조건($\tau_* = \tau_{*c}$)으로 정의된다. 이에 따른 소류사의 시동조건은

$$\tau_* > \tau_{*c} \tag{15.39}$$

즉 소류사이송의 발단은 바닥전단응력 τ_o가 한계치 $(\tau_o)_c$보다 크게 될 때 일어난다.

$$(\tau_o)_c = \rho(S_s - 1)g\,d_s\,\tau_{*c} \tag{15.40}$$

τ_{*c}는 레이놀즈수 R_*의 함수이고 완전히 거친 난류에서 Shields매개변수 τ_{*c}는 거의 상수이고 그림 15.5에서 $R_* = 1{,}000$에서의 Shields매개변수는 $\tau_{*c} = 0.06$에 이른다.

예제 15.5

수심이 2 m, 경사가 0.0001인 수로 바닥의 입자크기가 3 mm이다. Shields곡선을 이용하여 입자의 이동 여부를 조사하라. 수온은 20°C이다.

[풀이] 식 (15.35b)에 따라 바닥전단응력은($\rho = 998.2 \cong 1{,}000\ \mathrm{kg/m^3}$)

$$\tau_o = \rho g d S = 1{,}000 \times 9.81 \times 2 \times 0.0001 = 1.962\ \mathrm{N/m^2}$$
$$= 1{,}000 \times 2 \times 0.0001 = 0.2\ \mathrm{kg중/m^2}$$

(공학단위 0.2 kg중/$\mathrm{m^2}$를 간단히 0.2 kg/$\mathrm{m^2}$로 표기한다.)

식 (15.38)로부터

$$\tau_* = 0.2/[(2.65 - 1) \times 1{,}000 \times 3/1{,}000] = 0.0404$$

식 (15.37)로부터 전단속도는 $u_* = \sqrt{gdS} = \sqrt{9.81 \times 2 \times 0.0001} = 0.0443\ \mathrm{m/s}$이고 부록 A-1로부터 동점성계수는 $\nu = 1.007 \times 10^{-6}\ \mathrm{m^2/s}$이므로 식 (15.36)에 의하여 R_*는

$$R_* = 0.0443 \times 3/1{,}000/(1.007 \times 10^{-6}) = 131.98$$

그림 15.5로부터 $R_* = 131.98$에 대한 무차원 한계소류력은 $\tau_{*c} = 0.046$이다. $\tau_* = 0.0404$는 무차원 한계소류력 $\tau_{*c} = 0.046$보다 작으므로 입자는 이동하지 않는다.

예제 15.6

다음 수로 조건에서 유사입자가 이동하는 한계유속과 유량을 결정하라. 하폭이 30 m, 경사가 0.001, 하상입경이 3 mm, 수온이 15°C($\nu = 1.141 \times 10^{-6}\ \mathrm{m^2/s}$)이다.

[풀이] 넓은 수로로 가정하여 동수반경 R에 관하여 $R \simeq d$를 적용한다. 먼저 τ_*를 $\tau_* = \dfrac{\tau_o}{(\gamma_s - \gamma)d_s} = 0.04$로 가정하면 $\tau_o = 0.04(\gamma_s - \gamma)d_s$이다. 한편 바닥전단응력은 $\tau_o = \gamma RS$이므로 $0.04(\gamma_s - \gamma)d_s = \gamma RS$로부터 동수반경 R을 구하면

$$R = 0.04\frac{\gamma_s - \gamma}{\gamma}\frac{d_s}{S} = 0.04 \times (2.65 - 1) \times (3/1{,}000)/0.001 = 0.198\ \mathrm{m}$$

$\tau_* = 0.04$의 가정을 검토한다.

$$\tau_o = \gamma RS = 1{,}000 \times 0.198 \times 0.001 = 0.198\ \mathrm{kg/m^2} \ \text{또는}\ 1.942\ \mathrm{N/m^2}$$

식 (15.37)에 의한 u_* 는($\rho = 999.1 \cong 1{,}000\ \mathrm{kg/m^3}$) $\quad u_* = \sqrt{\dfrac{\tau_o}{\rho}} = \sqrt{\dfrac{1.942}{1{,}000}} = 0.044\ \mathrm{m/s}$

$$R_* = \frac{u_* d_s}{\nu} = \frac{0.044 \times 3/1{,}000}{1.141 \times 10^{-6}} = 115.69$$

그림 15.5에서 R_*=115.69에 대한 무차원 한계소류력은 $\tau_{*c} = 0.046$이다. 이는 가정치 0.04보다 크므로 $\tau_* = 0.045$로 다시 가정하고 위 과정을 되풀이한다.

$$R = 0.045 \times 1.65 \times \frac{3/1{,}000}{0.001} = 0.223\ \mathrm{m}$$

$$\tau_o = 1{,}000 \times 0.223 \times 0.001 = 0.223\ \mathrm{kg/m^2}$$

$$u_* = \sqrt{gRS} = (9.81 \times 0.223 \times 0.001)^{1/2} = 0.0468\ \mathrm{m/s}$$

$$R_* = \frac{0.0468 \times 3/1{,}000}{1.141 \times 10^{-6}} = 123$$

그림 15.5에서 $R_* = 123$에 대하여 $\tau_{*c} = 0.045$이므로 가정은 타당하다.

마닝공식을 이용하기 위하여 마닝조도계수를 Strickler식 식 (15.41)을 이용하여 계산한다.

$$n = \frac{(d_s)^{1/6}}{21} \tag{15.41}$$

여기서 n은 마닝조도계수, d_s는 입경(mm)이다.

$$n = \frac{(d_s)^{1/6}}{21} = \frac{(3/1{,}000)^{1/6}}{21} = 0.018$$

$$V = \frac{1}{n} R^{2/3} S^{1/2} = \frac{1}{0.018} 0.223^{2/3} 0.001^{1/2} = 0.646\ \mathrm{m/s}$$

$d \simeq R = 0.223\ \mathrm{m}$ 이므로 유량은 $Q = (bd)\,V = (30 \times 0.223) \times 0.646 = 4.3\ \mathrm{m^3/s}$

유속이 $0.646\ \mathrm{m/s}$, 유량이 $4.3\ \mathrm{m^3/s}$ 보다 크게 되면 유사입자는 움직이기 시작한다.

하상형상

하상형상은 흐름에 의하여 하상에 가해지는 항력과 흐름에 의하여 유발된 바닥물질 이동에 의한 결과이다. 하상형상을 형성하는 주 인자는 수심, 유속, 유사입경 및 침강속도이다. 신뢰도가 높고 포괄적인 유상이송공식을 개발하는 데 주요 장애의 하나는 하상형상의 복잡한 특성이다. 흐름에너지가 감소되는 주요 원인은 바닥경계면의 조도에 의한 마찰과 하상형상에 의한 형상(압력)항력이다. 유속과 난류구조는 마찰인자(또는 조도계수) 및 하상형상과 직접적인 상호관계를 갖고 유사운반 특성은 직접적으로 유속과 난류구조에 관계된다.

일반적으로 마찰인자 또는 마닝조도계수를 결정하는 것은 어려운 문제이고 충적하천에서는 더욱 어려운 문제이다. **충적하천**(沖積河川; alluvial stream)은 흐름에 의하여 이송된 유사(흙, 모래, 자갈)의 퇴적으로 수로의 경계(바닥과 하안)가 형성된 수로로, 유량의 변화에 따라 하상형상이 변형되는 하천이다. 하상이 변하는 충적하천에서는 두 종류의 마찰(항력)이 존재한다. 즉 바닥표면에 의한 표면항력과 바닥형상에 의하여 발생되는 압력변화에 따른 형상(압력)항력이다. 충적하천에서는 흐름상태가 변함에 따라 하상형상이 급격히 변하여 표면항력과 형상항력을 반영하는 조도계수가 변하고 이는 흐름에 대한 마찰의 변화로 흐름의 변화를 유발하고 변화된 흐름은 다시 하상형상의 변화를 유발하며 이러한 상호작용은 계속된다. 이러한 사실은 하천흐름을 해석하는 데 조도크기를 제공하는 하상형상에 관한 지식이 필요함을 천명한다. 하상형상의 변화는 그 변화폭이 매우 커서 이로 인한 마찰인자는 10배 이상의 변화를 나타내기도 한다. 하상형상은 대략 다음과 같다.

(1) **사련하상**(砂漣河床; rippled bed): 낮은 유속($F_r \ll 1$)에서 복잡하고 작은 파상(波狀)형태의 하상형상으로 파장은 0.5 m 이내이고 높이는 3 cm보다 작다. 종단면은 대략 삼각형으로 상류는 완만한 경사이고 하류는 안식각에 가까운 급경사를 갖는 것이 보통이다. 흐름은 토립자를 사면 위쪽으로 그리고 마루 위로 계속 이동시켜 사련은 하류로 서서히 이동한다. 사련은 0.6 mm보다 큰 유사에서는 거의 일어나지 않는다.

(2) **사구**(砂丘; dunes): 사구는 큰 유속($F_r < 1$)과 유사량에서 형성된다. 사구는 사련보다 크고 사련은 사구의 상류사면에 계속하여 형성된다. 사구의 종단면은 사련과 같이 삼각형 형상으로

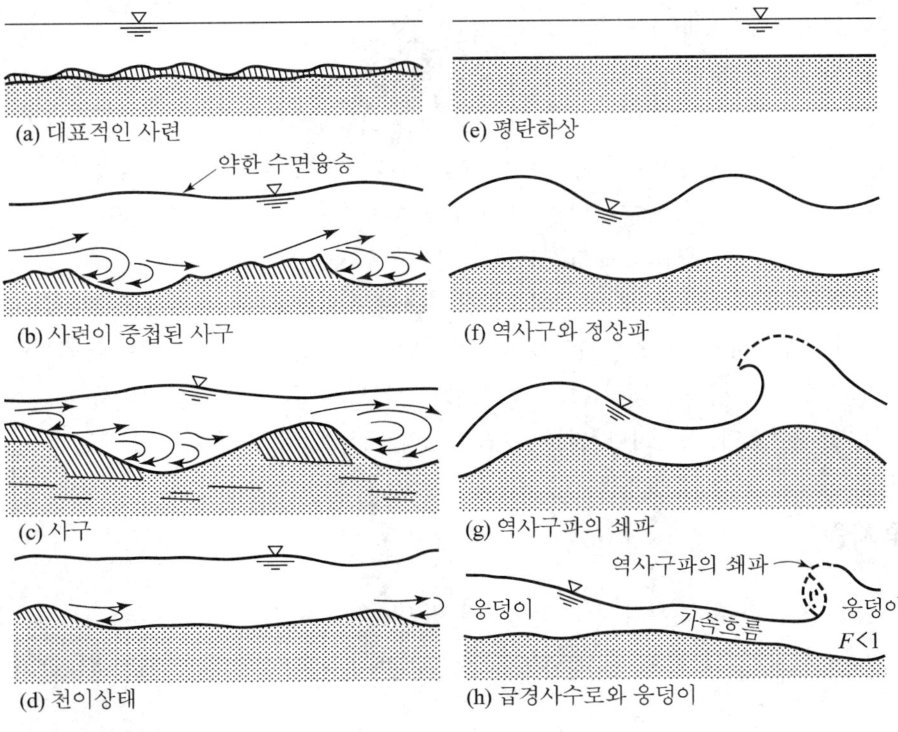

그림 15.7 충적하천의 하상형상

상류사면은 완만하고 급경사의 하류사면을 갖는다. 길이-높이의 비는 보통 10~40이다. 사구가 하류로 이동함에 따라 유사도 같이 이송된다. 큰 유속에서 사련은 사라지고 사구는 형상이 보다 완만하게 된다. 사구 하류측에 형성되는 곡부의 와(eddy)는 수면에 강한 난류의 **수면융승**(水面隆昇; boil)을 유발한다.

(3) **천이**(遷移; transition): 보다 큰 유속에서 바닥형상은 작은 높이의 사련 또는 사구와 평탄 하상과 같은 이질적인 배열로 구성된다.

(4) **평탄하상**(平坦河床; plane bed 또는 flat bed): 유속($F_r < 1$)이 계속 증가하면 사구는 사라지고 하상형상은 평탄하게 된다. 소류사량은 상당량에 이른다.

(5) **역사구**(逆砂丘; antidunes): 유속이 증가하여 한계유속($F_r = 1$)에 접근하면 수면의 중력파는 진폭이 증가하고 정상파 또는 서서히 이동하는 파열의 형태로 변형된다. 수면의 중력파는 수면파에 대응하는 파열(波列)을 하상에 발생시킨다. 하상파열의 진폭은 수면파의 진폭보다 작다. 이와 같이 형성된 하상파열을 역사구라 하고 이는 종종 하류가 아닌 상류로 이동하기 때문이다. **사파**(砂波; sand wave) 후류부의 낮아진 압력이 하류사면의 입자를 이동시켜 하류에 있는 다음 사파의 상류사면에 퇴적시킴에 따라 상류로 이동하게 된다. 수면파는 유속이 증가함에 따라 불안정하게 되어 쇄파(碎波)될 때까지 성장한다. 쇄파됨에 따라 난류교란은 역사구를 말살하나 계속되는 수면파 형성에 따라 역사구가 다시 형성된다. 역사구의 종단면은 삼각형에서 유속이 증가함에 따라 완만하게 변한다. 흐름은 사류($F_r > 1$)이다.

(6) **급경사수로와 웅덩이**(急傾斜水路와 웅덩이; chutes and pools): 유속이 증가하여 사류($F_r > 1$)가 되면 역사구의 형성과 소멸의 반복이 심화되어 종국에는 급경사수로와 웅덩이의 구조 형태로 발전된다. 급경사수로는 유사가 퇴적되어 쌓인 큰 규모의 **유사퇴**(流砂堆; sediment mound)로 구성되고 유사퇴는 고속흐름의 수로를 형성한다. 유사퇴는 그 하류 흐름이 때로는 상류(subcritical flow)에 이어지고 유사퇴와 웅덩이 사이에는 수중도수가 발생된다. 어떤 의미에서는 이 유사퇴도 상류로 서서히 이동하는 큰 역사구이다.

(7) **사주**(砂洲; bars): 모양은 사구형상이나 길이는 하폭과 같거나 크고, 높이는 사구를 발생시키는 흐름의 평균수심과 같은 크기이다. 상류 사면에는 사련이나 사구가 형성된다. 사주는 만곡수로의 내측이나 지류 유입지점의 하류에 주로 형성된다.

15.6 소류사량

유사량공식은 소류사, 부유사 하상물질유사 및 총 유사량공식으로 분류될 수 있고 소류사량 공식은 유도된 근거에 따라 전단응력, 단위폭 유량, 확률개념 및 에너지평형개념에 의한 공식 등으로 분류될 수 있다.

1) **전단응력에 근거한 공식**$(\tau_o - \tau_c)$

대부분의 소류사량 예측공식은 하상의 전단응력에 근거한다. 전단응력은 소류사가 활동, 전동 및 도약의 형태로 이동하는 수로경계에 적용되는 단위면적당의 소류력이다.

DuBoys 공식

유사량을 산정하는 최초 공식의 하나로 다음과 같다.

$$q_b = \psi_D \tau_o (\tau_o - \tau_c) \tag{15.42}$$

여기서 q_b는 수로의 단위폭에 대한 소류사량($m^3/s\ m$), ψ_D는 유사입경에 대한 매개변수($m^6/kg^2 s$), τ_o는 바닥전단응력(kg/m^2), τ_c는 한계전단응력(kg/m^2)이다. q_b는 τ_c에 대한 τ_o의 상대크기에 비례함을 나타낸다. ψ_D와 τ_c의 값은 Straub(1935)에 의하여 표 15.11과 그림 15.8로 주어진다. 그림 15.8에서 ψ_D는 $\gamma_s \psi_D$로 주어지므로 소류사량은 무게의 단위($kg/s\ m$)인 $g_b = q_b \gamma_s$로 주어진다. d_s는 균일 모래의 입경(mm)이다.

표 15.11 DuBoys식의 ψ_D와 τ_c 값

입경 (mm)	ψ_D ($m^6/kg^2 s$)	τ_c (kg/m^2)
1/8	0.0032	0.078
1/4	0.0019	0.083
1/2	0.0011	0.107
1	0.0007	0.156
2	0.0004	0.249
4	0.0002	0.439

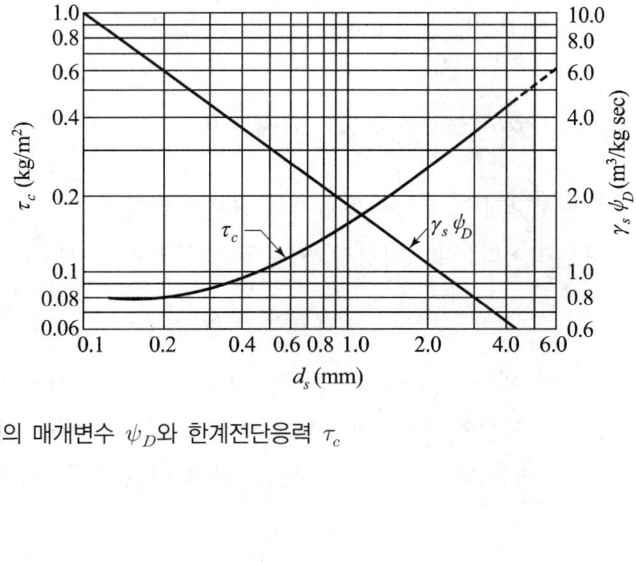

그림 15.8 DuBoys공식의 매개변수 ψ_D와 한계전단응력 τ_c

Shields공식$(1.56 < d_s < 2.47\ \mathrm{mm})$

$$g_b = q_b \rho g = 10qS\frac{\tau_o - \tau_c}{(\gamma_s/\gamma - 1)^2 d_s} \tag{15.43}$$

2) **단위폭 유량에 근거한 공식**$(q - q_c)$

Schoklitsch공식$(0.305 < d_s < 7.02\ \mathrm{mm})$

식 (15.35), 마닝공식 $V = 1/nR^{2/3}S^{1/2}$ 및 $q = Vd$로부터 τ_o에 관한 표현을 얻는다.

$$\tau_o = \rho g(nq)^{3/5}S^{7/10} \tag{15.44}$$

위 식을 식 (15.42)에 대입하면

$$q_b = \psi_D \frac{S^{1.4}\gamma^2}{(1/n)^{1.2}}q^{3/5}(q^{3/5} - q_c^{3/5}) \tag{15.45}$$

여기서 q는 단위폭 유량, q_c는 유사시동이 일어나는 바닥의 경사가 S_c인 수로의 단위폭의 유량이다. 위 식을 수정한 Schoklitsch공식은

$$g_b = 2{,}500S^{3/2}(q - q_c) \qquad d_s \geq 0.006\ \mathrm{m} \tag{15.46}$$

$$q_c = 0.26\left(\frac{\rho_s - \rho}{\rho}\right)^{5/3}\frac{d_s^{3/2}}{S^{7/6}} \tag{15.47}$$

Meyer–Peter공식(1934)

$$q_b^{2/3} = 2.5q^{2/3}S - 42.5d_s \tag{15.48}$$

Meyer–Peter–Muller공식(1948)$(d_s > 0.4\ \mathrm{mm})$

$$\left(\frac{k_r}{k_r'}\right)^{3/2}\gamma R_b S = 0.047(\gamma_s - \gamma)d_m + 0.25\left(\frac{\gamma}{g}\right)^{1/3}\left(\frac{\gamma_s - \gamma}{\gamma_s}\right)^{2/3}g_b^{2/3} \tag{15.49}$$

여기서 k_r은 전반적인 저항계수, k_r'은 토립자의 표면마찰에 의한 저항계수, R_b는 바닥에 대한 동수반경, d_m은 대표입경이다. 에너지경사 S는 두 성분으로 구성되는 것으로 고려될 수 있다.

$$S = S' + S'' \tag{15.50}$$

여기서 S'은 입자조도에 의한 저항을 극복하는 데 요하는 에너지경사, S''은 사구와 같은 바닥형상에 따른 형상(압력)항력에 의한 저항을 극복하는 데 요구되는 에너지경사이다. k_r과 k_r'은 각각 S와 S'에 대응하는 저항(조도)계수이고 이에 따라 다음 식으로 정의된다.

$$V = k_r R_b^{2/3} S^{1/2} \tag{15.51}$$

$$V = k_r{}' R_b^{2/3} S'^{1/2} \tag{15.52}$$

위 두 식으로부터 다음 관계가 성립된다.

$$\frac{S'}{S} = \left(\frac{k_r}{k_r{}'}\right)^2 \tag{15.53}$$

$k_r{}'$의 Strickler식은

$$k_r{}' = 21.1/d_s^{1/6} \tag{15.54}$$

여기서 d_s는 균일 입자의 입경(mm)이고 경계레이놀즈수가 $Re_* = \sqrt{f/8}\,V d_{90}/\nu \geq 100$인 수리학적으로 거친 경계이면 $k_r{}'$은 다음의 Meyer–Peter–Muller식으로 주어진다.

$$k_r{}' = 26/d_{90}^{1/6} \tag{15.55}$$

여기서 d_{90}는 m 단위이고 중량에서 90%는 이보다 작다.

사구가 형성되지 않는 평탄하상에서는 $S'' = 0$이므로 $S'/S = (k_r/k_r{}')^2 = 1$이고 $S = S'$이므로 식 (15.49)에 이들 관계를 적용하면

$$\gamma R_b S' = 0.047(\gamma_s - \gamma)d_m + 0.25\left(\frac{\gamma}{g}\right)^{1/3}\left(\frac{\gamma_s - \gamma}{\gamma_s}\right)^{2/3} g_b^{2/3} \tag{15.56}$$

식 (15.56)은 다음과 같이 정리된다.

$$q_b = 8\sqrt{(S_s - 1)g d_s^3}\,(\tau_* - 0.047)^{3/2} \tag{15.57}$$

3) 확률개념에 근거한 공식

Einstein공식

Einstein 소류사량공식은 Duboys가 사용한 한계소류력 개념과는 달리 난류개념에 근거한다(1942)(Simons와 Sentürk, 1992). 따라서 유사운동은 입자의 양력이 수중무게를 초과하는 확률의 개념으로 표현된다. 소류사량의 공식은 하상과 하상층 사이의 하상물질교환의 평형에 관한 기술이다. 이는 단위시간 단위면적에 퇴적되는 입자 수와 침식되는 입자 수가 같음을 의미한다.

퇴적: 단위면적에 대한 퇴적률은 주어진 단면을 통과하는 이송률과 입자의 이송에 대한 저항력이 크게 되는 확률에 좌우된다. g_s는 단위시간에 단위폭을 통과하는 소류사량(중량)으로써 입자크기에 따라 몇 개의 등급으로 분류되며 한 등급의 중량비율이 i_s이면 주어진 크기의 입자가 단면의 단위폭을 통과하는 이송률은 $g_s i_s$이다. 입경이 d_s인 입자들은 평균거리 $A_L d_s$를 이동하는 것으로 가정되고 주어진 단면(그림 15.9의 AB)과 하류로 $A_L d_s$ 구간에 퇴적되는 것으로

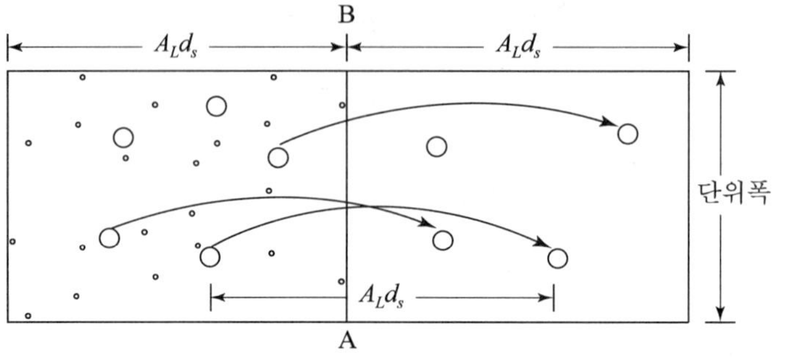

그림 15.9 Einstein 소류사량모형

가정된다. 따라서 단위면적에 대한 이송률은 $g_s i_s / A_L d_s$ 이고 이들 입자 개개의 무게는 $\gamma_s A_2 d_s^3$ (A_2는 상수)이므로 단위시간, 하상의 단위면적에 퇴적되는 입자의 수 N_d는

$$N_d = \frac{g_s i_s / A_L d_s}{\gamma_s A_2 d_s^3} = \frac{g_s i_s}{A_L A_2 \gamma_s d_s^4} \tag{15.58}$$

침식: 입경 d_s인 입자의 침식 여부는 하상에 존재하는 입자의 수와 흐름조건(난류강도)에 좌우된다. 크기에 따라 분류된 한 등급의 크기가 d_s인 하상물질의 양이 i_b이면 하상의 단위면적에 대한 입경 d_s의 수는 $i_b/(A_1 d_s^2)$이다. A_1은 입경의 투영면적에 대한 상수이다. 입자가 제거되는 확률이 p이면 단위시간 동안 입자가 제거되는 확률은 p/t_e이므로 단위시간, 단위면적에서 침식되는 입자의 수는

$$N_e = \frac{i_b}{A_1 d_s^2} \frac{p}{t_e} \tag{15.59}$$

여기서 t_e는 침식에 소요되는 시간이다. t_e는 입자의 크기와 입자가 침강하는 시간의 함수로 가정한다.

$$t_e \sim \frac{d_s}{w} = A_3 \sqrt{\frac{d_s \rho}{(\gamma_s - \gamma)}} \tag{15.60}$$

여기서 w는 Rubey침강속도로 식 (15.88)로 정의된다. 평형상태에서 퇴적률은 침식률과 같으므로 식 (15.58)과 식 (15.59)를 같게 놓으면

$$\frac{g_s i_s}{A_L A_2 \gamma_s d_s^4} = \frac{i_b p}{A_1 A_3 d_s^2} \sqrt{\frac{(\rho_s - \rho) g}{\rho d_s}} \tag{15.61}$$

하상입자의 운동은 양력(F_L)이 수중무게(W)를 초과하는 확률 p에 따라 변한다.

$$p = \text{Prob}(F_L > W) \tag{15.62}$$

입자가 제거되는 확률 p는 하상의 입자가 이동하는 거리 $A_L d_s$ 를 계산하는 데 이용된다. 입자가 제거되는 확률 p가 작으면 입자의 퇴적은 어느 곳에서나 일어나는 것이 가능하고 A_L 은 100에 가까운 값을 갖는 상수 λ와 같게 된다. 즉 $A_L d_s = \lambda d_s$. 그러나 p가 작지 않아 입자의 제거율이 상당량에 이르는 경우 입자에 작용하는 양력이 입자의 수중무게보다 크게 되는 확률 p에 해당하는 바닥물질에 대해서는 퇴적이 일어나지 않고 $(1-p)$에 해당되는 입자들은 λD 이동 후에 퇴적된다. 침식된 p입자는 다시 제거되지 않는 $p(1-p)$입자와 제거되는 pp입자로 구분되어 $p(1-p)$는 $2\lambda d_s$ 이동 후에 퇴적되고, pp입자는 퇴적되지 않으며 이러한 과정이 계속된다. 개개 입자가 이동한 거리를 평균한 평균거리는 다음과 같이 표현된다.

$$A_L d_s = \sum_{n=0}^{\infty}(1-p)p^n(n+1)\lambda d_s = \frac{\lambda d_s}{1-p} \tag{15.63}$$

여기서 입자가 $(n+1)$ 도약을 하는 확률이 $(1-p)p^n(n+1)$이고

$$\sum_{n=0}^{\infty}(1-p)p^n(n+1) = \sum_{n=0}^{\infty}(1-p)(np^n+p^n) = 1+p+p^2+\cdots+p^n = 1/1-p$$

이다. 식 (15.63)을 식 (15.61)에 대입하고 p에 관하여 정리하면

$$\frac{p}{1-p} = \frac{A_1 A_3}{A_2 \lambda}\left(\frac{i_s}{i_b}\right)\frac{g_s}{\gamma_s}\sqrt{\frac{\rho}{\rho_s-\rho}\frac{1}{g\,d_s^3}} \tag{15.64}$$

식 (15.64)를 변형하면

$$\frac{p}{1-p} = A_*\left(\frac{i_s}{i_b}\right)\phi = A_*\phi_* \tag{15.65}$$

여기서 ϕ는 이송률함수(transport rate function)로

$$\phi = \frac{g_s}{\gamma_s}\sqrt{\frac{\rho}{\rho_s-\rho}\frac{1}{g\,d_s^3}} \tag{15.66}$$

$A_* = A_1 A_3/\lambda A_2$는 실험으로 결정되는 상수, $\phi_* = (i_s/i_b)\phi$는 개개 입자 크기에 대한 소류사 이송강도로

$$\phi_* = \frac{i_s}{i_b}\frac{g_s}{\gamma_s}\sqrt{\frac{\rho}{\rho_s-\rho}\frac{1}{g d_s^3}} \tag{15.67}$$

이송률함수 ϕ는 Shields매개변수의 역인 전단강도 매개변수 ψ와 관계된다.

$$\phi = f(\psi) \tag{15.68}$$

$$\psi = \frac{\rho_s-\rho}{\rho}\frac{d_s}{R'S} \tag{15.69}$$

여기서 R'은 표면마찰에 의한 동수반경이다. $R = R' + R''$으로서 하상의 동수반경 R은 표면마찰에 대한 동수반경 R'과 형상(압력)항력에 대한 동수반경 R''으로 구성된다.

수로의 실험자료에 의한 식 (15.68)의 정량적인 표현은

$$0.465\phi = e^{-0.391\psi} \qquad \phi < 0.4 \text{ 또는 } \psi > 6 \tag{15.70}$$

단위시간, 단위면적에 대한 소류사량 g_s는 식 (15.66) 또는 (15.67)로 계산된다.

Einstein 소류사함수

식 (15.67)의 소류사 이송강도 ϕ_*는 수로의 크기에는 무관한 소류사이송의 무차원척도이다. 아인슈타인은 하상형상, 큰 입자 사이, 층류저층에 숨겨져 있는 작은 입자의 차폐 영향, 입자에 작용하는 양력 및 입경별 소류사량의 계산이 가능하도록 소류사이론을 소류사함수로 발전시켰다. Einstein과 Barbarossa(1952)는 단면적과 동수반경이 개념적으로 두 성분으로 구성됨을 제안했다.

$$A = A' + A'', \qquad R = R' + R'' \tag{15.71}$$

여기서 단면의 A'과 R' 부분에 대한 중력성분은 입자의 조도에 의한 항력과 평형을 이루고, 단면의 A''과 R'' 부분에 해당하는 중력성분은 바닥형상에 의한 항력과 평형을 이룬다. 이 경우 Manning–Strickler식은

$$\frac{V}{u_*{}'} = 7.66\left(\frac{R'}{k_s}\right)^{1/6} \tag{15.72}$$

$$u_*{}' = \sqrt{gR'S} \tag{15.73}$$

여기서 $u_*{}'$은 입자조도에 대응하는 전단속도, k_s는 모래등가입경으로 d_{65}가 취해진다. 입자조도가 수리학적으로 거친 표면을 조성하지 않으면, 즉 $k_s u_*{}'/11.6\nu < 5$이면 대수유속분포가 사용된다.

$$\frac{V}{u_*{}'} = 5.75\log\left(12.2\frac{R'\chi}{k_s}\right) \tag{15.74}$$

여기서 χ는 점성영향의 보정인자로 그림 15.10에서 $k_s/\delta = k_s u_*{}'/11.6\nu$의 함수로 주어진다.

Einstein 소류사함수는 각 입자크기 i에 대하여 식 (15.75)로 정의된다.

$$1 - \frac{1}{\sqrt{\pi}}\int_a^b e^{-t^2}dt = \frac{43.5\phi_{*i}}{1 + 43.5\phi_{*i}} \tag{15.75}$$

여기서 $a = -(1/7)^{\psi_{*i}-2}$, $b = (1/7)^{\psi_{*i}-2}$

$$\psi_{*i} = \xi_i\, Y\left(\frac{\log 10.6}{\log(10.6\, X\chi/d_{65})}\right)^2 \frac{\gamma_s - \gamma}{\gamma}\,\frac{d_{si}}{R'S} \tag{15.76}$$

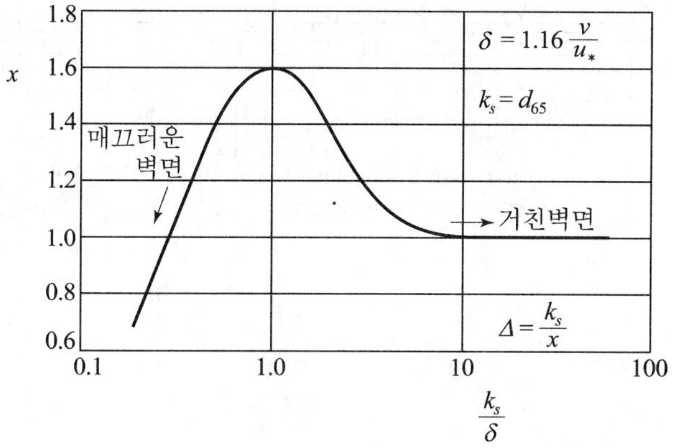

그림 15.10 유속분포에서 점성영향의 보정계수 χ

$$\phi_{*i} = \frac{i_s}{i_b}\frac{g_{bi}}{\gamma_s}\sqrt{\frac{\gamma}{\gamma_s-\gamma}\frac{1}{g\,d_{si}^3}} \tag{15.77}$$

여기서 ξ_i는 d_{si}/X의 함수로 그림 15.11에서 주어지고 Y는 d_{65}/δ의 함수로 그림 15.12에 주어진다. 균일 입경의 경우에는 $Y=1.0$이 된다. i_s는 소류사 중 입경이 d_i인 소류사비율, i_b는 바닥물질 중 입경이 d_i인 바닥물질비율이다.

$$X = 0.77\,d_{65}/\chi \qquad d_{65}/\chi\,\delta > 1.80 \tag{15.78}$$

$$X = 1.39\,\delta \qquad d_{65}/\chi\,\delta < 1.80 \tag{15.79}$$

층류저층의 두께

$$\delta = 11.6\nu/u_*' \tag{15.80}$$

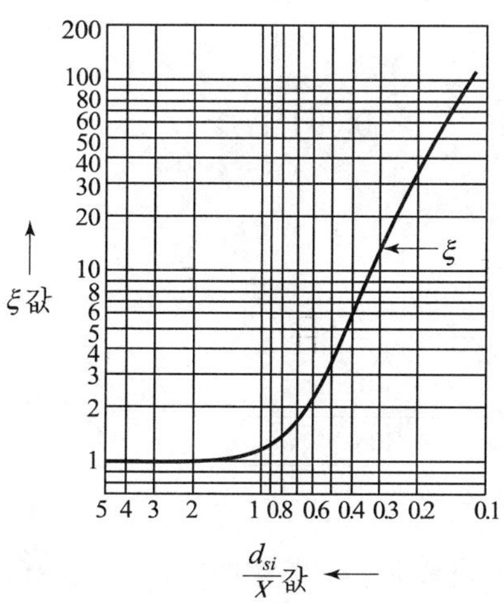

그림 15.11 Einstein 소류사함수의 차폐인자

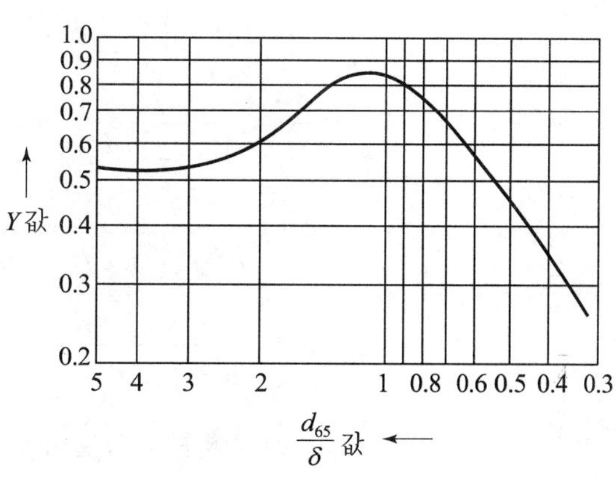

그림 15.12 Einstein 소류사함수의 Y 인자

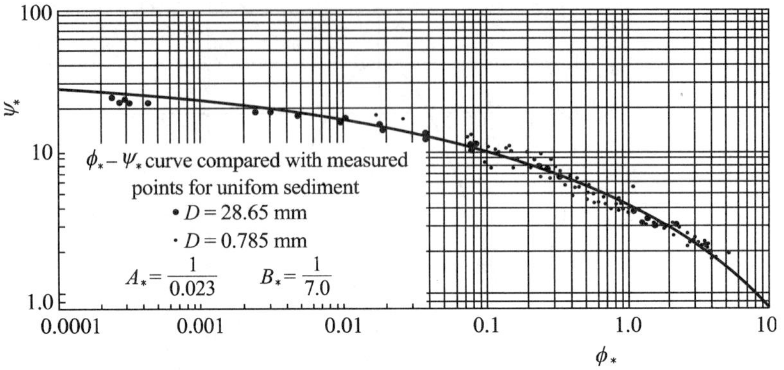

그림 15.13 Einstein 소류사함수의 $\phi_*-\psi_*$관계

식 (15.77)을 g_{bi}에 관하여 정리하면

$$i_s g_{bi} = i_b \phi_{*i} \gamma_s \sqrt{\frac{\gamma_s - \gamma}{\gamma} g d_{si}^3} \tag{15.81}$$

식 (15.81)의 ϕ_*는 그림 15.13에서 ψ_*의 함수로 주어진다. 단위폭에 대한 소류사량 g_b는 각 입경에 대한 소류사량 g_{bi}의 합으로 주어진다.

$$g_b = \Sigma g_{bi} \tag{15.82}$$

$$G_b = b g_b \tag{15.83}$$

위 식에서 g_b는 무게의 항으로 주어지는 수로 단위폭의 소류사량(kg/s m)이고 G_b는 하천의 총 유사량(kg/s), b는 하천폭이다.

Einstein-Brown공식

이는 Brown(1950)에 의한 Einstein공식의 수정형이다.

$$\phi = 40\left(\frac{1}{\psi}\right)^3 \qquad \phi > 0.03 \ (\text{또는 } \frac{1}{\psi} > 0.09) \tag{15.84}$$

$$\frac{1}{\psi} = \frac{\tau}{(\gamma_s - \gamma) d_s} = \tau_* \tag{15.85}$$

$$\phi = \frac{g_s}{F \gamma_s \sqrt{(\gamma_s/\gamma - 1) g d_s^3}} = \frac{g_s}{\gamma w d_s} \tag{15.86}$$

$$F = \sqrt{\frac{2}{3} + \frac{36\nu^2}{g d_s^3 (\gamma_s/\gamma - 1)}} - \sqrt{\frac{36\nu^2}{g d_s^3 (\gamma_s/\gamma - 1)}} \tag{15.87}$$

여기서 $1/\psi$은 Shields 매개변수와 동일하고 d_s는 일반적으로 d_{50}가 취해지며 w는 Rubey침강속도이다.

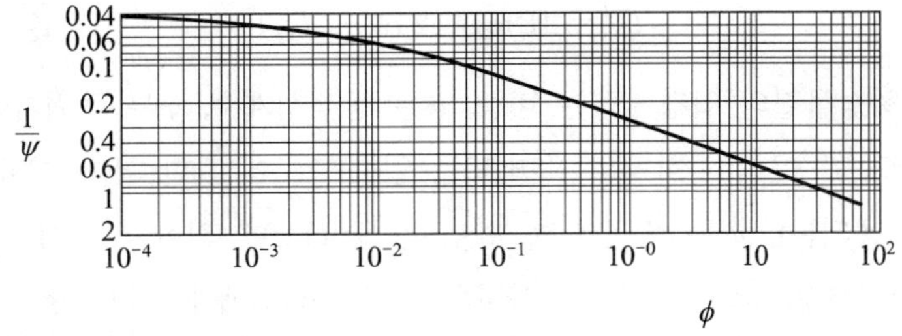

그림 15.14 Einstein-Brown공식의 ϕ와 $1/\psi$의 관계

$$w = F\sqrt{(\gamma_s/\gamma - 1)g\,d_s} \tag{15.88}$$

4) **소류동력**(stream power)**에 근거한 공식**(τV)

Engelund-Hansen공식

Bagnold의 **소류동력**(掃流動力; stream power) 개념과 상사원리를 적용하여 유도된 Engelund-Hansen(1972) 유사량공식은 다음과 같다(15.5.4 참조).

$$q_s = 0.05\gamma_s V^2 \sqrt{\frac{d_{50}}{g(\gamma_s/\gamma - 1)}}\left[\frac{\tau_o}{(\gamma_s - \gamma)d_{50}}\right]^{3/2} \tag{15.89}$$

5) **매개변수의 곱에 근거한 공식**

van Rijn공식(0.2 mm ~ 2 mm)

van Rijn공식의 소류사량공식은 세 매개변수 소류사농도, 입자 도약고, 입자속도의 곱으로 정의된다.

$$q_b = C_b \delta_b u_b \tag{15.90}$$

여기서 q_b는 체적으로 주어지는 소류사량($\mathrm{m^3/s\,m}$), C_b는 소류사층의 소류사농도, δ_b는 입자 도약고, u_b는 입자속도이다. 입자 도약고, 입자속도 및 소류사농도는 두 무차원 매개변수의 항으로 정의된다.

입자매개변수(particle parameter)

$$D_* = d_{50}\left[\frac{(S_s - 1)g}{\nu^2}\right]^{1/3} \tag{15.91}$$

이송매개변수(transport stage parameter)

$$T = \frac{(u_*')^2 - (u_{*,cr})^2}{(u_{*,cr})^2} = \left(\frac{\tau_*}{(\tau_*)_c} - 1\right) \tag{15.92}$$

$$u_*' = (\sqrt{g}\,/\,C')\,V \tag{15.93}$$

$$C' = 18\log(12R_b/3d_{90}) \tag{15.94}$$

여기서 d_{50}은 하상물질의 입경, S_s는 비중, ν는 동점성계수, g는 중력가속도, u_*'은 입자에 대한 하상전단속도, C'은 유사바닥의 표면(또는 입자)조도에 관한 Chezy계수, R_b는 바닥동수반경(측벽보정이 적용되는), u는 평균유속, $u_{*,cr}$은 Shields에 의한 한계하상전단속도(그림 15.15), τ_*는 Shields매개변수, $(\tau_*)_c$는 소류사시동의 한계Shields매개변수(그림 15.6)이다.

$$R_b = f\frac{V^2}{8gS} \tag{15.95}$$

식 (15.95)에서 f는 관계식 $V/u_* = \sqrt{8/f}$를 이용해서 구할 수 있다.

입자 도약고 $$\frac{\delta_b}{d_s} = 0.3D_*^{0.7}T^{0.5} \tag{15.96}$$

입자속도 $$\frac{u_b}{[(S_s-1)gd_s]} = 1.5T^{0.6} \tag{15.97}$$

소류사농도 $$C_b = 0.117T/D_* \tag{15.98}$$

이들 세 인자의 곱으로 주어지는 소류사량 계산식은 다음과 같다.

$$q_b = 0.053\frac{T^{2.1}}{D_*^{0.3}}[(S_s-1)g]^{0.5}d_s^{1.5} \tag{15.99}$$

소류사량 q_b의 계산과정은 (1) 식 (15.91)에 의하여 D_*계산, (2) Shields곡선을 이용하여 한계바닥전단속도 $u_{*,cr}$ 결정, (3) C'계산, (4) u_*'계산, (5) 식 (15.92)를 이용하여 T 계산, (6) 식 (15.99)를 이용하여 소류사 q_b를 계산.

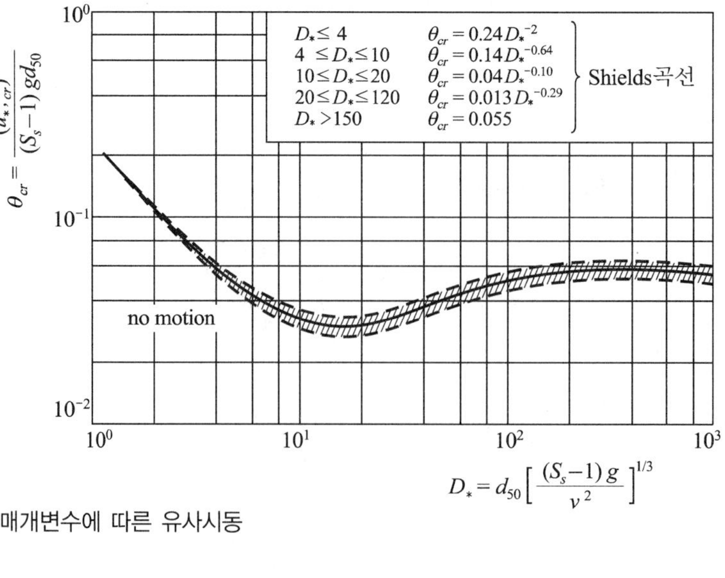

그림 15.15 Shields매개변수에 따른 유사시동

Nielsen간략공식(1992)

식 (15.90)에 준하는 Nielsen의 간략식은 다음과 같다.

$$q_b = 0.65 \times 2.5(\tau_* - \tau_{*c}) d_s (4.8u_*) \tag{15.100}$$

예제 15.7

어느 하천의 특성이 다음과 같다. 수심이 3.2 m, 평균유속이 2.41 m/s, 경사가 0.0011, 폭이 34 m, 유량이 262 m^3/s, 조도계수가 $n = 0.030$, 하상물질의 평균입경이 $d_s = 0.011$ m, 수온이 15°C($\nu = 1.14 \times 10^{-6}$ m^2/s)이다. 소개된 공식들을 이용하여 소류사량을 계산하라.

[풀이] $R \simeq d$로 가정된다.

$$\tau_o = \rho g h S = 1{,}000 \times 9.81 \times 3.2 \times 0.0011 = 34.351 \text{ N/m}^2$$
$$= 1{,}000 \times 3.2 \times 0.0011 = 3.52 \text{ kg중/m}^2$$

(공학단위 kg중을 간단히 kg으로 표기한다.)

$$q = Q/b = 262/34 = 7.712 \text{ m}^3/\text{s m}$$
$$V = q/h = 7.712/3.2 = 2.41 \text{ m/s}$$
$$u_* = \sqrt{gRS} = (9.81 \times 3.2 \times 0.0011)^{1/2} = 0.186 \text{ m/s}$$
$$d_{50} \simeq d_{35} \simeq d_{65} \simeq d_{90} = 0.011 \text{ m 로 가정}$$
$$R_* = \frac{u_* d_s}{\nu} = \frac{0.186 \times 0.011}{1.14 \times 10^{-6}} = 1{,}794$$
$$\tau_* = \frac{\tau_o}{\rho(S_s - 1)d_s} = \frac{3.52}{1{,}000(2.65-1)0.011} = 0.194$$

R_*에 대한 한계Shields매개변수 $(\tau_*)_c$는 그림 15.6으로부터 $(\tau_*)_c$=0.06

(1) DuBoys공식

그림 15.8을 $d_s = 0.011$ m $= 11$ mm에 대하여 연장하면 $\gamma_s \psi_D$=0.03 m^3/kgs, $\tau_c = 0.95$ kg/m^2이므로 소류사량은

$$g_b = \gamma_s q_b = \gamma_s \psi_D \tau_o (\tau_o - \tau_c) = 0.03 \times 3.52(3.52 - 0.95) = 0.27 \text{ kg/sm}$$

(2) Schoklitsch공식

$$q_c = 0.26 \left(\frac{\rho_s - \rho}{\rho} \right)^{5/3} \frac{d_s^{3/2}}{S^{7/6}} = 0.26 \times 1.65^{5/3} (0.011)^{3/2} / 0.0011^{7/6} = 1.956 \text{ m}^3/\text{s m}$$
$$g_b = 2{,}500 S^{3/2}(q - q_c) = 2{,}500 \times 0.0011^{3/2}(7.712 - 1.956) = 0.525 \text{ kg/s m}$$

(3) Shields공식

난류영역이므로 그림 15.6으로부터 한계Shields매개변수는 $\tau_* = 0.06$이다. 따라서 $(\tau_o)_c$는

$$(\tau_o)_c = 0.06\rho(S_s - 1) g d_s = 0.06 \times 1{,}000(2.65 - 1)9.81 \times 0.011 = 10.683 \text{ N/m}^2$$

또는 1.089 kg/m^2

$$g_b = 10qS \frac{\tau_o - \tau_c}{(\gamma_s/\gamma - 1)^2 d_s} = 10 \times 7.712 \times 0.0011 \frac{3.52 - 1.089}{(2.65-1)^2 \times 0.011} = 6.886\,\text{kg/s m}$$

(4) Meyer-Peter-Muller공식

(a) 식 (15.55) 이용

$$k_r' = 26/d_{90}^{1/6} = 26/0.011^{1/6} = 55.133$$

식 (15.52) $V = k_r' R_b^{2/3} S'^{1/2}$의 $2.41 = 55.133 \times 3.2^{2/3} S'^{1/2}$으로부터 S'을 구하면 S'=0.000405.

$\gamma R_b S' = 0.047(\gamma_s - \gamma)d_m + 0.25\left(\dfrac{\gamma}{g}\right)^{1/3}\left(\dfrac{\gamma_s - \gamma}{\gamma_s}\right)^{2/3} g_b^{2/3}$에 주어진 값들을 대입하여 g_b를 구한다.

$$1{,}000(9.81)(3.2)(0.000405) = 0.047(2{,}650 - 1{,}000) \times (0.011)$$
$$+ 0.25(1{,}000)^{1/3}[(2.65 - 1.0)/2{,}65]^{2/3} g_b^{2/3}$$
$$g_b = 6.506\ \text{kg/s m}$$

(b) 식 (15.57) 이용

$$q_b = 8\sqrt{(S_s - 1)gd_s^3}(\tau_* - 0.047)^{3/2} = 8\sqrt{1.65 \times 9.81 \times 0.011^3}(0.194 - 0.047)^{3/2}$$
$= 0.00209\ \text{m}^2/\text{s}$ 또는 $g_b = q_b \times 2{,}650 = 5.539\ \text{kg/s m}$

(5) Engelund-Hansen공식

$$g_s = 0.05\gamma_s V^2 \sqrt{\frac{d_{50}}{g(\gamma_s/\gamma - 1)}}\left[\frac{\tau_o}{(\gamma_s - \gamma)d_{50}}\right]^{3/2}$$
$$= 0.05 \times 2{,}650 \times 2.41^2 \sqrt{\frac{0.011}{9.81 \times 1.65}}\left[\frac{3.52}{(2{,}650 - 1{,}000)0.011}\right]^{3/2} = 1.713\ \text{kg/s m}$$

(6) Einstein-Brown공식

$R' = R = d$를 가정

$$\psi = \frac{\rho_s - \rho}{\rho}\frac{d_s}{R'S} = \frac{(2.65 - 1.0)0.011}{3.2 \times 0.0011} = 5.156$$
$$\phi = 40(1/\psi)^3 = 40(1/5.156)^3 = 0.292$$
$$\frac{36\nu^2}{gd_s^3(S_s - 1)} = \frac{36(1.14 \times 10^{-6})^2}{9.81 \times 0.011^3(2.65 - 1.0)} = 2.172 \times 10^{-6}$$
$$F = \sqrt{2/3 + 2.172 \times 10^{-6}} - \sqrt{2.172 \times 10^{-6}} = 0.814$$
$$g_s = \phi F \gamma_s \sqrt{(S_s - 1)gd_s^3} = 0.292 \times 0.814 \times 2{,}650\sqrt{(2.65 - 1.0)9.81 \times 0.011^3} = 2.924\ \text{kg/s m}$$

(7) Einstein공식

R'과 k_s를 다음과 같이 가정한다. $R' = h/2 = 1.6\ \text{m}$, $k_s = d_s = 0.011\ \text{m}$

$$u_*' = \sqrt{gR'S} = \sqrt{9.81 \times 1.6 \times 0.0011} = 0.131\ \text{m/s}$$
$$\delta = 11.6\,\nu/u_*' = 11.6 \times 1.141 \times 10^{-6}/0.131 = 1.009 \times 10^{-4}\ \text{m}$$
$$k_s/\delta = 0.011/1.009 \times 10^{-4} = 109.019$$

그림 15.10에서 $k_s/\delta=109.019$에 대하여 $\chi=1.0$을 얻고 $\frac{V}{u_*'}=5.75\log\left(12.2\frac{R'\chi}{k_s}\right)$에 주어진 값들을 대입하여 $u_*'=0.129\,\text{m/s}$를 얻는다. 이를 $u_*'=\sqrt{gR'S}$에 적용하여 R'을 구하면 $R'=1.54\,\text{m}$로 가정치 1.6 m와 거의 같으므로 $R'=1.6\,\text{m}$를 채택한다.

$$d_{65}/\chi\,\delta=0.011/(1.0\times1.009\times10^{-4})=109$$

$d_{65}/\chi\,\delta>1.80$이므로 식 (15.78)을 적용하여 X를 계산한다.

$$X=0.77\,d_{65}/\chi=0.77\times0.011/1.0=8.47\times10^{-3}$$

$$\frac{d_s}{X}=\frac{0.011}{8.47\times10^{-3}}=1.30$$

그림 15.11에서 $d_s/X=1.30$에 대하여 $\xi=1.1$을 얻고 그림 15.12에서 d_{65}/δ의 연장선에서 $d_{65}/\delta=0.011/1.009\times10^{-4}=109.102$에 대하여 $Y=0.53$을 얻는다. 식 (15.76)으로부터 ψ_{*i}를 구한다.

$$\psi_{*i}=\xi_i\,Y\left(\frac{\log10.6}{\log(10.6\,X\chi/d_{65})}\right)^2\frac{\gamma_s-\gamma}{\gamma}\frac{d_{si}}{R'\,S}$$

$$=1.1\times0.53\left(\frac{\log10.6}{\log(10.6\times8.47\times10^{-3}\times1.0/0.011)}\right)^2\frac{(2.65-1)0.011}{1.6\times0.0011}=7.456$$

그림 15.13에서 $\psi_*=7.456$에 대하여 $\phi_*=0.25$를 읽고 이를 이용하여 소류사량을 구한다. 하천의 유사가 단일등급의 유사로 가정되므로 식 (15.81) $i_S g_{bi}=i_b\phi_*\gamma_s\sqrt{(S_s-1)g\,d_{si}^3}$에서 $i_S=i_b=1$이 되어 식 (15.81)은 $g_b=\phi_*\gamma_s\sqrt{(S_s-1)gd_s^3}$으로 된다. 따라서 소류사량은

$$g_b=\phi_*\gamma_s\sqrt{(S_s-1)gd_s^3}=0.25\times2{,}650\sqrt{(2.65-1)9.81\times0.011^3}=3.075\ \text{kg/s m}$$

(8) Rijn공식($0.2\le d_s\le2\,\text{mm}$)

먼저 입자매개변수 D_*를 구한다.

$$D_*=d_{50}\left[\frac{(S_s-1)\,g}{\nu^2}\right]^{1/3}=0.011\left[\frac{(2.65-1)\times9.81}{(1.141\times10^{-6})^2}\right]^{1/3}=254.98$$

그림 15.15에서 D_*가 $D_*>150$의 범위에 있으므로

$$\theta_{cr}=0.055$$

$u_{*,cr}$은 그림 15.15의 종축으로 주어진다.

$$u_{*,cr}=\sqrt{\theta_{cr}(S_s-1)gd_{50}}=(0.055\times(2.65-1)\times9.81\times0.011)^{1/2}=0.099$$

$$f=\frac{8}{(V/u_*)^2}=\frac{8}{(2.41/0.186)^2}=0.0476$$

$$R_b=f\frac{V^2}{8gS}=0.0476\frac{2.41^2}{8\times9.81\times0.0011}=3.2\ \text{m}$$

$$C' = 18\log\left(\frac{12R_b}{3d_{90}}\right) = 18\log\left(\frac{12\times 3.2}{3\times 0.011}\right) = 55.18$$

$$u_*' = \frac{\sqrt{g}\ V}{C'} = \frac{\sqrt{9.81}\times 2.41}{55.18} = 0.137\ \mathrm{m/s}$$

이송매개변수 T는 $T = \frac{(u_*')^2 - (u_{*,cr})^2}{(u_{*,cr})^2} = \frac{0.137^2 - 0.099^2}{0.099^2} = 0.915$

$$q_b = 0.053\frac{T^{2.1}}{D_*^{0.3}}[(S_s-1)g]^{0.5} d_{50}^{1.5}$$

$$= 0.053\frac{0.915^{2.1}}{254.98^{0.3}}(1.65\times 9.81)^{0.5}\times 0.011^{1.5} = 3.819\times 10^{-5}\ \mathrm{kg/s\ m}$$

또는 $g_b = 3.819\times 10^{-5}\times 2{,}650 = 0.101\ \mathrm{kg/s\ m}$

(9) Nielsen공식($0.69 < d_s < 28.7\ \mathrm{mm}$)

$R_* = 1{,}794$에 대한 한계Shields매개변수는 $\tau_{*c} = 0.06$이다.

$$q_b = 0.65\times 2.5(\tau_* - \tau_{*c})d_s(4.8u_*)$$

$$= 0.65\times 2.5(0.194 - 0.06)\times 0.011\times(4.8\times 0.186) = 2.138\times 10^{-3}\ \mathrm{m^2/s}$$

또는 $g_b = 5.667\ \mathrm{kg/s\ m}$

예제 15.8

하천의 평균수심이 0.6 m, 평균유속이 0.8 m/s, 경사가 0.0008, 폭이 18 m, 유량이 8.7 m^3/s, 조도계수가 $n = 0.025$, 하상물질의 평균입경이 $d_s = 0.0015\ \mathrm{m}$, 수온이 15°C($\nu = 1.14\times 10^{-6}\ \mathrm{m^2/s}$), 평균입경은 1.5 mm이다. 소개된 공식들을 이용하여 소류사량을 계산하라.

[풀이] $R \simeq d$가 가정된다.

$$\tau_o = \rho g h S = 1{,}000\times 9.81\times 0.6\times 0.0008 = 4.709\ \mathrm{N/m^2}\ \text{또는}\ 0.48\ \mathrm{kg/m^2}$$

$$q = Q/b = 8.7/18 = 0.483\ \mathrm{m^3/s\ m}$$

$$u_* = \sqrt{gRS} = \sqrt{9.81\times 0.6\times 0.0008} = 0.0686\ \mathrm{m/s}$$

$d_{35} \simeq d_{65} \simeq d_{50} = 0.0015\ \mathrm{m}\,(1.5\ \mathrm{mm})$로 가정

$$\tau_* = \frac{\tau_o}{\rho(S_s-1)d_s} = \frac{0.48}{1{,}000(2.65-1)0.0015} = 0.194$$

$$R_* = \frac{u_* d_s}{\nu} = \frac{0.0686\times 0.0015}{1.14\times 10^{-6}} = 90.26$$

R_*에 대한 한계Shields매개변수 $(\tau_*)_c$는 그림 15.6으로부터 $(\tau_*)_c = 0.044$이고 각 소류사량공식을 이용한 계산결과는 표 15.12에 예제 15.7의 결과와 같이 주어진다.

표 15.12 예제 15.7과 15.8의 흐름-하상조건과 소류사량 계산결과 비교

예제 15.7 $d_s = 0.011\ \mathrm{m}\,(11\ \mathrm{mm})$ $h = 3.2\ \mathrm{m}$ $V = 2.41\ \mathrm{m/s}$ $\tau_o = 3.52\ \mathrm{kg/m^2}$ $S = 0.0011$									
예제 15.8 $d_s = 0.0015\ \mathrm{m}\,(1.5\ \mathrm{mm})$ $h = 0.6\ \mathrm{m}$ $V = 0.8\ \mathrm{m/s}$ $\tau_o = 0.48\ \mathrm{kg/m^2}$ $S = 0.0008$									
공식명	DuBoys	Schok-litsch	Shields	M-P-M	Engelund-Hansen	Eistein-Brown	Einstein	Rijn	Nielsen
예제 15.7	0.27	0.525	6.886	5.539	1.713	2.92	3.07	0.101	5.667
예제 15.8	1.38	0.019	0.351	0.507	0.0263	0.14	0.062	0.0267	0.319
작은 입자($d_{50} < 2\ \mathrm{mm}$)에는 van Rijn공식이 권장되나 $d_s > 0.002\ \mathrm{m}$는 적용범위를 벗어난다.									

15.7 부유사량

하천에서 부유물질의 이송은 난류의 이송확산과 대류의 조합에 의하여 일어난다. 이송확산은 종방향 흐름의 수심에 걸쳐 입자의 무작위운동과 혼합의 결과이다. 입자가 물보다 무거운 흐름에서는 바닥에 인접한 영역의 유사농도가 더 크고 난류확산은 이 영역의 입자들을 농도가 낮은 상부영역으로 상향이송을 유발한다. 대류에 의한 유사운동은 바닥이 급격히 낮아지는 구간 또는 도수에서 발생되는 대규모 와(vortex)에 의하여 입자가 상향운동을 하는 경우이다. 부유상태에 있는 토립자의 연직운동은 침강속도와 연직방향 난류유속의 변동성분 간의 평형상태에 관련된다. 난류확산에 의하여 입자가 부상하기 위해서는 연직속도의 변동성분 v'의 v'_{rms}가 침강속도 w보다 커야 한다($v'_{rms} \geq w$). 즉 난류유속의 연직변동성분이 입자의 무게와 평형을 이룰 정도로 강해지면 바닥입자가 부상하게 된다. Bagnold(1966)에 의하면 $v'_{rms} = 0.8u_*$ 또는 $u_*/w = 0.8$의 조건에서 입자가 부상한다. 난류유속의 변동성분이 전단속도와 같은 차원의 크기를 갖는 점에 근거한 많은 연구결과에 의하면 바닥입자의 부상기준은

$$\frac{u_*}{w} > \ 0.2 \sim 2 \tag{15.101}$$

즉 전단속도 u_*가 침강속도 w의 $0.2 \sim 2$의 범위에 있을 때 유사입자는 바닥에서 부상한다.

부유사농도: 물-유사혼합물의 주어진 체적에 대한 부유사농도는 건조유사의 무게와 물-유사혼합물의 무게의 비이다. 단위는 ppm 또는 mg/L이 사용된다. 부유사농도는 흐름의 수심에 따라 변화하며 하상에 가까울수록 크고 수면에 이를수록 감소한다. 모래와 같은 큰 입경의 유사는 수심에 따라 큰 변화를 하는 반면 실트, 점토와 같은 미세입자는 수심에 걸쳐 거의 균일한 부유사 농도분포를 나타낸다.

부유사의 확산모형

부유사량은 확산모형을 이용해서 추정된다. 확산모형의 **제1Fick's법칙**은 정지유체에서 단위시간에 단위면적을 통과하는 용해물 질량인 용해물질의 흐름률은 용해물질의 농도구배에 비례하

는 것으로 정의된다.

$$q = -D\frac{\partial C}{\partial x} \tag{15.102}$$

여기서 q는 용해물질의 흐름률, C는 확산되는 용해물질의 농도, D는 확산계수로 L^2/T의 차원을 가지며 (−)부호는 물질수송이 농도가 높은 데서 낮은 데로 일어남을 의미한다. 질량보전식 식 (15.103)에 식 (15.102)를 대입하면 **제2Fick' s법칙**을 얻는다.

$$\partial C/\partial t + \partial q/\partial x = 0 \tag{15.103}$$

제2Fick's법칙

$$\frac{\partial C}{\partial t} = D\frac{\partial^2 C}{\partial x^2} \tag{15.104}$$

흐르는 유체에서는 유체의 평균운동에 의한 수송인 이송이 수반된다. x방향의 속도 u에 의한 x−방향에 수직인 y−z평면의 단위면적을 통과하는 이송률은 uC 이다. 따라서 x−방향에서 수송되는 총 질량률은 이송과 확산에 의한 수송의 합이 된다.

$$q = uC + \left(-D\frac{\partial C}{\partial x}\right) \tag{15.105}$$

이를 식 (15.103)에 대입하면

$$\frac{\partial C}{\partial t} + \frac{\partial}{\partial x}(uC) = D\frac{\partial^2 C}{\partial x^2} \tag{15.106}$$

이에 대한 3차원식은

$$\frac{\partial C}{\partial t} + u\frac{\partial C}{\partial x} + v\frac{\partial C}{\partial y} + w\frac{\partial C}{\partial z} = D\left(\frac{\partial^2 C}{\partial x^2} + \frac{\partial^2 C}{\partial y^2} + \frac{\partial^2 C}{\partial z^2}\right) \tag{15.107}$$

또는

$$\frac{\partial C}{\partial t} + u_i\frac{\partial C}{\partial x_i} = D\frac{\partial^2 C}{\partial x_i \partial x_i} \tag{15.108}$$

난류에서 유속과 농도는 평균과 변동성분으로 구성된다.

$$u = \overline{u} + u', \quad C = \overline{C} + C' \tag{15.109}$$

이들을 식 (15.108)에 대입하고 평균과정을 적용하면

$$\frac{\partial \overline{C}}{\partial t} + \overline{u}\frac{\partial \overline{C}}{\partial x_i} = -\frac{\partial}{\partial x_i}(\overline{C'u'}) + D\frac{\partial^2 \overline{C}}{\partial x_i \partial x_i} \tag{15.110}$$

$\overline{C'u'}$는 난류에 의한 평균수송률로 다음과 같이 정의된다.

$$\overline{C'u'} = -D_{ij}\frac{\partial \overline{C}}{\partial x_j} \tag{15.111}$$

여기서 D_{ij}는 난류확산계수이다. 식 (15.111)을 식 (15.110)에 대입하고 침강속도 w_s를 추가하고 편의상 평균기호($\bar{\ }$)를 제거하면

$$\frac{\partial C}{\partial t}+u_i\frac{\partial C}{\partial x_i}=\frac{\partial}{\partial x_i}\left(D_{ij}\frac{\partial C}{\partial x_j}+D\frac{\partial C}{\partial x_i}\right)+\frac{\partial(w_s C)}{\partial y} \tag{15.112}$$

분자확산은 난류확산에 비하여 매우 작으므로, 즉 $D \ll D_{ij}$이므로 분자확산계수 D는 무시된다. 난류가 동질성이면 D_{ij}는 $D_{ii}(D_{xx}, D_{yy}, D_{zz})$가 되고 동질–등방성이면 $D_{ij}=D_T$로 되어 스칼라양이 된다. 난류확산계수 ϵ과 유사성에 따라 유사확산계수 D_T를 ϵ_s로 나타낸다.

유사운동은 연직방향인 y방향에서만 일어나는 것으로 가정된다. 흐름과 유사가 흐름방향(x)과 가로방향(z)에서 균일(uniform)하고 정상($\partial C/\partial t=0$)인 조건에서 식 (15.112)는

$$w_s\frac{\partial C}{\partial y}+\frac{\partial}{\partial y}\left(\epsilon_s\frac{\partial C}{\partial y}\right)=0 \tag{15.113}$$

이를 적분하면

$$w_s C+\epsilon_s\frac{dC}{dy}+A=0 \tag{15.114}$$

수면에서 농도를 영으로 가정하면 $A=0$이 되어 식 (15.114)는

$$w_s C+\epsilon_s\frac{dC}{dy}=0 \tag{15.115}$$

이는 부유사의 기본 미분방정식이다. 이는 연직 수주의 임의 수심에서 침강속도에 의한 하향운동이 난류확산에 의한 상향이송과 평형을 이루는 현상을 기술한다. 이를 적분하면

$$\ln\left(\frac{C}{C_a}\right)=-w_s\int_a^y\frac{dy}{\epsilon_s} \tag{15.116}$$

여기서 a는 $C=C_a$가 되는 점의 표고이다. $\epsilon_s=$상수로 가정하면 농도분포는

$$\frac{C}{C_a}=\exp\left[-\frac{w_s}{\epsilon_s}(y-a)\right] \tag{15.117}$$

식 (15.117)에서 $w_s(y-a)<\epsilon_s$이면 농도는 수심에 걸쳐 점차적으로 균일하게 되고 $w_s(y-a)>\epsilon_s$이면 유사의 대부분이 바닥부근에 집중되는 상태가 된다. 흐름에서 유사확산계수 ϵ_s는 난류확산계수(와점성계수 또는 운동량교환계수) ϵ과 거의 같다고 가정된다($\epsilon_s \simeq \epsilon$). 난류확산계수는 운동량의 수송계수로 단위체적에 대한 운동량(ρv)이 높은 곳에서 낮은 곳으로 운동량의 수송을 나타낸다. 와점성계수는 수심에 대하여 포물선 분포를 갖는다.

$$\epsilon=\kappa u_* y(1-y/d) \tag{15.118}$$

여기서 κ는 von Karman상수(정지수역에서 0.4), u_*는 전단속도, d는 수심이고 관계식 $du/dy=$

$u_*/\kappa y$, $\tau = \rho\epsilon du/dy$, $\tau = \tau_o(1-y/d)$ 및 $\tau_o = \rho u_*^2$으로부터 유도된다. κ가 상수일 때 ϵ은 $y = d/2$에서 최대치가 되어 식 (15.118)으로부터 $\epsilon_{\max} = 0.25\kappa u_* d$.

흐름과 유사의 확산계수를 같다고 가정하고($\epsilon = \epsilon_s$) 식 (15.118)을 식 (15.115)에 대입하고 변수분리를 이용하여 적분하면

$$\frac{C}{C_a} = \left[\frac{d-y}{d-a}\frac{a}{y}\right]^z \tag{15.119}$$

여기서 a는 바닥에서 **기준면표고**(基準面標高; reference level)(그림 15.17), C_a는 기준면에서의 유사농도, z는 Rouse**수**로 다음과 같이 정의된다.

$$z = \frac{w_s}{\kappa u_*} \tag{15.120}$$

식 (15.120)의 z는 상향 난류유체의 힘과 하향 중력의 영향을 나타내는 부유매개변수로 전단속도에 대한 침강속도의 비를 나타낸다. 식 (15.119)는 연직농도분포를 나타내고 이를 도시한 것이 그림 15.16이다. 그림 15.16에서 어느 z값에서나 농도는 바닥 부근에서 더 크게 되고 수면을 향하여 감소한다. 세립유사이거나 강한 난류 또는 양자의 조건을 나타내는 작은 Rouse수 z에 대한 부유사 농도분포는 수심에 대하여 거의 균일하다. 큰 입경의 유사를 나타내는 큰 Rouse수 z에 대한 농도는 수심에 따라 큰 변화를 보여 하상 부근에서 농도가 크게 됨을 알 수 있다. 한편 일정한 침강속도에서 전단속도의 증가는 수심에 걸쳐 농도의 균일한 분포가 증가된다.

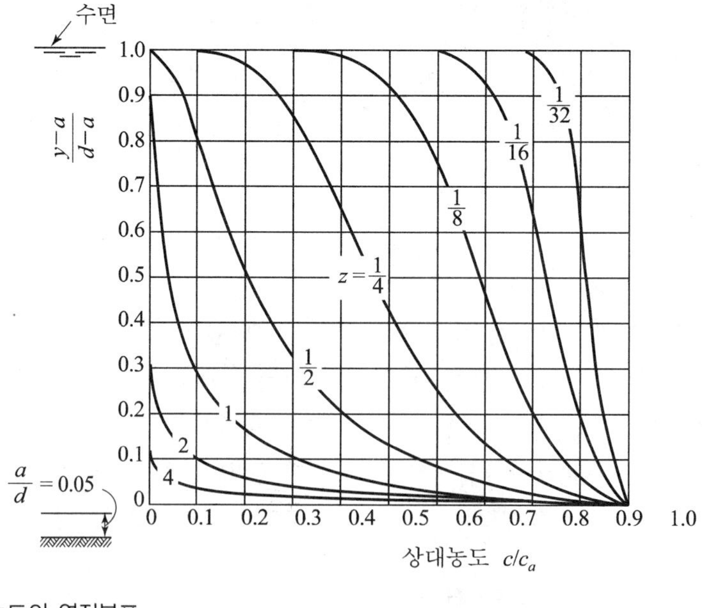

그림 15.16 부유사농도의 연직분포

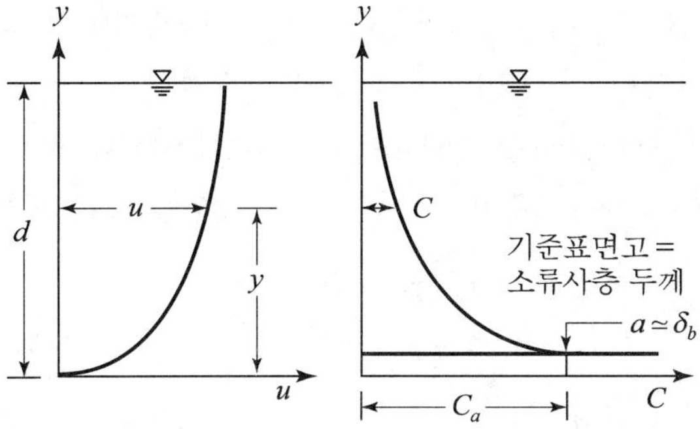

그림 15.17 기준면표고의 정의

부유사량

부유사량은 부유사의 농도 C와 유속 u의 곱을 기준면 a에서 수면 d까지 적분으로 주어진다. 단위폭 흐름에 대한 부유사량은

$$q_{ss} = \int_a^d Cu\,dy = \overline{C}\,q = \overline{C}\,Vd \tag{15.121}$$

여기서 C와 u는 수심 y에서 시간 평균농도와 유속, a는 기준면표고, q는 단위폭당 유량, $\overline{C}$는 수심평균 유사농도, V는 평균유속, d는 수심이다. 식 (15.121)은 유사의 흐름방향의 속도성분이 유체입자의 속도와 같음을 의미한다. 바닥 인접부인 소류사층에서 유사이송은 소류사이송 형태로 일어난다. 이에 따라 부유사는 소류사층 a의 상부영역에서 발생한다. 따라서 기준면표고 a는 **소류사층**(掃流砂層; bed-load layer)의 두께 δ_b(식 15.96)로 취해지기도 한다($a=\delta_b$). 이 경우 기준면 a 아래 유사입자의 수송은 소류사량(식 15.99)으로 고려된다. 그러나 이는 입자 도약고 δ_b에서의 유사농도가 기준면농도로 취해져 농도분포에 많은 오류가 포함될 수 있는 점에서 하상형상을 고려한 기준면 a는 하상형상고(Δ)의 1/2과 같은 값으로 가정되거나, Δ가 알려지지 않으면 등가조도 높이 k_s와 같게 가정되고 a의 최소치는 $a = 0.01d$가 취해진다(Rijn, 1984).

$$a = 0.5\Delta \quad \text{또는} \quad a = k_s\,(a_{\min} = 0.01d) \tag{15.122}$$

여기서 Δ는 하상형상고이다. 기준면 a에서의 농도 $C_a = C_{y=a}$는

$$C_a = 0.015\,\frac{d_{50}}{a}\,\frac{T^{1.5}}{D_*^{0.3}} \tag{15.123}$$

식 (15.121)에 의한 부유사량은 다음 가정하에 계산된다.

(1) 유사입자의 확산이 유체입자의 확산과 같은 특성을 가져 확산계수 또한 같은 값을 갖는다. 그러나 실제에서는 고체인 유사입자의 확산이 유체입자의 확산과 다르고 토립자의 출현은 난류흐름을 간섭하여 난류혼합계수에 영향을 준다.

(2) 유사확산계수와 유체확산계수가 식 (15.118)에서와 같이 포물선분포로 가정된다. 그러나

자연하천에서 난류는 하천경계마찰에 의하여 발생되어 자유수면에서보다 수로바닥 부근에서 강하다. 따라서 식 (15.17)에서 ϵ_s의 상수가정은 타당하지 않다. 근대 연구에 의하면 바닥에서 1/2수심까지는 포물선분포를, 1/2수심에서 수면까지는 일정한 값을 갖는 반-포물선분포이며(Coleman, 1970) 이는 농도분포에 보다 적합하다(Rijn, 1984).

$$\epsilon_s = \kappa u_* y(1 - y/d) \qquad y/d < 0.5 \tag{15.124}$$

$$\epsilon_s = 0.25 \kappa u_* d \qquad y/d > 0.5(\text{외부영역}) \tag{15.125}$$

Einstein 부유사 및 총유사량공식

부유사량은 기준면 a에서 수심까지 유사농도 C와 유속 u의 곱의 적분으로 주어진다.

$$q_{ss} = \int_a^d Cu\,dy \tag{15.121}$$

여기서 q_{ss}는 수로의 단위폭 부유사량, a는 바닥에서 기준면까지 높이로 유사의 부상이 시작되는 거리이다. Einstein은 평탄하상에서 유속분포에 대하여 대수분포식을 제안하였다.

$$\frac{u}{u_*} = 5.75\log\left(30.2\frac{y}{\Delta}\right) \tag{15.126}$$

여기서 Δ는 조도높이 k_s에 관련된 겉보기 조도이다.

$$\Delta = \frac{k_s}{\chi} = \frac{d_{65}}{\chi} \tag{15.127}$$

여기서 χ는 흐름영역에 따른 점성의 영향을 반영하는 보정계수로 그림 15.10에서와 같이 층류저층 두께 δ의 함수로 주어진다.

식 (15.119)와 (15.126)을 식 (15.121)에 대입하고 적분하면

$$q_{ss} = 11.6\,C_a u_*' a\left[2.303\log\left(\frac{30.2d_s}{\Delta}\right)I_1 + I_2\right] \tag{15.128}$$

여기서 I_1과 I_2는 적분치로서 a/d_s와 $\frac{w_s}{\kappa u_*}$의 함수로 주어진다(그림 15.18, 15.19). 유속분포는 입자조도만에 의한 결과이므로 입자만에 의한 전단속도를 나타내기 위하여 u_* 대신 u_*'이 사용된다.

한편 유사입경 분포에서 입경 i의 기준면에서의 농도 C_{ai}는 하상 인근 $a = 2d_i$에 해당하는 소류사층의 소류사량 $q_{b,ib}$에 관계되는 것으로 가정된다.

$$C_{ai} = \frac{q_{b,ib}}{11.6\,u_*' a} \tag{15.129}$$

또는

$$q_{b,ib} = a u_b C_{ai} = 11.6\,C_{ai}\,a\,u_*' \tag{15.130}$$

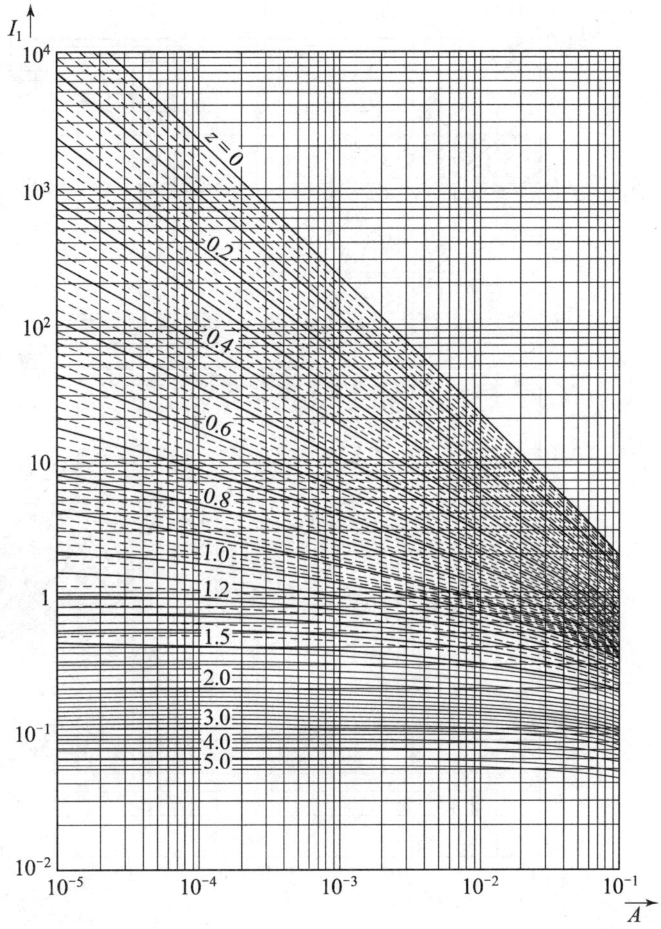

그림 15.18 $A = a/d_s$ 와 z 의 항으로 주어지는 적분치 I_1

여기서 $u_b = 11.6\,u_*{}'$은 소류사층의 속도이다. 식 (15.129)를 식 (15.128)에 대입하고 정리하면 입경 i 에 대한 부유사량이 구해진다.

$$q_{ssi} = q_{b,ib}\left[2.303\log\left(\frac{30.2 d_s}{\Delta}\right) I_1 + I_2\right] \tag{15.131a}$$

이송매개변수(移送媒介變數; transport parameter) $P_E = 2.303\log\left(\frac{30.2\,d_s}{\Delta}\right)$를 도입하면 식 (15.131a)는

$$q_{ssi} = q_{b,ib}(P_E I_1 + I_2) \tag{15.131b}$$

입경 i 에 대한 총 유사량 q_{si} 는 소류사량 $q_{b,ib}$ 와 부유사량 q_{ssi} 의 합으로 주어진다.

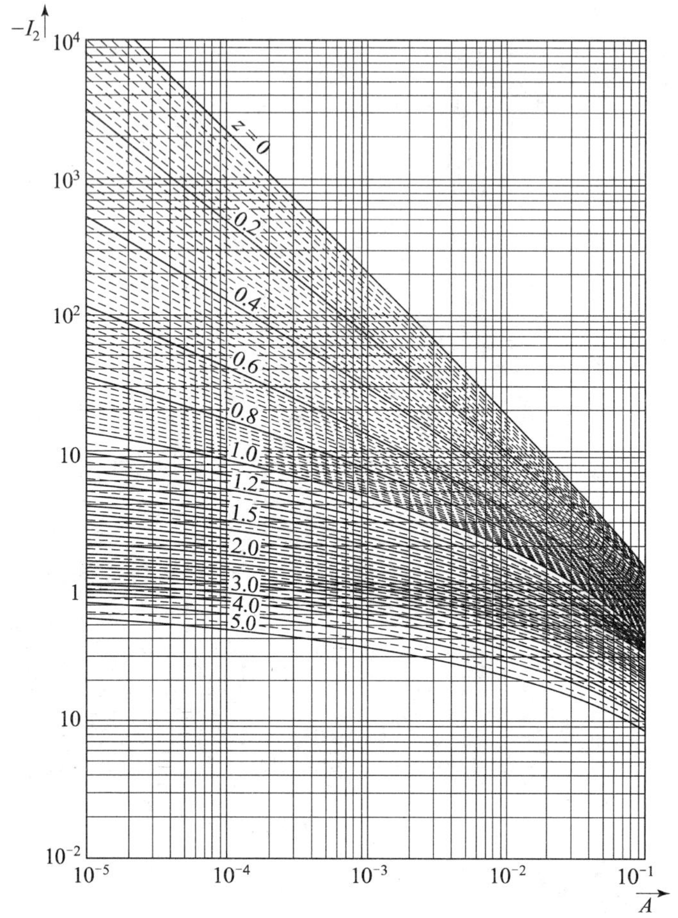

그림 15.19 $A = a/d_s$ 와 z 의 항으로 주어지는 적분치 I_2

$$q_{si} = q_{b,ib} + q_{ssi} \tag{15.132}$$

$$= q_{b,ib}(1 + P_E I_1 + I_2)$$

모든 입경에 대한 총 유사량 q_s 는 소류사량 q_b 와 부유사량 q_{ss} 의 합으로 주어진다.

$$q_s = q_b + q_{ss} \tag{15.133}$$

Rijn부유사량공식

부유사량은 부유사의 농도 C와 유속 u 의 곱을 기준면 a 에서 수면 d 까지 적분으로 주어진다.

$$q_{ss} = \int_a^d Cu\,dy \tag{15.121}$$

연직유속분포 u 는

$$\frac{u}{u_*} = \frac{1}{\kappa}\ln\left(\frac{y}{y_o}\right) \tag{15.134}$$

여기서 $y_o = 0.033\,k_s$ 는 유속이 영인 점의 높이이고 k_s 는 Nikuradse의 등가모래높이이다. 부유사농도의 연직분포는 다음과 같이 표시된다.

$$(1 - C)\,Cw_m + \epsilon_s \frac{dC}{dy} = 0 \tag{15.135}$$

여기서 C는 유사농도, ϵ_s 는 유사확산계수, w_m 은 유체와 유사 혼합물에서 입자 침강속도로 침강속도 w_s의 항으로 주어지고 w_s값은 다음과 같다.

(i) 정지상태의 정수에서 단일 입자의 침강속도($d_s <$ 0.1 mm인 Stokes 범위)는

$$w_s = \frac{1}{18}\frac{(S_s - 1)\,g d_s^2}{\nu} \tag{15.136}$$

(ii) 부유사입경이 0.1~1.0 mm인 범위에서는

$$w_s = 10\frac{\nu}{d_s}\left[\left(1 + \frac{0.01\,(S_s - 1)\,g\,d_s^3}{\nu^2}\right)^{0.5} - 1\right] \tag{15.137}$$

(iii) 입경이 1 mm보다 큰 경우

$$w_s = 1.1\,[(S_s - 1)\,g\,d_s\,]^{0.5} \tag{15.138}$$

여기서 d_s 는 부유사의 대표입경으로 다음과 같다.

$$\frac{d_s}{d_{50}} = 1 + 0.011\,(\sigma_s - 1)\,(T - 25) \tag{15.139}$$

여기서 T는 이송매개변수(식 15.92), σ_s 는 바닥물질의 기하표준편차로 $\sigma_s = 2.5$가 일반적으로 취해진다. 주변에 입자가 있는 경우의 침강속도 w_m 은 단일 입자의 침강속도 w_s보다 작고 유사농도의 영향을 받는다.

$$w_m = (1 - C)^4\,w_s \tag{15.140}$$

유체의 확산계수는 포물선분포(식 15.118)로 기술된다. 그러나 농도분포에 보다 적절한 포물선–상수분포가 적용된다. 흐름의 하부 반($y = 0 \sim d/2$)에서는 포물선분포이고 상부 반($y = d/2 \sim d$)에서는 상수인 운동량확산계수 ϵ_f 의 포물선–상수분포는

$$\epsilon_{f\max} = 0.25\kappa u_* d \qquad y/d \geq 0.5 \tag{15.141a}$$

$$\epsilon_f = 4\frac{y}{d}\left(1 - \frac{y}{d}\right)\epsilon_{f\max} \qquad y/d < 0.5 \tag{15.141b}$$

유사의 확산계수 ϵ_s 는 유체의 운동량확산계수 ϵ_f 와 다음과 같은 관계를 갖는다.

$$\epsilon_s = \beta\phi\epsilon_f \tag{15.142}$$

여기서 β 는 유사입자의 확산과 유체입자 확산의 차이를 나타내고 수심에 대하여 상수로 가정되며 다음과 같이 실험식으로 주어진다.

$$\beta = 1 + 2\left(\frac{w_s}{u_*}\right)^2 \qquad 0.1 < \frac{w_s}{u_*} < 1 \tag{15.143}$$

ϕ 는 유사입자에 의한 난류의 소산을 나타내는 인자로 국부유사농도의 함수로 가정된다. 실험자료를 이용한 ϕ 의 추정식은

$$\phi = 1 + (C/C_o)^{0.8} - 2(C/C_o)^{0.4} \tag{15.144}$$

여기서 C_o 는 최대소류사농도로 $C_o = 0.65$ 이다.

식 (15.140)의 w_m 과 식 (15.141)의 ϵ_f 를 식 (15.135)에 대입하여 적분하면($C < C_a < 0.001$ 인 범위)

$$\frac{C}{C_a} = \left[\frac{a(d-y)}{y(d-a)}\right]^z \qquad \frac{y}{d} < 0.5 \tag{15.145a}$$

$$\frac{C}{C_a} = \left[\frac{a}{d-a}\right]^z e^{-4Z/(Z/d-0.5)} \qquad \frac{y}{d} \geq 0.5 \tag{15.145b}$$

여기서 z 는 부유매개변수 또는 Rouse수로서

$$z = \frac{w}{\beta\kappa u_*} \tag{15.146}$$

Rijn은 유사입자가 차지하는 체적, 입자의 상호작용에 의한 입자침강속도의 감소와 난류의 소산 등의 영향을 고려하기 위하여 보정계수 ψ 를 도입하여 z 의 수정치 z' 을 다음과 같이 정의하였다.

$$z' = z + \psi \tag{15.147}$$

$$\psi = 2.5\left(\frac{w_s}{u_*}\right)^{0.8}\left(\frac{C_a}{C_o}\right)^{0.4} \qquad 0.01 \leq \frac{w_s}{u_*} \leq 1 \tag{15.148}$$

C_a 는 기준면 a 에서의 농도로

$$C_a = 0.015\frac{d_{50}}{a}\frac{T^{1.5}}{D_*^{0.3}} \tag{15.123}$$

기준면 a 는 하상형상고(Δ)의 $\frac{1}{2}$ 과 같은 값으로 가정되거나, Δ 가 알려지지 않으면 등가모래

조도높이 k_s 와 같게 가정된다. a 의 최소치는 $a = 0.01d$ 가 취해진다.

$$a = 0.5\Delta \quad \text{또는} \quad a = k_s\,(a_{\min} = 0.01d) \tag{15.122}$$

부유사량은 식 (15.145), (15.147) 및 식 (15.134)를 식 (15.121)에 대입하여 적분한 결과로 주어진다. 적분결과를 간략식으로 나타낸 부유사량 q_{ss} 는 다음과 같다.

$$q_{ss} = F\bar{u}dC_a \tag{15.149}$$

여기서 $\bar{u}$ 는 평균유속, F는 부유사 보정계수이다.

$$F = \frac{\left(\dfrac{a}{d}\right)^{z'} - \left(\dfrac{a}{d}\right)^{1.2}}{\left(1-\dfrac{a}{d}\right)^{z'}(1.2-z')} \tag{15.150}$$

식 (15.149)를 적용하는 경우 오차는 25%에 이를 수 있다(Rijn, 1984). 부유사량을 제공하는 식 (15.149)의 계산과정은 다음과 같다. (1) 식 (15.91)에 의한 D_* 계산, (2) Shields곡선에 의한 한계 하상전단속도 결정(그림 15.15), (3) T 계산(식 15.92), (4) 기준면 a 계산(식 15.122), (5) C_a 계산(식 15.123), (6) d_s 계산(식 15.139), (7) w_s 계산(식 15.136~15.138), (8) β 계산(식 15.143), (9) 하상전단속도 $u_* = (gdS)^{0.5}$ 계산, (10) ψ 계산(식 15.148), (11) z와 z' 계산(식 15.146과 15.147), (12) F 계산(식 15.150), (13) 식 (15.149)에 의한 부유사량 q_{ss} 계산

예제 15.9

수심이 0.7 m, 하상경사가 0.005, 하상물질의 중앙입경이 0.25 mm인 넓은 하천의 총 유사량을 소류사량과 부유사량으로 구분하여 계산하라. 수온은 15°C($\nu = 1.141 \times 10^{-6}\ \mathrm{m^2/s}$)이다.

[풀이] 먼저 평균유속을 계산한다. 이는 넓은 구형수로의 등류 운동량방정식과 마찰공식을 이용한다.

운동량방정식 $$V = \sqrt{8g/f}\,\sqrt{d\sin\theta} \tag{15.151}$$

난류 Colebrook-White식 $$\frac{1}{\sqrt{f}} = -2.0\log\left(\frac{k_s}{3.71D_H} + \frac{2.51\nu}{VD_H\sqrt{f}}\right) \tag{15.152}$$

여기서 f는 Darcy-Weisbach마찰인자, $D_H(=4A/P=4R)$는 수리반경, R은 동수반경, k_s는 등가모래조도이다. 넓은 수로에서 $R \simeq d$임을 고려하고 식 (15.151)의 V와 주어진 값들을 식 (15.152)에 대입하면 $f = 0.0187$을 얻는다. $\sin\theta \cong S$를 고려하면 식 (15.151)로부터 $V = 3.833\ \mathrm{m/s}$를 얻는다.

$\tau_o = \rho g d S = 1{,}000 \times 9.81 \times 0.7 \times 0.005 = 34.355\ \mathrm{N/m^2}$ 또는 3.5 kg중/m²(3.5 kg/m² 표현 사용)

$u_* = V\sqrt{f/8}$ 또는 $u_* = \sqrt{\tau_o/\rho}$ 를 이용하면 $u_* = 0.185\ \mathrm{m/s}$

$d_s = 0.25\ \mathrm{mm}$ 에 대한 침강속도는 식 (15.7) Stokes법칙에 따라 $w_s = 0.0315\ \mathrm{m/s}$

$$\text{Shields매개변수}\ \ \tau_* = \frac{\tau_o}{\rho(S_s-1)gd_s} = \frac{34.355}{1{,}000(2.65-1)9.81\times(0.25/1{,}000)} = 8.48$$

$$\text{경계레이놀즈수}\ \ R_* = \frac{u_* d_s}{\nu} = \frac{0.185\times 0.25/1{,}000}{1.141\times 10^{-6}} = 40.53$$

그림 15.6으로부터 한계Shields매개변수는 $(\tau_*)_c = 0.0375$이다. $\tau_* > (\tau_*)_c$이므로 소류사가 발생한다. u_*/w_s $(=0.185/0.0315=5.87) > 0.2$이므로 부유사 또한 발생한다.

(a) 소류사량 계산: van Rijn방법으로 계산된다.

$$\text{입자매개변수}\quad D_* = d_{50}\left[\frac{(S_s-1)g}{\nu^2}\right]^{1/3} = \frac{0.25}{1{,}000}\left[\frac{(2.65-1)9.81}{(1.141\times 10^{-6})^2}\right] = 5.791$$

$$\text{이송매개변수}\quad T = \tau_*/(\tau_*)_c - 1 = 8.48/0.0375 - 1 = 225.13$$

$$\text{입자 도약고}\quad \delta_b = 0.3D_*^{0.7}T^{0.5}d_s = 0.3(5.791)^{0.7}(225.13)^{0.5}\times 0.25/1{,}000 = 0.00385\ \text{m}$$

$$\text{입자속도}\quad u_b = 1.5T^{0.6}[(S_s-1)gd_s]^{0.5}$$

$$= 1.5(225.13)^{0.6}[(2.65-1)9.81\times(0.25/1{,}000)]^{0.5} = 2.461\ \text{m/s}$$

$$\text{소류사농도}\quad C_b = 0.117\,T/D_* = 0.117\times 225.13/5.791 = 4.548$$

소류사량은 식 (15.90), 즉 이들 세 인자의 곱으로 주어진다.

$$q_b = \delta_b u_b C_b = 0.00385\times 2.461\times 4.548 = 0.0431\ \text{m}^3/\text{s m}$$

(b) 부유사량 계산

유속분포에는 멱법칙(식 9.17, 9.18, 9.16)을 사용한다.

$$N = \kappa\sqrt{8/f} = 0.4\sqrt{8/0.0187} = 8.27 \tag{9.17}$$

$$u_{\max} = \frac{N+1}{N}u_*\sqrt{\frac{8}{f}} = \frac{8.27+1}{8.27}(0.185)\sqrt{\frac{8}{0.0187}} = 4.289\ \text{m/s} \tag{9.18}$$

$$u = u_{\max}(y/d)^{1/N} = 4.289(y/0.7)^{1/8.27} \tag{9.16}$$

$$z = \frac{w_s}{\kappa u_*} = \frac{0.0315}{0.4\times 0.185} = 0.426$$

기준면표고로 $\delta_b = 0.00385\ \text{m}$, $k_s \cong d_s = 0.00025\ \text{m}$를 고려하면 $a_{\min} = 0.01d = 0.007\ \text{m}$보다 작으므로 $a_{\min} = 0.007$을 기준면표고 a값으로 적용한다.

기준면농도 $C_a(d_s = D_{50})$

$$C_a = 0.015\frac{d_{50}}{a}\frac{T^{1.5}}{D_*^{0.3}} = 0.015\frac{0.25/1{,}000}{0.007}\frac{225.13^{1.5}}{5.791^{0.3}} = 1.068$$

위 결과를 식 (15.119)에 대입하면

$$C = C_a\left[\frac{d/y-1}{d/a-1}\right]^z = 1.068\left[\frac{0.7/y-1}{0.7/0.007-1}\right]^{0.426} \tag{a}$$

식 (a)에 의한 부유사량의 계산내용은 표 15.13과 같다.

표 15.13 예제 15.9의 계산과정

수심 y (m)	유속 u (m/s)	농도 C	uC (m/s)
0.07	3.246	0.385	1.250
0.14	3.530	0.272	0.960
0.21	3.707	0.216	0.801
0.28	3.839	0.179	0.687
0.35	3.944	0.151	0.596
0.42	4.032	0.127	0.512
0.49	4.108	0.105	0.431
0.56	4.178	0.084	0.361
0.63	4.235	0.059	0.250
0.70	4.289	0.00	0.000
			$\Sigma = 5.848$

부유사량 $q_{ss} = (\sum uC)\Delta y = 5.848 \times 0.07 = 0.409 \text{ m}^3/\text{s m}$

(c) 총 유사량은 소류사량과 부유사량의 합으로 주어진다.

총 유사량 $q_s = q_b + q_{ss} = 0.0431 + 0.409 = 0.452 \text{ m}^2/\text{s}$

15.8 총 유사량과 하상물질유사량

총 유사량은 전술한 바와 같이 단위시간에 주어진 흐름단면을 통과하는 유사의 총량으로 소류사량과 부유사량의 합 또는 세류사량과 하상물질유사량의 합이다. 세유사량이 상대적으로 적으면 총 유사량은 하상물질유사량과 같게 되고 많은 경우 하상물질유사량이 총 유사량으로 사용된다.

하상물질유사량 공식으로 Engelund–Hansen공식과 Ackers–White공식이 기술된다. 하상물질유사는 그 근원이 하상이므로 하상을 따라 또는 부유상태로 이동하는 유사이다. 하상물질유사량은 소류사량과 하상에 근원을 갖는 부유사량으로 구성된다.

Engelund–Hansen공식

Engelund – Hansen(1972)은 Bagnold의 소류동력(掃流動力; stream power) 개념과 상사원리를 적용하여 유사량공식을 유도하였다.

무차원 유사량
$$\phi = \frac{q_s}{\sqrt{(S_s - 1) g\, d_{50}^3}} \tag{15.153}$$

ϕ는 마찰인자 f 와 무차원 전단응력 τ_*의 항으로 정의된다.

$$f\phi = 0.1\tau_*^{5/2} \tag{15.154}$$

$$f = \frac{2gdS}{V^2} \tag{15.155}$$

$$\tau_* = \frac{\tau_o}{\gamma(S_s - 1)d_{50}} = \frac{dS}{(S_s - 1)d_{50}} \tag{15.156}$$

위 식들을 종합하면

$$q_s = 0.05\gamma_s V^2 \sqrt{\frac{d_{50}}{g(\gamma_s/\gamma - 1)}} \left[\frac{\tau_o}{(\gamma_s - \gamma)d_{50}}\right]^{3/2} \tag{15.157}$$

여기서 q_s 는 수로의 단위폭 유사량, d 는 수심, d_{50}은 바닥물질의 중앙입경, S는 하상경사, S_s 는 유사의 비중, V는 평균유속이다. 이는 이론적으로 사구하상에 적용되나 입경이 0.15 mm보다 큰 흐름영역에도 적용된다.

Ackers – White공식

이는 3개의 무차원량 G_{gr}, F_{gr} 및 $D_{gr} = D_*$에 근거한다(Ackers와 White, 1973). G_{gr} 은 소류동력 개념에 근거한 유사이동매개변수이다. **입자이동성수**(粒子移動性數; sediment mobility number) F_{gr} 은 전단응력과 입자의 수중무게의 함수이다. F_{gr} 의 한계치는 시동을 나타내는 F_{gr} 의 크기로서 A 로 나타낸다. $D_{gr} = D_*$는 무차원입경으로 입자의 수중무게와 점성력의 관계를 나타낸다.

$$G_{gr} = \frac{q_s d}{q d_s}\left(\frac{u_*}{V}\right)^n = c\left(\frac{F_{gr}}{A} - 1\right)^m \tag{15.158}$$

또는

$$q_s = G_{gr}\frac{q d_s}{d}\left(\frac{V}{u_*}\right)^n = c\frac{q d_s}{d}\left(\frac{V}{u_*}\right)^n\left(\frac{F_{gr}}{A} - 1\right)^n \tag{15.159}$$

$$F_{gr} = \frac{u_*^n}{\sqrt{g d_s(S_s - 1)}}\left(\frac{V}{\sqrt{32}\log(10d/d_s)}\right)^{1-n} \tag{15.160}$$

$$D_{gr} = d_s\left(\frac{g(S_s - 1)}{\nu^2}\right)^{1/3} \tag{15.161}$$

여기서 q_s 는 단위폭 유사량, q 는 단위폭 유량, d 는 평균수심, d_s 는 유사입경, ν 는 유체의 동점성계수 및 S_s 는 유사의 비중이다. 계수 n, m, A 및 c 는 D_{gr} 의 크기에 따라 다음과 같이 계산된다.

계수	$1 < D_* \leq 60$	$D_* > 60$	
n	$1 - 0.56\log D_{gr}$	0.0	(15.162)
m	$1.34 + 9.66/D_{gr}$	1.50	(15.163)
A	$0.14 + 0.23/\sqrt{D_{gr}}$	0.17	(15.164)
c	$\log c = 2.86\log D_{gr} - (\log D_{gr})^2 - 3.53$	0.025	(15.165)

예제 15.10

흐름조건과 하상물질의 특성이 다음과 같다. Engelund–Hansen, Ackers–White 및 Rijn방법으로 하상물질 유사량을 계산하라.

유량 $Q = 1{,}272\ \mathrm{m^3/s}$ 단위폭 유량 $q = 5.3\ \mathrm{m^3/s\,m}$ 하상경사 $S = 0.0012$

하폭 $B = 403.9\ \mathrm{m}$ 수심 $d = 2.5\ \mathrm{m}$ 바닥물질 비중 $S_s = 2.65$

수온 $T = 15℃$, $\nu = 1.141 \times 10^{-6}\ \mathrm{m^2/s}$

표 15.14 하상물질 계급별 성질

유사계급직경(mm)	기하평균(mm)	무게백분율(P)
0.168 ~ 0.233	0.198	0.025
0.233 ~ 0.6	0.374	0.075
0.6 ~ 1.20	0.849	0.420
1.20 ~ 2.38	1.690	0.405
2.38 ~ 4.76	3.366	0.075

표 15.15 입경구성비

입경(mm)	무게백분율(%)
0.59	16
0.80	35
0.88	50
1.00	65
1.18	84
1.47	90

[풀이]

평균유속 $$V = \frac{Q}{Bd} = \frac{1{,}272}{240 \times 2.5} = 2.12\ \mathrm{m/s}$$

$R \simeq d$로 가정하면 전단속도는

$$u_* = \sqrt{gdS} = (9.81 \times 2.5 \times 0.0012)^{1/2} = 0.172\ \mathrm{m/s}$$

(1) Engelund–Hansen방법

계산은 $d_s = 0.198\ \mathrm{mm}$에 대하여 기술되고 나머지는 표 15.16에 주어진다.

무차원 전단응력(식 15.156)

$$\tau_* = \frac{dS}{(S_s - 1)d_s} = \frac{2.5 \times 0.0012}{(2.65 - 1)0.198/1{,}000} = 9.183\ \mathrm{kg/m^2}$$

마찰인자(식 15.155)

$$f = \frac{2gdS}{V^2} = \frac{2 \times 9.81 \times 2.5 \times 0.0012}{2.12^2} = 0.013$$

무차원 유사량(식 15.154)

$$\phi = \frac{0.1\tau_*^{5/2}}{f} = \frac{0.1 \times 9.183^{5/2}}{0.013} = 1{,}965.7$$

단위폭의 유사량(식 15.153)

$$q_s = \phi\left[(S_s - 1)g d_s^3\right]^{1/2} = 1{,}965.7\left[(2.65 - 1)9.81 \times (0.198/1{,}000)^3\right]^{1/2} = 0.022\ \mathrm{m^3/s\,m}$$

유사량 $$Q_s = q_s B = 0.022 \times 240 = 5.28\ \mathrm{m^3/s}$$

유사농도 $C_s = Q_s / Q \times 10^6 = (5.28/1,272) \times 10^6 = 4,150.94$ ppm

$PC_s = 0.25 \times 4,150.94 = 103.77$ ppm

표 15.16 Engelund-Hansen방법에 의한 계산과정

기하평균 d_s(mm)	무게백분율 P	τ_* (kg/m²)	ϕ	q_s (m³/s m) $\times 10^{-2}$	Q_s (m³/s)	C_s (ppm)	PC_s (ppm)
0.198	0.025	9.183	1,965.7	2.20	5.28	4,150.94	103.77
0.378	0.075	4.861	400.75	61.60	2.784	2,188.68	164.15
0.849	0.420	2.142	51.65	0.514	1.234	970.13	407.45
1.690	0.405	1.076	9.238	0.258	0.619	486.64	197.09
3.366	0.075	0.540	1.648	0.129	0.310	243.71	18.28
총 유사량				$\Sigma = 10.227$			

(2) Ackers-White방법

입경 $d_s = 0.198$ mm에 대한 계산내용은 다음과 같다.

식 (15.161)을 이용하여 무차원입경 D_{gr}을 구한다.

$$D_{gr} = d_s \left\{ \frac{g(S_s - 1)}{\nu^2} \right\}^{1/3} = \frac{0.198}{1,000} \left\{ \frac{9.81 \times (2.65 - 1)}{(1.141 \times 10^{-6})^2} \right\}^{1/3} = 4.541$$

$D_{gr} (= D_*) < 60$이므로 계수 n, m, A 및 c는 식 (15.162~165)에 의하여 계산되고 결과는 표 15.17과 같다.

입자이동성수 F_{gr}은 식 (15.160)에 의하여

$$F_{gr} = \frac{u_*^n}{\sqrt{g d_s (S_s - 1)}} \left\{ \frac{V}{\sqrt{32}\, og(10 \times d / d_s)} \right\}^{1-n}$$

$$= \frac{0.172^{0.63}}{\sqrt{9.81 \times 0.198/1,000 (2.65 - 1)}} \left\{ \frac{2.12}{\sqrt{32} \log(10 \times 2.5 / (0.198/1,000))} \right\}^{1-0.63}$$

$$= 2.218$$

표 15.17 Ackers-White방법에 의한 계산내용

기하 평균 d_{35}(mm)	무게 백분율 P	D_{gr}	c (10^{-3})	n	A	m	F_{gr}	G_{gr}	q_s (m³/s m) (10^{-3})	Q_s (m³/s)	C_s (ppm)	PC_s (ppm)
0.198	0.025	4.541	8.40	0.630	0.247	3.446	2.218	10.778	22.0	5.28	4,150.94	103.77
0.378	0.075	8.757	18.93	0.473	0.218	2.443	1.447	1.294	3.40	0.816	641.51	48.11
0.849	0.420	19.668	31.36	0.162	0.192	1.831	0.804	0.262	0.708	0.170	133.65	56.13
1.690	0.405	39.151	30.79	0.166	0.177	1.587	0.605	0.125	0.680	0.163	128.14	51.90
3.366	0.075	77.978	25.00	0.0	0.170	1.500	0.415	0.0433	0.309	0.074	58.33	4.37
총 유사량										$\Sigma = 6.503$		

유사이송매개변수 G_{gr} 은 식 (15.158)에 의하여

$$G_{gr} = c(F_{gr}/A-1)^m = 8.40\times10^{-3}(2.218/0.247-1)^{3.446} = 10.778$$

q_s 는 식 (15.159)에 따라

$$q_s = G_{gr}\frac{qd_s}{d}\left(\frac{V}{u_*}\right)^n = 10.778\frac{5.3\times0.198/1{,}000}{2.5}\left(\frac{2.12}{0.172}\right)^{0.63} = 0.022\ \mathrm{m^3/s\ m}$$

$$Q_s = q_s B = 0.022\times240 = 5.28\ \mathrm{m^3/s}$$

$$C_s = Q_s/Q\times10^6 = (5.28/1{,}272)\times10^6 = 4{,}150.94$$

$$PC_s = 0.025\times4{,}150.94 = 103.77\ \mathrm{ppm}$$

(3) Rijn방법

입경 $d_s = 0.198\,\mathrm{mm}$ 에 대한 계산과정이 기술되며 결과는 표 15.18에 주어진다.

① 소류사량 계산

무차원입경 매개변수(식 15.91)

$$D_* = d_s\left\{\frac{(S_s-1)g}{\nu^2}\right\}^{1/3} = \frac{0.198}{1{,}000}\left\{\frac{(2.65-1)\times9.81}{(1.141\times10^{-6})^2}\right\}^{1/3} = 4.541$$

한계이동매개변수(critical mobility parameter) θ_{cr} 은 그림 15.15에 주어진 식으로 계산된다. 예로 $D_* = 4.541$ 의 경우 $\theta_{cr} = 0.14D_*^{-0.64} = 0.05316$

한계하상전단속도는 그림 15.15의 종축으로 계산된다.

$$u_{*,cr} = \sqrt{\theta_{cr}(S_s-1)gd_s} = \sqrt{0.05316(2.65-1)9.81\times0.198\times10^{-3}} = 0.0131\ \mathrm{m/s}$$

입자 Chezy계수의 계산에서 동수반경 R_b 에는 수심 d 가 사용된다(식 15.94).

$$C' = 18\log\left(\frac{12R_b}{3d_{90}}\right) = 18\log\left(\frac{12\times2.5}{3(1.47/1{,}000)}\right) = 68.988$$

입자 마찰속도(식 15.93) $u'_* = \sqrt{g}\,V/C' = \sqrt{9.81}\times2.12/68.988 = 0.0692$

이송매개변수(식 15.92)

$$T = \frac{(u'_*)^2-(u_{*,cr})^2}{(u_{*,cr})^2} = \frac{0.0692^2-0.0131^2}{0.0131^2} = 26.904$$

단위폭의 소류사량(식 15.99)

$$q_b = 0.053\frac{T^{2.1}}{D_*^{0.3}}[(S_s-1)g]^{1/2}d_s^{1.5}$$

$$= 0.053\frac{26.904^{2.1}}{4.541^{0.3}}[(2.65-1)\times9.81]^{1/2}\left(\frac{0.198}{1{,}000}\right)^{1.5} = 3.796\times10^{-4}\ \mathrm{m^3/s\ m}$$

② 부유사량 계산

기준면 높이(식 15.122)

$$a = 0.01d = 0.01\times2.5 = 0.025\ \mathrm{m}$$

기준면 높이 a 에서의 농도(식 15.123)

$$C_a = 0.015\frac{d_s}{a}\frac{T^{1.5}}{D_*^{0.3}} = 0.015\frac{0.198\times10^{-3}\times26.804^{1.5}}{0.025\times4.541^{0.3}} = 1.053\times10^{-2}\ \text{ppm}$$

σ_s는 표 15.15의 자료를 이용해서 계산되고 부유사의 대표입경은 식 (15.139)로 계산된다.

$$\begin{aligned}\sigma_s &= \sqrt{d_{84.1}/d_{15.9}} \simeq \sqrt{d_{84}/d_{16}} = \sqrt{1.18/0.59} = 1.41\\ d_s &= d_{50}\left[1+0.011(\sigma_s-1)(T-25)\right]\\ &= \frac{0.198}{1{,}000}\left[1+0.011(1.41-1)(26.804-25\right] = 1.997\times10^{-4}\ \text{m}\end{aligned}$$

부유사 침강속도(식 15.136~138)는 $d_s = 0.198\ \text{mm}$ 가 0.1~1.0 mm 범위에 있으므로 식 (15.137)에 따라

$$\begin{aligned}w_s &= 10\frac{\nu}{d_s}\left[\left(1+\frac{0.01(S_s-1)g\,d_s^3}{\nu^2}\right)^{0.5}-1\right]\\ &= 10\frac{1.141\times10^{-6}}{1.997\times10^{-4}}\left[\left(1+\frac{0.01(2.65-1)\times9.81\times(1.997\times10^{-4})^3}{(1.141\times10^{-6})^2}\right)-1\right]\\ &= 2.316\times10^{-2}\ \text{m/s}\end{aligned}$$

β 값(식 15.143) $\qquad \beta = 1+2\left(\frac{w}{u_*}\right)^2 = 1+2\left(\frac{2.316\times10^{-2}}{0.172}\right)^2 = 1.036$

농도분포 보정계수(식 15.148) 계산에서 C_o 에는 최대치 0.65가 사용된다.

$$\psi = 2.5\left(\frac{w_s}{u_*}\right)^{0.8}\left(\frac{C_a}{C_o}\right) = 2.5\left(\frac{2.316\times10^{-2}}{0.172}\right)\left(\frac{1.053\times10^{-2}}{0.65}\right) = 0.814\times10^{-2}$$

Rouse수(식 15.146)

$$z = \frac{w_s}{\beta\kappa u_*} = \frac{2.316\times10^{-2}}{1.036\times0.4\times0.172} = 0.325$$

보정된 Rouse수(식 15.147)

$$z' = z+\psi = 0.325+0.814\times10^{-2} = 0.333$$

부유사 보정계수(식 15.150)는 $a/d = 0.025/2.5 = 0.01$ 이므로

$$F = \frac{\left(\frac{a}{d}\right)^{z'}-\left(\frac{a}{d}\right)^{1.2}}{\left(1-\frac{a}{d}\right)^{z'}(1.2-z')} = \frac{0.01^{0.333}-0.01^{1.2}}{(1-0.01)^{0.333}(1.2-0.333)} = 0.2451$$

단위폭 부유사량(식 15.149)

$$q_{ss} = F\bar{u}dC_a = 0.2451\times2.12\times2.5\times1.053\times10^{-2} = 0.01368\ \text{m}^3/\text{s m}$$

표 15.18 Rijn방법에 의한 계산내용

기하입경 d_{50}(mm)	D_*	θ_{cr} (10^{-2})	$u_{*,cr}$ $(10^{-2}$m/s)	T	q_b $(10^{-4}$ m³/s/m)	C_a $(10^{-2}$ ppm)	d_s $(10^{-4}$ m)	w_s $(10^{-2}$ m/s)
0.198	4.541	5.316	1.31	26.904	3.796	1.053	1.997	2.316
0.378	8.669	3.414	1.47	21.160	4.980	1.155	3.715	5.366
0.849	19.472	2.972	2.02	10.736	3.163	0.735	7.944	10.456
1.690	38.760	3.755	3.20	3.676	0.761	0.239	15.275	18.193
3.366	77.199	4.585	5.00	0.195	0.0938	0.048	30.004	25.676
β	ψ (10^{-2})	z	z'	F	q_s (m³/s/m)	q_t (m³/s/m)	Q_s (m³/s)	C_t (ppm)	$P \cdot C_t$ (ppm)
1.036	0.814	0.325	0.333	0.2451	0.01368	0.01406	3.3744	2,652.80	66.32
1.195	1.794	0.653	0.670	0.0793	0.00485	0.00535	1.2840	75.71	75.71
1.739	1.898	0.874	0.893	0.0407	0.00159	0.001906	0.4574	360.16	151.27
3.238	0.981	0.327	0.337	0.2417	0.00306	0.003136	0.7526	591.67	237.85
5.457	0.254	0.634	0.637	0.0880	0.000224	0.000233	0.0559	43.95	3.30
총 유사량					Σ=0.023404	Σ=0.024683	Σ=5.924		

단위폭 총 유사량 $q_s = q_b + q_{ss} = 0.001279 + 0.023404 = 0.024683\ \text{m}^3/\text{s m}$

총 유사량 $Q_s = q_s B = 0.024683 \times 240 = 5.924\ \text{m}^3/\text{s}$

총 유사농도 $C_s = (Q_s/Q) \times 10^6 = (3.3744/1{,}272) \times 10^6 = 2{,}652.80$ ppm

$PC = 0.025 \times 2{,}652.80 = 66.32$

총 유사량 비교

공식명	총 유사량(m³/s)
Engelund–Hansen	$\Sigma Q_s = 10.227$
Ackers–White	$\Sigma Q_s = 6.503$
Rijn	$\Sigma Q_s = 5.924$

유사량공식의 비교결과

공식의 평가는 계산된 유사량을 측정치와 비교하는 것이다. 측정치가 이루어진 하천의 수리 및 하상특성은 유도된 공식의 적용범위와 일치해야 한다.

미국 토목학회에 의한 그림 15.20에 따르면 Colby, Tofalleti 및 Engelund–Hansen공식이 측정치에 거의 일치하는 예측치를 제공한다. Shen과 Julian(1993)은 수심이 3 m 이상인 대하천에는 Tofalleti공식을, 수심이 3 m 이하인 소하천에는 Colby공식을, 수심이 0.6 m 이하인 실험실 수로에는 Shen–Hung공식을, 그리고 미립토사가 없는 자갈하천에서는 Meyer–Peter–Muller공식의 사용을 제안하였다.

한국건설기술연구원에 의한 9개의 유사량공식을 한국하천에 적용 비교한 결과에 의하면

(1) Engelund–Hansen, Ackers–White 및 Rijn공식이 비교적 우수하고 소하천에는 Colby, Yang공식이 양호한 것으로 나타났다.

(2) Einstein, Tofalleti, Shen–Hung, Raju공식은 불량한 것으로 나타났다.

한강종합개발에 의한 수리영향검토의 수리계산편(서울지방국토관리청)에서 기존 유사량공식들을 한강에 적용한 결과 Engelund–Hansen, Ackers–White 및 Rijn공식이 다른 공식들보다 잘 맞는 것으로 나타났다.

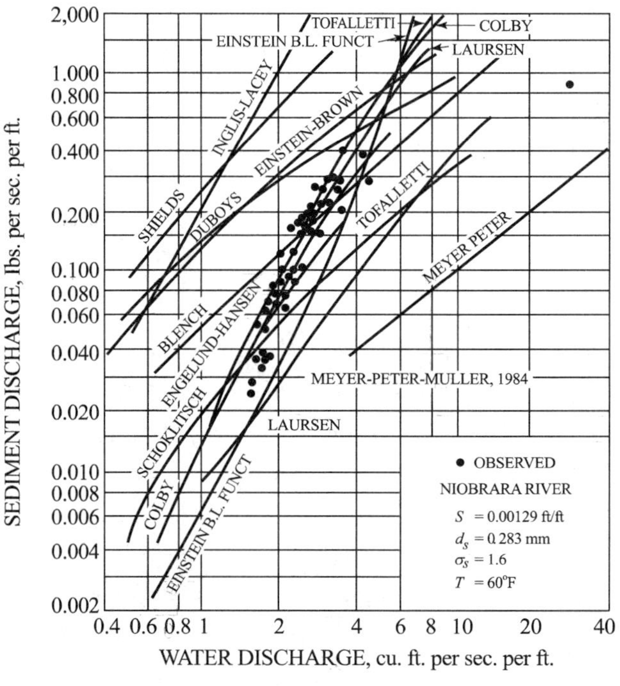

그림 15.20 소류사공식과 측정치(미국 Niobrara 강)와 비교(Vanoni, 1975)

15.9 유사추적

유사산출량의 계산은 총 유사량을 제공하나 유역 내의 유사생성에 관한 시간과 공간적인 변화에 관한 정보를 제공하지는 않는다. 유사량공식은 정상 평형상태에 있는 흐름의 가정에 근거한다. 그러나 **유사추적**(流砂追跡; sediment routing)은 유역, 수로, 하천, 저수지 및 하구에서 유사의 생성, 이송 및 퇴적의 분포와 부정류 유사량 계산을 가능하게 하여 시간과 공간에 대한 유사량의 변화를 제공한다. 유사추적은 많은 양의 계산을 필요로 하여 컴퓨터를 이용함으로써 용이하게 처리된다. 유사추적은 유사산출량과 유사량 계산 외에도 유사의 생성, 이송 및 퇴적의 시간·공간적인 정보가 필요할 때에 사용된다. 유사추적방법은 특히 하천과 저수지에서 유

사의 이송과 퇴적에 관한 상세한 해석에 유용하다.

흐름추적: 유사추적은 흐름추적(14장)을 필요로 하고 이는 흐름의 연속방정식과 운동량방정식의 수치해로 수위, 유량, 에너지경사 및 그 외 수로의 수리학적 매개변수의 시간과 공간적인 변화를 제공한다(Chang, 1982).

$$\frac{\partial Q}{\partial t}+\frac{\partial Q}{\partial s}-q=0 \tag{15.166}$$

$$\frac{1}{A}\frac{\partial Q}{\partial t}+g\frac{\partial y}{\partial s}+\frac{1}{A}\frac{\partial}{\partial s}\left(\frac{Q}{A}\right)^2+g\,S_o-\frac{Q}{A^2}q=0 \tag{15.167}$$

유사추적: 이는 (1) 유사연속방정식의 수치해와 (2) 유사량공식을 이용한 소류사량 계산의 두 성분으로 구성된다. 유사추적은 각 시간 단계에서 흐름단면의 변화를 계산하는 데 사용된다. 유사추적의 절차는 먼저 소류사량을 계산한다. 이에 필요한 수리변수의 값은 흐름추적의 결과로 주어진다. 유사량(Q_s)이 계산되면 유사연속방정식을 이용하여 수로단면에서 수로경계의 변화(ΔA_b)를 계산한다. 이 변화는 하상과 하안에서 일어난다. 유사연속방정식인 Exner식은

$$(1-\lambda)\frac{\partial A_b}{\partial t}+\frac{\partial Q_s}{\partial x}-q_s=0 \tag{15.168}$$

여기서 λ는 바닥물질의 공극률, A_b는 수로의 횡단면적, Q_s는 유사량, q_s는 단위길이에 대한 횡유입유사량이다. 미 육군공병단의 HEC-6, Iowa 대학의 CHARIMA, Chang의 FLUVIAL은 유사추적모형의 예이다.

15.10 저수지의 유사퇴적

유사는 고지와 수로에서 생성되어 흐르는 물의 작용에 의하여 하류하천으로 이송된다. 저수지나 호수의 입구에서와 같이 흐름 단면적의 확대로 인하여 유속이 감소하면 유입(誘入)과 수송능력이 감쇠되어 퇴적이 발생한다. 저수지에 유입되는 유사 중 큰 입자는 저수지입구 부근에 퇴적되어 삼각주를 형성하고, 부유상태의 미립유사는 댐 부근의 최심부에 퇴적되고 일부는 방류구를 통하여 하류하천으로 흘러간다. 유사를 운반하는 하천에 저수지가 축조되면 유사량의 상당량이 저수지에 퇴적된다. 이로 인하여 저수지의 유효저류용량이 점진적으로 감소된다. 따라서 저류시설의 계획에서는 유사저류 또는 제거에 관한 조치가 마련되어야 한다.

저수지의 주요 부분에 퇴적되는 물질은 세사, 실트 및 점토로서 유입부의 삼각주에 퇴적되지 않고 거의 부유상태로 이송된 유사이다. 만약 유입흐름이 저수지의 수면층보다 밀도가 크면 침강하여 저수지 바닥을 따라 이동하는 바닥밀도류를 형성한다. 저수지의 유사퇴적률은 중요한 경제적인 현안이 된다. 즉 저수지는 수력발전과 수자원 개발사업의 주요 사항이므로 저수지의 설계수명이 중요한 사안이 된다.

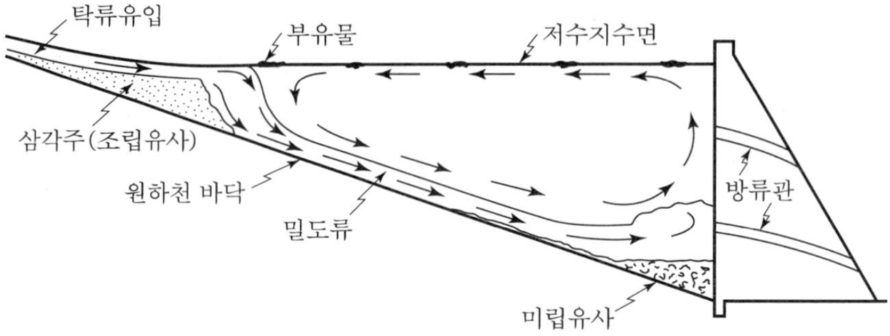

그림 15.21 저수지의 유사퇴적

15.10.1 저수지포착률

저수지에 유입되는 유사의 대부분은 저수지 내에 퇴적되고 이는 저수지 용량의 감소를 유발한다. 유사퇴적에 의한 저수지의 용량감소는 (1) 유입유사량, (2) 유입유사의 저수지 내 포착률, (3) 퇴적토사밀도의 영향을 받는다.

저수지계획에 관한 목적을 위해서는 저수지 수명 동안 유사퇴적용량의 산정이 필요하고 이는 유사의 포착률을 적용하여 계산된다.

$$V_s = E\,Q_s \tag{15.169}$$

여기서 V_s는 연간 토사퇴적용량(m^3/yr), Q_s는 저수지 내로 유입되는 유사의 체적(m^3/yr) 및 E는 저수지포착률이다.

저수지포착률(貯水池捕捉率; trap efficiency)은 흐름에 의하여 수송되는 유사를 저수지가 포착하는 능력이다. 이는 유입유사에 대한 포착되는 유사의 백분율로 정의된다. 포착률은 (1) 흐름의 저수지 내 체류시간 또는 연평균 유출용적에 대한 저수지 체적의 비, (2) 유사특성의 함수이다. 포착률 결정과정은 다음과 같다.

1. 저수지의 용량 C(m^3)를 결정한다.
2. 저수지의 연평균 유입량(유출체적) I(m^3)를 결정한다.
3. 그림 15.22를 이용하여 C/I에 대한 포착률을 백분율로 결정한다. 유사원의 조사나 입경별 유사량의 조사를 통하여 유입유사의 조직을 추정한다.

저수지가 유사로 채워짐에 따라 포착률은 감소하므로 포착률을 기간별로 수정 조정함이 필요하다.

유사유입량 Q_s는 유사이송기법 또는 실제 저수지퇴적량의 측정으로 산정된다. 저수지퇴적유사의 체적은 유입되는 유사량의 무게 W_s와 단위중량에 따라 다르고 퇴적된 유사의 단위중량은 유사의 종류와 퇴적기간에 따라 다르게 된다. 오래된 퇴적은 압밀시간을 많이 갖고 퇴적에 의한 하중을 받는다. 퇴적유사량 산정에는 일반적으로 계산시점을 기준으로 평균단위중량이 사용된다.

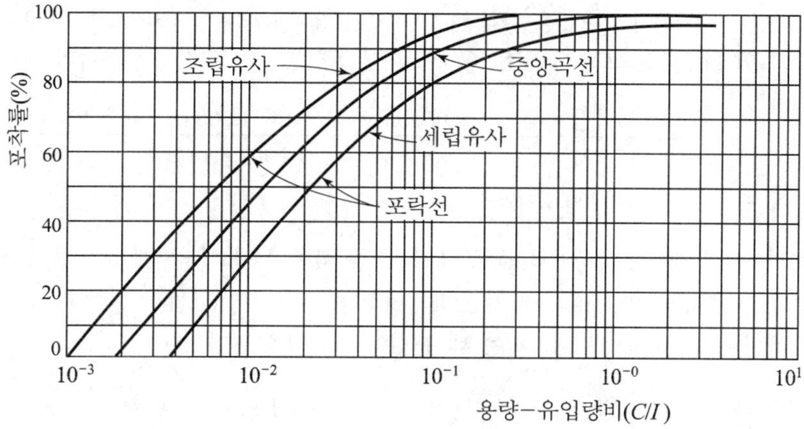

그림 15.22 저수지의 포착률(Vanoni, 1971)

$$Q_s = \frac{W_s}{\gamma_m} \tag{15.170}$$

여기서 Q_s 는 저수지에 유입유사량, W_s 는 유입유사량의 무게, γ_m 은 퇴적유사의 평균단위중량이다. Lane과 Koelzer는 퇴적유사의 T년 후 단위중량 γ_m 의 산정식을 다음과 같이 제안하였다.

$$\gamma_m = \gamma_1 + B \log T \tag{15.171}$$

여기서 γ_1은 초기단위중량, B는 압밀계수이다. 식 (15.171)은 매 연간 퇴적유사량에 적용되고 시간 T에서 총 퇴적유사의 평균중량은 T년까지의 적분으로 산정된다. 표 15.19는 미국 자연자원보전청에 의한 일반 목적을 위한 50년 후의 평균단위중량을 나타낸다.

표 15.19 50년간 퇴적된 유사의 단위중량(Fleming, 1969)

재료	수중단위중량 (kg/m³)	공기중 단위중량 (kg/m³)
점토	640～960	960～1,280
실트	880～1,200	1,200～1,360
모래	1,360～1,600	1,360～1,600
모래, 자갈	1,520～2,080	1,520～2,080

예제 15.11

저수지의 저류용량이 $8\times10^6\ \mathrm{m}^3$, 유역면적이 $250\ \mathrm{km}^2$이다. 연평균유출이 0.4 m/yr, 유사생성량이 1,200 tons/km²로 추정된다. 유사는 대부분이 세립이다. 퇴적유사의 단위중량을 1,500 kg/m³로 가정하여 저수지의 저류용량이 $2\times10^6\ \mathrm{m}^3$로 감소하는 데 소요되는 기간을 결정하라.

[풀이] 퇴사로 인하여 저류용량이 감소되는 기간을 매 $\Delta V = 2\times 10^6\,\mathrm{m}^3$마다 계산한다. 저수지에 유입되는 연평균 유입량은 $I = 0.4\times 250\times 10^6 = 10^8\,\mathrm{m}^3$이고 계산내용은 다음 표와 같다. 3란은 각 기간의 끝에서 유

입량에 대한 저수지용량과의 비를 나타낸다. $i=0$인 경우 $C/I = 8\times 10^6/10^8 = 0.08$. 5란은 세립유사에 대한 그림 15.22의 하부곡선으로부터 읽은 C/I에 대한 포착률이다. 연간 유입유사의 퇴적체적은 다음과 같다.

$$I_s = \frac{\text{생성량}\times A}{\gamma_m} = \frac{1{,}200\ \text{tons/km}^2/\text{yr}\times 1{,}000\ \text{kg/ton}\times 250\ \text{km}^2}{1{,}500\ \text{kg/m}^3}$$
$$= 200{,}000\ \text{m}^3/\text{yr}$$

실제 퇴적유사의 체적은 I_sE_i이고 $\Delta V/(I_s\times E_i)$는 ΔV가 감소하는 데 소요되는 연수이다. 6란의 $i=0\sim1$의 경우 $2\times10^6\ \text{m}^3$가 감소하는 데 소요되는 연수는 $2\times10^6/(200{,}000\times0.73)=13.7$년이 된다. 6란의 합은 저수지 용량이 $2\times10^6\ \text{m}^3$로 감소하는 데 48년이 소요됨을 나타낸다.

간격 i (1)	저수지용량 (10^6 m^3) (2)	C/I (3)	기간별 평균 C/I (4)	포착률 E_i (5)	연수 yr (6)
0	8	0.08			
			0.07	0.73	13.7
1	6	0.06			
			0.05	0.65	15.4
2	4	0.04			
			0.03	0.54	18.5
3	2	0.02			
계					47.6

예제 15.12

평균유량이 14 m^3/s, 평균유사량이 11 kg/s인 하천에 저수지가 건설된다. 이송되는 유사는 50% 모래, 15% 실트 및 35%의 점토로 구성된다. 퇴적유사는 항상 물에 잠긴 상태이다. 평균입경은 그림 15.22의 중앙치에 대한 곡선으로 가정된다. 유사저류용량(sediment storage)을 포함하지 않는 유효저류용량이 $2\times10^7\ \text{m}^3$이다. 저수지의 수명을 100년으로 계획할 경우 총 저수지용량을 결정하라.

[풀이] 연간 저수지에 유입되는 유사량의 무게는

$$W_s = 11(3{,}600)(24)(365) = 3.47\times10^8\ \text{kg/yr}$$

100년간 퇴적되는 유사의 평균단위중량은 식 (15.8)과 표 15.2로부터

$$\gamma_m = \gamma_{sand} + \gamma_{silt} + \gamma_{clay}$$
$$= 0.5(1{,}497 + 0(\log100)) + 0.15(1.046 + 91.8(\log100)) + 0.35(483 + 258(\log 100))$$
$$= 1{,}282.6\ \text{kg/m}^3$$

따라서 100년간 유입유사의 체적은

$$Q_s = \frac{W_s}{\gamma_m} = \frac{3.47\times10^8}{1{,}282.6} = 270{,}500\ \text{m}^3$$

연간 평균유입유량은

$$I = 14(3{,}600)(24)(365) = 4.42\times10^8\ \text{m}^3/\text{yr}$$

저수지 총용량은 유효저류용량과 유사저류용량의 합이 되므로

$$C = 2\times 10^7 + EQ_s = 2\times 10^7 + E(270{,}500)$$

저수지용량을 $C = 2.2\times 10^7\,\mathrm{m}^3$로 가정하면 $C/I = 2.2\times 10^7/4.42\times 10^8 = 0.0495$이므로 포착률은 그림 15.22의 중앙치 곡선으로부터 $E = 0.77$이다. 따라서 총 저수지용량 C는

$$C = 2.2\times 10^7 + 0.77(270{,}500) = 2.22\times 10^7\,\mathrm{m}^3$$

이는 가정치 $2.2\times 10^7\,\mathrm{m}^3$와 거의 같으므로 $2.22\times 10^7\,\mathrm{m}^3$를 100년 수명 저수지용량으로 채택한다.

15.10.2 저수지 설계수명

저수지 설계수명(貯水池設計壽命; reservior design life)은 저수지가 예정된 목적을 수행하는 데 필요한 기간이다. 예를 들면 유역보호나 홍수조절을 위하여 설계되는 구조물은 50~100년의 설계수명이 적용되기도 하나 수자원 개발을 위한 댐의 수명은 항구적이라야 할 것이다. 계획된 설계수명이 유한하거나 항구적이거나 간에 저수지의 완전한 설계저류용량을 보전하기 위해서는 저수지 퇴적에 대한 조치가 취해져야 한다. 이는 (1) 일정기간 또는 필요에 따라 저수지퇴사의 제거나, (2) 설계된 저수용량을 잠식하지 않고 퇴적된 유사를 전부 수용할 수 있는 충분히 큰 저류용량을 확보하는 것이다. 유사퇴적 계산은 일반적으로 저수지용량설계에 포함된다.

퇴적유사의 분포

퇴적유사의 분포는 댐과 저수지의 조작과 유지관리에 실질적으로 영향을 미친다. 퇴적유사의 양과 형태는 유사의 성질, 저수지의 모양, 저수지 바닥의 지형, 접근수로의 성격, 체류시간, 저수지의 목적에 따라 다르게 된다. 입경이 큰 유사는 저수지유입구 부근에 퇴적되고 미세유사는 저수지 내에서 긴 거리를 운반되어 댐 가까이에 퇴적된다.

유사저류지

유사저류지(流砂貯留池; sediment retention 또는 debris basin)는 유사와 잡물이 저수지를 포함한 주수로 계통에 이르기 전에 이들을 포착하기 위한 목적으로 고지지역에 위치하는 소규모 저수지로 침사지와 기능은 같으나 규모면에서 구별된다고 할 수 있다. **잡물**(雜物; debris)은 조약돌, 자갈, 나뭇가지 또는 다른 식물성 물질로서 이들은 수로나 수리학적인 구조물을 막히게 하여 기능을 감소시키거나 계획시기보다 빨리 설계수명에 이르거나 구조물의 붕괴에 이르게 하기도 한다.

잡물저류지(雜物貯留池; debris basin)는 잡물의 잠정기간 동안 억류만을 위한 목적으로 수로나 저수지 상류에 위치한다. 잡물저류지는 일반적으로 규모가 작고 수시로 청소할 수 있도록 설계된다. 일부 잡물저류지는 하나 또는 두 개의 주요 호우 동안에 채워지는 규모를 갖거나 50~100년의 설계수명을 갖기도 한다. 규모는 공사비와 위치 조건에 따라 결정된다.

문 제

유사성질

15.1 토립자의 직경이 0.1 mm, 비중이 2.65이다. 15°C 정수에서 입자의 침강속도를 Stokes법칙으로 구하라.

15.2 직경이 0.2 mm, 비중이 2.65인 입자의 침강속도를 계산하라. 항력계수는 $C_D = 4$이다.

15.3 100년 경과된 저수지퇴사의 단위중량을 계산하라. 퇴사는 모래 50%, 실트 30% 및 점토 20%로 구성된다.

유사생성

15.4 면적이 30 km^{2}인 유역의 연평균유출이 6 cm일 때 Dendy-Bolton공식으로 유사산출량을 구하라.

15.5 다음 자료에 대한 유사산출량을 산정하라.

유역면적(km^2)	2	10	100	1,000	10,000
연평균유출(mm)	45	60	105	150	112

범용토양손실공식

15.6 다음 호우사상에 대한 R-인자를 계산하라.

시간(hr)	0	0.5	0.8	1.20	1.55	2.10	2.45	3.15	3.42	4.10
누가강우량(mm)	0	11	16	20	22	30.2	41.2	46.3	50.3	51.5

15.7 다음 호우사상에 대한 R-인자를 계산하라.

시간(h:min)	9:00	9:15	9:30	9:45	10:00	10:15	10:30
강우량(mm)	0	1.62	12.13	25.74	30.25	9.36	0.27

15.8 연속된 지속기간이 다음과 같은 호우사상에 대한 R-인자를 계산하라.

강우지속기간(min)	60	30	10	60	40	60	30
강우량(cm)	3.28	6.62	0.78	1.13	2.84	3.47	0.32

15.9 금산지역에 위치한 밭작물 재배농지의 토양은 실트롬으로 구성은 점토 22%, 극세사 20%, 실트 50% 및 유기물 2%이고 사면의 길이는 300 m, 경사는 3%이다. 휴경상태의 연 토양손실량을 구하라. 토양조직코드는 4종, 투수지수는 5종이다.

15.10 두 구역으로 구성된 제천지역에 위치한 토지의 연 토양손실량을 산정하라.

A구역: 비교란 삼림지역으로 면적이 6 ha, 사면의 길이가 170 m, 경사가 6%, 토양구성은 점토 30%, 극세사 15%, 실트 44% 및 유기물 4%이다. 토양조직코드는 미립자, 투수지수는 느림이다.

B구역: 밀식작물(50%)지역으로 면적이 12 ha, 사면의 길이가 240 m, 경사가 4%, 토양구성은 점토 23%, 극세사 20%, 실트 48% 및 유기물 6%이다. 토양조직코드는 미세립자, 투수지수는 느림이다.

15.11 수원지역 건설현장의 면적이 20 ha, 사면의 길이가 200 m, 경사가 3%, 토양구성은 점토 23%, 극세사 15%, 실트 52% 및 유기물 2%이다. 토양조직코드는 미립자, 투수지수는 매우 느림이다. 다음 24시간 강우사상에 대한 토양손실량을 계산하라.

시간(hr)	0	2	4	6	8	10	12	14	16	18	20	22	24
강우량(mm)	0.0	8.0	12.2	16.4	20.7	28.6	103.3	51.5	24.3	18.1	10.0	4.5	0.0

유사이송역학

15.12 수심이 2.5 m, 경사가 0.0002인 수로에서 직경이 2 mm인 입자의 시동 여부를 조사하라. 비중은 2.65이고 동점성계수는 1 centistoke이다.

15.13 수심이 1 m, 경사가 0.0005인 하상에 위치한 비중 2.65, 직경 3 mm인 입자의 시동 여부를 조사하라. 수온은 10°C이다.

15.14 넓은 수로의 경사가 0.002, 하상입자의 중앙 입경이 2.5 mm, 비중이 2.65이다. 바닥이 세굴되지 않을 최대 수심을 결정하라. 수온은 15°C이다.

소류사량

15.15 다음 흐름 조건에 대한 소류사량을 DuBoys, Shields, M–P–M공식으로 구하라. 수심이 3 m, 평균유속이 1 m/s, 수로경사가 0.00012, 평균입경이 0.4 mm 및 하폭 80 m이다.

15.16 단면이 거의 사각형인 하천의 폭이 60 m, 경사가 0.0003, 마닝조도계수가 0.03, 유량이 60 m^3/s, 바닥물질의 평균입경이 0.25 mm이다. DuBoys공식으로 소류사량(tons/day)을 구하라.

15.17 하천의 폭이 100 m, 수심이 5 m, 경사가 0.0005, 바닥물질의 중앙입경이 10 mnm이다. 다음을 계산하라. (a) 한계전단응력, (b) DuBoys, Schoklitsch, Einstein–Brown, Nielsen공식에 의한 소류사량, (c) 최소안정유사입경.

15.18 바닥경사가 0.0004, 바닥물질의 중앙입경이 0.12 mm, 침강속도가 0.01 m/s, 마닝조도계수가 0.04, 유량이 $q = 0.3\ \mathrm{m^3/s\ m}$인 하천의 소류사량을 산정하라. (a) DuBoys, (b) Meyer–Peter–Muller, (c) Shields, (d) Einstein–Brown공식, (e) Rijn, (f) Nielsen.

15.19 폭 b=60 m, 깊이 h=0.5 m, 하상경사 S_o=0.005, d_{50}=2.0 mm인 하천의 소류사량을 DuBoys방법으로 산정하라.

15.20 수심 h=2.2 m, 폭 b=30 m, 하상경사 S=0.0006, 하상물질의 중앙입경 d_{50}=4 mm인 하천의 (a) 평균유속, (b) 바닥전단응력, (c) 전단속도, (d) Shields매개변수, (e) 소류사가 발생하는지? (f) 소류사가 발생하면 소류사량을 구하라.

15.21 어느 하천의 유사와 수리특성이 다음과 같다. 수심 h=0.3 m, 폭 b=5 m, 수면경사 S_f=0.0015, $\nu = 1.0 \times 10^{-6}\ \mathrm{m^2/s}$. DuBoys, Shields, M–P–M, Einstein–Brown방법으로 소류사량을 구하라. 또한 각 입경에 대한 소류사량을 계산하라.

입경 (mm)	크기백분율 (%)	수심 (m)	단위폭 유량 (m^2/s)
0.062	0.06	0.08	0.32
0.131	0.30	0.09	0.35
0.252	1.60	0.11	0.48
0.356	7.30	0.13	0.60
0.501	18.4	0.14	0.72
0.712	38.4	0.15	0.76
0.996	58.7	0.16	0.90
1.410	78.2	0.20	1.30
1.992	91.6	0.24	1.65
2.860	99.6	0.30	2.25

15.22 문제 15.19를 Einstein–Brown, Rijn, Nielsen방법으로 계산하라.

15.23 넓은 수로의 단위폭 유량이 q=22 m^2/s, 수심 h=3.6 m, 하상경사 S=0.001, 입자중앙입경 d_{50}=5 mm인 하천의 소류사량을 (a) DuBoys, (b) M–P–M, (c) Einstein함수, (d) Engelund–Hansen, (e) Rijn방법으로 계산하라.

15.24 폭 b=30m, 하상경사 S=0.0006, d_s=1.12 mm, 단위폭 유량 q=3 m^2/s인 하천의 소류사량을 M–P–M, Einstein–Brown방법으로 산정하라.

15.25 경사가 0.005, 평균수심이 1.4 m, 평균유속이 1.6 m/s, 사각형에 가까운 수로의 폭이 8 m, d_{35}=13 mm인 수로의 소류사량을 Einstein방법으로 산정하라.

부유사량

15.26 하폭이 200 m, 경사가 0.0001, 수심이 d= 3 m 인 하상에서 a/d= 0.05에서 부유사농도가 C_a= 3 gr/L이다. 식 (15.119)를 이용하여 연직농도분포를 구하라. β= 0.8, χ= 0.4, 침강속도 w_s= 1.2 cm/sec, 조도계수 n= 0.03이다. 평균농도를 이용하여 총 부유사량을 계산하라.

15.27 문제 15.25를 Einstein과 Rijn방법으로 총 부유사량을 계산하라.

15.28 폭 b=80 m, 깊이 h=1.2 m, 하상경사 S_o=0.0005, 단위폭 유량 q=3.5 m^3/s m, d_{50}=0.10 mm인 하천의 부유사량을 계산하라.

15.29 수심이 1.1 m, 하상경사가 0.005, 중앙입경이 0.2 mm인 하천의 (a) Rouse수, (b) 부유사농도의 도시, (c) 부유사량을 구하라.

15.30 하상물질의 중앙입경이 0.25 mm인 하천의 폭이 5 m, 수심이 0.36 m, 하상경사가 0.012, 마닝조도계수가 0.032이다. (a) 유량, (b) 바닥전단응력, (c) 전단속도, (d) 침강속도, (e) Shields매개변수, (f) 바닥물질이 이동하고 부유사가 발생하는지? (g) 소류사량, (h) 부유사량, (i) 총 유사량을 계산하라.

총 유사량

15.31 수심 3 m, 하폭이 60 m, 경사가 0.0004, 유량이 60 m^3/s인 하천의 바닥물질의 입경이 0.25 mm, S_s= 2.65이다. 하상물질유사량을 Engelund–Hansen, Ackers–White 및 Rijn방법으로 산정하라. 수온은 15°C이다.

15.32 Engelund–Hansen, Ackers–White방법으로 하상물질유사량을 산정하라. 하천의 수심은 3.2 m, $S=0.001$, 대표입경이 3 mm, 수온 20°C, 조도계수 $n=0.03$이다.

15.33 유량이 110 m^3/s, 수심이 2.4 m, 경사가 0.00025, 하폭이 52 m, 수온이 15°C인 하천의 하상물질유사량을 Engelund–Hansen, Ackers–White 및 Rijn방법으로 산정하라. 하상물질(비중=2.65)은 다음과 같이 구성된다.

입경 범위 (mm)	기하평균 (mm)	무게에 의한 비율 (P)
0.060～0.125	0.880	0.050
0.125～0.250	0.177	0.024
0.250～0.500	0.345	0.037
0.500～1.000	0.707	0.026
1.000～2.000	1.414	0.080

15.34 수심이 12 m, 하폭이 25 m, 단위폭 유량이 1.15 m^2/s, 수온이 15°C인 하천의 입경분포가 다음과 같다. Engelund–Hansen방법으로 총 유사량을 구하라.

입경 (mm)	무게백분율 (%)
0.056	0.03
0.12	0.11
0.256	0.36
0.540	0.29
1.15	0.13
2.06	0.06
3.85	0.02

15.35 유량이 105 m^3/s, 수심이 2.32 m, 하폭이 46 m, 하상경사가 0.0025, 수온이 15°C인 하천의 하상물질 특성이 다음과 같다. 하상물질유사량을 Engelund–Hansen, Ackers–White 및 Rijn방법으로 계산하라.

유사계급입경 (mm)	기하평균 (mm)	무게백분율 (%)
0.062～0.125	0.076	0.03
0.125～0.25	0.187	0.24
0.25～0.50	0.356	0.39
0.50～1.0	0.717	0.26
1.00～2.0	0.423	0.08

저수지유사퇴적

15.36 저수지의 용량이 3×10^6 m^3, 유역면적이 200 km^2이다. 연평균유출이 350 mm, 유사생성량이 1,200 tons/km^2, 퇴적된 유사의 단위중량이 1,500 kg/m^3이다. 그림 15.22의 중앙곡선을 이용하여 저수지용량이 1×10^6 m^3로 감소하는 데 소요되는 기간을 결정하라.

15.37 저수지의 용량이 $60 \times 10^6\ m^3$, 연간 유입유량이 $80 \times 10^6\ m^3$이다. 유역면적이 1,000 km^2, 유사생성량이 300 tons/km^2이다. 입자분포는 모래 10%, 실트 40%, 점토 50%이고 유사는 항상 수중에 잠긴다. 저수지용량의 80%가 유사로 채워지는 데 소요연수를 결정하라.

15.38 유역면적이 700 km^2, 연평균유출이 200 mm인 지점에 저류용량이 $5 \times 10^6\ m^3$인 저수지가 건설된다. 퇴적유사의 단위중량은 1,400 kg/m^3로 가정된다. (a) 저수지용량이 30% 감소하는 데 소요되는 기간은 얼마인가? (b) 저수지가 유사로 완전히 채워지는 데 얼마나 걸리는가? Dendy–Bolton식을 이용하여 유사산출량을 추정한다.

15.39 평균하상경사 0.0025, 연평균유량이 $5 \times 10^8\ m^3$/yr 인 하천에 용량이 $10^9\ m^3$인 저수지가 위치된다. 유사량은 대부분이 평균입경 0.12 mm의 소류사량으로 하절기 약 2개월에 걸쳐 일어나는 45 m^3/s의 홍수량에 의한다. 하폭은 60 m, 조도계수는 0.03이다. 향후 50년 후에 퇴사로 인한 저수지의 용량감소를 추정하라.

15.40 유역면적이 6,000 km^2인 하천에 용량이 $1.2 \times 10^8\ m^3$인 저수지가 위치한다. 하천의 경사는 0.0004, 조도계수는 0.03이다. 입경이 0.12 mm인 유사량은 DuBoys공식으로 결정된다. 유량이 30 m^3/s, 하폭이 80 m일 때 60년 동안에 퇴사로 인한 저수지의 용량감소를 결정하여라.

16 수문모의모형

Applied Hydrology

16.1 서 론

모형(模型; model)은 계(系; system) 또는 과정의 개념화로 외부 자극(강우량)에 대한 계의 반응(유출)을 포함한다. 수문과정을 모의하는 모형에는 수십 년 전에 그 개념이 개발된 간단한 black-box형 모형에서 최근에 이르러서야 실제 적용되는 범용분포(매개변수)모형에 이르기까지 매우 다양하다. 최근에는 거의 매년 새로운 프로그램이 발표되는 정도이고 이의 일부는 기존 프로그램의 개정이거나 일부는 완전히 새로운 기법을 이용해 많은 양의 계산을 신속하게 수행하고 많은 양의 자료를 처리할 수 있는 강력한 PC용 프로그램이다. 모형에 필요한 입력자료도 모형에 따라 크게 변한다. 유출응답이 합성단위도와 손실함수로 특성지어지는 경우에는 설계우량주상도와 총 강우량이 입력으로 필요하다. 그러나 분포모형은 모형검정에 많은 양의 자료가 필요하고 이러한 많은 양의 자료가 이용 가능한 경우는 드물다. 또한 분포모형을 적용함에 어려운 점은 축척(縮尺; scaling)문제이다. 실제 관측은 하나의 지점이나 지역에 불과하나 분포모형이 적용되는 지역은 수문과정을 대표하는 넓은 유역이기 때문이다. 특히 공간적으로 강수량과 토양특성의 변화가 클 때 이러한 문제는 두드러지게 된다. 모형결과의 정확도는 입력자료와 수문과정을 얼마나 정확하게 나타내는가의 함수이다. 복잡한 모형은 복잡한 자료를 필요로 한다. 만약 입력자료로 정확도가 낮은 근사적인 값이 사용된다면 간단한 모형을 적용하는 것이 결과에서 오차를 줄이는 방법이다. 수문과정에 관한 모형은 다음과 같이 5개로 분류할 수 있다. 단일사상 강우-유출모형, 연속과정모형, 홍수수리모형, 도시유출모형 및 수질모형. 처음 두 모형은 유역모형으로 기술된다.

유역모형(流域模型; catchment model)은 강수를 유출로 변환하는 모의를 목적으로 수문순환의 주요 과정을 기술하는 수학적인 표현의 집합이다. 유역모형은 해석, 설계, 장기유출예보, 실시간 홍수예보에 적용된다. 유역모형화기법은 이론적으로 소유역(2.5 km^2), 중규모유역(수십 km^2), 대유역(수천 km^2)에 적용가능하다. 그러나 실제로 유역모형의 적용은 강수량이 시간과 공간적으로 변화를 갖는 유역의 해석에 국한된다. 일반적으로 이러한 유역은 중·대유역의 경우이다.

전형적인 모형화는 모형의 유형선정, 모형의 정형화와 구축, 모형의 검정과 검증, 모형의 적용으로 구성된다. 본 장에서는 지표수의 양과 더불어 질을 다루는 모형들이 기술된다.

16.2 모형의 분류

수문모형은 물리적 모형과 수학적 모형으로 크게 분류될 수 있다. 물리적 모형은 원형인 유역의 물리적인 특성을 재현하는 것으로 강우모의장치나 실험유역 또는 수로의 축소모형을 예로 들 수 있다. 수학적 모형은 원형의 중요한 성질을 나타내는 수학적인 기술이다. 컴퓨터를 이용하는 수학적 모형은 컴퓨터 또는 수치모형이라고도 한다. 물리적 모형은 고가이고 적용에 한계를 갖는다. 한편 수학적 모형은 이용이 용이하고 다양성이 높고 비교적 저가이다. 따라서 수문모형으로는 수학적 모형이 선호되고 다음에 기술되는 내용도 이에 국한된다.

16.2.1 수학적 모형의 종류

수학적 모형은 수문순환의 여러 단계를 기술하는 몇 개의 성분으로 구성된다. 수학적 모형은 (1) 이론적, 개념적 및 경험적 모형의 세 유형으로 분류될 수 있으며 개념적 모형은 이론적 모형과 경험적 모형의 중간이라 할 수 있다. (2) 수학적 모형은 확정론적 또는 확률적, 선형 또는 비선형, 시변성 또는 시불변, 집체 또는 분포, 연속 또는 이산형, 해석적 또는 이론적, 사상 또는 연속과정이 될 수 있다. 또한 (3) 확정론적, 확률적, 개념적 및 매개변수모형으로 구분될 수도 있다.

확정론적 모형(確定論的模型; deterministic model)은 수문순환의 여러 과정의 상호작용을 물리적인 과정의 법칙에 따라 수학적으로 기술한다. 확정론적 모형은 관련된 매개변수들 간의 원인–영향 관계와 이 관계식의 해에 의한 결과를 의미하고, 물리적인 과정을 모의함에 있어 가장 상세하게 다루어진다. 단위도와 저수지추적은 확정론적 모형의 예이다.

확률적 모형(確率的模型; probabilistic model)은 변수의 발생가능성을 고려하고 확률법칙에 따라 형성된다. 이에는 통계적 모형과 추계학적 모형의 두 유형이 있다. 통계적 모형은 과정에서 발생순서는 고려되지 않고 발생가능성은 순수한 무작위변수의 확률분포를 따른다.

추계학적 모형(推計學的模型; stochastic model)은 변수의 발생순서를 고려하고 변수는 순수한 무작위변수이거나 아니기도 하다. 홍수빈도해석에 관한 Gumbel방법은 수문학에서 확률적인 방법을 이용한 전형적인 예이다. 추계학적 모형은 일 하천유량과 같은 수문시계열의 합성발생에 주로 사용된다.

개념적 모형(槪念的模型; conceptual model)은 물리적인 과정의 간단화한 표현이고 이는 복잡한 과정을 몇 개의 주요한 개념적 매개변수에 의하여 모의하는 수학적인 기술이다. 개념적 모형이 광범위하게 이용되는 사실은 수문현상이 복잡하고 모든 경우에 대한 확정론적 성분을 고려하는 것이 실질적으로 불가능함을 반영하기 때문이다. 이러한 점에서 개념적 모형은 확정론적 모형에 대한 유용하고 실질적인 대안이 된다. 선형저수지의 직렬(cascade)은 개념적 모형의 대표적인 예이다.

매개변수모형(媒介變數模型; parametric model)은 모형화 접근방법 중에 가장 간단한 경험적 또는 Black box형 모형이다. 매개변수모형은 자료해석이나 경험적 수단에 의하여 결정되는 하나 또는 그 이상의 매개변수를 포함한 대수식으로 구성된다. 따라서 이 모형에서 중요한 것은 해의 근거가 되는 주요 매개변수이다. 매개변수모형의 적용은 매개변수를 결정하는 데 사용된 자료의 범위에 국한된다. 개념적, 확정론적 또는 확률모형이 실질적이 아니거나 너무 고가인 경우 매개변수모형은 유용한 대안이 되고 지역빈도해석은 수문학적 유역모형화에 대한 매개변수모형의 대표적인 예이다. 이 경우 지역적인 적용성을 가진 예측식을 개발하는 데 통계적인 회귀기법이 이용된다. 회귀식의 매개변수는 지역에 국한된 특성치이다.

경험적 모형은 실제 과정을 나타내지 않고 강우량과 유출 간의 관측된 간단한 관계를 이용한다.

16.2.2 선형모형과 비선형모형

실제 수문현상의 물리적 과정은 일반적으로 비선형이다. 그러나 모형화에서 비선형 과정은 종종 수학적 편의상 선형모형으로 대치되고 있다. 수문과정의 세부적인 사항은 얻지 못하더라도 간단함이 선형모형의 명백한 이점이다. 비선형모형은 보다 복잡하나 물리적인 과정을 보다 정확하게 모의할 수 있다.

선형모형(線型模型; linear model)은 선형의 식이나 과정으로 형성되고 **비선형모형**(非線型模型; nonlinear model)은 비선형의 식이나 과정으로 기술된다. 전형적인 선형모형의 예는 단위도이다. 수문학적 과정을 모형화하는 비선형식의 예는 비선형유출모형, 운동량방정식의 흐름추적, 지역빈도해석에 사용되는 비선형회귀기법이다. 선형저수지의 직렬모형(cascade)은 수문학적 모형화에서 선형모형을 사용한 예이다. 모형이 개념적이므로 매개변수는 예측에 사용되기 전에 강우-유출 자료를 이용하는 검정과정에 의해서 결정된다. 매개변수는 상수이므로 검정에 사용된 자료가 아닌 다른 영역에 적용은 보장되지 않는다.

모형의 편미분방정식은 여러 항의 계수가 상수 또는 변수인가에 따라 선형 또는 비선형이 된다. 선형모형은 상수 매개변수를 갖고 비선형모형은 매개변수가 변수이다. 단순성이 중요한 경우에는 상수 매개변수의 사용이 정당화될 수 있다. 예로 상수 매개변수의 Muskingum추적방법이다. 범위가 큰 유량의 모의에서 세부사항을 나타내기 위해서는 매개변수가 변수인 변수매개변수 Muskingum-Cunge 추적모형이 합리적인 선택이 된다.

16.2.3 시변성모형과 시불변성모형

시불변성모형(時不變性模型; time invariant model)에서 모형의 매개변수는 시간에 대하여 변하지 않는 상수이다. 그러나 **시변성모형**(時變性模型; time variant model)에서 모형매개변수는 시간에 따라 변한다. 전형적인 예가 선형저수지의 개념적 모형이다. 시불변성모형은 $S=KO$이고 시변성모형은 $S=K(t)\,O$이다. 이 경우 저수지저류상수 $K(t)$는 시간의 함수이다. 실제로 대부분의 적용은 시불변성에 국한된다.

16.2.4 집체모형과 분포모형

집체모형(集體模型; lumped model)은 유역 내에서 모형의 매개변수의 공간적인 변화를 고려하지 않는 모형을 지칭한다. 따라서 유역응답은 개개 소유역의 응답을 고려함 없이 전 유역의 유출구에서 결정된다. 즉 전 유역을 몇 개의 매개변수로 대표한다. 좋은 예가 동질유역으로부터 상이한 호우에 대한 지표유출을 구하는 단위도의 이용이다.

분포모형(分布模型; distributed model)은 모형 매개변수가 유역 내에서 공간적으로 변하는 모형을 지칭한다. 이는 유역을 소유역으로 분할하여 전 유역의 응답뿐 아니라 개개 소유역의 응답의 계산도 가능하게 한다. 분포모형으로 모의할 수 있는 보다 세부적인 사항은 계산과정에서 집체모형에서보다 상세한 내용을 제공한다. 이는 공간적으로 변하는 강우량과 수문학적 손실과 같은 특별한 현상의 모형화를 허용한다. 그러나 분포모형의 결과가 쓸모 있기 위해서는 사용가능한 자료의 질과 양이 세부사항의 높은 수준과 동등해야 한다.

집체모형은 대규모의 분포유역모형의 성분으로 사용될 수 있다. 대표적인 적용은 집체모형(단위도)이 개개 소유역의 수문곡선 유도에 사용된다. 결과적으로 이들 수문곡선이 조합되고 수로망과 저수지를 통하여 추적된다. 매개변수는 소유역에 따라 변하고 수문곡선은 수로계통의 원하는 지점에서 계산될 수 있으므로 수로계통의 모형은 근본적으로 분포구조를 갖는다.

16.2.5 연속모형과 이산모형

수학적으로 연속함수는 계산영역 내의 어느 점에서나 도함수를 갖는 함수이나 이산함수는 이 성질을 갖지 않는다. 예로 수문곡선은 연속함수이고 우량주상도는 이산함수이다. 모형화에서 **연속모형**(連續模型; continuous model)은 어느 점에서나 해를 얻을 수 있는 모형을 지칭하나 **이산모형**(離散模型; discrete model)에서는 정해진 점에서만 해를 얻을 수 있다. 연속모형과 이산모형의 대표적인 차이는 저수지 이론에 의하여 제공된다. 저류량의 미분방정식 $I-O=dS/dt$는 상미분방정식이므로 연속해를 이론적인 수단에 의하여 얻을 수 있다. 그러나 같은 식을 $x-t$ 평면(그림 14.11)에 이산화하여 수치과정을 이용한 저류지시(storage indication)방법 (13.6절)에 의하여 풀 수 있다. 일반적으로 이론적인 방법으로 기술될 수 있는 함수는 연속모형에 연결되고, 임의의 형태를 갖는 함수는 이산모형에 의하여 보다 쉽게 처리된다.

16.2.6 해석적 모형과 수치모형

해석적 모형(解析的模型; analytical model)과 **수치모형**(數値模型; numerical model)의 차이점은 연속모형과 이산모형의 차이점과 매우 유사하다. 연속함수와 모형은 해석적 수단에 의하여 해가 주어지고, 이산함수와 모형은 수치과정을 이용하여 해가 주어진다. 해석적 해는 섭동이론, Laplace변환과 같은 고전수학을 이용한다. 반면 수치해는 유한차분, 유한요소, 유한체적, 특성곡선을 이용한다. 일반적으로 해석적 해는 초기조건과 경계조건이 식으로 표시될 수 있는 매우 간단화될 수 있는 문제에 대하여 가능하다. 수치모형은 초기, 경계조건이 식의 형태로 나타내기 어려운 실제문제에 적합하다.

16.2.7 사상 및 연속과정모형

유역모형은 사상모형이거나 연속과정모형이다. **사상모형**(事象模型; event model)은 단기간 개개 강우-유출사상을 모의하기 위한 모형으로 직접유출을 계산하기 위함이다. 사상모형의 주요 사항은 침투와 지표유출이다. 사상모형은 특히 직접유출이 총유출의 주요 성분이 되는 경우 홍수량을 계산하는 데도 적용된다. 사상모형은 호우사상 간의 수분회복에 관한 장치를 갖지 않는다. 따라서 건천후 유출의 모의에는 적합하지 않다.

사상모형과 달리 **연속과정모형**(連續過程模型; continuous process model)은 지표유출, 중간 및 지하수유출을 포함한 모든 유출성분을 고려하고 매 강우기간의 수분회복률에 원인이 되는 증발산과 다른 장기수문손실을 집중적으로 다룬다. 연속과정모형의 목적은 장기간 유역의 전반적인 물수지를 고려하기 위함이다. 이 모형은 장기간 유출체적 예보와 물 생산 추정을 위한 일, 월, 계절 하천유량의 모의에 적합하다.

수문현상의 모형은 사용목적과 수문순환과정에 따라 (1) 강우-유출 사상모형, (2) 연속흐름 모의모형, (3) 홍수수리모형, (4) 도시유출모형 및 (5) 수질모형으로 구분할 수 있으며 이에 따라 기존 모형들을 정리한 결과가 표 16.1과 같다.

표 16.1 수문모의모형

코드명	모형명칭	개발자(기관)	개발 연도	특징
		RAINFALL-RUNOFF EVENT SIMULATION MODELS		
HM	Mathematical Model of Simulating the Hydrologic Response for a Watershed	Huggins & Monke	1968	Holtan eq., UH by kinematic wave
MIT	A distributed Linear Representation of Surface Runoff	Maddaus & Eagleson	1969	UH by linear channel and reservoir
SWMM	Storm Water Management Model	Metcalf & Eddy, Inc., US EPA	1971	Holtan eq., UH, Routing by hydraulic method, runoff and water quality
USGS	Rainfall-Runoff Simulation Model for Estimation of Flood Peaks for Small Drainage Areas	Dawdy, et al.	1972	Philip eq., Clark UH, Channel routing-translation
HYMO	Problem Oriented Computer Language for Hydrologic Modeling	Williams & Hann	1973	NRCS runoff curve, UH-Nash model, Channel-variable storage coef. method, Reservoir-Puls method
TR-20	Computer Program for Project Formulation Hydrology	US National Resources Conservation Service	1973	NRCS curve, Channel-modified Attkin method, Reservoir-Puls method
HEC-1	HEC-1 Flood Hydrograph Package	HEC	1973	NRCS curve, Variable loss rate, Clark, Snyder, Kinematic wave, Muskingum & Puls
HEC-HMS	Hydrologic modeling System	HEC	1998	Variety of options in input and runs, quasi-distributed runoff process with gridded rainfall data
FHSM	Flood Hydrograph Simulation Model	Foroud & Broughton	1981	Holtan eq., Time area curve, Linear reservoir
RORB	Runoff Routing Program	Laurenson & Mein	1983	Constant and variable loss rate, UH and Channel-nonlinear storage routing
DRM3	Distributed Routing Rainfall-Runoff Model	Alley & Smith, USGS	1982	Overland and channel flow by kinematic wave
TOPMODEL	Topography based hydrological model	Kirkby & Beven	1979	Semi-distributed model, variability of hydrological response by topography index
		CONTINUOUS STREAM FLOW SIMULATION MODELS		
BM	A Mathematical Model for Relating Runoff to Rainfall with Daily Data	Boughton	1966	No routing
API	Continuous Hydrograph Synthesis with API type Hydrologic Model	Sittner	1969	No routing
SWM-Ⅳ	Stanford Watershed Model-Ⅳ	Crawford & Linsley	1966	Infiltration model, Routing
KWM	Kentucky Watershed Model	James, Univ. of Kentucky	1970	Revision of Stanford Model

코드명	모형명칭	개발자(기관)	개발연도	특징
OPSET	Self-Optimizing Hydrologic Simulation Model	Liou, Univ. of Kentucky	1972	Revision of Stanford Model, Parameter optimizing
OSUM	Ohio State University Version of SWM -Ⅳ	Ricca, Ohio State Univ.	1972	Applicable to small watershed with $t_c < 15$min.
NWSRFS	National Weather Service River Forecast System	US NWS Hydrologic Research Laboratory	1972	Revised version of Stanford Model for riverflow forecast
TWM	Texas Watershed Model	Clabonn & Moore, Univ. of Texas	1970	Univ. of Texas version of Stanford model, Holtan eq, Small watershed
SSARR	Streamflow Synthesis and Reservoir Regulation model	US Army, Corps of Engineers, North Pacific	1958	Depletion curve watershed model, Linear reservoir routing
SWRRB	Simulator for Water Resources in Rural Basins	Arnold, et al., US Dept. of Agriculture	1990	NRCS curve number, Rational method, Sediment yield-USLE
TANK	TANK Model	Sugawara	1967	System of linear/nonlinear reservoirs
CEQUEAU	CEQUEAU Model	Charbonneau	1977	No reservoir routing
SRBM	Conceptual Hydrological Model for an Average-sized Catchment	Bultot & Dupriez	1976	
UBCWM	Watershed and Flow Model	Quick & Pipes, Univ. of British Columbia	1977	Flow forecasting, long term
SHE	European Hydrologic System Model	Abbottl, et al.	1986	Simulation of major hydrologic processes
MC	Modeling the Hydrologic Cycle	Deschenes, et al.	1985	
HYSIM	Simulation of Flows in Ungaged Basins	Manly	1978	
USDAHL	U.S. Dept. of Agriculture, Hydrograph Laboratory Model	Holtan, et al., U. S. Agricultural Res. Service	1975	Holtan eq., Darcy eq.
Institute of Hydrology Model	River Flow Forecasting through Conceptual Models	Nash & Sutchliffe, Institute of Hydrology	1970	
SACRAMENTO	A Generalized Streamflow Simulation System	Burnash, et al.	1973	Sacramento Soil-moisture Accounting Model
HSP	Hydrocomp Simulation Program	Hydrocomp., Inc.	1969	Water quality, quantity and sediment erosion, Hydraulic reservoir routing, Kinematic channel routing
SWAT	Soil and Water Assessment Tool	US ARS, Arnold	1993	Impact of land management on water, sediment and agricultural chemical, Hydrologic Response unit
URBAN RUNOFF SIMULATION MODELS				
RRL	Brithsh Road Research Laboratory Model	Wakins	1962	Time-area method, Muskingum routing

코드명	모형명칭	개발자(기관)	개발 연도	특징
MITCAT	Linear Distributed Model of Catchment Runoff	Eagleson, et al., MIT	1970	Overland floow by kinematic wave, Channel flow by St. Vennant eq.
SWMM	Storm Water Management Model	Metcalf & Eddy, Inc., US EPA	1971	Holtan eq., UH, Routing by hydraulic method, Runoff and water quality
HSP	Hydrocomp simulation Program	Hydrocomp., Inc.	1969	Water quality, quantity and sediment erosion, Hydraulic reservoir routing, Kinematic channel routing
UCURM	University of Cincinnati Urban Runoff Model	Papadakis & preul, Univ. of Cincinnati	1972	Holtan eq., Overland flow model
ILLUDAS	Illinois Urban Drainage Simulator	Terstriep & Stall	1974	Time-area method, Routing
STORM	Storage Treatment Overflow and Runoff Model	HEC	1975	Quantity and quality of urban stowater runoff, NRCS method
DRMS	Distributed Routing Rainfall-Runoff Model	Alley and Smith, USGS	1982	Overland and channel flow by kinematic wave
USGS	Rainfall-Runoff Simulation Model for Estimation of Flood Peaks for Small Drainage Areas	Dawdy, et al.	1972	Philip eq., Clark UH, Channel routing-translation
PENN.ST	Penn. State Urban Runoff Model	Aron & Laktos, Pennsylvania State Univ.	1976	Revision of SWM-Ⅳ
ILSD		Yen, Univ. of Illinois	1976	Design of storm sewer system
		FLOOD HYDRAULICS MODELS		
HEC-2	HEC-2 Water Surface Profiles	HEC	1976	1-D steady varied flow
HEC-RAS	River Analysis System	HEC	1995	Unsteady flow, sediment transport, GUI, data storage &management, graphics and reporting
WSPRO	A Model for Water Surface Profile Computation	USGS		1-D steady varied flow, Analysis of multiple bridge crossing
FLDWAV	NWS National Weather Flood Wave Model	Fread, US NWS	1988	1-D unsteady varied flow, variable Δt and Δx
DHM	Diffusion Hydrodynamic Model	Hromadka and Yen, USGS	1987	Diffusion model for 2-D unsteady varied flow
DWOPER	Dynamic Wave Operetional Model	Fread, US NWS	1978	Unsteady flow 2-D unsteady varied flow
FESWMS	Finite Element Surface Water Modeling System	USGS		
DAMBRK	A Dam-break Flood Forecasting Model	Fread, US NWS	1977	Computation and routing dambreach outflow hydrograph
TABS	2-D Hydrodynamic Finite Element Model	US Army corps of Engineers		2-D Hydrodynamic model FEM, Flow and pollutants

코드명	모형명칭	개발자(기관)	개발 연도	특징
		WATER QUALITY MODELS		
SWMM	Storm Water Management Model	Metcalf & Eddy, Inc., US EPA	1971	Holtan eq., UH, Kinematic routing
HSPF	Hydrologic Simulation Program-Fortran	Johanson, et al., US EPA	1980	Water quality and sediment
QUAL-2E	Stream Water Quality Model	Roesoner, Brown	1973	1-D steady state
WASP4	Water Quality Simulation Program	Ambrose, et al.	1987	1-D unsteady flow, Computational segments, pollutants, and sediments
AGNPS	Agricultural Non-Point Source Pollution Model	Young, et al., US Agricultural Res. Service	1987	Sediment and chemical transport
MIKE11	Microcomputer-Based Modeling System -Rivers and Channels	Danish Hydraulic Institute	1990	Nonlinear 1-D unsteady flow, General purpose model for runoff, flow, sediment and water quality
STORM	Storage Treatment Overflow and Runoff Model	HEC	1975	Quantity and quality of urban stormwater runoff, SCS method
MITCAT	Linear Distributed Model of Catchment Runoff	Eagleson, et al., MIT	1970	Overland flow by kinematic wave, Channel flow by Saint. Venant eq.
RUNQUAL	Storm Runoff Quality Model	Roesner, et al.	1977	Quality and quality of storm water

16.3 단일사상 강우-유출모형

단일사상 강우-유출모형(單一事象降雨-流出模型; single event rainfall-runoff models)의 계산은 상류에서 하류로 수행되며 전반적인 모형화 과정은 다음과 같다.

1. 소유역의 평균강수량 산정
2. 시간별 손실량에 대한 초과강수량의 결정
3. 초과강수량을 직접유출수문곡선으로의 변환
4. 기저유출의 결정과 직접유출수문곡선에 가산
5. 하도추적과 저수지추적
6. 수문곡선의 조합

16.3.1 HEC-1 Flood Hydrologic Package

HEC-1은 미 육군공병단의 Hydrologic Engineering Center(HEC)에 의하여 개발된 강우-유출 해석을 위한 단일사상 컴퓨터모형이다. 이 프로그램은 한 유역의 하나 또는 그 이상의 지점에서 강우기록 또는 가상강우사상에 대한 유출수문곡선을 계산한다. HEC-1의 선택적인 기능은 다음과 같다. (1) 관측자료로부터 단위도, 손실률 및 하도흐름추적 매개변수 결정의 최적화, (2) 기록 또는 설계강우량으로부터 유역유출과 하도흐름의 모의, (3) 여러 지점과 다양한 홍수조절계획에 대한 피해빈도곡선과 예상 연 피해액의 산정 및 (4) 댐 안전해석을 위한 저수지 방류의 모의.

모형성분

1. **소유역 유출성분**(그림 16.1에서 소유역 10, 20, 30 등)은 지면과 수로에서의 흐름을 나타내는 데 사용된다. 이들 성분의 입력은 유효강우주상도이다. 소유역출구에서 유출되는 수문곡선은 단위도의 회선 또는 운동파추적으로 구해진다. 회선에 의한 수문곡선은 유출구에서 집합체(集合體; lumped)로 주어지나 운동파추적에 의하여 계산되는 지표유출은 수로를 따라 측방유입량으로 분포된다.
2. **하도추적성분**(그림 16.1b에서 1020)은 하천에서 홍수파의 이동을 나타내는 데 사용된다. 이 성분의 입력은 소유역의 유출, 수로추적 또는 전환(diversion)되는 개개 또는 이들의 조합에 의한 상류수문곡선이 된다. 그림 16.1에서 HEC-1의 계산계통은 다음과 같다. 소유역 10의 유출이 계산되고 수로구간 1020을 통하여 제어지점(制御地点; control point) 20까지 추적된다. (1) 단위도기법을 사용하는 경우 소유역 20의 유출이 계산되어 구간 1020의 출력수문곡선과 제어지점 20에서 조합된다. (2) 소유역 20의 유출이 구간 1020의 상류에 위치한다면 소유역 10과 20의 유출이 조합된 후 수로구간 1020을 통하여 추적된다. (3) 운동파 추적기법을 사용하면 소유역 20의 유출은 구간 1020에 따라 균일하게 분포되는 측방유입으로 모형화된다. 소유역 10의 유출은 구간 1020의 측방유입량과 조합되어 제어지점 20까지 추적된다.

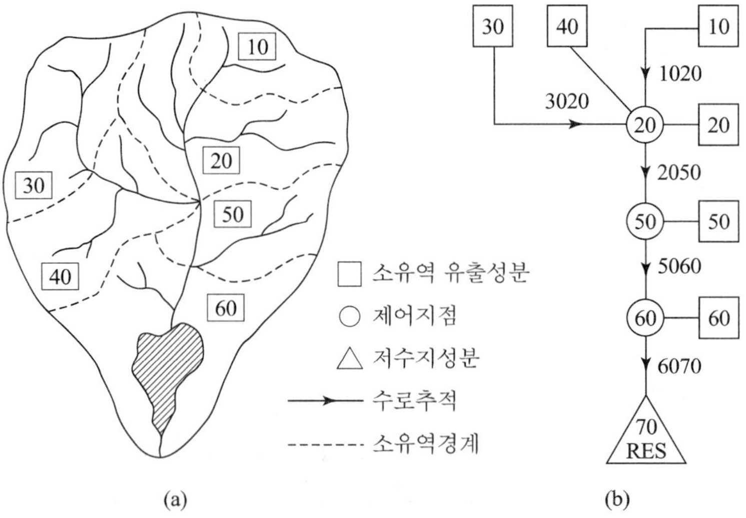

그림 16.1 HEC-1의 유역분할과 유역개괄도

모의는 수로망줄기의 최상류 소유역에서 시작되어 제어지점에 이르기까지 하류로 이동한다. 이 제어지점에서 하류로 진행하기 전에 모든 상류흐름이 계산되어 이 제어지점까지 추적된다. 이 제어지점에서 모든 흐름이 조합되고 조합된 흐름이 하류로 추적된다.

3. **저수지성분**은 저수지, 호수 및 조정지의 저류-유출 특성을 나타내는 데 사용된다. 저수지성분은 상류유입량의 수용과 수문학적 추적에 의한 저수지추적으로 구성된다.
4. **전환성분**(轉換成分; diversion component)은 수로전환, 흐름분기 또는 한 하천유역의 한 지점에서 다른 지점 또는 다른 유역으로 흐름의 전환을 나타내는 데 사용된다. 전환성분은 상류유입량을 받아서 사용자 배분율에 따라 유량을 할당하는 것이다.

강우-유출모의. HEC-1모형 성분은 하천유역에 발생하는 강우-유출과정을 모의한다. HEC-1에서 고려되는 과정은 (1) 강수량, (2) 차단과 침투, (3) 유효강우량의 유출로의 변환, (4) 기저유출, (5) 하도와 저수지에서 홍수수문곡선의 추적이다.

강우량. 강수량은 소유역에 공간적으로 균일하게 분포되는 것으로 가정되고 공간평균 우량주상도가 HEC-1의 입력으로 사용된다. 면적평균강수량 계산을 위하여 각 측점의 강수량과 가중인자가 입력된다. 우량주상도 유도에는 강우기록, 합성강우 및 강설량이 이용될 수 있다.

차단과 침투(손실). 차단, 지면저류 및 침투는 HEC-1에서 강수손실로 취급된다. 강수손실은 다음 다섯 방법 중 하나를 이용해서 계산된다. (1) 초기손실과 일정손실률, (2) HEC-1에 국한된 지수손실함수, (3) NRCS 유출곡선번호, (4) Holtan공식, (5) Green-Ampt방법.

유효강우량의 유출변환. 초과강수량은 단위도 또는 운동파기법을 이용하여 직접유출로 변환된다. 단위도기법의 경우 사용자가 단위도를 직접 제공하거나 Clark, Snyder 또는 NRCS무차원단위도를 이용한 합성단위도가 이용될 수 있다. 운동파기법은 지표류, 집수로(collector channel) 및 본수로에 의하여 소유역유출을 나타낸다.

기저유출. 기저유출은 다음 세 입력변수의 함수로 주어진다. (1) 하천의 초기유량, (2) 지수감수율, (3) 계산된 수문곡선의 감수부에서 지수적으로 감수의 시작을 나타내는 시동유량(threshold discharge).

홍수추적. 저수지와 하도구간을 통과하는 홍수파를 모의하기 위하여 사용된다. HEC-1에 사용되는 추적기법은 Muskingum, 운동파, Muskingum-Cunge 및 수정Puls방법 등이다.

매개변수검정. HEC-1의 매우 유용한 기능의 하나는 역사적인 홍수사상에 대한 유량과 강수량자료가 주어질 때 단일 유역에 대한 자동적인 매개변수 검정과정이다. 단위도와 손실률의 매개변수는 단일변수구배과정(univariate gradient procedure)에 의하여 최적화된다. 추적구간의 유입 및 유출수문곡선이 주어질 때 추적매개변수도 최적화된다. 이는 유입과 유출 사이의 추적구간에 유입되는 측방유입량의 시간분포를 필요로 한다. 추적매개변수에 대한 최적치는 측방유입량의 시간분포에 매우 민감하다.

가상호우발생. 빈도에 근거한 가상호우를 발생시키며 이는 미 육군공병단의 Standard Project Storm을 포함한다.

댐 안전 응용. 저수지추적과정은 댐 붕괴와 댐을 월류하는 유량계산을 포함한다. 붕괴에 의한 유량은 댐월류, 여수로 및 방류관을 통하는 유량에 가산된다. 이들 합산된 유량은 하류로 추적되고 하류홍수위는 수문학적 추적방법으로 계산된다.

다목적, 다중홍수 해석. 이 선택은 장래 토지이용과 사업조건의 대안을 검토하는 데 유용하다. 모형의 매개변수에 대해서는 다양한 대안의 값들이 제시된다. 상이한 조건에 대한 유출응답을 평가하는 데에 수문곡선 또는 우량주상도의 비가 이용될 수 있다. 예를 들면 도시수문학적인 응용에서 모형의 단일 실행에서 세 조건이 모의될 수 있다. (1) 기존 유역의 유출, (2) 개발된 유역의 유출, (3) 조정지를 갖는 개발된 유역의 유출.

홍수피해 해석. 각 유역의 유출구에서 기존의 조건에 대하여 첨두홍수와 재현기간의 관계를 나타내는 곡선이 작성된다. 다양한 계획하에 토지이용이나 사업제안에 대한 대안이 모의되고 이들이 홍수빈도곡선에 미치는 영향이 조사된다. 홍수빈도곡선과 피해액-홍수량곡선을 조합하여 예상 연 홍수피해가 각 대안에 대하여 계산될 수 있다.

16.3.2 HEC-HMS

Hydrologic Engineering Center's Hydrologic Modeling System(HEC-HMS)은 수지형 유역체계의 강수-유출과정을 모의하기 위한 모형으로 HEC-1의 window개정판이다. 개정판의 목적은 사용자 interface, 그래픽 및 결과제시방안(reporting)의 개선(표와 그래픽), 수문계산의 개선 및 관련 수문학적 처리계산방안의 통합이다. HEC-HMS는 대하천 유역급수와 작은 도시 또는 자연 유역유출에 대한 홍수수문학을 포함한다. HEC-HMS는 단위도와 수문학적 추적과 저수지추적의 선택사양과 더불어 격자형 강상우자료(레이더)에 대한 선형 준분포형 강우-유출해석(modClark), 1층(layer) 또는 보다 복잡한 5층 토양수분모형을 이용하는 장기유출모의, 다양한 매개변수추정 선택사양을 포함한다.

HEC-HMS에 의한 수문곡선은 물공급 가능성, 도시배수, 흐름예보, 장래 도시화의 영향, 댐 여수로 설계, 홍수피해 저감방안, 홍수터 규제, 습지수문학, 수계운영 등 다양한 용도에 사용된다. HEC-HMS의 최근판은 basin model, meteorological model, control specifications 및 input data의 성분을 포함한다.

Basin model: 물리적인 유역을 나타내는 basin model은 기상모형으로부터의 입력에 대한 강수-유출응답을 계산한다. 유역의 물리적인 과정을 기술하는 데에는 소유역(subbasin), 하도구간(reach), 합류(junction), 수원(source), 함몰(sink), 저수지(reservoir) 및 전환(diversion)의 요소를 포함한다.

소유역의 유출계산에서

- 손실계산방법에는 deficit and constant, exponential, Green and Ampt, gridded DC, gridded curve no. gridded SMA, initial and constant rate

- 유역추적방법에는 Clark's UH, kinematic wave, modClark, NRCS UH, Snyder UH, user specified UH
- 기저유출해석에는 bounded recession, linear reservoir, nonlinear Boussinesq
- 하도추적에는 kinematic wave, lag, modified Puls, Muskingum, Muskingum-Cunge
- 수로손실에는 constant, percolation

Meteorological model: 이는 점강우량과 격자형태의 강우량을 이용하여 소유역에 필요한 강우 입력을 계산한다. 유역평균강우량 또는 격자세포강우량의 계산에 사용되는 방법에는 frequency storm, gage weights gridded precipitation, inverse distance, NRCS storm, specified hyetograph, Standard Project Storm

Control specifications: 이는 모의수행의 시간 단계와 수행시간을 정의한다. 내용은 시작과 끝나는 날짜와 시간, 계산시간 단계이다.

Input data: 강우기록과 같은 시계열자료, 저류량-유량함수와 같은 쌍을 이루는 자료 및 격자화한 자료는 유역과 기상모형에서 매개변수나 경계조건설정에 필요하다.

Graphic User Interface(GUI): GUI는 다음과 같은 기능을 갖는다.

- 수문요소(예로 소유역, 추적구간 등)를 나타내는 icon의 선택에 의한 유역망의 도식적 표현
- 수문요소와 관련된 자료의 편집과 요소의 모의결과의 예시
- 모든 적용 가능한 요소에 주어진 형태의 값(예로 Green-Ampt 매개변수의 값)의 입력과 예시의 통합편집(global editor) 기능
- 수문요소들을 이용한 자료 입력 및 수정, 모의 결과의 출력 등

16.3.3 TR-20 U.S. Natural Resources Conservation Service Model

TR-20는 미국 토양보전에 의하여 개발된 설계호우를 강우입력으로 하는 단일사상 강우-유출 컴퓨터모형이다. 이 프로그램은 유출수문곡선을 계산하여 하도구간과 저수지를 통하여 추적하고 유역흐름계통의 제어지점에서 수문곡선들을 조합한다. 유출수문곡선은 NRCS곡선번호와 NRCS무차원단위도를 이용해서 계산된다. 유역은 유사한 수문학적 특성과 제어지점의 위치를 고려하여 소유역으로 분할된다. 제어지점은 지류의 합류점, 구조물, 저수지, 전환점 또는 수위표지점이 된다.

각 소유역의 지표유출 계산을 위한 강우입력으로는 기록강우나 합성강우가 사용된다. 초과강수량은 NRCS곡선번호에 의하여 산정된다. 합성강우가 사용되는 경우 초과우량주상도는 NRCS강우분포에 준한다. 이 강우량이 NRCS무차원단위도에 적용되어 소유역의 유출수문곡선을 발생시킨다. 기저유출은 상수로 취급되고 하도추적에는 선형추적과정(수정Attkin방법)이 사용된다. 저수지추적에는 수정Puls방법이 사용된다. 200개 하도구간과 99개 저수지가 포함될 수 있다.

TR-20은 토지이용과 토양도를 이용해서 NRCS곡선번호를 구한다. 이 방법은 적용이 간단할 뿐 아니라 방법이 표준화되어서 상이한 적용자에 의한 결과가 거의 같게 되는 이점을 갖는다.

TR-20은 미국 NRCS 관계자들에 의하여 도시·농경지 유역계획, 홍수보험, 홍수위험조사, 저수지와 수로사업 계획에 널리 이용된다. TR-20에 필요한 입력은 다음과 같다.

1. 소유역의 유역특성: 면적, NRCS곡선번호, 선행토양함수조건, 도달시간, 하도구간길이
2. 수문곡선자료: NRCS무차원단위도 또는 주어진 단위도, 기저유출
3. 강우자료: 누가강우깊이 또는 총 강우량과 지속기간이 주어진 무차원 강우분포
4. 구조물 자료: 저수지, 구조물
5. 하도 횡단자료: 추적하도구간의 횡단면자료

16.3.4 DRM3 – USGS Rainfall–Runoff Model

Distributed Routing Rainfall–Runoff Model(DRM3)은 강우로부터 유출의 상세한 모의를 제공하기 위하여 미국 지질조사국(USGS)에 의하여 개발되었다. DRM3에서 유역은 지표류, 수로, 저수지로 구성된다. 지표류와 수로흐름의 추적에는 운동파기법이 이용된다. 모형은 운동파기법이 잘 맞는 도시유역의 유출모의를 위하여 개발되었으나 비도시지역에도 성공적으로 적용된 바 있다.

입력자료: 단기간의 강수자료, 유량자료, 일 강수량과 증발량, 소유역 면적, 조도계수, 수리학적 자료

16.3.5 TOPMODEL

TOPMODEL(TOPography based hydrological MODEL)은 지형에 기반을 둔 강우–유출분포모형(Kirkby와 Beven, 1979)으로 수치지형모형(digital terrain model, DTM)과 지리정보시스템(geographic information system, GIS)에 연계하여 발전되어 왔다. TOPMODEL은 유역의 응답, 홍수빈도예측, 지표와 대기의 상호작용을 해석하고 지반 화학적 특성을 예측하는 데 사용된다. 총유출은 지표유출과 포화대(saturated–soil zone)흐름으로 구성된다. 유역은 소유역으로 분할될 수 있고 증발에는 Penman–Monteith방법이 사용되고 지표유출은 변하는 포화지역에 근거하여 계산되고, 지표하유출은 포화대 수분함량의 지수함수로, 수로추적과 침투는 Beven과 Kirkby방법으로 계산된다. 전 유역에 평균강우량과 증발산능에 대하여 단일 또는 다수 유역의 유출계산이 가능하다.

TOPMODEL은 지형에 근거한 유역의 습윤상태를 나타내는 지형지수(topographic index)를 사용하여 유역의 상이한 지역에 대한 수문학적 응답의 변화를 해석한다. 이는 지형지수가 같은 지역은 동일한 수문학적 거동을 갖는 것으로 가정된다.

$$\text{topographic index} = \ln(a/\tan b) \tag{16.1}$$

여기서 a는 유역 내 주어진 위치를 통과하는 등고선의 단위길이에 대한 배수면적, $\tan b$는 같은 위치에서 지면의 경사로 동수경사를 나타낸다. 지형지수는 유출발생에 영향을 주는 지하수

위치까지 깊이 계산에 사용된다. 넓은 상류지역이나 아주 평평한 지역의 지형지수는 높은 값을 갖는다. 지형지수가 높은 지역은 강우기간 동안 포화될 가능성이 높아 하천에 지표유출을 기여하는 지역이다. 지형지수는 축척에 좌우되므로 매개변수와 이에 따른 결과는 격자크기 또는 DEM에 따라 다르게 되고 민감하다. 따라서 격자는 50 m보다 크지 않는 것이 권장된다.

국지적인 동수경사선은 지면경사와 같다고 가정되므로 지형지수가 같은 모든 지점은 수문학적으로 동일하게 반응한다. TOPMODEL은 비강우시에는 수일 동안 1일 시간단위로, 강우시에는 1시간 단위로 실행된다. 토양층은 저류구역으로 정의된다. 뿌리대저류(root zone storage, SRZ)에서 강우는 대보수량(field capacity)에 이를 때까지 침투된다. 뿌리대저류의 함수량이 대보수량을 초과하면 중력배수저류(gravity drainage store, SUZ)가 채워지기 시작하여 포화될 때까지 계속된다. 중력배수저류는 비포화대와 포화대를 선형함수로 연결한다.

16.4 연속흐름모의모형

연속흐름모의모형(連續흐름模擬模型; continuous stream flow simulation model)은 유역에 내리는 모든 강수와 유역을 통하여 출구에 이르기까지 물의 이동을 연속적으로 고려하는 모형이다. 무강우기간의 주요 사항은 토양수분감소, 증발산 및 지표하흐름을 수반한 유역에 저장된 수분의 감소이다. 이러한 모형은 간단한 **선행강수지수**(先行降水指數; antecedent precipitation index, API)와 탱크모형에서 HSPF와 SHE와 같은 복잡한 분포모형에 이른다.

물리적인 현상에 근거한 분포모형은 유역을 통하여 물이동을 지배하는 주요 수문학적 과정을 설명하고 주요 과정은 다음과 같다. (1) 천개차단(天蓋遮斷), (2) 증발산, (3) 중간유출, (4) 지표류, (5) 수로흐름, (6) 비포화 지표하흐름, (7) 지하수.

16.4.1 SWAT model

SWAT(Soil and Water Assessment Tool)은 미 농무부 농업연구소(agricultural research service, ARS)의 Arnold 등(1993, 1998)에 의하여 개발된 하천유역 강우-유출 분포모형이다. SWAT은 대규모의 복잡한 유역에서 토양과 토지이용 및 토지관리상태에 따른 물, 유사 및 화학물질의 거동을 장기간에 걸쳐 예측하는 모형이다. SWAT은 물리적인 근거에서 개발되어 용이하게 입수 가능한 자료를 입력으로 사용하고 계산이 효율적이다. SWAT은 연속모형으로 장기 영향의 모의가 가능하고 장기유출모의 또한 가능하나 세부적인 단일 사상의 홍수추적은 포함하지 않는다. 모형의 내용은 유역수문현상, 유사 및 수질모형; 살충제 소멸과 이송모의; 수로침식모의; 세부적인 농업토지식재, 경운, 관개, 비옥화, 방목 및 수확과정을 포함하는 농지관리를 포함한다.

SWAT에서는 유역이 소유역으로 분할되고 각 소유역은 수로를 통해서 연결된다. 각 소유역은 수문응답단위(hydrologic response unit, HRU)로 소유역의 토양과 식생유형(토지피복)의 조합을 나타내며 수문학인 동질성으로 고려된다. SWAT은 HRU 수준에서 수문사상, 식생성장 및 관리를 모의한다. 각 HRU로부터 물, 영양물, 유사 및 다른 오염물은 소유역에서 종합되어 수로망을 통하여 유역출구까지 추적된다. SWAT은 일 단위로 모의되고 수로와 저수지의 흐름은 완전 혼합의 1차원이다. 증발산능 추정에는 Hargreaves, Priestley−Taylor, Penman−Monteith가, 지표유출에는 NRCS곡선번호, Green−Ampt방법이, 수로추적에는 variable storage routing method, Muskingum method가, 침식에는 수정범용토양손실공식(MUSLE)이 사용된다.

− 사용자 지침서: http://www.brc.tamus.edu/swat/swatdoc.html

SWAT−K는 21세기 프론티어 연구사업인 수자원의 지속적 확보기술개발 사업의 세부연구과제로 SWAT을 수정 보완한 프로그램으로 개발되었다.

16.4.2 SWRRB − Simulator for Water Resources in Rural Basins

SWRRB는 미 농무부에 의하여 개발된 농지유역의 수문과정을 모의하기 위한 프로그램으로 미계측유역에서 유역관리과정이 유출과 유사산출량에 주는 여러가지 형태의 영향을 예측하기 위함이다. 모형에 포함된 주요 과정은 지표유출, 증발산, 손실, 저수지 증발, 침전, 작물성장, 농약유출 등이다.

이 모형에서는 유역이 10개의 소유역으로 분할될 수 있고 각 소유역은 상이한 강우입력을 가지며 면적이 큰 유역을 다룰 수 있어서 유역면적에는 제한이 없다. 토양단면도(soil profile)는 10개 층까지 분할될 수 있다. 또한 이 모형은 검정에 필요한 자료가 없는 유역에 적용 가능하도록 되어 있으며 다년간의 일 유량이 모의될 수 있다.

SWRRB는 수문, 기후 및 유사산출량의 세 주요 성분으로 구성된다.

수문성분. 수문성분모형은 물수지에 근거하고 토양수분함량의 변화는 강우량, 유출, 증발산, 침투 및 환원수로부터 계산된다. 유역은 상이한 작물, 토양 및 기타 인자에 따라 증발산이 다르게 되는 것과 같이 수문특성의 차이를 반영하기 위하여 소유역으로 분할된다. 각 소유역의 유출은 개별적으로 계산된다. 지표유출은 일 강우량으로부터 NRCS곡선번호를 이용하여 계산되고 첨두유량은 합리식을 수정하여 산정된다.

기후성분. SWRRB는 강수량, 공기온도, 태양복사를 이용하여 모형의 입력이 되는 기후적인 성분을 유도한다. 강수량 자료로는 일 강수량이나 1차 Markov chain과정으로 모의된 강수량이 사용된다.

유사산출 성분. 각 소유역의 유사 산출량은 지표유출체적, 첨두유량, 토양침식인자, 작물관리인자, 침식관리조절인자, 경사면길이와 경사도인자 등을 이용하는 수정범용토양손실식(modified universal soil loss equation, MUSLE)을 이용하여 계산된다. 이와 같이 계산된 유사는 저수지와 수로를 통하여 추적된다.

입력자료

1. 모의연수, 소유역 수, 출력지침

2. 유역자료, 우량계 보정인자, 기저유출매개변수, 초기토양함수량
3. 소유역 중심좌표
4. 월 기온, 태양복사열, 강우량, 일 기온
5. NRCS곡선번호, 토양반사계수, 적설상태, 지표와 수로자료
6. 수로추적과 저수지자료
7. 토양침식자료: 토양과 작물자료

16.4.3 SHE－European Hydrologic System Model

SHE는 Danish Hydraulic Institute, U.K. Institute of Hydrology, SOGREAH(프랑스)가 공동으로 개발한 분포-매개변수 유역모형이다. 이 모형은 유역을 통하여 물의 이동을 지배하는 주요 수문과정(융설, 차단, 증발산, 지표류, 수로흐름, 통기대와 포화대의 흐름)을 고려한다.

SHE는 광범위한 수문과정에 적용 가능하고 관개, 토지이용 변화의 결정, 수자원개발연구, 지하수 오염, 침식과 유사이송, 홍수예측과 같은 다양한 수문문제에 적용될 수 있다. SHE는 많은 양의 계산 때문에 PC 적용에는 제약을 받고 주로 대형컴퓨터에서 실행된다.

16.4.4 SWM－IV Stanford Watershed Model

SWM-Ⅳ는 1960년대에 Stanford 대학에서 개발되었으며 유역출구에서 시간 또는 일 하천유량의 연속수문곡선을 합성하는 연속과정, 개념적, 집합매개변수모형이다. SWM-Ⅳ의 주요 성분은 그림 16.2와 같다.

유역은 소유역으로 분할되고 소유역은 토양, 식생, 지형, 강수량 등 유출에 영향을 주는 인자에 관하여 동질이라고 가정된다. 각 소유역은 소유역의 특성을 나타내는 매개변수의 집단으로 나타낸다. 각 소유역은 독립적으로 모의되고 각 소유역의 결과는 유역의 출력으로 조합된다. 통상 소유역의 수는 우량계의 수와 같게 한다.

강수량은 3개의 **토양수분저류**(土壤水分貯留; soil moisture storage)인 **상부역저류**(上部域貯留; upper zone storage, UZS), **하부역저류**(下部域貯留; lower zone storage, LZS) 및 **지하수저류**(地下水貯留; groundwater storage)에 저류된다. 상부역저류는 손실(증발, 증발산 및 침투)과 소규모 강우의 유출을, 하부역저류는 실제 토양의 수분저류로서 손실과 주요 호우 동안의 유출을 지배한다.

차단손실은 보통 0～5 mm의 **차단저류용량**(遮斷貯留容量; interception storage capacity)에 의하여 모의된다. 모든 강우는 차단저류가 충족될 때까지 차단저류가 진행되는 것으로 가정된다. 차단저류는 영으로 감소될 때까지 증발에 의하여 고갈된다. 유역의 불투수지면은 강우의 시간별 증분의 일정 백분율을 유출로 변환함에 의하여 모의된다. 이 백분율은 수로에 직접 연결된 불투수지면의 유역에 대한 백분율이다. 하천, 호수 등의 수면도 불투수면으로 처리된다. 침투능은 소유역에 따라 변하고 선형으로 가정되는 누가침투량으로 정의된다(그림 16.3의 A선). 그림

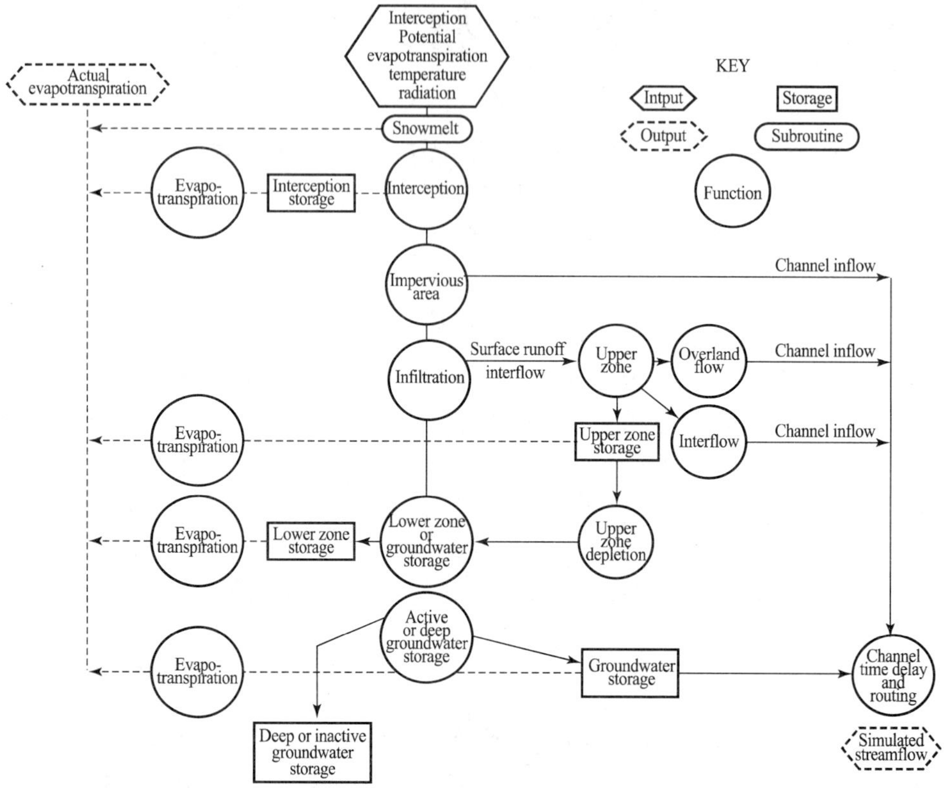

그림 16.2 SWM-IV의 개괄도

16.3에서 침투능선(A)은 b값에 따라 변하고 b는 토양함수비 LZS/LZSN의 값으로 결정된다. LZS는 실제 토양함수저류용량을, LZSN(lower zone soil moisture storage)은 공칭 토양함수저류용량을 나타낸다. 하부역에 대한 순 침투량은 그림 16.3에서 사선부분으로 토양함수비(LZS/LZSN)와 공급률×(강수량−차단)의 함수이다.

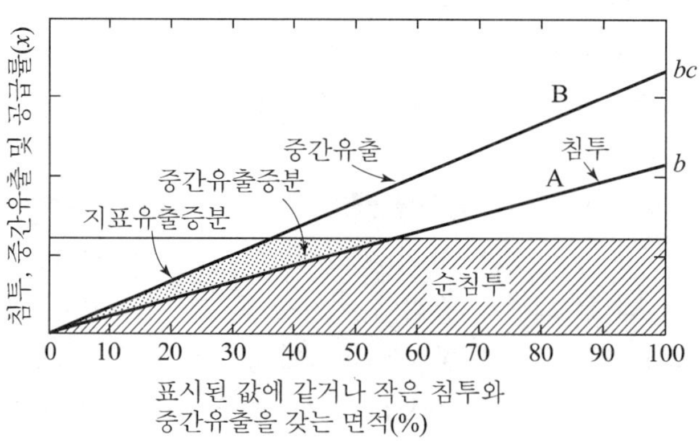

그림 16.3 침투능과 중간유출곡선

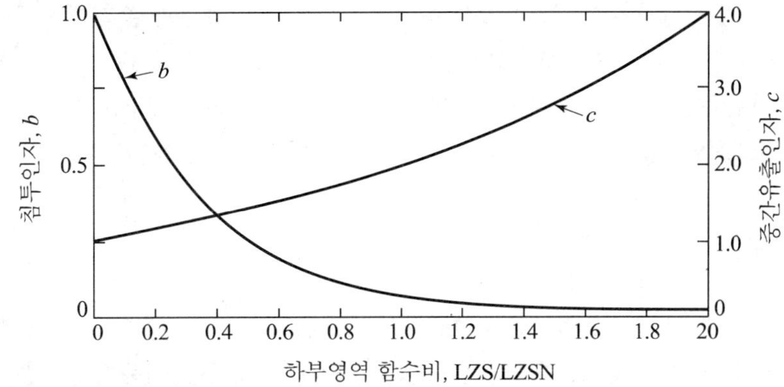

그림 16.4 토양함수비에 대한 b, c값

중간유출(中間流出; intetflow)은 그림 16.3의 B선으로 정의되고 B선은 초과강우량의 삼각형을 지표유출과 중간유출로 구분한다. B선의 위치는 bc로 결정되고 c는 그림 16.4에서 LZS/LZSN의 함수로 주어진다. 중간유출의 저류로부터 하천에 유입은 중간유출 감수상수(8.3 참조)에 따라 결정된다.

지표유출의 일부분은 요부저류와 상층토양저류를 모의하는 상부역저류가 되고 잔류부분은 지표류가 된다. 상부역저류에 진입하는 지표유출부분인 ΔUZS는 UZS/UZSN의 함수이다(그림 16.5). UZSN(upper zone nominal soil moisture storage)은 상부역저류의 공칭용량이다.

UZS/UZSN의 값이 LZS/LZSN보다 크게 되면, 즉 상부역저류가 고갈되면 상부역저류의 일부는 하부역저류로 이동한다. 이와 같이 이동하는 수량과 순 침투량은 LZS/LZSN(그림 16.6)에 따라 하부역 토양수분저류와 지하수저류로 분리된다. LZS/LZSN $<$ 1이면 보다 많은 수량이 토양수분으로 이동되고, 1보다 크게 되면 보다 많은 수량이 지하수로 이동한다. 유출은 수로와 지표류로 분리되어 모의된다. 단위도는 시간-면적곡선에 근거한다. 물수지 계산을 통하여 계산된 유출은 유역의 수로를 통하여 추적되어 유출수문곡선을 계산한다.

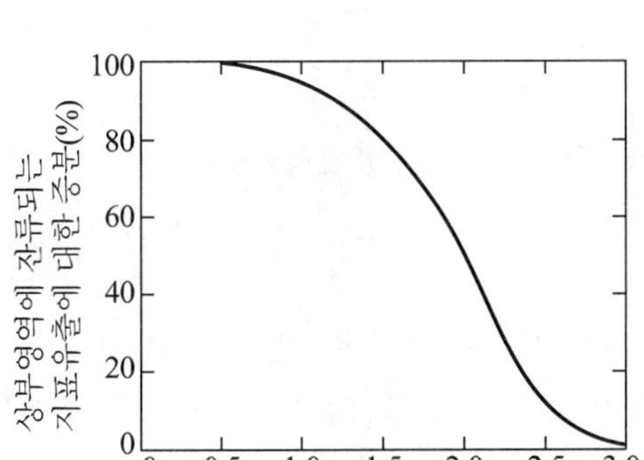

그림 16.5 상부역저류에 잔존하는 초과강우부분

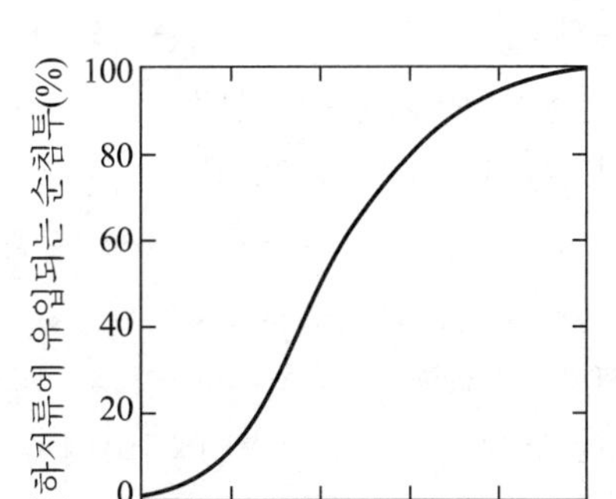

그림 16.6 침투량의 하부역 토양수분저류와 지하수저류의 구분

필요한 입력은 시간강수량, 일 증발산 등 유역의 물리적 특성과 수리학적 성질이다. 검정에 필요한 유역의 강우, 유량기록은 3~6년간의 자료를 필요로 한다. SWM-Ⅳ는 연속수문곡선, 유출계수 산정, 첨두홍수에 대한 도시화의 영향, 홍수첨두의 산정 등에 사용되어 왔으며 HSPF, HSP, KWM, OPSET, NWSRFS, OSUSWM, TWM과 같은 수많은 유역모형의 기본이 되어왔다.

16.5 홍수수리모형

이들 모형은 개수로의 수면곡선을 계산하고 교량, 암거 및 홍수파의 흐름계산도 포함한다. HEC-2와 WSPRO와 같은 정류모형은 종래의 축차배수해석을 이용한다. 이 부류의 프로그램은 흐름을 1차원 점변정류(漸變定流)로 가정한다. DWOPER와 DAMBRK의 조합모형인 FLDWAV는 부정류모형으로 1차원 Saint Venant식에 근거한다.

16.5.1 HEC-RAS

Hydrologic Engineering Center's River Analysis System(HEC-RAS)은 미 육군공병단의 Hydrologic Engineering Center에서 자연하천과 인공수로의 1차원 점변정류의 수면곡선을 계산하기 위하여 개발되었다. 프로그램은 교량, 암거, 위어 및 다른 형태 구조물을 통과하는 흐름을 해석한다. 제방의 월류나 전환구조물을 통한 흐름으로 인하여 하천으로부터 흐름의 손실이 발생하는 경우에도 수면곡선의 계산이 가능하다. 횡단면 수정은 Channel Improvement Option을 이용하여 횡단면에 대한 가감을 통하여 가능하다. 잠식계산 선택사항은 홍수보험프로그램에 대한 홍수터잠식 해석에 널리 이용된다. 잠식표고와 위치가 규정되는 경우, 홍수터잠식에 의한 수면상승을 규정하는 등 여러 방법에 의하여 잠식계산을 수행한다.

HEC-2는 1차원 점변정류에 대한 수면곡선을 **표준축차방법**(標準逐次方法; standard step method)으로 계산한다. 상류(常流) 계산의 경우 입력자료는 하류에서 상류로, 사류(射流)의 경우에는 상류에서 하류의 순서로 제공된다. HEC-2는 주어진 실행에서 14개까지의 수면곡선을 계산 가능하고, 각 경우 유량이 변화되거나 횡단면이 변화될 수 있다. 지류, 측방유입량, 또는 전환의 영향을 반영할 수 있도록 각 횡단면에서 유량을 변화시킬 수 있다.

시작횡단면에서 수위, 즉 기점수위는 다음 4개 중 하나로 제공된다. (1) 주어진 수위, (2) 한계수심, (3) 수위-유량곡선, (4) 프로그램에 의한 계산 또는 에너지경사선의 경사가 주어질 경우 경사-면적법 등이다.

에너지식에서 에너지 손실량은 마찰손실과 수로의 확대나 수축에 의한 단면 간의 와(渦)손실로부터 계산된다. 마찰손실은 마닝공식을 이용하여 계산되고 와손실은 횡단면 간의 속도수두의 변화에 수두손실계수를 곱하여 계산된다. HEC-2는 상류와 사류에 대한 수면곡선을 계산하되 상류, 사류 혼합형태의 수면곡선을 동시에 계산하지 않는다. 수면곡선이 한계수심을 지나게 되면 다음 횡단면에 관한 계산에 사용되는 수면은 한계수심이 된다.

교량수리: 교량에 의한 수두손실은 교량구조물 상하류의 수축과 확대에 의한 손실, 구조물에서의 손실로 구성된다. 구조물 자체손실은 Special Bridge Method와 Normal Bridge Method에 의한다. 전자는 교각손실에 대한 공식, **교량개구부**(橋梁開口部; bridge opening)가 물에 잠기면 압력흐름, 교량과 **교량접속도로**(橋梁接續道路; roadway embankment)가 월류되면 위어흐름에 대한 공식을 이용한다. 후자는 수축, 확장에 의한 손실과 마찰손실의 합으로 계산된다.

암거흐름: 모형의 암거는 단일, 다중사각형 또는 원형암거이다. **입구지배**(入口支配; inlet control) 암거흐름 계산은 미국 연방도로청(美國聯邦道路廳; Federal Highway Administration, FHWA) 노모그라프를 사용하고, **출구지배**(出口支配; outlet control) 계산에서는 수리공식을 사용한다. 접속도로월류는 위어흐름으로 처리된다. 다중암거가 사용되는 경우 모든 암거는 크기가 동일해야 한다.

입력자료: 프로그램은 batch mode에서 작동하도록 설계되어 자료철은 편집프로그램에 의하여 마련된다. 입력자료는 유량, 손실자료, 횡단면자료, 조도계수, 확대・수축 손실계수이다. 횡단면자료는 단면번호, 구간길이, 기하자료이다.

프로그램 출력: 출력은 입력을 통해서 조절 가능하다. 교량 또는 암거의 계산, 하도개수 또는 잠식계산에 관한 요약표와 같은 여러 형태의 출력이 요구될 수 있다. 도시프로그램 PLOT2는 종단도, 횡단면, 수위-유량곡선, 다른 계산결과의 도시를 가능하게 한다. 이는 또한 graphic printer나 plotter에 전송된다.

2008년 배부된 HEC-RAS 4.0는 sedimentation analysis such as sediment transport/movable bed modeling, sediment impact analysis methods and stable channel design tools를 내용으로 하는 유사이송모형을 포함한다.

HEC-GeoRAS-RAS프로그램은 하천수리 계산, 유사이송모형화, 하천수질 해석에 이용된다. HEC-GeoRAS는 HEC-RAS를 비롯하여 홍수범람, depth grid 및 다른 용도에 따른 terrain data를 발생하는 geo-spatial based processor이다.

16.5.2 WSPRO-A Model for Water Surface Profile Computations

WSPRO는 수로의 모양과 크기가 단면에 따라 변하는 자연하천의 1차원 점변정류의 수면곡선을 계산하는 프로그램으로 미국 연방도로청(FHWA)을 위하여 미국 지질조사국(USGS)에 의하여 개발되었다. 이 프로그램은 교량과 암거의 흐름, 하천을 횡단하는 **다중개구**(多重開口; multiple opening)의 흐름 및 제방월류 해석을 포함한다. 종래의 축차배수해석법이 이용되고 흐름은 1차원 점변정류로 가정된다. 상류(常流)와 사류의 수면곡선이 다 같이 해석 가능하다. 상류에 대하여 하류에서 상류로 제공된 입력자료가 사류의 계산에서 다시 정리될 필요는 없다. 주어진 실행에서 20개까지의 수면곡선 계산이 가능하고 각 수면곡선 계산에는 일반적으로 상이한 유량이 사용된다. 유량은 각 단면마다 변화될 수 있다. 계산이 시작되는 단면에서 수위(기점수위)는 사용자에 의하여 제공되거나 프로그램에 의하여 계산 가능하다. 경사가 주어지면 프로그램은 **경사통수능방법**(傾斜通水能方法; slope-conveyance method)을 이용하여 등류에 해당하는 수면곡선을 계산한다. 만약 수위나 경사가 주어지지 않으면 초기수심이 한계수심으로 가정된다. WSPRO의 특징의 하나는 횡단면 각 부분과 수심에 대한 조도계수의 동시변화를 가능하게 한다. 마찰손실은 횡단면 간의 흐름구간거리에 대하여 계산한다. 흐름의 확대와 수축에 의한 에너지손실계수는 입력으로 제공된다.

교량흐름: 교량흐름은 자유수면흐름 또는 압력흐름으로 취급된다. 수면이 교량의 상부구조의 아랫면을 접촉하지 않으면 상류접근단면, 교량지점, 교량길이만큼 교량하류에 위치한 출구단면의 3단면에 대한 에너지식의 해를 이용하여 자유수면곡선이 계산된다. 자유수면이 교량상부구조의 아랫면에 접촉하면 압력흐름이 존재하고 이는 오리피스흐름으로 해석된다.

암거흐름: WSPRO의 암거흐름 계산은 미 연방도로청의 설계과정에 준한다. 취급되는 암거형은 콘크리트, 주름관의 단일 또는 2개 이상 연속되는 사각형, 원형 및 아치형이다.

접속도로 월류: 접속도로 월류는 월류부분을 광정위어로 취급하여 계산된다.

다중교량개구(多重橋梁開口; multiple bridge opening): WSPRO프로그램은 하천횡단구조물이 두 개 이상의 교량이나 암거일 경우 하천횡단 해석 능력을 갖는 유일한 프로그램이다. 이 경우 유량은 개개의 개구에 분배되고 개구별로 수면곡선이 계산된다. 유량배분은 개구부의 흐름단면적과 통수능에 근거한다. 공통상류단면에서 각 개구부의 수면이 일치할 때까지 반복 계산이 수행된다.

잠식해석: 수로잠식 해석에는 두 가지 선택이 가능하다. 하나는 고정된 법선에 준하는 잠식에 관한 해석이고, 두 번째 방법은 목표한 수면상승을 얻기 위하여 통수능을 감소시키는 잠식해석이다. 후자의 경우 통수능 감축은 수로의 양안에 위치한다. WSPRO프로그램은 도로설계, 홍수터 지도화, 홍수보험 및 수위-유량곡선 작성에 널리 이용된다.

필요입력: 프로그램에 의하여 사용되는 입력형태는 (1) 작업정보, (2) profile control data는 유량, 초기수면곡선 또는 에너지경사, 상류 또는 사류수면에 관한 정보, (3) Cross section data는 단면의 형태(교량, 암거, 수제), 단면기하자료, 조도, 흐름구간의 정보이다. (4) data display commands는 단면성질, 유속 또는 통수능 분포에 관한 표를 작성하고 도시하는 데 사용된다.

프로그램 출력: 출력은 인쇄되거나 PC화면을 통해서 볼 수 있다. 세 가지 형태로 주어진다. (1) 횡단면의 도시, (2) 횡단면의 성질에 관한 정보, (3) 사용자 구도에 따른 계산량의 도표화, 즉 사용자가 도시되는 결과의 출력에 포함 여부는 결정 가능하다.

16.5.3 FLDWAV-NWS National Weather Flood Wave Model

FLDWAV는 개수로의 1차원 부정류모의모형의 범용프로그램이다. 이는 미국 기상청(U. S. National Weather Service, NWS)의 D. Fread에 의하여 개발되었으며 DAMBRK, DWOPER, NETWORK모형의 기능을 종합, 대치한 프로그램이다. FLDWAV프로그램은 PC, 소형, 대형컴퓨터에 사용 가능하고 다양한 그 기능은 다음과 같다. 실시간 홍수예보를 포함한 배수영향이 고려된 수지형 수계(樹支型水系)의 부정류, 댐 파괴 해석과 범람도 작성, 제방, 수로의 조정지(유수지) 등과 같은 수로구조물의 설계, 홍수터지도 작성, 수문조절되는 관개계통의 해석, 우수관거계통 해석, 수력발전에 의한 부정류 해석, 월류나 piping현상에 의한 댐 붕괴, 동일 하천에 하나 이상의 댐의 붕괴에 관한 해석을 모의한다. 이 프로그램은 개수로 부정류에 대한 완전한 식인 Saint Venant식에 근거한다. 여러가지 형태의 외부와 내부경계조건이 프로그램에 포함된다.

FLDWAV는 Saint Venant식을 확장하여 다음과 같은 수리현상을 포함한다.

1. 측방류
2. 흐름단면의 불균일 유속분포
3. 확대, 축소손실
4. 수로외저류량
5. 사행본수로와 홍수터 사이의 흐름경로의 차이를 나타내는 과정
6. 수면바람전단응력
7. 토석류(土石流; mud and debris flow)에서 일어나는 내부 점성소산 영향

FLDWAV의 특별기능은 다음을 포함한다.

1. 상류와 사류가 혼합된 흐름의 해석
2. 제방월류 계산
3. 본수로흐름과 홍수터흐름의 상호작용
4. 마닝조도계수의 검정
5. 자유수면흐름과 압력흐름의 조합조건의 해석
6. 계산과정에서 시간과 공간의 증분의 자동선정

내부경계: Saint Venant식은 연속된 수면형을 갖는 점변류에 적용된다. 따라서 댐, 교량, 짧은 급경사수로 또는 위어 등에 의하여 수면형의 단절이 본수로나 지류에 따라 발생하면 **내부경계조건**(內部境界條件; inner boundary condition)이 필요하다. 교량을 통과하는 흐름에 대해서는 유량계수를 사용하고 접속도로 상의 흐름에는 광정위어를 적용한다.

외부경계: 해석 대상이 되는 흐름구간의 상, 하류단에서는 **외부경계조건**(外部境界條件; outer boundary condition)이 명시되어야 한다. 상류경계조건은 유량수문곡선 또는 수위수문곡선이다. 하류경계조건은 유량 또는 수위수문곡선, 또는 수위–유량곡선이 된다. 유량 또는 수면곡선의 항으로 표시되는 초기조건은 초기유량의 정류해로 주어지거나 $t=0$ 에서의 부정류조건이 직접 입력된다. 만약 하천이 본수로와 지류로 구성되면 이를 설명하는 일련의 식은 반복법에 의하여 풀게 되고, 이 경우 합류점에서 지류에 대한 흐름은 Saint Venant식에서 측방유입 또는 유출량으로 취해진다. 하천이 섬으로 인하여 분기되거나 수지형이면 망(網; network)을 이용한 해법이 사용된다.

상류·사류 혼합흐름 해석알고리즘: 이 알고리즘이 이용되면 전 계산구간이 상류나 사류만이 일어나는 소구간으로 분할된다. 각 소구간 흐름의 상류, 사류 판별에는 후르드수가 사용된다. 흐름이 상류에서 사류로 변하는 천이단면은 외부경계조건으로 취급된다.

제방월류 계산: 하천의 제방을 월류하는 유량이 계산된다. Saint Venant식에서 월류는 측방류로 나타낸다. 제방은 유량계산에서 위어로 취급된다. 제방을 월류하는 유량은 제방 상의 수위에 따라 결정되므로 (1) 홍수터가 없는 경우, (2) 홍수터를 저류영역으로 취급하는 경우, (3) 홍수터를 지류로 취급하는 세 개의 선택을 갖는다.

수로와 홍수터흐름의 상호작용: 홍수터에 돌출수제가 있는 경우 홍수터흐름은 수제를 경계로 구분하여 해석한다. 돌출수제 상의 흐름에는 광정위어식이 적용된다.

마닝 조도계수 검정: 측정된 수위수문곡선이 주어진 경우 FLDWAV는 마닝조도계수 n값을 결정한다. 프로그램은 n값을 유량 또는 수위의 함수로 계산한다.

관련 프로그램: DAMBRK, DWOPER 및 NETWORK는 지금도 널리 배포, 이용되고 있다. DWOPER가 FLDWAV의 본래의 형태이고 NETWORK는 지류, 섬 및 운하망을 포함한 수로망을 다루기 위하여 수정된 프로그램이다. DAMBRK은 저수지 유출과 하류하도의 댐붕괴홍수를 추적하기 위하여 1차원 Saint Venant식을 이용한 부정류 동역학추적모형이다. BREACH는 댐월류나 Piping에 의하여 시작된 침식에 의한 흙댐 붕괴의 확정론적 모형이다. BREACH는 NETWORK에 사용되는 붕괴 매개변수와 유출량을 계산한다.

16.5.4 DHM – Diffusion Hydrodynamic Model

DHM프로그램은 2차원 홍수터흐름 해석을 위한 지형흐름(topographic flow)과 수로흐름을 연계모의하는 비선형 부정류모형이다. 여기서 지형흐름은 수로 주변의 지면흐름을 칭한다. 이는 대댐 붕괴로 인한 2차원 홍수터 연구용으로 개발되었으나 개수로흐름 해석과 수로와 지형 간의 흐름교환을 포함하도록 개정되었다. DHM은 PC와 대형컴퓨터용으로 되어 있다. DHM은 Saint Venant식에서 관성항이 비포함된 확산동수역학모형이다.

DHM의 처리기능은 다음과 같다.

1. 2차원 부정류 지형흐름모형
2. 개수로 부정류 모의
3. 개수로흐름과 지형흐름 간의 흐름교환 연계해석
4. 관성항을 제외한 Saint Venant식(확산모형)에 의한 배수와 저류영향의 모의
5. 운동파모형으로 변환가능

필요한 매개변수는 면적평균한 국부표고, 마닝조도계수, 유효면적비(격자 상의 면적과 물을 저장 가능한 면적과의 비) 및 초기수심이다. 개수로흐름모형은 지형모형을 통하여 상호 연결된 수로망의 1차원 부정류추적이다. 개수로의 월류와 배수에 의한 유입은 2차원 지형모형 내의 sink–source항으로 모형화되었다.

16.5.5 SMS－Surface Water Modeling System

SMS는 포괄적인 동수역학모형이다. 이는 1995년에 미 육군공병단 수로시험소(Waterways Experiment Station, WES)와 미 연방도로청과 연계하여 Brigham Young 대학 Engineering Computer Graphics Laboratory에 의하여 개발되었다. SMS는 하천, 하구와 같은 2차원 천수역에 대한 유한요소와 유한차분모형의 전・후처리기이다. WES에 의한 TABS-MD 또는 FHWA에 의한 FESWMS에 연계하여 사용할 수 있도록 설계되었다.

이들 동수역학모형은 정류와 부정류상태의 천수흐름의 유속과 수위를 계산하고 오염물과 유사이송을 모의한다. 경계조건에 따른 유한요소망이 SMS에 의하여 발생되어 격자파일을 형성하고 이를 이용하여 수위, 유속, 오염물농도, 유사농도가 계산되며 SMS는 이들을 이용하여 벡터도, 시간변화곡선 및 동역학 영상을 발생한다.

TABS-MD. 1973년 미국 캘리포니아 주 Davis에 있는 Resource Management Associates, Inc의 Norton 등에 의하여 개발되었다. TABS-MD는 수위와 유속을 계산하는 RMA2, 오염물이송을 계산하는 RMA4(RMA11까지 발표됨) 및 유사이송을 계산하는 SED2D로 구성된다.

전후처리기(pre & post processor): 전처리기는 동수역학모형 실행에 필요한 입력자료인 지형파일과 경계조건파일을 작성하고 ASC-Ⅱ 문서편집기로 작성된 자료를 불러들여 그래픽으로 처리함을 말한다. 후처리기는 모형실행에 의한 계산결과를 불러들여 유속벡터, 하상표고, 수위 및 등속선 등을 그림으로 나타낸다.

GFGEN(Geometry File Generation): 전처리기에서 작성된 ASC-Ⅱ 지형파일을 RMA2에서 사용가능한 파일로 변환하는 일종의 전처리기로 유한요소망을 발생하고 계산에 적합한 격점번호체계를 조성한다.

RMA 2: RMA2는 수심평균 2차원 흐름의 해석을 위한 프로그램이다. 하천, 항만 및 하구와 같은 수역의 유한요소망의 각 격점에서 수위와 유속이 계산되며 정류와 부정류가 다 같이 모의가능하다. 지배방정식은 연속방정식과 x, y 방향의 운동량방정식으로 구성된다.

RMA 4: RMA4는 TABS의 오염물이송모형이다. 이는 RMA2로부터 제공되는 동수역학 해를 이용하여 격자점의 유속을 정의하고 점원(点源)을 읽어 들여 이송-확산식을 풀어 오염물의 이송과 확산을 모의한다.

SED-2D: SED-2D는 미 육군공병단의 Waterways Experiment Station에 의하여 작성된 RMA2의 동수역학 해와 연계하여 유사이송과 하상표고의 변화를 계산한다.

16.5.6 FESWMS－Finite Element Surface Water Modeling System

FESWMS는 정류 또는 부정류 평면 2차원 수면곡선계산 프로그램으로(1989년) 미국 지질조사국(D. C. Froehlich)이 미국 연방도로청(U. S. FHWA)을 위하여 개발하였다. 이 모형은 복잡한 교량흐름의 해석이 가능하도록 특별히 개발되었다. 근본적으로 흐름이 그 성격에서 2차원인 경우는 수심이 작은 하천, 홍수터, 하구 및 해안 등이다.

바닥마찰과 난류응력의 영향이 고려되고 수면바람응력과 Coriolis힘도 고려가 가능하다. 교량과 암거의 흐름은 1차원 또는 2차원으로 취급된다. 이 모형은 접속도로와 섬과 같이 심하게 불규칙한 지형과 단면형태를 갖는 흐름의 모의도 가능하게 한다.

16.6 도시유출모의모형

16.6.1 ILLUDAS – Illinois Urban Drainage Area Simulator

시간–면적방법(11.4 참조)을 이용한 도시유출모형이 영국 Road Research Laboratory에서 개발되어 RRL방법으로 널리 알려져 왔다. RRL은 우수배제계통에 직접 연결되는 불투수지면만을 고려하고 유역의 나머지 부분, 즉 잔디, 홍수로, 공원, 지붕과 같이 우수배수계통에 직접 연결되지 않는 부분과 불투수 지면이라도 투수지역으로 배수되는 부분은 RRL에서 제외된다. 따라서 RRL에 의한 첨두와 유출체적의 산정치는 작게 될 가능성이 많다.

ILLUDAS(Illinois Urban Drainage Area Simulator)는 Illinois State Water Survey에 의하여 도시지역의 우수배수계통의 수문학적 설계와 유역의 수문학적 해석을 위하여 개발되었다. ILLUDAS는 미국 조건에 맞도록 RRL을 보완한 모형으로 우수배수계통에 직접 연결된 포장된 지면과 잔디 및 직접 연결되지 않은 불투수지면으로부터 유출을 계산한다(Terstriep, 1974). ILLUDAS모형의 출력은 추적된 완전한 유출수문곡선을 제공하므로 침투와 유출체적에 이용된다. 등류수심기법을 이용해서 흐름계산이 수행되므로 배수영향은 고려되지 않는다. ILLUDAS가 (1) 새로 개발되는 지역에 적용될 경우에는 관거의 크기를 결정하고, (2) 기존 하수관거망에 적용되는 경우에는 관거용량의 적정성을 평가하여 부족하면 추가용량을 제시한다.

유역은 소유역으로 분할되고 각 소유역의 포장지역과 잔디 및 기타 지역의 수문곡선을 각각 계산하여 조합하고 다음 조합되는 지점까지 추적한다. ILLUDAS는 조정지용량을 결정하는 프로그램을 포함하므로 조정지(또는 유수지)용량 결정에 사용될 수 있다. 그러나 이는 유수지의 모든 과정을 통해서 방류량이 일정한 양으로 가정되는 점에서 최종결정 수단보다도 계획단계의 용량결정 수단으로만 고려되어야 한다. 조정지 설계는 다음 두 방법에서 수행된다.

(1) 사용가능 저류용량이 주어지는 경우: 방류관의 크기, 펌프의 용량이 결정된다.

(2) 방류량의 규모가 주어지는 경우: 방류량에 맞도록 조정지용량을 계산한다.

기존 하수관망을 해석해서 기존 조정지용량의 적정평가와 추가용량의 필요성을 결정한다. 유량이 방류관의 용량을 초과하면 ILLUDAS는 소요저류용량을 계산해서 이용 가능한 용량과 비교한다. 모든 흐름은 등류수심을 이용해서 결정되고 방류관의 초과량이 고려되지 않으므로 조정지용량이 과소하게 산정하는 경향이 있다.

ILLUDAS를 개정한 ILUDRAIN은 유역특성(경사, 포장, 잔디면적의 분포)을 포함한다.

필요한 입력

1. 프로그램 실행의 목적명시(설계 또는 해석(배수계통용량평가))
2. 유역인자: 포장과 잔디지역의 손실, 최소암거크기, 조도계수 n
3. 강우자료: 관측강우자료 또는 강우분포, 지속기간, 재현기간, 선행토양함수조건
4. 구간자료: 지류수로의 형태, 단면크기, 가능한 저류용량
5. 소유역자료: 포장, 잔디 및 유출에 기여하는 소구역 면적, 경사, 통과길이, 수문학적 토양군

16.6.2 SWMM－Storm Water Management Model

SWMM은 도시유출과 합류관거계통에 관련된 유출의 양과 수질과정을 모의하여 유량, 수위 및 오염물 농도를 예측하기 위하여 미국 환경청(US EPA)에 의하여 개발된 단일사상모형이다. 1971년 개발 이후 수차 개정되었으며 3회 이후 개정된 모형은 단일사상과 연속사상모의도 가능하여 도시우수유출의 연속모의도 가능하다. SWMM은 여러 개의 부분 프로그램인 Block으로 구성된다. 초기유출 계산은 판상류운동파 원리에 근거한다.

Runoff Block: 이는 강우로부터 발생된 유역유출의 양과 질을 모의하고 유량과 오염물을 문제지점까지 추적하여 수문곡선과 시간–농도곡선(時間–濃度曲線; pollutograph)을 제공한다. Runoff Block의 출력은 다른 Block의 입력이 된다. 침투된 물은 지표하수로 추적된다. 초기유출 계산은 판상류운동파에 근거한다.

Transport Block: 이는 운동파기법을 이용하여 주요 하수관거의 흐름과 오염물의 추적을 수행하고 조정지 시설의 모의를 포함한다. 추적 계산은 배수영향을 고려하지 않고 입력은 Runoff Block의 출력으로 구성된다.

Extended Transport(Extran) Block: Transport Block을 Extran Block으로 대치함으로써 배수영향을 고려하는 것이 가능하고 월류, 펌프장 및 조정지 시설의 모의도 제공한다. 수로흐름은 St. Venant식의 양해법에 의하여 추적된다. 이는 배수구역흐름의 수리해석을 위하여 독립적으로 사용된다.

Storage Treatment Block: 저류－추적과정을 이용한 저수지 형태의 추적이다. 하수관거계통의 하류단에 단일 처리장의 단순화된 모의가 포함될 수 있고 처리장은 단일 조정지의 포함이 가능하다.

Receiving Water Block: 강, 호수 및 하구와 같은 수용수역(受容水域; receiving water)의 수리현상과 오염물의 소멸을 모의한다. EXTRAN Block을 제외한 모든 Block에서 수질에 관한 모의가 가능하다. 조정지 계산은 다음 세 Block에서 가능하다.

Transport Block, Extended Transport Block, Storage/Treatment Block

Statistics Block: 연속수문곡선과 시간–농도곡선을 독립된 사상에 대하여 분리하고 통계량을 계산하여 빈도해석을 수행한다.

SWMM은 강우량, 융설, 지표유출, 유출에 기여하는 지표하유출, 흐름추적, 저류 및 흐름처리

를 포함한 도시수문과 수질과정의 광범위한 현상의 모의를 가능하게 한다. SWMM은 대상 지역의 지표면에서 발생되는 오염물의 합류식 하수관거 또는 우수배수방류구까지 이동을 다룬다. 수문부분에서 개발된 수문곡선은 모형의 수질부분에 입력이 되고, 이의 출력은 모의되는 오염물의 시간-농도곡선이 된다. 수문곡선과 시간-농도곡선은 Transport Block에 입력되어 건천후 흐름, 침투수와 합류되어 수량과 수질의 시간변화곡선을 제공한다. SWMM은 도시유출에 포함된 부유물, 질산, 인 및 그 외 오염물의 농도를 예측한다. 매 시간단계마다 유출률이 모형의 수문부분에서 계산된다. 유출에 의하여 이송되는 오염물의 양도 각 시간단계에서 계산되고 이는 유출의 양과 조합되어 시간-농도곡선을 발생한다. 시간-농도곡선의 신뢰할 수 있는 모의를 위해서는 검정용 자료가 필수적으로 고려된다. 검정을 거치지 않은 계산된 시간-농도곡선은 상대적인 비교만을 위한 결과를 제공하는 것으로 고려되어야 한다.

SWMM은 도시우수유출과 추적과정 대부분의 모의가 가능한 포괄적이고 강력한 도구이다. 그러나 이 모형은 복잡하고 사용자에 많은 요구사항이 따른다. 간단한 현상의 해석과 같이 한 지점에서의 조정지만의 검토에는 적합하지 않고 조정지를 포함한 완전한 우수계통의 해석에 알맞는 모형이다.

16.6.3 STORM- Storage, Treatment, Overflow and Runoff Model

STORM은 미 육군공병단 Hydrologic Engiering Center(1975)에 의하여 도시유출의 수량과 수질을 해석하기 위하여 개발되었다. 이 프로그램은 다년간의 연속시간 강우자료에 대한 강우-유출과정을 연속모의하고 개개 호우사상도 해석된다. 침투량은 가중유출계수나 NRCS방법에 의하여 산정되고 삼각형 무차원단위도가 사용된다. 하류의 저류나 처리과정도 모의될 수 있으나 수로추적은 포함되지 않는다. 이 모형은 도시나 농경지의 토지침식의 계산도 가능하다. 이 모형은 도시우수관리모형이고 우수관거 설계를 위한 모형은 아니다. 또한 도시유출과 지표면침식의 조절을 위한 저류와 처리에 관한 시설을 선정함에 적합한 도구이고 SWMM의 간단한 형이라 할 수 있다.

16.7 수질모형

이 모형들은 수량결정과 수질해석을 연결시키는 모형으로 오염물 부하량과 수리인자 간의 관계의 수립을 필요로 한다. 대부분의 경우 화학·생물학적 반응을 정의하는 관계는 경험식이다.

16.7.1 HSPF - Hydrologic Simulation Program-Fortran

HSPF는 유역의 수문과정과 수질을 모의하는, 즉 흐름수리학과 유사-화학물질 상호반응을 포함하는 토지와 토양오염물 유출과정의 종합적인 모의모형이다. 이는 유역의 특정 지점에서 수량 · 수질과 더불어 유출률, 유사량, 영양물과 농약농도의 시간에 대한 변화를 제공하고 유사, 단일 유기화학물질과 이의 변형물질 그리고 유사의 재부상과 침강의 모의를 포함한다. 모래의 재부상과 침전은 부유사량과 흐름의 이송능과의 차이에 따라 결정되고 모형의 검정은 각 토사에 관한 자료를 필요로 한다. 흐름과 바닥토사 간의 화학물질의 교환도 모의된다.

HSPF의 수량에 관한 부분은 Stanford Watershed Model(SWM-Ⅳ)로부터 개발된 Hydrocomp Simulation Model을 Fortran으로 옮긴 것이다. HSPF는 유역의 유출구에서 연속수문곡선을 계산하고 입력은 연속 강수량 기록과 증발량 자료이다. 이 모형은 많은 매개변수를 필요로 한다. 수문학적 매개변수만 해도 20개 이상을 필요로 한다. 따라서 검정자료 없이는 이 모형으로 계산된 유량을 검증하기가 어렵다.

HSPF는 3개의 application module과 5개의 utility module을 포함한다. 유역의 수문/수리와 수질성분의 모의를 수행하는 3개의 application module은 투수지역의 유출과 수질을 모의하는 PERLND, 불투수지역의 유출과 수질을 모의하는 IMPLND, 수로와 저수지에서 유출과 수질성분의 이송을 모의하는 RCHRES로 구성된다. utility module은 COPY(자료전송), PLTGEN(자료도시), DISPLY(표 작성과 요약), DURANL(지속기간 해석), GENER(시계열변형과 조합)을 포함한다.

16.7.2 QUAL2E – Stream Water Quality Model

QUAL2E는 Texas Water Development Board에서 Mash 등(1971)이 개발한 QUAL I을 미국 환경청에서 Roesner 등(1981)이 수질항목을 추가시켜 QUAL II로 발전시킨 1차원 정상하천수질모형이다.

QUAL2E는 지류를 갖는 수계에서 다수의 수질성분을 모의한다. 이 모형은 이송-확산질량 손실과 반응식의 차분해를 이용한다. 하천구간은 다수의 소구간으로 분할되고 각 소구간에 대하여 유량의 항으로 수문학적 수지(budget), 온도의 항으로 열수지, 농도의 항으로 물질수지의 식들이 작성된다. 물질수지에는 이송과 확산에 의한 수송과정이 포함된다. 소구간 질량의 수지(증가와 감소)는 수송과정, 폐기물의 유입과 배출, 내부과정(바닥물질원(benthnic source) 또는 생물학적 변형)에 의하여 일어난다.

이 프로그램은 수로흐름이 연속된 구간으로 구성되어 물이 한 구간에서 다음 구간으로 흐르고 수질과정은 상 · 하류 구간과 관계없이 각 구간에서 독립적으로 일어난다는 가정하에 수면곡선을 계산하여 시간에 따른 수질조건의 변화를 모의한다. 오염물질의 질량률(質量率; mass flow rate)은 유량과 수중 오염물질의 질량농도의 곱으로 주어진다. 시변성 계산은 주로 온도와 **조류생산**(藻類生産; algae-production)에 영향을 주는 기후변수로부터 수행된다.

QUAL2E는 영양물의 주기, 조류생산, benthic and carbonaceous demand, 대기재폭기, 그리고 이들의 용존산소수지에 대한 영향과 같은 주요 상호작용을 모의한다. 이 모형은 보존적 광물질, 대장균박테리아, 방사성 물질과 같은 비보존적 물질의 질량수지를 결정하고 chlorophyll a를 플랑크톤 조류산출량의 지시계로 사용한다. 질소주기는 유기질소, 암모니아질소, 아질산질소, 질산질소의 4구간으로 구분된다. 유사한 방법으로 인주기는 2구간으로 구분된다. 모형에서 용존산소의 주요 내부수요는 생화학적 산소요구량(BOD)이다. 용존산소 주요 공급원은 수면재폭기, 조류광합성 및 대기재폭기이다. QUAL2E에서 수계망은 월류구간, 하도구간, 합류점으로 구분된다. 각 구간에서는 26개에 이르는 물리, 화학 및 생물학적 매개변수가 정의된다. 모형의 검정은 매우 복잡하다. 취급되는 수질항목은 15개에 이른다.

16.7.3 WASP5 – Water Quality Simulation Program

WASP5는 지표수에서 오염물의 소멸과 수송을 모형화하는 모의프로그램으로 1, 2, 3차원 정류에 적용될 수 있다. WASP5모형은 동수역학모형인 DYNHYD5모형, 독성물질의 이송과 변환을 모의하는 수질모의모형인 TOXIC5모형 및 생태학적 수질모형인 EUTRO5모형으로 구성된다. DYNHYD5모형은 1차원 부정류에 대한 연속 및 운동량방정식으로 구성되며 TOXC5와 EUTRO5모형의 수행에 필요한 수리학적 입력자료(수위, 유속, 유량 등)를 제공한다.

WASP5는 전 수역을 연속된 계산구간(計算區間; computational segment)으로 나타내고 각 구간 내에서는 환경적인 성질과 화학적인 농도가 일정하다고 가정된다. 각 구간의 체적과 형태(지표수, 지표하수, surface benthic) 그리고 수리 관련 계수가 주어져야 한다. WASP5는 수송을 기술함에 있어서 수중에서 이송과 종 확산, 공극수에서 이송과 종 확산, 3종류 등급까지의 고형물질의 침강, 재부상 및 침전, 증발, 강수 등과 같은 메커니즘을 사용한다. 이송의 모의는 각 구간을 통하여 추적되는 흐름의 유입 또는 순환형태의 명시를 필요로 하고 유량은 시간에 따라 변할 수 있다. 종 확산은 모형구간의 횡단면적, 혼합거리, 종확산계수를 필요로 한다. 각 구간 간의 이송과 종 확산은 각 변수에 대하여 계산되고 surfical benthic segment와의 교환이 계산된다.

TOXIC5: 이는 3개까지의 화학물질과 특정 물질의 수송과 변환을 모의한다. 모형에서 취급되는 수송과정은 흡착, 이온화, 휘발을 포함하고, 변환과정은 미생물에 의한 생태분해(生態分解; biodegradation), 가수분해, 광합성 및 화학적 산화를 포함한다. 흡착과 이온화는 평형반응으로 처리된다. 모든 과정은 1차 상수 또는 2차 화학특정상수와 시간과 공간에서 변하는 환경특정 매개변수에 의하여 기술된다.

수역구간 간에 이송, 확산되는 유사는 보전성 물질로 취급된다. 유사는 바닥구간(benthic segment)에 침강 또는 바닥구간으로부터 침식되고 침식과 퇴적을 통하여 바닥구간 사이를 이동한다.

EUTRO5: 이는 수역과 유사바닥에서 8개까지의 상태변수의 수송과 변환을 모의한다. 8개 상태변수는 용존산소, 탄소질 BOD, 플랑크톤 탄소와 chlorophyll a, 암모니아, 질산염, 유기질소, 유기인 및 Orthophosphate이다. 모형은 이들 변수의 일부 또는 전부 그리고 이들 변수 간의 상호작용을 모의한다. 각 변수들은 사용자에 따라 흐름구간 내의 용존상태와 특정 과정에 포함시킬 수 있다. 유기성, 플랑크톤 및 무기성 고형물질의 침강과 재부상이 규정될 수 있다.

16.7.4 AGNPS-Agricultural Non-Point Source Pollution Model

AGNPS는 농경유역의 유출수질을 모의하는 모형으로 Minnesota Pollutional Control Agency와 U. S. NRCS의 협조하에 U. S. Agricultural Research Service(ARS)에 의하여 개발되었다. AGNPS는 면적이 아주 작은 유역에서 200 km^{2}에 이르는 유역에 적합하도록 설계된 간단하고 사용이 용이한 모형이다. AGNPS에 의한 유출수질의 평가는 유역의 오염가능성을 판단하고 유역관리의 대안에 근거하여 구제책을 강구하기 위함이다. 대안관리에 대한 자료를 입력하고 결과적인 유역응답을 평가해서 비교한다.

AGNPS는 사상모형으로 토지 지면조건을 나타내기 위하여 면적이 0.4~16 ha인 지리적 자료요소를 이용한다. 각 요소 내에서 유출특성과 유사, 영양물, 화학적 산소요구량(COD)의 수송과정이 모의된다. 흐름과 오염물은 수로계통을 통하여 유역출구까지 추적된다. 점원입력도 모의되어 비점원오염물과 조합된다.

모형의 기본성분은 수문학, 침식, 유사이송 및 화학물질수송이다. 수문성분에서는 유출체적이 NRCS곡선번호 과정으로 계산되고 첨두유량은 유역과 유출특성을 고려한 경험식에 의한다. 침식은 수정범용토양손실식에 의하여 계산된다. 화학물질 수송성분에서 질소, 인 및 COD의 수송은 전 유역을 통하여 계산되고 화학물질 수송계산은 용해성과 토사흡착성으로 구분된다.

필요입력: 모형의 입력은 유역자료(면적, 요소 수 및 강수량)과 요소매개변수에 관한 자료로 구성된다. 요소매개변수는 유역특성, 토양손실매개변수 및 화학물질 등의 22개의 자료로 구성된다.

16.7.5 MIKE11-Micro Computer Based Modeling System-Rivers and Channels

MIKE11은 유량, 수위, 유사, 용존 또는 부유물질의 이송의 모의를 위하여 Danish Hydraulic Institute에 의하여 개발되었다. 이 모형은 강우-유출 과정, 하천수리, 유사이송 및 수질모의를 위한 범용프로그램이다. MIKE11은 수로계통과 수로망의 설계, 관리, 조작에도 사용될 수 있으며 홍수조절계획, 저수지 조작, 하천구조물 설계, 관개계통수리, 하구에서 조석과 고조의 연구, 댐 파괴 모의, 수로계통의 설계에 적용된 바 있다.

MIKE11은 수 개의 독립된 Module로 구성되어 있어서 사용자가 필요에 따라 추가할 수 있다. 즉 기본 Module에 필요한 Module을 추가한다. Basic Module은 자료처리와 프로그램 수행을 관장하는 menu를 포함한다. 자료처리와 프로그램 수행은 하천횡단면자료 등을 포함한 Catchment data base, 강우량의 시계열과 수위, 유량자료의 data base, 강우-유출모의와 하천유량의 Computational Module, 입력출력자료의 도시를 관장하는 Module을 포함한다.

유역과 수로망 계통은 Rainfall Runoff Module에 의하여 모형화되고 River Flow Module은 하천흐름을 모의한다. River Flow Module은 완전한 비선형 1차원 부정류식(St. Venant식)을 사용하나 특정 부분에 적당하다고 판단되면 간단화된 수로추적식(운동파 또는 확산파식)이 이용되기도 한다. 또한 측방유량, 위어흐름, 제방월류 및 2차원 홍수터흐름을 포함한다. Sediment Transport Module은 침식과 퇴적을 고려한 유사수리를 통하여 흐름단면 변화를 계산하고 하상 형상에 의한 저항계수의 계산도 포함한다. Transport–Dispersion Module은 1차원 질량보존식에 의하여 용존 또는 부유물질의 수송과 종 확산을 모의한다. Water Quality Module은 다중합성 계통의 반응과정, 광범위한 생화학적 상호작용과정 및 간단한 BOD, DO 계산에서 영양물, macrophytes, 플랑크톤을 포함한 다중합성 모의를 내용으로 한다.

입력자료: 수문학적 매개변수, 하천횡단면, 홍수터지형, 유량과 수위기록, 관측강우시계열 또는 합성강우시계열.

16.8 모형의 검정과 검증

각 모형 성분의 기본요소는 변수와 매개변수이다. 변수는 유량, 수위, 흐름면적, 수심, 평균유속과 같은 물리량이고 매개변수는 변수의 거동을 지배하는 양들이다. 각 모형성분은 하나 또는 그 이상의 변수와 매개변수를 갖는다.

매개변수는 확정론적, 개념적 또는 경험적인 성격을 갖는다. 확정론적 모형매개변수는 계산이 시간과 공간영역에서 수행되는 분포모형 적용에서 물리적인 과정을 나타내는 법칙에 근거한다. 개념적 매개변수는 간단하고 실제적인 방법에서 물리적인 과정을 모의하는 개념적 모형의 일부분이다. 경험적인 매개변수는 측정자료로부터 직접 계산되거나 관련된 경험으로부터 간접적으로 구해진다. 수문모형이 확정론적, 개념적 또는 경험적인가는 성분과 매개변수의 대부분이 확정론적, 개념적 또는 경험적인가에 따라 구분된다.

16.8.1 검정과 검증

모형검정(模型檢定; model calibration)은 특정한 적용에 사용되는 매개변수의 값을 결정하는 반복적인 과정이다. 이는 예를 들면 관측된 유량에 가장 근접한 모의된 유량을 제공하는 모형매개변수를 결정하는 과정으로 구성된다. 주어진 물리적인 현상을 가장 적절하게 나타내는 매개변수를 찾아내는 과정인 **매개변수동정**(媒介變數同定; parameter identification)은 시산에 의한 수 계산으로 또는 수학적인 최적화 기법을 이용한 자동적인 기법으로 수립될 수 있다.

검정은 하천유량자료 같은 관측자료가 있을 경우에 가능하다. 모형의 자료와 상응하는 관측자료 간의 근접도를 조사하는 것이다. 일반적인 방법은 두 계열의 차이의 자승합이다.

$$\sigma^2 = \frac{1}{N}\Sigma(x_o - x_m)^2 \tag{16.2}$$

여기서 x_o와 x_m은 각각 관측계열과 모형출력이다. 이는 효율척도 E로 변환된다.

$$E=\left[\frac{1-\sigma^2}{\sigma_o^2}\right] \tag{16.3}$$

여기서 σ_o^2은 관측계열의 분산이다.

검정의 중요성은 모형의 유형에 따라 다르다. 예를 들면 확정론적 모형은 일반적으로 고도의 예측모형이므로 부분적으로 또는 전면적인 검정을 필요로 하지 않는다. 그러나 실제로는 확정론적 모형이 완전히 확정론적이 아니여서 어느 정도의 검정이 필요하다.

개념적 모형화에서는 매개변수가 물리적인 과정에 직접적인 관계를 갖지 않으므로 검정이 극히 중요하고 매개변수의 적정치를 결정하기 위해서는 검정이 요구된다. 검정은 경험적 모형의 매개변수의 결정에 중요한 역할을 한다. 시불변성모형과 시변성모형의 검증은 판이하게 다르다.

시불변성모형의 예측정확도를 평가하기 위한 검정과정을 (1) 검정과 (2) 검증의 2단계로 구분하는 것이 보통이다. 이러한 목적을 위해서는 강우–유출 자료와 같은 두 독립된 자료집합이 필요하다. 첫째 집합은 검정에 사용되고, 둘째 집합은 검정의 정확도의 척도로 **모형검증**(模型檢證; model verification)에 사용된다. 일단 모형이 검정되고 매개변수가 검증되면 예측을 위하여 모형이 사용될 수 있다. 시변성모형에서는 매개변수가 시간에 따라 변하므로 검정과 검증은 변수의 좁은 범위에서만 가능하다. 이러한 경우에는 변수의 범위를 저유량, 평균유량 및 고유량과 같이 유량의 범위를 수개로 구분하여 각 범위에 대하여 검정과 검증을 수행한다.

16.8.2 민감도해석

민감도해석(敏感度解析; sensitivity analysis)은 모형 매개변수의 변화에 따라 모형결과의 상대적인 변화의 척도를 검토하는 과정으로 정의된다. 민감도해석은 모형결과의 확실성 또는 불확실성의 수준에 대한 정보를 제공하는 점에서 모형화에 필요한 사항이다.

개념적 성분을 갖는 확정론적 모형의 경우 매개변수의 변화에 대한 모형민감도 문제는 특히 중요하다. 개념적 성분 때문에 검정은 좁은 변수범위 안에서만 유효하다. 따라서 매개변수를 추정하는 과정의 오차는 정량적인 방법에서 확인이 필요하다.

민감도는 보통 단일 매개변수의 영향을 고립시켜 해석된다. 어느 모형이 하나의 주어진 매개변수에 매우 민감하게 되면 이 매개변수의 작은 변화가 모형출력에서는 큰 변화를 유발한다. 따라서 이 매개변수의 적절한 결정에 모형화 노력을 집중하는 것이 필요하다. 다른 한편 민감도가 낮은 매개변수는 2차적인 역할로 취급된다. 수문모형화에서 민감도해석을 위한 매개변수의 선정은 문제의 규모에 따라 다르게 된다. 예를 들면 작은 유역에서 모형의 출력은 합리식의 유출계수와 같이 손실을 나타내는 매개변수에 매우 민감하다. 그러므로 유출계수는 최상의 방법에서 추정되는 것이 필수적이다. 낮은 빈도의 강우사상에 대해서는 높은 유출계수가 일반적으로 정당화된다.

중규모 유역모형화에서 모형의 민감도는 보통 강우의 시간적인 분포, 침투매개변수 및 단위도 모양에 의존하게 된다. 강우분포의 선정은 설계의 관점에서 결정적이다. 유역모형은 침투매개변수에 매우 민감하다. 예를 들면 높은 강우강도의 짧은 지속기간의 호우는 주로 높은 강우강도 때문에 높은 첨두유량을 유발한다. 그러나 낮은 강우강도의 긴 지속기간의 강우는 수문학적 손실이 최소로 감소하기 때문에 높은 첨두유량을 유발하기도 한다.

대유역 모형화에서 시간적인 분포와 침투매개변수가 뚜렷한 역할을 함에도 불구하고 모형의 민감도는 강우의 공간적인 분포에 집중하게 된다. 어느 경우에나 신중한 모형민감도의 평가는 모형화 결과의 신뢰도를 높이는 데 필요하다.

17 수문통계학

Applied Hydrology

수문학의 많은 수문과정은 무작위 속성 때문에 확률적인 입장에서 해석되고 설명된다. 예를 들면 하천유량이나 강우량의 모든 우연성은 정량적으로 해석할 수 없으므로 이들을 확정론적인 방법으로 예측하는 것이 가능하지 않다. 따라서 이는 확률적인 방법론을 필요로 한다. 첫째, 댐, 교량, 수로 및 암거 등과 같은 모든 수공구조물은 각각의 설계홍수량을 안전하게 소통 또는 유하시키도록 설계, 시공된다. 그러나 설계홍수량을 크게 설정하더라도 설계홍수사상이 초과될 가능성, 즉 위험도는 존재하게 된다. 따라서 이러한 위험도가 어느 정도이며 어떻게 이러한 위험도를 정량화할 수 있는가 하는 문제가 제기되고 이는 확률개념을 통해서 밝혀질 수 있다. 둘째, 수문변수들 간의 관계수립과 많은 수문설계방법은 부분적으로 이론적인 원리에 근거하나 특히 설계방법 개발의 대부분은 자료해석의 형태를 이용하고 있다. 이들의 경우 주어진 수문사상의 장래 발생확률의 추정을 필요로 하고 이는 통계확률적인 방법을 이용하여 장래 예측이 가능하고 관측된 자료의 해석과 평가를 용이한 형태로 나타내는 것이 가능할 뿐 아니라 증발과 풍속과 같은 변수 간의 관계의 설정도 가능하게 한다. 셋째, 수문시계열의 경향의 존재여부와 장래사상에 대한 외삽을 가능하게 한다. 넷째, 기록기간을 연장하고 결측치를 보완하기 위하여 추계학적 모형을 이용하여 합성시계열을 발생하는 것이 가능하다. 이들에 관한 방법론이 17, 18 및 19장에서 기술된다.

17.1 확률개념

확률변수(確率變數; random variable) X는 확실성을 가지고 예측할 수 없는 하천유량이나 강우량과 같은 사상의 크기로서 무작위 또는 불확실성 과정의 결과이다. 확률변수 X에는 이산형과 연속형이 있다. 어느 한 해에 제방이 월류되는 사상의 수와 같이 정수로 나타낼 수 있는 수는 이산형 확률변수이고, 연속된 홍수위 기록은 연속형 확률변수이다. 확률변수 X는 확률분포에 의하여 기술되는 변수이고 확률분포는 변수의 관측치 x가 X의 특정 범위의 값과 같게 되는 가능성을 규정하고 $P(X=x)$와 같이 표현된다. 예를 들면 X가 어느 지점의 연 강우량이라면 X의 확률분포는 어느 해의 연 강우량의 관측치가 $x=1{,}000$ mm에 같거나 보다 작게 되는 가능성을 규정한다. 일반적으로 확률변수는 대문자로, 확률변수의 특정 값은 소문자로 나타낸다.

확률변수의 관측치 $x_1, x_2, \cdots, x_n$의 집단을 **표본**(標本; sample)이라 하고 이는 무한한 크기의 집단인 **모집단**(母集團; population)으로부터 추출된 것으로 가정한다. 모집단은 일정한 통계적 성질을 갖는 반면, 표본의 통계적 성질은 표본에 따라 달라질 수 있다.

모집단으로부터 추출될 수 있는 모든 표본의 집단을 **표본공간**(標本空間; sample space)이라 하고, 표본공간의 구성요소를 **사상**(事象; event)이라 한다. 예를 들면 연 강우량의 표본공간은 이론적으로 영에서 무한대에 이르는 강우량이고 임의의 강우량, 예를 들면 800 mm보다 작은 강우량의 발생은 하나의 사상이다.

사상 A의 확률이란 확률변수의 관측이나 **시행**(試行; trial)에서 사상 A가 일어날 가능성이다. 사상 A의 확률은 많은 시행 후에 A가 발생하는 **상대빈도**(相對頻度; relative frequency)로 정의된다. 따라서 n 시행에서 A가 n_A번 일어났다면 사상 A의 확률 $P(A)$는 n_A/n가 된다. 표본크기가 증가하면 상대빈도는 보다 정확한 확률추정치가 된다.

$$P(A)=\lim_{n\to\infty}\frac{n_A}{n} \tag{17.1}$$

확률은 다음 몇 가지 법칙을 따르게 된다.

1. **총확률:** 표본공간 Ω가 m개의 사상 또는 비중첩 공간 $A_1, A_2, \cdots, A_i, \cdots, A_m$으로 구성된다. 사상 A_i의 확률은 양수이고 1보다 작거나 같다.

$$0 \leqq P(A_i) \leqq 1 \tag{17.2}$$

   모든 사상의 확률의 합, 즉 총확률은 1이다.

$$P(A_1)+P(A_2)+\cdots+P(A_m)=P(\Omega)=1 \tag{17.3}$$

2. **합집합과 교집합:** 두 사상 A, B가 배반사상이 아니면 겹치는 부분을 가지게 되고 이 겹치는 부분을 A, B의 **교집합**(交集合; intersection)이라 하고 $A\cap B$로 표시한다. 사상 B의 발생이 A의 발생과 무관하면 두 사상은 독립적이고 이를 **독립사상**(獨立事象; independent event)이라 한다. A, B가 독립사상일 때 A, B 둘 다 일어나는 **결합확률**(結合確率; joint probability)은 A, B의 각 확률의 곱과 같다.

$$P(A\cap B)=P(A)P(B) \tag{17.4}$$

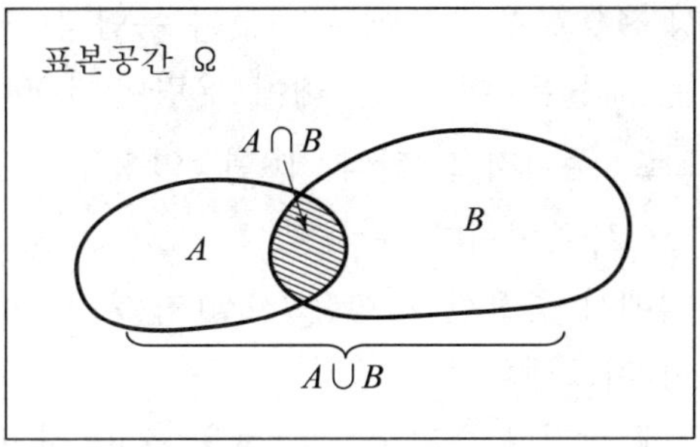

그림 17.1 표본공간

두 사상 A, B의 **합집합**(合集合; union)은 A나 B에서 일어나는 모든 표본점들로서 $A \cup B$로 나타낸다. A 또는 B의 확률, 즉 합집합의 확률은 A, B의 각 확률의 합에 이중으로 포함되는 A, B의 결합확률을 뺀 값과 같다.

$$P(A \cup B) = P(A) + P(B) - P(A \cap B) \tag{17.5}$$

만약 A, B가 독립사상이면 식 (17.5)는 식 (17.4)에 따라

$$P(A \cup B) = P(A) + P(B) - P(A)P(B) \tag{17.6}$$

만약 A, B가 독립배반사상이면 $P(A \cap B) = 0$이므로 식 (17.5)는

$$P(A \cup B) = P(A) + P(B) \tag{17.7}$$

3. **여사상:** 만약 $\overline{A}$가 A의 **여사상**(余事象; complement), 즉 $\overline{A} = \Omega - A$라면

$$P(\overline{A}) = 1 - P(A) \tag{17.8}$$

4. **조건부확률:** 두 사상 A, B에서 사상 A는 금년에 유량이 5,000 m^3/s를 초과하는 확률이고, 사상 B는 내년에 유량이 5,000 m^3/s를 초과할 확률이라 한다. A, B의 중복된 부분은 $A \cap B$(그림 17.1)로서 이는 A와 B가 2년 연속해서 일어나는 사상이다. 이는 A가 일어나는 조건에서 B가 일어나는 확률을 나타낸다. 이를 **조건부확률**(條件附確率; conditional probability)이라 하고 $P(B/A)$로 표시되고 다음과 같이 정의된다.

$$P(B/A) = \frac{P(A \cap B)}{P(A)} \tag{17.9}$$

이는 결합확률 $P(A \cap B)$가 식 (17.10)으로 주어짐을 의미한다.

$$P(A \cap B) = P(B/A)P(A) \tag{17.10}$$

A, B가 독립사상이면 식 (17.9)는 식 (17.11)과 같이 된다.

$$P(B/A) = P(A) \cdot P(B)/P(A) = P(B) \tag{17.11}$$

앞의 예에서 두 사상 A, B가 연도에 관계없이 독립적이라면 2년 연속해서 유량이 5,000 m^3/s보다 크게 되는 확률은 어느 한 해에 유량이 5,000 m^3/s를 초과하는 확률의 자승 $P(A)^2=[P(A)]^2$ 으로 주어지고 만약 10년 연속해서 5,000 m^3/s를 초과하는 확률은 $P(A)^{10}=[P(A)]^{10}$ 으로 주어진다.

수문자료의 통계해석에서 중요한 사항은 사상(기록 또는 자료)이 독립적이면 각 사상의 발생순서에 관계없이 자료해석이 수행된다.

5. 홍수량이 5,000 m^3/s에 같거나 초과하는 사상을 A라 하고 $P(A)=1/3$이라 할 때 5,000 m^3/s보다 작은 홍수량이 일어나는 사상 B의 확률은 $P(B)=2/3$가 된다. 3년 동안에 A가 2회 일어나는 확률을 생각한다. 3년 동안에 A가 2회 일어나는 것은 B가 1회 일어나는 것이고 이들은 서로 독립적이므로 $\frac{1}{3}\frac{1}{3}\frac{2}{3}=\frac{2}{27}=0.074$이다.

   A가 2회 발생하는 조합은 AAB, ABA, BAA와 같이 3가지이다. 따라서 3년 동안에 A가 2회 일어날 확률은

$$P(3\text{회 시행 2회 성공})=3\left(\frac{1}{3}\right)^2\left(\frac{2}{3}\right)=0.22 \quad \text{또는} \quad 22\%$$

   이다. 이를 조합의 일반식으로 나타내면

$$P(n\text{회 시행 } k\text{회 성공})=\binom{n}{k}p^k(1-p)^{n-k} \tag{17.12}$$

예제 17.1

표 17.1은 전주의 1916년부터 1988년까지의 73년간 연 최대일강우량이고 그림 17.2는 빈도막대그래프이다. (a) 어느 한 해의 일 최대강우량 R이 150 mm보다 작게 되는 확률과 200 mm를 초과할 확률, (b) 150과 200 mm 사이의 확률을 구하라.

표 17.1 전주 연 최대일강우량(1916～1988) (단위: mm)

년	1910	1920	1930	1940	1950	1960	1970	1980
0	–	198.7	127.4	82.0	93.8	102.1	61.0	110.0
1	–	98.7	80.6	194.5	143.1	170.8	96.1	114.1
2	–	86.5	112.5	336.1	72.0	89.6	68.5	51.3
3	–	85.7	87.47	70.6	118.5	137.3	73.4	127.8
4	–	138.4	107.8	104.6	94.5	116.9	87.8	167.3
5	–	154.1	51.4	144.2	128.0	89.8	95.7	106.9
6	170.1	80.3	204.6	205.8	63.5	101.9	178.3	114.6
7	69.0	75.3	74.1	81.9	64.6	103.2	54.9	104.3
8	62.9	54.4	66.7	222.8	202.2	60.3	112.1	111.7
9	77.1	65.6	51.2	65.5	146.9	97.0	232.1	–

평균 $\bar{x}=117.2$ mm

표준편차 $S=55.22$ mm

[풀이] (a) $R < 150\,\mathrm{mm}$를 사상 A, $R > 200\,\mathrm{mm}$를 사상 B라 한다. 표 17.1로부터 이들 범위에 있는 값들의 수는 각각 $n_A = 60$, $n_B = 6$이다. $n = 73$년이므로 $P(A) = 60/73 = 0.822$, $P(B) = 6/73 = 0.082$. (b) 연 최대일강우량이 150과 200 mm 사이에 있을 확률은 $R \le 150\,\mathrm{mm}$와 $R \ge 200\,\mathrm{mm}$의 여사상이므로 식 (17.8)로부터

$$\begin{aligned} P(150 \leqq R \leqq 200) &= 1 - [P(R < 150) + P(R > 200)] \\ &= 1 - (0.822 + 0.082) \\ &= 0.096 \end{aligned}$$

예제 17.2

전주지방의 연 최대일강우량이 독립적임을 가정하여 연속 2년 동안 150 mm보다 작게 되는 확률을 구하고 상대빈도로 구한 값과 비교하라.

[풀이] 2년 연속하여 $R < 150\,\mathrm{mm}$가 되는 사상을 C라 한다. 예제 17.1에서 $P(R < 150) = 0.822$이고 이는 독립사상이므로

$$P(C) = [P(R < 150)]^2 = (0.822)^2 = 0.676$$

표 17.1에서 2년 연속해서 $R < 150\,\mathrm{mm}$인 경우는 48이므로 $P(C) = n_c / n = 48/73 = 0.656$으로써 이는 독립사상을 가정해서 구한 결과와 거의 일치한다.

예제 17.1과 17.2에서 추정된 확률은 한정된 크기의 표본으로부터 구한 것이므로 근사치이다. 확률을 구하는 또 다른 방법은 자료에 확률분포함수를 적합하여 이 분포(곡선)를 이용해서 사상들의 확률을 결정하는 것이다.

17.2 확률밀도함수와 분포함수

표본인 관측치들이 동일한 확률분포에서 추출된 것이라고 가정하면 이들을 정리하여 **빈도막대그래프** 또는 **빈도주상도**(frequency histogram)로 나타낼 수 있다. 먼저 관측치를 몇 개의 계급 또는 구간으로 나누고 각 구간의 값을 횡축에, 각 구간의 관측치의 수(빈도)를 종축에 도시하여 그림 17.2와 같이 연 최대일강우량의 빈도막대그래프를 얻는다.

구간 또는 계급의 수는 빈도막대그래프의 모양에 영향을 준다. Stuges(1926)에 의하면 적정 계급(또는 구간)의 수 m은

$$m = 1 + 3.3\log n \tag{17.13}$$

여기서 n은 자료의 수이다.

Spiegel(1961)은 계급수로 5∼20을 제안했고 Steel과 Torrie(1960)는 구간폭이 표준편차의 1/3∼1/4을 초과하지 않을 것을 제안하였다.

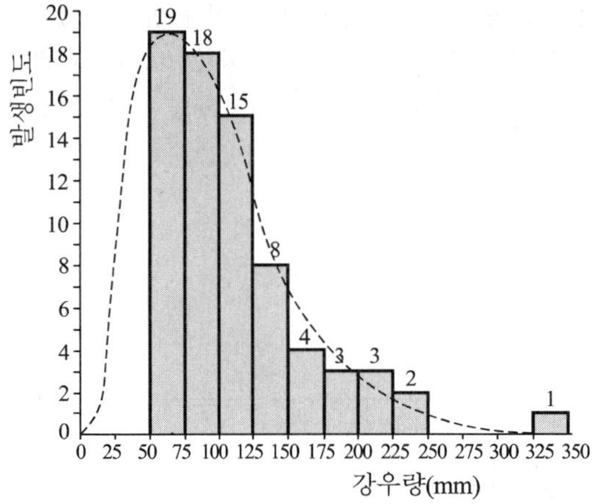

그림 17.2 연 최대일강우량의 발생빈도그래프(전주)

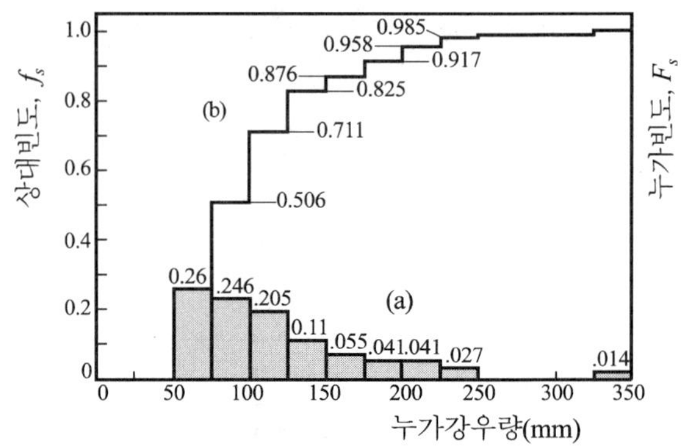

그림 17.3 연 최대일강우량의 상대빈도(a)와 누가빈도막대그래프(b)(전주)

범위 $\{x_i - \Delta x,\ x_i\}$를 나타내는 i 구간의 관측치 n_i를 관측치의 총수 n으로 나누어 **상대빈도함수**(相對頻度函數; relative frequency function) $f_s(x_i)$를 얻는다.

$$f_s(x_i) = \frac{n_i}{n} \tag{17.14}$$

여기서 첨자 s는 함수가 표본자료로부터 계산됨을 나타낸다. 식 (17.14)는 확률변수 X가 구간 $\{x_i - \Delta x,\ x_i\}$에 있을 확률

$$P(x_i - \Delta x \le X \le x_i) = \frac{n_i}{n} \tag{17.15}$$

의 추정치이다. 표 17.1에 대한 식 (17.14)를 나타낸 것이 그림 17.3a이고 이로부터 강우량이 구간 50~75 mm에서 발생할 확률은 0.26이다. x_i까지 상대빈도의 합은 **누가빈도함수**(累加頻度函數; cumulative frequency function) $F_s(x)$이다.

$$F_s = \sum_{j=1}^{i} f_s(x_j) \tag{17.16}$$

이는 사상 또는 관측치가 x_i보다 작거나 같게 되는 확률인 누가확률 $P(X \le x_i)$의 추정치이다. 표 17.1에 대한 식 (17.16)을 나타낸 것이 그림 17.3b이다. 강우량 R이 구간 75 mm~100 mm보다 작거나 같게 되는 확률이 0.506이고 누가확률의 최대치는 1.0이다. 이들 개념이 이산확률변수와 연속확률변수에 대하여 기술된다.

이산확률변수의 확률

이산확률변수(離散確率變數; discrete probability variable) X는 $x_1,\ x_2,\ x_3,\ \cdots,\ x_n$과 같이

하나씩 셀 수 있는 변수이다. 이산확률함수에 대한 확률은 질량함수로 주어진다.

$$P(x_k) = P(X = x_k) \tag{17.17}$$

$P(x_k)$는 이산확률변수 X가 x_k에 같게 되는 확률을 규정하는 **확률질량함수**(確率質量函數; probability mass function, pmf)로 다음과 같은 성질을 갖는다.

$$0 \le P(x_k) \le 1.0 \tag{17.18}$$

$$\sum_{k=1}^{n} P(x_k) = 1.0 \tag{17.19}$$

여기서 n은 사상의 총수이다. 확률변수 X가 a, b 사이에 있게 되는 확률은

$$P(a \le X \le b) = \sum_{a \le x_i \le b} P(x_i) \tag{17.20}$$

확률변수 X가 x_k보다 작거나 같게 되는 확률은 x_k까지 일어난 확률의 합으로써 **누가분포함수**(累加分布函數; cumulative distribution function, CDF) 간단히 **분포함수**로 정의된다.

$$\begin{aligned} P(X \le x_k) &= \sum_{i=1}^{k} P(x_i) \\ &= F(x_k) \end{aligned} \tag{17.21}$$

상대빈도함수 $f_s(x_i)$와 누가분포함수 $F_s(x_i)$는 표본변수에 관하여 정의되고 이들에 상응하는 모집단에 대한 함수는 $n \to \infty, \Delta x \to 0$이 될 때 얻어진다.

연속확률변수의 확률

확률밀도함수: 상대밀도 $f_s(x_i) = n_i/n$는 Δx 구간의 확률이므로 $(n_i/n)/\Delta x$는 구간의 단위 길이에 대한 확률로서 확률의 평균밀도를 나타낸다. 따라서 연속확률변수의 **확률밀도함수**(確率密度函數; probability density function, pdf) $f(x)$는 $n \to \infty, \Delta x \to 0$의 극한에서 얻어진다.

$$f(x) = \lim_{\substack{n \to \infty \\ \Delta x \to 0}} \frac{f_s(x)}{\Delta x} \tag{17.22}$$

$f(x)$는 구간 $[x, x + \Delta x]$에서 확률의 밀도 또는 농도를 나타낸다. 이는 다음과 같은 성질을 갖는다.

$$f(x) \ge 0 \tag{17.23}$$

$$\int_{-\infty}^{\infty} f(x)dx = 1 \tag{17.24}$$

식 (17.24)는 확률밀도함수를 나타내는 곡선의 아래 총면적이 1.0임을 의미한다. 구간 a, b 사

이의 확률(그림 17.4)은

$$P(a \leq X \leq b) = \int_a^b f(x)dx \tag{17.25}$$

연속확률변수에 대한 **누가확률분포**(累加確率分布; cumulative probability distribution) 또는 **누가밀도함수**(累加密度函數; cumulative density function, CDF)는 이산확률변수와 유사하게 정의된다. $F(x)$는 하한치 0에서 상한치 1까지 증가함수이다.

$$F(x) = P(X \leq x) = \int_{-\infty}^{x} f(x)dx \tag{17.26}$$

$$0 \leq F(x) \leq 1.0 \tag{17.27}$$

이로부터 주어진 x에 대한 $F(x)$는 누가확률 $P(X \leq x)$를 나타내고 확률밀도함수의 적분으로 주어진다. $F(x_1)$은 그림 17.4의 밀도함수 $f(x)$에서 $x = x_1$의 좌측 면적인 식 (17.26)을 나타내고 상부의 분포함수에서는 $x = x_1$에 대한 종거 $F(x_1)$으로 나타낸다.

확률밀도함수는 확률분포함수의 미분으로 얻어지고 이에 따라 확률밀도함수 $f(x)$는 분포함수 $F(x)$의 기울기를 나타낸다.

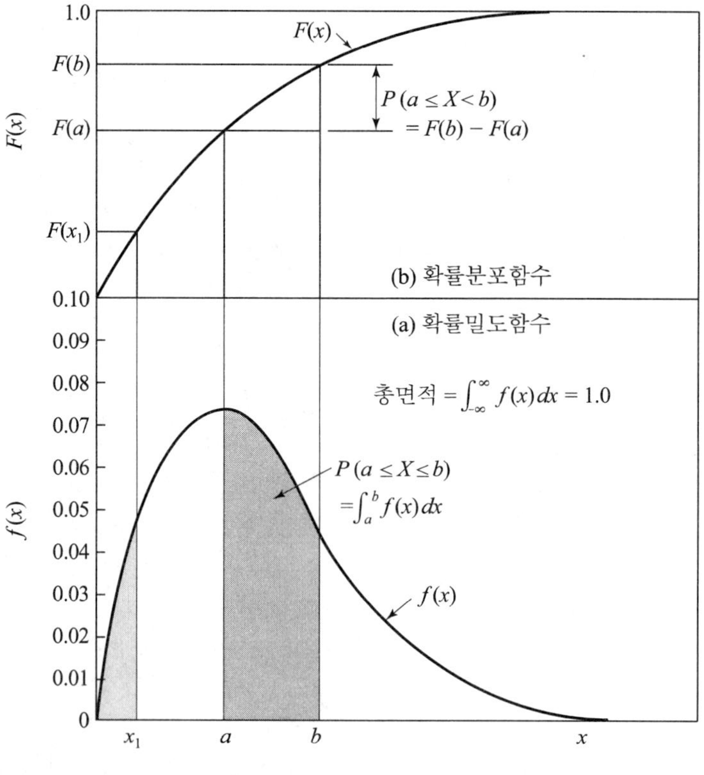

그림 17.4 연속확률밀도함수와 확률분포함수

$$f(x) = \frac{dF(x)}{dx} \tag{17.28}$$

x_i의 확률 $P(x_i)$는 다음과 같이 $f(x)$와 $F(x)$항으로 나타낼 수 있다.

$$\begin{aligned} P(x_i) &= P(x_i - \Delta x \le X \le x_i) = \int_{x_i - \Delta x}^{x_i} f(x)dx \\ &= \int_{-\infty}^{x} f(x)dx - \int_{-\infty}^{x_i - \Delta x} f(x)dx \\ &= F(x_i) - F(x_i - \Delta x) \\ &= F(x_i) - F(x_{i-1}) \end{aligned} \tag{17.29}$$

누가확률 $P(X \le x)$를 나타내는 누가확률분포 $F(x)$를 간단히 분포함수 또는 **비초과확률**(非超過確率; nonexceedance probability)이라고도 한다. 이에 반하여 확률변수 X가 x와 같거나 크게 되는 확률을 **초과확률**(超過確率; exceedance probability)이라 하며 식 (17.30)과 같다.

$$P(X \ge x) = 1 - P(X < x) = 1 - F(x) \tag{17.30}$$

17.3 기대치와 분위수

기대치

A가 S라는 금액을 받을 확률이 p라면 A가 받으리라고 기대되는 금액인 기대치는 pS이다. 또는 주사위를 던져서 개개 숫자가 나올 확률은 $p_k = 1/6(k=1,\ 2,\ 3,\ 4,\ 5,\ 6)$이므로 $k=2$의 기대치는 $(2)(1/6) = 1/3$이다. 따라서 이들 6개의 숫자집단을 변수 X로 나타낼 때 X의 기대치는 개개 숫자의 기대치를 전부 더한 것과 같다.

$$\begin{aligned} E(X) &= \sum_{k=1}^{6} x_k p_k = \sum x_k \left(\frac{1}{6}\right) \\ &= (1)(1/6) + (2)(1/6) + (3)(1/6) + (4)(1/6) + (5)(1/6) + (6)(1/6) = 3\frac{1}{2} \end{aligned} \tag{17.31}$$

$E(X)$를 확률변수 X의 **수학적 기대치**(數學的期待值; mathematical expectation), 간단히 **기대치**(期待值; expected value)라 한다. 위 결과는 기대치가 주사위의 숫자 1, 2, ⋯, 6 중 하나의 숫자가 안 될 수 있음을 나타낸다. X가 연속확률변수이면 X에 대한 기대치는

$$E(X) = \int_{-\infty}^{\infty} x f(x)dx \tag{17.32}$$

여기서 $f(x)$는 확률밀도함수이다. 이로부터 확률질량함수 또는 확률밀도함수 $f(x)$는 평균강우량, 평균홍수량과 같은 확률변수함수의 기대치의 산정을 가능하게 한다. g가 연속확률변수

X의 함수이면 $g(X)$의 기대치는

$$E[g(X)] = \int_{-\infty}^{\infty} g(x) f_X(x) dx \tag{17.33}$$

이산확률변수에 대한 기대치는

$$E[g(X)] = \sum_{i=1}^{n} g(x_i) P_X(x_i) \tag{17.34}$$

분위수

확률분포를 기술하는 가장 간단한 방법은 분위수이고 중앙치 $x_{0.50}$은 한 예이다. 중앙치는 크기순의 자료집단을 2등분한다. 2등분 개념을 연장하여 자료집단을 4등분하여 Q_1, Q_2, Q_3로 나타낼 때 이들을 **4분위수**(四分位數; quartiles)라 하며 Q_2는 둘째 4분위수로 중앙치와 같다. 같은 방법으로 자료집단을 10등분하여 D_1, D_2, $\cdots$, D_9으로 나타내는 값들을 **십분위수**(deciles), 100등분하여 P_1, P_2, $\cdots$, P_{99}으로 나타내는 값들을 **백분위수**(percentiles)라 한다. 5-십분위수와 50-백분위수는 중앙치와 같다. 0.01-분위수는 첫째 백분위수, 100p-분위수는 p-백분위수이다. 4분위수, 십분위수, 백분위수를 통틀어 **분위수**(分位數; quantiles)라 한다.

일반적으로 크기순인 자료집단의 q-분위수(qth-quantile)는 자료의 q-부분(또는 백분율)은 이보다 작고 자료의 $(1-q)$부분은 이보다 큰 값으로 정의된다. 예를 들어 0.3(또는 30%)-분위수는 자료의 30%는 이보다 작고 자료의 70%는 이보다 크게 되는 값으로 정의된다. 이에 따라 확률변수 X의 0.5-분위수는 중앙치를 나타내고 0.75-분위수는 $P(X \le x) = 0.75$를 만족하는 x_p이고 이는 그림 17.5에서 확률밀도함수와 확률분포함수의 항으로 설명된다. 분위수도시(分位數圖示; quantile plot)는 수문량에 대한 누가확률의 도시로 확률분포함수를 나타내며 그림 17.5의 오른쪽은 분위수도시의 예이다.

보다 일반적으로 확률변수 X의 p-분위수(또는 100p-백분위수)는 식 (17.35)를 만족하는 x_p이다. 즉 확률이 p인 X값 $X = x_p$이다. 분위수 x_p(quantile x_p)를 구하는 문제는 비초과확률

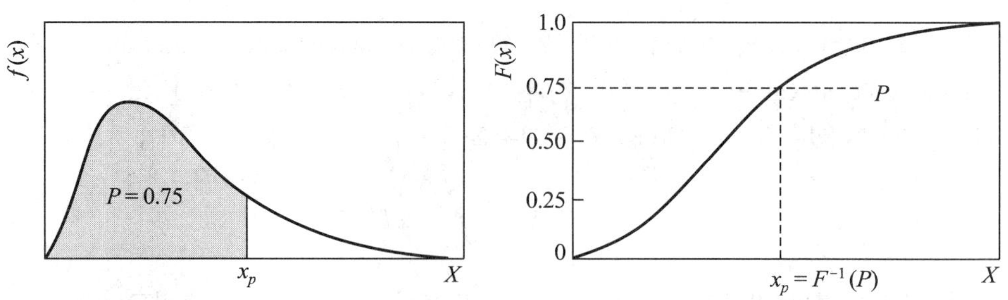

그림 17.5 분위수, 누가분포함수의 역 및 분위수도시

(누가확률) $F=F(x_p)$에 대한 X를 구하는 것이다. 따라서 확률변수 X의 p-분위수는 식 (17.35 ~ 37)을 만족하는 값 x_p이다.

$$P(X \le x_p) = F(x_p) = p \tag{17.35}$$

$$\int_{-\infty}^{x_p} f(x)dx = \int_{-\infty}^{x_p} dF(x) = p \tag{17.36}$$

$$x_p = F^{-1}(p) \tag{17.37}$$

예로 재현기간(18.1 참조) $T=100$년 분위수 x_T의 추정은 $F=1-1/T$에 따라 주어진 비초과확률 F에 대한 x_T를 구하는 문제이다. $F=1-1/100=0.99$이므로 100년 홍수는 x_{100} 또는 $x_{0.99}$를 구하는 것이 된다. 식 (17.35)는 $100p$-백분위수는 누가확률이 p인 값임을 설명하고 $100p$-분위수 x_p는 $100(1-p)$% 초과사상이라고도 한다.

확률변수 X의 크기순의 자료집단을 동일한 크기의 q개로 등분할하고 이 중 $k(0<k<q)$번째를 생각한다. 이 경우 k번째 q-분위수는 다음 조건을 만족하는 값 x로 정의된다.

$$P(X<x) \le k/q \tag{17.38a}$$

여사상의 개념을 적용하면 식 (17.38a)는

$$P(X \ge x) \ge 1-k/q \tag{17.38b}$$

따라서 x는 누가분포함수가 $F(x)=k/q$가 되는 값이다.

확률분포의 분위수함수(quantile function)는 누가분포함수 F의 역(inverse) $x=F^{-1}(p)$로 주어지고 $[0,1]$의 범위를 갖는다. 이는 $P(X \le x_p)=p$를 만족하는 x로 되돌리고 균일분포에 대하여 얻어진 결과를 다른 분포로 전환하는 데 사용된다.

예제 17.3

다음 자료의 90-백분위수(90th percentile)를 구하라

{7.2, 6.3, 8.6, 5.4, 4.6, 9.4, 8.9, 6.1, 3.4, 9.2, 9.6, 7.6, 4, 8, 4.4}

[풀이] 주어진 자료를 증가 크기순으로 정리한다.

{3.4, 4, 4.4, 4.6, 5.4, 6.1, 6.3, 7.2, 7.6, 8, 8.6, 8.9, 9.2, 9.4, 9.6}

90-백분위수는 자료의 90%는 이보다 작고 10%는 이보다 크게 되는 자료계열에서 위치이다. 90-백분위수에 해당하는 자료의 위치 k의 결정에는 자료수를 n이라 할 때 $k=0.9n$ 또는 $k=p(n+1)/100$(p는 백분위수)가 이용된다. 후자를 택하면 $k=90(15+1)/100=14.4$이다. 그러나 $k=14.4$는 존재하지 않으므로 다음과 같은 방법들이 적용된다.

방법 1: 가장 가까운 정수로 절삭한다. $k=14$로 90-백분위수는 9.4이다.

방법 2: 14.4의 양측 수의 평균을 취한다. 90-백분위수는 $(9.4+9.6)/2=9.5$이다.

방법 3: 선형내삽법을 사용한다. 따라서 90-백분위수는 $9.4+(9.6-9.4)\times 0.4=9.48$이다.

17.4 모멘트

확률변수의 통계적 특성을 나타내는 중앙집중도, 분산, 비대칭도 및 첨예도는 확률변수의 통계적 모멘트를 이용하여 기술된다. 통계적 모멘트에는 곱모멘트(product moment)와 L-모멘트(L-moment)가 있다. 공업역학으로부터 일반화되어 있는 곱모멘트, 간단히 모멘트의 개념이 본 절에서 기술된다. 확률밀도함수나 확률질량함수는 그의 모멘트가 매개변수와 관련된 함수형이다. 따라서 모멘트가 알려지면 분포의 매개변수가 구해질 수 있다.

연속확률변수 X의 원점에 관한 r차 모멘트는

$$E(X^r) = \int_{-\infty}^{\infty} x^r f(x) dx \tag{17.39}$$

여기서 $f(x)$는 확률밀도함수이다. 이산확률변수에 대한 r차 모멘트는

$$E(X^r) = \sum_{i=1}^{n} x_i^r P(x_i) \tag{17.40}$$

여기서 n은 표본수이고 $P(x)$는 확률질량함수이다. 평균에 관한 r차 모멘트는

$$E[(X-\mu)^r] = \int_{-\infty}^{\infty} (x-\mu)^r f(x) dx = \int_{-\infty}^{\infty} (x-\mu)^r dF(x) \tag{17.41}$$

여기서 μ는 연속확률변수 X의 평균이고 $F(x)$는 분포함수이다. 이산확률변수의 평균에 관한 r차 모멘트는

$$E[(X-\mu)^r] = \sum_{i=1}^{n} (x-\mu)^r P(x_i) \tag{17.42}$$

중앙집중도, 분산, 비대칭도 및 첨예도를 설명하는 데에는 1, 2, 3 및 4차 모멘트($r=1$, 2, 3, 4)가 사용된다. 곱모멘트의 단점은 표본을 이용한 추정치가 이상치에 민감하고 모멘트의 차수가 증가함에 따라 정확도가 크게 감소하는 점이다.

통계학의 목적은 많은 수의 자료를 적은 수의 자료로 줄여서 자료집단의 기본적인 정보를 추출하기 위함이다. 평균, 분산과 같은 통계적인 **매개변수**(媒介變數; parameter)는 모집단의 특성으로서 이들은 확률변수의 모멘트로 정의되고 확률변수의 함수에 관한 기대치이다. 그러나 실제로 모집단의 특성은 표본으로부터 추정된다.

중앙집중도: 평균(平均; arithmetic mean)은 자료축에서 산술평균이 놓이는 위치를 나타내는 자료의 **중앙집중도**(中央集中度; central tendency)의 대표적인 위치척도이다. 중앙집중도에는 평균 외에 최빈수와 중앙치가 있다. **최빈수**(最頻數; mode)는 발생빈도가 가장 높은 변수의 값이고, **중앙치**(中央値; median)는 둘째 4분위수 Q_2로 확률분포를 2등분하는 변수의 값으로 자료를 크기순으로 나열했을 때 중앙에 위치하는 값이다. 자료수가 짝수일 경우에는 중앙 두 값의 평균

이 된다. 평균은 원점에 관한 1차 모멘트로 정의되고 확률변수 X의 기대치 $E(X)$이다.

$$\text{연속확률변수} \qquad E(X) = \mu = \int_{-\infty}^{\infty} xf(x)dx \tag{17.43}$$

$$\text{이산확률변수} \qquad E(X) = \mu = \sum_{i=1}^{n} x_i P(x_i) \tag{17.44}$$

μ는 모집단의 확률가중평균으로 확률질량함수 $P(x)$의 중심이다. 평균 μ에 대한 표본추정치는 $\overline{x}$로 나타내고 산술평균으로 계산된다. 매개변수는 그리스문자로, 추정치는 알파벳으로 표기한다.

$$\overline{x} = \frac{1}{n}\sum_{i=1}^{n} x_i \tag{17.45}$$

이는 x_i의 상대적인 중요도, 즉 각 요소의 비중이 $1/n$로 같은 값인 경우이고 비중이 서로 다른 경우에는 **가중평균**(加重平均; weighted average)이 도입된다.

$$\overline{x} = \frac{1}{n}\sum_{i=1}^{n} w_i x_i, \qquad n = \sum_{i=1}^{n} w_i \tag{17.46}$$

여기서 w_i는 x_i의 가중인자이다.

평균에는 산술평균 외에 기하평균과 조화평균이 있다.

변동성: 이는 자료의 평균에 대한 퍼짐정도를 나타내는 척도이다. 즉 표본자료가 평균 주위에 퍼져있는 분포의 분산정도 또는 반대로 평균에 얼마나 가까이 위치해 있는가의 척도이다. 따라서 표본의 모든 값이 평균치와 같으면 분산은 영이 된다. 자료의 **변동성**(變動性; variability)은 평균에 대한 분포의 분산을 나타내고 모집단의 **분산**(分散; variance) σ^2은 평균에 관한 2차 모멘트로 정의된다.

$$\text{연속확률변수} \qquad Var(x) = E[(x-\mu)^2] = \sigma^2 = \mu_2 = \int_{-\infty}^{\infty} (x-\mu)^2 f(x)\,dx \tag{17.47}$$

$$\text{이산확률변수} \qquad Var(x) = E[(x-\mu)^2] = \sigma^2 = \mu_2 = \sum_{i=1}^{n} (x-\mu)^2 P(x_i) \tag{17.48}$$

원점에 관한 2차 모멘트 $E(X^2)$과 평균에 관한 2차 모멘트 $E(X-\mu)^2$은 다음과 같은 관계를 갖는다(Soong, 1981).

$$E(X^2) = E(X-\mu)^2 + \mu^2 = \sigma^2 + \mu^2 \tag{17.49a}$$

$$\text{또는} \qquad \sigma^2 = E(X^2) - \mu^2 \tag{17.49b}$$

분산 σ^2에 대한 표본의 추정치는 S^2으로 나타내고 다음 식으로 계산된다.

$$S^2 = \frac{1}{n-1}\sum_{i=1}^{n} (x_i - \overline{x})^2 \tag{17.50}$$

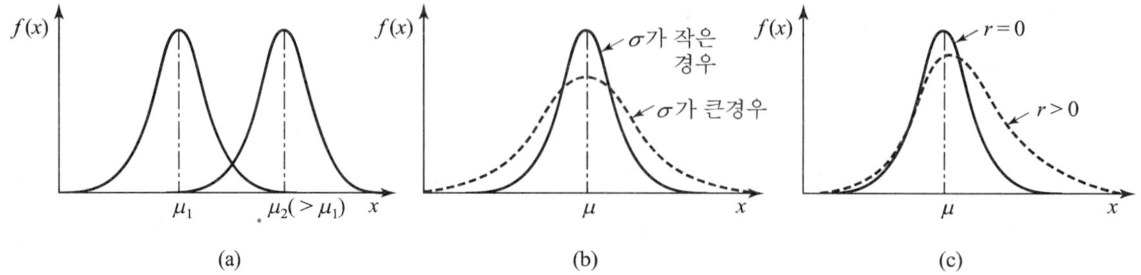

그림 17.6 빈도분포에서 (a) 평균, (b) 표준편차, (c) 왜곡도변화의 영향

σ^2 의 최적추정치 S^2 의 계산에서 n 대신 $n-1$ 이 사용된 것은 표본이 모집단보다 작게 되는 경향에 따라 표본통계가 치우침이 없도록 하기 위함이다. 분산은 확률변수 X가 갖는 단위의 자승이므로 X와 단위의 불일치에 따라 적용에 한계를 갖는다. 따라서 확률변수의 평균과 같은 차원을 갖는 **표준편차**(標準編差; standard deviation)가 많이 사용된다. 표준편차는 분산의 제곱근이다. 모집단의 표준편차 σ 는 표본의 표준편차 S 로 추정된다. 평균을 계산하지 않고 분산을 계산하는 경우에는 다음 식이 이용된다.

$$S^2 = \frac{1}{n-1}\left[\sum_{i=1}^{n} x_i^2 - \frac{1}{n}\left(\sum_{i=1}^{n} x_i\right)^2\right] \tag{17.51}$$

그림 17.6b에서와 같이 표준편차가 클수록 자료의 분산이 크게 됨을 알 수 있다. **변동계수**(變動係數; coefficient of variation)는 분산의 또 다른 추정치로 분산의 무차원 척도이고 두 확률변수의 불확실성의 비교와 상이한 크기의 하천에서 유량의 상대적인 변동성을 비교하는 데 유용하다.

모집단의 변동계수 $C_v = \sigma/\mu$ (17.52)

표본의 변동계수 $C_v = S/\overline{x}$ (17.53)

왜곡도: 수문학에서 대부분의 분포는 대칭이 아니고 좌측 또는 우측으로 기울어진 왜곡된 분포이다. **왜곡도**(歪曲度; skewness)는 평균에 대한 분포의 비대칭성의 척도이고 평균에 관한 3차 모멘트로 정의된다.

$$\begin{aligned}\mu_3 &= E\left[(x-\mu)^3\right] = \int_{-\infty}^{\infty}(x-\mu)^3 f(x)dx \\ &= E\left[x^3\right] - 3\mu E\left[x^2\right] + 2\mu^3\end{aligned} \tag{17.54}$$

가장 일반적으로 사용되는 비대칭성의 척도는 **왜곡도계수**(歪曲度係數; coefficient of skewness) γ 이다.

$$\gamma = \frac{\mu_3}{\sigma^3} \tag{17.55}$$

모집단의 왜곡도계수 γ에 대한 표본의 추정치 C_s는 다음과 같이 계산된다.

$$C_s = \frac{n}{(n-1)(n-2)S^3} \sum (x_i - x)^3 \tag{17.56}$$

평균을 계산하지 않고 왜곡도계수를 계산하는 경우

$$C_s = \frac{n\sum_{i=1}^{n} x_i^3 - 3\sum_{i=1}^{n} x_i \sum_{i=1}^{n} x_i^2 + \frac{2}{n}\left(\sum_{i=1}^{n} x_i\right)^3}{(n-1)(n-2)S^3} \tag{17.57}$$

자료의 분포가 대칭이면 $\gamma = 0$ 이고, $\gamma > 0$ 인 **양왜곡도**(陽歪曲度; positive skewness)이면 오른쪽으로 긴 꼬리를 갖는 분포(그림 17.6c)이고, $\gamma < 0$ 인 **음왜곡도**(陰歪曲度; negative skewness)이면 왼쪽으로 긴 꼬리를 갖는 분포이다.

첨(예)도: 첨(예)도(尖(銳)度; kurtosis)는 정규분포에 대한 분포의 뾰족하거나 평평한 정도를 나타내는 첨예도의 척도이고 평균에 대한 4차 모멘트로 정의된다.

$$\mu_4 = E[(x-\mu)^4] = \int_{-\infty}^{\infty} (x-\mu)^4 f(x)dx \tag{17.58}$$

첨예도의 척도로는 **첨예도계수**(尖銳度係數; coefficient of kurtosis) κ가 사용되고 첨예도계수 κ의 추정치 C_k는 식 (17.60)으로 계산된다.

$$\kappa = \frac{\mu_4}{\sigma^4} \tag{17.59}$$

$$C_k = \frac{n^2}{(n-1)(n-2)(n-3)S^4} \sum_{i=1}^{n} (x_i - \overline{x})^4 \tag{17.60}$$

정규분포의 첨예도계수는 $\kappa = 3$이다. 이를 근거로 **초과첨예도**(excess kurtosis)가 사용되기도 한다.

$$\text{초과첨예도} = \frac{\mu_4}{\sigma^4} - 3 = \kappa - 3 \tag{17.61}$$

초과첨예도가 양수이면 분포는 정규분포보다 뾰족하고, 음수이면 정규분포보다 평평하다.

예제 17.4

표 17.2에 주어진 전주지방 연 최대일강우량(1970～1979)의 평균, 표준편차, 변동계수, 왜곡도계수 및 첨예도계수를 계산하라.

[풀이] 1970～1979년의 연 최대일강우량은 표 17.2의 2란과 같으며 평균은 식 (17.45)에 따라

$$\overline{x} = \frac{1}{n}\sum_{i=1}^{n} x_i = \frac{1}{10}(14{,}965) = 1{,}496.5 \text{ mm}$$

표 17.2 전주지방 연강우량의 통계량 계산 예

년 (1)	연 최대일강우량 x(mm) (2)	$(x-\bar{x})^2$ (3)	$(x-\bar{x})^3$ (4)	$(x-\bar{x})^4$ (5)
1970	2,110	376,382.25	2.309×10^8	1.417×10^{11}
1971	1,690	37,442.25	7.245×10^6	1.402×10^8
1972	1,950	205,662.25	9.327×10^7	4.230×10^{10}
1973	840	430,992.25	-2.829×10^8	1.858×10^{11}
1974	1,690	37,442.25	7.245×10^6	1.402×10^8
1975	890	367,842.25	-2.231×10^8	1.352×10^{11}
1976	1,500	12.25	42.826	150.063
1977	460	1,074,332.25	-1.114×10^9	1.154×10^{12}
1978	2,240	552,792.25	4.110×10^8	3.056×10^{11}
1979	1,595	9,702.25	955,671.625	9.413×10^7
계	14,965	3,092,602.50	-8.694×10^8	$1,966,898\times10^6$

평균으로부터 편의량 $(x-\bar{x})$의 자승은 표에서 3란과 같고 합계는 3,092,602.5이다. 따라서 식 (17.50)에 따라 분산, 표준편차 및 식 (17.53)에 따라 변동계수는 각각

$$S^2=\frac{1}{n-1}\sum_{i=1}^{n}(x-\bar{x})^2=\frac{1}{9}(3{,}092{,}602.5)=343{,}622.5$$

$$S=\sqrt{S^2}=\sqrt{343{,}622.5}=586.2\text{ mm}$$

$$C_v=\frac{S}{\bar{x}}=\frac{586.2}{1{,}496.5}=0.392$$

평균에 대한 편의량의 3승은 4란과 같고 합계는 -8.694×10^8이다. 따라서 식 (17.56)에 의하면 왜곡도계수 C_s는

$$C_s=\frac{n\sum(x-\bar{x})^3}{(n-1)(n-2)S^3}=\frac{10(-8.694\times10^8)}{9\times8\times586.2^3}=-0.599$$

평균에 대한 편의량의 4승은 5란과 같고 첨예도계수는 식 (17.60)에 따라

$$C_k=\frac{n^2}{(n-1)(n-2)(n-3)S^4}\sum_{i=1}^{n}(x_i-\bar{x})^4=\frac{10^2\times1{,}966{,}898\times10^6}{(10-1)(10-2)(10-3)\times586.2^4}=3.305$$

초과첨예도는 $3.305-3=0.305$이다.

17.5 L-모멘트

17.5.1 확률가중모멘트

확률가중모멘트(probability weighted moment, PWM)는 누가분포함수 $F(x)$의 항으로 정의된다(Greenwood 등, 1979).

$$M_{p,r,s} = E\left[x^p \{F(x)\}^r \{1-F(x)\}^s\right] = \int_0^1 x^p F(x)^r \{1-F(x)\}^s dF \tag{17.62}$$

여기서 p, r, s는 양의 정수이고 $1-F(x)$는 초과확률을 나타낸다. 식 (17.62)를 확률밀도함수 $f(x)$항으로 나타내면

$$M_{p,r,s} = \int_{-\infty}^{+\infty} x^p F(x)^r \{1-F(x)\}^s f(x) dx \tag{17.63}$$

$r=s=0$이면 식 (17.62)는 $M_{p,0,0}=E\left[x^p\right]$이 되어 원점에 관한 p차 곱-모멘트를 나타낸다. 수문해석에서는 $p=1$이 사용되어 x의 1승으로 분포의 매개변수와 PWM 간의 관계는 곱-모멘트를 이용하는 경우보다 간단하다. 통상 이용되는 확률가중모멘트는 누가분포함수 $F(x)$를 이용하는 $M_{1,r,0}$와 초과확률 $1-F(x)$를 이용하는 $M_{1,0,s}$이다.

$$M_{1,r,0} = \beta_r = E\left[xF(x)^r\right] = \int_0^1 xF(x)^r dF \tag{17.64}$$

$$M_{1,0,s} = \alpha_s = E\left[x\{1-F(x)\}^s\right] = \int_0^1 x\{1-F(x)\}^s dF \tag{17.65}$$

α_s와 β_r은 상호 관련된다.

$$\alpha_s = \sum_{k=0}^{s} \binom{s}{k} (-1)^k \beta_k, \quad \beta_r = \sum_{k=0}^{s} \binom{r}{k} (-1)^k \alpha_k \tag{17.66}$$

증가순으로 정리된 표본 $x_1 \le x_2 \le \cdots \le x_n$, $n > r$ 및 $n > s$에 대한 β_r의 불편추정치 b_r은 다음과 같이 주어진다.

β_r의 추정 일반식

$$b_r = \frac{1}{n} \sum_{i=1}^{n} \frac{(i-1)(i-2)\cdots(i-r)}{(n-1)(n-2)\cdots(n-r)} x_i \tag{17.67}$$

$r=0$, 1, 2 및 4에 대한 β_r의 불편추정치 b_r은 식 (17.67)로부터 다음과 같다.

$$b_o = M_{1,0,0} = E[x] = \frac{1}{n} \sum_{i=1}^{n} x_i = \bar{x} \tag{17.68}$$

$$b_1 = M_{1,1,0} = E[xF(x)] = \frac{1}{n}\sum_{i=2}^{n}\frac{i-1}{n-1}x_i \tag{17.69}$$

$$b_2 = M_{1,2,0} = E\left[xF(x)^2\right] = \frac{1}{n}\sum_{i=3}^{n}\frac{(i-1)(i-2)}{(n-1)(n-2)}x_i \tag{17.70}$$

$$b_3 = M_{1,3,0} = E\left[xF(x)^3\right] = \frac{1}{n}\sum_{i=4}^{n}\frac{(i-1)(i-2)(i-3)}{(n-1)(n-2)(n-3)}x_i \tag{17.71}$$

확률가중모멘트는 L-모멘트의 계산수단으로, 주 용도는 확률분포 매개변수의 추정이다. 확률가중모멘트의 장점은 확률가중모멘트를 이용한 추정이 단순 곱-모멘트방법에 의한 추정보다 우수한 경우가 많고, 이상치를 포함한 자료해석에 효과적이고, 표본 수가 적은 경우 PWM방법으로 계산된 매개변수 추정치는 최우도방법에 의한 추정치보다 경우에 따라서는 더 정확하고, PWM방법은 편의가 작은 홍수추정치를 제공하고, 최우도방법에 의한 매개변수의 추정이 여의치 않을 때 확률가중모멘트가 사용된다. 최우도나 모멘트방법과는 달리 PWM방법은 크기순으로 정리된 자료의 제일 큰 값에 최대가중치를 부여하는 방법으로 자료의 크기에 따라 상이한 가중치를 부여하여 매개변수의 추정치를 개선하는 방법이다.

17.5.2 L-모멘트

L-모멘트는 증가 크기순 관측치의 확률가중모멘트의 선형조합으로 정의되고 수문자료의 통계적인 특성을 요약하는 방법이다. L-모멘트는 자승, 3승을 필요로 하지 않고 증가 크기순으로 정리된 관측치의 단순한 선형조합이다. 따라서 곱-모멘트와 달리 이상치, 가장 큰 관측치에 덜 민감하고 종래의 곱-모멘트비에서 발생하는 심한 편의의 어려움이 없다. 결과적으로 곱-모멘트 통계량이 심하게 편의되고 변동성인 반면 L-모멘트통계량은 거의 불편이고 거의 완전한 정규분포를 갖는다. 반면 종래의 곱-모멘트통계량은 표준오차가 크게 되고 기록연수보다 큰 홍수의 예측은 표준오차를 증가시킨다. L-모멘트에 의한 매개변수 추정치는 최우도방법에 의한 추정치보다 정확도가 높다. 매개변수 추정에서 특히 적은 표본의 경우 곱-모멘트 추정보다 신뢰성이 높고 계산상 최우도방법보다 다루기가 용이하고 L-모멘트의 추정치는 불편이다(Hosking, 1990).

L-모멘트는 확률분포의 매개변수 추정, 최적 확률분포형의 결정, 모집단분포의 왜곡 확인, 지역빈도해석에 사용되고 L-모멘트비는 상이한 확률분포의 가설을 시험하는 데 사용된다. L-모멘트와 이로부터 개발된 통계량은 지역빈도해석에서 비일치성, 지역동질성 및 적합도를 검토하는 데 사용된다(Hosking과 Wallis, 1993). L-모멘트를 이용한 지역빈도해석은 종래의 곱-모멘트를 이용한 방법보다 월등하고 거의 불편의 매개변수의 추정치를 제공한다. L-모멘트는 적합도 검정, 지역적인 동질성과 분포선정방법의 수단으로 유용한 것이 입증되었다.

$X_{(i/n)}$는 n개의 표본을 증가순으로 나열했을 때 i번째로 큰 관측치를 나타낸다($i = n$은 제일 큰 표본이다). 자료 X의 **L-모멘트**는 다음과 같이 정의된다.

평균	$\lambda_1 = E[x]$	(17.72)
표준편차	$\lambda_2 = (1/2)E[X_{(2/2)} - X_{(1/2)}]$	(17.73)
왜곡도	$\lambda_3 = (1/3)E[X_{(3/3)} - 2X_{(2/3)} + X_{(1/3)}]$	(17.74)
첨예도	$\lambda_4 = (1/4)E[X_{(4/4)} - 3X_{(3/4)} + 3X_{(2/4)} - X_{(1/4)}]$	(17.75)

첫째 L-모멘트 λ_1은 산술평균($\lambda_1 = \bar{x}$)으로 중앙집중도를, 둘째 L-모멘트 λ_2는 L-모멘트의 표준편차로 퍼짐의 척도를, λ_3와 λ_4는 각각 왜곡도와 첨예도를 나타낸다. 분산, 왜곡도계수가 곱-모멘트 $E(X)$, $E(X^2)$, $E(X^3)$의 함수로 정의되는 것과는 달리 L-모멘트는 분포에 관계없이 다음과 같이 확률가중모멘트 β_r의 선형함수로 주어진다.

$$\begin{aligned}
\lambda_1 &= \beta_o & &= \alpha_o \\
\lambda_2 &= 2\beta_1 - \beta_o & &= \alpha_o - 2\alpha_1 \\
\lambda_3 &= 6\beta_2 - 6\beta_1 + \beta_o & &= \alpha_o - 6\alpha_1 + 6\alpha_2 \\
\lambda_4 &= 20\beta_3 - 30\beta_2 + 12\beta_1 - \beta_o & &= \alpha_o - 12\alpha_1 + 30\alpha_2 - 20\alpha_3
\end{aligned} \tag{17.76}$$

표본 L-모멘트 l_r은 식 (17.76)의 β를 식 (17.67) 또는 식 (17.68~71)의 b_r로 대치하여 계산된다. **L-모멘트비**(L-moment ratio)는 다음과 같이 정의된다.

$$\tau = \lambda_2/\lambda_1 \qquad 0 < \tau < 1 \tag{17.77}$$

$$\tau_3 = \lambda_3/\lambda_2 \ , \qquad \tau_4 = \lambda_4/\lambda_2 \qquad -1 < \tau < 1 \tag{17.78}$$

τ(또는 τ_2)는 변동계수($L-C_v$)로 축척과 분산의 척도, τ_3($L-C_s$)는 왜곡도의 척도, τ_4($L-C_k$)는 첨예도의 척도이다. 표본 L-모멘트비 t 또는 t_r은 식 (17.77), (17.78)의 λ_r을 표본추정치 l_r로 대치하여 구해진다. 곱-모멘트에서와 같이 L-모멘트를 이용하여 분포의 변동, 왜곡 및 첨예의 척도를 계산할 수 있다. **L-모멘트비도**(L-moment ratio diagram)는 L-왜곡도 τ_3를 L-변동계수 τ_2의 함수로 도시하고, L-첨예도 τ_4를 L-왜곡도 τ_3의 함수로 도시한 것으로 표본자료를 설명하는 모집단의 분포를 찾는 데 유용하다. τ_3와 τ_2의 도시는 2매개변수의 분포를 선정하는 데, τ_4와 τ_3의 도시는 3매개변수의 분포를 선정하는 데 사용된다.

표 17.3 곱-모멘트비와 L-모멘트비의 정의

	곱-모멘트비	정의	L-모멘트비	정의	
변동계수	C_v	σ/μ	$L-C_v$	$\tau_2 = \lambda_2/\lambda_1$	(17.77)
왜곡도계수	γ	$E[(x-\mu)^3]/\sigma^3$	$L-C_s$	$\tau_3 = \lambda_3/\lambda_2$	(17.78)
첨예도계수	κ	$E[(x-\mu)^4]/\sigma^4$	$L-C_k$	$\tau_4 = \lambda_4/\lambda_2$	(17.78)

예제 17.5

증가순으로 정리된 10년간의 연 최대유량자료(1971~1980) (m^3/s)에 대한 L-모멘트를 계산하라.

77 120 120 126 137 152 163 227 239 284

[풀이] 증가순으로 정리된 유량자료를 이용하여 확률가중모멘트를 아래 표와 같이 먼저 계산한다.

유량 (m^3/s)	순위 i	b_1 $(i-1)x_i$	b_2 $(i-)(i-2)x_i$	b_3 $(i-1)(i-2)(i-3)x_i$
77	1	–	–	–
120	2	120	–	–
120	3	240	240	–
126	4	378	756	756
137	5	548	1,644	3,288
152	6	760	3,040	9,120
163	7	978	4,890	19,560
227	8	1,589	9,534	47,670
239	9	1,912	13,384	80,304
284	10	2,556	20,448	143,136
Σ=1,643		Σ=9,081	Σ=53,936	Σ=303,834

유량자료의 평균이 $\bar{x}$=164.3 m^3/s, 표준편차가 S=61.37 m^3/s로 계산되고 처음 4확률가중모멘트(PWM)는 식 (17.68~71)에 따라

$$b_o = \bar{x} = \frac{1}{n}\sum_{i=1}^{n} x_i = \frac{1}{10}1{,}643 = 164.3$$

$$b_1 = \frac{1}{n(n-1)}\sum_{i=2}^{n}(i-1)x_i = \frac{1}{10(9)}9{,}081 = 100.9$$

$$b_2 = \frac{1}{n(n-1)(n-2)}\sum_{i=3}^{n}(i-1)(i-2)x_i = \frac{1}{10(9)(8)}53{,}936 = 74.91$$

$$b_3 = \frac{1}{n(n-1)(n-2)(n-3)}\sum_{i=4}^{n}(i-1)(i-2)(i-3)x_i$$

$$= \frac{1}{10(9)(8)(7)}303{,}834 = 60.28$$

이들 PWM을 이용한 연 최대유량자료의 L-모멘트와 L-모멘트비는 다음과 같다.

L-모멘트(식 17.76)

$$l_1 = b_o = \bar{x} = 164.3$$

$$l_2 = 2b_1 - b_o = 2(100.9) - 164.3 = 37.5$$

$$l_3 = 6b_2 - 6b_1 + b_o = 6(74.91) - 6(100.9) + 164.3 = 8.36$$

$$l_4 = 20b_3 - 30b_2 + 12b_1 - b_o = 20(60.28) - 30(74.91) + 12(100.9) - 164.3 = 4.8$$

L-모멘트비(식 17.77～78)

$$t = t_2 = l_2/l_1 = 37.5/164.3 = 0.228$$
$$t_3 = l_3/l_2 = 8.36/37.5 = 0.223$$
$$t_4 = l_4/l_2 = 4.8/37.5 = 0.128$$

17.6 수문변수의 확률분포형

하천유량, 홍수량, 강우량, 증발 등과 같은 확률적인 또는 추계적인 현상의 모형을 확률분포로 나타낼 수 있는 경우 100년 홍수, 50년 6시간 강우량 또는 10년 7일 갈수량과 같은 분포의 특정 분위수의 추정을 가능하게 한다. 수자원사업에 관한 설계는 수문변수의 크기, 체적, 기간, 및 길이 등에 관한 빈도분포를 필요로 한다. 예를 들면 특정 크기의 홍수량이 초과되는 확률 또는 빈도가 요구되는 점이다. 수문변수의 빈도를 제공하는 확률분포는 관측자료인 표본으로부터 유도된다. 표본분포는 모집단의 분포를 정확하게 나타내지 않는다. 따라서 표본으로부터 모집단의 최적분포를 도출하기 위해서는 여러 분포의 적용 가능성이 검토되고, 적용되는 분포는 평균, 표준편차, 다른 모멘트에 의하여 결정된다. 확률함수에는 그 수가 많으나 본 장에서는 수문학에서 사용되는 확률함수가 기술된다. 가장 일반적으로 사용되는 분포는 정규, 대수정규, 이항, 기하, 감마, 피어선Ⅲ, 대수피어선Ⅲ, GEV, Gumbel, Weibull 분포 등이고 사상간시간에 적용되는 지수분포, 비교적 근래에 이용도가 높아지는 Wakeby, Generalized Pareto, Generalized Logistic분포도 소개된다.

이항분포

각 사상의 결과가 성공 또는 실패(예로 T 년 홍수가 일어나는지 일어나지 않는지)하는지에 관한 독립사상의 계열을 검토하는 일이 자주 일어난다. 이와 같은 계열은 각 시행의 성공확률이 일정한 값 p인 독립시행으로 구성된다. 성공, 실패의 두 결과만을 갖는 시행을 **Bernoulli시행**(Bernoulli trial)이라 한다. **이항분포**(二項分布; binomial distribution)는 n 시행에서 정확하게 x 성공의 확률(또는 x 성공과 $(n-x)$ 실패)에 대한 답을 준다. x 성공 후에 $(n-x)$ 실패가 일어날 확률은 n 독립사상이므로 성공확률 p^x과 실패확률 $(1-p)^{n-x}$의 곱이다. 즉 $p^x(1-p)^{n-x}$이다. 이는 x 성공과 $(n-x)$ 실패라는 사상이 일어날 수 있는 조합 중의 하나이므로 x 성공이 일어날 수 있는 모든 경우($x=0,\ 1, \cdots,\ x=n$)가 고려되어야 한다. n 사상에서 x 사상을 선정할 수 있는 수(조합)는

$$\binom{n}{x} = \frac{n!}{x!\,(n-x)!}$$

이다. x 성공이 일어날 수 있는 확률은 각 시행의 확률에 시행의 가능횟수 $\binom{n}{x}$을 곱하여 얻어진다(예제 17.6b 참조).

$$P(X)=\binom{n}{x}p^{x}(1-p)^{n-x} \qquad n=0,\ 1,\ 2,\ \cdots,\ n \tag{17.79}$$

이는 17.1절의 5항과 같이 해석된다. 기호 $B(n,\ p)$는 매개변수가 $n,\ p$인 이항분포를 나타낸다. 평균, 분산 및 왜곡도계수는 다음과 같다.

$$E(X)=\mu=np \tag{17.80}$$

$$Var(X)=\sigma^2=np(1-p) \tag{17.81}$$

$$\gamma=\frac{1-2p}{[np(1-p)]^{1/2}} \tag{17.82}$$

그림 17.7a는 이항분포의 한 예이며 특히 n이 크고 $p=0.5$이면 왜곡도는 영이므로 대칭분포 그림 17.7b가 된다. 누가분포함수는

$$F(X)=\sum_{i=1}^{n}\binom{n}{i}p^{i}(1-p)^{n-i} \tag{17.83}$$

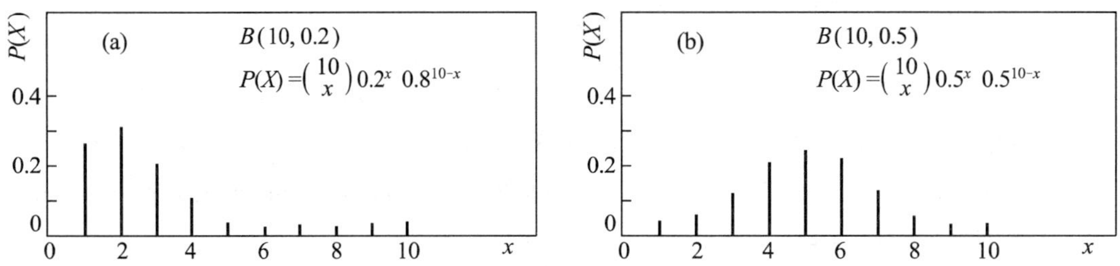

그림 17.7 이항분포의 질량함수

예제 17.6

공사 기간이 3년인 구조물에 대한 가물막이댐이 20년 홍수에 대하여 축조된다. $B(3,\ 0.05)$에 대한 다음 확률을 구하라.

[풀이]

(a) 20년 홍수가 3년 동안에 평균 몇 번 일어나는가?

이는 1회 또는 그 이상 일어나는 경우이므로 3년 동안에 한 번도 일어나지 않을 확률의 여사상이다. 20년 홍수가 매년 일어날 확률(18.1 참조)은 $p=1/20=0.05$이므로 여사상을 이용하면,

$$P(\text{1회 또는 그 이상 일어나는 홍수})=1-P(\text{3년 동안 홍수 무발생})$$
$$=1-\binom{3}{0}(0.05)^{0}(1-0.05)^{3}=0.143$$

(b) 가물막이댐이 3년 동안 정확하게 한 번 월류될 확률.

월류되는 사상 A의 확률을 p라 하면 비월류인 여사상 B의 확률은 $(1-p)$이다. 각 해에 월류될 확률은

$$첫째\ 해\ ABB = p(1-p)(1-p) = p(1-p)^2$$
$$둘째\ 해\ BAB = (1-p)p(1-p) = p(1-p)^2$$
$$셋째\ 해\ BBA = (1-p)(1-p)p = p(1-p)^2$$

월류사상이 3회 일어나므로 구하고자 하는 확률은

$$P(X=1) = 3p(1-p)^2 = 3 \times 0.05 \times 0.05^2 = 0.135$$

또는 식 (17.79)를 이용하면 $P(X=1) = \binom{3}{1} p^1 (1-p)^2 = 3 \times 0.05 \times 0.95^2 = 0.135$

(c) 20년 홍수가 3년 동안에 일어나지 않은 확률.
20년 홍수가 매년 일어날 확률은 $p = 0.05$이고 $n = 3,\ x = 0$이므로 식 (17.79)에 의하면

$$P(3회\ 시행\ k=0\ 성공) = \binom{3}{0} 0.05^0 (1-0.05)^3 = \frac{3!}{0!(3-0)!} 0.05^0 \times 0.95^3 = 0.857$$

일어나지 않은 확률 0.857은 신뢰도를 나타내므로 위험도는 14.3% (=1−0.857)이다.

(d) 가물막이댐이 3년째에 월류될 확률.
첫해와 둘째 해에 비월류될 확률은 $(1-p)$이고 3년째에 월류될 확률은 p이다. 이들은 서로 독립사상이므로

$$P = (1-p)(1-p)p = 0.95^2 \times 0.05 = 0.045$$

기하분포

운전면허를 얻을 때까지 수차례 면허시험을 보거나 인터넷전화에 접속되기까지 여러 번 번호를 누르는 것 등은 기하분포의 예이다. 이와 같이 일련의 $(k-1)$ 실패 후에 성공할 확률 또는 홍수량 Q^*와 같거나 초과하는 홍수량이 일어나는 데 몇 년이 경과되어야 하는지에 관한 문제가 일어나고 이러한 문제는 기하분포를 이용해서 해결된다. **기하분포**(幾何分布; geometric distribution)는 처음 성공에 이르는 일련의 시도(실패)를 모형화하는 이산형 확률분포이다. 이는 $(k-1)$ 연속실패(비초과) 다음에 하나의 성공(초과)이 일어나는 k년째 초과확률이다. 기하분포는 다음 두 조건을 만족해야 한다. (1) 각 시도(실패)는 서로 독립적이다. (2) 성공확률은 일정하다.

매년 발생(성공)할 확률이 $p = 0.02$이고 미발생(실패)할 확률이 $q = 1-p$인 50년 홍수가 50년째에 발생하는 확률을 생각한다. 첫 해$(k=1)$에 미발생(실패)할 확률은 $1-p = 1-0.02 = 0.98$, 처음 둘째 해$(k=2)$에 미발생(실패) 확률은 $(1-p)(1-p) = (1-p)^2 = 0.98^2 = 0.96$, 49년째 해$(k=49)$에 미발생(실패) 확률은 $(1-p)^{49} = (1-0.02)^{49} = 0.37$, 50년째 해$(k=50)$에 50년 홍수의 발생(성공)확률은 $(1-p)^{49}p = (1-0.02)^{49}(0.02) = 0.0074$이다. 이의 일반식은 기하분포의 확률질량함수를 제공한다.

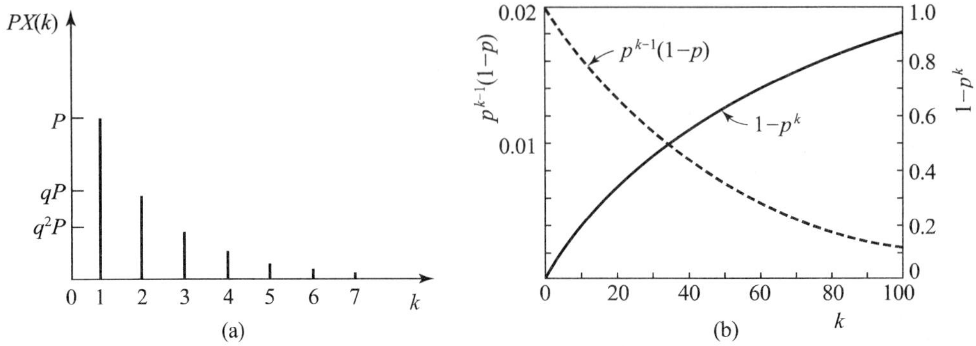

그림 17.8 (a) 기하분포(식 17.84), (b) 기하분포의 확률질량함수와 확률분포함수

$$P(k\text{년에 성공(홍수) 또는 }(k-1)\text{년 다음해에 성공(홍수)})$$
$$= P(X=k) = P(FF\cdots FS) = \underbrace{P(F)P(F)\cdots P(F)}_{k-1}P(S) = (1-p)^{k-1}p = q^{k-1}p \quad (17.84)$$

p는 처음 k회 시행에서 사상이 발생하는 확률로서 $(k-1)$회의 실패 또는 홍수 미발생 시행을 필요로 한다. 성공확률이 p이면 처음 성공에 이르는 데 요하는 시도(실패)의 수는 $1/p$이다.

그러면 특정 홍수가 k년 또는 그 이내에 일어날 확률은 얼마인가? 또는 특정 홍수가 발생하는 데 몇 년이 걸리는가? 구체적으로 첫 시도에서 성공가능성, 둘째 시도에서 성공가능성 등은 얼마인가? 기하분포는 첫 성공에 이르는 실패의 수 결정을 가능하게 한다. 이에 관해서 50년 홍수를 다시 생각한다. 첫 해($k=1$)에 50년 홍수가 발생할 확률은 $P(X=1)=0.02$, 또는 식 (17.84)에 의하면 $P(X=1)=(1-p)^{1-1}p=p=0.02$, 처음 두 해($k=2$)에 발생할 확률은 첫 해 발생확률과 둘째 해 발생확률의 합이다. $P(X=2)=P(X=1)+(1-p)p$ 또는 $P(X=2)=p+(1-p)p=0.02+(1-0.02)0.02=0.0396$. 이에 대한 일반식은

$$\begin{aligned} P(X\le k) &= P(X=1)+P(X=2)+\cdots+P(X=k) \\ &= p+(1-p)p+(1-p)^2p+\cdots+(1-p)^{k-1}p \\ &= \sum_{i=1}^{k}(1-p)^{k-1}p = 1-(1-p)^k \end{aligned} \quad (17.85)$$

이는 기하분포의 누가분포함수 $F(x)$이다. 식 (17.85)는 $1-q^k$과 같게 되고 k가 큰 경우로 200년 또는 그 이내에 발생할 확률은 0.982이다. 이로부터 $k\to\infty$가 되면 식 (17.85)는 $P(K\le\infty)=1$이 됨을 알 수 있다. 각 시행이 독립적일 경우 k시행에서 성공하지 않을 확률은 q^k이다. 따라서 이에 대한 배반사상은 k 또는 그 이하의 시행에서 성공할 확률 $1-q^k$이다.

평균 $\qquad \mu = 1/p \qquad (17.86)$

분산 $\qquad \sigma^2 = (1-p)/p^2 \qquad (17.87)$

예제 17.7

5년 공사에 대한 가물막이댐이 25년 홍수에 대하여 설계된다. 각 해에 가물막이댐이 초과되는 확률을 구하라.

[풀이] 재현기간 $T=25$년 홍수가 발생할 확률은 $p=1/T=1/25=0.04$이므로 식 (17.84)에 의하면 $P(X=k)=(1-p)^{k-1}p=0.96^{k-1}(0.04)$이다. 따라서 각 해에 초과될 확률은

$$k=1 \qquad P(X=1)=0.96^{1-1}(0.04)=0.04$$
$$k=2 \qquad P(X=2)=0.96^{2-1}(0.04)=0.0384$$
$$k=3 \qquad P(X=3)=0.96^{3-1}(0.04)=0.0369$$
$$k=4 \qquad P(X=4)=0.96^{4-1}(0.04)=0.0354$$
$$k=5 \qquad P(X=5)=0.96^{5-1}(0.04)=0.0340$$

예제 17.8

10년 홍수가 사업준공 후 처음 5년째에 일어날 확률을 구하라.

[풀이] 이는 초과확률이 일어나기 전에 4년이 경과하는 확률이다. 10년 홍수가 발생할 확률은 $p=1/10=0.1$이므로 식 (17.84)에 따라

$$P(\text{5년째 초과확률})=P(X=5)=(1-p)^{k-1}p=(1-0.1)^{5-1}(0.1)=0.0656$$

지수분포

만약 확률변수 X가 호우사상 간의 시간 간격인 **사상간시간**(事象間時間; interarrival time)이라면 X는 다음과 같은 확률밀도함수를 갖는 **지수분포**(指數分布; exponential distribution)가 된다. 지수분포는 $\eta=1$인 감마분포의 특수한 경우로 확률밀도함수, 평균 및 분산은

$$f(x)=\lambda e^{-\lambda x} \qquad x \geq 0 \tag{17.88}$$

평균
$$\mu=\frac{1}{\lambda} \tag{17.89}$$

분산
$$\sigma^2=\frac{1}{\lambda^2} \tag{17.90}$$

표준편차는 평균과 같다. 따라서 변동계수는 $C_v=1$이다. 지수분포는 일정한 왜곡도계수 $C_s=2$를 갖는 양왜곡분포이다. 누가분포함수는 다음과 같다.

$$F(x)=\int_0^x \lambda e^{-\lambda x}\,dx=1-e^{-\lambda x} \tag{17.91}$$

지수분포는 감마나 극치분포와 같이 복잡한 왜곡된 분포를 근사하는 데 사용된다. 총 강우량이나 하천유량분포의 적합에 사용되기도 하나 대부분의 경우 홍수나 호우사상 간 시간 간격을 결정하는 데 적용된다.

예제 17.9

1년 중 어느 지역에 발생한 호우사상이 120개이고 평균지속기간이 4.6 hr이다. 계절적인 변화를 무시할 경우 8,760 hr의 1년 중 평균호우사상 간 시간 간격은

$$\bar{x} = \frac{8{,}760 - 120 \times 4.6}{120} = 68.4\ \text{hr}$$

$\lambda = 1/\bar{x} = 0.0146\ \text{hr}^{-1}$을 적용한 모멘트방법에 의하여 지수분포가 적합된다.

(a) 호우 간의 시간 간격이 5일=120 hr 이상일 확률 $P(X \geq 120)$를 구하라.

(b) 두 호우 간의 시간이 12시간 또는 그 이하가 되는 확률을 구하라.

[풀이]

(a) $P(X \geq 120)$는 $P(X < 120) = F(x)$의 여사상이므로 식 (17.91)에 따라

$$P(X \geq 120) = 1 - P(X < 120) = 1 - \int_0^{120} \lambda e^{-\lambda x}\, dx$$

$$= 1 - \left[1 - e^{-\lambda t}\right]_0^{120} = e^{-\lambda(120)} = e^{-0.0146(120)} = 0.17$$

(b) $P(X \leq 12) = \int_0^{12} \lambda e^{-\lambda t} dx = 1 - e^{-\lambda t} = 1 - \exp(-0.0146 \times 12)$

$= 1 - 0.84 = 0.16$

예제 17.10

어느 지역에 발생한 호우사상들의 평균강우깊이가 12 mm이다. 호우의 강우깊이가 25 mm보다 작거나 같게 되는 호우의 발생횟수의 백분율은 구하라.

[풀이] $\lambda = 1/\mu = 1/12$, $x = 25\ \text{mm}$ 이므로 식 (17.91)에 의하여 25 mm 보다 작거나 같게 되는 확률은

$$F(x) = 1 - e^{-\lambda x} = 1 - e^{-25/12} = 0.875$$

호우사상의 87.5%는 그 강우깊이가 25 mm보다 작거나 같다.

예제 17.11

어느 지역의 홍수 간 평균기간이 약 2년이다. 다음 홍수가 5년 또는 그 이상의 기간에서 발생할 확률을 구하라.

[풀이] $\lambda = 1/\bar{x} = 1/2 = 0.5$이므로 식 (17.91)에 따라

$$F(x \leq 5) = 1 - \exp(-0.5 \times 5) = 1 - 0.081 = 0.919$$

$$F(x \geq 5) = 1 - F(x < 5) = 1 - 0.919 = 0.081$$

5년 또는 그 이후에 홍수가 발생할 확률은 8.1%로 매우 낮다.

정규분포

정규분포(正規分布; normal distribution)는 종 모양의 대칭분포로서 Gauss분포 또는 **정규오차곡선**(normal error curve)이라고도 한다. 확률, 통계 전 영역의 기본이 되는 정규분포는 중심극한정리에 근거한다. **중심극한정리**(中心極限定理; central limit theorem)는 $Y = X_1 + X_2 + \cdots + X_n$을 구성하는 각 계열 X_i가 평균이 μ, 분산이 σ^2인 독립적이고 동일한 분포를 가질 때 n이 무한히 크게 되면 Y는 평균이 $n\mu$, 분산이 $n\sigma^2$인 정규분포에 접근한다. 이 정리는 x가 어떠한 분포인지에 관계없이 성립된다. 많은 독립사상의 합으로 주어지는 연 강우량과 같은 수문변수는 정규분포가 되는 경향을 갖는다. 정규분포의 매개변수는 평균 μ와 표준편차 σ이고 확률밀도함수는 다음과 같으며 기호 $N(\mu, \sigma^2)$으로 나타낸다.

$$f(x) = \frac{1}{\sigma\sqrt{2\pi}} \exp\left[-\frac{(x-\mu)^2}{2\sigma^2}\right] \qquad -\infty \le x \le \infty \tag{17.92}$$

변환변수인 **표준정규변수**(標準正規變數; standard normal variable) z를 정의함으로써

$$z = \frac{x-\mu}{\sigma} \tag{17.93}$$

다음과 같이 하나의 매개변수를 갖는 **표준정규분포**(標準正規分布; standard normal distribution)의 확률밀도함수를 얻으며 기호 $N(0,1)$으로 나타내고 이는 평균이 영, 분산이 1인 분포를 의미한다.

$$f(z) = \frac{1}{\sqrt{2\pi}}(-z^2/2) \qquad -\infty \le z \le \infty \tag{17.94}$$

누가분포함수는 다음과 같이 $f(z)$의 적분으로 주어진다.

$$F(z) = \int_{-\infty}^{z} \frac{1}{\sqrt{2\pi}} e^{-u^2/2} du \tag{17.95}$$

정규분포의 특징은 평균치를 기준으로 등분포가 되어 왜곡도가 영인 대칭분포이다. 따라서 평

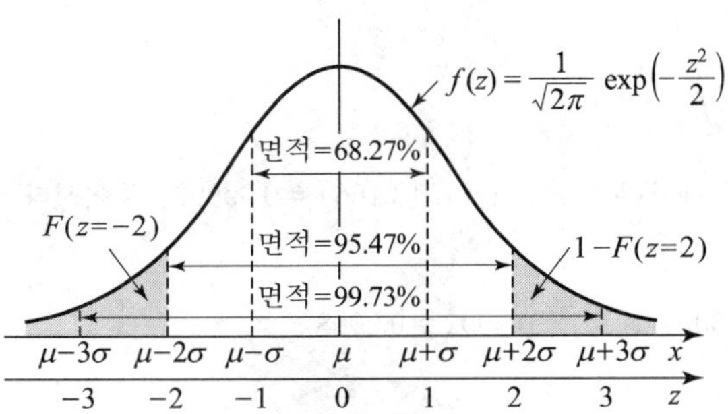

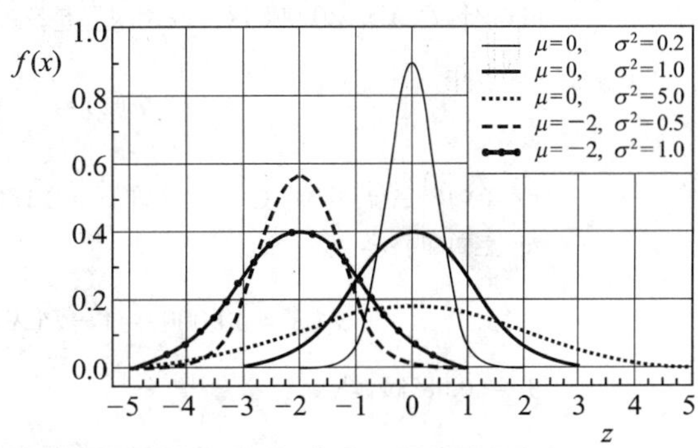

그림 17.9 정규분포확률분포의 특성

균, 중앙치 및 최빈수가 일치한다. 식 (17.95)의 적분은 해석적으로는 수행되지 않으므로 z의 분포함수 $F(z)$(표 부록 C-1) 또는 간략식 식 (17.96)(Dorenzo, 1977)을 이용해서 구한다.

$$F(z) = 1 - 0.5\ \exp\left[-\frac{(83z+351)z+562}{703/z+165}\right] \qquad 0 < z \le 5 \tag{17.96}$$

$$z_p = F(p)^{-1} = \frac{p^{0.135} - (1-p)^{0.135}}{0.1975} \tag{17.97}$$

확률가중모멘트방법에 의한 매개변수추정: 처음 두 L-모멘트(Hosking과 Wallis, 1997)는

$$\lambda_1 = \mu, \qquad \lambda_2 = 0.5642\sigma = \pi^{-1/2}\sigma \tag{17.98}$$

이로부터 평균과 표준편차는 L-모멘트로 정의된다.

$$\mu = \lambda_1, \qquad \sigma = \pi^{1/2}\lambda_2 \tag{17.99}$$

예제 17.12

한강대교지점의 연 최대홍수기록(표 17.6)의 평균이 10,840 m^3/s, 표준편차가 6,051 m^3/s일 때 (a) 100년 홍수, (b) 30,000 m^3/s를 초과하는 홍수량의 확률을 구하라.

[풀이]

(a) 100년 홍수는 $1/T = 1/100 = 0.01$의 초과확률 $P(X > x)$에 상응하므로 비초과 또는 누가확률 $P(X = x) = 0.99$를 만족하는 x를 구하는 것이다. 이는 $F(z) = 0.99$를 만족하는 z를 구함으로써 가능하다. 부록 C-1로부터 $F(z) = 0.99$에 대한 z는 $z = 2.327$이다. 식 (17.93)에 따라 100년 홍수 x는

$$x = 10{,}840 + 2.327(6{,}051) = 24{,}920.68\ m^3/s$$

(b) 30,000 m^3/s를 초과하는 초과확률은 $P(X > 30{,}000) = 1 - P(X \le 30{,}000)$로 주어지므로 비초과확률 $P(X \le 30{,}000)$를 먼저 구한다. 변환변수 z는 식 (17.93)에 따라

$$z = \frac{30{,}000 - 10{,}840}{6{,}051} = 3.166$$

따라서 $P(X \le 30{,}000)$는 표준정규분포에서

$$F(z) = \frac{1}{\sqrt{2\pi}} \int_{-\infty}^{3.166} e^{-z^2/2} dz$$

로 주어지므로, 부록 C-1로부터 $z = 3.166$에 해당하는 $F(z)$는 $F(3.166) = 0.9992$로 주어진다. 따라서 초과확률은

$$P(X > 30{,}000) = 1 - P(X \le 30{,}000) = 1 - 0.9992 = 0.0008$$

또는 0.08%이다.

대수정규분포

하천유량과 같이 많은 수문 자료계열은 정규분포를 하지 않으나 대수로 변환된 계열은 정규분포에 가까운 분포를 한다. 확률변수 $y = \log x$ 가 정규분포이면 x 는 **대수정규분포**(對數正規分布; log-normal distribution)이다. 따라서 대수정규분포는 왜곡된 분포에 자주 이용된다. 정규분포에 대한 대수정규분포의 이 점은 분포의 범위가 $x > 0$ 이므로 모든 수문자료가 음수가 아닌 점에 부합되고 대수변환은 수문자료에서 일반적으로 나타나는 양왜곡도를 감소시키는 경향이 있다. 이와 같은 감소경향은 대수를 취하면 작은 수에서보다 큰 수에서 감소효과가 크기 때문이다. 대수변환에는 상용, 자연대수의 양자 다 사용된다. y 는 정규분포이므로 변환된 변수 y 의 왜곡도계수는 영($C_s = 0$)이다. 확률밀도함수, 매개변수인 평균 $\mu_y = \bar{y}$, 분산 $\sigma_y^2 = S_y^2$ 은 다음과 같다.

$$f(x) = \frac{1}{x\sigma_y\sqrt{2\pi}}\exp\left[-\frac{(y-\mu_y)^2}{2\sigma_y^2}\right] \quad x > 0 \tag{17.100}$$

$$y_i = \ln x_i \tag{17.101}$$

$$\bar{y} = \frac{1}{n}\sum_{i=1}^{n} y_i \tag{17.102}$$

$$S_y^2 = \frac{1}{n-1}\sum_{i=1}^{n}(y_i^2 - n\bar{y}^2) \tag{17.103}$$

정규분포의 적용은 두 방법으로 시행된다.

(1) **모멘트방법에 의한 매개변수추정**: 변환되지 않은 자료(x)의 모멘트를 계산하여 변환된 대수치의 모멘트와 관계시키는 것이다. x 자료계열과 변환된 $y = \ln x$ 자료계열의 매개변수(평균, 분산, 변동계수 및 왜곡도계수)의 관계식은 다음과 같다.

$$E(X) = \mu_x = \exp(\mu_y + \sigma_y^2/2) \tag{17.104}$$

$$Var(X) = \sigma_x^2 = \mu_x^2[\exp(\sigma_y^2) - 1] \tag{17.105}$$

$$C_v = [\exp(\sigma_y^2) - 1]^{0.5} \tag{17.106}$$

$$C_s = (\exp\sigma_y^2 - 1)^{1/2}(\exp\sigma_y^2 + 2) = 3C_v + C_v^3 \tag{17.107}$$

모멘트방법에 의하거나 식 (17.105), (17.104)를 σ_y, μ_y에 관하여 정리하고 $n\ln x = \ln x^n$을 이용하면

$$\sigma_y = \left[\ln(1 + \sigma_x^2/\mu_x^2)\right]^{1/2} = \left[\ln(1 + C_v^2)\right]^{1/2} \tag{17.108}$$

$$\mu_y = \ln\mu_x - \sigma_y^2/2 = 1/2\ln\left[\mu_x^2/(1 + C_v^2)\right] \tag{17.109}$$

(2) 모든 유량자료의 대수변환된 자료($y = \ln x$)의 평균과 분산을 식 (17.102~103)을 이용하

여 계산한다.

표준정규분포의 부록 C-1은 대수정규분포에도 적용된다. $Y = \ln X$가 단조(monotonic)함수이므로 $P(X \le x) = P(Y \le y)$가 성립된다. Y가 정규분포이므로 $P(Y \le y) = P(Z \le z)$가 또한 성립되고 여기서 z는

$$z = \frac{y - \mu_y}{\sigma_y} \tag{17.110}$$

상용대수 $Y = \log(X)$가 적용되는 경우 평균과 분산은

$$\mu_x = 10^{\mu_y + 2.303\sigma_y^2/2}, \qquad \sigma_x^2 = \mu_x^2 (10^{2.303\sigma_y^2} - 1) \tag{17.111}$$

식 (17.111)을 σ_y^2과 μ_y에 관하여 정리하면

$$\sigma_y^2 = \left[\log(1 + \sigma_x^2/\mu_x^2)\right]/2.303 \tag{17.112}$$

$$\mu_y = \log\mu_x - 2.303\sigma_y^2/2 \tag{17.113}$$

여기서 $2.303 = \ln(10)$이다.

확률가중모멘트방법에 의한 매개변수 추정: 1, 2차 L-모멘트 l_1, l_2의 표현으로부터 $y = \ln x$의 평균과 표준편차는 다음과 같이 유도된다(Rao와 Hamed, 2000).

$$S_y = 2\,erf^{-1}(l_2/l_1) = 2\,erf^{-1}(t) = 2z/\sqrt{2} \tag{17.114}$$

$$\bar{y} = \ln l_1 - S_y^2/2 \tag{17.115}$$

여기서 $erf(t) = 2/\sqrt{2}\int_0^t e^{-z^2}dz = 2F(t\sqrt{2}) - 1$은 오차함수, $erf^{-1}(t)$는 $z/\sqrt{2}$로 산정되고 z는 정규분포함수 $F = (t+1)/2$에 대한 표준정규변량이다.

예제 17.13

대수정규분포를 이용해서 예제 17.12를 반복하라. 대수변환된 y의 평균과 표준편차는 각각 3.974, 0.235 (표 17.6)이다.

[풀이]

(a) 100년 홍수는 $1/T = 1/100 = 0.01$의 초과확률 $P(X > x)$에 상응하므로 $P(X = x) = 0.99$를 만족하는 X를 구하는 것이고 이는 $F(z) = 0.99$를 구하는 것이 된다. 부록 C-1로부터 $F(z) = 0.99$에 대한 z는 $z = 2.327$이다. 식 (17.110)에 따라

$$y = \bar{y} + zS_y = 3.974 + 2.327(0.235) = 4.521$$

$y = \log x$로부터

$$x = 10^y = 10^{4.521} = 33{,}189\ \mathrm{m^3/s}$$

이 값은 예제 17.12의 정규분포의 24,914 m^3/s보다 크다. 그러나 대수정규분포가 실제 자료의 왜곡도를 보다 정확하게 반영하는 점에서 33,189 m^3/s가 개선된 유량으로 고려될 수 있다.

(b) 30,000 m^3/s의 초과확률

(1) 변환자료 이용: $y = \log_{10}(30{,}000) = 4.477$이므로 식 (17.110)에 따라

$$z = \frac{y - \mu_y}{\sigma_y} = \frac{4.477 - 3.974}{0.235} = 2.140$$

부록 C-1부터 $z = 2.14$에 대하여 $F(2.14) = 0.9838$이다. 따라서 $P(X > 30{,}000) = 1 - 0.9838 = 0.0162$

(2) 모멘트방법 이용: $C_{vx} = S/\overline{x} = 6{,}051/10{,}840 = 0.558$

식 (17.105), (17.106) 또는 식 (17.108)로부터 $S_y^2 = \ln(C_{vx}^2 + 1) = \ln(0.558^2 + 1) = 0.271$

μ_y는 식 (17.109)에 따라 $\overline{y} = \ln\overline{x} - S_y^2/2 = \ln(10{,}840) - 0.271/2 = 9.155$

식 (17.110)에 따라 $S_y = 0.521$과 $y = \ln(30{,}000) = 10.309$에 대한 z는

$$z = \frac{y - \overline{y}}{S_y} = \frac{10.309 - 9.155}{0.521} = 2.215$$

부록 C-1로부터 $F(2.215) = 0.9866$이므로

$$P(X > 30{,}000) = 1 - 0.9866 = 0.0134$$

(b)에서 (2)의 $\overline{y}$와 S_y는 (1)의 상용대수의 값들과 달리 자연대수의 값들이다. $P(X > 30{,}000)$에 대한 대수정규분포의 두 값 0.0162와 0.0134는 예제 17.12 정규분포의 0.0008보다 크다. (a)의 확률에서와 같은 이유로 대수정규분포의 결과에 높은 비중이 주어질 수 있다.

3변수 대수정규분포

많은 경우 확률변수 X의 대수변환도 정규분포가 되지 않으나 하한계 x_o를 뺀 $Y = \ln(X - x_o)$는 정규분포가 된다. 이 경우 X는 다음과 같이 주어진다.

$$X = x_o + \exp(Y) \tag{17.116}$$

X와 Y의 평균, 분산 및 왜곡도계수의 관계는

$$\mu_x = x_o + \exp(\mu_y + \sigma_y^2/2) \tag{17.117}$$

$$\sigma_x^2 = \left[\exp(2\mu_y + \sigma_y^2)\right]\left[\exp(\sigma_y^2) - 1\right] \tag{17.118}$$

$$\gamma_x = 3\phi + \phi^3 \tag{17.119}$$

여기서 $\phi = \left[\exp(\sigma_y^2) - 1\right]^{1/2}$이다.

한편 $Y = \ln(X - x_o)$를 적용하는 경우 Y의 매개변수는 다음과 같다.

모멘트방법에 의한 매개변수 추정: $(X - x_o)$의 변동계수 z_2(Kite, 1977), 평균 및 표준편차(Rao와 Hamed, 2000)는

$$z_2 = \frac{1 - w^{2/3}}{w^{1/3}} \tag{17.120}$$

$$w = \left[-\gamma_x + (\gamma_x^2 + 4)^{1/2}\right]/2 \tag{17.121}$$

$$\bar{y} = \ln(S_x/z_2) - \left[\ln(z_2^2 + 1)\right]/2 \tag{17.122}$$

$$S_y = \left[\ln(z_2^2 + 1)\right]^{1/2} \tag{17.123}$$

$$x_o = \bar{x} - S_x/z_2 \tag{17.124}$$

확률가중모멘트방법에 의한 매개변수 추정: Hosking(1990)에 의한 3변수 대수정규분포의 매개변수는 다음과 같다.

$$S_y = 0.999281\,u - 0.006118u^3 + 0.000127u^5 \tag{17.125}$$

$$\bar{y} = \ln\left[l_2/erf\left(\frac{S_y}{2}\right)\right] - \frac{S_y^2}{2} = \ln\left[l_2/\left\{2F\left(\frac{S_y}{2}\sqrt{2}\right) - 1\right\}\right] - \frac{S_y^2}{2} \tag{17.126}$$

$$x_o = l_1 - e^{(\bar{y} + S_y^2/2)} \tag{17.127}$$

$$u = \sqrt{\frac{8}{3}}\,F^{-1}\left(\frac{1 + t_3}{2}\right) \tag{17.128}$$

여기서 $F(\cdot)$는 표준정규분포의 누가확률이고 $F^{-1}(\cdot)$는 누가확률 F에 대한 표준정규변량 $z = F^{-1}(\cdot)$를 나타내고 t_3는 L-왜곡도계수(l_3/l_2)이다.

감마분포

감마분포는 홍수량을 위시하여 일, 월, 연 하천유량과 강우량깊이의 해석에 널리 사용된다. 감마분포는 완만하게 변하는 우측으로 긴 꼬리를 갖는 양왜곡분포형을 갖는다. 따라서 일반적으로 왜곡된 분포를 나타내는 수문자료를 대수변환과 같은 변환을 하지 않고서도 왜곡된 수문변수를 기술하는 데 유용하다. 또한 감마분포는 η번째 사상의 발생시간을 결정하는 데 사용된다. η번째 사상의 발생시간 X_η는 첫 번째 사상까지의 시간 T_1, 첫 번째 사상과 두 번째 사상 간의 시간 T_2, 두 번째와 세 번째 사상 간의 시간 T_3를 계속하여 T_η까지 합산한 시간이다. 즉 $X_\eta = T_1 + T_2 + T_3 \cdots + T_\eta$. 사상 간의 시간 간격 T는 지수분포로 설명되므로 감마분포는 η개 지수함수의 합의 결과이다. 2변수 감마분포의 확률밀도함수와 모멘트법에 의한 평균, 분산, 왜곡도계수는 다음과 같다.

$$f(x) = \frac{\lambda^\eta x^{\eta-1} e^{-\lambda x}}{\Gamma(\eta)} \qquad x \ge 0 \tag{17.129}$$

$$E[X] = \eta/\lambda \tag{17.130}$$

$$Var[X] = \eta/\lambda^2 \tag{17.131}$$

$$\gamma = \frac{2}{\sqrt{\eta}} = 2C_v \tag{17.132}$$

여기서 $\eta > 0$는 형상매개변수, λ는 축척매개변수, Γ는 감마함수이다. 매개변수는 식 (17.130)과 (17.131)로부터

$$\eta = \frac{\overline{x}^2}{S_x^{\ 2}} \tag{17.133}$$

$$\lambda = \frac{\overline{x}}{S_x^{\ 2}} \tag{17.134}$$

누가분포함수 $F(x)$는

$$F(x) = \int_0^x f(u)du = \frac{\lambda^\eta}{\Gamma(\eta)}\int_0^x u^{\eta-1}e^{-\lambda u}du = \frac{\Gamma(\eta, \lambda x)}{\Gamma(\eta)} \tag{17.135}$$

여기서 $\Gamma(\eta)$는 감마함수, $\Gamma(\eta, \lambda x)$는 불완전감마함수, $\Gamma(\eta)$는 표(부록 C-8)로 주어진다.

표준화감마변수 y는

$$y = \lambda x \tag{17.136}$$

이에 대한 확률밀도함수와 누가분포함수는

$$f(y) = y^{\eta-1}e^{-y}/\Gamma(\eta), \qquad F(x) = \int_0^y \frac{y^{\eta-1}e^{-y}}{\Gamma(\eta)}dy \tag{17.137}$$

상이한 형상매개변수 η에 대한 $F(x)$에 해당하는 표준화감마변수 y는 표 17.4로 주어진다 (Natural Environment Research Council, 1975). 2변수 감마분포(η, λ)는 하한계가 영이고 이는 3변수 감마분포 또는 피어선Ⅲ분포에서 하한계를 영($x_o = 0$)으로 놓은 경우에 해당된다. 이의 단점은 하한계가 영보다 작은 수문변수에 적용되는 경우이다. 하한계로 x_o를 도입하면 $(x - x_o)$는

표 17.4 감마분포의 변환변수 y값
(Natural Environment Research Council, 1975)

$F(y)$	$\eta=1$	$\eta=2$	$\eta=5$	$\eta=10$	$\eta=20$
0.10	0.105	0.532	2.433	6.221	14.53
0.20	0.223	0.824	3.090	7.289	16.17
0.30	0.357	1.097	3.634	8.133	17.44
0.40	0.511	1.376	4.148	8.904	18.57
0.50	0.693	1.678	4.671	9.669	19.67
0.60	0.916	2.022	5.237	10.476	20.81
0.70	1.204	2.439	5.890	11.387	22.08
0.80	1.609	2.994	6.721	12.519	23.63
0.90	2.303	3.890	7.994	14.206	25.90
0.95	2.996	4.744	9.154	15.705	27.88
0.99	4.605	6.638	11.605	18.783	31.85

3변수 감마분포가 되고 피어선Ⅲ분포와 같게 된다. $\eta \to \infty$ 이면 감마분포는 대칭인 정규분포에 접근하고 $0 < \eta < 1$ 이면 $x = 0$ 에서 무한대가 되는 심한 비대칭분포가 된다. $\eta = 1$ 이면 지수분포가 얻어진다.

확률가중모멘트방법에 의한 매개변수 추정: 매개변수 η와 λ는 L-모멘트 l_1과 모멘트비 $t = l_2/l_1$의 항으로 주어진다.

1) $0 < t < 0.5$ 이면 $z = \pi t^2$

$$\eta = \frac{1 - 0.30380z}{z - 0.05812z^2 + 0.01765z^3} \tag{17.138}$$

2) $0.5 < t < 1.0$ 이면 $z = 1 - t$

$$\eta = \frac{0.7213z - 0.5947z^2}{1 - 2.1817z + 1.2113z^2} \tag{17.139}$$

$$\lambda = \eta / l_1 \tag{17.140}$$

예제 17.14

장성 삼서지방의 강우기록(표 18.3)으로부터 $F(x) = 0.90$에 해당하는 연 최대일강우량을 구하라.

[풀이] 평균치 $\bar{x} = 117.2\ \text{mm}$, 표준편차 $S = 40.1\ \text{mm}$ 로부터 먼저 η와 λ를 계산한다.

식 (17.134)로부터 $\lambda = \bar{x}/S^2 = 117.2/40.1^2 = 0.0729$

식 (17.130)으로부터 $\eta = \bar{x}\lambda$ 이므로

$$\eta = \bar{x}\lambda = 117.2 \times 0.0729 = 8.544$$

따라서 $F(x) = 0.90$과 $\eta = 8.544$에 대한 y는 표 17.4로부터 $y = 12.397$ 이므로 $F(x) = 0.90$ 또는 재현기간 10년에 해당하는 강우량은 식 (17.136)에 따라

$$x = y/\lambda = 12.397/0.0729 = 170.05\ \text{mm}$$

피어선Ⅲ분포(Pearson type Ⅲ distribution)

피어선Ⅲ분포(Pearson type Ⅲ distribution, P3)는 3변수 감마분포(three parameter Gamma distribution)라고도 한다. 확률밀도함수는 3개의 매개변수 λ, η 및 하한계 x_o로 기술되고 이들은 모멘트방법에 의한 평균, 표준편차 및 왜곡도계수의 변환으로 주어진다.

모멘트방법에 의한 매개변수 추정(Rao와 Hamed, 2000)

$$\eta = \left(\frac{2}{C_s}\right)^2 \tag{17.141}$$

$$\lambda = \frac{S}{\sqrt{\eta}} \tag{17.142}$$

$$x_o = \bar{x} - S\sqrt{\eta} = \bar{x} - \lambda\eta \tag{17.143}$$

확률가중모멘트방법에 의한 매개변수 추정(Hosking과 Wallis, 1997).

(1) $0 < |t_3| < 1/3$이면 $z = 3\pi t_3^2$

$$\eta = \frac{1 + 0.2906z}{z + 0.1882z^2 + 0.0442z^3} \tag{17.144}$$

(2) $1/3 \le |t_3| < 1$이면 $z = 1 - |t_3|$

$$\eta = \frac{0.36067z - 0.59567z^2 + 0.25361z^3}{1 - 2.78861z + 2.56096z^2 - 0.77045z^3} \tag{17.145}$$

$$\lambda = \frac{\sqrt{\pi}\, l_2 \Gamma(\eta)}{\Gamma(\eta + 1/2)} \tag{17.146}$$

$$x_o = l_1 - \eta\lambda \tag{17.147}$$

$\lambda > 0$, $x_o = 0$이면 P3는 감마분포가 되고 $\gamma_x = 2C_v$가 된다. 또한 $\eta = 1$, $\gamma_x = 2$이면 지수분포가 된다. 연 최대홍수량에 적용되며 자료가 왜곡되면 대수변환을 취하여 왜곡도를 줄일 수 있다. 처음 두 L-모멘트는

$$\lambda_1 = x_o + \frac{\eta}{\lambda}, \qquad \lambda_2 = \frac{\Gamma(\eta + 0.5)}{\sqrt{\pi}\,\lambda\Gamma(\eta)} \tag{17.148}$$

대수피어선Ⅲ분포

x가 **대수피어선Ⅲ분포**(Log-Pearson type Ⅲ distribution, LP3)이면 $y = \log x$ 또는 $\ln x$는 피어선Ⅲ분포(3변수 감마분포)를 따른다. 이는 US Water Resources Council이 권장하는 미국 연 최대홍수량 빈도해석의 기준이 되는 분포이다. 대수변환된 자료($\log x$)는 분포의 왜곡을 감소시킨다. 이러한 점에서 첨두홍수량자료의 해석에 많이 이용된다. $y = \log x$의 분포의 왜곡도계수가 영($\gamma_y = 0$)이면 $\log x$가 평균에 관하여 대칭이 되어 대수피어선Ⅲ분포는 대수정규분포가 되고 y는 정규분포가 된다. $|\gamma| = 2$이면 LP3는 지수분포에 접근한다. 대수피어선Ⅲ분포의 한계 x_o는 자료의 왜곡에 따라 다르게 된다. 오른쪽으로 꼬리를 갖는 양왜도($\lambda > 0$)이면 $\log X \ge x_o$ (또는 $X \ge e^{x_o}$)로 x_o(또는 e^{x_o})는 하한계가 되고, 음왜도($\lambda < 0$)이면 $\log X \le x_o$(또는 $0 < X < e^{x_o}$)로 되어 x_o가 상한계가 된다. 대수피어선Ⅲ분포의 3 매개변수 λ, η 및 x_o는 피어선Ⅲ분포의 식 (17.141~143)과 같이 주어지며 이 경우 평균, 표준편차 및 왜곡도계는 $y = \ln x$(또는 $y = \log x$)에 대하여 계산된다.

일반극치분포(GEV)

극치는 자료군의 최대 또는 최소치이다. 주어진 지점에서 연 최대유량계열은 극치계열을 형성한다. 수문학에서는 최대홍수, 극심한 가뭄 또는 최대강우량과 같은 극치에 많은 관심을 갖

게 된다. **극치분포**(極値分布; extreme value distribution)는 주로 연 최대(소)치 계열분포의 이론적인 유도에 관한다. **일반극치분포**(一般極値分布; generalized extreme value, GEV)의 확률밀도함수, 누가분포함수, 평균 및 분산은 각각

$$f(x) = \frac{1}{\alpha}\left[1 - k(\frac{x-u}{\alpha})\right]^{1/k-1} e^{-\left[1-k(\frac{x-u}{\alpha})\right]^{1/k}} \tag{17.149}$$

$$F(x) = \exp\left\{-\left[1 - \frac{k(x-u)}{\alpha}\right]^{1/k}\right\} \tag{17.150}$$

$$\mu = u + \frac{\alpha}{k}[1 - \Gamma(1+k)] \tag{17.151}$$

$$\sigma^2 = \left(\frac{\alpha}{k}\right)^2 [\Gamma(1+2k) - \{\Gamma(1+k)\}^2] \tag{17.152}$$

여기서 k는 분포형을 나타내는 형상매개변수로 $-0.6 \sim 0.6$의 범위이다. u는 위치매개변수, α는 축척매개변수이다. 분포함수 $F(x)$의 역은 분위수추정식을 제공한다.

$$x = u + \frac{\alpha}{k}[1 - (-\log F)^k] \tag{17.153}$$

모멘트방법에 의한 GEV분포의 매개변수 추정:

GEV는 형상매개변수 k에 따라 분포형이 달라지고 k값은 왜곡도계수 C_s에 의하여 결정된다 (Rao와 Hamed, 2000).

(1) EV2: $k < 0,\ 1.14 < C_s < 10$

$$k = 0.2858221 - 0.357983\,C_s + 0.116659\,C_s^2 - 0.022725\,C_s^3 + 0.002604\,C_s^4 - 0.000161\,C_s^5 + 0.000004\,C_s^6 \tag{17.154}$$

(2) EV2: $k < 0,\ -10 < C_s < 0$

$$k = -0.50405 - 0.00861\,C_s + 0.015497\,C_s^2 + 0.005613\,C_s^3 + 0.00087\,C_s^4 + 0.000065\,C_s^5 \tag{17.155}$$

(3) EV3: $k > 0,\ -2 < C_s < 1.14$

$$k = 0.277648 - 0.322016\,C_s + 0.060278\,C_s^2 + 0.016759\,C_s^3 - 0.005873\,C_s^4 - 0.00244\,C_s^5 - 0.000050\,C_s^6 \tag{17.156}$$

매개변수 α와 u는 식 (17.151)과 (17.152)를 이들에 관하여 정리하여 얻어진다.

$$\alpha = \left[S^2k^2/\{\Gamma(1+2k) - \Gamma^2(1+k)\}\right]^{1/2} \tag{17.157}$$

$$u = \bar{x} - \frac{\alpha}{k}[1 - \Gamma(1+k)] \tag{17.158}$$

확률가중모멘트방법에 의한 GEV분포의 매개변수 추정:

매개변수는 L-모멘트 항으로 주어진다(Hosking과 Wallis, 1997).

$$k \approx 7.8590c + 2.9554c^2, \qquad c = \frac{2}{3+\tau_3} - \frac{\log 2}{\log 3} \tag{17.159}$$

$$\alpha = \frac{\lambda_2 k}{(1-2^{-k})\Gamma(1+k)}, \qquad u = \lambda_1 - \alpha\,[1-\Gamma(1+k)]/k \tag{17.160}$$

예제 17.15

28년 연 최대풍속자료에 GEV분포를 적용하여 L-모멘트방법으로 풍속분위수를 추정하라.

연 최대풍속(1950～1977) Florida, Macon(Hosking, 1997) (단위: mi/hr)

32	32	34	37	37	38	40	40	40	42
42	42	43	44	45	45	46	48	49	50
51	51	51	53	53	58	58	60		

[풀이] 28년 풍속자료의 평균은 $\bar{x}$=45.04 mi/hr이고 처음 3 확률가중모멘트(PWM)는 식 (17.68～17.70)에 따라(예제 17.5 참조)

$$b_o = \bar{x} = 45.04$$

$$b_1 = \frac{1}{n(n-1)}\sum_{i=2}^{n}(i-1)x_i = 24.75$$

$$b_2 = \frac{1}{n(n-1)(n-2)}\sum_{i=3}^{n}(i-1)(i-2)x_i = 17.27$$

이들 PWM을 이용한 연 최대풍속자료의 L-모멘트와 L-모멘트비를 계산한다(식 17.76～17.78).

n	l_1	l_2	t	t_3	t_4
28	45.04	4.46	0.0990	0.0406	0.0838

이들 모멘트를 식 (17.159～160)에 대입하여 GEV의 매개변수를 구한다.

$$c = \frac{2}{3+\tau_3} - \frac{\log 2}{\log 3} = \frac{2}{3+0.0406} - \frac{\log 2}{\log 3} = 0.0268$$

$$k \approx 7.8590c + 2.9554c^2 = 7.8590 \times 0.0268 + 2.955 \times 0.0268^2 = 0.213$$

$$\alpha = \frac{\lambda_2 k}{(1-2^{-k})\Gamma(1+k)} = \frac{4.46 \times 0.213}{(1-2^{-0.213})(\Gamma(1+0.213)} = 7.56$$

$$u = \lambda_1 - \alpha\,[1-\Gamma(1+k)]/k = 45.04 - 7.56\,[1-\Gamma(1+0.213)]/0.213 = 42.1$$

분위수식 식 (17.153)에 매개변수의 값을 대입한다.

$$x(F) = u + \alpha\left[1-(-\ln F)^k\right]/k$$

$$= 42.1 + 7.56\left[1-(-\ln F)^{0.213}\right]$$

위 식을 이용한 연 최대풍속자료에 대한 누가확률별 분위수는 다음과 같다.

F	0.01	0.10	0.50	0.90	0.99
$x(F)$(mi/hr)	28	35	45	56	64

극치이론에서 극치의 수가 충분히 크게 되면 극치분포는 Ⅰ, Ⅱ, Ⅲ 세 분포형의 하나가 되고 이들 분포형은 일반극치분포(GEV)의 한 경우이다. k에 따른 일반극치분포형은 다음과 같다.

$k=0$, $C_s=1.1396$ 일반극치Ⅰ분포 GEVⅠ(Gumbel분포) $-\infty < x < \infty$

$k<0$, $C_s>1.1396$ 일반극치Ⅱ분포 GEVⅡ(Frechet분포) 하한계 $u+\dfrac{\alpha}{k} \leqq x < \infty$

$k>0$, $C_s<1.1396$ 일반극치Ⅲ분포 GEVⅢ(Weibull분포) 상한계 $-\infty \leqq x \leqq u+\dfrac{\alpha}{k}$

극치Ⅰ분포 GEVⅠ(Gumbel분포)는 18.3과 18.5.7에서, 극치Ⅲ분포 GEVⅢ(Weibull분포)는 18.12.2에서 기술된다.

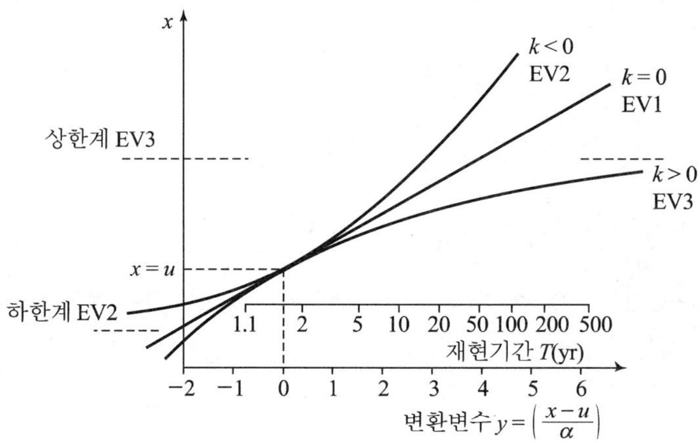

그림 17.10 관계식 $x=u+(1-e^{-ky})/k$의 변환변수 y의 함수로 나타낸 3유형의 극치분포

Wakeby분포

Wakeby분포는 5-매개변수를 가져서 3-매개변수를 갖는 분포로는 나타낼 수 없는 다양한 형상의 분포를 나타낼 수 있어 확률분포적합에 우수하고 인위적인 자료모의와 이질성 지역에 유용한 분포로 알려진다. 주어진 기록에 맞는 분포를 찾기 위하여 여러 분포를 적합시키는 것보다 비교검토가 용이한 Wakeby분포의 매개변수의 조합을 통한 Wakeby의 단일 분포를 적합시키는 것이 가능하다. Wakeby분포는 저수에서 홍수에 이르는 광범위한 유량에 적용 가능하여 홍수빈도 해석에 다른 분포보다 신축성을 갖는 분포이다. 그러나 이들 장점은 보다 확실한 증명을 필요로 하는 것으로 알려진다. Wakeby분포는 역함수의 형태로 정의된다(Houghton, 1977).

$$x=\xi+\frac{\alpha}{\beta}(1-(1-F)^{\beta})-\frac{\gamma}{\delta}(1-(1-F)^{-\delta}) \tag{17.161}$$

여기서 F는 누가분포함수 $F=F(x)=P(X\leq x)$이고 ξ, α/β, β, γ/δ, δ는 분포의 매개변수이다. Wakeby분포의 매개변수는 확률가중모멘트를 이용해서 추정된다.

Generalized Pareto분포

이는 Wakeby분포에서 $\gamma=0$, $\beta=k$인 특별한 경우로 확률밀도함수, 누가분포함수 및 F의 역함수는 다음과 같다.

$$\begin{aligned} f(x)&=\frac{1}{\alpha}\left\{1+k\frac{x-\xi}{\alpha}\right\}^{-(1/k+1)} && k\neq 0 \\ &=\frac{1}{\alpha}\exp\left\{-\frac{x-\xi}{\alpha}\right\} && k=0 \end{aligned} \tag{17.162}$$

$$\begin{aligned} F(x)&=1-\left\{1+k\frac{x-\xi}{\alpha}\right\}^{-1/k} && k\neq 0 \\ &=1-\exp\left\{-\frac{x-\xi}{\alpha}\right\} && k=0 \end{aligned} \tag{17.163}$$

$$x=\xi+\frac{\alpha}{k}\left[1-(1-F)^{k}\right] \qquad k\neq 0 \tag{17.164a}$$

$$x=\xi+\alpha\log(1-F) \qquad k=0 \tag{17.164b}$$

여기서 k는 형상매개변수, α는 축척매개변수, ξ는 위치매개변수이고 x의 범위는 $k\geq 0$이면 $x\geq\xi$이고, $k<0$이면 $\xi\leq x\leq\xi-\alpha/k$이다. 이들 매개변수는 L-모멘트를 이용해서 구해진다(Hosking, 1990).

$$k=(1-3t_3)/(1+k) \tag{17.165}$$

$$\alpha=l_2(1+k)(2+k) \tag{17.166}$$

$$\xi=l_1-l_2(2+k) \tag{17.167}$$

Generalized Pareto Distribution(GPD)은 역치초과첨두 또는 영 이상의 일 유량과 같이 특정 하한계를 초과하는 사상을 기술하는 데 유용하다. 역치초과첨두는 임의의 기준치인 역치(閾値; threshold)보다 큰 첨두치이다. 역치로는 평균적으로 각 해에 3 또는 4개의 첨두가 발생하도록 선정된다.

Generalized Logistic 분포

Generalized Logistic Distribution(GLD)은 연 최대치계열의 모형화에 가장 적합한 분포의 하나로 알려지고 영국의 Flood Estimation Handbook에서 권장되는 분포이다. 확률밀도함수, 누가분포함수 및 F의 역함수는 다음과 같다.

표 17.5 확률분포형

분포	확률밀도함수	범위	매개변수 및 모멘트
이항	$P(x)=\binom{n}{x}p^x(1-p)^{n-x}$	$0 \leq x \leq n$	$\mu=np, \quad \sigma^2=np(1-p)$
정규	$f(x)=\dfrac{1}{\sigma\sqrt{2\pi}}\exp\left(-\dfrac{(x-\mu)^2}{2\sigma^2}\right)$	$-\infty \leqq x \leqq \infty$	$\mu=\bar{x}, \quad \sigma=S_x$
대수정규	$f(x)=\dfrac{1}{x\sigma_y\sqrt{2\pi}}\exp\left(-\dfrac{(y-\mu_y)^2}{2\sigma_y^2}\right)$ $y=\log x$	$x>0$	$\mu_y=\bar{y}, \quad \sigma_y=S_y$
지수	$f(x)=\lambda e^{-\lambda x}$	$x \geqq 0$	$\lambda=\dfrac{1}{\bar{x}}$
감마(2변수)	$f(x)=\dfrac{\lambda^\eta x^{\eta-1}e^{-\lambda x}}{\Gamma(\eta)}$ $\Gamma(\eta)=\int_0^\infty u^{\eta-1}e^{-u}du$	$x \geqq 0$	$\lambda=\dfrac{\bar{x}}{S_x^2}$ $\eta=\dfrac{\bar{x}^2}{S_x^2}=\dfrac{1}{CV^2}$
피어선Ⅲ (3변수감마)	$f(x)=\dfrac{\lambda^\eta(x-x_o)^{\eta-1}e^{-\lambda(x-x_o)}}{\Gamma(\eta)}$ 변환변수 $y=(x-x_o)/\lambda$	$x \geq x_o$	$\lambda=\dfrac{S_x}{\sqrt{\eta}}, \ \eta=\left(\dfrac{2}{C_s}\right)^2$ $x_o=\bar{x}-S_x\sqrt{\eta}$
대수피어선Ⅲ	$f(x)=\dfrac{\lambda^\eta(y-y_o)^{\eta-1}e^{-\lambda(y-y_o)}}{x\Gamma(\eta)}$ $y=\log x$	$\log x \geq y_o$	$\lambda=\dfrac{S_y}{\sqrt{\eta}}, \ \eta=\left(\dfrac{2}{C_s(y)}\right)^2$ $y_0=\bar{y}-S_y\sqrt{\eta}$ ($C_s(y)$ 양수로 가정)
GEV	$f(x)=\dfrac{1}{\alpha}\left[1-k(\dfrac{x-u}{\alpha})\right]^{1/k-1}e^{-\left[1-k(\frac{x-u}{\alpha})\right]^{1/k}}$ $F(x)=\exp\left\{-\left[1-\dfrac{k(x-u)}{\alpha}\right]^{1/k}\right\}$		$\mu=u+\left(\dfrac{\alpha}{k}\right)[1-\Gamma(1+k)]$ $\sigma^2=\left(\dfrac{\alpha}{k}\right)^2\{\Gamma(1+2k)-[\Gamma(1+k)]^2\}$
극치Ⅰ (Gumbel)	$f(x)=\dfrac{1}{\alpha}\exp\left[-\dfrac{x-\mu}{\alpha}-\exp\left(-\dfrac{x-\mu}{\alpha}\right)\right]$	$-\infty < x < \infty$	$\mu_x=u+0.5772\alpha$ $\sigma_x^2=\pi^2\alpha^2/6 \cong 1.645\alpha^2$ $\gamma_x=1.1396$
극치Ⅲ (Weibull)	$f(x)=\dfrac{k}{\alpha}\left(\dfrac{x-u}{\alpha}\right)^{k-1}\exp\left[-(\dfrac{x-u}{\alpha})^k\right]$ $F(x)=1-\exp\left[-(\dfrac{x-u}{\alpha})^k\right]$ $x=u+\alpha[-\log(1-F)]^{1/k}$ $x_T=u+\alpha(\log T)^{1/k}$		$\mu=u+\alpha\Gamma(1+1/k)$ $\sigma^2=\alpha^2[\Gamma(1+2/k)-\{\Gamma(1+1/k)\}^2]$

$$f(x)=\frac{\left(1-k\frac{(x-\xi)}{\alpha}\right)^{1/k-1}}{\alpha\left[1+\left(1-k\frac{(x-\xi)}{\alpha}\right)^{1/k}\right]^{2}} \tag{17.168}$$

$$F(x)=\left[1+\left(1-k\frac{x-\xi}{\alpha}\right)^{1/k}\right]^{-1} \tag{17.169}$$

$$x(F)=\xi+\frac{\alpha}{k}\left[1-\left(\frac{(1-F)}{F}\right)^{k}\right] \tag{17.170}$$

여기서 k는 형상매개변수, $\alpha(>0)$는 축척매개변수, ξ는 위치매개변수이다. 이들 매개변수들은 L-모멘트를 이용해서 구해진다(Hosking, 1990).

$$k=-\tau_3 \tag{17.171}$$

$$\alpha=\frac{\lambda_2}{\Gamma(1+k)\Gamma(1-k)} \tag{17.172}$$

$$\xi=\lambda_1+\frac{\lambda_2-\alpha}{k} \tag{17.173}$$

17.7 매개변수 추정-확률분포의 적합

수문자료계열에 확률분포를 적합시킴으로써 자료가 갖는 확률적인 많은 양의 정보를 매개변수와 함수의 형태로 간결하게 집약시킬 수 있고, 특정 빈도나 확률을 갖는 수문사상을 추정할 수 있으며 추계모형에서는 확률변수의 발생도 가능하다. **확률분포적합**(確率分布適合; fitting of probability distribution)은 확률변수에 내재해 있는 확률밀도함수를 찾아내는 것이고 그 내용은 분포의 매개변수를 추정하는 것이다. 확률분포의 적합, 즉 매개변수 추정에는 모멘트방법, 최우도법, L-모멘트방법, 회귀분석(최소자승법)(17.7절), 도시방법(18.4절) 등이 있다.

17.7.1 모멘트방법

모멘트방법(method of moment)에 의한 확률분포의 적합은 원점에 관한 확률밀도함수의 모멘트와 이에 상응하는 표본자료의 모멘트를 같게 놓아 매개변수를 추정하는 방법으로 빠르고 간단한 방법이다. 적합과정은 매개변수와 같은 수의 확률밀도함수의 원점에 관한 모멘트와 표본자료로부터 구한 모멘트를 같게 놓아 매개변수에 관하여 푼다. 예로 정규분포의 적합은 자료로부터 평균과 분산을 구하는 것이다.

예제 17.16

관측치 x_1, x_2, $\cdots$, x_n이 정규분포로 가정된다. 매개변수(평균 μ와 분산 σ^2)를 추정하라.

[풀이] 원점$(x=0)$에 관한 모집단의 1, 2차 모멘트는

$$E(X)=\mu_1(0)=\mu \tag{17.43}$$

$$E(X^2)=\mu_2(0)=\sigma^2+\mu^2 \tag{17.49a}$$

이에 대응하는 표본의 모멘트는

$$M_1(0)=\bar{x}$$

$$M_2(0)=\frac{1}{n}\sum x_i^2$$

표본의 모멘트가 모집단 모멘트의 불편추정치라면 이들 모멘트를 같게 놓을 수 있다.

$$\mu=\bar{x}$$

$$\sigma^2+\mu^2=\frac{1}{n}\sum x_i^2 \tag{a}$$

μ와 σ^2의 추정치를 각각 $\hat{\mu}$, $\hat{\sigma}^2$이라 하면 이들은 식 (a)의 해로 주어지고 식 (17.50)을 적용하면

$$\hat{\mu}=\bar{x}$$

$$\hat{\sigma}^2=\frac{1}{n}\sum x_i^2-\bar{x}^2=\frac{1}{n}\sum(x_i-\bar{x})^2=\frac{n-1}{n}S^2$$

예제 17.17

어느 연 최대유량계열 X가 대수정규분포로 가정된다. 표 17.6 홍수량기록에 대한 대수정규분포의 매개변수 μ와 σ를 추정하라.

[풀이] X의 처음 두 모멘트인 평균 μ_x와 분산 σ_x^2은 매개변수 μ_y와 σ_y의 함수로 주어진다.

$$\mu_x=\exp(\mu_y+\sigma_y^2/2) \tag{17.104}$$

$$\sigma_x^2=\mu_x^2\left[\exp(\sigma_y^2)-1\right]=\exp(2\mu_y+\sigma_y^2)\left[\exp(\sigma_y^2)-1\right] \tag{17.105}$$

식 (17.104)와 (17.105)의 양변의 대수를 취하여 μ_x와 σ_x^2을 표본자료에 관한 평균 $\bar{x}$와 분산 S_x^2으로 대치하고 $\bar{x}$와 S_x^2에 관하여 풀면 μ_y와 σ_y^2 의 추정치 $\hat{\mu}$와 $\hat{\sigma}^2$을 얻는다.

$$\hat{\sigma}^2=\log(1+S_x^2/\bar{x}^2) \tag{17.174}$$

$$\hat{\mu}=\log\left[\frac{\bar{x}}{\sqrt{1+S_x^2/\bar{x}^2}}\right]=\log\bar{x}-\hat{\sigma}^2/2 \tag{17.175}$$

표 17.6 홍수량기록의 평균과 표준편차는 각각 10,840 m^3/s, 6,051 m^3/s이고 대수변환된 y의 평균과 표준편차는 각각 3.974, 0.235이다. 10,840 m^3/s, 6,051 m^3/s를 위 식에 대입하면 $\hat{\mu}$와 $\hat{\sigma}^2$은 각각 3.976과 0.343이다.

예제 17.18

어느 연 최대유량계열이 Gumbel분포로 가정된다. 표본에 대한 1, 2차 모멘트가 각각 $M_1(0)=142$, $M_2(0)=20{,}300$이다. Gumbel분포의 매개변수 $\alpha\left(=\dfrac{\sqrt{6}\,S}{\pi}\right)$와 $u(=\bar{x}-0.5772\alpha)$를 추정하라.

[풀이] α, u를 구하기 위해서는 모집단의 처음 두 모멘트식이 필요하다. 모집단의 1, 2차 모멘트는 다음과 같다(Kite, 1977).

$$\mu_1(0)=u+0.5772\alpha \quad (u=\bar{x}-0.5772\alpha \text{ 로부터})$$

$$\mu_2(0)=\sigma^2+\mu^2=\frac{\pi^2\alpha^2}{6}+(u+0.5772\alpha)^2 \quad (\text{식 (17.49a)와 } \alpha=\frac{\sqrt{6}\,S}{\pi} \text{ 로부터})$$

이에 대응하는 표본의 모멘트는 각각 $M_1(0)$, $M_2(0)$이다. 이들을 같게 놓으면

$$u+0.5772\alpha=M_1(0) \tag{b}$$

$$\frac{\pi^2\alpha^2}{6}+(u+0.5772\alpha)^2=M_2(0)$$

α, u의 추정치 $\hat{\alpha}$, $\hat{u}$는 식 (b)의 해로 주어진다.

$$\hat{\alpha}=\frac{1}{\pi}\sqrt{6\left(M_2(0)-M_1(0)^2\right)}$$

$$\hat{u}=M_1(0)-\frac{0.5772}{\pi}\sqrt{6\left(M_2(0)-M_1(0)^2\right)} \tag{c}$$

식 (c)에 표본의 모멘트 $M_1(0)=142$, $M_2(0)=20{,}300$을 대입하면 추정치는 다음과 같이 계산된다.

$$\hat{\alpha}=101.53$$

$$\hat{u}=83.40$$

17.7.2 최우도법

최우도법(最尤度法; method of maximum likelihood)은 특정 표본자료의 발생확률을 최대로 하는 확률분포의 매개변수를 결정하는 방법이다. 이를 위해 먼저 매개변수의 함수로 정의되는 우도함수를 결정하고 이 우도함수를 극대화하는 확률분포의 매개변수의 최적치를 결정하는 것이다. 확률분포 매개변수의 최적치는 관측된 표본이 일어날 결합확률 또는 **우도**(尤度; likelihood)를 최대로 하는 값이다. 표본공간은 dx로 구분되고 독립된 동일한 분포를 갖는 x_1, x_2, $\cdots$, x_n의 표본으로 구성된다. $X=x_i$의 밀도함수는 $f(x_i,\ \alpha)$, 발생확률은 $f(x_i,\ \alpha)dx$이다. 여기서 α는 매개변수로 단일치 또는 수 개가 될 수 있다. 관측치는 독립적이므로 결합확률은 $f(x_1,\alpha)dx\,f(x_2,\alpha)dx\cdots f(x_n,\alpha)dx=\left[\prod_{i=1}^{n}f(x_i,\ \alpha)\right]dx^n$으로 주어진다. dx는 크기가 고정되

므로 관측된 표본의 결합확률을 최대로 하는 것은 우도함수 L을 최대로 하는 것과 동일하다.

$$L=\prod_{i=1}^{n} f(x_i, \alpha) \tag{17.176}$$

L과 이의 대수치 $\ln L$은 동일한 위치에서 최대치를 갖고 $\ln L$은 곱을 합으로 변환하므로 작업이 용이하여 L보다는 대수우도함수 $\ln L$이 선호된다.

$$\ln L=\sum_{i=1}^{n} \ln f(x_i, \alpha) \tag{17.177}$$

$\ln L$을 최대로 하는 매개변수 α는 $\partial \ln L/\partial\alpha=0$의 해로 주어진다.

$$\frac{\partial \ln L}{\partial\alpha}=\sum_{i=1}^{n} \frac{\partial}{\partial\alpha} \ln f(x_i, \alpha)=0$$

예제 17.19

관측치 x_1, x_2, $\cdots$, x_n이 정규분포로 가정된다. 매개변수 μ와 σ^2을 최우도방법으로 추정하라.

[풀이]

우도함수는 정규분포의 결합밀도함수로 다음과 같이 주어진다.

$$L=\prod_{i=1}^{n} f(x_i)=\left(\frac{1}{\sigma\sqrt{2\pi}}\right)^n \prod_{i=1}^{n} e^{-\frac{1}{2}\left(\frac{x_i-\mu}{\sigma}\right)^2} \tag{a}$$

식 (a)의 대수우도함수는

$$\ln L=\mathrm{n}\ln\frac{1}{\sigma}+n\ln\frac{1}{\sqrt{2\pi}}-\frac{1}{2\sigma^2}\Sigma(x_i-\mu)^2 \tag{b}$$

$\ln L$의 최대치는 $\partial\ln L/\partial\mu=0$과 $\partial\ln L/\partial\sigma=0$의 해로 주어진다. 후자의 경우 식 (b)의 $n\ln(1/\alpha)$은 $n\ln\frac{1}{\sigma}=-n\ln\sigma\ln\sigma$으로 변환하여 미분을 수행한다.

$$\frac{\partial \ln \mathrm{L}}{\partial\mu}=\frac{1}{\sigma^2}\Sigma(x_i-\mu)=0 \tag{c}$$

$$\frac{\partial \ln L}{\partial\sigma}=-\frac{n}{\sigma}+\frac{1}{\sigma^3}\Sigma(x_i-\mu)^2=0$$

식 (c)를 μ와 σ^2에 관하여 풀면 정규분포의 매개변수 μ와 σ^2의 추정치 $\hat{\mu}$와 $\hat{\sigma}^2$을 얻는다.

$$\hat{\mu}=\bar{x}$$

$$\hat{\sigma}^2=\frac{1}{n}\Sigma(x_i-\bar{x})^2=\frac{n-1}{n}S^2$$

이 결과는 예제 17.16의 모멘트방법의 결과와 같음을 알 수 있다.

예제 17.20

지수함수 $f(x;\lambda)=\lambda\exp(-\lambda x)$의 매개변수 λ를 추정하라.

[풀이] 우도함수 $L=\prod_{i=1}^{n} f(x_i;\lambda)=\prod_{i=1}^{n}\lambda e^{-\lambda x_i}$

대수우도함수 $\ln L=\sum_{i=1}^{n}\ln(\lambda e^{-\lambda x_i})=\sum_{i=1}^{n}(\ln\lambda-\lambda x_i)=n\ln\lambda-\lambda\sum_{i=1}^{n}x_i$ (a)

식 (a)를 λ로 미분하고 영으로 놓으면 $\frac{d\ln L}{d\lambda}=\frac{n}{\lambda}-\sum_{i=1}^{n}x_i=0$

이로부터 λ는 $\lambda=n/\sum_{i=1}^{n}x_i=1/\bar{x}$

17.7.3 확률가중모멘트

확률가중모멘트의 주 용도는 확률분포의 매개변수 추정이다. 확률가중모멘트를 이용한 추정이 단순모멘트방법에 의한 추정보다 우수한 경우가 많고, 표본의 수가 적을 경우 PWM에 의한 매개변수 추정치는 최우도방법보다 정확하다. 최우도나 모멘트방법과는 달리 PWM방법에서는 크기순으로 정리된 자료의 제일 큰 값에 최대가중치를 부여하는 방법으로 자료의 크기에 따라 상이한 가중치가 부여되어 매개변수의 추정치가 개선된다.

예제 17.21

지수함수 $f(x;\lambda)=\lambda\exp(-\lambda x)$의 매개변수 λ를 확률가중모멘트방법으로 추정하라.

[풀이] 지수함수의 분포함수 $F(x)=1-e^{-\lambda x}$

모집단 확률가중모멘트 $B_s=M_{1,0,s}=E[X\{1-F(x)\}^s]=\int_0^\infty x(e^{-\lambda x})^s dx=\frac{1}{\lambda(s+1)^2}$

$$B_{s=0}=\frac{1}{\lambda(0+1)^2}=\frac{1}{\lambda}$$

표본 확률가중모멘트는 $\hat{B}_s=\frac{1}{n}\sum_{i=1}^{n}x_i\frac{(n-i)!(n-s-1)!}{(n-i-s)!(n-1)!}$로 정의된다.

$$\hat{B}_{s=0}=\frac{1}{n}\sum_{i=1}^{n}x_i\frac{(n-i)(n-0-1)!}{(n-i-0)!(n-1)!}=\frac{1}{n}\sum_{i=1}^{n}x_i=\bar{x}$$

모집단 확률가중모멘트와 표본 확률가중모멘트를 같게 놓는다. $B_{s=0}=\hat{B}_{s=0}$ 로부터

$$\frac{1}{\lambda}=\bar{x}$$

이로부터 매개변수 λ는 $\lambda=1/\bar{x}$

17.7.4 L-모멘트방법

L-모멘트를 이용한 매개변수 추정은 모멘트방법에서와 같이 표본 L-모멘트를 모집단 모멘트와 같게 놓음으로써 매개변수 추정이 가능하다.

예제 17.22

GEV분포의 매개변수 k, α, ξ를 L-모멘트를 이용해서 추정하라(Hosking과 Wallis, 1997).

[풀이] GEV의 처음 3 L-모멘트는

$$\lambda_1 = \xi + \alpha\,[1-\Gamma(1+k)]/k \tag{17.178}$$

$$\lambda_2 = \alpha\,(1-2^{-k})\Gamma(1+k)/k \tag{17.179}$$

$$\tau_3 = 2(1-3^{-k})/(1-2^{-k})-3 \tag{17.180}$$

식 (17.178 ~ 180)으로부터 GEV분포의 매개변수를 구한다. 그러나 k에 대한 식 (17.180)의 정확해가 불가능하므로 근사해가 주어진다.

$$k \approx 7.8590c + 2.9554c^2, \qquad c = \frac{2}{3+\tau_3} - \frac{\log 2}{\log 3} \tag{17.181}$$

이를 이용한 α, ξ는 다음과 같이 구해진다.

$$\alpha = \frac{\lambda_2 k}{(1-2^{-k})\Gamma(1+k)}, \qquad \xi = \lambda_1 - \alpha\,[1-\Gamma(1+k)]/k \tag{17.182}$$

예제 17.23

극치Ⅲ(Weibull)분포의 매개변수 k, α, u를 L-모멘트를 이용해서 추정하라(Hosking, 1986).

[풀이] 매개변수 k는 식 (17.183)으로 주어진다.

$$\frac{3-t_3}{2} = (1-3^{-1/k})/(1-2^{-1/k}) \tag{17.183}$$

k에 관한 식 (17.183)의 정확해는 가능하지 않으므로 근사해가 주어지고 다른 매개변수는 이를 이용해서 식 (17.186), (17.187)으로 구해진다.

$$C = \frac{2}{3-t_3} - \frac{\log 2}{\log 3} \tag{17.184}$$

$$\hat{k} = 1/(7.8590C + 2.9554C^2) \tag{17.185}$$

$$\hat{\alpha} = l_2 t/[\Gamma(1+1/k)(1-2^{-1/k})] \tag{17.186}$$

$$\hat{u} = l_1 - \hat{\alpha}\Gamma(1+1/\hat{k}) \tag{17.187}$$

이론적으로 최우도법이 가장 타당하여 가장 적절한 추정치를 제공하고 자료가 충분한 경우에는 추정방법에 따른 추정치의 적절성 비교의 기준으로 사용되기도 하나, 과정이 복잡하고 확률분포에 따라서는 해석적 해가 가능하지 않다. 따라서 실제 수문해석에서는 간단한 모멘트방법이 적용에 편리하다. L-모멘트방법은 모멘트방법, 최우도법과 같이 단순히 L-모멘트추정치를 모집단의 모멘트와 같게 놓고 분포의 매개변수에 관하여 푸는 것이다. 특히 지역빈도해석(18장)에 사용될 때 현저한 이점을 갖는다.

17.8 적합도검정

확률분포의 적합과정에서 얻어진 분포의 매개변수의 적절성이 검토되어야 한다. 어느 표본집단이 선정된 확률분포에 적합하다는 가설을 조사하는 과정을 **적합도검정**(適合度檢定; goodness of fit test)이라 하고 이는 선정된 확률분포에 의하여 계산된 값을 관측치(표본)와 비교하여 선정된 분포가 표본을 얼마나 근사하게 나타내는지의 적합도를 평가하는 것이다. 구체적으로 상대빈도함수 또는 누가빈도함수의 이론치와 표본치를 비교함으로써 가능하다. 누가빈도함수의 경우에는 Kolmogorov-Smirnov방법, 확률도시상관계수 및 Cramer-von Mises방법이, 상대빈도함수에는 χ^2 검정이 사용된다.

모집단의 표본인 수문자료계열에 확률분포를 적합시킴으로써 모집단이 갖는 확률적인 많은 양의 정보를 매개변수와 함수의 형태로 간결하게 집약시킬 수 있고 용이하게 나타낼 수 있다. 어느 홍수량자료 x가 정규분포를 한다고 할 때 이를 **귀무가설**(歸無假說; null hypothesis) H_o라 한다. 그러면 x를 어느 정도의 정확도에서 정규분포로 나타낼 수 있는지 검토되어야 한다. x가 정규분포라는 가설 H_o를 받아들여야 하는데 만약 기각했다면 **제1종 오류**가 발생한다. 제1종 오류를 유발한 최대확률, 즉 구간추정이 틀릴 확률을 검정의 **유의수준**(有意水準; level of significance)이라 한다. 유의수준으로 0.05(5%), 0.01(1%)이 주로 사용된다. 만약 0.05 또는 5%가 가설검정에 선정되면 H_o가 채택되어야 하는데 기각할 확률이 100에 5라는 사실이다. 다시 말하면 "x가 정규분포이다"라는 바른 결정을 내린 것은 95%의 확신(신뢰도)을 갖는다는 사실이다. **신뢰도**(信賴度; confidence level)는 [1－유의수준]으로 정의되고 95, 99%가 주로 사용된다. 이러한 경우 우리는 가설 H_o가 0.05의 유의수준에서 기각되었다고 한다. 즉 우리의 결정은 5%의 확률에서 틀릴 수도 있다는 것이다.

도해법

가장 간단한 방법은 관측자료를 확률지(정규, 대수정규, 극치, 대수극치 등)에 도시하는 방법이다. 적합되는 분포가 관측치의 분포를 정확이 나타낸다면 관측자료는 확률지 상에서 직선으로 도시된다. 이 방법은 육안으로 판정이 가능하고 체계적이고 설명되지 않는 편의를 탐색하기 위하여 관측자료와 적합되는 분포를 비교하는 데 유용하다(18.4 도시위치 참조).

χ^2 검정

표본자료를 계급구간으로 나타내는 경우 계급구간 i에서 표본의 관측빈도 O_i와 모집단의 확률변수에 대한 기대빈도 E_i에 대한 χ^2 검정통계량인 χ_c^2은 다음과 같다.

$$\chi_c^2 = \sum_{i=1}^{k} \frac{(O_i - E_i)^2}{E_i} \tag{17.188}$$

여기서 k는 구간의 수이다. 총 자료수가 n인 표본의 구간 i에서 표본의 상대빈도 $f_s(x_i) = n_i/n$와 기대치 $P(x_i) = F(x_i) - F(x_{i-1})$을 고려하면 식 (17.188)의 O_i와 E_i는 각각 $O_i = nf_s(x_i)$, $E_i = nP(x_i)$이므로 식 (17.188)을 상대빈도의 항으로 나타낼 수 있고 경우에 따라서는 편리하다.

$$\begin{aligned}\chi_c^2 &= \sum_{i=1}^{k} \frac{[nf_s(x_i) - nP(x_i)]^2}{nP(x_i)} = \sum_{i=1}^{k} \frac{n[f_s(x_i) - P(x_i)]^2}{P(x_i)} \\ &= \sum_{i=1}^{k} \frac{n^2 f_s^2(x_i)}{nP(x_i)} - n\end{aligned} \tag{17.189}$$

첨자 s는 표본을 나타낸다. χ^2은 카이제곱분포로 자유도 ν인 χ^2-확률분포는 독립된 ν개의 표준정규확률변수 z_i의 자승합으로 정의되는 분포이다(Haan, 1977).

$$\chi_\nu^2 = \sum_{i=1}^{v} z_i^2 \tag{17.190}$$

검정에 대한 귀무가설은 가설분포가 자료에 적합된다는 것이다. 식 (17.188) 또는 (17.189)의 검정통계량인 χ_c^2이 한계치 $\chi_{\nu,1-\alpha}^2$보다 크면 귀무가설은 기각된다. 즉 자료 또는 표본에 가설분포를 적합하는 것이 부적당하다.

$$\chi_c^2 > \chi_{\nu,1-\alpha}^2 \tag{17.191}$$

한계치 $\chi_{\nu,1-\alpha}^2$은 자유도 ν를 갖는 χ^2-분포의 유의수준 α%에 해당하는 값으로 표(부록 C-6)로 주어진다. 자유도 ν는 $\nu = k - p - 1$이고, k는 구간의 수, p는 자료 또는 표본으로부터 구해져야 하는 가설분포의 매개변수의 수이다. 예로 정규분포의 경우 평균과 표준편차의 두 매개변수가 필요하므로 $p = 2$ 이다. 총자료를 분할하는 구간 수 k를 정하는 방법은 각 구간의 기대빈도가 최소 5가 되도록 한다. χ^2 검정은 편측기각역검정(片側棄却域檢定)이고 자료 수가 많은 $n > 30$ 이상인 경우에 알맞다.

예제 17.24

표 17.6은 한강 인도교의 연 최대유량자료이다. (a) 모멘트방법을 이용하여 한강 인도교의 연 최대홍수량에 정규분포를 적합시키고 상대빈도, 누가빈도함수를 도시하라. (b) 정규분포의 적합도를 χ^2 검정으로 검토하라.

표 17.6 한강 인도교 연 최대홍수량(1952~1986)(m^3/s)

년	1950	1960	1970	1980
0	–	8,500	15,700	12,000
1	–	6,850	7,550	3,100
2	12,200	9,050	30,000	5,300
3	10,600	15,300	4,150	4,350
4	11,400	13,200	5,300	6,571
5	9,200	6,000	6,100	5,550
6	15,200	25,900	13,400	6,800
7	7,700	7,860	3,650	–
8	18,000	11,400	15,200	–
9	15,800	17,850	12,700	–

평균 $\bar{x}=10{,}840\ \mathrm{m^3/s}$ $\quad \bar{y}=3.974(y=\log x)$

표준편차 $S=6{,}051\ \mathrm{m^3/s}$ $\quad S_y=0.235$

[풀이] 홍수량 Q의 범위를 간격 5,000 m^3/s로 하여 6개 구간으로 구분한다. 표 17.7의 2란은 구간의 홍수량의 수인 빈도이고, 3란은 상대빈도이다. 예로 $i=3\,(10{,}000-15{,}000\ \mathrm{m^3/s})$ 에서 $n_3=8$이므로 $f_s(3)=n_3/n=8/35=0.229$.

누가빈도함수(4란)는 3란의 상대빈도의 누가합으로 주어진다.

$$i=3 \qquad F_s(x_3)=\sum_{i=1}^{3} f_s(x_i)=f_s(x_1)+f_s(x_2)+f_s(x_3)$$
$$=0.114+0.400+0.229=0.743$$

이는 확률 $P(x \leq 15{,}000\ \mathrm{m^3/s})$ 의 값이다. 정규분포를 적합하기 위하여 표본통계량 $\bar{x}=10{,}840$ m^3/s, $S=6{,}051$ m^3/s가 μ와 σ값으로 사용된다. 각 자료구간의 상한치에 해당하는 표준정규변량 z는 식 (17.93)에 따

표 17.7 한강 인도교 연 최대홍수량에 정규분포 적합도의 χ^2 검정 계산 예

간격 i	홍수량 (1)	O_i n_i (2)	$f_s(x_i)$ (3)	$F_s(x_i)$ (4)	z (5)	$F(z)$ (6)	$p(x_i)$ (7)	E_i $nP(x_i)$ (8)	χ_c^2 (9)	$\frac{(O_i-E_i)^2}{E_i}$ (10)
1	< 5,000	4	0.114	0.114	−0.965	0.167	0.167	5.845	0.589	0.582
2	5,000~10,000	14	0.400	0.514	−0.139	0.444	0.277	9.695	1.912	1.912
3	10,000~15,000	8	0.229	0.743	0.687	0.754	0.310	10.850	0.741	0.749
4	15,000~20,000	7	0.200	0.943	1.514	0.935	0.181	6.335	0.070	0.070
5 6	20,000~25,000 25,000~30,000	2	0.057	1.000	3.166	0.999	0.064	2.240	0.027	0.026
계		35	1.000						3.339	3.339

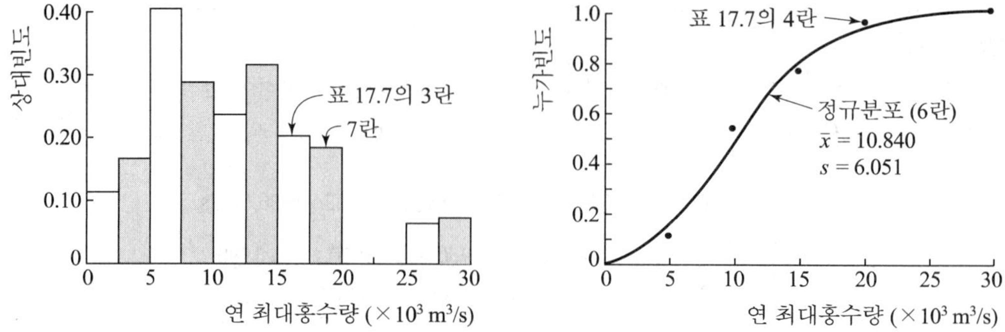

그림 17.11 한강 인도교 연 최대홍수량에 적합된 정규분포

라 계산된다(5란). 예로 $i=3$ 에 대하여

$$z=\frac{x-\mu}{\sigma}=\frac{15,000-10,840}{6,051}=0.687$$

이에 대한 누가확률은 부록 C-1에 의하여 $F(0.687)=0.754$로 주어지며 6란에 수록된다. 각 구간에 대한 확률은 식 (17.29)로 주어진다. $i=3$ 의 경우

$$\begin{aligned}P(x)&=P(10,000\le x\le 15,000)\\&=F(15,000)-F(10,000)=0.754-0.444=0.310\end{aligned}$$

같은 방법으로 계산된 결과는 7란과 같다. 8란은 정규분포에 의한 기대빈도로 $i=3$ 인 경우 $E_3=nP(x_3)=35\times0.310=10.85$이다. 9란과 10란은 각각 식 (17.188)과 (17.189)에 의한 χ^2 통계량이다. $i=3$ 인 경우

식 (17.188) $$\chi_c^2=\frac{(8-10.85)^2}{10.85}=0.749$$

식 (17.189) $$\chi_c^2=\frac{35(0.229-0.310)^2}{0.310}=0.741$$

자유도는 $\nu=k-p-1=5-2-1=2$ 이다. 여기서 k는 구간의 수이고 구간 5, 6의 빈도가 각각 0, 2로 5보다 작으므로 하나의 구간으로 통합한다. 따라서 $k=5$ 가 된다. 자유도 2와 $1-\alpha=95\%$ 에 대한 χ^2 통계량은 부록 C-6으로부터 $\chi_{2,\ 0.95}=5.995$ 이다. 식 (17.188)과 (17.189)를 적용한 χ^2 통계량은 두 경우 다 같이 $\chi_c^2=3.339$로서 $\chi_c^2<\chi_{2,\ 0.95}=5.995$이므로 귀무가설은 95% 신뢰수준에서 기각되지 않는다. 즉 한강 인도교의 연 최대홍수량자료에 정규분포의 적합은 95% 수준에서 기각되지 않는다.

Kolmogorov–Smirnov검정

Kolmogorov–Smirnov(K–S)검정은 표본누가분포함수 $F_n(x)$가 가설누가분포함수 $F(x)$에 같게 되는지의 가설을 검정하는 것이다. $F_n(x)$는 표본의 연속분포함수로 n개의 관측치에 대한 분포이다. K–S검정의 검정통계량 D_n은 다음과 같다.

$$D_n=\max_{all\,x}|F_n(x)-F(x)| \tag{17.192}$$

만약 검정통계량 D_n 이 한계치 $d_{\alpha,n}$보다 크면, 즉 $D_n > d_{\alpha,n}$이면 가설 $F_n(x) = F(x)$는 유의수준 α에서 기각된다. $d_{\alpha,n}$은 검정통계량의 한계치로서 유의수준 α와 표본 수 n의 함수로 부록 C-7에 주어진다. 원칙적으로 표본분포 $F_n(x)$와 이론분포 $F(x)$의 차이 D_n은 모든 x에 대하여 검토되어야 한다. 이들 차이는 주어진 x_i에 대하여 $|F(x_i) - F_n(x_i)|$와 $|F(x_i) - F_n(x_{i-1})|$를 통해서 검토된다.

위의 과정은 x가 연속확률변수인 경우이나 이산확률변수인 경우에도 과정은 동일하다. K–S 검정은 확률분포가 명시되고 가설분포의 매개변수가 하나라도 명시되지 않은 경우에는 사용되지 말아야 한다. K–S검정은 표본 수가 적은 경우에도 적용가능하고 표본 수가 적은 분포의 경우에는 χ^2 검정보다 K–S검정이 보다 효율적이다. K–S검정은 자료의 변환이나 계급구간으로 집합이 되지 않은 원자료의 상태에서 수행된다. 그러나 χ^2검정에서는 계급별 자료의 집합이 필요하다.

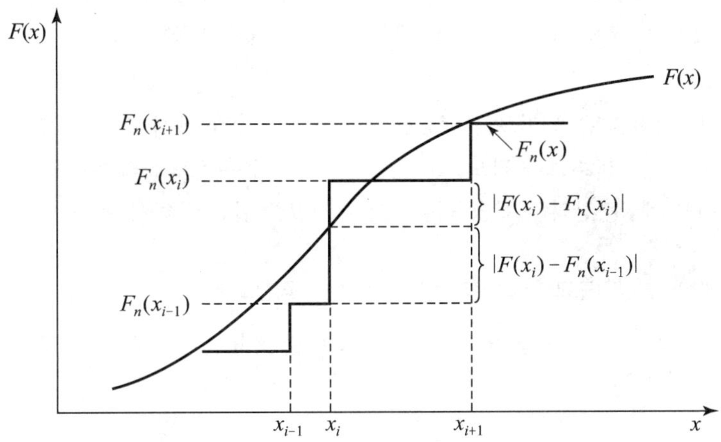

그림 17.12 $F(x)$와 $F_n(x)$의 비교

예제 17.25

한강대교(인도교)의 연 최대홍수량 자료에 정규분포의 적합도를 K–S방법으로 검정하라.

[풀이]

1) 계급구간자료 적용

표본의 검정통계량 D_n은 표본과 이론의 누가확률분포함수의 차이 중 최대치로 그 값은 표 17.8(a)에서 7란의 경우 $D_n = 0.070$, 8란의 경우 $D_n = 0.330$이다. 5% 유의수준에서 $n = 35$에 대한 검정통계량의 한계치는 부록 C-7로부터 $d_{0.05,\ 35} = 0.23$이다.

7란의 결과를 이용하면 $D_n = 0.070 < d_{0.05,\ 35}$이나 8란의 결과를 적용하면 $D_n > d_{0.05,\ 35}$이므로 5% 유의수준에서 기각된다. 따라서 정규분포의 적합은 5% 유의수준에서 적합치 않다. 이는 K–S검정에서는 원자료가

표 17.8(a) 한강 인도교 연 최대홍수량의 정규분포 적합도 K-S검정 계산 예

간격	홍수량 (m³/s)	n_i	$f_s(x_i)$	$F_n(x_i)$	z	$F(z)$	$\|F_n(x_i)-F(z_i)\|$	$\|F_n(x_{i-1})-F(z_i)\|$
	(1)	(2)	(3)	(4)	(5)	(6)	(7)	(8)
1	< 5,000	4	0.114	0.114	−0.965	0.167	0.053	0.167
2	5,000~10,000	14	0.400	0.514	−0.139	0.444	<u>0.070</u>	<u>0.330</u>
3	10,000~15,000	8	0.229	0.743	0.687	0.754	0.011	0.240
4	15,000~20,000	7	0.200	0.943	1.514	0.935	0.008	0.192
5	20,000~25,000	0						
		2	0.057	1.000	3.166	0.999	0.001	0.056
6	25,000~30,000	0						
계		35						

사용되어야 하는 조건을 위배한 결과로 해석된다. χ^2 검정과 K-S검정에서 다 같은 구간폭의 설정과 구간의 수에 따라 결과가 다르게 되어 검토자에 따라서도 결과가 다르게 될 수 있다. 보다 객관적인 검토는 원자료의 이용과 도시방법을 병용하는 것이 필요하다(18.4 도시위치 참조).

2) 원자료 적용

계급구간을 적용하지 않은 원자료를 적용한 결과는 표 17.8(b)에서 $D_n = 0.078$과 $D_n = 0.107$이다. 이들은 검정통계량 $d_{0.05,\,35} = 0.23$보다 작으므로 정규분포의 가설은 5% 유의수준에서 기각되지 않는다. 결론적으로 K-S검정에서 계급구간의 집합을 적용하면 부적절한 판단을 하게 됨을 알 수 있다.

표 17.8(b) 한강인도교 연최대홍수량의 정규분포 적합도 K-S검정 계산 예

순위	홍수량 (m³/s)	$F(x_i)$	z	$F(z)$	$\|F_n(x_i)-F(z_i)\|$	$\|F_n(x_{i-1})-F(z_i)\|$
(1)	(2)	(3)	(4)	(5)	(6)	(7)
1	3,650	0.0285	−1.791	0.0367	0.0080	0.0367
2	4,158	0.0571	−1.104	0.135	<u>0.0780</u>	<u>0.1070</u>
3	4,350	0.0857	−1.073	0.142	0.0560	0.0849
⋮	⋮	⋮	⋮	⋮	⋮	⋮
28	15,700	0.800	0.803	0.789	0.0110	0.0060
29	15,800	0.829	0.820	0.794	0.0345	0.0480
30	17,850	0.857	1.158	0.877	0.0190	
⋮	⋮	⋮	⋮	⋮	⋮	⋮

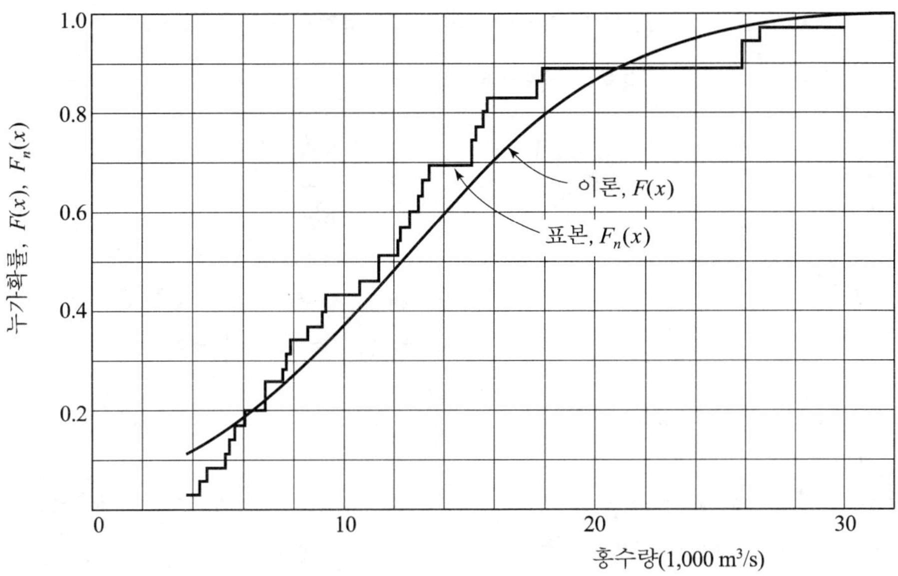

그림 17.13 연 최대홍수량의 정규분포(한강 인도교) 적합에 대한 K-S검정

Cramer-von Mises방법

관측치의 누가분포함수 F_n을 이론적인 확률분포함수 F와 비교하여 적합도를 판정하는 Cramer-von Mises 기준은 다음과 같이 정의된다.

$$nW^2 = n\int_{-\infty}^{\infty} [F(x) - F_n(x)]^2 dF(x) \tag{17.193}$$

여기서 $F_n(x)$는 증가순인 n개의 관측치 $x_1, x_2, \cdots, x_n$의 누가분포함수이고 이에 대한 Cramer-von Mises 검정통계량 W_n은 다음 식으로 계산된다.

$$W_n = nW^2 = \sum_{i=1}^{n}\left[\frac{2i-1}{2n} - F(x_i)\right]^2 + \frac{1}{12n} \tag{17.194}$$

W_n이 검정한계치 $W_{1-\alpha}(n)$보다 작으면, 즉 $W_n \leq W_{1-\alpha}(n)$의 조건을 만족하면 관측치에 적용된 분포함수 F_n이 누가분포함수 F로부터 왔다는 가설은 유의수준 α에서 기각되지 않는다. 적합도검정에 분포함수를 이용하는 점에서는 K-S검정과 같다. 일반적으로 K-S검정보다 강력한 것으로 간주된다.

표 17.9 Cramer-von Mises 검정한계치

표본수	유의수준	한계치		
	α	0.1	0.05	0.001
	$1-\alpha$	0.90	0.95	0.99
5		0.343	0.441	0.671
8		0.364	0.451	0.698
10		0.347	0.454	0.707
20		0.349	0.459	0.724
∞		0.347	0.451	0.743

예제 17.26

표 17.10의 유량자료에 정규분포가 적합된다. Cramer-von Mises방법으로 적합도를 검정하라. 기록연수 $n=10$년, 평균이 $\bar{x}=18.05\ \mathrm{m^3/s}$, 표준편차가 $S=13.22\ \mathrm{m^3/s}$이다.

표 17.10 Cramer-von Mises검정 예제

i	x_i	z	$F(z)$	$\frac{2i-1}{2n}$	$\left[\frac{2i-1}{2n}-F(z)\right]^2$
(1)	(2)	(3)	(4)	(5)	(6)
1	2.43	−1.182	0.1186	0.055	0.0047
2	4.64	−1.014	0.1553	0.150	0.00003
3	6.66	−0.862	0.1944	0.250	0.0031
4	12.68	−0.406	0.3428	0.350	0.00005
5	13.08	−0.376	0.3532	0.450	0.0093
6	14.18	−0.293	0.3848	0.550	0.0273
7	21.08	0.229	0.5906	0.650	0.0035
8	29.73	0.894	0.8116	0.750	0.0038
9	35.70	1.335	0.9090	0.850	0.0035
10	40.28	1.682	0.9537	0.950	0.00001
Σ=180.46					Σ=0.05529

[풀이] 표 17.10에서 2란은 증가순으로 정리된 유량, 3란은 표준정규변량 z, 4란은 z에 대한 누가확률 $F(z)$ (부록 C-1), 5, 6란은 식 (17.194)의 항들이다. W_n은 식 (17.194)에 따라

$$W_n = 0.05529 + 1/(12\times 10) = 0.0636$$

유의수준 $\alpha=0.05$에 대한 한계치는 $1-\alpha=0.95$와 $n=10$년에 대해서 표 17.9로부터 $W_{0.95}(10)=0.454$이다. $W_n < W_{0.95}(10)$이므로 5% 유의수준에서 정규분포는 기각되지 않는다.

확률도시상관계수

관측된 표본의 분포를 나타내기 위하여 가정한 확률분포의 적합도를 평가하는 수단으로 이용되는 **확률도시상관계수**(確率圖示相關係數; probability plot correlation coefficient, PPCC) 검정은 크기순의 관측치(x_i)와 이에 대응하는 도시위치로 결정되는 적합분위수(w_i) 간의 상관을 이용한다. 검정되는 표본이 가정한 분포와 같은 분포를 갖는다면 x_i와 w_i의 도시는 선형이 된다. 따라서 PPCC는 적합의 정량적인 평가를 제공하는 확률도시의 선형의 척도가 된다. PPCC가 1.0에 가까울수록 선정된 분포의 관측치에 대한 적합도는 높아지고 PPCC가 1.0이면 표본자료는 적합된 분포로부터 추출된 것으로 간주될 수 있다. Filliben(1975)에 의한 PPCC ρ는

$$\rho = \frac{\sum_{i=1}^{n}(x_i - \overline{x})(w_i - \overline{w})}{\left[\sum_{i=1}^{n}(x_i - \overline{x})^2 \sum_{i=1}^{n}(w_i - \overline{w})^2\right]^{1/2}} \tag{17.195}$$

여기서 $\overline{x}$는 x계열의 평균, $\overline{w}$는 w_i의 평균, n은 표본크기, $w_i = E(x_i)$는 가정된 누가분포함수 F의 역함수 F^{-1}항으로 구해진다.

$$w_i = F^{-1}(p_i) \tag{17.196}$$

여기서 p_i는 불편 도시위치이다. 정규분포에 대한 p_i는 다음과 같다.

$$\begin{aligned} p_i &= 1 - (0.5)^{1/n} & i &= 1 \\ p_i &= (i - 0.3175)/(n + 0.365) & i &= 2, \cdots, n-1 \\ p_i &= (0.5)^{1/n} & i &= n \end{aligned} \tag{17.197}$$

표준정규분포와 대수정규분포에 대한 Joiner와 Rosenblatt(1971)의 제안식은 다음과 같다.

$$w_i = 4.91\left[p_i^{0.14} - (1 - p_i)^{0.14}\right] \tag{17.198}$$

정규분포에 대한 불편 도시위치 p_i에 대하여 제안된 Blom식(1958)은

$$p_i = \frac{i - 3/8}{n + 1/4} \tag{17.199}$$

식 (17.196), (17.197) 또는 식 (17.198), (17.199)를 식 (17.195)에 대입하여 PPCC를 구한다. x_i가 대수분포인 경우에는 $y_i = \ln(x_i)$를 이용하여 식 (17.195)로부터 ρ를 구한다. 표본자료가 가정한 확률분포라는 가설을 만족하는 ρ의 조건은 다음과 같으며 한계치 ρ_c는 표 17.11에 주어진다.

$$\rho > \rho_c \tag{17.200}$$

표 17.11은 도시위치공식 Blom식을 이용한 정규분포 및 대수정규변량의 대수치에 대한 한계치

와 Gringorten공식을 이용한 Gumbel분포에 대한 한계치 ρ_c를 제공한다. PPCC는 일반적으로 2개의 매개변수를 갖는 정규, 대수정규 및 Gumbel분포의 적합도검정에 유용하고, 표본 크기에 구애받지 않으므로 신축성이 있고, 확률도시와 상관계수만을 필요로 하므로 개념의 이해가 용이하며 상관계수만을 계산하므로 검정과정이 간단하다.

표 17.11 정규분포와 Gumbel분포에 대한 PPCC 한계치 ρ_c(Vogel, 1987)

	정규분포–Blom공식 유의수준(α)			Gumbel분포–Gringorten공식 유의수준(α)		
n	0.10	0.05	0.01	0.10	0.05	0.01
10	0.9347	0.9180	0.8804	0.9260	0.9084	0.8630
15	0.9506	0.9383	0.9110	–	–	–
20	0.9600	0.9503	0.9290	0.9517	0.9390	0.9060
30	0.9707	0.9639	0.9490	0.9622	0.9526	0.9191
40	0.9767	0.9715	0.9597	0.9689	0.9594	0.9286
50	0.9807	0.9764	0.9664	0.9726	0.9646	0.9389
60	0.9835	0.9799	0.9710	0.9760	0.9685	0.9467
70	–	–	–	0.9787	0.9720	0.9506
75	0.9865	0.9835	0.9757	–	–	–
80	–	–	–	0.9804	0.9747	0.9525
100	0.9893	0.9870	0.9812	0.9831	0.9779	0.9596
300	0.99602	0.99525	0.99354	0.9925	0.9902	0.9819
1,000	0.99854	0.99824	0.99755	0.99708	0.99622	0.99334

예제 17.27

표 17.12 유량자료에 대한 정규분포의 적합도를 확률도시상관계수방법으로 검정하라. 기록연수와 평균은 각각 $n=10$년, $\bar{x}=18.05\ \mathrm{m^3/s}$이다.

[풀이] 표에서 3란의 불편 도시위치 p_i는 식 (17.199)의 Blom식에 의한다. 예로 $i=3$인 경우

$$p_3=\frac{i-0.375}{n+0.25}=\frac{3-0.375}{10+0.25}=0.2561$$

4란의 적합분위수는 식 (17.198)로 계산된다. $i=3$인 경우

$$w_i=4.91\left[p_i^{0.14}-(1-p_i)^{0.14}\right]=4.91\left[0.2561^{0.14}-(1-0.2561)^{0.14}\right]=-0.6533$$

$\Sigma w_i=0$이므로 $\overline{w}_i=0.0$이다. 표의 계산결과를 식 (17.195)에 대입하면 확률도시상관계수 ρ는

$$\rho=\frac{107.957}{(1{,}573.35\times 8.222)^{1/2}}=0.949$$

표 17.12 정규분포의 PPCC검정 계산 예

i	x_i	p_i	w_i	$(x_i-\overline{x})^2$	$(x_i-\overline{x})(w_i-\overline{w})$	$(w_i-\overline{w})^2$
(1)	(2)	(3)	(4)	(5)	(6)	(7)
1	2.43	0.0610	−1.5478	243.98	24.177	2.396
2	4.64	0.1585	−0.9989	179.83	13.395	0.998
3	6.66	0.2561	−0.6533	129.73	7.441	0.427
4	12.68	0.3537	−0.3738	28.84	2.007	0.140
5	13.08	0.4512	−0.1221	24.70	0.607	0.150
6	14.18	0.5488	0.1221	14.98	−0.473	0.150
7	21.08	0.6563	0.3738	9.18	1.133	0.140
8	29.73	0.7439	0.6533	136.42	7.631	0.427
9	35.70	0.8415	0.9989	311.52	17.631	0.998
10	40.28	0.9390	1.5478	494.17	34.408	2.396
Σ	180.46		0.0	1,573.35	107.957	8.222

$\alpha=5\%$, $n=10$에 대한 정규분포의 PPCC 한계치는 표 17.11부터 $\rho_c=0.918$이다. $\rho>\rho_c$이므로 5% 유의수준에서 정규분포는 기각되지 않는다.

L-모멘트비

Kolmogorov-Smirnov와 확률도시상관계수보다 우수하다고 평가되는 L-모멘트비를 이용한 확률분포의 적합도기준이 주어진다.

정규분포(Fill과 Stedinger, 1995)

$$Z=t_3/\sqrt{(0.1866+0.8/n)/n} \tag{17.201}$$

Gumbel분포(Chowdhury 등, 1991)

$$Z=(t_3-0.17)/\sqrt{(0.2326+0.70/n)/n} \tag{17.202}$$

여기서 $t_3(=l_3/l_2)$는 L-왜곡도계수이다. $|Z|>z_{\alpha/2}$이면 분포의 적합도는 기각된다. $z_{\alpha/2}$는 부록 C-1에서 주어진다.

17.9 회귀분석

하천의 한 지점에서 유량의 크기에 영향을 주는 인자에는 강우량, 증발량, 유역면적, 유역의 지표상태, 침투 등을 들 수 있다. 유량과 이들 인자(독립변수)와의 관계식을 도출하여 이들 인자(독립변수)의 항으로 유량(종속변수)을 예측할 수 있는 것이 요망된다. 이와 같이 독립변수와 종속변수 간의 관계식을 **회귀식**(回歸式; regression equation)이라 하고, 회귀식을 구하는 수학적인 과정을 **회귀분석**(回歸分析; regression analysis)이라 한다.

독립변수와 종속변수의 관계가 선형 또는 비선형인가에 따라 회귀분석은 선형회귀분석과 비선형회귀분석으로 구분된다. 독립변수가 1개인 경우는 **단순회귀분석**(單純回歸分析; simple regression analysis), 2개 이상일 경우를 **중회귀분석**(重回歸分析; multiple regression analysis)이라 한다.

가장 자주 쓰이는 선형회귀식의 형태는

$$Y = b_o + b_1 x \tag{17.203}$$

여기서 b_o, b_1 은 회귀계수로서 b_o는 절편계수, b_1 은 경사계수라고도 한다. 식 (17.203)은 2개의 변수를 포함하므로 **2변량 회귀식**(2變量回歸式; bivariate regression equation)이라 한다. y 에 영향을 주는 독립변수가 두 개 이상인 경우 **다변량 선형회귀식**(多變量線型回歸式; multivariate linear regression equation)은

$$Y = b_o + b_1 x_1 + b_2 x_2 + \cdots + b_p x_p \tag{17.204}$$

최소자승법

식 (17.203)과 (17.204)의 경사계수와 절편계수의 값은 최소자승법을 이용해서 결정된다. 최소자승법의 원리는 계수들의 최적추정치를 얻는 과정이다. 최소자승법을 기술함에는 측정치와 예측치의 차이인 **편차**(偏差; deviation) 또는 **잔차**(殘差; residual) e 의 정의가 필요하다.

$$e_i = Y_i - y_i \tag{17.205}$$

여기서 Y_i는 i 번째 예측치, y_i는 i 번째 측정치, e_i는 i 번째 편차이다. 편차는 추정치에서 측정치를 뺀 값으로 정의하는 것이 좋다. 왜냐하면 식 (17.205)에서는 양의 잔차가 과도한 예측치(overprediction)를 나타내고 음의 잔차는 과소 예측치를 나타내기 때문이다. 최소자승법의 목적함수는 편차의 자승합을 최소로 하는 것이다.

$$S = \min \sum_{i=1}^{n} (Y_i - y_i)^2 \tag{17.206}$$

식 (17.206)은 그림 17.14에서 변수 x, y 의 관계를 가장 잘 대표하는 **최적선**(最適線; best fit of line)이 되기 위한 조건으로 편차 $Y_i - y_i$를 최소로 하는 것이다.

해석과정

식 (17.206)의 목적함수를 각 미지수에 관하여 미분을 취한 후 영으로 놓고 미지수에 관하여 풂으로써 최소로 할 수 있다. 먼저 식 (17.203)의 Y를 식 (17.206)의 목적함수에 대입하면

$$S = \sum_{i=1}^{n} (b_o + b_1 x_i - y_i)^2 \tag{17.207}$$

미지수 b_o, b_1 에 관하여 식 (17.207)의 미분을 취한 후 영으로 놓는다.

$$\frac{\partial S}{\partial b_o} = 2\sum_{i=1}^{n}(b_o + b_1 x_i - y_i) = 0 \tag{17.208a}$$

$$\frac{\partial S}{\partial b_1} = 2\sum_{i=1}^{n} x_i (b_o + b_1 x_i - y_i) = 0 \tag{17.208b}$$

식 (17.208)을 정리하면 정규방정식(正規方程式; normal equation) 식 (17.209)를 얻는다.

$$\Sigma\, b_o + b_1 \Sigma\, x = \Sigma\, y \tag{17.209a}$$

$$b_o \Sigma\, x + b_1 \Sigma\, x^2 = \Sigma\, xy \tag{17.209b}$$

식 (17.209a, b)에서 합계와 변수의 첨자는 생략되었다. 식 (17.209a, b)를 절편 b_o와 기울기 b_1 에 관하여 풀면

$$b_1 = \frac{n\sum_{i=1}^{n} x_i y_i - \sum_{i=1}^{n} x_i \sum_{i-1}^{n} y_i}{n\sum_{i=1}^{n} x_i^2 - (\sum_{i=1}^{n} x_i)^2} \tag{17.210}$$

$$b_o = \frac{\sum_{i=1}^{n} x_i^2 \sum_{i=1}^{n} y_i - \sum_{i=1}^{n} x_i \sum_{i=1}^{n} x_i y_i}{n\sum_{i=1}^{n} x_i^2 - (\sum_{i=1}^{n} x_i)^2} \tag{17.211}$$

$$= \frac{1}{n}\sum_{i=1}^{n} y_i - \frac{b_1}{n}\sum_{i=1}^{n} x_i = \bar{y} - b_1 \bar{x}$$

예제 17.28

표 17.13의 1과 2란은 인천지방의 평년 월최대기온(x)과 평년 월강우량(y)(1931～1960)이다. x 에 대한 y 의 회귀식을 유도하라.

[풀이] 정규방정식의 계수계산이 표 17.13에 주어진 바와 같고 표 17.13으로부터 b_o와 b_1의 계수값을 식 (17.209)에 대입하여 다음 정규방정식을 얻는다.

$$12b_o + 189.3\,b_1 = 1{,}092.5$$

$$189.3\,b_o + 4{,}143.77\,b_1 = 25{,}005.49$$

표 17.13 회귀분석 계산 예

월 (1)	기온 x (°C) (2)	강우량 y (mm) (3)	x^2 (4)	y^2 (5)	xy (6)	Y (7)	$e=$ $Y-y$ (8)	e^2 (9)	$\bar{y}-y$ (10)
1	0.4	15.8	0.16	249.64	6.32	−12.16	−27.96	781.79	−75.24
2	2.8	17.9	7.84	320.41	50.12	3.95	−13.95	194.60	−73.14
3	8.0	49.9	64.0	2,490.01	399.20	38.84	−11.06	122.32	−41.14
4	14.8	66.3	219.04	4,395.69	981.24	84.47	18.17	330.15	−24.74
5	20.5	72.5	420.25	5,256.25	1,486.25	122.72	50.22	2,522.05	−18.54
6	24.5	139.4	600.25	19,432.36	3,415.30	149.56	10.16	103.23	48.36
7	27.9	303.8	778.41	92,294.44	8,476.02	172.37	−131.43	17,273.84	212.76
8	29.4	180.4	864.36	32,544.16	5,303.76	182.43	2.03	4.12	89.36
9	25.4	136.4	645.16	18,604.96	3,464.56	155.59	19.19	368.26	45.36
10	19.5	45.0	380.25	2,025.00	877.50	116.00	71.00	5,041.00	−46.04
11	12.2	35.1	148.84	1,232.01	428.22	67.02	31.92	1,018.89	−55.94
12	3.9	30.0	15.21	900.00	117.00	11.33	−18.67	348.57	61.04
Σ	189.3	1,092.5	4,143.77	179,744.93	25,005.49			28,108.79	$(\bar{y}-y)^2=$
Σ/n	15.78	91.04							75,558.71

식 (17.210～211) 또는 위 식을 b_o, b_1에 관하여 풀면 회귀식의 절편 $b_o=-14.84$와 가울기 $b_1=6.71$을 얻는다. 따라서 회귀식은 식 (17.212)로 주어지고 이를 도시한 것이 그림 17.14이다.

$$Y=-14.84+6.71x \tag{17.212}$$

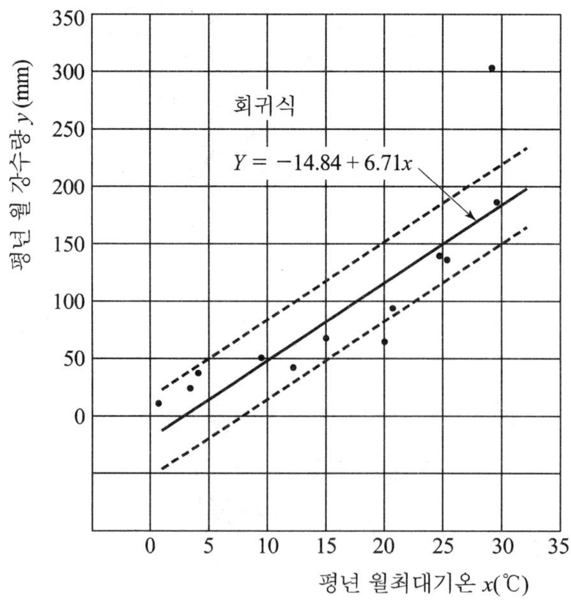

그림 17.14 회귀식의 유도

회귀식의 신뢰도

두 변수 x, y의 회귀식을 얻었을 때 이 회귀식이 x, y 함수관계를 어느 정도 잘 나타내는지, 회귀식에 의한 x에 대한 y의 예측치가 어느 정도로 타당한지가 검토되어야 한다. 즉 **회귀식의 신뢰도**(reliability of regression equation)가 검토되어야 한다. 회귀식의 적합도를 나타내는 신뢰도의 평가는 도시해석방법, 상관계수, 표준추정오차를 이용함으로써 가능하다. **도시해석**(圖示解析; graphical analysis)은 시각적으로 판정이 빠르고 분포의 범위, 극치의 존재, 두 변수 간의 관계형을 쉽게 알 수 있으나 정량적인 비교가 안 되는 단점이 있다.

상관계수

상관은 관측된 두 변수 간의 관련도를 나타내고 **상관계수**(相關係數; correlation coefficient)는 관련도의 정량적인 척도이다. 이러한 관련도의 변수에는 강우량과 유출고를 예로 들 수 있다.

일반적으로 확률변수 y의 관측치들은 어느 정도 변동을 갖고 이는 표본의 분산으로 나타낼 수 있다. 식 (17.50)에서와 같이 분산은 평균에 대한 편차의 자승합을 자유도로 나눈 값이다. 평균에 대한 편차의 자승합으로 주어지는 **총변동**(總變動; total variation) TV는 다른 변수 x의 변동으로 설명되는 **설명변동**(說明變動; explained variation) EV와 설명되지 않는 **비설명변동**(非說明變動; unexplained variation) UV로 구분된다.

$$TV = EV + UV \tag{17.213}$$

이들을 확률변수의 변동의 항으로 나타내면

$$\sum_{i=1}^{n}(y_i - \bar{y})^2 = \sum_{i=1}^{n}(Y_i - \bar{y})^2 + \sum_{i=1}^{n}(y_i - Y_i)^2 \tag{17.214}$$

여기서 y는 관측치, Y는 x의 회귀식에 의한 y의 추정치 $Y = b_o + b_1 x$, $\bar{y}$는 y의 평균이다.

그림 17.15a는 평균치에 관한 관측치의 변동을 나타내는 총변동 $\Sigma(y_i - \bar{y})^2$이다. 그림 17.15b는 평균치에 관한 회귀선의 변동을 나타내는 설명변동으로 식 (17.214)의 $\Sigma(Y - \bar{y})^2$이다. 이는 x, y의 관계식에 의하여 설명, 즉 추정이 가능한 부분이다. 만약 모든 점이 직선 상에 오면 설명변동은 총변동과 같게 되고 분산은 영이 된다. 그림 17.15c는 회귀선에 관한 관측점들의 변동으로 식 (17.214)의 $\Sigma(y_i - Y_i)^2$이고 이는 x, y의 관계식에 의하여 설명, 즉 예

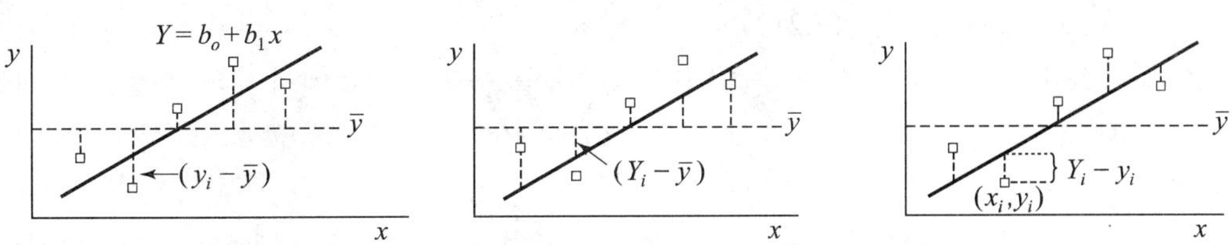

(a) 총변동 (b) 설명변동 (c) 비설명변동(회귀선에 관한 분산)

그림 17.15

측되지 않는 비설명변동 부분이다. 만약 비설명변동이 총변동과 같게 되면 x, y 사이에 관계식의 존재의 의미가 없다.

설명변동과 총변동의 비 EV/TV는 총변동 중에서 설명될 수 있는 변동의 비율을 나타낸다. 즉 총변동에 대한 x, y의 선형관계식에 의하여 예측될 수 있는 변동의 비율로서 이를 **결정계수**(決定係數; coefficient of determinant)라 하고 R^2으로 표시한다.

$$R^2 = \frac{EV}{TV} = \frac{\sum_{i=1}^{n}(Y_i - \bar{y})^2}{\sum_{i=1}^{n}(y_i - \bar{y})^2} \tag{17.215}$$

결정계수의 제곱근이 상관계수 R이다. 설명변동이 총변동과 같으면 R은 1이 된다. 설명변동이 0이면 R은 0으로 x, y 사이에는 선형관계가 존재하지 않는다. 상관계수는 식 (17.216)으로 정의되고 실제 상관계수 계산은 식 (17.217)과 같이 변형해서 수행된다.

$$\rho = \frac{E[(X-\mu_x)(Y-\mu_y)]}{\sigma_x \sigma_y} \tag{17.216}$$

$$R = \frac{n\sum_{i=1}^{n}x_i y_i - \sum_{i=1}^{n}x_i \sum_{i=1}^{n}y_i}{\left[n\sum_{i=1}^{n}x_i^2 - (\sum_{i=1}^{n}x_i)^2\right]^{0.5}\left[n\sum_{i=1}^{n}y_i^2 - (\sum_{i=1}^{n}y_i)^2\right]^{0.5}} \tag{17.217}$$

결정계수 R^2은 y의 변동 중에서 x에 의하여 설명될 수 있는 변동의 백분율을 나타내는 물리적인 해석이 가능한 점에서 예측에 관한 정확도의 의미있는 척도이다. 상관계수는 두 변수 x, y의 선형관계를 나타내는 상관도의 척도이다. 그러나 관계가 대수 또는 지수함수이면 이들 관계는 상관계수에 반영되지 않는다. 이러한 경우에는 다음과 같이 비선형관계를 선형으로 변환하여 상관도를 평가할 수 있다.

$$y = ax^b \rightarrow \log(y) = \log(a) + b\log(x) \tag{17.218}$$

$$y = ae^x \rightarrow \ln(y) = \ln(a) + x \tag{17.219}$$

표준추정오차

예제 17.28의 회귀식 식 (17.212)를 이용해서 표 17.13의 각 x에 대한 y를 추정한다면 이들 추정치는 실제 y값과 다르게 됨을 알게 된다. 예를 들면 $x=8$에서 y의 추정치는 식 (17.212)에 8을 대입하면 $y = -14.84 + 6.71x = -14.84 + 6.71 \times 8 = 38.84$이고, 실제 y값은 49.9로 편차는 -11.06이 된다.

이와 같은 편차는 12쌍의 모든 측정자료에 존재한다. 회귀선이 제공하는 값은 단지 최적추정치이므로 이는 불확실성을 내포한다. 불확실성의 척도로 **표준추정오차**(標準推定誤差; standard error of estimate) S_e가 사용된다. S_e^2은 편차의 자승합을 자유도 ν로 나눈 값이고 수학적으로 표준추정오차는 편차의 표준편차와 같고 y와 동일한 단위를 갖는다.

$$S_e = \left[\frac{1}{\nu}\sum_{i=1}^{n}(Y_i - y_i)^2\right]^{0.5} \tag{17.220}$$

여기서 ν는 자유도로서 표본수에서 미지수의 수 p를 뺀 값 $\nu = n - p$와 같다. 식 (17.203)과 같은 2변량 모형에서는 미지수가 2이므로 자유도는 $\nu = n-2$ 이다.

표준추정오차는 비설명변동과 자유도의 비의 제곱근이다. 따라서 S_e가 작을수록, 즉 비설명변동이 작아질수록 x, y 관계식에 의한 y의 추정치의 정확도는 증가하게 된다. 즉 $S_e = 0$은 모든 점들이 회귀선 상에 위치함을 의미한다. 경우에 따라서 S_e는 식 (17.221)로 계산된다.

$$S_e = S_y\sqrt{1 - R^2} \tag{17.221}$$

여기서 S_y는 y의 표준편차이다. 식 (17.221)의 개선형은 다음과 같이 주어진다. 그러나 n이 증가하면 식 (17.221)과 식 (17.222)의 차이는 근소하게 된다.

$$S_e^2 = \frac{n-1}{n-p-1}S_y^2(1 - R^2) \tag{17.222}$$

여기서 p는 독립변수(미지수)의 수이다. 이론적으로는 S_e가 S_y보다 크나 일반적으로 S_e는 $0 \sim S_y$의 범위에 있다. 회귀식이 자료점에 정확하게 적합되면 S_e는 0이 되고 상관계수는 1.0이 된다. 상관이 0이면 S_e는 S_y와 같게 된다(식 17.221). S_e는 예측치와 같은 차원을 갖고 그의 크기는 편차의 물리적인 크기를 나타내는 점에서 표준추정오차가 상관계수보다 선호된다.

편차는 그림 17.15c에서 연직절선부분이다. 추정분산 S_e^2은 이들 절선부분의 자승합을 ν로 나눈 값이다. 따라서 S_e^2은 회귀선 주위의 자료점의 흩어진 정도를 나타내는 지수이다. S_e^2이 작을수록 회귀선으로부터 흩어짐이 작다. 분산을 나타내는 자료점의 흩어진 상태, 즉 분산에 평균이 0이고 표준편차가 S_e인 정규분포를 적합시키는 것이 가능하면 이는 다음을 의미한다. 회귀선의 양측에 연직거리가 S_e가 되도록 회귀선에 두 평행선을 그으면 두 평행선 사이에 놓인 자료점 수가 약 68%가 되고 두 평행선 $2S_e$, $3S_e$가 연직간격으로 그어지면 두 평행선 사이의 자료점은 각각 95%, 99.7%가 된다(그림 17.14).

예제 17.29

표 17.13과 예제 17.28의 결과를 이용하여 표준추정오차, 설명변동, 결정계수 및 상관계수를 구하고 회귀선의 신뢰도를 검토하라.

[풀이] 회귀식 식 (17.212)를 이용하여 예측된 월 강우량 Y는 표 17.13의 7란에 주어진 바와 같으며 편차 e와 e^2의 계산치가 각각 표 17.13의 8, 9란에 주어진다. 자유도는 미지수가 b_o, b_1의 두 개이므로 $\nu = n-2$

이다. 따라서 표준추정오차는 식 (17.220)에 의하여

$$S_e=\left[\frac{1}{n-2}\sum_{i=1}^{n}e_i^2\right]^{0.5}=\left[\frac{1}{10}(28,108.79)\right]^{0.5}=53.02\,\mathrm{mm}$$

y의 표준편차는 식 (17.51)에 의하면

$$S_y=\left[\frac{1}{n-1}\left\{\sum y_i^2-\frac{1}{n}(\sum y_i)^2\right\}\right]^{0.5}=\left[\frac{1}{11}\left\{179,744.93-\frac{(1,092.5)^2}{12}\right\}\right]^{0.5}=85.3\,\mathrm{mm}$$

총변동 $\Sigma(y-\bar{y})^2$은 표 17.13 10란의 자승합으로 주어진다.

$$TV=\sum_{i=1}^{n}(y_i-\bar{y})^2=75,558.71$$

비설명변동, 즉 회귀선에 의하여 설명이 되지 않는 변동은 9란의 합으로 주어진다.

$$UV=\sum_{i=1}^{n}(y_i-Y)^2=28,108.79$$

따라서 회귀선에 의하여 설명되는 설명변동은

$$EV=TV-UV=75,558.71-28,108.79=47,449.92$$

결정계수는

$$R^2=\frac{EV}{TV}=\frac{\text{설명변동}}{\text{총변동}}=\frac{47,449.92}{75,558.71}=0.63$$

상관계수는 $R=0.79$이다. 식 (17.217)에 의한 상관계수는 $R=0.806$이다.

그림 17.14에서 회귀선 상하로 연직거리 $S_e=53.02\,\mathrm{mm}$에 두 평행선을 그으면 두 평행선 안에 놓이는 점의 수는 10개이다. 이는 표 17.13의 8란으로부터 $e=(Y-y)$가 53.02보다 큰 경우는 7월, 10월의 2개월이므로 이들의 비는 $10/12=83\%$이다. 만약 자료가 정규분포를 한다면 그림 17.14에서 신뢰한계선 안에 들어오는 자료점의 수는 68%가 될 것이다.

중회귀분석

독립변수가 1개 이상인 회귀분석을 **중회귀분석**(重回歸分析; multiple regression analysis)이라 한다. 독립변수가 x_1, x_2인 경우 y에 관한 회귀식은

$$Y=\alpha+\beta_1x_1+\beta_2x_2 \tag{17.223}$$

여기서 x_1, x_2는 관측치, Y는 y의 추정치 α, β_1 및 β_2는 회귀계수이다.

식 (17.223)을 지수형으로 적합하면 다음과 같다.

$$Y=\alpha x_1^{\beta_1}x_2^{\beta_2} \tag{17.224}$$

이 경우 식 (17.224)의 양변의 대수를 위하여 선형화한다.

$$\log Y = \log\alpha + \beta_1 \log x_1 + \beta_2 \log x_2 \tag{17.225}$$

회귀계수 α, β_1 및 β_2는 식 (17.206)에서와 같이 잔차의 자승합을 최소로 하는 값들이다. 식 (17.223) 또는 (17.225)를 식 (17.206)에 대입하고

$$S = \sum(\alpha + \beta_1 x_1 + \beta_2 x_2 - y)^2 \tag{17.226}$$

S의 편미분 $\dfrac{\partial S}{\partial \alpha} = 0$, $\dfrac{\partial S}{\partial \beta_1} = 0$ 및 $\dfrac{\partial S}{\partial \beta_2} = 0$을 구하면 정규방정식을 얻는다.

$$\begin{aligned} n\alpha + \beta_1 \sum x_1 + \beta_2 \sum x_2 &= \sum y \\ \alpha \sum x_1 + \beta_1 \sum x_1^2 + \beta_2 \sum x_1 x_2 &= \sum x_1 y \\ \alpha \sum x_2 + \beta_1 \sum x_1 x_2 + \beta_2 \sum x_2^2 &= \sum x_2 y \end{aligned} \tag{17.227}$$

식 (17.227)의 해는 회귀계수 α, β_1 및 β_2를 제공한다. 독립변수가 2개 이상인 경우에는 행렬 해법이 이용된다.

문 제

확률개념

17.1 1에서 10까지 10개의 정수로 구성된 집단을 생각한다. $A = \{2, 3, 4\}$, $B = \{4, 5, 6, 7\}$이라 할 경우 (a) $\overline{A} \cap B$, (b) $\overline{A} \cup B$, (c) $A \cup \overline{B}$에 속하는 숫자를 제시하라.

17.2 크기가 다른 3개의 홍수사상 A > B > C 중 적어도 하나의 홍수사상이 주어진 크기 순서에서 일어날 확률을 구하라.

17.3 52카드 중에서 에이스가 두 번 연속해서 뽑힐 확률을 구하라.

17.4 표 17.1의 자료를 이용하여 상대빈도주상도와 누가빈도주상도를 작성하라. 계급간격은 30 mm로 한다. 위 결과로부터 95% 누가확률과 300 mm보다 크게 될 확률을 구하라

17.5 표 17.1의 자료를 이용해서 (a) 어느 한 해에 연 최대강우량이 180 mm보다 크게 될 확률을 구하라. (b) 연 최대강우량이 2년 연속해서 180 mm보다 크게 될 확률을 구하라. (c) 연 강우량이 독립과정이라 가정해서 자료로부터 직접 2년 연속해서 180 mm보다 크게 될 확률을 구하라.

분위수

17.6 표 17.1의 강우자료에 대한 4분위수 Q_1, Q_2, Q_3, 십분위수 D_1, D_5, D_9 및 백분위수 P_{35}, P_{70}을 구하라.

17.7 표 17.1의 강우자료를 50 mm 단위의 계급으로 재정리하여 0.3, 0.5 분위수를 구하라.

17.8 표 17.1의 강우자료의 누가분포함수를 도시하고 이로부터 누가확률이 $F(x)=0.5$, $F(x)=0.75$인 강우량을 구하라.

17.9 표 17.13의 2, 3란의 자료를 이용하여 분위수 Q_1, Q_2, Q_3을 구하고 각 결과의 유의성을 기술하라.

통계적 매개변수

17.10 다음은 어느 유역의 연 유사산출량(ton/yr)이다. 평균, 표준편차 및 왜곡도계수를 산정하라.

5.4 4.2 7.6 7.1 5.3 10.2 4.8 5.7

17.11 표 17.1의 1950~1989년의 자료를 이용하여 평균, 표준편차, 왜곡도계수 및 첨예도계수를 계산하라.

17.12 식 (17.49b) $\mathrm{Var}(X)=\sigma^2=E(X^2)-\mu^2$을 유도하라.

17.13 식 (17.55)를 유도하라.

L-모멘트

17.14 L-모멘트를 이용하여 표 17.1의 1950~1989년의 자료의 평균과 표준편차를 구하라.

17.15 28년 연 최대풍속자료(1950~1977) (mi/hr)에 대한 처음 4 확률가중모멘트를 구하라.

32 32 34 37 37 38 40 40 40 42
42 42 43 44 45 45 46 48 49 50
51 51 51 53 53 58 58 60

17.16 문제 17.15 자료에 대한 곱모멘트와 곱모멘트비 그리고 L-모멘트와 L-모멘트비를 추정하고 결과를 비교하라.

17.17 다음 유량자료(m^3/s)에 대한 L-모멘트와 L-모멘트비를 계산하라.

5.60 6.34 4.87 3.14 6.41 4.64 4.15 6.18 5.80 4.92

확률분포형

17.18 10년 홍수가 첫 해에 일어나지 않고 둘째 해에 일어날 확률은?

17.19 25년 홍수가 5년 공사기간에 일어나지 않을 확률을 구하라.

17.20 50년 동안에 50년 홍수에 같거나 초과하는 홍수가 1회 또는 그 이상 일어날 확률을 구하라.

17.21 3년 공사기간에 10년 홍수가 각 해에 발생할 확률을 구하라.

17.22 25년 동안에 95% 안전율에서 초과하지 않을 재현기간은 얼마인가?

17.23 상이한 크기의 유출이 유출구에 도달(또는 대기)하는 시간 X(분)가 다음의 밀도함수로 주어진다. 평균도달(또는 대기)시간을 구하라.

$$f(x)=10e^{-2x} \quad x \geq 0$$

17.24 표 17.1에 대한 정규분포의 매개변수를 L-모멘트를 이용하여 구하라.

17.25 전주지방의 강우자료(표 17.1)가 정규분포라고 가정하여 다음을 구하라.

(a) 100년 강우량, (b) 50년 강우량, (c) 강우량이 200 mm보다 작거나 같게 되는 확률
(d) 200 mm의 재현기간

17.26 대수정규분포하는 것으로 가정하여 문제 17.25를 되풀이하라.

17.27 대수피어선분포를 가정하여 문제 17.25를 수행하라.

17.28 3변수 감마분포로 가정하여 문제 17.25를 수행하라.

17.29 Gumbel분포로 가정하여 문제 17.25를 수행하라.

17.30 공사기간이 6년인 댐 공사의 가물막이댐이 25년 홍수에 대하여 설계된다. 다음 조건에서 가물막이댐이 월류될 위험도를 구하라. (a) 6년 공사기간 동안에 적어도 한 번 발생, (b) 공사기간에 단 1회도 발생하지 않을, (c) 첫째 해에 한해서 발생할, (d) 5년째와 6년째에 일어날 위험도.

17.31 공사기간이 5년인 댐에 대한 가물막이댐이 25년에 설계된다. 위험도를 10% 이하로 감소시키는 데 필요한 재현기간은?

17.32 5년 홍수가 200 m^3/s인 하천변에 위락공원이 건설된다. 다음을 구하라. (a) 다음 해에 공원이 침수될 확률, (b) 다음 10년 동안 적어도 1회 침수될 확률, (c) 다음 10년 동안 3회 침수될 확률, (d) 다음 10년 동안 10회 침수될 확률.

17.33 초과확률이 0.05인 홍수에 대하여 제방이 설계된다. 다음의 경우 확률을 결정하라

(a) 제방이 어느 해에도 월류되지 않는다. (b) 다음 2년 동안 제방이 월류되지 않는다.
(c) 제방이 6년 동안 정확히 1회 월류된다. (d) 다음 10년 동안에 3회 이상 월류한다.

17.34 어느 하천의 한 단면에서의 연 최대홍수량 x (m^3/s)는 대수정규확률분포($\ln x \sim N$ (4.5, 0.42))를 따른다. (a) 중앙치에 해당하는 연 최대유량을 계산하라. (b) 50년 홍수에 대하여 제방이 월류나 붕괴되지 않도록 설계되었다. 설계유량을 구하라. (c) 50년 동안에 설계홍수량이 발생하는 횟수를 n으로 나타낼 때 $P(n=0)$, $P(n=1)$ 및 $P(n>1)$을 구하라. (d) 하천이 120 m^3/s에 안전할 경우 이 홍수량의 재현기간을 구하라.

17.35 다음 5년 동안에 20년 홍수와 같거나 큰 홍수가 발생할 확률을 구하라.

17.36 어느 저수지의 6월 중 증발량이 평균 120 mm, 표준편차가 40 mm인 정규분포를 갖는다. 다음 확률을 구하라.

(a) $P(E > 6\ \text{mm/day})$, (b) $P(E > 3\ \text{mm/day})$, (c) $(4\ \text{mm/day} \leq E \leq 6\ \text{mm/day})$

17.37 피어선Ⅲ분포를 갖는 x계열의 평균, 표준편차 및 왜곡도가 각각 120, 34 및 0.9이다. (a) 매개변수를 추정하고 (b) 피어선Ⅲ분포의 중앙치와 (c) 50년 분위수를 구하라.

17.38 x는 대수피어선Ⅲ분포를 갖는 변량이다. $y=\ln x$ 계열의 평균, 분산 및 왜곡도가 각각 7, 0.12 및 0.63이다. 매개변수를 추정하고 100년 분위수를 결정하라.

17.39 EV1분포를 갖는 유량자료 x의 평균, 표준편차 각각 242 m^3/s, 72 m^3/s이다. 유량 280 m^3/s의 재현기간을 구하라.

17.40 다음은 연 최소 7일 평균유량이다. 대수정규빈도곡선을 계산하고 10년과 50년의 7일 평균유량을 추정하라. 빈도곡선과 자료를 도시하라.

년	유량(m^3/s)	년	유량(m^3/s)	년	유량(m^3/s)	년	유량(m^3/s)
1956	2.80	1966	3.22	1976	5.10	1986	3.36
57	4.06	67	4.09	77	4.10	87	4.27
58	3.64	68	4.34	78	3.36	88	4.65
59	4.45	69	4.27	79	5.60	89	4.62
60	3.08	70	3.47	80	6.33		
61	2.69	71	2.60	81	5.82		
62	4.70	72	2.86	82	4.59		
63	4.17	73	2.72	83	4.09		
64	3.50	74	3.67	84	3.14		
65	3.42	75	4.76	85	3.14		

매개변수 추정(확률분포의 적합)

17.41 정규분포 매개변수의 최우도추정치가 다음과 같음을 보여라.

$$\mu = \frac{1}{n}\sum_{i=1}^{N} x_i\ , \qquad \sigma^2 = \frac{1}{n}\sum_{i=1}^{N}(x_i - \overline{x})^2$$

17.42 다음 34개 건설현장의 토사산출량 자료를 이용하여 감마분포 매개변수의 최우도추정치를 유도하라.

Y(tons/km^2/yr)	0～20	20～40	40～60	60～80	80～100	100～120
f (yr)	2	7	9	5	7	4

17.43 다음은 30개 건설현장으로부터 유사산출량을 나타낸다. 모멘트방법에 의하여 균일분포(uniform distribution)를 적합하라.

$$f(x) = \frac{1}{b-a} \qquad a \leq x \leq b$$

Y(tons/km^2/yr)	0～10	10～20	20～30	30～40	40～50	50～60
f (yr)	2	6	8	4	6	4

17.44 강우의 사상간시간이 지수분포하는 것으로 가정한다. 사상간시간의 평균이 4.3 days일 때 매개변수 λ를 추정하라.

17.45 문제 17.43 자료에 대하여 감마분포 매개변수의 측정치를 최우도방법으로 유도하라.

17.46 강우의 사상 간 시간이 2.40, 2.45, 13.32, 3.45, 0.92, 1.36이다. 사상 간 시간이 지수분포하는 것으로 가정하고 매개변수 λ를 구하라.

17.47 다음은 접시증발량을 나타낸다. 최우도방법으로 지수분포의 매개변수를 구하라.

E(mm/day)	0～0.7	0.7～2.0	2.0～3.3	3.3～4.5	4.5～5.8	5.8～7.1	7.1～8.3	8.3～9.6	9.6～10.9	10.9～12.2
f (E)	45	75	70	47	35	40	19	2	3	1

17.48 다음 20년간의 연 최대유량자료에 대한 GEV분포의 매개변수를 모멘트방법으로 추정하라.

125	107	132	147	143	405	146	144	192	716
121	865	106	245	144	63	956	158	143	287

17.49 문제 17.48을 PWM방법으로 수행하라.

17.50 문제 17.37의 유량자료를 Gumbel확률지에 도시하고 GEV분포의 분위수추정치를 도시하여 적합도를 검토하라.

적합도검정

17.51 다음 유량자료에 관하여 5%의 유의수준에서 평균 $x = 259\ \text{m}^3/\text{s}$, 표준편차 $S = 123\ \text{m}^3/\text{s}$ 인 정규분포와 대수정규분포의 적합여부를 χ^2방법으로 검정을 수행하라.

구간유량(m^3/s)	빈도
0～120	6
120～240	29
240～360	12
360～480	7
480～600	3
600～	1

17.52 다음 일 유량기록에 대한 5%의 유의수준에서 대수정규분포의 적합도를 (a) χ^2방법, (b) Cramer–von mises 방법으로 검토하라. 유량등급으로 $0.75\text{m}^3/\text{s}$ 가 제안된다.

0.847, 3.381, 0.165, 1.340, 1.500, 0.954, 0.315, 1.914, 2.182, 0.437

17.53 문제 17.51을 Cramer–von mises방법으로 수행하라.

17.54 표 18.3의 강우자료에 대한 정규분포(평균 117.2 mm, 표준편차 40.1 mm)의 적합도를 5% 유의수준에서 K–S방법으로 검토하라.

17.55 문제 17.51을 PPCC방법으로 수행하라.

17.56 문제 17.40 유량자료에 대한 정규분포의 적합도를 L–모멘트비를 이용하여 검토하라.

회귀분석

17.57 다음은 수위–유량자료이다. (a) 수위–유량자료를 도시하라. (b) 회귀식을 유도하여 도시하라. (c) 설명변동과 상관계수를 결정하라. (d) 회귀선의 신뢰도를 검토하라.

수위(m)	0.3	0.61	0.91	1.22	1.53	1.83	2.14	2.44	2.75	3.05	3.36	3.51
유량(m^3/s)	2	12	33.6	65.8	119	182	266	378	490	630	770	840

17.58 다음 자료에 대한 수위 – 유량곡선식과 상관계수를 구하라.

수위(m)	0.3	0.4	0.5	0.7	0.8	1.0	1.2	1.5
유량(m^3/s)	0.2	0.16	0.40	1.55	2.35	4.4	7.5	13.5

17.59 다음 자료에 대하여 증발량에 대한 기온과 상대습도의 관계를 나타내는 중회귀분석을 수행하라.

기온, x_1	T(°C)	13	18	22	28	20	25
상대습도, x_2	R_h (%)	62	76	52	68	84	50
증발량, y	E(mm/day)	2.8	3.0	4.6	4.8	3.3	4.6

17.60 유역면적 A (ha)와 강우강도 i (mm/hr)에 관한 첨두유량 Q(m^3/s)의 중회귀식을 유도하라.

강우강도, x_1	i (mm/hr)	81	117	129	96	155	188
유역면적, x_2	A (ha)	6	10	9	16	12	8
첨두유량, y	Q(m^3/s)	0.7	1.35	1.32	1.92	2.0	1.86

18 빈도해석

Applied Hydrology

호우, 홍수 및 한발과 같은 극한 사상들의 빈도해석은 치수와 이수에 관한 공학설계와 의사결정, 경제성 해석에 결정적인 인자이다. **빈도해석**(頻度解析; frequency analysis)은 과거 수문기록을 해석하고 분포함수를 적합하여 장래 수문사상의 발생빈도를 추정하고, 확률변수값들의 발생에 대한 재현기간을 부여하거나 또는 확률을 관련시키는 모형을 개발하고, 특히 확률분포를 통하여 극한사상의 크기를 발생빈도와 관련시키는 과정이다. 이러한 목적을 위해서는 Monte Carlo기법을 이용하여 합성유량을 발생시키고 이에 다양한 분포의 적합이 모색되기도 한다. 해석에 사용되는 수문자료는 통계적으로 독립적이고 동일 확률분포를 갖는 것으로 가정된다. 또한 인간과 자연에 의한 시간상의 변화는 빈도관계를 변형하지 않는 정상성으로 가정된다. 홍수빈도해석의 결과는 댐과 저수지, 교량, 암거, 홍수로, 제방, 도시우수배수계통, 공항배수, 관개계통, 급수, 수력발전 등의 설계, 그리고 홍수조절, 홍수조절구조물의 경제적 가치의 결정, 홍수터의 경계를 정하고 홍수터 잠식의 영향을 평가하고 갈수 해결방안 등에 이용한다. 빈도해석에는 도시위치와 빈도계수에 의한 방법이 이용된다.

18.1 재현기간

과거에 기록된 특정 크기의 유량이 다시 발생하거나 또는 보다 큰 유량이 발생하여 특정 크기를 갖는 유량이 초과될 수 있다. 이와 같이 하나의 수문사상이 다시 일어나거나 초과되는 실제시간 간격을 재현기간이라 한다. 따라서 **재현기간**(再現期間; return period 또는 recurrence interval)은 한 특정 사상의 크기와 같거나 초과하는 사상이 일어나는 평균기간으로 정의될 수 있다. 또는 확률변수 X가 특정치 x_T에 같거나 크게 되는 평균기간으로 정의된다. 그림 18.1(표 17.6)의 한강대교(구 인도교)의 35년(1952 ~ 1986) 동안의 연 최대유량기록에서 연 최대유량이

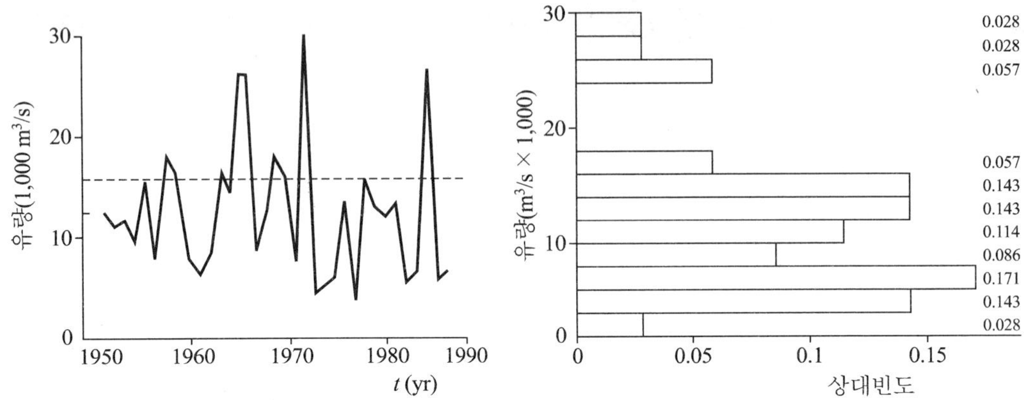

그림 18.1 한강 인도교의 연 최대유량(표 17.6)

15,000 m^3/s를 초과하는 것이 11회이다. 이들이 다시 발생한 재현기간은 1년에서 5년 사이이고 이들은 29년 동안에 일어났다. 이 29년 동안 15,000 m^3/s를 초과한 11회의 홍수사상 사이의 시간 간격의 수는 10이다. 따라서 평균재발생기간, 즉 15,000 m^3/s의 재현기간은 $T = 29/10 = 2.9$년이 된다. 재현기간 T의 역수는 사상의 초과확률이 된다. 즉 주어진 어느 해에 하나의 수문사상의 크기와 같거나 초과하는 확률이다.

$$P(X \geq x_T) = \frac{1}{T} \tag{18.1}$$

한강의 한강대교 연 최대유량이 15,000 m^3/s에 같거나 초과하는 초과확률은 $p = 1/T = 1/2.9 = 0.345$이다. $P(X \geq x_T) = 1 - P(X < x_T) = 1 - F(x_T)$인 점을 고려하면 식 (18.1)은

$$P(X \geq x_T) = 1 - F(x_T) \tag{18.2}$$

식 (18.1)과 (18.2)로부터

$$F(x_T) = 1 - \frac{1}{T} \tag{18.3}$$

N년 동안에 T년 재현기간을 갖는 사상이 적어도 한 번 일어날 확률은 얼마인가? 이는 T년 사상이 N년 동안에 일어나지 않을 확률을 이용해서 구할 수 있다. T년 재현기간을 갖는 사상이 일어날 확률이 $p = P(X \geq x_T)$라면 어느 한 해에 일어나지 않을 확률은 $P(X < x_T) = F(x_T) = 1 - p$이고 이는 독립사상이므로 N년 동안에 일어나지 않을 확률은

$$P(X < x_T)_N = (1-p)^N \tag{18.4}$$

따라서 적어도 한 번 일어날 확률, 즉 초과확률(이는 한 번 이상 일어나는 모든 사상의 확률을 포함한다)은 일어나지 않을 확률의 여사상이므로

$$P(X \geq x_T)_N = 1 - (1-p)^N \tag{18.5}$$

이 결과를 이용하면 초과확률을 비초과확률 F와 재현기간 T의 항으로 나타낼 수 있다.

$$P(X \geq x_T)_N = 1 - F^N = 1 - \left(1 - \frac{1}{T}\right)^N \tag{18.6}$$

예제 18.1

한강대교에서 연 최대유량이 향후 5년 동안 15,000 m^3/s를 적어도 한 번 초과(1회 이상 모든 확률을 포함)할 확률을 구하라.

[풀이] 어느 한 해에 15,000 m^3/s를 초과할 확률이 $P(Q \geq 15{,}000) = 0.345$ 로 주어진 바 있으므로 5년 동안에 적어도 한 번 일어날 확률은 식 (18.5)에 따라

$$\begin{aligned} P(x \geq 15{,}000) &= 1 - (1 - 0.345)^5 \\ &= 0.88 \end{aligned}$$

예제 18.2

100년 홍수가 5년 동안에 적어도 1회 일어날 확률을 구하라.

[풀이] 100년 홍수가 발생할 확률은 100년 홍수가 일어나지 않을 사상의 여사상이므로 식 (18.6)에 따라

$$P(\text{5년 내 100년 홍수발생확률}) = 1 - (1 - 1/T)^5 = 1 - (1 - 1/100)^5 = 0.049$$

예제 18.3

(a) 25년 홍수가 7년 동안에 2회 일어날 확률을 구하라. (b) 25년 홍수가 7년 동안에 2회 또는 그 이상 발생할 확률을 계산하라.

[풀이]

(a) 25년 홍수가 발생할 확률은 식 (18.1)에 따라 $P = 1/25$ 이므로 식 (17.12)에 의하면

$$P(\text{7시행 2회 성공}) = \binom{7}{2}\left(\frac{1}{25}\right)^2\left(\frac{24}{25}\right)^5 = 0.027 \text{ 또는 } 2.7\,\%\text{이다.}$$

(b) P(7시행 2회 또는 그 이상 성공) $= P$(7년 2회 발생)$+ P$(7년 3회 발생) $+ \cdots$ (a)

여사상의 식 (17.8)을 이용하면 식 (a)는 다음과 같이 계산된다.

$$\begin{aligned} P(\text{7시행 2회 또는 그 이상 성공}) &= 1 - P(\text{7년 0회 발생}) - P(\text{7년 1회 발생}) \\ &= 1 - \binom{7}{0}\left(\frac{1}{25}\right)^0\left(\frac{24}{25}\right)^7 - \binom{7}{1}\left(\frac{1}{25}\right)^1\left(\frac{24}{25}\right)^6 = 0.03 \text{ 또는 } 3\% \end{aligned}$$

18.2 수문학적 자료

확률해석에 사용되는 수문자료는 기록기간이 충분히 길고 정확하고 목적에 부합되는 자료이어야 한다. 홍수문제에는 연 최대유량의 시계열이, 급수문제에는 일 최소유량기록이, 범람 또는 구조물의 침수문제에서는 특정치를 초과하는 유량의 지속기간의 계열이 필요하므로 목적에 부합되는 자료라야 한다. 관측기록은 모집단의 표본이므로 이 표본의 수가 너무 적으면 이로부터 계산되는 확률은 신뢰도가 매우 낮게 된다. 그러면 신뢰할 수 있는 결과를 얻기 위해서는 기록기간이 얼마나 되어야 하는가? Benson(1952)에 의하여 합성자료계열로부터 유도한 필요연수는 표 18.1과 같다. 20년 기록으로부터 추정되는 100년 홍수량의 80%는 과도하게 계산될 위험을 안고 있다(Linsley 등, 1982).

자료는 그 수집하는 시간 간격에 따라 분, 시, 일, 월, 연기록으로 구분되고 자료 선정에 따라 다음과 같은 계열로 분류된다. **전기간계열**(全期間系列; full series 또는 complete series, 그림 18.2a)은 해당기간의 모든 자료들로 구성된다. 이에 반하여 **부분(기간)계열**(部分(期間)系列; partial(duration) series)은 어떤 기준치보다 큰(또는 작은) 값들로 구성되는 시계열이다. 특히 기준치(역치)보다 큰 첨두로 구성되는 계열을 **역치초과첨두**(閾値超過尖頭; peaks over threshold, POT) 계열이라 한다. 이는 연 최대치계열보다 많은 첨두자료를 포함한다. 자료의 수가 기록연수와 같게 되도록 기준치(역치)를 선정하였을 때 이 계열을 **연 초과치계열**(年超過値系列; annual exceedance series, 그림 18.2b)이라 하고 그렇지 않은 부분시계열을 **비연초과치계열**(非年超過値系列; annual nonexceedance series)이라 한다. 연평균치로 구성되는 계열을 **연평균계열**(年平均系列; mean annual series)이라 한다. 기록기간을 단위기간으로 분할하여 각 단위기간의 극치(최대치 또는 최소치)만으로 구성되는 계열을 **극치계열**(極値系列; extreme value series)이라 한다. 일반적인 단위기간으로는 년이 주로 사용되며 연 최대치로 구성되는 계열을 **연 최대치계열**(年最大値系列; annual maximum series, 그림 18.2c), 최소치의 계열을 **연 최소치계열**(年最小値系列; annual minimum series)이라 한다.

그림 18.3a는 연 최대치와 연 초과치를 포함한 전기간계열을 크기순으로 나타낸 것이다. 그림 18.3b는 연 최대치와 연 초과치만을 크기순으로 나타낸 것이다. 이로부터 알 수 있는 사실은 많은 수의 연 초과치가 연 최대치계열에서 제외되는 점이다. 또는 연 최대치의 일부만이 연 초과치계열에 나타나므로 수년에 걸쳐 두 번째로 큰 값이 다른 해의 연 최대치를 크기에서 능가한다.

표 18.1 95 % 신뢰도에서 홍수추정에 필요한 기록연수

설계확률 (%)	허용오차	
	10(%)	20(%)
10	90	18
2	110	39
1	115	48

그러나 연 최대치 계열에서는 이들 두 번째로 큰 값이 제외되어 빈도에서 이들의 영향이 배제된다.

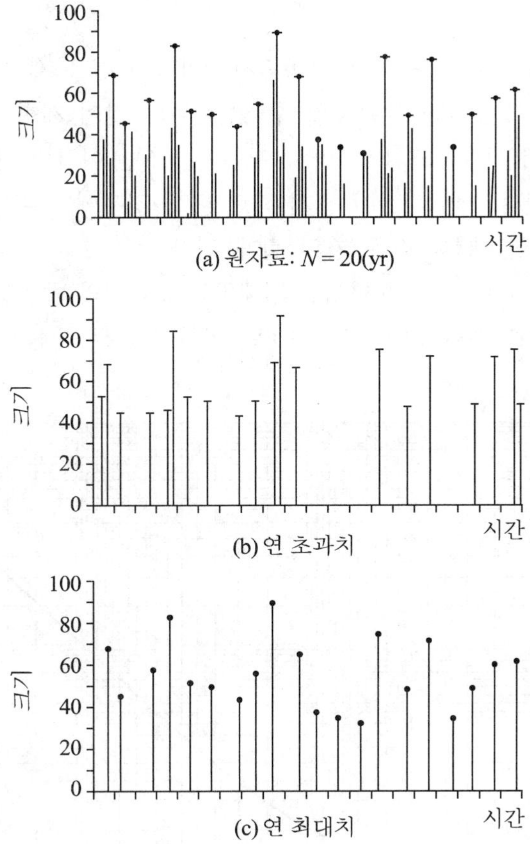

그림 18.2 발생순서로 나열된 수문자료(Chow, 1964)

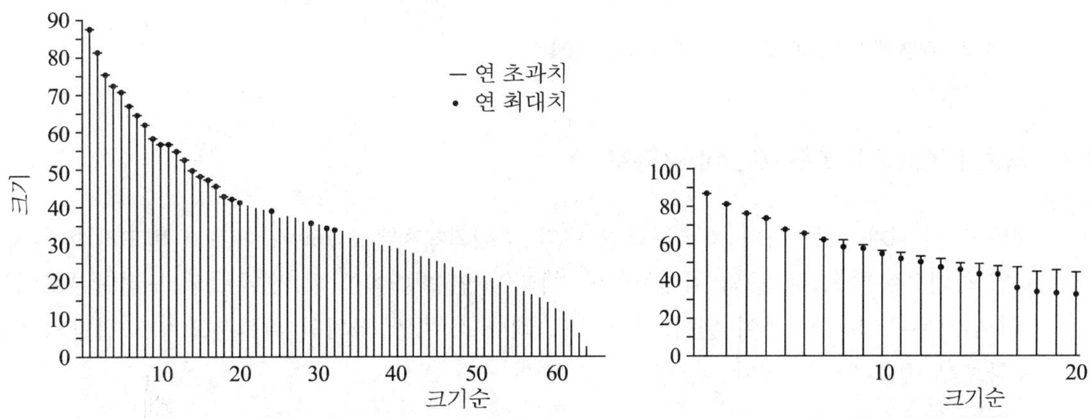

그림 18.3 크기순으로 나열된 수문자료(Chow, 1964)

연 초과치계열의 재현기간 T_E와 연 최대치계열의 재현기간 T_M과의 관계는 다음과 같다.

$$T_E = \left[\ln \frac{T_M}{T_M^{-1}}\right]^{-1} = \frac{1}{\ln T_M - \ln(T_M^{-1})} \tag{18.7}$$

연 초과치계열이 유용한 경우도 있으나 독립사상이라는 점을 제시하는 것이 어려운 점에서 적용에 한계를 갖는다. 그림 18.4로부터 알 수 있는 바와 같이 재현기간 5년 이하에서는 연 초과치계열이 연 최대치계열보다 크다. 따라서 재현기간 5년 이하의 배수구조물 설계에서는 연 초과치가 고려되어야 한다. 재현기간이 크게 되면 어느 경우에나 어느 한 해에 일어날 확률이 작으므로 두 계열에 의한 재현기간은 거의 같게 된다.

그림 18.4에서 재현기간이 $T=5$ 년이면 최대치와 초과치의 발생확률의 차이는 10 %, 재현기간이 10년이면 5 %이므로 재현기간이 $T=10$ 년 이상이면 두 재현기간은 실질적으로 동일하다.

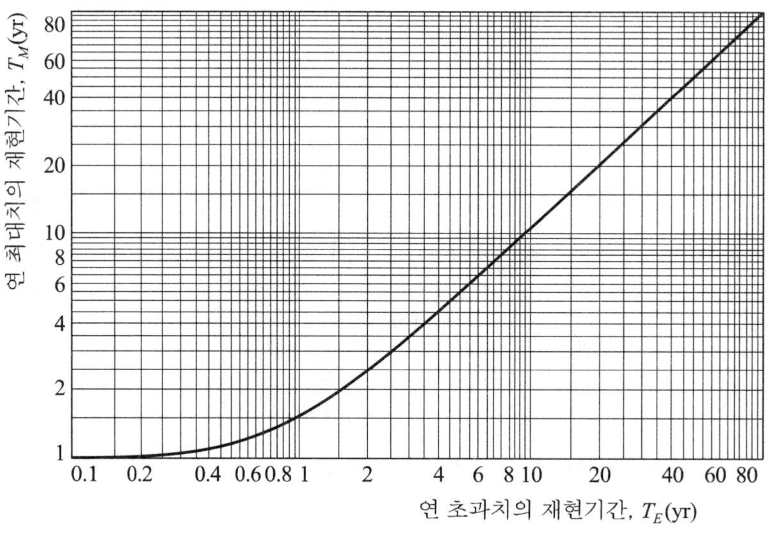

그림 18.4 재현기간 T_M과 T_E의 관계(Chow, 1964)

18.3 극치 I (GEV I)분포-Gumbel분포

하천의 수위가 1시간마다 기록된다면 연간 수위기록치는 8,760에 이르고 빈도해석에 사용되는 연 최대유량은 8,760 중의 최대치이다. 따라서 연 최대치(극치)가 추출된 모집단분포에서 극치의 위치는 꼬리 끝부분이 된다. 그러므로 최대(소)치인 극치의 확률분포는 모집단의 분포와는 다르게 됨을 알 수 있다.

극치 I (또는 Gumbel)분포의 확률밀도함수와 확률분포함수는 다음과 같다.

$$f(x) = \frac{1}{\alpha}\left[\exp\left(-\frac{x-u}{\alpha}\right) - \exp\left(-\frac{x-u}{\alpha}\right)\right] \tag{18.8}$$

$$F(x) = \exp\left[-\exp\left(-\frac{x-u}{\alpha}\right)\right] \qquad -\infty \leqq x \leqq \infty \tag{18.9}$$

여기서 $\alpha (> 0)$는 축척매개변수, u는 위치매개변수이고 형상매개변수 k는 영($k = 0$)이다.

모멘트방법에 의한 매개변수

$$\alpha = \frac{\sqrt{6}\,\sigma}{\pi} = 0.5772\sigma \tag{18.10}$$

$$u = \mu - 0.5772\sigma \tag{18.11}$$

이로부터 평균과 표준편차는 각각 $\mu = u + 0.5772\alpha$, $\sigma = \pi\alpha / \sqrt{6}$ 이고 왜곡도계수는 $\gamma = 1.1396$ 이다. **변환변수**(變煥變數; reduced variable) y는 다음과 같이 정의된다.

$$y = \frac{x-u}{\alpha} \tag{18.12}$$

이를 식 (18.9)에 대입하여 $F(x)$를 변환변수 y항으로 나타내면

$$F(x) = \exp(-\exp(-y)) \tag{18.13}$$

식 (18.13)을 y에 관하여 정리하면

$$y = -\ln\left[\ln\frac{1}{F(x)}\right] \tag{18.14}$$

식 (18.1)에서와 같이 재현기간과 초과확률의 관계는

$$\frac{1}{T} = P(X \geq x_T) = 1 - P(X < x_T) = 1 - F(x_T) \tag{18.15}$$

따라서 $F(x_T)$는

$$F(x_T) = 1 - \frac{1}{T} \tag{18.16}$$

식 (18.16)을 식 (18.14)에 대입하여 변환변수를 재현기간 T의 항으로 나타내면

$$y_T = -\ln\left[\ln\left(\frac{T}{T-1}\right)\right] \tag{18.17a}$$

이를 상용대수로 나타내면

$$y_T = -\left[0.834 + 2.303\log\left(\log\frac{T}{T-1}\right)\right] \tag{18.17b}$$

식 (18.10)과 (18.11)의 α와 u를 식 (18.12)에 대입하면 변환변수 y를 $\bar{x}$와 S의 항으로 나타낼 수 있다.

$$y = \frac{1.283(x - \bar{x})}{S} + 0.5772 \tag{18.18a}$$

$$= \frac{1.283}{S}(x - \bar{x} + 0.45S) \tag{18.18b}$$

극치 I (또는 Gumbel)분포에서 재현기간 T년 분위수추정식은 식 (18.12)와 (18.18b)로부터 다음과 같이 주어진다.

$$x_T = u + \alpha y_T \tag{18.19}$$

$$x = \bar{x} - 0.45S + 0.779 y S \tag{18.20}$$

극치분포는 수문학에서 널리 사용되며 특히 주어진 초과확률 또는 재현기간에 대한 연 최대홍수량의 산정에 주로 사용된다. 식 (18.20)에서 알 수 있는 바와 같이 연 최대홍수량 x와 변환변수 y를 도시하면 많은 경우 선형이 되고 이는 외삽을 가능하게 한다. 호우해석에는 극치 I (Gumbel) 분포가 많이 이용되고 갈수에는 극치III(Weibull)분포가 많이 사용된다. 한편 식 (18.16), (18.17), (18.55)에 의하면 $F(x)$, y_T, K_T는 재현기간만의 함수이다.

PWM방법에 의한 매개변수(Hosking과 Wallis, 1997).

$$\alpha = l_2/\ln 2 \tag{18.21}$$

$$u = l_1 - 0.5772\alpha = \bar{x} - 0.5772\alpha \tag{18.22}$$

표 18.2 극치 I (Gumbel)분포

재현기간 T	비초과확률 $F(y)$	변환변수 y	빈도계수 K_T
2	0.5	0.37	−0.17
5	0.8	1.5	0.72
10	0.9	2.25	1.31
20	0.95	2.97	1.87
25	0.96	3.20	2.04
50	0.98	3.90	2.59
100	0.99	4.60	3.14
200	0.995	5.30	3.68

예제 18.4

전남 장성군 삼서지방의 연 최대일강우량이 표 18.3에 주어진 바와 같다. 극치 I (Gumbel)분포를 이용해서 $T=$ 5, 10, 50, 100년 재현기간의 강우량을 구하라.

표 18.3 삼서지방의 연 최대일강우량(mm)

연 도	1960	1970	1980
0	–	178.3	115.3
1	–	89.6	137.2
2	–	127.1	89.0
3	129.8	125.8	64.6
4	112.0	145.3	81.6
5	85.0	114.1	156.0
6	57.5	139.1	167.0
7	93.1	70.0	149.5
8	88.5	221.4	76.0
9	156.0	78.3	–
평균치	$\bar{x}=117.2\text{ mm}$	$\bar{y}=\overline{\log x}=2.044$	
표준편차	$S=40.1\text{ mm}$	$S_y=0.148$	
왜곡도계수	$c_S=0.622$	$C_{sy}=-0.454$	

[풀이] 표 18.3의 자료로부터 계산된 평균과 표준편차는 각각 $\bar{x}=117.2\text{ mm}$, $S=40.1\text{ mm}$ 이다. 이들을 식 (18.10)과 (18.11)에 대입하면

$$\alpha=\frac{\sqrt{6}\,S}{\pi}=\frac{\sqrt{6}\times 40.1}{\pi}=31.28$$

$$u=\bar{x}-0.5772\alpha=117.2-0.5772\times 31.28=99.15$$

극치 I 확률모형은 식 (18.9)에 따라

$$F(x)=\exp\left[-\exp\left(-\frac{x-99.15}{31.28}\right)\right]$$

재현기간 T에 대한 강우량 x_T를 결정하는 데에는 변환변수 y_T를 사용함이 편리하다.

$T=5$년에 대한 y_T는 식 (18.17a)에 의하면

$$y_T=-\ln\left[\ln\left(\frac{T}{T-1}\right)\right]=-\ln\left[\ln\frac{5}{5-1}\right]=1.5$$

따라서 식 (18.19)에 의하여 5년 빈도 강우량은

$$x_T=u+\alpha\,y_T=99.15+31.28\times 1.5=146.07\text{ mm}$$

같은 방법으로 10, 50, 100년 빈도 일 강우량은 각각 169.5 mm, 221.1 mm, 243.0 mm이다.

예제 18.5

표 18.3에서 연 최대일강우량 221.4 mm의 재현기간을 구하라.

[풀이] 예제 18.4에서 계산된 $\alpha=31.28$과 $u=99.15$를 이용하면 변환변수 y는 식 (18.12)에 따라

$$y=\frac{x-u}{\alpha}=\frac{221.4-99.15}{31.28}=3.91$$

누가확률은 식 (18.13)에 따라

$$F(x)=\exp[-\exp(-3.91)]=0.98$$

재현기간은 식 (18.16) 또는 표 18.2를 이용해서 구해진다.

$$T=\frac{1}{1-F(x)}=\frac{1}{1-0.98}=50\text{ yr}$$

18.4 도시위치

확률도시(確率圖示; probability plot)는 수문자료 x_i의 크기와 이의 확률을 도시한 그래프이다. 자료점 x_i에 부여할 확률을 결정하는 것이 도시위치이다. 수문자료의 확률분포를 선형방안지에 도시하면 대체로 선형이 되지 않는다. 도시되는 수문자료의 해석, 외삽 및 확률분포의 적합도 평가에는 자료의 도시가 직선임이 요망된다. 확률도시는 가정(설)한 분포의 적합도를 평가하는 데 사용된다. 이러한 목적을 위하여 어느 확률분포가 주어진 수문자료에 적합되는지를 평가할 수 있도록 확률분포함수가 선형이 되도록 특별히 고안된 확률지에 수문자료를 도시하는 것이다. 이와 같이 도시되는 자료는 내삽과 외삽이 가능하도록 직선에 가깝게 된다. 확률도시는 각 확률분포가 주어진 수문자료에 어느 정도 적합되는지 또는 어느 분포의 적합도가 가장 높은지에 관한 육안평가를 가능하게 한다.

확률지

선형축척방안지에 도시되는 확률분포는 일반적으로 곡률이 심한 S-형 곡선이 된다. 도시되는 자료의 해석과 내 · 외삽을 용이하게 하기 위해서는 곡률을 줄이거나 제거하여 거의 직선이 되도록 하는 것이 필요하다. 이를 달성하는 보편적인 방법은 Hazen(1914)이 제안한 확률지이다. **확률지**(確率紙; probability paper)는 도시되는 자료가 거의 직선이 되도록 특별히 고안된 방안지이다.

주어진 확률분포함수 $F(x)$에 대한 확률지는 함수 $F(x)$ 또는 이에 상응하는 재현기간 $T(x)$가 x에 대하여 직선으로 도시되도록 고안된다. 확률지의 가장 일반적인 형은 두 매개변수 a, b를 포함하는 확률함수이다. 그러나 어느 자료집단에나 적용가능하기 위해서는 이들 매개변수

에 의존되는 것을 피하는 것이 필요하고 이는 다음과 같은 선형변환으로 가능하다.

$$y = a(x-b) \tag{18.23}$$

여기서 a, b는 사용되는 함수 $F(x)$에 좌우된다. 정규분포의 경우 $b=\mu$, $a=1/\sigma$로 y는 변환변수($y=(x-\mu)/\sigma$)가 됨을 알 수 있다. 확률지에서 x에 대한 y가 도시되고 x-축에 평행하게 $F(y)$ 또는 $T(y)=(1-F(y))^{-1}$ 또는 세 축척이 같이 표시되기도 한다. 확률지의 목적은 확률관계를 선형화하여 도시된 자료가 내삽, 외삽, 비교 목적 및 어느 확률분포가 주어진 수문자료계열에 적합되는지의 평가수단을 제공하기 위함이다.

확률지 작성

다수의 확률분포 중 극치분포의 확률지 작성이 기술된다. 극치분포의 분포함수는 $F(x)=\exp[-\exp(-y)]$로 주어지고 이는 $y=-\ln[\ln(1/F(x))]$ 또는 $y=-\ln[\ln\{T/(T-1)\}]$로 변환된다. 여기서 y는 식 (18.12) $y=(x-\mu)/\sigma$로 정의된다. x에 대한 $F(x)$의 전체 범위를 포함하는 F의 선정된 값에 대한 y를 계산하여 횡축에 F와 y축척을 같이 나타내고 종축에는 x를 선형 또는 대수축척으로 표시하면 극치분포의 확률지를 얻는다. 관심 대상이 되는 재현기간 T의 전체 범위를 포함하는 선정된 재현기간 T에 대해서도 동일한 작업이 수행되어 T와 y는 횡축을 형성한다. 횡축에 F, T 및 y를 다 나타내기도 한다. 정규분포와 대수정규분포의 확률지도 같은 방법으로 구축된다.

도시위치

도시위치(圖示位置; plotting position)는 자료를 감소(또는 증가) 크기순으로 나열했을 때 크기 x_i가 도시되는 각 자료점에 부여되는 확률을 의미한다. 도시위치 결정에는 많은 방법이 제안되었으며 대부분이 경험식이다. 가장 널리 사용되는 도시위치식은 Weibull방법으로 초과확률은 다음과 같다.

$$P(X \geqq x) = \frac{m}{n+1} \tag{18.24}$$

여기서 n은 총 자료수, m은 자료를 제일 큰 값으로부터 감소 크기순으로 나열했을 때의 순위로서 제일 큰 값이 $m=1$이 된다. 동일한 값에 대해서는 상이한 순위를 부여한다.

연 최대치계열의 경우 재현기간 T와 비초과확률(누가확률) F는

$$T = \frac{n+1}{m} \tag{18.25}$$

$$F = 1 - \frac{m}{n+1} \tag{18.26}$$

California공식 $P(X \geq x) = m/n$에서 $m=n$일 때 확률이 100 %가 되어 확률지 상에 도시가 어렵고 이의 수정방법의 하나인 $P(X \geqq x)=(m-1)/n$에서는 $m=1$일 때 확률이 영이

되어 도시가 또한 어려우므로 이를 극복하기 위하여 수정된 공식이 Hazen, Weibull방법 등이다. 대부분의 도시위치공식은 다음 Gringorten의 일반식으로 표현될 수 있다(Blom, 1958).

$$P(X \geq x) = \frac{m-a}{n+1-2a} \tag{18.27}$$

Cunnane(1978)에 의하면 Weibull 도시위치공식은 편의를 나타내고 가장 큰 자료에 대한 재현기간이 너무 작게 산정된다. 즉 $n=25$년 기록의 최대치의 재현기간이 26년이다. 수정방법으로 식 (18.27)에서 $a=0.4$를 적용하면 재현기간은 42년이 된다. 불편과 최소분산을 기준으로 검토하여 제안된 각 확률분포에 알맞는 도시위치공식은 표 18.4에 제시한 바와 같다.

표 18.4 도시위치공식

공식명	초과확률 $P(X \geq x)$	재현기간 $T(\text{yr})$	누가확률 $F=1-1/T$
California	$\frac{m}{n}$	$\frac{n}{m}$	$\frac{i-0.5}{n}$
Hazen	$\frac{m-0.5}{n}$	$\frac{n}{m-0.5}$	$\frac{i-0.5}{n}$
Weibull	$\frac{m}{n+1}$	$\frac{n+1}{m}$	$\frac{i}{n+1}$
Chegodayev	$\frac{m-0.3}{n+0.4}$	$\frac{n+0.4}{m-0.3}$	$\frac{i-0.3}{n+0.4}$
Blom	$\frac{m-3/8}{n+1/4}$	$\frac{n+0.25}{m-0.375}$	$\frac{i-0.375}{n+0.25}$
Gringorten	$\frac{m-0.44}{n+0.12}$	$\frac{n+0.12}{m-0.44}$	$\frac{i-0.44}{n+0.12}$
Cunnane	$\frac{m-0.4}{n+0.2}$	$\frac{n+0.2}{m-0.4}$	$\frac{i-0.4}{n+0.2}$

예제 18.6

표 18.3의 삼서의 연 최대일강우량의 빈도해석을 도시위치를 이용하여 수행하라. Weibull과 Blom공식이 이용된다.

[풀이] 표 18.5의 2란과 같이 먼저 자료를 가장 큰 값이 $m=1$이 되도록 감소 크기순으로 정리한다. 자료의 왜곡도계수가 작아서 정규분포가 잘 적합될 것으로 판단되어 Blom의 공식과 통상 많이 쓰이는 Weibull공식을 이용하여 초과확률을 계산한다. 예로 $n=26$, $m=2$에 대하여

3란: Weibull $P(R \geq 178.3) = \frac{m}{n+1} = \frac{2}{27} = 0.074$

5란: Blom $P(R \geq 178.3) = \frac{m-3/8}{n+1/4} = \frac{2-3/8}{26+0.25} = 0.062$

표 18.5 강우량빈도해석(삼서, 1963~1988)

순위 m	강우량 (mm)	Weibull공식 $P(X \geq x) = \frac{m}{n+1}$	재현기간 (yr)	Blom공식 $P(X \geq x) = \frac{m-3/8}{n+1/4}$	Cunnane공식 $P(X \geq x) = \frac{m-0.4}{n+0.2}$
(1)	(2)	(3)	(4)	(5)	(6)
1	221.4	0.037	27	0.024	0.023
2	178.3	0.074	13.5	0.062	0.061
3	167.0	0.111	9.0	0.100	0.099
4	156.0	0.148	6.75	0.138	0.137
5	156.0	0.185	5.40	0.176	0.176
6	149.5	0.222	4.50	0.214	0.214
7	145.3	0.259	3.86	0.252	0.252
8	139.1	0.296	3.38	0.290	0.290
9	137.2	0.333	3.00	0.329	0.328
10	129.8	0.370	2.70	0.367	0.366
11	127.1	0.407	2.45	0.405	0.405
12	125.8	0.444	2.25	0.443	0.443
13	115.3	0.481	2.08	0.481	0.481
14	114.4	0.519	1.93	0.519	0.519
15	112.0	0.556	1.80	0.557	0.552
16	93.1	0.593	1.69	0.595	0.595
17	89.6	0.630	1.58	0.633	0.634
18	89.0	0.667	1.50	0.671	0.672
19	88.5	0.704	1.42	0.709	0.710
20	85.0	0.741	1.35	0.748	0.748
21	81.6	0.778	1.29	0.786	0.786
22	78.3	0.815	1.23	0.824	0.824
23	76.0	0.852	1.17	0.862	0.863
24	70.0	0.889	1.13	0.900	0.901
25	64.6	0.923	1.08	0.938	0.934
26	57.5	0.963	1.04	0.976	0.977

Blom공식을 이용한 초과확률이 그림 18.5의 정규확률지에 도시되었다. 표 18.5에서 알 수 있는 바와 같이 Blom과 Weibull공식에 의한 초과확률에는 거의 차이가 없다. 그림 18.5에서 별표(*)는 Weibull공식에 의한 강우량 자료점이다. 직선은 빈도계수를 이용한 정규분포의 이론치이다. 최대강우량의 관점에서 판단할 경우 Blom공식이 편의가 작으므로 약간 더 적합하다고 할 수 있다.

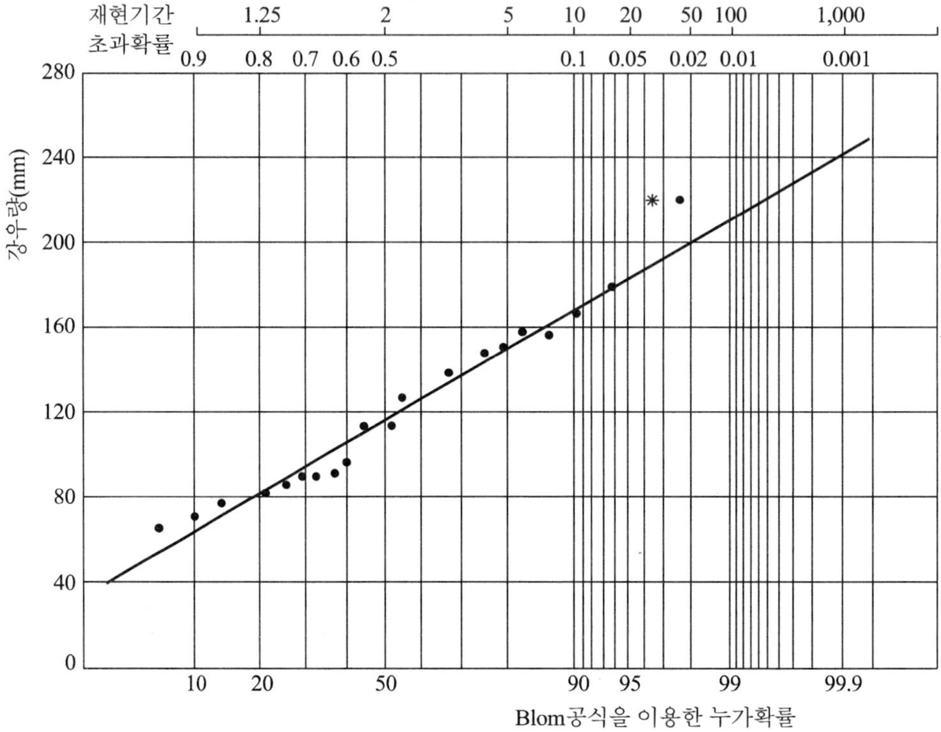

그림 18.5 정규분포 및 피어선III분포 적합을 위한 연 최대일강우량(삼서)의 정규확률지 상의 도시(Blom공식), (*)표는 Weibull공식

18.5 빈도계수에 의한 분위수 추정

확률변수는 다음과 같은 형태로 나타낼 수 있다.

$$x = \bar{x} + \Delta x \tag{18.28}$$

여기서 x는 확률변수, $\bar{x}$는 분포의 평균, Δx는 평균에 대한 편의량으로 재현기간과 확률분포의 통계적 성질의 함수이다. 따라서 Δx를 표준편차 S와 **빈도계수**(頻度係數; frequency factor) K의 곱 $\Delta x = KS$로 나타낼 수 있다. 빈도계수는 재현기간과 빈도해석에 사용되는 확률분포의 함수이다. 따라서 식 (18.28)은 다음과 같이 쓸 수 있다.

$$x = \bar{x} + KS \tag{18.29}$$

$$\frac{x}{\bar{x}} = 1 + KC_v \tag{18.30}$$

여기서 C_v는 변동계수, K는 재현기간 T년(또는 초과확률 $1/T = 1 - F$)에 대한 빈도계수이다. 해석되는 변수가 $y=\log x$ 또는 $y=\ln x$일 경우에는 자료대수치의 통계량에 동일한 방법이 적용되고 x는 y의 역대수로 주어진다.

$$y=\bar{y}+KS_y \tag{18.31}$$

$$x=\exp(y), \qquad y=\ln x \tag{18.32}$$

식 (18.29)는 Chow(1951, 1954)에 의하여 제안된 식으로 **Chow방법**이라고도 하며 수문빈도해석에 널리 이용되고 있다. 각 확률분포에 대한 빈도계수 K와 재현기간 T와의 관계인 $K-T$ 관계는 식 또는 표(부록 C-2~5)로 주어진다. 빈도해석의 절차는 (1) 적용될 확률분포에 필요한 통계적 매개변수(즉 평균, 표준편차)를 자료로부터 모멘트법, 최우도법, 확률가중모멘트법 등에 의하여 계산, (2) $K-T$ 관계로부터 주어진 재현기간에 대한 빈도계수의 결정, (3) 식 (18.29) 또는 (18.31)에 의한 x 또는 y의 계산이다.

18.5.1 정규분포

식 (18.29)로부터 빈도계수는

$$K=\frac{x_T-\mu}{\sigma} \tag{18.33}$$

여기서 x_T의 첨자는 재현기간을 나타낸다. 식 (18.33)을 식 (17.93)과 비교하면 K는 표준정규변량 z와 같음을 알 수 있다. 초과확률 $P(X \geq x_T)=1/T$(식 18.1)에 해당되는 변수 $z=K$는 부록 C-1로부터 $F(z)$의 함수로 주어진다. 한편 Abramowitz와 Stegun(1965)은 변수 w를 도입하여 변량 z의 계산식을 제안하였다.

$$w=\left[\ln\left(\frac{1}{p^2}\right)\right]^{1/2} \qquad 0 \leqq P \leqq 0.5 \tag{18.34}$$

$$z=w-\frac{2.515517+0.802853w+0.010328w^2}{1+1.432788w+0.189269w^2+0.001308w^3} \tag{18.35}$$

$p>0.5$이면 $(1-p)$를 식 (18.34)의 p에 대입하고, 식 (18.35)로 계산되는 z는 음수로 주어진다. Stedinger 등(1992)은 비초과확률(누가확률) $p(=F(x))$에 대한 z를 제시하였다. 빈도계수 $K=z$를 구하는 또 다른 방법은 누가확률 p에 대한 식 (17.97), 즉 식(18.36)을 이용하는 것이다.

$$z=\frac{p^{0.135}-(1-p)^{0.135}}{0.1975} \tag{18.36}$$

예제 18.7

표 18.3 삼서의 연 최대일강우량 자료에 정규분포가 적합된다. (a) 매개변수 $(\bar{x}, S)$를 도시방법으로 결정하라. (b) 재현기간 T=2년, 10년, 100년에 대한 강우량(분위수) x_T와 (c) 강우량이 150 mm보다 작거나 같게 될 확률을 구하라.

[풀이]

(a) 그림 18.5를 이용한다. 한편 표준정규분포에서 $z=-1,\ 0,\ +1$ 에 해당하는 누가확률(%)(곡선 상에서)의 면적은 다음 그림과 같다. 따라서 $z=(x-\mu)/\sigma$ 에서 $z=0$일 때 누가확률은 50 %이고 이는 $x=\mu$ 로서 평균이다. 그림 18.5에서 평균은 $\bar{x}=116.5$ mm 이다.

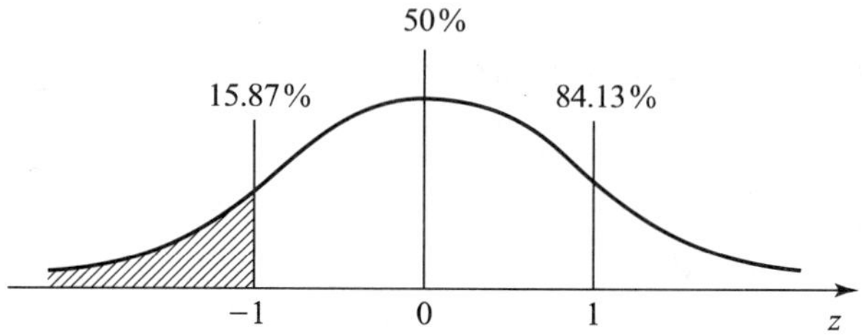

$z=K=-1$에서 누가확률은 15.87 %이고 이에 대한 강우량은 그림 18.5에서 73 mm이므로

$$x=\bar{x}+KS=\bar{x}+(-1)S=73\text{ mm} \tag{a}$$

$z=K=+1$에서 누가 확률은 84.13 %이고 이에 대한 강우량은 그림 18.5에서 160 mm이므로

$$x=\bar{x}+KS=\bar{x}+(1)S=160\text{ mm} \tag{b}$$

식 (a), (b)로부터 S를 구하면 $S=43.5$ mm 이다.

(b) 100년 강우량은 식과 표를 이용해서 구한다.

① 식 이용

재현기간 $T=100$년에 대한 누가확률 또는 비초과확률은 $F=1-1/T=1-0.01=0.99$이므로 초과확률은 $p=1-F=1-0.99=0.01$이다. 초과확률은 직접 $p=1/T=1/100=0.01$로도 구해진다. 식 (18.34)로부터

$$w=\left[\ln\left(\frac{1}{p^2}\right)\right]^{0.5}=\left[\ln\left(\frac{1}{0.01^2}\right)\right]^{0.5}=3.035$$

w를 식 (18.35)에 대입하면

$$z=K_T=3.035-\frac{2.515517+0.802853\times3.035+0.010328\times3.035^2}{1+1.432788\times3.035+0.189269\times3.035^2+0.001308\times3.035^3}=2.327$$

식 (18.36)에 의해서도 $p=0.01$에 대하여 $z=2.327$을 얻는다. 주어진 값들을 식 (18.29)에 대입하면

$$R_{100}=\bar{x}+K_TS=117.2+2.327\times40.1=210.5\text{ mm}$$

② 표 이용

$T=100$년

식 (18.16)의 $F(z)=1-1/T$에 의하면 $F(z)=1-1/100=0.99$이다. $F(z)=0.99$에 대한 z는 부록 C-1에 의하면 $z=K=2.327$이므로 R_{100}은 식 (18.29)에 따라

$$R_{100}=117.2+2.327\times40.1=210.5\text{mm}$$

$T=10$년

$F(z)=1-1/T=1-1/10=0.9$. $F(z)=0.9$에 대한 z는 부록 C-1로부터 $z=1.2816$

$$R_{10}=117.2+1.2816\times 40.1=168.6\text{ mm}$$

$T=2$년

$F(z)=1-1/T=1-1/2=0.5$. $F(z)=0.5$에 대한 z는 $z=0$이므로 $R_2=\bar{x}=117.2\text{ mm}$

(c) $x=150\text{ mm}$에 대한 z는

$$z=\frac{x-\bar{x}}{S}=\frac{150-117.2}{40.1}=0.818$$

부록 C-1로부터 $F(z=0.818)=0.7923$, 따라서 $P(R\leq 150)=0.7933$이다.

150 mm 강우량의 재현기간은 식 (18.16)에 의하면

$$T=\frac{1}{1-F}-\frac{1}{1-0.7933}=4.8\text{년}$$

18.5.2 대수정규분포

대수정규분포를 적용하기 위해서는 먼저 자료를 대수변환($y=\ln x$)하여 y의 평균과 표준편차를 계산한다. 주목되어야 할 사항은 평균의 대수치가 대수변환된 자료의 평균과 같지 않은 점이고($\log\bar{x}\neq\overline{\log x}=\bar{y}$) 이는 표준편차에서도 마찬가지다. x가 대수정규분포일 때 y는 정규분포이므로 y에 대한 빈도계수 K_y는 부록 표 C-1로부터 구한다. T년 홍수분위수 x_T를 추정하는 다른 방법은 자료를 대수변환 하지 않고 식 (18.37)(Kite, 1988) 또는 부록 C-3을 이용하여 T년에 대한 빈도계수 K_T를 구하여 x에 대한 식 (18.29)를 적용하는 것이다.

$$K_T=\left[\exp(A^{1/2}z-A/2)-1\right]/C_v \qquad (18.37)$$

여기서 $A=\ln(1+C_v^2)$, $C_v=S/\bar{x}$는 x의 변동계수, z는 재현기간 T년(또는 초과확률 $1/T=1-F$)에 대한 표준정규분포의 변환변수이다.

자료는 대수치($\log x$)를 산술방안지에 도시하거나 변환되지 않은 자료(x)를 대수방안지에 도시한다.

예제 18.8

표 18.3의 연 최대일강우량 자료에 대수정규분포가 적합된다. (a) 분포의 매개변수를 도시방법으로 결정하라. (b) 100년 강우량을 구하라. (c) 강우량이 150 mm보다 작거나 같게 될 확률을 구하라.

[풀이]

(a) 표 18.5의 감소순으로 정리된 강우량(2란)과 Weibull공식에 의한 초과확률(3란)을 대수확률지에 도시하고 최적선을 나타낸 것이 그림 18.6이다.

① 평균치: 그림 18.6에서 50% 확률에 대한 강우량은 평균강우량으로 $x_{50} = \bar{x} = 112\,\text{mm}$ 이다.

② 표준편차: 그림 18.6에서 $z = K_1 = -1$에 해당하는 누가확률 15.87 % 에 대한 강우량은 $x_1 = 76\,\text{mm}$, $z = K_2 = 1$에 해당하는 누가확률 84.13% 에 대한 강우량은 $x_2 = 164\,\text{mm}$ 이다. 따라서 관계식

$$\ln x_1 = \overline{\ln x} + K_1 S_y = \overline{\ln x} - S_y$$

$$\ln x_2 = \overline{\ln x} + K_2 S_y = \overline{\ln x} + S_y$$

로부터 $y = \ln x$ 의 평균인 $\bar{y}$, 표준편차 S_y 는

$$\bar{y} = 1/2(\ln x_1 + \ln x_2) = 1/2[\ln(76) + \ln(164)] = 4.72$$

$$S_y = \frac{\ln x_2 - \ln x_1}{2} = \frac{\ln(164) - \ln(76)}{2} = 0.385$$

한편 식 (17.104)와 (17.105)에 의한 x 의 통계량은 다음과 같다.

$$\bar{x} = \exp(\bar{y} + S_y^2/2) = \exp(4.72 + 0.385^2/2) = 120.8\,\text{mm}$$

$$S^2 = \bar{x}^2\left[\exp(S_y^2) - 1\right] = 120.8^2\left[\exp(0.385^2) - 1\right] = 2{,}331.5$$

$$S = 48.3\,\text{mm}$$

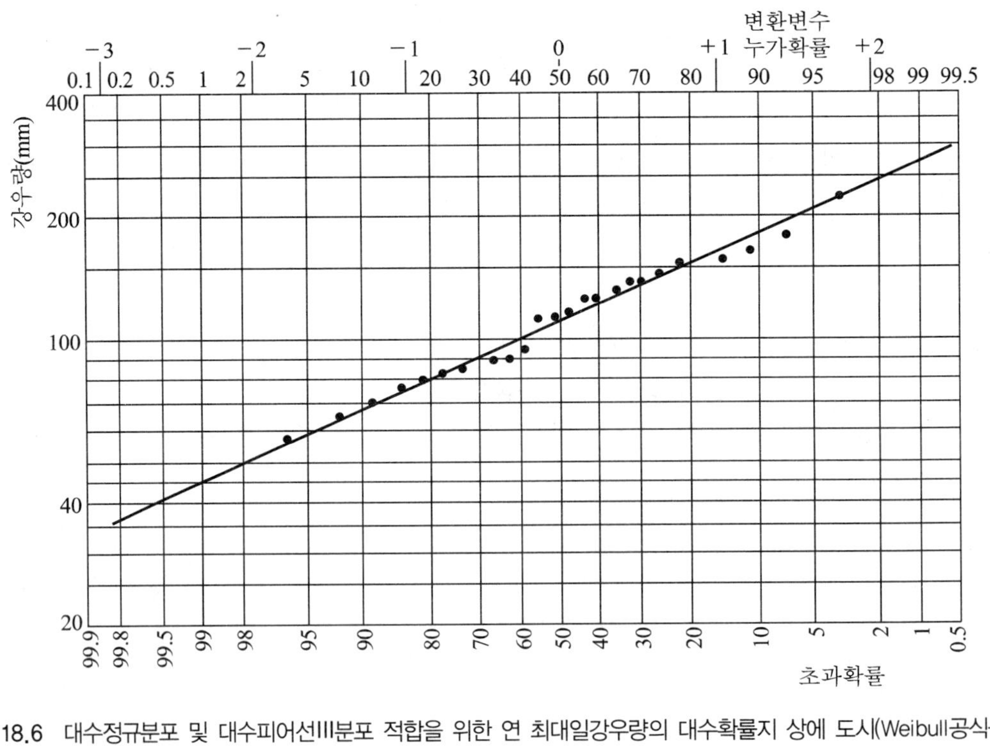

그림 18.6 대수정규분포 및 대수피어선III분포 적합을 위한 연 최대일강우량의 대수확률지 상에 도시(Weibull공식-삼서)

③ 왜곡도계수: 변동계수 C_v가 $C_v = \frac{S}{\bar{x}} \frac{48.3}{120.8} = 0.4$이므로 왜곡도계수는 식 (17.107)로부터

$$C_s = (C_v)^3 + 3C_v = 0.4^3 + 3(0.4) = 1.264$$

(b) 빈도계수방법:

방법(1) 식 (18.34)와 (18.35) 사용:

x의 대수변환 y는 정규분포로 고려되므로 정규분포의 예제 18.7의 결과 $w = 3.035$(식 18.34), $z = 2.327$(식 18.35)을 적용한다. 따라서 $K_{100} = 2.327$에 대한 100년 강우량은

$$y_{100} = \bar{y} + K_{100} S_y = 2.044 + 2.327 \times 0.148 = 2.388$$

$$x_{100} = 10^{2.388} = 244.3 \text{ mm}$$

방법(2) 대수변환($y = \log x$)자료 통계량과 부록 C-1 이용:

초과확률이 0.01이므로 누가확률 $P(X < x_T) = 1 - 0.01 = 0.99$에 대한 대수변환 강우량계열의 표준정규분포의 변환변수는 $z = 2.327$이므로 식 (17.110)에 따라

$$y = \mu_y + z\sigma_y = 2.044 + 2.327 \times 0.148 = 2.388$$

$$x_{100} = 10^{2.388} = 244.3 \text{ mm}$$

대수변환 $y = \ln x$를 이용하는 경우에는 $x_{100} = \exp(y_{100})$이 적용된다.

방법(3) x자료계열과 빈도산정식 식 (18.37) 이용:

$$C_v = S_x / \bar{x} = 40.1/117.2 = 0.342, \quad A = \ln(1 + C_v^2) = \ln(1 + 0.342^2) = 0.111, \quad z = 2.327$$

$$K_T = [\exp(A^{1/2} z - A/2) - 1] / C_v = [\exp(0.111^{1/2}(2.327) - 0.111/2) - 1]/0.342 = 3.082$$

$$x_{100} = \bar{x} + KS = 117.2 + 3.082 \times 40.1 = 240.8 \text{ mm}$$

방법(4) x자료계열과 부록 C-3 이용:

왜곡도계수 $C_s = 0.622$와 초과확률 1%에 대한 빈도계수는 부록 C-3으로부터 $K = 2.785$이다. 따라서 R_{100}은

$$R_{100} = 117.2 + 2.785 \times 40.1 = 228.8 \text{ mm}$$

대수정규분포를 이용한 $R_{100} = 244.3$ mm가 직간접으로 x를 이용한 예제 18.7의 결과(210.5 mm), 방법(3), (4)의 결과보다 크다. 그러나 대수정규분포가 실제 유량자료의 왜곡을 보다 정확하게 반영하는 점에서 244.3 mm가 개선된 추정치로 판단될 수 있다. 한편 이 결과는 대수변환된 자료의 왜곡도계수를 $C_{sy} = 0$으로 취급한 경우이나 실제 왜곡도계수는 $C_{sy} = -0.454$이므로 이에 대한 x_{100}을 구한다. 부록 C-3으로부터 초과확률 1%와 $C_{sy} = -0.454$에 대한 빈도계수는 2.66이다. 이에 따라 $x_{100} = 274.2$ mm이고 그림 18.6에 의하면 275 mm이다. 왜곡도계수가 영으로 간주할 정도로 작지 않으면 왜곡도계수를 고려함이 타당한 결과를 제공한다고 할 수 있다.

(c) 150 mm의 대수값은

$$y = \log_{10} 150 = 2.176$$

$y=2.176$에 대한 z는 식 (17.110)에 의하면

$$z=\frac{y-\bar{y}}{S_y}=\frac{2.176-2.044}{0.148}=0.89$$

부록 C-1로부터 $z=0.89$에 대한 $F(0.89)=0.8133$이므로 $P(x\leq 150)=0.8133$이다. 재현기간은 $T=1/(1-0.8133)=5.34$년이다. 그림 18.6에 의하면 $P(x\leqq 150)=0.78$이다.

예제 18.9

표 18.6의 유량자료의 통계적 매개변수, L-모멘트와 L-모멘트비를 구하고, 확률가중모멘트방법으로 대수정규분포의 매개변수를 산정하여 100년 홍수량을 추정하라.

표 18.6 연 최대홍수량자료와 확률홍수량 및 L-모멘트 계산

연도	유량 x (m^3/s)	$(x-\bar{x})^2$	$(x-\bar{x})^3$	$y=\ln x$	$(y-\bar{y})^2$	$(y-\bar{y})^3$	순위 i	유량 x_i (m^3/s)	b_1 (1)	b_2 (2)	b_3 (3)
1985	13.1.	2,245.81	−106,429.04	2.57	1.877	−2.571	1	13.1	−	−	−
1986	25.0	1,259.54	−44,701.07	3.22	0.518	−0.373	2	17.2	17.2	−	−
1987	80.6	404.41	8,132.73	4.39	0.203	0.091	3	25.0	50.0	50.0	−
1988	35.0	649.74	−16,561.88	3.56	0.144	−0.055	4	28.0	84.0	168.0	168.0
1989	28.0	1,066.60	−34,296.45	3.33	0.372	−0.227	5	35.0	140.0	420.0	840.0
1990	37.2	542.42	−12,633.06	3.62	0.102	−0.033	6	37.2	186.0	744.0	2,232.0
1991	41.5	360.62	−6,848.18	3.73	0.044	−0.009	7	41.5	249.0	1,245.0	4,980.0
1992	110.0	2,451.24	121,360.90	4.70	0.578	0.439	8	46.0	322.0	1,932.0	9,660.0
1993	46.0	209.96	−3,042.32	3.83	0.012	0.001	9	50.5	404.0	2,828.0	16,968.0
1994	84.0	552.72	12,994.45	4.43	0.012	0.001	10	53.6	482.4	3,859.2	27,014.4
1995	50.5	99.80	−997.00	5.02	1.166	1.260	11	57.4	574.0	5,166.0	41,328.0
1996	152.0	8,374.08	766,312.07	5.02	1.166	1.260	12	62.0	682.0	6,820.0	61,380.0
1997	53.6	47.47	−327.09	3.98	0.002	0.000	13	66.3	795.6	8,751.6	87,516.0
1998	57.4	9.55	−29.50	4.05	0.012	0.001	14	74.4	967.2	11,606.4	127,670.4
1999	62.0	2.28	3.44	4.13	0.036	0.007	15	77.0	1,078.0	14,014.0	168,168.0
2000	66.3	33.76	196.12	4.19	0.063	0.016	16	80.6	1,209.0	16,926.0	220,038.0
2001	74.4	193.49	2,691.42	4.31	0.137	0.051	17	84.0	1,344.0	20,160.0	282,240.0
2002	77.0	272.58	4,500.30	4.34	0.160	0.064	18	99.0	1,683.0	26,928.0	403,920.0
2003	17.2	1,874.02	−81,126.50	2.84	1.21.0	−1.331	19	110.0	1,980.0	33,660.0	538,560.0
2004	99.0	1,483.02	57,111.10	4.60	0.436	0.287	20	152.0	2,888.0	51,984.0	883,728.0
Σ	1,209.0	22,122.12	700,606.89	78.76	7.084	−2.382			15,135.4	207,262.2	2,876,360.8

(1) $b_1=(i-1)x_i$, (2) $b_2=(i-1)(i-2)x_i$, (3) $b_3=(i-1)(i-2)(i-3)x_i$

[풀이] x자료계열과 대수변환계열 $y=\ln x$의 평균, 표준편차 및 왜곡도계수는 다음과 같이 계산된다.

$$\bar{x}=60.49\ \mathrm{m^3/s},\ S=34.12\ \mathrm{m^3/s},\ C_v=0.564,\ C_s=1.031,\ \bar{y}=3.938,\ S_y=0.373$$

확률가중모멘트(식 17.68~71)

$$b_o=\bar{x}=50.49$$
$$b_1=15{,}135.4/(20\times19)=39.83$$
$$b_2=207{,}262.2/(20\times19\times18)=30.30$$
$$b_4=2{,}876{,}360.8/(20\times19\times18\times17)=24.74$$

L-모멘트(식 17.76)

$$l_1=b_o=60.49$$
$$l_2=2(39.83)-60.49=19.17$$
$$l_3=6(30.30)-6(39.83)+60.49=3.31$$
$$l_4=20(24.74)-30(30.30)+12(39.83)-60.49=3.27$$

L-모멘트비(식 17.77~78)

$$t=t_2=l_2/l_1=19.17/60.49=0.317$$
$$t_3=l_3/l_2=3.31/19.17=0.173$$
$$t_4=l_4/l_2=3.27/19.17=0.171$$

$y(=\ln x)$자료계열의 표준편차인 식 (17.114)의 $S_y=2erf^{-1}(l_2/l_1)=2erf^{-1}(t)=2z/\sqrt{2}$를 구한다. $erf^{-1}(t)=z/\sqrt{2}$에서 z는 정규분포함수 $F=(t+1)/2$에 대한 표준정규변량이므로 먼저 $F=(t+1)/2$을 구한다. $t=0.317$이므로

$$F=(t+1)/2=(0.317+1)/2=0.659$$

식 (18.34)와 (18.35) 또는 부록 C-1을 이용하여 $F=0.659$에 대한 z를 구한다. 부록 C-1을 이용하면 $F=0.659$에 대한 z는 $z=0.4097$이므로 S_y와 $\bar{y}$는 각각

$$S_y=2z/\sqrt{2}=2\times0.4097/2=0.579$$
$$\bar{y}=\ln l_1-S_y^2/2=\ln(60.49)-0.579^2/2=3.935$$

100년 빈도 표준정규변량은 $K_T=z=2.327$이므로 식 (18.31), (18.32)를 적용하면 100년 분위수는

$$Q_{100}=\exp(\bar{y}+zS_y)=\exp(3.935+2.327\times0.579)=196.83\ \mathrm{m^3/s}$$

18.5.3 3변수 대수정규분포

누가확률 p에 대한 분위수 x_p는

$$x_p=x_o+\exp(\mu_y+z_p\sigma_y) \tag{18.38}$$

여기서 z_p는 평균이 영, 분산이 1인 표준정규분포의 변량으로 식 (17.97) 또는 부록 C-1에서 주어진다.

예제 18.10

표 18.6의 유량기록에 대하여 모멘트방법으로 3변수 대수정규분포의 매개변수를 산정하고 100년 홍수량을 추정하라.

[풀이] 예제 18.9의 결과 $\bar{x}=60.49$, $S=34.12$, $C_s=1.031$을 이용한다. 식 (17.120~124)를 이용하여 w, z_2, S_y, $\bar{y}$ 및 x_o를 계산한다.

$$w=\left[-\gamma_x+(\gamma_x^2+4)^{1/2}\right]/2=\left[-1.031+(1.031^2+4)^{1/2}\right]/2=0.610$$

$$z_2=\frac{1-w^{2/3}}{w^{1/3}}=\frac{1-0.61^{(2/3)}}{0.61^{(1/3)}}=0.331$$

$$S_y=\left[\ln(z_2^2+1)\right]^{1/2}=\left[\ln(0.331^2+1)\right]^{1/2}=0.322$$

$$\bar{y}=\ln(S_x/z_2)-\left[\ln(z_2^2+1)\right]/2=\ln(60.49/0.331)-\left[\ln(0.331^2+1)\right]/2=4.584$$

$$x_o=\bar{x}-S_x/z_2=60.49-34.12/0.331=-42.592$$

100년 빈도 표준정규변량 $K_T=z=2.327$을 식 (18.38)에 적용하면 100년 홍수분위수는

$$Q_{100}=x_o+\exp(\mu_y+z_p\sigma_y)=-42.592+\exp(4.584+2.327\times 0.322)=164.53\ \mathrm{m^3/s}$$

예제 18.11

표 18.6의 유량기록에 대하여 확률가중모멘트방법으로 3변수 대수정규분포의 매개변수를 산정하고 100년 홍수량을 추정하라.

[풀이] 예제 18.9의 결과 $l_1=60.49$, $l_2=19.17$, $t_3=0.173$을 이용한다. u는 식 (17.128)에 따라

$$u=\sqrt{\frac{8}{3}}F^{-1}\left(\frac{1+t_3}{2}\right)=\sqrt{\frac{8}{3}}F^{-1}\left[\frac{1+0.173}{2}\right]=\sqrt{\frac{8}{3}}F^{-1}(0.587)$$

$F^{-1}(0.587)$에 대한 표준정규변량 z는 식 (18.34)와 (18.35)를 이용하거나 부록 C-1을 이용하여 z를 구한다. 부록 C-1을 이용하면 $z=0.2197$이다. u, S_y, $\bar{y}$ 및 x_o는 식 (17.125~128)에 따라

$$u=\sqrt{8/3}\,F^{-1}(0.587)=\sqrt{8/3}\times 0.2197=0.356$$

$$S_y=0.999281u-0.006118u^3+0.000127u^5=0.358$$

$$erf(S_y/2)=2F\left[(S_y/2)\sqrt{2}\right]-1=2F\left[(0.358/2)\sqrt{2}\right]-1$$

$$=2F(0.253)-1=2(0.5999)-1=0.1988\ \ (F(0.253)\text{에 대한 } z=0.5999\text{이므로})$$

$$\bar{y}=\ln(l_2/0.1998)-0.358^2/2=4.50$$

$$x_o=l_1-\exp(\bar{y}+S_y^2/2)=60.49-\exp(4.5+0.358^2/2)=-35.484$$

100년 빈도 표준정규변량은 $K_T=z=2.327$을 식 (18.38)에 적용하면 100년 분위수는

$$Q_{100}=-35.484+\exp(4.5+2.327\times 0.358)=171.59\ \mathrm{m^3/s}$$

18.5.4 2변수 감마분포

감마분포의 빈도계수는 Kite식과 Wilson–Hilferty변환으로 주어진다.

1) Kite식(Kite, 1977)

$$K_T = \frac{\chi^2 C_s}{4} - \frac{2}{C_s} \tag{18.39}$$

$$\chi^2 = \nu\left[1 - \frac{2}{9\nu} + z\sqrt{\frac{2}{9\nu}}\right]^3 \tag{18.40}$$

2) Wilson–Hilferty변환(Wilson과 Hilferty, 1932)

$$K_T = \frac{2}{C_s}\left[1 + \frac{C_s z}{6} - \frac{C_s^2}{36}\right]^3 - \frac{2}{C_s} \qquad C_s > 0 \tag{18.41}$$

여기서 C_s는 표본자료의 왜곡도계수, χ^2은 카이제곱분포이고 $\nu = 2\eta$는 χ^2분포의 자유도, z는 표준정규변량이다.

예제 18.12

표 18.6의 유량기록에 대하여 모멘트방법으로 감마분포의 매개변수를 산정하고 100년 홍수량을 추정하라.

[풀이] 식 (17.132~134)를 이용하여 η, λ, $x = C_s$를 구한다.

$$\eta = \overline{x^2}/S_x^2 = 60.49^2/34.12^2 = 3.143$$

$$\lambda = \bar{x}/S_x^2 = 60.49/34.12^2 = 0.052$$

$$C_s = 2/\sqrt{\eta} = 2/\sqrt{3.143} = 1.128$$

100년 강우량의 초과확률은 $1/T = 1/100 = 0.01$이므로 비초과확률 p는 $p = F(z) = 1 - 0.01 = 0.99$이다. 식 (18.36)을 이용하면 z는

$$z = \frac{p^{0.135} - (1-p)^{0.135}}{0.1975} = \frac{0.99^{0.135} - 0.01^{0.135}}{0.1975} = 2.337$$

$\nu = 2\eta = 2(3.143) = 6.286$과 $z = 2.327$을 식 (18.40)과 (18.39)에 적용하면 χ^2과 K_T는

$$\chi^2 = 6.286\left[1 - \frac{2}{9 \times 6.286} + 2.327\sqrt{\frac{2}{9 \times 6.286}}\right]^3 = 17.329$$

$$K_T = \frac{\chi^2 C_s}{4} - \frac{2}{C_s} = \frac{17.329 \times 1.128}{4} - \frac{2}{1.128} = 3.114$$

식 (18.29)와 매개변수 식 (17.130), (17.131)의 항으로 나타낸 식 (18.29)를 이용하여 Q_{100}을 각각 산정하면

$$Q_{100} = \bar{x} + K_T S_x = 60.49 + 3.114 \times 34.12 = 166.74 \text{ m}^3/\text{s}$$

$$Q_{100} = x_T = \frac{\eta}{\lambda} + K_T \sqrt{\frac{\eta}{\lambda^2}} = \frac{3.143}{0.052} + 3.114 \sqrt{\frac{3.143}{0.052^2}} = 166.61 \text{ m}^3/\text{s}$$

예제 18.13

표 18.6의 유량기록에 대하여 확률모멘트방법으로 감마분포의 매개변수를 산정하고 100년 홍수량을 추정하라.

[풀이] 예제 18.9의 결과 $l_1 = 60.49$와 $t = 0.317$을 이용한다.

$t < 0.5$이므로 $z = \pi t^2 = 3.14 \times 0.317^2 = 0.316$과 식 (17.138)을 이용하면 η는

$$\eta = \frac{1 - 0.30380z}{z - 0.05812z^2 + 0.01765z^3} = \frac{1 - 0.3080 \times 0.316}{0.316 - 0.05812 \times 0.316^2 + 0.01765 \times 0.316^3} = 2.905$$

식 (17.132), (17.140) 및 (18.41)을 이용하여 C_s, λ, K_T를 계산한다.

$$C_s = 2/\sqrt{\eta} = 2/\sqrt{2.905} = 1.173$$

$$\lambda = \eta / l_1 = 2.905/60.49 = 0.048$$

$$K_T = \frac{2}{C_s}\left[1 + \frac{C_s z}{6} - \frac{C_s^2}{36}\right]^3 - \frac{2}{C_s} = \frac{2}{1.173}\left[1 + \frac{1.173 \times 2.327}{6} - \frac{1.173^2}{36}\right]^3 - \frac{2}{1.173} = 3.143$$

Q_{100}은 식 (18.29)에 따라

$$Q_{100} = \bar{x} + K_T S_x = 60.49 + 3.143 \times 34.12 = 167.73 \text{ m}^3/\text{s}$$

18.5.5 피어선Ⅲ분포와 대수피어선Ⅲ분포

피어선Ⅲ분포의 누가확률 p에 대한 분위수와 빈도계수(Condie, 1977)는

$$x_p = \mu + K_p \sigma \tag{18.42}$$

$$K_p = \frac{2}{\gamma}\left(1 + \frac{\gamma z_p}{6} - \frac{\gamma^2}{36}\right)^3 - \frac{2}{\gamma} \tag{18.43}$$

여기서 z_p는 평균이 영, 분산이 1인 표준정규분포의 p−분위수로 식 (17.97) 또는 부록 C−1에서 주어지며 빈도계수 K_p는 자료의 왜곡도계수와 초과확률에 대하여 표(부록 C−4)를 이용해서도 구해진다.

식 (17.142)와 (17.143)을 이용하여 식 (18.42)를 매개변수 λ, η 및 x_o로 나타내면

$$x_p = x_o + \eta\lambda + K_p \sqrt{\eta\lambda^2} \tag{18.44}$$

대수피어선Ⅲ분포의 적합과정은 다음과 같다. (1) 먼저 수문자료 x의 대수 $y = \log x$를 취한

다. 대수변환에는 자연대수와 상용대수가 다 같이 사용된다. (2) 변수 y의 평균 $\bar{y}$, 표준편차 S_y 및 왜곡도계수 C_s를 계산한다. (3) 빈도계수는 재현기간 T와 왜곡계수 C_s의 함수이다. $C_s=0$이면 빈도계수는 표준정규변수 z와 같게 된다($K_T=z$). $C_s \neq 0$일 때 빈도계수 K_T는 Kite(1977)에 의하면

$$K_T = z + (z^2-1)k + \frac{1}{3}(z^2-6z)k^2 - (z^2-1)k^3 + zk^4 + \frac{1}{3}k^5 \tag{18.45}$$

여기서 $k=C_s/6$이고 주어진 재현기간에 대한 z값은 부록 C-1이나 식 (18.34)와 (18.35)에 의하여 계산된다. 식 (18.45)는 피어선Ⅲ분포에도 적용된다. 부록 C-4는 대수피어선Ⅲ분포와 피어선Ⅲ분포에서 상이한 재현기간과 왜곡도계수에 대한 빈도계수를 제공한다.

$y=\ln x$에 대한 식 (18.44)의 표현은

$$y_p = y_o + \eta\lambda + K_p\sqrt{\eta\lambda^2} \tag{18.46}$$

대수피어선Ⅲ분포의 홍수분위수(flood quantile)는 다음과 같다.

$$x_p = \exp(\mu_y + K_p\sigma_y),\ x_p = e^{y_p} \tag{18.47}$$

여기서 K_p는 식 (18.45) 또는 왜곡도계수 γ_y와 누가확률 p에 해당하는 빈도계수이고 γ_y와 초과확률 $(1-p)$의 함수로 표(부록 C-4)에 주어진다.

예제 18.14–피어선Ⅲ분포

표 18.3 삼서의 연 최대일강우량 자료에 피어선Ⅲ분포가 적합된다. (a) 재현기간 100년 분위수, (b) 강우량이 150 mm보다 작거나 같게 될 확률을 구하라.

[풀이] 표 18.5의 정리된 결과를 정규확률지에 도시한 결과는 그림 18.5와 같다.

(a) – ① 빈도계수 이용:

$T=100$년, $C_s=0.622$(표 18.3)에 대한 빈도계수는 부록 C-4로부터 $K=2.7702$이므로 R_{100}은

$$R_{100} = \overline{R} + KS = 117.2 + 2.7702 \times 40.1 = 228.3\ \text{mm}$$

(a) – ② 모멘트방법 이용:

모멘트와 매개변수의 관계식(식 17.141～143)에 평균(117.2 mm), 표준편차(40.1 mm), 왜곡도계수(0.622)를 적용하여 피어선Ⅲ분포의 매개변수의 추정치 $\hat{\lambda}$, $\hat{\eta}$, $\hat{\epsilon}(=x_o)$을 계산한다.

$$\hat{\eta} = \left(\frac{2}{C_s}\right)^2 = \left(\frac{2}{0.622}\right)^2 = 10.339$$

$$\hat{\lambda} = \frac{S_x}{\sqrt{\hat{\eta}}} = \frac{40.1}{\sqrt{10.339}} = 12.471$$

$$\hat{\epsilon} = \bar{x} - \hat{\eta}\hat{\lambda} = 117.2 - 12.471(10.339) = -11.738$$

$F(x)=0.99$에 대한 z_p는 부록 C-1로부터 $z_p=2.327$이고 z_p와 $\gamma=0.622$를 식 (18.43)에 대입하면 빈도계수는 $K_p=2.774$이다

$$K_p=\frac{2}{\gamma}\left(1+\frac{\gamma z_p}{6}-\frac{\gamma^2}{36}\right)^3-\frac{2}{\gamma}=\frac{2}{0.622}\left(1+\frac{0.622\times2.327}{6}-\frac{0.622^2}{36}\right)^3-\frac{2}{0.622}=2.774$$

100년 분위수 R_{100}은 식 (18.44)에 따라

$$R_{100}=\hat{\epsilon}+\hat{\eta}\hat{\lambda}+K_p\sqrt{\eta}\,\lambda=-11.738+10.339\times12.471+2.774\sqrt{1.0339}\times12.471=228.4\text{ mm}$$

(b) 150 mm에 대한 빈도계수는 식 (18.29)로부터

$$K=\frac{x-\bar{x}}{S}=\frac{150-117.2}{40.1}=0.818$$

부록 C-4를 이용하면 $C_s=0.622$, $K=0.818$에 대한 재현기간은 5.2년이다.

C_s \ 재현기간	5	10
0.7	0.790	1.333
0.6	0.800	1.328
0.622	0.798	1.329
0.622	0.818	
	5.2	

따라서 150 mm보다 작거나 같게 되는 확률은 식 (18.15)로부터

$$P(R\leqq150)=1-P(R>150)$$

$$=1-1/T=1-1/5.2=0.808$$

예제 18.15–피어선Ⅲ분포

표 18.6의 유량기록에 대하여 확률모멘트방법으로 피어선Ⅲ분포의 매개변수를 산정하고 100년 홍수량을 추정하라.

[풀이] 예제 18.9의 결과 $l_1=60.49$, $l_2=19.17$, $t_3=0.173$ 및 예제 18.14의 $K_P=2.774$를 이용한다.

$t_3<1/3$이므로 $z=3\pi t_3^2=0.282$이고 η는 식 (17.144)로 주어진다.

$$\eta=\frac{1+0.2906z}{z+0.1882z^2+0.0442z^3}=\frac{1+0.2906\times0.282}{0.282+0.1882\times0.282^2+0.0442\times0.282^3}=3.631$$

식 (17.146)의 $\Gamma(\eta+1/2)$과 $\Gamma(\eta)$는 $\Gamma(\eta+1/2)=\Gamma(4.131)=3.131\times2.131\times1.131\Gamma(1.131)=7.090$ (부록 C-8을 이용하면 $\Gamma(1.131)=0.93958$이므로)

$\Gamma(3.631)=2.631\times1.631\Gamma(1.631)=3.851$ (부록 C-8에 따라 $\Gamma(1.131)=0.89738$이므로)

λ와 x_o는 식 (17.146~147)에 따라

$$\lambda=\frac{\sqrt{\pi}\,l_2\Gamma(\eta)}{\Gamma(\eta+1/2)}=\frac{\sqrt{\pi}\times19.17\times3.851}{7.090}=18.450$$

$$x_o = l_1 - \eta\lambda = 60.49 - 3.631 \times 18.45 = -6.502$$

$$x_p = x_o + \eta\lambda + K_p\sqrt{\eta\lambda^2} = -6.502 + 3.631 \times 18.45 + 2.774\sqrt{3.631 \times 18.45^2}$$
$$= 158.01\ \mathrm{m^3/s}$$

예제 18.16–대수피어선Ⅲ분포

표 18.3 삼서의 연 최대일강우량자료에 대수피어선Ⅲ분포가 적합된다. (a) 100년 빈도의 분위수와 (b) 강우량 150 mm의 누가확률을 구하라.

[풀이] 표 18.5의 Weibull공식으로 정리된 자료를 대수확률지에 도시하고 최적선을 그은 것이 그림 18.6이다.

(a) – ① 빈도계수 이용:

$T = 100$년, $C_{sy} = -0.454$(표 18.3)에 대한 빈도계수는 부록 C–4로부터 $K = 1.995$ 이다. $\bar{y} = 2.044$, $S_y = 0.148$ (표 18.3)이므로 y_{100}은

$$y_{100} = \bar{y} + KS_y = 2.044 + 1.995 \times 0.148 = 2.339$$
$$R_{100} = 10^{2.339} = 218.3\ \mathrm{mm}$$

참고로 식 (18.47)을 이용하는 경우 $\bar{y} + KS_y = 2.339$는 상용대수를 이용한 값이므로 자연대수로 변환한다. 즉 $2.339 \times 2.3 = 5.38$. 따라서 100년 강우량은 $R_{100} = \exp(5.38) = 217.0\ \mathrm{mm}$.

(a) – ② 빈도계수 – 식 (18.45) 이용:

유량자료의 왜곡도계수 $C_s = 0.622$를 식 (18.45)에 적용하면 빈도계수는 $K = 2.775$이다. 따라서 R_{100}은

$$R_{100} = \bar{R} + KS = 117.2 + 2.775 \times 40.1 = 228.5\mathrm{mm}$$

(a) – ③ 모멘트방법 이용:

모멘트와 매개변수의 관계식(표 17.5)에 $\bar{y} = 2.044$, $S_y = 0.148$, $C_{sy} = -0.454$를 적용하여 대수피어선Ⅲ분포의 매개변수의 추정치 $\hat{\eta}$, $\hat{\lambda}$, y_o를 구한다.

$$\hat{\eta} = \left(\frac{2}{C_s(y)}\right)^2 = \left(\frac{2}{0.454}\right)^2 = 19.407$$

$$\hat{\lambda} = \frac{S_y}{\sqrt{\hat{\eta}}} = \frac{0.148}{\sqrt{19.407}}\ 0.0336$$

$$y_o = \bar{y} - S_y\sqrt{\eta} = 2.044 - 0.148\sqrt{19.407} = 1.392$$

$F(x) = 0.99$에 대한 z_p는 부록 C–1로부터 $z_p = 2.327$이고 z_p와 $\gamma = 0.622$를 식 (18.45)에 대입하면 빈도계수는 $K_p = 2.321$이다. y_{100}은 식 (18.46)에 따라

$$y_{100} = y_o + \hat{\eta}\hat{\lambda} + K_p\sqrt{\hat{\eta}}\,\hat{\lambda} = 1.392 + 19.407 \times 0.0336 + 2.321\sqrt{19.407} \times 0.0336 = 2.388$$

$y = \log x$가 적용되었으므로 100년 분위수 R_{100}는

$$R_{100} = 10^{y_{100}} = 10^{2.388} = 244.3\ \mathrm{mm}$$

(b) 150 mm의 대수치는

$$y = \log x = \log 150 = 2.176$$

식 (18.31)에 의하면 K는

$$K = \frac{y - \bar{y}}{S_y} = \frac{2.176 - 2.044}{0.148} = 0.892$$

$K = 0.892$, $C_{sy} = -0.454$에 대한 재현기간 T는 부록 C-4를 이용하면 $T = 5.5$년이다.

C_s \ 재현기간	5	10
−0.400	0.855	1.231
−0.500	0.856	1.216
−0.454	0.8554	1.224
−0.454	0.892	
	5.5	

따라서 $P(R \leq 150\,\text{mm})$는 식 (18.15)에 의하면

$$P(R \leq 150) = 1 - P(R > 150) = 1 - 1/T = 1 - 1/5.5 = 0.818$$

18.5.6 일반극치(GEV)분포

$F = 1 - 1/T$을 식 (17.153)에 대입하면 재현기간 T년 분위수에 관한 표현을 얻는다.

$$x_T = u + \frac{\alpha}{k}\left[1 - \left\{-\log\left(1 - \frac{1}{T}\right)\right\}^k\right] \tag{18.48}$$

식 (17.151)과 (17.152)를 식 (18.29)의 $\bar{x}$와 S에 대입하면 식 (18.49)를 얻는다.

$$x_T = u + \frac{\alpha}{k}\left[1 - \Gamma(1+k)\right] + K_T\left[\frac{\alpha}{k}\left\{\Gamma(1+2k) - \Gamma^2(1+k)\right\}^{1/2}\right] \tag{18.49}$$

식 (18.48)과 (18.49)를 같게 놓고 K_T에 관하여 정리하면 일반극치분포의 빈도계수를 얻는다.

$$K_T = \frac{\Gamma(1+k) - \left[-\log(1 - 1/T)\right]^k}{\left[\Gamma(1+2k) - \Gamma^2(1+k)\right]^{1/2}} \tag{18.50}$$

예제 18.17

표 18.6의 유량기록에 대하여 모멘트방법으로 일반극치(GEV)분포의 매개변수를 산정하고 100년 홍수량을 추정하라.

[풀이] 예제 18.9의 결과 $\bar{x} = 60.49$, $S = 34.12$, $C_s = 1.031$을 이용한다.

$C_s < 1.14$이므로 식 (17.156)을 적용한다.

$$k = 0.277648 - 0.322016 \times 1.031 + 0.060278 \times 1.031^2 + 0.016759 \times 1.031^3 \\ -0.005873 \times 1.031^4 - 0.00244 \times 1.031^5 - 0.000050 \times 1.031^6 = 0.0186$$

부록 C-8을 이용하여 감마함수의 값을 구하여 식 (17.157~158)의 α와 u를 계산한다.

$$\Gamma(1+k) = \Gamma(1+0.0186) = \Gamma(1.0186) = 0.9896$$
$$\Gamma(1+2k) = \Gamma(1+2\times 0.0186) = \Gamma(1.0372) = 0.9799$$
$$\alpha = [S^2k^2/\{\Gamma(1+2k) - \Gamma^2(1+k)\}]^{1/2}$$
$$= [34.12^2 \times 0.0186^2/(0.9799 - 0.9896^2]^{1/2} = 26.087$$
$$u = \bar{x} - \frac{\alpha}{k}[1 - \Gamma(1+k)] = 60.49 - \frac{26.087}{0.0186}(1 - 0.9896) = 45.904$$

식 (18.48)에 의한 100년 홍수량은

$$Q_{100} = 45.904 + \frac{26.087}{0.0186}\left[1 - \left\{-\log\left(1 - \frac{1}{100}\right)\right\}^{0.0186}\right] = 180.74\ \mathrm{m^3/s}$$

예제 18.18

표 18.6의 유량기록에 대하여 확률모멘트방법으로 일반극치(GEV)분포의 매개변수를 산정하고 100년 홍수량을 추정한다.

[풀이] 예제 18.9의 결과 $\bar{x} = 60.49$, $S = 34.12$, $C_s = 1.031$, $l_1 = 60.49$, $l_2 = 19.17$, $t_3 = 0.173$을 이용한다. 식 (17.159)에 의하면 c와 k는

$$c = \frac{2}{3+\tau_3} - \frac{\log 2}{\log 3} = \frac{2}{3+0.173} - \frac{\log 2}{\log 3} = -0.000611$$
$$k \approx 7.8590c + 2.9554c^2 = 7.8590 \times (-0.000611) + 2.9554 \times (-0.000611)^2$$
$$= -0.004799$$
$$\Gamma(1+k) = \Gamma(1 + (-0.004799)) = \Gamma(0.9952)$$

부록 C-8의 간략식을 사용해서 계산하면 $\Gamma(0.9952) = 1.001$이다. 식 (17.160)에 따라 α, u는

$$\alpha = \frac{\lambda_2 k}{(1-2^{-k})\Gamma(1+k)} = \frac{19.17(-0.004799)}{(1-2^{-(-0.004799)}) \times 1.001} = 27.675$$
$$u = \lambda_1 - \alpha\,[1 - \Gamma(1+k)]/k = 60.49 - 27.675 \times (1 - 1.001)/(-0.004799) = 54.723$$

식 (18.48)에 의한 100년 홍수량은

$$Q_{100} = 54.723 + \frac{27.675}{-0.004799}[1 - \{-\log(1 - 1/100)\}^{-0.004799}] = 207.09\ \mathrm{m^3/s}$$

18.5.7 극치 I (Gumbel)분포

식 (18.9)와 (18.15)로부터

$$\frac{1}{T}=1-F(x)=1-\exp\left[-\exp\left(-\frac{x-u}{\alpha}\right)\right] \tag{18.51}$$

이를 변량 x에 관하여 정리하면

$$x=u-\alpha\ln\left[-\ln(1-1/T)\right] \tag{18.52}$$

$F(x)=1-1/T$을 고려하면

$$x=u-\alpha\ln\left[-\ln F(x)\right] \tag{18.53}$$

식 (18.10)과 (18.11)의 α, u를 식 (18.52)에 대입하면

$$x=\bar{x}-\frac{\sqrt{6}\,S}{\pi}\left[0.5772+\ln\left(\ln\frac{T}{T-1}\right)\right] \tag{18.54}$$

식 (18.29)와 (18.54)를 비교하면 Gumbel분포의 빈도계수는

$$K_T=-\frac{\sqrt{6}}{\pi}\left\{0.5772+\ln\left[\ln\frac{T}{T-1}\right]\right\} \tag{18.55a}$$

$$K_T=-0.45-0.7797\ln\left[-\ln(1-1/T)\right] \tag{18.55b}$$

식 (18.29)의 $x-\bar{x}=K_T S$를 식 (18.18b)에 대입하고 K_T에 관하여 정리하면

$$K_T=\frac{y-0.5772}{1.283} \tag{18.56}$$

식 (18.56)은 자료 수 n이 아주 크거나 무한일 때 적용 가능하다. n이 유한한 경우 식 (18.55)를 T에 관하여 정리하여 재현기간을 빈도계수 K_T항으로 나타낼 수 있다.

$$T=\frac{1}{1-\exp\left\{-\exp\left[-\left(0.5772+\frac{\pi K_T}{\sqrt{6}}\right)\right]\right\}} \tag{18.57}$$

식 (18.29)에서 $x_T=\mu$일 때 $K_T=0$이다. 즉 $K_T=0$에서 x는 평균치가 되므로 식 (18.55) 또는 (18.57)에 $K_T=0$을 대입하면 T는 연 평균치의 재현기간 $T=2.33$년을 제공한다. 즉 극치 I 분포에서 평균치의 재현기간은 2.33년이 된다.

예제 18.19

표 18.3 삼서 강우량자료에 극치 I 분포가 적합된다. (a) 100년 강우량과 (b) $P(R\leq 150\text{mm})$를 구하라.

[풀이] 표 18.5의 Weibull도시위치공식에 의한 결과를 Gumbel확률지에 도시하고 육안으로 직선을 적합시킨 것이 그림 18.7이다.

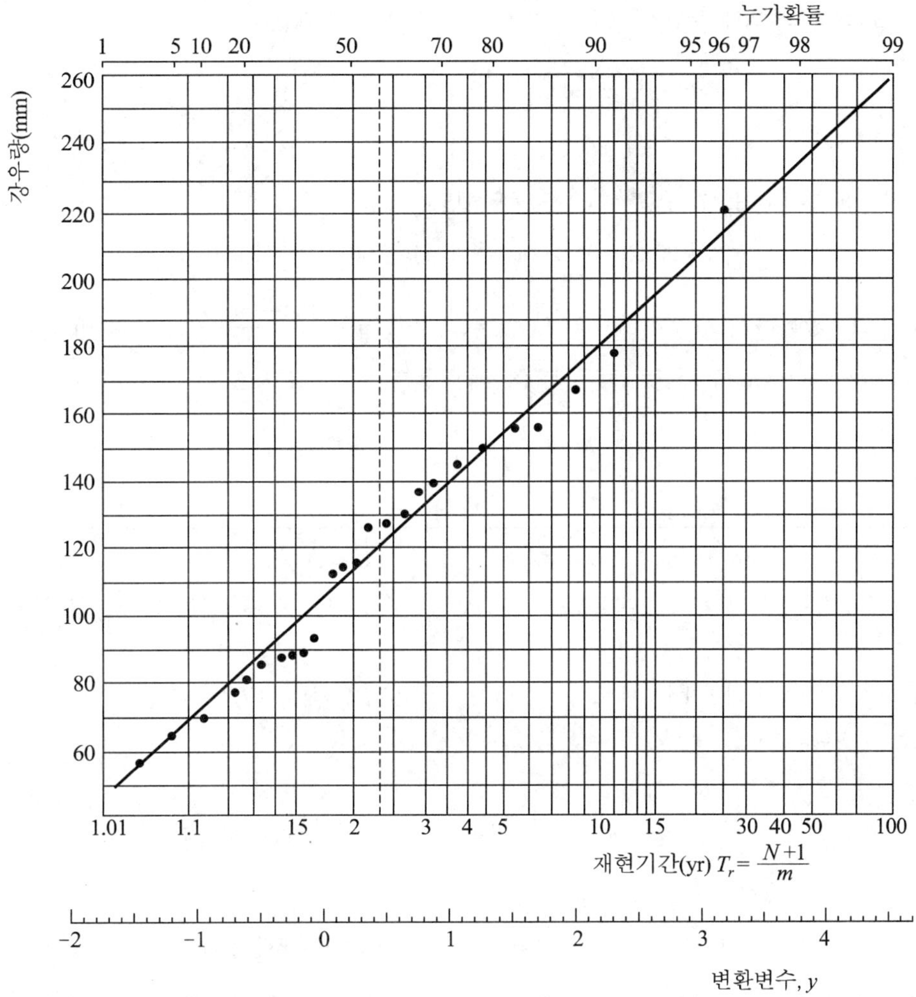

그림 18.7 극치 I 분포 적합을 위한 Gumbel확률지 상에 도시(삼서)

(a) – ① 빈도계수 이용: 식 (18.55a)에 의하면 $T=100$년에 대한 빈도계수 K_T는

$$K_T = -\frac{\sqrt{6}}{\pi}\left\{0.5772 + \ln\left[\ln\left(\frac{T}{T-1}\right)\right]\right\}$$
$$= -\frac{\sqrt{6}}{\pi}\left\{0.5772 + \ln\left[\ln\left(\frac{100}{100-1}\right)\right]\right\} = 3.138$$

식 (18.29)에 의하여

$$R_T = \overline{R} + K_T S = 117.2 + 3.138 \times 40.1 = 243.03\ \mathrm{mm}$$

그림 18.7에서 R_{100}은 외삽에 의하면 $R_{100} = 260\ \mathrm{mm}$가 된다.

(a) – ② 모멘트방법에 의한 매개변수 이용: 식 (18.10)과 (18.11)에 따라

$$\alpha = \frac{\sqrt{6}\,S}{\pi} = \frac{\sqrt{6}\,40.1}{3.14} = 31.28$$

$$u = \bar{x} - 0.5772\,\alpha = 117.2 - 0.5772 \times 31.28 = 99.15$$

식 (18.52)에 이들 값과 $T = 100$을 적용하면

$$R_{100} = 99.15 - 31.28\ \ln[\ln 100 - \ln(100-1)] = 243.04\ \mathrm{mm}$$

(b) 식 (18.9)에 따라 $P(R < 150)$은 $F(R) = \exp\left[-\exp(-\dfrac{150-99.15}{31.28})\right] = 0.821$이다.

따라서 150 mm 의 재현기간은 식 (18.15)에 의하여

$$T = \frac{1}{1-F} - \frac{1}{1-0.821} = 5.6\text{년}$$

예제 18.20

표 18.6의 유량기록에 대하여 확률모멘트방법으로 극치 I (Gumbel)분포의 매개변수를 산정하고 100년 홍수량을 추정하라.

[풀이] 예제 18.9의 결과인 L–모멘트 $l_1 = 60.49$, $l_2 = 19.17$을 식 (18.21)과 (18.22)에 적용하여 매개변수 α와 u를 구한다.

$$\alpha = l_2/\ln 2 = 19.17/\ln 2 = 27.656$$

$$u = l_1 - 0.5772\alpha = 60.49 - 0.5772 \times 27.656 = 44.527$$

식 (18.52)를 적용하면 100년 홍수량은

$$Q_{100} = u - \alpha \ln[-\ln(1-1/T)] = 44.527 - 27.656 \ln[-\ln(0.99)] = 171.75\ \mathrm{m^3/s}$$

이상의 상이한 방법에 의한 삼서 강우량자료(표 18.3)에 대한 100년 강우량의 계산결과를 종합하면 다음과 같다. 이로부터 상이한 분포는 주어진 재현기간에 대하여 상이한 크기의 수문량(홍수량, 강우량)을 제공하고 주어진 수문사상(홍수량)에 대해 상이한 재현기간을 부여한다.

확률분포	100년 강우량 (mm)	
	빈도계수방법	모멘트방법
정규	210.5	–
대수정규	228.8 ~ 244.9	–
피어선 Ⅲ	228.3	228.4
대수피어선 Ⅲ	218.3	244.3
극치 Ⅰ (Gumbel)	243.0	243.0

18.6 이상치 처리

이상치(異常値; outlier)는 자료의 전체적인 경향으로부터 현저하게 벗어나는 자료점이다. 관측치의 상하 양 끝단의 값들은 대개 이상치인 경우가 많다. 이상치를 포함하거나 제거하는 것은 자료로부터 계산되는 통계적인 매개변수의 크기에 미치는 영향이 현저하게 된다. 특히 자료수가 적을 경우 이상치 처리의 모든 과정은 수학적이고 수문학적인 판단을 필요로 한다. 미국 수자원위원회(U. S. Water Resources Council, 1991)에 의하면 왜곡도가 0.4보다 크면 고이상치에 관한 검토가 일차적으로 수행되고, 왜곡도가 −0.4보다 작으면 저이상치에 관한 검토가 먼저 수행된다. 왜곡도가 −0.4～0.4의 범위에 있으면 이상치를 제거하기 전에 고・저이상치에 관한 검토가 모두 수행된다.

18.6.1 고이상치

고이상치에 관한 발생원인은 다음과 같다. (1) 자료의 착오: 이 경우에는 관측, 판독, 기록 및 보정 또는 수정의 어느 과정에서 발생했는지 면밀한 검토가 필요하다. (2) 유역조건의 변화: 이 경우에는 자료가 동질성인지 조사한다. 예를 들면 산불, 도시화 및 대규모 저수지 건설 후에 이상홍수가 발생할 수 있기 때문이다. 이러한 이상치는 나머지 자료와 동질성(또는 일관성)을 갖도록 한다. (3) 상기 두 가지 조건과는 다른 기상현상으로 인한 극한사상이다.

이상치 판별에는 도해적 방법과 통계적 방법(Grubbs−Beck, 1972)이 있다. 도해적 방법은 원자료를 확률지에 도시하여 나타나는 경향으로부터 현저하게 벗어나는 자료점을 찾는다. 원자료를 변수를 변환하여 확률지에 도시하여도 뚜렷하게 벗어나지 않는 경우가 있다. 이때에는 변수변환자료에 대해 확률분포형을 결정하고 고이상치 판별에 다음 빈도식이 사용된다.

$$y_H = \bar{y} + K_n S_y \tag{18.58}$$

여기서 y_H =고이상치 경계치의 대수치, $\bar{y}$= 연 홍수대수치의 평균, S_y = 연 홍수대수치의 표준편차 및 K_n =표본 수 n에 따르는 계수(표 18.7)이다.

표 18.7의 K_n 값은 정규분포하는 자료에 대한 10% 유의수준에서 이상치를 조사하는 편측역 검정에 사용된다. 만약 표본의 대수치가 y_H보다 크면 고이상치로 판정된다. 고이상치로 판정된 홍수첨두는 역사적인 홍수자료와 인근의 홍수자료와의 비교를 통하여 연장기간에 걸쳐 극한 사상인 큰 홍수로 판단되면 이상치는 역사적인 홍수로 취급되어 해석에서 제외된다. 그러나 고이상치에 비교할 역사적인 정보가 없으면 이상치는 기록의 부분으로 보존시킨다.

표 18.7 이상치 검정의 K_n 값 - 10% 유의수준

표본 수 n	K_n	표본 수 n	K_n	표본 수 n	K_n	표본 수 n	K_n
10	2.036	24	2.467	38	2.661	60	2.837
11	0.088	25	2.486	39	2.671	65	2.866
12	2.314	26	2.502	40	2.682	70	2.893
13	2.175	27	2.519	41	2.692	75	2.917
14	2.213	28	2.534	42	2.700	80	2.940
15	2.247	29	2.549	43	2.710	85	2.961
16	2.279	30	2.563	44	2.719	90	2.981
17	2.309	31	2.577	45	2.727	95	3.000
18	2.335	32	2.591	46	2.736	100	3.017
19	2.361	33	2.604	47	2.744	110	3.049
20	2.385	34	2.616	48	2.753	120	3.078
21	2.108	35	2.628	49	2.760	130	3.104
22	2.429	36	2.639	50	2.768	140	3.129
23	2.448	37	2.650	55	2.804		

18.6.2 저이상치

전체적인 자료의 경향보다 작은 저이상치는 적합되는 확률분포를 왜곡시켜 큰 홍수의 추정에 영향을 미친다. 저이상치를 판별하는 데 사용되는 식은 다음과 같다.

$$y_L = \bar{y} - K_n S_y \tag{18.59}$$

여기서 y_L은 저이상치 경계치의 대수치이다. 연 홍수계열첨두의 대수치가 y_L 보다 작으면 저이상치로 해석에서 제외된다.

예제 18.21

삼서지점의 강우량자료(표 18.3)를 이용하여 표본자료 중에 고이상치 또는 저이상치가 존재하는지를 조사하라.

[풀이] $n = 26$ 에 대한 K_n 값은 표 18.7로부터 $K_n = 2.502$ 이다. 예제 18.4로부터 $\bar{y} = 2.044$, $S_y = 0.148$ 이다.

(1) 고이상치

식 (18.58)에 의하면

$$y_H = \bar{y} + K_n S_y = 2.044 + 2.502 \times 0.148 = 2.4143$$

$$R_H = 10^{2.4143} = 259.6\ \text{mm}$$

표 18.3으로부터 최대강우기록치 221.4 mm는 고이상치의 한계치 259.6 mm를 초과하지 않으므로 고이상치는 존재하지 않는다.

(2) 저이상치

식 (18.59)에 의하면

$$y_L = \bar{y} - K_n S_y = 2.044 - 2.502 \times 0.148 = 1.6737$$
$$R_L = 10^{1.6737} = 47.2\ \mathrm{mm}$$

최저강우기록치 57.5 mm는 저이상치의 한계치 47.2 mm보다 크므로 저이상치는 존재하지 않는다.

18.7 해석의 신뢰

빈도해석 결과의 신뢰도는 가정한 확률모형이 주어진 수문자료에 얼마나 가까이 적합되는가에 따라 결정된다. 주어진 자료가 적합되는 확률분포에 속한다면 자료점들은 적합된 누가분포곡선 상이나 확률밀도함수곡선 주위에 있게 된다. 자료점들이 누가분포곡선에 가까이 있는 정도를 정량적으로 나타내기 위하여 곡선 양쪽에 기지의 양(백분율)의 자료점을 포함하는 구간을 **신뢰구간**(信賴區間; confidence interval)이라 하고 신뢰구간의 경계를 나타내는 누가분포곡선 양측의 곡선을 **신뢰한계곡선**(信賴限界曲線; control curve)이라 한다. 신뢰구간의 크기는 신뢰수준 β에 따라 결정된다. 신뢰수준 β는 유의수준 α의 항으로 주어진다.

$$\alpha = \frac{1-\beta}{2} \tag{18.60}$$

만약 신뢰구간 β가 90 %이면 유의수준 α는 5 %이다. 재현기간이 T인 사상의 크기를 추정하는 신뢰구간의 경계인 상한계 y_U와 하한계 y_L은 빈도계수식을 다음과 같이 변형하여 설정된다.

$$y_U = \bar{y} + K_U S_y \tag{18.61}$$
$$y_L = \bar{y} - K_L S_y \tag{18.62}$$

여기서 $\bar{y}$와 S_y는 각각 주어진 자료의 대수치의 평균과 표준편차이고 K_U, K_L은 상하 신뢰한계계수이다.

$$K_U = \frac{K + \sqrt{K^2 - ab}}{a} \tag{18.63}$$

$$K_L = \frac{K - \sqrt{K^2 - ab}}{a} \tag{18.64}$$

$$a = 1 - \frac{z_\alpha^2}{2(n-1)} \tag{18.65}$$

$$b = K^2 - \frac{z_\alpha^2}{n} \tag{18.66}$$

여기서 K는 빈도계수, n은 표본크기 및 z_α는 초과확률 α를 갖는 표준정규변수이다.

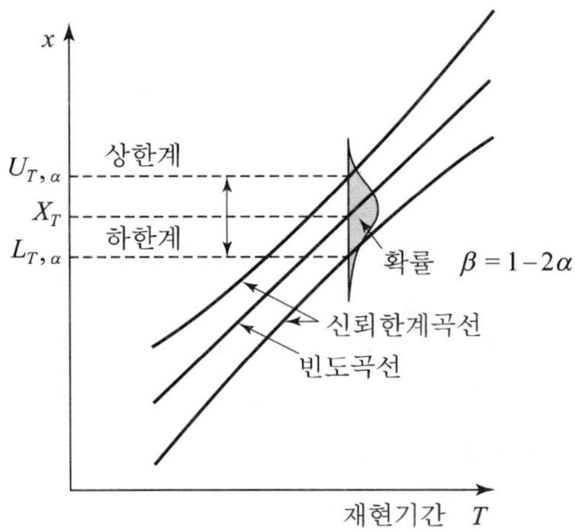

그림 18.8 신뢰한계의 정의

예제 18.22

대수피어선Ⅲ분포를 이용한 삼서지방 강우량의 2, 5, 10, 50, 100년 강우량에 대한 90% 신뢰구간을 결정하라. 26년간 강우량의 대수치의 평균, 표준편차 및 왜곡도계수는 각각 2.044, 0.148 및 −0.454이다.

[풀이] $\beta = 0.9$에 대한 유의수준은 $\alpha = 0.05$이고 이에 상응하는 표준정규변수 z_α는 초과확률 0.05 또는 누가확률(비초과확률) 0.95를 갖는다. z는 $F(z) = 0.95$에 대한 z로서 부록 C–1로부터 $z = 1.645$이다. 계산과정은 $T = 100$년에 한해서 기술되고 다른 재현기간에 대한 결과는 표 18.8에 주어진다. $C_s = -0.454$, $T = 100$년에 대한 빈도계수 K_{100}은 부록 C–4로부터 $K_{100} = 1.989$이다. 따라서 식 (18.63~18.66)에 의하여

$$a = 1 - \frac{z_\alpha^2}{2(n-1)} = 1 - \frac{(1.645)^2}{2(26-1)} = 0.9459$$

$$b = K_{100}^2 - \frac{z_\alpha^2}{n} = 1.989^2 - \frac{1.645^2}{26} = 3.852$$

$$K_{U100,0.05} = \frac{K_T + \sqrt{K_T^2 - ab}}{a} = \frac{1.989 + (1.989^2 - 0.9459 \times 3.852)^{0.5}}{0.9459} = 2.694$$

$$K_{L100,0.05} = \frac{K_T - \sqrt{K_T^2 - ab}}{a} = \frac{1.989 - (1.989^2 - 0.9459 \times 3.852)^{0.5}}{0.9459} = 1.512$$

신뢰한계는 식 (18.61)과 (18.62)에 의하면

$$y_U = \bar{y} + K_u S_y = 2.044 + 2.694 \times 0.148 = 2.443$$

$$R_U = 10^{2.443} = 277.3\,\text{mm}$$

$$y_L = \bar{y} + K_L S_y = 2.044 + 1.512 \times 0.148 = 2.268$$

$$R_L = 10^{2.268} = 185.4\,\text{mm}$$

100년 강우량은 표 18.8의 3란의 빈도계수를 이용하여 계산된다.

$$y_T = \bar{y} + KS = 2.044 + 1.989 \times 0.148 = 2.338$$

$$R_{100} = 10^{2.338} = 217.8\,\text{mm}$$

표 18.8에 의하면 T년 강우량은 신뢰한계 내에 있다. 즉 R_T가 R_U와 R_L 사이에 존재하는 사실을 90% 확신을 가지고 이야기할 수 있다. 신뢰구간의 폭은 자료 수에 좌우된다. 기록기간이 길면 신뢰구간의 폭은 감소한다.

표 18.8 90% 신뢰한계 계산

T (1)	z (2)	K (3)	a (4)	b (5)	K_U (6)	K_L (7)	y_U (8)	y_L (9)	R_U (10)	R_L (11)	R_T (12)
2	1.645	0.0752	0.9459	−0.0289	0.272	−0.113	2.084	2.027	121.3	104.6	113.5
5	1.645	0.8555	0.9459	0.7510	1.059	0.749	2.201	2.155	158.9	142.9	148.3
10	1.645	1.2229	0.9459	1.3914	1.741	0.845	2.302	2.169	200.4	147.6	167.9
50	1.645	1.8032	0.9459	3.1470	2.461	1.352	2.408	2.244	255.9	175.4	204.6
100	1.645	1.9890	0.9459	3.8520	2.694	1.512	2.443	2.268	277.3	185.4	217.8

18.8 지역홍수빈도해석

미계측 유역이나 기록기간이 짧은 유역에 대한 홍수빈도해석은 도시되는 점들의 광범위한 분산으로 적합되는 빈도함수의 신뢰도가 매우 낮아서 별다른 가치를 갖지 않는다. 이를 극복하기 위한 **지역홍수빈도해석**(地域洪水頻度解析; regional flood frequency analysis)은 지역 내 다수 관측지점의 자료를 단일빈도해석에 사용하여 지역 내 모든 지점에 적용가능한 지역홍수빈도곡선을 유도하는 방법이다. 결과적으로 지역해석은 공간영역에서 수집 가능한 기록의 연장이고 특히 미계측 지역의 홍수량 산정에 필요하다. 홍수빈도모형의 설정은 동질성 검토, 유역특성과 연평균홍수와의 관계식의 개발, 여러 분포에 대한 지역적 매개변수의 결정, 최적 분포의 선정, 홍수빈도공식의 결정을 포함한다. 지역해석에 포함되는 지역은 수문학적으로 동질유역으로 정의된다. 지역빈도해석의 대표적인 방법은 지수홍수방법, 중회귀방법 및 관측소-기록연수법(4.7절) 등이다.

18.8.1 지수-홍수방법

지수-홍수방법(指數-洪水方法 ; index-flood method)은 미국 지질조사청(Dalrymple, 1960; Benson, 1962)에 의하여 개발되었으며 기본전제는 지역 내 다수의 수문학적으로 유사한 지점의 유량기록의 조합을 이용한 빈도해석은 그 지역의 빈도해석의 신뢰도를 증가시킨다는 것이다. 특히 유량자료가 충분하지 않은 지점의 홍수빈도해석에 지수-홍수방법이 효과적이고 이는 지역정보를 이용하여 짧은 기록을 보완함으로써 공간을 시간으로 대체하는 효과를 갖기 때문이다. 지수-홍수방법의 기본개념은 지역 내 N지점의 홍수빈도분포는 동일하고 단지 각 유역의 크기, 강우량 및 유출특성을 반영하는 축척매개변수인 지수홍수의 크기(scale)가 다를 뿐이다. 유역은 지리적으로 그리고 유역면적과 표고를 포함한 지형특성에 따라 집단화된다. 이 경우 집단에 포함되는 유역은 꼭 인접유역일 필요는 없고 수문학적으로 유사성을 갖는 유역이다. 수문학적으로 동질인 지역에서 상이한 하천에 대한 홍수분포함수는 유사하다. 이 경우 유사성은 분포함수가 각 지수홍수로 변환(scaled)될 때 결과적인 지역의 모든 유역의 무차원 분포는 유역면적과 유역특성에 관계없이 같은 모양을 갖는 것으로 가정될 수 있다.

연평균홍수

지수홍수로 사용되는 **연평균홍수**(平均年洪水; mean annual flood, MAF)는 연 최대치계열의 평균이고 2.33년의 재현기간을 갖는다. 극치분포에서는 연 최대유량계열의 중앙치가 사용된다. 연평균홍수는 지형적인 인자와 기상인자들의 함수이다. 지형인자로는 유역면적, 하도경사, 수

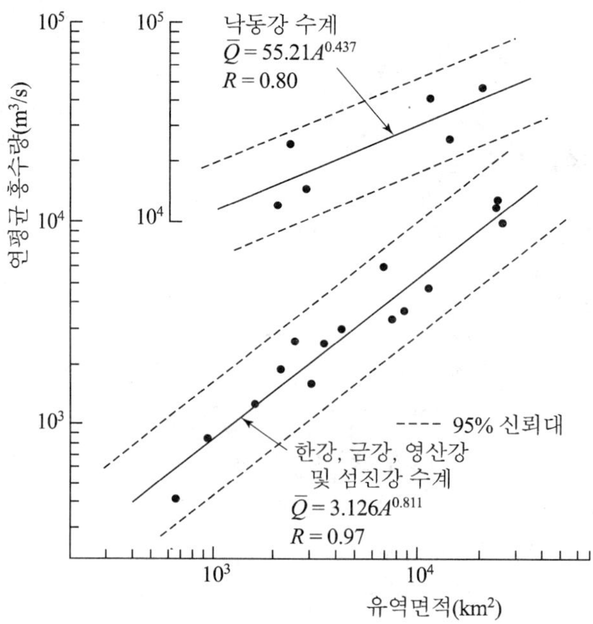

그림 18.9 유역면적과 지수홍수(연평균 홍수량)의 관계곡선(윤, 1972)

로, 저수지 및 호수의 저류량, 유역경사, 토지이용, 지질, 하천밀도, 유역형상, 평균표고, 산악위치, 토양피복 등이며 기상인자는 지역기후 특성, 강우강도, 강우량, 호우의 방향 등이다. 이들 인자 중에서 연평균홍수에 가장 중요하고 쉽게 얻을 수 있는 인자는 유역면적으로 연평균홍수 $\overline{Q}$ 또는 $Q_{2.33}$은 유역면적의 함수로 주어진다(그림 18.9).

$$Q_{2.33} = aA^{b} \tag{18.67}$$

여기서 a와 b는 수문학적으로 동질지역에 대한 상수이고 b는 0.65～1.00의 범위의 값을 갖는다.

지역(홍수)빈도(지역성장)곡선

지역(홍수)빈도곡선(地域(洪水)頻度曲線; regional flood frequency curve)은 확률홍수량 $Q(F)$(또는 홍수분위수 Q_T)와 지수홍수 μ(또는 $\overline{Q}$)의 비 $Q(F)/\mu$(또는 $Q_T/\overline{Q}$)를 재현기간 T에 대하여 도시한 곡선이다(그림 18.10). 이를 영국에서 유래된 **지역성장곡선**(地域成長曲線; regional growth curve), 간단히 성장곡선이라고도 하며 오히려 많이 쓰이는 추세이다. Q_T는 T년 홍수

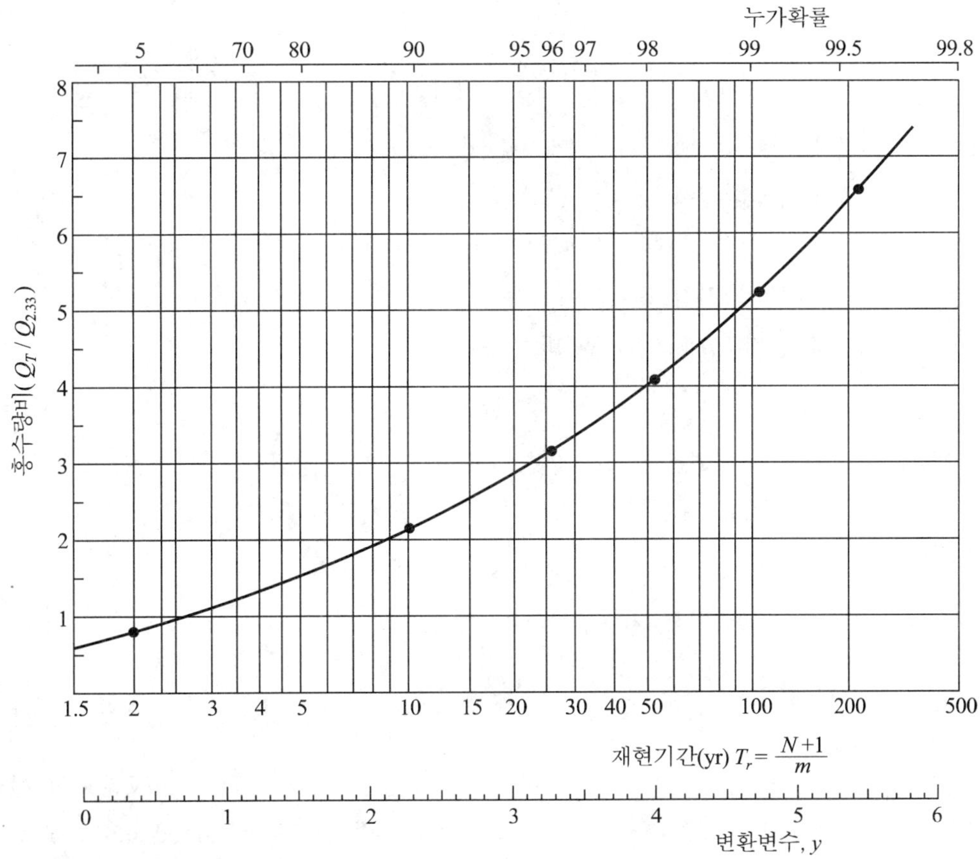

그림 18.10 지역홍수빈도(성장)곡선

분위수, 지수홍수 μ는 연평균 홍수량 $\overline{Q}$로 추정된다($\mu=\overline{Q}$). $Q(F)/\mu$ 또는 $Q_T/\overline{Q}$는 동질성 지역을 구성하는 N지점에 공통으로 적용되는 지역성장인자로 다음과 같이 정의된다.

$$Q(F)/\mu=q(F) \text{ 또는 } Q_T/\overline{Q}=x_T \tag{18.68}$$

여기서 x_T 또는 $q(F)$는 재현기간 T년에 대한 **지역성장인자**(地域成長因子; regional growth factor) 또는 지역성장곡선이라고도 하는 어느 지점에나 공통으로 적용되는 지역빈도분포의 무차원 분위수함수이다.

GEV분포가 적용되는 경우에는 재현기간 T 대신에 변환변수 $y_T=-\ln\{-\ln(1-1/T)\}=-\ln(-\ln F)$에 대해서도 도시된다. GEV분포와 같이 극치가 대상이 되는 경우에는 연평균 첨두홍수량이 사용된다. 지역성장곡선 $Q_T/\overline{Q}=f(T)$는 일반적으로 곡선이나 Gumbel(GEV I)분포의 경우에는 직선이 된다. 이 경우 변환변수 $y_T=-\ln(-\ln F)$는 Gringorten 도시위치공식 $F=(m+0.44)/(n+0.12)$로 계산되고 m은 n개의 증가순 홍수계열에서 m번째 홍수량의 위치이다. GEV분포에 형상계수 k가 도입되면, 즉 식 (17.153)에 식 (18.12) $y=(x-u)/\alpha$와 $F=1-1/T$을 차례로 적용하거나 식 (18.48)에 식 (18.12)를 적용하면 변환변수 y_T는

$$y_T=\left[1-(-\ln F)^k\right]/k=\left[1-\left\{-\ln\left(1-\frac{1}{T}\right)\right\}^k\right]/k \tag{18.69}$$

지역확률홍수량의 추정

(1) **계측유역의 지역홍수공식**

지점 i의 확률 p 또는 재현기간 T년 홍수량(분위수) $Q_i(F)$는 성장곡선으로부터 재현기간 T년 성장인자 $q(F)$와 지점 i의 지수홍수 $\mu_i=\overline{Q}_i$의 곱 $Q_i(F)=\mu_i q(F)$으로 주어지고 이의 일반식은 다음과 같다(Hosking과 Wallis, 1997).

$$Q(F)=\mu q(F) \tag{18.70}$$

비초과확률 $F=1-1/T$에 근거한 T년 홍수량 Q_T와 성장인자 x_T에 의한 표현은 식 (18.71)과 같다.

$$Q_T=\overline{Q}\,x_T \tag{18.71}$$

GEV분포가 적용되는 경우 지역빈도홍수량은

$$\frac{Q_T}{\overline{Q}}=u+\alpha y_T \tag{18.72}$$

여기서 u와 α는 GEV의 매개변수, y_T는 T년 재현기간에 해당되는 GEV분포의 변환변수(식 18.12)이다. 비초과확률 $F(=1-1/T)$ 또는 T년 홍수량(T-year flood quantile)을 산정하는 계측유역의 지역빈도 홍수량공식은 식 (18.72)에 식 (18.69)를 대입하면

$$Q_T = \left\{ u + \frac{\alpha}{k}\left[1 - \left\{-\ln\left(1 - \frac{1}{T}\right)\right\}^k\right]\right\}\overline{Q} \tag{18.73}$$

(2) 미계측 유역의 지역홍수공식

미계측 유역에서는 지수홍수 $\overline{Q}$가 계산될 수 없으므로 $\overline{Q}$를 산출하기 위해서는 지역 내 계측지점들의 연평균 첨두홍수량 $\overline{Q}$와 유역의 지형특성과 기후특성 간의 관계식이 필요하나 일반적으로 입수가 용이한 유역면적 A의 항으로 정의된다(그림 18.9).

$$\overline{Q} = aA^b \tag{18.74}$$

여기서 a, b는 회귀해석으로 주어진다. GEV 분포가 적용되는 경우 지역빈도홍수량 Q_T는

$$Q_T = (u + \alpha y_T)aA^b \tag{18.75}$$

지역빈도(성장)곡선의 작성과정

① 동시발생 기간으로 5년 이상의 기록을 갖는 다수 지점(보통 10～15)의 연 최대치계열을 수집한다.

② 각 지점별로 기록을 감소 크기순으로 정리하여 Weibull과 같은 도시위치공식을 이용하여 재현기간을 계산한다.

③ 각 지점에 대한 연평균 홍수량 $\overline{Q}$의 결정: 연 최대유량의 평균 또는 연 최대유량과 그의 재현기간을 극치확률지에 도시하여 빈도곡선을 육안으로 적합시키고 재현시간 2.33년에 해당하는 $\overline{Q}$를 결정한다.

④ 각 지점에 대하여 몇 개의 선정된 빈도(예로 5, 10, 20, 25, 30, 50, 100년 등)의 홍수량을 연평균유량 $\overline{Q}$로 나누어 지역빈도분포인 홍수량비(성장인자) $Q/\overline{Q}$를 계산한다.

⑤ 4항의 홍수량비를 각 빈도별로 지점수와 같은 수의 홍수량비계열로 정리하고 각 계열의 중앙치를 결정한다.

⑥ 이와 같이 결정된 중앙치와 이에 대응하는 빈도(재현기간)를 극치확률지에 도시하고 최적선을 적합하여 지역빈도곡선(그림 18.10)을 얻는다.

예제 18.23

한강수계에 위치한 면적이 2,000 km^{2}인 유역의 100년 홍수량을 결정하라. 그림 18.10이 적용 가능한 것으로 가정하고 수문학적으로 동질성을 갖는 것으로 가정된다.

[풀이] 그림 18.9로부터 유역면적 2,000 km^{2}에 대한 지수홍수(연평균홍수량)는 1,500 m^3/s이다. 그림 18.10으로부터 100년 빈도에 대한 성장인자는 $x_{100} = Q/\overline{Q} = 5.3$ 이다. 따라서 100년 홍수량은 $Q_{100} = x_{100} \times \overline{Q} = 5.3 \times 1{,}500 = 7{,}950$ m^3/s 이다.

수문학적 동질성 검사

지수-홍수방법은 지역의 수문학적 **동질성 검사**(同質性檢査; homogeneity test)를 필요로 한다. 이 검사를 통과하지 않는 지점은 지역빈도해석에서 제외된다. 검사과정은 다음과 같다(Dalrymple, 1960).

(1) 각 지점의 빈도곡선으로부터 재현기간 2.33년 홍수 $\overline{Q}$와 10년 홍수 Q_{10}을 결정한다.

(2) 각 지점에 대하여 $Q_{10}/\overline{Q}$을 계산한다.

(3) 모든 지점에 대한 $Q_{10}/\overline{Q}$의 평균 $\left(Q_{10}/\overline{Q}\right)_m$을 구한다.

(4) 각 지점의 $\overline{Q}$에 평균$\left(Q_{10}/\overline{Q}\right)_m$을 곱하여 각 지점에 대한 조정 Q_{10}을 계산하고 (1)항의 빈도곡선으로부터 조정 Q_{10}에 대한 재현기간 T_{10}을 구한다.

(5) 각 지점의 T_{10}과 기록연수 n을 그림 18.11에 도시하여 이들 점들이 곡선 안에 위치하면 수문학적으로 동질로 평가되어 분석에 포함시키고 곡선 외측에 위치하면 제외한다.

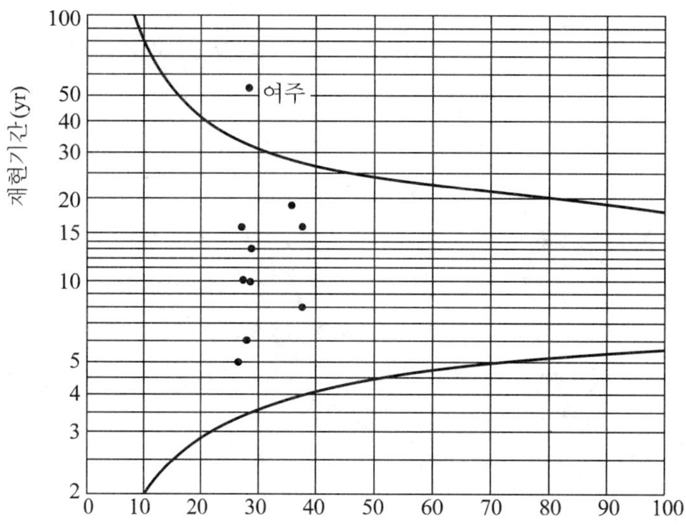

그림 18.11 확률강우량 산정을 위한 수문학적 동질성(한강수계) (Dalrymple, 1960; 김, 1991)

지수-홍수방법의 한계

지수-홍수방법은 다음과 같이 적용에 한계점을 갖는다. (1) 기록기간이 짧은 경우 연평균홍수는 대표적이 되지 못하기도 한다. 이 경우 상이한 재현기간에 대한 $Q/\overline{Q}$는 지점 간에 큰 변화를 보일 수 있다. (2) 10년 홍수에 근거한 동질성 검사는 보다 큰 재현기간에서 다를 수 있다. (3) 유역면적이 증가함에 따라 빈도곡선은 완만해지고 $Q/\overline{Q}$는 감소한다. 유역면적이 크게 되면 긴 재현기간의 홍수에 대한 유역면적의 영향이 크게 되는 데 반하여 지역 내의 모든 유역

크기에 대한 빈도곡선이 포함되나 제일 큰 유역인 전 지역은 제외된다.

예제 18.24

표 18.9에 주어진 홍수빈도곡선으로부터 지역홍수 빈도곡선을 작성하고 관측점들이 동질성 지역인지 검토하라.

표 18.9 수위표별 홍수빈도곡선(Gumbel분포)

수위표 번호	재현기간별 홍수량(m^3/s)						관측평균 홍수량	$Q_{2.33}$
	2년	10년	25년	50년	100년	200년	(m^3/s)	(m^3/s)
1	29	72	105	136	173	219	38	41
2	67	169	245	317	404	510	86	78
3	219	550	800	1,033	1,317	1,663	283	248
4	70	175	254	329	420	530	92	86
5	784	1,981	2,877	3,718	4,740	5,999	1,038	924
6	412	1,039	1,508	1,949	2,484	3,137	544	502
7	385	970	1,409	1,821	2,322	2,931	508	389
8	136	342	497	643	819	1,034	179	147
9	124	263	382	493	629	794	138	123
10	114	286	420	543	692	874	151	134
11	119	300	435	562	717	905	157	141
12	202	509	740	956	1,219	1,539	266	204
13	60	151	219	283	362	457	79	66
14	40	100	146	189	241	304	53	49
15	22	55	80	164	132	167	29	25
16	90	227	330	427	544	687	119	82
17	322	811	1,178	1,522	1,941	2,450	425	278
18	18	47	68	88	112	141	24	19
19	151	381	554	716	913	1,152	200	132
20	112	283	411	532	678	845	148	112
21	35	88	129	167	212	268	46	33
22	139	352	511	660	842	1,063	184	183
23	99	250	364	470	600	757	131	131

[풀이] 지수–홍수방법이 이용된다. 표 18.9에 주어진 23개 관측소의 재현기간별 홍수량을 각 관측소의 연평균 홍수량(2.33년 홍수량) $Q_{2.33}$ 으로 나누어 표 18.10의 홍수량비를 계산하고 재현기간별 홍수량비의 중앙치를 구한다. 홍수량비(성장인자)의 중앙치와 이에 대응하는 재현기간을 확률지에 도시하여 지역홍수빈도곡선(그림 18.10)을 얻는다.

동질성 검토는 표 18.9의 자료를 이용한다. 재현기간 2.33년 홍수량 $Q_{2.33}$과 10년 홍수량인 Q_{10} 으로부터 표 18.11의 2란과 3란을 작성하고 $Q_{10}/Q_{2.33}$ 을 계산한다(4란). 4란의 자료로부터 $Q_{10}/Q_{2.33}$ 의 평균 $(Q_{10}/Q_{2.33})_m = 1.913$을 구하고 이를 2란의 $Q_{2.33}$에 곱하여 조정 Q_{10} 을 계산한다(5란). 각 지점의 빈도곡선에서 조정 Q_{10}에 대한 재현기간 T_{10} 을 구한다(6란). 본 예제에서는 간략방법으로 표 18.9 자료를 이용하여 내삽법으로 구하였다. 각 지점의 기록기간이 10~30년의 범위라고 가정할 때 표 18.11의 6란의 재현기간이 전부 그림 18.11의 두 곡선 내에 위치하므로 지리적으로 동질성이라 판단된다.

표 18.10 예제 18.24의 홍수량비(성장인자)

수위표 번호	2년 $Q_2/Q_{2.33}$	10년 $Q_{10}/Q_{2.33}$	25년 $Q_{25}/Q_{2.33}$	50년 $Q_{50}/Q_{2.33}$	100년 $Q_{100}/Q_{2.33}$	200년 $Q_{200}/Q_{2.33}$	평 균 $\bar{Q}/Q_{2.33}$
1	0.707	1.756	2.561	3.317	4.220	5.341	0.927
2	0.859	2.167	3.141	4.064	5.179	5.538	1.103
3	0.883	2.218	3.226	4.165	5.310	6.706	1.141
4	0.814	2.035	2.953	3.826	4.884	6.163	1.070
5	0.848	2.144	3.117	4.024	5.130	6.492	1.123
6	0.821	2.070	3.004	3.882	4.948	6.249	1.084
7	0.990	2.494	3.623	4.682	5.970	7.535	1.306
8	0.925	2.327	3.381	4.374	5.571	7.034	1.218
9	0.846	2.138	3.106	4.008	5.114	6.455	1.122
10	0.851	2.134	3.134	4.052	5.164	6.522	1.127
11	0.844	2.128	3.085	3.986	5.085	6.418	1.113
12	0.990	2.495	3.627	4.686	5.966	7.544	1.304
13	0.909	2.288	3.318	4.288	5.485	6.924	1.197
14	0.816	2.041	2.980	3.857	4.918	6.204	1.081
15	0.880	2.200	3.200	4.160	5.280	6.680	1.160
16	1.098	2.768	4.024	5.207	6.634	8.378	1.451
17	1.158	2.917	4.237	5.475	6.982	8.813	1.529
18	0.947	2.474	3.580	4.631	5.895	7.421	1.263
19	1.144	2.886	4.091	5.424	6.917	8.727	1.515
20	1.000	2.527	3.670	4.750	6.053	7.643	1.321
21	1.061	2.667	3.909	5.061	6.424	8.121	1.394
22	0.760	1.923	2.792	3.606	4.601	5.809	1.005
23	0.756	1.908	2.778	3.588	4.580	5.778	1.000
중앙치	0.880	2.200	3.200	4.160	5.280	6.680	1.141

표 18.11 예제 18.24의 지역동질성 검토

수위표 번호	평균홍수량 $Q_{2.33}$ (m^3/s)	Q_{10} (m^3/s)	$Q_{10}/Q_{2.33}$	조정 Q_{10} (m^3/s)	조정 Q_{10}의 재현기간 (yr)
(1)	(2)	(3)	(4)	(5)	(6)
1	38	72	1.895	72.694	10.315
2	86	169	1.965	164.518	9.115
3	283	550	1.943	541.397	9.483
4	92	175	1.902	175.996	10.189
5	1,038	1,981	1.909	198.694	10.079
6	544	1,039	1.910	1,040.672	10.053
7	508	970	1.909	971.804	10.062
8	179	342	1.911	342.427	10.041
9	138	263	1.906	263.994	10.125
10	151	286	1.894	288.863	10.320
11	157	300	1.911	300.341	10.038
12	266	509	1.914	508.858	9.991
13	79	151	1.911	151.127	10.028
14	53	100	1.887	101.389	10.453
15	29	55	1.897	55.477	10.286
16	119	227	1.908	227.647	10.074
17	425	811	1.908	813.025	10.083
18	24	47	1.958	45.912	9.223
19	200	381	1.905	382.6	10.139
20	148	283	1.912	283.124	10.015
21	46	88	1.913	87.998	9.999
22	184	352	1.913	351.992	9.999
23	131	250	1.908	250.603	10.079

18.8.2 중회귀방법

임의의 재현기간의 홍수첨두에 대한 유역과 기상의 특성인자 간의 관계는 중회귀방법으로 결정된다.

$$Q_T = bX_1^{a_1} X_2^{a_2} \cdots X_n^{a_n} = b \prod_{i=1}^{n} X_i^{a_i} \tag{18.76}$$

여기서 Q_T는 홍수량, b는 회귀상수, X_i는 유역과 기상인자, n은 인자의 수, a_i는 회귀계수 ($i = 1, 2, \cdots, n$)이다. 특성인자 중에서 가장 중요한 것은 유역면적, 유로경사, 연평균 강우량이다. 이 경우 중회귀식은 다음과 같이 표현된다.

$$Q_T = bA^{a_1} S^{a_2} R^{a_3} \tag{18.77}$$

양변에 대수를 취하면

$$\log Q_T = \log b + a_1 \log A + a_2 \log S + a_3 \log R \tag{18.78}$$

회귀식 식 (18.78)의 계수들은 최소자승법을 이용해서 결정될 수 있다.

18.9 L-모멘트 지역빈도해석

연 최대치계열 모형화의 오류는 주로 매개변수 추정과정에 기인한다. 최적분포와 적정 매개변수의 선정에 확률가중평균모멘트(PWM)의 적용은 편의가 작은 홍수분위수를 제공하고 표본의 수가 적은 경우 신뢰성이 높은 것으로 판명되었다. PWM을 이용하는 L-모멘트기법은 지역홍수빈도해석에 거의 불편 매개변수 추정을 가능하게 한다. L-모멘트 지수홍수방법은 불일치척도를 이용하는 자료선별, 이질성 검정에 의한 동질성의 확인, 지수홍수 추정 또는 지수홍수와 지역특성의 관계식 수립, 최적분포모형의 결정 및 홍수빈도공식(곡선) 도출 과정으로 구성된다.

1) 자료선별의 불일치척도

자료의 선별목적은 지역빈도해석에 필요한 조건인 동질성의 적합 여부를 조사하기 위함이다. 이는 동일한 빈도분포를 갖는 동질성 관측지점들이 형성하는 집단에 일치하지 않는 지점을 가려내는 것이다. Hosking과 Wallis(1997)가 제안한 **불일치척도**(不一致尺度; discordancy measure)는 L-왜곡도(L-C_k)에 대한 L-변동계수(L-C_v)의 도시에서 동질성 지점(site)들이 형성하는 무리의 중심에서 멀리 위치하는 지점은 무리와 특성이 다른 불일치하는 지점으로 판단된다. N개 지점으로 구성된 집단에서 지점 i의 불일치척도 D_i는 다음과 같이 정의된다.

$$D_i = (N/3)(u_i - \overline{u})^T A^{-1}(u_i - \overline{u}) \tag{18.79}$$

여기서 $u_i = \left[\tau_2^i, \tau_3^i, \tau_4^i\right]^T$은 지점 i에 대한 t_2, t_3 및 t_4를 포함하는 벡터이고 상첨자 T는 벡터의 전치를 나타낸다. $\overline{u}$는 집단평균, A는 상수로 다음과 같이 각각 정의된다.

$$\overline{u} = \frac{1}{N}\sum_{i=}^{N} u_i, \qquad A = \sum_{i=1}^{N}(u_i - \overline{u})(u_i - \overline{u})^T \tag{18.80}$$

불일치를 정의하는 기준인 D_i값은 지점의 기록연수에 좌우된다. 일반적으로 $D_i > 3$인 지점은 불일치지점으로 고려된다.

2) 이질성에 의한 지역동질성 검사

동질성 검사는 불일치척도와 이질성척도를 이용해서 수행된다. **이질성척도**(異質性尺度; heterogeneity measure) H에 의한 동질성 검사는 동질성 지역의 모든 지점은 동일한 모집단 L-모멘트비를 갖는다는 점에 근거한다. 그러나 표본 L-모멘트비는 표본수집의 변동성 때문에 지점에 따라 다를 수 있다. L-모멘트비의 지점 간 변동성은 각 지점의 기록연수를 가중치로 하는 지점 L-C_v의 표준편차로 정의되고 이의 과정은 다음과 같다. 대상 지역은 N개의 지점으로 구성되고, 지점 i의 기록연수는 n_i, 표본 L-모멘트비는 t_2^i, t_3^i 및 t_4^i이다. 이들 L-모멘트비에 지점기록연수를 가중인자로 하는 지역평균 L-모멘트비(L-변동계수 t_2^R, L-왜곡도 t_3^R 및 L-첨예도 t_4^R)를 계산하면 이들은 지역대표치를 나타낸다.

$$t_2^R = \sum_{i=1}^{N} n_i t_2^i \,/ \sum_{i=1}^{N} n_i\,, \quad t_r^R = \sum_{i=1}^{N} n_i t_r^i \,/ \sum_{i=1}^{N} n_i \tag{18.81}$$

지점 간 분산의 척도인 변동성은 기록연수를 가중인자로 하는 표본 L-변동계수(L-C_v)의 가중표준편차 V로 정의된다. V는 $t_3 - t_3^R$, $t_4 - t_4^R$에 대해서도 계산된다.

$$V = \left\{\sum_{i=1}^{N} n_i (t_2^i - t_2^R)^2 / \sum_{i=1}^{N} n_i\right\}^{1/2} \tag{18.82}$$

이질성척도 H는 식 (18.82)로 주어지는 지역 내 지점 간 표본 L-모멘트비의 변동성을 동질지역으로 고려되는 지역의 변동성과 비교하는 것이다. 이러한 비교를 수행하기 위해서 동질지역으로 고려되는 지역의 변동성을 다음과 같은 모의를 통해서 구한다. 동질성 지역에서 예상되는 L-모멘트비의 분산을 나타내기 위하여 4매개변수 카파분포를 지역의 N개 지점에 적용하여 N_s개 집단(통상 500 이상)자료계열을 모의발생한다. 모의과정에서 L-모멘트비의 모집단 매개변수는 지역평균 L-모멘트비의 매개변수와 같게 하고 모의되는 지점들은 상응하는 실제지역과 동일한 기록연수를 갖는 동질성 지역이고 지점 간의 상관은 존재하지 않는다. 모의된 N_s개 집단의 자료를 이용하여 각 자료집단에 대한 L-C_v의 표준편차를 식 (18.81~82)에 따라 V_i

($i=1,\ 2,\ \cdots,\ N_s$)를 계산하고 V_i의 평균 μ_V와 표준편차 σ_V를 계산한다. μ_V와 σ_V를 이용해서 이질성척도 H를 계산한다.

$$\mu_V = \frac{1}{N_s}\sum_{i=1}^{N_s} V_i\,,\quad \sigma_V = \left[\frac{1}{N_s}\sum_{i=1}^{N_s}(V_i-\mu_V)^2\right]^{1/2} \tag{18.83}$$

$$H = \frac{V-\mu_V}{\sigma_V} \tag{18.84}$$

H는 동질성 지역의 모의된 동종의 통계량으로부터 실제지역 V의 일탈의 척도를 나타낸다. $H<1.0$이면 지역은 동질성, $H=1.0\sim 2.0$이면 동질성일 가능성 및 $H>2.0$이면 이질성이다 (Hosking과 Wallis, 1997).

3) 최적합분포의 선정

동질성 지역에 적합되는 여러 분포 중 최적합분포의 선정에는 L-모멘트비도, L-첨예도 및 Z-통계량이 이용된다.

L-모멘트비도: L-모멘트비도는 L-왜곡도 τ_3에 대하여 L-첨예도 τ_4를 도시한 그래프이다. 이는 최적분포의 선정에 간단하고 빠른 수단이다. 최적합분포는 적합되는 분포의 τ_3-τ_4곡선이 관측자료의 지역평균 L-왜곡도와 L-첨예도를 대표하는 점에 근접하는 정도로 평가된다. 즉 기록연수를 가중인자로 하는 τ_3와 τ_4의 가중평균치에 의하여 주어지는 점을 P점(그림 18.12)으로 나타낼 때 P점에 가장 가까운 분포가 지역의 최적분포가 된다.

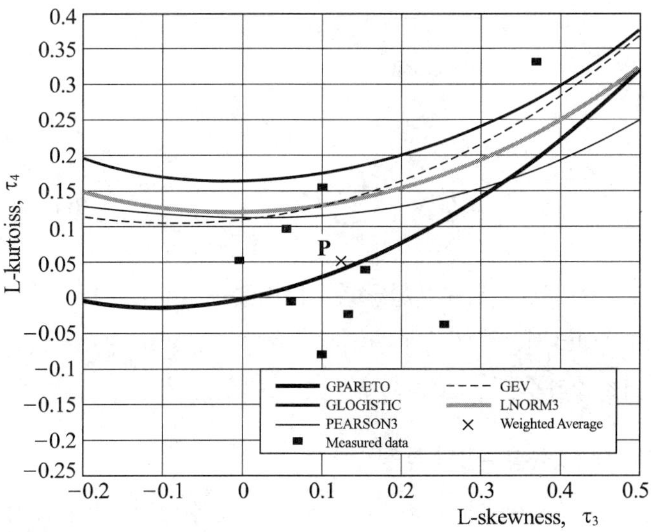

그림 18.12 L-모멘트비도(Lim and Lye, 2003)

L-첨예도: 이는 적합되는 분포를 모의하여 얻은 L-첨예도가 지역의 관측된 자료로부터 얻은 평균 L-첨예도에 근접되는 정도가 최적분포의 선정기준이 된다. GEV분포의 경우 적합도는 적합되는 GEV분포의 L-첨예도 τ_4^{GEV}와 지역평균 L-첨예도 t_4^R과의 차이로 판단된다(Hosking과 Wallis, 1993). σ_4가 t_4^R의 표준편차일 경우 L-첨예도 적합척도 Z^{GEV}는

$$Z^{GEV} = (t_4^R - \tau_4^{GEV}) / \sigma_4 \tag{18.85}$$

σ_4는 GEV분포를 갖는 지점관측자료와 동일한 기록연수를 갖는 동질성지역의 GEV분포를 모의해서 얻어진다. 다른 분포의 경우에도 마찬가지로 Z는 해당 분포의 매개변수를 이용한 모의를 통해서 얻어진다. 최적합분포는 가장 작은 Z값을 갖는 분포이다.

Z-통계량: 이는 적합되는 분포의 L-모멘트비가 지역평균 L-모멘트비에 얼마나 잘 부합되는지를 판단한다. N개 지점으로 구성되는 대상 지역의 지점 i의 기록연수 n_i, 표본 L-모멘트비가 t_2^i, t_3^i 및 t_4^i이다. 기록연수를 가중인자로 하는 가중지역평균 표본 L-변동계수, L-왜곡도 및 L-첨예도를 식 (18.81)에서와 같이 t_2^R, t_3^R 및 t_4^R을 계산한다.

3매개변수분포의 후보로는 대수정규분포, 피어선Ⅲ분포 generalized logistic(GLO), generalized extreme value(GEV), generalized Pareto 등이다. 적합분포의 L-첨예도를 τ_4^{DIST}로 나타낸다. 이 경우 $DIST$는 앞에 열거한 분포 중의 하나가 된다. 기록연수($n_i \le 20$)가 짧거나 모집단 L-왜곡도가 크면($\tau_3 \ge 0.4$) t_4에 보정계수 β_4가 도입된다. 지역빈도해석에서는 단일 빈도곡선이 동질성 지역에 있는 여러 지점의 자료들에 적합된다. L-첨예도에 근거한 적합도 기준으로 Z-통계치는 다음과 같다(Hosking과 Wallis, 1997).

$$Z^{DIST} = (\tau_4^{DIST} - \overline{\tau_4} + \beta_4) / \sigma_4 \tag{18.86}$$

$$\beta_4 = N_{\text{sim}}^{-1} \sum_{m=1}^{N_{\text{sim}}} (\overline{\tau}_{4m} - \overline{\tau}_4) \tag{18.87}$$

$$\sigma_4 = \left\{ (N_{\text{sim}}^{-1} \sum_{m=1}^{N_{\text{sim}}} (\overline{\tau}_{4m} - \overline{\tau}_4)^2 - N_{\text{sim}} \beta_4^2 \right\}^{1/2} \tag{18.88}$$

지역평균 L-모멘트비에 카파분포를 적합시켜 많은 수(N_{sim})의 모의를 시행한다. m은 m번째 모의지역을 나타낸다. $|Z^{DIST}| \le 1.64$이면 적합은 적절한 것으로 판단되고 $|Z^{DIST}|$가 최소인 분포가 지역의 최적적합분포로 고려된다.

4) 지역성장곡선과 지역확률홍수량의 추정

동질성으로 판명된 지역에 대한 최적확률분포가 결정되면 이에 근거해서 지역성장곡선이 구축되고 이를 이용해서 확률홍수량이 계산된다. 이에 관한 기술은 18.8.1에 준한다.

5) L-모멘트를 이용한 지역분위수 추정

1. 각 지점의 표본자료에 대한 연평균홍수(MAF) L-모멘트 $l_{1i}(=\overline{Q_i})$, L-모멘트비 t_2, t_3, t_4를 구하고 지점의 기록연수를 가중인자로 하여 이들의 지역평균 L-모멘트비 t_2^R, t_3^R, t_4^R을 계산한다.

$$t_2^R = \sum_{i=1}^{N} n_i t_2^i \,/\, \sum_{i=1}^{N} n_i \,, \quad t_r^R = \sum_{i=1}^{N} n_i t_r^i \,/\, \sum_{i=1}^{N} n_i \tag{18.89}$$

2. 선정된 분포의 L-모멘트비와 지역평균 L-모멘트 비 t_2^R, t_3^R, t_4^R을 같게 놓아 지역최적분포의 매개변수를 결정한다. 이에 대한 결과로 매개변수는 L-모멘트 항으로 주어진다(Hosking과 Wallis, 1997). 예로 GEV의 경우 다음과 같다.

$$k \approx 7.8590c + 2.9554c^2, \qquad c = \frac{2}{3+\tau_3} - \frac{\log 2}{\log 3} \tag{17.127}$$

$$\alpha = \frac{\lambda_2 k}{(1-2^{-k})\Gamma(1+k)}, \qquad u = \lambda_1 - \alpha\,[1-\Gamma(1+k)]/k \tag{17.128}$$

3. 이들 매개변수를 이용하여 지역분포의 성장인자 $q(F)$가 결정된다. 예로 매개변수가 u, α, k인 GEV분포의 성장인자 $q(F)$는

$$q(F) = u + \frac{\alpha}{k}\,[1-(-\ln F)^k] \tag{18.90}$$

여기서 F는 누가확률 또는 비초과확률이다.

4. 지점 i의 홍수분위수 $Q_i(F)$는 다음과 주어진다.

$$Q_i(F) = \overline{Q_i}\, q(F) \tag{18.91}$$

18.10 갈 수

18.10.1 갈수의 정의와 해석목적

하천유량의 현저한 감소는 생활, 농업 및 공업용수의 공급, 하천생태계의 생존, 수질저하, 수력발전, 각종 오수처리장의 방류, 위생매립지 침출수의 유입 등에 미치는 영향이 크다. 이러한 문제해석에는 저수의 유량자료와 저수해석이 필요하다.

저수(低水; low flow): 세계기상기구(WMO)에 의하면 저수는 장기간 지속된 건조기간의 하천유량이다. 저수는 순간최소연유량이 아니라 1주일과 같은 일정 기간에 대한 평균치로 하천에 흐르는 유량이 적은 계절적인 현상으로 하천의 흐름영역의 중요한 성분이다. 저수는 유량지속곡선(그림 8.18)으로부터 추정될 수 있다. 반면 **갈수**(渴水; drought)는 평균보다 적은 강수량과 토양수분의 부족이 장기간 지속되어 나타나는 자연적인 현상이다. 갈수는 저수를 포함하나 계

속되는 계절적인 저수사상이 반드시 갈수로 고려되지는 않는다. 이러한 점을 고려하여 본 서에서는 저수보다 갈수와 갈수량의 표현이 사용된다. 미국에서는 물 사용허가 목적으로 저수를 정의하는 데 7-일 10년 갈수량 $Q_{7,10}$이 사용된다. 한편 종래의 하천공학에서 정의하는 저수와 이와 관련된 갈수량은 다음과 같다.

저수량: 1년 중 275일에 해당하는 기간 동안 흐름이 지속되는 유량이다. 따라서 275일 동안에는 이와 같거나 큰 유량이 흐른다.

갈수량: 연도별 유량지속(기간)곡선 또는 유황곡선 상에서 355일에 해당하는 유량이다. 즉 1년 355일 동안에는 하천유량이 이보다 감소하지 않아서 1년 중 355일 흐르는 최소유량이다. 평균갈수량은 최근 10년간 갈수량의 평균이다.

기준갈수량: 최근 10년간 연도별 갈수량 중 최저 1위 또는 2위에 해당하는 갈수량이다.

미국에서 사용되는 갈수량 기준인 **7-일 10년 갈수량**(7 day 10 year low flow, $Q_{7,10}$)은 평균 10년에 1회 발생하는 7일간 지속된 최저유량의 평균으로 정의된다. 7일 갈수량은 1년 중 저유량이 발생된 기간의 연속된 7일 평균유량 중에서 제일 작은 값으로 7-일 이동평균의 최소치와 같다. $Q_{7,10}$은 10년간 10개 기록 중에서 제일 작은 값이다. $Q_{7,10}$은 하천으로부터 취수허가에 적용된다. 즉 하천의 유량이 하천유지용수를 충족시킬 수 있는 $Q_{7,10}$보다 많을 때 취수나 유수전환이 가능하다. $Q_{7,10}$은 또한 오염물의 수용수역이 되는 하천에 대한 오폐수 방류의 영향을 평가하는 데에 사용된다. 평균갈수량은 지속된 저유량이 아닌 점에서 가뭄관리에는 $Q_{7,10}$의 이용이 권장된다. 영국에서 사용되는 갈수지수로 95 percent 10 day flow($Q_{95,10}$)는 10일 단위의 유량평균을 이용하여 작성한 유량지속기간곡선에서 초과확률 95%에 해당하는 유량이다.

예제 18.25

다음 자료는 365일 일 유량자료의 일부이다. 7-일 갈수량 Q_7을 구하라.

[풀이] 7-일간의 평균유량은 7-일 이동평균으로 다음 표의 3, 6, 9란에 보인 바와 같다. 이는 365개의 유량자료에 대하여 359개의 7-일 평균유량이 주어진다. 이 359개의 값 중에서 최소치인 3.37 m^3/s가 주어진 연도의 7-일 평균 갈수량(저수)이다.

일 (1)	유량 (2)	7-일 평균 (3)	일 (4)	유량 (5)	7-일 평균 (6)	일 (7)	유량 (8)	7-일 평균 (9)
1	4.31	-	6	3.63	-	11	4.12	3.76
2	3,67	-	7	3.88	3.44	12	6.43	4.29
3	2.96	-	8	3.81	<u>3.37</u>	-	-	-
4	2.84	-	9	3.80	3.39	364	4.80	3.76
5	2.81	-	10	4.33	3.58	365	4.36	3.75

예제 18.26

다음은 15년의 7일 갈수량자료이다. 7-일 10년 갈수량 $Q_{7,10}$을 추정하라.

연 갈수량	3.96	2.88	4.77	5.40	**2.61**	**2.70**	**2.12**	**3.51**	**3.42**	**5.22**
10년 이동평균	–	–	–	–	–	–	–	–	–	3.66
연 갈수량	**4.41**	**3.87**	**4.05**	**3.15**	3.35					
10년 이동평균	3.70	3.80	3.73	<u>3.51</u>	3.58					

이들 자료에 대하여 계산된 10일 이동평균은 6개이고 이 중 최소치는 3.51 m^3/s이며 이를 구성하는 자료가 볼드로 표시되었다. 볼드로 표시된 자료의 평균과 표준편차가 각각 3.51 m^3/s, 0.924 m^3/s이다. 이 자료를 정규분포로 가정하여 10년 갈수량을 구한다. $T=10$년에 대한 비초과확률은 $F=1-1/T=1-1/10=0.9$이다. $F(z)=0.9$에 대한 z는 부록 C-1로부터 $z=K=1.282$이므로 10년 갈수량의 추정치 $Q_{7,10}$은

$$
\begin{aligned}
Q_{7,10} &= \bar{x}-KS \\
&= 3.51-1.282\times 0.924 = 2.325 \text{ m}^3/\text{s}
\end{aligned}
$$

여기서 (−)기호가 사용된 것은 100년 갈수량과 같이 빈도가 낮은 저수는 평균치보다 작기 때문이다.

갈수가 지속되면 가뭄이 유발된다. 미국 기상청에 의하면 **가뭄** 또는 **한발**(旱魃; drought)은 한 지역의 동식물의 생명에 악영향을 끼치고 각종 용수공급을 고갈시키는 장기간 지속되는, 특히 상기 목적을 충족시키는 충분한 강우가 있던 지역에 대한 무강우로 정의된다(Havens, 1954). 가뭄은 기상, 기상, 농업, 수문 및 물관리 가뭄으로 분류되고 가장 일반적으로 사용되는 가뭄의 정의는 다음과 같다(Dracup, 1980).

(1) **기상한발**(氣象旱魃; meteorologic drought): 대기 중의 지속적인 수분고갈로 야기되는 장기간 지속되는 무강우기간

(2) **수문한발**(水文旱魃; hydrologic drought): 장기간 댐 저수량의 감소, 하천유량의 감소, 지하수위의 저하로 인하여 책정된 물수요에 대한 공급부족을 나타내는 기간

(3) **농업한발**(農業旱魃; agricultural drought): 토양수분 부족으로 작물성장에 지장을 주는 기간

갈수해석의 목적은 급수의 계획과 설계, 환경과 경제적인 영향평가, 하천수질 모형화, 하천유지용수 결정, 폐기물의 방류량 할당과 방류의 허가, 처리장과 쓰레기 매립장의 위치선정을 포함한 수질관리, 발전소, 급수, 냉각시설 및 기타 시설로부터 하류수질 조건에 따라 방류될 수 있는 최소유량 결정 등에 필요한 정보를 제공하기 위함이다.

한발이 일어나기 쉬운 지역은 연 강우량의 변동성이 매우 높은 지역이다. 연구결과에 의하면 연 강우량의 장기간 경향을 나타내는 나무의 나이테는 건·습기온의 주기적인 양상을 명확하게 설명한다. 장기간 해석에 의하면 가뭄해는 연속해서 일어나는 경향을 갖는다. 이는 가뭄해

가 연속되는 것은 무작위가 아니라 가뭄해에 이어 가뭄해가 발생하는 지속성(持續性; persistency)이 존재함을 시사한다.

가뭄지수

물부족이 얼마나 심하고 오래 계속되는지를 나타내는 **가뭄우심도**(drought severity)는 갈수의 크기와 지속기간을 같이 고려해야 한다. 가뭄우심도는 (1) 강우-유출의 부족, (2) 토양수분의 감소 및 (3) 지하수위의 강하의 함수로 정립될 수 있다.

갈수의 우심도와 특성을 나타내는 가뭄지수로는 Palmer가뭄지수와 표준강수지수 등이 있고 우심도와 특성은 유량지속기간곡선, 갈수지속기간, 갈수의 연 최소치계열의 빈도해석으로부터 유도될 수 있다.

Palmer가뭄지수(Palmer drought severity index, PDSI, Palmer, 1965): 이는 미 농무부가 비상가뭄지원시기를 결정하는 데 사용되는 가뭄의 우심도를 나타내는 지수로 범위는 (−4, 4)이다. 지수가 (−4)이면 극심한 가뭄을, 영이면 정상을, (+4)이면 극심한 습윤상태이다. Palmer지수는 실제 강우량과 지역의 기온, 증발산량 및 물수지 성분에 필요한 강우량과의 누가차이의 함수로 계산된다.

표준강수지수(standardized precipitation index, SPI): 이는 강수의 부족이 지하수, 저수지 저수량, 토양수분, 적설 및 하천유량에 미치는 수분공급조건을 이용하여 다양한 시간에서 PDSI보다 이른 시기에 예상가뭄을 예고한다(McKee 등, 1993). SPI는 특정 지역의 충분한 강우자료만을 이용해서 다양한 지속기간(1, 3, 6, 9, 12개월 등)에 대한 지수계산이 가능하다. 지수가 (−2)이면 극심한 가뭄을, (−1, 1)이면 정상을, (+2)이면 극심한 습윤상태를 나타낸다.

작물수분지수(crop moisture index, CMI): 주요 농경지역의 토양별 단기간의 수분공급조건을 예고하여 농업가뭄의 평가에 효과적이고 장기간에는 적용되지 않는다(Palmer, 1968).

평년강수량백분율(percent of normal): 이는 실제 강수량을 평년강수량으로 나누고 100을 곱하여 %로 나타내는 지수로 단일지역, 단일계절에 효과적으로 적용된다(Willeke 등, 1994).

Herbst가뭄지수: Herbst가뭄지수(1966)는 가뭄지수 Y로 다음과 같다.

$$Y = \frac{\sum_{t=1}^{D} [(E_t - M_t) - MMD_t]}{\sum_{t=1}^{D} MMD_t} \tag{18.92}$$

가뭄지수의 우심도는 YD로 주어지고 D는 가뭄기간(월)이다. MMD_t, $t = 1, 2, \cdots, 12$는 월평균 부족량(monthly mean deficit)으로

$$MMD_t = \frac{1}{n}\sum_{i=1}^{n}(E_t - M_t)_i \tag{18.93}$$

$$E_t = (A_{t-1} - M_{t-1})W_t + A_t \tag{18.94}$$

여기서 n 은 기록연수, M_t 는 월별 평균강우량, E_t 는 유효강우량, A_t 는 실제 월별 총강우량, W_t 는 해당 월에서 다음 달에 이월을 허용하는 가중인자로 다음과 같다.

$$W_t = 0.1(1 + 12M_t / MAR) \tag{18.95}$$

여기서 MAR은 평균연강우량 $\sum M_t$ 이다.

갈수지속기간

일평균유량의 연속기록으로부터 특정 기준 저유량에 미달하는 유량이 지속되는 기간(일수)을 **갈수지속기간**(渴水持續期間; low flow spell)이라 정의한다. 상이한 지속기간에 대한 갈수지속기간의 발생빈도 또는 확률은 유량기록으로부터 구해진다. 이는 갈수량의 발생순서를 나타내지 못하는 유량지속기간곡선의 결점을 보완한다. 만약 Q_{95} 가 7일 연속해서 초과되지 않으면 7일간의 갈수기간이 발생한다.

하천에 물부족이 발생하면 이는 생활, 공업 및 농업용수의 공급에 차질을 유발하고 폐수를 수용하고 오염물에 대한 희석을 제공하는 하천의 기능을 상실하게 되고 생태계의 보전에도 위협을 받게 된다. 따라서 하천으로서 최소한의 기능을 유지하기 위해서는 하천유지용수라고 하는 유량을 항상 유지해야 한다. 국토해양부에 의한 **하천유지용수**(河川維持用水)는 하천의 주요지점에서 흐름의 정상적 기능 및 상태를 유지하기 위하여 필요한 유량으로 정의된다. 이는 평균갈수량과 환경보전유량 중에서 큰 값으로 책정된다. 여기서 평균갈수량은 앞에서 정의한 바 있으나, 실제적으로 갖는 의미는 자연상태의 하천에서 갈수시에 흘렀다고 볼 수 있는 유량으로 하천의 건천화 방지 등 자연하천이 갖고 있는 최소한의 하천기능을 수행하도록 하류에 흐름을 보장해 주어야 할 유량을 의미한다.

한국수자원학회(2005)에 의하면 하천유지용수는 본류에서는 평균갈수량으로, 상류에 댐과 같은 유량조절기능이 없는 지류에서는 기준갈수량으로 산정된다.

또한 **환경보전유량**(環境保全流量)이란 주운, 하천관리시설의 보호, 수질보전, 어업, 하구폐쇄의 방지, 지하수위의 유지, 동식물의 보호, 경관의 기능을 종합적으로 고려하여 하천환경보전을 위하여 설정되는 유량이다.

18.10.2 극치III(Weibull)분포

연 최소치유량계열은 극치III분포 또는 Weibull분포로 가장 적절하게 기술되는 것으로 밝혀져 저수(또는 갈수량)해석에는 주로 Weibull분포가 이용된다. 확률밀도함수와 분포함수는 각각 다음과 같다.

$$f(x) = \frac{k}{\alpha}\left(\frac{x-u}{\alpha}\right)^{k-1} \exp\left[-\left(\frac{x-u}{\alpha}\right)^k\right] \tag{18.96}$$

$$F(x) = 1 - \exp\left[-\left(\frac{x-u}{\alpha}\right)^k\right] \tag{18.97}$$

분위수추정식은 분포함수의 역으로 주어진다.

$$x = u + \alpha[-\log(1-F)]^{1/k} \tag{18.98}$$

$F = 1 - 1/T$을 이용하면 분위수는 재현기간 항으로 계산된다.

$$x_T = u + \alpha(\log T)^{1/k} \tag{18.99}$$

빈도계수(Rao와 Hamed, 2000)는

$$K_T = \frac{(\log T)^{1/k} - \Gamma(1/k+1)}{[\Gamma(2/k+1) - \Gamma(1/k+1)^2]^{1/2}} \tag{18.100}$$

$k < 1.0$이면 Weibull확률밀도함수는 x가 $x=0$에 접근함에 따라 무한대가 되고 x가 증가함에 따라 서서히 감소한다. $k=1$이면 지수분포가 되며 $k > 1.0$이면 피어선Ⅲ분포가 된다. Weibull과 Gumbel분포 사이에는 다음과 같은 관계가 존재한다. X가 Weibull분포이면 $Y = -\ln X$는 Gumbel분포가 된다.

모멘트방법에 의한 매개변수(Rao와 Hamed, 2000)

평균 $\mu = u + \alpha\Gamma(1+1/k)$ (18.101)

분산 $\sigma^2 = \alpha^2[\Gamma(1+2/k) - \{\Gamma(1+1/k)\}^2]$ (18.102)

왜곡도계수 $C_s = \dfrac{\mu_3}{\mu_2^{3/2}} = \dfrac{\Gamma(3/k+1) - 3\Gamma(1/k+1)\Gamma(2/k+1) + 2\Gamma(1/k+1)^3}{[\Gamma(2/k+1) - \Gamma(1/k+1)^2]^{3/2}}$ (18.103)

식 (18.103)의 $1/k$은 Newton방법의 수치해로 주어지고 $1/k$의 초기치는 식 (18.104)로 주어진다. k를 식 (18.105), (18.106)에 대입하여 α와 u가 계산된다.

$$\begin{aligned} 1/k = {} & 0.277561 + 0.3219\,C_s + 0.061566\,C_s^2 - 0.017376\,C_s^3 \\ & - 0.00771\,C_s^4 + 0.00398\,C_s^5 - 0.00051\,C_s^6 \end{aligned} \tag{18.104}$$

$$\alpha = \mu_2^{1/2} / [\Gamma(1+2/k) - \Gamma(1+1/k)^2]^{1/2} \tag{18.105}$$

$$u = \mu_1 - \alpha\,\Gamma(1+1/k) \tag{18.106}$$

PWM방법에 의한 매개변수

매개변수 k는 Hosking(1986)에 의하여 식 (18.107)로 주어지고 이로부터 k의 근사해와 매개변수 α와 u가 계산된다.

$$\frac{3 - t_3}{2} = (1 - 3^{-1/k})/(1 - 2^{-1/k}) \tag{18.107}$$

$$k = 1/(7.8590\,c + 2.9554\,c^2) \tag{18.108}$$

$$c = \frac{2}{3-t_3} - \frac{\log 2}{\log 3} \tag{18.109}$$

$$\alpha = t\,l_1 / \left[\Gamma(1+1/k)(1-2^{-1/k})\right] \tag{18.110}$$

$$u = l_1 - \alpha\,\Gamma(1+1/k) \tag{18.111}$$

예제 18.27

예제 18.9의 유량기록의 통계량과 L-모멘트가 다음과 같다. Weibull분포의 매개변수를 추정하고 100년 홍수량을 구하라.

[풀이]

$$\bar{x} = 60.49\ \mathrm{m^3/s}, \quad C_v = 0.564, \quad C_s = 1.031$$
$$l_1 = 60.49, \quad t = 0.317, \quad t_3 = 0.173$$

1) 모멘트방법

$C_s = 1.031$에 대한 $1/k$은 식 (18.104)로부터 $1/k = 0.6419$이므로 k는 $k = 1.5579$이다.

감마함수는 부록 C-8에 의하면 $\Gamma(1+1/k) = \Gamma(1.6419) = 0.8989$, $\Gamma(1+2/k) = \Gamma(2.2838) = 1.1515$, $C_v = S/\bar{x}$로부터 $S = C_v\bar{x}$이므로 S는 $\mu_2^{1/2} = \gamma\mu$로 주어진다.

식 (18.105), (18.106)으로부터 α, u는

$$\alpha = (0.564 \times 60.49) / \left[1.1515 - (0.8989)^2\right]^{1/2} = 99.326$$
$$u = \mu_1 - \alpha\,\Gamma(1+1/k) = 60.49 - 99.326 \times 0.8989 = -28.794$$

100년 홍수량은 식 (18.99)를 이용하여

$$x_{100} = u + \alpha(\log T)^{1/k} = -28.794 + 99.326(\log 100)^{1/1.5579} = 126.19\ \mathrm{m^3/s}$$

2) PWM방법

식 (18.109)로부터 먼저 c를 계산한다.

$$c = \frac{2}{3-0.173} - \frac{\log 2}{\log 3} = 0.0765$$

식 (18.108) $\quad k = 1/\left[7.8590 \times 0.0765 + 2.9554(0.0765)^2\right] = 1.6168$

감마함수는 부록 C-8을 이용하면 $\Gamma(1+1/k) = \Gamma(1+1/1.6168) = \Gamma(1.6185) = 0.8959$

매개변수 α, u는 식 (18.110)과 (18.111)로 구해진다.

$$\alpha = (0.317 \times 60.49) / \left[0.8959(1-2^{-1/1.6168})\right] = 61.389$$
$$u = 60.49 - 61.389 \times 0.8959 = 5.49$$

100년 홍수량은 식 (18.99)에 의하여

$$x_{100} = u + \alpha(\log T)^{1/k} = 5.49 + 61.389(\log 100)^{1/1.6168} = 99.74\ \mathrm{m^3/s}$$

18.10.3 갈수량 추정

하천은 취수원이고 각종 방류수의 수용수역이기도 하다. 하천이 이러한 역할을 감당할 수 있기 위해서는 최소한의 유량을 연중 유지해야 한다. 이는 갈수해석을 필요로 하고 이로부터 갈수량(저수)의 추정이 가능해진다. 갈수해석에 사용되는 유량기록은 취수, 하수의 유입 등의 영향을 받지 않는 자연상태의 유량기록이어야 한다. 만약 급수, 도시화에 의한 취수 및 하수처리장과 홍수조절로 인한 유입량이 있을 경우 빈도해석을 수행하기 이전에 이들에 대한 보정이 필요하다. 빈도해석에 사용되는 자료는 연 최소치계열, 연 초과치계열 및 2, 3, 7 또는 10일 연속 최소유량의 평균치 등이다. 빈도해석이 갈수량해석에 가장 보편적인 방법으로서 홍수해석에서와 같이 도시위치방법, 빈도계수방법 및 확률분포함수방법 등이 있다. 갈수량에 적합한 분포는 대수정규분포, 대수피어선Ⅲ분포 및 극치Ⅲ(Weibull)분포 등이 있다.

(1) 유량지속(기간)곡선

이는 8.8절에 기술된 바와 같이 유량지속곡선은 하천유량의 범위에 있는 각 유량이 발생하는 지속기간을 제공하고 작은 유량에 해당하는 곡선부분은 유량부족량의 척도를 제공한다. 유량분포는 왜곡되는 경우가 많으므로 왜곡도를 줄이기 위하여 유량자료의 대수변환을 적용하기도 한다. 대수변환된 자료를 정규확률지에 도시하면 선형이 되어 해석을 용이하게 한다. 전 기간의 95%를 초과하는 유량 Q_{95}를 갈수의 지수로 사용할 수 있다. 이는 누가확률이 95%되는 유량이고 1에서 누가확률을 빼주면 초과확률을 얻는다. 그림 8.19에서 Q_{95}를 초과하는 유량, 즉 전 기간의 95 %에 해당하는 기간의 유량이 70 m^3/s이다. 만약 이 하천의 하천유지유량 20 m^3/s를 유지하면서 60 m^3/s의 유수전환이 계획된다면 80 m^3/s의 수요는 80%에 해당되는 기간에는 가능하나 20%의 기간에는 물부족이 발생된다. 유역 간의 갈수량을 비교함에는 Q_{95}를 단위유출고 mm/day로 나타내면 편리하다. 그림 8.19의 경우 단위유출고는 유역면적이 4,000 km^2이므로 $Q_{95}/A = 70\ m^3/s\,/4{,}000\ km^2 = 1.51\ mm/day$이다. Q_{95}/A를 유역특성과 상관시켜 한발의 지역적인 특성을 나타낼 수 있다. 그러나 이는 갈수량의 발생순서나 가뭄의 지속기간에 관한 정보를 제공하지는 못한다. 유량지속곡선을 이용해서 저수추정이 가능하고 유사한 인접유역의 유량지속곡선을 조합하여 구축되는 지역유량지속곡선을 이용하면 저수 추정을 개선할 수 있다.

(2) 저수빈도곡선

이는 홍수빈도와 유사한 방법으로 저수빈도곡선이 작성된다. 저수빈도곡선은 어느 해에 발생한 특정 지속기간(일, 월 또는 연)의 저수발생확률을 나타낸다. 저수빈도해석 과정은 다음과 같다. (a) 일 평균유량 기록으로부터 연 최소일유량을 취하여 연 최소치계열을 형성한다. (b) 가장 작은 값을 1위로 하여 연 최소치계열을 증가 크기순으로 나열하고 순위를 부여한다(연 최대치의 홍수해석에서는 감소 크기순으로 나열한다). 같은 값인 유량에 대해서는 상이한 순위가 부여된다. (c) Weibull 또는 Gringorten 도시위치공식으로 초과확률을 계산한다. 재현기간 T는 초과확률의 역수이다. (d) 계산결과를 대수정규 또는 대수극치 I (Gumbel) 방안지에 도시한다. 연 최소치계열에는 Weibull분포가 잘 맞는 것으로 밝혀졌다. 인접한 유사유역의 조합된 자료를 이용한 지역저수빈도곡선을 구축하면 저수 추정의 개선이 가능하다.

(3) 빈도계수방법에 의한 갈수빈도해석

홍수해석에 사용된 빈도계수방법이 갈수량해석에도 적용된다.

$$x = \bar{x} + KS \tag{18.29}$$

빈도계수 K는 부록 C–2, C–4 및 C–5에 주어진다. 부록 C–5의 극치 I 형 분포의 빈도계수는 극치Ⅲ형 분포에도 적용된다.

부록에 주어진 빈도계수는 초과확률을 나타내는 첨두유량에 대하여 작성되었다. 갈수량빈도곡선은 지정된 유량에 같거나 작은 유량의 확률을 나타낸다. 따라서 갈수량에 이용하기 위해서는 부록에 주어진 확률값을 1.0에서 빼줌으로써 변환해야 한다(예제 18.29).

(4) 수문곡선의 감수곡선

수문곡선의 감수부는 지수함수 형태를 갖는다(8.3 참조).

$$Q_t = Q_o e^{-kt} \tag{18.112}$$

여기서 Q_t는 시간 t에서 유량, Q_o는 초기유량 및 k는 유역특성의 영향을 나타내는 감수계수이다. 시간 t에 대한 Q_t를 전대수지에 도시하면 기울기는 감수계수 k를 제공한다. 건기가 지속되는 지점에서는 감수곡선을 연장하여 수 주 또는 수개월에 대한 저수가 예측될 수 있다.

예제 18.28

표 18.12의 2란에 주어진 평균갈수량자료에 대한 (a) 갈수량빈도곡선을 작성하고, (b) 유량이 1.35 m^3/s보다 작거나 같게 되는 확률, (c) 2.1 m^3/s의 재현기간 및 (d) 10년 재현기간의 갈수량을 구하라

[풀이]

(a) 증가 크기순에서 순위가 정해진 유량(2란, 7란)에 Weibull공식 $(n+1)/m$ 을 적용하여 재현기간을 계산한다(5, 10란). 재현기간과 갈수량의 대수치를 Gumbel확률지에 도시한다(그림 18.13). 대수치를 이용한 것은 갈수량계열에 잘 맞는 Weibull분포 X의 대수변환 $\log X$는 Gumbel분포를 하기 때문이다.

(b) 목측으로 적합시킨 실선으로 나타낸 분포(그림 18.13)에 의하면 $Q = 1.35\ \text{m}^3/\text{s}$, $\log 1.35 = 0.130$ 에 대한 재현기간은 곡선으로부터 $T = 2.4$ 년이므로 1.35 m^3/s 보다 작게 되는 확률은 $P = 1/T = 1/2.4 = 0.417$ 이다.

(c) $Q = 2.1\ \text{m}^3/\text{s}$, $\log Q = \log 2.1 = 0.322$ 에 대한 재현기간은 빈도곡선(실선)으로부터 1.1년이다.

(d) 빈도곡선으로부터 $T = 10$ 년에 대한 $\log Q = 0.032$ 이므로 $Q = \log^{-1} 0.032 = 1.077\ \text{m}^3/\text{s}$.

표 18.12 예제 18.18의 계산 예

연도	갈수량 $Q(m^3/s)$	갈수량 $y=\log_Q$	순위	재현기간	연도	갈수량 $Q(m^3/s)$	갈수량 $y=\log_Q$	순위	재현기간
(1)	(2)	(3)	(4)	(5)	(6)	(7)	(8)	(9)	(10)
1981	1.02	0.0086	1	26.0	1983	1.53	0.184	14	1.86
1974	1.05	0.011	2	13.0	1967	1.60	0.200	15	1.73
1972	1.06	0.025	3	8.7	1976	1.61	0.210	16	1.63
1973	1.08	0.033	4	6.5	1983	1.65	0.220	17	1.53
1965	1.10	0.041	5	5.2	1961	1.73	0.240	18	1.44
1984	1.14	0.057	6	4.3	1971	1.76	0.245	19	1.37
1962	1.16	0.064	7	3.7	1979	1.80	0.260	20	1.30
1966	1.20	0.079	8	3.25	1970	1.85	0.267	21	1.24
1985	1.26	0.100	9	2.9	1964	1.90	0.280	22	1.18
1978	1.30	0.114	10	2.6	1977	2.00	0.300	23	1.13
1964	1.40	0.146	11	2.36	1980	2.20	0.340	24	1.08
1965	1.50	0.176	12	2.17	1968	2.50	0.400	25	1.04
1971	1.52	0.182	13	2.0					

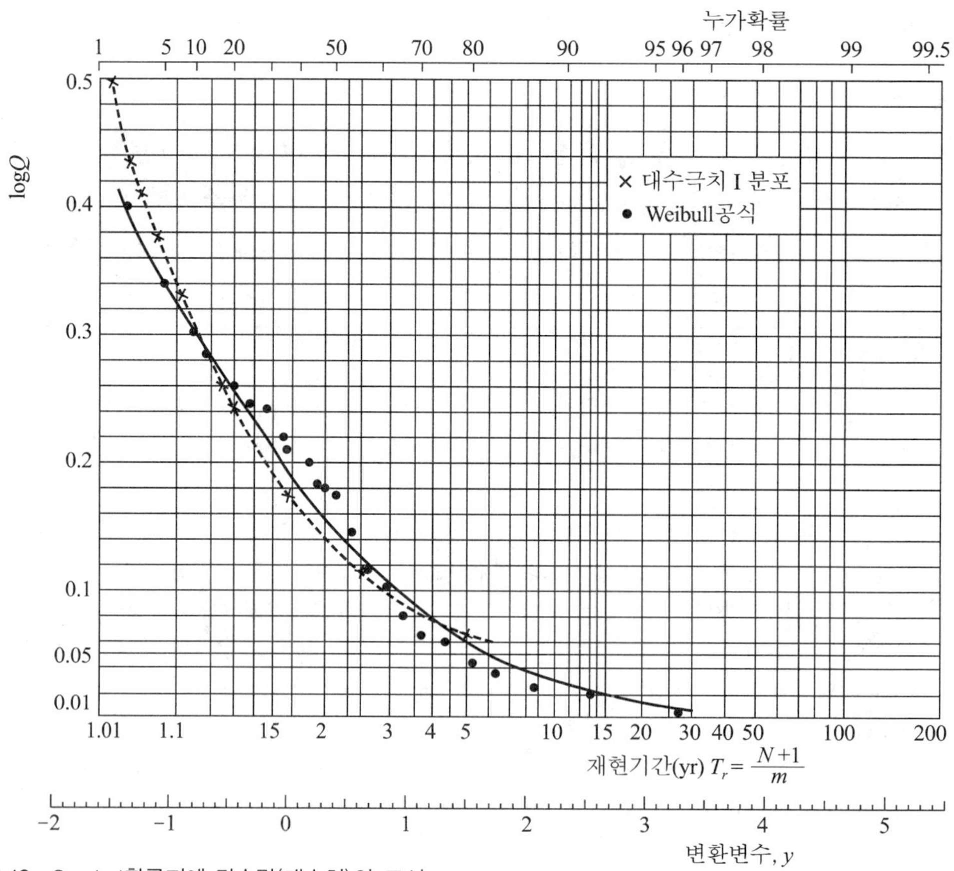

그림 18.13 Gumbel확률지에 갈수량(대수치)의 도시

예제 18.29

빈도계수방법을 이용하여 예제 18.28을 수행하라.

[풀이] 표 18.12의 3란과 8란과 같이 갈수량자료의 대수변환($y=\log x$)된 자료로부터 평균 $\bar{y}=0.161$과 표준편차 $S_y=0.11$을 계산한다. 계산내용은 표 18.13과 같다.

표 18.13 예제 18.18의 계산 예

$P(X>x)$	$P(X \le x) = 1-P(X>x)$	$T=\dfrac{1}{P(X \le x)}$	K	$y=\bar{y}+KS_y$	$Q=\log^{-1}y$
(1)	(2)	(3)	(4)	(5)	(6)
0.8*	0.2	5	−0.821	0.071	1.178
0.6*	0.4	2.50	−0.383	0.119	1.315
0.4*	0.6	1.67	0.0737	0.169	1.476
0.2	0.8	1.25	0.888	0.259	1.816
0.1	0.9	1.11	1.575	0.334	2.158
0.067	0.933	1.07	1.963	0.377	2.382
0.050	0.95	1.053	2.235	0.407	2.553
0.040	0.96	1.042	2.444	0.430	2.692
0.020	0.98	1.031	3.088	0.501	3.170
0.0133	0.987	1.013	3.463	0.542	3.484
0.010	0.99	1.010	3.729	0.571	3.824
0.001	0.999	1.009	5.842	0.804	6.370

* 표본크기 $n=\infty$에 대한 값

(1)란 - 부록 C-5를 참고하여 상이한 수준의 초과확률을 선정한다.

(2)란 - 1란의 값은 홍수량에 대한 초과확률이므로 갈수량에 필요한 어느 기준치보다 작은 사상의 발생누가확률은 1.0에서 1란의 확률을 빼줌으로써 얻는다.

(3)란 - 재현기간을 계산한다. 갈수에서는 주어진 유량에 같거나 작은 유량에 대한 확률을 구하는 것이므로 재현기간은 $T=1/(1-\text{초과확률})=1/[1-P(X>x)]$로 구해진다. 갈수량의 재현기간은 비초과확률의 재현기간으로 홍수량에 대한 초과확률의 재현기간과 구별된다.

(4)란 - 빈도계수는 부록 C-5를 이용하고 부록에 주어지지 않은 K값은 $n=\infty$에 대한 값을 사용한다. 예로 부록 C-5에서 $n=25$, 초과확률 0.1에 대한 재현기간은 $T=1/[1-P(X>x)]=1/(1-0.1)=1/0.9=1.11$ 년이 되고 빈도계수는 $K=1.575$가 된다.

(5)~(6)란 - 식 (18.29)에 따라 갈수량의 대수변환치 $y=\log x$를 계산한다. 초과확률 0.1의 경우 $y=\bar{y}+KS_y=0.161+1.575\times 0.11=0.334$이고 $y=0.334$의 역대수를 취하여 갈수량 $\log^{-1}(y=0.334)=2.158\ \text{m}^3/\text{s}$를 얻는다.

(5)란에 주어진 값을 이용하여 그림 18.13에 곱표로 나타낸 빈도곡선을 얻는다. $Q=1.35\ \text{m}^3/\text{s}$, $\log 1.35=0.130$에 대한 재현기간은 빈도곡선으로부터 $T=2.2$ 년이므로 $1.35\ \text{m}^3/\text{s}$ 보다 작게 되는 확률은 $p=1/T=0.45$이다.

18.10.4 지역갈수량의 추정

하천으로부터 물을 직접 취수하거나 오수방류가 계획되는 지점에서 갈수(저수)의 추정을 필요로 한다. 갈수량해석에 필요한 유량기록이 없는 경우 다음과 같은 방법으로 갈수량을 추정한다.

1) 지역회귀과정

미계측 지점에서 유역의 지상학적 매개변수를 이용하여 갈수량을 추정하는 지역모형이다. 그러나 유역의 토지표면과 지질학적인 특성을 정확하게 포함시키지 못함에 따라 결과는 일반적으로 큰 오차를 갖는다(Vogel, 1989, 1990).

$$Q = \alpha + \beta_1 \log A + \beta_2 \log S + \cdots + \epsilon \tag{18.113}$$

여기서 Q는 갈수량, A는 유역면적, S는 유역경사, ϵ은 오차 및 α, β_1, β_2는 계수이다. ϵ은 주로 Q의 표본추정과 모형자체의 결함에 의하여 발생한다.

2) 유역면적비 방법

이는 강우특성과 유역특성이 유사한 유역의 갈수기록으로부터 유역면적을 이용하여 갈수량을 추정하는 방법이다. 이 방법은 동일 수계에 적합하며 상·하류에 계측지점이 있는 경우에 보다 개선된 추정이 가능하다. 이 방법은 갈수량에 국한되지 않고 다른 유량에도 적용된다.

$$Q_x = \frac{A_x}{A_y} Q_y \tag{18.114}$$

여기서 Q_x, Q_y는 각각 미계측, 인근 계측지점의 갈수량, A_x, A_y는 각각 미계측, 인근 계측지점의 유역면적이다.

3) 지역통계적방법

계측지점의 기록을 이용하여 미계측 지점의 월 하천유량을 발생시킬 수 있다(Stedinger, 1933).

$$y(i,j) = M(y_i) + \frac{S(y_i)[x(i,j) - M(x_i)]}{S(x_i)} \tag{18.115}$$

여기서 $y(i,j)$, $x(i,j)$는 각각 미계측, 인근 계측지점에서 j년 i월의 하천유량, $M(x_i)$, $S(x_i)$는 계측지점에서 i월에 관측된 유량의 평균과 표준편차, $M(y_i)$, $S(y_i)$는 지역회귀식으로부터 구한 미계측 지점에서 i월 유량의 평균과 표준편차이다.

문 제

재현기간

18.1 표 18.3에서 연 최대일강우량 140 mm의 재현기간을 구하라.

18.2 표 18.3에서 연 최대일강우량 50, 90, 130, 170, 210 mm의 재현기간을 구한 후 강우량과 재현기간을 도시하라.

18.3 100년 홍수가 주어진 지점에서 향후 5, 10, 50, 100년 동안에 적어도 한 번 일어날 확률을 계산하라.

18.4 50년 홍수가 100년 동안에 5회 일어날 확률은 얼마인가?

18.5 25년 동안에 제방이 월류될 위험도를 5%로 허용할 경우 설계홍수량의 재현기간은?

18.6 100년 수명구조물에서 월류위험도를 1%로 할 경우 설계홍수량의 재현기간은?

분위수 추정

18.7 다음은 어느 수위관측지점의 유량자료이다. 연 최대계열을 선정하라. 극치 I 분포를 적합하여 10, 50, 100년 재현기간에 대한 홍수량을 결정하라.

연도	유량(m^3/s)	연도	유량(m^3/s)
1960	272	1965	231
1961	279	1966	1,794
	903		723
	801		495
1962	771	1967	378
	531	1968	1,389
	591		807
	471		1,248
1963	795	1969	504
	735		693
	387		990
	360	1970	915
1964	447		864
	483		475
	1,248		

18.8 문제 18.7 자료에서 연 초과치계열을 선정하고 극치 I 분포를 적합하여 10, 50, 100년 홍수량을 구하여 문제 18.7의 결과와 비교하라.

18.9 문제 18.7을 대수분포를 이용하여 수행하라.

18.10 문제 18.7을 대수피어선분포를 이용하여 수행하라.

18.11 다음 연 최대유량에 Gumbel분포를 적용하여 110 m^3/s의 재현기간과 100년 연 최대유량을 구하라. 또한 연 최대유량을 변환변수 y에 대하여 도시하고 결과를 검토하라.

38.8, 72.2, 111.0, 79.2, 65.3, 47.2, 52.2, 56.3, 61.8, 68.5,
80.2, 74.3, 62.8, 58.4, 54.6, 63.7, 42.6, 41.1, 106.9, 49.8

18.12 어느 지점의 연 최대유량계열의 평균이 1,200 m^3/s, 표준편차가 420 m^3/s이다. (a) Gumbel분포를 적용할 경우 분포의 매개변수를 추정하고 50년 빈도 유량을 구하라. (b) 대수정규분포를 적용할 경우 분포의 매개변수를 추정하고 50년 빈도 유량을 계산하라.

18.13 다음은 연 최대유량계열이다. 대수분포를 이용하여 다음을 결정하라. (a) 연 최대유량 51 m^3/s를 초과하지 않을 확률, (b) 51 m^3/s의 재현기간, (c) 20년 홍수량의 크기

연도	1971	1972	1973	1974	1975	1976	1977	1978	1979	1980
유량(m^3/s)	54.4	33.0	20.3	49.3	37.4	23.9	27.2	70.8	42.5	45.0

18.14 다음 연 최대유량기록에 대수피어선Ⅲ방법을 이용하여 2, 10, 25, 50 및 100년 홍수량을 계산하라.

연도	유량(m^3/s)	연도	유량(m^3/s)	연도	유량(m^3/s)
1952	47	1962	39	1972	227
1953	186	1963	43	1973	120
1954	46	1964	353	1974	137
1955	168	1965	378	1975	120
1956	33	1966	341	1976	163
1957	82	1967	216	1977	239
1958	124	1968	99	1978	152
1959	136	1969	100	1979	77
1960	103	1970	191	1980	284
1961	713	1971	126	1981	190

18.15 어느 관측소의 24년간 유량기록의 대수변환계열 $\log Q$의 평균이 3.4, 표준편차가 0.25, 왜곡도계수가 0.72이다. (a) 대수분포를 이용하여 2, 25, 50 및 100년 홍수량을 구하라. (b) 대수피어선Ⅲ분포를 이용하여 같은 계산을 수행하라.

18.16 어느 지점의 갈수량계열이 정규분포를 하는 것으로 나타났다. 기록기간의 95%, 90%를 초과하는 것으로 예상되는 유량이 각각 15, 21 m^3/s이다. 기간의 80% 초과예상되는 유량은 얼마인가?

18.17 문제 18.11의 유량자료에 대한 100년 홍수량을 모멘트방법에 의한 매개변수를 이용하여 추정하라.

18.18 문제 18.11의 유량자료에 대한 100년 홍수량을 PWM방법에 의한 매개변수를 이용하여 추정하라.

18.19 문제 18.11의 연 최대유량에 대한 Gumbel분포를 이용하여 110 m^3/s에 대한 재현기간과 100년의 연 최대유량을 PWM방법으로 구하라.

도시위치

18.20 정규분포, 대수정규분포 및 극치분포의 확률지를 작성하라.

18.21 다음은 연 최대유량계열이다. Blom의 도시위치공식을 이용하여 대수확률지에 도시하라.

순위	유량 (m^3/s)	순위	유량 (m^3/s)	순위	유량 (m^3/s)	순위	유량 (m^3/s)	순위	유량 (m^3/s)
1	736	9	420	17	316	25	226	33	161
2	628	10	400	18	313	26	216	34	140
3	556	11	363	19	304	27	194	35	123
4	520	12	353	20	283	28	192	36	109
5	492	13	346	21	276	29	183	37	106
6	480	14	344	22	252	30	183	38	91
7	440	15	338	23	246	31	178	39	85
8	440	16	323	24	233	32	166	40	46

18.22 문제 18.14를 Weibull 도시위치공식을 이용하여 도시하고 문제 18.14의 결과와 비교하라.

18.23 문제 18.20의 자료를 극치 I 확률지에 환산변량 y를 횡축으로 하여 도시하라. Gringorten 도시위치공식을 이용하라.

18.24 문제 18.20에 Weibull 도시위치공식을 이용하여 도시하고 두 결과를 비교하라.

18.25 문제 18.20 자료에 대한 홍수량빈도곡선의 90% 신뢰한계를 도시하라. 2, 10, 25, 50 및 100년 재현기간이 고려되도록 한다. 10년, 100년 홍수의 예상확률을 결정하라.

신뢰한계

18.26 표 18.3 삼서지방 강우자료의 우량빈도곡선의 90% 신뢰한계를 도시하라. 10년, 100년 강우량의 예상확률을 결정하라.

18.27 문제 18.14 재현기간별 홍수빈도곡선의 90% 신뢰한계를 도시하라.

지역홍수빈도곡선

18.28 다음 자료를 이용하여 지역홍수빈도곡선을 작성하라. 또한 관측소들이 동질성 지역에 속하는지 검토하라.

관측점 번호	재현기간별 홍수량(m^3/s)						관측평균 홍수량 (m^3/s)	$Q_{2.33}$ (m^3/s)
	2년	10년	25년	50년	100년	200년		
1	104	288	581	581	763	992	147	100
2	534	1,472	2,965	2,965	3,894	5,067	749	659
3	57	157	319	319	416	541	80	66
4	67	184	370	370	487	663	94	60
5	196	567	1,142	1,142	1,500	1,952	288	292
6	114	490	785	785	1,031	1,342	198	191
7	103	285	574	574	753	980	156	106
8	170	469	947	947	1,240	1,613	239	216
9	88	243	491	491	645	839	124	87
10	184	506	1,020	1,020	1,339	1,743	258	207
11	193	536	1,080	1,080	1,418	1,845	273	273
12	75	207	417	417	547	712	105	91
13	190	524	1,056	1,056	1,387	1,805	267	222
14	112	310	624	624	820	1,067	158	149
15	41	112	226	226	297	387	57	64

18.29 문제 18.28에서 작성된 지역빈도곡선을 이용하여 25, 50, 100 및 200년 홍수량을 결정하라.

18.30 다음 표의 자료를 이용하여 지역빈도곡선을 작성하라.

강우와 유역특성, 지점별 홍수빈도곡선

측점 번호	유역면적 (km^2)	유역경사	연평균 강수량 (mm)	재현기간별 홍수량					
				2년	5년	20년	25년	50년	100년
1	2.0	.007	1,220	22	36	47	62	75	88
2	1.3	.005	940	85	115	134	156	176	194
3	36.9	.002	960	48	109	159	225	281	338
4	1.3	.018	920	11	18	23	29	51	57
5	14.5	.009	1,040	57	112	158	220	264	312
6	4.6	.0002	980	32	49	60	24	84	94
7	3.1	.007	1,020	37	58	72	89	101	114
8	4.1	.012	1,040	46	77	96	120	139	156
9	2.8	.006	1,120	27	44	56	72	83	96
10	10.5	.004	1,000	108	159	194	237	263	291
11	43.8	.004	1,020	84	164	225	306	372	441
12	13.9	.0004	1,040	19	27	33	42	47	53
13	0.7	.072	1,120	8	14	19	24	28	32
14	1.5	.011	1,120	21	37	48	62	74	85
15	8.7	.005	1,280	81	127	162	210	248	287
16	34.0	.0008	1,180	84	122	152	194	222	254
17	0.7	.002	1,080	14	18	20	24	26	28
18	9.8	.008	1,180	66	97	117	144	164	185
19	7.3	.0003	1,100	58	89	109	136	158	180
20	6.4	.0002	920	15	29	40	55	65	76

18.31 문제 18.30의 자료를 이용하여 재현기간별로 홍수량에 관한 중회귀식을 유도하라.

18.32 문제 18.30의 결과를 이용하여 2, 5, 20, 25, 50, 100년 홍수량을 계산하라.

(a) $A=10\ km^2$, $S=0.008$, $P=1{,}200\ mm$, (b) $A=50\ km^2$, $S=0.005$, $P=1{,}100\ mm$

(c) $A=80\ km^2$, $S=0.002$, $P=980\ mm$

18.33 문제 18.30과 18.1의 결과를 이용하여 10, 20, 50, 100년 홍수량을 지역빈도곡선과 중회귀선 결과를 이용하여 계산하고 비교하라.

(a) $A=50\ km^2$, $S=0.006$, $P=1{,}250\ mm$, (b) $A=100\ km^2$, $S=0.004$, $P=1{,}120\ mm$

18.34 주변 6개 하천의 유량자료에 지역빈도해석을 적용하여 50년 홍수를 추정하라.

홍수빈도	하천별 유량(m^3/s)					
	A	B	C	D	E	F
Q_{50}	624	312	77	22	100	48
Q_{20}	408	180	55	17	77	35
Q_{10}	288	110	41	14	61	26
Q_{5}	180	61	29	11	46	19
Q_{2}	76	20	14	6	31	10
$Q_{1.1}$	20	3.6	5.0	3.0	11.5	3.6

갈 수

18.35 일평균 유량기록을 구하여 7-일 평균갈수량을 계산하라.

18.36 다음 34년간(1957~1990)의 7-일 평균갈수량 자료(m^3/s)에 대한 7-일 10년 갈수량 $Q_{7,10}$을 산정하고 극치 Ⅲ분포(대수Gumbel) 확률지 상에 갈수량빈도곡선을 작성하라. 또한 3.75 m^3/s의 확률과 3.2 m^3/s의 재현기간을 결정하라.

2.47	2.45	2.90	2.48	3.10	3.12	4.43	2.00	2.07	2.77
2.80	3.17	2.42	1.58	3.20	3.15	2.32	2.07	3.00	2.90
2.45	3.62	5.50	3.32	2.76	2.52	1.80	2.00	1.77	2.10
1.40	2.70	3.07	3.05						

18.37 문제 18.30을 대수극치 I 분포를 이용하여 해석하라.

18.38 문제 18.30을 극치Ⅲ분포를 이용하여 해석하라.

18.39 문제 18.36의 7-일 평균 갈수량자료를 대수 Gumbel확률지에 Weibull, Gumbel, 대수피어선분포를 도시하여 각 분포의 적합도를 비교하라.

18.40 문제 17.36의 7-일 평균 갈수량자료에 Weibull분포를 적용하여 모멘트방법으로 매개변수를 추정하고 20년 갈수량을 추정하라.

18.41 다음 30년간(1952~1981)의 연평균 갈수량자료(m^3/s)에 Weibull분포를 적용하여 PWM방법으로 매개변수를 추정하고 20년 갈수량을 추정하라.

2.48	3.63	3.25	3.96	2.75	2.40	4.20	3.73	3.13	3.05
2.88	3.65	3.88	3.73	3.10	2.33	2.55	2.43	3.28	4.25
4.55	5.00	5.54	5.20	4.10	3.65	2.80	3.00	4.15	4.13

18.42 문제 18.41을 대수극치 I 분포를 이용하여 수행하라.

18.43 48년 유량기록의 통계량이 다음과 같다. Weibull분포의 매개변수와 빈도계수를 추정하고 100년 홍수량을 구하라.

$$\bar{x}=12{,}665\ \mathrm{m^3/s},\ C_V=0.3719,\ C_s=0.1194$$

18.44 삼서 강우기록(mm)의 대수평균이 2,044, 표준편차가 0.148 및 왜곡도계수가 −0.454이다. 매개변수를 추정하고 100년 강우량을 구하라.

19 시계열과 추계모형

Applied Hydrology

19.1 서 론

일정한 수두를 유지하는 대형 수조의 하단에 설치된 소형 오리피스를 통하여 흘러나오는 유량 Q는 밸브의 개폐 정도 x의 함수 $Q=f(x)$이고 시간에는 거의 무관하다. 즉 유량 Q는 변수 x에 의하여 전적으로 설명될 수 있으므로 x에 대한 Q의 관계는 확정론적이다. 확정론적 모형은 모형의 매개변수가 알려지고 모형에 동일한 입력은 항상 동일한 출력을 발생하는 경우에 사용된다. 그러나 한 지점의 하천유량이나 강우량은 그 크기와 발생을 다른 변수의 항으로 간단히, 즉 확정론적으로 나타낼 수 없다. 이는 하천유량과 강우량이 무작위(無作爲; random) 성분을 포함하고 있기 때문이다.

대부분의 수문관측기록은 설계에 필요한 신뢰할 만한 자료를 제공할 만큼 관측기간이 길지 않다. 그러나 많은 경우 관측기록연수보다 긴 100년 또는 그 이상의 재현기간에 대한 유량자료의 기록을 필요로 한다. 이에 대한 해법으로 관측기록의 통계량에 근거하여 장기간의 합성유량 기록을 발생시키는 것이다. 수문시계열은 확정론적 성분과 무작위 성분의 조합으로 이루어지고 합성의 대상이 되는 무작위 성분은 여러 방법으로 모형화될 수 있다.

확정론적 수문학(確定論的水文學; deterministic hydrology)에서는 $Q=f(x)$에서와 같이 한 변수(출력)의 (시간)변화는 다른 변수(입력)에 의하여 결정되는 법칙에 따라 발생하고, 모형의 출력이 입력과 모형의 매개변수만으로 정의됨을 의미한다. 확정론적 성분은 선형, 주기성분이다. **확률적 수문학**(確率的水文學; probabilistic hydrology)에서는 발생순서에는 관계없이 발생(또는 초과)확률만이 중요하다. Linsley(1982)에 의하면 **추계수문학**(推計水文學; stochastic hydrology)은 확정론적 수문학과 확률적 수문학과의 틈을 메우고 수문사상의 발생순서를 중요시한다. 추계수문학은 수문사상의 발생순서에 근거해서 수문계 거동의 예측을 다룬다고 할 수 있다.

추계수문학의 최적요건은 연속 균질의 장기간 기록이다. 그러나 많은 경우 수문기록은 단기간이어서 장기간 모집단의 수문사상을 적절하게 대표하지 못한다. 강우와 하천기록은 시계열 해석방법으로 해석할 수 있는 자료계열을 형성한다. 이러한 해석연구는 주요 수문사상의 발생빈도를 포함한 문제해결에 매우 유용하다. 특히 상대적으로 기록이 짧은 경우 이러한 자료의 통계적 성질을 간직하는 시계열모형(또는 추계학적 모의발생기법)은 장기계열의 발생을 가능하게 하여 시계열, 즉 기록의 연장과 결측자료의 보충을 가능하게 함으로써 시계열의 수문학적 거동의 향상된 추정 또한 가능하게 한다. 또 수문변수의 시계열해석은 기록의 경향과 불규칙성을 판단하는 데 유용하다. 추계수문학의 또 다른 응용은 설계 및 운영에 관한 의사결정이다. 설계자 입장에서는 특정 시설이 대표적인 장래 수문입력(홍수와 같은)에 대하여 그 거동이 어떻게 될 것인가를 예측하는 것이다. 이 경우 설계자는 장래에 어떠한 입력, 즉 어떠한 강우사상이나 유량이 발생할지 모르나 장래에 발생하는 사상들은 과거의 관측기록과 동일한 추계학적 성질을 갖는 것으로 가정한다. 이러한 가정이 추계수문학의 가장 중요한 기본을 형성한다. 즉 유사한 통계적 성질을 갖는 일련의 동일한 확률의 입력계열을 발생시키고 이들 계열들을 수문계에 입력하여 얻게 되는 출력을 이용하여 수문계의 거동을 사전에 파악할 수 있는 점이다.

19.2 시계열의 분류

시계열(時系列; time series)은 발생순서에 따라 정리된 임의의 변수의 수치적인 값의 연속이다. 시간에 따라 연속적인 변화를 갖는 현상을 **과정**(過程; processes)이라 하고 시간에 따라 변하는 모든 수문학적인 현상은 **수문학적 과정**(水文學的過程; hydrologic processes)이다. 강수량이나 수위기록과 같은 수문학적 과정을 시간에 따라 도시하여 **수문시계열**(水文時系列; hydrologic time series)을 얻는다. 하천유량, 강우량, 지하수위, 수온 및 산소농도와 같은 수문학적 자료는 시계열의 예이다. 수문시계열은 다수의 인자에 따라 여러 종류로 분류될 수 있다.

단일시계열과 다중시계열: 한 지점에서 각 순간에 하나의 변수만이 관측될 때 그 계열은 **단일시계열**(單一時系列; single time series 또는 univariate time series)이고 두 개의 변수가 동시에 관측되면 2변수시계열, 2개 이상의 변수가 동시에 관측되면 **다중시계열**(多重時系列; multiple time series 또는 multivariate time series)이 된다.

연속시계열과 이산시계열: 변수의 값이 시간에 따라 연속적으로 기록되면 **연속시계열**(連續時系列; continuous time series)이라 하고 시간 간격을 두고 관측되거나 연속시계열을 연속된 시간 간격에 대하여 평균 또는 적분하여 얻어지는 시계열을 **이산시계열**(離散時系列; discrete time series)이라 한다.

상관 및 비상관시계열: 단일시계열 x의 시간 t에서의 값 x_t가 시간 $t-k\,(k=1,\ 2,\ \cdots)$에서의 값 x_{t-k}의 영향을 받는다면 또는 두 값 사이에 상관이 존재하면 시계열 x는 **자기상관시계열**(自己相關時系列; autocorrelated time series), 또는 **계열상관시계열**(系列相關時系列; serially correlated time series)이라 하고 그렇지 않은 시계열을 **비상관시계열**(非相關時系列; uncorrelated 또는 independent time series)이라 한다. 지하수가 수원이 되는 하천유량계열은 자기상관을 갖는다. 호수, 습지 및 빙하와 같은 지표저류량을 갖는 유역 또한 뚜렷한 자기상관을 갖는다. 반대로 월 또는 연 강수계열과 연 최대유량계열은 비상관을 나타낸다.

두 시계열 x와 y를 생각한다. 시간 t에서 y계열의 값 y_t와 시간 $t-k\,(k=1, 2, \cdots)$에서 x계열의 값 x_{t-k} 사이에 상관이 존재하면 이 두 계열은 **상호상관**(相互相關; cross correlation)을 갖는다고 한다. 자기상관과 상호상관에는 여러 가지 조합이 존재할 수 있다. 인접한 두 지점의 강우계열은 유사한 기후조건에 따라 상호상관을 나타낸다. 두 관측소 간의 거리가 멀어지면 그들의 상호상관은 감소한다. 또한 동일유역에서 유량계열과 이를 유발한 강우계열 간에도 상호상관이 존재한다.

시간동질성: 만약 한 시계열의 각 사상이 모든 시간에서 동일한 발생확률을 갖는다면 그 계열은 **시간동질성**(時間同質性; homogeneous in time)이라 한다. 그러나 일반적으로 대부분의 사상은 단일지점에서 시간에 따라 발생확률이 다른 시간비동질성이다. 이러한 시간비동질성은 자연, 준자연 및 인간 활동에 의하여 야기된다. 자연적인 변화는 경향, 지속성 및 재난적 사상을 포함하고, 준자연적인 변화는 하도세굴 등으로 인한 수위-유량곡선의 변동을 들 수 있고, 인간에 의한 변화는 증발, 하천유량 및 지하수위에 대한 댐의 영향을 들 수 있다.

정상 및 비정상시계열: 시간에 따라 특성이 변하지 않는 시계열을 **정상시계열**(定常時系列; stationary time series)이라 하고 그렇지 않으면 **비정상시계열**(非定常時系列; nonstationary time series)이라 한다. 정상시계열은 경향, 도약 또는 주기성의 성분을 갖지 않는다. 일반적으로 연단위의 수문시계열은 정상이나 연단위보다 작은 월 시계열은 연 주기성분 때문에 비정상이다.

19.3 시계열의 확률과정

확정론적 과정

물리적인 현상을 나타내는 모든 관측자료계열은 확정론적인 자료계열과 비확정론적인 자료계열로 분류될 수 있다. 확정론적인 자료계열은 양성적인 수학적 관계식으로 기술될 수 있는 자료계열이다. 열이 가해질 때 물의 온도상승, 수조에 연결된 오리피스 유량과 같이 장래 임의의 순간에서 물리적인 거동이 정의될 수 있는 현상은 확정론적이다. 그러나 모든 수문과정(강우, 유출, 증발, 침투)은 장래의 한 순간에 정확한 값을 예측할 수 없다. 이러한 자료계열은 무작위이므로 양성적인 수학적 관계식이 아닌 확률 통계적인 기법을 이용해서 기술되어야 한다.

물리적인 자료계열이 확정론적인지 확률적인지의 구별은 조절된 실험을 통해서 자료계열을 재생할 수 있는지의 가능성에 근거한다. 많은 횟수의 반복되는 실험에 의하여 동일한 자료계열이 발생될 수 있으면 그 자료계열은 확정론적이다. 그러나 반복되는 실험을 통해서 동일한 결과를 재생할 수 없으면 그 자료계열은 비확정론적이다.

확정론적인 자료계열은 주기성과 비주기성으로 분류되고 주기성은 다시 정현주기와 복합주기로 구분되고 비주기성은 준주기성과 순간성으로 구분된다. 식 (19.1)은 주기성 계열의 예로 정현주기함수로 정의할 수 있는 주기성 계열이다.

$$x(t) = X\sin(2\pi f_o t + \theta) \tag{19.1}$$

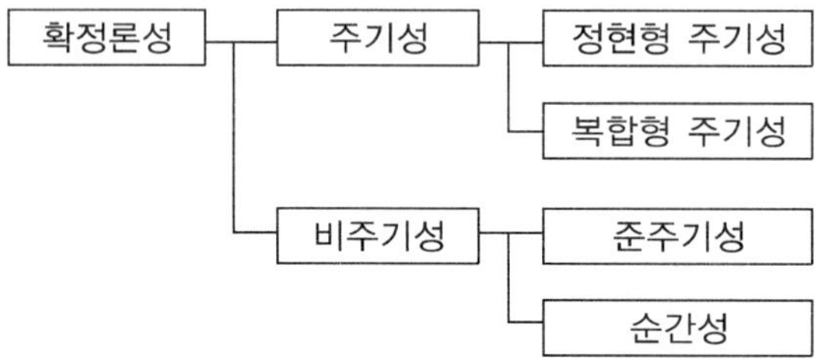

확률과정

하나의 무작위 현상을 나타내는 단일 시간이력을 **표본함수**(또는 **표본기록**)(sample function 또는 sample record)라 한다. **추계과정**(推計過程; stochastic process) 또는 **확률과정**(random process)은 통계적인 매개변수로 설명될 수 있는 시계열의 집합 또는 확률법칙과 시간에 따라 변하는 확률변수의 연속 또는 무작위현상이 발생될 수 있는 가능한 모든 표본기록의 집합이다. 확률과정은 정상성과 비정상성으로 구분되고 정상성은 다시 동시공성과 비동시공성으로, 비정상성은 특별 비정상성으로 구분될 수 있다.

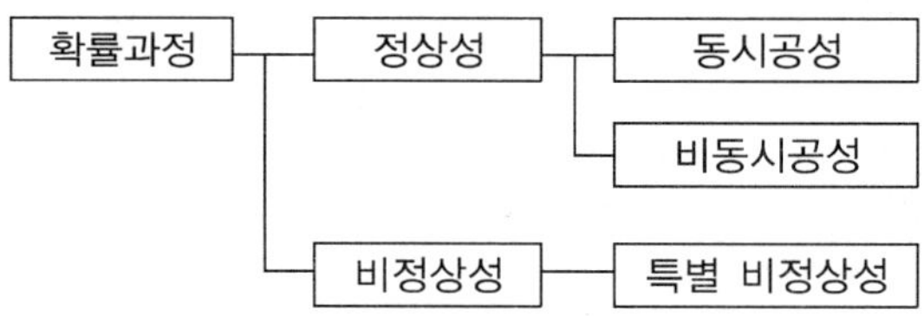

정상확률시계열

시계열의 **집합**(集合; ensemble)은 동일한 변수로 측정되는 몇 개의 단일시계열의 집합이다. 확률과정으로 고려되는 물리적인 현상의 특성은 한 순간에서 계산된 표본기록집합의 평균으로 설명될 수 있다. 그림 19.1은 N개의 표본함수(또는 표본기록)의 집합을 나타낸다. 시간 t_1에서 확률과정의 평균인 **집합평균**(集合平均; ensemble average)은 집합의 각 표본기록의 t_1순간치를 이용하여 계산될 수 있다.

$$\bar{x}(t_1) = \lim_{N\to\infty}\frac{1}{N}\sum_{k=1}^{N} x_k(t_1) \tag{19.2}$$

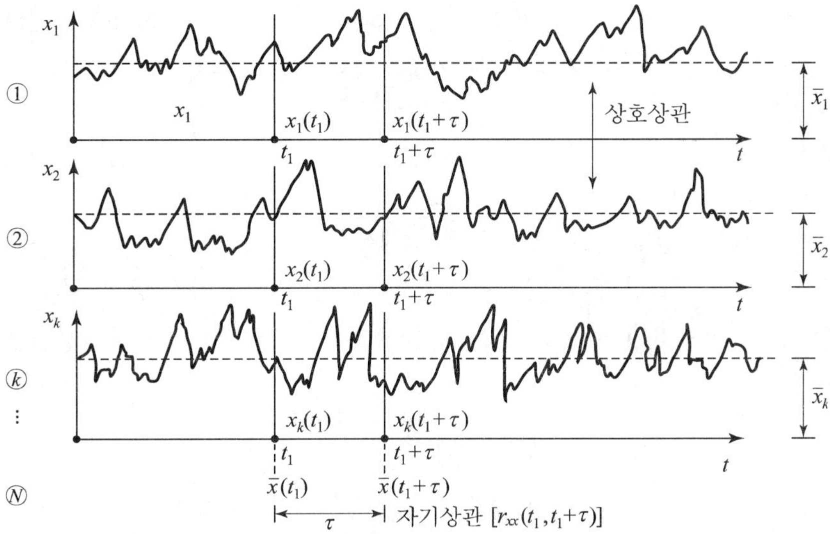

그림 19.1 N개의 단일시계열(표본기록)

같은 방법에서 두 상이한 시간에서 확률과정의 값의 상관인 자기상관함수(19.6 참조)는 시간 t_1, $t_1+\tau$에서 순간치의 곱의 집합평균을 취함으로써 계산된다.

$$r_{xx}(t_1, t_1+\tau) = \lim_{N\to\infty} \frac{1}{N} \sum_{k=1}^{N} x_k(t_1)\, x_k(t_1+\tau) \tag{19.3}$$

시간 t_1이 변할 때 $\bar{x}(t_1)$과 $r_{xx}(t_1, t_1+\tau)$가 변하지 않으면 $\{x(t)\}$는 **약정상**(weakly stationary 또는 stationary in the wide sense)이라 한다. 약정상확률과정에서는 $\bar{x}(t_1)$이 상수로 $\bar{x}(t_1) = \bar{x}$가 되고 $r_{xx}(t_1, t_1+\tau)$는 시간변위 τ만의 함수로 $r_{xx}(t_1, t_1+\tau) = r_{xx}(\tau)$가 된다. 모든 가능한 모멘트와 결합모멘트가 시불변인 경우 $\{x(t)\}$는 **강정상**(strongly stationary)이라 한다. 여기서 { }는 표본함수의 집합을 의미한다. 수문시계열의 통계적 성질(평균, 분산 등)이 시간에 따라 변하지 않을 때, 즉 표본의 길이나 표본의 선정기간에 따라 변하지 않을 때 넓은 의미에서 수문기록은 **정상**(定常; stationary)이다. 정상의 성질은 장기 합성계열을 유도하는 데 이용될 수 있다. 따라서 합성된 계열은 기록된 계열과 유사한 통계적 성질을 나타내야 한다. 시계열을 모형화하거나 또는 발생시키는 데에는 계열이 정상이면 용이하므로 비정상성을 판별하고 비정상 성분을 정량화하여 제거하는 것이 필요하다. 수문시계열의 일부 성질은 자기상관도의 해석을 통한 시간영역에서 용이하게 조사될 수 있는 반면, 계열에 포함된 주요 구성성분을 판별하는 데에는 스펙트럼 해석을 이용하는 주파수 영역에서 조사하는 것이 편리한 경우도 있다. 자기상관도와 스펙트럼에 의하여 확정론적인 경향이 판별될 수 있다. 경향이 존재하면 이를 제거하고 남은 잔존계열이 해석된다. 이들 해석방법은 단기간의 수문시계열에서는 적용에 한계를 갖는다.

시간 t_1이 변할 때 평균 $\overline{x}(t_1)$과 자기상관함수 $r_{xx}(t_1, t_1+\tau)$가 변하는 확률과정 $\{x(t)\}$는 **비정상**(非定常; nonstationary)이라 한다. 기록 또는 계열에 뚜렷한 경향이나 주기가 나타난다면 이는 비정상이다.

동시공성

정상확률과정의 특성은 특정 순간 t_1에서 계산된 집합평균 $\overline{x}(t_1)$과 $r_{xx}(t_1, t_1+\tau)$로 나타낼 수 있다. 또 다른 더 보편적인 방법은 표본기록의 집합에서 특정 표본기록의 시간평균을 이용하는 방법이다. 그림 19.1에서 k번째 표본기록에 대한 평균 $\overline{x_k}$와 자기상관함수 $r_{xx}(\tau, k)$는

$$\overline{x_k} = \lim_{T\to\infty} \frac{1}{T} \int_0^T x_k(t)dt \tag{19.4}$$

$$r_{xx}(\tau, k) = \lim_{T\to\infty} \frac{1}{T} \int_0^T x_k(t) x_k(t+\tau)dt \tag{19.5}$$

만약 $\{x(t)\}$가 정상인 경우 식 (19.4～5)로 계산되는 k계열의 $\overline{x_k}$와 $r_{xx}(\tau, k)$가 k계열이 아닌 다른 표본기록에 대하여 계산된 평균, 자기상관함수와 다르지 않은 확률과정을 동시공성이라 한다. **동시공성**(同時空性; ergodic)은 모든 시계열(표본기록)의 시간평균된 평균치와 자기상관함수가 집합평균된 매개변수(평균과 자기상관함수)와 같은 확률과정이다. 즉 동시공성 확률과정에 대해서는 $\overline{x_k} = \overline{x}$, $r_{xx}(\tau, k) = r_{xx}(\tau)$가 성립된다. 정상확률과정만이 동시공성이 될 수 있다.

동시공성 확률과정이 갖는 의미의 중요성은 정상확률과정의 모든 특성은 단일 표본기록을 이용해서 구한 시간평균치(평균, 자기상관계수)로 나타낼 수 있는 점이다. 즉 시계열이 동시공성이면 정상확률현상의 성질을 하나의 단일시계열로부터 결정하는 것이 가능하다. 그림 19.1의 시계열이 동시공성이면 N개의 단일시계열 x_1, x_2, $\cdots$, x_N 중의 하나만으로 확률특성의 결정이 가능하다. 정상 물리적인 현상을 나타내는 확률자료계열은 일반적으로 동시공성이다.

19.4 시계열의 구조와 분해

일반적으로 수문시계열은 경향성분, 주기성분 및 무작위 변동성분으로 구성되고 재난적 사상을 포함하기도 한다. 경향, 주기성분은 확정론적 성분이고 무작위 변동은 무작위 추계성분을 나타낸다. 추계성분은 독립성의 추계과정(순 무작위)이거나 의존성 추계과정(무작위)이다. 추계수문학적 모형은 시계열의 확정론적 성분과 추계성분을 포함한다. 모든 시계열이 위 4개의 성분을 다 포함하지는 않는다.

그림 19.2a는 관측치가 시간에 따라 변하는 계열을 나타낸다. 이로부터 세 개의 뚜렷한 양상이 존재함을 알 수 있다. 첫째, 시간에 따라 규칙적이고 점진적인 증가를 나타내는 경향성분이 $x_1(t)$로 도시되어 있다. 둘째, 규칙적인 양상은 주기적인 변화로 주기성분 $x_2(t)$에 의하여 표

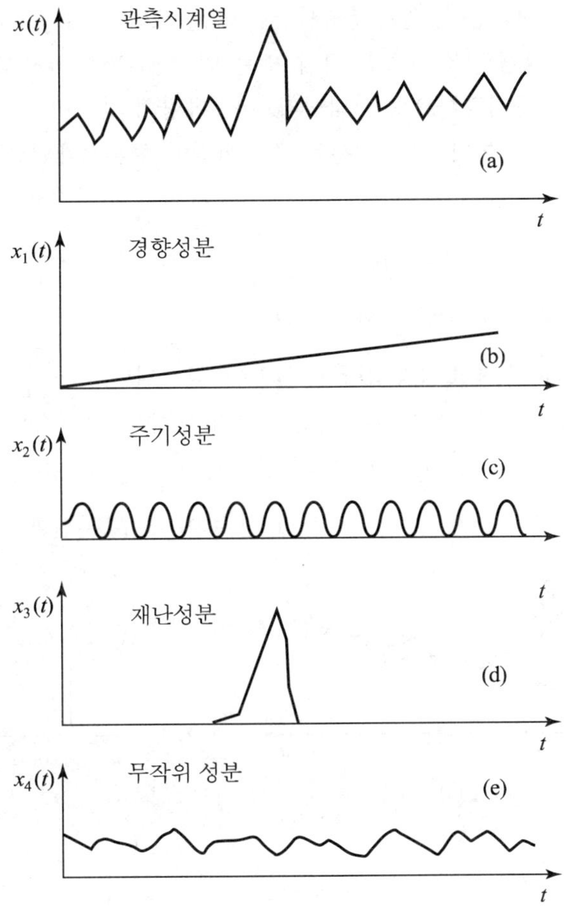

그림 19.2 시계열의 성분

시되어 있다. 셋째 양상은 아주 드물게 발생하는 재난적인 사상이다. 계열의 남은 성분은 **잔존계열**(殘存系列; residual series)로서 부분적으로 **무작위 추계성분**(無作爲推計成分; random stochastic component) $x_4(t)$이다. 이는 불규칙적이나 지속성을 갖기도 하고 계측기나 관측표본오차 또는 자연적인 물리적 과정에서 예상되지 않은 무작위 변동에 기인하기도 한다. 따라서 완전한 관측계열 $x(t)$는 다음과 같이 나타낼 수 있다.

$$x(t) = x_1(t) + x_2(t) + x_3(t) + x_4(t) \tag{19.6}$$

식 (19.6)에서 처음 두 항은 확정론적인 성분으로 쉽게 정량적으로 나타낼 수 있다. 그러나 마지막 두 항은 무작위 추계학적 요소로 쉽게 정량화되지 않는다.

경향성분

경향(傾向; trend)은 평균에 나타나는 장기변화이다. 이는 주로 장기적인 기후변화 또는 하천유량의 경우 토지이용의 변화에 기인한다. 농약사용의 변경은 비점원 수질계열의 변화를 초래한다. 유역의 대규모 산불은 유출계열에서 급작스런 **도약**(跳躍; jump 또는 shift)을 유발하고 해충의 만연으로 인한 삼림의 점진적인 고사 또는 인간에 의한 점차적인 삼림의 황폐는 유출계열에 점진적인 변화, 즉 증가경향으로 나타난다. 하천유량의 경향이나 도약의 주요 근원은 토지이용의 변화와 저수지의 개발이다. 경향성분은 정량화되어 표본시계열로부터 제거될 수 있다.

경향성분 T_r 은

$$\text{선형경향의 경우} \qquad T_r = a + bt$$

$$\text{비선형경향의 경우} \qquad T_r = a + bt + ct^2 + \cdots \tag{19.7}$$

여기서 계수 a, b, c 는 최소자승적합에 의하여 결정된다.

그림 19.3a는 선형경향을 나타낸다. 수문계열의 경향은 일반적으로 평균과 분산에 나타난다. 경향성분 $\bar{x}_t$는 $x_t - \bar{x}_t$에 의하여 제거될 수 있으며 그림 19.3b에 보인 바와 같다. $x_t - \bar{x}_t$에 의하여 주어지는 계열의 분산 S_t^2 은 시간의 함수(이 경우 분산에 경향이 존재한다) 또는 상수

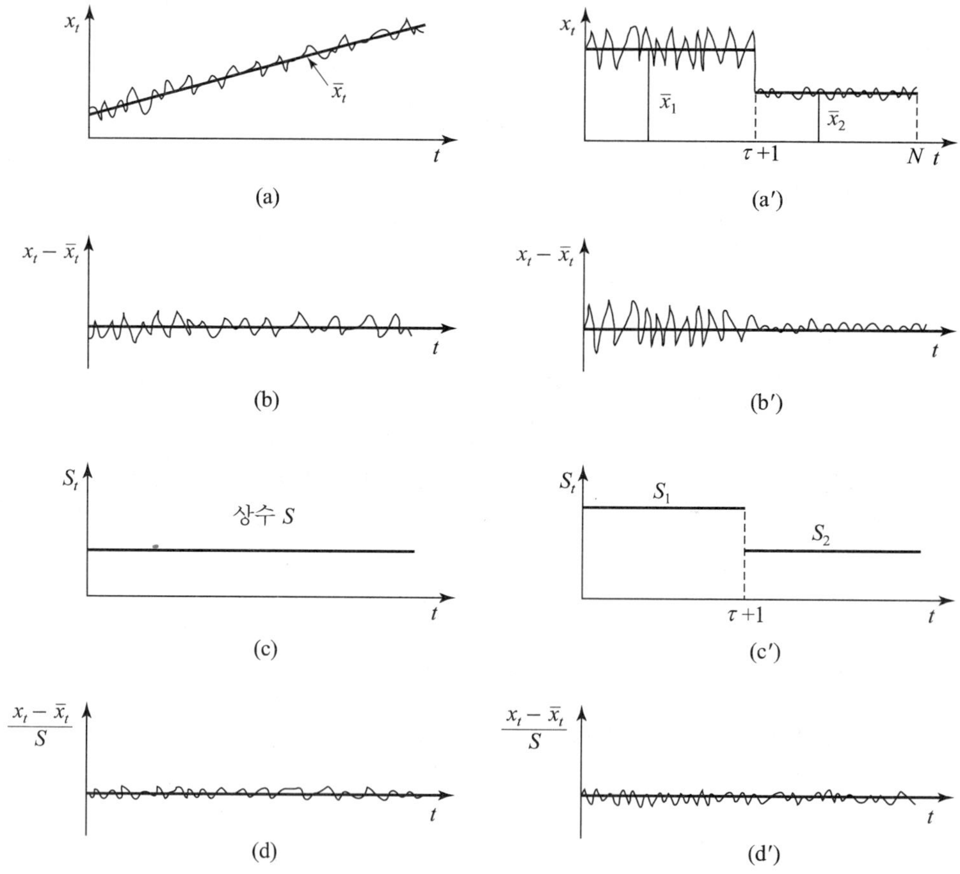

그림 19.3 경향과 도약성분의 제거(Salas, 1992)

(그림 19.3c)가 된다. 분산의 경향은 $(x_t - \overline{x}_t)/S_t$에 의하여 제거되고 이와 같이 얻어진 새로운 계열(그림 19.3d)은 평균이 영, 분산이 1인 **표준화계열**(標準化系列; standardized series)이고 무작위 성분 또는 자기상관구조의 성질을 포함하기도 한다. 도약의 제거과정도 경향의 경우와 같다.

주기성분

1년보다 작은 시간 간격으로 정의되는 수문계열은 주기적인 또는 계절적인 양상을 나타낸다. 이는 대부분의 수문과정에서 연 주기를 형성하는 태양 주위 지구의 연간 회전에 기인한다. 도시 물 사용의 주(週) 변화 양상, 특히 주야 기온차이에 의한 수질의 일 변화는 주기성분의 예이다. 주기성분의 존재는 자료의 자기상관도에 의하여 정량적인 조사가 가능하다.

그림 19.4a′에서 계절시계열은 주기적임을 알 수 있으며 무작위 성분의 존재가 명백하므로 이는 주기성 추계계열이다. 그러나 그림 19.4a는 주기성을 나타내지 않고 일정한 평균치 주위에서 변동만을 나타낸다. 그림 19.4a′의 계열이 주기적인 거동을 나타내는 것은 평균 역시 주기적임을 시사한다. 그림 19.4b′의 평균(월평균)에서 계절성분의 제거는 $(x_t - \overline{x}_t)$에 의하여 수행된다. 여기서 $\overline{x}_t$는 t가 월을 나타낼 때 매월의 평균이다. $(x_t - \overline{x}_t)$를 그림 19.4c′과 같이 도시할 경우 유사한 변화가 매년 되풀이된다. 이러한 변화는 연중 각 시간 간격(월계열의 경우 월별로 분산이 계산된다)의 분산 S_t^2으로 측정되고 만약 매월에 대하여 계산된 분산 S_t^2을 이용하여 S_t를 도시하면 그림 19.4d′, 그림 19.4b′의 평균에서와 같이 주기성을 나타낸다. 그러나 그림 19.4d의 연계열에서 분산 S_t^2은 일정한 값을 나타낸다. 분산의 계절성분은 $(x_t - \overline{x}_t)/S_t$에 의하여 제거될 수 있고 이러한 과정을 표준화 또는 비계절화라 한다.

그림 19.4e, e′의 계열 z_t는 의존성 구조 또는 자기상관구조일 수 있다. 이는 그림 19.4f, f′의 자기상관도에 의하여 기술된다. 의존성 구조를 탐색하는 보다 효과적인 방법은 계절 또는 월 관측치 간의 계열상관계수 $r_{k,\,t}(r_{k1},\ r_{k2},\ \cdots,\ r_{k12})\ (k > 0)$를 계산하여 t에 대하여 도시하는 것이다(그림 19.4g, g′). 여기에 주기성이 존재하면 이는 의존성의 존재를 시사한다. 이러한 상관 또는 의존성 구조를 제거함에는 수문학적인 모형이 필요하다. 간단한 모형은 $z_t = r_1 z_{t-1} + \epsilon_t$와 같은 자기과정이다. 잔존계열 $\epsilon_t = z_t - r_1 z_{t-1}$은 비상관 구조 또는 상관과 무관한 계열이다. 월(계절)계열 x_t는 주기성 평균, 주기성 분산 및 주기성 상관으로 분리되고 x_t로부터 제거되어 비주기성 잔존계열 ϵ_t를 발생한다. 그림 19.4h, h′의 잔존계열 ϵ_t는 정규 또는 비정규 확률분포를 갖는다.

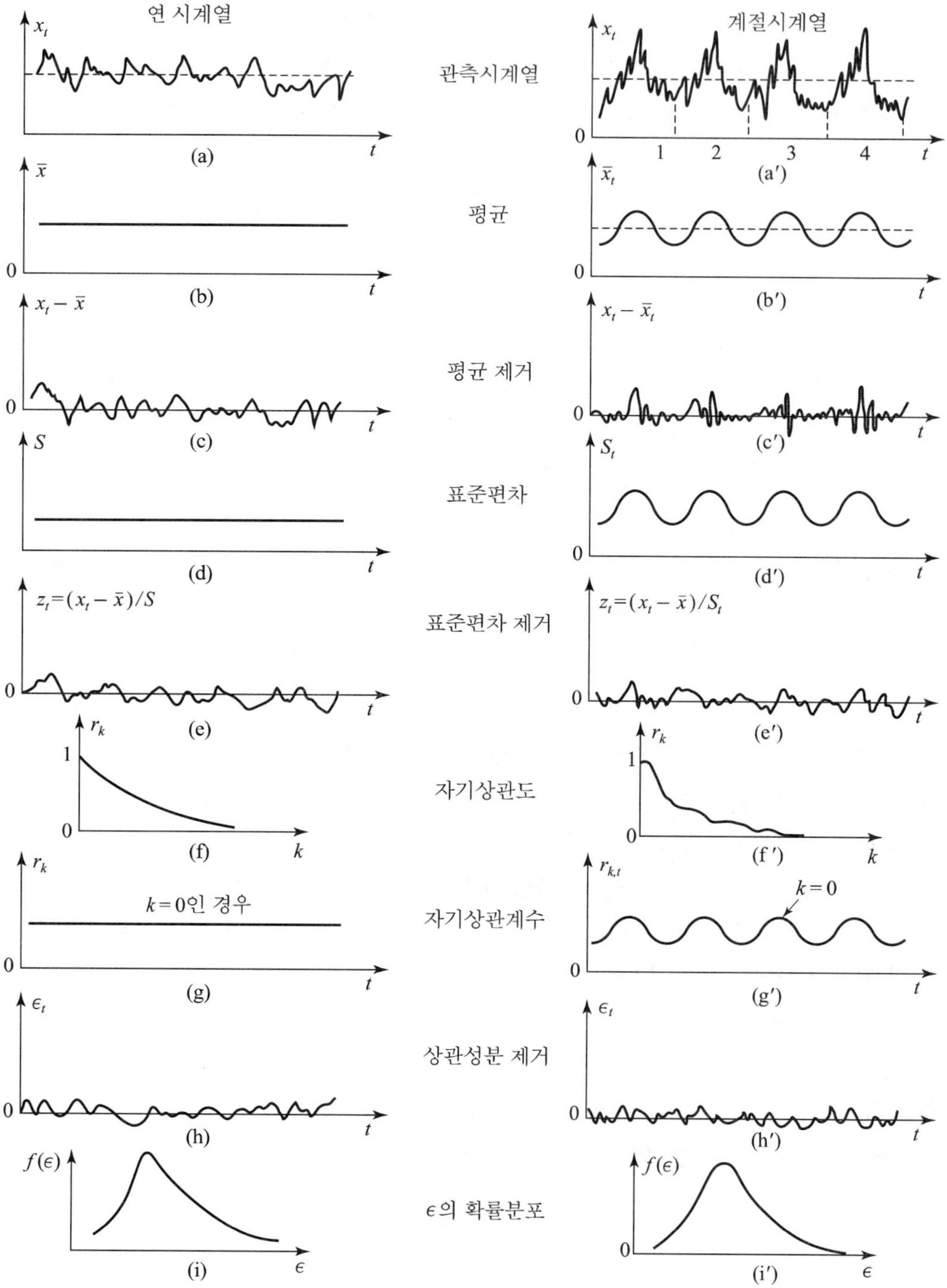

그림 19.4 연 시계열과 계절시계열의 주기성분 제거(Salas, 1992)

19.5 무작위성 검정

표본으로부터 모집단의 확률분포형을 추정하는 기본 가정은 자료가 확률변수(random variable)라는 점이다. 이러한 특성을 갖는 일련의 자료는 자료 간의 상관을 갖지 않아 자료 간의 시간 간격인 지체(遲滯; lag)가 k인 두 자료 간의 자기상관계수 ρ_k(19.6 참조)는 영이 된다. 그러나 비상관성 시계열에서 추출된 표본자료계열의 자기상관계수 r_k의 자기상관도는 영이 아닌 분포를 나타내기도 한다. 따라서 표본으로부터 확률분포의 추정은 $r_k \neq 0$이 아니라는 가설의 검증을 필요로 한다. 주어진 시계열이 무작위성(독립성)인지 또는 선형이나 주기성을 갖는지가 쉽게 판별되는 경우도 있으나(그림 19.2 참조) 많은 경우 통계적인 검정을 통해서 판별된다. 통계적인 검정방법에는 자기상관계수(19.6 참조), 주행, Spearman rank, 전환점, Anderson검정(19.6 참조) 등이 있다.

전환점 검정

시계열의 **전환점**(轉換點; turning point)은 연속되는 3자료에서 중앙에 있는 자료의 크기가 양쪽 자료보다 크거나($x_{i-1} < x_i > x_{i+1}$), 작은($x_{i-1} > x_i < x_{i+1}$) 경우로 정의된다. 계열 x_1, $\cdots$, x_n의 전환점의 수 T는 근사적으로 정규분포를 가지며 평균, 분산 및 검정 통계량은 다음과 같다(Kendall, 1976).

$$\mu_T = \frac{2}{3}(n-2) \tag{19.8}$$

$$\sigma_T^2 = \frac{16n-29}{90} \tag{19.9}$$

$$Z = \left| \frac{T-\mu_T}{\sigma_T} \right| \approx N(0,1) \tag{19.10}$$

만약 $|T-\mu_T|/\sigma_T > z_{1-\alpha/2}$이면 무작위가정은 유의수준 α에서 기각된다. 여기서 $1-\alpha/2$는 표준정규분포의 분위수이다. 참고로 $\alpha = 0.05$에서 $z_{1-\alpha/2} = z_{0.975} = 1.96$이다.

Spearman rank 검정

Spearman등급 검정(Spearman rank test)은 추출순위가 1, 2, $\cdots$, n인 표본 x를 증가 크기순으로 나열할 경우 순위 i에 해당되는 등급을 y_i라 할 때 x_i의 순위 i와 등급 y_i의 상관계수인 Spearman등급 상관계수 r_s는 무작위성 또는 독립성을 판별하는 척도가 된다(Hogg, 1995).

$$r_s = 1 - \frac{6}{n(n^2-1)} \sum_{i=1}^{n} (y_i - i)^2 \tag{19.11}$$

r_s의 범위는 $(-1, +1)$이고 $r_s = 0$은 무상관, 즉 무작위계열임을 의미한다. 양수의 높은 상관계수는 현저한 증가경향을 의미하고 음수의 낮은 r_s는 강한 감소경향을 나타낸다. 표본이 큰 경

우($n > 200$) 상관계수 r_s는 평균이 영, 분산이 식 (19.12)로 주어지는 정규분포로 고려된다. 그러나 표본이 10을 초과하는 정도로 작으면 검정통계량은 $(n-2)$자유도를 갖는 Student분포의 t-통계량(식 19.13)으로 근사된다.

$$\sigma^2 = \frac{1}{n-1} \tag{19.12}$$

$$t = r_s \sqrt{\frac{n-2}{1-r_s^2}} \tag{19.13}$$

$t > t_{1-\alpha/2}(n-2)$이면 유의수준 α에서 무작위성을 나타내는 귀무가설 H_o는 기각된다. 같은 값이 연속되는 경우에는 순위의 평균을 각각의 등급으로 부여한다. 예로 12, 14, 14, 15, …과 같은 경우 등급은 1, 2.5, 2.5, 4가 된다. 두 계열 x, y의 경우에는 x, y 자료계열을 증가순으로 정리하여 등급 x_i, y_i를 부여하고 식 (19.11)에서 $(y_i - i)$를 $(x_i - y_i)$로 대치한다.

표 19.1 Spearman Rank 상관계수의 한계치

n	$\alpha=.05$	$\alpha=.025$	$\alpha=.01$	$\alpha=.005$	n	$\alpha=.05$	$\alpha=.025$	$\alpha=.01$	$\alpha=.005$
5	.900				18	.399	.476	.564	.625
6	.829	.886	.943		19	.388	.462	.549	.608
7	.714	.786	.893		20	.377	.450	.534	.591
8	.643	.738	.833	.881	21	.368	.438	.521	.576
9	.600	.683	.783	.833	22	.359	.428	.508	.562
10	.564	.648	.745	.794	23	.351	.418	.496	.549
11	.523	.623	.736	.818	24	.343	.409	.485	.537
12	.497	.591	.703	.780	25	.336	.400	.475	.526
13	.475	.566	.673	.745	26	.329	.392	.465	.515
14	.457	.545	.646	.716	27	.323	.385	.456	.505
15	.441	.525	.623	.689	28	.317	.377	.448	.496
16	.425	.507	.601	.666	29	.311	.370	.440	.487
17	.412	.490	.582	.645	30	.305	.364	.432	.478

(α는 H_o의 편측검정 유의수준, 양측검정 α를 2배)

예제 19.1

표 19.2의 한강 인도교의 유량기록(1975~1984)의 무작위성을 Spearman등급 상관계수를 이용하여 유의수준 $\alpha = 0.05$에서 검토하라.

[풀이]

Spearman등급 상관계수 $r_s = 1 - \dfrac{6 \times 216}{10(10^2 - 1)} = -0.309$

분산 $S^2 = 1/(n-1) = 1/(10-1) = 0.11$

표준편차 $S = 0.33$

표 19.2 Spearman등급 상관계수 계산 예

연도	추출순위 i	유량 (m^3/s)	등급 y_i	$(y_i - i)^2$
1975	1	6,100	5	16
1976	2	13,400	9	49
1977	3	3,650	2	1
1978	4	15,200	10	36
1979	5	12,700	8	9
1980	6	12,000	7	1
1981	7	3,100	1	36
1982	8	5,300	4	16
1983	9	4,350	3	36
1984	10	6,571	6	16

$\Sigma(y_i - i)^2 = 216$

r_s의 절대치 0.309는 $\alpha = 0.05$, $n = 10$에 대한 한계치 0.564(표 19.2)보다 작으므로 무작위로 고려될 수 있다. 그러나 $n = 10$은 표본수가 적은 경우이므로 t-통계량으로 검정된다. 식 (19.13)에 따라

$$t = -0.309\sqrt{\frac{10-2}{1-(-0.309)^2}} = -2.828$$

유의수준 $\alpha = 0.05$에 대한 $t_{1-0.05/2}(10-2)$는 부록 표 C-9로부터 자유도 $n-2=8$과 $\alpha/2 = 0.025$에 대하여 ± 2.306이다. 따라서 $t > 2.306$이거나 $t < -2.306$이면 H_o는 기각된다. $t = -2.828 < -2.306$이므로 귀무가설 H_o는 유의수준 $\alpha = 0.05$에서 기각된다. 이는 약하나 상관성이 존재함을 의미한다.

주행검정

주행(走行; run)은 증가순 또는 감소순의 계열로 정의되고 **주행장**(run length)은 계열의 수이다. 주행장이 n인 계열 $x_1, x_2, \cdots, x_n$에 대하여 $x_i > x_{i-1}$이면 1을, $x_i < x_{i-1}$이면 0을 부여하거나 $x_i > \bar{x}$이면 1을, $x_i \le \bar{x}$이면 0을 부여하기도 한다. 이들은 1과 0으로 구성되는 새로운 계열을 형성한다. 1의 수를 n_1, 0의 수를 n_o라 한다($n_1 + n_o = n$). 주행의 수를 R이라 할 때 R이 비교적 크면($R > 20$) R은 근사적으로 정규분포를 갖고 평균, 분산 및 검정통계량은 다음과 같다.

$$\mu = \frac{2n_1 n_o + n}{n} \tag{19.14}$$

$$\sigma^2 = \frac{2n_1 n_o(2n_1 n_o - 1)}{n^2(n-1)} = \frac{(\mu-1)(\mu-2)}{n-1} \tag{19.15}$$

$$Z = \frac{R-\mu}{\sigma} \approx N(0,1) \tag{19.16}$$

$z_{1-\alpha/2}$가 표준정규분포의 $1-\alpha/2$분위수일 때 $|Z| < z_{1-\alpha/2}$이면 무작위성을 나타내는 귀무가설 H_o는 유의수준 α에서 기각되지 않는다. 즉 무작위(독립성)계열을 의미한다.

19.6 시계열 해석

통계적인 매개변수의 추정, 성분의 탐색과 추정을 주요 내용으로 하는 시계열 해석은 수문학에서 중요한 도구가 되어왔다. 시계열의 해석목적은 (1) 표본계열로부터 모집단의 통계적인 매개변수를 결정하기 위하여, (2) 예상되는 모든 시계열의 형태를 예측하기 위하여, (3) 추정된 결과의 신뢰한계를 평가하기 위하여, (4) 수문기록의 경향 등 구성성분의 탐색을 위하여, (5) 장기 합성자료계열의 발생을 가능하게 하는 시계열의 모형을 수립하기 위함이다.

시계열의 통계적 매개변수

시계열 x_t 의 평균, 분산, 왜곡도계수 및 자기상관계수는 다음과 같다.

$$\bar{x} = \frac{1}{n}\sum_{i=1}^{n} x_i \tag{19.17}$$

$$S^2 = \frac{1}{n-1}\sum_{i=1}^{n}(x_i - \bar{x})^2 \tag{19.18}$$

$$g = \frac{n}{(n-1)(n-2)S^3}\sum_{i=1}^{n}(x_i - \bar{x})^3 \tag{19.19}$$

여기서 n은 표본 수, 분산의 제곱근은 표준편차이고 변동계수는 $C_v = S/\bar{x}$이다. 표본통계량 $\bar{x}$, S_2 및 g는 모집단통계량 μ, σ^2 및 γ 의 추정치이다.

표본 **자기상관계수**(自己相關係數; autocorrelation coefficient) 또는 **계열상관계수**(系列相關係數; serial correlation coefficient)는

$$r_k = \frac{C_k}{C_o} \tag{19.20}$$

$$C_k = \frac{1}{n}\sum_{i=1}^{n-k}(x_i - \bar{x})(x_{i+k} - \bar{x}) \qquad k > 0 \tag{19.21}$$

$$C_o = \frac{1}{n}\sum_{i=1}^{n}(x_i - \bar{x})^2 \qquad k = 0 \tag{19.22}$$

여기서 r_k는 모집단 자기상관계수 ρ_k의 추정치, $\bar{x}$는 x_i의 평균, k는 두 x값의 시간 간격을 나타내는 **지체**(遲滯; lag), C_k, C_o는 각각 지체가 k, 영인 자기상관함수이다.

자기상관

주어진 시계열 $x_1, x_2, \cdots, x_n$을 x_1과 x_2, x_2와 x_3, $\cdots$, x_{n-1}과 x_n과 같이 x값들을 쌍으로 나타낼 때 이들은 독립변수와 종속변수로 구성되는 것으로 생각할 수 있다. 이들 쌍에서와 같이 시계열에서 시간 $(t+\tau)$에서의 x값 $x(t+\tau)$가 시간 t에서의 값 $x(t)$의 영향을 받는 의존성(依存性; dependence) 또는 상관성을 설명하는 **자기상관함수**(自己相關函數; autocorrelation function) $r_x(\tau)$는 두 값의 곱의 적분한 값의 관측시간 T에 대한 평균으로 정의된다.

$$r_x(\tau) = \lim_{T\to\infty} \frac{1}{T}\int_o^T x(t)x(t+\tau)dt \tag{19.23}$$

$r_x(\tau)$는 실수인 우함수이고 $\tau = 0$에서 최대이며 $-1 \leqq r_k \leqq 1$의 범위를 갖는다.

$$r_x(-\tau) = r_x(\tau) \tag{19.24}$$

$$r_x(0) \geq |r_x(\tau)| \qquad \text{모든 } \tau\text{에 대하여} \tag{19.25}$$

시계열 x의 자기상관계수 또는 계열상관계수 r_k는 자기상관함수 $r_x(\tau)$를 무차원화한 양이고 이는 공분산으로 정의된다. 무한이산형계열의 모집단 자기상관계수는

$$\rho_k = \frac{\mathrm{cov}(x_i, x_{i+k})}{\mathrm{var}\, x_i} = \frac{\dfrac{1}{n-k}\displaystyle\sum_{i=1}^{n-k}(x_i-\mu_i)(x_{i+k}-\mu_i)}{\dfrac{1}{n}\displaystyle\sum_{i=1}^{n}(x_i-\mu_i)^2} \tag{19.26}$$

여기서 μ_i는 모집단평균이다. 실제로 수문학에서 표본으로부터 ρ_k의 추정치 r_k의 계산은

$$r_k = \frac{\mathrm{cov}(x_i, x_{i+k})}{\sqrt{(\mathrm{var}\, x_i)(\mathrm{var}\, x_{i+1})}} \tag{19.27}$$

$$= \frac{\displaystyle\sum_{i=1}^{n-k} x_i x_{i+k} - \frac{1}{n-k}\left(\sum_{i=1}^{n-k} x_i\right)\left(\sum_{i=k+1}^{n} x_i\right)}{\left[\displaystyle\sum_{i=1}^{n-k} x_i^2 - \frac{1}{n-k}\left(\sum_{i=1}^{n-k} x_i\right)^2\right]^{0.5}\left[\displaystyle\sum_{i=k+1}^{n} x_i^2 - \frac{1}{n-k}\left(\sum_{i=k+1}^{n} x_i\right)^2\right]^{0.5}}$$

r_k를 지체 k에 대하여 도시하면 **자기상관도**(自己相關圖; autocorrelogram)(그림 19.5)를 얻는다. 자기상관도는 $x(t+\tau)$값에 대한 $x(t)$값의 영향, 즉 시계열의 연속된 값에 나타나는 의존성의 정도를 결정하고, 계열에 존재하는 확정론적인 자료를 탐색하는 도구를 제공하고, 주어진 시계열을 나타내기 위한 추계학적 모형의 유형을 선정하는 데에 이용되고, 시계열의 주기성분과 경향의

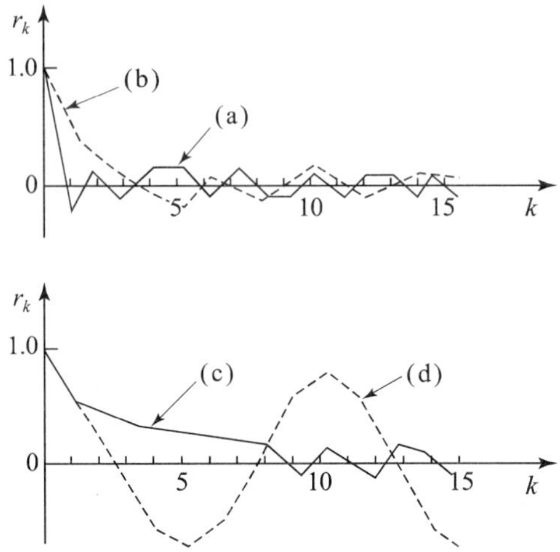

그림 19.5 자기상관도: (a) 무작위시계열, (b) 단기기억(상관)계열, (c) 경향을 갖는 장기기억시계열, (d) 주기성계열

존재를 정량적으로 조사하는 데 이용된다. 따라서 자기상관도의 모양은 계열의 구조에 따라 다르게 된다(그림 19.5).

자기상관도가 k지체 후에 급격히 영으로 감소하는 경우는 계열의 **지속성**(持續性; persistence) 또는 의존성이 작고 시계열의 각 요소들이 서로 독립적인 시계열을 나타내고 짧은 기억을 의미한다(그림 19.5b). 그림 19.5b에서 처음 수 개의 지체에 대해서는 비교적 큰 r_k를 가지나 지체 k가 증가함에 따라 영에 가까운 값을 나타낸다. 이는 수 개의 자료 사이에는 상관이 존재함을 의미한다. 이러한 과정은 자기회귀과정으로 이의 자기상관도는 Markov모형으로 기술된다(19.11 참조).

많은 수문기록은 짧은 기간, 즉 작은 k에서 약간의 상관을 나타낸다. 즉 하나의 주어진 관측치가 바로 이전 관측치와 그 이전 2, 3개의 관측치와 아주 유사한 값을 가져서 처음 몇 개의 지체에 대한 r_k는 상대적으로 큰 값을 가지나 지체가 증가함에 따라 영에 근접한다(그림 19.5b). 반면에 자기상관도의 완만한 감소는 지속성이 큰 의존성인 긴 기억을 갖는 시계열을 의미한다(그림 19.5c).

일반적으로 무작위 독립성시계열에 대한 r_k는 $r_o = 1$에서 급격히 감소하여 $r_k = 0$ 주위에서 작은 변화를 보인다(그림 19.5a). 많은 자료로 구성되는 완전한 무작위계열에서는 $k = 0$을 제외한 모든 지체에 대하여 $r_k = 0$이다. 이러한 과정은 기억을 갖지 않음을 의미한다. 그러나 특히 자료 수가 적은 계열의 경우 r_k는 영 주위에서 변화를 보이는 것이 일반적이다. $k = 0$을 제외한 모든 지체(k)에 대하여 $r_k = 0$이면 그 과정은 **순수무작위과정**(純粹無作爲過程; pure random process)이라 한다.

이러한 모집단으로부터 추출된 표본은 서로 독립적이다. 큰 값의 k에 대한 r_k가 영이 아니거나 현저하게 영보다 큰 경우는 확정론적 성분의 존재를 의미하고 r_k가 1에 가까운 값이면 확정론적 과정이 지배적이다. 만약 영이 아닌 k에서 $r_k \neq 0$이면 $k\Delta t$ 시간 간격의 관측치들은 의존성이다. 시계열이 정상이면 확정론적 요소의 강한 상관으로 인하여 영이 아닌 모든 k에 대하여 r_k는 영이 아니다.

지체 $k=1$인 계열상관계수 r_1은 시계열의 의존성 또는 시간종속성을 조사하는 간단한 척도이다. 자기상관도에서 r_1이 특별히 크게 되면 지체1모형이 최적예측모형임을 시사한다. 그림 19.5c는 $r_o=1$에서 점진적으로 감소하여 영에 근접하는 변화를 보이는 자기회귀과정이다. 이러한 자기상관도는 Markov모형으로 기술된다. $k=1$ 이상의 값에서 r_k가 크게 나타나면 다중지체모형이 적합하다. 또한 r_1이 거의 영이고 다른 k에 대한 r_k가 뚜렷한 값을 가지면 k에서 지배적인 주기를 갖는다. 계열이 주기성분을 포함하면 자기상관도는 동일한 빈도에서 진동을 나타낸다(그림 19.5d). 만약 계열이 뚜렷한 경향을 포함하게 되면 모든 지체에서 강한 상관을 갖게 되므로 자기상관도는 영에 수렴하지 않는다(그림 19.5c). 경향이나 주기성분이 존재하면 자기상관도를 작성하기 전에 이들 성분을 제거해서 시계열에 관한 다른 정보를 탐지할 수 있도록 한다.

k가 증가하면 계산에 사용되는 자료 수가 감소하므로 지체 k의 적정 상한치가 필요하다. 특히 단기간의 기록에 대하여 큰 k에 대한 r_k는 보다 작은 자료에 대하여 계산되므로 신뢰도가 낮게 되고 의미있는 결과가 될 수 없다. k의 적정 상한치는 일반적으로 자료의 크기에 따라 $0.1n \sim 0.25n$ 범위이나 자료 수의 10 %가 권장된다.

자기상관도에서 $k=0$을 제외한 모든 지체$(k>0)$에 대하여 $\rho_k=0$이라는 가설, 즉 계열의 독립성은 다음과 같이 조사된다. 유의수준을 α로 나타낼 때 상・하 신뢰한계는 **Anderson검정**(Anderson, 1941)으로 주어진다.

$$r_{k\,u} = \frac{1}{n-k}\left(-1 + z_{1-\alpha/2}\sqrt{n-k-1}\right) \tag{19.28}$$

$$r_{k\,l} = \frac{1}{n-k}\left(-1 - z_{1-\alpha/2}\sqrt{n-k-1}\right) \tag{19.29}$$

여기서 z는 평균이 영, 분산이 1인 정규분포로 부록 C-1에 주어지고 n은 자료 수이다.

예로 $k=1$인 경우 유의수준 $\alpha=0.05$에서 $z_{1-\alpha/2}=z_{0.975}=1.96$이므로 신뢰한계는

$$r_1 = \frac{-1 \pm 1.96\sqrt{n-2}}{n-1} \tag{19.30}$$

계산된 r_k가 식 (19.28), (19.29)로 주어지는 **신뢰한계대**(信賴限界帶; confidence limit) 내에 위치하면 $\rho_k=0$이라는 가설은 기각되지 않는다. 이는 계열이 순수무작위임을 의미한다.

상호상관

상호상관함수는 두 계열 $x(t)$, $y(t+\tau)$의 의존성을 설명하고 다음과 같이 정의된다.

$$r_{xy}(\tau)=\lim_{T\to\infty}\frac{1}{T}\int_{o}^{T}x(t)y(t+\tau)dt \tag{19.31}$$

$r_{xy}(\tau)$는 실수함수이나 최대치가 꼭 $\tau=0$에서 일어나지 않으며 우함수도 아니다. 상호상관함수를 무차원화한 **상호상관계수**(相互相關係數; cross correlation coefficient)는 다음 식으로 계산된다.

$$\begin{aligned} r_{xy}(k) &= \frac{\operatorname{cov}(x_i, y_{i+k})}{\sqrt{(\operatorname{var} x_i)(\operatorname{var} y_{i+k})}} \\ &= \frac{\sum_{i=1}^{n-k} x_i y_{i+k} - \frac{1}{n-k}\left(\sum_{i=1}^{n-k} x_i\right)\left(\sum_{i=k+1}^{n} y_i\right)}{\left[\sum_{i=1}^{n-k} x_i^2 - \frac{1}{n-k}\left(\sum_{i=1}^{n-k} x_i\right)^2\right]^{0.5}\left[\sum_{i=k+1}^{n} y_i^2 - \frac{1}{n-k}\left(\sum_{i=k+1}^{n} y_i\right)^2\right]^{0.5}} \end{aligned} \tag{19.32}$$

전반적인 표본통계량 $\bar{x}$, S^2, C_v, g 및 r_k는 일반적으로 연 수문시계열에 대하여 계산된다. 연 유량의 변동계수는 일반적으로 1보다 작고 연 유량의 대표적인 왜곡도계수 g는 영보다 크다. 만약 g값이 매우 작으면 정규분포에 근사한 분포를 갖는다. 연 유량의 r_1은 일반적으로 작은 값이거나 양수로 대략 그 범위는 0~0.4(평균 0.15) 정도이고 넓은 범위로 −0.2~0.8(평균 0.23)이 제시된다.

예제 19.2

어느 하천의 유량계열(1955~1994) x를 평균 $\bar{x}$로 나누어 $x/\bar{x}$로 변환한 계열의 변동계수와 왜곡도계수가 각각 0.166과 −0.07이다.

표 19.3 평균이 1인 유량계열

연	$x/\bar{x}$	연	$x/\bar{x}$	연	$x/\bar{x}$	연	$x/\bar{x}$	연	$x/\bar{x}$
1955	1.034	1963	0.773	1971	0.918	1979	0.918	1987	0.807
56	1.296	64	0.970	72	1.127	80	1.127	88	0.980
57	0.856	65	1.186	73	1.091	81	1.006	89	0.819
58	1.208	66	0.819	74	0.908	82	0.874	90	1.166
59	1.120	67	1.218	75	1.237	83	0.784	91	1.062
60	1.088	68	0.862	76	0.878	84	0.600	92	0.957
61	1.322	69	0.801	77	0.866	85	1.050	93	0.954
62	1.176	70	0.807	78	1.038	86	1.121	94	1.152

(a) 식 (19.33)으로 주어지는 5년 이동평균(移動平均; moving average)을 이용하여 주어진 자료계열을 평활화(smoothing)하라.

$$y=(x_{t-2}+x_{t-1}+x_t+x_{t+1}+x_{t+2})/5 \qquad t=3,\ 4,\ \cdots,\ n-2 \tag{19.33}$$

여기서 n은 자료의 수이다.

(b) 자료계열의 계열상관도를 계산하여 도시하라.

(c) 평활화계열의 계열상관도를 계산하여 도시하라.

(d) 두 계열의 독립성을 가정하여 조사하라.

[풀이]

(a) 40개 자료에 대한 5년 이동평균의 결과는 36개로 다음과 같으며 원자료와 5년 이동평균계열을 도시한 것이 그림 19.6이다. 이동평균이 변화를 보이는 것은 강우와 유역의 변화를 의미한다.

1.1028	1.1136	1.1188	1.1828	1.0958	1.0658	1.0854	0.9848
0.9932	1.0110	0.9772	0.9014	0.9200	0.9018	0.9476	0.9690
1.0550	1.0482	0.9960	0.9854	0.9874	0.9654	0.9910	0.9926
0.9346	0.8736	0.8556	0.8786	0.8652	0.9116	0.9554	0.9786
0.9668	0.9968	0.9916	1.0582				

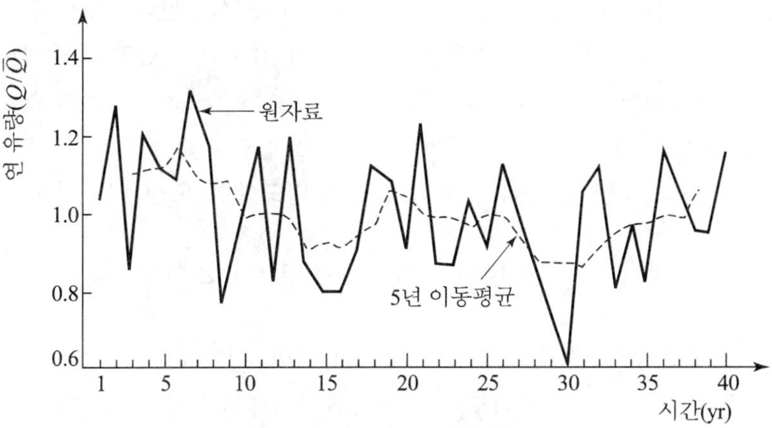

그림 19.6 평활화 유량자료계열과 5년 이동평균을 이용한 평활화계열

(b), (c), (d) 주어진 자료계열과 평활화계열의 계열상관계수의 결과는 다음과 같다.

지체 k (yr)	1	2	3	4	5	6	7	8	9
r_k (원자료)	.0118	−.0063	.1012	−.1144	.2083	.2004	−.1230	.0024	−.2248
r_k (평활화자료)	.8357	.6720	.4977	.2566	.0748	−.0114	−.1564	−.2709	−.3704

이를 이용하여 도시한 상관도가 그림 19.7과 같다. 그림 19.7에서 원자료의 상관도는 모든 지체($k>0$)에 대하여 95 % 신뢰한계 내에 위치하므로 원자료계열의 독립성(무상관)의 가정을 기각할 수 없다. 그러나 이동평균을 이용해 평활화한 자료의 경우에는 독립성의 가정을 상실하게 된다.

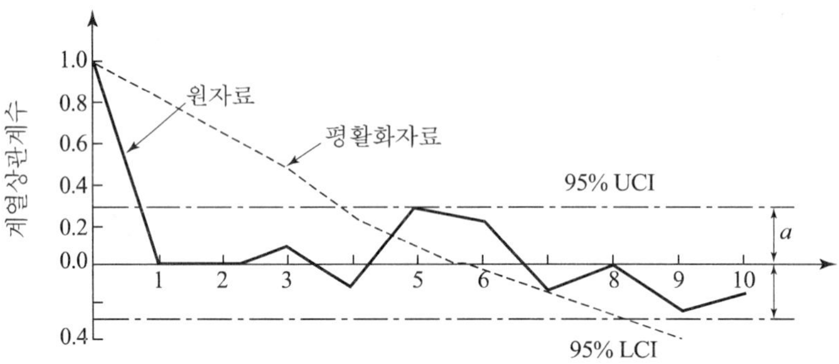

그림 19.7 원자료계열과 평활화자료계열의 자기상관도

19.7 스펙트럼 해석

자기상관계수는 시계열을 시간영역에서 해석하는 데 유용한 반면 자료의 주기는 시계열을 주파수 영역에서 해석함으로써 용이하게 조사된다. 스펙트럼의 역할은 주파수를 추정하기 위한 목적으로 시계열을 주파수에 따라 분해하는 것이다. 확률자료계열의 **파워스펙트럼밀도함수**(power spectral density function)는 주파수에 대한 시계열의 분포를 설명한다. 이는 주파수의 함수로 시계열(신호)의 강도를 나타내어 어느 주파수에서 신호가 강하고 약한지의 탐색과 자료계열을 구성하는 주파수를 조사하는 데 이용된다. 파워는 신호의 자승($|x(t)|^2$)으로 정의되고, 파워스펙트럼밀도함수는 신호의 자승평균으로 정의되는 스펙트럼밀도의 항으로 주파수에 대한 시계열의 평균파워의 분포를 기술한다. 따라서 파워스펙트럼밀도함수 $S_x(f)$는 다음과 같이 정의된다.

$$S_x(f) = \lim_{T \to \infty} \frac{1}{T} \int_0^T x^2(t, f, \Delta f)\, dt \tag{19.34}$$

여기서 $x(t,\ f,\ \Delta f)$는 주파수 구간 $f \sim \Delta f$ 에 대한 $x(t)$값이다. $S_x(f)$는 항상 실수, 양함수이다. 주파수에 따라 스펙트럼밀도가 진동하면 그 계열은 순 무작위과정임을 나타낸다.

$r_x(\tau)$가 시간영역에서 계열을 기술함에 반하여 스펙트럼밀도함수 $S_x(f)$는 주파수 영역에서 계열을 기술한다. 이러한 점에서 파워스펙트럼밀도함수 $S_x(f)$는 $r_x(\tau)$의 Fourier변환으로 정의된다.

$$S_x(f) = \int_{-\infty}^{\infty} r_x(\tau) e^{-i\,2\pi f \tau} d\tau \tag{19.35}$$

$$= 2\int_0^{\infty} r_x(\tau) \cos 2\pi f \tau\, d\tau$$

$S_x(f)$는 **파워스펙트럼**(power spectrum) 또는 **분산스펙트럼**(variance spectrum)이라고 한다. 스펙

트럼밀도는 시계열의 주기성을 고립 분리시키는 데 가장 효과적이다. 시계열에 주기와 그의 주파수가 존재하면 이는 스펙트럼에 나타나게 된다. 순 무작위정상과정 또는 비상관무작위계열의 파워스펙트럼밀도함수는 상수이거나 또는 상수에 관하여 무작위하게 진동하고, 이는 어느 특정 주파수가 다른 주파수보다 시계열의 보다 많은 분산을 설명하지 않음을 시사한다. 즉 주기가 존재하지 않음을 시사한다. 이러한 경우를 **백색잡음**(白色雜音; white noise)이라 한다.

식 (19.35)의 Fourier역변환은 자기상관함수 $r_x(\tau)$를 제공한다.

$$r_x(\tau) = \int_{-\infty}^{\infty} S_x(f)e^{i\,2\pi f\tau}d \qquad (19.36)$$
$$= \int_{-\infty}^{\infty} S_x(f)\cos(i\,2\pi f\tau)df$$

$\tau = 0$에서 $r_x(\tau) = 1$과 $\cos(2\pi f\tau) = 1$인 점을 고려하면 식 (19.36)은

$$r_x(0) = \sigma^2 = \int_{-\infty}^{\infty} S_x(f)df = 1 \qquad (19.37)$$

식 (19.37)은 계열 $x(t)$의 표준화분산이다. 식 (19.37)로부터 $S_x(f)$는 확률밀도함수로 고려될 수 있고 이는 표준화된 총분산에 대한 주파수 범위 $df\,(= f_2 - f_1)$에 포함된 분산의 기여도를 나타낸다. 이 기여부분의 분산은 $\int_{f_1}^{f_2} S_x(f)df$로 결정된다. Δt시간 간격의 이산시계열에서 정보를 얻을 수 있는 최대주파수는

$$f_c = \frac{1}{2\Delta t} \qquad (19.38)$$

로서 주파수 범위는 $0 \leqq f \leqq f_c$이고 f_c를 **Nyquist주파수**(Nyquist frequency)라 한다. 표본파워스펙트럼밀도함수는 식 (19.35)의 수치적분으로 계산된다(Bendat와 Piersol, 1971).

$$G_j = 2\Delta t\left[r_o + 2\sum_{k=1}^{m-1} r_k\cos\frac{\pi jk}{m} + r_m\cos\pi j\right] \qquad (19.39)$$

G_j는 m개의 주파수에서 계산되고 m개의 주파수는 식 (19.40)으로 계산된다. r은 자기상관함수, m은 최대지체로 n의 10~25%를 초과하지 않음이 권장된다. 이는 m이 크게 되면, 예로 $m = 0.75n$이면 단지 $0.25n$만이 r_m의 계산에 사용되기 때문이다.

$$f = \frac{jf_c}{m} \qquad j = 0,\ 1,\ 2,\ \cdots,\ m \qquad (19.40)$$

G_j는 주파수 $f = jf_c/m$에 해당하는 조화성분 j에서 스펙트럼밀도함수의 **나추정치**(裸推定値; raw estimate)이다. G_j는 유한한 기록과 이산자료를 사용함으로써 발생하는 오차 때문에 왜곡되는 나(裸)스펙트럼이므로 연화과정을 필요로 하며 이에는 Hanning, Hamming 및 Parzen방법

등이 있으며 Hanning Lag Window는 다음과 같다(Bendat와 Piersol, 1971).

$$\hat{G}_o = 0.5G_o + 0.5G_1 \tag{19.41}$$
$$\hat{G}_j = 0.25G_{j-1} + 0.5G_j + 0.25G_{j+1} \qquad j = 1,\ 2,\ \cdots,\ m-1$$
$$\hat{G}_m = 0.5G_{m-1} + 0.5G_m$$

그림 19.8은 시계열 $x(t) = \frac{1}{3}[\cos(2\pi t/6) + \cos(2\pi t/12) + \cos(2\pi t/24)]$의 자기상관도와 스펙트럼밀도를 나타낸다. 주어진 함수 $x(t)$와 같은 확정론적 함수의 자기상관도는 $x(t)$와 같은 모양의 분포를 가지며 이로부터 6, 12, 24의 주기를 읽을 수 있다. 파워스펙트럼밀도의 3개의 첨두는 주파수 1/6, 1/12, 1/24의 존재를 나타낸다. 무작위성분 ϵ이 $x(t)$에 추가된다면 자기상관도는 규칙성의 일부를 상실하며 자료에 내재된 주기성을 포착하는 것이 어렵게 된다. 그러나 스펙트럼밀도는 3개의 첨두를 고수한다.

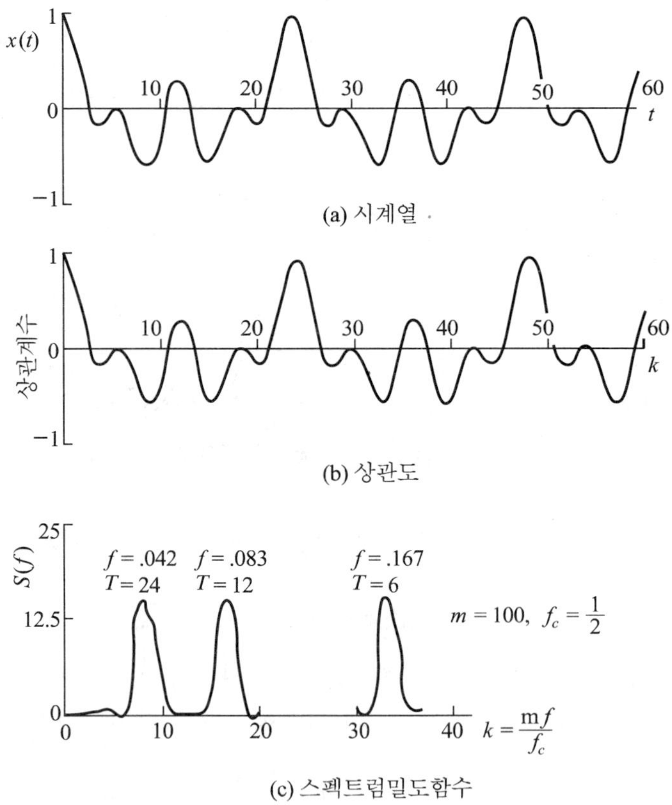

그림 19.8 (a) 여현의 합, (b) 자기상관도, (c) 스펙트럼밀도함수(Haan, 1977)

그림 19.9a, b의 (2), (3), (4), (5)는 12월, 6월, 4월 및 3월의 주기성분을 차례로 제거한 자기상관도와 스펙트럼밀도를 나타낸다. 그림 19.9a의 자기상관도에서는 12개월의 주기가 존재

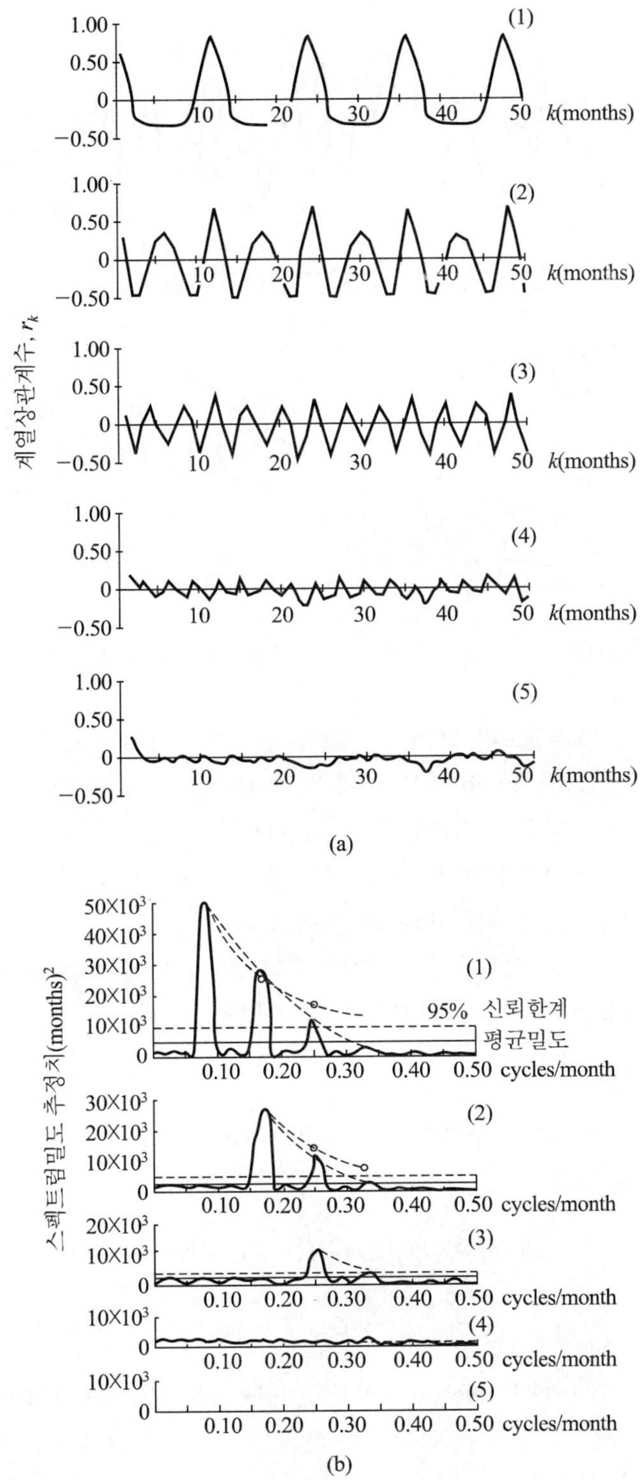

그림 19.9 미국 Colorado 주 Elk 강 Clark지점의 30년 (a) 자기상관도, (b) 스펙트럼

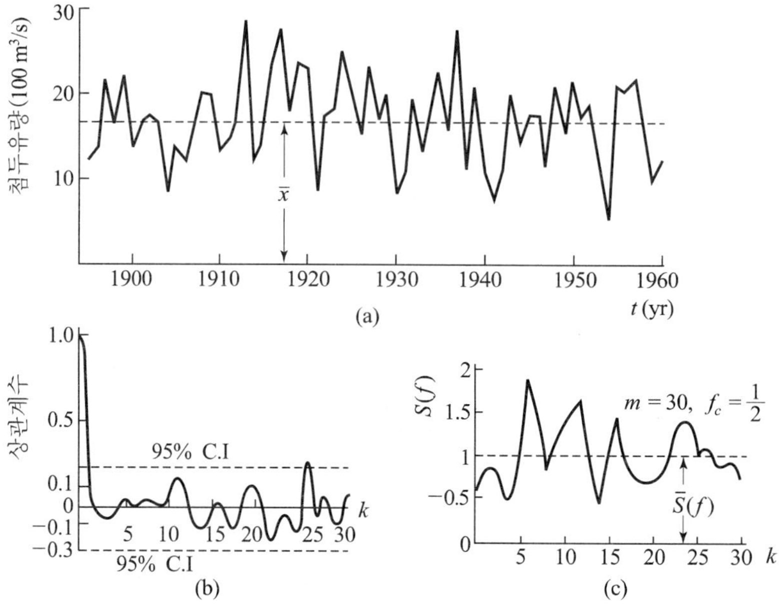

그림 19.10 (a) 연 최대유량계열, (b) 자기상관도, (c) 스펙트럼밀도함수(Haan, 1977)

함을 알 수 있으나 12개월보다 작은 주기의 존재는 명확하지 않다. 그러나 이를 주파수 영역에서 나타낸 스펙트럼(그림 19.9b)에서는 12월, 6월, 4월 및 3월 주기가 존재함이 분명하다.

그림 19.10a는 하천의 연 최대유량자료를 나타낸다. 자기상관도와 스펙트럼밀도는 뚜렷한 양상을 나타내지 않는다. 이 경우 자기상관도는 연 최대유량이 서로 독립적임을 시사한다. 스펙트럼밀도함수는 평균치 $\bar{S}(f)$에 관하여 진동으로 나타난다. 이는 분산이 모든 주파수에 동등하게 분포된 것을 나타내는 전형적인 백색잡음스펙트럼이다. 자기상관도와 스펙트럼밀도는 다 같이 이 최대유량계열이 순 무작위과정임을 나타낸다.

상호스펙트럼밀도함수

상호스펙트럼밀도함수(cross spectral density function) $S_{xy}(f)$는 상호상관함수 $r_{xy}(x)$의 Fourier 변환으로 정의된다.

$$S_{xy}(f) = 2\int_{-\infty}^{\infty} r_{xy}(\tau) e^{-i\,2\pi f\tau} d\tau \tag{19.42}$$

$$= C_{xy}(f) - i\,Q_{xy}(f)$$

여기서 $C_{xy}(f)$는 coincident spectral density function, $Q_{xy}(f)$는 quadrature spectral density function이다. $r_{xy}(\tau)$는 우함수가 아니므로 $S_{xy}(f)$는 복소수형으로 주어진다. 실제 문제적용에는 복소수가 아닌 실수의 간섭함수가 이용된다. $x(t)$, $y(t)$의 **간섭함수**(干涉函數; coherence function)는 스펙트럼밀도함수 $S_x(f)$와 $S_y(f)$의 곱에 대한 상호스펙트럼밀도함수 $S_{xy}(f)$의

절대치 자승과의 비로 정의된다. 간섭함수는 최적선형 최소자승에 의한 $x(t)$로부터 $y(t)$의 예측 가능 정도를 측정한다.

$$h_{xy}(f) = \frac{|S_{xy}(f)|^2}{S_x(f)S_y(f)} \le 1 \tag{19.43}$$

$h_{xy}(f)$는 0~1 사이의 값을 취한다. 간섭함수는 두 계열의 상호상관계수의 자승과 유사하다. 주어진 f_1에 대해서 $h_{xy}(f)$가 클수록 f_1에서 $x(t)$와 $y(t)$는 보다 밀접한 관계, 즉 높은 상관을 갖는다. 모든 주파수에 대하여 $h_{xy}(f)=1$이면 $x(t)$, $y(t)$는 완전한 상관을 갖는다. 식 (19.43)은 상호상관계수의 자승 $r_{xy}^2(k)=[\mathrm{cov}(x_t, y_t)]^2/\mathrm{var}\,x_t\,\mathrm{var}\,y_t$와 유사하여 $h_{xy}(f)$는 지체 영역에서 $r_{xy}^2(k)$가 상호상관계수를 결정하는 역할을 주파수 영역에서 수행한다. 주파수 f_1에서 $h_{xy}(f_1)=0$이면 $x(t)$와 $y(t)$는 주파수 f_1에서 **무간섭**(無干涉; incoherent), 즉 상관이 존재하지 않는다. 만약 $x(t)$, $y(t)$가 통계적으로 독립적이면 모든 주파수 f에서 $h_{xy}(f)=0$이 된다.

그림 19.11은 기후인자 기온, 대기압, 강수량 간의 간섭함수로 1년 주기의 상관을 나타낸다. 그림 19.12는 미국 Salt River Roosevelt댐 상류의 월 유출 y와 월평균 강수량 x 계열의 상호상관도(그림 19.12a)와 간섭도(그림 19.12b)를 나타낸다. 상호상관도에서 첨두가 12개월마다 일어나고 6개월마다 크기는 작으나 첨두가 존재함을 알 수 있다. 그러나 이 사실은 간섭도에서 분명하게 나타나 강수량과 유출계열 간에는 6개월과 12개월의 주기에서 강한 상관이 존재함을 시사한다.

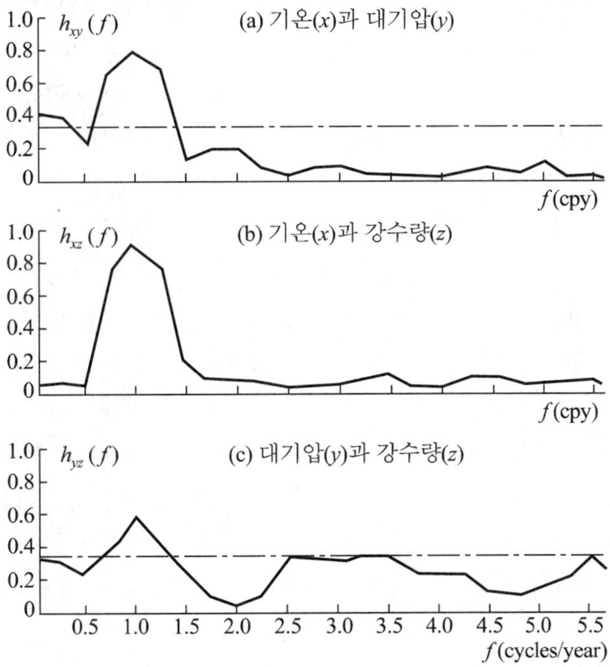

그림 19.11 캘리포니아 Eureka지점의 기후 월 자료계열의 간섭함수(Yevjevich, 1972)

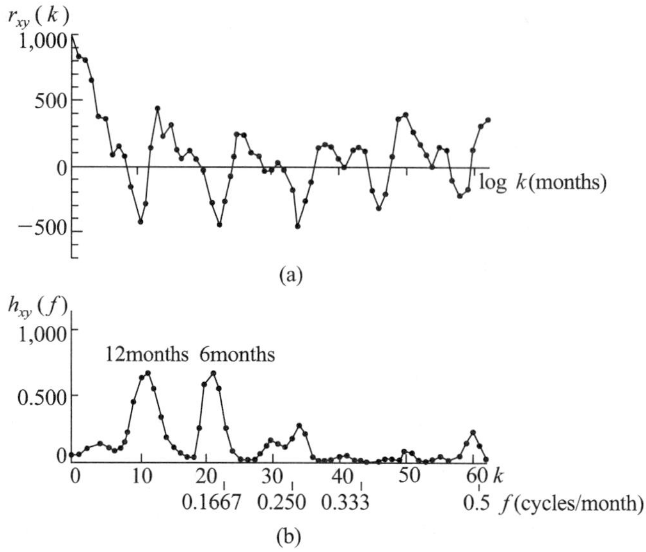

그림 19.12 미국 Roosevelt댐 상류 Salt River유역의 월 강수량과 월유출 간의 (a) 상호상관도, (b) 간섭도

19.8 합성유량자료계열의 발생

많은 경우 100년 또는 그 이상의 재현기간에 대한 유량의 산정을 필요로 한다. 그러나 관측된 수문기록 특히 유량기록은 설계에 필요한 신뢰성 있는 자료를 제공하는 데 필요한 기간보다 짧은 것이 대부분이다. 이에 대한 해결방안의 하나는 관측된 기록의 통계량을 근거로 하여 합성유량기록을 발생시키는 것이다. 대부분의 수문시계열은 확정론적인 성분과 무작위 성분으로 구성된다. 확정론적 성분은 모형의 출력이 입력과 모형 매개변수만에 의하여 결정됨을 의미한다. 선형 또는 주기성, 경향과 같은 확정론적 성분은 쉽게 동정될 수 있다. 무작위 성분은 다음에 기술되는 추계학적 해석기법에 의하여 모형화될 수 있다.

추계학적 해석의 기본은 과정이 정상성, 즉 과정이 시간에 따라 변하지 않는다는 통계적인 성질의 가정이다. 역사적인 기록의 이러한 성질은 장기간의 합성계열을 발생하는 데 이용될 수 있다. 관측시계열과는 다르나 관측시계열의 통계적인 성질을 간직하는 합성계열인 시계열을 발생하는 것이 가능하다. 발생된 계열은 계열의 각 사상의 발생확률이 관측계열의 발생확률과 같게 된다. 추계발생식은 역사적인 기록의 평균, 분산 및 지체1 계열상관도만을 간직하는 간단한 식이 될 수 있다. 수문시계열의 일부 성질은 자기상관도 해석을 이용한 시간영역에서 조사될 수 있으며 경우에 따라서는 계열에 포함된 주요 조화성분을 검색하기 위하여 스펙트럼 해석을 이용한 주파수 영역에서 작업하는 것이 편리하다. 그러나 수문계열의 짧은 기록기간은 이들 방법의 유용성을 제한한다. 자기상관도와 스펙트럼 해석에 의하여 확정론적인 경향을 탐색할 수 있다. 원시계열에 경향(주기)성분이 존재하면 이를 제거하여 잔존계열을 얻는다. 근본적으로 시계열은 수문학적으로 확정론적인 성분과 무작위 잔존성분의 조합으로 형성될 수 있다.

추계발생의 기본 접근방법은 하천유량, 강수량, 증발산 및 다른 수문기상 인자에도 적용된다. 기본 접근방법에는 두 종류가 있다. 첫째 방법은 월 또는 계절의 시간 증분에 대한 모형을 구축하고 기간별 증분을 합하여 연 자료를 얻는 **집성방법**(集成方法; aggregation method)이다. 둘째 접근방법은 연 단위 규모로 자료를 발생시키고 이를 보다 작은 계절의 시간 단위의 자료로 분해하는 **분해방법**(分解方法; disaggregation method)이다. 현재로서 가장 만족할 만한 추계모형은 월 또는 연의 기간별 증분에 대한 모형이다. 일 또는 주 증분을 이용한 모형은 연구단계이다.

분포의 동정

하천유량계열의 발생에서 일반적으로 사용되는 분포는 정규, 대수정규 및 감마분포이다. 많은 경우 모형의 변수가 정규분포로 가정된다. 따라서 해석하기 전에 자료가 정규분포인지를 조사하는 것이 일반적으로 행해지는 과정이다. 자료집단이 정규분포인지를 판단하는 데 널리 사용되는 방법은 자료의 빈도분포를 정규확률지에 도시하여 직선이 되는지 조사하는 것이다(17장 참조). 직선으로 도시되면 자료는 정규분포를 나타낸다. 정규분포는 왜곡도가 영이므로 왜곡도계수가 거의 영이어야 한다. 그렇지 않으면 정규분포가 되도록 대수변환과 같은 변환이 필요하다. 다른 동정방법은 카이제곱방법, Kolmogorov-Smirnov방법, 왜곡도계수가 거의 영과 같게 되는지 또는 Kurtosis계수가 3과 같은지를 조사하는 것이다. 경우에 따라서는 연 변동계수가 0.5 이하이면 자료계열은 정규분포에 가까운 분포를 갖는다.

수문학에서 널리 이용되는 또 다른 분포는 대수정규분포이고 대수정규분포의 검토는 정규분포에서와 같이 유량의 대수치들을 정규확률지에 또는 유량을 대수확률지에 도시하여 직선이 되는지를 조사하는 것이다. 정규 또는 대수정규분포가 뚜렷한 왜곡도를 나타내어 이들 분포의 적용이 부적합한 것으로 판단되면 양의 왜곡도를 갖는 감마분포가 이용된다. 그러나 유량이 이전의 많은 유량의 영향을 받는 것으로 나타나면 감마분포는 사용에서 제외되어야 한다.

난수의 발생

합성유량발생은 확률모형을 선정하여 매개변수를 결정하고, 분포의 적합도를 검토하여 확률분포형이 결정되면 이와 동일한 분포형을 갖는 **난수**(亂數; random number)를 발생시키고 이를 매개변수를 이용한 추계모형의 입력으로 하여 유량으로 환산한다. 난수는 역사적인 기록이 갖는 분포와 같은 분포라야 한다. 모의발생에 사용되는 난수는 컴퓨터에 내장된 RANDU와 같이 컴퓨터 프로그램으로 발생하거나 난수표를 이용하게 된다. 난수표는 표준정규분포로부터 추출되고 표 19.4는 한 예이다. 난수발생에는 다수의 방법이 있다. 여기서는 Box-Muller방법과 중심극한정리의 두 방법이 기술된다.

Box-Muller방법: 구간 $[0,1]$에서 균일한 분포를 하는 독립적인 두 개의 난수 u_i, u_{i+1}을 발생시킨다. 식 (19.44), (19.45)에 의하여 변환되는 x_i는 평균이 영, 분산이 1인 동일한 정규분포를 갖는 한 쌍의 독립적인 난수이다.

표 19.4 표준정규난수의 예

	0	1	2	3	4	5	6	7	8	9
0	−0.523	0.611	−0.359	−0.393	0.084	−0.931	−0.027	0.798	1.672	−1.077
1	−1.536	−0.454	0.071	−2.129	1.525	0.261	2.319	0.972	0.767	−2.849
2	−0.121	0.968	−1.943	0.581	−0.711	−0.060	−0.482	−0.746	−0.747	1.254
3	−0.542	−0.807	0.163	0.839	−0.756	−0.453	−1.912	0.766	−0.890	0.205
4	0.131	−0.859	−1.096	−0.785	0.310	1.314	−0.231	0.029	1.819	−1.602
5	−0.234	0.551	0.743	−0.900	0.435	−2.999	0.212	0.869	−0.716	−0.410
6	−1.010	1.347	0.230	0.009	−1.495	2.145	−1.033	0.729	0.309	0.920
7	0.273	−0.885	−0.016	0.775	−1.740	−0.353	−1.519	0.958	−0.448	2.185
8	−0.102	−1.111	−0.585	1.461	−0.307	1.489	−0.196	0.509	−0.662	−1.175
9	0.368	−0.710	0.407	0.066	−0.617	−0.580	0.107	−2.247	1.616	−1.060
10	−1.762	1.382	1.142	−2.056	−0.400	−1.701	−0.914	−1.000	−0.172	0.903
11	0.306	−0.607	−0.324	1.171	1.016	−1.829	1.723	−0.513	−0.657	2.011
12	−0.465	−1.214	−0.174	0.894	0.245	−0.987	−1.155	0.592	−0.411	−0.109
13	−0.004	−0.029	−0.633	0.004	−0.603	1.104	−0.655	1.191	0.938	−0.805
14	0.593	0.252	−0.541	0.318	1.268	1.972	0.875	−1.030	−1.175	0.445
15	0.233	0.430	−0.331	−1.272	−0.289	−0.060	−0.754	0.789	0.546	0.687
16	0.571	−0.215	−1.090	0.610	−0.810	−0.364	−1.282	0.101	0.586	0.926
17	0.370	0.976	1.017	1.106	0.441	−2.376	0.793	0.016	−0.704	0.146
18	−0.009	−1.285	−0.346	−0.323	0.609	−0.373	0.078	−1.033	0.153	0.997
19	0.416	−0.131	0.662	0.662	−1.835	1.646	0.197	0.131	0.783	0.076

$$x_i = \sqrt{-2\ln u_i}\cos(2\pi u_{i+1}) \tag{19.44}$$

$$x_{i+1} = \sqrt{-2\ln u_i}\sin(2\pi u_{i+1}) \tag{19.45}$$

$[0,1]$에서 균일분포를 갖는 독립적인 무작위수 u_i는 **선형합동발생기**(線型合同發生機; linear congruential generator)에 의하여 발생된다.

$$t_{i+1} = (at_i + b)\bmod m \tag{19.46}$$

여기서 t는 난수, t_o는 종자, a는 승수, b는 증분 및 m은 modulus이다. m의 범위는 $\{1, 2, \cdots\}$, t_o, a, b는 정수로 그 범위는 $\{0, 1, 2, \cdots, m-1\}$이다. 예로 $a=7$, $b=4$, $t_o=18$, $m=31$인 경우 $[0,1]$의 균일분포를 갖는 독립적인 무작위수 $u_i = t_i/m$를 발생시킨다. $at_i + b = 7t_i + 4$이고 $(7t_i+4)\mathrm{mod}31$은 $t_o = 18$에 대하여 $(7t_o+4)\mathrm{mod}31$은 $(7t_o+4) - m\times k = (7\times 18+4) - 31k = 130 - 31k$에서 $(130-31k)$의 값을 $m=31$보다 작게 하는 $k=4$를 선정하면 난수는 $t_{i+1} = 130 - 31\times 4 = 6$이다. 따라서 u는 $u_i = t_i/m = 18/31 = 0.581$이다. $i=2$에서 종자 $t=6$에 대한 난수도 다음 표와 같이 같은 과정에 의해서 구해진다.

다음 표 계산에서와 같이 $i=13$을 주기로 $i=13$에서부터 같은 과정이 반복된다. 이는 선정되는 수치에 따라 다르게 되고 RANDU에서는 $m=2^{32}$이 적용된다.

i	t_i	$7t_i+4$	$(7t_i+4)\mathrm{mod}31$	k	t_{i+1}	$u_i=t_i/m$
1	18	130	130–31×4	4	6	0.581
2	6	46	46–31×1	1	15	0.194
3	15	109	109–31×3	3	16	0.484
⋮	⋮	⋮	⋮	⋮	⋮	⋮
13	18	130	130–31×4	4	6	0.581

중심극한정리: $[0,1]$ 구간에서 균일분포를 갖거나 동등한 확률을 갖는 많은 수의 난수의 합은 정규분포를 갖는다. 식 (19.47)은 표준정규분포를 하는 난수 x를 제공한다.

1. $[0,1]$ 범위의 균일난수계열 $(u_1,\ u_2,\ \cdots,\ u_{12})$

2.
$$x=\sum_{i=1}^{12}u_i-6 \tag{19.47}$$

표 19.4의 정규난수 t_i는 평균이 영, 표준편차가 1인 **표준정규난수**(標準正規亂數; standard normal random deviates)이다. 난수 t_i를 평균이 영, 분산이 S_ϵ^2인 무작위 변수 ϵ_i로 변환하는 것은 $t_i=(\epsilon_i-0)/\sigma_\epsilon$으로부터 다음 식에 의한다. 여기서 σ_ϵ은 모집단의 분산이다.

$$\epsilon_i=S_\epsilon t_i \tag{19.48}$$

여기서 t_i는 평균이 영, 분산이 1인 표준정규난수이고 ϵ_i는 평균이 영, 분산이 S_ϵ^2인 무작위 변수이다.

19.9 순 무작위추계학적 모형

확률변수 $z_t(t=1,\ 2,\ 3,\ \cdots)$가 서로 독립적이고 동일한 분포를 갖는 변수의 계열을 형성하면 z_t를 **순 무작위과정**이라 한다. 이는 상관도와 스펙트럼밀도에 의하여 판정될 수 있다. 즉 영을 제외한 모든 지체에서 자기상관계수가 거의 영이거나 $S(f)$가 평균치 $\overline{S}(f)$에 관하여 진동을 할 때 그 과정은 **순 무작위(확률)과정**(純無作爲過程; pure random process)이다. 이러한 성격의 시계열은 통상적인 시계열이 갖는 양상을 나타내지 않는다(그림 19.1 참조). 이러한 과정의 시계열은 일반적으로 다음과 같이 주어진다.

$$x_t=x_{t-1}+z_t \tag{19.49}$$

여기서 z_t는 평균이 영, 분산이 특정한 값인 무작위 변수이다. 이러한 과정은 엄격한 의미에서 정상이고 백색잡음이라고도 한다(그림 19.5a). 이러한 과정의 평균 μ와 분산 σ^2은 상수이고 자기상관계수 ρ는

$$\begin{aligned} \rho_k &= 1 \qquad k=0 \\ &= 0 \qquad k=\pm 1, \pm 2, \cdots \end{aligned} \tag{19.50}$$

이러한 모형은 홍수첨두의 합성발생에 적합하고 지점 강우량의 발생에도 이용된다.

예제 19.3

40년 강우기록의 평균과 분산이 각각 662.55 mm, 5,892.46 mm^{2}이고 $k=0\sim10$에 대한 계열상관계수가 95% 신뢰한계 내에 위치하여 계열은 독립적임이 밝혀졌다. 40년간의 우량계열발생을 모의하라.

[풀이] 주어진 강우자료가 순 무작위과정이므로 주어진 평균 $\bar{x}=662.55$ mm 와 표준편차 $S=\sqrt{5892.46}=76.76$ mm를 이용한 발생모형은 다음과 같다(Shahin 등, 1993).

$$x_i = \bar{x} + S\epsilon_i = 662.55 + 76.76\epsilon_i$$

이는 식 (19.49)의 x_{t-1}을 $\bar{x}$로 대치한 경우이고 ϵ_i는 표준정규난수이다. 표 19.4의 ϵ_i를 이용한 강우량 발생과정은 다음과 같고 결과는 표 19.5와 같다.

$$i=1 \quad x_1 = 662.55 + 76.76 \times (-0.523) = 622.405 \text{ mm}$$

$$i=2 \quad x_2 = 662.55 + 76.76 \times (0.611) = 709.450 \text{ mm}$$

$$i=3 \quad x_3 = 662.55 + 76.76 \times (-0.359) = 634.993 \text{ mm}$$

표 19.5의 모의발생한 결과를 이용하여 계산된 평균이 649.91 mm, 분산이 6,928.54 mm^{2}이다. 이로부터 강우기록의 평균과 분산에서 그 차이가 각각 2%와 15% 이내로 모의발생한 계열이 기록강우계열의 특성을 비교적 근접하게 나타낸다고 할 수 있다.

표 19.5 40년 강우량의 모의발생계열

	0	1	2	3	4	5	6	7	8	9
0	622.405	709.450	634.993	632.383	668.998	591.086	660.477	723.804	790.893	579.879
1	544.647	627.701	668.000	499.128	779.609	682.584	840.556	737.161	721.425	443.861
2	653.262	736.854	513.405	707.148	607.974	657.974	625.552	605.287	605.210	758.807
3	620.946	600.605	675.446	726.952	604.519	604.519	515.785	721.348	594.234	678.286

19.10 이동평균과정

q **차 이동평균과정**(q次移動平均過程; qth order moving average process) MA(q)는 다음과 같다.

$$Z_t = \epsilon_t - \theta_1 \epsilon_{t-1} - \cdots - \theta_q \epsilon_{t-q} \tag{19.51}$$

여기서 ϵ_t 는 평균이 영, 분산 σ_ϵ^2 인 순 무작위과정이다. 이동평균과정은 계량경제나 제어계통의 거동을 예측하는 데 많이 이용된다.

$k=0$ 에 대한 과정의 자기공분산함수

$$\sigma_o^2 = (1 + \theta_1^2 + \theta_2^2 + \cdots + \theta_q^2)\sigma_\epsilon^2 \tag{19.52}$$

자기상관계수

$$\rho_k = \begin{cases} \dfrac{-\theta_k + \theta_1\theta_{k+1} + \cdots + \theta_q\theta_{q-k}}{1 + \theta_1^2 + \cdots + \theta_q^2} & k = 1, 2, \cdots, q \\ 0 & k > q \end{cases} \tag{19.53}$$

식 (19.52)의 계수 θ 는 식 (19.52), (19.53)의 연립해로 주어진다.

1차 이동평균모형, MA(1)

식 (19.51)에서 $q=1$ 인 경우로

$$Z_t = \epsilon_t - \theta_1 \epsilon_{t-1} \tag{19.54}$$

분산 $$\sigma_o^2 = (1 + \theta_1^2)\sigma_\epsilon^2 \tag{19.55}$$

자기상관계수 $$\rho_k = \begin{cases} \dfrac{-\theta_1}{1 + \theta_1^2} & k = 1 \\ 0 & k \geq 2 \end{cases} \tag{19.56}$$

$k=1$ 에 대한 θ_1과 ρ_1의 관계식이 다음과 같이 주어진다.

$$\theta_1^2 + \frac{\theta_1}{\rho_1} + 1 = 0 \tag{19.57}$$

19.11 자기회귀과정

하천유량계열은 자료 간의 의존성 또는 상관을 나타내는 **지속성**(持續性; persistence)을 갖는다. 이는 큰 유량에서보다 작은 유량에서 뚜렷하고 하천유량자료 간의 시간 간격이 작을수록 강한 지속성을 갖는다. 이는 한 시점의 하천유량과 같이 하나의 사상의 값과 이전 시점의 사상의 값 사이에 상관이 존재하는 사실로 기술될 수 있다. 이와 같이 지속성을 갖는 계열을 **자기회귀과정**(自己回歸過程; autoregressive(AR) process) 또는 **Markov과정**(Markov process)으로 나타낼 수 있으며 하천유량계열의 모의발생에 사용될 때 **자기회귀모형**(自己回歸模型; autoregressive model) 또는 **Markov모형**이라 한다. 자연수문사상은 지속성을 가지므로 이에 대한 계열상관성을 모의발생과정에 반영하기 위하여 확정론적 성분이 포함된다. Markov chain은 Markov과정의 특별한 경우로 $X(t)$가 이산형값을 취하는 경우이다. 수자원계획에서는 연속적인 추계과정이 Markov chain으로 근사된다.

p**차 자기회귀모형**, $AR(p)$

p차 자기회귀모형 $AR(p)$는 p개의 과거 또는 지체된 항을 이용한 지속성(또는 자기상관)의 수학적 모형이다.

$$Z_i = \phi_1 Z_{i-1} + \phi_2 Z_{i-2} + \cdots + \phi_P Z_{i-P} + \epsilon_i \tag{19.58}$$

여기서 ϕ_i는 지체 i에 대한 자기회귀 매개변수이고 ϵ_i 는 무작위변수인 **정규무작위변수**(正規無作爲變數; normal random variable)로서 평균이 영, 분산이 상수(σ_ϵ^2)인 독립적인 분포를 가지며 Z와는 무상관인 백색잡음 또는 잔차이다. Z_i는 평균이 영, 분산이 1인 시간 i에서 추계학적 성분을 나타내는 표준화된 정상과정이다. 표준화는 식 (19.59)에 의하여 이루어지고 식 (19.59)의 x_i는 평균이 μ, 분산이 σ_x^2인 정상과정으로 역사적인 기록을 나타낸다.

$$Z_i = \frac{x_i - \mu_x}{\sigma_x} \tag{19.59}$$

모의발생의 Markov과정은 다음 사항들로 구성된다. (1) 수문기록의 자료해석으로부터 통계적 매개변수의 결정, (2) 역사적인 자료의 빈도분포의 결정, (3) 역사적인 자료와 동일한 분포와 통계적인 특성을 갖는 표준정규난수의 발생, (4) (이전 유량의 영향을 나타내는) 지속성을 반영하는 확정론적 성분을 구성하여 무작위 성분과 조합한다.

모형에 따라 확정론적 성분과 무작위 성분의 형태와 조합은 다르게 된다. 식 (19.58)에서 처음 p개 항의 구성에 따르는 경우, 유량자료계열의 계절포함 여부에 따라 **단일계절(년)모형**(單一季節(年)模型; single season(annual) models), **다계절모형**(多季節模型; mutiple season models), 항의 수 p에 따라 $p=1$이면 지체1 또는 1차 자기회귀모형, $p=2$이면 2차 모형, $p \geq 3$이면 **다지체모형**(多遲滯模型; multilag models)이라 한다. 여러 지역의 자료계열이 사용되면 **다지역모형**(多地域模型; multisite model)이 적용된다.

$AR(p)$의 평균, 분산 및 자기상관계수는 다음과 같다.

$$E(z) = \mu \tag{19.60}$$

$$\sigma_z^2 = \frac{\sigma_\epsilon^2}{1 - \phi_1 \rho_1 - \cdots - \phi_P \phi_P} \tag{19.61}$$

$$\rho_k = \phi_1 \rho_{k-1} + \phi_2 \rho_{k-2} + \cdots + \phi_P \rho_{k-P} \tag{19.62}$$

여기서 σ_ϵ^2은 ϵ_i의 분산이다. 식 (19.62)는 Yule Walker식이라 하고 이를 $k=1, 2, \cdots, p$에 대하여 작성하면

$$\begin{aligned}
\rho_1 &= \phi_1 \quad\;\; + \phi_2\rho_1 \quad\;\; + \cdots + \phi_p\rho_{p-1} \\
\rho_2 &= \phi_1\rho_1 \;\; + \phi_2 \qquad\;\; + \cdots + \phi_p\rho_{p-2} \\
&\vdots \\
\rho_p &= \phi_1\rho_{p-1} + \phi_2\rho_{p-2} + \cdots + \phi_p
\end{aligned} \tag{19.63}$$

1차 자기회귀모형 $AR(1)$ 또는 1차 Markov모형

식 (19.58)의 가장 간단한 경우는 $p=1$인 경우로 **지체1(또는 1차) 자기회귀모형**(自己回歸模型; lag one 또는 1st order autoregressive model) 또는 **1차 Markov모형**이다.

$$Z_i = \phi_1 Z_{i-1} + \epsilon_i \tag{19.64}$$

식 (19.64)의 유량 Z_i는 현시점 i 이전의 모든 유량의 영향이 바로 이전 유량인 Z_{i-1}만에 의하여 반영됨을 나타낸다. $AR(1)$은 Z_i가 이전 값에 관하여 회귀되는 일종의 회귀식으로 '자기회귀'는 자신에 관한 회귀를 의미한다. $AR(1)$은 실제 물리적인 현상을 나타냄에는 타당성이 약하나 유량계열 간의 독립성을 가정하는 모형보다는 개선된 결과를 제공하고 수자원 계획을 위한 유량의 모의발생에 많이 사용된다. 특히 연 수문시계열에 널리 사용되며 계절표준화를 거친 계절, 일 계열에도 사용된다. 식 (19.64)를 이용하여 유량을 모의발생하기 위해서는 ϕ_1과 ϵ_i 그리고 유량자료계열의 통계적 매개변수가 결정되어야 한다. 분산과 계열상관계수는 식 (19.61), (19.62)로부터 구해진다.

Yule-Walker식으로부터 계열상관계수는 $\rho_1 = \phi_1 \rho_o = \phi_1$, $\rho_2 = \phi_1 \rho_1 = \rho_1^2$, $\cdots$, $\rho_p = \phi_1\rho_{p-1} = \rho_1^p$이므로 일반식은

$$\rho_k = \rho_1^k = \phi_1^k \tag{19.65}$$

$k=1$ 이면

$$\rho_1 = \phi_1 \tag{19.66}$$

분산

$$\sigma_z^2 = \frac{\sigma_\epsilon^2}{1-\phi_1\rho_1} = \frac{\sigma_\epsilon^2}{1-\rho_1^2} \tag{19.67}$$

$$\sigma_\epsilon = \sigma_z\sqrt{1-\rho_1^2} \tag{19.68}$$

ρ_k를 식 (19.65)와 같이 나타낼 수 있음은 무작위 변수 Z의 시계열을 1차 Markov과정으로 모형화할 수 있음을 시사한다. 1차 Markov과정은 1보다 큰 지체에 대한 계열상관이 중요하지 않은 경우에 적합하다. $k=1$ 이상의 지체에서도 ρ_k가 뚜렷하게 큰 경우에는 2차 또는 다중지체회귀모형이 적합하다. 연 유량계열의 대표적인 분포가 정규분포, 대수정규분포 및 감마분포

인 점을 감안하여 이들 분포형을 갖는 유량계열의 모의발생기법이 기술된다. HEC–4에는 1차 Markov모형이 포함되어 있다.

1차 자기회귀모형의 발생절차

1. 주어진 기록으로부터 결정된 분포의 평균, 분산, 왜곡도계수 및 지체1 자기(계열)상관계수를 계산하고, 난수를 발생하거나 표에서 난수를 택한다.
2. x_{i-1}을 $x_{i-1}=\bar{x}$로 놓고 x_i를 결정한다. x_i는 다음 단계에서 x_{i-1}이 된다. 이 과정이 계속된다.
3. 만약 발생된 유량이 음수이면 다음 단계 유량계산에 사용 후 폐기하여 발생유량계열에는 포함시키지 않는다. 초기유량의 영향을 제거하기 위해서는 발생된 유량의 처음 25 내지 50개는 버린다.
4. 결정된 분포가 대수정규분포이면 대수변환된 값을 유량으로 변환한다.

19.11.1 정규분포를 갖는 유량계열

정규분포를 갖는 유량계열의 평균이 μ, 분산이 σ_x^2, 지체1 계열상관계수가 ρ_1 일 때 1차 자기회귀모형은 다음과 같다(Salas 등, 1980).

$$x_i = \mu + \rho_1(x_{i-1} - \mu) + \epsilon_i \tag{19.69}$$

식 (19.69)에서 x_i는 평균치 μ, 바로 이전 유량 x_{i-1}과 평균치와의 차이의 일부분인 $\rho_1(x_{i-1} - \mu)$ 및 무작위 성분 ϵ_i의 합으로 주어짐을 나타낸다. ϵ_i는 평균이 영, 분산 σ_ϵ^2이 상수인 분포를 갖고 x_{i-1}에 대해서는 전혀 영향을 받지 않으며 x_i가 정규분포이면 ϵ_i도 정규분포라야 한다.

x_i의 분산은 $\sigma_x^2 = E[\mu+\rho_1(x_{i-1}-\mu)+\epsilon_i]^2-\mu^2=\rho_1\sigma_x^2+\sigma_\epsilon^2$. 여기서 σ_ϵ^2은 ϵ의 분산이다. 따라서 x_i의 분산 σ_x^2과 σ_ϵ^2의 관계는

$$\sigma_\epsilon^2 = \sigma_x^2(1-\rho_1^2) \tag{19.70}$$

x_i의 분포가 $N(\mu, \sigma_x^2)$이면 ϵ_i의 분포는 $N(0, \sigma_\epsilon^2)$이다. x_i는 $N(0, \sigma_\epsilon^2)$로부터 ϵ_i를 선정함으로써 발생될 수 있다. 만약 t의 분포가 $N(0, 1)$이라면 $t\sigma_\epsilon$ 또는 $t\sigma_x\sqrt{1-\rho_1^2}$의 분포는 $N(0, \sigma_\epsilon^2)$이다. 따라서 식 (19.48)에 따라 식 (19.69)의 ϵ_i를 $t\sigma_x\sqrt{1-\rho_1^2}$으로 대치하면 식 (19.69)는

$$x_i = \underbrace{\mu+\rho_1(x_{i-1}-\mu)}_{\text{확정론적 성분}} + \underbrace{\sigma_x t_i\sqrt{1-\rho_1^2}}_{\text{무작위 성분}} \tag{19.71}$$

여기서 x_i는 기록된 유량, μ와 σ_x는 기록된 유량의 평균치와 표준편차이다. 식 (19.71)에서

유량 x_i는 평균, 표준편차, 지체 $k=1$ 계열상관계수, 바로 이전 시간단계의 유량 및 무작위 성분의 항으로 정의됨을 나타낸다. 식 (19.71)을 **Thomas-Fiering모형**이라 한다. 식 (19.71)에 의하여 발생되는 정규분포를 갖는 합성유량은 역사적인 유량기록의 평균, 분산 및 1차 계열상관과 같은 값을 간직한다.

식 (19.71)에 의한 유량의 모의발생 계산은 주어진 유량기록의 표본을 이용하여 평균치 $\bar{q}$, 표준편차 S 및 1차 계열상관계수 r_1을 계산하고 t_i는 $N(0,\ 1)$(표 19.4)로부터 선정하여 이들을 식 (19.71)에 대입하여 다음과 같이 단계적으로 유량을 발생한다.

$$q_1 = \bar{q} + r_1(q_o - \bar{q}) + t_1 S\sqrt{1-r_1^2} \tag{19.72}$$

$$q_2 = \bar{q} + r_1(q_1 - \bar{q}) + t_2 S\sqrt{1-r_1^2} \tag{19.73}$$

일반식

$$q_i = \bar{q} + r_1(q_{i-1} - \bar{q}) + t_i S\sqrt{1-r_1^2} \tag{19.74}$$

식 (19.72)에서 초기치 q_o에는 임의의 값이 사용될 수 있으나 일반적으로 평균치가 사용된다 ($q_o = \bar{q}$). 발생되는 유량은 초기치의 영향을 크게 받으므로 이와 같은 초기치의 영향을 제거하기 위하여 발생되는 유량의 처음 50개 정도는 버리고 나머지 유량만을 사용한다.

정규분포에서는 음수에도 확률이 부여되므로 유량발생 과정에서 음수의 유량이 나올 수 있다. 만약 q_i가 음수이면 유량 q_{i+1}의 발생에는 사용하되 음수유량은 유량계열로서는 의미가 없으므로 버린다. 만약 $\rho_1 = 0$이면 식 (19.71)은 평균이 μ, 분산이 σ_x^2인 정규분포 $N(\mu, \sigma_x^2)$으로부터 무작위관측치를 선정하는 독립성 과정이 된다. 또한 $\rho_1 = 1$이면 식 (19.71)은 완전히 확정론적이 되어 x_i는 $x_{i-1}(x_i = x_{i-1})$에 의하여 완전히 결정된다.

모의발생에 의한 유량계열의 통계치(평균, 분산 및 계열상관계수)는 실측 유량기록의 통계치와 같게 되지는 않는다. 그러나 만약 그 차이가 허용범위를 초과하는 정도로 크게 되면 정규분포가 아닌 다른 분포가 가정된다.

예제 19.4

표 19.6의 2란에 주어진 20년간의 연평균 유량자료계열이 정규분포를 갖는 것으로 가정하고 이의 통계치를 이용하여 유량계열을 모의발생하라.

[풀이]

평균유량 $\bar{x} = \frac{1}{n}\sum_{i=1}^{n} x_i = \frac{1}{20}(3{,}396) = 169.8\ \mathrm{m^3/s}$

분산 $S^2 = \frac{1}{n-1}\left[\sum_{i=1}^{n} {x_i}^2 - n(\bar{x})^2\right] = \frac{1}{19}\left[734{,}012 - 20(169.8)^2\right] = 8{,}282.69\ (\mathrm{m^3/s})^2$

표준편차 $S = \sqrt{8{,}282.69} = 91.0\ \mathrm{m^3/s}$

표 19.6 연 유량자료계열과 통계치계산

i	x_i	x_i^2	x_i^3	$x_i\,x_{i+1}$	$x_i\,x_{i+2}$
1	39	1,521	59,319	1,677	5,967
2	43	1,849	79,507	6,579	16,254
3	153	23,491	3,594,123	57,834	52,173
4	378	142,884	54,010,152	128,898	81,648
5	341	116,281	39,651,821	73,656	33,759
6	216	46,656	10,077,696	21,384	21,600
7	99	9,801	970,299	9,900	18,909
8	100	10,000	1,000,000	19,100	12,600
9	191	36,481	6,967,871	24,066	43,357
10	126	15,876	2,000,376	28,602	15,120
11	227	51,529	11,697,083	27,240	31,099
12	120	14,400	1,728,000	16,440	14,520
13	137	18,769	2,571,353	16,577	22,331
14	121	14,641	1,771,561	19,723	28,919
15	163	26,569	4,330,747	38,957	24,776
16	239	57,121	13,651,919	36,328	18,403
17	152	23,104	3,511,808	11,704	43,168
18	77	5,929	456,533	21,868	14,630
19	284	80,656	22,906,304	53,960	
20	190	36,100	68,59,000		
Σ	3,396	734,012	187,895,472	614,493	499,232

왜곡도계수 $$g=\frac{n\sum_{i=1}^{n}x_i^3-3\sum_{i=1}^{n}x_i\sum_{i=1}^{n}x_i^2+\frac{2}{n}\left(\sum_{i=1}^{n}x_i\right)^3}{(n-1)(n-2)S^3}$$

$$=\frac{20\times 187{,}895{,}472-3\times 3{,}396\times 734{,}012+(2/20)\times(3{,}396)^3}{(20-1)\times(20-2)\times 91^3}=0.762$$

1차(지체1) 계열상관계수

$$r_1=\frac{\sum_{i=1}^{n-1}x_ix_{i+1}-\frac{1}{n-1}\left(\sum_{i=1}^{n-1}x_i\right)\left(\sum_{i=2}^{n}x_i\right)}{\left[\sum_{i=1}^{n-1}x_i^2-\frac{1}{n-1}\left(\sum_{i=1}^{n-1}x_i\right)^2\right]^{0.5}\left[\sum_{i=2}^{n}x_i^2-\frac{1}{n-1}\left(\sum_{i=2}^{n}x_i\right)^2\right]^{0.5}}$$

$$=\frac{614{,}493-1/19(3{,}206)(3{,}357)}{[697{,}912-1/19(3{,}206)^2]^{0.5}[732{,}491-1/19(3{,}357)^2]^{0.5}}=0.3249$$

2차(지체2) 계열상관계수(식 (19.27)에서 $k=2$인 경우)

$$r_2=\frac{499{,}232-\frac{1}{18}\times 2{,}922\times 3{,}314}{\left[689{,}456-\frac{1}{18}(2{,}922)^2\right]^{0.5}\left[730{,}612-\frac{1}{18}(3{,}314)^2\right]^{0.5}}$$

$$=-0.241$$

위에서 계산된 $\bar{x}=\bar{q}=169.8\ \mathrm{m^3/s}$, $S=91.0\ \mathrm{m^3/s}$, $r_1=0.3249$를 식 (19.74)에 대입한다.

$$\begin{aligned} q_i &= \bar{q}+r_1(q_{i-1}-\bar{q})+t_i S\sqrt{1-r_i^2} = 169.8+0.3249(q_{i-1}-169.8)+91t_i\sqrt{1-0.3249^2} \\ &= 169.8+0.3249(q_{i-1}169.8)+86.063\,t_i \end{aligned} \tag{a}$$

$i=1$에서 q_1에 대한 q_o에는 초기치로 평균치를 사용한다. 즉 $q_o=\bar{q}=169.8$. 표 19.4의 t_i와 식 (a)에 의한 계산내용과 결과는 표 19.7과 같다.

표 19.7 정균분포를 하는 연 유량계열의 모의발생

i	q_i	$q_{i-1}-\bar{q}$	$\bar{q}+r_1(q_i-\bar{q})$ $169.8+0.3249(q_{i-1}-169.8)$	t_i 표 19.4	$t_i S\sqrt{1-r_1^2}$ $=86.063t_i$	q_{i+1}
0	169.8	0.00	169.80	−0.523	−45.01	124.79
1	124.79	−45.10	155.19	0.611	52.58	207.76
2	207.76	37.96	182.13	−0.359	−30.90	151.23
3	151.23	−18.57	163.77	−0.393	−33.82	129.95
4	129.95	−39.85	156.85	0.084	7.23	164.08
5	164.08	−5.72	167.94	−0.931	−90.12	87.82
6	87.82	−81.98	143.16	−0.027	−2.32	140.81
7	140.81	−28.99	160.38	0.798	68.68	229.06
8	229.06	59.26	189.05	1.672	143.90	332.95
9	332.95	163.15	228.81	−1.077	−92.69	130.12

19.11.2 대수정규분포를 갖는 유량계열

AR(1) 또는 1차 Markov모형을 이용하여 대수정규분포를 갖도록 발생되는 유량계열은 관측 유량계열의 평균, 분산, 계열상관계수 및 왜곡도계수를 재현하도록 되어야 한다. 그러나 계열상관계수와 왜곡도계수는 꼭 같게 되지는 않으나 왜곡도의 보전이 가장 높은 분포로 알려졌으며 이 목적으로는 다음 방법 1이 사용된다.

방법 1: Matalas(1967)는 유량 x의 하한치 a를 도입할 경우 $y=\log(x-a)$는 정규분포가 된다고 가정하였다. x와 y의 매개변수들은 다음과 같은 관계를 갖는다.

$$\mu(x) = a+\exp\left[\frac{\sigma^2(y)}{2}+\mu(y)\right] \tag{19.75}$$

$$\sigma^2(x) = \exp[2(\sigma^2(y)+\mu(y))]-\exp[\sigma^2(y)+2\mu(y)] \tag{19.76}$$

$$\gamma(x) = \frac{\exp[3\sigma^2(y)]-3\exp[\sigma^2(y)]+2}{[\exp(\sigma^2(y)-1)]^{3/2}} \tag{19.77}$$

$$\rho_1(x) = \frac{\exp[\sigma^2(y)\rho_1(y)] - 1}{\exp[\sigma^2(y)] - 1} \tag{19.78}$$

유량계열의 통계치는 유량의 대수치로부터 구한 통계치보다 관측유량계열을 이용해서 계산된 통계치에서 보다 효과적으로 보존되는 점을 고려하여 Matalas는 표본유량의 통계치 $\bar{x}$, $S^2(x)$, $g(x)$ 및 $r_1(x)$를 식 (19.75~19.78)에 대입하고 이를 풀어서 $\mu(y)$, $\sigma^2(y)$, $\rho_1(y)$ 및 a를 결정하도록 제안하였다. 물론 이들 통계치는 실제 유량의 대수치를 이용해서 결정된 값들은 아니나 식 (19.79)를 이용하여 유량의 대수치계열 y_1, y_2, … 을 발생하는 데 사용된다. 합성유량계열은 다음 식으로부터 결정된다.

$$y_i = \bar{y} + r_{1y}(y_{i-1} - \bar{y}) + t_i S_y \sqrt{1 - r_{1y}^2} \tag{19.79}$$

$$q_i = \exp(y_i) + a \tag{19.80}$$

방법 2: 매개변수 $\bar{y}$, $S^2(y)$, r_{1y}를 관측유량계열의 대수치로부터 직접 계산한다. 이들 매개변수들은 정규분포의 유량계열을 발생하는 식 (19.71)에 대입하여 합성유량의 대수치 y_1, y_2, … 을 계산한 후 이들을 유량 q로 변환한다. 즉

$$q_i = \exp(y_i) \;\; 또는 \;\; q_i = 10^{y_i} \tag{19.81}$$

예제 19.5

예제 19.4의 유량자료에 대수정규분포를 적용하여 유량계열을 모의발생하라.

[풀이]

방법 2: 유량자료계열을 대수변환한 y_i계열을 이용하여 평균, 표준편차, 왜곡도계수 및 지체1 계열상관계수를 계산한다(표 19.8).

평균 $\bar{y} = 43.277/20 = 2.164$

분산 $S_y^2 = \dfrac{1}{n-1}\left[\sum_{i=1}^{n} y_i^2 - \dfrac{1}{n}\left(\sum_{i=1}^{n} y_i\right)^2\right] = \dfrac{1}{19}\left(94.939 - \dfrac{1}{20}(43.277)^2\right) = 0.0681$

$S_y = \sqrt{0.0681} = 0.261$

왜곡도계수 $$g_y = \frac{n\sum_{i=1}^{n} y_i^3 - 3\sum_{i=1}^{n} y_i \sum_{i=1}^{n} y_i^2 + \dfrac{2}{n}\left(\sum_{i=1}^{n} y_i\right)^3}{(n-1)(n-2)S^3}$$

$$= \frac{20(210.837) - 3 \times 43.277 \times 94.939 + 2/20(43.277)^3}{(20-1)(2-2) \times (0.261)^3} = -0.648$$

1차 계열상관계수 $$r_{1y} = \frac{90.381 - \dfrac{1}{19}40.998 \times 41.686}{\left[89.745 - \dfrac{1}{19}(40.998)^2\right]^{0.5}\left[92.408 - \dfrac{1}{19}(41.686)^2\right]^{0.5}} = 0.391$$

표 19.8 연 유량자료의 대수변환과 통계치

i	x_i	$y_i=\log x_i$	y_i^2	y_i^3	$y_i y_{i+1}$
1	39	1.591	2.531	4.027	2.598
2	43	1.633	2.667	4.355	3.568
3	153	2.185	4.774	10.432	5.631
4	378	2.577	6.641	17.114	6.528
5	341	2.533	6.416	16.252	5.912
6	216	2.334	5.448	12.715	4.659
7	99	1.996	3.984	7.952	3.992
8	100	2.000	4.000	8.000	4.562
9	191	2.281	5.203	11.868	4.790
10	126	2.100	4.410	9.261	4.948
11	227	2.356	5.551	13.078	4.898
12	120	2.079	4.322	8.986	4.443
13	137	2.137	4.567	9.759	4.451
14	121	2.083	4.339	9.038	4.608
15	163	2.212	4.893	10.823	5.262
16	239	2.379	5.660	13.464	5.191
17	152	2.182	4.761	10.389	4.117
18	77	1.887	3.561	6.719	4.633
19	284	2.453	6.017	14.760	5.590
20	190	2.279	5.194	11.837	
Σ	3,396	43.277	94.939	210.829	90.381

1차 자기회귀모형에 따라 모의발생식은 식 (19.71)에 위에서 계산된 평균, 표준편차 및 1차 계열상관계수를 대입하여 얻는다.

$$\begin{aligned} y_i &= \bar{y}+r_{1y}(y_{i-1}-\bar{y})+t_i S_y\sqrt{1-r_{1y}^2} \\ &=2.164+0.391(y_{i-1}-2.164)+0.261t_i\sqrt{1-0.391^2} \\ &=2.164+0.391(y_{i-1}-2.164)+0.24t_i \end{aligned} \tag{a}$$

식 (a)를 이용한 계산과정과 결과는 표 19.9에 주어진다.

방법 1: 관측유량기록의 모멘트, 즉 통계치를 이용하여 합성되는 유량의 대수치계열의 매개변수인 평균 μ_y, 분산 σ_y^2, 지체1 계열상관계수 ρ_y 및 하한계 a를 결정한다. 예제 19.4에서와 같이 관측유량기록의 통계치는 $\bar{x}=169.8\ \mathrm{m^3/s}$, $S^2=8{,}282.69(\mathrm{m^3/s})^2$, $g=0.762$ 및 $r_1=0.3249$이다. 식 (19.76)으로부터 먼저 σ_y를 구한다. y계열의 매개변수는 식 (19.75～78) 또는 식 (17.108～109)를 이용해서 계산된다. 여기서는 식 (17.108～109)와 (19.78)을 이용한다.

$$\sigma_y=\left[\ln(1+\sigma_x^2/\mu_x^2)\right]^{1/2}=\left[\ln(1+8{,}282.69/169.8^2)\right]^{1/2}=0.502$$

$$\sigma_y^2=0.502^2=0.252$$

$$\mu_y=\ln\mu_x-\sigma_y^2/2=\ln 169.8-0.252/2=5.009$$

식 (19.78) $\rho_1(x)=\dfrac{\exp[\sigma^2(y)\rho_1(y)]-1}{\exp[\sigma^2(y)]-1}$에 주어진 값을 대입하고 $0.3249=\dfrac{\exp(0.252\,r_{1y})-1}{\exp(0.252)-1}$을 r_{1y}에

관하여 정리하면 $r_{1y}=0.353$이고 초기치 y_0에는 정규분포에서와 같이 평균치 $\bar{y}(=\mu_y)=5.009$를 사용한다. 식 (19.71)에 따라

$$y_i=5.009+0.353(y_{i-1}-5.009)+0.502t_i\sqrt{1-0.353^2}$$
$$=5.009+0.353(y_{i-1}-5.009)+0.47t_i \quad \text{(b)}$$

식 (b)를 이용하여 합성유량계열을 발생하고 $q_{i+1}=\exp(y_{i+1})$을 이용하여 유량으로 환산한다. 식 (b)의 결과는 방법 1의 결과와 같이 표 19.9에 주어진다.

표 19.9 대수정규분포를 하는 연 유량계열의 모의발생

	방법 2						방법 1
i	y_i	$\mu_y+\rho_y(y_{i-1}-\mu_y)$	t_i	$t_i\sigma_y\sqrt{1-\rho_y^2}$	y_{i+1}	$q_{i+1}=10^{y_{i+1}}$	$q_{i+1}=e^{y_{i+1}}$
0	2.164	2.164	−1.536	−0.369	1.795	62.37	72.10
1	1.795	2.620	−0.454	−0.109	1.911	81.47	92.94
2	1.911	2.065	0.071	0.017	2.082	120.78	130.96
3	2.082	2.132	−2.129	−0.511	1.621	41.78	52.09
4	1.621	1.953	1.525	0.366	2.318	193.64	209.98
5	2.318	2.224	0.261	0.063	2.287	193.64	109.62
6	2.287	2.212	2.319	0.557	2.769	587.49	481.06
7	2.769	2.401	0.972	0.233	2.634	430.53	354.96
8	2.634	2.348	0.767	0.184	2.532	340.41	289.46
9	2.532	2.308	−2.849	−0.684	1.624	42.07	49.25

19.11.3 감마분포를 갖는 유량계열

감마분포를 갖는 연평균 유량계열의 모의발생에서도 정규분포의 경우와 같이 관측유량기록을 이용하여 평균 $\bar{x}$, 표준편차 S, 1차 계열상관계수 r_1 및 왜곡도계수 g를 사용한다.

그러나 $x_i=\mu+\rho_1(x_{i-1}-\mu)+\epsilon_i$를 이용하여 발생되는 흐름이 감마분포를 하기 위해서는 왜곡도계수와 t_i가 수정된다. t_i의 수정된 난수 ξ_i는 표준정규난수에 해당하는 감마분포의 난수이고 ξ_i의 왜곡도계수 g_ξ는 x_i의 왜곡도계수 g_x와 1차 계열상관계수 r_1의 항으로 정의된다.

$$g_\xi=\frac{1-r_1^3}{(1-r_1^2)^{1.5}}g_x \quad (19.82)$$

근사적인 감마분포를 갖는 난수 ξ_i의 발생에는 왜곡도계수와 계열상관계수를 포함하는 Wilson-Hilferty식이 사용된다. t_i가 평균이 영, 표준편차가 1인 정규분포일 때 ξ_i를 발생하는 Wilson-Hilferty식은 다음과 같다.

$$\xi_i=\frac{2}{g_\xi}\left(1+\frac{g_\xi t_i}{6}-\frac{g_\xi^2}{36}\right)^3-\frac{2}{g_\xi} \quad (19.83)$$

이들 통계치를 이용한 합성유량의 모의발생식은 다음과 같다.

$$q_1 = \bar{x} + r_1(q_o - \bar{x}) + \xi_1 S\sqrt{1-r_1^2} \tag{19.84}$$

$$= \bar{x}(1-r_1) + r_1 q_o + \xi_1 S\sqrt{1-r_1^2}$$

$$q_2 = \bar{x} + r_1(q_1 - \bar{x}) + \xi_2 S\sqrt{1-r^2} \tag{19.85}$$

$$q_i = \bar{x} + r_1(q_{i-1} - \bar{x}) + \xi_i S\sqrt{1-r_1^2} \tag{19.86}$$

이 경우에도 정규분포에서와 같이 초기치 q_o 에는 $q_o = \bar{x}$가 적용된다.

예제 19.6

표 19.6에 주어진 20년 유량자료에 감마분포를 적용하여 합성유량을 모의발생하라.

[풀이] 관측유량계열의 매개변수 $\bar{x} = 169.8 \text{ m}^3/\text{s}$, $S = 91.0 \text{ m}^3/\text{s}$, $r_1 = 0.3249$, $g = 0.762$가 사용된다.

식 (19.82)에 r_1과 g를 대입하면

$$g_\xi = \frac{1-0.3249^3}{(1-0.3294^2)^{1.5}} 0.762 = 0.873$$

식 (19.83)에 g_ξ를 대입하면

$$\xi_i = \frac{2}{0.873}\left(1 + \frac{0.873 t_i}{6} - \frac{0.873^2}{36}\right)^3 - \frac{2}{0.873}$$

$$= 2.291(0.979 + 0.146 t_i)^3 - 2.291 \tag{a}$$

주어진 값들을 식 (19.86)에 대입하면

$$q_i = 169.8 + 0.3249(q_{i-1} - 169.8) + 91.0 \times \xi_i \sqrt{1-0.3249^2}$$

$$= 114.632 + 0.3249 q_{i-1} + 86.063\,\xi_i \tag{b}$$

표 19.4 3열의 t_i와 식 (a), (b)를 이용한 계산내용과 결과는 표 19.10과 같다.

표 19.10 감마분포를 하는 연 유량계열의 모의발생

i	q_i	$114.632+0.3249q_{i-1}$	t_i	ξ_i	$86.063\xi_i$	q_{i+1}
0	169.8	169.8	−0.121	−0.256	−22,03	147.77
1	147.77	162.64	0.968	0.931	80.12	242.76
2	242.76	193.50	−1.943	−1.521	−130.89	62.61
3	62.61	134.97	0.581	0.467	40.19	175.16
4	175.16	171.54	−0.711	−0.755	−64.98	106.56
5	106.56	149.25	−0.060	−0.199	−17.13	132.12
6	132.12	157.56	−0.482	−.572	−49.23	108.33
7	108.33	149.83	−0.746	−0.782	−67.30	85.33
8	85.33	141.45	−0.747	−0.870	−74.87	66.40
9	66.40	136.21	1.254	1.304	112.23	248.44

19.12 다계절 자기회귀모형

장기경향의 조사가 목적이 아닌 연 유량계열의 해석이나 모의발생에는 연단위 유량자료계열의 통계치(평균, 분산 및 계열상관계수)를 이용하여 해석이 가능하다. 그러나 계절이나 월 유량계열의 해석에는 계절단위(건기와 습윤기, 4계절 및 12개월 등) 유량자료계열의 통계치가 이용된다. 연간 m 개의 계절 또는 월 유량계열에 Markov모형의 적용이 고려된다. 계절유량자료는 $x_{i,j}$ 로 표시되며 첨자 i 는 해당 년을, 첨자 j 는 계절(또는 월)의 번호로 $j=1, 2, \cdots, m$ 의 값을 갖는다. $j=1, 2, \cdots, m$ 에 대한 μ_j 와 σ_j 는 계절 j 의 평균치와 표준편차이다. ρ_j 는 $(j-1)$ 계절과 j 계절유량의 지체1 계열상관계수로 다음과 같이 정의된다.

$$\rho_j = \frac{E\left[(x_{i,j}-\mu_j)(x_{i,j-1}-\mu_{j-1})\right]}{\sigma_j \sigma_{j-1}} \tag{19.87}$$

여기서 ρ_1 은 m 번째 계절과 첫 번째 계절의 유량 간의 상관계수이고 이는 첫째 계절을 m 번째 계절의 다음 계절로 취급하기 때문이다. 즉 계절 $j=1$ 에 대한 $j-1$ 은 $1-1=0$ 으로 전년도의 m 계절이 된다. 이를 원형계열(circular series)방법이라 한다. ρ_1 의 계산은 $j=1$ 일 때이므로 $\mu_{j-1}=\mu_o$, $x_{i,j-1}=x_{i,o}$ 및 $\sigma_{j-1}=\sigma_o$ 를 필요로 하고 이들은 m 계절값으로 대치된다. 즉 $\mu_o=\mu_m$, $x_{i,o}=x_{i,m}$ 및 $\sigma_o=\sigma_m$.

다계절 자기회귀모형(多季節自己回歸模型; multiple season autoregressive model) 또는 다계절 Markov모형은

$$q_{i,j} = \mu_j + \frac{\rho_j \sigma_j}{\sigma_{j-1}}(q_{i,j-1}-\mu_{j-1}) + t_{i,j}\,\sigma_j\sqrt{1-\rho_j^2} \tag{19.88}$$

19.12.1 정규분포의 유량계열

n 년간의 m 계절자료인 $x_{1,1}, x_{1,2}, \cdots, x_{1,m}, x_{2,1}, x_{2,2}, \cdots, x_{2,m}, x_{n,1}, \cdots, x_{n,m}$ 의 통계치들은 다음 식들로 계산된다.

평균
$$\bar{x}_j = \frac{1}{n}\sum_{k=1}^{n} x_{k,j} \tag{19.89}$$

분산
$$S_j^2 = \frac{1}{n-1}\sum_{k=1}^{n} x_{k,j}^2 - \frac{1}{n(n-1)}\left(\sum_{k=1}^{n} x_{k,j}\right)^2 \tag{19.90}$$

계절 j 와 $j-1$ 의 유량 간의 지체1 계열상관계수는

$$r_j = \frac{\sum_{k=1}^{n} x_{k,j}x_{k,j-1} - n\bar{x}_j\bar{x}_{j-1}}{(n-1)S_jS_{j-1}} \tag{19.91}$$

x의 두 번째 첨자나 $\overline{x}$와 S의 첨자가 영이 되는 경우에는 원형계열에 따라 $j=0$을 $j=m$으로 대치하고 첫 번째 첨자 i는 1만큼 감소시켜 $x_{2,o}$가 $x_{1,m}$이 되도록 한다. 즉 식 (19.91)의 분자에서 $x_{2,1}$, $x_{2,o}$는 $x_{2,1}$, $x_{1,m}$으로 대치된다. $x_{1,1}$, $x_{1,o}$는 $j=1 \sim m$ 계절에서 $x_{1,o}$가 존재하지 않으므로 $x_{1,1}$, $x_{1,o}$는 폐기된다. 따라서 $\sum x_{k,j} x_{k,j-1}$항은 $(n-1)$개 항을 갖게 되므로 $n/(n-1)$을 곱해서 폐기되는 항의 값을 보상한다.

식 (19.88)의 t는 평균이 영, 분산이 1인 표준정규난수 $t_{1,1}$, $t_{1,2}$, $\cdots$, $t_{1,m}$, $t_{2,1}$, $\cdots$ 인 계열이고 초기치 $q_{o,m}$은 m 계절의 평균치 $\overline{x}_m$와 같은 값이므로 $q_{o,m}=\overline{x}_m$와 같이 가정할 때 합성유량은 다음 식으로 발생된다.

$$q_{1,1}=\overline{x}_1+\frac{r_1 S_1}{S_m}(q_{o,m}-\overline{x}_m)+t_{1,1} S_1 \sqrt{1-r_1^2} \tag{19.92}$$

$$q_{1,2}=\overline{x}_2+\frac{r_2 S_2}{S_1}(q_{1,1}-\overline{x}_1)+t_{1,2} S_2 \sqrt{1-r_2^2} \tag{19.93}$$

일반식
$$q_{i,j}=\overline{x}_j+\frac{r_j S_j}{S_{j-1}}(q_{i,j-1}-\overline{x}_{j-1})+t_{i,j} S_j \sqrt{1-r_j^2} \tag{19.94}$$

첨자 j는 $j=1,\ 2,\ \cdots,\ m$을 반복하므로 j값이 $m+1$이 되면 $j=1$로 조정하고 i는 1만큼 증가시켜 다음 연도로 이동한다. 음수의 계산유량이 발생할 경우 이의 처리는 단일계절모형에서와 같은 요령으로 처리된다.

19.12.2 대수정규분포의 유량계열

계절유량자료계열 $q_{i,j}$가 대수정규분포일 경우 이 계열의 대수치계열 $y_{i,j}=\log q_{i,j}$는 정규분포를 나타내므로 y 계열을 사용하여 계산한 통계치를 식 (19.88)의 변형인 식 (19.95)에 적용하여 합성유량의 대수치를 발생한다.

$$y_{i,j}=\overline{y}_j+\frac{r_j S_{yj}}{S_{yj-1}}(y_{i,j-1}-\overline{y}_{j-1})+t_{i,j} S_{yj} \sqrt{1-r_j^2} \tag{19.95}$$

$$q_{i,j}=\exp(y_{i,j}) \tag{19.96}$$

19.12.3 감마분포의 유량계열

각 계절에 대한 평균, 표준편차 및 계열상관계수는 정규분포에서와 같이 식 (19.89~19.91)에 의하여 결정하고 왜곡도계수는 다음 식으로 계산된다.

$$g_j=\frac{\dfrac{1}{n}\displaystyle\sum_{k=1}^{n} x_{k,j}^3-3S_j^2\overline{x}_j+\overline{x}_j^3}{S_j^3} \qquad j=1,2,\cdots,m \tag{19.97}$$

$z_{i,j}(z_{1,1},\ z_{1,2},\ \cdots,\ z_{1,m},\ z_{2,1},\ \cdots)$가 평균이 영, 표준편차가 1인 정규분포인 무작위수일 때 왜곡도계수를 포함하는 무작위 성분 $t_{i,j}$는 다음과 같이 정의된다.

$$t_{i,j}=\frac{2}{g_{i,j}}\left(1+\frac{g_{t,j}z_{i,j}}{6}-\frac{g_{t,j}}{36}\right)^3-\frac{2}{g_{t,j}} \tag{19.98}$$

여기서 $g_{t,j}$는 계절 $j\,(1,2,\cdots,m)$에 대하여 다음과 같이 정의된다.

$$g_{t,j}=\frac{g_j-r_{j-1}^3 g_{j-1}}{(1-r_j^2)^{1.5}} \tag{19.99}$$

n년간의 첫해($i=1$) 바로 이전 해의 마지막 계절의 유량 $q_{o,\,m}$은 존재하지 않으므로 m번째 계절의 평균치를 초기치로 사용한다. 즉 초기치를 $q_{o,m}=\overline{x}_m$로 한다. 합성유량의 모의발생식은

$$q_{1,1}=\overline{x}_1+\frac{r_1S_1}{S_m}(q_{o,m}-\overline{x}_m)+t_{1,1}S_1\sqrt{1-r_1^2} \tag{19.100}$$

$$q_{1,2}=\overline{x}_2+\frac{r_2S_2}{S_1}(q_{1,1}-\overline{x}_1)+t_{1,2}S_2\sqrt{1-r_2^2} \tag{19.101}$$

일반식은

$$q_{i,j}=\overline{x}_j+\frac{r_jS_j}{S_{j-1}}(q_{i,j-1}-\overline{x}_{j-1})+t_{i,j}S_j\sqrt{1-r_j^2} \tag{19.102}$$

19.13 다지체 자기회귀(Markov)모형

지체1 Markov모형에서는 현재 유량에 대한 과거 모든 유량의 영향이 이전의 단일유량에 의하여 반영되는 것으로 가정되나 **다지체 Markov모형**(multilag Markov model)에서는 하나 이상의 과거 유량이 현재 유량에 영향을 갖는다고 취급한다. 이는 자기상관도에서 r_1뿐만 아니라 $k=1$ 이상의 지체에서도 r_k가 현저하게 되는 경우임은 전술하는 바와 같다. 따라서 다지체모형의 확정론적 성분은 다음과 같이 m개의 이전 유량성분으로 나타낼 수 있다.

$$d_i=\ \beta_1 q_{i-1}+\ \cdots\ +\ \beta_m q_{i-m} \tag{19.103}$$

대수층은 유출을 지하수 형태로 저장하여 장기간에 걸쳐 그의 일부를 하천에 공급하여 하천유량을 구성한다. 이와 같은 지하수 저류량의 거동은 다지체모형으로 잘 나타낼 수 있다. 식 (19.103)의 다지체모형에 의하여 유량의 모든 물리적인 현상이 설명되는 것은 아니다. 왜냐하면 실제 하천유량은 단순히 과거 유량만이 아니라 많은 수문학적 그리고 기상학적 현상에 의한 복잡한 과정에 의하여 발생되기 때문이다.

다지체모형에서 중요한 사항은 식 (19.103)에서 현재 유량에 영향을 미치는 과거 유량의 수

가 얼마인가이다. 즉 m 값이 얼마인가이다. 이는 3가지 기준에 따라 결정 가능하다.

(1) **계열상관도 이용**

지체에 대한 결정계수 R^2 을 도시한 다중계열상관도에서 R^2 값이 거의 일정하게 되는 지체를 택한다. 이의 과정은 다음과 같다. 먼저 현재 유량에 영향을 주는 이전 유량이 단 하나인 경우를 취급한다.

$$x_i = \beta_o + \beta_1 x_{i-1} \tag{19.104}$$

관측유량에 선형회귀분석을 적용하여 β_o, β_1 의 추정치인 b_o, b_1 을 결정하여 회귀식 $\hat{x} = b_o + b_1 x_{i-1}$ 의 적합도를 조사한다. 이를 위해서 관측유량 x_i 와 모형에 의한 예측치 $\hat{x}_i$ 간의 상관계수의 자승인 결정계수 R^2 을 계산한다.

$$R^2 = \frac{\left[\sum_{i=2}^{n} x_i \hat{x}_i - \frac{1}{n-1}\sum_{i=2}^{n} x_i \sum_{i=2}^{n} \hat{x}_i\right]^2}{\left[\sum_{i=2}^{n} x_i^2 - \frac{1}{n-1}\left(\sum_{i=2}^{n} x_i\right)^2\right]\left[\sum_{i=2}^{n} \hat{x}_i^2 - \frac{1}{n-1}\left(\sum_{i=2}^{n} \hat{x}_i\right)^2\right]} \tag{19.105}$$

다음에는 2개의 이전 유량의 영향을 고려한다.

$$x_i = \beta_o + \beta_1 x_{i-1} + \beta_2 x_{i-2} \tag{19.106}$$

선형회귀분석에 의하여 계수 β_o, β_1 및 β_2의 추정치인 b_o, b_1 및 b_2를 결정하고 관측유량 x_i 와 계산유량 $\hat{x}_i$ 간의 결정계수 R^2 을 식 (19.107)에 의하여 계산한다.

$$R_k^2 = \frac{\left[\sum_{i=k+1}^{n} x_i \hat{x}_i - \frac{1}{n-k}\sum_{i=k+1}^{n} x_i \sum_{i=k+1}^{n} \hat{x}_i\right]^2}{\left[\sum_{i=k+1}^{n} x_i^2 - \frac{1}{n-k}\left(\sum_{i=k+1}^{n} x_i\right)^2\right]\left[\sum_{i=k+1}^{n} \hat{x}_i^2 - \frac{1}{n-k}\left(\sum_{i=k+1}^{n} \hat{x}_i\right)^2\right]} \tag{19.107}$$

R^2 은 회귀식(또는 모형)에 의하여 설명되는 계산유량의 변화를 나타내는 척도이므로 R^2 의 변화는 모형의 설명 능력의 변화를 반영한다. 대부분의 경우 R^2 은 지체가 증가함에 따라 증가하거나 같은 값으로 남아있게 된다. 구체적으로 R^2 은 처음에는 급격히 증가하다가 지체가 증가하면 비교적 일정한 값에 머무르게 된다. 따라서 지체 수의 결정은 R^2 이 거의 일정하게 되기까지의 지체로 한다. R^2 의 변화가 작은 것은 의존성이 작은 것을 의미한다.

(2) **R^2 이 1을 초과하는 지체**

R^2 은 1보다 클 수가 없다($R^2 \leq 1$). 그러나 컴퓨터 계산과정에 의한 부정확성으로 인하여 R^2 이 1보다 크게 되는 경우가 발생하므로 $R^2 > 1$ 이면 그 이상의 지체를 포함시키지 않는다.

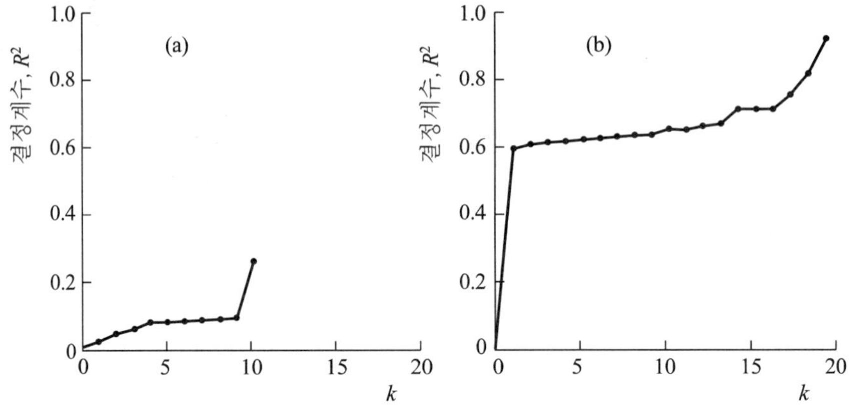

그림 19.13 다중 자기상관도(Fiering과 Jackson, 1971)

(3) **지체의 상한계**

먼 과거의 유량이 현재의 유량에 영향을 미치는 것은 물리적으로 불가능하고 대수층의 저류량의 기여도 역시 아주 장기간 지속되지 않는다. 따라서 일반적으로 채택되는 상한계의 지체수는 8～10이다.

t_1, t_2, ⋯ 을 평균이 영, 표준편차가 1인 정규분포난수라 할 때 다지체 자기회귀(Markov)모형은 다음과 같다.

$$q_i = b_o + b_1 q_{i-1} + b_2 q_{i-2} + \cdots + b_m q_{i-m} + t_i S\sqrt{1-R^2} \tag{19.108}$$

유량계열을 모의발생하는 절차는 다음과 같다. (1) 회귀분석에 의하여 회귀계수 b_o, b_1, ⋯, b_m 을 결정한다. (2) 회귀식에 의한 계산유량과 관측유량 간의 결정계수 R^2 을 계산한다. (3) 1, 2 과정을 통해서 지체 수 m 을 결정한다. (4) 관측유량계열의 표준편차를 계산한다. (5) 지체가 m 이므로 초기치는 식 (19.108)에서 q_{i-1}, q_{i-2}, ⋯, q_{i-m} 에 대해 m 개가 필요하다. 초기치에는 관측유량계열의 평균치가 사용된다. 즉 m 개의 이전 유량을 q_1, q_2, ⋯, q_m 으로 나타내면 $q_1 = q_2 = \cdots = q_m = \overline{x}$. (6) t_{m+1}, t_{m+2}, ⋯ 을 평균이 영, 표준편차가 1인 표준정규난수라 할 때 유량모의발생식은 식 (19.108)과 같다. 이전의 m 유량을 이용해서 $m+1$에 대한 유량을 발생시키는 t 의 첨자는 $m+1$ 부터 시작된다. 발생 이전의 유량자료가 m 개이므로 모의발생모형식 식 (19.108)은 다음과 같이 첨자를 변경한다.

$$q_{m+1} = b_o + b_1 q_m + b_2 q_{m-1} + \cdots + b_m q_1 + t_{m+1} S\sqrt{1-R^2} \tag{19.109}$$

$$q_{m+2} = b_o + b_1 q_{m+1} + b_2 q_m + \cdots + b_m q_2 + t_{m+2} S\sqrt{1-R^2} \tag{19.110}$$

$$q_{m+i} = b_o + b_1 q_{m+i-1} + b_2 q_{m+i-2} + \cdots + b_m q_i + t_{m+i} S\sqrt{1-R^2} \tag{19.111}$$

다변수 감마분포에 대한 이론은 아직 정립되지 않아 다지체 감마모형은 적용이 가능하지 않다.

예제 19.7

표 19.6에 주어진 유량자료에 다지체모형을 이용하여 유량을 모의발생하라.

[풀이] 먼저 지체1 모형을 고려한다.

$$x_i = \beta_o + \beta_1 x_{i-1}$$

선형회귀분석에 의한 계수 β_o, β_1의 추정치 b_o, b_1과 회귀식은 다음과 같다.

$$b_o = 124.9,\ b_1 = 0.307$$

$$\hat{x}_i = 124.9 + 0.307\, x_{i-1} \qquad i = 2, \cdots, 20 \tag{a}$$

회귀식 (a)에 의한 추정치는

i	1	2	3	4	5	6	7	8	9	10
x_i	–	136.86	138.09	171.86	240.93	229.57	191.20	155.28	155.59	183.523
	163.57	194.58	161.723	166.95	162.03	174.93	198.26	171.55	148.53	212.07

식 (19.105)를 이용하여 R_1^2을 계산한다.

$$R_1^2 = \frac{\left(\sum_{i=2}^{20} x_i \hat{x}_i - \frac{1}{19}\sum_{i=2}^{20} x_i \sum_{i=2}^{20} \hat{x}_i\right)^2}{\left[\sum_{i=2}^{20} x_i^2 - \frac{1}{19}\left(\sum_{i=2}^{20} x_i\right)^2\right]\left[\sum_{i=2}^{20} \hat{x}_i^2 - \frac{1}{19}\left(\sum_{i=2}^{20} \hat{x}_i\right)^2\right]} = 0.106$$

식 (19.106)에 준하는 지체2 모형의 추정치를 이용한 결정계수 $R_2^2(k=2)$은 식 (19.107)에 의하면

$$R_2^2 = \frac{\left(\sum_{i=3}^{20} x_i \hat{x}_i - \frac{1}{18}\sum_{i=3}^{20} x_i \sum_{i=3}^{20} \hat{x}_i\right)^2}{\left[\sum_{i=3}^{20} x_i^2 - \frac{1}{18}\left(\sum_{i=3}^{20} x_i\right)^2\right]\left[\sum_{i=3}^{20} \hat{x}_i^2 - \frac{1}{18}\left(\sum_{i=3}^{20} \hat{x}_i\right)^2\right]} = 0.209$$

지체 $k=1 \sim 5$에 대한 회귀식의 계수와 결정계수는 표 19.11과 같다.

한편 Spearman rank 상관계수를 이용한 무작위성의 검토는 식 (19.11)의 $\Sigma(y_i - i)^2 = 1{,}104$, $n = 20$이므로 식 (19.11)에 따라 Spearman등급 상관계수 r_s는

표 19.11 예제 19.7의 지체별 회귀계수와 결정계수

지체	회귀식 계수						결정계수
k	b_o	b_1	b_2	b_3	b_4	b_5	R^2
1	124.886	0.307					0.106
2	186.082	0.343	−0.384				0.209
3	**263.776**	**0.123**	**−0.182**	**−0.416**			**0.339**
4	245.200	0.127	−0.174	−0.196	−0.177		0.279
5	276.600	−0.099	−0.072	−0.127	−0.168	0.051	0.135

$$r_s = 1 - \frac{6}{n(n^2-1)}\sum_{i=1}^{n}(y_i - i)^2 = 1 - \frac{6 \times 1,104}{20(20^2-1)} = 0.17$$

유의수준 5%인 $\alpha = 0.05$와 $n = 20$에 대한 $r_s = 0.17$은 한계치 $r_{sc=}0.377$(표 19.1)보다 작으므로 유의수준 5%에서 무상관으로 판단된다. 그러나 표 19.11에서 계산된 결정계수는 증가하여 $k = 3$에서 최대가 되고 $k = 4$에서부터 감소한다. 전술한 바와 같이 R^2은 처음에는 급격히 증가하다가 지체가 증가하면 비교적 일정한 값에 머무르게 되는 데 반하여 이 경우에는 감소하는 점과 R^2의 작은 변화가 의존성이 작은 것을 의미하는 점은 이전 유량의 영향이 감소하는 것으로 해석할 수 있다. 따라서 지체 $k = 3$까지의 유량이 유량발생에 유효한 것으로 판단된다. 이에 따라 합성유량 모의발생식은 지체3 자기회귀모형이 된다. $R_3^2 = 0.339$이므로 모의발생식은

$$\begin{aligned} q_i &= b_o + b_1 q_{i-1} + b_2 q_{i-2} + b_3 q_{i-3} + t_i S\sqrt{1-R_3^2} \\ &= 263.776 + 0.123 q_{i-1} - 0.182 q_{i-2} - 0.416 q_{i-3} + t_i(91.0)\sqrt{1-0.339} \\ &= 263.776 + 0.123 q_{i-1} - 0.182 q_{i-2} - 0.416 q_{i-3} + 73.985 \end{aligned} \qquad \text{(b)}$$

표 19.4의 t_i와 식 (b)에 의한 계산과정과 발생된 유량은 표 19.12와 같다.

표 19.12 다지체모형에 의한 유량모의발생

i	q_{i-1}	$b_o + b_1 q_{i-1} + b_2 q_{i-2} + b_3 q_{i-3}$	t_i	$t_i S\sqrt{1-R^2}$	q_i
1	39	–	−0.121	–	–
2	43	–	0.968	–	–
3	153	–	−1.943	–	–
4	378	258.545	0.581	42.985	301.530
5	341	264.536	−0.711	−52.603	211.933
6	216	153.275	−0.060	−4.439	158.836
7	99	71.034	−0.482	−35.661	35.373
8	100	94.785	−0.746	−55.193	39.592
9	191	168.202	−0.747	−55.267	112.935
10	126	227.885	1.254	92.773	320.662

19.14 자기회귀-이동평균모형, ARMA(p, q)

AR모형보다 더 다양한 기능의 모형이 자기회귀모형과 이동평균모형을 조합한 모형인 **자기회귀-이동평균모형**(自己回歸-移動平均模型; autoregressive-moving average model) ARMA(p, q)이다.

$$Z_t = \phi_1 z_{t-1} + \cdots + \phi_p z_{t-p} + \epsilon_t - \theta_1 \epsilon_{t-1} - \cdots - \theta_q \epsilon_{t-q} \qquad (19.112)$$

여기서 $\phi_1, \cdots, \phi_p$는 자기회귀 매개변수, $\theta_1, \cdots, \theta_q$는 이동평균 매개변수이다. ϵ_t는 평균이 영, 분산이 σ_ϵ^2인 정규확률변수이고 Z_t와는 무상관인 잔차, 자기회귀차수 p는 과거(또는 지체) 항의 수를, 이동평균차수 q는 지체잔차 항의 수를 나타낸다.

ARMA(1, 1): 수문학에서 많이 사용되는 모형은 1차 ARMA모형인 ARMA(1, 1)로

$$Z_t = \phi_1 Z_{t-1} + \epsilon_t - \theta_1 \epsilon_{t-1} \tag{19.113}$$

이는 연 계열의 모형과 계절계열에 유용하다. 식 (19.113)의 매개변수 ϕ_1과 θ_1은 $|\phi_1| < 1$과 $|\theta_1| < 1$의 조건을 필요로 한다.

ARMA(1, 1)의 분산과 자기상관함수 및 계수는

분산 $$\sigma^2 = r_o = \frac{1 - 2\phi_1\theta_1 + \theta_1^2}{1 - \phi_1^2}\sigma_\epsilon^2 \tag{19.114}$$

자기상관함수 $$r_1 = \frac{(1 - \phi_1\theta_1)(\phi_1 - \theta_1)}{1 - \phi_1^2}\sigma_\epsilon^2 \tag{19.115}$$

$$r_k = \phi_1 r_{k-1} \qquad k \geq 2 \tag{19.116}$$

자기상관계수 $$\rho_1 = \frac{r_1}{r_o} = \frac{(1 - \phi_1\theta_1)(\phi_1 - \theta_1)}{1 - 2\phi_1\theta_1 + \theta_1^2} \tag{19.117}$$

$$\rho_k = \phi_1 \rho_{k-1} = \sigma_1 \phi_1^{k-1} \qquad k \geq 2 \tag{19.118}$$

ARMA(1, 1)의 매개변수 ϕ_1과 θ_1은 식 (19.114)와 (19.117)로부터 결정된다. 식 (19.59)의 Z가 평균 $\bar{x}$, 표준편차 S인 유량기록 x_t의 표준화된 시계열이면 식 (19.48)의 $\epsilon_i = t_i \sigma_\epsilon$과 식 (19.113)으로부터 식 (19.69)를 고려한 유량발생식 x_t는

$$x_t = \bar{x} + \phi_1(x_{t-1} - \bar{x}) + t_t S \sigma_\epsilon - \theta_1 t_{t-1} S \sigma_\epsilon \tag{19.119}$$

AR(1)과정에서의 ρ_k는 ϕ_1만의 함수(식 19.65)인 반면 ARMA(1, 1)과정에서의 ρ_k는 ϕ_1과 θ_1의 함수(식 19.117~118)인 점에서 AR(1)이 융통성과 신축성이 작음을 알 수 있다. 그림 19.14는 AR(1)과 ARMA(1, 1)과정의 대표적인 자기상관도를 나타낸다. 그림에서 AR(1)과정이 단기기억과정인 반면 ARMA(1, 1)과정은 장기기억과정임을 알 수 있다.

ARMA(1, 1)과정의 매개변수 ϕ_1과 θ_1은

$$\phi_1 = \rho_2 / \rho_1 \tag{19.120}$$

$$\theta_1 = \frac{-b \pm \sqrt{b^2 - 4(\rho_1 - \phi_1^2)}}{2(\rho_1 - \phi_1)} \tag{19.121}$$

여기서 $b = 1 - 2\phi_1\rho_1 + \phi_1^2$이다. 모형의 p, q 선정에서는 $p+q$가 작은 것이 요망된다. Box-Jenkins(1976)에 의하면 매개변수 p, q는 실제 적용에 2를 초과하지 않는다. 따라서 ARMA(1, 1)이 AR(1)보다 우선적으로 고려되고 $(p+q)$는 최소가 되어야 하는 조건에 따라 ARMA(1, 1)이 AR(3)에 우선한다. p, q가 결정되면 매개변수가 추정되고 이에는 최소자승법이 이용된다. AR(1)이 자료에 적합되지 않는 경우에는 ARMA(1, 1)이 고려된다. ARMA모형은 선형대수층, 선형저수지, 독립적인 강우양상의 영향을 나타내는 데 적절한 모형으로 알려진다.

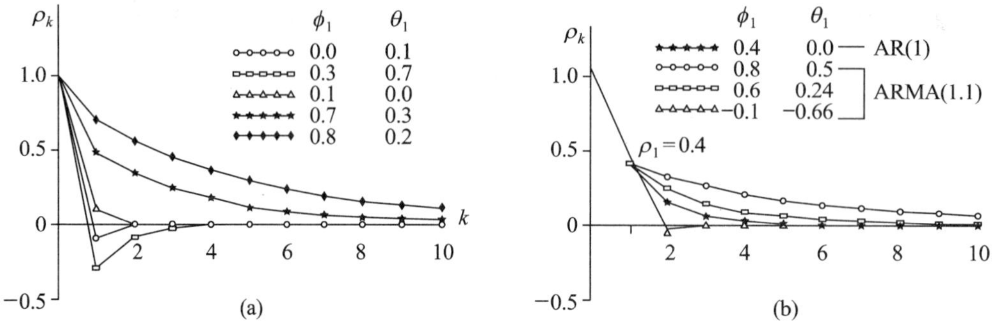

그림 19.14 자기상관도 (a) 상이한 ϕ_1과 θ_1에 대한 ARMA(1, 1), (b) $\rho_1 = 0.4$에 대한 AR(1)과 ARMA(1, 1)과정 (Salas, 1992)

예제 19.8

매개변수가 $\bar{x} = 171\ \mathrm{m^3/s}$, $S = 42\ \mathrm{m^3/s}$, $r_1 = 0.38$, $r_2 = 0.24$인 흐름조건에 대하여 ARMA(1, 1)을 이용하여 t의 처음 3값 −0.542, −0.807 및 0.163에 대한 유량의 모의발생을 수행하라.

[풀이] 식 (19.120)에 의하면 ϕ_1은

$$\phi_1 = r_2/r_1 = 0.24/0.38 = 0.63$$

θ_1은 식 (19.117) 또는 (19.121)에 의하면 $\theta_1 = 0.295$, Z는 평균이 영, 분산이 1인 분포이므로 $\sigma^2 = 1$을 고려하여 식 (19.114)로부터 σ_ϵ을 구하면 $\sigma_\epsilon = 0.92$이다.

따라서 식 (19.119)에 주어진 값들을 대입하면 일반식은

$$\begin{aligned} x_i &= 171 + 0.63(x_{i-1} - 171) + 42 \times 0.92 t_i - 0.295 \times 42 \times 0.92 t_{i-1} \\ &= 171 + 0.63(x_{i-1} - 171) + 38.64 t_i - 11.4 t_{i-1} \end{aligned} \tag{a}$$

식 (a)를 이용하여 발생되는 유량은

$$x_1 = 171 + 0.63(171 - 171) + 38.64(-0.542) - 11.4(0) = 150.06\ \mathrm{m^3/s}$$

$$x_2 = 171 + 0.63(150.06 - 171) + 48.64(-0.807) - 11.4(-0.542) = 124.73\ \mathrm{m^3/s}$$

$$x_3 = 171 + 0.63(132.8 - 171) + 38.64(0.163) - 11.4(-0.807) = 162.43\ \mathrm{m^3/s}$$

모형의 검사와 선정

AR과 ARMA모형에 관한 기본검사는 잡음 ϵ_t의 정규분포와 독립성의 가정에 관한 것이다. 모형의 매개변수가 결정되면 잔차(잡음) ϵ을 계산하여 정규분포를 갖는지 검사된다. ARMA(1, 1) 모형으로부터 계산된 ϵ의 독립성을 결정하는 일반적인 검사는 Dortemanteau lack of fit test (Box와 Pierce, 1970)이다. 사용되는 통계량은

$$\chi = N \sum_{k=1}^{L} r_k^2(\epsilon) \tag{19.122}$$

여기서 $r_k(\epsilon)$은 ϵ_t의 표본 자기상관함수, L은 지체의 수, χ는 자유도가 $\nu = L-p-q$인 카이제곱분포이고, N은 표본의 크기이다. $\chi < \chi_{1-\alpha,\nu}$이면 ϵ_t는 비상관이고 ϵ_t가 유도된 모형은 적합한 모형으로 판단된다. 특히 작은 k에 대하여 $r_k(\epsilon)$은 $\pm 1.96\sqrt{N}$의 한계 내에 드는 것이 기대된다.

시계열모형의 적합성은 모형으로부터 계산된 통계치들을 관측기록의 통계치와 비교를 통해서도 가능하다. 고려되는 통계치들은 평균, 분산, 왜곡도 및 자기공분산이다. 경우에 따라서는 관측기록과 모형의 자기상관도의 비교를 모형의 적합도 판정에 기본으로 사용한다.

19.15 분해모형

분해모형(分解模型; disaggregation model)은 연 유량을 계절 또는 월 유량(시간적)으로 분리하거나, 유역단위(월 또는 연) 유량을 소유역(공간적)에 분할하는 것이다. 분해모형은 계절다중모형에 계절모형인 AR 또는 ARMA모형이 월 모형을 적용할 경우 과대하게 많은 매개변수를 필요로 하고 복잡한 모형인 점에 대한 이점을 갖는다. 이와 같은 복잡함을 피하기 위하여 계절다중모형에서 지체 $k=1$ 이상에서 계절상관이 현저함에도 불구하고 지체1 이상의 항을 무시하고 지체1모형이 채택된다면 이는 오류를 범하고 저수지의 경우 과소설계로 귀결될 수 있다. 연변수의 분해모형을 사용한다면 계절 간의 상관을 유지하는 것이 가능한 것으로 밝혀졌다(Valencia와 Schaake, 1973).

$$\underset{mn\times 1}{\begin{bmatrix} y_{11} \\ y_{21} \\ \vdots \\ y_{m1} \\ y_{12} \\ \vdots \\ y_{1n} \\ \vdots \\ y_{mn} \end{bmatrix}} = \underset{mn\times n}{\begin{bmatrix} \\ \\ A \\ \\ \\ \end{bmatrix}} \underset{n\times 1}{\begin{bmatrix} x_1 \\ \vdots \\ x_n \end{bmatrix}} + \underset{mn\times nm}{\begin{bmatrix} \\ \\ B \\ \\ \\ \end{bmatrix}} \underset{nm\times 1}{\begin{bmatrix} w_{11} \\ w_{21} \\ \vdots \\ w_{m1} \\ w_{12} \\ \vdots \\ w_{1n} \\ \vdots \\ w_{mn} \end{bmatrix}} \tag{19.123}$$

$x = n\times 1$의 집합변수(aggregated variable)벡터(연 유량)

$y = mn\times 1$의 분해변수(disaggregated variable)벡터(월 유량)

$A = mn\times n$의 계수행렬

$B = mn\times nm$의 계수행렬

$W = nm\times 1$의 표준정규난수 벡터

n 개 지점에 연 유량 x 가 주어질 때 n 개의 각 지점에서 m 개의 월 유량 y 가 발생된다. 이에 대한 분해모형을 행렬로 나타내면 식 (19.123)과 같다. 여기서 y 와 W의 첨자 중 첫째 첨자는 월을, 둘째는 지점을 나타낸다.

$$y = Ax + BW \tag{19.124}$$

여기서 x 는 n 지점에서의 연 유량의 n 벡터이고, y 는 1년이 m 계절일 때 nm 벡터이다. W는 평균이 영인 표준정규난수 nm 벡터이다. A, B는 계수행렬로서 관측기록으로부터 결정된다.

전술한 바와 같이 식 (19.88)과 같은 계절(월)모형을 다지점에 적용한다면 계수행렬이 과다하게 된다. 이에 대한 대안은 연 자료계열의 특성을 간직하는 연 유량계열을 발생하여 월 또는 계절유량으로 분해하는 것이다. 분해모형은 연에서 월로, 월에서 일로 변환하는 데 적용된다. 계산과정에 적용되는 기준은 발생된 자료로부터 계산되는 평균, 분산 및 공분산은 관측기록의 평균, 분산 및 공분산과 같아야 하는 점이다. 계수행렬은 표본자료 행렬의 전치행렬을 취하고 기대치를 취함으로써 결정된다.

$$A = E[YX^T] \; E[XX^T]^{-1} \tag{19.125}$$

$$BB^T = E[YY^T] - E[YX^T]E[XX^T]^{-1}E[XY^T] \tag{19.126}$$

문 제

19.1 다음 표는 연 강수량자료 x(mm)이다. (a) 강수량계열 x 를 시간에 대하여 도시하라. 여기에 3년, 5년 이동평균을 계산하여 같이 도시하고 결과를 비교 검토하라. (b) $k=10$ 까지 계열상관계수를 계산하여 계열상관도를 작성하고 Anderson검정식을 이용하여 95% 신뢰한계를 같이 도시하고 결과를 검토하라. (c) 스펙트럼을 $k=10$ 까지 계산하여 도시하라. (d) 경향성분이 존재하는지를 검토하라.

642	605	667	693	707
617	748	681	619	464
771	619	638	603	625
637	649	508	532	671
668	724	705	635	821
609	850	742	633	760
659	680	676	711	684
593	571	651	751	683

19.2 $x(k)=\frac{1}{3}[\cos(2\pi k/6)+\cos(2\pi k/12)+\cos(2\pi k/24)]+\epsilon$. 여기서 ϵ은 평균이 영, 분산이 0.5인 정규분포를 갖는 독립성 무작위과정이다. $k=10$에서 200에 대한 $x(k)$를 발생하여 상관도와 스펙트럼밀도함수를 계산하여 도시하라. 결과를 그림 19.8과 비교하라.

19.3 $x(t)=\cos(2\pi k/6)+\epsilon$. 여기서 ϵ은 평균이 영, 분산이 0.5인 정규분포를 갖는 독립성 무작위과정이다. $k=10$에서 200에 대한 $x(k)$를 발생하여 상관도와 스펙트럼밀도함수를 계산하여 도시하라.

19.4 다음 연 유량자료의 통계적 매개변수(평균, 표준편차, 왜곡도계수 및 계열상관계수)를 구하고 유량계열의 빈도분포형을 동정하라.

시간(yr)	1962	1963	1964	1965	1966	1967	1968	1969
유량(m^3/s)	87	103	103	33	115	58	53	71

1970	1971	1972	1973	1974	1975	1976	1977	1978
74	83	95	69	111	33	32	82	62

19.5 다음 연 유량기록의 통계적 매개변수를 계산하라.

시간(yr)	1971	1972	1973	1974	1975	1976	1977	1978	1979	1980
유량(m^3/s)	193	171	232	162	263	203	46	218	333	360

1981	1982	1983	1984	1985	1986	1987	1988	1989	1990
201	256	248	317	478	308	345	275	297	241

19.6 문제 19.4의 자료에 대한 상관도와 스펙트럼밀도함수를 계산하여 도시하고 뚜렷한 양상이 존재하는지 검토하라.

19.7 문제 19.5의 자료에 AR(1)모형을 이용하여 100년간의 합성연유량계열을 발생하라. 난수에 대해서는 표 19.4의 첫째 행의 첫 열부터 시작하라.

19.8 문제 19.5의 기록에 AR(1)모형을 적용하여 100년간의 연 유량계열을 발생하라. 난수는 표 19.4의 3행 1열부터 시작하라.

19.9 어느 연 유량계열의 평균과 표준편차가 각각 44.8 m^3/s, 10.54 m^3/s이다. 지체 $k=1$, 2에 대한 계열상관계수가 각각 0.62, 0.5이다. AR(1)모형의 매개변수를 산정하라. 표준정규난수 1.179, −0.862, −0.355를 이용하여 유량을 발생하라.

19.10 문제 19.4의 자료에 ARMA(1, 1)모형을 이용하여 수행하라.

19.11 문제 19.5의 자료와 결과를 이용하여 다음을 수행하라.
(a) 자료의 대수치에 대한 통계적 매개변수를 계산하라. (b) Thomas−Fiering모형을 이용하여 연 유량계열을 발생하라. (c) (a)의 결과를 이용하여 (b)를 되풀이하라. (d) (b)와 (c)의 결과에 대한 통계적 매개변수를 계산하여 관측자료계열의 통계치와 비교 검토하라.

19.12 다음은 어느 하천의 유량자료(m^3/s)이다. 처음 30년간의 유량기록에 대하여 다음을 수행하라.

(a) 지체 $k=7$ 에 대한 계열상관도를 작성하라. 연 유량계열에 의존성이 존재하는가?

(b) 계열을 모형화하는 데 AR(1) 또는 AR(2)모형이 적합한지를 밝히고 그에 대한 이유를 제시하라.

620	1,015	592	749
703	875	618	1,043
728	892	504	838
775	822	596	979
1,097	741	501	1,031
1,173	731	619	1,032
863	853	761	705
974	652	643	988
1,083	739	822	746
1,040	678	700	761

19.13 문제 19.12의 40년간의 유량계열을 이용하여 다음을 수행하라.

(a) 계열상관계수를 계산하라. (b) 주어진 자료에 적합된 AR(1)모형의 매개변수를 산정하고 잔존계열의 의존성을 검토하라. (c) AR(2)모형에 관하여 되풀이하라. (d) 어느 모형이 적합한가?

20 수문설계

Applied Hydrology

20.1 서 론

모든 수자원구조물은 주어진 유량을 도수하거나 저류하는 구조물로 대별될 수 있다. 이러한 구조물의 규모를 나타내는 것은 전자의 경우는 흐름단면적이 되고 후자의 경우는 저류용량으로서 이들 구조물은 특정 발생빈도를 갖는 첨두유량과 완전한 수문곡선에 의하여 각각 결정된다. 따라서 수공구조물의 규모를 결정하는 기준이 되는 첨두유량의 예측이나 완전한 수문곡선의 합성을 **수문설계**(水文設計; hydrological design)라 한다.

수문학적 설계는 수리설계를 선행한다. 즉 수문학적 설계의 결과는 수리설계의 입력이 된다. 수문학적 설계는 유량, 수위, 저류량 등을 결정하고 이로부터 수리설계는 수리구조물의 치수와 계통에 작용하는 흐름의 깊이, 유속, 압력 등을 계산하게 된다. 수문기술자는 주어진 빈도에 대한 첨두유량과 수위의 제공, 설계호우에 대한 완전한 수문곡선의 합성을 제공하는 것 외에도 유사량, 갈수빈도해석, 강우손실, 저수지의 용수공급률도 제공하게 된다.

수문학적 해석을 포함한 대부분의 설계는 기왕최대수문사상이나 앞으로 일어날 극심한 수문사상의 모의에 의한 설계홍수량을 이용한다. 이와 같은 정보를 제공하는 하천유량기록이 없으면 강우-유출과정을 이용해서 설계홍수수문곡선을 합성한다. 많은 경우 특히 소유역의 경우에는 적절한 하천유량기록이 있는 예가 극히 드물다. 따라서 미계측 유역의 첨두유량 결정에는 지역빈도해석이나 경험-상관기법이 유용하고 수문곡선 합성에는 설계강우량과 단위도기법이 이용된다.

20.2 수공구조물의 규모

수공구조물은 기능, 용도 및 파괴되는 경우 예상되는 피해 정도에 따라 표 20.1과 같이 소규모, 중규모 및 대규모 수공구조물로 분류된다. **소규모 수공구조물**은 상류 유역면적이 작아 붕괴되는 경우 인명손실이 없고 자산피해가 적은 도로를 횡단하는 암거, 제방, 배수로, 도시우수배수계통, 비행장 배수구조물, 소규모 댐의 여수로 등이다. **중규모 수공구조물**은 상류 유역면적이나 대상 유량이 중규모로 구조물이 붕괴되는 경우 인명손실이 경미하고 자산피해는 지역단위에서 처리될 수 있는 규모이다. **대규모 수공구조물**은 유역면적이 대규모인 대형 댐과 같이 구조물 붕괴 시 막대한 인명손실과 자산피해로 국가차원의 재난으로 취급될 수 있는 구조물로 높은 재현기간의 홍수량 내지 가능최대홍수량을 안전하게 수용할 수 있는 구조물이다. 대규모 수공구조물의 대표적인 것은 다목적 대규모 댐을 들 수 있다. 댐의 규모분류는 표 20.2와 같다.

표 20.1 규모별 수자원구조물의 예

구조물 규모	구조물 예
소규모	제방, 배수도랑, 관개수로, 소규모 교량, 도시우수배수관거, 공항배수계통, 소규모 암거, 소규모 댐의 여수로, 조정지
중규모	수력발전소, 관개수로, 중규모의 댐과 저수지, 중규모 하천의 주운, 도시홍수조절지, 배수계통, 하구언, 화력발전소, 중규모 하천교량과 철도교량
대규모	다목적 수자원구조물, 대댐, 큰 제방, 대수로, 대하천교량, 주요 관개수로, 원자력발전소, 대운하, 대규모 수력발전소

표 20.2 Snyder(1964)에 의한 댐의 분류

구분	저류위험도		댐 붕괴로 인한 피해		여수로 설계홍수량
	저류량($10^6 m^3$)	높이(m)	인명손실	자산피해액	
대규모	>62 (62)	>20 (30)	막대	극심(지역사회, 산업 및 농업)	가능최대홍수량 (PMF)
중규모	1.2~62 (1.2~62)	12~30 (12~30)	가능하나 경미	상당한 피해(농업, 산업 또는 구조물)	표준계획홍수량 (SPF)
소규모	<1.2 (0.062~1.2)	15 (8~12)	무	경미(농업)	50~100년

※ 괄호 안은 US National Academy of Sciences와 U. S. Army Corps of Engineers(1979)에 의한 분류

20.3 설계빈도

모든 수자원구조물의 규모는 안전하게 수용(소통 또는 저류)해야 하는 특정 크기의 홍수량에 의하여 결정된다. 이와 같은 특정 크기의 홍수량은 설계빈도에 의하여 정의될 수 있다. **설계홍**

수량(設計洪水量; design flood)은 수공구조물의 규모 결정에 기본으로 채택되는 홍수량(수문곡선 또는 첨두유량)이고 **설계빈도**(設計頻度; design frequency)(또는 설계재현기간)는 설계홍수량을 규정하는 빈도(또는 재현기간)이다. 설계빈도는 구조물의 규모, 붕괴에 의한 예상 피해액에 따라 결정된다. 대형 댐과 하천제방이 안전측면에서 특정 재현기간을 갖는 홍수량에 대해서 설계되는 경우의 설계홍수량을 계획홍수량이라 한다.

모든 수자원구조물은 그 목적에 부합되는 규모를 가져야 하고 그 규모는 설계유량에 따라 결정된다. 설계유량의 규모별 설계기준은 재현기간 또는 빈도로 나타내며 구조물별 설계빈도는 표 20.3과 같다. 구조물의 붕괴로 많은 인명손실이 예상되는 경우에는 특정 빈도에 설계되지 않고 최악의 조건에 대해서 설계된다. 표 20.2에서와 같이 Snyder(1964)는 저류량이 62×10^6 m^3를 초과하여 많은 인명손실과 막대한 자산피해가 예상되는 대형 다목적 댐의 여수로는 가능최대홍수량에 대한 설계를 제안했다. 인명손실이 예상되는 저류용량이 $1.2\sim6.2\times10^6$ m^3인 중규모 댐의 여수로는 표준설계홍수량에 대한 설계를 제안했다. **표준설계홍수량**(標準設計洪水量; standard project flood, SPF)은 **표준계획강우량**(標準計劃降雨量; standard project storm, SPS)에 단위도기법을 적용하여 산정되는 홍수량이다. SPS는 실제적으로 예상되는 최대호우로 정의되고 미국에서 사용되는 일종의 홍수량 규모이다. U. S. Army Corps of Engineers에 의한 SPF의 정의는 다음과 같다.

"A term used to designate a flood that may be expected from the most severe combination of meteorological and hydrological conditions that is considered reasonably characteristic of the geographical area in which the drainage basin is located, excluding extremely rare combinations. The peak flow for a standard project flood is generally 40 to 60 percent of the probable maximum flood for the same location."

가능최대강수량(PMP)은 가능최대홍수량(PMF)을 유발하는 강수량으로 세계기상기구(WMO)에 의한 PMP의 정의는 "Quantity of precipitation that is close to the physical upper limit for a given duration over a particular basin."이다(21.10 참조). PMF는 한 지역에서 극한적인 기상조건과 최대유출을 유발할 수 있는 모든 수문조건의 가장 우심한 조합에서 예상되는 가장 큰 홍수량이다.

수자원구조물, 수자원시스템의 규모는 수문량 외에도 경제, 안전, 사회복지, 지반공학 및 구조공학과 같은 인자에 따라 결정된다. 재현기간 또는 설계유량의 선정에서 중요한 인자는 비용과 안전이다. 암거와 같은 소규모 구조물을 매우 큰 첨두유량에 대하여 설계하는 것은 구조물의 규모와 비용이 너무 크게 된다. 그러나 대규모 댐의 여수로와 같은 주요 수리구조물이 매우 작은 홍수량에 설계된다면 댐의 붕괴로 이어져 큰 재난을 초래하게 된다. 최적설계치는 비용과 안전의 절충에 의해서 결정된다.

표 20.3 수자원구조물의 설계기준

구조물의 종류	규모	재현기간(년)	
		미국	한국
고속도로 암거			
교통량	소	5~10	
	중	10~25	
	대	50~100	
고속도로 교량			
지선		0~50	
간선		50~100	
농지배수			
암거		5~50	20 이상
배수로		5~50	
도시우수배수관거			
소도시		2~25	지선 5
대도시		25~50	간선 10
유수지			20 이상
배수펌프장			
비행장			
교통량	소	5~10	
	중	10~25	
	대	50~100	
하천			
직할하천(주요 구간)			200 이상
직할하천			100~200
지방하천, 도시하천			50~100
준용하천			30~100
기타 하천			30 이하
제방			
농경지		2~50	50
도시주변		50~200	50~200
지방하천			50~200
국가하천			100~200
댐(인명피해 없는)			
	소	50~100	
	중	100+	
	대	50~100%(PMF)	
댐(상당한 인명피해)			
	소	50%(PMF)	
	중	50~100%(PMF)	
	대	100%(PMF)	
댐(심한 인명피해)			
	소	50~100%(PMF)	
	중	100%(PMF)	
	대	100%(PMF)	

자료: Applied Hydrology, V. T. Chow et al.(1988), U. S. National Academy of Science(1983), 하천설계기준 해설, 건설교통부(2009)

대규모 구조물의 수문학적 설계는 소규모 구조물의 경우보다 더욱 복잡하고 설계유출수문곡선(design runoff hydrograph)을 필요로 한다. 저수지를 통하여 설계유출수문곡선을 추적하여 여수로와 방류관의 적정 규모를 결정하고 여러 가지 가능한 악조건으로부터 여수로의 경제적인 선정이 최종선정에 이어진다. 이는 하류지역의 인명과 자산에 대한 보호 정도, 구조물의 경제성, 건설기준, 저수지 조작요건의 함수이다.

소규모 댐이라도 상대적인 위치에 따라 예상 피해 정도가 다르게 되므로 설계빈도도 다르게 된다. 인구가 많은 도시의 직상류에 소규모 댐이 위치할 경우 댐 붕괴로 인하여 많은 인명피해와 자산손실이 예상된다면 댐의 여수로와 같은 부분은 가능최대홍수량에 대하여 설계되어야 한다.

소규모 댐의 설계에서는 여수로와 여유고 결정에 상이한 설계빈도를 적용하므로 둘 또는 그 이상의 상이한 설계빈도가 적용되는 것이 보통이다. 그림 20.1은 미국 개척국에서 제안한 정상여유고와 최소여유고를 나타낸다.

표 20.4에 제시된 **정상여유고**(定常餘裕高; normal freeboard, NF)는 상류사면이 사석으로 보호된 흙댐에서 풍속 160 km/hr에 의하여 발생된 파의 처오름에 대한 값이다. **최소여유고**(最小餘裕高; minimum freeboard, MF)는 풍속 80 km/hr에 대한 값이다. 취송거리(吹送距離; fetch length)는

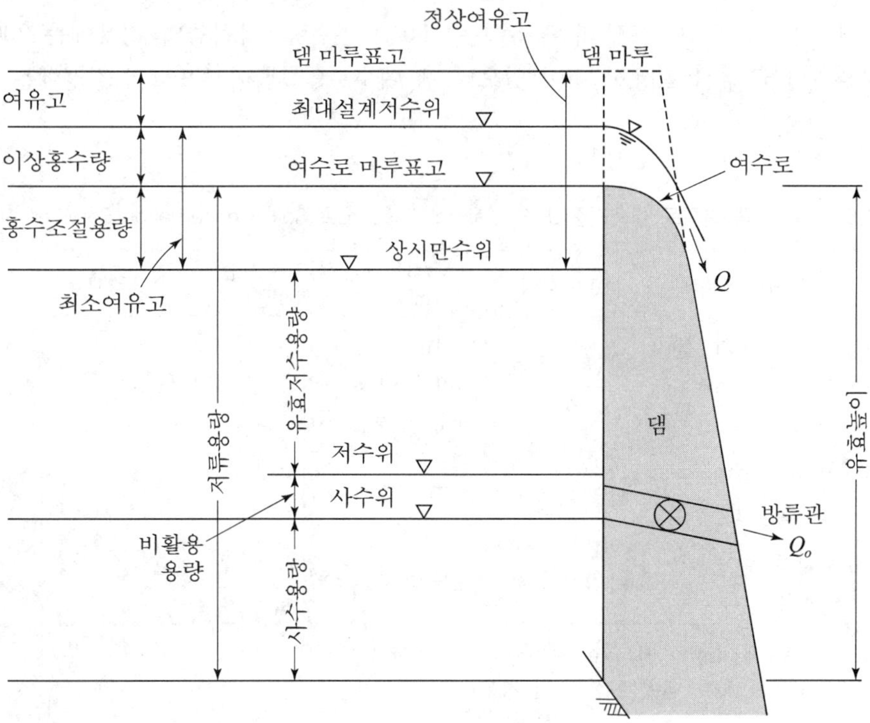

그림 20.1 다목적 댐의 용량과 수위

표 20.4 여유고 기준(U. S. Bureau of Reclamation, 1965)

취송거리(km)	정상여유고 NF(m)	최소여유고 MF(m)
<	1.6	1.0
1.6	1.5	1.2
4.0	1.8	1.5
8.0	2.5	1.8
16.0	3.0	2.1

바람이 부는 영역에서 댐까지의 거리이다. 상류면이 사석이 아니고 콘크리트면이면 표 20.4의 값을 50% 증가시킨다(미국 개척국, USBR).

표 20.5의 미국 자연자원(구 토양)보전청에 의한 소규모 댐의 규모는 높이가 30 m 이내이거나 여수로 정부까지의 용량이 $31\times10^6\ \mathrm{m}^3$보다 작은 규모이다. 여수로와 여유고 설계를 위하여 설계수문곡선을 합성하는 경우 적용되는 강우빈도는 표 20.5와 같다. 여기서 P_{100}은 지속기간이 6시간인 100년 빈도 강우량이다.

대규모 댐의 설계기준은 확률해석에서 얻어지는 재현기간(빈도)별 유량이 아니라 표 20.2에 주어진 바와 같이 가능최대홍수량, 표준계획홍수량 또는 빈도홍수량이 된다. 우리나라에서는 대규모 댐 설계에 콘크리트댐의 경우에는 100년 홍수량, 사력댐의 경우에는 200년 홍수량에 20%를 추가한 P_{220}를 적용한 적이 있으나 댐 여수로와 댐 마루표고의 결정에는 가능최대홍수량이 사용된다.

표 20.5 소규모 댐 여수로 설계기준(U. S. Natural Resources(Soil) Conservation Service, 1985)

분류	댐 위치와 피해	댐의 목적	Vs·He (m^4)	상류기존 또는 계획댐	흙댐	식생피복댐
A	농경지역, 농가, 농지 도로손상	단일/다목적	11×10^6 이하	없음	P_{50}	P_{25}
			11×10^6 이상	없음	$0.5(P_{50}+P_{100})$	$0.5(P_{25}+P_{50})$
			모든 경우	있음†	P_{100}	P_{50}
B	농경지역, 주택, 공공 시설손실, 교통두절	단일/다목적	모든 경우	없거나 있음	P_{100}	P_{50}
C	도시지역, 인명손실 자산피해 막대	단일/다목적	모든 경우	없거나 있음	P_{100}	P_{100}

Vs·He: (저수지체적(m^3)×댐 유효높이(m)$=11\times10^6(m^4)$)

† 상류 댐 붕괴가 하류 댐에 위험이 될 경우

표 20.6 소규모 댐 비상여수로 설계기준 (U. S. Natural Resources(Soil) Conservation Service, 1985)

분류	댐 위치와 피해	Vs·He	상류 기존 또는 계획 댐	비상여수로 설계	여유고 설계
A	농경지역, 농가,	11×10^6 이하	없음	P_{100}	$P_{100}+0.12(\mathrm{PMP}-P_{100})$
	농지 도로손상	11×10^6 이상	있음	$P_{100}+0.06(\mathrm{PMP}-P_{100})$	$P_{100}+0.26(\mathrm{PMP}-P_{100})$
		모든 경우	없음	$P_{100}+0.12(\mathrm{PMP}-P_{100})$	$P_{100}+0.40(\mathrm{PMP}-P_{100})$
		모든 경우			
B	농경지역, 주택, 공공 시설손실, 교통두절	모든 경우	없거나 있음	$P_{100}+0.12(\mathrm{PMP}-P_{100})$	$P_{100}+0.40(\mathrm{PMP}-P_{100})$
C	도시지역, 인명손실 자산피해 막대		없거나 있음	$P_{100}+0.26(\mathrm{PMP}-P_{100})$	PMP

Vs·He: (저수지체적(m^3)×댐 유효높이(m)$=11\times10^6(m^4)$)

20.4 설계기준의 선정

수문설계기준(水文設計基準; hydrologic design level)은 구조물 설계에 적용되는 수문사상의 크기이다. 이와 같은 수문사상의 크기 결정에는 경험적 접근방법, 위험도 해석 및 수문경제 해석의 세 접근방법이 있다.

경험적 접근방법(empirical approach)

경험적인 접근방법으로 기왕수문최대사상이 설계치로 종종 선정된다. 지난 N년 동안의 기왕최대사상이 향후 n년 동안에 같게 되거나 크게 되는 초과확률은 다음과 같이 추정될 수 있다.

$$P(N,\, n)=\frac{n}{N+n} \tag{20.1}$$

예로 지난 N년 동안에 기록된 대홍수가 향후 N년 동안에 일어날 확률은 0.5이다.

만약 m년 지속된 가뭄이 N년 동안에 발생한 가뭄 중 최악의 경우라면 향후 n년 동안에 보다 심한 가뭄이 일어날 확률 $P(N,\, m,\, n)$을 구해본다. N년 기록에서 m년을 하나의 단위로 고려할 경우 계열의 수는 $N-m+1$이 되고 n년 기록에서는 $n-m+1$이 된다. 따라서 과거와 향후를 합한 기간에서 최악의 사상이 향후 n년 동안에 포함될 확률은

$$P(N,\, m,\, n)=\frac{n-m+1}{(N-m+1)+(n-m+1)} \tag{20.2}$$

$$=\frac{n-m+1}{N+n-2m+2}$$

$m=1$이면 식 (20.1)이 된다.

예제 20.1

지난 50년 동안 가장 극심한 한발이 3년 지속된 한발이었다면 향후 20년 동안 보다 심한 한발이 일어날 가능성은 얼마인가?

[풀이] 식 (20.2)에 $N=50$, $n=20$ 및 $m=3$을 적용하면

$$P(50,\ 3,\ 20)=\frac{20-3+1}{50+20-2\times3+2}=0.27$$

위험도 해석(risk analysis)

치수구조물 설계는 위험도를 고려하게 된다. 설계재현기간 T에 해당하는 수문량이 구조물의 예상수명기간 내에 초과되면 치수구조물은 붕괴되는 것으로 고려된다. 이와 같은 붕괴에 대한 수문학적 위험도 R(18.1 참조)은

$$R=1-[1-P(x\geq x_T)]^n \tag{20.3}$$

또는

$$R=1-(1-1/T)^n \tag{20.4}$$

여기서 $P(x\geq x_T)=1/T$은 초과확률이고 n은 구조물의 수명, R은 사상 $x\geq x_T$가 n년 동안 적어도 한 번 일어날 확률로 위험도를 나타낸다. 식 (20.4)를 도시한 것이 그림 20.2로, 예상

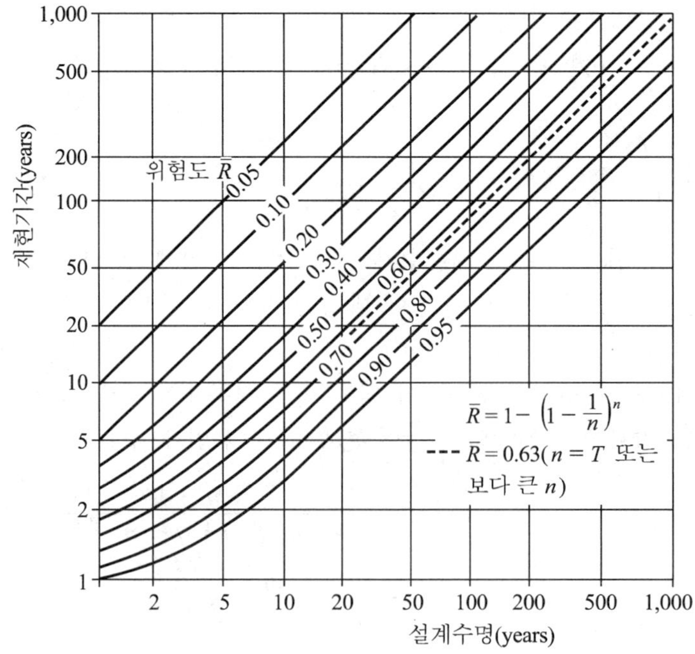

그림 20.2 설계수명 내에 설계사상이 적어도 한 번 초과될 위험도

또는 설계수명 내에 구조물이 붕괴 또는 초과될 확률, 축조되는 구조물 또는 예산의 규모를 파악하는 데 이용될 수 있다.

그림 20.2에서 구조물의 예상수명인 10년 동안에 위험도가 10% 또는 안전도가 90%가 되도록 하기 위해서는 100년 홍수량에 대해서 설계된다(식 (20.4)에서 $n = 10$ 년, $R = 0.1$ 이면 $T = 100$ 년이다). 붕괴위험도를 40%까지 허용한다면 10년 예상수명에 설계수문량의 재현기간은 19년으로 줄일 수 있거나(식 (20.4)에서 $n = 10$ 년, $R = 0.4$ 이면 $T = 19$ 년이다) 또는 100년 설계홍수량에 예상수명은 50년으로 연장된다(식 (20.4)에서 $T = 100$ 년, $R = 0.4$ 이면 $n = 50$ 년).

100년 예상수명인 구조물이 100년 홍수에 대하여 설계될 경우 설계수명기간 동안에 적어도 한 번 초과(붕괴)될 확률은 63%이다. 만약 초과될 확률을 5%로 낮춰 안전도를 95%로 높이기 위해서는 구조물은 재현기간 2000년 홍수에 대하여 설계되어야 한다. 그러면 안전도 100%인 구조물이 가능한가? 식 (20.4)에서 이를 만족하기 위해서는 설계빈도가 무한대가 되어야 하고 천문학적인 예산규모의 구조물이 될 것이다.

예제 20.2

암거의 예상수명이 10년이다. 이 기간에 암거의 용량을 적어도 한 번 초과하는 위험도가 5%일 때 설계재현기간은 얼마인가? 이와 같은 조건에서 설계된 암거의 용량이 향후 50년 동안 초과되지 않는 확률을 구하라.

[풀이] 식 (20.4)를 이용하면 위험도는 $R = 0.05$ 이므로

$$0.05 = 1 - (1 - 1/T)^{10}$$

으로부터 설계재현기간은 $T = 195$ 년이다. $T = 195$ 년일 때 향후 50년 동안 붕괴위험도는

$$R = 1 - (1 - 1/195)^{50} = 0.227$$

따라서 50년 동안 암거용량이 초과되지 않을 확률은 $1 - 0.227 = 0.773$ 또는 77.3%이다.

예제 20.3

댐의 여수로수명이 100년이고 여수로 붕괴위험도가 5 %로 채택되는 경우 여수로 용량설계의 재현기간을 결정하라.

[풀이] 위험도가 $R = 0.05$ 이므로 이를 식 (20.3)에 대입하면

$$0.05 = 1 - (1 - P)^{100}$$

이로부터 여수로의 용량이 초과될 확률은 $P = 0.000513$ 또는 0.0513 % 이다. 따라서 재현기간은 $T = 1/P = 1{,}949$ 년이다.

수문-경험적 해석(hydroeconomic analysis)

수문사상의 발생확률과 수문사상의 발생으로 인한 피해액이 알려진다면 수문-경제해석을 통하여 최적설계재현기간이 결정될 수 있다. 설계재현기간이 증가하면 구조물의 건설비가 차지하는 비율은 증가하고 예상피해액은 감소한다. 건설비용과 피해액을 연차적으로 합함으로써 총비용을 최소로 하는 설계재현기간이 결정될 수 있다.

그림 20.3a는 특정 재현기간의 수문사상(홍수)의 발생으로 인하여 유발되는 피해액을 나타낸다. 높은 재현기간은 큰 홍수량을 나타내므로 큰 홍수가 일어나면 이에 따르는 피해액도 크게 된다. 만약 설계사상의 크기가 x_T일 때 $x \leqq x_T$인 사상에 대해서는 모든 피해를 방어하고, $x \geqq x_T$인 사상에 대해서는 전혀 피해를 방어하지 못한다. 따라서 **예상연피해액**(豫想年被害額;

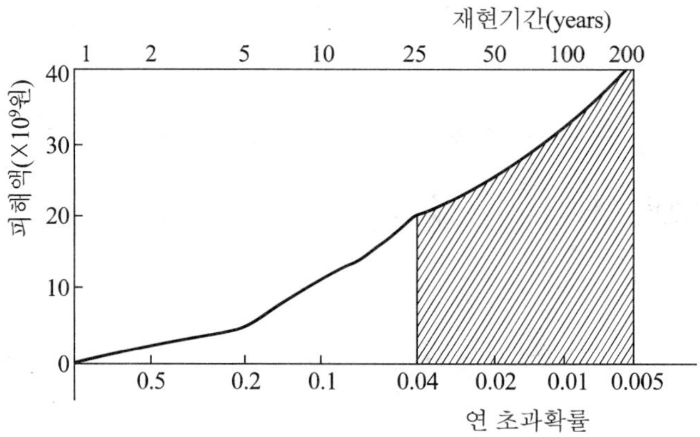

(a) 상이한 재현기간의 홍수에 대한 피해액

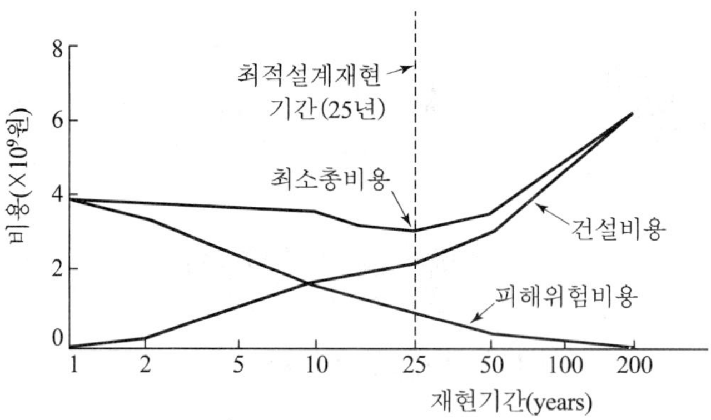

(b) 수문경제 해석

그림 20.3 수문경제 해석에 의한 최적설계재현기간의 결정

expected annual damage cost) D_T는 수문사상 x가 어느 한 해에 발생할 확률 $f(x)dx$와 수문사상 x로 인하여 유발되는 피해액 $D(x)$의 곱 $D(x)f(x)$를 $x > x_T$에 대한 적분으로 주어진다. 즉

$$D_T = \int_{x_T}^{\infty} D(x) f(x) dx \tag{20.5}$$

이는 그림 20.3a에서 사선부분의 면적이 된다.

식 (20.5)의 적분은 범위 $x > x_T$를 여러 구간으로 분할하고 각 구간의 예상된 피해액을 계산함으로써 가능하다. 따라서 구간 $x_{i-1} \leqq x \leqq x_i$에 대한 피해액 ΔD_i는

$$\Delta D_i = \int_{x_{i-1}}^{x_i} D(x) f(x) dx$$

이는 다음과 같이 개략적으로 산정된다.

$$\Delta D_i = \frac{D(x_{i-1}) + D(x_i)}{2} \int_{x_{i-1}}^{x_i} f(x) dx$$

$$= \frac{D(x_{i-1}) + D(x_i)}{2} [P(x \leqq x_i) - P(x \leqq x_{i-1})]$$

그러나 $P(x \leqq x_i) = 1 - P(x \geqq x_i)$인 점을 고려하면

$$P(x \leqq x_i) - P(x \leqq x_{i-1}) = [1 - P(x \geqq x_i)] - [1 - P(x \geqq x_{i-1})] = P(x \geqq x_{i-1}) - P(x \geqq x_i)$$

이므로 ΔD_i는

$$\Delta D_i = \frac{D(x_{i-1}) + D(x_i)}{2} [P(x \geqq x_{i-1}) - P(x \geqq x_i)] \tag{20.6}$$

따라서 재현기간 T년에 대하여 설계된 구조물에 대한 연간 예상피해액은

$$D_T = \sum_{i=1}^{\infty} \frac{D(x_{i-1}) + D(x_i)}{2} [P(x \geqq x_{i-1}) - P(x \geqq x_i)] \tag{20.7}$$

총비용은 구조물의 연간 건설비용에 D_T를 가산하여 산정되고 최적설계빈도는 총비용이 최소인 재현기간이 된다.

예제 20.4

치수구조물의 재현기간별 피해액과 건설비가 표 20.7의 4와 7란에 주어진다. 치수구조물이 없을 경우 예상연피해액과 최적설계재현기간을 결정하라.

표 20.7 수문-경제해석에 의한 최적설계재현 기간의 계산 (단위: 백만 원)

구간 (1)	재현기간 T (yr) (2)	연초과 확률 (3)	피해액 D (w/yr) (4)	예상피해 증가분, ΔD (w/yr) (5)	피해위험 비용 (w/yr) (6)	건설비용 (w/yr) (7)	총비용 (w/yr) (8)
	1	1.000	0		3,928.8	0	3,928.8
1	2	0.500	1,600	400	3,528.8	240	3,768.8
2	5	0.200	4,800	960	2,568.8	1,120	3,688.8
3	10	0.100	11,200	800	1,768.8	1,840	3,608.8
4	15	0.067	14,160	418.4	1,350.4	2,000	3,350.4
5	20	0.050	17,040	265.2	1,085.2	2,160	3,245.2
6	25	0.040	20,000	185.2	900.0	2,320	3,120.0
7	50	0.020	24,000	440	460.0	3,200	3,660.0
8	100	0.010	32,000	280	180.0	4,800	4,980.0
9	200	0.005	40,000	180	0.0	6,400	6,400.0

[풀이] 재현기간과 이에 대한 초과확률 $P(x \geq x_T) = 1/T$이 표 20.7의 2, 3란에 주어진다. 각 재현기간에 상응하는 피해액 ΔD가 식 (20.7)을 이용해서 구해진다. 예를 들면 $T=1$년과 $T=2$년 사이의 $i=1$ 구간에 대한 ΔD_1은

$$\Delta D_1 = \frac{D(x_1)+D(x_2)}{2}\left[P(X \geqq x_1) - P(X \geqq x_2)\right]$$

$$= \left(\frac{0+1{,}600}{2}\right)(1.0-0.5)$$

$$= 400 \times 10^6 \text{원/년}$$

각 재현기간에 대한 예상피해액 ΔD(5란) 합인 $D_T = 3{,}928{,}800{,}000$원/년은 식 (20.5)의 적분치로서 구조물이 축조되지 않을 경우 일어나는 예상연피해액이다. 이는 수년에 걸친 연평균 피해액을 나타내고 구조물이 축조되지 않은 경우에 상응하는 **피해위험비용**(被害危險費用; damage risk cost)으로서 6란의 첫째 줄에 보인 바와 같다.

피해위험비용은 피해조절구조물의 재현기간이 증가하면 감소한다. 예를 들어 $T=2$년인 경우 피해위험비용은 $3{,}928.8 \times 10^6 - 400 \times 10^6 = 3{,}528.8 \times 10^6$원/년이 된다. 피해위험비용(6란)과 7란의 건설비 등을 합하여 총비용(8란)이 정해진다. 이들 3가지 비용을 도시하면 그림 20.3b와 같다. 그림과 표로부터 총비용이 최소인 최적설계재현기간(빈도)는 25년이 됨을 알 수 있다. 따라서 구조물의 규모는 재현기간 25년에 해당하는 수문사상에 대하여 설계된다. 이에 대한 총비용은 3,120,000,000원이다. 이 중 건설비용은 2,320,000,000원으로 총비용의 74%이고 900,000,000원(26%)이 피해위험비용이다.

문 제

20.1 25년 동안의 수문자료로부터 해석된 극심한 한발이 3년 지속되는 것으로 나타났다. 상수도설계가 3년 지속 한발에 근거하고 설계수명을 50년으로 할 경우 설계수명기간에 심한 한발이 일어날 확률은 얼마인가?

20.2 문제 20.1에서 심한 한발이 설계수명의 처음 10년과 처음 30년 동안에 발생할 확률은 얼마인가?

20.3 50년 기록에서 최대홍수가 다음 10년과 30년에 초과될 확률을 구하라.

20.4 구조물의 설계수명을 20년이라 할 때 (a) 어느 해에서나, (b) 설계수명 동안 허용파괴위험도를 10%라 가정할 경우 재현기간을 구하라.

20.5 홍수터 관리규정은 50년 빈도의 홍수터 내에 건설을 금지한다. 이 홍수터의 경계선에 건설된 구조물이 다음 10년 동안에 침수될 위험도는 얼마인가? 만약 이 구조물이 100년 빈도 홍수터의 경계에 건설된다면 위험도는 어느 정도 감소되겠는가?

20.6 한 주택의 설계수명이 25년이다. 만약 이 주택이 30년 빈도 홍수터의 경계에 위치한다면 설계수명 동안 침수될 위험도를 구하라. 100년 빈도 홍수터 경계에 위치한다면 위험도는 얼마나 되겠는가?

20.7 예제 20.4에서 표 20.7의 건설비용이 1.5배 증가될 경우 최적재현기간을 결정하라.

20.8 예제 20.4에서 표 20.7의 피해액이 2배가 될 경우 최적기간을 구하라. 단 건설비용은 변하지 않는다.

20.9 예제 20.4의 표 20.7에서 건설비용과 피해액이 다 같이 1.5배 증가할 경우 최적재현기간을 결정하라.

21 설계강우량

Applied Hydrology

많은 수자원구조물의 수문설계는 첨두유량 또는 완전한 수문곡선에 근거한다. 첨두유량이나 유량수문곡선을 안전하게 수용(소통 또는 저류)할 수 있는 능력을 갖는 수공구조물의 규모를 결정하는 데 사용되는 유량을 **설계유량**(設計流量; design discharge) 또는 **설계홍수량**(設計洪水量; design flood)이라 한다. 설계유량은 공학설계에 기본으로 채택되는 첨두유량 또는 완전한 수문곡선으로 정의되고 이는 홍수의 특성, 홍수빈도, 홍수로 인한 피해 등 수문학적 및 경제적 인자를 고려하여 결정된다.

댐, 여수로와 같은 수자원구조물에 대한 설계홍수량의 선정은 안전기준의 선정과 이 기준을 만족하는 홍수량의 선정으로 구성된다. 댐과 여수로에 대한 안전기준은 두 가지 방법에서 선정된다. (1) 댐 붕괴가 인명손실을 유발하거나 경제 사회적인 파국을 초래한다면 어떠한 비용을 감수하더라도 이러한 댐 붕괴는 막아야 하는 무위험기준(無危險基準)이다. (2) 모든 댐의 붕괴를 방지하는 것은 불가능하므로 어느 정도의 댐 붕괴확률을 감수하는 확률기준(確率基準)이다. 설계홍수량은 빈도해석과 강우–유출방법을 이용해서 결정된다. 빈도해석방법은 해당 지점의 장기간 하천유량기록의 빈도해석에 의한다. 그러나 많은 경우 유량기록이 존재하지 않거나 단기간이어서 빈도해석이 가능하지 않으므로 설계홍수량 산정에 강우–유출방법이 많이 이용된다. 강우–유출방법은 입력이 되는 강우를 필요로 하고 이 강우는 설계강우가 된다.

미계측 또는 기록이 짧아서 홍수빈도해석이 가능하지 않은 유역에서 설계호우의 개념이 개발되었다. **설계호우**(設計豪雨; design storm) 또는 **설계강우량**은 수자원구조물의 설계에 사용될 수 있도록 선정되는 강우양상이다. 설계강우량은 3가지 방법으로 정의될 수 있다. (1) 한 지점에서 강수량의 깊이(또는 총체적), (2) 강우기간 동안 강우의 시간 분포를 나타내는 **설계강우량 주상도**(設計降雨量柱狀圖; design rainfall hyetograph) 및 (3) 강우의 공간양상을 나타내는 등우선도.

설계호우는 한 지점의 강우기록이나 또는 주변 강우특성을 이용한 합성에 의하여 결정된다. 설계강우량의 적용은 우수관거나 도로의 암거에 대한 첨두유량을 결정하는 합리식에 대한 점강우량, 도시 유수지의 강우-유출 해석, 댐의 여수로설계에 대한 입력이 되는 호우주상도 등에 이른다. 일반적으로 강수기록은 홍수기록보다 장기간이므로 강수량자료의 빈도해석이 보다 높은 신뢰도를 갖는다. 그러나 이와 같은 신뢰도는 강우-유출 변환과정에서 감소한다.

21.1 설계홍수량 산정방법

유역의 크기에 따라 중소, 대유역에 적합한 방법과 필요한 자료에 따라 강우-유출 모형, 빈도방법 및 위험도방법으로 구분할 수 있다. 강우기록으로부터 설계유출사상을 유도함에는 기본적으로 상이한 두 접근방법, 즉 단일 강우사상방법과 연속모의방법이 있다(16.2.7 참조). 다음은 두 방법의 과정을 나타낸다.

강우량기록자료 → 강우-유출 모형 → 유출자료 → 빈도해석 → 설계유출량
강우량기록자료 → 빈도해석 → 설계강우량 → 강우-유출 모형 → 설계유출량

강우-유출 모형은 유역에서 강우에 의하여 유출의 발생을 지배하는 물리적인 과정을 기술하는 수학적인 표현으로 구성되고 이는 토양 내 흐름의 모의를 포함한다. 연속모의방법은 강우사상의 순서와 사상간시간을 필요로 하는 조정지사업에 장점을 갖는다. 단일 강우사상방법에서 빈도해석의 결과는 IDF곡선이 되고 토양수분이 고려되지 않으므로 연속모의방법보다 간단하다.

21.1.1 강우-유출모형

이는 강수량을 유출로 변환하는 방법이다.

(1) 경험식(합리식)- 유출계수를 이용하여 강우를 유출로 변환한다.
(2) NRCS 유출곡선번호방법- 미국 자연자원보전청에서 개발한 유출곡선번호를 이용하여 강우량으로부터 초과강우량(유출고)을 계산한다.
(3) 단위유량도- 단위도를 이용하여 유효강우량을 직접유출로 변환한다.
(4) 기왕최대호우- 대상 지역에서 기록된 최대강우량(설계호우)을 설계홍수량으로 변환한다.
(5) 호우전이- 수문학적으로 유사한 유역에서 기록된 우심한 호우를 대상 유역으로 이전하고 유출로 변환하여 설계홍수량을 계산한다.
(6) 가능최대강수량(PMP)- 가능최대강수량을 유출로 변환하여 설계홍수량을 구한다.

21.1.2 빈도방법

이는 수문자료의 빈도해석을 통하여 설계홍수량을 결정하는 방법이다. 홍수기록의 빈도해석이 원칙적으로 가장 합리적인 방법이다. 홍수기록을 설명하는 확률분포가 결정되면 주어진 재현기간에 대한 홍수량의 계산이 가능하다. 그러나 이를 가능하게 하는 장기간의 홍수기록은 흔

하지 않다. 단기간기록의 빈도해석 결과를 장기의 재현기간에 외삽하는 것은 신뢰도가 매우 낮다. 일반적으로 강우기록은 홍수기록보다 장기간이므로 강수량자료의 빈도해석이 보다 높은 신뢰도를 갖는다. 그러나 이와 같은 신뢰도는 강우-유출 변환과정에서 감소하게 된다.

(1) 강수빈도해석- 강우자료의 빈도해석을 수행하여 설계호우를 결정하고 이를 설계홍수량으로 변환한다. 강우기록은 비교적 많으므로 대소유역의 대부분의 설계에 이용된다.
(2) 홍수빈도해석- 대상 지점의 기록된 유량자료의 빈도해석을 통하여 설계홍수량을 결정한다. 유량기록이 존재하지 않을 경우 유사한 유역의 유량자료가 사용될 수 있다. 홍수빈도해석은 중규모 유역에 이용되고 강우량을 유량으로 변환하는 과정을 피할 수 있는 점에서는 홍수량 빈도해석이 강우량 빈도해석보다 선호된다.
(3) 지역빈도해석- 지역홍수 빈도해석을 통하여 설계홍수량을 결정한다. 홍수기록이 없거나 기록이 짧은 지점에서 홍수빈도에 관한 정보와 설계는 수문학적으로 동질인 인접 유역의 자료를 이용하여 수행된다. 지역해석방법에는 지역빈도해석, 지수-홍수방법 및 다중 회귀방법 등이 있다. 처음 두 방법은 18.10에서 기술된다. 지역해석방법의 개념은 짧은 기록이라도 유역 내에 여러 개의 관측소가 있을 경우 이들의 중앙치는 단일 지점에서의 관측치보다 신뢰도가 높은 추정치가 되는 점에 근거한다.

21.1.3 위험도방법

이는 경제적인 위험도해석과 빈도에 근거한 공학적인 해석을 조합한 방법이다. 경제위험도는 구조물 붕괴에 따른 구조물 파손, 도로 교량손실, 교통두절, 인명손실, 에너지 손실, 주거상 피해 등과 같은 비용으로 나타낸다. 경제적 위험도해석의 비용은 공사와 이의 붕괴로 인한 직·간접피해를 포함한다. 예로 구조물 손상, 교량손실, 교통두절, 인명손실, 농작물 손실 등을 들 수 있다.

구조물의 규모를 크게 하면 붕괴로 인한 위험도는 감소되나 비용은 증가하고, 규모가 작아지면 반대현상이 일어난다. 이 경우 구조물의 비용과 피해액의 합이 최소가 되는 또는 비용과 편익의 비가 최소가 되는 재현기간에 해당하는 수문량을 설계량으로 결정한다(20.4 참조).

21.2 설계홍수량 산정방법의 선정에 고려사항

설계홍수량을 산정하는 방법의 선정은 다음 사항에 따라 다르게 된다.

(1) 구조물의 기능- 구조물의 목적에 따라 첨두유량, 유출체적 또는 완전한 수문곡선이 필요하므로 산정방법도 이에 따라 다르게 된다. 건설되는 구조물의 규모가 채택되는 설계홍수량의 종류를 결정한다.
(2) 구조물의 종류- 다목적 댐은 홍수조절과 급수목적을 포함한다. 홍수조절은 년, 월, 기왕최대와 설계홍수량을 포함한 높은 재현기간의 홍수자료를 필요로 하고 급수문제는 가뭄

과 같은 낮은 빈도의 유량자료를 필요로 한다. 따라서 다목적 댐에 필요한 자료는 완전한 하천수문곡선이다. 따라서 이들을 다루는 방법도 다르게 된다.

(3) 자료의 입수가능성- 수문자료의 양, 질, 종류 및 완전성에 따라 설계홍수량 산정방법이 다르게 되고 미계측 및 계측유역에 대한 산정과정도 다르게 되며 자료의 기록기간에 따라서도 다르게 된다.

(4) 유역특성- 유역의 크기와 형상, 토양, 토지이용, 식생피복에 따라서도 강우량을 유출로 변환하는 방법이 다르게 된다.

(5) 결과의 정확도- 사용방법에 따라 산정된 홍수량의 정확도는 다르게 된다. 또한 투입되는 인력, 예산 및 기간도 결과의 정확도를 좌우한다.

표 21.1 상이한 유역면적의 첨두유량 산정방법

유역면적(km^2)		주로 사용되는 방법
소유역	<2.5	합리식, 침투량방법, 시간-면적방법, 지표류수문곡선
중유역	<250	시간-면적방법, 지표류수문곡선, 단위도, 홍수빈도해석, 지역빈도해석
	250~500	단위도, 홍수빈도해석, 지역빈도해석, 유출모형
대규모	>5,000	홍수추적, 홍수빈도해석, 유출모형, 지역빈도해석

21.3 설계홍수량의 산정과정

방법에 따라 산정과정에 차이가 있을 수 있으나 대체적으로 공통적인 과정은 다음과 같다.

(1) 설계호우의 지속기간을 결정한다. 대부분의 유역에서 이 지속기간은 도달시간과 같으나 모든 유역에서 도달시간과 같지는 않다.

(2) 설계빈도를 선정한다. 이는 구조물의 규모에 따라 결정된다.

(3) 선정된 빈도와 지속기간에 대한 강우량깊이를 산정한다. 점강우량은 면적에 대한 조정을 필요로 한다.

(4) 확률수준과 이에 해당하는 호우양상을 선정한다.

(5) 유효강우량의 시간분포와 강도를 계산한다.

(6) 강우손실과 유효강우량을 산정하고 우량주상도를 작성한다.

(7) 유역의 단위도를 결정한다.

(8) 유효강우량의 시간분포인 우량주상도와 단위도로부터 설계수문곡선을 결정한다.

21. 4 설계호우의 해석

설계빈도가 결정되면 다음 단계는 설계호우의 해석이다. 이는 호우의 선정, 강우지속기간의 결정, 강우깊이, 점강우량의 면적조정, 강우강도, 강우의 시간과 공간의 분포를 포함한다.

21.4.1 호우지속기간

설계강우의 지속기간은 유역면적과 수자원구조물의 규모에 따라 다르게 된다. 강우가 유역에 걸쳐 균일하게 발생한다면 유역의 전 면적이 첨두유량에 기여하게 되는 시간이 도달시간인 점에서 지속기간은 일반적으로 도달시간에 같게 취해진다. 지속기간 동안 강우강도가 일정하지 않으면 도달시간보다 긴 지속기간이 사용된다.

미 자연자원보전청(NRCS, 1971)은 소규모 댐의 여유고와 여수로의 설계에 대한 지속기간은 도달시간과 6시간 중에서 큰 것을 사용한다. 도시유역에 대해서는 24시간 지속기간을 사용한다(NRCS, 1975). 작은 유역에 대해서는 6시간이나 보다 짧은 지속기간이 사용되고, 큰 유역에 대해서는 수일간의 지속기간이 사용되기도 한다.

21.4.2 점강우량

점강우량(点降雨量; point rainfall)은 한 지역에 대한 면적강우량과는 달리 단일 지점에서 발생하는 강우깊이이다. 점강우량의 빈도해석은 주어진 지속기간에 대한 연 최대강우계열을 이용해서 수행된다. 상이한 재현기간에 대한 설계강우깊이를 유도하기 위하여 각 지속기간에 대해서 빈도해석이 수행된다. 이와 같이 구해진 설계강우량은 지속기간으로 나누어 강우강도로 환산된다.

이와 같은 방법으로 한국건설기술연구원은 우리나라 전역에 대한 설계강우량의 등우선도를 작성하였으며 지속기간은 30분~24시간, 재현기간은 2~200년 범위이고 그림 21.1은 그의 한 예이다.

21.4.3 강우깊이-면적관계

점강우량은 면적평균 강우량을 정확하게 나타내지는 않는다. 면적평균 강우량과 호우중심 강우량과의 차이는 총 강우량이 감소함에 따라 증가하고, 지속기간이 감소함에 따라서도 증가하며, 선풍강우보다 대류와 산악강우에서 보다 크고, 면적이 증가함에 따라 증가한다.

주어진 유역의 설계강우량은 하나의 값으로 주어진다. 이를 위하여 유역 내 여러 지점의 점강우량자료에 Thiessen방법을 적용하여 면적 평균강우량을 계산한다. 이는 Thiessen망 내 면적평균 강우량이 점강우량과 같다는 가정에 근거한다. 그러나 이는 면적이 증가하면 점강우량이 감소하는 사실에 위배되므로 이를 보정하기 위하여 **면적보정인자**(area correction factor, ACF)가 도입된다.

점강우량은 26 km^{2}보다 작은 면적에는 적합하나 26 km^{2}를 초과하면 보정이 필요하다. 그림 21.1의 강우량은 점강우량 측정치의 빈도해석결과이므로 면적이 26 km^{2}보다 작은 지역에 적용 가능한 것으로 고려된다. 면적이 크게 되면 면적강우량은 감소하므로 큰 면적에 대해서는 점강우량의 보정이 필요하다. 그림 21.2는 면적 1,024 km^{2}에까지 적용 가능한 점강우량을 면적강우량으로 환산하기 위한 **강우깊이-면적관계**(depth-area relationship)로 미국 기상청에 의하여 개발되었다.

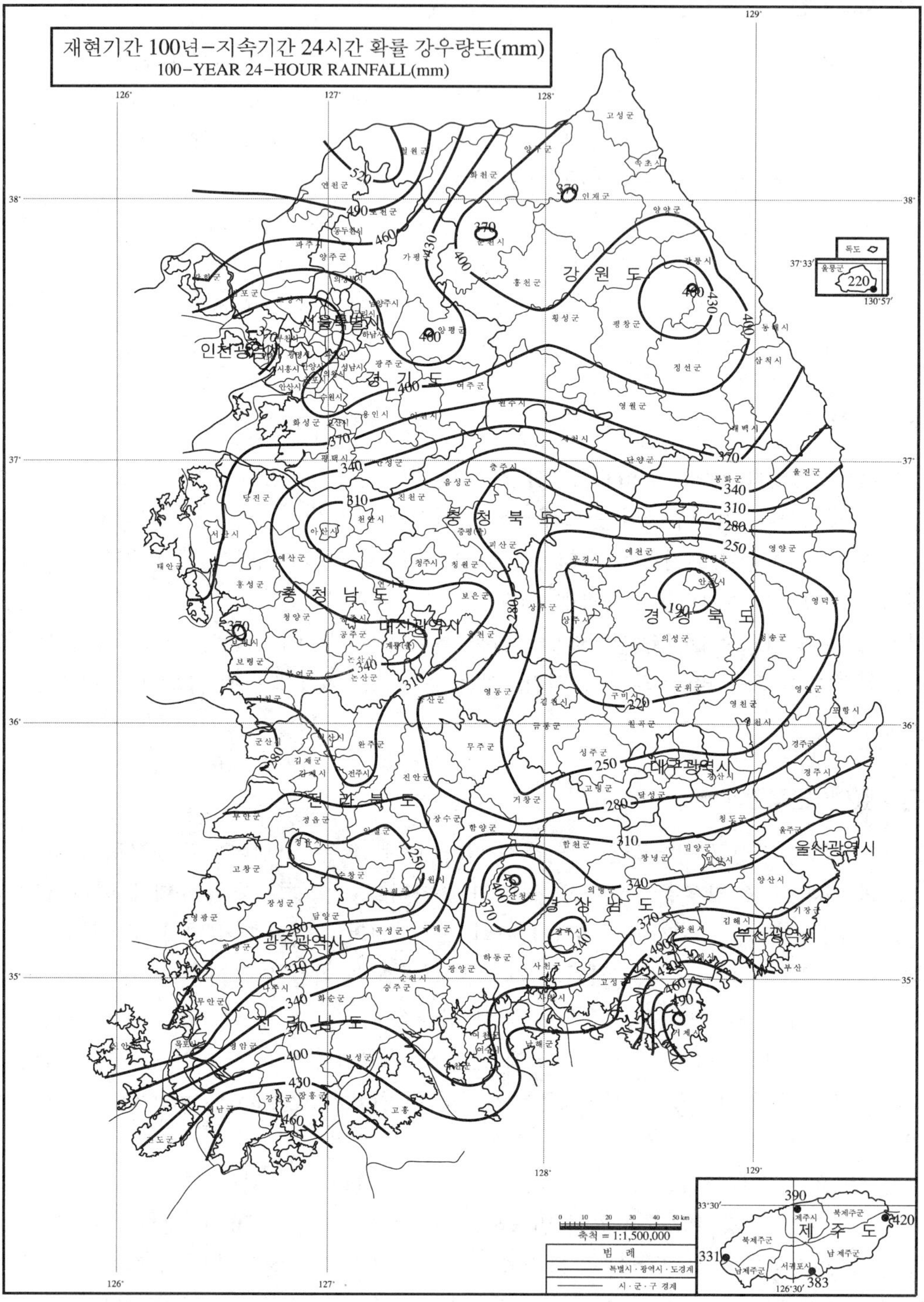

그림 21.1 100년 24시간 강우량

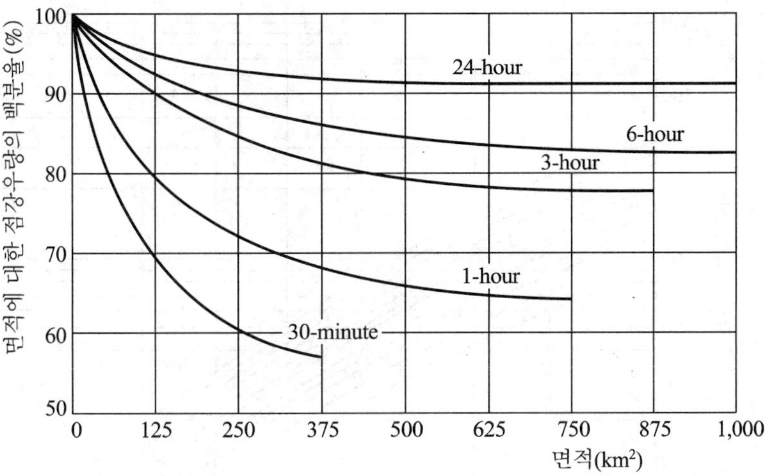

그림 21.2 점강우량을 면적강우량으로 변환하는 강우깊이-면적곡선(U. S. National Weather Service, 1963)

국토해양부(2000)에서는 한강유역에 면적보정인자를 구하는 식을 제시했다.

$$ACF = 1 - M\exp(-1/aA^{b})$$

여기서 ACF는 면적보정인자, M, a, b는 재현기간(T년)과 강우지속기간(hr)에 따라 결정되는 계수, A는 유역면적(km^2)이다.

예제 21.1

500 km^2 유역의 점강우량자료에 Thiessen방법을 적용하여 구한 지속기간 3시간 호우가 $R = 100\ \mathrm{mm}$이다. 이 유역의 면적평균 강우량을 산정하라.

[풀이] 면적이 26 km^2을 초과하므로 점강우량은 보정을 필요로 한다. 그림 21.2에서 500 km^2에 대한 3시간 강우량에 대한 면적보정인자(ACF)는 약 80%이다. 따라서 면적평균 강우량은 $R \times ACF = 100 \times 0.8 = 80\ \mathrm{mm}$이다.

21.4.4 강우강도-지속기간-빈도(IDF)곡선

소유역, 특히 도시우수배수설계와 같은 수문설계에서는 강우강도(또는 깊이), 지속기간, 빈도(또는 재현기간) 간의 관계를 포함한 강우사상의 결정이 필요하다. 즉 수자원구조물 설계에 사용되는 설계강우량은 시설과 위치에 알맞는 강우강도(또는 깊이), 지속기간 및 빈도(또는 재현기간)의 관계인 **강우강도-지속기간-빈도**(intensity-duration-frequency, IDF)곡선이 필요하다. 그 중요성에 따라 대부분의 지역에 IDF곡선이 작성되어 있으며 그림 21.3은 서울지역의 IDF곡선이다. IDF곡선은 주어진 빈도와 지속기간에 대한 강우강도를 구하는 데 이용된다.

IDF곡선은 측정된 강우량의 빈도를 구하는 데에도 이용된다. 예를 들면 서울지역에 3시간

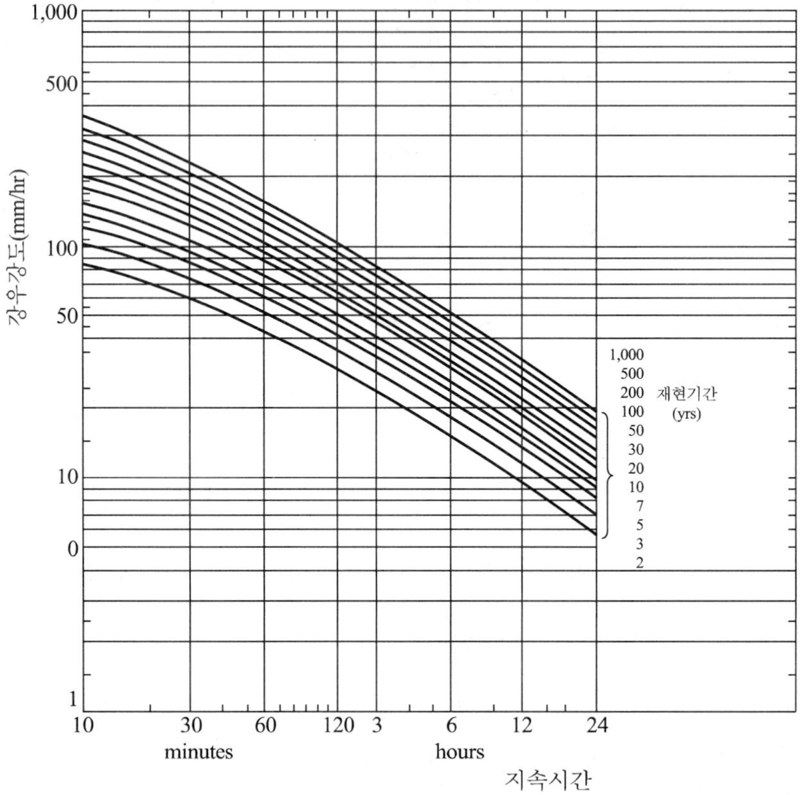

그림 21.3 서울지역의 강우강도-지속시간-빈도곡선

동안 102 mm가 내렸다면 강우강도는 $102/3 = 34$ mm/hr가 된다. 따라서 그림 21.3에서 3시간 34 mm/hr에 대한 재현기간은 5년 또는 초과확률은 0.2이다.

IDF 곡선작성과정

자기우량계기록이 있는 지점에서는 IDF해석이 가능하고 해석과정은 다음과 같다.

(1) 강우지속기간(예를 들면 5, 10, 20, 30, 60, 100 및 120분)을 선정한다.

(2) 강우기록지로부터 선정된 각 지속기간에 대한 연 최대강우깊이를 결정한다. 30년 기록이면 30개의 연 최대강우량이 된다.

(3) 예로 5분 지속기간의 강우자료에 빈도곡선을 적합시킨다. 연 최대강우량을 제일 큰 것부터 감소 크기순으로 나열하고 Gumbel분포 또는 Weibull공식($T = (n+1)/m$) 등으로 재현기간 또는 빈도를 계산한다(18장의 도시위치 참조). 여기서 T는 재현기간, n은 총 자료수, m은 감소순위이다. 강우기록이 아주 짧아서 연 초과치계열을 사용하는 경우에는 다음 표의 환산계수를 곱하여 조정한다.

재현기간(yr)	환산계수
2	0.88
5	0.96
10	0.99
>10	1.0

(4) 5분 외의 다른 지속기간에 대해서도 3항의 해석을 수행한다.

(5) 각 지속기간의 빈도곡선으로부터 재현기간(또는 빈도) 5, 10, 20, 30, 50, 80, 100년에 대한 강우강도를 읽는다. 즉 3, 4항에서 작성된 지속기간별 재현기간–강우강도의 빈도곡선 자료를 재현기간(빈도)별 지속기간–강우강도 형태의 자료로 재정리한다.

(6) 각 빈도에 대하여 강우량(깊이)(종축)과 지속기간(횡축)을 전대수지 상에 도시하면 이들은 IDF곡선을 형성한다. $R = i t_d$에 의하여 강우강도를 강우깊이로 환산한다.

예제 21.2

서울지역의 10년 빈도, 2시간 강우강도와 강우깊이를 결정하라.

[풀이] 서울지역의 IDF곡선인 그림 21.3으로부터 10년 빈도 2시간 강우강도는 52 mm/hr 이다. 이에 대한 강우깊이는 $R = i \times t_d = 52\ \mathrm{mm/hr} \times 2\ \mathrm{hr} = 104\ \mathrm{mm}$ 이다.

예제 21.3

표 21.2에 주어진 강우자료를 이용하여 10년, 20년에 대한 IDF곡선을 작성하라.

표 21.2 상이한 지속기간의 강우깊이에 대한 빈도해석

순위	지속기간별 강우량(mm)						재현기간(yr)
m	5 min	10 min	15 min	20 min	30 min	60 min	$T = (n+1)/m$
(1)	(2)	(3)	(4)	(5)	(6)	(7)	(8)
1	10.0	16.5	22.3	26.8	37.0	53.8	23
2	9.5	15.8	20.8	24.3	32.3	48.0	11.5
3	9.3	15.5	19.8	22.8	31.5	37.0	7.7
4	9.0	15.0	19.0	21.5	26.5	22.8	5.8
5	8.8	15.0	18.3	21.5	20.8	19.5	4.6
6	8.3	14.5	18.0	19.3	20.8		3.8
7	8.3	12.5	18.0	19.3	19.5		3.3
8	7.3	12.5	15.8	17.5	19.5		2.9
9	7.5	12.3	14.3	16.8	16.8		2.6
10	7.0	10.0	14.0	15.5	16.5		2.3
⋮	⋮						⋮
20	3.25	5.75	8.1	10.0	10.0		1.05

[풀이] 각 지속기간에 대하여 강우깊이를 제일 큰 값이 순위 1이 되도록 감소 크기순으로 나열하고 Weibull 방법으로 재현기간을 계산한다(표 21.2의 8란). 각 지속기간에 대한 20년 빈도의 강우깊이는 23년과 11.5년 빈도에 대한 강우량을 이용하여 내삽법으로 구하고 10년 경우도 11.5년과 7.7년을 이용하여 내삽법으로 산정한다. 이와 같이 구한 10, 20년의 지속기간별 강우강도가 표 21.3과 같고 이를 도시하면 그림 21.4와 같다.

표 21.3 상이한 지속기간에 대한 10년, 20년 강우강도

재현기간(yr)	지속시간별 강우강도(mm/hr)					
	5 min	10 min	15 min	20 min	30 min	60 min
20	118.4	97.9	87.6	82.9	71.5	52.3
10	113.1	94.1	81.6	71.1	64.0	43.7

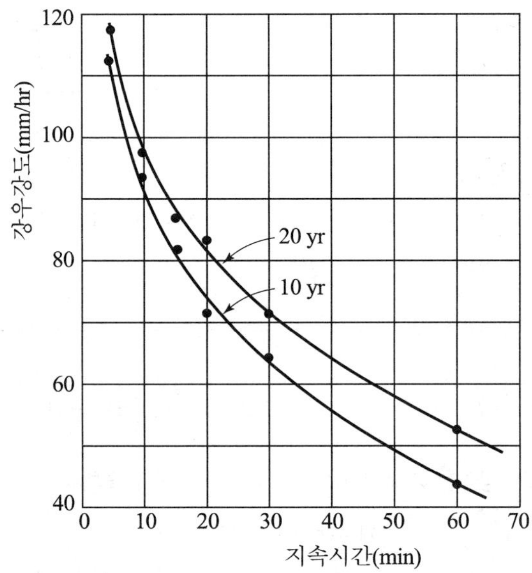

그림 21.4 IDF곡선

IDF곡선식

IDF곡선은 식을 이용해서도 나타낼 수 있다. 강우강도는 강우의 지속기간이 길수록 작아진다. 따라서 강우강도 i는 지속기간 t_d에 반비례하는 $i = a/f(t_d)$의 관계를 갖는다. 한국에서 많이 적용되는 경험식은

Tallbot형 $$i = \frac{a}{t+b} \tag{21.1}$$

Sherman형 $$i = \frac{c}{t^n} \tag{21.2}$$

Japanese형 $$i=\frac{d}{\sqrt{t}+e} \tag{21.3}$$

여기서 i는 강우강도(mm/hr), t는 지속기간(min) a, b, c, d, e는 지역에 따라 결정되는 상수이다. IDF곡선식은 최소자승법에 의한 최적식으로 결정된다. 서울지역(한국건설기술연구원, 1987)의 재현기간이 $T=10$년인 강우강도식은

$$i=\frac{651.1}{\sqrt{t}+1.014} \tag{21.4}$$

여기서 i는 강우강도(mm/hr), t는 강우지속시간(min)이다. 재현기간 T를 포함시킬 경우 강우강도식의 일반형은 다음 형태를 취한다.

$$i=\frac{aT^m}{t_d+c} \tag{21.5}$$

21.5 설계우량주상도

설계호우의 강우량과 지속기간이 결정되면 다음 단계는 우량주상도 작성방법의 선정이다. 작성방법의 선정은 이로부터 계산되는 유출수문곡선의 형상과 첨두크기에 현저한 영향을 준다. **설계강우량주상도**(設計降雨量柱狀圖; design rainfall hyetograph)는 지속기간 내에서 설계강우량의 시간분포를 나타내는 주상도이다. 많은 경우 설계에 대한 입력으로 우량주상도가 필요하다. 그러나 설계강우량이 총 강우량으로 주어진다면 이 총 강우량을 지속기간에 분포시켜 강우의 시간분포를 나타내는 우량주상도를 유도하는 것이 필요하다. 즉 주어진 재현기간에 대한 강우깊이와 지속기간이 결정되면 우량주상도의 작성이 필요하다. 우량주상도에 따라 유출수문곡선의 모양과 첨두가 달라진다.

시간분포곡선(時間分布曲線; time distribution curve)은 지속기간과 강우깊이 또는 총 강우량이 주어졌을 때 지속기간 내에서 총 강우량을 시간에 대한 분포로 나타내는 곡선이다. 시간분포곡선을 유도하는 일반적인 과정은 다음과 같다.

(1) 24시간(또는 48시간)의 총 강우량이 일반적으로 150 mm, 또는 200 mm의 하한치를 초과하는 모든 호우를 선정한다. 하한치는 기후특성과 유역에 따라 다르게 된다.
(2) 연속된 시간강우기록을 이용하여 지속기간 1, 2, 3, 6, 9, 12, 15, 18, 21, 24(또는 48)시간에 대한 강우량을 계산한다.
(3) 단계(2)의 각 지속기간에 대한 강우량을 24(또는 48)시간 총 강우량으로 나누어 백분율로 나타내고 또한 각 지속기간을 24(또는 48)시간에 대한 백분율로 나타낸다.
(4) 각 지속기간 백분율(횡축)에 대하여 강우량 백분율(종축)을 도시한다.
(5) 선정된 모든 호우에 대하여 (2)~(4)의 과정을 되풀이한다.

(6) 단계(5)까지의 결과를 동일 방안지에 도시하고 각 지속기간의 최고치들을 연결하는 포락선을 긋는다(그림 21.5a).

(7) 포락선으로부터 각 지속기간에 대한 강우량을 읽어 우량주상도를 작성한다(그림 21.5b). 설계수문곡선은 단위도를 이용한 설계우량주상도의 변환이다. 이 설계우량주상도는 특정 지속기간에 대한 총 강우량을 지속기간에 따라 배분함으로써 유도된다. 설계우량주상도를 유도하는 방법에는 다음과 같은 기법들이 있다.

① Huff분포

② 삼각형 우량주상도법(Yen–Chow방법)

③ 교호블록방법

④ 순간강우강도방법(Keifer–Chu방법 또는 Chicago방법)

⑤ Mononobe방법

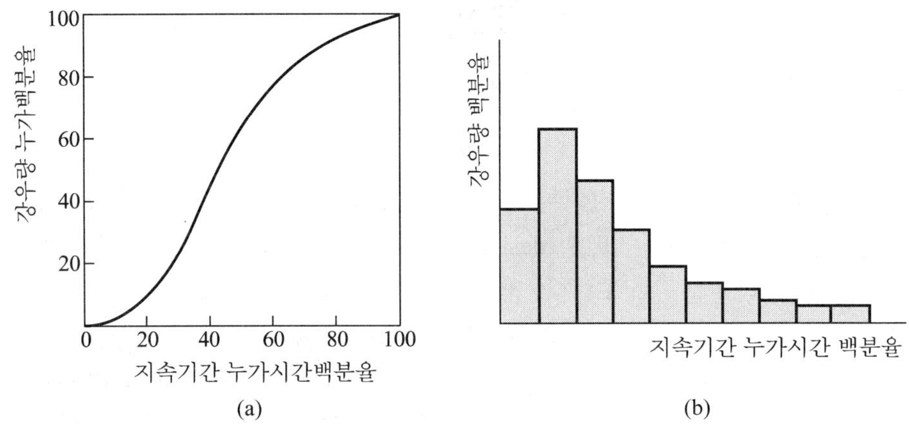

그림 21.5 (a) 강우량 시간분포곡선, (b) 우량주상도

21.5.1 Huff분포

Huff분포는 미 일리노이 주 중동부의 400 mi^2(1,040 km^2)의 면적에 위치한 49개의 우량계의 우량관측망으로부터 11년간의 우량자료 해석을 통하여 최대강우강도가 지속기간의 첫째, 둘째, 셋째 또는 넷째 4분위에 일어나는가에 따라 모든 강우분포를 4개 집단으로 분류하고 각 집단의 강우량자료에 확률을 부여하여 누가강우량의 무차원 시간분포를 나타내는 Huff곡선(그림 21.6)을 제시했다(Huff, 1967). 첫째 구간(first quartile)이 가장 심한 호우를, 넷째 구간이 가장 약한 호우를 나타내고 짧은 지속기간의 경우 첫째, 둘째 구간이 지배적임을 밝혔다.

총 36개 Huff곡선 중 어느 곡선을 사용해야 하는가? 50% 분포곡선(그림 21.7a)은 중앙치로 제1구간의 시간분포확률곡선을 대표한다고 볼 수 있어서 대부분의 경우에 적용이 권장되며 ILLUDAS에서는 1구간의 중위(50% 확률)분포를 사용하였다(Terstriep과 Stall, 1974). Huff (1990)는 가장 대표적인 단일 곡선으로 50% 중앙치곡선을 제시했다. 한편 한국건설기술연구원

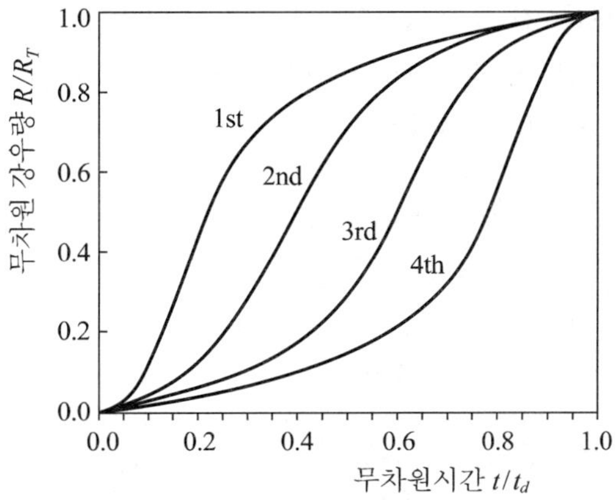

그림 21.6 Huff의 4호우분포

(1989)은 한국의 65개 지점의 강우기록의 시간분포를 해석한 결과 제2구간의 호우가 가장 지배적임을 밝혔다.

Huff곡선의 작성: Huff곡선은 다음 절차에 따라 작성된다. (1) 각 호우기록의 우량누가곡선을 작성한다. (2) 우량누가곡선의 우량들을 총 강우량으로 나누고, 각 우량에 상응하는 시간은 호우의 지속기간으로 나누어 모든 우량누가곡선을 무차원 시간–우량누가곡선으로 바꾼다. (3) 무차원 시간–우량누가곡선도의 시간축에서 무차원 지속기간의 10%(또는 5%, 2%)마다 연직선을 세운다. 무차원 우량누가곡선이 이들 연직선과 만나는 점의 강우량에 다음 단계(4)의 절차에 따라 확률을 부여한다. (4) 모든 연직선 상의 유량에 크거나 같게 되는 초과확률을 백분율로 계산한다.

$$P = \frac{100m}{n+1} \tag{21.6}$$

여기서 P는 무차원 강우깊이의 누가백분율, m은 자료점 번호 및 n은 자료점의 수이다. (5) 10%, 20%, ⋯, 90%로 같은 확률이 부여되는 점들을 연결하여 형성되는 곡선들은 Huff곡선을 구성한다.

표 21.4는 서울 우량관측소의 Huff 무차원 강우량분포를 나타내고 그림 21.7a는 서울지방의 제1구간 호우의 시간분포곡선을 확률별로 나타낸 것이다. 그림에서 10%곡선은 전 호우 중에서 발생할 확률이 10% 또는 그 미만인 호우를 나타내고 이는 큰 호우사상을 의미한다. 한편 90% 곡선은 자주 일어나므로 작은 강우를 나타낸다. 지속기간이 총 지속기간의 40%에 달할 때까지 내린 무차원 누가강우량이 총 강우량의 93.6%가 되는 확률은 10%(또는 비가 내릴 확률이 10%인 강우량은 총 강우량의 93.6%)이고, 86.2%가 내릴 확률은 20%, 82%가 내릴 확률은 30%가 됨을 나타낸다. 그림 21.7b는 제1구간 강우의 발생누가확률 10%, 50% 및 90%에 대한 우량주상도를 나타낸다. 50% 막대그림은 전 호우의 50%에 같거나 초과되는 누가강우의 양상을 나타낸다. 비가 내릴 확률이 90%인 시간분포곡선은 강우량이 비교적 적은 강우사상을 나타낸다.

따라서 90% 우량주상도는 전 호우의 10% 또는 미만의 호우와 같거나 초과되는 강우량분포로 해석될 수 있다. 이는 비교적 균일한 강우형태이다. 10% 막대그림에서 강우지속기간의 처음 30% 동안에 총 강우량의 90%가 내린다.

표 21.4 Huff 4분위의 50% 무차원 시간별 누가강우량

t/t_d	분위별 R/R_T			
	1st	2nd	3rd	4th
0.00	0.000	0.000	0.000	0.000
0.10	0.210	0.045	0.038	0.038
0.20	0.452	0.126	0.079	0.079
0.30	0.625	0.258	0.143	0.114
0.40	0.724	0.500	0.216	0.164
0.50	0.778	0.698	0.342	0.224
0.60	0.836	0.820	0.543	0.286
0.70	0.880	0.901	0.757	0.375
0.80	0.929	0.946	0.911	0.569
0.90	0.969	0.979	0.969	0.839
1.00	1.000	1.000	1.000	1.000

자료: 서울 우량관측소(건설교통부, 2000)

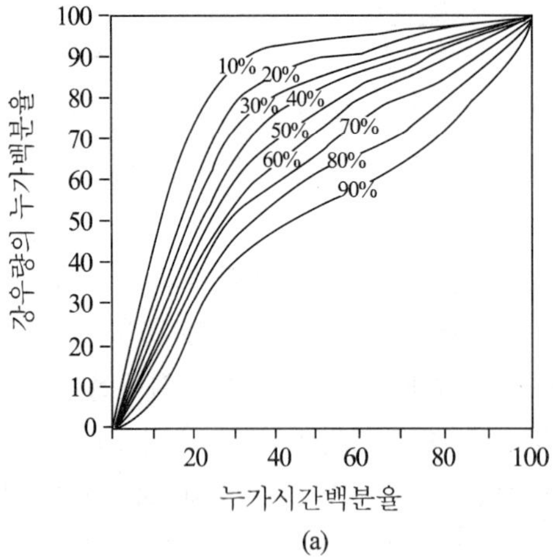

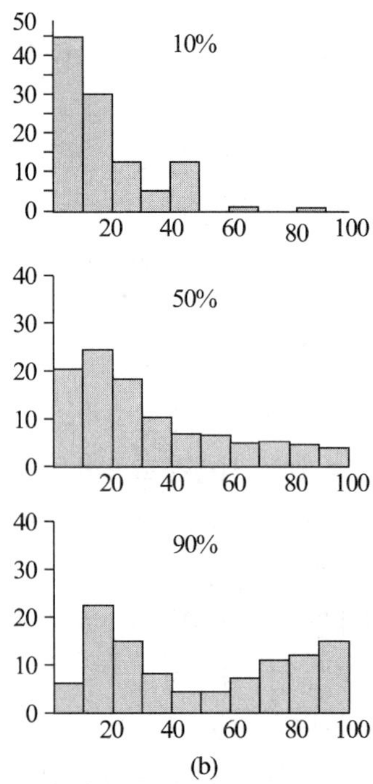

그림 21.7 (a) 제1구간 호우의 확률별 시간분포곡선(서울지역), (b) 제1구간의 강우주상도

예제 21.4

Huff 둘째 4분위분포를 이용하여 서울지역의 10년 빈도, 2시간 설계우량주상도를 10분 증분으로 결정하라.

[풀이] 식 (21.4)를 이용하면 2시간(120분) 강우강도는 $i = 651.1/(\sqrt{120}+1.014) = 54.4\ \mathrm{mm/hr}$이므로 2시간 총 강우량은 $R_T = (54.4\ \mathrm{mm/hr}) \times 2\ \mathrm{hr} = 108.8\ \mathrm{mm}$이다. 강우주상도의 계산은 표 21.5에 요약된다. 계산내용은 $t=30$분의 경우 2란은 2시간(120분)에 대한 무차원시간 $t/t_d = 30/120 = 0.25$를, 3란은 표 21.4에서 Huff 둘째 4분위분포로부터 $t/t_d = 0.25$에 대하여 내삽으로 $R/R_T = 0.197$을, 4란은 30분까지의 누가강우량 $R = 21.43\ \mathrm{mm}\,(=0.197\times 108.8)$를, 5란은 $t=20$분에서 30분 사이의 강우량 $\Delta R = 10.66\ \mathrm{mm}\,(=21.43-10.77)$를, 6란은 강우강도로 $10.66\times(10/60) = 63.96\ \mathrm{mm/hr}$이다. 2란에 대하여 5, 6란의 값을 도시하면 강우량과 강우강도의 항에서 10년 빈도, 2시간 설계우량주상도를 얻는다.

표 21.5 설계강우량주상도 계산(Huff방법)

t (min) (1)	t/t_d (2)	R/R_T (3)	R (mm) (4)	ΔR (mm) (5)	$i=\Delta R/\Delta t$ (mm/hr) (6)
10	0.083	0.037	4.03	4.03	24.185
20	0.167	0.099	10.77	6.74	40.44
30	0.250	0.197	21.43	10.66	63.96
40	0.333	0.345	37.54	16.11	96.66
50	0.417	0.534	58.10	20.56	123.36
60	0.500	0.698	75.94	17.84	107.04
70	0.583	0.799	86.93	10.99	65.82
80	0.667	0.874	95.09	8.16	48.96
90	0.750	0.924	100.53	5.44	32.64
100	0.833	0.957	104.12	3.59	21.54
110	0.917	0.983	106.95	2.83	16.98
120	1.000	1.000	108.80	1.85	11.10

21.5.2 삼각형 우량주상도(또는 Yen-Chow)방법

Yen-Chow방법(1980)이라고도 하는 삼각형 설계우량주상도방법은 총 강우량(깊이) $R(\mathrm{mm})$과 지속기간 $t_d(\mathrm{hr})$가 알려지면 삼각형의 저변길이와 높이의 결정이 가능하므로 시간별 강우강도가 간단하게 결정된다(그림 21.8).

그림 21.8에서 저변길이는 지속기간 t_d, 높이는 첨두강우강도 i_P이므로 총 강우깊이는 $R = 1/2\ t_d i_P$로 주어진다. i_P는 식 (21.7)과 같고 평균강우강도를 $\bar{i}$라 할 때 $i_P/\bar{i} = 2$가 되는 점이 주목된다.

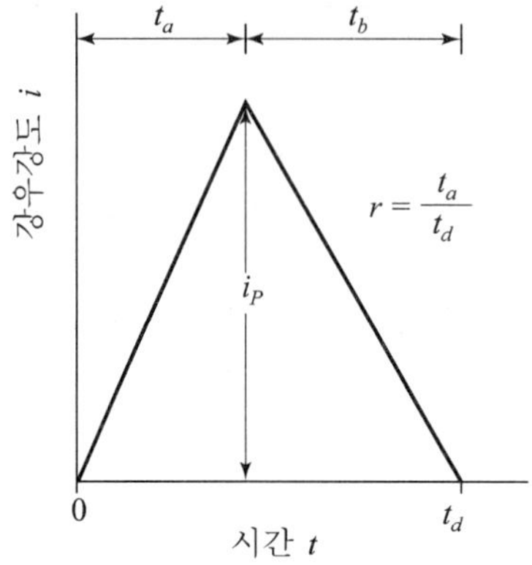

그림 21.8 삼각형 설계우량주상도

$$i_P = \frac{2R}{t_d} \tag{21.7}$$

호우전진계수(豪雨前進係數; storm advanced coefficient) r은 첨두까지의 시간 t_P와 총 지속기간 t_d와의 비이다.

$$r = \frac{t_P}{t_d} \tag{21.8}$$

첨두후 시간인 감소시간 t_b는

$$t_b = t_d - t_P$$
$$= (1-r)t_P \tag{21.9}$$

$r = 0.5$이면 첨두강우강도는 지속기간의 중앙에 일어나므로 중앙집중형(中央集中形), $r < 0.5$이면 중앙점 이전에 일어나므로 전진형(前進形), $r > 0.5$이면 중앙점 이후에 첨두가 일어나므로 지연형(遲延形)이라 한다. r값은 많은 호우기록으로부터 첨두강우강도 발생시간과 호우지속기간의 비를 계산하여 결정된다. 표 21.6은 우리나라 주요 지점에 대한 호우전진계수로 그 대

표 21.6 호우전진계수

지점	r
강릉	0.522
서울	0.472
수원	0.501
대전	0.456
포항	0.490
전주	0.449
광주	0.482
부산	0.509
목포	0.457
여수	0.524

자료: 한국건설기술연구원, 1989

부분이 0.5 전후이다. 이는 대부분 지역의 강우양상이 중앙집중형임을 의미한다. $r = 1$은 균일분포의 강우양상으로 정의될 수 있다.

r은 20분에서 6시간까지의 지속기간별 전진계수의 가중평균치이다. 서울지역의 경우 $r = 0.472$는 다음과 같이 산정된다. 다음의 앞 숫자는 지속기간, 괄호 안의 숫자는 호우전진계수이다.

$$\frac{20(0.51) + 30(0.5) + 40(0.48) + 60(0.48) + 120(0.46) + 240(0.47) + 360(0.47)}{20 + 30 + 40 + 60 + 120 + 240 + 360} = 0.472$$

예제 21.5

서울지역의 10년 빈도, 2시간 설계우량주상도를 Yen-Chow방법으로 결정하라.

[풀이] 식 (21.4)를 이용하면 서울지역의 10년 빈도, 2시간 강우강도는 54.4 mm/hr이므로 10년 빈도, 2시간 설계강우량은

$$R = (54.4\ \mathrm{mm/hr}) \times (2\ \mathrm{hr}) = 108.8\ \mathrm{mm}$$

따라서 2시간 첨두강우강도는 $i_P = \dfrac{2R}{t_d} = \dfrac{2 \times 108.8}{2} = 108.8\ \mathrm{mm/hr}$

표 21.6으로부터 서울지역의 호우전진계수는 $r = 0.472$ 이다.

첨두강우강도까지 시간 t_a: $t_a = rt_d = 0.472 \times 120\ \mathrm{min} = 58.4\ \mathrm{min}$

감수부 시간 t_b: $t_b = t_d - t_a = 120 - 58.4 = 61.6\ \mathrm{min}$

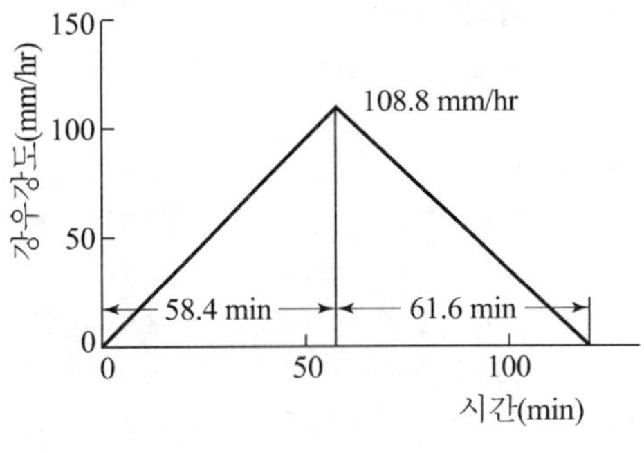

그림 21.9 서울지역의 삼각형 설계강우주상도(10년, 2시간)

21.5.3 교호블록방법

교호블록방법(*交互*블록*方法*; alternating block method)은 IDF곡선으로부터 설계우량주상도를 도출하는 간단한 방법이다. 이 방법에 의한 설계우량주상도는 지속기간 $t_d = n\Delta t$ 동안 개개의 Δt 시간 동안에 발생하는 강우량을 결정한다. 재현기간이 결정되면 각 지속기간 Δt, $2\Delta t$, $3\Delta t$, ⋯ 에 대한 강우강도를 IDF곡선으로부터 읽고 이들에 대응하는 누가강우깊이는 강우강

도와 지속기간(hr)의 곱으로 주어진다. 표 21.7에서 3란의 누가강우깊이의 차이는 각 시간 간격에서 발생하는 강우깊이를 나타내고 이는 강우증분을 제공한다(4란). 이와 같은 강우량증분 또는 블록의 순서를 조정해서 최대강우강도가 지속기간 t_d의 중앙에 오고 다음 크기의 블록들이 오른쪽, 왼쪽 순으로 오도록 배치하여 설계우량주상도를 얻는다.

예제 21.6

서울지역의 10년 빈도, 2시간 설계우량주상도를 교호블록방법을 이동하여 10분 증분으로 결정하라.

[풀이] 식 (21.4)를 이용하여 주어진 지속기간에 대하여 강우강도를 계산한다. 계산 예로 지속기간 20분에 대한 강우강도는 $651.1/(\sqrt{20}+1.014)=118.7\,\mathrm{mm/h}$로 계산된다. 다른 지속기간에 대한 강우강도는 표 21.7의 2란과 같다. 강우강도와 지속기간을 곱해서 강우깊이가 계산된다. 지속기간 20분에 대한 강우깊이는 $R=i\times t_d=118.7\,\mathrm{mm/h}\times(20/60)\mathrm{hr}=39.5\,\mathrm{mm}$이고 다른 지속기간에 대한 값은 3란과 같다. 강우가 가장 심한 처음 20분 동안에 내린 강우량은 39.5 mm이다. 이 중 처음 10분 동안에 내린 강우량은 26 mm이고 다음 10분 동안에 내린 강우량은 $39.5-26.0=13.5\,\mathrm{mm}$이다. 이와 같은 방법으로 호우지속기간의 각 시간 증분에 해당하는 강우량증분이 4란과 같이 구해진다. 6란과 같이 강우깊이의 순서를 재조정해서 최대블록(26 mm)이 중앙인 50～60 min에 오고, 다음으로 큰 블록(13.5 mm)을 최대블록의 오른쪽에 위치시켜 60～70 min에 오도록 하고, 세 번째로 큰 블록(10.7 mm)이 최대블록의 왼쪽(40～50 min)에 오도록 한다. 이와 같은 순서로 배열한 것이 6란과 같다.

표 21.7 설계강우량주상도계산(교호블록방법)

지속기간 (min) (1)	강우강도 (mm/h) (2)	누가강우깊이 (mm) (3)	강우량증분 (mm) (4)	시간 (min) (5)	강우량 (mm) (6)
10	155.9	26.0	26.0	0～10	5.3
20	118.7	39.5	13.5	10～20	5.8
30	100.3	50.2	10.7	20～30	8.0
40	88.7	59.1	8.9	30～40	6.7
50	80.5	67.1	8.0	40～50	10.7
60	74.3	74.3	7.2	50～60	26.0
70	69.4	81.0	6.7	60～70	13.5
80	65.4	87.2	6.2	70～80	8.9
90	62.0	93.0	5.8	80～90	7.2
100	59.1	98.5	5.5	90～100	6.2
100	56.6	103.8	5.3	100～110	5.5
120	54.4	108.8	5.0	110～120	5.0

21.5.4 Chicago(또는 Keifer–Chu)방법

Chicago방법은 IDF곡선에 근거하여 설계우량주상도에서 시간에 대한 강우량(강도)의 변화를 식으로 나타낼 수 있게 한다. 호우첨두를 중심으로 지속기간 t_d 동안의 강우깊이가 IDF곡선에 의하여 주어지는 값과 같게 되는 점에서 원리는 교호블록방법과 유사하다. 다른점은 Keifer–Chu방법에서 강우강도는 호우기간 동안 계속해서 변하는 순간치로 고려되는 점이다. 이러한 점에서 이 방법을 **순간강우강도방법**(瞬間降雨强度方法; instantaneous intensity method)이라고도 한다. 또한 이 방법은 개발자의 이름을 따라 Keifer–Chu방법으로도 알려진다.

그림 21.10에 보인 호우주상도에서 강우강도 i를 나타내도록 그은 절선은 첨두를 전후하여 주상도를 나타내는 곡선과 교차한다. 첨두강우강도의 발생시간을 기준으로 하여 첨두 이전 교차시간을 t_a, 첨두 이후 교차시간을 t_b라 하면 이들 교차점 간의 시간 t_d는

$$t_d = t_a + t_b \tag{21.10}$$

호우전진계수는 이전과 같이 정의된다.

$$r = t_a / t_d \tag{21.11}$$

따라서 t_d는 다음과 같이 표현된다.

$$t_d = \frac{t_a}{r} = \frac{t_b}{1-r} \tag{21.12}$$

그림 21.10에서 보인 바와 같이 한 쌍의 곡선, $i_a = f(t_a)$, $i_b = f(t_b)$는 우량주상도의 강도를 나타내는 곡선으로 가정된다. 여기서 i_a, i_b는 첨두 전후의 강우강도이다. 시간 t_d에 대한 총 강우량 R은 곡선아래 면적으로 주어진다. 이 경우 첨두시간이 시간의 원점이 된다.

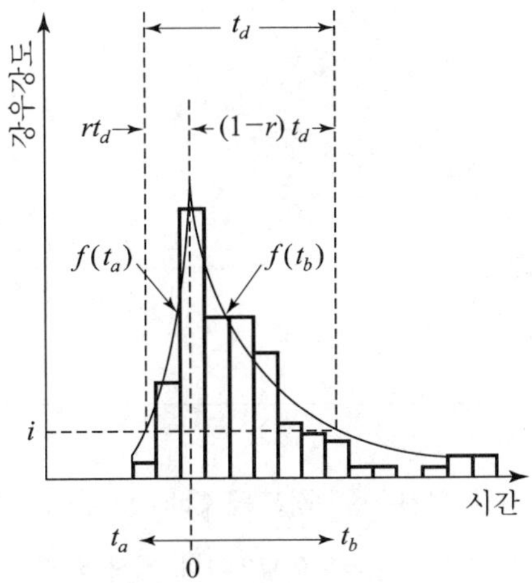

그림 21.10 강우주상도의 Chicago방법의 곡선적합

$$R = \int_o^{r t_d} f(t_a) dt_a + \int_o^{(1-r)t_d} f(t_b) dt_b \tag{21.13}$$

주어진 t_d에 대하여 $f(t_a) = f(t_b)$인 점을 이용하여 식 (21.13)을 t_d에 관하여 미분하면

$$\frac{dR}{dt_d} = f(t_a) = f(t_b) \tag{21.14}$$

t_d 동안의 평균강우강도를 i_{av}라 하면

$$R = t_d \, i_{av} \tag{21.15}$$

식 (21.15)를 t_d에 관하여 미분하고 식 (21.14)를 고려하면

$$\frac{dR}{d\,t_d} = i_{av} + t_d \frac{di_{av}}{dt_d} = f(t_a) = f(t_b) \tag{21.16}$$

Keifer와 Chu(1957)는 시카고하수망설계(Chicago방법)에 적용을 위하여 이러한 형태의 합성 우량주상도를 개발하고 평균강우강도식을 다음과 같이 정의하였다.

$$i_{av} = \frac{c}{t_d^e + f} \tag{21.17}$$

식 (21.17)을 t_d에 관하여 미분하여 식 (21.16)에 대입하면 시간폭이 t_d가 되도록 우량주상도가 교차되는 강우강도 i는

$$i = \frac{c\,[(1-e)t_d^e + f\,]}{(t_d^e + f\,)^2} \tag{21.18}$$

식 (21.18)의 첨두 전후의 강우강도인 i_a와 i_b는 식 (21.12)를 이용하여 t_a와 t_b의 항으로 나타내면 다음과 같다.

첨두 발생 전 $$i_a = \frac{c\,[(1-e)(t_a/r)^e + f\,]}{[(t_a/r)^e + f\,]^2} \tag{21.19}$$

첨두 발생 후 $$i_b = \frac{c\left[(1-e)\{t_b/(1-r)\}^e + f\right]}{\left[\{t_b/91-r)\}^e + f\right]^2} \tag{21.20}$$

예제 21.7

서울지역의 10년 빈도, 2시간 설계우량주상도를 Chicago방법으로 개발하라.

[풀이] 표 21.6으로부터 호우전진계수는 $r = 0.472$이나 계산의 편이를 위해서 $r = 0.5$를 적용한다. 이 경우 강우지속기간이 120분이므로 첨두강우강도는 강우시작으로부터 $t = 60$분에 위치한다. 첨두시간 전후의 시간 t_a, t_b는 표 21.8의 2란에 보인 바와 같다. 첨두 주변에서는 정확도를 높이기 위해서 2분 간격으로 하고

나머지는 10분 간격으로 한다. 강우강도는 식 (21.18) 또는 (21.19)와 (21.20)으로 계산되고 식 (21.4)와 식 (21.17)로부터 $c=651.1$, $e=0.5$, $f=1.014$ 의 값을 갖는다.

표 21.8 설계우량주상도계산(Keifer–Chu方法)

시간 t (min) (1)	상대시간 t_a, t_b (min) (2)	강우강도 (mm/h) (3)	강우량증분 (mm) (4)
0	60	29.5	
10	50	32.3	5.15
20	40	36.0	5.69
30	30	41.5	6.46
40	20	50.5	7.67
50	10	70.3	10.07
52	8	78.1	2.47
54	6	89.2	2.79
56	4	107.1	3.27
58	2	144.4	4.19
60	0	642.1	13.11
62	2	144.1	13.11
64	4	107.1	4.19
66	6	89.2	3.27
68	8	78.1	2.79
70	10	70.3	2.47
80	20	50.5	10.07
90	30	41.5	7.67
100	40	36.0	6.46
110	50	32.3	5.69
120	60	29.5	5.15

총 강우량(mm)=121.74

첨두 이전

$t_d=t_a/r$ 이므로 예를 들면 $t=50\text{ min}$ 에서는 $t_a=60-50=10\text{ min}$ 이고 $t_d=t_a/r=10/0.5=20\text{min}$ 이다. 따라서 식 (21.19)에 의하면

$$\begin{aligned} i=i_a &= \frac{651.1[(1-0.5)20^{0.5}+1.014]}{(20^{0.5}+1.014)^2} \\ &= 70.3\text{ mm/h} \end{aligned}$$

같은 방법으로 모든 시간 간격에 대하여 계산된 값들이 표 21.8의 3란에 주어진다.

첨두 이후

$t_d=t_b/(1-r)$ 를 이용하여 첨두 이전과 같은 과정으로 첨두 이후의 강우강도가 계산된다. 예로 $t=80\text{ min}$에서 $t_b=80-60=20\text{ min}$, $t_d=20/(1-0.5)=40\text{ min}$ 이므로 식 (21.18) 또는 식 (21.20)으로부터 $i_b=50.5\text{ mm/h}$ 로 계산된다. 3란의 강우강도는 순간치이므로 각 시간 간격의 강우깊이는 제형공식으로 계산된다. 예를 들면 처음 10분 동안은 $(29.5+32.3)/2\times10/60=5.15\text{ mm}$ 로 4란에 보인 바와 같다.

강우량증분의 합은 121.74 mm로 예제 21.5에서 계산된 108.8 mm보다 크다. 이러한 차이는 강우량의 증

분계산에 제형공식의 적용에 기인한다. 따라서 이 차이는 시간 간격을 작게 함으로써 줄일 수 있다. 그림 21.11은 이와 같이 유도한 유량주상도와 $r=0.3$에 대한 우량주상도를 나타낸다. 전진계수의 영향은 크기에는 관계없이 첨두발생 시간만이 이동함을 알 수 있다.

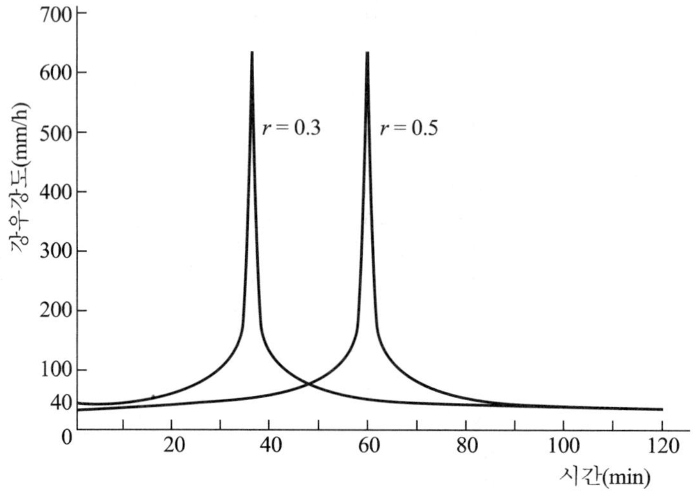

그림 21.11 Chicago방법에 의한 우량주상도

21.5.5 Mononobe방법

Mononobe방법은 시간강우기록이 없는 경우 1일(24시간) 강우량 R_{24} (mm)로부터 t (hr) 지속기간의 최대강우강도를 구하는 방법이다.

$$R_t = \frac{R_{24}}{24}\left(\frac{24}{t}\right)^{2/3} \tag{21.21}$$

여기서 R_t 는 t 시간 최대강우강도(mm/h), R_{24} 는 24시간 강우량(mm), t 는 지속기간(hr)이다. 식 (21.21)을 이용하면 t 시간 우량주상도를 작성하는 것이 가능하다. 적용과정은 예제에서 기술된다.

예제 21.8

서울지역의 10년 빈도 2시간 우량주상도를 Mononobe방법으로 유도하라.

[풀이] 식 (21.4)를 이용하면 서울지역의 10년 빈도 24시간(= 1,440 min) 강우강도가 $i = 651.1/(\sqrt{1440} + 1.014) = 16.7\ \mathrm{mm/h}$이므로 지속기간 24시간 강우량은 $(16.7\ \mathrm{mm/h})(24\ \mathrm{hr}) = 400.8\ \mathrm{mm}$이다. 계산내용은 표 21.9와 같다. 계산 예로 지속기간 $20\ \mathrm{min} = 0.333\ \mathrm{hr}$에 대한 3란의 강우강도는 식 (21.21)에 따라 $R_{0.333} = (400.8/24)(24/0.333)^{2/3} = 289.6\ \mathrm{mm/h}$이고 4란의 강우량은 $(289.6\ \mathrm{mm/h})(0.333\ \mathrm{hr}) = 96.4\ \mathrm{mm}$이다.

표 21.9 설계강우주상도 계산(모노노베방법)

시간 (mm) (1)	(hr) (2)	강우강도 (mm/h) (3)	누가강우량 (mm) (4)	강우량증분 (mm) (5)	시간대 (min) (6)	우량주상도 (mm) (7)
10	0.167	459.0	76.6	76.6	0～10	5.4
20	0.333	289.6	96.4	19.8	10～20	6.1
30	0.50	220.9	110.4	14.0	20～30	7.4
40	0.667	182.2	121.5	11.1	30～40	9.4
50	0.833	157.1	130.9	9.4	40～50	14.0
60	1.00	139.1	139.1	8.2	50～60	76.6
70	1.167	125.5	146.5	7.4	60～70	19.8
80	1.333	114.8	153.0	6.5	70～80	11.1
90	1.500	106.1	159.1	6.1	80～90	8.2
100	1.667	98.9	164.9	5.8	90～100	6.5
110	1.833	92.9	170.3	5.4	100～110	5.8
120	2.00	87.6	175.2	4.9	110～120	4.9

5란의 강우량증분 19.8 mm는 지속기간 20분 강우량(또는 $t=20$분까지의 누가강우량) $R_{20}=96.4\,\text{mm}$에서 지속기간 $t=10$분 강우량 $R_{10}=76.6\,\text{mm}$를 빼줌으로써 구해진다. 우량주상도는 중앙 집중형을 적용하여 최대강우량 76.6 mm를 중앙 시간대 50～60분대에 위치시키고, 다음으로 큰 강우량 19.8 mm를 다음 시간대인 60～70분대에, 셋째로 큰 강우량 14 mm를 바로 전 시간대인 40～50분대에 위치시키는 순서로 7란을 작성하면 서울지역의 10년 빈도 2시간 우량주상도가 얻어진다.

21.6 유효강우량 결정

설계호우 또는 설계강우량은 총 강우량으로 주어지고 이로부터 손실을 제거하여 유효강우량 또는 초과강우량이 산정된다. 초과강우량(또는 유효강우량)은 직접유출을 유발하는 강우량이다. 설계강우량의 지속기간이 길어서 강우량의 시간분포를 필요로 하는 경우에는 21.5절의 방법이나 시간분포곡선에 따라 총 강우량을 시간분포시켜 우량주상도를 구하고 이로부터 손실을 제거하여 **유효우량주상도**(有效雨量柱狀圖; effective rainfall hyetogragh)를 유도한다. 유도방법에는 다음과 같은 방법들이 있다.

(1) **일정비손실우량법**(constant rainfall loss fraction)

각 시간구간별 강우량의 일정비에 해당하는 강우량이 손실되고 나머지가 유효강우량이 되는 경우로 유출계수 개념의 연장이다. 선행강우로 유역이 거의 포화상태인 경우 비교적 정확한 결과를 제공한다.

(2) **일정량손실우량법**(constant rainfall loss rate)

이는 강우기간 동안 손실 또는 침투능이 일정한 경우로 ϕ-지수방법과 같은 개념을 갖는다. 이 방법은 선행토양함수량이 많고 큰 호우를 대상으로 하는 경우에 적절하다.

(3) **초기손실-일정량손실우량법**(initial loss-constant rainfall loss rate)

초기손실은 유역의 토양수분부족이 충족될 때까지 침투되는 초기강우량이다. 따라서 초기손실이 충족될 때까지는 유출이 발생하지 않으며 초기손실 이후에는 손실이 일정한 경우이다. 초기손실 이후의 손실에 일정비손실이 적용되기도 한다. 이는 유역이 비교적 건조한 상태에 있을 경우 적절한 방법이다.

(4) **침투곡선법**(infiltration curve)

이는 침투율곡선으로 주어지는 침투율을 시간구간별 손실로 계산하는 방법이다.

(5) **강우-유출관계방법**(rainfall-runoff relation method)

이는 유역특성에 따른 강우-유출관계를 수립하고 이를 이용하여 특정 강우량에 대한 유출고를 구하는 방법이다. 대표적인 방법이 미국 자연자원보전청(U. S. NRCS)의 유출곡선방법이다(8.6 참조).

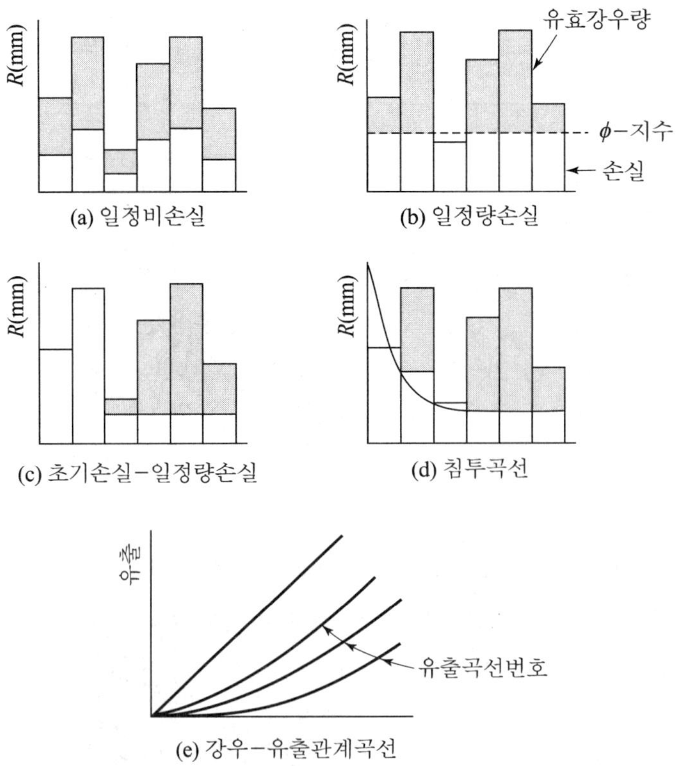

그림 21.12 유효강우량(또는 손실) 산정방법

21.7 설계홍수량 결정방법

홍수량에 가장 지배적인 인자는 유역의 크기이다. 따라서 유역의 크기에 따른 설계홍수량 산정방법이 간단히 기술된다.

21.7.1 소유역

소유역의 수문학적인 특징은 다음과 같다. (1) 강우량이 시간과 공간에서 균일한 분포를 갖는다. (2) 강우지속기간이 일반적으로 도달시간보다 길다. (3) 유출은 수로흐름과 저류보다는 주로 지표류이고 이는 또한 첨두유출을 지배한다. (4) 수로저류는 무시할 정도이다. (5) 유출용량은 강우강도와 유역면적 등 단지 수 개의 인자로 기술된다. 소유역의 홍수량은 암거, 소교량, 배수공 및 토양보전공의 설계에 필요하다.

소유역의 명확한 정의가 주어지지는 않으나 소유역의 크기는 수 1 hecta(10^4 m^2)에서 상한계로 2.5 km^2가 많이 인용된다(Ponce, 1989). 12.5 km^2(NRCS, 1975), 25 km^2(ARR, 1987)도 언급되고 Raudkivi (1979)는 소유역의 상한계를 250 km^2로 제시한 바 있다. 또는 도달시간이 1시간 이하인 유역으로 규정되기도 한다.

소유역의 설계홍수량 산정식은 그 대부분이 경험식 또는 회귀식이다. 이들 방법은 유출에 영향을 주는 지상학적 인자와 기상학적 인자 간의 관계를 수립하여 첨두홍수량을 결정할 수 있는 공식이나 도표를 유도하는 것이다. 이 방법에서 고려되는 주요한 인자는 유역면적, 유로연장, 유역경사, 도달시간, 유역의 토양과 피복상태, 선행강수조건, 강우강도 및 강우지속기간 등이다.

소유역은 농경지유역과 도시유역으로 구분된다. 농경지와 도시유역을 포함한 대표적인 방법은 합리식이며 이는 22장에서 상술된다.

농경지유역

대부분 그 성격에서 경험식이고 가장 널리 알려진 식이 미국에서 개발된 식들로 미국 연방도로국의 BPR방법, Cook방법, Chow방법, NRCS방법 등을 들 수 있다. 지표류의 영향이 첨두유출에 지배적인 인자이다. 이러한 점에서 해석적인 방법으로 지표류 수문곡선(8장)이 이용되며 시간-면적방법(11장)도 많이 적용된다.

도시유역

도시유역의 구별은 도시화로 인하여 유역의 수문학적 응답이 달라지는 점이다. 도시유역의 유출해석 목적은 빗물을 신속히 제거하는 것이다. 도시화는 불투수지면의 증대로 침투를 감소시키고 배수관거는 유출수문곡선의 기저시간을 짧게 하는 반면 첨두의 증가를 유발한다. 도시화의 중요한 결과는 유사가 흐름에 유입되고 흐름과 수용수역의 수질저하이다. 도시유역의 유사산출은 아주 낮으나 먼지의 양은 도시화에 따라 증가한다.

도시화로 인한 첨두유출의 크기와 빈도의 증가는 유사량 산출을 증가시킨다. 유사의 유입은 수로와 수용수역의 용해고형물질의 양을 증가시키고 용존산소량을 감소시켜 수질을 저하시킨다. 따라서 도시화와 관련된 문제는 (1) 증가된 유출의 처리, (2) 유사량의 조절, (3) 수용수역의 오염 등이다. 도시지역에는 합리식 외에 Chicago 수문곡선방법, ILLUDAS와 SWMM 등의 모형이 이용된다.

21.7.2 중규모 유역

중규모 유역의 구분이 수치적으로 정의되기는 어려우나 중규모와 대유역의 한계를 정의하는데 100 ~ 5,000 km^2(Ponce, 1989), 250 ~ 1,000 km^2(ARR, 1987)가 제안되었다. 중규모 유역의 특징은 다음과 같다. (1) 강우강도는 호우지속기간 동안 변한다. (2) 강우량은 공간적으로 균일한 분포로 가정된다. (3) 유출은 지표류와 수로흐름으로 구성된다. (4) 수로저류는 무시할 정도이다.

강우강도가 시간에 따라 변하므로 유역응답은 강우강도의 시간변화를 고려하여 기술된다. 공간적으로 균일한 강우분포의 가정은 단위도와 같은 **집체**(集體; lump)방법의 사용을 가능하게 한다. 수로저류가 고려되지 않으므로 수로추적은 필요 없으나 지점에 따라 수로흐름의 시간변화를 기술하기 위하여 추적이 적용될 수 있다.

중규모 유역의 설계홍수량 산정에는 다음과 같은 방법들이 사용된다.

NRCS 유출곡선번호방법(8.6절), 단위유량도(10장), 홍수빈도(18장), 지역빈도 해석(18.8절), 시간-면적방법(유역추적법)(11.4절), 유역유출모형(11장, 16장(HEC-1, TR-20)).

21.7.3 경험적 방법

경험적인 방법도 자료가 수집된 지역에서는 신뢰성을 가지고 적용될 수 있는 점에서 지역해석방법이 된다. 첨두유량의 결정에 가장 결정적인 인자가 유역면적이므로 경험식은 $Q \sim A^n$의 형태를 갖는다.

$$Q = CA^n \tag{21.22}$$

여기서 Q는 첨두유량(m^3/s), A는 유역면적(km^2), C와 n은 지역에 따른 상수이다. 대표적인 식이 Meyer식으로

$$Q = CA^{1/2} \tag{21.23}$$

많은 경험식에 나타난 결과에 의하면 n값은 0.5 ~ 1.0의 범위이다. 식 (21.22)에서 $n = 1$인 예로 합리식을 들 수 있다

$$Q = 0.278\, Ci\, A$$

여기서 i는 강우강도, C는 유출계수이다.

Kajiyama(梶山) 첨두홍수량공식

조선총독부에 의하여 발간된 조선의 홍수(1925)에 의하면

$$Q = CA^{(0.877 - 0.041\log A)} \tag{21.24}$$

$$C = F(310 + R)\left(4 + \frac{A}{L^2}\right) \tag{21.25}$$

여기서 Q는 첨두홍수량(m/s^3), A는 유역면적(km^2), R은 유역의 최대일강우량(mm), L은 유로연장(km), F는 유역의 경사 및 임상에 따른 계수로 다음에 준한다.

표 21.10 Kajiyama공식의 F값

F값		유역경사와 임상
Kajiyama	수정 Kajiyama	
0.0079	0.0104	경사가 급하고 임야가 적으며 유출이 많은 지역
0.0075	0.0096	유출이 비교적 많은 지역
0.0071	0.0088	유출이 보통인 지역
0.0067	0.0080	비교적 유출이 적은 지역
0.0063	0.0072	유출이 가장 적은 지역

수정 Kajiyama公式 $A < 42.91\,\text{km}^2$ $Q = CA^{1.016 - 0.1135\log A}$ (21.26)

$A < 42.91\,\text{km}^2$ $Q = 1.886\,CA^{0.6784 - 0.0101\log A}$ (21.27)

한장회공식

1966년 한국 하천의 첨두홍수량 산정을 위해 새로운 공식으로 제안된 식은 다음과 같다.

$$Q = AS^{0.5}\left(0.169 - 0.0065\frac{L^2}{A}\right)R \tag{21.28}$$

여기서 R은 일 최대강우량(mm), S는 하상경사이고 다른 변수는 앞에 정의된 바와 같다.

고재웅공식(1988)

빈도별 첨두홍수량을 구하는 식은 다음과 같다.

$$Q_T = 15.5\,T^{0.22}\,A^{0.64} \tag{21.29}$$

여기서 Q_T는 T년 홍수량(m^3/s), A는 유역면적(km^2) 및 T는 재현기간(yr)이다.

21.8 강우깊이-면적-지속기간(DAD)의 해석

상이한 면적과 강우지속기간에 대한 강우량의 분포를 **강우깊이-면적-지속기간 해석**(depth-area-duration(DAD) analysis)이라 한다. DAD해석의 목적은 상이한 지속기간, 상이한 면적에 대한 최대강우량을 결정하기 위함이다. 예를 들면 DAD해석은 6시간 200 km^2에 대한 최대강우량을 제공한다. 이러한 자료는 설계호우의 결정에 사용된다. DAD해석은 다음과 같은 과정을 통해서 수행된다.

1. 강우의 시작과 종료시간이 분명한 지속기간 예로 24, 48, 72시간에 대한 유역 내의 모든 관측소의 강우자료를 수집한다.
2. 총 지속기간 내의 각 지속기간(2, 4, 6시간 등)에 대한 강우량을 관측소별로 계산하여 표로 작성한다.
3. 단계 2의 각 지속시간에 대한 등우선도를 작성한다.
4. Thiessen방법으로 대상 유역의 면적을 각 관측소의 강우영향권의 구역으로 분할한다.
5. 연속된 두 등우선 사이의 면적에 대한 평균강우량을 구한다. 이 평균강우량은 두 등우선의 평균으로 계산된다.
6. 각 지속기간에 대한 최대강우량을 결정한다.
7. 각 지속기간별로 반대수지사상에 면적(대수횡축)에 대하여 최대강우량을 종축에 도시하고 각 지속기간에 대한 점들은 매끄러운 곡선으로 나타내면 이들은 DAD곡선이 된다.

Nicks와 Igo(1980)는 DAD곡선을 작성하는 컴퓨터프로그램을 개발하였다.

예제 21.9

유역면적이 82 km^2인 지역의 24시간 지속된 표 21.11의 호우자료에 대한 DAD곡선을 작성하라.

[풀이]

1. 표 21.11과 같은 12개 관측소의 각 관측소별 6시간 간격의 지속기간별 강우량을 이용하여 등우선도를 작성한다(그림 21.13).

표 21.11 관측소별 지속기간별 강우량

관측소	지속기간별 누가강우량(mm)			
	6 h	12 h	18 h	24 h
1	30	125	128	160
2	27	120	124	153
3	21	106	108	130
4	19	87	90	114
5	17	70	72	90
6	14	55	60	80
7	14	53	58	78
8	15	60	62	76
9	17	42	50	65
10	10	30	40	60
11	12	40	45	55
12	12	35	40	45

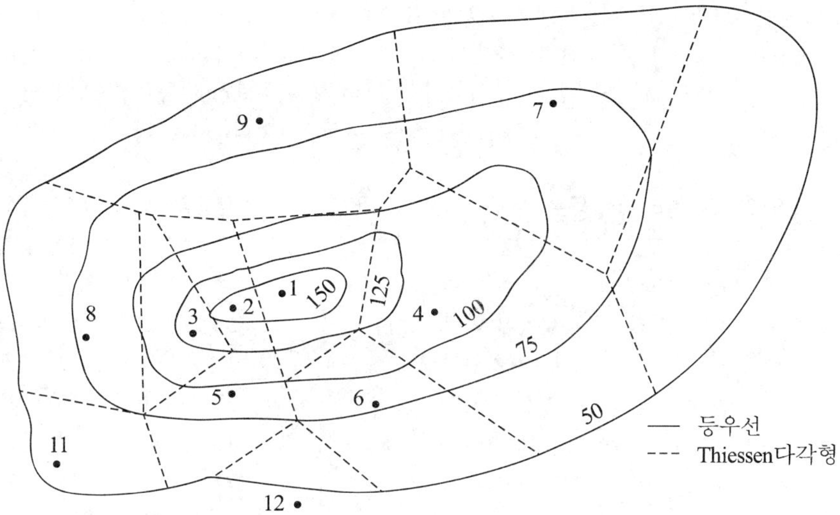

그림 21.13 24시간 호우의 등우선도와 Thiessen다각형

2. 각 관측소의 강우량에 면적가중인자를 부여하기 위하여 Thiessen다각형을 작성한다.
3. 두 등우선 사이에 위치한 면적의 평균강우량을 결정한다. 150 mm 등우선 내의 면적인 10 km^2가 먼저 고려된다. 면적 10 km^2에 대한 면적평균강우량을 155 mm로 결정한다(표 21.12). 150 mm 등우선 내의 두 관측소 1, 2의 면적비율은 각각 0.7, 0.3이다. 각 지속기간에 대한 강우량에 면적가중인자를 곱하고 (2, 4행) 이들의 합이 5행에 주어진다. 그러나 24시간 지속기간에 대한 면적평균강우량이 155 mm이므로 5행의 157.9 mm를 155 mm로 조정한다. 다른 지속기간의 값들도 같은 비율(155/157.9)을 곱하여 조정된다.
4. 지속기별 최대강우량을 결정한다. 각 지속기간별 강우량증분을 계산한다(7행). 6시간 최대강우량은 두 번째 6시간 기간에 발생한 92.6 mm가 되고, 12시간 최대강우량은 12시간 연속된 강우로서 처음 6시간과 두 번째 6시간 기간의 강우의 합 121.2 mm가 된다.

표 21.12 150 mm 등우선 내의 계산($A = 10\ km^2$, 면적평균강우량 = 155 mm)

	관측소 번호	면적 가중인자		6 h	12 h	18 h	24 h
1	1	0.7	누가강우량	**30**	**125**	**128**	**160**
2			0.7×누가강우량	21	87.5	89.6	112
3	2	0.3	누가강우량	**27**	**120**	**124**	**153**
4			0.3×누가강우량	8.1	36	37.2	45.9
5			면적가중강우량의 합	29.1	123.5	126.8	157.9
6			면적평균에 조정된 누가강우량	28.6	121.2	124.4	155
7			강우량증분	28.6	92.6	3.3	30.5
8			지속기간별 최대강우량	92.6	121.2	126.4	155

5. 다음 단계인 125 mm 등우선에 대한 해석은 표 21.13에 주어진 바와 같다. 125 mm 등우선 내에는 4개의 관측소 1, 2, 3, 4가 있고 면적가중인자는 각각 0.4, 0.3, 0.1 및 0.2이다. 등우선 150 mm와 125 mm로 둘러싸인 면적(15 km^2)의 평균강우량은 137.5 mm 이고 125 mm 등우선 내의 면적은 25 km^{2}이므로 면적평균강우량은 $(155\times10+137.5\times15)/25=144.5$ mm 이다. 다음 과정은 10 km^{2}의 경우와 같다.

표 21.13 125 mm 등우선 내의 계산($A=25$ km^2, 면적평균강우량 $=144.5$ mm)

	관측소 번호	면적 가중인자		6 h	12 h	18 h	24 h
1	1	0.4	누가강우량	**30**	**125**	**128**	**160**
2			0.4×누가강우량	12	50	51.2	64
3	2	0.3	누가강우량	**27**	**120**	**124**	**153**
4			0.3×누가강우량	8.1	36	37.2	45.9
5	3	0.1	누가강우량	**21**	**106**	**108**	**130**
6			0.1×누가강우량	2.1	10.6	10.8	13.0
7	4	0.2	누가강우량	**19**	**87**	**90**	**114**
8			0.2×누가강우량	3.8	17.4	18	22.8
9			면적가중강우량의 합	26	114	117.2	145.7
10			면적평균에 조정된 누가강우량	25.8	113.1	116.2	144.5
11			강우량증분	25.8	87.3	3.1	28.3
12			지속기간별 최대강우량	87.3	113.1	118.7	144.5

6. 4개의 각 지속기간에 대한 면적(대수횡축)과 강우량(종축)을 반대수지에 도시하여 매끄러운 곡선을 연결하면 DAD곡선이 얻어진다(그림 21.14).

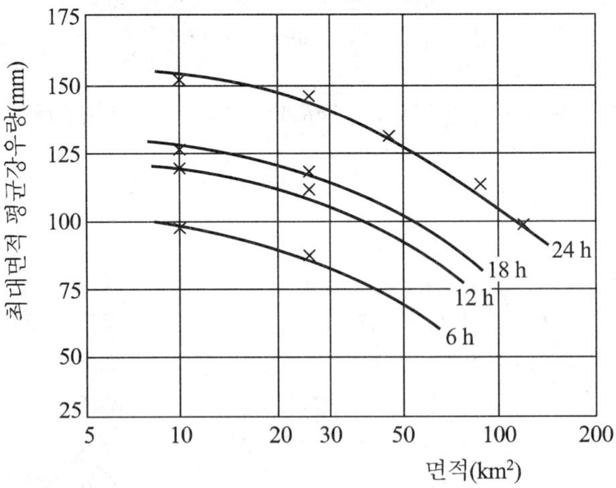

그림 21.14 DAD곡선

21.9 호우최대화

호우최대화(豪雨最大化; storm maximization)는 호우를 유발하는 기상학적 인자를 물리적으로 가능한 범위 내에서 변화시켜 가강수량을 최대화하는 것이다. 이는 호우전이, 수분최대화 및 포락으로 이루어지고 가능최대강수량을 산정하는 데 사용된다.

21.9.1 호우전이

호우전이(豪雨轉移; storm transposition)는 대상 지역에 대한 최대호우의 해석을 위한 목적으로 인접지역 또는 기상학적으로 동질인 부근 지역에 발생했던 호우를 대상 지역으로 이동시키는 것이다. 기본개념은 주어진 기후조건에서 호우의 발생위치는 우연성에 의하여 결정되며 따라서 관심이 되는 호우가 대상 지역에서도 발생할 수 있다는 것이다. 호우전이는 강우자료가 부적합하거나 우심한 호우가 발생한 적이 없는 유역에 적용된다. 전이대상은 다른 지역의 호우, 등우선도, DAD해석의 강수량자료가 된다.

등우선도의 전이는 기복이 작은 지역에 적용된다. 이는 표고의 변화가 심한 지역에서는 호우의 공기질량의 변화가 크기 때문이다. 따라서 지형에 대한 조정이 용이하지 않은 산악지역에 대한 호우전이는 권장되지 않는다. 전이가 적용되는 두 지역은 강우에 미치는 산악의 영향이 없거나 같아야 하고 호우의 방향은 지난 기상기록의 경로와 부합되어야 한다. 전이되는 호우의 방향은 기록된 경로와 15～20° 이상 되지 않도록 한다. 호우전이는 다음 두 과정으로 수행된다.

1. 기상학적 동질성 검토

두 유역이 동일한 수분공급원의 영향권에 위치하고, 유사한 형태의 호우기록을 갖고, 유사한 지형상태 및 계절풍에 대하여 유사한 경로를 갖을 때 두 유역은 기상학적으로 동질이라 한다. 동질성을 확인하는 데 고려되는 인자는 (1) 계절 및 연평균 강우량, (2) 유역 내에서 호우의 경로, (3) 우심한 호우를 유발하는 기후상황, (4) 대상 지역의 연평균유출과 하천의 첨두유량, (5) 토지형태, 토양피복과 같은 유형특성 등이다.

호우전이에 대한 면적의 한계는 다음과 같이 기술될 수 있다. (1) 최대호우가 발생한 지역을 표시한다. 이는 지역 내 우량계의 기록을 이용한 등우선도를 작성함으로써 가능하다. (2) 호우의 기상도를 해석하여 호우의 발생원인을 확인한다. (3) 모든 호우기록을 조사하여 고려 대상이 되는 호우와 대등한 호우들을 발췌한다. 지도 상에 이들 호우의 위치를 표시하고 이들 주위에 경계를 긋는다. 이 경계는 고려 대상이 되는 호우가 발생할 것으로 예상되는 개략적인 지역을 나타낸다. (4) 이와 같이 결정된 개략적인 지역은 지형, 수분에 대한 호우의 전반적인 위치 및 지역에 유입을 방해하는 장애물의 영향을 고려하여 조정된다.

2. 전이방법

이는 지형, 기상학적으로 동질인 지역 내에서 호우를 전이하는 것으로 강우가능성 평가에 이용 가능한 자료를 늘리는 것이다. 대상 유역을 포함한 지역이 기상학적으로 동질로 판명되면 다음 단계는 호우가 대상 유역에 전이될 때 호우등우선도에 대한 범위의 가능한 변화를 결정하는 것이다. 호우전이과정은 다음과 같다.

(1) 기상학적으로 동질인 지역 내에서 가장 우심한 호우가 발생한 시간과 장소를 파악한다. 이는 기상도의 해석으로 수행된다. (2) 선정된 호우의 등우선도를 작성한다. (3) 이 등우선도를 투명용지에 작성하여 대상 유역도 상에서 최대강우깊이가 유발되도록 상하좌우로 이동하여 중첩시킨다. 등우선도 대신 등우선도로부터 개발된 DAD관계나 최대화된 DAD관계가 이용되기도 한다. (4) 강우깊이-지속기간 해석을 이용하여 유역에 전이된 호우의 평균강우깊이를 계산한다. (5) 선정된 호우에 대하여 (1)~(4)과정을 되풀이한다. 대상 유역에 최대강우깊이를 유발한 호우가 최종적으로 선정된다. 이 호우가 설계호우가 되기 위해서는 다음의 수분최대화와 포락단계의 조정을 필요로 한다.

등우선도가 아닌 기왕최대호우나 DAD해석결과에 의한 호우를 전이하는 경우에는 호우가 발생한 지역의 호우를 높은 호우가능성을 요하는 호우발생 예상지역(전이지역)으로 옮기는 과정으로 호우전이비가 도입된다. 호우전이비는 [전이지역 가강수량 / 호우지역의 가강수량]의 비이다.

$$r_t = \frac{W_{pt}}{W_{pm}} \tag{21.30}$$

여기서 r_t는 전이비, W_{pt}는 호우기간 동안 전이지역의 최대 12시간 지속 1,000 mb이슬점에 의한 가강수량, W_{pm}은 호우지역의 최대 12시간 지속 1,000 mb이슬점에 의한 가강수량이다.

3. 고도와 장애물

수분최대화비는 고도와 장애물에 대한 조정을 필요로 한다. 장애물의 고도가 600 m 또는 1,000 m 이상이면 기후장애물로 취급된다. 호우전이가 높이 600 m 이하의 산맥이나 고지대를 횡단하는 경우 장애물의 영향이 고려된다. 고도차이가 300 m 이상인 지역에서는 수분조정이 제한된다. 습윤공기가 산을 횡단하게 되면 산복을 상승하는 과정에서 수분의 일부를 상실하게 된다. 완만한 상향경사의 경우 고도 300 m마다 6~10%의 범위에서 조정된다. 높은 고도로의 전이는 강수량을 감소하고, 낮은 고도로의 전이는 강수량을 증가시킨다. 통상 1,000 mi^2(2,590 km^2)보다 작은 면적에 대한 강우깊이는 수분조정의 대상이 되지 않는다(NOAA, 1978).

4. 지형영향비

호우전이에 대한 지형의 영향은 100년 24시간 강우량의 비로 정의된다.

$$r_g = \frac{P_{t\,100/24}}{P_{s\,100/24}} \tag{12.31}$$

여기서 r_g는 지형영향비, $P_{t\,100/24}$는 전이지역의 100년 24시간 강우량, $P_{s\,100/24}$는 호우지역의 100년 24시간 강우량이다.

21.9.2 수분최대화

대기에 존재하는 수분의 양을 가강수량으로 나타내는 것이 가능하다. 이는 모든 수증기가 응결되는 조건에서 단위면적을 갖는 공기기둥에 함유된 액체상태의 물의 양을 의미한다. **수분최대화**(水分最大化; moisture maximization)는 주어진 장소, 기온 및 습도에 대하여 대기의 공기기둥에 함유된 총수분을 구하는 것이고 이는 강수될 수 있는 최대수량을 나타낸다(3.6.3 참조).

$$w_p = \frac{0.1}{g}\int_{P_1}^{P_2} q_h \, dp \tag{21.32}$$

여기서 w_p는 단위면적을 갖는 공기기둥의 가강수량(mm), q_h는 비습도, P_1, P_2는 공기기둥의 상, 하 경계에서 대기압이다. 관측호우의 수분최대화는 관측호우에 **수분최대화비**(水分最大化比; moisture maximization ratio) 또는 **수분조정비**(水分調整比; moisture adjustment factor)를 곱하여 이루어진다. 최대화비는 가강수량의 항으로 정의된다.

$$r_m = \frac{W_{pm}}{W_{ps}} \tag{21.33}$$

여기서 W_{pm}은 최대 12시간 지속 1,000 mb이슬점에 의한 가강수량, W_{ps}는 호우 12시간 지속 1,000 mb이슬점에 의한 가강수량이다

수백 km^{2}에 이르는 유역면적에 가장 큰 강수는 뇌우이다. 이는 낮은 고도에서 유입된 매우 습한 공기가 상승한 후 곧바로 냉각되어 발생되는 강우이다. 가강수량의 생성은 습구온위에 따라 변한다. **습구온위**(濕球溫位; potential wet-bulb temperature 또는 pseudo wet-bulb potential temperature)는 습구온도의 기단이 포화단열적으로 1,000 mb(100 kPa 또는 1,000 hPa)기압고도에 이르렀을 때 나타나는 온도이다. 가강수량의 변화는 낮은 고도유입과 구름층 최상부 사이 비습도 q_h의 변화로 측정된다. q_h의 변화는 평균해수면에서 기압 1,000 mb와 고도 11~13 km에서의 기압 200 mb의 차이로 표시되고 이를 적용하면 식 (21.33)의 수분최대화비 r_m은

$$r_m = \frac{(q_{h\,1,000} - q_{h\,200})_m}{(q_{h\,1,000} - q_{h\,200})_s} = \frac{(\triangle q_h)_m}{(\triangle q_h)_s} \tag{21.34}$$

여기서 q_h는 비습도, m은 최대이슬점(또는 최대가강수량) 조건, s는 호우의 이슬점(또는 호우의 가강수량) 조건을 나타낸다.

대규모 유역에서 아주 큰 유출은 수천 km^{2}를 뒤덮는 선풍형호우에 의하여 유발된다. 이 경우 구름층의 두께는 뇌우만큼 두텁지 않고 기압은 400 mb를 초과하는 경우가 드물다. 선풍형호우에 대한 호우최대화에는 $q_{h\,900} - q_{h\,400}$ 또는 $q_{h\,1,000} - q_{h\,400}$에 의한 수분최대화비가 사용된다.

이슬점은 공기의 수분함유량(비습도)을 나타낸다. 이에 따라 이슬점은 대기수분의 지수로 사용된다. 최대이슬점은 주어진 위치와 연중시간에 대한 최대이슬점이다. 최대이슬점은 12시간

지속 1,000 mb(100 kPa)로 환산된 관측된 최대이슬점의 계절 지역포락에 근거해서 결정된다. 순간적인 극대이슬점은 유입수분의 대표성이 될 수 없으므로 비교적 긴 시간인 12시간 지속된 이슬점이 사용된다. 호우의 수분조정은 호우발생 15일 전 최대이슬점으로 조정하는 것이다. 식 (21.33)의 수분최대화비는 호우기간 동안 유입되는 수분의 대표이슬점(호우이슬점)과 동일한 위치, 시간의 최대이슬점의 비이다. 대표(호우)이슬점과 최대이슬점은 12시간 지속 1,000 mb(100 kPa)로 환산되고 이는 비교가 가능하도록 고도에 따른 이슬점의 변화를 표준화하기 위함이다.

수분최대화는 주어진 위치, 기온 및 습도에서 공기질량의 총 수분함량을 산정하는 것이므로 가능강수깊이의 최대치가 된다. 따라서 모든 수분이 다 강수되지 않으므로 실제 강수는 항상 상한치보다 작게 된다.

예제 21.10

면적이 2,200 km^{2}인 유역에서 관측된 호우의 6시간 강우깊이가 250 mm이다. 호우는 300 m 장애물 상에서 발생하였으며 기압과 이슬점은 각각 1,000 mb, 20°C이다. 이 호우가 기상학적으로 동질이고 수분장애물의 높이가 500 m이고 면적의 크기가 유사한 유역에 전이된다. 전이지역의 1,000 mb에 대한 최대이슬점이 25°C이다. 실제장소의 기온은 25°C이다. 전이유역에서 조정된 강우깊이를 계산하라.

[풀이]

1) 관측호우에 관하여

20°C에서 1,000 mb와 200 mb 사이에 존재하는 수분함량(w)은 부록 B-1으로부터 52 mm이다.

다음에는 수분장애물에 의한 수분상실량을 구한다. 식 (3.5)를 $T_2 = T_1 - \alpha \Delta z$와 같이 쓰고 식 (3.8)에 대입하면

$$P = P_o \left(\frac{T_o - \alpha \Delta z}{T_o} \right)^{g/\alpha R} \tag{21.35}$$

국제표준대기에 대한 체감률 $\alpha = 0.00650$°C/m를 적용하면 식 (21.35)의 지수는 $g/\alpha R = 9.81/(0.0065 \times 287.04) \simeq 5.26$이 된다. 여기서 R은 기체상수이다. 따라서 식 (21.35)는

$$P = P_o \left(\frac{T_o - 0.0065\, \Delta z}{T_o} \right)^{5.26} \tag{a}$$

$T_o = 273 + 20 = 293$, $P_o = 1{,}000\ \text{mb}$ 및 $\Delta z = 300 - 0 = 300\ \text{m}$를 식 (a)에 대입하면 압력은 $P = 965\ \text{mb}$가 된다.

$$P = 1{,}000 \left(\frac{293 - 0.0065 \times 300}{293} \right)^{5.26} = 965\ \text{mb}$$

부록 B-1로부터 20°C에서 1,000 mb와 965 mb 사이에 존재하는 수분함량(w)은 5.0 mm이다. 따라서 고도 300 m 이상의 대기에 존재하는 수분함량 w는 $52.0 - 5.0 = 47\ \text{mm}$이다.

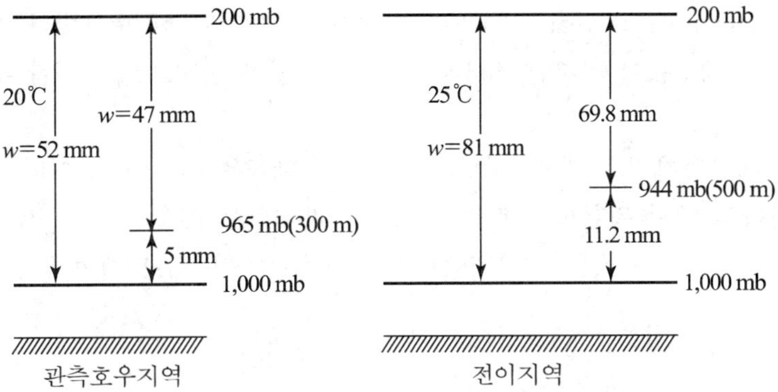

2) 호우전이지역

25°C에서 1,000 mb와 200 mb 사이에 존재하는 수분함량 w는 부록 B-1로부터 81 mm이다.

$T_o = 273 + 25 = 298$, $\Delta z = 500 - 0 = 500$ m 를 식 (a)에 대입하면 $P = 944$ mb이다. 부록 B-1로부터 25°C에서 1,000 mb와 944 mb 사이에 존재하는 수분함량 w는 11.2 mm이므로 고도 500 m 이상의 대기에 존재하는 수분함량은 $81 - 11.2 = 69.8$ mm 이다.

따라서 수분최대화비는 식 (21.34)에 따라

$$r_m = \frac{\text{호우전이지역의 수분, } W_{pm}}{\text{관측호우지역의 수분, } W_{ps}} = \frac{69.8}{47.0} = 1.48$$

호우전이지역의 6시간 조정된 강우깊이는 $250 \times 1.48 = 370$ mm가 된다.

21.9.3 전이조정된 호우의 포락선의 작성

기록된 다수의 호우사상 중에서 선정된 각 호우에 대하여 전이와 수분최대화 과정이 수행된다. 이와 같이 전이와 수분최대화된 각 호우로부터 대상 유역과 동일한 면적에 대하여 상이한 지속기간에 대해서 조정된 최대평균강우깊이를 구한다. 이들 값을 지속기간에 대하여 도시하고 최대치를 포함하는 포락선을 구한다. 이 포락선은 대상 유역의 가능최대강우깊이를 산정하는 것으로 고려된다.

21.10 가능최대강수량

댐의 붕괴가 인명손실과 재난적인 사고를 야기하는 경우 대형여수로의 설계에는 가능최대홍수량이 표준으로 채택된다. 가능최대홍수량은 가능최대강수량의 변환으로 주어진다.

가능최대강수량(可能最大降水量; probable maximum precipitation, PMP)은 주어진 지속기간에 대하여 특정 유역에서 물리적으로 가능한 상한계에 이르는 강수량이다. 미국 국립기상청에 의한 PMP의 정의는 다음과 같다. "Theoretically the greatest depth of precipitation for a given duration that is physically possible over a given storm area at a particular geographical location at a certain time of year." PMP는 설계기준에서 유용한 도구이나 PMP가 완벽하게 산정되기 어렵고 발생확률이 미지인 점에서 PMP의 개념이 전적으로 신뢰할 수는 없는 점이 주목되어야 한다.

PMP는 최대관측치의 수배에 이르고 이의 발생확률은 미지이다. 이와 같은 강수량을 설계호우로 채택한다고 해서 위험도 평가의 필요성이 제거되는 것은 아니다. PMP는 추정치이므로 이의 적용에는 판단이 수반되어야 한다. PMP결정은 기상학적, 통계적 및 일반화 방법의 3방법으로 가능하다.

21.10.1 기상학적 방법

비산악지역에 대한 PMP 추정은 관측된 면적호우강수량에 대하여 (1) 수분최대화, (2) 호우전이 및 (3) 포락화의 세 작업으로 수행된다. 수분최대화는 21.9.2에서 기술된 바와 같이 대상 지역의 실제 수분과 가능한 최대수분의 비를 이용하여 관측 호우강수량을 증가하는 방안이다. 유역에 적절한 호우기록이 없는 경우에는 다른 지역의 호우를 전이한다. 이 경우 적정 호우의 선정, 호우이동방향, 고도, 탁월풍 및 산악영향에 대한 보정을 필요로 한다. 호우전이는 21.9.1에서 기술된 바와 같이 최대강우잠재력을 평가하는 데 필요한 사용 가능한 자료를 증가하기 위하여 기상학적으로 동질성인 지역 내의 호우강수량의 이동을 의미한다. 포락은 상이한 지속기간 또는 면적, 또는 양자에 대한 강수량최대치 간의 내삽을 매끄럽게 하는 것이다. 이러한 과정에 따른 PMP추정식은 다음과 같다(건설교통부, 2000).

$$PMP = P_o\, r_m\, r_t\, f_b\, r_g \tag{21.36}$$

여기서 P_o는 관측강우량, r_m은 수분최대화비, r_t는 호우전이비, f_b는 고도장애물의 영향인자, r_g는 지형영향비이다. 관측강우량 P_o는 주어진 면적과 지속기간에 대하여 DAD곡선으로부터 읽는다.

예제 21.11

호우중심지역 A를 보령으로 가정한다. A호우중심지역의 기상자료를 이용하여 C지역의 호우를 최대화하고 이를 B지역으로 전이하여 B지역의 PMP를 산출하라. B지역의 유역면적은 3,000 km^{2}이고 A, B, C지역의 수문특성은 다음과 같다.

		A호우중심지역 (1988. 7. 26)	B전이지역	C호우지역 (1988. 7. 11)
이슬점(°C)	최대	27.70	27.17	–
	대표	–	–	25.4
가강수량(mm)	최대	102.3	97.53	–
	대표	–	–	83.8
관측강우량(mm)		–	–	320
고도(m)		200	550	–

[풀이] 호우지역의 호우이슬점은 보령의 최대이슬점 발생일인 1988년 7월 26일보다 15일 이전인 7월 11일이다. 7월 11일 C호우지역의 25.4°C에 대한 가강수량은 83.8 mm이다. 1988년 7월 26일 12시간 지속 최대 100 kPa이슬점은 보령지역이 27.7°C(건설교통부, 2000)이고 전이 B지역은 27.17°C로 가정된다. 이에 대응하는 가강수량은 1,000 mb(100 kPa)에서 200 mb(20 kPa)에 이르는 가강수량으로 각각 102.3 mm와 97.53 mm(부록 표 B-1)이다.

C지역의 관측강우량으로는 DAD해석결과 또는 기왕최대강우량이 이용된다. 본 예제에서는 320 mm로 가정된다. 전이지역 B는 호우중심보다 350 m 높다. 고도 300 m마다 가강수량의 평균조정 8%를 고려하면 B지역의 증가된 고도 350 m는 약 9%의 가강수량의 감소를 유발한다.

$$\text{수분최대화비 } r_m = W_{pm}/W_{ps} = 102.3/83.8 = 1.22$$

$$\text{전이비 } r_t = W_{pt}/W_{pm} = 97.53/102.3 = 0.95$$

고도 350 m 증가에 따라 가강수량이 9% 감소하므로 고도영향인자는 $f_b = 0.91$이다.

따라서 수분최대화, 전이 및 고도를 고려한 조정인자는 $1.22 \times 0.95 \times 0.91 = 1.055$이므로 B지역의 PMP는 PMP $= P_o r_m r_t f_b r_g = 320 \times 1.22 \times 0.95 \times 0.91 = 337.6$ mm.

21.10.2 통계적 방법

이 방법은 극심한 호우자료가 있을 경우에 가능하고 이는 지점 PMP이므로 지역화 과정이 필요하다. 빈도계수방법을 이용하여 PMP를 산정할 경우 식 (18.29)는 다음과 같이 표현된다.

$$P_M = \overline{P}_n + K_M S_n \tag{21.37}$$

여기서 P_M은 지속기간 D(hr)에 대한 최대강우량, K_M은 재현기간 T에 대한 빈도계수에 상응하는 계수, $\overline{P}$와 S_n은 연 최대강우량계열의 평균과 표준편차이다.

Hershfield(1961)의 해석에 의하면 K_M은 15 정도이고 $\overline{P}$와 S_n은 기록기간에 따라 조정되며 조정에 의한 P_M의 변화는 5~10% 범위이다. 이와 같이 산정되는 강우량은 점강우량이므로 강우깊이-면적관계(그림 21.2)를 이용하여 면적강우로 변환된다.

포락선

미국 국립기상청(1969)은 세계적으로 가장 우심했던 강우량(표 4.7)에 대한 **포락선**(包絡線; enveloping curve)을 작성하였다. 세계기상기구(1983)에 의한 이 포락선의 근사식은 다음과 같다(그림 4.18).

$$P = 422 D^{0.475} \tag{21.38}$$

여기서 P는 강수깊이(mm), D는 지속시간(hr)이다.

한국 기상청(1976)에 의한 전국에 적용 가능한 PMP식은 다음과 같다.

$$PMP = 118.6 D^{0.449} \qquad D \le 24\,\text{hr} \tag{21.39}$$

$$PMP = 186.8D^{0.306} \qquad D > 24\,\mathrm{hr} \tag{21.40}$$

식 (21.38)은 세계적으로 가장 우심했던 강우량을 이용한 결과로 한국에 적용되는 식 (21.39~40)보다 3배 이상 큰 PMP를 나타낸다.

21.10.3 일반화 PMP 산정방법

크기가 다양한 어느 유역에서나 PMP 결정이 가능하도록 지도 상에 등우선으로 나타낸 PMP를 **일반화가능최대강수량**(一般化可能最大降水量; generalized PMP)이라 하고 이는 특정 지속기간, 유역크기, 연 또는 계절변화에 대한 PMP의 변화를 나타내는 등우선도로 표시된다. 이러한 지도를 일반화 PMP도라 하고 그림 21.15는 한국건설기술연구원에 의한 일반화 PMP도의 예이다.

일반화 PMP 추정과정은 다음과 같다(NOAA Hydrometeorological Report No.52, 1982).

1. 대상 유역의 위치와 면적을 결정한다.
2. 대상 유역의 크기와 비슷한 유역면적을 갖는 적어도 4개의 유역과 5개의 지속기간에 대하여 $5 \times 4 = 20$개의 PMP깊이의 표를 작성한다. 지속시간으로는 통상 6, 12, 24, 48, 72시간이 취해진다.
3. 각 지속기간에 대하여 PMP깊이를 산술횡축에, 유역면적을 대수종축에 도시하여 PMP깊이-면적-지속기간의 관계를 얻는다.

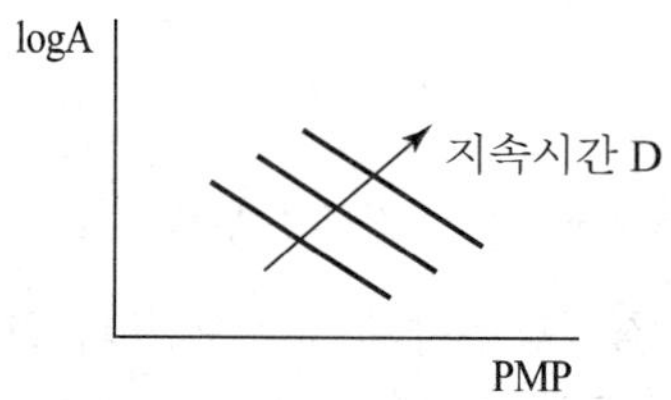

4. 3단계의 PMP깊이-면적-지속기간의 관계로부터 주어진 면적별 지속기간에 대한 PMP깊이를 결정한다.
5. 4단계의 면적별 지속기간-PMP깊이를 산술방안지에 도시하고 매끄러운 곡선으로 연결하여 주어진 유역면적과 지리적인 위치에 대한 PMP깊이-지속기간의 관계를 결정한다.

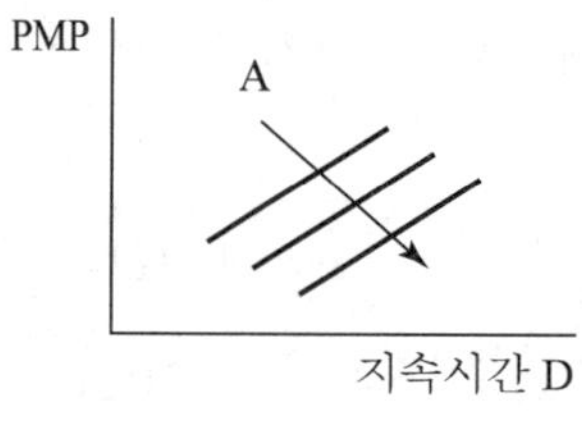

6. 5단계의 PMP깊이-지속기간의 관계로부터 6-시간 PMP증분을 구한다. 이는 6시간 배수의

연속 지속기간에 대한 PMP깊이의 차이로 결정된다. 예로 그림 21.15와 21.16에서 보령지역의 6시간 PMP와 12시간 PMP는 각각 352, 460 mm이므로 6시간 PMP증분은 108 mm이다. 따라서 처음 6시간에는 352 mm가, 다음 6시간에는 108 mm가 내리는 것으로 해석된다.

그림 21.15와 21.16은 1998년에 작성된 한국 가능최대강수량도를 2002년 태풍 루사와 2003년 매미로 인한 강우량을 포함시켜 2004년 재작성된 전 계절 PMP도의 예이다.

PMP도의 강우지속기간은 1, 2, 6, 12, 24, 48, 72시간, 면적은 25, 100, 200, 1,000, 2,000, 10,000, 20,000 km^{2}에 이른다.

21.11 가능최대홍수량

가능최대홍수량(可能最大洪水量; probable maximum flood, PMF)은 홍수를 유발하는 극한 상태의 유역조건에서 가능최대강수량으로부터 발생하는 홍수량이다. 즉 극한 상태의 강우와 유출이 일어날 수 있는 두 조건이 일치할 때 발생되는 홍수량이다. 중규모 내지 대규모 댐의 여수로는 가능최대홍수량(PMF)을 방류할 수 있는 규모로 설계되나 이는 댐 붕괴가 과대한 피해와 인명손실을 초래하는 경우에 한한다. 또한 기존 댐의 안전도 조사에 이용된다.

PMF는 강우–유출관계, 단위도 또는 모의기법을 이용하여 PMP를 변환하여 산정된다. PMF는 유역의 기왕최대홍수의 수배에 이른다. 단위도를 이용하는 경우 높은 선행토양함수조건과 낮은 손실률이 적용된다. 손실률은 큰 홍수기록 중 최소치보다 작은 값이 적용된다. 선형 수문곡선모형이 사용되는 경우에는 비선형의 영향을 반영하기 위하여 홍수첨두를 상향조정한다. Linsley 등(1982)은 대홍수의 경우 5～20% 상향조정하고 단위도를 이용하는 경우 수계를 통한 신속한 홍수이동을 반영하기 위하여 단위도 첨두의 20～50% 증가를 제안했다. PMF에 근접하는 경험식이 제안되었으나(Crippen, 1982) 이는 신뢰성이 낮으므로 PMF의 규모를 파악하는 수준에서 이용되어야 한다.

$$Q_M = 577.26 A^{0.8405} Z^{-0.751} \tag{21.41}$$

$$Z = 0.6214 A^{0.5} + 5 \tag{21.42}$$

여기서 Q_M은 PMF(m^3/s), A는 유역면적(km^2)이다.

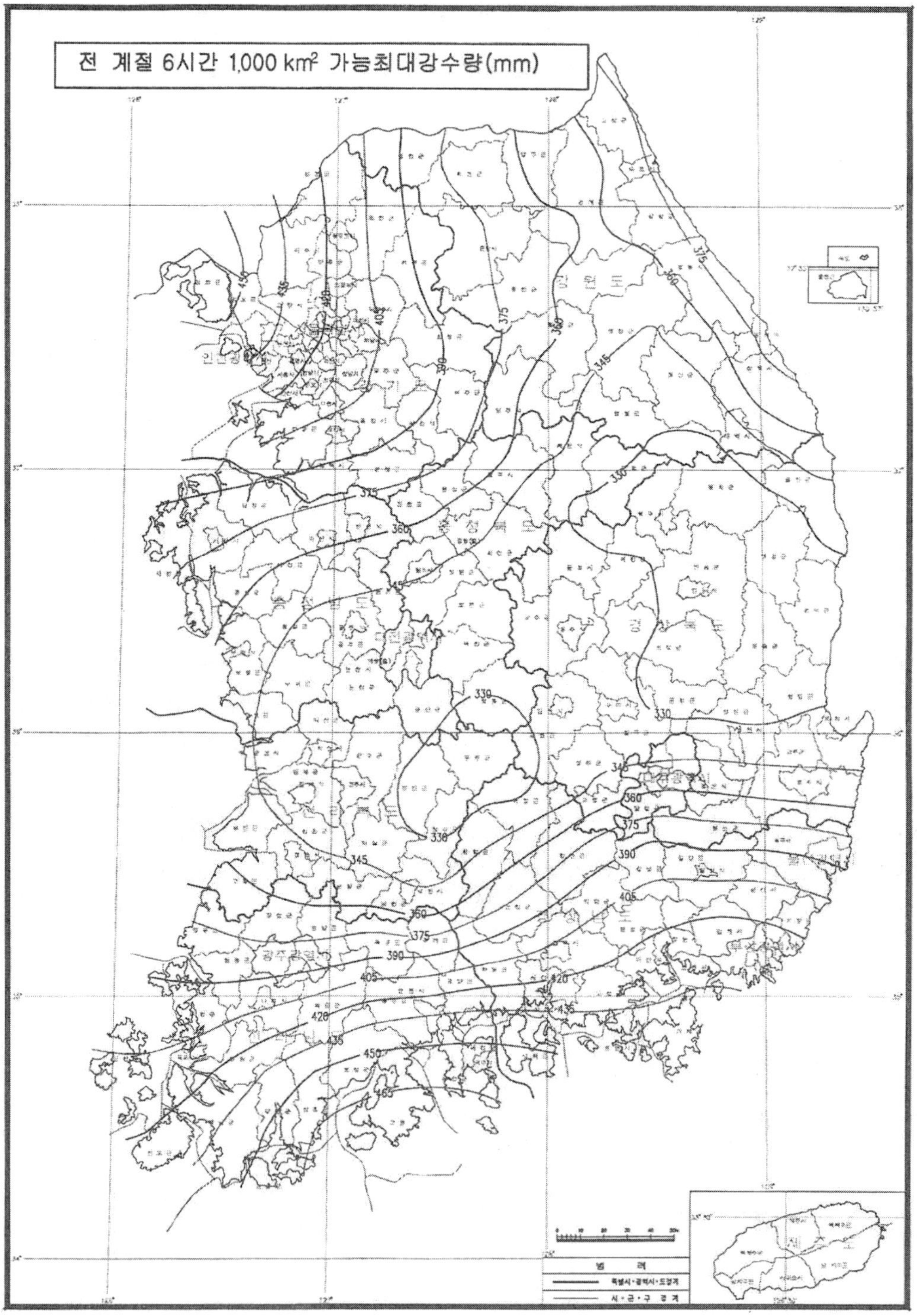

그림 21.15 전 계절 6시간 1,000 km^2 가능최대강수량도

그림 21.16 전 계절 12시간 1,000 km^2 가능최대강수량도

문 제

IDF곡선

21.1 그림 21.1에서 수원지역의 100년 24시간 강우량을 구하라.

21.2 그림 21.3의 IDF곡선을 이용하여 서울지역의 20년 1시간 강우강도와 강우깊이를 구하라.

21.3 어느 지역의 우량계열의 평균이 50 mm, 표준편차가 20 mm이다. Gumbel분포가 적용되는 것으로 가정하여 10, 50 및 100년 빈도의 1시간 강우강도를 결정하라.

21.4 30분 지속시간 연 최대강우계열의 평균이 38 mm, 표준편차가 13 mm인 지역의 2, 5, 10, 25, 50 및 100년 강우량을 산정하라. Gumbel분포를 가정한다.

설계우량주상도

21.5 서울지역의 암거설계에 대한 삼각형 우량주상도를 결정하라. 설계빈도는 10년, 지속기간은 60분이다. r 값은 표 21.6에 주어진다.

21.6 재현기간 50년, 지속기간 60분에 대한 서울지방 암거의 삼각형 설계우량주상도를 작성하라.

21.7 순간강우강도방법으로 서울지역의 20년 빈도 1시간 설계우량주상도를 구하여 도시하라.

21.8 $r = 0.5$ 의 순간강우강도방법으로 대전지역의 10년 빈도 1시간 설계우량주상도를 계산하여 도시하라.

21.9 문제 21.7의 전진계수를 $r = 0.35$ 로 하여 수행하고 두 호우전진계수에 대한 설계우량주상도를 같이 도시하라.

21.10 10년 6시간 호우의 강우강도가 15 mm/hr이다. 1시간 간격으로 2분위 10년 6시간 Huff설계우량을 계산하고 주상도를 도시하라.

21.11 문제 21.7의 강우기록을 이용하여 Huff곡선을 유도하라.

21.12 전주지방의 10년 2시간 설계우량주상도를 Keifer–Chu방법으로 계산하여 도시하라.

21.13 문제 21.7을 10분 간격으로 교호블록방법을 이용해서 수행하라.

21.14 서울지역의 지속기간 1시간, 20년 빈도 강우량의 시간분포를 Huff, 삼각형, 교호블록, Keifer-Chu, 모노노베 방법으로 계산하여 비교하라.

호우최대화

21.15 표고 100 m, 1,000 mb 기압에 대한 노점온도가 20°C인 유역에 호우가 발생한다. 이 호우가 표고 450 m인 유역에 전이된다. 기상조건은 동일하고 전이지역의 노점온도는 23°C이다. 본래 지역의 기온이 25°C인 경우 수분최대화비를 계산하라.

21.16 면적이 500 km^{2}인 유역의 6시간 강우량이 150 mm이다. 이 유역의 표고는 250 m, 100 mb 기압에 대한 노점온도가 18°C이다. 이 호우는 기상학적으로 동질인 표고 600 m인 지역에 전이된다. 이 전이지역의 1,000 mb 최대노점온도가 25°C인 경우 조정된 강우깊이를 계산하라.

DAD해석

21.17 위천유역(문제 4.9)에서 관측된 강우량자료(1992.8.24~25)를 이용하여 DAD해석을 수행하라. 시간 간격은 2, 4, 6, 12 및 18시간으로 한다.

(단위: mm)

	시간 (h)	유량관측소 번호										
		1	2	3	4	5	6	7	8	9	10	11
92.8.24	18:00	.0	.0	.0	4.0	1.5	.5	.2	.8	.5	.5	1.5
	19:00	.5	1.0	3.5	3.0	2.5	1.0	2.8	1.8	2.0	2.2	2.5
	20:00	1.0	3.8	2.5	3.5	2.5	6.0	3.6	4.6	5.5	4.8	4.0
	21:00	17.5	19.0	18.0	15.5	12.0	18.0	17.7	15.6	17.0	17.5	13.0
	22:00	5.0	2.5	2.5	1.5	2.5	.5	1.8	1.3	1.0	1.2	3.5
	23:00	2.0	2.0	1.0	.5	6.0	1.5	1.3	3.1	2.0	1.6	2.0
	24:00	3.0	1.0	2.0	.5	1.0	1.0	1.6	.8	.5	1.3	1.5
92.8.25	01:00	3.0	.5	.0	.5	1.7	.0	.0	.5	.0	.0	.5
	02:00	2.0	1.0	.0	.5	1.5	.0	.0	.5	.0	.0	.0
	03:00	1.0	2.0	.5	2.5	2.0	.0	.5	.8	.5	0.5	.0
	04:00	.5	1.5	.5	5.0	2.0	.5	.5	1.1	1.0	.5	1.0
	05:00	2.5	3.5	1.0	6.0	2.5	.0	.8	1.0	.5	.7	2.0
	06:00	4.0	5.5	3.0	24.0	4.8	6.5	3.5	4.9	3.5	4.0	5.0
	07:00	3.5	3.5	3.5	3.0	4.0	4.0	3.6	3.5	2.5	3.8	13.0
	08:00	18.5	13.0	17.5	4.0	15.8	12.0	16.1	11.9	8.0	14.7	15.0
	09:00	4.5	5.0	13.0	3.5	4.7	15.5	13.6	12.4	17.0	14.3	8.5
	10:00	5.5	9.0	4.0	2.5	7.5	8.5	5.1	8.3	9.0	6.2	6.0
	11:00	5.5	6.5	10.0	3.5	6.0	7.0	9.2	7.0	8.0	8.5	3.0
	12:00	2.5	2.5	2.0	1.5	2.0	1.0	1.7	2.0	3.0	1.5	1.0
	13:00	2.0	1.5	.5	1.0	2.0	2.0	1.0	2.1	2.5	1.5	1.0
	14:00	1.0	1.0	2.0	.5	.5	.5	1.7	.8	1.5	1.5	1.0
	15:00	.0	.0	.0	.0	.0	.5	.0	.1	.0	.0	.0
	16:00	.5	.5	.5	.5	.5	.0	.5	.5	1.0	.5	.5
	17:00	.5	.5	.5	.5	1.0	1.0	.5	.8	.5	.5	.5
	18:00	.0	.0	.0	.0	.0	.0	.0	.0	.0	.0	.0
	19:00	.5	1.0	1.0	.5	1.5	2.5	.7	1.3	.0	.5	1.0
	20:00	.0	.0	.0	.0	.0	.0	.0	.1	.5	.0	.0
	21:00	.5	.0	.0	.0	.0	.0	.0	.0	.0	.0	.0

22 도시수문학

Applied Hydrology

22.1 도시수문학의 특성

서 론

수문순환의 원리에서는 크게 다르지 않으나 도시지역의 수문학은 (1) 대부분의 지면이 포장, 지붕 등과 같은 불투수면이고, (2) 우수배수관거와 같이 인공적이고 수리학적으로 잘 정비된 배수계통으로 되어있는 점에서 특징지어진다. 불투수층의 증가, 수목의 제거, 지면의 평탄화 및 표토의 다짐을 수반하는 도시화 또는 도시지역의 영향은 기후와 유출의 변화로 나타난다. 또한 도시지면에는 인간 활동으로 인하여 오염물이 쌓이게 되고 이러한 오염물은 빗물에 의하여 씻겨내려가 수용수역의 수질을 악화시킨다. 이와 같은 비점오염원은 건설현장으로부터의 토사, 자동차로부터 기름과 그리스, 비료로부터 질소와 인, 살충제, 동물배설물, 각종 먼지를 포함한다.

도시화로 인한 기후의 가장 현저한 변화는 기온의 상승이다. 도시는 농경지보다 온도가 높고 특히 야간에 높아 열대야와 소위 열섬(thermal island)을 형성한다(그림 22.1). 표 22.1은 도시화로 인한 기후변화의 한 예로 서울시의 열섬현상을 나타낸다. 도시지역 온도상승에 주요 인자는 도시의 인구로 100,000명 이상의 도시에서 온도는 인구의 대수함수로 증가한다(Bonan, 2002). 유럽 대도시의 경우

$$\Delta T = 3.02 \log P - 3.29 \tag{22.1}$$

여기서 ΔT는 온도상승(°C), P는 인구이다. 도시와 농경지역의 온도차이는 도시구조(크기, 건물과 도로의 방향)과 도시지표면의 특성(반사계수, 열용량, 열전도, 젖음 정도)의 영향을 받는다. 이러한 특성은 지면에서 복사에너지의 균형, 도시구조의 열저장 및 잠재열과 감열(현열)의 배분을

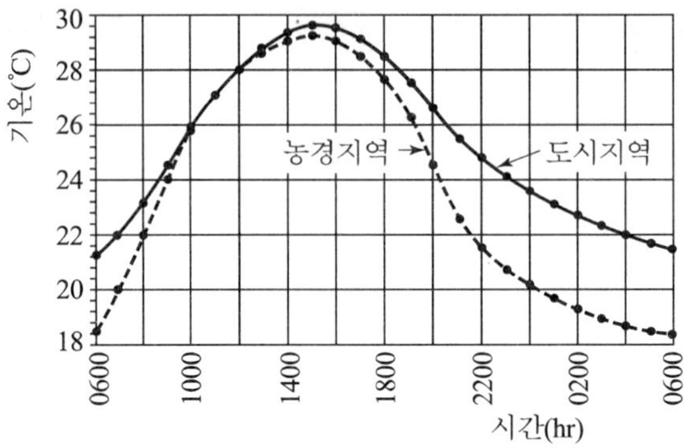

그림 22.1 도시와 농경지역의 기온차이(Bonan, 2002)

표 22.1 도시화로 인한 평균기온의 변화(서울시)

지역	평균기온(°C)
구로구, 영등포구	9.48
강동구, 성북구	8.50
양천구, 서대문구	7.94
관악구, 성동구	6.90

자료: 1995.4.1 오전 10시(중앙일보 1995.4.21)

변형시킨다. 잠재열과 감열의 배분변형으로 잠재열흐름률은 감소하고 감열흐름률은 증가한다(Grimmond와 Oke, 1995). 오염이 심한 지역에서는 더러운 공기로 인하여 농경지역보다 태양복사가 10~20% 감소하고 산업화가 적은 도시에서도 10% 정도 감소한다. 그러나 이러한 감소는 공기 중의 가스와 에어로졸로부터 장파복사의 증가로 상쇄된다. 차량, 발전소, 산업시설, 난방에 따른 인위개변적인 열원에 의하여 복사열은 증가한다.

도시의 건물은 조도 증가를 유발하여 풍속이 감소되고 햇볕이 감소된다. 또한 도시지역에서는 강수량의 증가가 관측되었다. 따라서 동일한 면적, 경사 및 토양의 농경지유역에서보다 도시지역에서는 강우에 대한 반응이 신속하다. 도시화로 인한 유출의 영향은 다음과 같다. (1) 침투에 대한 투수성 면적의 감소로 유출률이 증가하고 총 유출체적이 증가한다(표 22.2). (2) 포장과 같은 불투수지면은 거칠고 요부를 갖는 농경지보다 매끄러워 유역응답이 신속해지고, 수문곡선의 상승부가 급해져서 첨두시간이 빨라지고 유역지체는 감소한다. (3) 홍수첨두가 증가된다. 이와 같은 현상들은 그림 22.2에서 설명된다. (4) 침투의 감소로 지하저류로부터 기여가 감소하여 갈수량이 감소한다. (5) 도시 배출물로 인하여 하천수질이 악화된다. 신속한 반응과 증가된 유출체적으로 배수와 수방문제는 복잡해질 수도 있으나 손실의 추정이 간단해지고 수로의 형식, 경사 및 조도가 알려지므로 오히려 쉽게 되는 점도 있다.

표 22.2 24시간 100 mm 강우량에 대한 침투와 지표유출(Bonan, 2002)

	강우량 (mm)	침투 (mm)	지표유출 (mm)	유출곡선번호 CN
삼림	100	87	13	55
초지	100	69	31	69
주거지역	100	50	50	61(투수지역), 80(복합), 50% 불투수지역
상업지역	100	17	83	61(투수지역), 94(복합), 90% 불투수지역

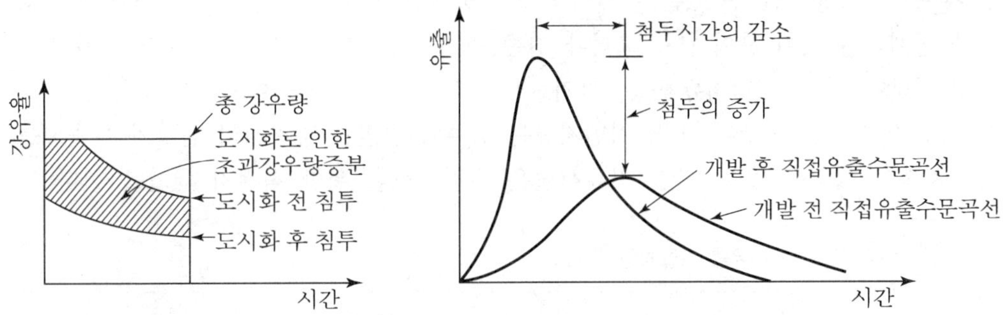

그림 22.2 도시유출수문곡선에 도시화의 영향

도시의 배수계통은 우수배제가 주목적이면 **우수관거**(雨水管渠; storm sewer)라 하고 가정오수와 우수를 동시에 배제하면 **합류하수관거**(合流下水管渠; combined sewer)라 한다. 합류하수관거는 위어나 오리피스와 같은 수리학적 조절구조인 **조절기**(調節器; regulator)를 하류단에 가져서 건천후 흐름(가정오수)을 분리하여 처리장까지 도수하는 **차집관거**(遮集管渠; interceptor)를 갖는다. 우기에는 차집관거와 조절기의 용량이 초과되어 우수와 오수가 혼합되어 하천과 같은 수용수역으로 직접 방류되고 이는 오염물을 수반하게 된다. 우수와 가정오수를 분리하여 도수하는 배수계통을 **분류하수관거**(分流下水管渠; separate sewer)라 한다.

우수관거는 주어진 재현기간에 대한 첨두유량을 감당하도록 설계된다. 만약 이와 같이 설계된 용량이 초과되면 빗물은 맨홀을 통하여 지상으로 분출되며 도로와 같은 지면을 따라 흐르게 된다. 이러한 도로와 같은 지면이 초과된 용량을 감당하도록 설계되지 않으면 지면흐름은 구조물을 통해서 흐르게 되어 재난을 초래하게 된다. 즉 우수관거가 초과되더라도 배수가 가능하도록 설계된 도시하부구조라야 한다.

도시수문학의 공학적인 문제

도시수문학에서 공학적인 문제는 첨두유량의 크기를 조절하고 배수계통의 최대수심, 즉 관거의 크기결정으로 구성된다고 볼 수 있다. 기존 우수관거계통의 용량초과는 새로 개발된 지역의 우수를 기존의 오래된 관거가 담당하게 될 때 종종 일어난다. 이는 우수관거, 개수로의 흐름단면의 증대 또는 조정지(유수지)를 필요로 한다. 도시유출은 수질을 악화시키므로 수용수역에 방류되기 전에 유출의 수질을 개선하도록 하는 조치가 취해져야 한다. 이는 특히 합류식에서 절실하다.

그림 22.3과 같이 흐름의 동수경사선이 관거의 정부보다 높게 되면 용량초과현상(surcharging)이 일어나게 된다. 동수경사선이 높게 되면 지하실이 침수되고 맨홀을 통하여 도로로 배출되어 도로가 침수됨과 동시에 배수로 역할을 하게 된다. 만약 합류식에서 동수경사선이 높게 되면 하수가 지하실에 유입되어 보건문제가 발생하게 된다.

도시유출의 양을 조절하는 방안들이 표 22.3에 수록된 바와 같다. 새로 개발되는 지역에서는 강우유출을 소통시킬 수 있는 수리학적으로 충분한 용량을 갖는 우수관거나 개수로의 배수계통을 설계하는 것이 용이하다. 그러나 기존 관거계통에서는 경제성이 없거나 수리학적으로 가능성이 낮게 된다. 지면저류 또는 관거 내 여분의 저류용량을 이용하여 첨두를 감소시키는 것이 가장 일반적인 대안이 된다. 지면저류는 침투와 증발을 증가시켜 첨두와 유출고를 감소시키는 2차적인 이점이 있다. 또한 저류시설은 수질개선을 위한 침전지 역할을 한다.

표 22.3 도시유출 조절방안

방 안	내 용
저류시설	
조정지	물을 가두고 서서히 방류
저류지	물을 저장하여 방류하지 않고 침투와 증발로 제거된다.
예	저지대, 각종 탱크, 배수계통의 저류조, 저습지, 공원, 지붕, 주차장
	용지확보가 가능하면 저렴하고 수자원 보전의 역할
침투증대	투수지면의 증대
예	다공성 침투성 포장과 주차장
	수자원 보전의 역할, 큰 호우의 경우 홍수량 감소효과가 작다.
홍수조절수단	
예	수로화, 홍수터의 구획화(zoning), 건물의 내수화

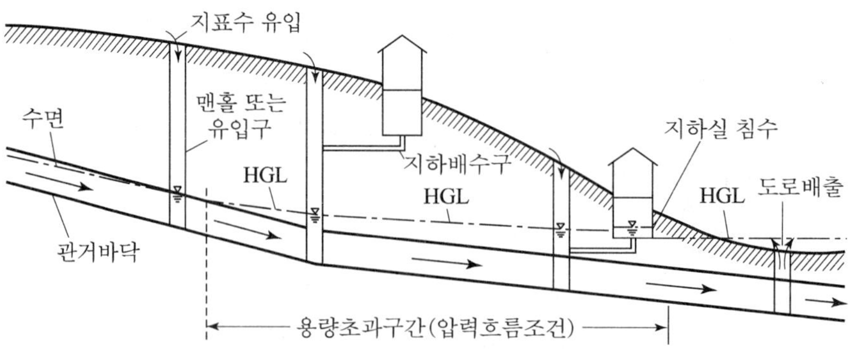

그림 22.3 우수관거의 용량초과로 인한 동수경사선의 변화

설계목표

도시수문학을 취급함에 있어서 공학적인 목표는 첨두유량의 조절수단과 배수계통의 모든 지점에서 우수관거의 규모 결정을 위한 최대수심의 제공이다. 2차적인 문제는 지하실의 침수, 우수관거의 용량초과 및 수질악화 등을 막는 것이다. 이러한 목표를 달성하기 위해서는 유출의 첨두와 체적, 완전한 수문곡선의 예측이 필요하다. 첨두와 체적의 결정은 비교적 간단한 기법으로 가능하나 수문곡선을 유도함에는 포괄적인 해석을 필요로 한다.

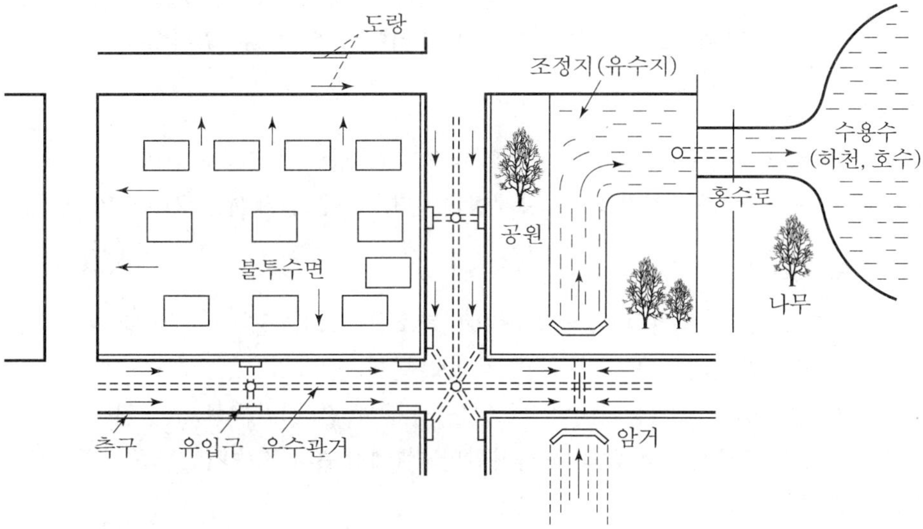

그림 22.4 도시우수배수계통

22.2 도시우수관거 설계(강)우량

설계(강)우량은 계획된 배수계통의 설계에 기본으로 사용되는 강우사상으로 정의될 수 있다. 설계강우량은 두 형태로 구분될 수 있다. (1) 첫째는 강우기록의 IDF해석에 근거한 설계호우(design storm)라고 하는 인위적인 사상이다. 이는 첨두유량이 기본사항이 되는 배수설계나 이에 준하는 설계에 사용된다. (2) 둘째 형태는 실제 강우기록을 직접 사용하는 것이다. 이는 조정지(detention basin)와 같이 유출체적이 필요하거나 수질이 중요한 문제에 사용된다.

설계강우량은 빈도 또는 재현기간, 총 강우깊이(총 강우량), 지속기간, 강우깊이 및 강우량의 시간분포(우량주상도)의 성분을 포함한다. 공간분포는 그 영향을 무시할 만큼 배수면적이 작을 경우로 간주하며 균일한 것으로 가정한다. 설계에서 먼저 선정되는 사항은 빈도 또는 재현기간이다. 빈도의 선정은 건설비용과 침수, 사회기능상의 지장 및 불편으로 인한 피해액과의 절충을 반영한다. 빈도 선정에 내재된 사실은 설계강우량의 재현기간이 배수계통의 설계용량을 초과하는 재현기간과 같다는 가정이다. 다음은 설계강우량의 주요 성분이 기술된다.

강우자료

강우자료는 강우강도-지속기간-빈도(IDF)곡선, 합성설계호우, 기록에 의한 설계호우, 장기 강우기록 등의 형태로 사용된다. IDF곡선은 경험적인 첨두유량공식이나 합성설계호우의 입력으로 사용된다. 합성호우는 많은 수의 실제 호우의 특성을 발생하거나 합성하여 유도된다. 호우의 특성은 재현기간, 총 강우깊이, 지속기간, 공간분포를 포함한다. 이에 관한 기술은 21장에 주어진다.

설계강우량의 개발은 짧게는 5분 간격의 상세한 강우자료를 필요로 한다. 이와 같은 강우자료는 기상청에서 보유하고 있는 자동기록지를 읽어서 얻을 수 있다.

IDF해석

설계목적으로 강우자료를 나타내는 유일한 방법은 상이한 지속기간에 대한 강우깊이(또는 강우강도)와 빈도(또는 재현기간)와의 관계형태이다. 이에 관해서는 21.4.4에 상술된다.

설계강우량의 지속기간

대상 지역의 면적이 증가하면 점강우량이 감소함은 21.4.3에서 기술된 바와 같다. 유역면적이 26 km^2보다 크면 점강우량은 보정을 필요로 한다. 설계강우량의 지속기간은 유역의 모든 부분이 설계지점에서의 유출에 기여할 수 있는 충분히 긴 시간으로 선정된다. 이러한 기준은 지속기간이 유역의 도달시간과 같음을 시사한다. 설계강우의 지속기간으로 도달시간의 사용은 합리식의 기본이 된다.

설계강우의 시간분포

설계재현기간과 지속기간에 해당하는 총 강우량의 시간분포 또는 우량주상도는 첨두유출에 미치는 영향이 현저하다. 합리식에서는 균일분포가 적용되나 다른 유출계산과정에서는 불균일 우량주상도가 이용된다. 설계강우량의 시간분포를 결정하는 방법에는 Huff, Keifer-Chu, Yen-Chow 및 Pilgrim-Cordery방법이 제시된 바 있으며 처음 세 방법은 21장에 기술된다.

유수지(또는 조정지)의 설계강우량

첨두유량을 도출하는 방법들은 첨두유량과 유출체적 간에 관계를 정의하지 않으므로 유출체적을 필요로 하는 문제에는 적합하지 않다. 따라서 첨두유량설계에 선정된 합성강우사상은 첨두체적설계에는 적당하지 않다. 예를 들면 중간유수지의 설계규모는 하류에 방류되는 최대허용유량, 저류용량과 경관에 따라서 결정되고 외수에 대비한 하류에 위치한 유수지의 규모는 저류용량, 인근 지역 침수 정도 또는 강제 배수하는 경우에는 펌프용량에 따라 결정된다. 따라서 유수지로 유입되는 직접유출수문곡선의 모양과 체적이 중요하다. 이는 강우강도뿐만 아니라 지속기간이 중요함을 시사한다.

설계재현기간

도시우수구조물의 설계에 통상 적용되는 설계재현기간은 다음과 같다. 도로측구에는 2～5년, 우수관거에는 2～25년, 조정지/저류지에는 10～100년, 도로의 교통량에 따라 암거에는 5～100년의 재현기간이 적용된다(표 20.3 참조).

22.3 도시유출

도시수문 해석에 관한 사항들 중에서 중요한 것은 첨두유출, 유출체적, 완전한 수문곡선 그리고 동수경사선과 침수심을 추가로 들 수 있다. 수문곡선이 유도되면 첨두와 체적은 해석에 포함되나 첨두유출을 결정하는 것과 같은 간단한 방법은 모든 필요한 사항을 제공하지 않는다. 도시유출 해석방법은 빈도해석, 경험식, 수문곡선방법 및 합성, 추적방법 또는 모의모형으로 구분될 수 있다.

빈도해석: 18장에서 기술된 빈도해석의 기본개념은 도시홍수 해석에도 어느 정도 적용된다. 그러나 사용 가능한 자료가 한정되고 짧은 기간의 기록으로부터 빈도해석이 복잡하게 되고 신뢰도가 낮게 된다.

경험식: 도시유역의 첨두유출을 계산함에는 합리식과 토양피복형으로부터 첨두유량을 결정하는 미국 자연자원보전청의 NRCS방법을 도시유역에도 적용하도록 개발된 TR55방법이 있다. 합리식은 첨두유출을 계산하는 가장 간단하고 많이 사용되는 방법이다.

수문곡선방법: 도시우수관거에서 원천조절(source control), 조정지용량 등의 대체방안과 같은 관리기법을 평가하기 위해서는 완전한 수문곡선이 필요하다. 10장에서 소개된 단위도를 이용해서 도시지역의 유출첨두, 유출체적 및 수문곡선을 유도하는 것이 가능하다. 미계측 유역에 대해서는 무차원 단위도를 첨두의 크기와 시간을 이용해서 합성한다.

시간-면적 방법: 시간-면적방법은 도시지역 유출계산에도 많이 적용되어 왔으며 시간-면적방법을 이용한 대표적인 방법이 Road Research Laboratory(RRL)모형과 ILLUDAS모형이다. 시간-면적곡선(11.4 참조)이 삼각형으로 근사되고 유출이 소형저수지를 통하여 추적될 때 이 방법을 Santa Barbara방법이라 한다.

운동파: 14장에 기술된 운동파식은 도시지역에도 적용되어 왔으며 운동파를 이용한 모형은 HEC-1, MITCAT와 SWMM 등이 있다.

모의모형: 이는 강우-유출과정인 강우량 손실, 지표유출 및 수로흐름 등의 과정을 수학적으로 기술하는 것으로 16.6절에서 설명된다. 특히 STORM과 SWMM은 우수관리계통의 수량과 수질의 영향평가를 제공하는 모형으로 계획단계에서 유용한 정보를 공급하는 계획모형으로도 적합하다.

22.4 합리식

합리식(合理式; rational method)의 개념은 아일랜드의 Mulvaney(1850)에 의하여 제안되었으며 미국에서 Kuichling(1889)에 의하여 우수관거설계에 처음 적용된 이후 주로 도시지역의 소규모 지표수배수설계에 널리 이용되는 경험적 첨두유출모형이다. 전 유역에 균일하게 강우강도가 일정한 강우가 지속되어 가장 먼 지점 R(그림 22.5)에 내린 강우가 유출구 O에 이르는 도달시간 t_c에서 유출은 첨두가 되고 같은 강우강도의 강우가 지속되면 첨두는 계속된다(그림 22.5a). 만약 강우지속기간 D가 도달시간 t_c보다 짧으면 유출구에서 유출은 첨두 Q_P에 이르지 못한다(그림 22.5d). 한편 도달시간보다 긴 지속기간이 선정되면 일반적으로 평균강우강도는 지속기간에 반비례하여 감소하므로 유출은 첨두 Q_P에 이르지 못한다(그림 22.5b).

첨두유출을 계산하는 합리식은 다음과 같다.

$$Q_P = 0.278\,C\,i\,A \tag{22.2}$$

또는

$$Q_P = 0.278\,C_f\,C\,i\,A \tag{22.2a}$$

여기서 Q = 첨두유량(m^3/s), C = 유출계수, C_f = 빈도보정계수(C와 C_f의 곱은 1을 초과하지 않는다), i = 재현기간이 T이고 도달시간 t_c 동안 지속되는 강우강도(mm/hr), A = 유역면적(km^2)이다.

합리식에서는 전 유역에 강우가 균일하고, 지속기간 동안 강우강도가 일정하고, 강우지속기간이 도달시간 t_c와 같고, 첨두강우량과 이로 인한 첨두유출의 재현기간이 같은 것으로 가정된다. 이러한 제약에 따라 합리식의 적용은 $A \le 15\ \text{km}^2$의 작은 유역에 권장된다.

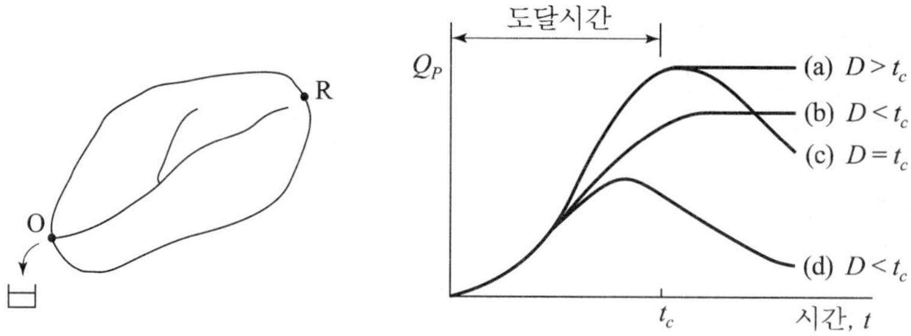

그림 22.5 지속기간에 따른 수문곡선

빈도보정계수, C_f

재현기간 2~10년 범위에서는 C_f 값으로 1.0을 취하나 높은 재현기간을 갖는 호우에 대해서는 침투와 손실이 작아지므로 **빈도보정계수**(頻度補正係數; frequency correction factor)는 다음 표와 같이 1.0보다 큰 값을 취한다. 미국 교통부(1979)는 빈도보정계수를 결정할 수 있는 곡선(그림 22.6)을 제안하였다.

표 22.4 빈도보정계수

재현기간(yr)	C_f
2～10	1.0
25	1.1
50	1.2
100	1.25

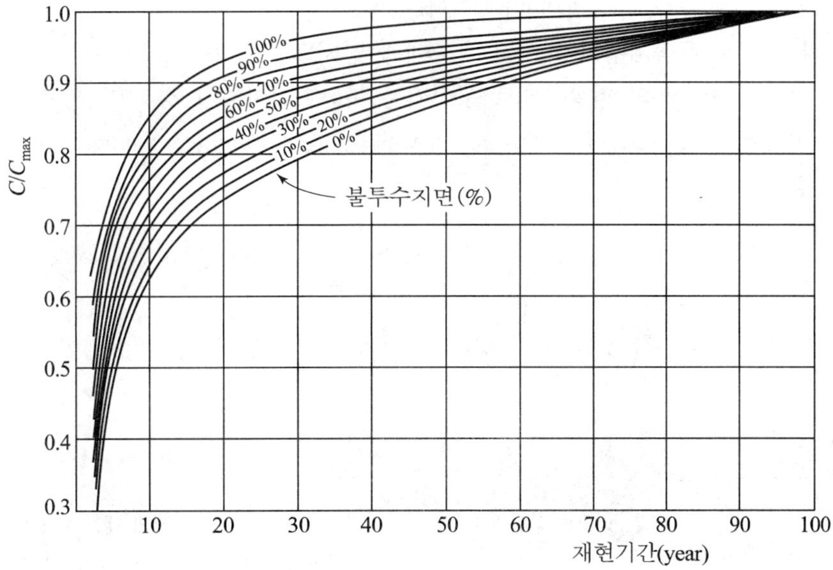

그림 22.6 설계호우빈도에 의한 보정(미 교통부, 1979)

예제 22.1

포장지역($C=0.9$)과 잔디지역($C=0.3$)의 두 지역에 대한 50년 빈도에 해당하는 유출계수를 결정하라.

[풀이] 표 22.4를 이용하는 경우 재현기간 50년에 대해서 $C_f=1.2$이다.

포장지역 $-C \cdot C_f=0.9(1.2)=1.08$이나 $C \cdot C_f$는 1.0보다 클 수 없으므로 $C \cdot C_f=1.0$을 사용한다. 그림 22.6을 이용하는 경우 불투수지면 90%와 10년 빈도에 대하여 $C/C_{\max}=0.83$이고 불투수지면 90%와 50년 빈도에 대해서는 $C/C_{\max}=0.96$이므로 C_f는 10년과 50년에 대한 값들의 비로 주어진다.

$$C_f=\frac{(C/C_{\max})_{50}}{(C/C_{\max})_{10}}=\frac{0.96}{0.83}=1.16$$

$C \cdot C_f=(0.9)(1.16)=1.04>1.00$이므로 $C \cdot C_f=1.00$이 된다.

잔디지역 $-C \cdot C_f=0.3(1.2)=0.36$. 이 경우 50년 빈도에 대한 유출계수는 $C=0.3$에서 0.36으로 증가된다.

유출계수, C

이는 주어진 재현기간을 갖는 강우강도를 동일한 재현기간(빈도)의 첨두유출로 변환하는 인자이다. 따라서 유출계수는 유출과정의 많은 복잡한 현상인 침투, 증발 및 요부저류에 의한 손실을 반영한다. 유출계수의 크기는 선행강우조건, 지면경사, 피복상태, 요부저류, 토양함수상태, 유역의 모양, 지표류 속도, 강우강도 등에 따라 영향을 받는다. 강우량과 지속기간이 증가함에 따라 유출계수가 증가하는 것으로 조사되었다. 그러나 지표면 형태에 따라 고정된 값이 사용되며 이와 같은 간단화가 합리식의 약점이다.

강우량의 손실은 유출계수에 의하여 유출에 반영되므로 C는 토지이용의 함수로 주어진다. 한 유역이 상이한 토지이용의 피복상태로 구성되는 복합토지이용인 경우에는 상이한 피복상태의 면적을 가중인자로 한 **가중평균유출계수**(加重平均流出係數; weighted average runoff coefficient)를 사용한다.

$$C = \frac{\sum A_i C_i}{\sum A_i} \tag{22.3}$$

여기서 C=가중평균유출계수, A_i=상이한 피복상태의 면적, C_i=상이한 피복상태의 유출계수이다.

표 22.5 유출계수, C

토지이용별 유출계수		지면상태에 대한 유출계수	
상업지역	0.50~0.95	도로	0.70~0.95
도심지역	0.70~0.95	아스팔트	0.70~0.95
도심근접지역	0.50~0.70	콘크리트	0.80~0.95
주거지역	0.25~0.75	벽돌	0.70~0.85
단독가구 구역	0.30~0.50	보도, 주차장	0.75~0.85
다수가옥으로 건물이 떨어진 구역	0.40~0.60	지붕	0.75~0.95
다수가옥으로 건물이 근접인 구역	0.60~0.75	잔디(사질토)	0.05~0.20
아파트 구역	0.50~0.70	평탄 0~2%	0.05~0.10
교외주거지역	0.25~0.40	보통 2~7%	0.10~0.15
공업지역	0.50~0.90	급경사 7% 이상	0.15~0.20
그리 밀집하지 않은 구역	0.50~0.80	잔디(세립토)	0.13~0.35
밀집해 있는 구역	0.60~0.90	평탄 0~2%	0.13~0.17
녹지, 기타	0.10~0.25	보통 2~7%	0.18~0.22
공원, 묘지	0.10~0.25	급경사 7% 이상	0.25~0.35
놀이터, 운동장	0.20~0.35		
철도 조차장	0.20~0.40		
미개량 구역	0.10~0.30		

자료: 미국 토목학회, Manual No. 37

장기간 지속된 강우의 경우 설계강우 이전의 강우인 선행강우로 인하여 침투가 감소하여 유출이 증가하는 점을 감안하여 미국 교통부(1979)는 유출계수 보정식을 제안하였다.

$$C = \frac{0.98t}{4.54+t}P + \frac{0.78t}{31.17+t}(1-P) \tag{22.4}$$

여기서 C = 선행강우조건에 따라 보정된 유출계수, t = 강우시작부터 설계지속기간의 강우강도의 강우가 시작하는 시간과 끝나는 시간(min), P = 가중평균유출계수이다.

일반적으로 장기강우 동안 단기설계호우(도달시간에 해당하는 지속기간을 갖는)는 장기호우기간의 중앙에 위치시킨다. 호우의 지속기간 동안 유출계수는 변하지 않는 것으로 가정된다.

예제 22.2

한 배수구역이 60%의 포장지역(C=0.9)과 40%의 잔디(C=0.3)로 구성된다. 설계지점에서 도달시간이 20분이고 2시간 동안 비가 내렸다. 선행강우조건을 고려한 유출계수를 결정하라.

[풀이]

$$\text{가중평균유출계수 } P = \frac{0.4(0.3)+0.6(0.9)}{0.4+0.6} = 0.66$$

2시간 호우의 중앙시점 = 1.0 hr 또는 60 min

2시간 호우기간 중 20분 지속강우가 시작하는 시간과 끝나는 시간

$$\text{시작시간 } t = 60 - 1/2(20) = 50\ \text{min}$$

$$\text{종료시간 } t = 60 + 1/2(20) = 70\ \text{min}$$

시작시간 t = 50 분에서 유출계수

$$C = \frac{0.98(50)}{4.54+50}(0.66) + \frac{0.78(50)}{31.17+50}(1-0.66) = 0.76$$

종료시간 t = 70 분에서 유출계수

$$C = \frac{0.98(70)}{4.54+70}(0.66) + \frac{0.78(70)}{31.17+70}(1-0.66) = 0.79$$

따라서 평균유출계수는 $C = (0.76+0.79)/2 = 0.775$

유역면적, A

유역면적은 대상 지점에 대한 배수면적으로 분수령을 경계로 하는 지역의 면적이다. 이는 일반적으로 지형도 상에서 구적기를 이용하여 결정한다. 자연계에서는 유역면적이 되나 도시지역에서는 배수면적을 나타낸다. 하수관거에서는 **유입지점**(流入地點; inlet)에 대한 면적이 된다.

강우강도, i

강우강도는 강우의 지속기간과 호우빈도 또는 재현기간에 따라 다르게 된다. 자기우량계의 관측자료를 이용하여 IDF곡선이 작성된다. 작성과정은 21장에서 기술된 바와 같다. 합리식의 적용에서 IDF곡선을 이용하여 강우강도 i를 결정함에는 먼저 재현기간이 선정되고 도달시간과 같은 지속기간이 선정되어야 한다.

도달시간, t_c

도달시간(到達時間; time of concentration)은 유역의 가장 먼 곳에 내린 빗물이 유역의 유출구(outlet) 또는 문제의 지점에 도달하는 데 소요되는 시간으로 정의된다. 도달시간은 유역의 모든 지점이 유출에 기여하기 시작하는 시간이다. 강우강도는 호우지속기간이 증가함에 따라 감소하는 경향을 가지므로 균일강우강도의 조건을 만족하기 위해서는 지속기간이 가능하면 짧아야 한다. 그러나 만약 지속기간이 도달시간 t_c보다 짧으면 유역면적의 일부분만이 유출에 기여하게 된다. 유역면적 전체가 유출에 기여하기 위해서는 가장 짧은 지속기간이 t_c와 같아야 한다. 도달시간은 강우강도가 결정되는 단위지속기간으로 사용된다. 한 유역 내에서 유출구에 도달하는 흐름경로는 여러 개가 있을 수 있다. 이러한 경우 도달시간은 상이한 흐름경로의 시간 중에서 가장 긴 시간을 도달시간으로 취한다.

빗물이 유역을 흐르는 과정은 지표면을 흐르는 **판상류**(板狀流; sheet flow) 또는 박류, 수심은 작으나 모여서 흐르는 실개천흐름과 같은 **천집중류**(淺集中流; shallow concentrated flow), 개수로흐름의 세 과정으로 구성된다. 도달시간은 유출구나 설계지점에 이르기까지 흐름의 상태를 구분하지 않고 하나의 흐름구간으로 고려하는 집적형(표 22.9)과 흐름과정의 흐름형태를 구분하여 유하시간을 계산하는 분포형으로 구분할 수 있다. 분포형 도달시간은 세 흐름구간에 대한 유하시간의 합으로 주어진다.

판상류: 이는 지표류의 항으로 8.7절에 상술된다. 판상류는 주차장, 잔디, 밭 등과 같이 평탄한 지면을 흐르는 수심이 50 mm 이하로 작고 흐름거리는 25 m 이하가 대표적이라 할 수 있으나 통상 90 m가 상한으로 고려된다. 미 자연자원보전청(NRCS)(1986)은 판상류에 대하여 마닝공식과 운동파간략식에 근거하여 수심이 3 cm 정도 되는 판상류에 대한 유하시간을 제시했다.

$$t_t = \frac{6.9}{i^{0.4}}\left(\frac{nL}{\sqrt{S}}\right)^{0.6} \tag{22.5}$$

여기서 t_t는 유하시간(travel time)으로 유역 내 한 지점에서 다른 지점으로 흘러가는 데 소요되는 시간으로 도달시간의 구성성분이다. n은 조도계수(표 22.6), L은 지표류의 길이(m), i는 유하시간 t_t와 재현기간이 T인 호우의 강우강도(mm/h), S는 지표면의 경사(m/m)이다. 식 (22.5)는 i가 미지이므로 반복계산을 필요로 한다. t_t를 가정하여 IDF곡선에서 i를 구하고 이를 이용하여 t_t를 계산하여 가정한 t_t와 비교한다. 일치하지 않으면 위 과정을 반복한다. 반복계산을

피하기 위한 식 (22.5)의 변형(NRCS, 1986)은

$$t_t = \frac{0.0289\,(nL)^{0.8}}{P_2^{0.5}\,S^{0.4}} \tag{22.6}$$

여기서 t_t는 유하시간(hr), P_2는 2년 24시간 강우량(cm), n은 마닝조도계수(표 22.6), L은 지표류의 길이(m), S는 지표면의 경사(m/m)이다.

표 22.6 판상류 유하시간산정 마닝조도계수(NRCS, 1986)

지표상태		n
매끄러운 아스팔트		0.011
매끄러운 콘크리트		0.012
휴경지		0.05
경작토양	작물잔재물피복(residue cover) ≤ 20%	0.06
	작물잔재물피복 ≥ 20%	0.17
	목야지(range)	0.13
잔디	짧은 잔디	0.15
	밀집잔디	0.24
	bermuda grass	0.41
삼림	듬성한 덤불	0.40
	밀집 덤불	0.80

천집중류: 짧은 거리를 유하하는 판상류는 실개천에 유입되어 흐르는 천집중류를 형성한다. 이 경우 유속(NRCS, 1976)은

$$V = K_c S^{1/2} \tag{22.7}$$

여기서 V는 유속(m/s), K_c는 도수계수(conveyance coefficient)(표 22.7)이다.

관수로와 개수로흐름: 이 경우 유속은 마닝공식으로 주어진다.

표 22.7 지면도수계수

지면피복상태	K_c
숲, 초지	0.5
경작지, 삼림지	1.5
조밀 경작초지	2.0
나지	3.0
잔디도랑, 잔디습지	4.5
포장된 측구흐름	6.0

예제 22.3

2년 24시간 강우깊이가 43.2 mm인 다음 유역의 유출구 D점의 도달시간을 계산하라.

구간	흐름형태	경사(%)	길이(m)
A–B	판상류, 밀집잔디	1.0	30
B–C	천집중류, 비포장	1.0	400
C–D	개수로, $n=0.05$, $h=0.5$ m, $B=4$ m, $R=0.33$	0.6	600

[풀이]

(1) 판상류(A–B구간 유하시간)

표 22.6으로부터 밀집잔디의 조도계수 $n=0.24$와 주어진 값들을 식 (22.6)에 대입하면 유하시간은

$$t_t = \frac{0.0289(0.24\times 30)^{0.8}}{(43.2)^{0.5}(0.01)^{0.4}} = 0.135 \text{ hr}$$

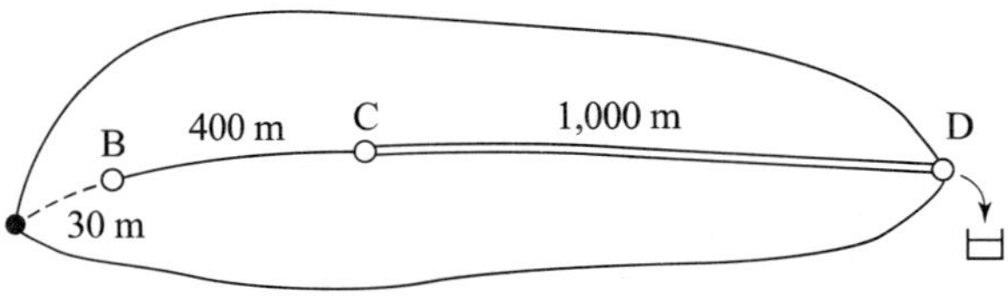

그림 22.7

(2) 천집중류(B–C구간 유하시간)

표 22.7로부터 나지에 대한 $K_c=3$을 식 (22.7)에 적용하면 천집중류의 유속과 유하시간은

$$V = K_c S^{1/2} = 3\times(0.01)^{1/2} = 0.13 \text{ m/s}$$

$$t_t = \frac{L}{3{,}600\,V} = \frac{400}{3{,}600\times 0.13} = 0.37 \text{ hr}$$

(3) 수로흐름(C–D구간 유하시간)

유속은 동수반경 $R=0.33$과 주어진 값들을 마닝공식에 대입하면 유속과 유하시간은

$$V = \frac{1}{0.05}(0.33)^{2/3}(0.006)^{1/2} = 0.74 \text{ m/s}$$

$$t_t = \frac{L}{3{,}600\,V} = \frac{1{,}000}{3{,}600\times 0.74} = 0.375 \text{ hr}$$

(4) 도달시간(세 구간의 유하시간의 합으로 주어진다)

$$t_c = 0.135 + 0.37 + 0.375 = 0.88 \text{ hr} = 52.8 \text{ min}$$

우수관거의 설계에 따라서는 도달시간이 가장 먼 지점에 내린 빗물이 지표면, 도로와 측구를 흘러 관거의 유입구까지 도달하는 데 소요되는 **유입시간**(流入時間; inlet time) 또는 **지표류시간**(地表流時間; overland flow time)과 우수관거 내를 흐르는 **유하시간**(travel time)(min) 합으로 정의된다.

$$t_c = t_i + t_t \tag{22.8}$$

여기서 t_i는 유입시간(min), t_t는 관거, 수로 내의 유하시간(min)이다. 이 경우 판상류의 최원점에서 유출구까지의 거리가 100 m(비도시화지역에서는 150 m)를 초과하지 않으면 유입시간 t_i는 다음 식으로 계산될 수 있다(Urbonas, 1992).

$$t_i = \frac{0.552\,[1.8\,(1.1 - C_5)L^{0.5}]}{S^{1/3}} \tag{22.9}$$

여기서 t_i = 유입시간 또는 초기지표류시간(min), C_5 = 5년 빈도 강우에 사용되는 유출계수(표 22.8), L = 지표류 길이(m), S = 평균유역경사(%)이다.

표 22.8 불투수성 면적과 토지이용에 대한 식 (22.9)의 유출계수(CDOT, 2009)

토지이용, 표면특성	불투수성 면적(%)	재현기간별 유출계수			
		2년	5년	10년	100년
상업지역	95	0.87	0.87	0.88	0.89
상업지역 주변	75	0.60	0.65	0.70	0.80
주거지역					
단독가구	0.40	0.45	0.50	0.60	
분리 다가구	50	0.45	0.50	0.60	0.70
연속 다가구	70	0.60	0.65	0.70	0.80
2,000 m^2 이상 대지	0.30	0.35	0.40	0.50	
아파트	70	0.65	0.70	0.70	0.80
산업지역					
경공업	80	0.71	0.72	0.76	0.82
중공업	90	0.80	0.80	0.85	0.90
공원	7	0.10	0.18	0.25	0.45
놀이터	13	0.15	0.20	0.30	0.50
학교	50	0.45	0.50	0.60	0.70
철도 조차장	20	0.20	0.25	0.35	0.45
미개발지역	2	0.05	0.15	0.25	0.50
도로 포장	100	0.87	0.88	0.90	0.93
다진 자갈	40	0.40	0.45	0.50	0.60
차도, 보도	96	0.87	0.87	0.88	0.89
지붕	90	0.80	0.85	0.90	0.90
잔디 사질토	7	0.10	0.18	0.25	0.45
점토질	7	0.10	0.18	0.25	0.45

지표류의 길이가 150 m를 초과하는 경우 도달시간은 유입시간과 유하시간 t_t로 구성된다.

$$t_t = \frac{L}{60\,V} \tag{22.10}$$

여기서 t_t는 천집중류의 유하시간(min), V(m/s)는 실개천 또는 관거, 수로 내의 유속(m/s)으로 식 (22.7), (22.11) 또는 마닝공식으로 구해진다. 많은 경우 판상류와 천집중류에 해당하는 시간은 유입시간으로 계산되기도 한다(NRCS, 1985).

$$V = wS^{1/2} \tag{22.11}$$

여기서 w는 비포장표면의 경우 $w = 4.91\ \mathrm{m/s}$, 포장된 표면의 경우 $w = 6.19\ \mathrm{m/s}$, S는 평균유역경사(m/m)이다.

유입시간으로 5~30분이 많이 발표되었고 개발이 많이 되어 불투수지역인 경우 5분이 채택되기도 하나 대부분의 경우 최소 10~20분이 적용된다.

고도로 개발된 불투수성 도시지역, 조밀지역의 빗물 유입구	5분
주거밀도가 낮은 개발도시지역	10~15분
주거지역	20~30분

예제 22.4

판상류와 천집중류가 일어나는 공원지역에서 판상류구역의 최장유로연장이 $L = 40\ \mathrm{m}$, $S = 0.01$, 천집중류가 일어나는 비포장구역의 유로연장이 $L = 600\ \mathrm{m}$, $S = 0.01$이다. 2년 빈도 유출에 대한 도달시간을 구하라.

[풀이] 판상류: 표 22.8부터 공원지역의 유출계수는 $C_2 = 0.1$이다. 식 (22.9)에 따라

$$t_i = 0.552(1.8(1.1 - 0.1)40^{0.5})/0.01^{(1/3)} = 29.2\ \mathrm{min}$$

천집중류: 식 (22.11)에 따라 $V = 4.91(0.012)^{0.5} = 0.54\ \mathrm{m/s}$이므로 유하시간 t_t는

$$t_t = \frac{600}{60(0.54)} = 18.5\ \mathrm{min}$$

따라서 도달시간은 $t_c = t_i + t_t = 47.7\ \mathrm{min}$이다.

표 22.9에 주어진 공식을 이용하여 계산되는 도달시간을 사용하기 전에 적정한 값인지 검토가 필요하다. 그림 22.8은 도달시간 t_c의 검토수단으로 사용될 수 있다. 만약 계산된 t_c가 그림 22.8을 이용하여 구한 t_c와의 차이가 현저하면 일단 의심을 하고 재검토한다. 미국 Denver 시(Denver, 1991)는 t_c의 상한치로 식 (22.12)를 제안하였다. 만약 계산된 t_c가 식 (22.12)에 의한 t_c를 초과하면 식 (22.12)에 의한 t_c를 사용한다.

$$t_c = 0.305\left(\frac{L}{180}\right) + 10 \tag{22.12}$$

여기서 t_c는 경사가 0.4% 또는 그 이상인 유역의 최대도달시간(min), L은 유입점까지 최대거리(m)이다.

표 22.9 도달시간의 산정공식

조사자	도달시간공식	적요
1. Kerby	$3.03\left(\frac{nL^{1.5}}{H}\right)^{0.467}$	$L < 0.4$ km
2. Izzard	$\frac{(0.024\,i^{0.331} + 878\,k/i^{0.67})\,L^{0.67}}{(CH^{0.5})^{0.67}}$	$iL < 3.8$ $k = 0.007$ 매끄러운 아스팔트 0.012 콘크리트 포장 0.046 짧게 깎은 잔디 0.060 조밀한 잔디
3. Bransby–Williams	$\frac{0.96\,L^{1.2}}{H^{0.2}A^{0.1}}$	
4. Federal Aviation Agency	$\frac{3.64(1.1 - C)\,L^{0.83}}{H^{0.33}}$	공항배수
5. Kirpich	$\frac{0.0663L^{0.77}}{S^{0.385}}$	미국의 농경지 급경사(3~10%) 소유역 불투수성 포장지역에서는 계산 t_c에 0.4를, 콘크리트 수로에서는 0.2를 곱한다.
6. California	$\left(0.87\frac{L^3}{H}\right)^{0.385}$	미국 California 주의 작은 산간유역
7. Kinematic wave (Morgali & Linsley)	$\frac{0.0156\,(nL)^{0.6}}{i^{0.4}\,S^{0.3}}$	L은 ft, i는 in/hr
8. Rizha	$0.0139\frac{L}{S^{0.6}}$	자연하천 상류부 $S \geq 1/200$
9. Kraven	$0.0074\frac{L}{S^{0.515}}$	자연하천 하류부 $S < 1/200$
10. NRCS	$0.278\frac{L}{V}$	피복상태와 유역경사에 대한 유속을 그림 22.8에서 구한다.
11. NRCS(1985)	$t_L = \frac{1.347\,L^{0.8}(S + 2.54)^{0.7}}{1{,}900\,S_b^{0.5}}$ $t_L = 0.6\,t_c,\ S = 2{,}540/CN - 25.4$	L은 유역길이(m), S는 최대잠재 보유수량(식 8.12), S_b는 평균유역경사(%)

A= 유역면적(km^2), i= 강우강도(mm/hr), H= 표고차이(m)
L= 유로연장(km), t_c= 도달시간(hr), $S = H/L$, C=유출계수

표 22.10 Kerby공식의 n값(ASCE, 1959)

지표면 상태	n
매끄러운 포장지면	0.02
다져진 나지토양	0.10
빈약한 잔디, 작물경작지, 비교적 거친 나지	0.20
방목초지, 잔디	0.40
낙엽 있는 삼림지	0.60
침엽수 삼림, 낙엽과 가지 또는 밀집 잔디의 삼림지	0.80

t_c 산정방법에는 여러 방법이 있으며(표 22.9), 그 중 어느 것은 주로 지표류에, 어느 것은 수로흐름에, 또는 지표류와 수로흐름에 대한 식이다. 표 22.9의 1~4는 주로 지표류에 대한 공식이다. Izzard방법은 강우강도를 필요로 한다. Izzard방법에 의하여 도달시간 산정과정은 먼저 도달시간을 가정하여 IDF곡선 또는 식 (21.4)와 같은 식으로부터 강우강도를 구하여 Izzard식으로 t_c를 계산한다. 가정한 t_c와 계산된 t_c가 일치하지 않으면 과정을 반복한다. 운동파방법도 강우강도를 포함하므로 Izzard방법에 준한다.

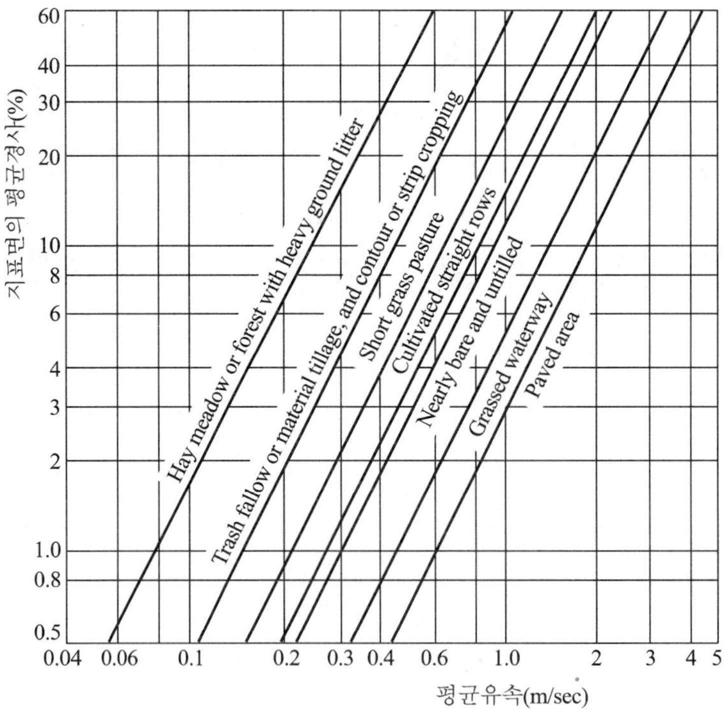

그림 22.8 지표류의 유하시간 산정을 위한 평균유속(NRCS, 1975)

앞에서 기술된 도달시간은 지표류에 대한 경우이고 지면이 다공성 산지경사지이면 운동파 속도 dx/dt로부터 다음과 같은 도달시간이 이용된다(Brutsaert, 2005).

$$t_c = \frac{\eta L_h}{K\sin\alpha} \tag{22.13}$$

여기서 t_c는 도달시간(hr), η는 유효공극률, L_h는 산지경사지의 길이, K는 투수계수 및 α는 경사각이다.

예제 22.5

다음 그림의 유출구 C 점에서의 도달시간을 산정하라. 우수관거의 평균유속은 1 m/s이다.

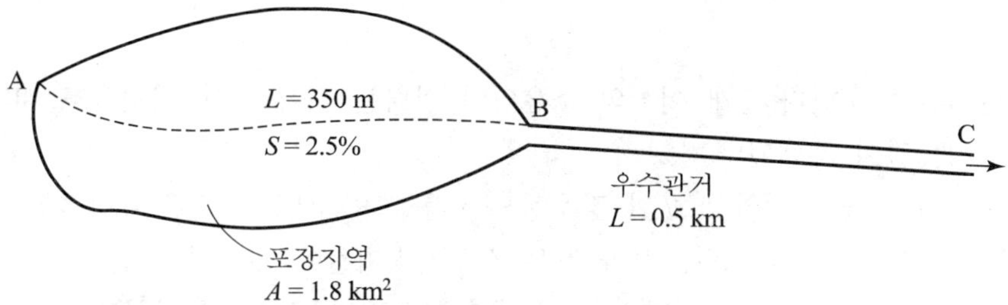

그림 22.9

먼저 최원점 A에서 우수관거의 유입구 B점까지의 유입시간 t_i를 계산한다.

1. Kerby방법

   표 22.10으로부터 $n = 0.02$이고 H=(경사 × 거리)= $\frac{2.5}{100} \times 350 = 8.75$ m 이므로

$$t_i = 3.03\left(\frac{0.02 \times 0.35^{1.5}}{8.75}\right)^{0.467} = 0.085\ \text{hr} \ \text{또는}\ 5.1\ \text{min}$$

2. Kirpich $\quad t_i = \frac{0.0663(0.35)^{0.77}}{(0.025)^{0.385}} = 0.123\ \text{hr}$ 또는 $6.5\ \text{min}$

3. Bransby–Williams $\quad t_i = \frac{0.96(0.35)^{1.2}}{(8.75)^{0.2}1.8^{0.1}} = 1.66\ \text{hr}$ 또는 $9.98\ \text{min}$

4. Izzard

   도달시간을 15분으로 가정한다. 서울지역으로 가정하면 5년 빈도에 대한 강우강도는 그림 21.3으로부터 $i = 110$ mm 이므로

$$iL = 110(0.35) = 38.5 > 3.8$$

   따라서 Izzard공식은 적용되지 않는다.

5. 식 (22.9)에 $C_5 = 0.9$를 적용하면 $t_i = 2.74$ min이고 식 (22.12)에 의하면 $t_c = 0.305\left(\frac{350}{180}\right) + 10 =$ 10.6 min이 된다.

6. 우수관거 유하시간

$$t_p = \frac{\text{우수관거길이}}{\text{유속}} = \frac{500}{1} = 500\,\text{sec} \text{ 또는 } 8.3\,\text{min}$$

따라서 도달시간 $t_c = t_i + t_p$는 적용방법에 따라 11.04 ~ 18.9 min 범위의 값을 취한다.

합리식의 적용

합리식을 이용하여 첨두유량을 구하는 과정은 다음과 같다.

1. 대상 지점에 대한 유역경계를 정하고 유역면적, 토지이용상태, 유역표고, 유로연장을 결정하고 관거가 처음 매설되는 지점인 유입점(inlet point)을 정한다.
2. 표 22.5로부터 각 소유역에 대한 유출계수를 결정하고 필요하면 가중평균유출계수를 계산한다.
3. 도달시간을 구한다. 2개 이상의 소유역이 만나는 하류지점에서의 도달시간은 그 중에서 제일 큰 값이 채택된다.
4. 재현기간 T를 선정하고 T년 강우강도 i를 그림 21.3과 같은 강우강도-지속기간-빈도(IDF) 곡선으로부터 도달시간과 같은 강우지속기간에 대하여 구한다. 대표적인 재현기간 T는 주거지역에는 5년, 상업 및 고가지역에는 20년, 홍수방어시설에는 50년 그 이상이 적용된다.
5. 식 (22.2)를 이용하여 첨두유량 Q를 계산한다.

예제 22.6

서울지역에 위치한 그림과 같은 지역에 합리식을 이용하여 재현기간 10년 설계유량을 결정하라.

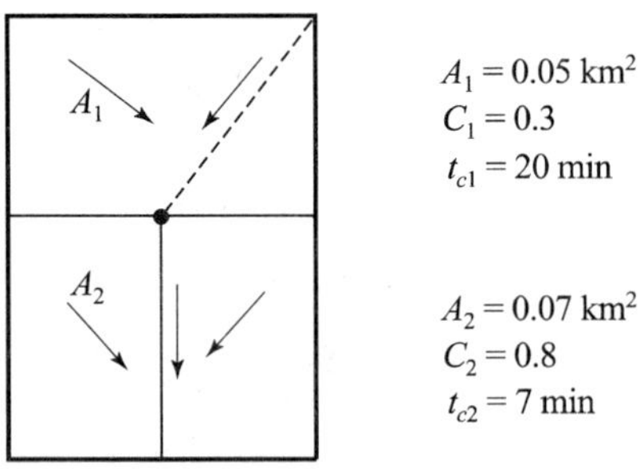

그림 22.10

[풀이] 도달시간 = 지표류 유입시간 + 관거 유하시간 = 20 + 7 = 27 min

$$\text{가중평균유출계수} = \frac{0.3 \times 0.05 + 0.8 \times 0.07}{0.05 + 0.07} = 0.6$$

강우강도는 그림 21.3으로부터 지속기간 27분과 재현기간 10년에 대하여 112 mm/h 이고 재현기간이 10년이므로 빈도보정계수는 $C_f = 1.0$ (표 22.4)이다. 따라서 설계첨두유량은 식 (22.2)로부터

$$Q = 0.278\,CiA = 0.278 \times 0.6 \times 112 \times 0.12 = 2.24\ \mathrm{m^3/s}$$

유역면적이 상이한 토지이용으로 구성되었을 경우 가중평균유출계수를 이용하는 대신 식 (22.2a)를 다음과 같이 쓸 수 있다.

$$Q = 0.278 i\, C_f \sum_{k=1}^{n} C_k A_k \tag{22.14}$$

여기서 C_k는 분할구역의 유출계수, A_k는 분할구역의 면적이다.

예제 22.7

우수배수계통이 4개의 소구역으로 구성된다. 재현기간 5년에 대한 각 우수관거의 설계유량을 결정하라. 이 경우 우수관거의 평균유속은 1.5 m/s이고 유역을 서울지역으로 가정하여 그림 21.3을 이용하라.

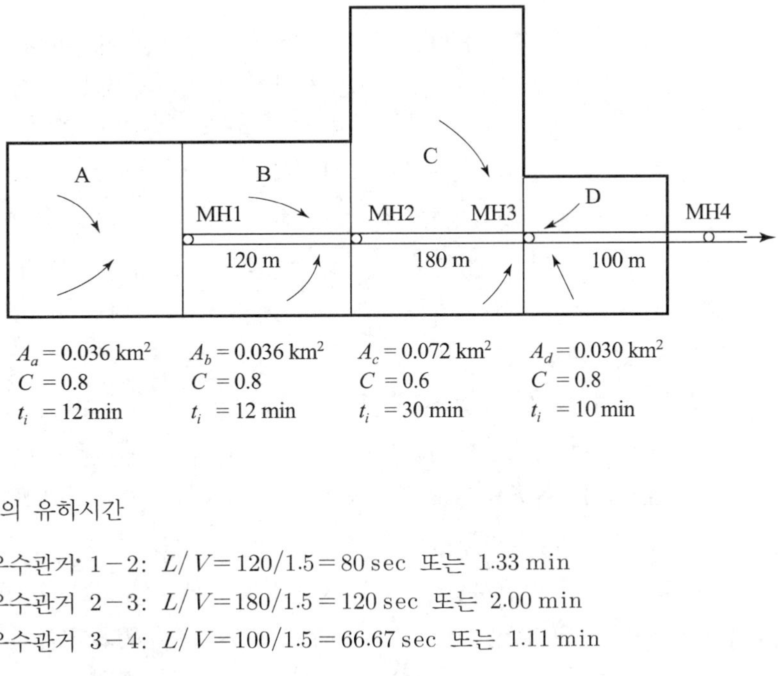

그림 22.11

[풀이] 우수관거의 유하시간

우수관거 1−2: $L/V = 120/1.5 = 80\ \mathrm{sec}$ 또는 1.33 min
우수관거 2−3: $L/V = 180/1.5 = 120\ \mathrm{sec}$ 또는 2.00 min
우수관거 3−4: $L/V = 100/1.5 = 66.67\ \mathrm{sec}$ 또는 1.11 min

계산과정은 표 22.11과 같다.

맨홀MH3에 대한 계산과정이 설명된다. 맨홀MH3에는 소구역 A, B, C, D의 유출이 다 유입되므로 이 소구역에 대한 면적(A), 유출계수(C), 이들의 곱(AC)은 각각 2, 3, 4란에 주어지고 5란은 ΣAC이다.

즉 $\Sigma AC = 0.1248$은 $(0.0288 + 0.0288 + 0.0432) + 0.024 = 0.1008 + 0.024 = 0.1248$과 같이 산정된다. 6란

은 맨홀MH3에 유입되는 유로를 나타내고, 7란은 각 유로의 유입시간, 8란은 수로유하시간이다. 9란은 유입시간과 수로유하시간의 합으로 이 중에서 가장 큰 값이 맨홀MH3의 도달시간이 되고 이들 값에는 밑줄이 그어져 있다. 10란은 도달시간에 해당하는 지속시간과 재현기간 5년에 대한 강우강도로서 그림 21.3의 IDF 곡선으로부터 얻는다. 첨두유량은 (0.278×5란×10란)으로 주어진다. 즉 0.278×0.1248×85=2.95 m^3/s.

표 22.11 합리식 적용 계산 예

맨홀	면적 A (km^2)	유출계수 C	AC (km^2)	ΣAC (km^2)	유하시간 유로 (min)	유하시간 유입시간 (min)	유하시간 수로 (min)	도달시간 (min)	강우강도 (mm/hr)	첨두유량 (m^3/s)
(1)	(2)	(3)	(4)	(5)	(6)	(7)	(8)	(9)	(10)	(11)
MH1	0.036	0.8	0.0288	0.0288	A–1	12	–	12	120	0.96
MH2	0.036	0.8	0.0288	0.0576	B–2	12	–	12		
					A–1–2	12	1.33	<u>13.33</u>	119	1.91
MH3	0.072	0.6	0.0432	0.1008	C–3	30	–	<u>30</u>	85	2.95
					A–1–2–3	13.33	2	15.33		
	0.030	0.8	0.024	0.1248	D–3	10	–	10		

설계과정에서 주의할 사항은 첨두유량은 각 소유역에서 발생된 첨두유량의 합으로 주어지지 않는다. 왜냐하면 각 소유역의 첨두는 서로 다른 시간에 일어나기 때문이다. 평균강우강도 i는 총 유역면적의 도달시간에 해당하는 지속기간에 대한 강우강도이다. 설계가 하류로 진행됨에 따라 유역면적과 유로연장(또는 흐름경로)이 증가한다. 흐름경로가 길어지면 도달시간(=지속기간)이 증가하므로 IDF곡선에서 강우강도 i는 감소한다. 강우강도 i는 감소하나 면적은 계속 증가하므로 첨두유량 또한 계속 증가한다. 이로부터 합리식은 유역면적이 유로연장의 증가에 따라 선형으로 증가하는 유역에 적용 가능하다. 이러한 조건이 아니면 유역면적의 증가에 따른 첨두유출은 증가하지 않는다.

유출계수가 균일한 유역의 중간지점(A)과 하류유출구(B)의 강우강도, 도달시간, 유역면적 및 첨두유출을 각각 i_A, t_A, A_A, Q_A와 i_B, t_B, A_B, Q_B라 한다. $A_B > A_A$이고 $t_B > t_A$이므로 $i_B < i_A$이다. 두 지점의 첨두유출은 각각 $Q_A = Ci_AA_A$, $Q_B = Ci_BA_B$이다. 이로부터 $Q_B > Q_A$가 되기 위해서는 A_B / A_A가 i_A/i_B보다 커야 한다.

유역형상이 복잡한 경우 설계가 하류로 진행됨에 따라 주목되는 점은 면적이 증가하는 각 지점에서 합리식이 새로이 적용되는 것이다. 즉 면적이 증가함에 따라 유출계수, 도달시간, 강우강도가 달라지기 때문이다.

설계유량이 만수상태로 흐르는 관거의 용량보다 크게 되면 **초과유량**(超過流量; surcharge)이 일어나고 결과적으로 맨홀이 물로 채워지게 된다. 이와 같은 초과유량을 피하기 위해서는 관거의 경사를 크게 하거나 관거의 단면을 증가시켜야 한다.

도시우수배수설계의 대부분의 경우 합리식이 이용되나 면적이 약 3 km^2 이상이 되면 흐름추적과 수로저류 영향을 포함하는 수문곡선기법을 사용하는 것이 타당하다.

우수관거 설계

우수관거 단면의 설계과정은 다음과 같다.

1. 설계유량 Q_d에 대하여 관거 내에 퇴적을 억제하는 최소수로유속(0.9 m/s) 및 최소관경(0.3 ~0.6 m)에 대한 우수관거의 직경을 연속방정식 $Q = AV$에 의하여 계산한다. 이는 최대단면, 즉 관경의 상한선이 된다.
2. 설계유량 Q_d와 지표면경사에 마닝공식을 적용하여 우수관거의 직경을 계산한다.
3. 단계 2의 직경이 단계 1의 상한직경을 초과하지 않으면 단계 2의 직경을 취하되 실제 관의 크기를 정할 때에는 단계 2의 직경보다 큰 표준크기를 채택한다.
4. 단계 2의 직경이 단계 1에 의한 상한직경을 초과하면 단계 1의 우수관거직경을 이용한 마닝공식에 의하여 관거의 경사를 다시 계산한다. 이 경우 지면경사보다 급한 경사가 선택된다.

예제 22.8 우수관거 설계 예

그림 22.12 나타낸 지역의 우수관거를 설계한다. 주거지역과 상업지역의 유출계수는 각각 0.3과 0.6이고 10년 빈도 강우강도를 설계강우강도로 한다. 유입시간은 20분으로 가정한다. 관거의 크기와 표고는 관거 내에 토사의 퇴적을 막을 수 있도록 최소유속 0.9 m/s를 유지할 수 있도록 정한다. 관거의 경사는 지면경사와 부합되도록 하여 과대한 굴착을 피하도록 한다. 콘크리트관의 마닝조도계수는 $n = 0.014$로 한다.

[풀이] 계산내용은 표 22.12에 보인 바와 같다. 지역을 서울지역으로 가정하여 강우강도를 그림 21.3에서 구한다. 표 22.12의 각 란의 내용은 다음과 같다.

(1) 관거번호

(2) 관거의 상하류단에 있는 맨홀번호

(3) 관거길이, m

(4) (1)에 표시된 관거에 직접 유입되는 소유역면적, km^2

(5) (1)에 표시된 관거에 유입되는 총면적, km^2

(6) 맨홀번호 MH2의 경우 0.015 km^2의 소구역으로부터 직접 유입되는 TA-2와 관거 ⓵⓪을 통하여 유입되는 1~2의 두 흐름경로를 갖는다.

(7), (8), (9) 맨홀번호 MH2의 경우 소구역 0.015 km^2로부터 유입시간은 20 min이고 소구역 0.011 km^2에서 관거 (1.0)을 통하여 맨홀MH2에 도달하는 시간은 유입시간 + 유하시간 = 20 + 1.72 = 21.72 min이다. 따라서 맨홀MH2에 대한 도달시간은 20 min와 21.72 min 중 큰 값인 21.72 min(9란)이고 밑줄을 그어 표시한다.

(10) 가중평균유출계수는 식 (22.3)에 의하여 계산된다.

(11) 강우강도는 9란의 도달시간과 10년 재현기간에 대하여 그림 21.3으로부터 얻는다.

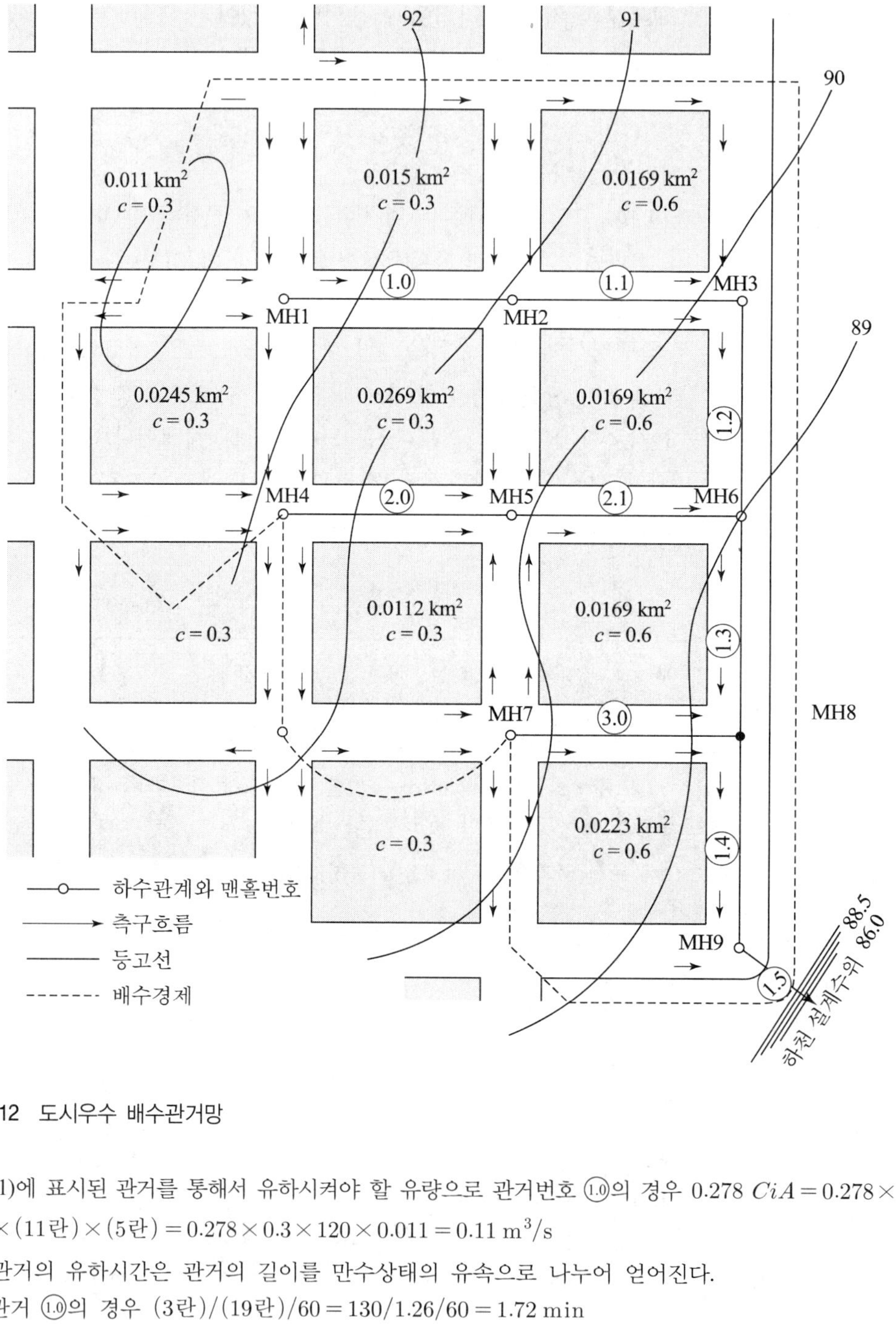

그림 22.12 도시우수 배수관거망

(12) (1)에 표시된 관거를 통해서 유하시켜야 할 유량으로 관거번호 ⓵⓪의 경우 $0.278\ CiA = 0.278 \times (10란) \times (11란) \times (5란) = 0.278 \times 0.3 \times 120 \times 0.011 = 0.11\ \mathrm{m^3/s}$

(13) 관거의 유하시간은 관거의 길이를 만수상태의 유속으로 나누어 얻어진다.
관거 ⓵⓪의 경우 $(3란)/(19란)/60 = 130/1.26/60 = 1.72\ \mathrm{min}$

(14) 도로경사는 관거 상하류단의 지반고의 차이를 거리로 나누어 얻어진다.
관거 ⓵⓪의 경우 $\dfrac{(24란)-(25란)}{(3란)} = \dfrac{92.1-91.0}{130} = 0.0085$

표 22.12 우수관거 설계 예

관거 번호	상하류 맨홀 번호	관거 길이	면적 증분	유역 면적	도달시간(min)				가중평균유출계수	강우 강도	설계 우량	유하 시간	도로 경사	최대 직경[b] (최소 유속 0.9 m/s	우수 관거 직경	실제결과			맨홀 수위 차이	관거상 하류표 고차이	표고(m)			
					흐름 경로	유입 시간	수로유하시간	계								직경	관거 경사	만수[d] 유속			관거 상류	관거 하류	관거상류지반	관거하류지반
		(m)	(km^2)	(km^2)						(m)	(m^3/s)	(min)		(mm)	(mm)	(mm)		(m/s)	(m)	(m)				
(1)	(2)	(3)	(4)	(5)	(6)	(7)	(8)	(9)	(10)	(11)	(12)	(13)	(14)	(15)	(16)	(17)	(18)	(19)	(20)	(21)	(22)	(23)	(24)	(25)
1.0	1-2	130	0.011	0.011	TA-1a	20	-	20	0.3	120	0.11	1.72	0.0085	394	333	333	0.0085	1.26	-	1.10	90.3	89.2	92.1	91.0
1.1	2-3	130	0.015	0.026	TA-2	20	-	20																
					1-2	20	1.72	21.72	0.3	119	0.26	1.35	0.0092	607	454	454	0.0092	1.61	0.15	0.98	89.05	88.07	91.0	89.8
1.2	3-6	130	0.0169	0.0429	TA-3	20	-	20																
					2-3	21.72	1.35	23.07	0.42	116	0.58	1.28	0.0062	906	661	661	0.0062	1.69	0.15	0.60	87.92	87.32	89.8	89.0
2.0	4-5	130	0.0245	0.0245	TA-4	20	-	20	0.3	120	0.245	1.33	0.01	588	437	437	0.01	1.63	-	1.30	89.62	88.32	91.5	90.2
2.1	5-6	130	0.0269	0.0514	TA-5	20	-	20																
					4-5	20	1.33	21.33	0.3	119	0.51	1.14	0.0092	850	585	585	0.0092	1.92	0.20	0.80	88.12	87.32	90.2	89.0
1.3	6.8	130	0.0169	0.1112	TA-8	20	-	20																
					3-6	23.07	1.14	24.21	0.39	113	1.35	1.50	0.0023	1,382	1,092	1,092	0.0023	1.44	0.20	0.50	87.12	86.62	89.0	88.7
3.0	7-8	130	0.0112	0.0112	TA-7	20	-	20	0.3	120	0.11	1.54	0.0115	394	315	315	0.0115	1.41	-	1.21	88.1	86.9	90.2	88.7
1.4	8-9	130	0.0169	0.1393	TA-8	20	-	20																
					7-8	20	1.54	21.5																
					6-8	24.21	1.50	25.71	0.41	112	1.778	1.41	0.0023	1,586	1,211	1,211	0.0023	1.54	0.15	0.31	86.47	88.16	88.7	88.4
1.5	9-10	40	0.0223	0.1616	TA-9	20	-	20																
					8-9	25.71	1.41	27.12	0.44	110	2.714	0.40	0.0025	1,754	1,286	1,286	0.0025	1.67	0.10	0.10	86.06	85.96	88.4	88.3

a TA-1 맨홀 1의 유역

b $D = (1.274\,Q/V)^{0.5}$

c $D = (3.21 \ln Q/S)^{0.375}$

d $V = 1.274\,Q/D^2$

(15) 설계유량 Q_d와 최소유속 0.9 m/s에 대한 관거의 직경으로서 연속방정식 $Q=VA$에 의하여 산정되고 이는 최대크기가 된다. 관거번호 ⑩의 경우

$$D=\left(\frac{4}{\pi}\frac{Q}{V}\right)^{0.5}=\left(\frac{1.274\,Q}{V}\right)^{0.5}=\left(\frac{1.274\times0.11}{0.9}\right)^{0.5}=0.394\text{ m}$$

(16) 설계유량 Q_d와 도로경사에 대하여 Manning 또는 Darcy-Weisbach공식으로 계산되는 직경이다.

Manning공식 $$Q=0.3115\ \frac{D^{8/3}\,S^{1/2}}{n} \tag{22.15}$$

또는 $$D=\left(\frac{3.211\,nQ}{S^{1/2}}\right)^{0.375} \tag{22.16}$$

Darcy-Weisbach공식 $$Q=\frac{3.48\,D^{5/2}\ S^{1/2}}{f^{1/2}} \tag{22.17}$$

$$f=\frac{124.6\,n^2}{D^{1/3}} \tag{22.18}$$

관거번호 ⑩의 경우 Manning공식에 의하면

$$D=\left[\frac{3.211\times0.014\times0.11}{0.0085^{0.5}}\right]^{0.375}=0.333\text{ m}$$

(17) 관거의 설계직경으로 16란의 직경이 15란의 직경보다 작으므로 16란의 직경을 관거의 직경으로 채택한다. 그러나 실제로 관거의 크기 결정에서는 16란의 직경보다 큰 표준크기의 관을 선정한다.

(18) 관거의 경사는 도로경사에 준한다.

(19) 만수흐름의 유속은 12란의 설계유량과 17란의 관거직경을 적용하여 연속방정식에 의하여 구한다. 관거번호 ⑩의 경우

$$V=\frac{Q}{A}=\frac{Q}{\pi D^2/4}=\frac{1.274Q}{D^2}=\frac{1.274\times0.11}{0.333^2}=1.26\text{ m/s} \tag{22.19}$$

(20) 맨홀 내에서 유입과 유출되는 관거의 표고차이로서 맨홀 내에서 흐름이 원활하도록 하기 위함이다.

(21) 관거의 상하류단의 표고차이로 지반고의 차이와 같게 취한다.

(22) 관거 상류단의 상부표고이다. 노면에서 1.8 m 깊이로 굴착할 경우 관거 ⑩에서는 92.1 − 1.8 = 90.3 m 이고 맨홀에서의 표고조정으로 노면에서 길이는 약간 증가한다.

(23) 관거의 하류단 표고로 91.0 − 1.8 = 89.2 m 이다.

(24) 관거의 상류단의 지면표고

(25) 관거의 하류단의 지면표고

22.5 수정합리식

수정합리식(修正合理式; modified rational method)은 첨두유출을 제공하는 합리식을 이용하여 유출수문곡선을 유도하는 과정이다. 이는 선정된 재현기간과 방류율(discharge rate)에 대한 유수지(조정지)와 저류지의 설계에 사용된다.

수정합리식은 합리식의 가정에 근거한다. 유출수문곡선은 삼각형 또는 사다리꼴로 근사되고 이들 모양은 도달시간(t_c)과 강우지속기간(t_d)의 크기에 따라 다르게 된다. 수문곡선은 전 유역이 유출구에서의 유출에 기여할 때까지, 즉 강우가 도달시간 동안 지속될 때까지 계속 증가하여 첨두유출(또는 평형유출)에 이르고 강우가 중단되면 유출은 감소한다. 이 경우 유출의 증가와 감소의 시간에 대한 변화는 선형으로 가정된다.

수문곡선의 모양은 도달시간과 강우지속기간에 따라 세 가지 유형이 가능하다. 유역면적이 A 인 유역에 강우강도 i 인 강우가 지속시간 t_d 동안 내리는 강우로 인한 유출을 생각한다.

(i) 강우지속기간이 도달시간과 같은 경우($t_d = t_c$)

강우가 t_d 동안 지속되므로 유출은 계속 선형으로 증가하여 시간 $t = t_d$ 에서 첨두에 이르고 동시에 감소하여 2등변 삼각형 수문곡선을 형성한다. 지표면 흐름의 속도를 일정하다고 가정하면 증수부와 감수부의 시간폭은 같게 된다. 즉

$$t_P = t_r = t_c$$

여기서 t_P는 수문곡선의 시점에서 첨두까지 첨두시간으로 증수부시간을 나타내고 t_r 은 감수부시간을 나타내며 이들은 도달시간(t_c)과 같다. 강우주상도의 아랫부분은 손실로서 유출로 나타나지 않는 강우부분으로 총 강우량체적 $0.278\, i\, t_d\, A$ 의 $(1-C)$배에 해당한다. 강우주상도의

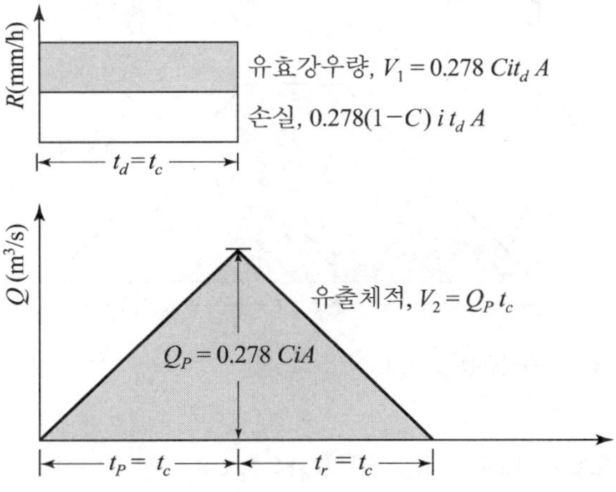

그림 22.13 합리식에 의한 수문곡선($t_d = t_c$)

윗부분은 유효강우량으로서 그 체적은 $\forall_1 = 0.278\,Ci\,t_d A$ 이다. 삼각형 수문곡선의 체적은 $\forall_2 = Q_P\,t_c$ 이므로 $t_d = t_c$, $\forall_1 = \forall_2$ 를 고려하면

$$0.278\,Ci\,t_d A = Q_P t_c$$

따라서 첨두유량은

$$Q_P = 0.278\,CiA$$

위 식의 Q_P 는 합리식에 의한 첨두와 같음을 알 수 있다. 즉 합리식으로 계산된 Q_P 는 기저시간이 $2t_c$ 인 삼각형 수문곡선의 높이와 같다.

(ii) 강우지속기간이 도달시간보다 큰 경우($t_d > t_c$)

강우는 도달시간보다 오래 지속되므로 유출은 계속 증가하여 시간 $t = t_c$ 에서 첨두에 이르고 첨두는 $(t_d - t_c)$ 동안 지속되고 t_d 에서 감소하기 시작한다. 유효강우량의 체적은 $\forall_1 = 0.278\,Ci\,t_d A$, 유출체적은 $\forall_2 = Q_P\,t_d$ 이고 이들은 크기가 같다. 즉 $\forall_1 = \forall_2$ 이므로 Q_P 는

$$Q_P = 0.278\,Ci\,A$$

$t_d > t_c$ 인 경우 유출수문곡선의 첨두는 합리식에 의한 첨두유량과 같고 $(t_d - t_c)$시간 동안 지속된다. 수문곡선은 기저시간이 $t_d + t_c$ 인 사다리꼴이 되고 증수부와 감수부는 t_c 의 시간폭을 갖는다.

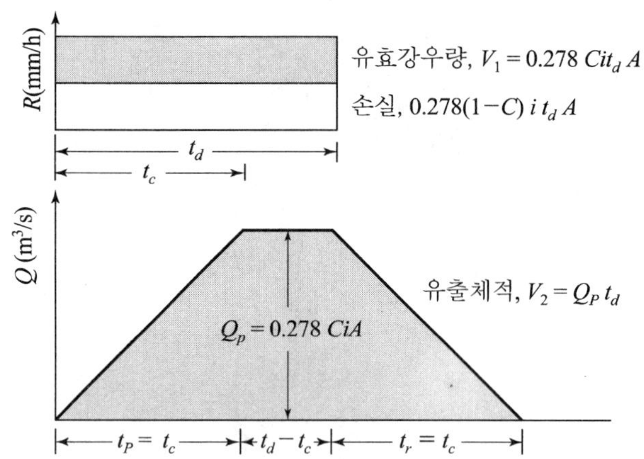

그림 22.14 합리식에 의한 수문곡선($t_d > t_c$)

(iii) 강우지속기간이 도달시간보다 작은 경우($t_d < t_c$)

강우지속시간이 도달시간보다 짧으므로 유출은 첨두 Q_P 에 이르지 못하고 시간 $t = t_d < t_c$

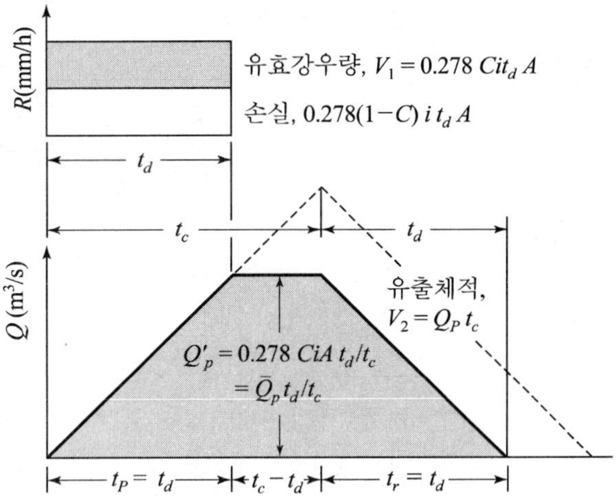

그림 22.15 합리식에 의한 수문곡선($t_d < t_c$)

에서 최대유출 $Q_P{'} < Q_P$는 $(t_c - t_d)$시간 지속되고 시간 t_c에서 감소하기 시작한다. 유효강우량체적은 $\forall_1 = 0.278\,Ci\,t_d\,A$, 유출체적은 $\forall_2 = Q_P{'}\,t_c$이고 이들은 같다. 즉 $\forall_1 = \forall_2$이므로

$$0.278\,Ci\,t_d\,A = Q_P{'}\,t_c$$

$Q_p{'}$에 관하여 정리하면

$$Q_P{'} = 0.278\,Ci\,A\,\frac{t_d}{t_c} = Q_P\frac{t_d}{t_c} \tag{22.20}$$

$t_d < t_c$인 경우 유출수문곡선은 첨두가 합리식에 의한 첨두유출보다 작고$\left(Q_P\,\frac{t_d}{t_c}\right)$ 기저시간이 $t_d + t_c$인 사다리꼴이 되고 증수부와 감수부는 t_d의 시간을 갖는다.

22.6 도로배수

측구(側溝; gutter)는 도로배수를 위한 노면 양측에 위치한 삼각형 단면의 개수로이다. 측구의 설계유량은 합리식으로 결정된다. 이 경우 합리식은 단위길이에 대한 노면흐름이므로 합리식인 식 (22.2)는 다음과 같이 수정된다.

$$q = 0.278\,CiL \tag{22.21}$$

여기서 q는 측구의 단위길이당 첨두유량(m^3/s m), L은 측구 수직방향에 대한 지표류의 길이(km)로 도로폭의 1/2에 해당된다. 지표류의 길이 L은 다음 식으로 주어진다.

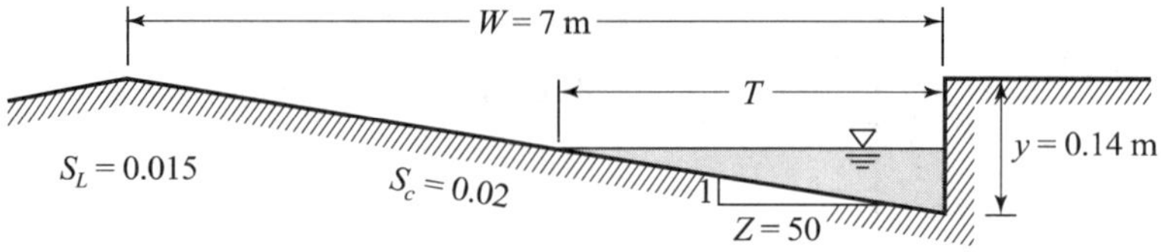

그림 22.16 측구흐름 정의도

$$L = \frac{W\sqrt{r^2+1}}{r} \tag{22.22}$$

여기서 L은 지표류길이(ft), W는 도로폭의 1/2(ft), r은 종방향경사 S_L에 대한 횡방향경사 S_c(그림 22.16)의 비($r = S_c / S_L$)이다. 측구의 용량은 모양, 경사 및 조도에 좌우되고 용량계산에는 마닝공식이 사용된다. 노면 횡유입을 고려한 조도계수로는 $n = 0.16$이 통상 사용된다. 측구흐름은 횡유입으로 인하여 등류가 아닌 부등류이며 흐름방향으로 수심, 유속 및 흐름폭이 변한다.

측구의 유량은 마닝공식으로 주어지며 그림 22.16에 정의된 변수를 사용할 경우 마닝공식은 다음과 같이 된다(Urbonas, 1992).

$$Q_t = 1.2(0.32)\frac{z}{n} S_L^{1/2} y^{8/3} \tag{22.23}$$

여기서 Q_t는 측구유량(m^3/s), $z = T/y$, $T (= zy)$는 측구흐름폭(m), n은 조도계수, S_L은 측구의 종단경사(m/m) 및 y는 측구흐름의 수심(m)이다. 1.2는 보정계수로 측구흐름의 매우 작은 동수반경의 영향을 고려하기 위함이다.

우수의 유입구(inlet)는 측구의 유량이 보도까지 넘치지 않도록 허용측구용량을 초과하는 지점에 설치된다. 허용측구용량 Q_a는 Q_t에 감소인자 F를 곱해서 결정된다.

$$Q_a = F\, Q_t \tag{22.24}$$

미국 덴버 시에서 적용되고 있는 감소인자 F는 그림 22.17과 같고 오스트레일리아에서는 그림 22.16과 같은 형상의 측구에는 $F = 0.9$를, 측구의 횡경사가 도로의 횡경사보다 급하여 2중 횡경사구조인 경우에는 $F = 0.8$이 사용된다.

측구흐름은 유입구에 의하여 차집되어 지하에 매설된 우수관거에 유도된다. 유입구에는 두 종류가 있다. (1) 쇠살대유입구, (2) 연석유입구. 측구흐름의 폭은 일반적으로 최대 $T = 2$ m로 규정한다. 이러한 기준하에서 흐름폭 2 m가 초과되는 지점부터는 측구의 용량이 초과되므로 유입구가 설치된다.

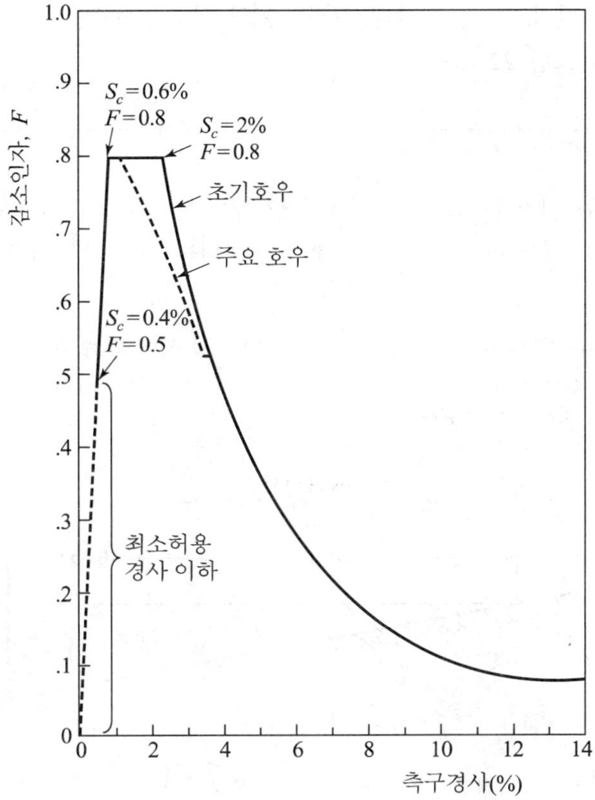

그림 22.17 허용측구용량의 감소인자(Denver, 1991)

22.6.1 쇠살대유입구

쇠살대유입구(grated inlet)는 석쇠와 같은 구조로 연석에 평행하고 쇠살대 간격은 자전거 통행을 고려하여 3 cm를 초과하지 않도록 한다. 쇠살대를 통과하는 유량의 전량차집을 위한 쇠살대의 길이(Linsley, 1972)는

$$x = \frac{V}{2} y^{1/2} \tag{22.25}$$

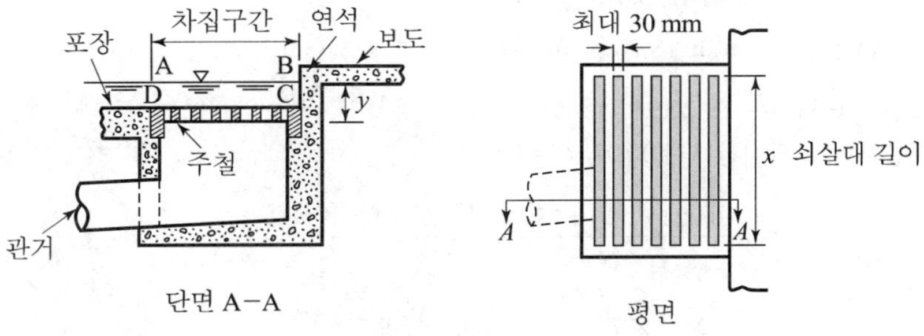

그림 22.18 쇠살대유입구

여기서 x는 쇠살대길이, V는 쇠살대 통과흐름의 평균유속 및 y는 수면에서 쇠살대 하단면까지의 연직거리이다(그림 22.18).

예제 22.9

도로폭이 14 m, 종방향경사가 $S_L = 0.015$, 횡단경사가 $S_C = 0.02$ (그림 22.19 참조)인 도로에서 유입구 간격이 50 m로 주어진 경우 다음과 같은 조건에서 쇠살대유입구를 설계하라.

10년 강우강도 $i = \dfrac{651.1}{\sqrt{t}+1.014}$

유출계수 $C = 0.9$	쇠살대 두께 5 cm
쇠살대 유입폭 45 cm	연석깊이 14 cm
마닝조도계수 $n = 0.016$	$z = 50$

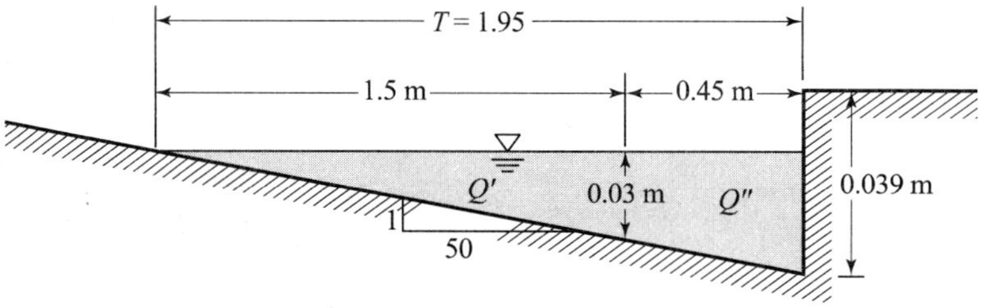

그림 22.19

[풀이]

1) Izzard공식(표 22.9)에 의한 지표류의 도달시간

(a) $t_c = 3\ \text{min}$으로 가정

(b) $i = \dfrac{651.1}{\sqrt{t}+1.014} = \dfrac{651.1}{\sqrt{3}+1.014} = 237\ \text{mm/hr}$

(c) 노면의 횡방향 표고차

$$H = \frac{W/2}{z} = \frac{14/2}{50} = 0.14\ \text{m} \quad \text{또는 } 0.495\ \text{ft}$$

식 (22.22)에 $W = 7\ \text{m} = 2.97\ \text{ft}$를 적용하면 지표류길이 L은

$$L = 2.97\frac{\sqrt{(0.02/0.015)^2+1}}{0.02/0.015} = 28.7\ \text{ft} \quad \text{또는 } 8.75\ \text{m} = 8.75\times10^{-3}\ \text{km}$$

$$iL = 237\ \text{mm/hr}\,(8.75\times10^{-3}\ \text{km}) = 2.07 < 3.8\ \text{OK}$$

$iL = 2.07\ \text{km}$는 표 22.9의 Izzard공식의 적용조건 $iL < 3.8$을 만족한다. 표 22.9의 Izzard공식을 적용하면 도달시간($k = 0.007$, $C = 0.9$)은

$$t_c = \frac{(0.024\,i^{0.33} + 878\,k/i^{0.67})\,L^{0.67}}{(CH^{0.5})^{0.67}}$$

$$= (0.024\times237^{0.33} + 878(0.007)/237^{0.67})\frac{(8.75\times10^{-3})^{0.67}}{(0.9\times0.14^{0.5})^{0.67}}$$

$= 0.051\ \text{hr} = 3.1\ \text{min} \cong$ 가정한 도달시간

2) 합리식에 의한 도로의 단위길이당 첨두유량

$$q = 0.278\,CiL = 0.278(0.9)(237\ \text{mm/hr})(8.75 \times 1 \times 10^{-6}\ \text{km}^2) = 0.00052\ \text{m}^3/\text{s/m}$$

유입구 간격이 50 m이므로 유입유량은

$$Q = 50\,q = 50 \times 0.00052 = 0.026\ \text{m}^3/\text{s}$$

3) 연석에서 수심 y의 결정
식 (22.23)을 적용하면

$$0.026 = 1.2(0.32)\frac{50}{0.016}\,0.015^{1/2}\,y^{8/3}$$

$$y = 0.039\ \text{m} = 3.9\ \text{cm}$$

수심 $y = 0.039$ m는 연석의 높이 0.14 m보다 작으므로 식 (22.24)의 감소인자는 적용하지 않는다. 따라서 유량으로 $Q = 0.026\ \text{m}^3/\text{s}$가 사용된다.

4) 측구를 포함한 흐름폭이 $0.039 \times z(=50) = 1.95$ m이다. 이는 일반적인 최대흐름폭 2 m와 거의 같으므로 유입구가 필요하다. 쇠살대유입구를 통과하지 않는 유량 Q'의 흐름폭은 $T-$쇠살대폭$= 1.95 - 0.45 = 1.5$ m이고 유량 Q'의 측구측의 수심 y'은

$$y' = 0.039 - 0.039\frac{0.45}{1.95} = 0.03\ \text{m}$$

5) 마닝공식에 의하면 Q'은

$$Q' = \frac{1}{0.016}\left(\frac{1.5 \times 0.03}{2}\right)\left(\frac{1.5 \times 0.03/2}{\sqrt{0.03^2 + 1.5^2}}\right)^{2/3} 0.015^{1/2} = 0.0105\ \text{m}^3/\text{s}$$

6) 쇠살대를 통과하여 우수관거에 차집되는 유량 Q''은 총유량 Q에서 Q'을 뺀 유량이므로

$$Q'' = Q - Q' = 0.0026 - 0.0105 = 0.0155\ \text{m}^3/\text{s}$$

7) 쇠살대흐름의 평균수심

$$\frac{0.039 + 0.03}{2} = 0.0345\ \text{m}$$

쇠살대유입구를 통과하는 흐름의 흐름단면적은 평균수심이 0.0345 m, 쇠살대폭이 0.45 m이므로

$$A = 0.0345 \times 0.45 = 0.0155\ \text{m}^2$$

평균유속은

$$V = \frac{Q''}{A} = \frac{0.0155}{0.0155} = 1.0\ \text{m/s}$$

식 (22.25)의 y는 측구평균수심과 쇠살대 두께의 합으로 주어지므로($y = 0.0345 + 0.05 = 0.0845$ m) 쇠살대의 최소길이는

$$x = \frac{V}{2}y^{1/2} = \frac{1.0}{2}0.0845^{1/2} = 0.145\ \text{m}$$

쇠살대유입구 길이는 여유를 두어 30 cm를 사용한다.

22.6.2 연석유입구

연석유입구(緣石流入口; curb-opening inlet)는 측수로 또는 여수로와 같이 작용하고 연석의 연직면하단에 유입구가 위치하고 노면의 횡경사가 급한 경우에 보다 효율적으로 기능을 발휘한다. 그림 22.21a는 실험결과에 의한 단위길이에 대한 연석유입구의 용량을 나타낸다. 그림 22.21a에서 y는 측구에서의 수심이고, a는 유입구에서 측구바닥의 낮아짐을 나타내는 바닥의 **저하**(抵下; depression)이다(그림 22.20). 저하는 보통 6 cm 정도이다. 유입구에 의한 완전차집에 필요한 유입구길이 L_a는 측구유량 Q_a를 단위길이당 유입구용량으로 나누어 주어진다. 실제 유입구 길이 L이 L_a보다 작은 경우 L에 의하여 차집되는 유량 Q는 a/y와 L/L_a의 함수로 그림 22.21b로 주어진다.

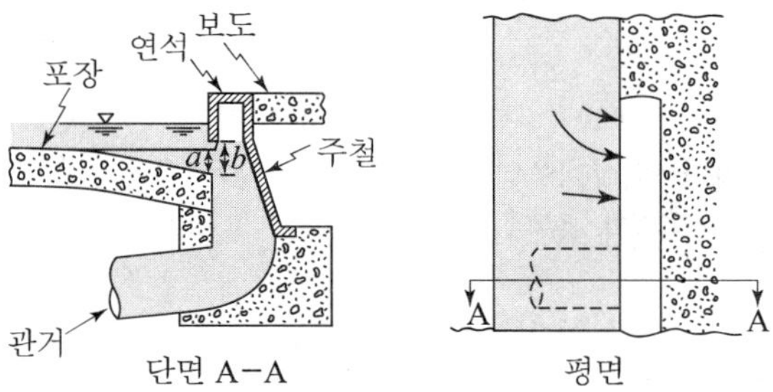

그림 22.20 연석유입구

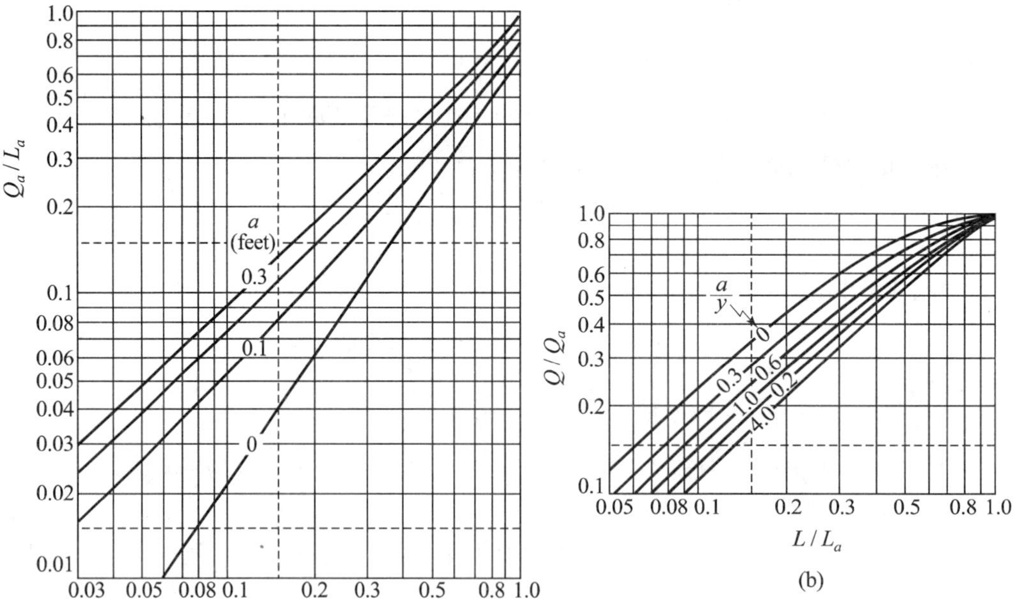

그림 22.21 연석유입구용량 계산곡선(Linsley, 1972)

예제 22.10

예제 22.9에서 실제 유입구 길이 $L=0.5\ \mathrm{m}=1.64\ \mathrm{ft}$ 의 연석유입구를 설치하는 경우 차집되는 유량을 구하라. 단, $a=6\ \mathrm{cm}$ 로 하고 $y=0.039\ \mathrm{m}$, 측구유량은 $Q_a=0.026\ \mathrm{m^3/s}=0.9\ \mathrm{ft^3/s}$ (예제 22.9)이다.

[풀이] 그림 22.21a부터 $y=0.039\ \mathrm{m}=0.128\ \mathrm{ft}$ 와 $a=6\ \mathrm{cm}=0.2\ \mathrm{ft}$ 에 대하여 $Q_a/L_a=0.09$이므로 완전차집에 필요한 유입구 길이 L_a는

$$L_a=\frac{0.9}{0.09}=10.0\ \mathrm{ft}=3.28\ \mathrm{m}$$

그림 22.21b로부터 $L/L_a=0.5\ \mathrm{m}/3.28\ \mathrm{m}=0.15$ 와 $a/y=0.2/0.128=1.56$ 에 대하여

$$\frac{Q}{Q_a}=0.2$$

따라서 실제 유입구 길이 $L=0.5\ \mathrm{m}=1.64\ \mathrm{ft}$ 에 의하여 차집되는 유량은

$$Q=0.026\times0.2=0.0056\ \mathrm{m^3/s}$$

22.7 조정지에 의한 도시유출 조절

22.7.1 서 론

토지개발은 특히 도시지역에서 유출특성에 현저한 변화를 유발한다. 토지개발은 유역의 자연적인 저류용량을 감소시키고 초목의 제거는 차단용량의 체적을 감소시키며 정지작업은 오목한 부분의 저류체적을 줄이고 표토층의 투수계수를 감소시킨다. 도시지역에서는 불투수지면의 증가가 우수의 침투와 토양저류를 감소시킨다. 이와 같은 자연저류감소(차단, 요부, 토양저류)는 유출특성을 변화시킨다. 이로 인하여 지표유출의 총체적과 첨두는 증가한다. 유출속도가 증가되어 실개천의 침식률이 증가되고, 보다 큰 수로의 유속은 소류사이송률을 증대시킨다. 또한 도시화에 따른 소류사 이송능력과 홍수량의 증가로 바닥을 깎는 하각작용, 참호성 침식 및 제방침식과 같이 수로의 안정성이 파괴되기도 한다. 토지개발은 배수형태와 수로특성의 변화를 수반하기도 한다. 예로 수로가 정리되거나 직강되고 콘크리트나 사석으로 피복되기도 한다. 수로의 개수는 수로의 저류와 조도의 감소로 나타나 유속을 증가시키고 개발지역 하류에 위치한 지역에 범람 가능성을 크게 한다.

유출특성의 변화가 지역사회의 주민에 주는 영향이 대두됨에 따라 자연저류의 감소를 상쇄할 여러 가지 방안이 제안되어 왔다. **우수관리**(雨水管理; storm water management, SWM)의 목적은 인공적인 저류를 이용하여 손실된 자연저류의 수문학적 영향을 완화시키기 위함이다.

우수관리에 관한 여러 가지 대안이 제안되었으나 우수관리 유수지가 가장 널리 적용되고 있다(표 22.3). 우수관리 유수지는 저류지 또는 조정지로 구분되나 기본개념이 유사한 점에서 동

의어로 사용되기도 한다. 토지개발의 악영향을 완화하기 위하여 개발지역의 첨두유량을 개발 이전의 첨두크기로 한정하는 의도에서 우수관리정책이 채용된다. 이러한 의도는 개발 후 조건에 대한 홍수빈도곡선이 개발 전의 빈도곡선과 일치하는 것을 의미하는 것으로 해석될 수 있다. 이는 재해영향평가(災害影響評價)에 의하여 시행된다. 이러한 정책은 일반적으로 2, 10 또는 100년의 재현기간을 사용한다. 정책은 설계방법을 지정해야 한다. 어느 방법이 가장 좋다고 할 수 없더라도 방법을 지정함으로써 설계의 일관성을 유지할 수 있기 때문이다.

그림 22.22는 조정지의 단면을 나타낸다. 상시수면을 유지하기도 한다. 상시수위의 유지는 수질관리, 경관, 야생서식지 개선 등의 이점을 갖는다. 물론 상시수면은 총 저류용량을 증가시켜 구조물이 커지고 용지매수가 증가하여 이들은 사업비용을 증가시킨다. 방류관의 입구에는 와류와 부유물제거시설이 설치되어야 한다.

조정지설계는 재현기간이 20년, 30년인 단일 빈도호우에 대하여 설계되고 있다. 그러나 50년, 100년 호우에 대해서도 홍수조절기능을 가져야 할 뿐 아니라 구조물 자체도 안전해야 한다. 따라서 다중빈도조정지의 필요성이 대두되고 또한 적용되어야 한다.

유수지가 축조되면 수문곡선에 주는 영향을 평가하기 위하여 저수지추적이 적용된다. 조정지는 그림 22.22에 보인 바와 같이 방류관과 여수로를 갖도록 설계되며 저수지추적을 통하여 이들 규모가 결정된다. 조정지는 유출에 함유된 토사와 오염물 제거에도 이용되어 결과적으로 수질을 개선한다.

조정지 또는 유수지는 다음의 하나 또는 그 이상의 기능을 달성하기 위하여 설계된다. (1) 하류 홍수량 감소, (2) 수질개선, (3) 하류 수로의 불안정성의 방지 또는 감소. 조정지설계는 기본적으로 개발로 인한 첨두홍수량이 개발 이전의 첨두홍수량을 초과하지 않고 부유고형물을 포착 침전시키기 위한 조정지와 저류지, 계통내와 계통외조정지의 선택이다.

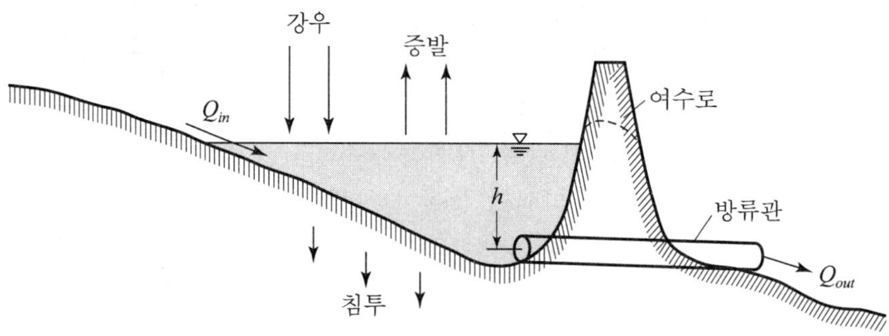

그림 22.22 조정지 구성

22.7.2 조정지와 저류지

조정지 또는 **유수지**(調整池 또는 遊水池; detention basin, retarding basin, storm water management basin)는 저수지에 빗물을 잠정적으로 가둬뒀다가 하류조건에 따라 서서히 방류하고 비강

우기에는 건조상태로 유지하는 것이 보통이다.

이는 평균체류시간이 수 시간 또는 수일인 단기저수지로 지표수로 방류된다. 호우시에 한해서 물을 보유하고 그 외 기간에는 일반적으로 건조상태인 조정지를 **건조정지**(乾調整池; dry ponds), 상시수위를 유지하는 경우를 **습조정지**(濕調整池; wet ponds)라 한다. 유수지는 전자에 속한다. 특히 조정지는 특정 강우사상으로부터 유발되는 유출체적을 수용하도록 설계된다. 수용된 빗물은 지표수로 방류되거나 관개용으로 사용되고 또한 침투된다. 최대지표방류량은 하류수로의 용량을 초과하지 않도록 규정된다. 조정지의 보완적인 기능을 갖는 구조의 예로 요부, 지하탱크, 저수지, 지붕저류지 및 침투지를 들 수 있다.

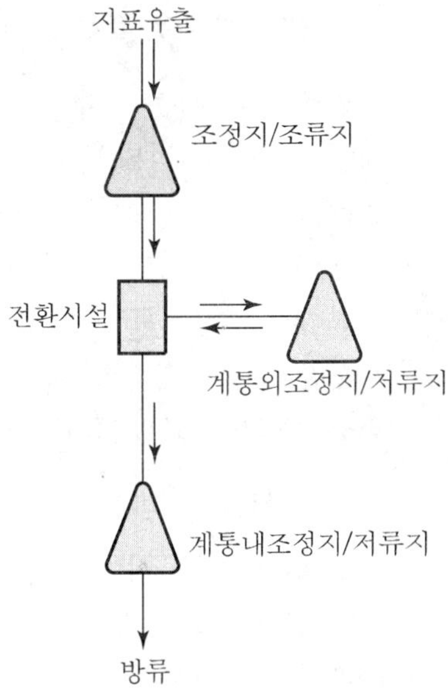

그림 22.23 조정지 구분

저류지(貯留池; wet ponds)는 물을 항구적으로 가둬두고 방류하지 않으며 증발과 침투로 물이 감소된다. 홍수첨두의 감소와 토사, 오염물의 제거(침전)에 이용된다. 이는 평균체류시간이 수 주 또는 수개월인 장기저수지로서 저류목적은 위락, 경관 및 급수를 위함이고, 일반적으로 지표방류가 되지 않는다. 호우기간 동안에는 지표수가 상시저수위 위에 잠정적으로 저류된다. 연못, 호수 등은 자연적인 저류지의 예이다. 저류지는 부유물질의 침전, 생물적인 섭취, 분해 및 식물, 조류 및 박테리아에 의한 소비에 의하여 오염물을 제거한다.

침사지(沈砂池; sedimentation basin)는 토사, 부유물 및 오염물을 포착, 침전시키기 위한 지표수 조정지이다.

신도시와 같은 도시화는 유출의 첨두와 체적을 증가시켜 하류에 악영향을 준다. 따라서 개발된 지역에 설정된 호우빈도에 대하여 개발 후의 유출이 개발 전의 유출을 초과하지 않도록, 즉 **무초과유출**(無超過流出; zero excess runoff)이 되도록 규정하고 있다. 유수지의 주목적은 하류로 방류되는 첨두유량을 감소하는 수단으로 이용된다.

조정지/저류지는 기능과 위치에 따라 구분될 수 있다. 우수관거계통이나 배수로계통의 최상류 유입구보다 상류에 위치하면 간단히 (1) **조정지/저류지**(調整池/貯留池; on-site detention/retention basin), 계통의 일부분으로 설치되는 경우에는 (2) **계통내조정지/저류지**(系統內調整池/貯留池; on-line detention/retention basin), 계통과 분리되어있는 경우에는 (3) **계통외조정지/저류지**(系統外調整池/貯留池; off-line detention/retention basin)라 한다. (2)는 계통 내 여분의 용량을 활용하거나, 저류시설을 추가하기도 한다. 예로 콘크리트통, 터널, 지하저수지, 지표저수지 등을 들 수 있다. (3)은 계통의 용량을 초과하는 유량을 계통으로부터 전환하여 계통을 벗어나는 저수지에 저류시켰다가 하류계통의 통수능력이 회복될 때 계통으로 재방류한다. 계통내조정지에서는 총홍수량이 조정지를 통과하게 되고 유출수문곡선의 첨두는 유입수문곡선의 감수부에서 일어난다.

22.7.3 계획과 설계의 절차

계획단계에서는 상대적으로 적은 작업을 통해서 용량, 규모의 결정이 필요하므로 계획과 설계에 사용되는 방법이 다를 수 있다. 구체적으로 두 가지 다른 점을 들 수 있다. 첫째, 설계방법은 완전한 홍수수문곡선을 필요로 하는 데 반하여 계획과정의 대부분은 첨두유량만을 필요로 하고 조정지를 통하여 추적되는 수문곡선이 필요하지 않다. 둘째, 계획단계에서는 추적이 필요하지 않으므로 수위–저류량–방류량의 관계가 필요하지 않는다. 설계방법은 일반적으로 수문곡선, 저수지추적, 수위–저류량–방류량의 관계를 필요로 한다. 따라서 설계방법들이 계획과정의 방법들보다 정확하게 된다.

1) 유역자료의 수집과 분석

유역경계 명시: 지형도 상에서 유역경계를 결정하는 작업이 가능하다.

기존, 장래 토지이용: 개발과 도시화로 인한 토지이용의 변화를 파악하여 기존상태와 개발 후 최악의 상태에서의 유출과 부유물의 산정이 조정지 필요성 입안에 도움이 된다. 이를 위해서는 현재 토지이용도, 항공사진, 장래 토지이용계획도가 필요하다.

수리, 수문 매개변수의 정량화: 이는 조정지설계에 사용되는 방법에 따라 다르게 되나, 기존과 장래 토지이용조건에 대하여 결정되어야 할 매개변수는 일반적으로 다음과 같다.

1. 토양종류
2. 수문학적 토양유형 A, B, C, D(NRCS방법이 적용되는 경우)
3. 유역경사
4. 불투수지면의 비율
5. 유출계수
6. 유출곡선번호(NRCS방법이 적용되는 경우)
7. 도달시간

강우자료: IDF곡선과 강우주상도

지하수위 조사: 지하수위 위치는 조정지 건설과 조작에 중요한 영향을 미친다. 만약 조정지가 위락이나 경관목적으로 사용된다면 지하수위는 높은 것이 바람직하다. 그러나 조정지인 경우에는 지하수위가 낮은 것이 요구된다. 따라서 목적에 따라 지하수위에 대한 대책이 강구되어야 한다.

토지소유권 수립: 예정부지에 대한 소유권의 확인이 계획단계에서 필요하고 토지수매와 보상에 따라 공공토지가 가장 바람직하고 미개발, 사유지의 순서로 고려된다.

치수관리 조정: 조정지는 해당 지역의 지표수 또는 치수관리 규정을 따르게 되므로 지역적인 규정에 준하도록 검토가 필요하다. 대표적인 예는 지역행정기관이 설정한 빈도에 준하는 것이다.

관련 문제 확인: 홍수문제를 가진 지역사회는 공지보존, 위락시설, 수질오염 감소 등의 필요성과 연계시켜 다목적 사업으로 추진할 수 있다.

2) 예정부지 선정

부지 선정은 다음 과정에 따라 가능하다.

- 홍수가능지역에 근접도 평가: 조정지에 중요 사항은 홍수방어를 필요로 하는 지역에 가급적 가깝고 상류에 위치해야 한다.
- 부지규모의 적정성 검토: 예정부지는 적절한 크기와 저류용량을 가져야 한다. 부지크기와 유역특성이 주어지면 100년 빈도 24시간 강우량에 유출곡선번호나 유출계수를 이용하여 개략적인 용량계산이 가능하다.
- 자연유입과 방류의 가능성 검토: 중력에 의한 자연유입과 방류가 가장 적절하다. 예정부지가 자연유입과 방류 또는 적어도 자연유입이 적절한 부지의 배치로 가능한지 검토되어야 한다.

3) 설계유량-확률조건의 선택

지역 행정기관에 의하여 규정되지 않으면 조정지에 대한 설계유량-확률관계가 수립되어야 한다. 이에는 다음 두 가지 조건이 고려된다. (1) 수용되어야 할 가장 심한 홍수조건(재현기간 또는 확률)의 결정, (2) 작은 홍수사상에 대한 처리수준의 결정.

최악의 홍수사상 선정: 수용되어야 할 최악의 홍수규모 결정에는 지역사회의 모든 부분이 동등한 혜택을 받는 일관성 있는 목표가 수립되어야 한다. 즉 모든 주민과 동종의 모든 자산에는 동등한 수준의 홍수방어가 제공되어야 한다. 동등한 수준의 홍수방어의 일관성 또는 형평이 준수되지 않기도 한다. 이에 관한 예로 하천변은 100년 또는 200년 홍수에 대한 방어를 받는 반면, 하천에서 멀리 떨어진 내수피해지역은 10년, 20년에 해당하는 방어를 받기 때문이다. 그러나 형평은 홍수방어에 일관된 상한선이 전 지역사회에 적용됨을 의미한다. 일반적으로 100년 빈도가 조정지가 수용할 수 있는 최악의 조건으로 받아들여 지고 있다.

보다 작은 홍수사상의 수용: 계획·설계에 사용될 최악의 홍수사상이 선정되면 이보다 작은 홍수사상에 대한 조치가 문제된다. 이와 같이 단일확률(재현기간)을 적용할 경우 일어나는 오류는 그림 22.24에 설명된다. 단일 기준조건에서 도시화(경우 ②)로 인한 첨두의 증가를 방지하기 위하여 개발 후에 특정 확률에 대한 첨두유량이 개발 전(경우 ①)의 첨두유량을 초과하지 않도록 경우 ④, ⑤와 같은 조정지/저류지가 설계될 수 있다. 규모가 큰 ④의 경우는 여러 재현기간에 대하여 높은 홍수방어를 제공한다. 특정 확률(그림에서 예로 P_1, 또는 재현기간 T_1) 이외의 확률에 대한 첨두유량은 증가 또는 감소하고 이는 특정 단일확률 홍수의 방어를 수행하기 위하여 설치된 방류구조의 특성에 좌우된다(경우 ④, ⑤). 이는 특정 확률 이외의 홍수에 대한 보호가 보장되지 않는 문제점을 안고 있다.

특정 단일확률 이외의 홍수에 대한 방어를 위해서는, 즉 개발 후 발생하는 모든 홍수의 확률에 대해서 개발 후 첨두가 개발 전 첨두를 초과하지 않도록 하는 설계기준으로 연속확률(또는 재현기간) 기준이 적용된다(그림 22.25).

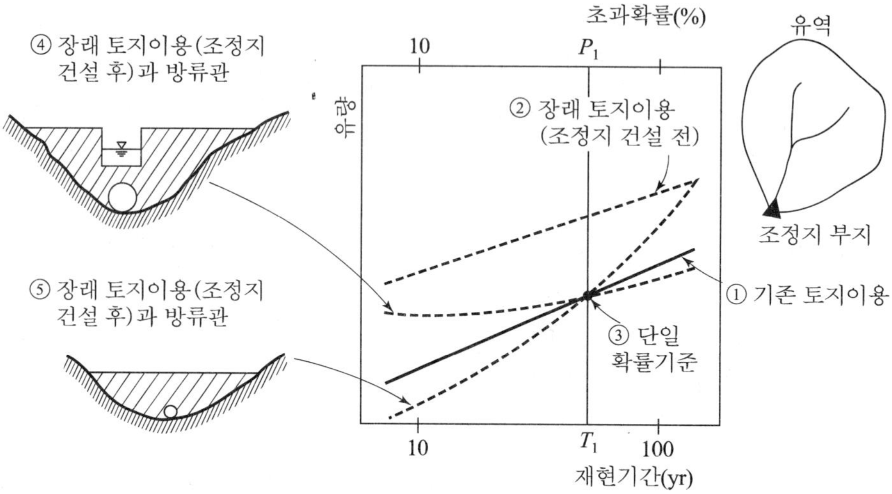

그림 22.24 단일확률 조절지 기준과 예상되는 결과

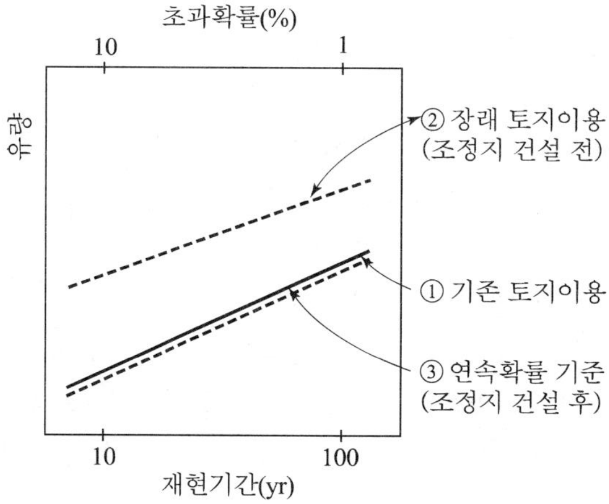

그림 22.25 연속확률(재현기간) 조정지 기준

이 기준의 개념은 최악의 홍수에 이르는 모든 홍수사상에 대하여 조정지를 건설한 개발 후의 유출이 조정지가 없는 기존의 유출을 초과하지 않도록 하는 것이다. 이는 그림 22.25에서 개발 후에도 개발지역 하류에서 유량-확률 관계곡선이 변하지 않는 것이다.

최대허용방류량: 최대허용방류량은 설계유량-확률관계를 규정함으로써 결정된다.

(1) 단일 재현기간이 적용되는 경우: 최대허용방류량은 특정 확률에 해당하는 기존 또는 개발 전의 첨두유량이 된다(그림 22.24).

(2) 연속확률(또는 재현기간) 기준이 적용되는 경우: 이 경우에는 각 확률에 해당하는 일련의 최대허용방류량이 존재한다(그림 22.25).

22.7.4 조정지용량 결정

호우 동안에 조정지에 억류될 수 있는 빗물의 체적은 조정지에 유입되는 유출의 체적, 조정지의 방류특성 및 조정지 크기의 함수이다. 설계자의 목표는 여러 재현기간의 설계강우에 대하여 하류 방류조건을 만족하는 저류용량을 결정하는 것이다. 조정지의 용량은 유입수문곡선과 유출수문곡선의 차이를 적분하여 결정된다.

$$\forall = \int_0^{t_e} (Q_i - Q_o)\, dt \tag{22.26}$$

여기서 $\forall$ 는 소요 조정지용량, t_e 는 유출수문곡선이 유입수문곡선의 감쇠부를 교차하는 시간, 즉 $Q_i = Q_o$ 가 되는 시간(그림 22.26a), Q_i 는 유입유량 및 Q_o 는 유출유량이다.

수용할 수 있는 저수지용량보다 큰 체적의 유입수문곡선이 유입되는 경우 초과되는 수량은 여수로를 통해서 방류하거나, 외수의 수위가 높아서 자연방류가 불가능한 경우에는 펌프를 이용해서 배제한다. 저류용량이 큰 경우에는 13장의 저수지추적기법에 의한 추적이 수행된다.

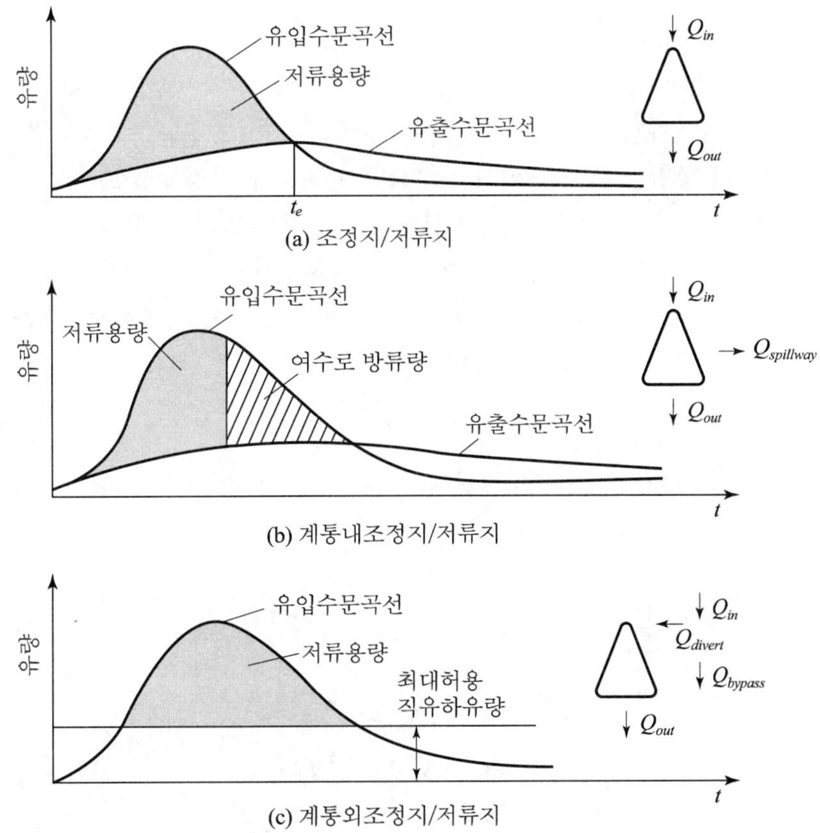

그림 22.26 조정지/저류지의 소요용량 결정

1) 도달시간을 고려하지 않는 합리식에 의한 방법

호우지속기간에 대한 총 유출체적을 산정한다. 이는 합리식에 의한 첨두유량에 지속기간을 곱해서 결정되고 이는 조정지에 유입되는 유출체적이 된다(Kropf, 1957).

$$\begin{aligned} \forall_{in} &= t_d \cdot Q \\ &= t_d (0.278\, C i\, A) \end{aligned} \tag{22.27}$$

여기서 $\forall_{in}$은 유출에 의한 누가유입체적(m^3), t_d는 호우지속기간(sec), Q는 첨두유출(m^3/s)이다.

다음에는 방류관을 통해서 방류되는 호우기간 동안의 총 방류체적을 산정한다. 이는 방류량에 지속기간을 곱해서 결정된다.

$$\forall_{out} = Q_{out}\, t_d \tag{22.28}$$

여기서 $\forall_{out}$은 누가방류량의 체적(m^3), Q_{out}은 최대방류량(m^3/s)이다. 조정지 소요용량은 누가유입체적과 누가방류체적의 최대차이가 된다.

$$\forall = \max(\forall_{in} - \forall_{out}) \tag{22.29}$$

식 (22.29)를 그림으로 나타낸 것이 그림 22.27이다. 소요용량은 그림에서 두 곡선의 최대종거 차이로 주어진다. 이 과정은 하나의 재현기간에 대한 것이므로 필요하면 다른 재현기간에 대해서도 반복한다. 이 방법은 큰 유역에서는 유출을 과도하게 산정해서 조정지용량을 과대하게 하는 경향이 있어서 0.65 km^2보다 작은 유역에 권장된다(DRCOG, 1961).

식 (22.28)은 방류량 Q_{out}이 일정한 것으로 가정되고 이는 조정지가 만수일 때 방류되는 최대방류량이다. 이와 같이 결정되는 조정지용량은 과소하게 되고 또한 방류량은 조정지의 수위에 따라 변하므로 이를 보정하기 위하여 조정인자 k를 도입한다.

$$V_{out} = k\, Q_{out}\, t_d \tag{22.30}$$

k값은 그림 22.28에서 주어지고 그림에서 $Q_{P\,in}$은 합리식으로 계산되는 첨두유입량이다.

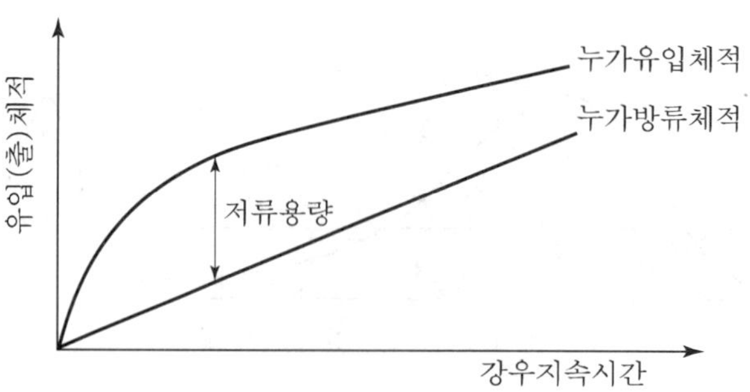

그림 22.27 유수지용량 결정

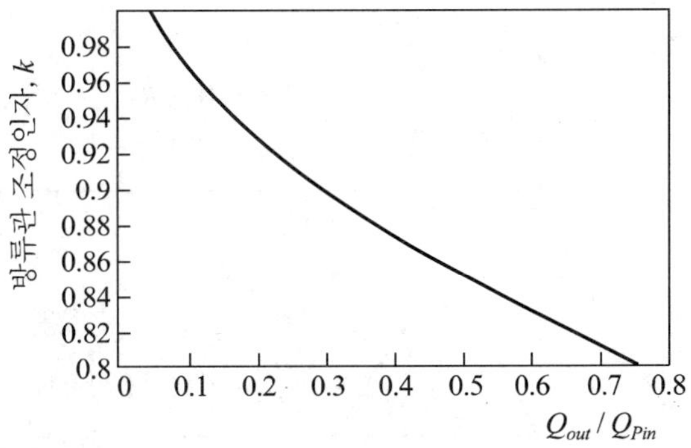

그림 22.28 방류량조정인자(Denver, 1991)

2) 합리식 수문곡선방법

합리식 수문곡선방법(合理式水文曲線方法; rational formula hydrograph method)은 도달시간 t_c를 첨두시간 t_P로, $2t_c$를 기저시간으로 하는 수문곡선을 정의하고(그림 22.13) 개발 전후 두 수문곡선의 첨두유량의 차이에 개발 전의 도달시간을 곱해서 조정지/저류지용량을 결정한다(McCuen, 1989).

$$\forall = 3{,}600(Q_{Pa} - Q_{Pb})\, t_{cb} \tag{22.31}$$

여기서 Q_{Pb}, Q_{Pa}는 각각 개발 전후의 첨두유량(m^3/s), t_{cb}와 t_{ca}는 각각 개발 전후의 도달시간(hr)이고 이 방법의 개요는 그림 22.29와 같다.

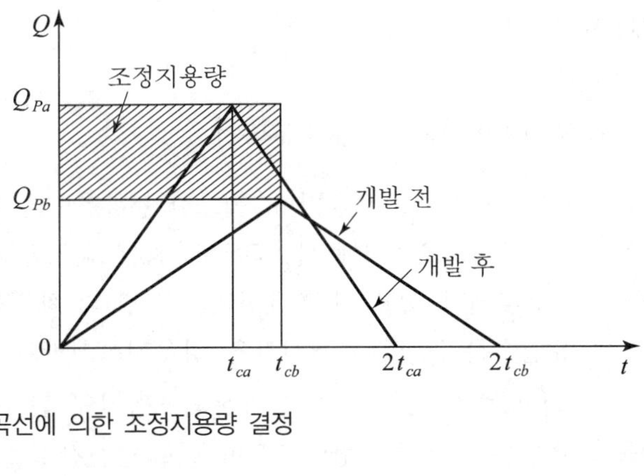

그림 22.29 합리식 수문곡선에 의한 조정지용량 결정

3) 수문학적 예비설계

예비설계의 목적은 적절한 용량이 확보될 수 있는지를 결정하기 위한 조정지 예정부지에서 필요한 저류용량의 예비추정이다. 이는 세부적인 수리-수문해석을 필요로 하지 않고 선정과정에 필요한 정보를 제공하기 위함이다. 예비설계의 한 접근방법이 그림 22.30에 소개되고 사용

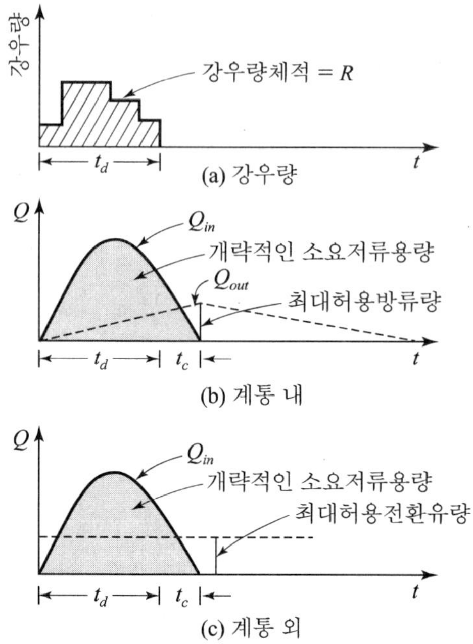

그림 22.30 조정지의 간단한 유입-방류량 모형

되는 변수들은 다음과 같이 정의된다.

R : 유역의 설계강우체적(mm)

Q_{in} : 유입수문곡선

t_d : 설계강우의 지속기간(hr)

t_c : 도달시간(hr)

Q_{out} : on-line 조절지에 대한 유출수문곡선

먼저 설계강우량체적을 유출체적으로 변환한다. 필요한 저류용량은 유출체적에서 (1) 계통내조정지에서는 방류체적을, (2) 계통외조정지에서는 **직유하유량**(直流下流量; bypass discharge) (전환지점에서 계통외조정지로 전환되지 않고 직접 유하되는 유량)의 체적을 빼줌으로써 계산된다.

간단을 위한 가정은 유입수문곡선의 기저시간은 강우지속기간과 도달시간의 합$(t_d + t_c)$과 같고 유출수문곡선은 선형으로 상승, 하강하고 계통외조정지의 직유하유량은 일정한 점이다. 예로 계통외조정지를 고려한다. 직유하유량이 1.7 m^3/s, 도달시간이 1시간, 유출계수가 $C = 0.6$, 집수면적은 1.8 km^2이고 강우조건은 다음 네 경우가 고려된다.

1. 100년 2시간 = 82 mm, 2. 100년 3시간 = 98 mm
3. 100년 6시간 = 111 mm, 4. 24시간 최대강우기록 = 210 mm

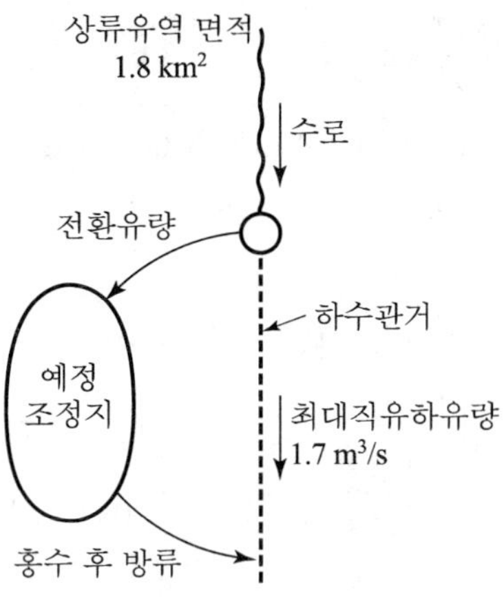

그림 22.31 계통의 조정지/저류지 개괄도

설계유량: 확률관계는 하류 우수관거와 수로용량을 초과하지 않는 100년 빈도까지 모든 홍수 사상을 조정하는 것이다.

각 경우에 대한 소요용량의 계산은 다음과 같다.

1. 100년 2시간 강우량: 82 mm

(a) 유출고

강우량이 R(mm), 유출계수가 C인 경우 유출고는

$$CR = 0.6 \times 82 = 49.2\ \mathrm{mm}$$

(b) 유역의 유출체적

유출체적은 (유출고)×(유역면적)으로 주어진다.

$$\frac{CR}{1{,}000} A \times 10^6 = (49.2\ \mathrm{mm})\left(\frac{\mathrm{m}}{1{,}000\ \mathrm{mm}}\right) 1.8 \times 10^6\ \mathrm{m}^2 = 88{,}560\ \mathrm{m}^3$$

(c) 직유하유량 체적

유입수문곡선의 기저시간을 강우지속기간과 도달시간의 합$(t_d + t_c)$으로 정의할 때 기저시간 동안 직접 유하되는 유량인 직유하유량(Q_{bypass})의 체적은 $Q_{bypass} \times (t_d + t_c)$로 주어진다. $t_d = 2$ hr, $t_c = 1$ hr로부터 $(t_d + t_c) = 3$ hr이므로

$$\text{직유하유량 체적} = (1.7\ \mathrm{m}^3/\mathrm{s})(3\ \mathrm{hr} \times 3{,}600\ \mathrm{s/hr}) = 18{,}360\ \mathrm{m}^3$$

(d) 소요용량: 유출체적에서 직유하유량의 체적을 빼줌으로써 얻어진다.

$$\text{소요용량} = 88{,}560 - 18{,}360 = 70{,}200\ \mathrm{m}^3$$

2. 100년 3시간 강우량: 98 mm

(a) 유출고 $CR = 0.6 \times 98 = 58.8$ mm

(b) 유출체적 $\frac{CR}{1,000}A\times 10^6 = (58.8\text{ mm})\left(\frac{\text{m}}{1,000\text{ mm}}\right)1.8\times 10^6\text{ m}^2 = 105,840\text{ m}^3$

(c) 직유하유량 체적 $= (1.7\text{ m}^3/\text{s})(4\text{ hr}\times 3,600\text{ s/hr}) = 24,480\text{ m}^3$

(d) 소요용량 $= 105,840 - 24,480 = 81,360\text{ m}^3$

3. 100년 6시간 강우량: 111 mm

(a) 유출고 $CR = 0.6\times 111 = 66.6\text{ mm}$

(b) 유출체적 $\frac{CR}{1,000}A\times 10^6 = (66.6\text{ mm})\left(\frac{\text{m}}{1,000\text{ mm}}\right)1.8\times 10^6\text{ m}^2 = 119,880\text{ m}^3$

(c) 직유하유량 체적 $= (1.7\text{ m}^3/\text{s})(7\text{ hr}\times 3,600\text{ s/hr}) = 42,840\text{ m}^3$

(d) 소요용량 $= 119,880 - 42,840 = 77,040\text{ m}^3$

4. 24시간 최대강우기록: 210 mm

(a) 유출고 $CR = 0.6\times 210 = 126\text{ mm}$

(b) 유출체적 $\frac{CR}{1,000}A\times 10^6 = (126\text{ mm})\left(\frac{\text{m}}{1,000\text{ mm}}\right)1.8\times 10^6\text{ m}^2 = 226,800\text{ m}^3$

(c) 직유하유량 체적 $= (1.7\text{ m}^3/\text{s})(25\text{ hr}\times 3,600\text{ s/hr}) = 153,000\text{ m}^3$

(d) 소요용량 $= 226,800 - 153,000 = 73,800\text{ m}^3$

예비설계에서 주목되는 사실은 조정지 저수용량이 설계호우지속기간에 따라 변하는 점이다. 또한 특정 재현기간에서 필요한 조정지용량은 설계지속기간과 이에 대한 설계강우량 체적이 증가함에 따라 꼭 증가하지는 않고 최대소요량을 유발하는 강우지속기간이 존재한다(위 예의 경우 3시간). 설계강우 지속기간의 증가는 저류용량의 증가를 의미하지는 않는다. 위 결과는 최대필요용량의 정보를 제공하고 최대용량을 필요로 하는 지속기간이 존재함을 시사한다.

4) 수리, 수문의 정밀설계

상이한 도달시간과 같은 호우지속기간에 대하여 수정합리식 방법에 의한 유출수문곡선을 작성하여 그림 22.34와 같이 도시한다. 수문곡선의 모양은 삼각형 또는 사다리꼴이 된다. 가장 짧은 지속기간으로 유역의 도달시간이 일반적으로 선정된다. 조정지의 소요용량은 제형유입수문곡선과 방류유량 Q_o 사이의 면적 중 최대치로 결정된다. 이 방법은 설계유량-확률조건을 만족하는 조정지-방류량 관계를 결정하여 조정지의 최종 기하학적 설계와 방류공의 최종설계를 하기 위함이다. 다음의 설계과정에 관한 기술은 연속확률(또는 재현기간) 기준이 적용되는 것으로 가정된다.

(1) 수문곡선 유도

넓은 범위의 빈도(2, 10, 20, 50, 100년)에 대한 유입수문곡선을 유도한다. 유입수문곡선은 여러 가지 방법에 의하여 유도될 수 있으며 많이 쓰이는 방법으로는 수정합리식, 미 자연자원보전청의 NRCS와 TR55, HEC-1, ILUDRAIN, SWMM 등이 있다.

(2) 방류량 결정

각 확률(또는 재현기간)에 대응하는 최대허용방류량(계통내조정지) 또는 최대허용 직유하유량(계통외조정지)을 결정한다(그림 22.31).

(3) 저류용량 결정

주어진 방류량을 만족하도록 조정지를 통하여 각 유입수문곡선을 추적하여 소요저류용량을 결정한다. 추적과정은 적용방법에 따라 다르다.

(4) 소요용량-방류량곡선 작성

방류량과 이에 대하여 계산된 저류용량을 이용하여 저류용량-방류량(또는 직유하유량(bypass discharge))곡선을 작성한다(그림 22.32와 22.33).

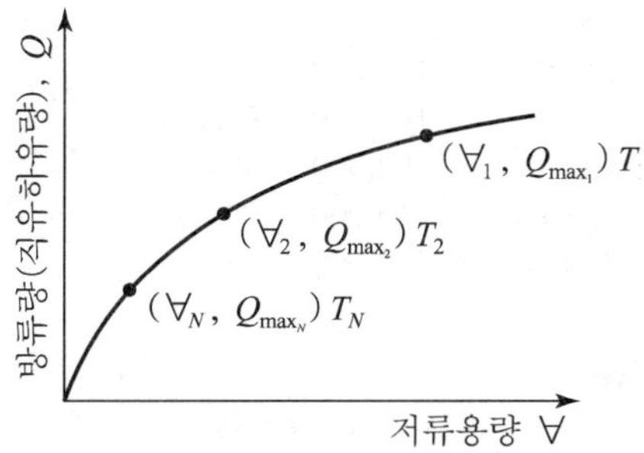

그림 22.32 개념적인 저류용량-방류량 (직유하유량) 곡선

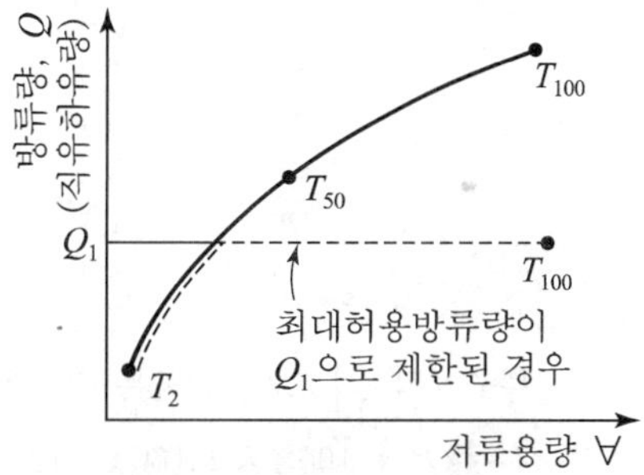

그림 22.33 대표적인 저류용량-방류량 (또는 직유하유량) 곡선

(5) 조정지형상과 방류구조 결정

최종 조정지형상과 방류구조의 수리설계에는 저류용량-방류량곡선이 이용된다. 자연계곡을 막아서 조정지가 형성되는 경우와 같이 부지형상이 고정되는 경우에는 소요용량-방류량곡선이 방류구조의 수리설계를 통해서 수립되어야 한다. 그러나 평지를 굴착해서 저류지가 확보되는 경우 소요용량-방류량곡선은 부지형상과 방류구조의 종합된 설계를 통하여 수립된다.

예제 22.11 도달시간 고려 않음

배수구역의 면적이 4.65 km^2, 도달시간이 40분, 유출계수가 0.6인 유역으로부터 하류로 방류되는 유량이 40 m^3/s로 제한되는 경우 20년 빈도에 해당하는 조정지의 용량을 결정하라. 여기에 40 m^3/s는 펌프의 배수용량 또는 개발 이전의 유량으로 해석될 수 있다. 적용되는 강우강도식은 $753.8/(\sqrt{t}+1.023)$과 같다.

[풀이] 조정지용량 결정은 표 22.13과 같이 계산되며 조정지용량은 각 지속기간에 대한 유입량과 방류량의 최대차이가 된다.

(2)란 - 강우강도: 한국건설기술연구원에 의한 서울지역의 20년 빈도 강우강도식 $i = 753.8/(\sqrt{t}+1.023)$에 의해 계산된다. $t_d = 20$ 분인 경우 $i = 137.2\ \text{mm/hr}$로 계산된다.

(3)란 - 합리식에 의한 첨두유출: $t_d = 20$ 분인 경우 $0.278 \times 0.6 \times 137.2 \times 4.65 = 106.4\ m^3/s$

표 22.13 합리식에 의한 조정지용량 결정

강우지속 기간 (min) (1)	강우강도 i (mm/hr) (2)	첨두유출 Q_r (m^3/s) (3)	유출체적 (1)×(3)×60 (m^3) (4)	방류량체적 40×(1)×60 (m^3) (5)	저류용량 (4)−(5) (m^3) (6)
20	137.2	106.4	127,680	48,000	79,680
25	125.2	97.1	145,661	60,000	85,661
30	116.0	90.0	161,949	72,000	89,949
35	108.6	84.2	176,887	84,000	92,887
40	102.6	79.6	190,988	96,000	94,988
45	97.5	75.6	204,181	108,000	96,181
50	93.1	72.2	216,630	120,000	96,660
55	89.3	69.3	228,567	132,000	96,567
60	86.6	66.7	241,807	144,000	97,807
65	83.0	64.4	251,068	156,000	95,068
70	80.3	62.3	261,585	168,000	93,585
80	75.6	58.6	281,456	192,000	89,456
90	71.7	55.6	300,304	216,000	84,304
100	68.4	53.0	318,314	240,000	78,314

(4)란 – 유출체적: 식 (22.27) 또는 첨두유량에 지속기간을 곱해서 구해진다. $t_d = 20$ 분인 경우 유출체적은

$$V = Q t_d = 106.4 \times 20(60) = 127{,}680 \text{ m}^3$$

(5)란 – 방류량: 40 m^3/s 에 지속기간을 곱해서 계산된다. $t_d = 20$분의 경우 $V_{out} = 40 \times 20 \times 60$ 분 = 48,000 m^3가 된다.

(6)란 – 조정지용량: 식 (22.29)에 따라 6란의 최대치인 97,807 m^3 가 되고 지속기간은 60분이 된다.

예제 22.12 도달시간 고려

예제 22.11을 수정합리식을 이용해서 조정지의 용량을 결정하라.

[풀이]

1. 수문곡선과 첨두유량: 각 지속기간에 대한 수문곡선을 계산한다. 가장 짧은 지속기간으로 도달시간이 일반적으로 선정된다. 본 예제에서 지속기간은 $t_c = 40$ 분이다. 참고로 $t_d = 20$, 30 분도 포함된다.

   $t_d = 20$ 분의 수문곡선–지속기간이 20분일 경우 첨두유량은 106.4 m^3/s (예제 22.11의 3란 풀이 참조)로 계산되나 유역의 도달시간이 40분이므로 첨두유량은 $106.4 \times (20/40) = 53.2$ m^3/s 로 감소된다(식 22.20). 따라서 수문곡선은 높이가 53.2 m^3/s 인 사다리꼴이 된다.

   $t_d = 60$ 분의 수문곡선–첨두유량은 $Q = 0.278 \times 0.6 \times 86.6 \times 4.64 = 67.0$ m^3/s 이므로 수문곡선은 높이가 67.0 m^3/s, 윗변이 $t_d - t_c = 60 - 40 = 20$ 분, 밑변이 $t_d + t_c = 60 + 40 = 100$ 분인 사다리꼴이 된다(그림 22.14, 22.34).

2. 유입체적(4란): 삼각형 또는 사다리꼴 수문곡선의 면적이 된다. $t_d = 20$ 분의 경우는 사다리꼴 수문곡선이므로 $V_{in} = 53.2 \times (20 + 60)/2 \times 60 = 127{,}680$ m^3 이고 $t_d = 40$ 분의 경우는 삼각형이므로 $V_{in} = 79.6 \times 80/2 \times 60 = 191{,}040$ m^3 가 된다.

표 22.14 수정합리식에 의한 조정지용량 결정

강우지속 기간 (min) (1)	강우강도 (mm/hr) (2)	첨두유량 (m^3/s) (3)	유입체적 (m^3) (4)	방류체적 (m^3) (5)	저류용량 (4)−(5) (m^3) (6)
20	137.2	53.2	127,680	108,000	19,680
30	116.0	67.5	162,000	125,280	36,700
40	102.6	79.6	191,040	144,000	47,040
50	93.1	72.2	216,600	163,200	53,400
60	86.6	67.0	241,200	182,400	58.800
70	80.3	62.3	261,660	202,320	59,340
80	75.6	58.6	281,280	222,480	58,800
90	71.7	55.6	300,240	242,400	57,840
100	68.4	53.0	322,000	264,000	54,000

3. 조정지용량: 허용방류유량 $Q_o = 40\ \mathrm{m^3/s}$ 를 그림 22.34에 나타낸다. 조정지의 소요용량은 수문곡선과 허용방류량($Q_o = 40\ \mathrm{m^3/s}$)을 나타내는 직선 사이의 면적이 된다. 이는 유입체적에서 방류체적을 빼줌으로써 얻어진다. 이는 유입수문곡선과 허용방류량($40\ \mathrm{m^3/s}$)을 나타내는 직선으로 둘러싸인 면적(그림 22.34에서 음영부분의 면적)으로 각 지속기간에 대한 소요 조정지용량을 나타낸다.

   $t_d = 20$ 분의 경우 방류체적은 그림 22.34에서 아래에 있는 사다리꼴의 면적이다. 이 사다리꼴은 윗 변이 30분(=5+20+5)(그림 22.15 참조)이고 밑변이 60분이므로 방류체적은 $(30+60)/2 \times 40 \times 60 = 108{,}000\ \mathrm{m^3}$ 이다. 따라서 조정지용량은 $127{,}680 - 108{,}000 = 19{,}680\ \mathrm{m^3}$ 이다.

   소요저류용량은 각 지속기간에 대한 저류용량 중 최대가 된다. 따라서 소요용량은 6란의 최대치인 $59{,}340\ \mathrm{m^3}$가 됨을 알 수 있고 이를 유발하는 지속기간은 70분이다.

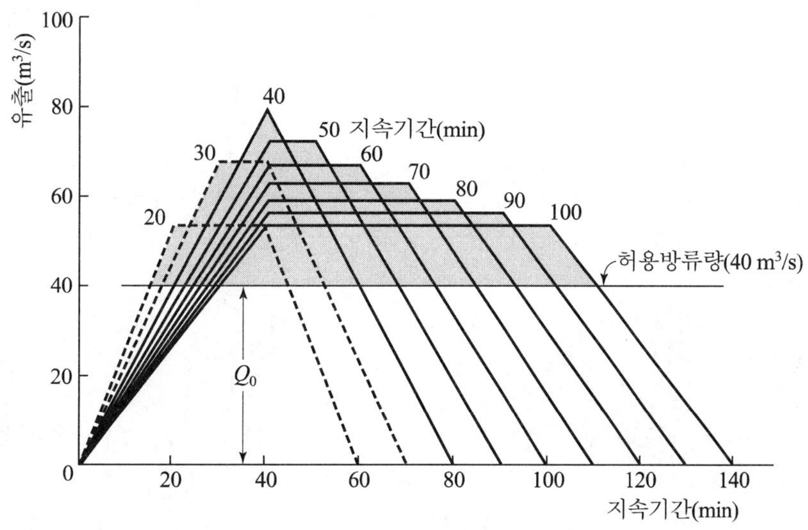

그림 22.34 수정합리식에 의한 지속기간별 조정지용량 결정 계산 예

그림 22.35에서 알 수 있는 바와 같이 일정한 방류유량에 대하여 계산되는 조정지용량은 실제보다 작게 산정된다.

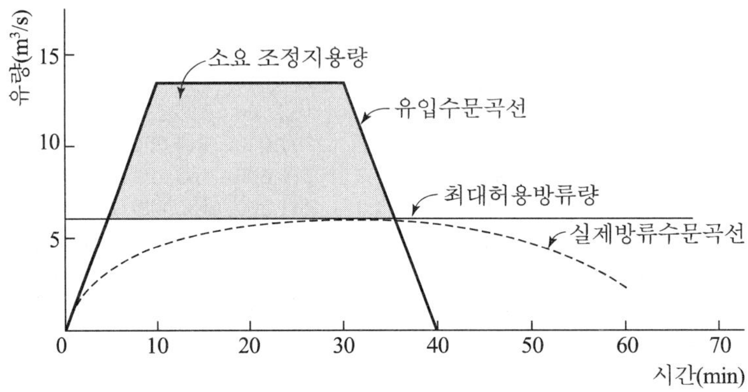

그림 22.35 수정합리식에 의한 조정지용량 결정

예제 22.13

유역의 수문특성이 다음과 같고 연속확률 기준이 적용된다. 계통내조정지는 100년 홍수에 이르기까지 개발 후 유출이 개발 이전 유출을 초과하지 않도록 설계된다. 24시간 설계호우지속기간과 합리식방법이 적용된다. 서울지역으로 그림 21.3에 따라 재현기간별 강우강도는 다음 표와 같고 유역면적은 2 km^2이다.

유역자료

매개변수	개발 전	개발 후
유출계수	0.3	0.4
도달시간(h)	1.5	0.8

강우자료

재현기간 (yr)	초과확률 (%)	강우강도(mm/hr) $t_c = 1.5$ hr	$t_c = 0.8$ hr
2	50	35	47
10	10	60	84
25	4	70	98
50	2	82	114
100	1	90	130

[풀이]

1) 첨두유량

표 22.15의 5란은 합리식 $Q = 0.278\,Ci\,A$에 의하여 개발 전·후 상태에 대한 첨두유량의 계산결과이다. 재현기간 2년에 대한 개발 전의 경우 첨두유량은 $Q = 0.278 \times 0.3 \times 35 \times 2 = 5.84\ m^3/s$이다.

2) 방류량 결정

100년 강우량에 이르는 모든 재현시간에 해당하는 강우사상에 대하여 개발 후의 첨두유량은 개발 이전의 첨두유량을 초과하지 않아야 한다. 개발로 인하여 증가된 유출은 조정지가 담당하므로 방류량은 기존상태(개발 전) 첨두유량과 같게 된다.

3) 저류용량 결정

합리식기법을 이용하여 각 재현기간에 필요한 저류용량을 결정한다.

$T=2$년 경우 식 (22.31)에 따라

$$\forall_s = 3{,}600(Q_{Pa} - Q_{Pb})\,t_{cb}$$
$$= 3{,}600(10.45 - 5.84)1.5 = 24{,}894\ \mathrm{m}^3$$

$T=10 \sim 100$년에 대한 저류용량은 8란과 같고 100년 저류용량은 75,060 m^3이다.

4) 소요저류용량-방류량 관계 곡선

표 22.15의 6란의 방류량과 8란의 저류용량을 도시하여 저류용량-방류량 곡선을 작성한다(그림 22.37).

표 22.15 예제 22.11의 계산과정

재현기간 (yr) (1)	강우강도 (mm/h) (2)	유출계수 (3)	도달시간 (h) (4)	첨두유량 개발 전(Q_{Pb}) (m^3/s) (5)	조정지 건설 후 방류량 (m^3/s) (6)	첨두유량 차이 ($Q_{Pa}-Q_{Pb}$) (m^3/s) (7)	저류용량 (m^3) (8)
2	35	0.3	1.5	5.84			
10	60			10.00			
20	70			11.68			
50	82			13.68			
100	90			15.01			
				개발 후(Q_{Pa})			
2	47	0.4	0.8	10.45	5.84	4.61	24,894
10	84			18.68	10.00	8.68	46,872
20	98			21.79	11.68	10.11	54,594
50	114			25.35	13.68	11.67	63,018
100	130			28.91	15.01	13.90	75,060

5) 조정지 방류관 결정

조정지는 자연계곡인 유역의 유출구에 흙댐을 축조하는 것으로 가정한다. 표고-저류량 관계는 유출구 상류 계곡의 표고별 체적을 계산하여 도시하면 그림 22.36과 같고 방류구는 콘크리트 연직벽(headwall)에 설치된 오리피스와 벽체상부가 위어로 작용되도록 한다. 오리피스의 위치와 규모, 위어의 높이와 길이는 시산으로 결정된다.

(1) 오리피스식

$$Q = C_d A\sqrt{2gh} = C_d \frac{\pi D^2}{4}\sqrt{2gh} \tag{22.32}$$

직각 유입구 오리피스에 대하여 유량계수 $C_d = 0.8$을 적용하면

$$Q = 2.78\,D^2 h^{1/2} \tag{22.33}$$

(2) 위어공식

$$Q = C_W L H^{3/2} \tag{22.34}$$

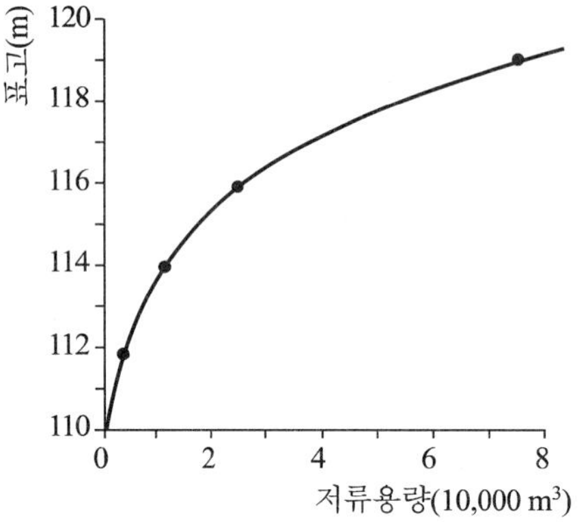

그림 22.36 표고-저류용량 곡선

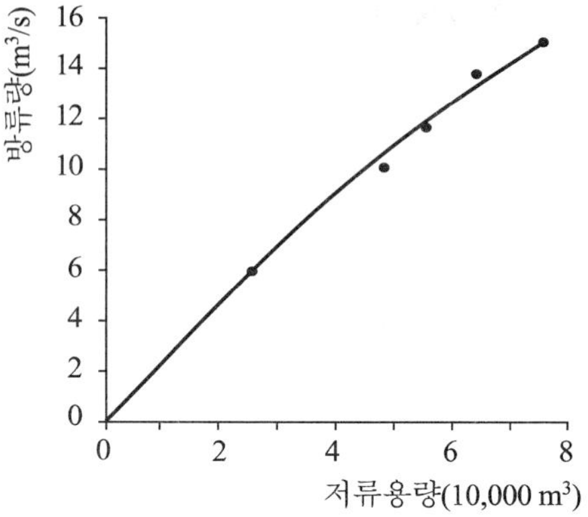

그림 22.37 저류량-방류량 곡선

(3) 표고 EL.114.0 m를 선정한다. 그림 22.36에서 표고 114 m에 대한 저류용량 10,000 m^3를 구하고 이에 대한 방류량은 그림 22.37에서 $Q=2.4\ m^3/s$이다. 바닥(EL.110 m)에 오리피스 하나를 고려하면 $h=4$ m이므로 $2.4=2.78\ D^2 4^{0.5}$(식 22.33)으로부터 $D=0.65$ m이다. 따라서 바닥표고 EL.110 m에 직경 0.65 m의 관 하나를 설치한다.

(4) 표고 EL.116.2 m를 선정한다. 이에 대한 저류용량은 그림 22.36에서 25,000 m^3이다. 25,000 m^3에 대한 방류량은 그림 22.37에서 6 m^3/s이다. 표고 EL.116.2 m($h=6.2$ m)에 대한 바닥방류관($D=0.65$m)의 용량은 $Q=2.78\times0.65^2(6.2)^{0.5}=2.92\ m^2/s$이므로 $6-2.92=3.08\ m^3/s$에 대한 방류시설이 추가로 필요하다.

EL.114 m에 방류관을 설치하면 h는 2.2 m이므로 $3.08=2.78D^2(2.2)^{0.5}$으로부터 $D=0.86$ m이다. 이는 너무 크므로 방류관 2개를 고려하면 $3.08/2=2.78D^2(2.2)^{0.5}$으로부터 $D=0.61$ m이다. 따라서 EL.114 m에 직경 0.65 m인 방류관 2개를 설치한다.

(5) 표고 EL.118.2 m를 선정한다. 그림 22.36에서 저류용량 57,000 m^3를 얻고 이에 대한 방류량은 그림 22.37에서 12.2 m^3/s를 얻는다. EL.110 m와 EL.114 m에 위치한 방류관은 수두가 각각 $h=8.2$ m, 4.2 m이므로 용량은 각각 $Q=2.78\times0.65^2(8.2)^{0.5}=3.36\ m^2/s$, $Q=2.78\times0.65^2(4.2)^{0.5}=2.41\ m^2/s$이다. 따라서 수위가 EL.118.2 m일 때 $12.2-3.36-2.41\times2=4.02\ m^3/s$에 대한 방류시설이 추가로 필요하다. $D=0.65$ m의 방류관 4개를 EL.116 m에 고려하면 $h=2.2$ m이므로 $Q=4\times2.78(0.65)^2(2.2)^{0.5}=6.97\ m^3/s$이다. 따라서 EL.116 m에 4개의 방류관을 설치한다.

(6) 표고 EL.119 m를 선정하면 저류용량은 75,000 m^3이고 이는 재현기간 100년에 해당한다. 저류용량은 75,000 m^3에 대한 방류량은 그림 22.37에서 15.01 m^3/s이다. 수위가 EL.119 m일 때 각 방류관의 용량은 다음과 같다.

EL.110 m에 대하여 $h=9$ m　　$Q=2.78\times0.65^2(9)^{0.5}=3.52\ m^3/s$
EL.114 m에 대하여 $h=5$ m　　$Q=2\times2.78\times0.65^2(5)^{0.5}=5.25\ m^3/s$
EL.116 m에 대하여 $h=3$ m　　$Q=4\times2.78\times0.65^2(3)^{0.5}=8.14\ m^3/s$

이들의 총 방류용량은 $Q=16.91\ m^3/s$로 저류용량 75,000 m^3에 대한 방류량 15.01 m^3/s를 초과하므로 추가 방류시설은 필요하지 않다. 이들 방류관의 설치위치는 그림 22.38과 같다. 그러나 만약 하류조건에 따라 방류량을 8 m^3/s로 제한한다면 저류용량의 증가가 필요하다.

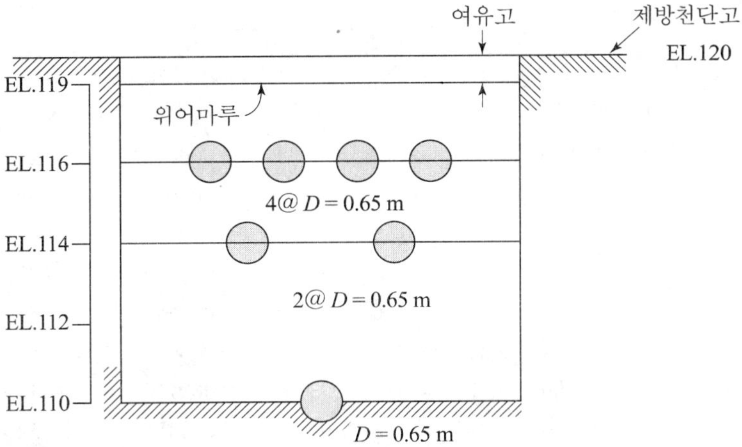

그림 22.38 방류관의 규모와 위치

5) **조정지/저류지추적**

댐 설계에서와 같이 조정지/저류지에서도 조절용량의 확보에 필요한 조정지의 수위, 둑 높이, 방류구조의 위치와 규모결정은 입력수문곡선의 조정지를 통한 추적을 필요로 한다. 13장의 저수지추적기법이 조정지/저류지에도 적용되나 여기에서는 간단한 방법이 기술된다.

조정지/저류지의 체적을 $\forall$, 유입률을 Q_i, 유출률을 Q_o라 하면

$$Q_i - Q_o = \frac{d\forall}{dt} \tag{22.35}$$

방류 오리피스의 중심에서 수면까지의 수두를 h(그림 22.22)라 하면

$$d\forall / dt = A_s h \frac{dh}{dt} \tag{22.36}$$

여기서 A_s는 조정지의 수면적이다. 오리피스의 유량은

$$Q_o = C_d A_o \sqrt{2gh} \tag{22.37}$$

여기서 C_d는 오리피스의 유량계수, A_o는 오리피스의 단면적이다.

예제 22.14

조정지/저류지의 입력수문곡선이 표 22.16 2란의 삼각형 수문곡선으로 주어지는 경우 다음 조건에 대한 방류수문곡선을 구하고 조정지하류 둑의 높이가 5 m로 제한되는 경우 적절성을 검토하라. 오리피스 직경 $D = 0.25$ m, 유량계수 $C_d = 0.9$, 수면적 $A_s = 500h^{0.6}\,\text{m}^2$.

표 22.16 조정지/저류지추적 계산 예

t (hr)	Q_i (m^3/s)	$h(t)$ (m)	Q_o (m^3/s)	A_s (m^2)	$f(h,t)=dh/dt$ (m/s)	$h(t+\Delta t)$ (m)
0.00	0.00	0.500	0.138	329.9	−0.000418	0.124
0.25	0.16	0.124	0.069	142.9	0.000639	0.699
0.50	0.33	0.699	0.163	403.3	0.000414	1.072
0.75	0.50	1.072	0.202	521.3	0.000572	1.587
1.00	0.67	1.587	0.246	659.6	0.000643	2.156
1.25	0.84	2.156	0.286	792.8	0.000699	2.785
1.50	1.00	2.785	0.325	924.4	0.000730	3.442
1.75	0.84	3.442	0.362	1,049.7	0.000456	3.852
2.00	0.67	3.852	0.383	1,123.0	0.000256	4.082
2.25	0.50	4.082	0.394	1,162.8	0.000091	4.164
2.50	0.33	4.164	0.398	1,176.7	−0.000058	4.112
2.75	0.16	4.112	0.395	1,167.9	−0.000202	3.930
3.00	0.00	3.930	0.387	1,136.6	−0.000340	3.524
3.25	0.00	3.624	0.371	1,082.6	−0.000343	3.315
3.50	0.00	3.315	0.355	1,026.3	−0.000346	3.004
3.75	0.00	3.004	0.338	967.4	−0.000349	2.691
4.00	0.00	2.691	0.320	905.6	−0.000353	2.373

[풀이] 식 (22.35~37)을 조합하고 $A_s = 500h^{0.6}$을 적용하면

$$Q_i - C_d A_o \sqrt{2gh} = 500\ h^{0.6} dh/dt$$

$A_o = \pi 0.25^2/4 = 0.049\ \mathrm{m}^2$와 $C_d = 0.9$를 위 식에 대입하고 dh/dt에 관하여 정리하면

$$\frac{dh}{dt} = \frac{Q_i - 0.195h^{1/2}}{500h^{0.6}} \tag{22.38}$$

식 (22.38)을 푸는 데에는 통상 Runge–Kutta방법이 적용되나 여기서는 간단을 위해 Euler방법이 적용된다. 식 (22.38)의 우변을 f로 나타낼 때 $dh/dt = f(h,t)$는 시간단계 Δt에 대하여 다음과 같이 근사된다.

$$f(h,t) = \frac{dh}{dt} \approx \frac{h(t+\Delta t) - h(t)}{\Delta t} \tag{22.39}$$

이를 $h(t+\Delta t)$에 관하여 정리하면

$$h(t+\Delta t) = h(t) + \Delta t f(h,\ t) \tag{22.40}$$

식 (22.37), $A_s = 500\ h^{0.6}$, 식 (22.39), (22.40)을 이용한 추적내용은 표 22.16과 같고 조정지의 수위와 방류량은 각각 3, 4란에 주어진다.

최대수심은 4.146 m이고 최대유출량 $0.398\ \mathrm{m}^3/\mathrm{s}$는 유입량과 유출량이 같게 되는 시간 $t = 2.37$ hr에서 일어나며 이는 식 (22.35)에 의하여 저류량이 최대가 되고 수위 또한 최대가 된다. 초기에 Q_o의 감소는

$t=0$에서 유입량이 영($Q_i=0$)이고 초기수두가 0.5 m 인 상태에서 방류만이 일어나기 때문이다. $t=15$분 (0.25 hr)에서 유입량이 유출량보다 크게 됨에 따라 수위는 상승하기 시작한다.

여유고를 0.6 m 로 가정하면 조정지의 최대수위는 $4.164+0.6=4.764$ m 로 5 m 를 초과하지 않으므로 설계는 적절하다.

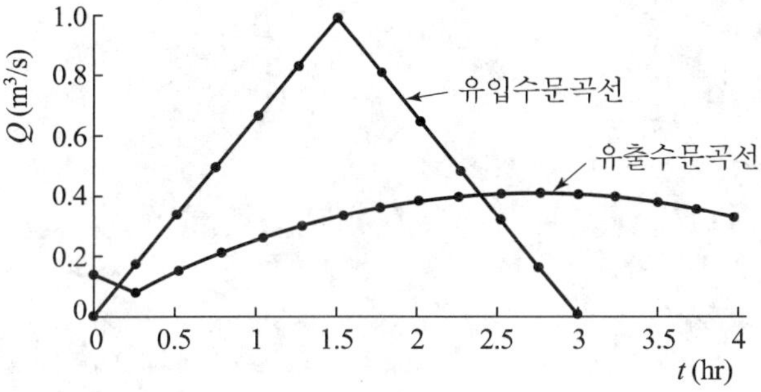

그림 22.39 조정지/저류지의 유입 및 유출수문곡선

22.8 침투증대

도시화는 불투수지면을 증가하고 이에 따라 유출이 증가하여 하류에 악영향을 준다. 따라서 유출감소가 필요하고 감소방안의 하나는 침투시설을 이용하여 침투를 증가시키는 것이고 이는 침전에 의한 수질향상에도 기여한다. 침투시설은 현지 토양이 투수성이고 지하수위와 암반이 침투구조물보다 적어도 1.2 m 아래에 위치하는 지역에 가능하고 면적이 0.2 km^2 이상인 유역에는 적절하지 않다. 우수의 양적관리를 위한 침투시설은 유출체적의 일부를 수용하도록 크기가 결정된다. 소규모 배수구역에서는 주어진 재현기간에 대한 개발 전과 개발 후 유출의 차이가 되고 개발 후의 첨두유량이 개발 전의 첨두유량을 초과하지 않는 것이 요구되기도 한다. 침투증대 방안으로 다음과 같은 방법들이 가능하다.

침투상(infiltration beds): 빗물이 넓고 평평한 초지와 같은 공간을 흐르도록 하여 유속을 감소시켜 침투를 유도한다. 이는 지표면 침투상보다는 지표면 아래 자갈이나 다공성 재료층을 조성하여 우수를 잠정적으로 저류하여 침투가 되도록 하는 방안이 보다 일반적이다. 따라서 지표하침투상은 침투성 포장이나 잔디와 연계하여 조성된다. 이는 건물 주변 공간, 잔디밭, 초지, 보행로 등에 적합하다.

개거, 도랑(open ditch): 도로변이나 주차장 주변에 도랑을 설치하고 빗물이 흐르는 과정에서 침투가 발생하도록 한다.

다공성 포장(porous pavement): 다공성 콘크리트로 포장을 하거나 유공 콘크리트블록, 일정한 크기와 형상의 각석을 박고 사이에는 투수성 흙 또는 잔디를 심어 지면을 통해서 침투를 유도한다. 포장 아래 토양은 투수성이라야 한다. 이는 주차장(그림 22.40)이나 교통량이 작은 도로에 이용된다.

그림 22.40 블록포장 주차장

침투지(浸透池; infiltration basin 또는 infiltration ponds): 침투지는 유출을 유집시켜 침투되도록 둑을 쌓거나 지반을 굴착해서 물을 저류시키는 시설로 비상여수로 외에는 방류구조를 갖지 않는다. 사면의 경사는 침식과 관리를 위해 1:4의 완만한 경사로 한다. 침투지는 투수성 토양 위에 주변 지하수위와 암반보다 1.2 m 높게 위치되도록 한다. 깊이는 1～4 m 범위이고 최대깊이 $d_{\max}$는 다음과 같이 정의된다.

$$d_{\max} = f_c t_s \tag{22.41}$$

여기서 f_c는 종기침투율, t_s는 저류시간이다. 유집되는 물은 24～36시간 내에 전량 침투되도록 설계되며 미국 Maryland 주는 최대 72시간을 규정한다. 면적이 0.02～0.2 km^2인 유역에 적합하고 조경을 위해 나무나 잔디를 심는다. 우수수질 개선을 위해서는 유출의 초기부분은 포착하고 계속되는 유출은 전환될 때 가장 효과적이다. 이는 그림 22.41의 가운데 부분과 같이 초기유출을 전환하는 2중 구조로 가능하다. 특히 초기유출에 포함되는 기름, 그리스, 유기물 및 침전성 고형물질은 여과를 거쳐 침투지에 유입되도록 한다.

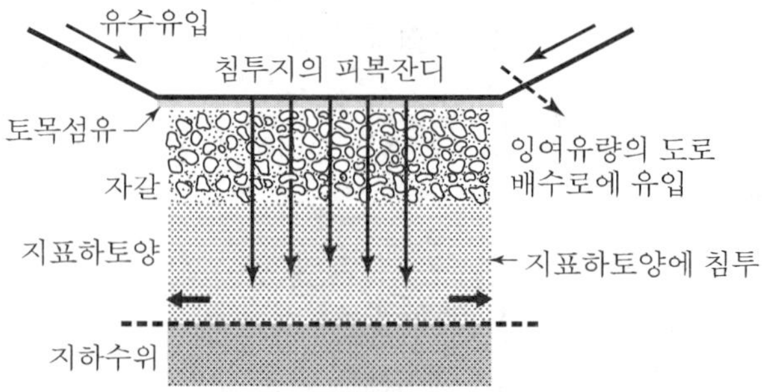

그림 22.41 침투지

침투갱(infiltration pits 또는 wells): 오목한 지형구조나 지하수 함양을 위한 우물을 통해서 빗물을 침투시킨다.

초지도랑(swale): 초지도랑은 평탄한 종단경사와 완만한 사면경사를 갖고 잔디를 심은 깊이가 얕은 개수로이다. 이는 도로, 주차장 및 지붕 등으로부터 유출이 배수계통에 이르기 전에 박류로 흐르도록 하여 유속을 감소시켜 침투기회를 제공하고 침투를 유도한다. 침투율이 높으면 여과기능이 최대 80%에 이른다. 도랑의 설계는 개수로 공식에 준한다.

침투도랑(infiltration trench): 침투도랑에는 지면형과 지하 매설형이 있다. 침투도랑은 지반을 굴착하고 지표면까지 잡석과 모래로 채워 공극에 물이 잠정적으로 저류되도록 한다(그림 22.42). 잡석의 크기는 직경이 40∼80 mm로 공극률이 30∼40% 범위로 한다. 침투도랑의 깊이는 1∼4 m 범위이나 침투지에서와 같이 최대허용저류시간에 근거한다.

$$d_{t\max} = \frac{f_c t_s}{\eta} \tag{22.42}$$

여기서 $d_{t\max}$는 도랑의 최대깊이, f_c는 종기침투율, t_s는 최대허용저류시간, η는 잡석채움의 공극률이다. 이는 투수성이 높은 토양에서 지하수위가 낮은 지역에 위치시키고 바닥이 최대지하수위와 암반보다 1.2 m 이상 높게 위치시킨다. 도랑으로부터 배수시간은 24∼30(Maryland 주는 72)시간을 초과하지 않도록 한다.

침투도랑은 고속도로의 분리지역, 주차장의 경제지역 및 좁은 조경지역에 적합하다. 기름, 그리스, 유기물 및 침전성 고형물질은 여과를 거쳐 침투지에 유입되도록 하고 토립자의 유입을 막기 위하여 도랑 주위에 여과막을 설치한다. 관리의 중요한 사항은 공극이 막힘으로 인하여 침투가 일어나지 않는 점이다.

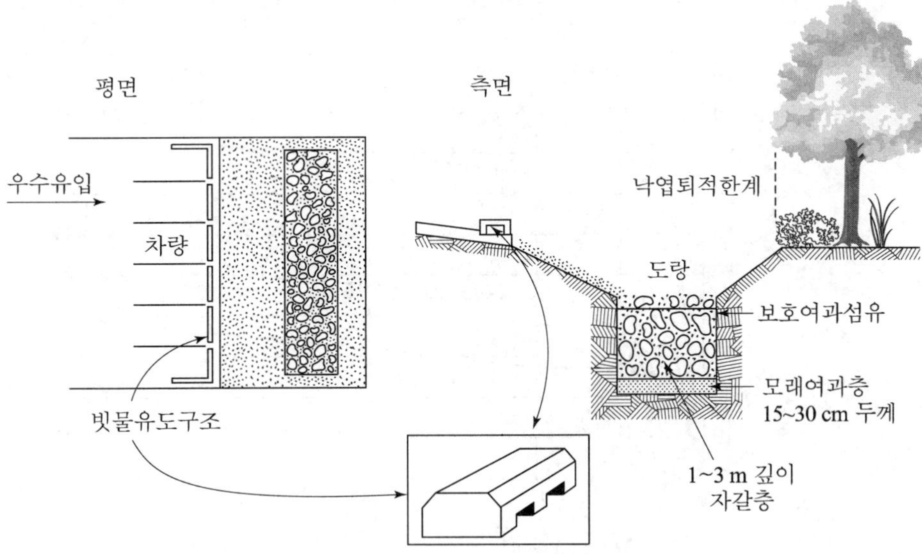

그림 22.42 침투도랑

건정(乾井; dry well): 지붕유출을 주로 침투시키기 위한 수단으로 건정이 채용된다. 4,000 m^2 보다 작은 지붕구조로부터 우수를 포착하기 위하여 1～4 m 깊이로 지반을 굴착해서 잡석을 채운 구조상 작은 침투도랑이다. 우수는 관로와 건정 상부에 두께 30 cm 정도의 토양여과층을 통해서 유입된다.

22.9 우수수질 관리조절조정지

도시유출은 영양물, 살충제, 중금속, 기름 및 그리스 등을 포함하고 도시개발에 따른 토사, 겨울철 소금, 병원균 및 높아진 BOD가 수용수인 하천수질의 오염원이 되고 있다. 우수의 수질개선은 우수유출의 장기간 저류와 침투를 통해서 이루어진다. 흐름의 지체는 중력에 의한 부유입자와 입자에 부착된 다른 오염물의 침강을 유발한다. 효과적인 침강이 일어나기 위해서는 충분한 저류기간인 체류시간(detention time)이 필요하다(그림 22.43).

홍수조절지는 큰 호우에 의한 유출을 저류시킬 수 있도록 설계된다. 재현기간이 큰 호우에 대한 홍수조절과 내수문제와는 달리 유출에 의한 수질문제의 대상이 되는 강우는 재현기간이 일반적으로 0.6～1년의 낮은 빈도의 빈번한 강우이다. 즉 도시우수에 포함되는 오염물의 대부분은 빈번히 일어나는 작은 유출사상에 포함되고 큰 홍수보다 오염농도가 매우 높다. 따라서 수질관리 입장에서는 큰 홍수의 조정지보다 작고 빈번한 유출사상에 대한 조정지가 더 중요하다. 빈번한 유출사상에 대하여 설계되는 우수수질관리조정지는 (1) 처리수준이 달성될 수 있도록 설계유출을 충분히 장기간 저류시키고, (2) 다음 유출사상에 이용될 수 있는 용량이 확보될 수 있도록 신속하게 설계유출을 방류해야 한다. 따라서 우수수질 조정지의 핵심 개념은 체류시간과 비우는 시간이다. 체류시간은 오염물의 침강속도에 좌우되고 비우는 시간은 연속되는

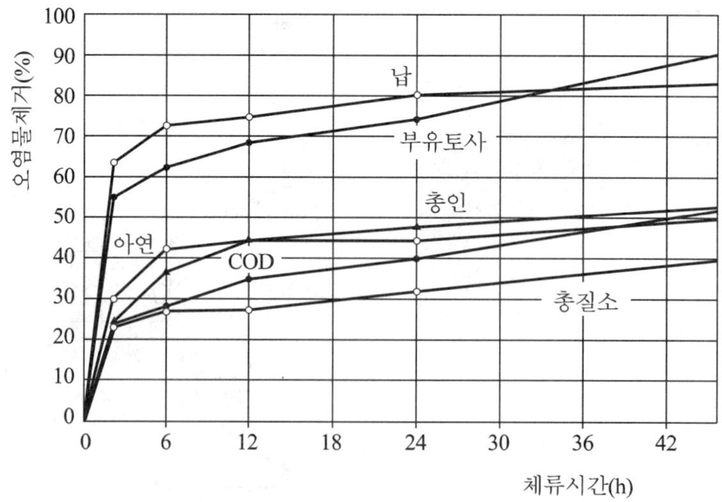

그림 22.43 상이한 오염물별 체류시간에 대한 제거율(Schueler, 1987)

설계호우 간의 평균시간간격에 달려 있다. 체류시간을 통해서 미세실트와 점토를 제거하는 경우에는 12∼24시간이 적정기간으로 통용되고 용해된 오염물의 처리에는 수일이 소요된다. Delaware and Raritan운하관리청은 조정지의 90%를 36시간 내에 비우는 것을 규정화한다(Whipple과 Randall, 1983).

도시유출에 포함되는 오염물은 매우 다양하므로 미국 환경청은 대표적인 성분으로 다음과 같은 항목을 채택하였다.

TSS	: 총 부유고형물
BOD	: 생화학적 산소요구량
COD	: 화학적 산소요구량
TP	: 총인
SP	: 용존인
TKN	: 총 질소량
$NO_{2\,\&\,3}$	: 아질산염과 질산염(N)
Cu	: 총 구리량
Pb	: 총납
Zn	: 총아연

22.9.1 조정지 활용현황

여러 형태의 침투를 이용하는 우수 처리방안들은 강우유출의 오염을 감소시키는 데에도 효과적이다. 그러나 토양의 투수성이 높고 유역면적이 작지 않으면 침투기법은 실용적이 되지 못한다. 따라서 대부분의 우수관리계통에는 조정지가 필요하게 되고 특히 도시에서 널리 이용된다. 그러나 아직 조정지는 수질관리보다는 첨두유량 감소와 수해경감이 그 주목적으로 인식되어 유수지가 그 예이다. 조정지에 의한 오염물 제거에 대한 과정은 설계 매개변수와 유역의 오염물 제거효율 간의 관계가 아직 확실하게 정립되지 않아 정량적이기 보다는 정성적인 단계라 할 수 있다.

수질관리조정지에는 건조정지와 저류지가 있다. **건조정지**(乾調整池; dry detention basins)는 건기에는 완전히 비워두는 시설로 물을 전부 빼는 데 소요되는 시간은 24∼60시간 정도이다. **저류지** 또는 **습조정지**(濕調整池; retention ponds 또는 wet detention ponds)는 상시저수위를 유지하고 여기에 추가하여 빗물을 저류함과 동시에 침전과 생화학적인 과정을 통하여 수질개선이 이루어진다.

많은 현지 조사에 의하면 오염물 제거에는 조정지보다 저류지가 효과적임이 밝혀졌다. 이는 영양물 제거에 특히 효과적이어서 적절하게 설계된 저류지는 오염물제거 효과가 인의 경우 조정지의 20∼30 %보다 50∼60 %로 2∼3배에 이르고, 총질소의 경우 조정지의 20∼30 %보다 30∼40 %로 조정지보다 1.3∼2배 효과가 크다. 저류지는 조정지보다 2∼7배에 달하는 저류용량을 필요로 한다. 저류지의 경우 방류유입구는 상시 만수위에 위치하고 조정지에 해당하는 용량은 상시 만수위 상부에 위치한다.

22.9.2 도시유출 수질관리 기본사항

오염물 퇴적방지 및 감소와 엔진오일, 부동액, 농약, 제초제, 페인트 등과 같은 오염물이 우수관거 계통에 유입을 방지하는 것이 최선의 방법이다.

오염원 조절: 이는 화학물질과 같은 오염물질을 덮어씌우거나 누출 예상지역 주위에 둑을 쌓는 방법 등에 의하여 오염물이 강우 또는 유출과 접하는 것을 방지하는 것으로 가장 저렴한 방법이다.

직접유입 불투수면적의 최소화: 우수관거에 직접유입을 유발하는 불투수면적을 최소화하여 강우의 침투기간을 증가하고 잔디지역은 오염물의 일부를 제거하는 여과역할을 하도록 한다.

22.9.3 수질향상을 위한 침투증대방안

강우유출의 침투량을 증가하여 수질을 개선하는 방안은 22.8의 침투증대에 준한다.

22.9.4 우수에 포함되는 총 부유고형물

빗물에 포함되는 **총 부유고형물**(*總浮遊固形物*; total suspended solid, TSS)의 제거는 다른 오염물의 제거가 수반되는 점에서 중요성을 갖는다. TSS침전에 영향을 주는 중요한 인자들은 우수에 포함된 오염물의 종류와 양 그리고 이들이 유사와 결합되어 있는 상태이다. TSS와 이에 연관된 오염물의 침강특성을 기술하는 데 중요한 사항은 다음과 같다.

- 종류별 오염 부하량
- 침전가능한 오염물의 백분율
- 입자크기 분포
- 침강속도별 고형물 분포
- 침강속도별 고형 오염물의 분포
- 고형물 입자의 체적 분포
- 침전성 오염물의 밀도

초기세류

오염물이 우수에 포함되는 경우는 다음과 같다. (1) 물방울이 대기를 통과할 때 대기 중의 오염물을 흡수한다. (2) 우수유출에 의하여 지면의 오염물이 씻겨 내려간다. (3) 지난 호우로 인하여 하수거, 도랑 및 수로에 집적된 오염물이 새로운 호우에 의한 유출에 포착된다.

조사연구에 의하면 유출과정의 초기에 오염물의 농도는 제일 크다. 이는 도로와 같이 포장된 표면이 강우 이전에 오염이 가장 심하기 때문이다. 강우가 지속됨에 따라 지표면에 집적된 오염물은 감소되고 이송계통의 증가된 유량에 의하여 오염이 희석된다. 이와 같이 강우 초기에 오염물이 씻겨나가는 현상인 **초기세류**(初期洗流; first flush)는 강우강도와 지속기간의 영향을 받는다. 효율적인 수질관리는 가능하면 많은 강우의 초기흐름을 포착하도록 조정지의 크기를 결정하고 조정지 내의 충분한 체류시간을 제공하는 것이다. 침전에 대한 체류시간은 대략 12~24시간 범위이다. 지역에 따라서는 초기세류가 일어나지 않는다. 조정지에 의한 수질개선은 새로 부상되는 기술분야로 주로 침전에 의한 오염물을 제거하는 기법이고 다른 기법으로는 상시 수위의 저수지에서 생물학적 작용에 의하여 영양물을 제거하는 것이다.

입자침강속도 분포

부유고형물의 제거율은 입자의 침강속도에 직접적으로 관계된다. 미국 환경청에 의하여 제시된 총 부유고형물(TSS)의 입자침강속도 분포는 다음과 같다.

표 22.17 TSS의 침강속도(Urbonas, 1989)

크기 부분	도시유출에 포함된 TSS의 백분율	평균침강속도 (m/h)
1	0～20	0.01
2	20～40	0.10
3	40～60	0.50
4	60～80	2.00
5	80～100	20.0

22.9.5 수면부하이론과 기본 관계식

Hazen에 의한 **수면부하이론**(水面負荷理論; surface load theory)(Ragan, 1971)은 다음과 같다. 길이가 L, 폭이 W 및 깊이가 D인 긴 사각형수조를 생각한다.

수조의 수면적 $$A = WL \tag{22.43}$$

체적 $$\forall = AD \tag{22.44}$$

조정지를 통과하는 유체는 유량이 Q이고 횡단면적 $W \cdot H$에 걸쳐 균일하게 분포되고 바닥에 침강할 수 있는 시간을 갖는 모든 입자는 유체로부터 완전히 제거되는 것으로 가정된다. 흐름이 조정지를 통과하는 데 필요한 시간 T는 다음 식으로 주어진다.

$$T = \frac{\forall}{Q} = \frac{AD}{Q} \tag{22.45}$$

조정지를 통하여 통과하는 과정에서 바닥에 침강하는 입자의 평균침강속도는 적어도 식 (22.46)으로 주어지는 값보다 커야 한다.

$$V_s = \frac{D}{T} = \frac{Q}{A} \tag{22.46}$$

따라서 조정지의 침전효과를 Q와 A의 비로 나타낼 수 있으며 이를 수면부하라 칭한다. 이는 입자의 침강률과 동등하다. 정온상태에서 재부상이 일어나지 않으면 침강속도가 V_s보다 큰 모든 입자는 침강한다. 수면부하이론에서 조정지를 통과하는 흐름은 등류이고 층류로 가정된

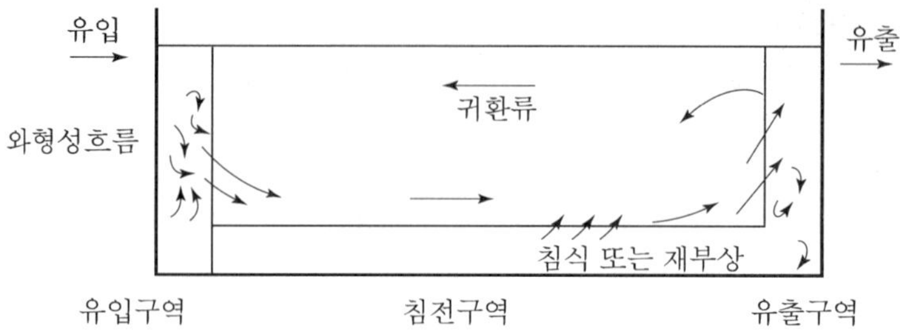

그림 22.44 조정지 내 흐름

다. 그러나 실제로는 다층류, 난류, 와, 순환류 및 입구와 출구에서 확산을 경험하게 된다.

수심은 유사제거에 영향이 없는 것으로 나타났다. 그러나 난류, 확산 및 국부유속은 바닥으로부터 유사의 재부상을 유발한다. 재부상의 기회를 감소하기 위해서는 1.2 m 이상의 수심이 권장된다. 일반적으로 침전지의 깊이는 1.5~4 m의 범위이다.

수면부하이론은 정상층류에 국한되므로 난류조건에서 침전을 추정하기 위하여 Dobbin(1944)과 Camp(1946)는 난류조건에서 침전에 관한 해석적 기법을 유도하였다. 그림 22.45는 이들 연구의 결과로 3개의 무차원 매개변수의 관계를 나타냈다.

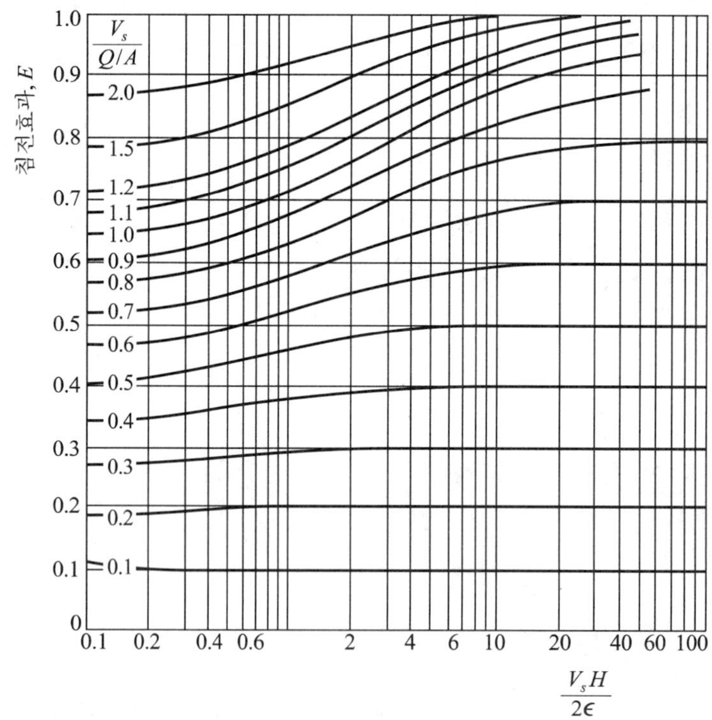

그림 22.45 침전추정용 도표

$$\frac{V_s}{Q/A},\ \frac{V_s H}{2\epsilon}\ \text{및}\ E \tag{22.47}$$

여기서 V_s는 입자의 침강속도, Q/A는 수면부하, H는 조정지 수심, ϵ은 확산계수, E는 침전효과(유사제거 부분)이다.

그림 22.45를 이용하여 상이한 입자 크기에 대한 **침전효과**(沈澱效果; sedimentation effectiveness) E의 산정이 가능하다. 그림으로부터 침전은 조정지 내 흐름조건의 영향을 받은 것을 알 수 있다. $V_sH/2\epsilon$의 작은 값은 난류를, 큰 값은 층류조건을 나타낸다. 이 값이 증가하면 침전효과는 식 (22.48)에 접근한다.

$$E = \frac{V_s}{Q/A} \tag{22.48}$$

이는 Hazen의 수면부하이론과 일치한다. 조정지의 유속분포가 포물선일 때 확산계수는 Camp (1946)에 의하면

$$\epsilon = 0.075\,H\sqrt{\frac{\tau}{\rho}} \tag{22.49}$$

여기서 H는 수심, τ는 한계전단응력 및 ρ는 물의 밀도이다.

한계전단응력의 값은 조정지를 통과하는 물에 의하여 이송되지 않는 최소입자의 크기와 밀도에 의하여 결정된다. 그림 22.46은 미국 개척국(1973)에 의한 하천에서 한계소류사 전단응력이다. 그림 22.46에서 입경이 작으면 한계전단응력이 거의 일정하게 되는데 이는 작은 입자 간의 응집력에 기인한다.

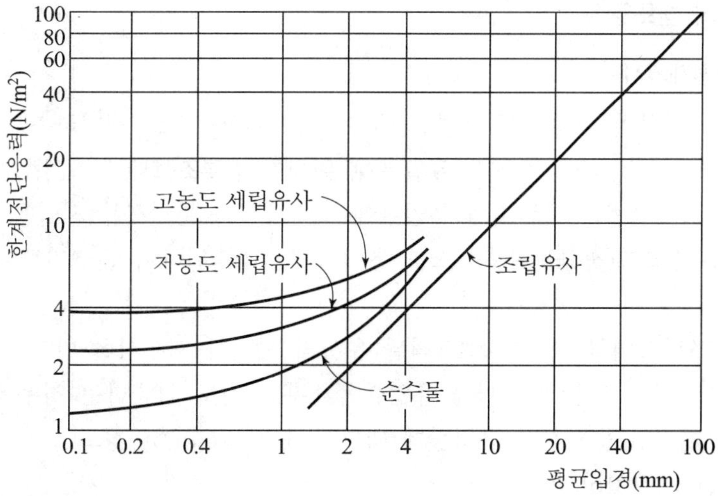

그림 22.46 하천 한계하상 전단응력(USBR, 1973)

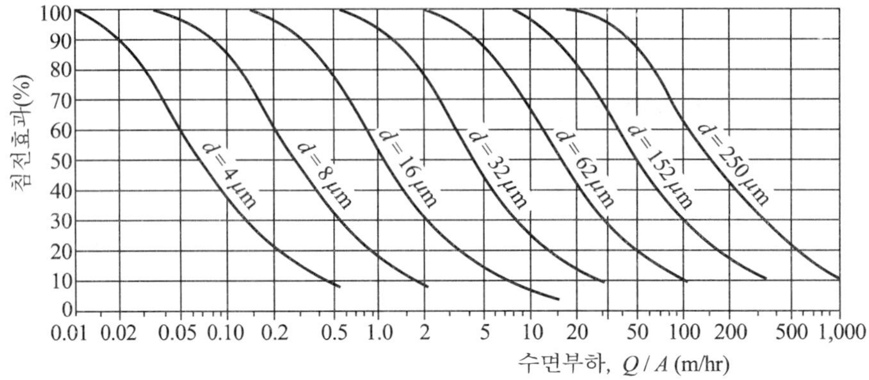

그림 22.47 수면부하와 상이한 입경에 대한 침전효과($V_S H/2\epsilon = 0.1$, 난류)

조정지를 통과하는 우수에 포함된 모든 입자의 침강속도 V_s 가 알려지면 그림 22.45를 이용하여 각 입자군의 침전효과 E를 산정할 수 있고 주어지거나 원하는 설계수면부하(Q/A)에 대해서도 산정이 가능하다. 그림 22.47은 $V_s\ H/2\epsilon = 0.1$ (난류), 중력과 소류력만이 침전과정에 작용하는 경우에 대한 침전효과의 계산결과이다.

22.10 우수수질 관리조정지/조절지 설계

오염물을 효과적으로 제거함에는 수질향상조정지의 크기와 형태가 중요하다. 조립, 건습조정지, US EPA방법 및 다목적 오염물제거지가 기술된다.

22.10.1 건조정지와 습조정지

(1) 조립 오염물제거지

입자가 큰 오염물이 조정지에 유입될 때 이들을 우선적으로 제거하는 것은 조작면에서 이점이 있다. 이러한 목적으로 조정지 유입부에 위치한 **상부조정지**(上部調整池; forebay)가 건설될 수 있다. 또 다른 방법은 저류지의 유입부에 조립물질을 분리하는 시설을 설치하는 것이다. 상부조정지 또는 **분리지**(分離池)는 청소를 용이하게 하기 위하여 콘크리트나 흙시멘트로 라이닝을 한다.

입자가 큰 조립오염물 제거지는 퇴적된 유사의 빈번한 재부상을 방지하기 위하여 충분한 깊이가 필요하다. 이는 또한 계절평균 유입률을 5분간 정도 억류하는 경우에도 충분한 저류용량이 필요하고, 계절평균 시간당 유입량에 대하여 $V_s = 15\ \mathrm{m/h}$ 정도의 수면부하를 제공하기 위해서는 충분한 수면적이 필요하다.

평균호우로부터 유출이 $C = 0.3$, $i = 10\ \mathrm{mm/h}$, $A = 0.04\ \mathrm{km}^2$에 대하여 $Q = 0.278\,CiA = 0.278 \times 0.3 \times 10 \times 0.04 = 0.0334\ \mathrm{m}^3/\mathrm{s} = 120.24\ \mathrm{m}^3/\mathrm{h}$로 예상된다면 평균계절유출을 임의로

2배, 즉 240.48 m^3/hr로 가정한다. 이러한 가정하에서 상부조정지의 수면적은

$$A = \frac{Q}{V_s} = \frac{240.48}{15} = 16.03\ \mathrm{m}^2$$

5분간 억류에 필요한 상부조정지의 용량은

$$V = 240.48(\mathrm{m}^3/\mathrm{h})\frac{5\ \mathrm{min}}{60\ \mathrm{min/h}} = 20.04\ \mathrm{m}^3$$

이상이라야 한다. 따라서 이 경우 적정 상부조정지의 규모는 깊이 1 m, 길이 7 m, 폭 3 m가 될 것이다. 모든 큰 입자는 이 상부조정지에 침강되어 결과적으로 조정지의 유효가용수명이 연장된다. 큰 입자가 조정지에 침강되면 조정지의 용량이 감소하므로 상부조정지에 큰 입자가 침강되도록 하고 이들의 청소작업은 수질향상시설의 조작에 중요한 부분이다.

상부조정지의 또 다른 기능은 상부조정지와 조정지 사이에 설치되는 부유물 제거시설은 부유쓰레기의 조정지 유입을 막아서 부유물을 용이하게 제거할 수 있는 지역에 국한시키는 것이다.

(2) 건조정지

건조정지는 호우로 인한 빗물은 잠정적으로 가둬두고 건기에는 건조상태로 유지되는 조정지의 가장 보편적인 형태로 주목적은 첨두유량을 감소하는 우수의 양을 관리하는 효과적인 수단이다. 그러나 조정지의 방류구조는 큰 홍수에 적합한 구조로 설계되어 오염물을 많이 함유한 작은 유출을 저류하기에는 너무 크다. 따라서 우수의 양과 질의 관리기능을 제공하도록 개선된 조정지를 건조정지 또는 확장조정지라 한다. **확장조정지**(擴張調整池; extended detention basin)는 상부조정지, 상부지 및 하부지로 구성된다(그림 22.49). 상부지는 큰 호우 이외에는 건조상태에 있고, 하부지는 작고 빈번한 강우로 인한 유출을 저류하여 오염물의 침전을 도모한다. 오염물의 제거효율은 설계유출이 하부지에 얼마나 오래 잠겨있는가에 달려있다. 침전에 의하여 오염물을 제거하기 위한 건조정지는 24～60시간의 체류시간을 필요로 한다. 그러나 이 기간에도

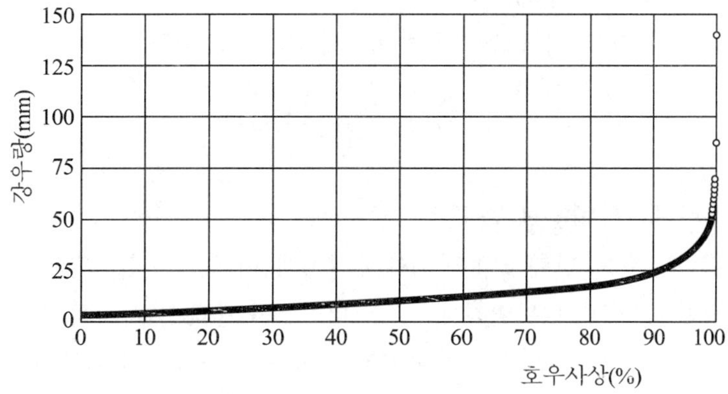

그림 22.48 강우량빈도분포(Albany, 뉴욕)

용존오염물은 제거되지 않는다. 체류시간과 방류구조의 규모결정은 설계수문곡선의 추적을 수행해서 결정된다. 많은 경우 우수관리는 유출률보다는 오염물을 제거하기 위하여 건조정지에 억류되는 유출체적에 근거한다. 이와 같이 억류에 필요한 유출체적을 **수질체적**(水質體積; water quality volume, WQV)이라 한다. 수질체적은 연평균 호우유출체적의 약 90%를 포착 처리하는데 필요한 용량이다. 포착되는 강우사상은 호우사상의 90% 또는 연 단위로 모든 24시간 호우의 90%에 같거나 큰 강우사상으로 재현기간이 3~4월 정도이다. 그림 22.48은 이를 설명하는 강우량빈도분포의 한 예이다. 실무에서 체류시간은 수질방류구를 통하여 수질체적을 배출시키는데 소요되는 시간이다. 수질관리용 용량이 채워지면 추가유입량은 유입 이전에 전환시키거나 여수로를 통해서 월류시킨다.

건조정지 용량과 방류구의 결정: 하부지는 수질체적을 억류할 수 있도록 설계된다. 미국에서 사용되는 수질체적과 배출시간은 다음과 같다.

지역	수질체적	배출시간(hr)
Hampton, 버지니아(1991)	(불투수지면 면적)×(13 mm)	30
Prince George County, 조지아(1984)	1년, 24시간 강우량에 의한 유출	24
Marlyland(1998)	R_V×(25.4 mm)×A	24

A는 집수면적(m^2), R_V는 체적유출계수, $R_V = 0.05 + 0.009I$, I는 불투수지면의 면적비율(%)

수질체적(WQV) 산정식은

$$WQV = R_V I_{90} A \tag{22.50}$$

여기서 WQV는 수질체적(m^3), R_V는 체적유출계수(volumetric runoff coefficient), I_{90}는 90% 누가빈도강우깊이(mm)(그림 22.48), A는 유역면적(m^2)이다(Akan, 2003).

$$R_V = 0.05 + 0.009(I) \tag{22.51}$$

여기서 I는 불투수피복면적(%)이다.

우수수질방류구는 다음 식으로 결정될 수 있다(Akan, 2003).

$$nA_o = \frac{V_Q}{t_e C_d \sqrt{gh}} \tag{22.52}$$

여기서 n은 오리피스의 수, A_o는 오리피스 단면적, V_Q는 수질체적, t_e는 비우는 시간, C_d는 오리피스 유량계수, h는 방류구의 중심에서 V_Q에 이르는 수심이다.

그림 22.49에서 유입된 물은 연직방류관의 다공부를 통해서 서서히 방류된다. 빗물과 같이 유입된 토사는 바닥에 침강된다. 실험에 의하면 부유물에 흡착된 오염물의 80 %는 실트와 점토에 부착되어 있다(Stahre, 1990). 방류관은 20~60시간 내에 전 유입량을 방류하여 바닥이 완전히 배수되도록 설계된다. 체류시간은 장기간일수록 수질관리에는 바람직하나 식생관리는 불리하다.

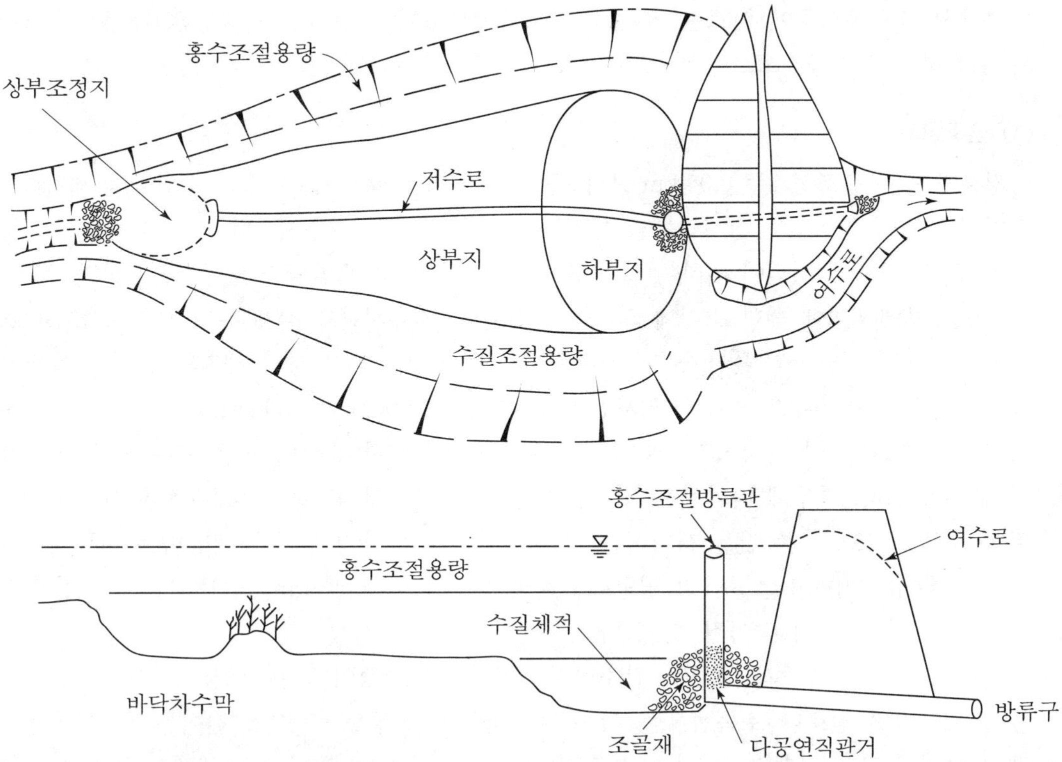

그림 22.49 건조정지 기본형태

조정지의 기능, 미관 및 유지관리를 위하여 다음 사항들이 필요하다.

- 유입부와 유출부 간의 흐름길이를 길게 하여 단락류를 최소화함으로써 오염물의 침전율을 높인다. **단락류**(短絡流; short circuiting flow)는 수조나 수로에서 흐름이 유입구에서 유출구를 통과하는 시간이 평균체류시간보다 짧은 흐름이다.
- 물이 조정지에서 배수되기 전에 침전이 효과적으로 일어나도록 하기 위하여 가능하면 유역으로부터 많은 유출을 수용하도록 충분한 용량을 제공한다.
- 호우 사이 기간에는 미관과 활용도를 최대화한다.
- 정기적인 유지가 용이한 구조로 한다.

그림 22.49에서와 같이 (1) 건조정지는 기다란 모양을 갖는다. 상부조정지를 제외한 길이−폭의 비는 3 정도로 한다. (2) 방류를 서서히 하고 큰 자갈로 방류구를 채워 단락류를 감소시킨다. 호우로 인한 빗물로 채워지고 배수되는 용량(습조정지의 초과용량과 비슷한)은 다양한 호우의 유출을 포착하기 위하여 습조정지보다 약간 큰 것이 필요하다. (3) 조정지용량을 연직방향에서 구분하여 낮은 구간(하부지)은 빈번한 유출에 사용되도록 한다. 질퍽한 바닥이나 습지를 제한해서 바닥의 많은 부분이 위락공간으로 활용되고 유지관리가 용이하도록 한다. (4) 유

입부에서부터 유출구에 이르는 저수로를 유지함으로써 조정지 바닥공간의 대부분을 건조상태로 활용하여 위락공간으로서의 이용도와 유지관리를 제고한다.

(3) 습조정지

저류지 또는 습조정지는 0.04 km^{2}보다 큰 유역에 적용되는 도시유출의 오염물을 제거하기 위한 건기에도 물이 잠겨있는 상시연못을 유지하는 작은 규모의 저수지이다. 저류지에서 오염물 제거는 그림 22.51에서 침전에 의하여 고형 오염물이 제거되고 오염물과 영양물은 생물학적 분해, 식물, 조류, 박테리아에 의한 소비에 의하여 제거된다. 저류시간을 길게 유지하면 토사, BOD, 유기영양물, 미량금속의 제거율이 높다. 상부조정지는 큰 입자의 유사의 제거와 준설에 효과적이다.

방류관은 상시 만수위 상부의 **임시초과**(臨時超過; temporary surcharge) 저류량을 서서히 방류하도록 설계된다. 이 임시초과 저류량은 작은 호우에 의한 유출이나 큰 호우에 의한 유출의 초기 부분이 된다. 경우에 따라서는 초기유출을 유집하고 계속되는 유출은 전환하는 구조도 채택된다(그림 22.23). 용존 인을 제거하는 기준에 따르면 상시 만수위에 해당하는 저류지용량은 우기 최다우(最多雨) 14일 동안의 평균유출체적으로 계산된다(Hartigan, 1981). 그러나 인의 제거가 아니면 용량은 더 작아질 수 있다.

저류지의 물은 증발과 침투로 감소한다. 바닥은 투수성이 낮은 토양이어야 한다. 투수성이 높은 토양이면 점토나 토목섬유를 이용하여 바닥의 침투를 줄인다. 깊이는 빛 침투를 최소로 해서 수초 성장을 억제할 수 있을 정도로 깊고 바람에 의해 혼합을 허용해서 폭기가 일어날 수 있을 정도로 얕아야 한다. 바닥에서 산소가 고갈되면 바닥토사는 산소결핍이 되고 영양물을 방출해서 조정지의 목적을 무위로 끝나게 한다. 가장 적합한 수심은 1～4 m 정도이다.

상시연못의 용량: 저류지에 의한 오염물의 제거효율에 가장 중요한 인자는 상시연못의 크기이다. 상시연못의 용량이 클수록 제거효과 또한 크게 된다. 그러나 용량이 어느 한계치 이상이 되면 침강에 의한 제거효과는 미미하다(그림 22.50).

	상시연못의 용량
FHWA(Brown 등, 1996)	>3(수질체적)
Montgomery, Maryland(1984)	>(13 mm)A(km^2)
Denver	1.0～1.5(수질체적)

습조정지(wet ponds)는 상시 저수위를 유지하는 조정지로 다음 사항들이 필요하다.

- 유입부와 유출부 간의 흐름길이를 가능하면 길게 하여 단락류를 방지함으로써 오염물의 침전율을 높인다.
- 정상적으로 발생하는 호우기간 동안에는 수면적을 최소화한다.
- 연속되는 호우 사이 기간 동안 정지조건에서 유사제거를 위하여 가능하면 보다 많은 유출을 포용할 수 있는 충분한 상시 저수위의 용량을 제공한다.

• 호우 사이 기간의 생화학적 처리의 조건을 향상시킨다.

그림 22.51에서와 같이 길이를 길게 하여 (1) 상부조정지를 제외한 경우 길이-폭 비를 2 이상 3 정도로 해서 몸체흐름이 가능하게 한다. **몸체흐름**(plug flow)은 먼저 유입된 흐름이 먼저 유출되고 흐름의 몸체(plug) 내에서는 혼합이 이루어지지 않는 흐름으로 정의된다. (2) 유입부에서

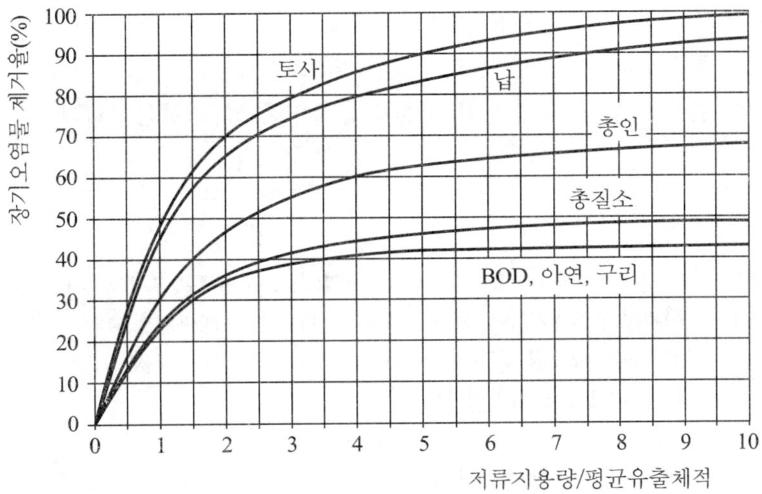

그림 22.50 상시연못 크기에 대한 오염물 제거율(Schueler, 1987)

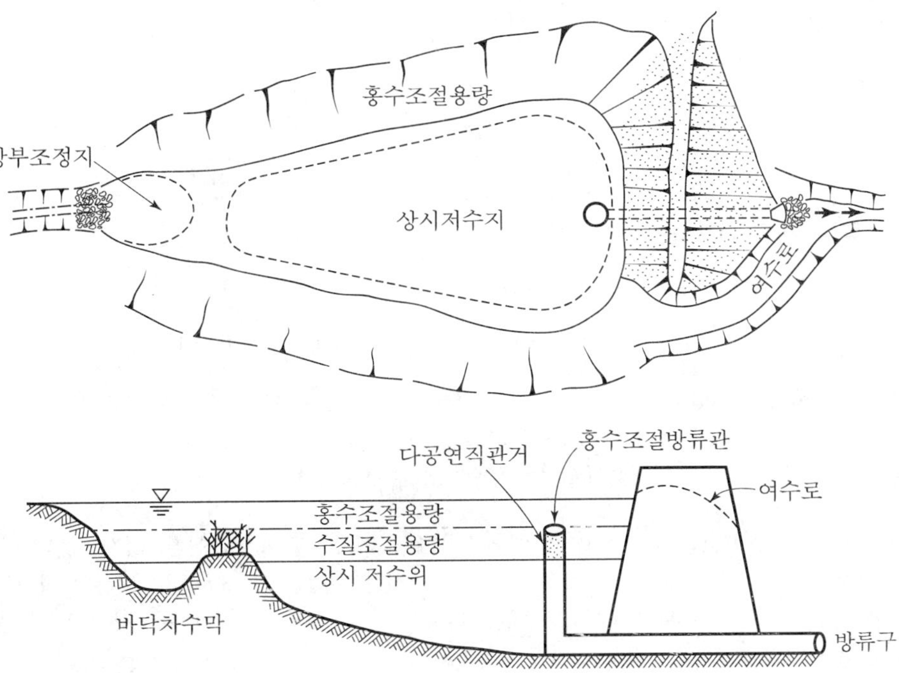

그림 22.51 습조정지 기본형태

유출부 방향으로 폭을 증가하여 확산효과를 높이고 **사대**(死帶; deadzone)가 형성되지 않도록 한다. (3) 상부조정지의 유출부에 정류시설을 설치하여 젵흐름을 방지하여 조정지에 유입될 때 완전한 확산이 일어나도록 한다. 정류시설은 부식에 강한 목재, 부식에 강한 재료, 또는 식생이 이용된다. (4) 상시 저수위의 용량을 충분히 크게 하고 다년간의 유사퇴적에 대비하여 25% 정도 증가시킨다. (5) 평균유출이 상시 저수위 위에 위치하는 초과용량(surcharge)을 포용할 수 있도록 유출구를 설계한다. 초과용량은 일반적으로 약 12시간에 배수한다. 보다 큰 호우기간에는 초과용량이 방류관이나 여수로를 통하여 월류되도록 허용된다. (6) 평균수심은 1~4 m를 유지한다. 바닥식생을 조성하여 조정지의 생물학적 처리특성을 향상시킨다.

예제 22.15

불투수피복면적의 비율이 46%, 면적이 2 km^2인 지역에 대한 불투수지면에 내린 12 mm의 강우유출의 수질체적을 수용하고 30시간에 방류하는 저류지가 계획된다. 상시저수지(연못)의 용량은 수질체적 3배의 체적을 필요로 하고 수질방류구의 유량계수는 0.6이다. 수위-유량곡선은 그림 22.52와 같다. 상시연못의 용량, 수질체적, 수질방류구의 크기를 결정하라.

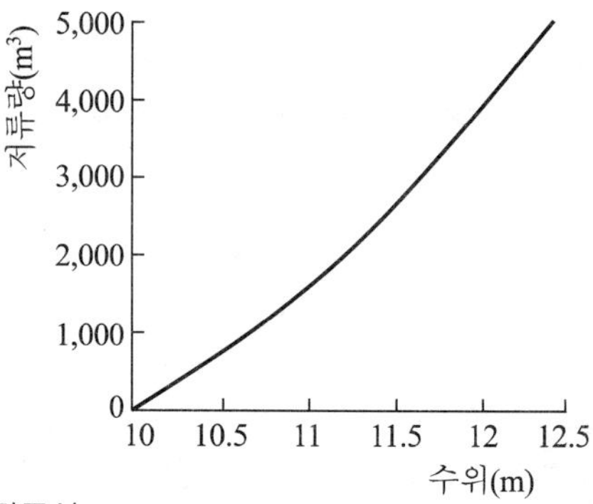

그림 22.52 예제 22.15의 수위-유량곡선

[풀이] 먼저 수질체적을 결정한다. 체적유출계수 R_V는 식 (22.51)에 따라

$$R_V = 0.05 + 0.009(I) = 0.05 + 0.009 \times 46 = 0.464$$

불투수피복면적이 $0.46(0.2 \times 10^6) = 92{,}000\ \mathrm{m}^2$이므로 12 mm 강우량에 대한 수질체적(식 22.50)은

$$WQV = R_V I_{90} A = 0.464\left(\frac{12}{1000}\right)(2 \times 10^6) = 1{,}114\ \mathrm{m}^3$$

수질체적의 3배에 해당하는 상시연못의 체적은 $3(1{,}114) = 3{,}342\ \mathrm{m}^3$이다. 상시연못의 바닥표고는 10 m (그림 22.52)이다. 그림 22.52로부터 3,342 m^3에 해당하는 수위는 11.73 m이고 이는 상시연못의 수면표고가 된다. 저유량 오리피스는 11.73 m 바로 위에 위치한다. 3,342 m^3에 해당하는 상시연못수위 11.73 m 위에 1,114 m^3의 수질체적이 유입되므로 수질체적과 상시연못체적의 합은 $1{,}114 + 3{,}342 = 4{,}456\ \mathrm{m}^3$이고 이에 상응하는 수위는 그림 22.52로부터 12.17 m이다. 따라서 저류지의 최대수위는 12.17 m가 된다. 방류구에 대한 수

두는 $h = 12.17 - 11.73 = 0.44$ m, 유량계수 0.6, $n = 1$, 비우는 시간 $t_e = 30\ \text{hr} = 30 \times 3600 = 10{,}800$ s 이므로 방류구의 면적은 식 (22.52)에 따라

$$A_o = \frac{1{,}114}{0.6(108{,}000)\sqrt{9.81 \times 0.44}} = 0.00827\ \text{m}^2 = 82.7\ \text{cm}^2$$

오리피스의 면적 82.7 cm^{2}에 대한 오리피스 직경은 10 cm이다.

---

(4) 수량·수질관리를 위한 다목적 조정지 설계

유역으로부터 유출의 수질관리는 재현기간이 6개월 내지 1년의 작은 강우에 의한 유출을 대상으로 설계된다. 그러나 홍수조절의 대상이 되는 경우에는 재현기간이 5년 또는 그 이상이 된다. 이들 양자의 목적을 달성하기 위해서는 **계통내**(系統內; on-line) 다목적시설이 필요하다(Whipple, 1987). 다목적 조정지의 방류공은 수질관리의 대상이 되는 유출은 서서히 방류할 수 있는 수위에 위치해야 하고 이보다 높은 수위에서는 홍수조절에 필요한 저류용량과·방류능력이 확보되어야 한다.

그림 22.53은 다목적 조정지의 개괄도이다. 1단계 방류관은 수질관리 대상이 되는 유출을 포착해서 서서히 방류하도록 설계된다. 2단계 방류는 5년 빈도 이상의 강우에 대한 유출을 수용하도록 하여 5년 빈도 강우사상이 발생하는 동안에 개발 이후 방류량이 개발 이전 유량을 초과하지 않도록 설계된다. 3단계는 여수로와 2단계 방류관을 통한 유량의 합이 개발 전 10~100년 홍수량을 초과하지 않도록 한다. 여수로는 둑이 월류되지 않고 개발 이후의 100년 또는 그 이상의 홍수를 안전하게 방류할 수 있도록 설계되어야 하며, 둑과 여수로는 큰 홍수에 대해서 안전하게 견딜 수 있도록 설계되어야 한다. 산업시설에 필요한 조정지의 규모는 공원의 6배, 주거지역의 2배가 필요하다.

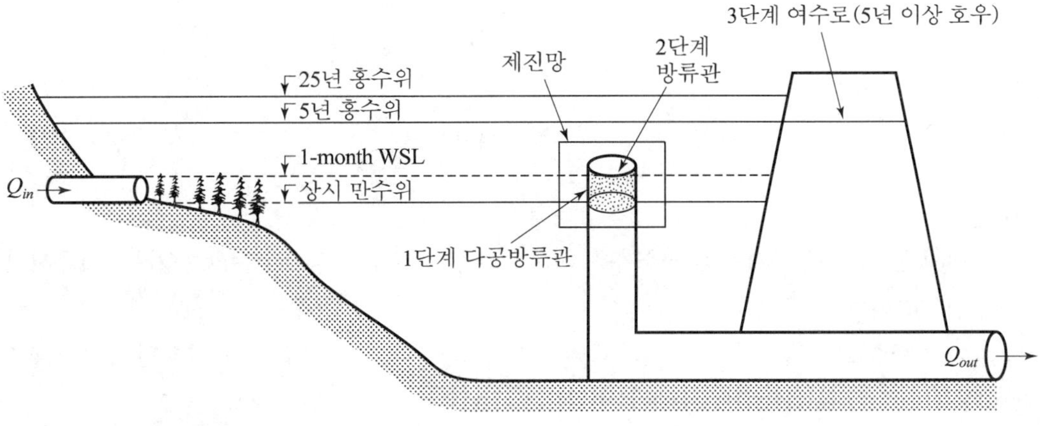

그림 22.53 다목적 조정지 개괄도

22.10.2 EPA 습조정지 설계방법

이 방법은 미국 환경청(EPA)에 의한 강우와 유출해석에 대한 확률적 기법과 유사제거에 대한 침전이론의 조합이다. 조정지에서 침전은 호우사상 동안에는 동역학적인 조건에서 일어나고 호우사상 사이의 장기건기동안에는 정온조건에서 일어난다. 조정지의 장기해석은 4단계로 수행된다.

1. 평균호우유출에 대한 동역학적 오염물 제거효율
2. 동역학적 조건에서 장기제거효율
3. 정온조건에서 장기제거효율
4. 동역학 및 정온의 조합조건에서 전체적인 제거효율

이는 동역학적 조건과 정온조건으로 구분하여 기술된다.

1. 동역학적 조건–평균유출로부터 오염물 제거

Fair와 Geyer(1954)에 의하면 동역학적 조건에서 초기 고형물의 제거비율은

$$R_M = 1.0 - \left[1.0 + \frac{1}{n}\frac{V_s}{Q_M/A_b}\right]^{-n} \tag{22.53}$$

여기서 R_M은 동역학적 조건에서 평균유출로부터 제거되는 초기 고형물비율(mean storm dymamic removal), V_s는 입자의 침강속도, Q_M은 첨두통과유량, A_b는 조정지의 수면적 및 n은 침강지수이다. 침강조건에 대한 n값은 다음과 같다.

$n=1$	빈약한 침강
2	평균적인 침강
3	양호한 침강
>5	우수한 침강
$n=\infty$	이상적인 침강

n이 무한대가 되면 식 (22.53)은 지수형이 된다.

$$R_M = 1.0 - \exp(-kt_d) \tag{22.54}$$

여기서 k는 $k = V_s/h_b$로 침전율계수, h_b는 조정지 평균수심, $t_d(=\forall/Q)$는 체류시간, $\forall$는 조정지체적이다.

그림 22.54, 22.55는 식 (22.53)의 정확해를 나타낸다. 그림 22.54는 양호한 침강조건인 $n=3$의 경우이고 그림 22.55는 침강이 빈약한 조건인 $n=1$의 경우이다.

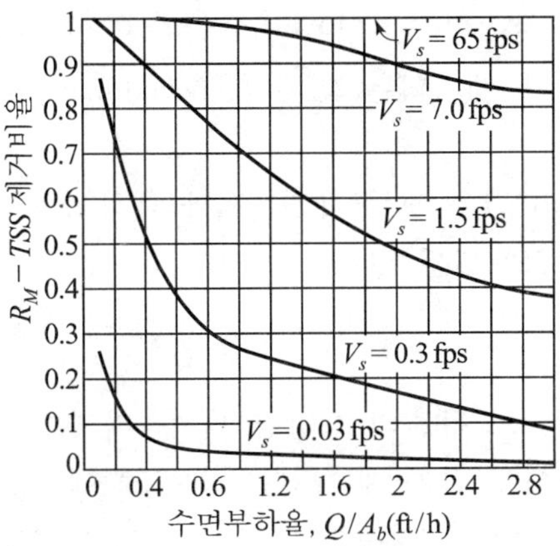

그림 22.54 부하율과 침전에 의한 제거비율($n=3$)

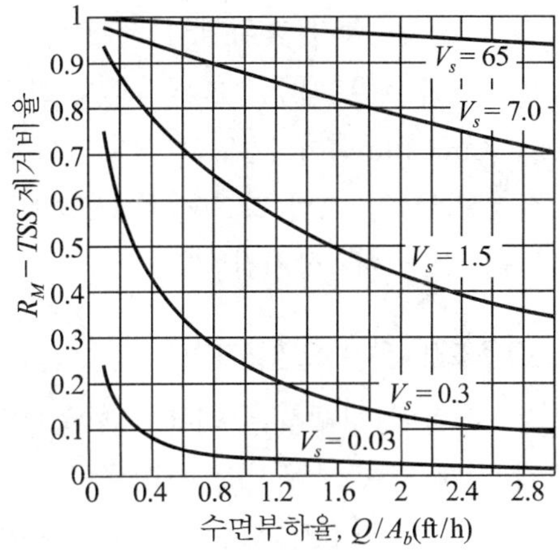

그림 22.55 부하율과 침전에 의한 제거비율($n=1$)

2. 동역학적 조건–장기 오염물제거

동역학적 조건에서 제거되는 장기 오염물제거는 식 (22.55)로 결정된다. 이는 시간 강우깊이의 변화를 반영하고 해석결과는 그림 22.56과 같다. 평균강우강도와 체적을 이용한 계산은 정확하지는 않으나 계획단계에서는 유용하다.

$$R_L = Z\left[\frac{r}{r-\ln\left(\dfrac{R_M}{Z}\right)}\right]^{(r+1)} \tag{22.55}$$

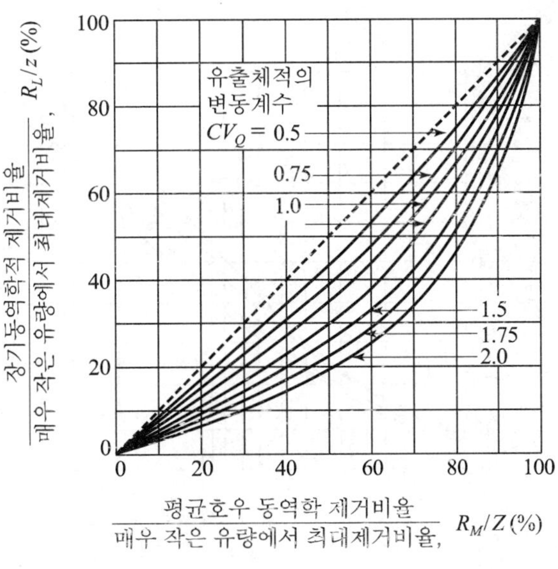

그림 22.56 동역학적 조건에서 장기 제거비율

여기서 R_L은 장기 동역학적 제거비율(long term dynamic removal), r은 $1/CV_Q^2$ 이고 CV_Q는 유출유량의 변동계수, Z는 매우 작은 유량에서 제거되는 최대비율(Maximum Removal at Very Low Flow)이다.

식 (22.55)와 그림 22.56을 이용하는 경우 Z의 값은 모든 제거비율에 대하여 80~100 %로 가정될 수 있다. 장기간 제거비율 R_L은 식 (22.55) 또는 그림 22.56을 이용하여 구한다.

3. 정온조건-장기 오염물제거

지표유출이 발생하는 것은 1년 중 일부기간이므로 유출의 상당량이 조정지에 포착·체류상태에 있게 되어 호우사상 사이 동안 정온조건에서 침전이 계속된다. 정온조건에서는 강우유출체적에 대한 조정지의 상대적인 체적이 TSS제거효과를 결정한다. 정온조건에서 TSS제거비율은 식 (22.56)으로 개략적인 계산이 가능하다.

$$R_Q = V_s A_b \tag{22.56}$$

여기서 R_Q는 장기 정지조건에서 고형물 제거율, V_s는 입자의 침강속도(ft/h), A_b는 조정지 수면적(ft^2)이다.

정온기간의 발생과 기간은 무작위 과정이다. 따라서 TSS제거비율 산정이 장기평균치로 산정되더라도 무작위 과정을 반영하기 위하여 조정이 필요하다. 식 (22.56)의 R_Q에 대한 조정은 그림 22.57을 이용하여 가능하다.

그림 22.57을 이용하여 TSS제거비율을 계산하기 위해서는 유효저류체적(effective storage volume) $\forall_E$와 평균유출체적(mean runoff volume) $\forall_R$의 비 $\forall_E/\forall_R$가 필요하다. 유효저류

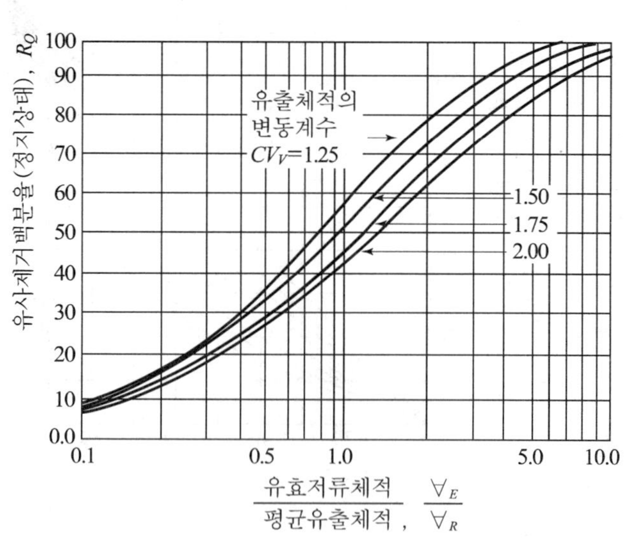

그림 22.57 정온조건에서 장기 평균제거비율

체적 $\forall_E$는 조정지의 총체적과는 같지 않고 정온기간에 대하여 상대적으로 언제 어떤 상태로 호우가 일어나느냐에 따라 다르게 된다.

$\forall_E/\forall_R$는 그림 22.58을 이용해서 구해질 수 있다. 이를 구하기 위해서 필요한 유역의 평균 유출체적 $\forall_R$(ft^3)은 강우–유출모형을 이용해서 구해질 수 있다.

$$\forall_R = CRA \tag{22.57}$$

여기서 C는 유출계수, R은 평균강우깊이 및 A는 유역면적이다.

필요한 자료가 주어지면 그림 22.58에서 조정지 저류체적(storage basin volume) $\forall_B$와 평균유출체적(mean runoff volume) $\forall_R$의 비 $\forall_B/\forall_R$와 제거율비 E(식 22.58)를 이용하여 $\forall_E/\forall_R$를 결정한다.

$$E = \frac{U_M R_Q}{\forall_R} \tag{22.58}$$

여기서 U_M은 호우 간의 평균시간간격(hr)이다. $U_M R_Q$는 호우사상 사이 동안의 정온조건에서 U_M 동안 제거되는 TSS의 체적으로 이는 조정지를 비우는 물의 양이다. 따라서 E는 평균유출체적에 대한 정온조건에서 제거되는 TSS체적의 비이다.

$\forall_B/\forall_R$는 수질개선과 관계를 가져서 $\forall_B/\forall_R$가 크게 되면 오염물 제거가 증가된다. 습조정지에서 인과 부유고형물의 경우 $\forall_B/\forall_R$=6～7 범위에서 제거효과가 최대이다(NRCS, 1975).

정온조건에서 오염물제거효율을 결정하기 위해서는 R_Q, $\forall_R$, E를 먼저 구하고 이들을 이용하여 그림 22.58로부터 $\forall_E/\forall_R$를 구한다. 마지막으로 그림 22.57에서 $\forall_E/\forall_R$에 대한 R_Q를 얻는다.

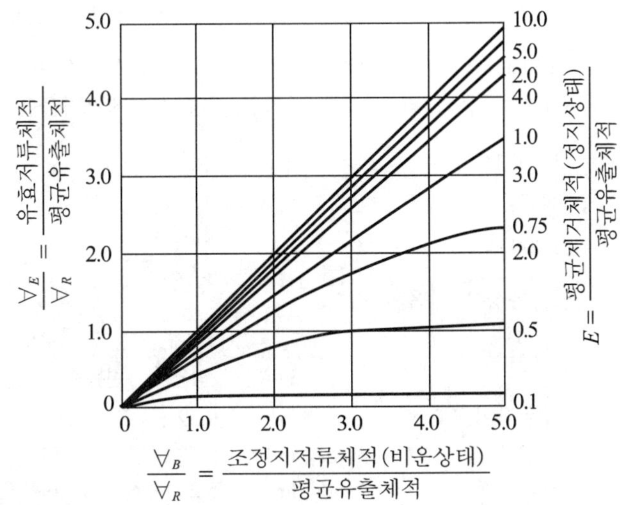

그림 22.58 정지상태에서 장기제거에 대한 선행강우의 영향

4. 동역학적-정온의 조합조건에서 전체적인 제거효율

앞에서 기술된 기법은 TSS의 제거에 관한 동역학적인 조건과 정지조건이 개별적으로 기술된 내용이다. 다음은 이들 두 조건의 조합상태에서 TSS제거기법이 기술된다.

조정지가 동역학적 조건에서 조작되는 시간비율이

$$f_D = \frac{D}{U_M} \tag{22.59}$$

로 정의되면 정온상태에 조작되는 시간비율은

$$f_Q = (1.0 - f_D) \tag{22.60}$$

여기서 D = 평균 호우지속기간, U_M = 호우의 중앙시점 간의 평균시간간격이다.

조정지에 처음 유입되는 TSS제거는 동역학적 조건에서 이루어진다. 큰 조정지에서는 이러한 과정이 선행호우로 인한 유입량이 완전히 배수되기 전에 다른 호우로 인한 유출이 발생하므로 동역학적 제거는 1회 이상 발생할 수 있다.

정온상태에서 제거과정은 호우로 인한 유출이 끝나고 호우초과용량이 배수된 후 조정지에 잔류되는 유입량 부분에 대하여 일어난다. 침강과정은 동역학적 조건에서 제거되지 않은 TSS 부분에 대하여 계속된다. 두 과정에서 제거되는 총량은

$$f_T = 1.0 - F_D \cdot F_Q \tag{22.61}$$

여기서 f_T =TSS의 총 제거비율, F_D는 동역학적 조건에서 제거되지 않은 비율$(1-\overline{R}_L)$ 및 F_Q는 정온조건에서 제거되지 않은 비율$(1-\overline{R}_Q)$이다.

예제 22.16

장기간 평균 TSS제거 - 100 acre의 주거지역이 개발된다. 유출계수는 $C=0.25$이다. 조정지는 모든 유출이 유집하도록 되어 있고 규모가 다음과 같을 경우 장기간 평균 TSS제거비율을 산정하라.

수면적 $A_b = 12{,}000\ \text{ft}^2$

평균수심 $h_b = 4\ \text{ft}$

저류용량 $V_B = 48{,}000\ \text{ft}^3$

강우통계치와 TSS의 입자특성은 다음과 같다.

	단위	평균	변동계수, CV
강우깊이, R	in	0.52	1.54
강우강도, i	in/hr	0.122	1.35
지속기간, D	hr	5.2	1.29
호우 간 평균시간, U_M	hr	87	1.06

1. 평균유출에 관한 매개변수의 계산

유출첨두(합리식) $Q_M = CiA = 0.25 \times \dfrac{0.122}{12} \times 100 \times 43{,}560 = 11{,}100\ \text{ft}^3/\text{hr}\ (1\ \text{acre} = 43560\ \text{ft}^2)$

유출체적 $\forall_R = CRA = 0.25 \times \dfrac{0.52}{12} \times 100 \times 43{,}560 = 47{,}190\ \text{ft}^3$

유출첨두와 유출체적은 강우와 같은 통계적 분포를 갖는 것으로 가정한다. 따라서

$$CV_Q = 1.54,\quad CV_V = 1.35$$

다음에 예시되는 계산은 다음 표의 성분크기 1에 대한 내용이고 성분크기 2~5에 대해서는 결과가 표에 주어진다.

2. 동역학적 조건에서 제거비율 계산

평균 호우지속기간의 평균부하율

$$\frac{Q_M}{A_b} = \frac{11{,}100}{12{,}000} = 0.925\ \text{ft/hr}$$

TSS를 구성하는 각 크기성분은 고유침강속도를 가지며 각 구성부분의 침전에 의한 제거비율 R_M은 식 (22.53) 또는 그림 22.55($n = 1$ 이라 가정)로부터 구해진다. 다음은 매우 낮은 부하율에서 TSS제거를 나타내는 Z의 결정이 필요하고 일반적으로 $Z = 1.0$ 으로 가정된다. $Z = 1.0$ 과 식 (22.53) 또는 그림 22.55로 계산된 R_M의 비인 R_M/Z와 $CV_Q = 1.54$ 를 이용하여 그림 22.56 또는 식 (22.55)로부터 TSS 성분크기별 장기간 평균제거비율 R_L을 구한다. 이들 계산과정은 다음 표와 같다.

성분크기 (1)	V_S (ft/hr) (2)	R_M (식 22.53 또는 그림 22.55) (3)	성분크기별 제거비율 R_L (그림 22.56) (4)
1	0.03	0.03	0.03
2	0.3	0.27	0.12
3	1.5	0.66	0.36
4	7.0	0.89	0.70
5	65.0	0.99	0.99

동역학적 조건에서 제거비율은 4란 R_L의 평균이 $\overline{R}_L = 0.44$이고 동역학적 조건에서 제거되지 않는 부분 비율은 $F_D = 1.0 - 0.44 = 0.56$이다.

3. 정온조건에서 제거비율 계산

조정지용량과 평균유출체적의 비

$$\frac{V_B}{V_R} = \frac{48{,}000}{47{,}190} = 1.02$$

그림 22.57을 이용하기 위해 먼저 V_E/V_R를 결정한다. V_E/V_R는 그림 22.58을 이용해서 구해지고 이를 위해서는 식 (22.58)을 이용하여 E를 먼저 계산한다. 성분크기 1의 경우

$$E = \frac{U_M R_Q}{V_R} = \frac{U_M(A_B V_s)}{V_R} = \frac{87(12{,}000 \times 0.03)}{47{,}190} = 0.7$$

그림 22.58에서 $V_B / V_R = 1.02$와 $E = 0.7$에 대하여 $V_E / V_R = 0.7$을 읽는다. 다음에는 그림 22.57에서 $V_E / V_R = 0.7$과 유체체적의 변동계수 $CV_V = 1.35$를 이용하여 $R_Q = 47\%$를 읽는다. 정온상태에서 TSS제거 계산과정과 결과는 다음 표와 같다.

성분크기	V_s (ft/hr)	$A_b V_s$ (ft^3)	E	V_E / V_R (그림 22.58)	제거백분율 R_Q (그림 22.57)
1	0.03	360	0.7	0.7	47
2	0.3	3,600	6.7	0.95	57
3	1.5	18,000	33.2	1.02	58
4	7.0	84,000	155.0	1.02	58
5	65.0	780,000	1,440.0	1.02	58

정온상태에서 R_Q의 평균제거비율은 6란의 평균으로 $\overline{R}_Q$=56%이고 정온상태에서 제거되지 않은 TSS비율은 $F_Q = \frac{100-56}{100} = 0.44$이다. 이는 동역학적 조건에서의 결과와 일치한다.

4. 조합조건에서 제거비율 계산

이는 식 (22.61)에 따라 계산된다.

$$f_T = 1.0 - F_D F_Q = 1 - 0.56 \times 0.44 = 0.75$$

이를 성분크기별로 나타내면 다음 표와 같다. 결과에서 주목되는 사실은 성분크기 4, 5에서는 정온조건에서 제거된 비율이 동역학적 조건에서의 제거보다 작은 점이다. 이 사실은 비교적 큰 입자는 동역학적 조건에서 제거되고 미세입자는 정온조건에서 침전이 효과적임을 시사한다.

성분크기	V_S (ft/hr)	동역학적 제거율(%)	정온조건 제거율(%)	조합제거율 (%)
1	0.03	3	47	48
2	0.3	12	57	62
3	1.5	36	58	73
4	7.0	70	58	87
5	65.0	99	58	100
평균		$\overline{R}_L$=44	$\overline{R}_Q$=56	75

5. 상기 계산에서 모든 TSS제거는 침전에 의해서만 제거되는 것으로 가정되었고 유입과 파랑작용에 의한 바닥유사의 재부상, 조정지 내의 화학적 및 생물학적 과정에 의한 오염물의 재이동, 또는 생물학적 과정에 의한 오염물의 제거는 포함되지 않았다.

22.11 도시유출관리 모형

다양한 도시우수계통 설계모형이 개발되었으며 대부분은 개인용 컴퓨터에 적용 가능하다. 이들 모형은 기존 우수배수시설의 평가, 신규시설의 설계 및 대안수립에 사용될 수 있으며 근래에는 도시유출에 의한 수질관리 부분이 포함되어 도시유출관리를 가능하게 하는 모형으로 보완되었다. 대표적인 모형으로 ILLUDAS, STORM 및 SWMM 등을 들 수 있으며 이들은 16.6절에서 상술된다.

도시유출관리 모형의 선정

모형의 선정은 사용빈도, 정확도, 출력의 종류, 모형을 실행하는 데 소요되는 시간, 모형의 검정과 검증에 할애할 수 있는 시간 및 투자정도에 따라 결정되어야 한다. 표 22.18은 Tomo (1982)에 의한 모형의 적용성을 나타낸다.

표 22.18 도시유출모형의 적용성

적용항목	합리식	단위도	STORM	SWMM	ILLUDAS
특정 강우사상의 선정	부적당	부적당	우수	양호	불량
도시지역의 예비해석	보통	양호	양호	양호	우수
도시지역의 세부해석	양호	불량	보통	우수	양호
조정지/저류지의 용량해석	부적당	부적당	우수	양호	양호
조정지/저류지의 용량설계	부적당	부적당	양호	우수	양호
용량초과계통의 해석	부적당	부적당	부적당	양호	부적당
소규모계통의 첨두계산	양호	보통	불량	양호	우수
우수계통의 설계 (개수로와 관수로)	보통	보통	불량	양호	양호

문 제

합리식

22.1 어느 유역이 잔디($C=0.3$) 30 %, 나지($C=0.4$) 35 %, 포장($C=0.4$) 35 %로 구성된다. 도달시간이 20분이고 호우지속기간은 3시간이다. 가중평균 유출계수와 선행강우조건에 대하여 보정된 유출계수를 구하라.

22.2 상이한 방법으로 지점 D에 대한 도달시간을 산정하라.

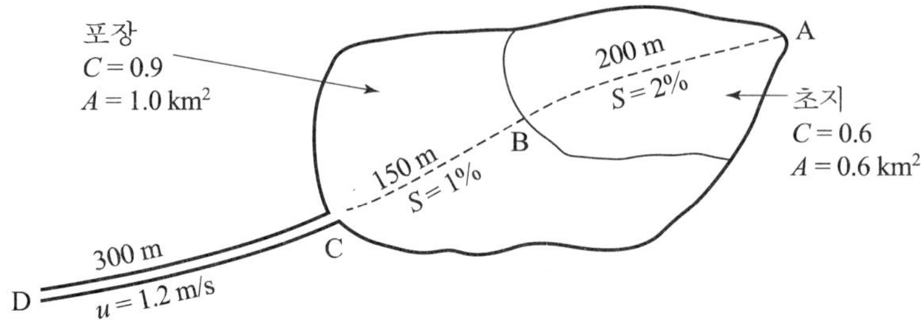

22.3 문제 22.2에서 그림 22.8을 이용하여 C점까지 도달시간을 결정하라.

22.4 합리식에서 C_i는 무엇을 나타내는가? 설계유량과 지속기간의 항으로 i의 의미를 기술하라.

22.5 0.024 km^2 주차장의 도달시간이 20분이다. $C = 0.6$일 때 다음 어느 경우에 첨두유량이 크게 되는가? 필요하면 가정을 하라. (a) 10분 지속기간에 100 mm/hr, (b) 40분 지속기간에 25 mm/hr

22.6 유역면적이 25 km^2, 도달시간이 100분인 유역에 200분 동안 70 mm/hr의 강우가 내렸다. 유출계수가 0.8일 때 강우시작 130분에서 최대유량을 합리식으로 결정하라.

22.7 문제 22.2의 C점의 10년 빈도 첨두유량을 합리식으로 산정하라. 그림 21.3의 IDF곡선을 이용한다.

우수관거설계

22.8 그림에 보인 유역에 대하여 각 유입구에 대한 첨두유량을 합리식으로 구하고 각 관거의 용량을 결정하라. 20년 빈도와 그림 21.3을 이용하라.

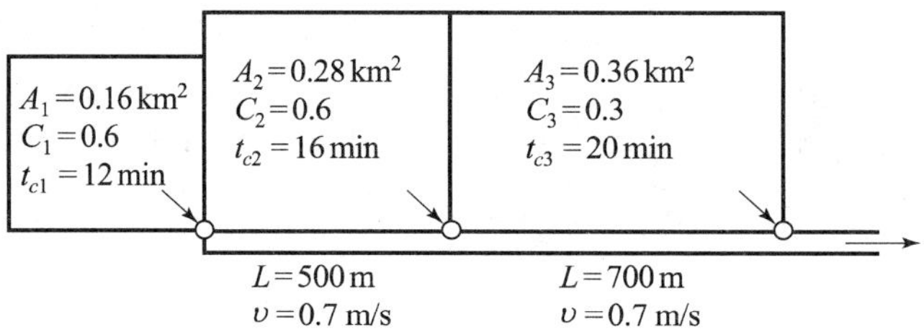

22.9 다음 배수구역의 흐름방향이 표시되어 있다. 합리식으로 각 우수관거에 유입되는 10년 빈도 첨두유량을 식 21.4를 적용하여 합리식에 의하여 산정하라. 맨홀 사이의 유하시간은 각각 5분, 4분이다. 또한 각 우수관거의 용량을 산정하라.

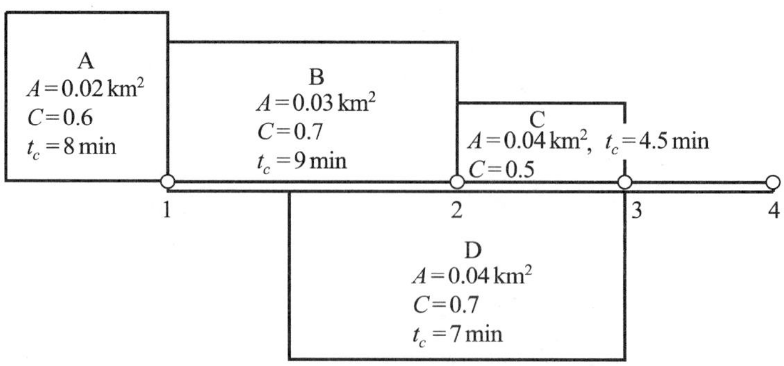

22.10 합리식에 의하여 각 우수관거의 10년 설계우량을 결정하라. 강우강도는 식 (21.4)를 적용한다. 우수관거의 평균유속은 1.3 m/s이다.

배수구역	면적 (ha)	C	유입시간 (min)	우수관거	길이 (m)	경사
A	0.20	0.7	10			
				1～3	170	0.0075
B	0.25	0.6	10			
				2～3	500	0.0100
C	0.15	0.9	6			
				3～5	200	0.0080
D	0.15	0.9	6			
				4～5	250	0.0120
E	0.20	0.65	10			
				5～6	200	0.0075
F	0.25	0.6	10			
G	0.30	0.8	10			

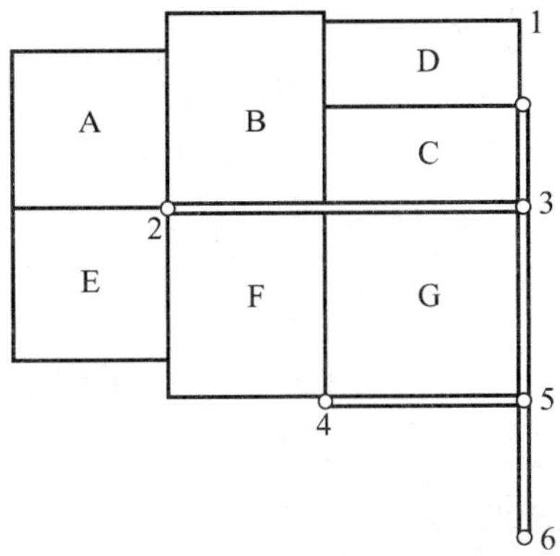

측 구

22.11 폭 20 m인 아스팔트 포장도로의 종방향경사가 1 %, 횡경사가 2 %이다. 측구유입구 간격이 60 m일 때, 유입구의 첨두유량을 구하라. 강우강도는 $i = 4{,}572/(t+25)(\mathrm{mm/hr})$이고 유출계수는 $C = 0.80$ 이다.

22.12 폭이 12 m, 종방향경사가 0.07, 횡경사가 0.025인 도로측구의 수면폭이 2 m로 제한되는 경우 측구의 용량을 구하라.

22.13 폭 40 cm의 쇠살대유입구가 경사 0.03인 측구에 설치된다. 쇠살대의 두께는 4.5 cm이고 도로의 횡경사는 0.025이다. 쇠살대유입구가 측구유량의 전량을 수용할 경우 유입구의 길이와 차집되는 유량을 결정하라. 연석에서 수심이 12 cm로 제한될 경우 유입구의 길이와 차집되는 유량은 얼마인가? $n = 0.016$

22.14 문제 22.13에서 연석유입구가 설치되고 바닥저하가 6 cm이다. 연석에서 수심이 12 cm일 때, 모든 유량을 차집하는 데 필요한 연석유입구의 길이를 결정하라. 동일한 조건에서 길이 2 m의 유입구에 의하여 차집되는 유량은 얼마인가?

조정지

22.15 8 ha의 면적이 개발되어 배수구역의 가중평균 유출계수가 $C = 0.4$ 가 되었다. 도달시간은 15분이다. 이 지역에 연결되는 기존의 우수관거 용량이 0.35 m^3/s이다. 조정지가 필요한가? 필요하다면 용량을 결정하라. 서울지역으로 20년 빈도가 적용된다.

22.16 유역면적이 60 ha이고 그 중 40%는 불투수면이고 나머지는 잔디이다. 이 지역의 유출을 0.36 m^3/s로 제한하는 경우 조정지의 규모를 결정하라. 도달시간은 15분이고 10년 빈도에 서울지역 IDF를 적용한다.

22.17 면적이 40 ha인 주거지역의 유출계수는 $C = 0.65$ 이고 도달시간은 35분이다. 이 지역의 유출을 0.07 m^3/s/ha로 제한하는 경우 조정지의 용량을 결정하라. 30년 빈도에 서울지역 IDF를 적용한다.

22.18 0.1 km^2의 면적이 개발되어 유출계수는 0.2에서 0.4로 증가하고 도달시간은 0.25 hr에서 0.15 hr로 감소했다. 서울지역에서 10년 빈도에 대한 조정지용량을 결정하라.

22.19 0.8 km^2의 면적개발로 인하여 유출계수는 0.3에서 0.5로 증가하고 도달시간은 45분에서 30분으로 감소했다. 서울지역에서 재현기간 30년에 대한 조정지 규모를 결정하라.

22.20 유역면적이 0.4 km^2, 도달시간이 30분, 유출계수가 0.6인 유역으로부터 하류로 방류되는 유량이 3 m^3/s로 제한되는 경우 100년 빈도에 해당하는 조정지용량을 결정하라. 100년 빈도 강우강도는 다음과 같다.

지속시간(min)	10	15	20	25	30	35	40	45	50
강우강도(mm/hr)	178	150	130	115	103	94	87	80.8	75.4

	60	70	80	90	100	110	120	120	140
	66.8	60.0	54.8	50.5	46.7	43.7	41.1	38.6	36.6

22.21 문제 22.20에 수정합리식을 적용하여 조정지용량을 결정하라.

22.22 면적 0.25 km^2가 개발된다. 개발 전후 유출계수는 각각 0.3, 0.55이고 도달시간은 각각 30분, 18분이다. 그림 21.3이 적용되는 것으로 가정하고 25년 빈도 조정지용량을 구하라. 개발 후 첨두유량은 개발 전의 값을 초과할 수 없다.

22.23 예제 22.13에서 계곡에 흙댐을 쌓아서 조정지를 건설하는 것과는 달리 지반을 굴착해서 조정지를 건설한다. 조정지의 규모와 방류시설을 설계하라. 설계과정에서 예제 22.13과 다른 점을 그림 22.36의 표고-저류용량 곡선이다. 조정지의 벽면을 사면으로 할 경우 조정지체적은 식 (a)와 같다. 예제 22.13의 그림 22.36은 식 (c)로 대치된다.

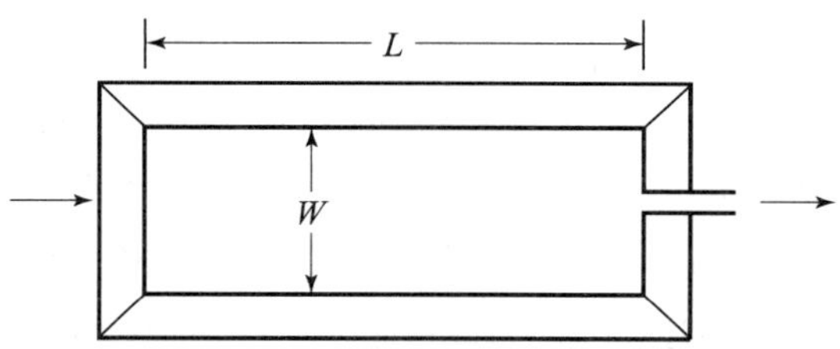

$$V=\left[\frac{LW+(L+8y)(W+8y)}{2}\right]y \tag{a}$$

여기서 y는 수심이다. $L=3W$로 가정하면

$$V=\left[\frac{LW+(3W+(3W+8y)(W+8y))}{2}\right]y \tag{b}$$

$$V=3W^2y+16Wy^2+32W^2 \tag{c}$$

22.24 면적 1.2 km^2의 지역이 개발된다. 계통내조정지로 100년 홍수에 이르기까지 개발 후의 유출이 개발 전 유출첨두의 초과가 허용되지 않는다. 강우량자료에는 그림 21.3이 이용되는 것으로 가정된다. 개발 전후 수문조건과 표고-저류량은 다음과 같다.

	개발 전	개발 후
유출계수	0.3	0.6
도달시간(hr)	1.1	0.6

표고(m)	0	2	4	6	8	10	12
저류량(1,000 m^3)	0	2	6.5	15	30	56	100

우수수질 관리조정지

22.25 확장조정지의 수심-저류량의 관계가 $S=600\ h^{2/3}$이다. 수질체적이 600 m^3, 오리피스 유량계수는 $C_d=0.6$, 비우는 시간이 24시간인 경우 방류구를 설계하라.

22.26 면적 1.6 km^2에 대한 습조정지를 설계하라. 불투수피복면적의 비율이 42%, 14 mm의 강우유출은 24시간에 방류되고 상시연못의 용량은 수질체적의 2.5배의 체적을 필요로 한다. 수질방류구의 유량계수는 0.6, 방류구는 상시연못수위에 위치한다. 수위-유량곡선은 그림 22.52와 같다.

22.27 유출계수가 0.6, 면적이 5 ha인 상업지역의 하류부에 용량이 6,000 ft^3, 수면적이 1,300 ft^2, 평균수심이 3.5 ft인 침전지가 위치한다. 이 지역에서 유출되는 입자와 강우 특성은 다음과 같다. 장기평균TSS의 제거부분을 산정하라.

성분크기	도시유출의 질량성분(%)	침강속도 (ft/h)
1	0～20	0.03
2	20～40	0.25
3	40～60	1.2
4	60～80	5.2
5	80～100	61.0

강우특성	평균	변동계수 (CV)
평균강우량(in)	0.5	1.4
평균강우강도(in/h)	0.08	1.3
지속기간(hr)	4.6	1.1
호우 간 평균시간폭(hr)	72	1.0

22.28 예제 22.16과 동일한 지역에서 우수에 포함된 총인(TP)의 내용과 부유인의 침강속도는 다음과 같다. TP의 장기제거량을 산정하라.

항목	농도
총인	0.68 mg/L
용존인	0.33 mg/L
부유인	0.35 mg/L

성분크기	도시유출의 질량성분(%)	침강속도 V_s(ft/h)
1	0～20	0.12
2	20～40	1.4
3	40～60	5.8
4	60～80	22.0
5	80～100	105.0

22.29 예제 22.16에서 TSS의 제거율을 85 %로 향상시킨다면 침전지용량은 얼마가 되겠는가?

23 생태수문학

Applied Hydrology

23.1 서 론

생태수문학(生態水文學; ecohydrology)은 물과 생태계 간의 상호작용을 다루는 학제 간 학문분야이다. 이들 상호작용은 하천, 호수, 습지와 같은 수생태계와 토지, 삼림, 기타 다른 육상생태계에서 일어난다. 생태수문학의 연구영역은 증산과 식물의 물 이용, 물 환경에 대한 유기물의 적응, 흐름에 대한 식생의 영향과 기능 및 생태과정과 수문순환 간의 상호작용을 포함한다. 수문순환은 지구상의 대기, 지표면 및 지표하 물의 지속적인 이동을 기술한다. 이러한 순환과정의 흐름은 생태계에 의하여 변형된다. 식물로부터 증산은 대기수 대부분을 공급하고 지표면을 흐르는 물은 식생피복의 영향을 받고 하천의 식생과 어류는 흐름의 영향을 받는다. 생태수문학은 육상생태계와 수생태계를 포함한다. 육상생태계에서 식생, 지표면, 불포화대, 지하수 간의 상호작용, 그리고 기후–토양–식생계의 해석이 주로 다루어진다. 하천, 수로, 호수 및 습지와 같은 수생태계에서는 물 화학, 지형학, 수문학이 수생태계의 구조와 기능에 주는 영향이 중점적으로 취급된다.

생태수문학은 수문학과 생태학의 학제 간 학문분야이나 인위개변이 생태계에 미치는 영향이 비교적 작은 기간 동안 수문학과 생태학은 독자적으로 발전되어 왔다. 수문학은 근원지에서 지구상의 귀착점에 이르는 모든 형태의 물을 연구하는 학문분야로 지구상의 물 순환을 포함한 물 관리와 이용을 위한 물수지를 포함한다. 물수지와 물 순환에서는 식생에 의한 증발산과 식생이 유출에 미치는 영향을 다루어 왔다. 지표면의 많은 부분이 식생으로 피복되어 강수량의 차단과정을 통한 증산과 성장과정의 증발산으로 많은 양의 수분이 대기에 귀환된다. 식생은 뿌리를 통하여 강우와 지표류의 침투를 조장하고 지표면과 수로의 식생은 각각 지표류와 수로흐름에 저항인자로 작용하여 유속에 영향을 준다. 지표면의 식생은 지표흐름을 완만하게 하고 지면의 잠정적인 저류를 유발하여 침투의 증가인자로 작용한다. 지표류의 경우 식생은 지표류에 대한 저항인자, 침투에 촉진인자로 작용함이 연구되어 왔다. 수로에서는 수생식물이 수질과 수량에 관련되는 다양한 문제에도 불구하고 수공학에서 식생에 관한 연구는 주로 유량(또는 유속)에 대한 조도계수로 국한되어 왔다.

물 순환의 거의 모든 과정이 물과 식생의 상호작용을 통해서 일어나는 점에서 공학수문학은 생태수문학이라 할 수 있을 것이다. 이와 같이 수문학에서는 식생이 물 순환에 주요 영향인자로 작용한다. 근래 이르러 물수지와 유량 산정에 정도를 높이기 위여 증발산, 식생의 저항, 식생의 성장에 대한 흐름의 영향, 지표면에 수분, 이산화탄소 및 빛을 공급하여 식생의 형태와 구조를 결정하는 기후와 토양, 식생과의 관계의 연구가 수행되어 왔다(Eagleson, 2002). 하천에서는 유속이 수로의 식물성장에 주는 영향, 주변서식지에서 하천흐름과 생태과정 간의 관계에 관한 연구는 수생태학이라는 학문분야의 탄생으로 이어졌다. 지구상의 수생식물은 약 4,000종에 이르고 이 중 대부분은 정수에 서식하며 상대적으로 적은 수의 종이 유수생태계에 서식하고 이들은 수문학, 생태학, 경제적인 중요성을 갖는다(Wiegleb, 1988). 근래에 이르러 많은 엔지니어들의 관심이 수공구조물이 생태과정에 미치는 영향과 인위개변된 하천의 복원에 집중되어 왔다.

흐름에서 수생식물의 종 구성과 풍부도가 물리 생화학적 흐름조건에 의하여 조정되고 다시 흐름이 수생식물의 영향을 받는 점에서 생태학자들은 식물이 어떻게 흐름의 영향을 받는지에 보다 많은 관심을 가져왔다. 하천연속개념(river continuum concept)에 따르면 하천의 발원지에서 하구에 이르기까지 수로서식지가 변하고 이에 따라 식물군락과 개개 종이 변한다. 하류방향으로 수로계통의 매개변수(수로크기)는 증가하고 경사는 감소하며, 지배적인 유사형태가 변하고 생태계 영양상태는 빈영양상태에서 부영양상태로 변하고 수심과 탁도의 증가로 하상에 도달하는 빛이 감소한다. 수생식물에 영향을 주는 가장 중요한 물리적인 변수는 흐름, 바닥물질, 수로폭, 수심, 유역 내에서 수로의 위치, 수로의 경사이다. 수생태학은 하천과 홍수터의 수문학적이고 생태적인 과정과 이들 상호작용을 모의하는 모형개발에 초점이 모아져 왔다. 이에 관한 산물이 IFIM, PHABSIM과 같은 모형의 탄생이다. 이와 병행해서 생태학자들은 생태계에서 물의 저류와 수송과정의 역할의 중요성에 관한 이해를 높여 왔다.

지속적인 수자원 관리에 재래적인 수문학적 방법의 부적절성과 생태수문학적인 접근방법의 필요성

유역차원의 수자원의 질과 양은 기후조건과 지형적인 구조와 더불어 생물적 진화와 천이의 결과이다. 담수생태계의 수질은 생물과정의 영향을 많이 받는다. 이는 저수지, 호수, 하천과 같은 수생태계에는 주변으로부터 유기물이 끊임없이 유입되고 이들을 분해하는 것은 무척추동물의 긁는 행위, 박테리아와 균류의 효소과정과 같은 수생생물군이기 때문이다. 삼림상태의 변화는 차단, 증발 및 유출에 영향을 주고, 삼림의 변화와 토지이용의 변화는 유출, 수질, 침식과 유사퇴적에 영향을 주고 벌채와 산불과 같은 삼림교란은 홍수와 가뭄을 심화시킨다.

종래의 물 관리는 역학에 근거한 공학적이고 비교적 단기적인 접근방법이었다. 많은 경우 역학적인 접근방법은 물 순환을 조절하는 생태과정의 역할을 현저하게 감소시켰으며 물 관리의 역학적이고 단기적인 해법의 결과는 영양물과 토사에 대한 하천유역의 육상 저류용량을 감소한다. 이는 결과적으로 육상생태계의 생물다양성과 생산성을 감소하고, 생태계의 비료과용과 침전은 저수지의 저류용량을 감소하고 수질을 악화시켰다.

유역피복의 변화, 도시화, 농업, 과도한 개간 및 오염의 결과로 나타나는 물 순환의 인위개변적인 변화에 대하여 공학 위주의 물 관리에 근거한 보상노력이 성공적이지 못했다. 결과적으로 역학 위주의 재래적인 해법은 지속적이지 못하다. 이는 담수생태계 기능의 역학에 근거한 물 관리의 재래적인 접근방법의 약점이 분명해졌으며 수자원 관리에서 수자원의 지속성과 더불어 새로운 개념과 새로운 해법의 필요성을 수립하는 데 기존의 해법은 부적당하다. 물 문제는 다중 원인/결과 의존의 결과이기 때문에 물 관리에 대하여 수문학만으로 해법을 찾는 것보다 수문학과 생태학의 융합은 수생환경에 대하여 보다 알맞은 해법을 제공할 것으로 인지되어 왔다. 이에 따라 수문학에서는 생태학적 방법의 이해를 높이고 생태학에서는 수문학적인 방법의 이해의 제고가 시도된다. 생태학적 및 수문학적 성분의 해석을 통해서 물의 저류문제, 탈질화, 물의 자정작용, 생물적 여과와 같은 다양하고 상호 관련된 분야에서 생태수문학적인 현상이 일어난다.

수문학적인 변화는 생물적인 구조와 활동에 현저한 영향을 준다. 한편 생물적 구조는 비생물적 구조를 조절한다. 습지와 홍수터의 식생피복은 자정작용의 역량을 결정한다. 결과적으로 유역차원의 수질문제는 수문학의 생물과정의 영향, 생물군의 수문학에 대한 영향의 깊은 이해 없이는 해결될 수 없다.

근래 산성비는 수문학과 화학을 연계하는 자극제가 되어 환경수문학에 관한 관심이 제고되었다. 생물적인 방법은 동등한 가치에 대하여 기술적인 방법의 강화를 가능하게 하고 효율을 높인다.

장래 수문학

UNESCO에서는 생태수문학을 물, 인간 및 환경에 관한 문제의 해를 찾는 새로운 통합과학이라 정의한다. 이는 생태수문학에 포함된 기본개념의 하나는 담수의 적시 이용가능성이 생태과정에 밀접하게 연결되는 점이다. 생태수문학은 전적으로 기술적인 문제에 초점을 맞추기보다 지속적인 수자원 정책에 대응하고 사회적인 개발을 촉진하는 해를 찾는 데 목표를 두어야 한다.

생태수문학의 과학적 기반은 역효과적인 영향의 흡수 능력을 높임으로써 환경복원의 기회를 증대하고 지속적인 수자원 관리를 진척시킬 수 있다는 사실이다. 지속적인 물 관리를 달성하기 위해서는 인간과 자연의 공존을 개선해야 한다. 이는 두 형태의 활동으로 가능하다. 인구 1인당 에너지와 물질사용을 줄이고 생태계의 영양물과 오염물의 흡수능력을 향상시키는 것이다

생물적 및 물리적인 분야의 과학을 융합하여 생태계 이해의 제고를 통한 새로운 유역 접근방법론이 제기되고 있다. 그림 23.1에서 보이는 바처럼 지금까지의 물 관리는 전반적인 홍수,

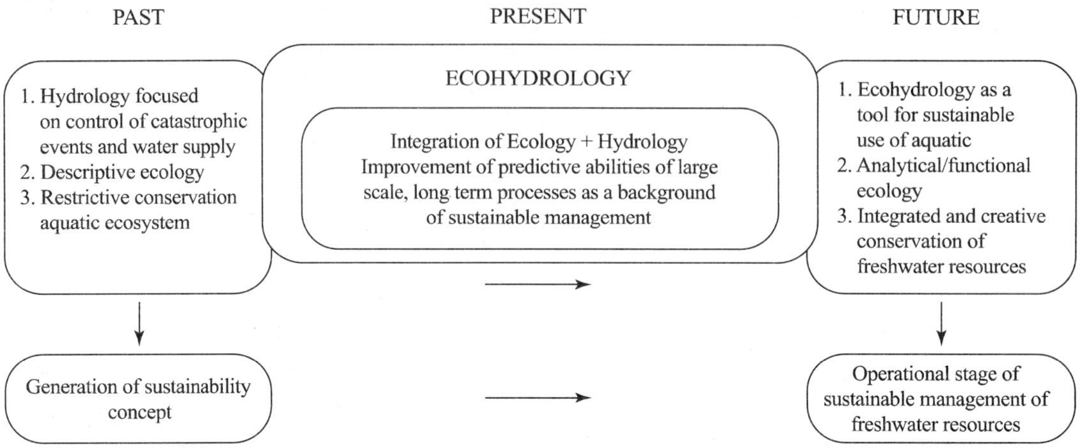

그림 23.1 생태 및 수문과학의 진화(Zalewski 등, 1997)

가뭄, 침식과 같이 거의 주기적으로 일어나는 현상의 감소 또는 제거가 목적이었다. 그러나 장래에는 이러한 개념을 넘어서 생태수문학을 통한 해결의 기회가 확대되어야 한다.

본 장에서는 하천에서 흐름과 생태계의 상호작용이 개괄적으로 논의되고 습지가 비교적 상세하게 다루어진다.

23.2 수생태계

생태학(生態學; ecology)은 유기물과 주변 환경 간의 관계와 상호작용을 연구하는 학문 분야이다. 즉 생태계를 연구하는 과학이다. **생태계**(生態係; ecosystem)는 살아있는 유기물(생물적 인자)과 물리적 환경(비생물적 인자)이 하나의 단위로 상호작용하는 계이다. 생물적 인자는 식물, 동물 및 미생물을 포함하고 비생물적 인자는 토양, 암석, 물 및 대기로 구성된다. 생태계는 생물계와 비생물계로 구성되고 그 규모는 작게는 한 지역에서 크게는 한 유역에 이른다. 이러한 생태계의 공통적인 기능은 내부환경과 외부환경 간의 유기물과 무기물의 이동이다(그림 23.2). **생물계**(生物界; biotic system)는 군락에 서식하는 모든 식물상과 동물상 그리고 이들의 상호관계를 포함한다. **비생물계**(非生物界; abiotic system)는 군락의 유기물이 상호작용하는 물리적인 환경으로 기후, 온도, 빛, 물 및 토양을 포함한다.

수생태학(水生態學; aquatic ecology)은 담수와 염수에 서식하는 유기물의 분포와 풍부도, 유기물과 주변 환경 간의 상호작용을 다루는 과학이다. 따라서 수생태학은 수생태계의 연구로 수생태계는 담수생태계와 해양생태계로 구분된다. 담수생태계는 정수생태계와 유수생태계를 포함한다. **유수생태계**(lotic ecosystem)는 실개천에서 대하천에 이르는 다양한 형태를 갖는 수로의 물 흐름에서 식물, 동물 및 미생물의 생물적인 상호작용과 물리, 화학적인 비생물적 상호

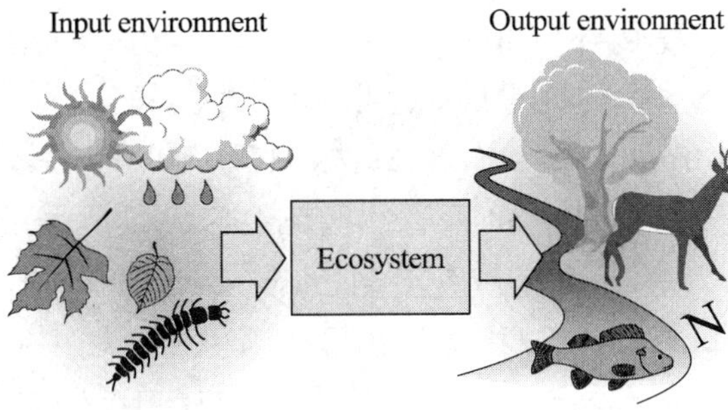

그림 23.2 간단화한 생태계 모형(USDA, 2001)

작용을 포함한다.

수생태계의 주요 구조는 먹이사슬에 의하여 형성된다. 다양한 수생태계에서 먹이사슬은 매우 복잡하나 주요 구조는 그림 23.3과 같이 간단화될 수 있다. 생태계의 먹이사슬(그물)은 영양물(인, 질소, 규산염, 이산화탄소와 같은 화학물질)의 입력과 태양복사(에너지)로 시작된다. 먹이사슬은 매우 복잡하여 섭식거동과 먹이사슬에서 위치에 따라 유기물을 영양단계로 나타낸다.

1차 영양단계(first trophic level)(1차 생산자): 1차 생산자는 먹이사슬(그물)의 기반을 이루고 무기에너지(태양빛)를 이용하는 광합성 과정을 통해서 물과 이산화탄소로부터 생화학에너지(포

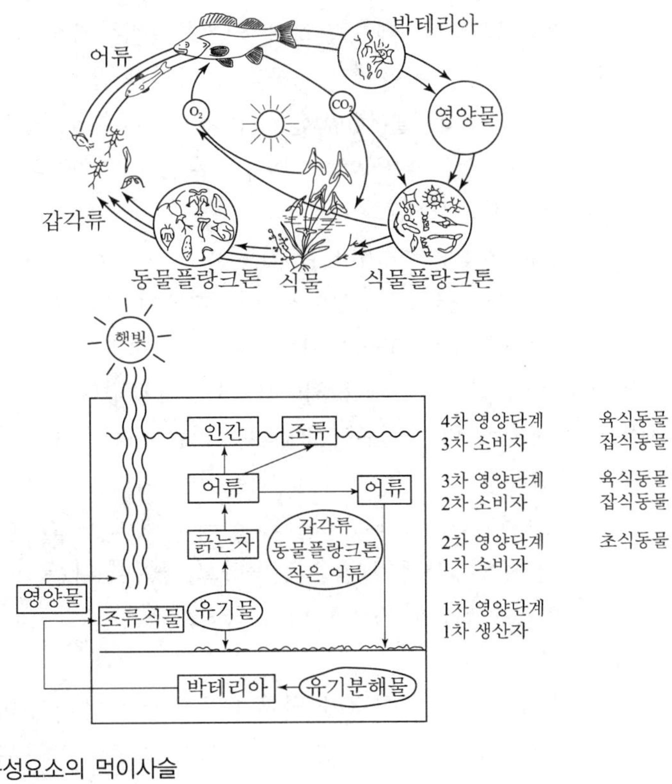

그림 23.3 생태계 구성요소의 먹이사슬

도당)를 생산하는 녹색식물이다. 1차 생산자는 자신의 먹이를 마련하는 독립영양생물(유기물)로 조류(미소식물), 대형식물, 식물플랑크톤이 이에 속한다.

2차 영양단계(second trophic level)(1차 소비자): 1차 소비자는 녹색식물과 그들이 생산한 2차 영양단계인 1차 생산을 소비하는 초식동물이다. 작은 갑각류 동물, 동물플랑크톤, 작은 물고기가 이에 속한다. 사체 또는 부패한 물질을 먹는 잔사식생물도 1차 소비자이다.

3차 영양단계(3rd trophic level)(2차 소비자): 2차 소비자 또는 1차 육식동물은 초식동물 또는 잔사식생물을 소비하는 육식동물 또는 잡식성 동물이다. 따라서 2차 소비자는 포식자이다. 큰 물고기가 이에 속한다.

4차 영양단계(4th trophic level)(3차 소비자): 3차 소비자 또는 2차 육식동물은 1차 육식동물을 소비한다. 보다 큰 물고기, 새, 포유동물, 인간이 4차 영양단계를 형성한다.

먹이사슬 과정에서 다양한 생물종의 배설물이나 사체는 유수계의 바닥에 이르러 박테리아의 먹이가 되거나 미네랄로 소화되어 먹이사슬의 영양분을 공급하여 영양물 순환이 다시 일어난다.

23.2.1 물리적인 비생물적 인자

흐름: 물흐름은 유수생태계에 영향을 주는 핵심적인 인자이다. 흐름의 강도와 속도는 원류에서 하류에 이르기까지 바닥물질의 다양성에 따라 그 변화폭이 매우 넓고 유속은 하류로 감에 따라 감소한다. 흐름은 바닥물질의 크기와 분포에 영향을 주는 가장 중요한 인자이다. 흐르는 물은 침식과 퇴적을 통하여 하상을 변형시켜 여울과 웅덩이와 같은 다양한 서식지를 형성한다. 주어진 온도에서 식물과 동물의 **대사율**(代謝率; metabolic rate: 유기물의 대사에 따른 에너지 소모율)은 정수에서보다 유수에서 높다(Hynes, 1970). 흐름은 영양물과 먹이를 배달한다. 바닥물질의 경계층에는 층류저층이 존재하고 이 영역의 유속은 극히 작아 특히 흐름에 의한 항력을 피하기 위한 납작한 저서유기물의 서식지가 된다.

동물의 체형이나 식물의 성장형태는 흐름에서 이동하거나 흐름에 휩쓸려가는 것을 피하기 위한 적응방안으로 많은 형태학적인 적응을 나타낸다. 신속하게 움직이는 어종과 빠른 흐름에서 이동하는 어종은 몸체가 유선형이거나 몸체 횡단면이 둥그렇다. 납작한 어종은 빠른 흐름이나 빠른 움직임에는 적합하지 않다. 흐름에 서식하는 많은 어종은 바닥 부근에 서식하거나 장애물 뒤쪽에 피난처와 은신처를 갖는다. 반면 깊이 뿌리를 내리는 유관식물은 부드러운 바닥을 갖는 완속흐름에서 주로 발견된다. 따라서 식물의 생태적 분포는 흐름에 대한 서식지 특성을 나타낸다. 급속흐름에 서식하는 대부분의 종은 길쭉하고 돌이나 다른 식물에 부착한 상태로 서식한다. 직립 군체류는 완속흐름에서 지배적이고, 급속흐름에서 발견되는 대부분의 규조류는 엎드린 단단한 착생형이다.

여울과 웅덩이: 하천이나 수로의 지형학적인 변화가 뚜렷하고 유속이 0.5 m/s보다 큰 빠른 흐름에서는 5 mm보다 작은 입자는 하류로 이송되어 하상은 돌바닥으로 남는다. 이러한 빠른 흐

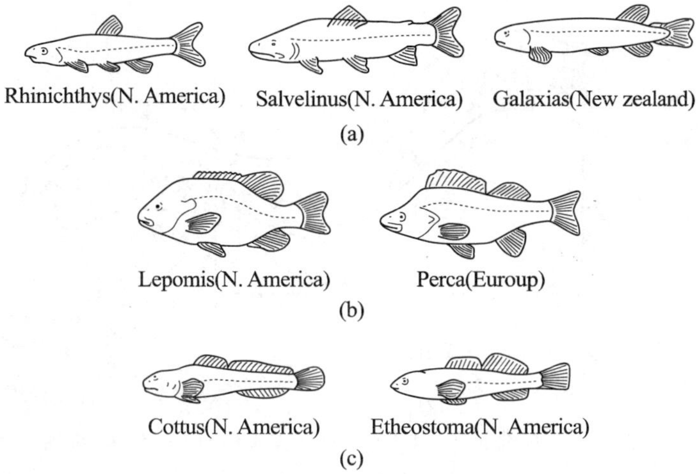

그림 23.4 흐름에 적응체형을 갖는 척추동물 (a) 유선형 물고기, (b) 완속흐름의 납작한 물고기, (c) 큰 가슴지느러미와 등에 눈을 가진 저서물고기

름구간에서는 난류의 여울과 잔잔한 웅덩이와 같은 특징적인 서식지가 조성되어 여울과 웅덩이가 거의 규칙적인 교호로 나타난다. **여울**(riffle)은 수심이 작은 급속 흐름구간으로 바닥물질은 옥석과 자갈이 혼합된 조립이다. 자갈바닥은 부착조류가 서식할 수 있는 가장 많은 표면적을 가져서 곤충유충 등에 피난처와 안정된 서식지를 제공하고 여울은 가장 풍부한 생물군을 지원한다. 어리고 작은 어종이 주류를 이루고 저서무척추동물의 밀도가 높다. 여울에 서식하는 종이 하천흐름의 저수(low flow)조건을 결정하는 지표로의 사용이 제안된다(Bovee, 1974). **웅덩이**(pool)는 수심이 큰 완속 흐름구간으로 바닥물질은 모래와 같은 세립이다. 웅덩이의 수심은 직상류 여울의 고도의 영향을 크게 받는다. 여울이 유기물 생산지인 반면 웅덩이는 분해장소이다. 웅덩이는 유입되는 유기물이 침전될 정도로 흐름이 완만하여 유기물의 포착장이 된다. 웅덩이는 여름과 가을에는 주요 이산화탄소의 생산장이 되고 큰 물고기가 서식한다.

흐름의 폭이 전반적인 생산에 주는 영향이 커서 2 m 또는 이보다 좁은 수로의 유기물 생산은 폭 6~7 m 수로의 4배에 이른다(Smith, 2000). 생물의 다양성이 중위 하천에서 가장 높은 것은

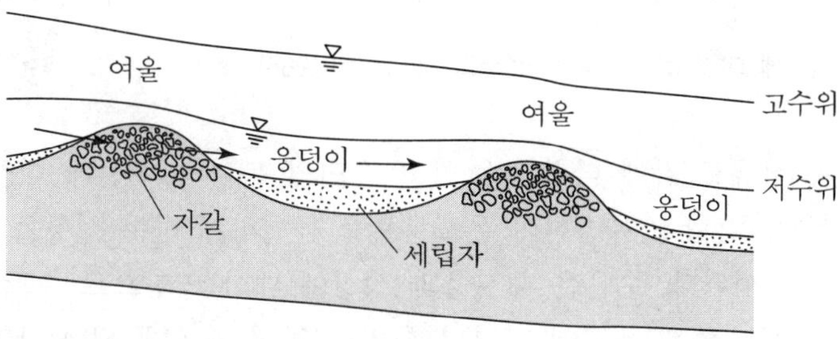

그림 23.5 여울과 웅덩이를 나타내는 하천 종단도

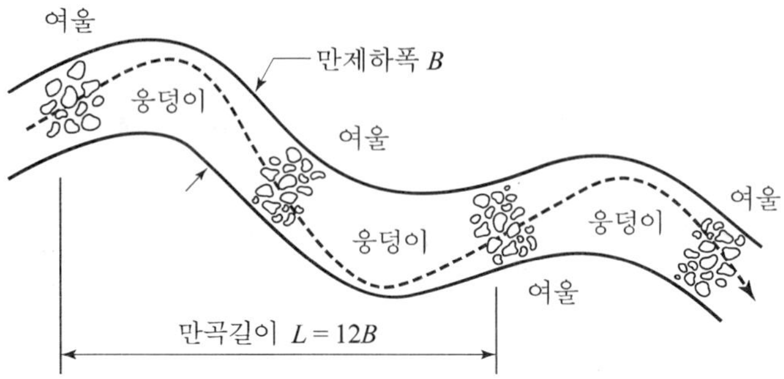

그림 23.6 여울과 웅덩이를 나타내는 만곡하천 평면도

여울–웅덩이의 하상을 갖기 때문이다(Brussok 등, 1985). 대체로 웅덩이의 Fr은 $Fr < 0.1$이고 비웅덩이는 $Fr > 0.1$이 제안되기도 한다. 여울과 웅덩이는 만곡하천에도 존재한다. 웅덩이는 만곡부에, 여울은 웅덩이가 연결되는 수로부에 존재하고 두 여울구간에 해당하는 만곡수로의 평균파장 L은 만제하폭(B)의 12배($L = 12B$)이다(Leopold 등, 1964).

빛: 빛은 광합성을 통하여 1차 생산에 필요한 에너지를 제공하고, 그늘은 포식자의 먹이가 되는 종의 피난처를 제공하는 유수생태계에 중요한 인자이다. 원류 주변의 삼림은 그늘을 제공하고 큰 하천에서는 빛이 수면에 이르나 수심이 증가함에 따라 빛이 감소한다. 그림 23.7은 빛의 강도에 따라 1차 생산이 증가함을 나타낸다.

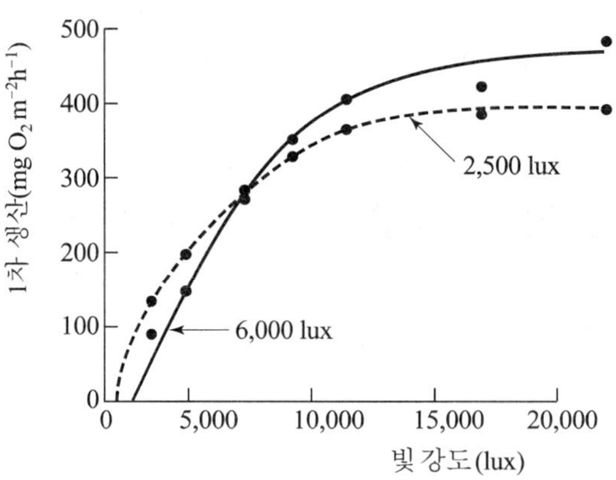

그림 23.7 빛 강도에 대한 1차 생산(Mcintire와 Phinney, 1965)

온도: 온도는 하류로 감에 따라 감소하고 수면의 복사와 주변에 대한 전도에 의하여 변화된다. 흐름의 난류는 혼합을 유발하여 온도분포를 균일하게 하는 성향을 가지나 깊은 웅덩이에서는 온도성층이 형성된다. 수온은 대사율과 성장에 대한 영향으로 수생유기물에 핵심적인 비생물적 인자이다. 유수종은 온도에 따라 부화와 성장이 다르게 된다. 부화에 적정온도가 존재하고(그림 23.8) 수온상승에 따라 성장률이 증가함을 나타낸다(그림 23.9). 이는 각 유기물의 생

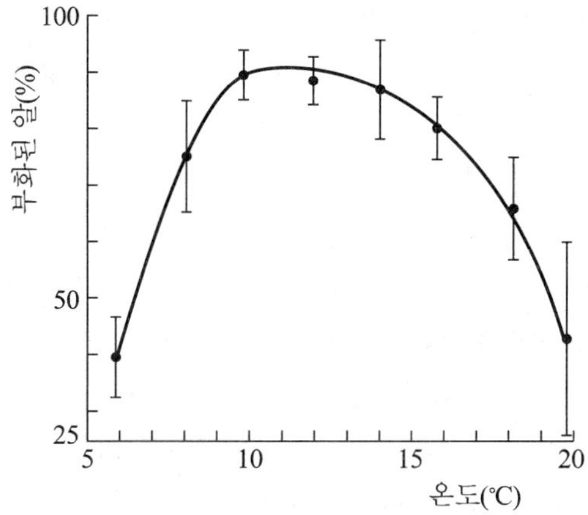

그림 23.8 상이한 온도에서 쇠꼬리하루살이(Ephemerella Ignita) 알의 부화백분율(Elliott, 1978)

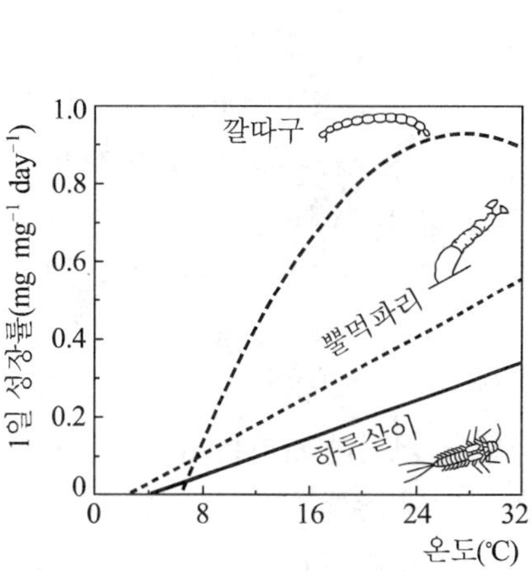

그림 23.9 온도에 따른 곤충(깔따구(Polypedilum spp.), 뿔먹파리(Simulium spp.), 하루살이(Baetis spp.))의 1일 성장률(Benke, 1993)

존에 필요한 최고 최저온도의 적정온도가 존재함을 나타낸다.

대부분의 유수역에 서식하는 종은 변온동물이어서 내부온도가 주변온도에 따라 변한다. 일반적으로 1°C 온도상승은 수생냉혈동물의 대사율을 약 10% 정도 상승시킨다(Allan, 1995). 따라서 이들 수생유기물은 찬물에서보다 더운 온도의 물에서 호흡과 소비가 증가한다. 물의 온도는 수변식생, 어류, 무척추동물 및 다른 유기물의 생성과 분포를 조정하는 중요한 인자이다.

산소: 물의 화학작용은 유역의 지질에 따른 유입물의 특성에 의하여 결정되고 강수와 인간에 의한 오염물의 영향을 받는다. 원류로부터 멀어짐에 따라 대부분 영양물의 농도, pH는 감소한다. 산소는 모든 호기성 유기물의 생존에 필요한 **유수계**(流水系; lotic system)에 가장 중요한 화학구성요소이다.

용존산소(溶存酸素; dissolved oxygen, DO): 용존산소는 흐름에서 유기물질의 순환에 중요한 성분임과 더불어 수생동물호흡에 기본인자이다. 물에 대한 산소공급은 물-공기접촉면의 확산, 식물플랑크톤(조류)의 광합성 및 식물을 통한 산소 전달에 의해서 이루어진다. 물에서 가스의 용해성은 수온상승에 따라 감소하므로 여름철에는 물의 용존산소의 수준이 낮다. 난류의 빠른 흐름은 공기에 대한 수면적의 노출을 증가시켜 대개 수온이 감소한다. 이에 따라 빠른 흐름은 느린 흐름에서보다 많은 산소를 포함한다. 난류로 인한 혼합이 활발한 상류흐름은 용존산소가 거의 포화수준이다. 하류에서는 난류혼합이 약해지고 이로 인하여 낮아지는 DO수준은 광합성에 의해서 주간에는 포화상태의 DO수준이 유지된다. 풍부한 수생조류와 식물을 갖는 수생태계는 주간에는 산소농도가 높으나 1차 생산이 호흡(respiration)으로 바뀌는 야간에는 감소한다.

DO분포는 종의 양상에 영향을 주어 잉어과의 어종은 저산소 물에서 생존이 가능하나 송어는 보다 높은 수준의 DO를 필요로 한다. 산소의 양은 유기물의 활동에도 영향을 주어 어린 연어의 유영속도는 용존산소농도에 따라 변한다. 수심이 큰 수역에서는 수면과 심층부 간의 순환이 빈약하거나, 유수동물의 활동이 매우 활발하거나, 많은 양의 유기물이 부패되는 경우 산소가 부족해질 수 있다. 하수나 분해유기물과 같은 유기물이 박테리아에 의하여 호기성 분해될 때 물에서 산소가 사라지고 물가의 사수역에서는 산소결핍현상이 일어난다.

바닥물질: 유수계의 무기성 바닥물질(substrate)은 유역의 지질학적인 물질이 침식, 이송, 분류 과정을 통해서 퇴적되는 물질이다. 무기성 바닥물질은 크기로 분류되고 입자크기는 산지하천의 큰 옥석에서 하류의 모래크기로 감소한다. 큰 입자는 빠른 흐름에, 작은 입자는 완만한 흐름에 존재한다. 바닥물질은 저서동물이 생성되는 주요 바탕이 된다. 바닥물질 크기에 따라 동물상이 달라진다. 서서히 자라는 조류는 큰 옥석과 같은 안정된 바닥물질을 필요로 하고 미소동물상은 깊은 바닥에 존재한다. 불안정한 하류바닥은 동물의 다양성이 낮다. 그러나 수생식물은 세립바닥물질을 선호하여 다른 유기물이 살아가는 기반층을 제공한다. 실트질 바닥물질은 홍합과 같은 잠복동물에 서식지를 제공한다. 가장 많은 수의 종이 발견되는 곳은 자갈과 모래의 복합바닥물질이다. 상류 여울의 큰 입자의 복합바닥물질은 수생곤충에 풍부한 서식지를 제공하여 어류먹이 생산대로 고려된다. 큰 바닥물질은 수생곤충과 갑각류에 피난처를 제공한다. 어류는 흐름과 포식자에 대한 피난처와 산란과 양육장소를 제공하는 바닥물질을 필요로 한다.

23.2.2 생물인자

박테리아: 흐르는 물에는 많은 수의 박테리아(세균)가 존재한다. 자유생활형 박테리아는 분해되는 유기물, 암석과 식물표면의 생물막, 바닥물질을 형성하는 입자 사이, 수중 부유물에 서식한다. 다른 형태의 박테리아는 기생충과 같은 유기물의 내장에 존재한다. 박테리아는 에너지 순환에 큰 몫을 담당하며 이는 영양관계에서 기술된다.

1차 생산자(1次生産者; primary producer): 1차 생산자 또는 독립영양생물은 빛이나 화학적 에너지를 이용하여 무기물질로부터 체내에 필요한 유기화합물을 독자적으로 합성해 나가는 생물이다. 대부분의 수로와 하천에서 가장 현저한 1차 생산자 또는 독립영양생물인 조류는 식물성 플랑크톤과 부착조류로 구성된다. 식물성 플랑크톤은 수주(water column)에 자유로이 떠있어 빨리 흐르는 물에서는 개체군을 유지하는 것이 불가능하나 느린 흐름에서는 상당 규모의 개체군을 형성한다. 부착조류는 수중 생물군 중 가장 다양한 종 구성과 광범위한 분포를 가지며 바닥물질과 대형식물의 표면에 부착하여 서식한다.

식물 중 빠른 흐름에 적응하는 식물은 그 수가 많지 않고 대부분이 완만한 흐름에 서식한다. 이끼와 같은 원시식물은 원류 하천구간의 고체물체에 부착상태로 서식한다. 식물은 좀개구리밥, 부레옥잠과 같이 떠있는 부유(부수)식물, 미세토립자가 있는 완만한 흐름수역에 뿌리를 내리는 침수식물로 구성된다. 흐르는 물에 서식하는 식물과 조류는 흐름의 폭기가 잘되고 계속되는 영양물의 공급을 받는 이점을 갖는다. 조류와 식물은 에너지원으로, 다른 동물군의 포식자에 대한 피난처를 제공하는 미소서식지를 형성하고, 먹이원을 제공하는 유수계에 중요한 요소이다.

곤충과 무척추동물: 유수계에 서식하는 무척추동물의 90% 정도가 곤충이며 매우 높은 다양성을 갖는다. 수생 무척추동물은 이동능력을 높이고 흐름에 휩쓸려가는 것을 최소화할 수 있도록 다수의 해부적인 형상을 갖는다(그림 23.10). 유영어류는 유선형을, 바닥에 서식하는 어종은 납작한 형태의 몸체를 갖는다. 빠른 흐름에 적응하지 못하는 어종은 생존을 위하여 바닥층에 잠복하거나 암석 아래에 숨거나, 피난처를 조성하거나 돌의 표면, 기층 아래 깊이, 흐름에 뜬 상태, 수면막과 같은 매우 다양한 형태의 서식지를 갖는다.

유수역에 흔한 다른 무척추동물 분류군은 달팽이, 삿갓조개, 조개, 홍합과 같은 연체동물과 가재, 게와 같은 갑각류를 포함한다. 유수 무척추동물은 먹이와 산소를 주로 흐름에 의존한다. 유수계에서 무척추동물, 특히 곤충은 소비자와 먹이로서 중요하다.

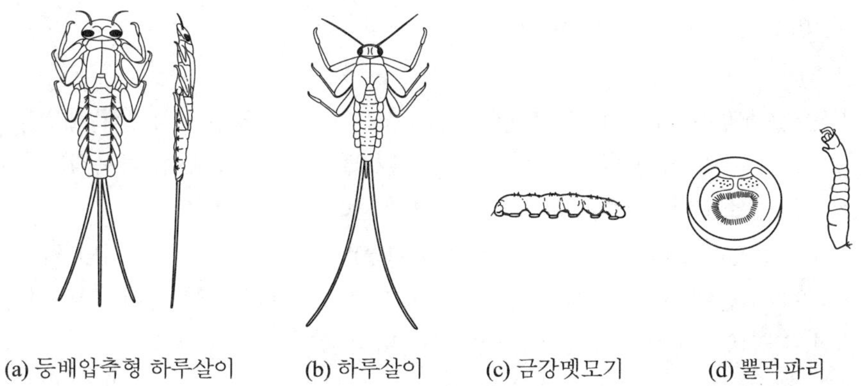

그림 23.10 유수에 적응하기 위한 무척추동물의 형상(Hynes, 1970) (a) 등배압축형 하루살이(Rhithrogena), (b) 유선형 하루살이(Baetis), (c) 흡입위족(僞足)을 가진 금강멧모기(Philorus), (d) 부착용 갈고리를 가진 뿔먹파리(Simulium)

어류와 무척추동물: 물고기가 흐르는 물에서 살아갈 수 있는 능력은 유영의 속도와 그 속도를 유지할 수 있는 기간에 달려있다. 흐름에서 계속되는 유영이나 위치보존은 많은 에너지를 소모하므로 흐름에서 보내는 시간은 짧고 주로 바닥이나 하안, 물체 뒤, 흐름으로부터 피난처가 되는 곳에 머무르며 흐름에서 유영은 먹이나 자리이동을 위해서이다.

23.2.3 독립영양생물

유수생태계의 에너지는 1차 생산의 독립영양과 비생물 유기물의 종속영양으로 구성된다. **1차 생산**(1次生産; primary production)은 광합성과정에 의하여 대기 또는 수생 이산화탄소로부터 유기화합물을 합성하는 것이다. 1차 생산을 유발하는 유기물을 1차 생산자 또는 **독립영양생물**(獨立營養生物; autotrophs)이라 한다. 1차 생산자는 먹이사슬의 기반을 형성한다. 육상생태계의 1차 생산자는 주로 식물이고 수생태계에서 1차 생산자는 조류이다. 1차 생산은 살아있는 유기물에 의한 유기화합물의 화학에너지 생산으로 주 에너지원은 햇빛이다. 무기화합물인 이산화탄소와 물로부터 광합성에 의하여 유기분자(포도당, 다른 형태의 당)를 합성하는 데 햇빛에너지가 사용된다. 독립영양유기물은 무기물질로부터 유기화합물을 생성하는 생산자이다. 조류는 태양에너지를 이용하여 이산화탄소와 물로부터 생물량을 생산한다. 1차 생산자의 세포와 조직에 유입된 에너지와 영양물은 1차 생산자를 소비하는 다른 유기물에 이송된다. 독립영양생물은 유기화합물을 만드는 과정에서 이산화탄소를 감소한다. 흐르는 물의 주요 독립영양생물은 대형식물, 저질에서 발견되는 부착조류 및 수중 부유상태의 식물성 플랑크톤의 3종이다.

대형식물(macrophyte): 이는 육안으로 식별되는 식물로 수생 속씨식물(angiosperm)로 대표되는 유관속(관다발)식물(vascular plant), 이끼와 우산이끼의 선태류(bryophyte) 및 큰 부착조류를 포함한다. 유관속식물은 주로 수심과 유속이 크지 않은 흐르는 물에서 흔히 발견되고 선태류는 하천의 상류 차광흐름에 많다. 중간 크기의 하천, 굴착수로, 강 가장자리는 대형식물의 가장 많은 생물자원을 포용한다. 생육형에 따른 유관속 대형식물의 4대 분류는 다음과 같다(그림 23.16 참조).

정수식물(挺水植物; emergent hydrophytes): 육지와 물의 경계지역에서 제방과 모래톱에 뿌리를 내리고 잎이 수면 상에 나타나는 식물 – 부들, 물갈대, 큰고랭이, 물옥잠, 골풀, 미나리, 흑삼릉, 보플, 벗풀, 소귀나물, 줄, 사마귀풀, 올방개 등

부엽식물(浮葉植物; floating–leaved hydrophytes): 완만한 흐름의 하천변 땅속에 뿌리를 내리고 잎과 꽃이 수면에 떠있는 식물 – 연, 순채, 마름, 네가래, 애기가래, 가는가래, 자라풀, 물여뀌, 남개연, 가시연, 노랑어리연, 어리연, 수영마름 등

침수식물(沈水植物; submerged hydrophytes): 바닥물질에 뿌리를 내리거나 부착하여 물에 잠긴 상태로 서식하는 식물 – 검정말, 나사말, 말즘, 물질경이, 붕어마름, 물수세미, 새우가래, 솔잎가래, 대가래, 좁은잎말, 민나자스말, 나자스말 등

부유(수)식물(浮游植物; free–floating hydrophytes): 뿌리가 바닥에 고정되지 않고 수면이나 수중에 떠서 물 이동에 따라 떠다니는 식물 – 생이가래, 개구리밥, 통발 등

부착조류(附着藻類; periphyton): 부착조류는 돌, 유사, 대형식물과 같은 흐르는 물의 모든 종류의 표면, 특히 바닥물질 표면에서 서식한다. 규조류(diatoms), 황갈조류, 녹충식물, 녹색조류(chlorophyta) 및 청록조류(cyanobacteria)가 주종을 이룬다. 부착조류의 생물량은 계절과 공간의 많은 인자에 따라 변한다. 세포를 이탈시키고 바닥의 돌을 뜨게 하고 바닥세굴을 유발하는 큰 유량은 부착조류의 성장을 저해하는 인자이다. 밀집된 수관 아래에서는 빛도 제한적인 인자가 된다. 채광하천에서 부착조류는 햇빛을 유기물로 변환시키는 기본적인 에너지변환기이고 무척추동물과 어류의 먹이가 된다. 수질변화에 매우 민감한 반응을 보이며, 생산자로서 먹이망 상위단계 생물변화의 예측을 가능하게 하여 생물평가 대상으로 활용성이 매우 크다. 대부분 광합성 색소를 가지고 독립영양생활을 한다. 실과 술 형태로 물체에 부착하여 흐름에 휩쓸려가는 것을 피하나 거의 정지상태의 수역에서는 부유방석 형태로 존재하고 상류에 많다.

식물플랑크톤(phytoplankton): 식물플랑크톤은 수중의 조류, 원생동물 및 청록박테리아와 같은 작은 독립영양물의 군체로 구성되고 느린 저지하천의 조건에서 자급자족의 집단으로 생육한다. 생육에 필요한 첫째 조건은 생물량이 하류로 이송되는 것보다 빨리 증식할 수 있는 충분한 체류시간이다. 이에 따라 식물플랑크톤은 빠른 흐름에서는 개체군의 유지가 가능하지 않으나 완속흐름이나 배수구역에서는 큰 규모의 개체군이 이루어진다. 영양물은 하천 식물플랑크톤에 중요한 제약인자가 아니나 빛은 유량이 작은 곳에서 식물성 플랑크톤이 번성하는 데 제약인자가 된다. 물이 탁한 하천에서는 빛의 침투가 수심의 수면층에 불과하고 전 수심에 걸쳐 혼합이 이루어져 식물성 플랑크톤은 거의 빛을 접하지 못한다. 광합성의 기회가 적어서 식물성 플랑크톤 개체군은 천수영역, 담수지역 및 홍수터 수역으로부터 영양물의 유입이 없이는 유지될 수 없다. 대하천 식물성 플랑크톤 생산이 종말에 이르는 지배적인 원인은 현지 에너지 과정이라기보다는 하류로의 이송이다.

23.2.4 종속영양생물

종속영양생물(從屬營養生物; heterotrophs)은 필요한 에너지와 먹이를 살아있거나 죽은 유기물로부터 얻는 유기물이다. 즉 독립영양유기물을 소비하는 유기물이다. 죽은 유기물로부터 영양물을 얻는 진균류와 박테리아를 포함한 모든 동물은 종속영양생물이다. 흐르는 물의 독립영양생물과 미생물 종속영양생물은 보다 높은 영양단계에 있는 유기물의 먹이가 된다.

에너지공급원의 많은 부분은 비생명 유기물이다. 조립유기물(CPOM), 세립유기물(FPOM), 용존유기물(DOM)은 유수계의 먹이그물에서 소비자에 대한 다양한 먹이원을 구성한다. 많은 경우 종속영양생산이 1차 생산보다 현저하게 높은 에너지공급원을 구성한다. 대부분의 **미립유기물**(微粒有機物; particulate organic material, POM)과 DOM은 수로 외곽에 공급원을 갖는다. CPOM이 FPOM으로 분해되는 것은 젖은 잎으로부터 용해성 화학물질의 삼출, 진균류 미생물의 **집락형성**(集落形成; colonization), 무척추동물의 섭식, 물리적인 마모의 과정을 통해서 이루어진다. 잎의 많은 부분이 잔사식생물과 미생물에 의하여 소비, 광물화되고 나머지는 FPOM과 DOM집단에 유입된다. FPOM은 잎의 분쇄뿐만 아니라 토양, 삼림으로부터 발생한다. DOM은 주로 수로 외곽의 다양한 발생원을 갖고 가장 큰 유기탄소공급원이다.

23.2.5 영양관계

수생태계에 대한 에너지원 또는 하천의 한 단면의 총 유기물은 원지(현지)에너지와 외지에너지로 구성된다.

원지성 에너지(autochthonous energy)는 유수계 내에서 발생되는 에너지체계이다. 부착조류, 대형식물 및 식물성 플랑크톤에 의한 1차 생산이 원지성 에너지의 주요 구성원이다. 1차 생산은 광합성에 의하여 이산화탄소로부터 유기물을 생산한다. 광합성에 의하여 생산되는 에너지는 소비를 통하여 상위 영양단계에 이동되는 점에서 군집에 중요하다. 높은 1차 생산은 물에 용존

유기물을 도입하고 미립유기물(POM)에도 기여한다. 하천 내 DOM과 POM을 사용하는 미생물 생산은 원지 생산의 많은 부분을 차지한다. 다른 형태의 원지성 에너지는 유수계에 근원을 갖는 죽은 유기물과 배설물의 분해에서 발생한다. 이 경우 박테리아는 유기분해물이나 조립유기물(>1 mm)을 세립유기물(<1 mm)로 분해하고 이어서 광합성에 필요한 무기화합물로 분해한다.

외지성 에너지(allochthonous energy)는 유수계의 외곽인 주변 육상으로부터 발생한다. DOM과 POM에 대한 외지성 입력은 육상의 나뭇잎, 잔가지, 파쇄된 줄기, 열매 등이 직접 낙엽으로 또는 횡흐름에 의해 물에 유입되는 조립유기물로부터 생산된 세립자로 구성된다. 이 외에도 유수계에 유입되는 배설물이나 사체와 같이 육상동물에 의한 물질은 외지성 조립유기물의 예이다. 잎이 흐름에 유입되면 용해성 화학물질이 용해되어 물로 포화상태가 되면 잎으로부터 스며나와 유수계의 유수체계의 용해유기물의 부하를 증가시킨다. 박테리아와 진균과 같은 미생물이 잎에 부착하여 진균의 균사체가 번식하면 잎은 부드러워진다. 박테리아, 진균 및 잎의 조합은 쇄설무척추동물의 먹이로 소비된 후에는 세립유기물(FPOM)이 되고 이는 세립유기물을 소비하는 동물의 먹이가 된다. 세립자는 저수 시에 침전되고 고수 시에는 쓸려가기 때문에 유기물은 용해물질에 의해서보다 주로 유량에 의하여 변화된다. 하천에 유입되는 탄소의 25%는 유수계에서 처리되고 25%는 유사(sediment)입자성 유기탄소(particulate organic carbon, POC)에 저장되며 나머지 50%는 바다로 이송된다.

무척추동물: 유수계의 무척추동물은 많은 섭식집단의 구성으로 볼 수 있다. 그 중 쇄설자와 같은 종은 비목질 조립유기물과 이에 연관된 미생물을 섭식하는 크고 강력한 식충이다. 부유섭식자는 물에서 세립유기물과 미생물을 취하기 위하여 강모, 올가미, 분비물을 이용한다. 긁는 무척추동물은 긁고 쓸어 부착조류와 유기분해물을 취한다. 다수의 종은 동물먹이를 포획 소비한다.

어류: 어류 또한 섭식집단에 속한다. 부유 식품소비자는 수중의 플랑크톤을 섭취한다. 초식성-잡식동물은 바닥섭식종으로 부착조류와 유기분해물을 구분하지 않고 섭취한다. 수면과 수중섭식자는 주로 육상곤충인 수면먹이와 하류에서 떠오르는 저서무척추동물을 포획한다. 저서무척추동물 섭식자는 주로 미성장 곤충을 먹이로 하나 다른 저서무척추동물도 먹이로 한다. 최상위 포식자는 어류와 큰 무척추동물을 소비하고 잡식성은 다양한 먹이를 섭취한다. 어류는 계절과 성장단계에 따라 상이한 먹이를 취하는 섭식에 신축성을 갖는다.

23.2.6 유수생태계의 유기물질

유수생태계의 유기물질은 다양한 생태의 평가, 유기물의 발생원과 발생과정, 상이한 저장규모 및 한 상태에서 다른 상태로의 이송과정의 관점에서 다루어진다. 생태계 수준에 관한 주요 조사영역은 유기물 또는 탄소로 표현되는 에너지, 미네랄 또는 영양물의 흐름률이다. 이들 유기물과 영양물질은 생물과 다양한 비생물계에 존재한다. 특히 하천 원류의 에너지와 영양물의 주요 원천은 하천 외곽으로부터의 쇄설물질이다. 이들 유기물은 3가지 형태로 생태계영역에 유입된다.

유입되는 유기물의 대부분은 입자크기가 1 mm보다 큰 하천변의 식생의 낙엽과 목질 잔해인 **조립유기물**(組立有機物; coarse particulate organic material, CPOM)이다. 다른 형태의 유기물은 입자크기가 1 mm보다 작은 잎 부스러기, 무척추동물의 배설물 및 침전된 용존유기물을 포함하는 **세립유기물**(細粒有機物; fine particulate organic material, FPOM)이다. 또 다른 유기물입력은 입자크기가 0.5 μm 보다 작은 **용존유기물**(溶存有機物; dissolved organic material, DOM)이다. 용존유기물의 원천은 영양이 풍부한 나뭇잎의 삼출물을 용해한 빗물, 토양, 지하수 그리고 인접한 삼림, 농경지 및 주거지역으로부터 누출되는 영양물을 포함하는 지표하 침출수이다. 유입되는 유기물질은 한 상태에서 다른 상태로 변형되고, 소비군집에 의하여 소비되거나 하류로 수출된다. 유기물질의 동역학은 성수기, 수문사상의 영향을 크게 받는다. 유수생태계는 하천 내 1차 생산보다 주로 수계 밖에서 생산되는 죽은 유기물로부터 에너지를 공급받는다.

하천의 한 단면에서 유기물질의 총량은 하천 내 1차 생산의 입력과 비생물 유기물의 다양한 입력의 합이다. 유입된 입력이 하류 생태계로 이송되는 부분에 대한 생물군집에 의하여 소비되는 입력의 비율은 생태계의 효율을 나타내는 비교의 척도가 된다. 하천에 유입되는 유기물질은 3가지 종말 중의 하나로 끝난다. 하안이나 하상에 묻힌 상태로 한동안 저장되거나, 하류 생태계로 이송되거나 또는 수로구간 내의 생물적인 과정에 의하여 이산화탄소로 소비된다. 전술된 바와 같이 하천에 유입되는 유기탄소의 25%는 하천 내에서 처리되고, 25%는 유사 입자유기탄소(POC)에 저장되며, 나머지 50%는 바다로 이송된다.

유기물의 다양성

하천은 식물, 무척추동물 및 척추동물의 높은 다양성을 포용한다. 대부분 식물의 다양성은 규조식물, 하상의 율석, 수생식물의 줄기와 잎처럼 햇빛에 노출되는 젖은 표면의 엷은 층에 자라는 극히 작은 조류인 부착조류에 존재한다. 흐름에는 이러한 초소형 조류가 수백 종에 이르고 부착조류는 하상의 돌 표면을 매끄럽게 한다. 흐르는 물의 보다 큰 식물인 수생 대형식물에는 물냉이, 갈대 같은 유연성 식물, 이끼와 우산이끼의 선태류 식물 또는 큰 조류의 종이 있다. 발원에 가까운 상류 하천에는 단지 이끼만이 존재하고 하류로 감에 따라 완속흐름의 서식지가 일반화되어 다양성이 증가한다.

무척추동물은 수생곤충, 여러가지 벌레, 갑각류 동물, 대합조개 및 달팽이로 구성된다. 하천 구간에서 발견되는 수백 종에 이르는 무척추동물의 대부분은 작은 벌레이다. 이들 종의 대부분은 수로 바닥표면이나 바닥층에 서식하고 이들을 **저서생물**(底棲生物; benthos)이라 한다. 담수에 서식하는 무척추동물에는 미립유기물, 부착조류 및 다른 무척추동물 또는 작은 물고기와 같은 3개의 주요 먹이종류가 있다.

대부분의 종은 한 형태의 먹이자원을 개발하는 섭식적응으로 진화되어 와서 다음과 같이 기능적 섭식집단으로 분류될 수 있다. 조립유기물을 먹이로 하는 유충이나 벌레의 **쇄설자**(碎屑者; shredder)는 조립유기물을 분쇄하여 그에 포함된 에너지가 아니라 그들 위에 자라는 박테리아나 진균류를 섭식한다. 섭식과정에서 잎의 부드러운 부분만을 취하고 나뭇잎 줄기는 남긴다. 쇄설자는 섭취한 물질의 40%만 소화흡수하고 나머지 60%는 배설한다. 쇄설자에 의하여 분쇄되고 미생물에 의하여 분해된 잎물질, 배설물 및 침전된 용존유기물은 세립유기물을 구성한다. 하류로 떠내려가서 하상에 침전된 세립유기물을 하천 무척추동물의 섭식집단인 **수집자**(收集者; collector)의 먹이가 된다.

쇄설자, 수집자는 쇄설물질은 먹이로 하는 반면 돌과 쇄석표면의 조류를 먹이로 하는 섭식자에는 **긁는자**(scraper 또는 grazer)가 있다. 긁는자에는 곤충, 날도래와 같은 이동성 벌레유충을 포함한다. 긁는자에 의하여 긁어진 물질의 대부분은 세립유기물 형태로 하류로 떠내려간다. 쇄설소비자와 긁는자를 먹이로 하는 것은 포식성 곤충유충, 강력한 뱀잠자리와 같은 곤충의 유충, 하천 도롱뇽 및 물고기 등의 **포식자**(捕食者; predator)인 육식동물이다.

종을 기능성 섭식집단으로 분류하는 것은 인위개변에 따른 하천변화의 대부분이 상대적으로 예측이 가능한 방법에서 먹이자원 입력의 동역학관계를 변형시키기 때문에 변형의 영향을 예측하는 데 도움이 된다. 예를 들면 댐 직상류부에 퇴적되는 세립유사량은 탁한 하천수를 맑게 변화시켜 댐 하류 하상에 부착조류의 생산을 가능하게 한다. 이와 같은 부착조류는 긁는종에 대한 먹이자원을 증가시켜 결과적으로 무척추동물과 어종의 생산성을 높인다. 물고기는 경제, 위락 및 심미의 가치 때문에 담수의 최상 동물상으로 하천 건강상태를 나타내는 지표이다. 온대지역의 대부분의 물고기는 무척추동물이나 다른 물고기를 먹이로 하고 이에 따라 흐름먹이망의 최상위에 위치한다(Allan, 1969).

유기물질수지

생태계의 유기물질수지는 한 하천구간에 대한 유기물의 유입과 유출되는 양에 근거한다. 수지의 대상이 되는 물질은 탄소, 인, 질소, 칼슘 등이다. 물질수지는 육상으로부터 물질의 손실률, 다양한 유입과 유출통로를 거치는 물질량, 하천구간 내의 저류량에 대한 하류 생태계에 수출되는 물질의 양의 비를 문서화하는 것이다. 이는 해당 구간 내에서 일어나는 중요한 변환 예를 들면 CPOM이 입력을 지배하는 반면 유출에서는 FPOM이 지배적이라는 것과 같은 변환을 나타내므로 하천 내 물질의 양과 질을 변화시키는 물리, 생물적인 과정의 파악을 가능하게 한다. 즉 생태계를 통한 물질의 흐름구조의 이해를 제공한다. 유기물질의 수지계산은 유입량(지하수, 지표하수, 지표수, 강수량 및 상류 유입)과 유출량(하류 유출, 증발산, 지하수함양)을 같게 놓아 물수지를 수립하고, 물표본을 이용하여 유량범위에 대한 용존유기물(DOM)과 미립유기물(POM)의 농도를 계산하고 유량과 농도로부터 유기물의 연간 수입과 수출을 산정한다.

에너지수지 해석은 1차 총생산(P)과 군집소비(R)의 비가 중요성을 갖는다. 1차 총생산에 대한 군집소비의 비를 P/R로 나타낼 때 $P/R<1$인 생태계는 주로 외부 비생물 물질로부터 수입되는 에너지에 의존한다. 생태계는 그 경계를 통한 에너지유입에 따라 수입(I)과 수출(E)의 비 I/E를 P/R과 연계하여 1차 생산이 낮고 외부로부터 수입이 많으면 $P<R$과 $I>E$가 되고 이러한 생태계를 종속영양이라 한다. 반대로 높은 1차 생산으로 $P>R$이고 유기물질이 증가하거나 수출하는 생태계는 독립영양이라 한다. 1차 총생산은 순 1차 생산과 호흡, 배설, 몸체 유지에 사용된 유기물의 합으로 정의된다.

23.2.7 하천연속개념

하천연속개념(河川連續概念; river continuum concept, RCC)(Vannote 등, 1980)은 원류에서 하구까지 유수생태계의 기능을 기술하고 이를 생물군집의 변화에 관련시켜 지형인자와의 상호작용의 항으로 하천길이를 따라 물리, 화학, 생물학적인 변화를 예측하는 가장 영향력 있는 구조와 기능적인 생태하천모형이다. RCC는 하천원류에서 하류에 이르는 전 하천구간을 하천차수에 따라 원류구간(하천차수 1~3), 중위 하천구간(하천차수 4~6) 및 하류의 대하천구간(하천차수>6)으로 나눈다. RCC는 하천원류에서 하류에 이르는 과정에서 하천의 크기는 증가하고, 하천 주위 수변 삼림의 영향은 우점종 생물군집의 변화에 따라 감소하고, 종의 수는 증가하고, 잎을 소비하는 유기물인 쇄설자는 감소하는 것을 예측한다. 중위 하천구간에서는 긁는자 군집으로 변하고 하류구간에서는 수집자가 우세한다. 하천을 따르는 특성의 변화는 주로 상이한 구간의 에너지와 유기물의 생물상의 구성에 의한다. 전 하천구간을 통하여 주요 4개의 먹이형태는 쇄설자, 수집자, 긁는자 및 포식자이고 이 중 전자 3형태는 식물로부터 먹이를 구한다.

낮은 차수의 원류구간인 하천 상류는 그늘진 하천으로 햇빛이 들지 않아 광합성과 부착조류의 생산이 이루어지지 않으므로 에너지원으로 조립유기물의 외지성 에너지를 필요로 한다. 그러나 조립유기물의 과다로 대형무척추동물의 대부분이 쇄설자와 수집자이다. 중위 하천에서는 상류로부터 외지성 입력과 더불어 광합성이 에너지의 기본이고 부착조류의 존재로 긁는자의 수가 증가하고 조립유기물의 감소로 쇄설자는 감소한다. 또한 중위구간은 다양한 가장 많은 에너지가 입력되어 가장 높은 생물다양성을 포용한다. 높은 차수구간의 하류에서는 미생물 분해가 에너지 생산에 가장 큰 역할을 한다. 하류에서는 유기물이 완전히 세립유기물 또는 **극세유기물**(極細有機物; ultra fine particulate organic material, UFPOM)로 쇄설된다. 세립유기물의 증가로 수집자의 수는 최대가 된다. 전 구간을 통하여 포식자의 수는 대체로 일정하고 종의 구성은 변화한다.

원류 하천구간의 강에 떨어진 잎에서 배출되는 유기분자는 하류로 이송되면서 하류에 영양물을 제공한다. 쇄설자는 잎의 작은 조각인 조립유기물로부터 먹이를 구하는 유기물이다. 잎에는 다양한 미생물(진균류, 박테리아)(>0.2~0.5 mm)과 대형무척추동물(곤충유충, 갑각류)이 집적되어 있고 이들은 잎을 처리하여 하천수계를 통하여 에너지흐름을 촉진하고 대형무척추동물은 수질의 변화를 나타내는 살아있는 지표역할을 한다.

쇄설자는 잎에 부착되어 있는 이들 유기물로부터 영양을 섭취한다. 쇄설자는 크기가 1 mm 정도인 조립유기물을 미립입자로 쪼갠다. 쇄설과정에서 나오는 미립유기물은 하류로 이송된다. 쇄설자에는 각다귀(craneflies), 강도래(stoneflies), 날도래(caddisflies), 쥐며느리(sowbug) 등이 있다. 쇄설자의 배설물과 잎의 작은 조각은 수집자라고 하는 대형무척추동물의 먹이가 된다. 수집자는 유기물을 포착하거나 여과하여 섭취하는 형태에서 유래되었고 수집자의 먹이는 0.5~5μm 정도이다. 수집자에는 그물포획성날도래(netspinning caddisflies), 먹파리(blackflies) 등이 있다.

중위 하천구간에서는 하폭이 증가함에 따라 에너지입력이 변화한다. 하폭의 증가에 따라 많은 햇빛을 받으면 수중 광합성이 중요한 역할을 한다. 이 구간에 도달하는 잎 잔해는 감소하고

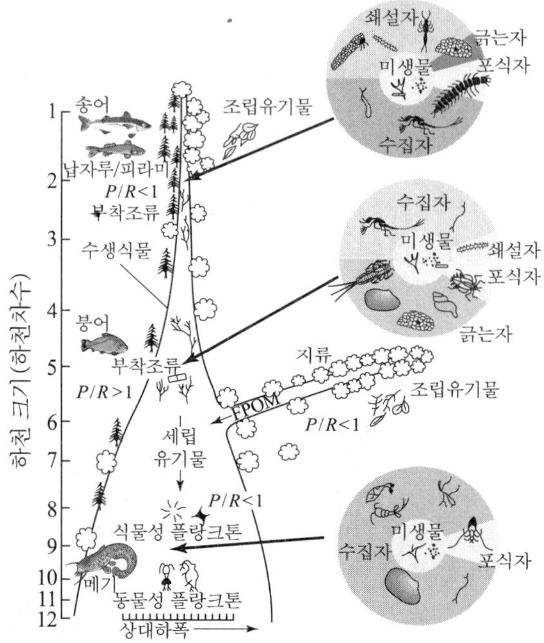

그림 23.11 하천연속개념 개략도(Vannote 등, 1980)

바닥에 이르는 햇빛의 증가로 부착조류가 풍부해진다. 먹이기반이 바뀜에 따라 무척추동물도 바뀐다. 쇄설자는 감소하고 바위 위에 풍부한 조류자원을 먹이로 하는 긁는자는 증가한다. 긁는자는 돌, 나무, 큰 수생식물에 부착되어 있는 부착조류를 먹이로 한다. 긁는자에는 달팽이, 삿갓조개(limpets), 하루살이(mayflies), case-building caddisflies 등이 있다.

대하천구간인 깊고 넓은 하류에서는 높은 탁도 때문에 햇빛이 바닥에 이르지 못하고 식물과 부착조류를 지탱하는 바닥물질이 없는 상태가 된다. 먹이기반은 상류와 홍수터에서 생산된 식물플랑크톤, 미세부유물이 지배적이다. 식물플랑크톤은 원지성 에너지를 생산하나 탁도와 혼합으로 광합성은 제한적이다. 따라서 큰 하천에서는 외지성 에너지입력이 주 에너지원이 된다. 하류의 주 에너지원인 세립유기물은 분해과정을 통해 상류와 홍수터로부터 유입된다. 홍합과 대합조개와 같은 여과수집자는 물로부터 이들 미립자를 여과 섭취한다. 다양한 집단의 포식자는 하천의 전 구간에 걸쳐 다른 생물을 먹이로 한다.

23.3 흐름과 식생의 상호작용

23.3.1 수로 흐름에 식생의 영향

흐름특성(평균과 최대유속, 수심, 2차류)은 수로의 특성(단면형상, 경사, 제방, 바닥물질, 수초와 강변 식생의 유형)의 영향을 받는다. 수초는 흐름에 저항인자로 작용하여 마닝공식의 조도

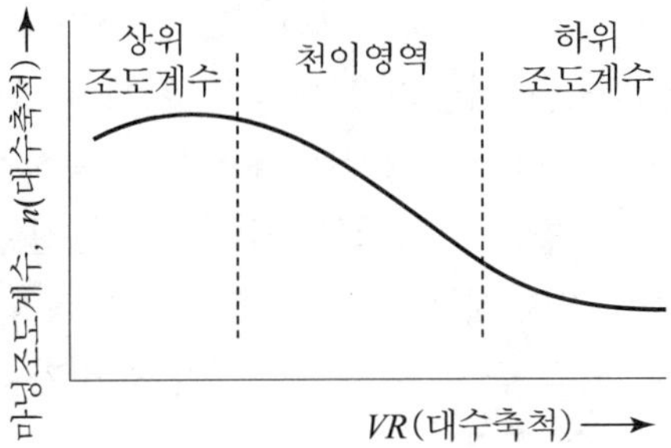

그림 23.12 일정한 생물량에서 유속과 동수반경의 곱(VR)과 마닝조도계수와의 관계(Watson, 1987)

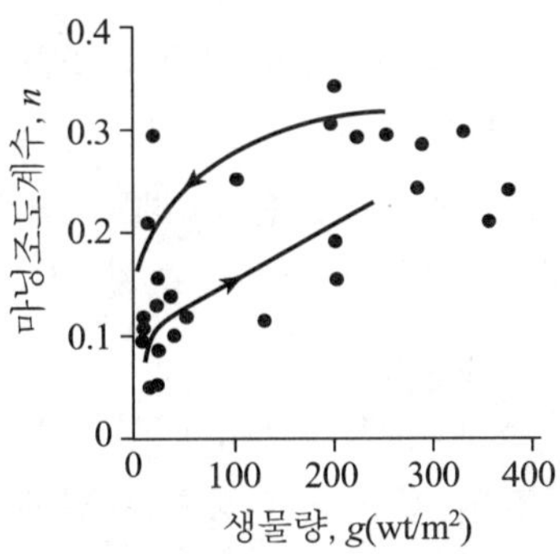

그림 23.13 생물량과 마닝조도계수의 관계(Dawson, 1978)

계수 n값을 결정한다. 조도계수 n과 유속 V와 동수반경 R의 곱 VR의 관계를 나타내는 그림 23.12에서 VR이 작으면 식생이 흐름을 지배하나 VR이 증가하면 식생이 물에 잠겨 수로바닥에 납작하게 되어 식생의 영향인 조도계수는 감소하고 이 경우 식생의 휨의 정도에 따라 흐름에 대한 저항이 달라진다.

흐름에 대한 저항은 수로경계의 성질에 크게 다르다. 경계는 비침식성, 침식성, 신축성으로 구분될 수 있고 신축성 경계는 수생식물의 성장이 하천의 통수능에 대한 영향이 큰 경우로 식물이 자라고 죽고 썩음에 따라 심한 계절적인 변화를 유발한다. 개수로에서 흐름에 대한 저항은 식생의 밀도, 성숙도, 분포, 유형과 성장형의 영향을 받는다. 마닝조도계수 n은 생물량에 따라 증가하나 성장계절이 진행됨에 따라 생물량의 증가에 따른 마닝조도계수의 증가는 완만해진다(그림 23.13). 계절적인 수초 성장은 폭–수심비(b/h)가 16보다 작은 구간에서는 수로용량 감소에 현저한 영향이 될 수 있다(Masterman 등, 1992).

수생식물은 흐름에 대한 반응이 달라서 일부 식생은 홍수에 휩쓸려가는 반면 다른 식생은 홍수흐름에 휘어져 마닝조도계수 n에 주는 영향이 작다. 흐름과 바닥물질의 변화는 수로와 주변에 있는 식물에 대한 영향의 변화로 이어진다. 주어진 수로에는 아주 다양한 미세서식지가 존재할 수 있고 이들은 각기 고유의 흐름과 바닥물질을 가져서 상이한 우점성의 식생서식조건이 된다(Stephan, 1996). 하천의 한 부분에 식생의 군체가 형성되면 수로의 유속과 바닥물질이 변형되고 하천 횡단면에 걸쳐 식생의 넓은 퍼짐으로 이어진다.

높은 유속과 난류강도는 확산경계층의 두께를 감소시켜 용존이산화탄소, 산소, 영양물의 흐름률을 향상시키는 효과를 갖는다. 이 경계층 내에서 수생식물–생태부착식물의 접촉면에 걸친 가스확산과 용해바닥물질 이송률은 수생식물–기착식물의 집단 내에서 생화학적인 작용을 제한할 수 있다. 따라서 확산층이 엷어지는 효과는 광합성과 성장률의 증가로 나타난다. 한편 저유속과 감소된 난류에서는 낮 시간 동안 광합성에 의해 산소가 축적되고 탄소가 고갈되어 광합성과 식물성장의 제한에 이를 수 있다.

수로에서 식생에 의한 침전과 군집형성 과정은 저수에서 일어나고 유량이 증가하면 휩쓸려 간다. 수생식물은 생명주기의 여러 단계에서 무척추생물과 어류와 같은 생물군에 대하여 흐름으로부터 피난처를 제공한다. 수로와 하천의 식생이 **하천과정**(河川過程; fluvial process: 물흐름과 하천의 물리적인 상호작용)에 작용하는 메커니즘은 흐름에 저항의 제공, 제방강도의 제고, 삼각주 형성과 침식에 영향, 잡물의 집적 형성, 제방 오목부에 퇴적영향 등이다.

23.3.2 수초에 대한 흐름의 영향

물 이동은 수로와 하천에서 식물과 식물분포에 영향을 주는 가장 중요한 인자이고 수로에서 일어나는 과정이 수생 서식공간의 성격을 결정하는 점에서 수리학의 지식은 식물성장과 분포를 이해하는 데 중요하다. 흐름은 식물에 직접적인 영향 외에 하상에 주는 변화를 통한 간접적인 영향을 갖는다. 수초는 흐름양상을 변화시키는 반면 식물은 생명주기의 모든 단계에서 흐름의 영향을 받는다. 씨와 식생 번식체(propagule)가 물에 의하여 운반 산포되는 수산포(hydrochory)는 수로에 연한 식물의 주요 산포의 한 방안이다.

유속에 따라 수생식물의 군락구조는 점진적인 변화를 갖는다. 따라서 유속은 군락구조의 변화를 유발하는 자연적인 교란지수로 사용될 수 있다(그림 23.14). 수생 및 수변에 서식하는 종의 풍부도 또한 흐름유속의 영향을 받아서(Nilsson, 1987) 흐름이 보다 빠른 구간에는 아주 적은 수의 종만이 발견되는데 이는 매우 적은 수의 식물만이 물흐름에 적응하기 때문이다. 흐름

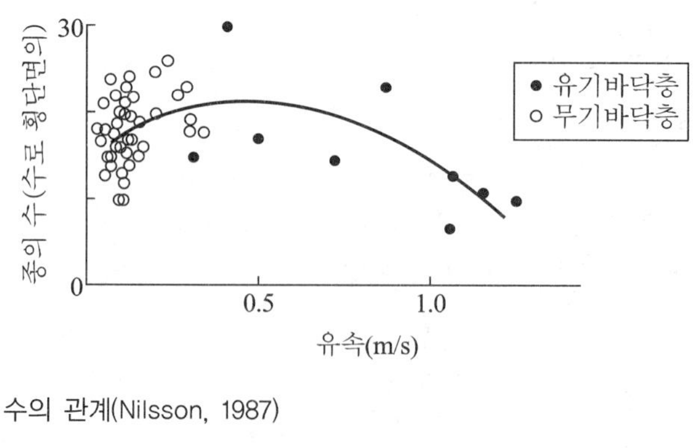

그림 23.14 유속과 종의 수의 관계(Nilsson, 1987)

은 유사를 이송하고 이송되는 유사는 식물에 직접 작용하여 식물조직에 손상을 입힌다.

흐름방향으로 흐름에 의하여 작용하는 끌어당기는 현상은 바닥물질에 대한 식물의 고착에 영향을 주고 이는 식물의 뿌리내리기 강도에 좌우된다. 바닥물질도 고착에 영향을 주어 굵은 토사에서는 뿌리가 얕고, 완만하고 수심이 깊은 수로의 식물은 세립퇴적에 뿌리를 깊게 내린다. 주기적으로 홍수가 일어나는 자갈하상에서 일부 식물은 깊고 크고 강한 뿌리를 내려 고수시와 바닥물질 이동에도 견딜 수 있다.

23.3.3 수 질

오염이 심할수록 수생식물의 종의 수가 감소하고, 수생식물이 오염에 노출되면 제대로 성장하지 못하며, 뿌리가 영향을 받으면 큰 유량에서 휩쓸려 갈 가능성이 높다. 양질의 수생식물 서식구역과 개개 식물의 구조는 수리-화학과정과 식물의 광합성 과정에 의한 태양에너지 사용에 영향을 받는다. 식물의 분포에 영향을 주는 환경인자에는 빛, 계절성, 이산화탄소 공급, 독소, 영양물 등이다. 모든 수리-화학과정이 수질의 변화에 영향을 받는 반면 식물의 활동은 수질에 영향을 주고 정화에도 기여한다. 수생식물의 출현으로 보다 많은 오염물이 고착되거나 오염도의 감소가 보다 빠르게 진행한다.

일반적으로 식물은 섭취, 변형, 뿌리 삼출물(滲出物) 생산과 미생물의 영향을 통하여 독성물질을 분해하는 과정에서 유사와 수질이 정화된다. 자정작용은 **하천통로**(河川通路; river corridor: 하천과 생물종이 번식하고 산포되는 서식지를 형성하는 하천 주변 토지를 포함) 내에 위치한 수변과 습지에서 특히 현저하고 수질관리와 개선에 중요한 연관을 갖는다. 이러한 점에서 수변지역은 물 환경의 신장이라고 하며 식물작용을 통하여 영양물 수용처(sink)로 작용하여 농업영양물과 다른 오염원에 의한 부영양화로부터 지표수와 지표하수를 보호한다.

식물이 질소를 제거하는 능력은 기본적으로 식물 섭취와 탈질기능이고 탈질은 가장 지배적인 제거과정이며 장기 지속되는 기능이다. 식물군락은 다수의 중요한 기능을 수행한다. 영양물을 직접 섭취하여 생물량에 축적하고 토양 내에 자유로운 교환 장소를 제공한다. 식물잔해는 미생물군집에 서식지를 제공하고 뿌리 삼출물과 같이 탈질에서 이용되는 유기탄소의 주 공급원을 형성한다. 또한 식생은 산화된 뿌리층의 형성으로 토양 내의 산소량을 증가시킨다.

23.3.4 홍수맥동

홍수맥동(洪水脈動; flood pulse)은 수계의 발원지에서 하구에 이르는 물리적인 조건의 연속적인 변화가 존재하는 하천연속개념에서 고려되는 유수환경의 연속 단계적인 과정과는 구분되는 일괄 과정으로 정의된다. 홍수맥동은 홍수터의 주요 생물군의 존재, 생산성, 상호작용을 유발하는 기본 인자이다.

홍수는 충적층의 침식과 퇴적을 통해서 생물서식지를 변형시켜 식물군락의 종 구성의 뚜렷한 변화를 초래한다. 이러한 현상은 생태계의 생물학적 2차 이식으로 기술된다. 범람홍수는 영양물의 수입 외에도 유기성 부스러기를 운반하고 이는 주변지역에 쓰레기 형태로 쌓이게 한다. 이러한 부스러기는 어류와 무척추생물과 같은 흐름 동물상에 값진 서식지를 제공할 뿐 아니라 잔사식생물에 의하여 소비되고 분해자에 의하여 광물화되어 생태계에서 2차 생산을 촉진한다. 영양물수입의 정도에 따라 과잉영양물은 조류와 식물성 플랑크톤의 성장과 번식 및 수생식물 성장의 증가를 조장한다.

홍수맥동의 영향은 하천수계의 총 생물다양성과 1차 생산의 증가에 기여하고 이는 전반적으로 수계에서 식생군락의 구역화를 결정한다. 상이한 개체군 또는 다른 종으로부터 온 식물은 홍수와 가뭄과 같은 환경변화에 노출될 때 생존을 확실히 하기 위하여 상이한 생명유지전략을 소유한다. 하천이나 수로에 서식하는 식물거동에 대한 외부 환경인자의 영향의 우심도는 외부 교란이 일어나는 기간 동안 생명주기의 단계에 따라 다르다. 빈번한 교란은 식물군집이 빠른 군집형성과 성장능력을 가진 소수의 기회 포착성 종에 의하여 지배되는 초기 천이단계에 있게 한다. 이들 식물은 단명뿌리체계를 갖는 종으로 대표된다. 흐름수계에서 생물군의 생명주기는 홍수맥동의 도래시간, 지속기간, 상승 하강에 관계된다.

23.4 자연습지

23.4.1 서 론

인간이 댐, 수로 및 제방 등을 이용하여 하천을 개조하기 이전에는 물이 홍수터를 통하여 흐르는 과정에서 저항이 가장 작은 수로를 따라 흐르게 되어 흐름은 만곡하천을 형성한다. 이러한 과정에서 주 수로와 연결이 차단되는 수로부분이 부수적으로 형성되어 U자형 호수, 수렁 및 배수(背水)영역이 형성되고 이들 지역은 시간이 지남에 따라 습지로 변형된다. 이와 같은 지형의 변형으로 형성된 습지는 평탄한 식생지역, 지형의 오목한 부분 및 하천, 호수 및 해안의 경계를 따라 물과 건조한 지역과의 사이에서 발견될 수 있다. 습지는 물에 잠기거나 포화상태의 토양에 따라 발달된 습지(윤)토양과 같은 토양 특성에 적응하는 수생식물의 존재로 식별될 수 있다.

하천, 호수 및 습지를 통해서 흐르는 물은 흐르는 과정에서 자연적으로 깨끗해지는데 이러한 과정을 **자연과정**(自然過程; natural process)이라 한다. 하천, 호수, 연못 및 습지는 자연과정을 통해서 물을 깨끗하게 한다. 이러한 자연과정의 하나인 습지가 생활오수, 농업폐수, 산업폐수 및 강우유출의 수질개선에 효과적임이 판명되면서 이러한 자연과정을 이용해서 수질을 개선하기 위하여 지난 수십 년 동안 인공적인 습지가 조성되어 왔다. 근래 일부 국가에서는 강우유출, 가정오수, 농업폐수, 산업폐수 및 광산배수를 포함한 점원 및 비점오염원에 의하여 오염된 수질을 개선하기 위하여 많은 인공습지가 조성되고 있다.

습지로 유입되는 오염된 물의 수질이 개선되는 것은 침전, 여과, 부착, 분해, 섭취와 대사작용을 통해서 일어난다. 하천, 연못 및 호수는 자연과정의 처리계통으로 작용한다. 그러나 오염물을 여과하고 제거하는 풍부한 식생과 바닥물질, 그리고 이들과 접촉을 증가시켜 오염물질을 흡수하고 분해를 용이하게 하는 데에는 얕은 수심을 갖는 습지가 특별히 효과적이다.

습지는 수질개선 외에 어족자원 생산과 야생생태계에 다양한 서식지 제공, 위락 및 경제적인 재화를 제공하는 유용한 가치를 갖는다. 습지는 생산성이 높은 생태계이고, 태양에너지를 포착하여 동물군집에 먹이를 제공하고, 산소를 생산하고, 비점오염물을 함유한 수질개선에 특히 효과적이다. 습지는 물에 용해된 각종 영양물과 오염물이 식물뿌리와 토양의 미생물에 흡수되게 하고 이산화탄소를 대기에 방출하는 대신 식물군집과 토양 내에 저장하여 대기의 질을 개선하고 지구온난화를 억제한다. 얕은 수심, 고농도의 영양물 및 기초생산의 조합을 형성하는 습지는 어류, 양서류, 조개, 곤충과 같은 많은 종에 대한 먹이망을 형성하고 먹이를 제공하는 유기물 생성에 이상적이어서 습지는 생물학적으로 어족과 조개 등을 포함한 가장 생산적인 생태계의 하나이다. 습지생태계는 미생물, 식물, 곤충, 양서류, 파충류, 조류, 어족 및 포유류와 같은 종의 다양성을 가져서 많은 동물 종을 유혹하는 엄청난 양의 먹이를 제공하여 생태계의 보고 또는 생물적인 슈퍼마켓이라고도 한다. 그러나 이러한 지구상의 많은 습지가 작물재배를 위한 습지의 배수, 주거를 위한 도시화, 하천제방의 축조와 직강화, 과도한 지하수의 채수, 댐 건설, 오염으로 인한 생태과정과 서식지의 손상으로 인하여 사라지거나 훼손되었다.

인과 질소는 오폐수와 비료의 주요 성분이다. 수생태계에 이러한 영양물이 많아지면 조류가 번성하여 어류와 다른 동물에 유해하게 된다. 조류는 습지, 호수, 하구에 이르러 물의 산소를 탈취한다. 습지는 농지, 도로, 주차장 및 다른 지표로부터의 유출에 포함되는 질소, 인, 그 외 화학물질을 여과처리하고 섭취하여 저장한다. 그러나 식물을 거둬내고 습지가 배수되는 경우에는 습지가 질소, 인의 발생원이 되기도 한다.

한 지점에서 오염물을 배출하는 점오염원의 방류는 계속 규제되어온 것과는 달리 비점오염원에 의한 오염은 유역관리 수준으로 느슨하게 규제되어 왔거나 규제도 처리도 되지 않은 실정이다. 점오염원에 집중되었던 것과 같은 관심과 투자가 비점오염원에 이루어지지 않는다면 비점오염문제는 수질목표를 달성하기 위한 수질개선에 가장 큰 장애가 될 것이다. 비점오염원에 대한 수질개선에 차집관로를 이용하는 재래 처리공법이 어려운 점에서 습지를 통한 자연과정이 그 대안이 될 수 있다. 따라서 향후 수질개선은 재래의 하수처리장과 보완적인 습지를 병행해서, 또는 습지에서 독립적으로 이루어질 수 있을 것이고 이러한 점에서 21세기에 습지의 가장 중요한 응용은 비점오염의 감소가 될 수도 있을 것이다.

23.4.2 습지의 정의, 구성 및 종류

습지의 정의와 구성 요소

습지(濕地; wetland)는 연중 또는 충분한 빈도와 기간 동안 포화된 토양조건에 적응하는 식생의 번성을 지원하는 토양이 물(지표수 또는 지하수)에 잠기거나 포화되는 지역이다. 습지는 물 흐름, 영양물의 순환 및 태양에너지의 조합에 따른 수문학, 토양 및 식물에 따른 특성을 갖는 생태계를 조성한다. 토양의 포화상태는 토양의 특성, 토양에 서식하는 식물과 동물의 군집형태

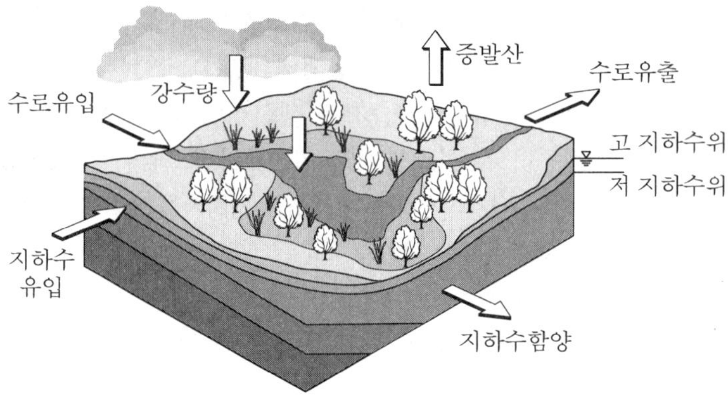

그림 23.15 습지 수문순환

를 결정하는 지배적인 인자이다.

습지는 물, 식물 및 토양의 세 개의 기본성분으로 구성되고 습지의 기능에 중요한 역할인자로 다양한 미생물이 존재한다. 습지는 물, 습지식물 및 습지토양의 세 개의 속성으로 판명된다.

습지수문학: 습지를 습하게 하는 물 순환체계를 습지수문학이라 지칭한다. 습지 물의 근원은 강우, 하천 또는 지하수이다. 조석습지의 경우에는 조석이 중요한 물의 근원이다. 습지의 수문특성은 물에 잠기고 포화되는 기간을 제공하는 수문기간이다. 습지수문학의 주요 인자는 체류기간, 수심, 습지를 흐르는 흐름속도 및 습지가 물에 잠기는 연중 일수를 포함한다.

습지의 수문기간(水文期間; hydroperiod)은 습지가 물에 잠기는 습지수위의 계절적인 변화양상을 정의한다.

- 항구적(permanent): 연중 물에 잠긴다.
- 간헐적(intermittent): 심한 가뭄기간을 제외하곤 물에 잠긴다.
- 계절적(seasonally): 성수기에 물에 잠긴다.
- 포화상태(saturated): 성수기 동안은 지표하층이 포화상태이고 물에 잠기는 경우는 거의 없다.
- 잠정적(temporary): 성수기에 한해서 잠시 물에 잠기고 지하수위는 지면 아래에 위치한다.

습지토양: 습지토양은 장기간 물에 잠기거나 포화상태에 있는 토양으로 이를 **습윤토양**(濕潤土壤; hydric soil)이라 한다. 이는 산소가 결핍되는 특성을 갖는다. 일년생 식생으로 인하여 습지토양은 많은 유기물질을 포함하고 색은 검은색을 띤다. 토양의 혐기성 조건(공극에 있는 모든 공기가 토양을 빠져나와 물에 용해되어 산소결핍상태)과 두꺼운 유기물퇴적층의 조합은 토양 내 화학적 및 생물적 과정(변환)에 좋은 조건을 제공한다.

습지식물: 습지에 서식하는 식물을 **수생식물**(水生植物; hydrophyte)이라 하고 습지에는 정수, 부유(부수), 부엽 및 침수식물 종과 같은 다양한 식물이 자란다. 습지식물은 포화조건에도 적응하여 살아남는다. 대부분의 식물이 뿌리를 통하여 산소를 흡수하는 데 반하여 습지식물은 줄기와 잎을 통해서도 산소를 흡수하고 이를 특수한 뿌리세포를 통하여 뿌리에 전달한다. 습지식물

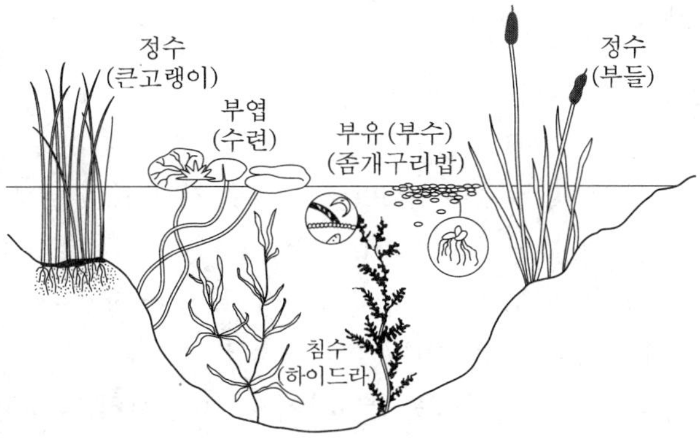

그림 23.16 습지식물

은 바닥물질을 안정화하고, 물흐름을 완만하게 하여 부유물이 침강하게 하고, 여과하고, 오염물을 흡수하고 흡착하고, 미생물 발달을 지원한다.

전형적인 미생물: 습지는 매우 다양한 미생물에 이상적인 서식조건을 제공한다. 이들 미생물은 습지처리과정에 '짐말'과 같은 중요한 역할을 한다(23.5.2와 23.5.4 참조).

습지의 종류

습지는 물의 염도 1,000 mg/L를 기준으로 담수습지와 염수습지로 분류된다. 미국 환경청(EPA, 2001)에 의한 담수습지의 분류는 다음과 같다.

늪(marsh): 늪은 연중 물에 잠긴 상태에 있고 수심은 계절에 따라 변화한다. 식생은 초본식물로 구성되고 부수식물이 주종을 이룬다. 많은 생물의 서식지와 산란장을 제공한다. 늪에는 내륙에 위치한 담수의 내륙 늪(nontidal marsh)과 조석의 영향을 받는 해안 늪(tidal marsh)이 있다.

소택지(swamp): 배수가 잘 안되어 항상 물에 잠기고 식생은 목본식물로 구성되며, 삼림이 주종을 이루는 소택지와 관목이 주종을 이루는 소택지로 구분된다.

습원(bog): 스폰지성 이탄질 퇴적층으로 물은 산성이다. 두꺼운 물이끼로 덮혀있고 늘 푸른 나무와 관목이 자란다. 주요 수원은 강우이다. 따라서 식생에 필요한 영양물은 빈약하다. 잠정적으로 물에 잠기는 북미의 특징적인 습지이다.

이탄지(fen): 이탄질 토양으로 구성되고 잔디, 야생화로 덮혀있다. 포화상태에 있고 수원은 강우보다는 상류와 주변의 지표수 및 지하수의 유입으로 구성되어 고농도의 영양물이 유입되고 습원보다 산성이 약하여 다양한 생태계를 형성한다.

습지가 자연과정인 오염된 물을 정화하는 처리기능을 가짐에 따라 기능에 따른 습지의 종류에는 자연습지와 인공습지가 있으며 인공습지에는 지표수습지(자유수면을 갖는)와 지표하수습지(자유수면을 갖지 않고 자갈바닥인)가 있다.

23.4.3 습지의 기능과 가치

습지는 자연적인 유산의 하나이다. 습지는 매우 다양하고 중요한 물리적인, 생태적인 그리고 경제적인 기능과 가치를 제공한다. 습지기능은 습지가 본래 가지고 있는 특성들이고, 습지가치는 인간에 대한 각 기능이 갖는 중요성 또는 인간에 가치가 있는 습지 특성들이다. 이들 가치와 기능은 수자원 관련, 생물 생태적, 미적, 교육, 위락과 경제로 분류될 수 있다. 이러한 습지의 기능과 가치는 습지와 유역의 다른 생태계 간의 복잡한 상호관계에 따라 다르게 된다. 주요 습지의 기능은 수질개선, 홍수조절, 대기질의 조절을 포함한다.

홍수조절: 홍수시 습지에 저류된 물을 장기간에 걸쳐 서서히 방류하여 하류 홍수위를 저하시켜 하류 홍수피해를 경감한다. 밀집된 습지식생은 흐름에 장애요소로 작용하여 흐름을 감속시키고 흐름의 배분역할을 하여 침식력을 약화시킨다.

수질개선: 습지는 자연적인 여과와 스폰지의 역할(자연과정)을 한다. 습지에 유입되는 오염물(토사, 질소와 인과 같은 영양물, 중금속, 병원균)이 바닥물질과 습지식물에 포착되어 수질이 개선된다. 습지에 유입되는 물은 바닥물질과 습지식물을 통하여 여과되어 질소와 인과 같은 영양물을 제거한다. 습지는 흐름을 완만하게 하여 토사를 침강시키고 이에 따라 토립자에 부착된 인과 같은 오염물이 포착된다. 습지에서 발생하는 화학과정은 식물에 흡수된 유해한 질산염을 무해한 질산가스로 변환시킨다. 토양 내 유기물질은 중금속의 포착을 가능하게 하는 표면을 제공하고 습지 미생물은 살충제와 같은 유기성 오염물질의 분해를 돕는다. 습지는 특히 비점오염원에 대한 수질개선에 중요한 역할을 한다. 참고로 미국 South Carolina 주의 1990년 조사에 의하면 Congaree Bottomland Hardwood 습지를 포함한 지역에서 습지를 이용함으로써 지역의 오폐수 처리비용이 연간 500만 달러 절감되었다고 한다.

수문순환 역할과 지하수함양: 습지는 다양한 통로를 통해서 물을 받아들이고 저류하여 방류함으로써 자연적인 수문학적인 균형을 이룬다. 습지는 지하수를 함양함으로써 대수층의 함양에 중요한 요소이다. 또한 함양된 지하수가 침출되어 건기에 하천흐름을 유지하기도 한다.

토사포착: 습지는 토사를 포함한 고형물질을 침전, 응집 및 차단에 의한 포착으로 수질을 개선한다. 습지식물은 식물 주위 흐름을 감속시키고 이 과정에서 부유입자가 침전된다.

대기질 조절: 습지는 지구의 기후에 영향을 주는 탄소를 온실가스인 이산화탄소로 대기에 배출하는 대신 식물과 이탄질 식물생물량 및 토양에 저장하여 지구기후(온난화)에 대한 조정역할을 한다. 습지는 지구상 육지탄소의 40%를 저장하고, 이탄지와 삼림습지는 특히 탄소의 중요한 흡수창고이고 육지면적의 3%에 불과한 이탄지는 토양탄소량의 60%를 저장한다. 습지에 존재하는 혐기성 조건 때문에 유기물질의 분해가 지연되어 이산화탄소가 대기로 방출되는 대신에 탄소가 토양유기물질 형태로 포착된다. 습지는 지구상 탄소순환에 중요한 역할을 하나 그의 거동은 아직 완전히 알려지지 않은 상태이다. 한편 습지의 배수, 농지로 전환 및 파괴는 지구온난화의 60%에 달하는 많은 양의 이산화탄소와 지구온난화에 영향을 주는 다른 온실가스를 대기에 방출한다.

습지의 가치는 어류수확에 따른 수익, 관광수입 및 어족과 야생생물의 보호를 위한 공공지원을 포함하고 습지는 낚시와 같은 위락에 대한 가치와 심미적인 가치를 제공한다.

어족, 야생동물 및 식물의 서식지: 얕은 수심, 고농도의 영양물 및 1차 생산의 조합을 형성하는 습지는 어류, 양서류, 조개, 곤충과 같은 다양한 종에 대한 먹이망의 기반을 형성하고 먹이를 제공하는 유기물 생성에 이상적이다. 많은 종의 조류, 어류, 포유동물 및 무척추동물은 먹이, 물, 쉼터 및 산란을 습지에 의존한다.

생물적 생산성: 습지는 생물적으로 가장 다양하고 생산적인 자연생태계이다. 풍부한 식생과 얕은 수심은 어족과 야생동물에 산란과 양육을 포함한 다양한 서식지를 제공한다. 영양물이 풍부한 환경에서 무성하게 자라는 수생식물에 의하여 변환된 에너지는 어류, 물새, 야생동물의 먹이사슬로 연결된다. 습지생태계는 미생물, 식물, 곤충, 양서류, 파충류, 조류, 어족 및 포유류와 같은 종의 다양성을 가져서 많은 동물종을 유혹하는 엄청난 양의 먹이를 제공하는 생태계의 보고이다.

경제적 가치: 습지의 규모에 따라서는 어패류의 어업, 사향뒤쥐, 비버, 밍크 및 수달과 같은 모피를 제공하는 상업성 동물의 서식지, 이탄과 같은 연료, 습지토양과 식물로부터 추출되는 약품과 같은 많은 경제재를 제공한다.

위락, 교육, 경관감상: 자연 고유의 미를 제공하여 경관을 감상하고 조류를 관찰하고 야생동물을 촬영하고 화폭에 담을 수 있는 풍광을 제공한다. 낚시를 하고 식생, 생태적인 기능과 과정, 다양성, 식물과 동물의 상호작용에 관한 교육과 연구의 장을 제공한다. 습지에 따라서는 야외스포츠를 가능하게 한다.

23.5 인공습지

23.5.1 서 론

농촌이나 작은 지역사회에서 수질개선을 위한 하수처리장을 건설하고 운영하는 것은 비용면에서 큰 부담이 된다. 이에 대한 대안으로 건설비, 에너지 및 운영비가 낮은 습지를 이용한 자연과정의 처리방안이 고려될 수 있다. 자연과정은 물이 하천, 호수 및 습지를 통하여 흐르는 과정에서 깨끗해지는 것을 의미한다. **인공습지**(人工濕地; constructed wetland)는 자연적인 습지에서 일어나는 자연과정이 재현되도록 설계 시공된 습지이다. 자연과정을 이용하는 인공습지는 점원과 비점원에 의하여 오염된 물의 수질을 개선하기 위하여 이용이 증가되고 있다. 도시와 농경지의 강우유출과 같은 비점오염원에 대한 수질개선에는 습지가 유일한 해법이라 할 수 있다. 습지는 1차 또는 2차 처리수의 처리수단으로도 이용되고 있다. 인공습지는 처리를 요하는 오수의 특성과 요구되는 처리수준에 따라 종합 하수처리장의 일부 구성요소로 또는 총괄 처리장으로 이용되고 있다.

수질개선: 습지는 물, 바닥물질, 식생(유관속식물, 조류), 식물잔해, 무척추동물, 박테리아와 같

은 미생물이 복잡하게 얽힌 집합체이다. 수질개선은 다음과 같은 여러 형태의 상호작용으로 일어난다. 부유 고형물의 침전, 화학적 변환, 식생, 바닥물질, 토사 및 식물잔해의 표면에서 일어나는 흡착과 이온교환, 물과 바닥물질 및 식물잔해와의 접촉을 통한 여과와 화학적 침전, 미생물과 식물에 의한 오염물의 분해와 변환, 미생물과 식물에 의한 영양물의 섭취와 변환, 병원균의 포식과 자연멸종. 습지의 가장 효과적인 처리는 이들 메커니즘을 촉진하는 것이다.

인공습지의 장점: 인공습지는 폐수와 강우유출의 처리에 다음과 같은 이유에서 경제적이고 기술적으로 유리하다. 다른 처리시설보다 건설비가 낮고 운영관리비(에너지와 공급물자)가 낮다. 운영관리는 현지 인력으로 지속적이 아닌 주기적이다. 운영계통이 간단하고 고도로 훈련된 인력을 필요로 하지 않는다. 슬러지가 발생하지 않고 화학적인 조작이 필요 없다. 유지관리가 필요 없거나 약간의 유지관리만으로 높은 처리수준을 달성하고 특히 기반시설이 없는 지역에 적합하다. 습지는 태양에너지로 작동되어 펌프나 폭기에 대한 외부에너지를 필요로 하지 않거나 적은 양의 에너지를 필요로 한다. 습지는 유량변화에 적응성을 갖고 물의 재이용과 순환이 용이하다. 조작의 신축성과 유량과 오염물부하의 변화에 대한 민감도가 낮다. 많은 습지는 유기물에 서식지를 제공하고 주변 환경에 조화를 이룰 수 있는 구조로 건설이 가능하고 야생동물에 서식지를 제공하고 경관을 향상한다.

인공습지의 단점과 한계: 인공습지는 다음과 같은 단점을 갖는다. 재래의 하수처리계통보다 넓은 면적을 필요로 한다. 따라서 넓은 면적이 사용가능한 경우에 경제적일 수 있다. 재래적인 처리시설에 비하여 균일한 처리가 되지 않을 수 있다. 강우와 가뭄을 포함한 환경조건의 변화에 따라 습지 처리효율이 계절적으로 변할 수 있고 겨울철에는 처리능력이 떨어진다. 연간 평균적인 처리수준은 유지가능하나 엄격하고 일관된 방류수의 수질기준이 요구되는 경우에는 습지처리가 적절한 처리수단이 되지 못한다. 생물학적인 성분은 암모니아, 살충제와 같은 독성화학물질에 민감하며 냄새가 날 수 있고 모기의 번식처가 될 수 있다. 오염물의 일시적인 집중 유입과 유량의 갑작스런 증가는 잠정적으로 처리능력을 떨어뜨린다. 습지의 처리기능이 유지되기 위해서는 최소유량의 유지가 필요하다. 잠정적인 수심 감소에는 기능이 유지되나 완전히 건조한 상태에서는 견디어 내지 못한다. 습지의 최적설계가 아직 정립되지 않은 상태이고 장기처리에 관한 정보 또한 확립되지 않은 실정이다.

23.5.2 생태계로서의 인공습지

수질개선을 위한 인공습지는 물, 식생, 생물, 미생물 및 환경이 복잡하게 얽힌 하나의 통합체계이다. 습지의 기능과 건설방법이 이해됨에 따라 수질개선을 위한 인공습지의 성공적인 건설이 증가하는 추세이다. 자연 또는 인공에 관계없이 모든 습지의 공통적인 특성은 적어도 주기적으로 자유수면을 갖는 물에 잠겨있는 점이다. 따라서 대부분의 습지의 수문조건은 습지의 바닥물질이 성수기에는 장기간 포화상태가 되어 산소결핍상태가 된다. 이러한 산소결핍조건에 따라 습지식생은 저산소 환경에 적응이 가능한 식생으로 국한된다.

유기물과 무기물의 복잡한 집합체와 가스/물의 다양한 교환형태는 여러 종류의 바닥물질을 분해 또는 변환시키는 다양한 미생물 군집을 조성한다. 대부분의 습지에서는 포화조건에 적응하는 유관속식물이 조밀하게 성장하고 이들 식생은 흐름을 완만하게 하고 수심에 걸쳐 미소서식환경을 조성하여 미생물 군집에 대한 부착이 일어날 수 있는 자리를 마련한다. 규모와 위치에 따라 차이가 있으나 인공습지도 자연습지에 부응하는 기능과 가치를 갖는다.

인공습지의 구성요소: 인공습지는 물, 바닥물질 및 유관속식물과 같은 식생으로 구성된다. 습지의 다른 중요한 구성요소인 미생물과 수생 무척추동물의 군집은 자연적으로 생성된다.

물: 습지는 바닥이 비교적 불투수층이고 저지대여서 물이 저류될 수 있는 지대에 형성되고 이러한 조건은 인공적으로 조성 가능하다. 수문학은 습지의 모든 기능을 연계시키고 습지의 성공 여부를 결정하는 기본 인자인 점에서 인공습지의 가장 중요한 설계인자이다. 따라서 수문학의 작은 변화도 습지와 그의 처리효과에 현저한 영향을 끼치고 넓은 수면적과 얕은 수심을 갖는 습지에서는 강우와 증발산을 통한 대기와의 상호작용이 매우 활발하다.

바닥물질: 습지를 조성하는 데 사용되는 바닥물질(substrate)은 흙, 모래, 자갈 및 유기물질을 포함한다. 습지의 저유속과 높은 생산성에 따라 습지에는 토사와 식물잔해(litter)가 쌓인다. 바닥물질, 토사 및 식물잔해는 다음과 같은 이유에서 중요하다. 습지는 많은 살아있는 유기물을 지원한다. 바닥물질의 투수성은 습지 내 물의 이동에 영향을 준다. 바닥물질에서 많은 생물 및 화학적인 변환이 일어난다. 바닥물질은 많은 오염물의 저장소를 제공하고 식물잔해의 퇴적은 습지 유기물질의 양을 증가시킨다. 유기물질은 물질교환과 미생물 부착의 자리를 제공하고 탄소의 원천이며 습지에서 중요한 생물적인 반응을 유발하는 에너지원이다.

습지가 물에 잠기면 흙과 다른 바닥물질의 물리 및 화학적 특성이 변형된다. 포화된 바닥물질에서는 물이 공극의 공기를 대체하고 생물적인 대사작용은 사용 가능한 산소를 소비한다. 확산을 통하여 대기로부터 공급되는 것보다 더 빠른 속도로 산소가 소비되어 바닥물질은 산소결핍상태가 된다. 이와 같이 산소가 감소하는 환경은 질소와 중금속과 같은 오염물을 제거하는 데 중요하다.

식생: 지표수습지에서 식생의 역할은 다음과 같이 다양하다. 식물은 유속의 감소, 수중 혼합 및 재부상의 감소를 통하여 침전을 증가시키고; 수주 내 표면적을 제공하여 생물막 생물량과 오염물 섭취를 증가시키고; 입자차단을 가능하게 하는 생물막과 식물표면의 증가를 통하여 수주로부터 입자 제거를 증가시키고; 아주 작은 아교질 입자를 보다 크고 침강성 입자로 응집시켜 침전을 증가시키고; 수주 내 수관에 의한 그늘을 제공하여 조류번성을 억제하고; 식물의 성장은 흐름을 변형시켜 단락류를 방지하고 미생물 번성을 위한 부착장소를 제공하고; 죽은 식생은 퇴적되는 식물잔해를 형성하고 미생물 대사작용을 촉진시키는 유기탄소를 배출하고; 식물은 바닥물질의 안정화에 기여하고 투수성을 높이고 습지의 경관을 향상시키고; 빽빽한 식생은 호우의 영향을 완화시킨다.

키가 큰 유관속식물(정수식물)과 비유관속식물(조류)은 다 같이 인공습지에 중요하다. 조류에 의한 광합성은 수중 용존산소량을 증가시켜 영양물과 중금속 반응에 영향을 준다. 유관속식물은 여러 형태로 오폐수와 강우유출의 처리에 기여한다. 즉 바닥물질을 안정상태에 있게 하여 수로형성흐름을 억제하고 물 흐름을 느리게 하여 부유물이 침전되게 한다. 탄소, 영양물 및 미량원소(trace element)를 흡수하여 식물조직에 결합시킨다. 지표하 식물의 구조로부터 누출되는 산소는 바닥물질 내에 산화미소영역을 조성한다. 식물의 줄기와 뿌리체계는 미생물이 부착할 수 있는 자리를 제공하고 죽은 식물은 썩어서 식물잔해를 조성한다. 또한 습지의 식생밀도가 습지수문학에 주는 영향이 크다. 첫째는 물이 식물의 줄기, 잎 및 뿌리토양층(rhizome)의 조직망을 통하여 사행하는 흐름통로에 장애가 되고, 둘째는 바람과 태양에 대한 노출을 차단한다.

미생물: 습지의 기본 특성은 습지의 기능이 주로 미생물과 미생물의 대사작용에 지배되는 점이다. 미생물은 박테리아, 효모균, 균류, 원생동물 및 조류를 포함한다. 미생물 생물량은 유기성 탄소와 많은 영양물의 주 수용처(sink)이다. 미생물의 활동은 많은 유기 및 무기물질을 무해한 또는 불용성 물질로 변환시키고 바닥물질의 화학적 변환/산화조건을 변형시켜 습지의 처리능력에 영향을 주고 영양물의 재순환에 관계된다.

미생물의 변환은 산소를 필요로 하는 호기성인 경우와 산소를 필요로 하지 않는 혐기성으로 구성된다. 많은 박테리아종은 다른 환경에서 살 수 있는 무기성 미생물(환경변화에 따라 호기성이나 혐기성의 어느 조건에서도 기능을 발휘할 수 있는 미생물)이다. 미생물 개체군은 물의 변화에 적응능력을 갖는다. 미생물 개체군은 알맞은 에너지를 함유한 물질이 제공되면 신속하게 증식하나 환경조건이 활동에 부적합하면 휴면상태에 들어가고 조건에 따라서는 수년 동안 지속되기도 한다(Hilton, 1993). 인공습지의 미생물군집은 살충제, 중금속과 같은 독성물질에 의하여 영향을 받으므로 이러한 화학물질이 피해를 주는 농도로 유입되는 것을 막도록 주의해야 한다.

동물: 인공습지는 다양한 무척추, 척추동물에 서식지를 제공한다. 곤충과 벌레와 같은 무척추동물은 유기분해물을 산산조각 내고 유기물질을 소비하여 처리과정을 돕는다. 많은 곤충의 애벌레는 수중에서 자라므로 애벌레 과정에서 엄청난 물질을 소비하고 이러한 과정은 수년 동안 지속되기도 한다. 잠자리가 모기애벌레의 중요한 포식자인 것과 같이 무척추동물은 생태계에서 많은 역할을 한다. 습지는 수질개선에 중요한 역할을 하는 무척추동물을 수용할 뿐만 아니라 양서류동물, 거북, 조류, 포유동물을 유인하기도 한다.

23.5.3 인공습지의 종류와 구조

인공습지에는 지표수습지, 지표하수습지 및 혼합형 습지 그리고 인공습지와 재래 하수처리장의 연계형인 조합형이 있다.

지표수습지와 구조

지표수습지(地表水濕地; surface flow wetland)는 자유수면을 갖는 연못으로 식생과 이의 뿌리를 지탱해주고 침윤을 방지하는 바닥물질(흙, 자갈), 얕은 수심의 물과 이를 유지하기 위한 방류구조물로 구성된다. 지표수습지는 단일 구조의 습지 또는 기능적인 유입구역, 수생식물구역 및 개방수역을 포함하는 습지구역의 3개의 구역(그림 23.17) 또는 미국 환경청의 개방수역과 완전식생수역의 조합(그림 23.18 USEPA, 2000)으로 구성된다.

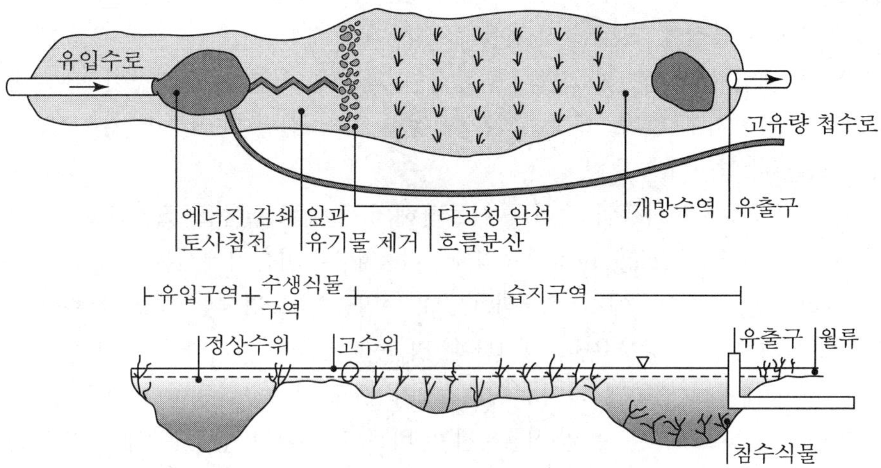

그림 23.17 대표적인 지표수습지의 구조

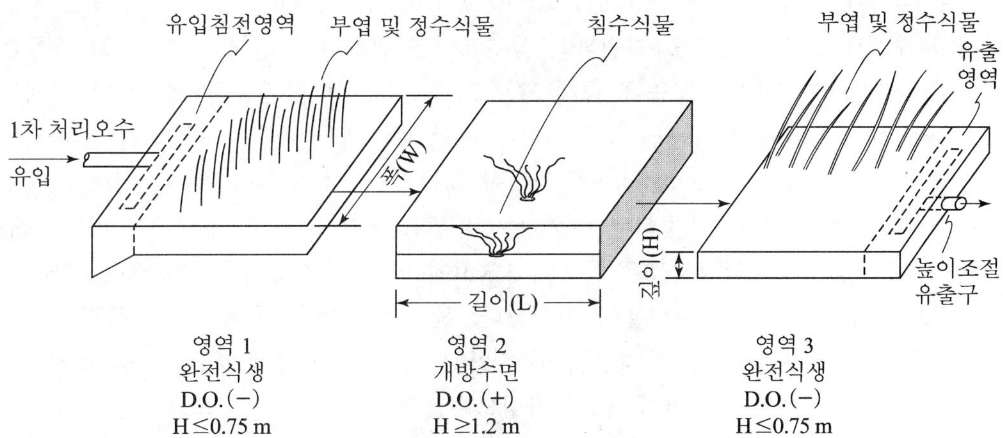

그림 23.18 미 환경청의 지표수습지의 구조(USEPA, 2000)

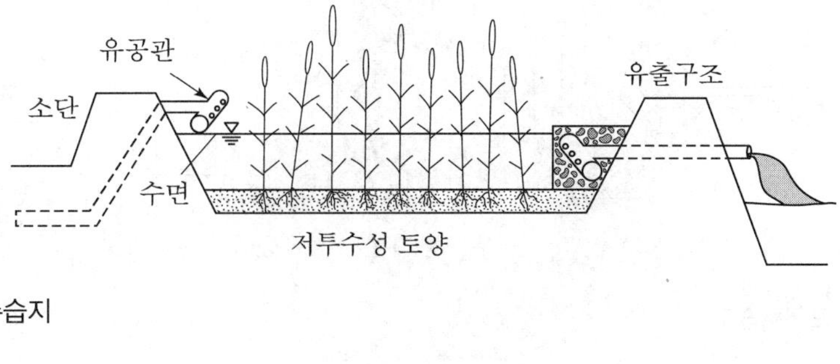

그림 23.19 지표수습지

유입구역: 하천 또는 소유역 유출구와 습지 사이에 위치하는 천이구역이다. 목적은 유속을 감소시켜 유입흐름의 에너지 감쇄와 토사, 점토와 같은 큰 입자를 침전시키기 위함이다. 주변에는 수생식물이 자랄 수 있다.

수생식물구역: 정수식물과 침수식물이 식재되는 구역으로 잎 잔해와 유기물을 제거하기 위함이다. 정수식생은 탈질에 적절한 환경을 조성한다.

습지구역: 미세립자의 침전과 화학, 생물적인 과정에 의한 수질개선이 이루어지는 구역으로 개방수역을 포함하기도 한다. 개방수역은 적절한 산소 전달이 이루어지는 질소 제거의 질화를 가능하게 하는 수역이다.

얕은 수심, 저유속 및 식생의 줄기와 식물잔해의 존재는 흐름을 조절하고 긴 수로형태의 습지에서 일어나는 몸체흐름(plug flow)을 억제한다. 자유수면습지에서는 지표면 위로 물이 유입되어 15~45 cm 범위의 수심에서 흐른다. 상부 수면층은 호기성인 반면 하부층과 바닥물질층은 일반적으로 혐기성이다. 강우유출, 광산배수 및 농지유출을 처리하는 습지는 일반적으로 지표수 습지이다. 물이 대기에 접하게 되어 수면 폭기가 주요 산소공급원이다. 지표수습지의 장점은 건설과 운영비용이 낮고 건설, 운영 및 유지가 바로 확인되고 단점은 넓은 면적을 필요로 한다.

지표하수습지

지표하수습지(地表下水濕地; subsurface flow wetland)는 바닥물질층이 암석 또는 자갈과 같은 다공성 재료로 식생의 성장을 지원하고 상부표면은 점토나 합성재로 봉해지고 흐름은 식생의 근권(rhizosphere)인 바닥물질층을 통해 흐르고 수면은 바닥물질층의 표면보다 아래에 위치한다. 도시오수는 바닥물질층(근권)을 통과하는 동안 토양에서 여과, 수착 및 침전의 과정과 미생물분해(microbiological degradation)에 의하여 처리된다. 물은 유공관이나 지하 확산구조를 통하여 자갈매체에 유입된다. 처리된 유출수는 자갈로 채워지는 유출수로에 모아져 직접 방류된다. 지표하수습지의 바닥자갈층은 두께가 1.3 m에 이른다. 자갈과 바닥물질은 씨앗 발아에 부적당하므로 일반적으로 습지식물이 식재된다. 산소는 식물을 통해서 뿌리조직으로 전달된다. 바닥물질에 의한 수리학적인 제약 때문에 지표하수습지는 고형물질의 농도가 낮고 상대적으로 유량이 균일한 경우에 적합하다. 이는 가정오수를 5일 생화학적 산소요구량(BOD5)으로 감소시키는 데 주로 사용되어 왔다. 장점은 높은 내한성과 해충과 냄새의 최소화이다. 다공성 매질은

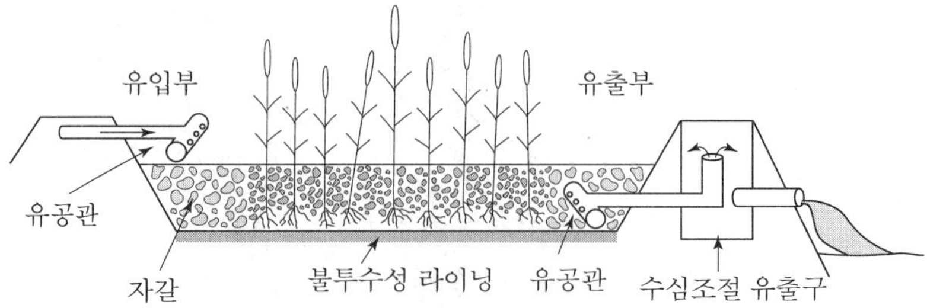

그림 23.20 지표하수습지

지표수습지에서보다 더 큰 처리접촉면적을 제공하여 처리가 빨라져 동일한 체적의 오염물 처리에 대하여 지표수습지보다 작은 면적으로 가능하다. 수면이 지표 아래에 위치하므로 사람들의 진입이 크게 문제되지 않는다. 단점은 건설단가가 고가이어서 적은 유량에 적합하고 조절, 유지관리가 어렵고 보수비가 높으며 막히거나 지표흐름이 나타나는 문제가 발생한다.

혼합형 습지

단일 습지에서는 모든 제거과정이 같은 공간에서 이루어진다. 그러나 **혼합형 습지**(hybrid systems) 또는 다단계 습지계통에서는 각 요소습지가 상이한 반응에 대하여 설계된다. 이들은 병렬 또는 직렬구조를 갖는다. 광산배수나 농업폐수의 암모니아의 제거에는 연속된 호기성과 혐기성 반응을 촉진하기 위하여 상이한 습지요소의 연속이 효과적이다.

23.5.4 오염물 제거과정

습지는 호수, 하구 및 지하수와 같은 수자원에 대한 보호를 제공하는 점에서 '생물적인 여과장치'로 알려졌다. 이에 따라 자연습지가 처리수단으로 이용된 것은 미국에서 1912년 Massachusettes Lexington의 Great Meadows 자연습지가 오폐수를 받아들이기 시작하면서부터이다. 그 이후 습지처리에 관한 많은 성공사례가 발표되어 왔으나(Wallace, 1998) 오수처리수단으로 습지이용에 관한 연구는 1950년 독일에서 시작된 이후 미국을 비롯하여 많은 연구가 이루어져 습지는 도시하수, 농업폐수, 산업폐수 및 강우유출을 처리하는 데 적합한 것으로 판명되었다.

습지처리체계는 오염문제 해결에 살아있는 식물을 이용하는 **식물정화법**(植物淨化法; phytoremediation)이다(Wallace, 1998). 습지에 유입되는 물은 속도가 느려져 오염물을 포함한 부유고형물이 침전 퇴적된다. 이와 같이 퇴적된 토사는 용존산소의 영향을 받는 상부 엷은 층을 제외하고는 주로 무산소의 혐기성이다. 습지식물은 이러한 조건에서 생존하기 위하여 산소를 뿌리조직에 전달하는 다양한 구조로 발달되어 왔다. 산소는 머리카락 같은 식물의 뿌리막을 통하여 뿌리 주변으로 확산되어 산소가 풍부한 미소영역(microzone)과 산소가 결핍되는 미소영역을 조성하고 이는 질산염 오염물을 질소가스로 변환하는 것과 같은 화학적 변환을 유도한다. 습지식물은 또한 뿌리를 통하여 효소를 배출하여 특정 성분을 퇴화시킴으로써 식물에 필요한 화학물질을 공급한다. 이러한 작용은 습지 내 미생물 개체군의 다양성을 증가시켜 처리효율과 유독성 성분의 급격한 과부하에 견디는 능력을 높인다. 습지식물은 오수로부터 질소와 인과 같은 영양물을 제거할 때 식물생물자원을 생산하고, 덥고 건조한 기간에는 많은 양의 수분을 발산한다. 오염물 제거에는 물리, 화학 및 생물적 과정이 동시에 작용한다(DeBusk, 1999). 이러한 과정의 기본 개념에 관한 지식은 습지처리계통의 적용(설계, 시공, 관리), 이점 및 한계를 평가하는 데 매우 중요하다.

물리적 제거과정

습지의 흐름은 지표류로 대체로 넓고 얕은 수심으로 흐르는 박류이다. 이는 바닥에 뿌리를 내리는 정수식물과 부수(부유)식물에 의한 저항 때문에 매우 완만하게 흐른다. 습지의 저속흐름과 습지흐름이 자주 층류가 되는 현상에 의하여 부유고형물질의 침전이 촉진된다. 유입되는 부유고형물질(TSS)의 80%가 2～3일의 체류시간 동안에 침전된다. 방석형태의 습지 부수식물은 토사포착의 역할도 하나 주된 역할은 침전된 물질의 재부상을 억제하는 것이다. 부유고형물질의 침전효율은 입자 침강속도와 습지의 길이에 비례한다. 일반적으로 침전된 부유고형물질은 습지바닥에 퇴적되어 재부상하지 않는 비가역 과정으로 고려되나 침전물의 재부상은 제거효율을 저하시킨다. 재부상은 습지흐름의 빨라진 유속, 바람에 의한 난류, 동물과 사람에 의한 교란 및 가스의 상승에 의하여 일어난다. 가스의 상승은 수중 광합성에 따른 산소, 유기물이 분해되는 과정에서 토사 내 미생물에 의한 메탄과 이산화탄소와 같은 가스의 생성으로 일어난다.

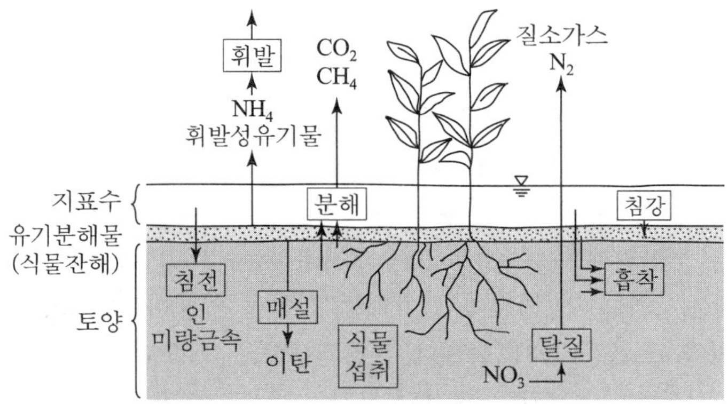

그림 23.21 습지에서 오염물 제거를 지배하는 주요 물리, 화학 및 생물과정

생물적 제거과정

생물적 제거는 습지에서 오염물 제거에 가장 중요한 통로이다. 습지에서 가장 널리 인식된 오염물의 제거과정은 식물의 섭취작용이다. 기본적인 식물영양물을 형성하는 질산염, 암모늄, 인과 같은 오염물은 습지식물에 의하여 쉽게 섭취된다. 많은 습지식물종은 카드뮴, 납과 같은 독성금속을 섭취하여 축적하기도 한다. 식물에 의한 오염물의 제거율은 식물의 성장률과 식물조직 내에 있는 오염물 농도에 따라 다르다. 나무, 관목과 같은 나무 종류의 식물은 풀 종류의 식물보다 오염물의 장기 저장소를 제공한다. 그러나 단위면적당 오염물의 섭취율은 부들 같은 풀 종류 또는 대형식물(macrophyte)과 같은 식물이 훨씬 높다.

조류(algae)는 고등생물의 다양한 조직과 기관을 갖지 않는 단세포 또는 다세포 광합성 박테리아 또는 식물이다. 조류의 많은 종은 극미해서 단지 녹조류나 갈조류 또는 바닥물질이나 호수 연못의 수주에서 점균류로 식별된다. 대부분의 조류는 대사와 성장을 빛에 의존하고 수생, 습지서식지의 독립영양 먹이사슬의 기반을 제공한다(그림 23.3). 조류 광합성에 의한 유기화합물은 호흡에 사용되거나 수생 먹이사슬에 유입되어 다양한 미생물과 다른 종속영양에 먹이를 제공하는 저장에너지를 보유한다. 그렇지 않는 경우에는 바닥에 유기분해물로 퇴적되어 유기이탄을 형성한다. 빛과 영양이 풍부하면 조류는 대규모 개체군으로 번식하여 전반적인 먹이그물과 수생 또는 습지생태계 영양순환에 크게 기여한다. 대형식물의 성장으로 그늘이 형성되면 습지 에너지흐름에 대한 조류의 역할이 감소한다.

조류는 현저한 양의 영양물을 섭취하고 중금속의 독성영향을 받기 쉽다. 조류의 영양물 저장은 짧은 생명주기 때문에 저장기간이 비교적 짧으며 영양물과 다른 오염물을 섭취하는 토양의 박테리아와 다른 미생물의 저장기간도 짧다.

죽은 식물이나 동물이 물에서 분해되어 형성되는 작은 입자의 유기물질인 **유기분해물**(有機分解物; detritus)이 습지 토양표면에 쌓인다. 식물섭취에 의하여 물에서 제거되었던 일부 영양물, 금속 및 다른 오염요소들이 용탈(leaching)과 분해과정에 의하여 식물의 유기분해물로부터 배출되어 물과 토양을 통하여 재순환된다. 수용성 오염물의 용탈은 식물이나 식물조직이 죽자마자 신속하게 일어난다. 그러나 박테리아와 다른 유기물에 의한 유기분해물이 분해되는 과정에서는 유기분해물로부터 오염물의 배출이 점진적으로 일어난다. 지표수흐름에서 재순환되는 오염물은 습지에서 배출되거나, 생물적인 섭취나 다른 수단에 의하여 물로부터 다시 제거된다.

습지토양에서 일반적으로 나타나는 혐기성(산소결핍상태) 조건에서는 분해율이 상당히 감소하므로 대부분의 습지에서는 많은 양의 식물 유기분해물이 축적된다. 장기간에 걸쳐 유기물질의 분해율이 토양에 퇴적되는 유기물질의 퇴적률보다 작으면 습지에 이탄의 형성이 일어난다. 이러한 과정에서 당초에 식물에 의하여 섭취된 오염물의 일부는 포착되어 이탄으로 저장된다. 이탄은 상당한 깊이로 퇴적되기도 하여 오염물의 장기저장소를 제공한다. 그러나 습지가 배수되거나 건조하게 되면 분해되기 쉬워서 이탄에 함유된 오염물이 배어나와 습지에서 재순환되거나 습지로부터 배출되기도 한다.

그림 23.22 습지의 에너지원과 조류의 생태적 적소(Kadlec과 Knight, 1996)

미생물은 상당한 양의 오염물을 섭취하고 이의 저장소를 제공하여 결과적으로 유기물질을 제거한다. 이 과정에서 가장 중요한 역할을 하는 것은 미생물 자체 대사작용 과정이다. 토양 박테리아가 주종을 이루는 미생물 분해자는 탄소를 이산화탄소 또는 메탄가스(CH_4)로 변환과정은 유기물질의 탄소를 에너지원으로 이용한다. 이는 도시오폐수, 식품가공 오폐수, 살충제와 석유제조과정에서 발생하는 다양한 종류의 유기물질을 제거하는 데 중요한 생물적 작용을 제공한다.

미생물의 대사작용은 또한 습지에서 질산염과 암모늄과 같은 무기질 질소의 제거에도 기여한다. 일부 박테리아의 대사과정은 물을 오염시키는 질산염(NO_3)을 무해한 질소가스(N_2)로 변환시키는데 이 과정을 **탈질화**(脫窒化; denitrification)라 한다. 이 과정에서 질소가스는 물에서 대기로 사라져 탈질과정은 습지에 의하여 질소를 저장하는 것이 아니라 항구적인 제거수단이 된다. 습지는 호기성과 혐기성 토양영역이 가까이 존재하게 하여 탈질에 적합한 장소를 제공한다.

지표수습지에서 부들(cattail), 고랭이(bulrush), 갈대(reed)와 같은 정수식물은 통기조직이 발달되어 잎과 줄기는 대기의 산소를 뿌리에 전달하고, 뿌리 주변 토양에서 발생하는 질소를 대기로 전달하는 역할을 한다. 산소가 뿌리에 이르러 뿌리 주변이 호기성 근권이 되면 뿌리 주변 미생물에 의하여 질화가 일어난다. 근권 밖의 산소가 부족하여 형성되는 혐기층에서는 탈질화가 일어나 정수식물이 성장하는 기간에는 질소 제거율이 높다.

미생물에 의하여 암모늄(NH_4)이 질산염(NO_3)으로 변환되는 과정인 **질화**(窒化; nitrification)는 토양과 지표수의 호기성(산소가 풍부한) 영역에서 암모니아가 박테리아에 의하여 아질산염을 거쳐 질산염으로 변환되어 질소농도를 낮추는 생물적인 과정이 일어난다. 습지에서 암모늄의 제거는 질화와 탈질화의 연속된 과정에 의하여 일어난다. 새로이 형성된 질산염이 더 깊고 혐기성인 토양층으로 확산되면 탈질과정이 일어나기도 한다. 습지의 토양과 식물에 부착하는 미생물이 사는 끈적끈적한 점액층인 생물막에서 일어나는 생물적 작용이 오염물의 산포(dissemination)와 변형의 대부분을 담당한다.

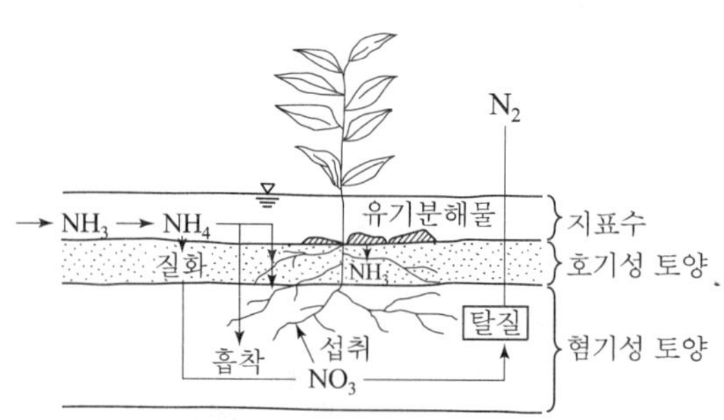

그림 23.23 습지에서 질소제거와 섭취과정

화학적 제거과정

습지토양에서 가장 중요한 화학적 제거과정은 흡착과정으로 여러 종류의 오염물의 단기간 보유 또는 장기간 **부동화**(不動化; immobilization: 움직임을 억제하는)상태의 결과이다. **수착**(收

着; sorption)은 흡수와 흡착이 동시에 일어나는 작용을 일컫는다. **흡수**(吸收; absorption)는 액체가 고체에 흡수되거나 기체가 액체에 흡수되는 것과 같이 한 상태에서 다른 상태로 물질이 결합되는 상태를 의미한다. **흡착**(吸着; adsorption)은 양이온 교환 또는 화학적인 부착에 의하여 이온과 분자가 다른 분자나 토립자 표면에 달라붙는 현상을 의미한다. 양이온 교환은 토양에 있는 점토와 유기물질입자의 표면에 양이온의 물리적인 부착을 뜻한다. 이는 화학적 결속보다 훨씬 약해서 양이온이 토양에서 항구적인 부동화상태가 되지는 않는다. 오폐수와 강우유출의 많은 구성요소는 암모늄(NH_4^+)과 구리와 같은 대부분의 미량금속을 포함한 양이온으로 존재한다. 양이온의 교환용량으로 표시되는 토양의 양이온 보유용량은 점토와 유기물질함량의 증가에 따라 증가한다. 화학적 흡착은 양이온 교환보다 강하고 보다 항구적인 결속력을 나타낸다. 다수의 금속과 유기화합물은 점토, 철, 산화알루미늄 및 유기물질과의 화학적 흡착을 통하여 토양 내에 부동화상태가 될 수 있다. 인산염도 화학적 흡착을 통하여 점토, 철과 산화알루미늄과 결속될 수 있다.

인산염(phosphate)은 철과 산화알루미늄과 같이 침전되어 새로운 광물질화합물(Fe-phosphate, Al-phosphate)을 형성하고 이는 토양에서 매우 안정적이어서 인의 장기저장소를 제공한다. 고농도의 칼슘을 포함한 습지에서는 인이 침전되어 장기적으로 안정적인 인산칼슘(Ca-phosphate)을 형성한다. 습지토양에서 일어나는 다른 중요한 침전반응은 황화철의 형성이다. 이러한 화합물은 고도의 불용성이어서 습지에서 많은 유독성 금속을 부동화하는 효과적인 수단이다.

용해된 화합물을 물에서 대기로 확산시키는 휘발은 습지에서 오염물 제거의 또 다른 수단이다. 암모니아(NH_3) 휘발은 물의 pH가 높으면(8.5 이상) 질소를 현저하게 제거할 수 있다. 그러나 pH가 낮으면(8.5 이하) 암모니아질소는 휘발되지 않는 이온화형태(암모늄, NH_4^+)로 존재한다. 많은 형태의 유기화합물은 휘발성이어서 습지와 수면에서 대기로 쉽게 이동한다. 휘발은 물로부터 오염물을 효율적으로 제거하나 경우에 따라서는 같은 오염물로 공기를 오염시키는 점에서 바람직하지 않기도 하다.

질소 제거

오폐수는 유기질소와 암모니아, 질산염 및 아질산염의 무기질소를 포함한다. 인공습지에서 질소 제거는 주로 질화와 탈질화의 미생물 대사에 의하여 일어나고 식물섭취에 의한 질소제거는 10% 정도이다. 식물의 영양인 질소는 식물에 섭취되어 식생에 유기물 형태로 저장된다. 식물이 죽어 분해되면 질소의 많은 부분이 배출되거나 재순환된다. 암모늄은 단기간 토양에 화학적으로 구속되기도 하고 죽은 식물에서 발생하는 유기질소는 장기저장수단이 되는 이탄이 되어 토양에 축적된다. 질화와 탈질화는 온도와 체류시간에 좌우되는 미생물에 의한 반응이다. 질화는 호기과정이다. 따라서 질화는 용존산소가 1.0 mg/L 이상인 호기성 조건에서 가능하다. 질화를 야기하는 유기물은 산소와 같이 자랄 수 있는 적절한 표면과 산소를 필요로 한다. 따라서 BOD가 0.01 kg/m^2 d 이상으로 심하게 오염되거나 완전한 식생피복이 이루어지지 않은 새로운 습지에서는 질화에 필요한 충분한 수의 미생물 유기물이 존재하지 않아 질화가 일어나지 않는다. 지표수습지의 운영실적에 의하면 미생물 질화가 이루어지기 위해서는 1～2회의 성수기가 필요하다.

오폐수에 함유된 질소의 많은 부분이 두 번째 미생물 변환과정인 탈질화에 의해서 제거된다. 탈질화는 산소가 없는 혐기성 상태에서 질산이온(NO_3^-)이나 아질산이온(NO_2^-)의 일부가 임의성 종속영양미생물(facultative heterotrophic bacteria)에 의하여 아산화질소(N_2O)나 질소가스(N_2)로 변환되는 과정($NO_3 \rightarrow NO_2 \rightarrow NO \rightarrow N_2O \rightarrow N_2$)으로, 무기질소를 습지에서 완전히 제거하는 수단을 제공한다. 질소가스는 수용도가 낮아서 가스버블로 대기로 이탈하고 공기의 주요 성분이어서 환경문제를 야기하지 않는다. 탈질화를 야기하는 미생물(박테리아)은 살기 위한 탄소원을 필요로 하고 이의 공급원으로 식물잔해 같은 적절한 유기물질이 필요하다. 이 과정은 용존산소가 0.5 mg/L 이하에서, 이상적으로는 0.2 mg/L보다 작은 혐기성 조건에서 일어난다. 질화된 오수가 지표수습지에 유입되면 질산염은 2～3일의 체류시간에 탈질화가 된다. 질소가 질산염 형태로 유입되면 질소 제거는 일반적으로 신속하게 완전히 이루어진다. 질소 제거는 질산염의 농도, 체류시간 및 이용 가능한 유기물질에 좌우된다. 산화상태에 있는 질소화합물은 토양 조건의 변화와 함께 환원되는 경우가 있다.

질소동화작용(nitrogen assimilation)은 생물에 의한 질소의 섭취작용으로 장기적인 질소 제거 수단이 된다. 식물뿌리는 질소를 암모늄이온(NH_4^+)이나 질산이온(NO_3^-)의 형태로 흡수하고 동물은 이들 식물을 먹이로 함으로써 질소를 섭취한다. 고등녹색식물은 광합성으로 합성된 탄수화물과 토양에서 흡수한 질소화합물을 결합하여 단백질 또는 핵산과 같은 유기질소화합물을 합성하는 작용을 한다.

인 제거

인은 자연계와 폐수에서 인산염인(orthophosphate), 무기인 및 유기인의 형태로 발생되는 용해성 또는 미립자의 형태이다. 지표수습지에서 인의 제거는 흡착, 화학적 침전 및 식물뿌리에 의한 섭취에 의하여 일어난다. 생물적인 섭취와 화학적인 결합에 따라 인은 식생과 토양에 축적된다. 미립유기인은 수주에서 침강에 의하여 제거된다. 습지운영 초기 1～2년 동안 토양과의 접촉면에서 흡착과 초기 식물성장기간 동안 식물섭취로 인한 인의 제거가 효과적이다. 그러나 이들이 평형상태에 이르면 인 제거는 감소한다. 습지는 인에 대한 직접적인 대사경로를 제공하지 않으므로 습지에서 인의 제거는 질소만큼 많지 않다. 무기인의 식물섭취는 계속 일어나나 식물이 죽으면 인이 배출되어 장기적인 제거율은 낮다. 인의 제거는 토양 상호작용과 체류시간에 좌우된다. 유량이 유입되지 않거나 체류시간이 매우 긴 습지에서는 인이 토양이나 뿌리대에 보유된다. 5～10일 정도의 습지흐름의 체류시간에서 인 제거는 1～3 mg/L를 초과하지 않는다. 습지환경변화에 따라 인이 배출되므로 인의 제거평가에서는 이를 고려해야 한다.

인의 대부분은 조류와 대형식물이 이용할 수 있는 인산염의 형태로 존재한다. 잎에 의한 흡수는 매우 낮다. 화학적인 변형은 토양흡착과 침전이다. 점토의 증가는 토양흡착을 증가시킨다. 습지에서 인의 물리 화학적인 제거에 따른 문제는 토양매질과 식물조직이 단순히 저장역할을 하여 저장용량이 초과되면 인의 제거가 중단되는 점이다. 인 제거의 장기해법은 이탄의 증가이고 이는 많은 생물량이 있을 때 효과적이다. 생물적인 수단에 의한 인 제거는 유기물이 썩기 시작하면 인이 물에 배출되기 때문에 잠정적인 해법이다.

지표수습지에서 미립인산염은 침전에 의하거나 또는 정수 대형식물 사이에 포착되어 유사위에 퇴적되거나 생물막에 부착된다. 용해성 인산염은 수주의 식물생물막, 부상식물잔해의 생물막, 습지유사에 부착된다. 유사공극수와 이의 상부 수주 사이의 확산, 수착 및 탈착과정에 의한 용해성 인산염의 교환이 습지에서 용해성 인산염의 주 경로이다. 이들 인산염은 비용해성 인산철(ferric phosphate), 인산칼슘, 알루미늄 인산염으로 침전되거나, 점토입자, 유기이탄, 인산철, 산화알루미늄, 수산화알루미늄에 흡착된다. 산소결핍조건에서 인산철 복합물은 용해성이 보다 높은 철복합물로 변환되어 인산염이 배출되고, 인산철과 알루미늄 인산염으로부터 가수분해에 의해서 인산염이 배출된다. 식물의 성장, 죽음, 분해과정의 순환은 섭취된 인산염의 대부분을 물에 귀환시킨다. 대형식물에 의한 섭취는 식물뿌리계통에 의해서 토사공극수에서 일어난다. 정수식물종에 의한 연간 인 섭취량은 1.8～18 g P/m^2 yr[†]로 추정된다(Burgoon 등, 1991). 섭취와 배출의 순환은 미생물의 순환과 유사하다. 섭취는 식물의 성장단계에서 발생하고, 배출은 노쇠기와 죽어서 식물잔해로 분해되는 기간에 발생한다. 습지 유사입자 사이에서 축적과 매장의 과정을 통해서 인산염의 일부가 손실된다. 식물인동화작용은 식물에 의한 인의 섭취작용으로 장기적인 인의 제거수단이다. 식물뿌리는 인을 인산이온(PO_4^{3-})의 형태로 흡수한다.

습지에서 미생물의 역할

습지에 서식하는 미생물은 작아서 대부분은 육안으로 식별되지 않는 가장 기본적인 생명체이다. 이들 미생물은 단일세포 또는 단일세포의 군집형태로 존재한다. 미생물은 많은 작은 어류에 의하여 소비된다. 습지에서 수질개선의 역할을 하는 미생물에는 조류, 효모균, 균류, 원생동물 및 박테리아 등이 있다. 정상적인 습지에서는 처리에 필요한 대부분의 미생물은 자연적으로 발생하고 독성이 강한 물질이 다량 유입되는 경우에는 다른 미생물이 추가된다.

미생물 서식지: 미생물에 대한 서식지를 조성하기 위해서는 건강한 식물개체군이 필요하다. 식물개체군은 흐름을 방해하고 미생물 부착을 가능하게 하는 표면적을 제공하고 미생물이 서식할 수 있는 환경이 개발되는 것을 허용하여 미생물 종류를 다양화하고 물 처리에 대한 전반적인 성공도를 높인다. 미생물은 습지의 토양과 바닥물질에도 존재하고 많은 종의 미생물은 분해유기물에 자란다. 조류는 특히 부유성이고 광합성 능력을 최대로 하는 위치로 이동한다. 수심이 얕은 곳에서는 먹이와 서식이 가능한 전 지역에서 발견되고 깊은 곳에서는 상부층에서만 발견된다.

습지에서 처리역할: 습지의 물 처리는 미생물의 정상적인 생물적인 과정을 통해서 이루어진다. 특히 균류와 박테리아는 체적에 대한 높은 표면적의 비, 신속한 대사작용 및 대사작용의 변화

[†] 인산염(phosphate, PO_4)의 농도 mg PO_4/L는 통상 인(phosphorus, P)의 농도 mg P/L로 나타난다(mg P/L=1/3 mg PO_4/L).

표 23.1 습지의 오염물 제거 메커니즘(Hayes, 1987)

메커니즘	제거되는 오염물								제거내용 설명
	침전성 고형물	아교질 고형물	BOD	N	P	중금속	내성 유기물	박테리아 바이러스	
물리적									
침전	P†	S	I	I	I	I	I	I	중력에 의한 침전
여과	S	S							물이 바닥물질, 뿌리, 어류 통과 시 미소입자의 여과
흡착		S							입자 간 인력
화학적									
침전				P	P				불용성 화합물의 합동침전
흡착				P	P	S			바닥물질, 식물표면 흡착
분해						P		P	자외선복사, 산화, 환원에 의한 불안정 화합물의 분해 또는 변형
생물학적									
박테리아 대사		P	P	P			P		부유, 물 밑바닥, 식물에 서식하는 박테리아에 의한 아교질 고형물과 용해성 유기물 제거, 박테리아의 질화/탈질
식물대사							S	S	식물에 의한 유기물의 섭취와 대사
식물흡착				S	S	S	S		적절조건에서 많은 양의 오염물이 식물에 섭취
자연소멸								P	부적절환경에서 유기물의 자연적인 소멸

† P=1차 기능; S=2차 기능; I=부수적인 기능

성을 가져서 자연이 갖는 이상적인 세척제이고 살충제를 포함한 오염물을 섭취하여 유용한 성분으로 분해한다. 조류는 광합성을 통해서 산소를 제공하여 다른 미생물의 분해과정을 가능하게 하고 또한 오폐수에 통상적으로 포함되는 질소, 인 및 여러 가지 유기물질을 소비한다. 종속영양(heterotrophic)미생물은 병원균을 탐식하여 병의 전파 가능성을 막는다. 원생동물은 오폐수 처리에서 포식과 응집의 두 중대한 역할을 한다. 응집은 원생동물의 종에 따라 다양한 배설물을 통해서 일어나고 이 경우 배설물의 작용은 부유상태의 교질인 개개 미립자의 전위를 변화시켜 덩어리가 되게 한다. 이러한 과정에서 질량이 증가된 입자는 자연히 침강되어 물의 탁도를 줄이고 유해한 요소를 제거한다.

1차 생산자는 빛 에너지 또는 화학적 에너지를 유기물질로 변환시키는 녹색식물 또는 미생물이다. 즉 광합성에 의해 무기물에서 유기물을 생산하는 녹색식물이다. 생산자인 식물물질을 먹이로 하는 초식동물은 1차 소비자이다. 습지에서 미생물의 중요한 역할의 하나는 1차 생산자의 역할이다. 습지에 서식하는 식물종의 1차 생산이 높다. 따라서 습지의 생산성이 대부분의 농지의 생산을 초과한다(Tiner, 1985). 그러나 습지식생을 먹는 동물은 얼마되지 않고 식물물질의 대부분은 유기분해물이 된다.

남조류와 같은 1차 생산자인 미생물의 대부분은 햇빛을 포착하여 화학적 에너지 형태로 저장된다. 모든 미생물은 생존에 에너지를 필요로 하나 대부분의 미생물은 태양으로부터의 에너지를 직접 이용할 수 있는 능력이 없다. 따라서 이들 미생물은 먹이와 태양으로부터의 간접에너지원을 남조류에 의존한다. 미생물의 다른 역할은 분해자 역할이다. 일부 미생물은 죽은 유기물질을 보다 간단한 요소로 분쇄하여 영양물을 재순환시킨다. 이것이 썩는 과정의 많은 부분이다.

23.5.5 인공습지의 설계전반

서 론

일반적으로 인공습지의 설계는 자연습지의 전반적인 구조를 재현하고 수질개선에 기여가 가장 많은 과정을 촉진하기 위한 시도이다. 오염저감을 위한 인공습지는 습지 고유의 물리, 화학 및 생물학적 과정을 이용하여 오염물을 처리하기 위하여 설계, 건설 및 운영되는 식재저수시설이다.

점오염원과 달리 비점오염원은 농경지와 도시지역의 강우유출사상에서 비롯된다. 강우유출사상은 추계학적 사상이어서 비점오염원과 연계되는 오염부하는 변화폭이 아주 크다. 점원 방류에 대하여 설계된 대부분의 처리장은 변동되는 수량을 처리할 수 없고 오염부하의 변동이 크게 되면 처리능력이 떨어지기 때문에 비점오염에 대해서는 비효율적이다. 반면에 습지는 물을 저류하여 수량과 오염부하의 극단적인 변화를 완화한다. 또한 습지는 본질적으로 다양한 물 관련 오염물을 보유하고 변환하고 약화시키는 능력을 갖고 있다(Hammer, 1990).

인공습지의 기본은 많은 유량의 고농도의 유출을 습지 내에 포착하여 퍼지게 하고 습지의 생화학적 과정에 의하여 오염을 감소시키거나 제거되도록 충분히 긴 기간 동안 체류시키는 것이다. 설계는 처리수준을 달성할 수 있는 적정 체류기간을 제공하는 습지의 크기를 결정하는 것이다. 그러나 인공습지설계에 필요한 정보는 인공습지가 적절히 관찰되지 않았거나 충분한 기간 동안 운영되지 않아 해석에 필요한 충분한 자료가 축적되지 않은 상태이다. 또한 관찰된 습지 중에도 성과가 다양하고 성과에 영향을 주는 다양한 인자(위치, 오염종류, 설계, 기후, 일 또는 계절적 변화)의 영향의 정량화가 용이하지 않다.

계 획

개념적인 계획단계가 기본이 된다. 습지는 특정 오폐수의 필요조건에 맞는 다양한 구조와 형태로 설계될 수 있고, 다른 장소가 대안이 될 수 있으며 토종 식물이 선정될 수 있다. 계획단계는 처리되는 오폐수의 양과 질의 특성, 방류수질의 결정, 위치, 구조와 형상의 선정, 설계기준의 규정으로 구성된다. 경제적인 인자는 토지면적, 오염종류, 습지를 통하는 물의 조절과 수송, 식생을 포함한다. 습지계통의 목표의 설정과 우선순위는 성공적인 습지조성의 열쇠이다. 주변에 있는 자연습지의 특성을 인공습지의 모형으로 삼고 여기에 추가해서 사업의 필요사항과 인공습지 위치에 맞도록 수정하고 자연적인 지형의 장점을 살리도록 설계한다. 요소습지의 수는 지형, 수문, 수질에 따라 결정된다. 계획은 생물적이고 수문학적인 기능을 갖는 습지계통이 조성되는 데에 초점이 맞추어져야 한다. 계획은 확실한 목표에 관한 기술과 성공에 이르는 기준을 포함해야 하고 장래 확장도 고려되어야 한다. 습지설계의 첫 단계는 처리목표 달성에 필요한 습지규모이고 이를 위해서는 기존 습지를 운영한 경험적인 자료를 이용한다.

Mitsch(1992)에 의한 인공습지 조성에 대한 지침은 다음과 같다.

- 설계는 간단하게 한다. 복잡한 기술적인 접근은 종종 실패를 불러온다.
- 유지관리가 최소가 되도록 설계하고 중력흐름과 같이 자연에너지를 사용할 수 있도록 설계한다.
- 평균이 아닌 호우, 홍수 및 가뭄과 같은 극단적인 일기와 기후에 대비해서 설계한다.
- 습지가 주변 자연지형과 조화되도록 설계하고 형상보다는 기능 위주로 설계한다.
- 사각형습지, 고정된 구조물과 수로, 규정화된 형태를 피하고 자연적인 체계를 모방한다.
- 습지가 기능을 발휘하고 최적수준에 이르는 데는 시간을 필요로 한다.

위치선정

적절한 위치선정은 비용을 크게 절감시킬 수 있다. 위치선정에는 오폐수 오염원과의 거리, 토지의 이용과 접근성, 토지의 확보가능성, 지형, 토양, 해당 장소와 주변 지역의 환경적인 자원 및 인접지역에 미치는 영향이 고려되어야 한다. 또한 대부분의 오폐수처리습지는 약간 높은 지대나 둑을 이용하여 강우유출이 습지로 유입되지 않도록 설계한다. 그렇지 않으면 강우유출을 처리하는 습지가 된다. 인공습지로 적합한 지역은 다음과 같은 조건을 만족한다.

습지 적정위치의 조건: 오폐수 오염원에 편리한 위치, 토공작업을 최소로 하는 지형, 적정 공간을 제공, 완만한 경사로 중력흐름이 가능한 지역(투수계수가 $10^{-6} \sim 10^{-7}$ m/s 범위의 토양), 지하수에 침윤을 최소화할 수 있도록 충분히 다져진 토양을 갖는 지역, 지하수위보다 높은 곳, 홍수터가 아닌 곳, 문화재가 없는 곳, 생물종을 위험에 처하지 않는 지역 등.

23.5.6 1차원 1계 제거모형

재래의 하수처리계통 설계에 사용된 1계 몸체흐름모형이 습지처리과정에 적용될 수 있고 또한 오염물 성분의 반응이 1계 반응역학에 의하여 기술될 수 있다고 가정된다. **몸체흐름**(plug-flow)은 흐름단면에 거쳐 유체의 유속이 일정하여 혼합이 일어나지 않고 먼저 유입된 흐름이 먼저 유출되고 벽면에 경계층이 형성되지 않는 흐름이다.

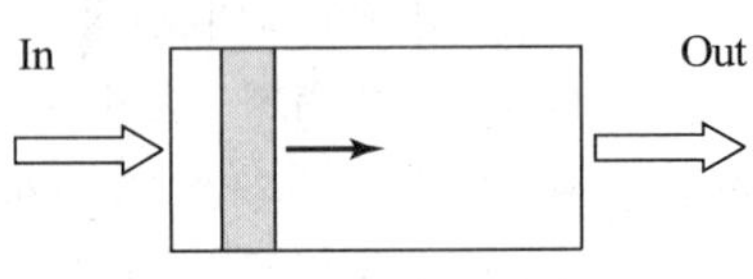

그림 23.24 몸체흐름(혼합이 일어나지 않는다.)

1차원 이송확산방정식 또는 1차원 질량수지방정식(1D mass balance equation)은

$$\frac{\partial C}{\partial t}+U\frac{\partial C}{\partial x}=K_L\frac{\partial^2 C}{\partial x^2}-KC \tag{23.1}$$

여기서 C는 오염물 농도, t는 시간, x는 습지의 흐름경로에 따른 거리, U는 x방향의 평균유속, K_L은 종방향 전단확산계수(longitudinal dispersion coefficient), K는 오염물의 1계 소멸률 상수(1st order decay rate constant) 또는 제거율상수($1/T$)이다. 정류(흐름, 오폐수부하 및 오염물 농도는 시간에 대하여 일정하다), 종방향 전단확산의 무시(이송항보다 훨씬 작아 무시된다), 등류 및 1차원 상수의 오염물의 운동학적 손실계수의 가정하에 식 (23.1)은 다음과 같이 된다.

$$U\frac{\partial C}{\partial x}=-KC \tag{23.2}$$

식 (23.2)에 $U=dx/dt$를 적용하여 변형하면

$$\frac{dC}{dt}=-KC \tag{23.3}$$

$t=0$에서 $C=C_i$인 초기조건을 적용하면 식 (23.3)의 해는

$$C=C_i e^{-Kt} \tag{23.4}$$

여기서 $C(\mathrm{mg/L})$는 시간 t에서 습지의 유출 오염물 농도, $C_i(\mathrm{mg/L})$는 유입농도 및 t는 단위량의 물이 습지에 머무는 시간으로 정의되는 **수리학적 체류시간**(hydraulic residence(detention) time, HRT)이다. 식 (23.4)를 **몸체흐름모형**(plug flow model) 또는 1계 소멸모형이라고도 한다. 이론적인 수리학적 체류시간 t_R은 체적을 유량으로 나누어 계산되고 단위는 $m^3/(m^3/d)$, 간단히 시간(d)이다.

$$t_R=\frac{A_W h\eta}{Q}=\frac{V\eta}{Q} \tag{23.5a}$$

또는

$$t_R=\frac{L\eta}{U} \tag{23.5b}$$

여기서 $A_W=WL$은 습지의 수면적, W는 습지의 폭, L은 습지의 길이, h는 습지의 수심, V는 습지체적, Q는 평균유량(=$(Q_i+Q_o)/2$), η는 공극률로 $\eta=A_\eta/A_W$이다. 여기서 A_η는 습지를 통해서 물이 흐를 수 있는 공간이다. 식생과 식물잔해는 습지면적의 일부($=A_W-A_\eta$)를 점유한다. 지표수습지의 경우 η는 0.7~0.9의 범위이다.

면적에 적용되는 유입체적으로 정의되는 **수리학적 부하율**(hydraulic loading rate, HLR) q는 유량을 습지면적으로 나눈 값($m^3/d\ m^2$)으로 시간당 깊이(cm/d, m/d, m/yr)로 나타낸다.

$$q = \frac{Q}{WL\eta} \text{ 또는 } q = \frac{Q}{A_W \eta} \tag{23.6}$$

식 (23.4)로부터 1계 소멸계수 K를 체류시간 t_R의 항으로 나타내면

$$K = -\frac{\ln(C/C_i)}{t_R} \tag{23.7}$$

K는 미생물의 대사작용(소멸), 식물섭취, 흡착, 휘발, 질화, 탈질 및 침강과 같은 여러 과정의 결과이다. 상수 K는 온도의 함수이다(Kadlec과 Knight, 1996).

$$K = K_{20}\theta^{(T-20)} \tag{23.8}$$

여기서 K는 온도 T°C에서 1계 반응률 또는 제거율상수, K_{20}는 20°C에서 1계 제거율상수, θ는 경험적인 온도계수 및 T는 희망온도(°C)이다.

습지평균유량 $Q = WhU(\mathrm{m^3/d})$와 **1계 면적제거율상수**(1st order areal rate constant) $k = hK$ (m/d)를 식 (23.2)에 대입하면 위 가정에 따른 1차원 정상수송방정식은

$$Q\frac{dC}{dx} = -kWC \tag{23.9}$$

$x = 0$에서 $C = C_i$인 조건을 적용하여 식 (23.9)를 적분하고 해를 구하면

$$\ln\left(\frac{C_o}{C_i}\right) = -\frac{k}{Q}Wx \tag{23.10}$$

$$C_o = C_i e^{-kWx/Q} \tag{23.11a}$$

$$C_o = C_i e^{-k/q} \tag{23.11b}$$

여기서 $C_o(\mathrm{mg/L})$는 유출농도를 나타내고 온도에 대한 k의 변화는 식 (23.8)에 준한다.

식 (23.6)과 (23.10), 식 (23.5a)와 (23.6)으로부터 q는 각각 다음과 같이 주어진다.

$$q = \frac{-k}{\ln(C_o/C_i)\eta} \tag{23.12}$$

$$q = \frac{h}{t_R} \tag{23.13}$$

소요습지면적 $A_W(\mathrm{m^2})$는 식 (23.5a)와 (23.7)로부터

$$A_W = \frac{Q\ln(C_i/C_o)}{Kh\eta} \tag{23.14a}$$

$$A_W = \frac{Q\ln(C_i/C_o)}{k\eta} \tag{23.14b}$$

식 (23.12)에 배경농도 C^*를 포함시키면 Kadlec–Knight의 **$k-C^*$모형**을 얻는다(Kadlec과 Knight, 1996).

$$q = \frac{-k}{\ln\{(C_e - C^*)/(C_i - C^*)\}\eta} \tag{23.15}$$

여기서 C_e(mg/L)는 목표 유출농도이다.

표 23.2 면적제거율상수(Kadlec, 1996)

항목	k(m/yr)
BOD	34
부유고형물질	1,000
TP	12
TN	22
Ammonia nitrogen	18
Nitrate nitrogen	35

23.5.7 습지규모 결정(Kadlec과 knight, 1996)

인공습지의 규모결정에는 아직 보편화된 방법이 존재하지 않으나 가장 일반적으로 사용되는 방안은 어림방법과 질량평형설계모형이다.

1. 어림방법

이는 여러 방법을 신속하게 비교 검토하는 데 유용하다. 그러나 대부분의 중요한 인자가 포함된 방법이 아닌 점에서 최종 설계방법으로는 부적당하다.

경험적 방법: 시범습지 또는 완전한 상태에서 가동되어온 습지의 자료를 수집하고 이를 이용해서 처리목표와 이에 필요한 습지규모와의 관계를 도출한다. 유사한 기후와 조작특성을 가진 습지의 자료가 있으면 경험적인 자료로부터 유도된 관계식이 습지설계에 유용하다.

체적모형: 체적모형(volumetric model)은 습지계통을 통과하는 평균유량에 근거한다. 즉 습지계통에 유입되는 오염물을 함유한 물의 체적과 습지의 수면적 간의 관계를 도출하는 것이다. 수심과 공극률을 필요로 하나 장기간에 걸쳐 변화하기 때문에 결정은 쉽지 않다(Crites와 Tchobanoglous, 1998).

$$C_e/C_i = \exp(-Kt) \tag{23.4}$$

$$K = K_{20}\theta^{(T-20)} \tag{23.8}$$

$$A_W = Q\ln(C_i/C_e)/Kh\eta \tag{23.14a}$$

여기서 Q는 평균유량(m^3/d), A_W는 습지면적(m^2)이다.

표 23.3 체적모형 매개변수(Crites 등, 2006)

	BOD	TSS	암모니아	질산염	대장균
K_{20}(L/d)	0.678	–	0.2187	1.00	2.6
θ	1.06	–	1.048	1.15	1.19
C^*(mg/L)	6	6	0.2	0.2	2,000

예제 23.1

평균유량 $Q = 1{,}360\ \mathrm{m^3/d}$의 BOD 100 mg/L를 15 mg/L로 감소시키는 지표수습지를 설계하라. 수심이 $h = 0.6\ \mathrm{m}$, $\eta = 0.8$, $K = 0.68$, 수온이 20°C이다.

[풀이] 식 (23.14a)에 주어진 값들을 대입하면 습지면적은

$$A_W = Q\ln(C_i/C_e)/Kh\eta = (1{,}360\ \mathrm{m^3/d})\ln(100/15)/(0.68/d)(0.6\ \mathrm{m})(0.8) = 7{,}904\ \mathrm{m^2}$$

면적부하율

면적부하율방법(areal loading rate method, ALR)은 주어진 오염물 성분에 대한 단위면적당 최대부하율을 규정하는 방법이다. ALR방법은 지표수습지의 계획단계와 계획된 오염물부하에 대한 최종 규모결정에 사용된다. 예로 면적 BOD부하율을 알면 예상되는 BOD유출농도를 추정하거나 장기간 운영되는 습지자료와 비교될 수 있다(EPA, 2000).

$$ALR = QC_i/A_W \tag{23.16}$$

여기서 ALR은 면적부하율(kg/had), Q는 유입유량($\mathrm{m^3/d}$), C_i는 유입농도(mg/L), A_W는 습지면적(ha)이다.

표 23.4 지표수습지의 대표적인 면적부하율(US EPA, 2000[a])

성분	유입농도 (mg/L)	목표유출농도 (mg/L)	질량부하율 (kg/ha d)
Hydraulic Load(in/d)	0.4～4		
BOD	5～100	5～30	10～100
TSS	5～100	5～30	10～110
NH_3/NH_4 as N	2～20	1～10	1～4.5
NO_3 as N	2～20	1～10	2～10
TN	2～20	1～10	2～10
TP	1～10	0.5～3	1～4.5

표 23.4에 주어진 대표적인 면적부하율로부터 방류목표수질을 달성하는 데 필요한 습지면적의 산정이 가능하다. 이 방법의 한계는 오염물 유입이 전 수면적에 걸쳐 균일하게 적용된다는 만족하기 어려운 가정이다. 즉 오수가 단위습지의 상류단에 유입한 후 습지 전 폭에 걸쳐 흘러 하류단 취수지점에 이른다는 점이다. 또한 이 방법에서는 습지의 수심과 수온이 고려되지 않는다.

수리학적 부하율

수리학적 부하율(HLR)이 단일 매개변수로는 습지규모 결정에 가장 적절한 인자이다. 식 (23.13)에 습지공극률을 고려하면 $q = h\eta/t_R$이다. 지표수습지의 수심은 통상 0.15～0.45 m 범위이다. 이에 대한 공극률 $\eta = 0.7$, 체류시간 7～10일은 1.05～4.5 cm/d의 수리학적 부하율로 변환된다. 지표하수습지에서는 $\eta = 0.4$, 수심이 0.3～0.6 m의 범위이다. 2～4일의 체류시간은 3～12 cm/d의 수리학적 부하율로 변환된다.

예제 23.2

BOD와 TSS의 월평균 유출농도 30 mg/L를 달성하기 위한 지표수습지를 설계하라. 연평균 설계유량이 5,200 m^3/day. 단일 전면식생 지표수습지의 BOD와 TSS에 대한 최대면적부하율은 각각 ALR=40(kg/had), 30(kg/ha d)이다. 수심과 공극률은 각각 0.6 m, 0.75이고 평균유입농도는 다음과 같다.

	월평균유량(Q_{ave} =5,200m^3/day)	월 최대유량(Q_{max} =10,400 m^3/day)
BOD(mg/L)	50	40
TSS (mg/L)	70	30

[풀이] 습지면적: 식 (23.16)에 주어진 값들을 대입하면

BOD Q_{ave} $A_W = (5{,}200\ \text{m}^3/\text{d})(1{,}000\ \text{L/m}^3)(50\ \text{mg/L})/(40\ \text{kg/ha d})(10^6\ \text{mg/kg}) = 6.5\ \text{ha}$

Q_{max} $A_W = (10{,}400)(1{,}000)(40)/(40)(10^6) = 10.4\ \text{ha}$

TSS Q_{ave} $A_W = (5{,}200)(1{,}000)(70)/(30)(10^6) = 12.1\ \text{ha}$

Q_{max} $A_W = (10{,}400)(1{,}000)(30)/(30)(10^6) = 10.4\ \text{ha}$

TSS 평균유량에서 최대면적 12.1 ha를 필요로 하므로 습지면적은 12.1 ha가 된다.

수리학적 체류시간(HLR): 식 (23.5a)에 주어진 값들을 대입한다.

$$Q_{ave}:\ t_R = \frac{A_W h\eta}{Q} = \frac{(12.1\ \text{ha})(10{,}000\ \text{m}^2/\text{ha})(0.6\text{m})(0.75)}{5{,}200\ \text{m}^3/\text{d}} = 10.5\ \text{days}$$

$$Q_{max}:\ t_R = \frac{(12.1)(10{,}000)(0.6)(0.75)}{10{,}400} = 5.2\ \text{days}$$

유역면적백분율(percentage of contributing watershed): 유역으로부터 습지에 도달하는 강우유출과 오염물의 양이 사전에 알려지지 않으나 어림방법으로 습지면적은 기여하는 유역면적의 1～5%

범위로 고려된다. 이는 수리학적 부하율의 범위를 규정한다. 연강우량이 120 cm인 경우 평균일 강우량은 $120/365 = 0.329$ cm/d이다. 유출계수가 0.6이라면 유출은 $0.6 \times 0.329 = 0.197$ cm/d이다. 기여율 4%에 대한 유역면적/습지면적의 비는 $1/0.04 = 25$이다. 따라서 습지에 1일 유입되는 양인 평균 수리학적 부하율은 $HLR = 25 \times 0.197 = 4.93$ cm/d이다.

설계호우저류(design storm detention): 호우처리습지는 빈도나 확률에 연계되는 특정 강우체적에 대한 규모로 결정될 수 있다. 습지는 호우의 90-백분위수에 해당하는 강우사상을 수용할 수 있다고 제안된다(Schueler, 1992). 유역면적 $A = 0.45\ \text{km}^2 = 450{,}000\ \text{m}^2$, 강우량 $R = 120$ cm, 유출계수 $C = 0.6$, 수심 $h = 0.3$ m, 90-백분위 호우(예제 17.3 참조)가 $R_{90} = 3.52$ cm인 경우가 고려된다.

설계호우유출체적 $V = CR_{90}A = 0.6(0.0352)(450{,}000) = 9{,}504\ \text{m}^3$

습지면적 $A_W = V/h = 9{,}504/0.3 = 31{,}680\ \text{m}^2$

습지면적과 유역면적비 $A_W/A(\%) = (31{,}680/450{,}000)100 = 7\%$

연 유출체적 $Q = CRA = 0.6(1.20)(450{,}000) = 324{,}000\ \text{m}^3/\text{yr}$

연평균 체류시간 $t_R = V/Q = 9{,}504/324{,}000 = 0.03\ \text{yr} = 11\ \text{d}$

습지의 연평균 수리학적 부하율

$$HLR = Q/A_W = 324{,}000/31{,}680 = 10.2\ \text{m/yr} = 2.8\ \text{cm/d}$$

이들 방법들은 연 강우양상과 총 강우량에 따라 유역면적에 대한 백분율을 조정함으로써 습지규모 결정에 신축성을 갖는다.

2. 질량평형설계모형

질량평형설계모형(mass balance design model)은 주어진 평균유량 Q에 대하여 유입농도 C_i를 유출농도 C_e로 감소하는 데 필요한 습지규모를 결정하는 정량적인 방법이다. 배경농도 C^*를 고려하여 식 (23.14b)를 다시 쓰면

$$A_W = -\frac{Q}{k\eta}\ln\left(\frac{C_e - C^*}{C_i - C^*}\right) \tag{23.17}$$

여기서 A_W는 습지면적(m^2), C_i와 C_e는 유입, 유출농도(mg/L)이다. 표 23.5의 면적제거율상수 k는 미국의 많은 습지운영에서 얻은 자료로부터 도출된 값이다(Kadlec과 Knight, 1996). 표 23.6에 따르면 단위면적당 오염물제거율과 감소효율은 지표수습지보다 지표하수습지에서 높으나 인의 경우에는 차이가 없다. 자연습지에서는 인공습지보다 오염물제거율과 감소효율이 낮은데 이는 자연습지에서는 최적유량조절이 되지 않기 때문이다.

표 23.5 $k-C^*$ 모형매개변수 값-기본설계(Kadlec과 Knight, 1996)

지표수습지	Organic							
	BOD	TSS	N	NH_4–N	NO_x–N	TN	TP	FC
k_{20}, m/yr	34	1,000	17	18	35	22	12	75
θ	1.00	1.00	1.05	1.04	1.09	1.05	1.00	1.00
C^*, mg/L	$3.5+0.053\,C_i$	$5.1+0.16\,Ci$	1.50	0.00	0.00	1.50	0.02	300

지표하수습지	Organic							
	BOD	TSS	N	NH_4–N	NO_x–N	TN	TP	FC
k_{20}, m/yr	180	3,000	35	34	50	27	12	95
θ	1.00	1.00	1.05	1.04	1.09	1.05	1.00	1.00
C^*, mg/L	$3.5+0.053\,C_i$	$7.8+0.063\,C_i$	1.50	0.00	0.00	1.50	0.02	10

TSS=총고형물질; BOD=생물화학적 산소요구량; TP=총인; TN=총질소; FC=대장균(변의)

표 23.6 습지의 연 평균성과 비교(Kadlec과 Knight, 1996)[a]

	BOD & TSS		NH_3–N		TN		TP		Metals	
습지종류	제거율	효율	제거율	효율	제거율	효율	제거율	효율	제거율	효율
지표수습지	10	67	4.7	62	6.9	69	0.95	48	0.1	50
지표하수습지	10～12	67～80	6.3	84	7.6	76	0.95	48	0.12	60
자연습지	4.5～6.7	30～45	4.4	50	5.0	50	0.4	20	0.06	30

a 습지유입 오염물 농도
BOD=30 mg/L; TSS=30 mg/L; NH_3=15 mg/L; TN=20 mg/L; TP=4 mg/L
metals(μg/L): Cd=10; Cu=50; Pb=50; Zn=300
제거율(kg/ha d); 효율(%)

23.5.8 습지설계

지표수습지

기본규모 결정: 이 과정의 목적은 개략적인 습지규모를 결정해서 목표수질의 달성 여부를 확인하기 위함이다. 지표수습지의 면적은 통상 10～100 m^2/m^3/d(4～40 ha/3,786 m^3/d)이다.

적용모형($k-C^*$ 모형)은

$$\ln\left(\frac{C_e-C^*}{C_i-C^*}\right)=-\frac{k}{q} \tag{23.18}$$

습지면적은

$$A_W=\left(\frac{0.0365\,Q}{k}\right)\ln\left(\frac{C_i-C^*}{C_e-C^*}\right) \tag{23.19}$$

여기서 A_W는 소요습지면적(ha), k는 1계 면적제거율상수(m/yr), q는 수리학적 부하율(m/yr), Q는 유량(m^3/yr), C_e는 목표유출농도(mg/L)이다. 체류시간(HRT)과 수리학적 부하율(HLR)은 식 (23.5a)와 (23.6)을 이용하여 통상수심 30 cm에 대해서 계산된다. 모든 오염물의 유출농도는 최대면적에 대해서 계산된다.

$$C_e = C^* + (C_i - C^*)\exp(-kA_W/0.0365Q) \tag{23.20}$$

여기서 C_e는 유출농도(mg/L)이다. 표 23.7은 예비규모의 견본 계산내용이다. 표에서 인의 경우 90% 감소는 최대소요면적을 필요로 하여 상한치가 된다. 유기질소의 목표치 1.0 mg/L는 배경농도보다 낮아서 달성될 수 없다. 예비계산은 습지면적으로 7.1 ha를 제시한다. 둑과 주변 구조물은 추가면적을 필요로 하고 추가면적이 25%라면 총 소요면적은 9 ha가 된다. 표 23.7의 계산내용은 다음과 같다.

$$\text{TSS}\quad A_W = \left(\frac{0.0365\times 1{,}000\ \text{m}^3/\text{d}}{1{,}000\ \text{m/yr}}\right)\ln\left(\frac{60-14.7}{15-14.7}\right) = 0.183\ \text{ha}$$

$$\text{BOD}\quad A_W = \left(\frac{0.0365\times 1{,}000}{34}\right)\ln\left(\frac{80-7.7}{15-7.7}\right) = 2.467\ \text{ha}$$

$$\text{HLR}\quad q = \frac{Q}{A_W} = \frac{1{,}000\ \text{m}^3/\text{d}}{7.1\ \text{ha}(10{,}000\ \text{m}^2/\text{ha})} = 0.014\ \text{m/d} = 1.40\ \text{cm/d}$$

$$\text{HRT}\quad t_R = \frac{A_W h}{Q} = \frac{7.1\ \text{ha}\times(\text{ha}/10{,}000\ \text{m}^2)0.3\ \text{m}}{1{,}000\ \text{m}^3/\text{d}} = 21.3\ \text{days}$$

$$\text{TSS}\quad C_e = 14.7 + (60-14.7)\exp\left(-\frac{1{,}000\times 7.1}{0.0365\times 1{,}000}\right) = 14.7\ \text{mg/L}$$

표 23.7 예비타당성 계산서-지표수습지

설계유량, m^3/d	Q=1,000	TSS	BOD	TP	TN	Organic N	FC
유입농도, mg/L	C_i	60	80	10	30	5	100,000
목표유출농도, mg/L	C_e	15	15	1	5	1	200
습지배경농도, mg/L	C*	14.7	7.7	0.05	2	1.5	100
TSS, $C^* = 5.1 + 0.16\,C_i$							
BOD, $C^* = 3.5 + 0.053\,C_i$							
목표대비 감소백분율	$Fe = (1 - C_e/C_i)100$	75	81.3	90	83.3	80	99.8
배경농도 감소백분율	$Fb = (1 - C^*/C_i)100$	75.5	90.3	99.5	93.3	70	99.9
면적제거율상수, m/yr	k	1,000	34	12	22	17	77
소요습지면적식 (23.19)	A_W	0.183	2.467	7.144	3.706	–	3.274
습지면적	7.1 ha						
HLR식 (23.6)	1.40 cm/day						
HRT식 (23.5a)	21.4 days						
유출농도, mg/L 식 (23.20)	C_e	14.7	7.8	1.0	2.4	1.6	100

$$\text{BOD} \quad C_e = 7.7 + (80 - 7.7)\exp\left(-\frac{34 \times 7.1}{0.0365 \times 1000}\right) = 7.8 \text{ mg/L}$$

$$\text{TSS} \quad C^* = 5.1 + 0.16 \times 60 = 14.7 \text{ mg/L}$$

최종설계: 최종설계는 예비설계결과를 토대로 하는 위치, 상세면적, 통수계통, 구간분할, 토공, 홍수대책, 펌프, 유출입구조물, 식생식재 및 경제성 분석작업을 필요로 한다.

지표하수습지

전반적인 개념은 지표수습지와 크게 다르지 않다. 그러나 상세부분, 제거율상수 및 수리학 부하율은 크게 다르다. 오염물제거모형은 지표수습지에 준한다.

표 23.8 예비타당성 계산서-지표하수습지

설계유량, m^3/d	Q=1,000	TSS	BOD	TP	TN	FC
유입농도, mg/L	C_i	80	80	10	30	100,000
목표유출농도, mg/L	C_e	15	10	–	–	–
습지배경농도, mg/L	C^*	12.8	7.7	0.02	1.5	10
TSS, $C^* = 7.8 + 0.063\,C_i$						
BOD, $C^* = 3.5 + 0.053\,C_i$						
목표대비감소백분율	$Fe = (1 - C_e/C_i)100$	81.3	87.5	0.00	0.00	0.00
배경농도감소백분율	$Fb = (1 - C^*/C_i)100$	84	90.3	99.8	95	1.00
면적제거율상수, m/yr	k	3,000	180	12	27	95
소요습지면적 식 (23.19)	A_W	0.021	0.351	–	–	–
습지면적	0.351 ha					
HLR식 (23.6)	14.23 cm/day					
HRT식 (23.5a) h=0.6 m, η=0.4	1.7 days					
유출농도, mg/L 식 (23.20)	C_e	12.8	10.0	7.9	18.4	16.07

예제 23.3

인구 5,000명에 대한 질소를 함유한 오염물유입량이 $Q = 0.4\ \text{m}^3\text{person}^{-1}\text{d}^{-1}$, 총 질소(TN)농도가 30 mg/L, 오염물제거율이 80%, 면적제거율상수 $k = 0.04$ m/d에 대한 습지의 수리학적 부하율과 습지면적을 구하라. $C^* = 0.0$, $\eta = 1.0$로 가정한다.

[풀이] 농도를 백분율로 나타낼 때 수리학적 부하율은 식 (23.12)를 이용하면

$$q = \frac{-k}{\ln(C_o/C_i)} = \frac{-0.04}{\ln(6/30)} = 0.025 \text{ m/d}$$

소요습지면적은 식 (23.14b)에 따라

$$A_W = \frac{Q\ln(C_i/C_o)}{k} = \frac{0.4 \times 5{,}000 \ln(30/6)}{0.04} = 80{,}471 \text{ m}^2 = 8 \text{ ha}$$

설계 고려요건

대상 오염물과 설계유량: 오염물에 따라 설계가 다르게 되므로 오염물이 명시되어야 한다. 설계유량은 설계강우사상으로부터 두 가지 형태에서 결정된다. 첫째로 최대유량은 습지와 관련시설의 규모를 결정하고, 둘째로 극한사상은 비상유량구조물의 크기를 결정한다.

화학적 반감기: 습지에 1계 반응역학의 적용은 소멸계수를 필요로 한다. 1계 소멸상수는 화학적 반감기로 표현될 수 있고 이는 습지의 식생피복, 식생종류, 기후조건과 같은 습지특성에 따라 다르게 된다. 문헌에 주어진 화학적 반감기의 습지에 적용은 연구를 필요로 하는 단계이고 이에 필요한 습지제거효율은 영양물, 중금속에 대하여 발표되었으나 체류시간은 조사되지 않은 상태이다.

수리학적 체류시간: 처리수준을 달성하는 데 필요한 수리학적 체류시간 t_R은 화학적 반감기에 의하여 결정되고 이는 습지의 수리설계에 근간이 된다. 수리학적 체류시간은 흐름이 습지를 통과하는 데 소요되는 평균시간이다. 따라서 설계 수리학적 체류시간이 지켜지지 않으면 처리목표는 달성될 수 없다. 식 (23.5)의 체류시간은 습지의 총면적이 흐름에 기여하고 모든 물 흐름이 습지를 통과하는 시간이 같은 것을 의미한다. 그러나 실제로는 작은 수로가 형성되어 습지 내 체류시간이 이론적인 체류시간보다 짧게 되는데 이러한 현상을 단락류(short–circuiting flow)라고 한다. 이러한 수로가 형성되어 단락현상이 일어나는 것을 감소 또는 억제하고 식생피복을 최대화하는 습지구조의 설계는 흐름을 퍼지게 하고 단속류 현상을 감소시켜 체류시간을 길게 한다. L/W의 영향을 고려한 체류시간 $t_R(\text{days})$는 다음 식으로부터 산정될 수 있다(Thackton 등, 1987).

$$t_R = 0.84\frac{V}{Q}(1 - e^{-0.59L/W}) \tag{23.21}$$

여기서 L/W는 습지의 폭–길이의 비이다.

습지구성: 습지체계의 구성은 단일 습지에서 병렬 또는 직렬로 연결되거나 단지 내에 분포되는 수 개의 습지로 구성된다.

수문학: 습지를 통한 흐름의 추적, 수위–저류량 관계의 수립, 유입과 유출구조의 크기결정 및 습지의 크기결정에 호우수문곡선이 필요하다.

식생: 식생은 수질개선 효과에 핵심요소이다. 식생은 흐름에 저항을 제공하고 흐름이 퍼지게 하고 침전을 촉진한다. 식생은 유기분해물의 원천으로 부착생물군집에 바닥물질을 제공한다. 습지에서 식물줄기를 둘러싸고 있는 부착생물은 강한 화학적 에너지와 물질교환의 영역을 형성한다. 부착생물군집에서는 살충제와 독성 유기물이 소멸되거나 독성이 약해진다.

관찰: 관찰(monitoring)은 오염저감 인공습지의 운영에 중요한 요소이다. 관찰은 처리효과와 배출수의 수질에 초점을 맞추어야 한다. 처리효과는 오염물 질량보전에 근거해야 하고 이를 위해서는 유입유량, 유입오염농도, 유출유량 및 유출오염농도의 측정을 필요로 한다. 식생관찰은 피복, 건강상태 및 다양성을 포함한다.

예제 23.4(타당성 조사를 위한)

완전히 식생피복된 습지의 반감기가 8일이다. 제초제의 유입농도가 20 μg/L이고 목표 유출농도가 4 μg/L, 평균수심이 1 m, 유입유량이 0.4 m^3/s인 경우에 대한 습지를 설계하라. $C^* = 0.0$, $\eta = 1.0$로 가정된다.

[풀이] 화학적 반감기가 8일이므로 $t_{0.5} = 8$ days이고 반감기 조건에 따라 $C/C_i = 0.5$이다. 따라서 이들 값을 식 (23.7)에 대입하면 1계 소멸률계수는

$$K = \frac{-\ln(C/C_i)}{t_{0.5}} = \frac{-\ln(4/20)}{8} = 0.087\ \text{day}^{-1}$$

수리학적 체류시간은 $C = 4\ \mu g/L$, $C_i = 20\ \mu g/L$ 및 $K = 0.087\ \text{day}^{-1}$을 식 (23.7)에 대입하면

$$t_R = \frac{-\ln(C/C_i)}{K} = \frac{-\ln(4/20)}{0.087} = 18.5\ \text{day} \cong 19\ \text{days}$$

습지면적은 $Q = 0.4\ m^3/s$, 수심 $h = 1$ m 및 $t_R = 19\ \text{days} = 19 \times 86{,}400$ s를 식 (23.5a)에 대입하면

$$A_W = \frac{Q \times t_R}{h} = \frac{0.4 \times 19 \times 86{,}400}{1} = 656{,}640\ m^2\ \text{또는}\ 0.66\ km^2$$

필요한 습지는 수리학적 체류시간이 19일이고 면적이 0.66 km^2인 규모이다.

예제 23.5

습지에 유입되는 축산농가의 폐수가 14 m^3/day, 질소농도가 100 mg/L이다. 습지의 평균깊이는 30 cm이고 방류수의 목표농도가 10 mg/L이다. 습지의 면적, 수리학적 부하율 및 체류시간을 결정하라. $C^* = 0.0$, $\eta = 1.0$로 가정된다.

[풀이] 표 23.2로부터 질소에 대한 k는 35 m/yr = 0.096 m/day이다. 식 (23.14b)를 이용하면 습지의 수면적 A_W는

$$A_W = \frac{Q}{k}\ln\left(\frac{C_i}{C_o}\right) = \frac{14}{0.096}\ln\left(\frac{100}{10}\right) = 336\ m^2$$

수리학적 부하율은 식 (23.6)으로부터

$$q = \frac{Q}{A_W} = \frac{14}{336} = 0.042\ \text{m/day}$$

체류시간은 식 (23.5a)로부터

$$t_R = \frac{A_W h}{Q} = \frac{(336)(0.3)}{14} = 7.2\ \text{days}$$

23.5.9 오염물제거율

조성된 기존의 인공습지의 수질을 향상시키기 위해서는 처리효과를 평가하는 것이 필요하고 오염감소를 위한 인공습지의 설계에서도 처리수준을 평가하는 것이 필요하다. 처리수준은 유입 오염물의 농도와 부하율, 계통의 수리학적 인자(체류시간과 수심), 물과 유사의 물리적인 상호 작용 및 생물학적인 조건(미생물, 대형식물, 식물성 플랑크톤)과 같은 습지의 많은 고유인자의 영향을 받는다. 주어진 습지조건에서 특정 오염물의 **제거율**(removal efficiency) RE(%)는 다음과 같이 정의된다(WRP, 1997).

$$RE = \frac{W_L - Q_o C_o}{W_L} \times 100 \tag{23.22}$$

여기서 W_L은 습지에 유입되는 총 오염부하($\sum Q_i C_i$), Q_i는 i지점에서 습지에 유입되는 유량, C_i는 i지점에서 습지에 유입되는 오염물 농도, Q_o는 습지의 총 유출량 및 C_o는 습지의 유출 농도이다.

$RE = 100\%$는 오염물의 완전제거($C_o = 0$)를 의미한다. 식 (23.22)는 W_L이 $W_L = \sum Q_i C_i$로 주어지므로 점원과 비점원에 다 같이 적용이 가능하다. 채택된 정상조건의 가정에 따라 식 (23.22)는 RE의 장기 평균치의 산정에 적용된다. 농도 C의 공간구배에 대해서는 (1) 완전혼합(구배가 영이다)의 경우와 (2) 종방향의 농도구배(연직과 횡방향에서는 혼합이 이루어진다)가 존재하는 두 경우가 고려된다.

(1) 완전혼합의 경우

질량평형식은

$$\frac{d(VC)}{dt} = W_L - QC - KVC \tag{23.23}$$

여기서 V는 습지의 체적, C는 완전혼합 가정하에서 습지 내 오염물의 농도와 습지유출수의 오염물 농도($C = C_o$), t는 시간 및 K는 오염물의 손실 또는 제거율이다.

정상가정에 따라 식 (23.23)은 다음과 같이 간단히 된다.

$$QC = \frac{W_L}{1 + K t_R} \tag{23.24}$$

여기서 t_R는 수리학적 체류시간 V/Q이다. 식 (23.24)를 식 (23.22)에 대입하여 정리하면

$$RE = \frac{K t_R}{1 + K t_R} \times 100 \tag{23.25}$$

(2) 종 방향의 농도구배가 존재하는 경우

1차원 질량수송식으로부터 정상상태의 제거율 RE(%)를 농도의 항으로 정의하면

$$RE = \frac{C_i - C_o}{C_i} \times 100 \tag{23.26}$$

여기서 C_i와 C_o는 특정 오염물의 유입 및 유출농도이다. 식 (23.1)($C = C_i e^{-Kt}$)를 식 (23.26)의 C_o에 대입하면

$$RE = (1 - e^{-Kt}) \times 100 \tag{23.27}$$

RE는 주어진 K와 t_R에 대하여 식 (23.25) 또는 식 (23.27)을 이용하여 산정될 수 있으며 이들의 선정은 습지의 혼합특성에 따라 결정된다. 식 (23.25)은 습지가 사발모양이고 습지체류시간(V/Q)이 짧고 길이-폭비($L/W \simeq 1.0$)가 아주 작아 완전혼합이 이루어지는 습지에 적용된다. 길고 좁은 습지에서는 종 방향의 구배가 존재하고 또한 길이-폭비가 크고(L/W >10.0) 체류시간이 길어서 몸체흐름이 일어나기 쉬운 습지에는 식 (23.27)이 적용된다.

예제 23.6

목초지 하류에 위치한 습지의 질소와 대장균을 제거하는 기능이 평가된다. 습지의 연평균 체류시간이 10일이고 탈질에 의한 질소의 장기 제거율이 $K = 0.1/\text{day}$, 대장균의 소멸률이 $K = 1/\text{day}$로 추정되는 습지의 제거율을 구한다.

[풀이] 긴 습지로 고려되므로 식 (23.27)에 의하면 제거율은 각각 다음과 같다.

질소 $RE = (1.0 - e^{-0.1 \times 10}) \times 100 = 63.2\%$

대장균 $RE = (1.0 - e^{-1 \times 10}) \times 100 = 99.95\%$

23.5.10 습지 수리구조물

습지의 설계와 시공은 습지의 유형과 기능 그리고 조작과 유지관리에 관한 지식을 필요로 한다. 기능적인 목적으로 물새 서식지, 홍수조절, 수질개선, 토사포착 및 지하수함양을 들 수 있다. 수리구조물은 물의 저류구조물과 조절구조물로 대별된다. 물 저류구조물은 흙 또는 다른 재료로 축조되는 제방이다. 수위와 유량을 조절하는 조절구조물은 유입, 유출구조물로 구성된다.

요소습지: 인공습지는 하나의 습지 또는 여러 개의 습지, 즉 요소습지로 구성된다. 인공습지는 굴착하거나 흙제방을 축조하거나 또는 양자의 조합으로 구성된다. 습지계통이 여러 개의 요소습지로 구성되는 경우 각 요소습지는 흙제방으로 분리된다.

차단막: 인공습지로 인하여 지하수가 오염되고 또한 지하수가 습지로 유입되는 것을 방지하기 위하여 습지경계를 통하는 침윤의 차단이 필요하다. 현지 토양 또는 점토가 적절한 차단역할을 하는 곳에서는 다짐으로 차단효과를 얻을 수 있고 그렇지 않는 곳에서는 다른 방법으로 침윤을 차단한다. 합성차단막은 아스팔트, 플라스틱 막, 합성고무 등이 사용된다. 차단막은 뿌리가 부착하거나 침투하는 것을 방지하기 위하여 강하고 두껍고 매끄러워야 한다. 흙을 사용하

는 경우에는 두께를 7～10 cm로 한다.

유량조절구조물: 수위는 유량구조물에 의하여 조절된다. 간단하고 조작이 용이한 구조로 다중 유입구는 유량이 고루 분포될 수 있도록 독립적이어야 한다. 구조물은 최대설계유량을 처리할 수 있는 규모라야 하고 단락류를 최소로 하는 구조라야 한다.

유입구조물: 유입구조물은 개방단 컬벗관로, 식재여수로, 수로와 같이 간단한 유입유량의 조절 목적으로 수로화와 단락을 최소화하도록 설계되어야 한다. 지표수습지의 유입구는 간단한 개방단구조로 된 관수로, 개수로 또는 밸브가 설치된 관수로이다. 길이-폭비(L/W)가 작으면 폭에 대한 유입유량의 균등분포가 중요하다. 요소습지가 병렬구조인 경우에는 유량의 배분기가 필요하다. 지표하수습지의 유입구는 다지관의 구조를 갖는다.

유출구조물: 유출구조물은 습지의 목적에 필요한 수심을 유지하고 홍수량을 방류하는 역할을 맡는다. 지표수습지의 수심은 위어, 여수로 또는 조절 가능한 직립관과 같은 유출구에 의하여 조절한다. 판때기를 올려놓는 구조의 위어는 저렴하고 조절이 용이하다. 여수로는 간단하나 조절이 가능하지 않다. 위어와 여수로는 예상 최대유량을 방류할 수 있도록 설계되어야 한다. 미자연자원보전청(Natural Resources Conservation Service, NRCS)에 따르면 수심이 30 cm 이하이면 식재여수로로 가능하고 수심이 30 cm 이상이면 직립낙하 형태의 구조물, 여수로, 위어 등이 채용된다. 지표하수습지의 유출구는 위어에 연결된 유공 다지관으로 구성된다. 다공성 바닥층의 적정 동수경사를 유지하고 습지의 조작과 관리가 유리한 점에서 조절가능 유출구가 선호된다.

23.5.11 습지수문학

인공습지의 효과에 가장 중요한 인자는 수문학이라 할 수 있으나 수문학적인 설계에 관해서는 아직 개발단계이고 보다 설계가 정립된 단계에 이르는 데에는 장기간의 많은 습지 운영자료의 확보가 필요하다. 많은 습지가 수리학적 체류시간에 근거해 설계되어 왔으나 일부 연구에 의하면 수질개선이 습지면적과 수리학적 부하율의 영향을 더 받는다. 이것이 합리적으로 고려되는 습지는 체적에 비하여 수심이 작고 수면적이 크며 습지에 입력되는 에너지(태양, 강우, 가스)는 습지면적에 비례하고 또한 습지식물이 수심의 제약을 받아서 식생과 유사에 부착되는 미생물의 생물량이 수심에 비례하여 증가하지 않는 점이다. 수문학적인 인자로는 기후와 일기, 수문기간, 수리학적 체류시간, 수리학적 부하율 (=(오염농도)×(물의 체적/면적)), 지하수의 유출입, 증발, 물수지를 포함한다.

습지체류시간이나 물의 체적의 변화는 처리수준에 미치는 영향이 크므로 수문수지가 검토되어야 한다.

$$Q_i - Q_o + P - ET = dV/dt \tag{23.28}$$

여기서 Q_i는 오폐수 유입유량, Q_o는 오폐수 유출유량, P는 강수량(체적/시간), ET는 증발산량(체적/시간), V는 물의 체적이고 t는 시간이다. 습지계통이 비교적 일정한 수심으로 운영되는 경우($dV/dt = 0$)에 습지의 방류량은 식 (23.15)로 산정 가능하다.

장기적인 처리의 성공은 습지를 통하여 흐르는 오폐수의 평균적인 거동을 조절하는 것이다. 습지를 통과하는 흐름이 완전히 혼합된 흐름이기보다는 몸체흐름에 가깝게 되도록 단락류와 사대를 최소화해야 한다. 습지의 흐름특성은 다음 사항들을 포함한다.

유속: 습지의 바닥경사와 식생의 밀도에 의하여 지배된다.

체류시간: 물이 습지의 유입구에서 유출구까지 흐르는 데 소요되는 시간인 체류시간은 습지의 크기, 수심 및 이동경로에 의하여 결정된다.

수심: 설계수심은 적절한 저류용량과 선정된 습지식물에 대한 알맞은 조건을 제공하도록 선정되어야 한다.

흐름경로: 적절한 길이/수심비는 습지계통의 단락류를 방지할 수 있다.

물수지: 습지의 물수지는 습지에 유입과 유출 및 습지 내 물의 증감 간의 수문수지를 정량화하는 것이다. 유입원은 오폐수 유입량, 강수량, 및 주변으로부터의 직접유출이다. 유출은 습지 방류량, 증발산량 및 지하수의 유입과 유출이다. 차단막을 사용하는 경우에는 지하수의 영향을 최소로 한다.

23.5.12 습지 바닥물질

자연습지는 수년 내지 수천 년 동안 축적된 유기물질로 형성된 토양(바닥물질)으로 매우 비옥하여 다양한 미생물의 보금자리가 된다. 인공습지에 사용되는 토양은 유기물질을 결여하기도 하고 식생과 미생물의 서식에 적합하도록 조성되지 않은 경우도 있다. 습지 바닥물질은 습지식물을 지탱하고 생화학적, 화학적 변환을 위한 공간을 제공하고 제거된 오염물질의 퇴적공간을 제공한다. 바닥물질은 흙, 모래, 자갈 및 유기물질을 포함한다.

토양: 대부분의 흙은 인공습지에 사용 가능하다. 흙을 선정하는 데 고려되는 흙의 성질은 양이온(cation) 교환능력, pH, 전기전도도, 조직 및 흙 유기물질을 포함한다.

모래와 자갈: 가정오수와 농업오폐수와 같은 영양물을 많이 포함한 물을 처리하는 인공습지는 모래와 자갈을 이용하여 조성된다.

유기물질: 톱밥, 건초, 닭 배설물과 같은 유기물질이 유기성 바닥물질로 사용되어 왔다. 유기물질은 미생물 활동을 지원하는 탄소의 발생원을 제공한다. 유기물질은 산소를 소비하고 질산염(nitrate) 감소와 같은 처리과정에 필요한 산소결핍과정을 조성한다.

미생물: 자연습지에서는 미생물이 기존의 환경에 의하여 결정되나 인공습지의 미생물은 습지에 유입되는 오폐수의 종류에 따라 결정된다. 일반적으로 오폐수는 습지에 유입되기 이전에 이미 미생물의 군집을 포함한다. 인공습지는 주 오염물을 분쇄하는 미생물에 대한 이상적인 서식지를 제공하도록 설계된다. 습지의 온도와 산소함유수준은 미생물에 의한 처리과정에 중요한 역할을 하므로 습지는 적정 온도와 산소량이 유지될 수 있도록 설계된다.

23.5.13 식 생

인공습지 식물의 기능은 주로 성장과 죽음으로 구성된다. 식생은 수질을 개선하는 역할 외에도 바닥물질의 안정화에 기여하고 투수성을 높이고 습지의 경관을 향상시키고 서식지를 제공하고 빽빽한 식생은 호우의 영향을 완화시킨다.

식물 선정: 인공습지에 가장 많이 쓰이는 식물은 큰고랭이, 사초, 골풀, 갈대, 부들과 같이 바닥에 뿌리를 내리는 지속성인 정수식물이다. 습지의 모든 식물종이 오폐수처리에 적합하지는 않다. 왜냐하면 처리가 목적인 습지의 식물은 연속되는 홍수와 비교적 농도가 높고 농도가 변하는 오염물을 포함하는 오폐수나 도시유출에 대한 노출에 내성을 가져야 하기 때문이다.

오폐수습지에서 특수한 식물종을 선정하는 것보다는 조밀한 식생으로 가꾸는 것이 더 중요하다. 종에 관계없이 잘 자랄 수 있는 종이 선정된다. 강우유출습지에서는 인접한 자연습지의 정수식물의 군집을 모방할 수 있는 종이 선정되어야 한다. 오폐수와 도시유출에 대한 습지에서는 그 지역의 기후, 토양, 주변 식물과 동물 군집에 적응하는 그 지역의 토종식물이 사용되어야 한다. 습지에 식재되는 식물은 주로 바닥물질에 뿌리를 내리고 줄기와 잎이 수면 위로 돌출하는 정수성 초본식물이고 큰 고랭이속(bulrushes), 부들개지(cattails), 갈대(reed), 다수의 광엽식물종을 포함한다. 정수초본식물은 도시오폐수와 축산폐수 처리에 주로 사용된다. 좀개구리밥(duckweed)과 같은 부엽식물은 전반적인 처리과정에서 정수식물에 부수적인 역할을 할 뿐이다. 정수식물이 선호되는 중요한 이유는 (1) 불리한 환경에서도 살아남는 특수 구조적인 성질을 갖고 (2) 처리과정을 촉진하는 능력이다.

지표수습지: 가정오수, 농업폐수 및 유기물질을 많이 포함한 폐수를 처리하는 습지에는 고단위 영양물에 내성을 갖고 쉽게 자라면서도 다른 식물종의 영역을 점유하는 침략성이 아닌 점에서 큰고랭이(bulrushes)속 수초인 정수식물이 주로 이용된다. 농업습지에서는 쇠귀나물수초(arrowhead)와 물옥잠과수초(pickerel weed)가 성공적으로 사용되어 왔다. 부들개지와 갈대는 오폐수에 내성이 높아서 여러 형태의 습지에 자주 사용되나 침략성의 단점도 있다. 사향뒤쥐(muskrat)가 있는 지역에서는 부들개지가 적절한 선택이 못 된다. 부들개지는 사향뒤쥐가 좋아하는 먹이라서 먹어 치울 우려가 있기 때문이다. 부들개지는 행렬구더기(army worm)와 같은 곤충의 공격 우려 때문에 농업습지에 최상의 선택은 아니다. 갈대는 강한 침략성 종이 되어 한 번 자리를 잡으면 다른 종을 제거한다. 갈대는 바람을 타는 많은 씨를 생산하여 쉽게 자연습지에 퍼지는 문제를 안고 있다.

도시유출습지에서는 다양한 식물의 집합체를 목표로 해야 한다. 다양한 식생은 미적이고 침략적인 종에 대해 저지력을 갖고 교란으로부터 회복하고 다양성이 낮은 경우보다 해충에 저항력을 갖는다. 농업폐수습지에 대해서는 암모니아 내성을 갖는 식물종이 고려되어야 한다. 습지 식물은 암모니아 내성능력에서 변화를 갖는다. 식물이 암모니아에 서서히 순응하는 경우에는 높은 내성을 갖는다.

표 23.9 습지식물종의 수심과 수문기간

식물명칭	(과)학명	통상명칭	최대수심 (m)	침수기간 (%)
정수성 식물(emergent hydrophytes)				
바늘골	Eleocharis spp.	Spikerushes	<0.05~0.5	50~100
큰고랭이	Scirpus spp.	Bulrush	0.1~1.5	75~100
갈대	Phragmites spp.	Common reed	<0.05~0.5	70~100
줄	Zizania aquatica	Wild rice	0.1~1.0	70~100
부들	Typha spp.	Cattails	0.1~0.75	70~100
여뀌바늘	Ludwigia spp.	Water primroses	0.1~0.5	70~100
진들피	Glyceria spp.	Mannagrass	<0.05~0.3	0~100
붓꽃	Iris spp.	Blue flag iris	<0.05~0.2	50~100
골풀	Juncus spp.	Rushes	<0.05~0.25	50~100
벗풀	Sagittaria spp.	Arrowheads	0.2~0.5	50~100
부엽성 식물(floating rooted(leaved) hydrophytes)				
대동가래	Potamogeton spp.	Pondweeds	0.5~3.0	90~100
순채	Brasenia schreberi	Water shield	0.25~2.0	80~100
개연꽃	Nuphar spp.	Spatterdocks	0.5~3.0	90~100
수련	Nymphaea spp.	Water lilies	0.5~3.0	90~100
연꽃	Nelumbo spp.	Lotuses	0.25~1.5	70~100
노랑어리연꽃	Nymphoides spp.	Floating hearts	0.1~3	80~100
침수성 식물(submerged hydrophytes)				
검정말	Hydrilla verticillata	Hydrilla	0.1~3.0	90~100
나사말	Vallisneria spp.	Eel grasses	0.25~3.0	90~100
나자스말	Najas spp.	Naiads	0.25~2.0	90~100
통발	Utricularia spp.	Bladderworts	0.1~1.0	70~100
어항마름	Cabomba caroliniana	Fanwort	0.25~3	90~100
물수세미	Myriophyllum spp.	Water milfoils	0.25~3	90~100
부유성 식물(free floating hydrphytes)				
생이가래	Salvinia rotundifolia	Water fern	없음	70~100
좀개구리밥	Lemna spp.	Duckweeds	없음	90~100
물개구리밥	Azolla caroliniana	Mosquito fern	-	70~100
물배추	Pistia stratiotes	Water lettus	-	70~100
부레옥잠	Eichhornia crassipes	Water hyacinth	-	80~100
개구리밥	Spirodela spp.	Giant duckweeds	-	90~100
분개구리밥	Wolffia spp.	Bog mats	-	90~100

지표하수습지: 부들개지, 큰고랭이와 같은 정수식물이 주로 사용되고 갈대는 침략적인 종이어서 권장되지 않는다.

인공습지의 식생은 파종, 묘목 및 이식을 통해서 조성된다. 많은 습지식물은 바람에 의하여 운반되는 씨를 생산하나 일반적으로 물속에서 발아되지는 않으므로 식생의 번성은 주로 뿌리줄기에 의하여 일어난다. 인공습지의 습지식물은 일반적으로 파종이나 이식에 의하여 조성되어 자연습지보다 식물종의 다양성이 빈약하다. 인공습지에서는 많은 경우 식생의 파종이나 이종이 같은 시기에 이루어져 다른 식물종이 자라서 자리를 잡기 전에 우점종이 습지를 점유하기가 쉽다. 인공습지의 수문조건은 자연습지만큼 다양성이 약하여 특정 식물종에 유리하게 될 가능성이 높다. 인근에 습지식물의 종자가 존재하거나 습지에 사용되는 표토가 충분한 번식체(propagule)를 포함하고 있으면 파종이나 이식은 하지 않을 수도 있다.

정수성 수생식물(emergent hydrophytes): 정수식물에는 목본류와 초본류가 있으며 인공습지에는 초본류가 주로 사용된다. 물가 토양, 습지에서는 수심이 얕은 곳에 뿌리를 내리고 수면 위로 정립하는 줄기와 잎을 갖는 구조이다. 동물폐수를 처리하는 인공습지에 기본적으로 사용되는 식물이다.

부엽성 수생식물(floating-leaved hydrophytes): 뿌리를 바닥토양까지 뻗거나 하안부착 상태로 서식한다. 수심이 얕은 수역에서는 넓은 면적을 뒤덮는다. 이들로 인한 그늘은 수온강하를 유발하고 조류의 개체를 감소하여 습지유출에서는 부유오염물농도가 감소된다. 대부분의 부엽성 식물은 둥글고 곤충과 젖는 것을 막기 위하여 강한 가죽조직을 갖는다.

침수성 수생식물(submerged hydrophytes): 완전히 물에 잠기나 꽃은 일반적으로 수면 위로 뻗는다. 광합성을 통해서 폭기분해를 촉진하는 많은 양의 용존산소를 생산한다. 부유식물이 많으면 침수식물은 그늘지게 된다. 침수대에 최적식물이다.

부유성 수생식물(free-floating hydrophytes): 뿌리가 없거나(부개구리밥, Wolffia spp.) 머리카락과 같은 단일 뿌리(좀개구리밥속, Lemna spp.)에서 2～3 m에 이르는 많은 뿌리(부레옥잠, Eichhornia spp.)의 뿌리체계를 갖는다. 뿌리가 길어도 토양에까지 이르지 않고 수중으로 뻗는다. 영양이 풍부한 환경에서는 재생산이 빨리 일어난다. 폐수처리에 사용되는 경우에는 수확(harvesting)이 기본이다.

23.5.14 관 찰

관찰(monitoring)은 처리성능을 개선하는 데 필요한 자료를 제공하고, 문제를 확인하여 가장 효과적인 조정을 가능하게 하고, 유독물질이 생물 체내에 축적되는 생물축적이 일어나기 전에 유독물질이 축적되는 것을 문서화하고, 규정사항의 준수 여부를 결정하는 데 필요하다. 즉 관찰은 습지계통의 목표달성 정도를 계량하는 데 필요하다. 문서화에는 촬영이 가장 효과적이고 촬영은 매번 같은 위치와 각도에서 이루어져야 한다. 관찰은 월별로, 그리고 주요 호우 이후마다 필요하다. 오염부하가 높게 되면 빈도와 정도를 높인다.

관찰계획: 이는 사업의 뚜렷하고 구체적인 목표, 구체적인 관찰목적, 조직적이고 기술적인 책임소재, 관찰방법, 자료해석과 질적 확인과정, 일정, 보고와 인력 및 예산을 포함한다.

처리성과의 관찰: 유출구의 위어에서 유량을 측정해서 규정된 수질의 유량이 방류되는지의 관찰이 필요하다. 습지의 성과는 다음 사항의 결정으로 평가된다. 수리학적 부하율, 유입 및 유출 체적, 유입과 유출의 수질변화, 정상조건으로부터 일탈.

오염물 제거의 효과는 유입부하(유입체적×오염농도)와 유출부하(유출체적×오염농도)의 차이로부터 결정될 수 있다. 이에 관련되는 매개변수는

- 가정오수: BOD, 질소, 인, 총 부유고형물, 중금속, 박테리아
- 농업폐수: BOD, 질소, 인, 총 부유고형물, 살충제, 박테리아
- 광산배수: pH, 철, 망간, 알루미늄, 총 부유고형물, 황산
- 강우유출: 총 부유고형물, 질소, 인, 중금속, 차량배출잔재

습지상태 점검: 습지의 전반적인 상태, 식생의 지나친 번성과 같은 악성 변화를 파악하기 위하여 정기적으로 습지를 점검한다. 습지의 규모가 크거나 부하가 높을 경우에는 더 빈번하고 정량적인 관찰이 필요하다. 식물종과 밀도는 사각형틀을 습지바닥에 놓고 틀 내 각종 줄기의 수로 결정된다. 수가 증가하는 종은 침략적인 유해식생이며 감소는 상태가 나쁘거나 병에 걸려있음을 나타낸다.

문 제

23.1 인구 10,000명에 대한 질소를 함유한 오염물 유입량이 $Q = 0.4\ \mathrm{m^3 person^{-1} d^{-1}}$, 총 질소(TN)농도가 40 mg/L, 오염물제거율이 80%, 면적제거율상수 $k = 0.04\ \mathrm{m/d}$에 대한 습지의 수리학적 부하율과 습지면적을 구하라.

23.2 인구 500명인 지역사회에서 유입되는 하수의 BOD 100 mg/L를 10 mg/L로 감소하는 지표수습지의 규모를 결정하라. 유입유량이 $0.2\ \mathrm{m^3 person^{-1} d^{-1}}$, 수심이 0.6 m, 공극률이 0.4, 유입수의 온도는 15°C이다.

23.3 문제 23.2의 조건에서 암모니아 45 mg/L를 4 mg/L로 감소하는 데 요구되는 HRT와 지표하수습지의 면적을 결정하라. 결과를 문제 23.2의 BOD에 필요한 면적과 비교하라.

23.4 유입유량이 $Q = 3{,}785\ \mathrm{m^3/d}$의 BOD 90 mg/L를 10 mg/L로 감소하는 데 요하는 지표수습지의 면적과 체류시간을 구하라. 수심은 0.6 m, 공극률은 0.8, 수온은 18°C이다.

23.5 다음 조건에 대한 지표수습지와 지표하수습지를 설계하라. 유량 Q=100 m^3/d, 유입 BOD 100 mg/L, 유출 BOD 10 mg/L, 수온 15°C이다.

	h(m)	η	자갈크기(mm)
지표수습지	0.45	0.70	–
지표하수습지	0.60	0.40	25

23.6 문제 23.5의 두 BOD습지에 유입되는 부유고형물질(TSS)의 농도가 130 mg/L이다. 체류시간(HRT)과 TSS의 유출농도를 구하라.

23.7 유량이 Q=120 m^3/d이고 오염물에 적용되는 조건이 다음과 같다. 지표수습지를 설계하라. 최종적으로 결정되는 습지규모에 대한 오염물의 유출농도를 구하라.

	TSS	BOD	TN	TP	FC
C_i(mg/L)	100	90	25	12	80,000
C_e(mg/L)	15	10	3	2	200

23.8 유량이 Q=100 m^3/d, 수심이 h=0.5 m, 공극률이 η=0.75, 수온이 18.5°C, BOD와 총인(TN)의 유입농도가 각각 100 mg/L, 30 mg/L인 지표수습지가 계획된다. BOD와 총인에 대한 습지제거율 RE=90%를 같이 달성하기 위한 습지를 설계하라.

부 록 A

물의 성질과 환산표

표 A-1 물의 성질

온도 (°C)	비중 s	밀도 ρ (g/cm³)	증발열 L (cal/g)	점성계수 $\mu \times 10^3$ (N·s/m²)	동점성계수 $\nu \times 10^6$ (m²/s)	증기압 P_v (mmHg)	증기압 P_v (mb)	증기압 P_v (g/cm²)
0	0.99987	0.99984	597.3	1.792	1.792	4.58	6.11	6.23
5	0.99999	0.99996	594.5	1.519	1.519	6.54	8.72	8.89
10	0.99973	0.99970	591.7	1.308	1.308	9.20	12.27	12.51
15	0.99913	0.99910	588.9	1.140	1.141	12.78	17.04	17.38
20	0.99824	0.99821	586.0	1.005	1.007	17.53	23.37	23.83
25	0.99708	0.99705	583.2	0.894	0.897	23.76	31.67	32.30
30	0.99568	0.99565	580.4	0.801	0.804	31.83	42.43	43.27
35	0.99407	0.99404	577.6	0.723	0.727	42.18	56.24	57.34
40	0.99225	0.99222	574.7	0.656	0.661	55.34	73.78	75.23
50	0.98807	0.98804	569.0	0.549	0.556	92.56	123.40	125.83
60	0.98323	0.98320	563.2	0.469	0.477	149.46	199.26	203.19
70	0.97780	0.97777	557.4	0.406	0.415	233.79	311.69	317.84
80	0.97182	0.97179	551.4	0.357	0.367	355.28	473.67	483.01
90	0.96534	0.96531	545.3	0.317	0.328	525.89	701.13	714.95
100	0.95839	0.95836	539.1	0.284	0.296	760.00	1,013.25	1,033.23

출처: Linsley, R. K. et al.(1982), Hydrology for Engineers. 3d. ed., McGraw-Hill New York.
Streeter, V. L. and E. B. Wylie(1929), Fluid Mechanics, 7th ed., New York.

표 A-2 길이 환산

단위	mm	cm	m	km	in	ft	yd	mi
1 mm	1	0.1	0.001	10^{-6}	0.0397	0.00328	0.00109	6.21×10^{-7}
1 cm	10	1	0.01	0.0001	0.3937	0.0328	0.0109	6.21×10^{-6}
1 m	1,000	100	1	0.001	39.37	3.281	1.094	6.21×10^{-4}
1 km	10^6	10^5	1,000	1	39.370	3,281	1,093.6	0.621
1 in	25.4	2.54	0.0254	2.54×10^{-5}	1	0.0833	0.0278	1.58×10^{-5}
1 ft	304.8	30.48	0.3048	3.05×10^{-4}	12	1	0.333	1.89×10^{-4}
1 yd	914.4	91.44	0.9144	9.14×10^{-4}	36	3	1	5.68×10^{-4}
1 mi	1.61×10^6	1.61×10^5	1.61×10^3	1.6093	63.360	5,280	1,760	1

표 A-3 면적 환산

단위	cm^2	m^2	km^2	ha	in^2	ft^2	yd^2	mi^2	ac
1 cm^2	1	0.0001	10^{-10}	10^{-8}	0.155	1.08×10^{-3}	1.2×10^{-4}	3.86×10^{-11}	2.47×10^{-8}
1 m^2	10^4	1	10^{-6}	10^{-4}	1,550	10.76	1.196	3.86×10^{-7}	2.47×10^{-4}
1 km^2	10^{10}	10^6	1	100	1.55×10^9	1.076×10^7	1.196×10^6	0.3861	247.1
1 ha	10^8	10^4	0.01	1	1.55×10^7	1.076×10^5	1.196×10^4	3.861×10^{-3}	2.471
1 in^2	6.452	6.45×10^{-4}	6.45×10^{10}	6.45×10^{-8}	1	6.94×10^{-3}	7.7×10^{-4}	2.49×10^{-10}	1.574×10^7
1 ft^2	929	0.0929	9.29×10^{-8}	9.29×10^{-6}	144	1	0.111	3.587×10^{-8}	2.3×10^{-5}
1 yd^2	8,361	0.8361	8.36×10^{-7}	8.36×10^{-5}	1,296	9	1	3.23×10^{-7}	2.07×10^{-4}
1 mi^2	2.59×10^{10}	2.59×10^6	2.59	259	4.01×10^9	2.79×10^7	3.098×10^6	1	640
1 ac	4.04×10^7	4047	4.047×10^{-3}	0.4047	6.27×10^6	43,560	4,840	1.562×10^{-3}	1

표 A-4 체적 환산

단위	mL	liters	m^3	in^3	ft^3	gal	ac-ft	million gal
1 ml	1	0.001	10^{-6}	0.06102	3.53×10^{-5}	2.64×10^4	8.1×10^{-10}	2.64×10^{-10}
1 liter	10^3	1	0.001	61.02	0.0353	0.264	8.1×10^{-7}	2.64×10^{-7}
1 m^3	10^6	1,000	1	61.023	35.31	264.17	8.1×10^{-4}	2.64×10^{-4}
1 in^3	16.39	1.64×10^{-2}	1.64×10^{-5}	1	5.79×10^{-4}	4.33×10^{-3}	1.218×10^{-8}	4.329×10^{-9}
1 ft^3	28.317	28.317	0.02832	1,728	1	7.48	2.296×10^{-5}	7.48×10^6
1 U.S. gal	3785.4	3.785	3.78×10^{-3}	231	0.134	1	3.069×10^{-6}	10^6
1 ac-ft	1.233×10^9	1.233×10^6	1,233.5	75.27×10^6	43,560	3.26×10^5	1	0.3260
1 million gal	3.785×10^9	3.785×10^6	3,785	2.31×10^8	1.338×10^5	10^6	3.0684	1

표 A-5 유량 환산

단위	m^3/s	m^3/day	L/s	ft^3/s	ft^3/day	ac-ft/day	gal/min	gal/day	mg/d
1 m^3/s	1	8.64×10^4	10^3	3.31	3.051×10^6	70.05	1.58×10^4	2.282×10^7	22.824
1 m^3/day	1.157×10^{-5}	1	0.00116	4.09×10^{-4}	35.31	8.1×10^{-4}	0.1835	264.17	2.64×10^{-4}
1 liter/s	0.001	86.4	1	0.0353	3,051.2	0.070	15.85	2.28×10^4	2.28×10^{-2}
1 ft^3/s	0.0283	2,446.6	28.32	1	8.64×10^4	1.984	448.8	6.46×10^5	0.646
1 ft^3/day	3.28×10^{-7}	0.02832	3.28×10^{-4}	1.16×10^{-5}	1	2.3×10^{-5}	5.19×10^{-3}	7.48	7.48×10^{-6}
1 ac−ft/day	0.0143	1,233.5	14.276	0.5042	43,560	1	226.28	3.259×10^5	0.3258
1 gal/min	6.3×10^{-5}	5.451	0.0631	2.23×10^{-3}	192.5	4.42×10^{-3}	1	1,440	1.44×10^{-3}
1 gal/day	4.3×10^{-8}	3.79×10^{-3}	4.382×10^{-5}	1.55×10^{-6}	11,337	3.07×10^{-6}	6.94×10^{-4}	1	10^{-6}
1 million gal /day	4.38×10^{-2}	3,785	43.82	1.55	1.337×10^5	3.07	694	10^6	1

표 A-6 속도 환산

단위	ft/s	mi/hr	m/s	m/day	km/hr	kn
Feet per second	1	0.6818	0.3048	26.335	1.097	0.5925
Miles per hour	1.467	1	0.4470	3.8640×10^{4}	1.609	0.8690
Meters per second	3.281	2.237	1	86,400	3.600	1.944
Meters per day	3.7973×10^{-5}	2.5875×10^{-5}	1.1574×10^{-5}	1	4.1667×10^{-5}	2.2500×10^{-5}
Kilometers per hour	0.9113	0.6214	0.2778	2.400×10^{4}	1	0.5400
Knots	1.688	1.151	0.5144	1.3340×10^{4}	1.852	1

표 A-7 압력 환산

단위	ft H_2O	in. Hg	mmHg	mbar	kPa	psi	kg/m^2
Feet per water(32˚F)	1	0.883	22.42	29.89	2.989	0.4335	304.8
Inch of mercury(32˚F)	1.133	1	25.40	33.86	3.386	0.4912	345.3
Millimeter of mercury(0˚C)	0.0446	0.03937	1	1.333	0.1333	0.01934	13.60
Millibar	0.0335	0.02953	0.7501	1	0.1000	0.01450	10.20
Kilopascal($N/m^2\times10^3$)	0.335	0.2953	7.501	10.00	1	0.1450	102.0
Pounds per square inch	2.307	2.036	51.71	68.95	6.895	1	703.1
Kilograms per square meter	0.00328	0.002896	0.07356	0.09807	0.009807	0.001422	1

표 A-8 질량 환산

단위	mg	g	kg	slug	lbm
Milligram	1	0.001	10^{-6}	6.8522×10^{-8}	2.2046×10^{-6}
Gram	1,000	1	0.001	6.8522×10^{-5}	0.0022046
Kilogram(kg)	10^{6}	1,000	1	0.068522	2.2046
Slug	1.4594×10^{7}	14,594	14.594	1	32.174
Pound mass(lb)	4.5359×10^{5}	453.59	0.45359	0.031081	1

표 A-9 힘(ML/T^2) 환산

단위	N	kg	dyne	lb
Newton(N=kg m s^{-2})	1	0.10197	10^{5}	0.22481
Kilogram(kg)	9.8067	1	9.8067×10^{5}	2.2046
Dyne(=g cm s^{-2})	10^{-5}	1.0197×10^{-6}	1	2.2481×10^{-6}
Pound(lb)	4.4482	0.45395	4.4482×10^{5}	1

표 A-10 일률(power) 환산

단위	W	kW	Btu/h	ft−lbf/s	hp
Watt(W=Js^{-1})	1	0.001	3.4121	0.73756	0.0013410
Kilowatt	1,000	1	3412.1	737.56	1.3410
Btu per hour	0.29307	2.9307×10^{-4}	1	0.21616	3.9301×10^{-4}
Foot-pound force per sec	1.3558	0.0013558	4.6262	1	0.0018182
Horsepower	745.70	0.74570	2544.4	550	1

표 A-11 에너지 환산

단위	J	kWh	cal	Btu	erg	ft-lbf
Joule	1	2.7778×10^{-7}	0.23885	9.4782×10^{-4}	10^{7}	0.73756
Kilowat-jour	3.6×10^{6}	1	8.5985×10^{5}	3,412.1	3.6×10^{13}	2.6552×10^{6}
Calorie	4.1816	1.1630×10^{-6}	1	0.0039683	4.1816×10^{7}	3.0880
British thermal unit	1,055.1	2.9037×10^{-4}	252.00	1	1.0551×10^{10}	778.17
Erg	10^{-7}	2.7778×10^{-14}	2.3885×10^{-8}	9.4782×10^{-11}	1	7.3756×10^{-8}
Foot-pound force	1.3558	3.7662×10^{-7}	0.32383	0.0012851	1.3558×10^{7}	1

표 A-12 복사에너지 환산(단위면적 단위시간에 대한 에너지)

단위	MJ m^{-2} day^{-1}	J cm^{-2} day^{-1}	cal cm^{-2} day^{-1}	W m^{-2}	equivalent evaporation mm day^{-1}
1 MJ m^{-2} day^{-1}	1	100	23.9	11.6	0.408
1 cal cm^{-2} day^{-1}	4.1868 10^{-2}	4.1868	1	0.485	0.0171
1 W m^{-2}	0.0864	8,64	2.06	1	0.035
1 mm day^{-1}	2.45	245	58.5	28.4	1

유용한 환산인자

$e = 2.71828$

$\log_{10}e = 0.43429$

$\ln 10 = \log_e 10 = 2.30259$

물의 녹음숨은열(heat of fussion) = 79.7 cal/g = 144 Btu/lb

증발(기화)잠재열 = 540 cal/g = 970 Btu/lb

에너지/면적(langley) 1 ly = 1 cal/cm^2

Calorie(IT) (International Steam Table) (cal(IT)) = 4.1868 J = 4.1868 10^7 erg

밀도 1 lb/ft^3 = 16.02 kg/m^3

1 kg/m^3 = 0.06243 lb/ft^3

1 kg/m^3 = 0.001 g/cm^3

Stefan-Bolzman상수 $\sigma = 1.17\times10^{-7}$ cal/cm^2/K^4/day, 2.0×10^{-9} mm/day,

4.903×10^{-9} MJ m^{-2} K^{-1} day^{-1}, 5.6710^{-8} W m^{-2} K^{-4}

기체상수 건조공기 $R_d = 287.04$ J kg^{-1} K^{-1}

수증기 $R_w = 461.5$ J kg^{-1} K^{-1}

비열 건조공기 $c_{pd} = 1{,}005$ J kg^{-1} K^{-1}, $c_{vd} = 716$ J kg^{-1} K^{-1}

수증기 $c_{pw} = 1{,}846$ J kg^{-1} K^{-1}, $c_{vw} = 1{,}386$ J kg^{-1} K^{-1}

압력 1 mb = 100 Pa = 1 hPa = 10^3 μbar = 10^3 dyne/cm^2

1 atm = 760 mmHg = 10.332 mH_2O = 1,013 mb = 760 Torr = 1,013.25 hPa

= 101.325 kPa = 13.595 t/m^3 × 0.76 m = 10.33 t/m^2 = 1.033 kg/cm^2 = 1,033 g/cm^2

1 hectoPascal (1 hPa) = 100 Pa = 0.1 kPa = 1 millibar

부 록 B

대기수의 성질

표 B-1 가강수량

(mb)	표면습구온도(°C)																								
	0	2	4	6	8	10	11	12	13	14	15	16	17	18	19	20	21	22	23	24	25	26	27	28	29	30
990	0	0	0	1	1	1	1	1	1	1	1	1	1	1	1	1	1	2	2	2	2	2	2	2	2	3
980	1	1	1	1	1	1	2	2	2	2	2	2	2	2	3	3	3	3	3	4	4	4	4	5	5	5
970	1	1	1	2	2	2	2	3	3	3	3	3	4	4	4	4	5	5	5	5	6	6	7	7	7	8
960	1	2	2	2	3	3	3	3	4	4	4	4	5	5	5	6	6	6	7	7	8	8	9	9	10	11
950	2	2	2	3	3	4	4	4	4	5	5	6	6	6	7	7	8	8	9	9	10	10	11	12	12	13
940	2	2	3	3	4	4	5	5	5	6	6	7	7	7	8	9	9	10	10	11	12	12	13	14	15	16
930	2	3	3	4	4	5	5	6	6	7	7	8	8	9	9	10	11	11	12	13	14	14	15	16	17	18
920	3	3	4	4	5	6	6	7	7	8	8	9	9	10	10	11	12	13	14	14	15	16	17	19	20	21
910	3	3	4	5	5	6	7	7	8	8	9	10	10	11	12	13	13	14	15	16	17	18	20	21	22	23
900	3	4	4	5	6	7	7	8	9	9	10	11	11	12	13	14	15	16	17	18	19	20	22	23	24	26
890	4	4	5	6	7	8	8	9	9	10	11	12	12	13	14	15	16	17	18	20	21	22	24	25	27	28
880	4	4	5	6	7	8	9	9	10	11	12	12	13	14	15	16	17	19	20	21	23	24	26	27	29	31
870	4	5	6	7	8	9	9	10	11	12	13	13	14	15	16	18	19	20	21	23	24	26	28	29	31	33
860	4	5	6	7	8	9	10	11	12	12	13	14	15	16	18	19	20	21	23	24	26	28	30	32	34	36
850	5	5	6	7	9	10	11	11	12	13	14	15	16	18	19	20	21	23	24	26	28	30	32	34	36	38
840	5	6	7	8	9	10	11	12	13	14	15	16	17	19	20	21	23	24	26	28	30	32	34	36	38	40
830	5	6	7	8	9	11	12	13	14	15	16	17	18	19	21	22	24	26	27	29	31	33	35	38	40	43
820	5	6	7	8	10	11	12	13	14	15	17	18	19	20	22	24	25	27	29	31	33	35	37	40	42	45
810	5	6	8	9	10	12	13	14	15	16	17	19	20	21	23	25	26	28	30	32	34	37	39	42	44	47
800	6	7	8	9	11	12	13	15	16	17	18	19	21	22	24	26	28	29	32	34	36	38	41	44	46	49
790	6	7	8	9	11	13	14	15	16	17	19	20	22	23	25	27	29	31	33	35	38	40	43	46	49	52
780	6	7	8	10	11	13	14	16	17	18	19	21	23	24	26	28	30	32	34	37	39	42	45	48	51	54
770	6	7	9	10	12	14	15	16	17	19	20	22	23	25	27	29	31	33	35	38	41	43	46	49	53	56
760	6	7	9	10	12	14	15	17	18	19	21	22	24	26	28	30	32	34	37	39	42	45	48	51	55	58
750	6	8	9	11	13	15	16	17	18	20	21	23	25	27	29	31	33	35	38	41	44	47	50	53	57	60
740	7	8	9	11	13	15	16	18	19	20	22	24	26	28	30	32	34	37	39	42	45	48	51	55	59	62
730	7	8	9	11	13	15	17	18	20	21	23	24	26	28	30	33	35	38	40	43	46	50	53	57	60	64
720	7	8	10	11	13	16	17	18	20	22	23	25	27	29	31	34	36	39	42	45	48	51	55	58	62	66
710	7	8	10	12	14	16	17	19	20	22	24	26	28	30	32	35	37	40	43	46	49	53	56	60	64	68
700	7	8	10	12	14	16	18	19	21	23	24	26	28	31	33	35	38	41	44	47	50	54	58	62	66	70
690	7	9	10	12	14	17	18	20	21	23	25	27	29	31	34	36	39	42	45	48	52	55	59	63	68	72
680	7	9	10	12	15	17	19	20	22	24	25	27	30	32	34	37	40	43	46	49	53	57	61	65	69	74
670	7	9	11	12	15	17	19	20	22	24	26	28	30	33	35	38	41	44	47	51	54	58	62	67	71	76
660	8	9	11	13	15	18	19	21	23	24	26	29	31	33	36	39	42	45	48	52	55	60	64	68	73	78
650	8	9	11	13	15	18	19	21	23	25	27	29	31	34	37	39	42	46	49	53	57	61	65	70	75	80
640	8	9	11	13	15	18	20	21	23	25	27	29	32	35	37	40	43	46	50	54	58	62	67	71	76	81
630	8	9	11	13	16	18	20	22	24	26	28	30	32	35	38	41	44	47	51	55	59	63	68	73	78	83
620	8	9	11	13	16	19	20	22	24	26	28	30	33	36	38	42	45	48	52	56	60	65	69	74	79	85
610	8	9	11	13	16	19	20	22	24	26	28	31	33	36	39	42	45	49	53	57	61	66	71	76	81	87
600	8	9	11	13	16	19	21	23	25	27	29	31	34	37	40	43	46	50	54	58	62	67	72	77	82	88

표 B-1 가강수량(계속)

(mb)	표면습구온도(°C)																								
	0	2	4	6	8	10	11	12	13	14	15	16	17	18	19	20	21	22	23	24	25	26	27	28	29	30
590	8	10	11	14	16	19	21	23	25	27	29	32	34	37	40	43	47	51	55	59	63	68	73	78	84	90
580	8	10	11	14	16	19	21	23	25	27	30	32	35	38	41	44	48	51	55	60	64	69	74	80	85	91
570	8	10	12	14	16	20	21	23	25	27	30	32	35	38	41	45	48	52	56	61	65	70	75	81	87	93
560	8	10	12	14	17	20	21	23	26	28	30	33	36	39	42	45	49	53	57	61	66	71	77	82	88	94
550	8	10	12	14	17	20	22	24	26	28	30	33	36	39	42	46	49	53	58	62	67	72	78	83	90	96
540	8	10	12	14	17	20	22	24	26	28	31	33	36	39	43	46	50	54	58	63	68	73	79	85	91	97
530	8	10	12	14	17	20	22	24	26	28	31	34	37	40	43	47	50	55	59	64	69	74	80	86	92	99
520	8	10	12	14	17	20	22	24	26	29	31	34	37	40	43	47	51	55	60	64	70	75	81	87	93	100
510	8	10	12	14	17	20	22	24	26	29	31	34	37	40	44	48	51	56	60	65	70	76	82	88	95	102
500	8	10	12	14	17	20	22	24	27	29	32	34	37	41	44	48	52	56	61	66	71	77	83	89	96	103
490	8	10	12	14	17	21	22	25	27	29	32	35	38	41	45	48	52	57	61	66	72	78	84	90	97	104
480	8	10	12	14	17	21	23	25	27	29	32	35	38	41	45	49	53	57	62	67	73	78	85	91	98	105
470	8	10	12	14	17	21	23	25	27	29	32	35	38	42	45	49	53	58	62	68	73	79	85	92	99	106
460	8	10	12	14	17	21	23	25	27	30	32	35	38	42	45	49	54	58	63	68	74	80	86	93	100	108
450	8	10	12	14	17	21	23	25	27	30	32	35	39	42	46	50	54	58	63	69	74	81	87	94	101	109
440	8	10	12	15	17	21	23	25	27	30	33	35	39	42	46	50	54	59	64	69	75	81	88	95	101	110
430	8	10	12	15	17	21	23	25	27	30	33	36	39	42	46	50	55	59	64	70	76	82	88	96	103	111
420	8	10	12	15	18	21	23	25	27	30	33	36	39	43	46	50	55	60	65	70	76	82	89	96	104	112
410	8	10	12	15	18	21	23	25	27	30	33	36	39	43	47	51	55	60	65	71	77	83	90	97	105	113
400	8	10	12	15	18	21	23	25	28	30	33	36	39	43	47	51	55	60	65	71	77	84	90	98	105	114
390	8	10	12	15	18	21	23	25	28	30	33	36	39	43	47	51	56	60	66	71	77	84	91	98	106	115
380	8	10	12	15	18	21	23	25	28	30	33	36	39	43	47	51	56	61	66	72	78	85	92	99	107	115
370	8	10	12	15	18	21	23	25	28	30	33	36	40	43	47	51	56	61	66	72	78	85	92	100	108	116
360	8	10	12	15	18	21	23	25	28	30	33	36	40	43	47	51	56	61	66	72	79	85	93	100	108	117
350	8	10	12	15	18	21	23	25	28	30	33	36	40	43	47	52	56	61	67	73	79	86	93	101	109	118
340	8	10	12	15	18	21	23	25	28	30	33	36	40	43	47	52	56	61	67	73	79	86	93	101	109	118
330	8	10	12	15	18	21	23	25	28	30	33	36	40	43	47	52	56	61	67	73	79	86	94	102	110	119
320	8	10	12	15	18	21	23	25	28	30	33	36	40	44	48	52	57	62	67	73	80	87	94	102	111	120
310	8	10	12	15	18	21	23	25	28	30	33	36	40	44	48	52	57	62	67	73	80	87	94	102	111	120
300	8	10	12	15	18	21	23	25	28	30	33	36	40	44	48	52	57	62	67	74	80	87	95	103	111	121
290	8	10	12	15	18	21	23	25	28	30	33	36	40	44	48	52	57	62	68	74	80	87	95	103	112	121
280	8	10	12	15	18	21	23	25	28	30	33	36	40	44	48	52	57	62	68	74	80	88	95	103	112	121
270	8	10	12	15	18	21	23	25	28	30	33	36	40	44	48	52	57	62	68	74	81	88	95	104	112	122
260	8	10	12	15	18	21	23	25	28	30	33	36	40	44	48	52	57	62	68	74	81	88	96	104	113	122
250	8	10	12	15	18	21	23	25	28	30	33	36	40	44	48	52	57	62	68	74	81	88	96	104	113	122
240	8	10	12	15	18	21	23	25	28	30	33	36	40	44	48	52	57	62	68	74	81	88	96	104	113	123
230	8	10	12	15	18	21	23	25	28	30	33	36	40	44	48	52	57	62	68	74	81	88	96	104	113	123
220	8	10	12	15	18	21	23	25	28	30	33	36	40	44	48	52	57	62	68	74	81	88	96	104	113	123
210	8	10	12	15	18	21	23	25	28	30	33	36	40	44	48	52	57	62	68	74	81	88	96	105	114	123
200	8	10	12	15	18	21	23	25	28	30	33	36	40	44	48	52	57	62	68	74	81	88	96	105	114	123

표 B-2 증기압 e_s (mmHg), 1 mmHg=1.33 milibar

t (°C)	0.0	0.1	0.2	0.3	0.4	0.5	0.6	0.7	0.8	0.9
−10	2.15									
−9	2.32	2.30	2.29	2.27	2.26	2.24	2.22	2.21	2.19	2.17
−8	2.51	2.49	2.47	2.45	2.43	2.41	2.40	2.38	2.36	2.34
−7	2.71	2.69	2.67	2.65	2.63	2.61	2.59	2.57	2.55	2.53
−6	2.93	2.91	2.89	2.86	2.84	2.82	2.80	2.77	2.75	2.73
−5	3.16	3.14	3.11	3.09	3.06	3.04	3.01	2.99	2.97	2.95
−4	3.41	3.39	3.37	3.34	3.32	3.29	3.27	3.24	3.22	3.18
−3	3.67	3.64	3.62	3.59	3.57	3.54	3.52	3.49	3.46	3.44
−2	3.97	3.94	3.91	3.88	3.85	3.82	3.79	3.76	3.73	3.70
−1	4.26	4.23	4.20	4.17	4.14	4.11	4.08	4.05	4.03	4.00
0	4.58	4.55	4.52	4.49	4.46	4.43	4.40	4.36	4.33	4.29
0	4.58	4.62	4.65	4.69	4.71	4.75	4.78	4.82	4.86	4.89
1	4.92	4.96	5.00	5.03	5.07	5.11	5.14	5.18	5.21	5.25
2	5.29	5.33	5.37	5.40	5.44	5.48	5.53	5.57	5.60	5.64
3	5.68	5.72	5.76	5.80	5.84	5.89	5.93	5.97	6.01	6.06
4	6.10	6.14	6.18	6.23	6.27	6.31	6.36	6.40	6.45	6.49
5	6.54	6.58	6.54	6.68	6.72	6.77	6.82	6.86	6.91	6.96
6	7.01	7.06	7.11	7.16	7.20	7.25	7.31	7.36	7.41	7.46
7	7.51	7.56	7.61	7.67	7.72	7.77	7.82	7.88	7.93	7.98
8	8.04	8.10	8.15	8.21	8.26	8.32	8.37	8.43	8.48	8.54
9	8.61	8.67	8.73	8.78	8.84	8.90	8.96	9.02	9.08	9.14
10	9.20	9.26	9.33	9.39	9.46	9.52	9.58	9.65	9.71	9.77
11	9.84	9.90	9.97	10.03	10.10	10.17	10.24	10.31	10.38	10.45
12	10.52	10.58	10.66	10.72	10.79	10.86	10.93	11.00	11.08	11.15
13	11.23	11.30	11.38	11.75	11.53	11.60	11.68	11.76	11.83	11.91
14	11.98	12.06	12.14	12.22	12.96	12.38	12.46	12.54	12.62	12.70
15	12.78	12.86	12.95	13.03	13.11	13.20	13.28	13.37	13.45	13.54
16	13.63	13.71	13.80	13.90	13.99	14.08	14.17	14.26	14.35	14.44
17	14.53	14.62	14.71	14.80	14.90	14.99	15.09	15.17	15.27	15.38
18	15.46	15.56	15.66	15.76	15.96	15.96	16.06	16.16	16.26	16.36
19	16.46	16.57	16.68	16.79	16.90	17.00	17.10	17.21	17.32	17.43
20	17.53	17.64	17.75	17.86	17.97	18.08	18.20	18.31	18.43	18.54
21	18.65	18.77	18.88	19.00	19.11	19.23	19.35	19.46	19.58	19.70
22	19.82	19.94	20.06	20.19	20.31	20.43	20.58	20.69	20.80	20.93
23	21.05	21.19	21.32	21.45	21.58	21.71	21.84	21.97	22.10	22.23
24	22.27	22.50	22.63	22.76	22.91	23.05	23.19	23.31	23.45	23.60
25	23.75	23.90	24.03	24.20	24.35	24.49	24.64	24.79	24.94	25.08
26	25.31	25.45	25.60	25.74	25.89	26.03	26.18	26.32	26.46	26.60
27	26.74	26.90	27.05	27.21	27.37	27.53	27.69	27.85	28.00	28.16
28	28.32	28.49	28.66	28.83	29.00	29.17	29.34	29.51	29.68	29.85
29	30.03	30.20	30.38	30.56	30.74	30.92	31.10	31.28	31.46	31.64
30	31.82	32.00	32.19	32.38	32.57	32.76	32.95	33.14	33.33	33.52

표 B-3 온도에 대한 포화증기압, 포화증기압기울기 및 습도측정상수

온도 T	포화증기압 e_s	포화증기압기울기 Δ	습도측정상수 γ
°C	kPa	kPa $°C^{-1}$	kPa $°C^{-1}$
0	0.611	0.044	0.0654
1	0.657	0.047	0.0655
2	0.706	0.051	0.0656
3	0.758	0.054	0.0656
4	0.814	0.057	0.0657
5	0.873	0.061	0.0658
6	0.935	0.065	0.0659
7	1.002	0.069	0.0659
8	1.073	0.073	0.0660
9	1.148	0.078	0.0660
10	1.228	0.082	0.0661
11	1.313	0.087	0.0661
12	1.403	0.093	0.0662
13	1.498	0.098	0.0663
14	1.599	0.104	0.0663
15	1.706	0.110	0.0664
16	1.819	0.116	0.0665
17	1.938	0.123	0.0665
18	2.065	0.130	0.0666
19	2.198	0.137	0.0666
20	2.339	0.145	0.0667
21	2.488	0.153	0.0668
22	2.645	0.161	0.0668
23	2.810	0.170	0.0669
24	2.985	0.179	0.0670
25	3.169	0.189	0.0670
26	3.363	0.199	0.0671
27	3.567	0.209	0.0672
28	3.781	0.220	0.0672
29	4.007	0.232	0.0673
30	4.244	0.243	0.0674
31	4.494	0.256	0.0674
32	4.756	0.269	0.0675
33	5.032	0.282	0.0676
34	5.321	0.296	0.0676
35	5.625	0.311	0.0677
36	5.943	0.326	0.0678
37	6.277	0.342	0.0678
38	6.627	0.358	0.0679
39	6.994	0.375	0.0670

표 B-4 상대습도

압력 = 990 millibars = 29.24 in. = 99.0 kilopascals

공기 온도 (°C)	습구온도 강하(°C)															
	0	1	2	3	4	5	6	7	8	9	10	11	12	13	14	15
−10	91	60	31	2												
−8	93	65	39	13												
−6	94	70	46	23	0											
−4	96	74	53	32	11											
−2	98	78	58	39	21	3										
0	100	81	63	46	29	13										
2	100	84	68	52	37	22	7									
4	100	85	71	57	43	29	16									
6	100	86	73	60	48	35	24	11								
8	100	87	75	63	51	40	29	19	8							
10	100	88	77	66	55	44	34	24	15	6						
12	100	89	78	68	58	48	39	29	21	12	4					
14	100	90	79	70	60	51	42	34	26	18	10	3				
16	100	90	81	71	63	54	46	38	30	23	15	8				
18	100	91	82	73	65	57	49	41	34	27	20	14	7			
20	100	91	83	74	66	59	51	44	37	31	24	18	12	6		
22	100	92	83	76	68	61	54	47	40	34	28	22	17	11	6	
24	100	92	84	77	69	62	56	49	43	37	31	26	20	15	10	5
26	100	92	85	78	71	64	58	51	46	40	34	29	24	19	14	10
28	100	93	85	78	72	65	59	53	48	42	37	32	27	22	18	13
30	100	93	86	79	73	67	61	55	50	44	39	35	30	25	21	17
32	100	93	86	80	74	68	62	57	51	46	41	37	32	28	24	20
34	100	93	87	81	75	69	63	58	53	48	43	39	35	30	26	23
36	100	94	87	81	75	70	64	59	54	50	45	41	37	33	29	25
38	100	94	88	82	76	71	66	61	56	51	47	43	39	35	31	27
40	100	94	88	82	77	72	67	62	57	53	48	44	40	36	33	29

자료: From "Radiosonde Observation Computation Tables." Dept. of Commerce-Dept. of Defense, Washington, June 1972.

표 B-5 노점

Pressure = 1,013.2 millibars = 29.92 in.= 101.32 kilopascals

공기 온도 (°C)	포화증기압 milli-bars	in Hg	습구온도 강하(°C) 0	1	2	3	4	5	6	7	8	9	10	11	12	13	14	15
−10	2.86	0.085	−11	−16	−24													
−8	3.35	0.099	−9	−13	−20	−33												
−6	3.91	0.115	−7	−11	−16	−24												
−4	4.55	0.134	−5	−8	−12	−19	−32											
−2	5.28	0.156	−2	−5	−9	−14	−22											
0	6.11	0.180	0	−3	−6	−11	−16	−27										
2	7.05	0.208	2	−1	−3	−7	−12	−19	−33									
4	8.13	0.240	4	2	−1	−4	−8	−13	−21	−47								
6	9.35	0.276	6	4	2	−1	−5	−9	−14	−23								
8	10.72	0.317	8	6	4	1	−2	−5	−9	−15	−26							
10	12.27	0.362	10	8	6	4	1	−2	−5	−10	−17	−29						
12	14.02	0.414	12	10	8	6	4	1	−2	−6	−11	−18	−34					
14	15.98	0.472	14	12	11	9	6	4	1	−2	−6	−11	−19					
16	18.17	0.532	16	14	13	11	9	7	4	1	−2	−6	−11					
18	20.63	0.609	18	16	15	13	11	9	7	4	2	−2	−6	−10				
20	23.37	0.690	20	19	17	15	14	12	10	7	5	2	−1	−4				
22	26.43	0.780	22	21	19	17	18	14	12	10	8	5	2	−1	−5			
24	29.83	0.881	24	23	21	20	18	16	15	13	11	8	6	3	−1	−5	−10	
26	33.61	0.992	26	25	23	22	20	19	18	15	13	11	9	6	4	0	−4	−9
28	37.80	1.116	28	27	25	24	22	21	19	18	16	14	12	10	7	4	1	−3
30	42.43	1.253	30	29	27	26	25	23	22	20	18	17	15	13	10	8	5	2
32	47.55	1.404	32	31	29	28	27	25	24	22	21	19	17	15	13	11	9	6
34	53.20	1.571	34	33	32	30	29	28	26	25	23	21	20	17	16	14	12	10
36	59.42	1.755	36	35	34	32	31	30	28	27	25	24	22	21	19	17	15	13
38	66.26	1.957	38	37	36	34	33	32	30	29	28	26	25	23	21	20	18	16
40	73.78	2.179	40	39	38	36	35	34	33	31	30	28	27	25	24	22	20	19

부 록 C

통계표

표 C-1 표준정규분포

z	.00	.01	.02	.03	.04	.05	.06	.07	.08	.09
0.0	0.5000	0.5040	0.5080	0.5120	0.5160	0.5199	0.5239	0.5279	0.5319	0.5359
0.1	0.5398	0.5438	0.5478	0.5517	0.5557	0.5596	0.5636	0.5675	0.5714	0.5753
0.2	0.5793	0.5832	0.5871	0.5910	0.5948	0.5987	0.6026	0.6064	0.6103	0.6141
0.3	0.6179	0.6217	0.6255	0.6293	0.6331	0.6368	0.6406	0.6443	0.6480	0.6517
0.4	0.6554	0.6591	0.6628	0.6664	0.6700	0.6736	0.6772	0.6808	0.6844	0.6879
0.5	0.6915	0.6950	0.6985	0.7019	0.7054	0.7088	0.7123	0.7157	0.7190	0.7224
0.6	0.7257	0.7291	0.7324	0.7357	0.7389	0.7422	0.7454	0.7486	0.7517	0.7549
0.7	0.7580	0.7611	0.7642	0.7673	0.7704	0.7734	0.7764	0.7794	0.7823	0.7852
0.8	0.7881	0.7910	0.7939	0.7967	0.7995	0.8023	0.8051	0.8078	0.8106	0.8133
0.9	0.8159	0.8186	0.8212	0.8238	0.8264	0.8289	0.8315	0.8340	0.8365	0.8389
1.0	0.8413	0.8438	0.8461	0.8485	0.8508	0.8531	0.8554	0.8577	0.8599	0.8621
1.1	0.8643	0.8665	0.8686	0.8708	0.8729	0.8749	0.8770	0.8790	0.8810	0.8830
1.2	0.8849	0.8869	0.8888	0.8907	0.8925	0.8944	0.8962	0.8980	0.8997	0.9015
1.3	0.9032	0.9049	0.9066	0.9082	0.9099	0.9115	0.9131	0.9147	0.9162	0.9177
1.4	0.9192	0.9207	0.9222	0.9236	0.9251	0.9265	0.9279	0.9292	0.9306	0.9319
1.5	0.9332	0.9345	0.9357	0.9370	0.9382	0.9394	0.9406	0.9418	0.9429	0.9441
1.6	0.9452	0.9463	0.9474	0.9484	0.9495	0.9505	0.9515	0.9525	0.9535	0.9545
1.7	0.9554	0.9564	0.9573.	0.9582	0.9591	0.9599	0.9608	0.9616	0.9625	0.9633
1.8	0.9641	0.9649	0.9656	0.9664	0.9671	0.9678	0.9686	0.9693	0.9699	0.9706
1.9	0.9713	0.9719	0.9726	0.9732	0.9738	0.9744	0.9750	0.9756	0.9761	0.9767
2.0	0.9772	0.9778	0.9783	0.9788	0.9793	0.9798	0.9803	0.9808	0.9812	0.9817
2.1	0.9821	0.9826	0.9830	0.9834	0.9838	0.9842	0.9846	0.9850	0.9854	0.9857
2.2	0.9861	0.9864	0.9868	0.9871	0.9875	0.9878	0.9881	0.9884	0.9887	0.9890
2.3	0.9893	0.9896	0.9898	0.9901	0.9904	0.9906	0.9909	0.9911	0.9913	0.9916
2.4	0.9918	0.9920	0.9922	0.9925	0.9927	0.9929	0.9931	0.9932	0.9934	0.9936
2.5	0.9938	0.9940	0.9941	0.9943	0.9945	0.9946	0.9948	0.9949	0.9951	0.9952
2.6	0.9953	0.9955	0.9956	0.9957	0.9959	0.9960	0.9961	0.9962	0.9963	0.9964
2.7	0.9965	0.9966	0.9967	0.9968	0.9969	0.9970	0.9971	0.9972	0.9973	0.9974
2.8	0.9974	0.9975	0.9976	0.9977	0.9977	0.9978	0.9979	0.9979	0.9980	0.9981
2.9	0.9981	0.9982	0.9982	0.9983	0.9984	0.9984	0.9985	0.9985	0.9986	0.9986
3.0	0.9987	0.9987	0.9987	0.9988	0.9988	0.9989	0.9989	0.9989	0.9990	0.9990
3.1	0.9990	0.9991	0.9991	0.9991	0.992	0.9992	0.9992	0.9992	0.9993	0.9993
3.2	0.9993	0.9993	0.9994	0.9994	0.9994	0.9994	0.9994	0.9995	0.9995	0.9995
3.3	0.9995	0.9995	0.9995	0.9996	0.9996	0.9996	0.9996	0.9996	0.9996	0.9997
3.4	0.9997	0.9997	0.9997	0.9997	0.9997	0.9997	0.9997	0.9997	0.9997	0.9998

(1) $z < 0$ 예: $z = -1.53$에 대한 $F(x)$: $z_1 = 1.53$에 대한 $F(z_1 = 1.53) = 0.9370$

$$F(z) = 1 - F(z_1) = 1 - 0.9370$$
$$= 0.063$$

(2) $F(z) < 0.5$ 예: $F(z) = 0.121$에 대한 z, $F(z_1) = 1 - F(z) = 1 - 0.121 = 0.8790$이므로

$z_1 = F^{-1}(0.8790) = 1.270$이다. 따라서 $z = -z_1 = -1.270$

표 C-2 정규분포 빈도계수

초과확률	재현기간	K	초과확률	재현기간	K
0.0001	10,000	3.719	0.500	2.00	0.000
0.0005	2,000	3.291	0.550	1.82	−0.126
0.001	1,000	3.090	0.600	1.67	−0.253
0.005	200	2.576	0.650	1.54	−0.385
0.010	100	2.326	0.700	1.43	−0.524
0.025	40	1.960	0.750	1.33	−0.674
0.050	20	1.645	0.800	1.25	−0.842
0.100	10	1.282	0.850	1.18	−1.036
0.150	6.67	1.036	0.900	1.11	−1.282
0.200	5.00	0.842	0.950	1.053	−1.645
0.250	4.00	0.674	0.975	1.026	−1.960
0.300	3.33	0.524	0.990	0.010	−2.326
0.350	2.86	0.385	0.995	1.005	−2.576
0.400	2.50	0.253	0.999	1.001	−3.090
0.450	2.22	0.126	0.9995	1.0005	−3.291
0.500	2.00	0.000	0.9999	1.0001	−3.719

표 C-3 대수정규분포 빈도계수

C_s	초과확률 99 −	95 −	80 −	50 −	20 +	5 +	1 +	0.1 +	C_v
0	2.33	1.65	0.84	0	0.84	1.64	2.33	3.09	0
0.1	2.25	1.62	0.85	0.02	0.84	1.67	2.40	3.22	0.033
0.2	2.18	1.59	0.85	0.04	0.83	1.70	2.47	3.39	0.067
0.3	2.11	1.56	0.85	0.06	0.82	1.72	2.55	3.56	0.100
0.4	2.04	1.53	0.85	0.07	0.81	1.75	2.62	3.72	0.136
0.5	1.98	1.49	0.86	0.09	0.80	1.77	2.70	3.88	0.166
0.6	1.91	1.46	0.85	0.10	0.79	1.79	2.77	4.05	0.197
0.7	1.85	1.43	0.85	0.11	0.78	1.81	2.84	4.21	0.230
0.8	1.79	1.40	0.84	0.13	0.77	1.82	2.90	4.37	0.262
0.9	1.74	1.37	0.84	0.14	0.76	1.84	2.97	4.55	0.292
1.0	1.68	1.34	0.84	0.15	0.75	1.85	3.03	4.72	0.324
1.1	1.63	1.31	0.83	0.16	0.73	1.86	3.09	4.87	0.351
1.2	1.58	1.29	0.82	0.17	0.72	1.87	3.15	5.04	0.381
1.3	1.54	1.26	0.82	0.18	0.71	1.88	3.21	5.19	0.409
1.4	1.49	1.23	0.81	0.19	0.69	1.88	3.26	5.35	0.436
1.5	1.45	1.21	0.81	0.20	0.68	1.89	3.31	5.51	0.462
1.6	1.41	1.18	0.80	0.21	0.67	1.89	3.36	5.66	0.490
1.7	1.38	1.16	0.79	0.22	0.65	1.89	3.40	5.80	0.517
1.8	1.34	1.14	0.78	0.22	0.64	1.89	3.44	5.96	0.544
1.9	1.31	1.12	0.78	0.23	0.63	1.89	3.48	6.10	0.570
2.0	1.28	1.10	0.77	0.24	0.61	1.89	3.52	6.25	0.596
2.1	1.25	1.08	0.76	0.24	0.60	1.89	3.55	6.39	0.620
2.2	1.22	1.06	0.76	0.25	0.59	1.89	3.59	6.51	0.643
2.3	1.20	1.04	0.75	0.25	0.58	1.88	3.62	6.65	0.667
2.4	1.17	1.02	0.74	0.26	0.57	1.88	3.65	6.77	0.691
2.5	1.15	1.00	0.74	0.26	0.56	1.88	3.67	6.90	0.713
2.6	1.12	0.99	0.73	0.26	0.55	1.87	3.70	7.02	0.734
2.7	1.10	0.97	0.72	0.27	0.54	1.87	3.72	7.13	0.755
2.8	1.08	0.96	0.72	0.27	0.53	1.86	3.74	7.25	0.776
2.9	1.06	0.95	0.71	0.27	0.52	1.86	3.76	7.36	0.796
3.0	1.04	0.93	0.71	0.28	0.51	1.85	3.78	7.47	0.818
3.2	1.01	0.90	0.69	0.28	0.49	1.84	3.81	7.65	0.857
3.4	0.98	0.88	0.68	0.29	0.47	1.83	3.84	7.84	0.895
3.6	0.95	0.86	0.67	0.29	0.46	1.81	3.87	8.00	0.930
3.8	0.92	0.84	0.66	0.29	0.44	1.80	3.89	8.16	0.966
4.0	0.90	0.82	0.65	0.29	0.42	1.78	3.91	8.30	1.000
4.5	0.84	0.78	0.63	0.30	0.39	1.75	3.93	8.60	1.081
5.0	0.80	0.74	0.62	0.30	0.37	1.71	3.95	8.86	1.155

표 C-4 피어선Ⅲ분포 빈도계수

왜곡도 계수 C_s 또는 C_w	재현기간(yr)						
	2	5	10	25	50	100	200
	초과확률						
	0.50	0.20	0.10	0.04	0.02	0.01	0.005
3.0	−0.396	0.420	1.180	2.278	3.152	4.051	4.970
2.9	−0.390	0.440	1.195	2.277	3.134	4.013	4.909
2.8	−0.384	0.460	1.210	2.275	3.114	3.973	4.847
2.7	−0.376	0.479	1.224	2.272	3.093	3.932	4.783
2.6	−0.368	0.499	1.238	2.267	3.071	3.889	4.718
2.5	−0.360	0.518	1.250	2.262	3.048	3.845	4.652
2.4	−0.351	0.537	1.262	2.256	3.023	3.800	4.584
2.3	−0.341	0.555	1.274	2.248	2.997	3.753	4.515
2.2	−0.330	0.574	1.284	2.240	2.970	3.705	4.444
2.1	−0.319	0.592	1.294	2.230	2.942	3.656	4.372
2.0	−0.307	0.609	1.302	2.219	2.912	3.605	4.298
1.9	−0.294	0.627	1.310	2.207	2.881	3.553	4.223
1.8	−0.282	0.643	1.318	2.193	2.848	3.499	4.147
1.7	−0.268	0.660	1.324	2.179	2.815	3.444	4.069
1.6	−0.254	0.675	1.329	2.163	2.780	3.388	3.990
1.5	−0.240	0.690	1.333	2.146	2.743	3.330	3.910
1.4	−0.225	0.705	1.337	2.128	2.706	3.271	3.828
1.3	−0.210	0.719	1.339	2.108	2.666	3.211	3.745
1.2	−0.195	0.732	1.340	2.087	2.626	3.149	3.661
1.1	−0.180	0.745	1.341	2.066	2.585	3.087	3.575
1.0	−0.164	0.758	1.340	2.043	2.542	3.022	3.489
0.9	−0.148	0.769	1.339	2.018	2.498	2.957	3.401
0.8	−0.132	0.780	1.336	1.993	2.453	2.891	3.312
0.7	−0.116	0.790	1.333	1.967	2.407	2.824	3.223
0.6	−0.099	0.800	1.328	1.939	2.359	2.755	3.132
0.5	−0.083	0.808	1.323	1.910	2.311	2.686	3.041
0.4	−0.066	0.816	1.317	1.880	2.261	2.615	2.949
0.3	−0.050	0.824	1.309	1.849	2.211	2.544	2.856
0.2	−0.033	0.830	1.301	1.818	2.159	2.472	2.763
0.1	−0.017	0.836	1.292	1.785	2.107	2.400	2.670
0.0	0	0.842	1.282	1.751	2.054	2.326	2.576
−0.1	0.017	0.846	1.270	1.716	2.000	2.252	2.482
−0.2	0.033	0.850	1.258	1.680	1.945	2.178	2.388
−0.3	0.050	0.853	1.245	1.643	1.890	2.104	2.294
−0.4	0.066	0.855	1.231	1.606	1.834	2.029	2.201
−0.5	0.083	0.856	1.216	1.567	1.777	1.955	2.108
−0.6	0.099	0.857	1.200	1.528	1.720	1.880	2.016
−0.7	0.116	0.857	1.183	1.488	1.663	1.806	1.926
−0.8	0.132	0.856	1.166	1.448	1.606	1.733	1.837
−0.9	0.148	0.854	1.147	1.407	1.549	1.660	1.749
−1.0	0.164	0.852	1.128	1.366	1.492	1.588	1.664
−1.1	0.180	0.848	1.107	1.324	1.435	1.518	1.581
−1.2	0.195	0.844	1.086	1.282	1.379	1.449	1.501
−1.3	0.210	0.838	1.064	1.240	1.324	1.383	1.424
−1.4	0.225	0.832	1.041	1.198	1.270	1.318	1.351
−1.5	0.240	0.825	1.018	1.157	1.217	1.256	1.282
−1.6	0.254	0.817	0.994	1.116	1.166	1.197	1.216
−1.7	0.268	0.808	0.970	1.075	1.116	1.140	1.155
−1.8	0.282	0.799	0.945	1.035	1.069	1.087	1.097
−1.9	0.294	0.788	0.920	0.996	1.023	1.037	1.044
−2.0	0.307	0.777	0.895	0.959	0.980	0.990	0.995
−2.1	0.319	0.765	0.869	0.923	0.939	0.946	0.949
−2.2	0.330	0.752	0.844	0.888	0.900	0.905	0.907
−2.3	0.341	0.739	0.819	0.855	0.864	0.867	0.869
−2.4	0.351	0.725	0.795	0.823	0.830	0.832	0.833
−2.5	0.360	0.711	0.771	0.793	0.798	0.799	0.800
−2.6	0.368	0.696	0.747	0.764	0.768	0.769	0.769
−2.7	0.376	0.681	0.724	0.738	0.740	0.740	0.741
−2.8	0.384	0.666	0.702	0.712	0.714	0.714	0.714
−2.9	0.390	0.651	0.681	0.683	0.689	0.690	0.690
−3.0	0.396	0.636	0.666	0.666	0.666	0.667	0.667

표 C-5 Gumbel분포 빈도계수(극치 I 분포)

표본크기	초과확률								
	0.2	0.1	0.067	0.05	0.04	0.02	0.0133	0.01	0.001
n	재현기간								
	5	10	15	20	25	50	75	100	1,000
15	0.967	1.703	2.117	2.410	2.632	3.321	3.721	4.005	6.265
20	0.919	1.625	2.032	2.302	2.517	3.179	3.563	3.836	6.006
25	0.888	1.575	1.963	2.235	2.444	3.088	3.463	3.729	5.842
30	0.866	1.541	1.922	2.188	2.393	3.026	3.393	3.653	5.727
35	0.851	1.516	1.891	2.152	2.354	2.979	3.341	3.598	
40	0.838	1.495	1.866	2.126	2.326	2.943	3.301	3.554	5.576
45	0.829	1.478	1.847	2.104	2.303	2.913	3.268	3.520	
50	0.820	1.466	1.831	2.086	2.283	2.889	3.241	3.491	5.478
55	0.813	1.455	1.818	2.071	2.267	2.869	3.219	3.467	
60	0.807	1.446	1.806	2.059	2.253	2.852	3.200	3.446	
65	0.801	1.437	1.796	2.048	2.241	2.837	3.183	3.429	
70	0.797	1.430	1.788	2.038	2.230	2.824	3.169	3.413	5.359
75	0.792	1.423	1.780	2.029	2.220	2.812	3.155	3.400	
80	0.788	1.417	1.773	2.020	2.212	2.802	3.145	3.387	
85	0.785	1.413	1.767	2.013	2.205	2.793	3.135	3.376	
90	0.782	1.409	1.762	2.007	2.198	2.785	3.125	3.367	
95	0.780	1.405	1.757	2.002	2.193	2.777	3.116	3.357	
100	0.779	1.401	1.752	1.998	2.187	2.770	3.109	3.349	5.261
∞a	0.719	1.305	1.635	1.866	2.044	2.592	2.911	3.137	4.936

[a] $n = \infty$ 에 대한 추가자료

초과확률	K
0.3	0.354
0.4	0.0737
0.5	−0.164
0.6	−0.383
0.8	−0.821
0.9	−1.100

표 C-6 χ^2 분포

ν자유도, α%에 대한 χ^2 분포

$P(\chi^2 > \chi^2_{\nu,\alpha}) = \alpha$

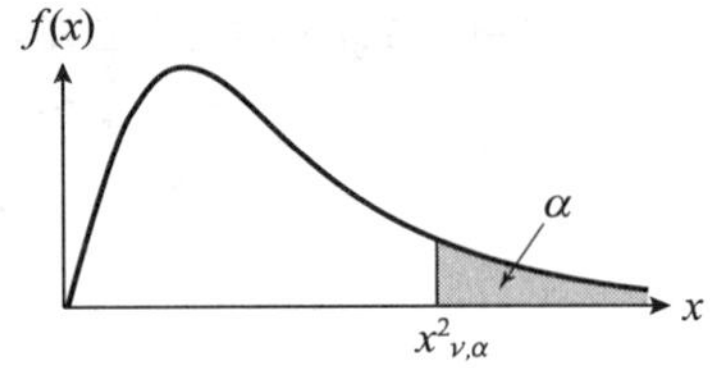

ν	α =.995	.99	.975	.95	.90	.75	.50
1	.04393	.03157	.03982	.000393	.0158	.102	.455
2	.0100	.0201	.0506	.103	.211	.575	1.386
3	.0717	.115	.216	.352	.584	1.213	2.366
4	.207	.297	.484	.711	1.064	1.923	3.357
5	.412	.554	.831	1.145	1.610	2.675	4.351
6	.676	.872	1.237	1.635	2.204	3.455	5.348
7	.989	1.239	1.690	2.167	2.833	4.255	6.346
8	1.344	1.646	2.180	2.733	3.490	5.071	7.344
9	1.735	2.088	2.700	3.325	4.168	5.899	8.343
10	2.156	2.558	3.247	3.940	4.865	6.737	9.342
11	2.603	3.053	3.816	4.575	5.578	7.584	10.341
12	3.074	3.571	4.404	5.226	6.304	8.438	11.340
13	3.565	4.107	5.009	5.892	7.042	9.299	12.340
14	4.075	4.660	5.629	6.571	7.790	10.165	13.339
15	4.601	5.229	6.262	7.261	8.547	11.036	14.339
16	5.142	5.812	6.908	7.962	9.312	11.912	15.338
17	5.697	6.408	7.564	8.672	10.085	12.792	16.338
18	6.265	7.015	8.231	9.390	10.865	13.675	17.338
19	6.844	7.633	8.907	10.117	11.651	14.562	18.338
20	7.434	8.260	9.591	10.851	12.443	15.452	19.337
21	8.034	8.897	10.283	11.591	13.240	16.344	20.337
22	8.643	9.542	10.982	12.338	14.041	17.240	21.337
23	9.260	10.196	11.688	13.091	14.848	18.137	22.337
24	9.886	10.856	12.401	13.848	15.659	19.037	23.337
25	10.520	11.524	13.120	14.611	16.473	19.939	24.337
26	11.160	12.198	13.844	15.379	17.292	20.843	25.336
27	11.808	12.879	14.573	16.151	18.114	21.749	26.336
28	12.461	13.565	15.308	16.928	18.939	22.657	27.336
29	13.121	14.256	16.047	17.708	19.768	23.567	28.336
30	13.787	14.953	16.791	18.493	20.599	24.478	29.336
40	20.707	22.164	24.433	26.509	29.051	33.660	39.335
50	27.991	29.707	32.357	34.764	37.689	42.942	49.335
60	35.535	37.485	40.482	43.188	46.459	52.294	59.335
70	43.275	45.442	48.785	51.739	55.329	61.698	69.334
80	51.172	53.540	57.153	60.391	64.278	71.145	79.334
90	29.196	61.754	65.647	69.126	73.291	80.625	89.334
100	67.328	70.065	74.222	77.929	82.358	90.133	99.334
K_α	−2.576	−2.326	−1.960	−1.645	−1.282	−0.6745	0.000

표 C-6 χ^2 분포(계속)

ν자유도, α%에 대한 χ^2 분포

.25	.10	.05	.025	.01	.005	.001	α / ν
1.323	2.706	3.841	5.024	6.635	7.879	10.828	1
2.773	4.605	5.991	7.378	9.210	10.597	13.816	2
4.108	6.251	7.815	9.348	11.345	12.838	16.266	3
5.385	7.779	9.488	11.143	13.277	14.860	18.467	4
6.626	9.236	11.070	12.832	15.086	16.750	20.515	5
7.841	10.645	12.592	14.449	16.812	18.548	22.458	6
9.037	12.017	14.067	16.013	18.475	20.278	24.322	7
10.219	13.362	15.507	17.535	20.090	21.955	26.125	8
11.389	14.684	16.919	19.023	21.666	23.589	27.877	9
12.549	15.987	18.307	20.483	23.209	25.188	29.588	10
13.701	17.275	19.675	21.920	24.725	26.757	31.264	11
14.845	18.549	21.026	23.337	26.217	28.300	32.909	12
15.984	19.812	22.362	24.736	27.688	29.819	34.528	13
17.117	21.064	23.685	26.119	29.141	31.319	36.123	14
18.245	22.307	24.996	27.488	30.578	32.801	37.697	15
19.369	23.542	26.296	28.845	32.000	34.267	39.252	16
20.489	24.769	27.587	30.191	33.409	35.718	40.790	17
21.605	25.989	28.869	31.526	34.805	37.156	43.312	18
22.718	27.204	30.144	32.852	36.191	38.582	43.820	19
23.828	28.412	31.410	34.170	37.566	39.997	45.315	20
24.935	29.615	32.671	35.479	38.932	41.401	46.797	21
26.039	30.813	33.924	36.781	40.289	42.796	48.268	22
27.141	32.007	35.172	38.076	41.638	44.181	49.728	23
28.241	33.196	36.415	39.364	42.980	45.558	51.179	24
29.339	34.382	37.652	40.646	44.314	46.928	52.620	25
30.434	35.563	38.885	41.923	45.642	48.290	54.052	26
31.528	36.741	40.113	43.194	46.963	49.645	55.476	27
32.620	37.916	41.337	44.461	48.278	50.993	56.892	28
33.711	39.087	42.557	45.722	49.588	52.336	58.302	29
34.800	40.256	43.773	46.979	50.892	53.672	59.703	30
45.616	51.805	55.758	59.342	63.691	66.766	73.402	40
56.334	63.167	67.505	71.420	76.154	79.490	86.661	50
66.981	74.397	79.082	83.298	88.379	91.952	99.607	60
77.577	85.527	90.531	95.023	100.425	104.215	112.317	70
88.130	96.578	101.879	106.629	112.329	116.321	124.839	80
98.650	107.565	113.145	118.136	124.116	128.299	137.208	90
109.141	118.498	124.342	129.561	135.807	140.169	149.449	100
+0.6745	+1.282	+1.645	+1.960	+2.326	+2.576	+3.090	K_α

표 C-7 K-S 검정통계량

표본크기(n)	유의수준		
	10%	5%	1%
1	0.950	0.975	0.995
2	0.776	0.842	0.929
3	0.642	0.708	0.829
4	0.564	0.624	0.734
5	0.510	0.563	0.669
6	0.470	0.521	0.618
7	0.438	0.486	0.577
8	0.411	0.457	0.543
9	0.388	0.432	0.514
10	0.368	0.409	0.486
11	0.352	0.391	0.468
12	0.338	0.375	0.450
13	0.325	0.361	0.433
14	0.314	0.349	0.418
15	0.304	0.338	0.404
16	0.295	0.328	0.392
17	0.286	0.318	0.381
18	0.278	0.309	0.371
19	0.272	0.301	0.363
20	0.264	0.294	0.352
25	0.24	0.264	0.317
30	0.22	0.242	0.290
35	0.21	0.23	0.27
40		0.210	0.252
50		0.188	0.226
60		0.172	0.207
70		0.160	0.192
80		0.150	0.180
90		0.141	
100		0.134	
개략식:	$\frac{1.22}{\sqrt{n}}$	$\frac{1.36}{\sqrt{n}}$	$\frac{1.63}{\sqrt{n}}$

표 C-8 감마함수

$\Gamma(n) = \int_0^{\infty} e^{-x} x^{n-1} dx$ 의 값; $\Gamma(n+1) = n\Gamma(n)$

n	$\Gamma(n)$	n	$\Gamma(n)$	n	$\Gamma(n)$	n	$\Gamma(n)$
1.00	1.00000	1.25	.90640	1.50	.88623	1.75	.91906
1.01	.99433	1.26	.90440	1.51	.88659	1.76	.92137
1.02	.98884	1.27	.90250	1.52	.88704	1.77	.92376
1.03	.98355	1.28	.90072	1.53	.88757	1.78	.92623
1.04	.97844	1.29	.89901	1.54	.88818	1.79	.92877
1.05	.97350	1.30	.89747	1.55	.88887	1.80	.93138
1.06	.96874	1.31	.89600	1.56	.88964	1.81	.93408
1.07	.96415	1.32	.89464	1.57	.89049	1.82	.93685
1.08	.95973	1.33	.89338	1.58	.89142	1.83	.93969
1.09	.95546	1.34	.89222	1.59	.89243	1.84	.94261
1.10	.95135	1.35	.89115	1.60	.89352	1.85	.94561
1.11	.94740	1.36	.89018	1.61	.89468	1.86	.94869
1.12	.94359	1.37	.88931	1.62	.89592	1.87	.95184
1.13	.93993	1.38	.88854	1.63	.89724	1.88	.95507
1.14	.93642	1.39	.88785	1.64	.89864	1.89	.95838
1.15	.93304	1.40	.88726	1.65	.90012	1.90	.96177
1.16	.92980	1.41	.88676	1.66	.90167	1.91	.96523
1.17	.92670	1.42	.88636	1.67	.90330	1.92	.96877
1.18	.92373	1.43	.88604	1.68	.90500	1.93	.97240
1.19	.92089	1.44	.88581	1.69	.90678	1.94	.97610
1.20	.91817	1.45	.88566	1.70	.90864	1.95	.97988
1.21	.91558	1.46	.88560	1.71	.91057	1.96	.98374
1.22	.91311	1.47	.88563	1.72	.91258	1.97	.98768
1.23	.91075	1.48	.88575	1.73	.91466	1.98	.99171
1.24	.90852	1.49	.88595	1.74	.91683	1.99	.99581
						2.00	1.00000

* x의 큰 값에 대한 $F(x)$는 Stirling's asymptotic series에 근사된다.

$$x^x e^{-x} \sqrt{\frac{2x}{x}} \left[1 + \frac{1}{12x} + \frac{1}{288x^2} - \frac{139}{51{,}840x^3} - \frac{571}{2{,}488{,}320x^4} + \cdots \right]$$

자료: Abramowitz, M. and Stegun, I. A., 1965, Handbook of mathematical Functions, Dover Publications, New York.

감마함수의 계산(Abramowitz와 Stegun, 1965)

(1) $0 \le y \le 1$에 대한 $\Gamma(y)$에 대한 계산

$$\Gamma(y+1) = 1 + b_1 y + b_2 y^2 + \cdots + b_8 y^8 \qquad 0 \le y \le 1 \tag{1}$$

$b_1 = -0.57719\,1652$ $\quad b_2 = 0.98820\,5891$ $\quad b_3 = -0.89705\,6937$

$b_4 = 0.91820\,6857$ $\quad b_5 = -0.76670\,4078$ $\quad b_6 = 0.48219\,9394$

$b_7 = -0.19352\,7818$ $\quad b_8 = 0.03586\,8343$

(2) $y > 1$에 대한 $\Gamma(y)$에 대한 계산

$$\Gamma(y+1) = y\Gamma(y) \qquad y > 0 \tag{2}$$

$\Gamma(3.26)$을 구하는 경우 식 (2)를 이용
$3.26 = 2.26 + 1$이므로

$$\Gamma(3.26) = 2.26\Gamma(2.26) = 2.26 \times 1.26\Gamma(1.26)$$

표에서 $\Gamma(1.26) = 0.9044$이므로 $\Gamma(3.26) = 2.26 \times 1.26 \times 0.9044 = 2.58$이다.

(3) $y < 1$에 대한 $\Gamma(y)$에 대한 계산

$$\Gamma(y) = \Gamma(y+1)/y \qquad y < 1 \tag{3}$$

$\Gamma(0.5)$를 구하는 경우 식 (3)을 이용
$\Gamma(0.5+1) = \Gamma(1.5)$, 표에서 $\Gamma(1.5) = 0.88623$이므로 $\Gamma(0.5) = \Gamma(1.5)/0.5 = 1.77$이다.

(4) $\Gamma(-0.75)$에 대한 $\Gamma(y)$에 대한 계산 식 (3)을 2회 적용

$$\Gamma(-0.75) = \frac{\Gamma(-0.75+1)}{-0.75} = \frac{\Gamma(0.25)}{-0.75} = \frac{\Gamma(0.25+1)}{-0.75 \times 0.25} = \frac{0.9064}{-0.75 \times 0.25} = -4.83$$

$$\Gamma(-0.75) = \frac{\Gamma(0.25)}{-0.75} = \frac{\Gamma(1.25)}{-0.75 \times 0.25}$$

이 경우 $\Gamma(1.25) = 0.9064$이다.

(5) $\Gamma(2) = \Gamma(1) = 1, \quad \Gamma(1/2) = \sqrt{\pi}$

표 C-9 Student's t-분포

표는 자유도 ν에서 $P(T_\nu > t_{\alpha,\nu}) = \alpha$인 $t_{\alpha,\nu}$값을 제공한다.

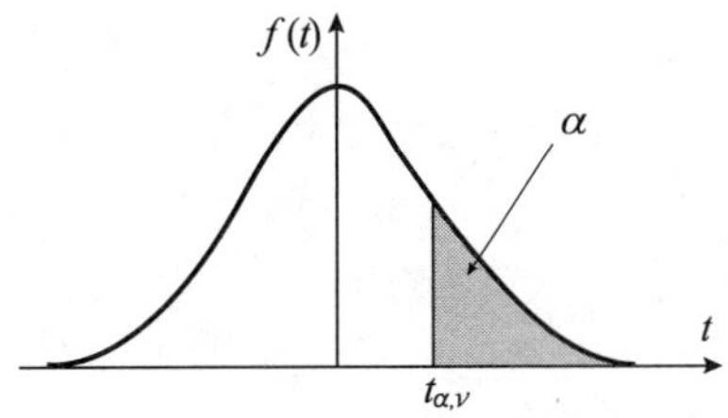

ν \ α	0.01	0.05	0.025	0.01	0.005
1	3.078	6.314	12.076	31.821	63.657
2	1.886	2.920	43303	6.965	9.925
3	1.638	2.353	3.182	4.541	5.841
4	1.533	2.132	2.776	3.747	4.604
5	1.476	2.015	2.571	3.365	4.032
6	1.440	1.943	2.447	3.143	3.707
7	1.415	1.895	2.365	2.998	3.499
8	1.397	1.860	2.306	2.896	3.355
9	1.383	1.833	2.262	2.821	3.250
10	1.372	1.812	2.228	2.764	3.169
11	1.363	1.796	2.201	2.718	3.106
12	1.356	1.782	2.179	2.681	3.055
13	1.350	1.771	2.160	2.650	3.012
14	1.345	1.761	2.145	2.624	2.977
15	1.341	1.753	2.131	2.602	2.947
16	1.337	1.746	2.120	2.583	2.921
17	1.333	1.740	20110	2.567	2.898
18	1.330	1.734	2.101	2.552	2.878
19	1.328	1.729	2.093	2.539	2.861
20	1.325	1.725	2.086	2.528	2.845
21	1.323	1.721	2.080	2.518	2.831
22	1.321	1.717	2.074	2.508	2.819
23	1.319	1.714	2.069	2.500	2.807
24	1.318	1.711	2.064	2.492	2.797
25	1.316	1.708	2.060	2.485	2.797
26	1.315	1.706	0.056	2.479	2.779
27	1.314	1.703	2.052	2.473	2.771
28	1.313	1.701	2.048	2.467	2.763
29	1.311	1.699	2.045	2.462	2.756
30	1.310	1.697	2.042	2.457	2.750
40	1.303	1.684	0.021	2.423	2.704
60	1.296	1.671	2.000	2.390	2.660
120	1.289	1.658	1.980	2.358	2.617
∞	1.282	1.645	1.960	2.326	2.576

참고문헌

Applied Hydrology

1장 대한토목학회, 2009, 자연과 문명의 조화, 오금컬럼, 벽골제를 찾아서, 이정규, 72~76.

건설교통부, 2006, 수자원장기종합계획(2006~2020).

시오노 나나미, 2002, 로마인 이야기, 10, 한길사.

한국수자원공사, 1993, 전국지하수 이용실태 조사 보고서.

한국하천일람, 2002, 건설교통부

Baumgartnea, A. and E. Reichel, 1975, The World Water Balance, New York, N. Y. Elseview Scientitic Publishing Co.

Biswas, A. K., 1992, History of Hydrology, American Elsevier, New York.

Chow, V. T., 1964, Handbook of Applied Hydrology, McGraw-Hill, New York.

Chow, V. T., D. R. Maidment and L. W. Mays, 1988, Applied Hydrology, McGraw-Hill, New York.

Dingman, S. L., 1994, Physical Hydrology, Macmillan, New York.

Fraziee, A. H., 1974, Water current meters, Smithsonian Studies in Hydrology and Technology, no. 28, Smithsonian Institution Press, Washington, D. C.

Rouse, H. and S. Ince, 1957, History of Hydraulics, Dover, New York.

Shaw, E. M., 1985, Hydrology in Practice, Van Nostrand Reinhold, London.

Shihklomanov, I. A. and A. A. Sokolov, 1983, Methodological basis of world water balance investigation and computation, IAHS, publication No. 148.

Singh, V. P., 1992, Elementary Hydrology, Prentice Hall, Englewood Cliffs, N. J.

Smith. J. A., 1992, Precipitation: Handbook of Applied Hydrology, D. R. Maidment ed., McGraw-Hill, New York.

UNESCO, 1978, Studies and Report in Hydrology, 25, Paris.

UN Environmental Program, 2008, Global Environmental Outlook, Chapter 4, Water.

2장 윤태훈, 1973, 지역화한 홍수빈도해석, 대한토목학회지, 21권 3호, 43∼51.

Fleming, G., 1977, Computer Simulation Techniques in Hydrology, Elsevier, New york.

Hack, J. T., 1957, Studies of longitudinal stream profiles in Virginia and Maryland, U. S. G. S. Paper 294-B, 45∼97.

Horton, R. E., 1932, Drainage basin characteristics, Trans, American Geophysical Union, vol. 13, 350∼361.

Horton, R. E., 1945, Erosional development of streams and their drainage basins: Geophysical approach to quantitative morphology, Bull. Geol. Soc. Am, vol. 56, 275∼370.

Laurenson, E. M., 1962, Hydrograph synthesis by runoff routing, Report No. 66, New South Wales; Water Research Laboratory, The University of New South Wales.

Jonstone, D. and W. P. Cross, 1949, Elements of Applied Hydrology, Ronald Press, New York.

McCuen, R. H., 1989, Hydrology Analysis and Design, Prentice Hall, Englewood Cliffs, N. J.

Melton, M. A., 1957, An analysis of the relations among elements of climate, surface properties and geomorphology, Technical Report 11, New York, Department of Geology, Columbia University.

Melton, M. A., 1958, Geometric properties of mature drainage systems and their representation in an E4 phase space, Jour. Geology, vol. 66, 35∼54.

Strahler, A. N., 1964, Quantitative geomorphology of drainage basins and channel networks, V. T. Chow ed., Handbook of Applied Hydrology, McGraw-Hill.

Van Haveren, B. P., 1977, Computer Simulation Techniques in Hydrology, Elsevier, New york.

Yoon, Y. N., 1975, Correlation of the stream morphological characteristics of the Han River basin with mean daily and 7-day 10-year low flows, Proc. of Symposium on the Hydrological Characteristics of River Basins, IAHS Pub. No.117, 169∼180.

3장 기상청, 2001, 한국기후표.

기상청, 2001, 한국기후도, 제2권.

Bosen, J. F., 1958, An approximation formula to compute relative humidity from dry and dew point temperatures, Mon. Weather Rev., vol. 86, No. 12, 486.

Bosen, J. F., 1960, A formula for approximation of the saturation vapor pressure over water, Mon. Weather Rev., vol. 88, No. 8, 275.

Bosen, J. F., 1961, Formula for approximation of the ratio of the saturation vapor pressure over ice to that over water of the same temperature, Mon. Weather Rev., vol. 92, No. 11, 508.

Chow, V. T., D. R. Maidment and L. W. Mays, 1988, Applied Hydrology, McGraw-Hill, New York.

Donn, W. L., 1975, Meteorology, 4th ed, McGraw-Hill, New York

Gupta, R. S, 1989, Hydrology and Hydraulic Systems, Prentice Hall, Englewood Cliffs, N. J.

Linsley, R. K., M. A. Kohler and J. L. H. Paulhus, 1982, Hydrology for Engineers, McGraw Hill, New York.

Marsh, W. M. and J. Dozier, 1986, Landscape: An Introduction to Physical Geography, Wiley, New York.

Raudkivi, A. J., 1979, Hydrology, Pergamon press.

Singh, V. P., 1992, Elementary Hydrology, Prentice Hall, Englewood Cliffs, N. J.

Trewartha, G. T, 1968, An Introduction to Climate, 4th ed, McGraw-Hill, New York.

U. S. National Academy of Science, Washington, 1975, Understanding Climate Change.

4장 건설교통부, 2005, 한국수자원연보, 우량편.

수자원장기종합계획(2006～2020), 2006, 건설교통부.

기상청, 1991, 한국기후표.

기상청, 1991, 한국기후도 제2권.

윤태훈, 윤성범, 1981, 유한요소법에 의한 등우선도 작성과 면적평균강우량의 산정, 대한토목학회 논문집, 29～3, 153～161.

한국건설기술연구원, 1989, 지역별 설계강우의 시간적 분포, 연구보고서 건기연 89-WR-111.

한국수자원공사, 1990, 수자원 장기종합계획(1991～2011) 보고서, 건설부/한국수자원공사.

Gupta, R. S., 1992, Hydrology and Hydraulic Systems, Prentice Hall, Englewood Cliffs, N. Y.

Smith, J. A., 1992, Precipitation, Handbook of Applied Hydrology, D. R. Maidment ed., McGraw-Hill, New York.

World Meteorological Organization, 1986, Manual for Estimation of Probable Maximum Precipitation, second edition, Operational Hydrology Rept. NO.1, WMO-No. 332, Geneva, Switzerland.

5장 기상청, 2001, 기후도, 제2권.

기상청, 2001, 한국기후표.

조희구, 1974, 한국영역의 위도권에서 대기외 수평면 일사량, 한국기상학회지, 10권, 1호, 29～42.

Allen, R. G., L. S. Pereira, D. Raes and M. Smith, 1998, Crop evapotranspiration, guidelines for computing crop water requirements. FAO Irrig. and Drain. Paper 56, Food and Agric. Orgn. of the United Nations, Rome, Italy. 300.

Blaney, H. F. and W. D. Criddle, 1962, Determining consumptive use and irrigation water requirements, Technical Bulletin 1275, Washington, D. C., U. S. Department of Agriculture.

Bonan, G., 2002, Ecological Climatology, Cambridge University Press.

Bras, R. L. 1990, Hydrology, Addison-Wesley, New York.

Criddle, W. D., 1958, Methods of computing consumptive use of water, Jour. of Irrigation and Drainage Div., ASCE, vol. 84, No. 1, 1～27.

Eagleson, P. S., 1970, Dynamic Hydrology, McGraw-Hill New York.

Gray, D. M., 1970, Handbook on the Principles of Hydrology, Water Information Center Publication, port Washington, N. Y.

FAO Irrigation and Drainahe Paper No. 56, 1998, Crop Evapotranspiration, Water Resources, Development and management service, Rome, Italy.

Harbeck, G. E., 1962, A practical field techniques for measuring reservoir evaporation utilizing mass-transfer theory, USGS, Prof, paper. 272-E, 101～105.

Horton, R. E., 1919, Rainfall interception, U. S. Monthly Weather Rev., 603～623.

Kimbal H. H., 1914, The total radiation received on a horizontal surface from the sun and sky at Mt.

Weather, Va. Monthly Weather Rev. 42, 474～487.

Jensen, M. E., R. D. Burman and R. G. Allen ed, 1990, "Evapotranspiration and Irrigation Water Requirements." ASCE Man. and Rep. on Engineering Pract. No. 70, New York, 332

Linsley, R. K., M. A. Kohler and J. L. H. Paulhus, 1982, Hydrology for Engineers, McGraw Hill, New York.

Merriam, R. A., 1960, A note on the interception equation, J. Geophys. Res., 65(11), 3850～3851.

Meyer, A. F., 1944, Evaporation from lakes and reservoir, St. Paul, Minnesota Resources Commission.

Murray, F. W., 1967, On the computation of saturation vapor pressure, J. Appl. Meteorol. 6: 203～204.

Penman, H. L., 1948, Natural evaporation from open water, bare soil and grass, Proc. Roy. Soc. London, A193, 120～146.

Ponce, V. M., 1989, Engineering Hydrology, Prentice Hall, Englewood Cliffs, N. J.

Prescott, J. A., 1940, Evaporation from water surface in relation to solar radiation, Trans. Roy. Soc. S. Auster. 64, 114～118.

Priestley, C. H. B. and R. J., Taylor, 1972, On the assessment for surface heat flux and evaporation using large-scale parameters, Monthly Weather Rev., vol. 100, 91～92.

Richardson, B. W., 1931, Evaporation as a function of insolation, Trans., ASCE, vol. 95, 996～1011.

Shaw, E. M., 1994, Hydrology in Practice, Chapman & Hall, London.

Singh, V. P., 1992, Elementary Hydrology, Prentice Hall, Englewood Cliffs. N. J.

Thornthwaite, C. W., 1948, An approach toward a rational classification of climate, Geophysical Review, 38, 55～94.

Turc, L., 1961, Estimation of irrigation water requirement, potential evapotranspiration: A simple climatic formula evolved up to date, Annals of Agronomy 12, 13～49.

Walter, I. A., R. G. Allen, R. Elliott, D. Itenfisu, P. Brown, M. E. Jensen, B. Mecham, T. A. Howell, R. L. Snyder, S. Echings, T. Spofford, M. Hattendorf, D. Martin, R. H. Cuenca, and J. L. Wright, 2002, The ASCE standardized reference evapotranspiration equation. Rep. Task Com. on Standardized Reference Evapotranspiration, July 9, 2002, EWRI-Am. Soc. Civil. Engr., Reston, VA, 57.

Ward, A. D., Trimble, S. W., 1995, Environmental Hydrology, Lewis Publishers, Boca Raton.

White, W. N., 1932, A method of estimating ground water supplies based on discharge by plants and evaporation from soil. Results of investigation in Esclante Valley, Utah, USGS Water Supply Paper 659-A.

Zinke, P. J., 1967, Forest interception studies in the United States. In Forest Hydrology, ed. W. E. Sopper & H. W. Lull, 137-60, Pergaman Press, New York.

6장 Brooks, R. H. and A. T. Corey, 1964, Hydraulic properties of porous media, Hydrology Papers, no. 3, Colorado State University, Fort Collins, Colo.

Frere, M. H. et al., 1975, ACTMO, an Agricultural Chemical Transport Model, USDA-ARS, ARS-H3.

Green, W. H. and C. A. Ampt, 1911, Studies on soil physics, Ⅰ, Flow of water and air through soils, Jour. of Agricultural Sciences 4, 1～24.

Gupta, R. S., 1989, Hydrology and Hydraulic Systems, Prentice Hall, Englewood Cliffs, N. J.

Holtan, H. N., 1961, A concept of infiltrations estimates in watershed engineering, paper 41～51, Washington, D. C., Agricultural Research Service, U. S. Department of Agriculture.

Horton, R. E., 1939, Analysis of run-off plot experiments with varying infiltration capacity, Trans. American Geophysical Union, vol. 20, 693～711.

Linsley, R. K., M. A. Kohler and J. L. H. Paulhus, 1982, Hydrology for Engineers, McGraw-Hill, New York.

Mein, R. G. and C. L. Larson, 1973, Modeling infiltration during a steady rain, Water Resources Res., vol. 9, No. 384～394.

Musgrave, G. W., 1955, How much of the rain enters the soil, USDA, Water Yearbook of Agriculture, Washington, D. C., 151～159.

Philip, J. R., 1957, The theory of infiltration; 4 Sorptivity and algebraic infiltration equations, Soils Sci., vol. 84, 257～264.

Raudkivi, A. J., 1979, Hydrology, Pergamon press, Oxford, U. K.

Rawls, W. J. et al., 1983, Green-Ampt infiltration parameters from soils data, J. Hydraulics Div., ASCE, vol. 109, No. 1, 62～70.

Natural Resources Conservation Service, 1972, Hydrology, NRCS National Engineering Handbook, Section 4, Washington, D. C., U. S. Department of Agriculture.

7장 Bowen, R., 1980, Groundwater, Applied Sciences Publishers, Barking, Essex, England.

Dewiest, R. J. M., 1965, Geohydrology, John Wiley & Sons, New York.

Freeze, A. R. and J. A, Cherry, 1979, Groundwater, Prentice Hall, Englewood Cliffs, N. J.

Gupta, R. S., 1989, Hydrology and Hydraulic Systems, Prentice Hall, Englewood Cliffs, N. J.

Hantush, M. S., 1964, Hydraulics of wells, Advances in Hydrosicences, vol. Ⅰ, ed. V. T, Chow, Academic Press, New York.

Jacob, C. E, 1950, Flow of Groundwater Engineering Hydraulics, ed. H. Rouse, John Wiley & Sons, New York.

Marino, M. A. and J. N, Luthin, 1982, Seepage and Groundwater, Elsevier Science Publishing Co, New York.

Meinzer, O. E., 1923, Outline of groundwater hydrology with definitions, U. S. Geological Survey Water Supply Paper 494, 71.

Stallman, R. W, 1971, Aquifer-test design observation and data analysis, Techniques of Water Resources Investigations, Chap.B1, Book 3, U. S. Geological Survey, Washington. D. C.

Todd, D. K., 1964, Groundwater, Handbook of Applied Hydrology, ed. V. T, Chow, McGraw-Hill, New York.

Todd, D. K., 1980, Groundwater Hydrology, 2nd ed, John Wiley & Sons, New York.

Willis, R. and W. W-G. Yeh, 1987, Groundwater Systems Planning and Management, Prentice Hall, Englewood Cliffs, N. J.

8장 윤태훈, 1992, SCS곡선번호에 의한 유출고 및 첨두유량의 산정과 곡선번호의 시변성, 한국수문학회지, 25～4, 87～95.

국제수문개발계획연구보고서, 1982, 건설부.

Bedient, P. B., and W. C. Huber, 1988, Hydrology and Floodplain Analysis, Addison-Wesley.

Chow, V. T., D. R, Maidment and L. W. Mays, 1989, Applied Hydrology, McGraw-Hill, New York.

Chow, V. T. and B. C, Yen, 1976, Urban stormwater runoff: Determination of volumes and flow rates, Report EPA-600/2-76-116, Municipal Environmental Res. Lab., Office of Res. and Dev, U. S. EPA, Cincinnati, Ohio.

Dooge, J. C. I, 1973, Linear theory of hydrologic systems, Agricultural Research Service, Technical Bulletin, no. 1468, U. S. Department of Agriculture, Washington, D. C.

Hawkins, R. H, A. T. Hjelmfelt and A. W. Zevenbergen, 1985, Runoff probability, storm depth, and curve numbers, Journal of Irrigation and Drainage Division, ASCE, 111～4, 330～340.

Horton, R. E., 1938, The interpretation and application of runoff plot experiments with reference to soil erosion problem, Proc, Soil Science Society of America, vol. 3, 340～349.

Izzard, C. F., 1944, The surface profile of overland flow, Trans, American Geophysical Unions, vol. 25, no. 6, 959～968.

Lighthill, M. H. and G. B. Whitham, 1955, On the kinematic waves, Ⅰ, Flood movement in long rivers, Proc, Royal Society, London, vol. A 229, 291～316.

Linsley, R. K, M. A, Kohler and J. L. H, Phulhus, 1982, Hydrology for Engineers, McGraw-Hill, New York.

McCuen, R. H, 1989, Hydrologic Analysis and Design, Prentice Hall, Englewood Cliffs, N. J.

Overton, D. E. and M. E. Meadows, 1976, Stormwater Modeling, Academic Press, New York.

Ponce, V. M., 1989, Engineering Hydrology, Prentice Hall, Englewood Cliffs, N.J.

Raudkivi, A. J, 1979, Hydrology, Pergaman Press.

Roberson, J. A. and C. T, Crowe, 1985, Engineering Fluid Mechanics, 3rd ed., Houghton Mifflin Co., Boston.

Stephenson, D., 1981, Stormwater Hydrology and Drainage, Elsevier, Amsterdam.

U. S. Natural Resoures Conservation Service, 1971, National Engineering Handbook, Section 4, Hydrology, U. S. Department of Agriculture, Washington, D. C.

U. S. Natural Resoures Conservation Service, 1972, Hydrology, Sect. 4, Soil Conservation Service National Engineering Handbook, U. S. Department of Agriculture, Washington, D. C.

U. S. Natural Resoures Conservation Service, 1986, Urban hydrology for small watersheds, Tec. Release No.55, Soil Conservation Service, U. S. Department of Agriculture, Washington, D. C.

Wilson, E. M., 1971, Engineering Hydrology, Macmillan.

Woolhsier, D. A., 1975, Simulation of unsteady overland flow, Unsteady Flow in Open Channels, vol.Ⅱ, Water Resources Pub., Fort Collins, Co.

Woolhsier, D. A. and J. A, Liggett, 1977, Unsteady one dimensional flow from over a plane: The rising hydrograph, Water Resources Res., vol. 3, No. 3, 753～771.

9장 건설부 한강홍수통제소, 1980, 한강홍수예경보 유출 및 상수분석 보고서.

Dickinson, W. T., 1967, Accuracy of discharge determination, Hydrology Paper, CSU, Fort Collins, Co.

Gupta, R. S., 1989, Hydrology and Hydraulic Systems, Prentice Hall, Englewood Cliffs, N. J.

Herschy, R. W., 1978, Hydrometry, Wiley, New York.

Herschy, R. W., 1985, Streamflow Measurements, Elsevier, Applied Science Publishers, Barking Essex, England.

Jansen, P. Ph. et al., 1979, Principles of River Engineering, Pitman, London.

RD Instruments, 1996, Acoustic Doppler Current Profiler, Principles of Operation, A Practical Primer, San Diego, California, USA.

Savini, J. and G. L. Bodhaine, 1971, Analysis of current-meter data at Columbia River gaging stations, Water Supply Paper 1869-F, V. S. Geological Survey, Washington, D. C.

Shaw, E. M., 1985, Hydrology in Practice, Van Nostrand Reinhold, England.

Singh, V. P., 1992, Elementary Hydrology, Prentice Hall, Englewood Cliffs, N. J.

Vennard, J. K., R. L. Street, 1976, Elementary Fluid Mechanica, Wiley, New york.

Villemonte, J. R., 1947, Submerged-weir discharge studies, Eng. News Record, Vol. 139, No. 26.

Wisler, C. O. and E. F. Brater, 1959, Hydrology, Wiley, New York.

10장 Blank, D. J., J. W. Delleur and A. Giorgini, 1971, Oscillatory kernel functions in linear hydrologic models, Water Resources Res., vol. 7, No. 5, 1102～1117.

Bree. T, 1978, The stability of parameter estimation in the general linear model, Jour. of Hydrology, vol. 37, No. 1/2, 47～66.

Chow, V. T., D. R. Maidment and L. W. Mays, 1989, Applied Hydrology, McGraw-Hill, New York.

Diskin, M. H. and A. Boneh, 1975, Determination of an optimal IUH for linear time invariant systems from the multi-storm records, Jour. of Hydrology, vol. 24, 57～76.

Mawdsley, J. A. and A. F. Tagg, 1981, Identification of unit hydrographs from multi-event analysis, Jour. of Hydrology, vol. 49, No. 3/4, 315～327.

McCuen, R. H., 1989, Hydrologic Analysis and Design, Prentice Hall, Englewood Cliffs, N. J.

Singh, K. P., 1976, Unit hydrographs-A comparative study, Water Resources Bull., vol. 12, No. 2, 387～391.

Singh, V. P., 1992, Elementary Hydrology, Prentice Hall, Englewood Cliffs, N. J.

11장 윤태훈, 김성탁, 박진원, 2005, 한국 중소하천의 Clark모형 도달시간 및 저류상수의 재정의, 대한토목학회논문집, 25권, 3B호, 181～188.

Clark, C. O., 1943, Storage and unit hydrograph, Proc, ASCE, vol. 9, 1333～1360.

Gray, D. M., 1961, Synthetic unit hydrograph for small watersheds, Jour. Hyd. Div., ASCE, vol. 87, No. HY4, 33～34.

Laurenson, E. M., 1964, A catchment storage model for runoff routing, Jour. of Hydrology, vol. 2, 141～163.

Maidment, D. R., Olivera, J. F., Claver, A. Eatherall, A., and Fraczek, W, 1995, A unit hydrograph derived from a spatially distributed velocity field, Hydrologic Processes.

Rodriguez-Iturbe, Ⅰ. and J. B, Valdes, 1979, The geomorphologic structure of hydrologic response, Water Resources Res., vol. 15, No. 6, 1409～1420.

Rodriguez-Iturbe, I., G. Devoto and J. Valdes, 1979, Discharge response analysis and hydrologic similarity: The interrelation between the geomorphologic IUH and storm characteristics, Water Resources Research, 15(6), 1435～44.

Rosso, R., 1984, Nash model relation to Horton order ratios, Water Resources Research, 26(7), 914～920.

Sabol, G. V., 1988, Clark unit hydrograph and R-parameter estimation, Jour. Hyd. Eng., ASCE, vol. 114, No. 1, 103～111.

Singh, V. P., 1988, Hydrologic Systems, Rainfall-Runoff Modeling, vol. 1, Prentice Hall, Englewood eliffs, N. J.

Snyder, F. F., 1938, Synthetic unit-graph, Trans, American Geophysical Union, vol. 19, 447～454.

U. S. Army Corps of Engineers, Hydrologic Engineering Center, 1996, A pilot application of weather radar-based runoff forecasting, Salt River Basin, MO.

US Natural Resources Conservation Service, 1972, Hydrology, Sec, 4 of National Engineering Handbook, U. S, Department of Agriculture, Washington, D. C.

U. S. Army Corps of Engineers, 1959, Flood hydrograph analysis and computation, Engineering and Design Manual, EM 1110-2-1405, U. S. Government Printing Office, Washington, D. C.

12장 국제수문개발계획, 1991, 건설부.

윤태훈, 전시영, 1986, 선형유출모형의 매개변수추정, 대한토목학회논문집, 6권 1호, 79～86.

Bras, R. L., 1990, Hydrology, Addison Wesley.

Chow, V. T., D. R. Maidment and L. W. Mays, 1989, Applied Hydrology, McGraw-Hill, New York.

Dooge, J. C. I., 1959, A general theory of the unit hydrograph, J. Geophysical Res, vol. 64, no. 1, 241～256.

Nash, J. E, 1957, The from of the instantaneous unit hydrograph, IASH Pub. 45, vol. 3～4, 114～121

Nash, J. E, 1958, Determining runoff from rainfall, Proc. of the Institution of Civil Engineers(Ireland) 10, 163～184.

Nash, J. E, 1959, Systematic determination of unit hydrograph parameters, J. Geophysical Res, vol. 64, no. 1, 111～115.

Raudkivi, A. J., 1979, Hydrology, Pergamon Press.

Singh, K. P., 1962, A Nonlinear approach to the instantaneous unit hydrograph, Ph. D. Thesis, Univ of Illinois, Urbanna, Illinois.

Singh, V. P. 1992, Elementary Hydrology, Prentice Hall, Englewood Cliffs, N. J.

13장 Bedient, P. B. and W. C. Huber, 1988, Hydrology and Floodplain Analysis, Addison-Wesley.

Flood Hydrology, Chap. 6.10, Flood routing, part 6, in Water Studies vol. IV of U. S. Bureau of Reclamation Manual, 1949.

Gupta, R. S., 1989, Hydrology and Hydraulic Systems, Prentice Hall, Englewood Cliffs, N. J.

Hoggan, D. H., 1989, Computer-Assisted Floodplain Hydrology and Hydraulics, McGraw-Hill, New York.

Lawler, E. A., 1964, Flood routing, part II, section 25-II, V. T. Chow, ed. Handbook of Applied Hydrology, McGraw-Hill, New York.

McCuen, R. H, 1989, Hydrologic Analysis and Design, Prentice Hall, Englewood Cliffs, N. J.

Ponce, V. M., 1989, Engineering Hydrology, Prentice Hall, Englewood Cliffs, N. J.

Puls, L. G., 1928, Flood regulation of the Tennessee River, 70th Congress, 1st Sess., H. D. 185, part 2, Appendix B.

Shaw, E. M., 1985, Hydrology in Practice, Van Nostrand Reinhold, England.

Singh, V. P., 1992, Elementary Hydrology, Prentice Hall, Englewood Cliffs, N. J.

Viessman, W. et al., 1972, Introduction to Hydrology, 2nd ed., Harper & Row Publishers, New York.

14장 Brutsaert, W., 2005, Hydrology, Cambridge University Press, Cambridge, UK.

Chow, V. T., D. R. Maidment and L. W. Mays, 1988, Applied Hydrology, McGraw-Hill, New York.

Cunge, J. A., 1969, On the subject of a flood propagation method(Muskingum method), Jour. of Hydraulic Res., vol. 7, No. 2, 205～230.

Dooge, J. C. I., W. B. Strupczewski, 5.5 Napiorkowski, 1982, Hydrodynamic derivation of storage parameters of the Muskingum model, Jour. of Hydrology, vol. 54, 371～387.

Fread, D. L., 1976, Theoretical development of implicit dynamic routing model, Dynamic Routing Seminar at Lower Mississippi River Forecast Center, Slidell, Louisiana National Weather Service, NOAA, Silver Spring, MD.

Fread, D. L., 1985, Channel routing in Hydrological Forecasting, M. G. Anderson and T. B. Burt, ed, John Wiley, New York.

Fread, D. L., 1992, Flow routing, Handbook of Hydrology, ed. D. R. Maidment, McGraw-Hill.

Jones, S. B., 1981, Choice of space and time steps in the Muskingum-Cunge flood routing method, Proc. Inst. Civ. Eng., part 2 , No. 71, 759～772.

Koussis, A. D., 1978, Theoretical estimations of flood routing parameters, Jour. Hydraulics Div., ASCE, vol. 104, No. Hy1, 109～115.

Laursen, E. M., 1979, Storage analysis and floood routing in long river reaches, J. Geophys. Res., 64, 2423～2431.

Liggett, J. A. and J. A. Cunge, 1975, Numerical method of solution of the unsteady flow equations, in unsteady flood in open channels, vol. 1, K. Mahnood and V. Yevjevich, ed. Water Resources Publications, Fort Collins, Colo.

Lighthill, M. H. and G. B., Whitham, 1955, On the kinematic waves, Ⅰ, Flood movement in long rivers, Proc, Royal Soc. London A, vol, 229, No. 1178, 281～316.

Merkel, W. H., 2002, Muskingum-Cunge flood routing procedure in NRCS hydrologic models, 2nd Federal Interagency Hydrologic Modeling Cinf., July.

Miller, J. E., 1984, Basic concept of kinematic-wave models, U. S. Geol. Survey, Prof. paper, 1302.

Miller, W. A. and J. A. Cunge, 1975, Simplified equations of unsteady flow. In Unsteady Flow in Open Channels. ed. K. Mahmoodand V. Yevjevich, Vol. I, chapter 5, Water Resources Pubs. Fort Collins, Co.

Natural Environment Research Council, 1975, Flood Studies Report, vol. Ⅲ, Flood Routing Studies, London, England.

Ponce, V., R. M. Li and D. B. Simons, 1978, Applicability of kinematic and diffusion models, Jour. of Hydraulics Div., ASCE, vol. 14, no. HY3, 353～360.

Ponce, V. and V. Yevjevich, 1978, Muskingum-Cunge method with variable parameters, Jour. of Hydraulics Div., ASCE, vol. 104, no. HY12, 1663～1667.

Ponce, V., 1989, Engineering Hydrology, Prentice Hall, Englewood Cliffs, N. J.

Strekaff, T., 1969, One dimensional equations of open channel flow, Jour. Hydraulics Div., ASCE, vol. 95, No. Hy3, 861～876.

Woolhsier, D. A. and J. A. Liggett, 1967, Unsteady one dimensional flow over a plane, The rising hydrograph, Water Resources Res., 3(3), 753～771.

15장 박정환, 우효섭, 편종근, 김광일, 2000, 토양유실공식의 강우침식도분포에 관한 연구, 한국수자원학회지논문집, 33～5.

윤태훈, 1995, 한강종합개발에 따른 수리영향검토－수리계산편, 서울지방국토관토관리청.

Ackers, P. and W. R. White, 1973, Sediment transport, A new approach and analysis, Jour. of Hydraulics Div., ASCE, vol. 99, No. HYll, 2041～2060.

Ateshian, J. K. H., 1974, Estimation of rainfall erosion index. Irrig. and Drainage, 100, 293～307.

Bagnold, R. A., 1966, An appproach to the sediment transport problem from general physics, U. S. Geol. Survey, professional Paper, 422-J.

Boyce, R., 1975, Sediment routing and sediment delivery ratio, in present and prospective technology for predicting sediment yields and sources, USDA, ARS-S-40, 61～65.

Brown, C. B., 1950, Sediment Transport, Chap. XII, Engineering Hydraulics, H. Hunter ed., John Wiley, New York.

Brown, L. G. and Foster, G. R., 1987, Storm erosivity using idealized intensity distributions, Trans. ASAE, 30, 378～386.

Chadwick, A. and J. Marfet E., 1992, Hydraulics in Civil and Environmental Engineerings, E & FN Spon, London.

Chang. H. H., 1982, Mathematical model for erodible channels, Jour. of Hydraulics Div., ASCE, vol. 108, No. HY5, 678～689.

Chang. H. H., 1988, Fluvial Processes in River Engineering, Wiley, New York.

Chanson, H., 2004, The Hydraulics of Open Channel Flow, Butterworth-Heinemann, Oxford, UK.

Coleman, N. L., 1970, Flume studies of the sediment transfer coefficient. Water Res. Res. 6-1, 801～809.

Clyde, C. G., 1980, Erosion Control during Highway Construction, NCHRP Report No. 221.

Dendy, F. E. and Bolton, G. C., 1976, Sediment yield-runoff drainage Area relationship in the United States, Jour. of Soil and Water Conservation, 31(6), 264～266.

De Jong, S. M., Brouwer, L. C. and Riezebos, H. Th., 1998, Erosion hazard assessment in the Peyne catchment, France, Working Paper, DeMon-2 project, Dept Physical Geography, Utrecht University.

Einstein, H. A., 1942, Formulas for the transportation of bed load, Trans. ASCE, 107, 56～77.

Einstein, H. A. and Barbarossa, N., 1952, River channel roughness, Trans., ASCE, Vol. 117, Paper No. 2528, 1121～1146.

Engelund, F. and Hansen, E., 1972, A Monograph on Sediment Transport in Alluvial Streams, Teknisk Vorlag, Copenhagen, Denmark.

Fleming. G., 1969, Design curve for suspended load estimation, Proc. Inst. Civil. Eng., vol. 43, 1～9.

Foster, G. R., Yoder, D. C., Weesies, G. A. and McCool, D. K., McGregor, K. C. and Bingner, R. C., 2003(Draft). User's Guide to Revised Universal Soil Loss Equation, Version 2, RUSLE2, USDA,

Agricultural Research Service, Washington, D. C.

Frenetle, M. and Julien, P. Y., 1987, Computer modeling of soil erosion and sediment yield from large watersheds, Int. J. Sediment Res. vol. 2, 38～68.

Gottschalk, L. C., 1964, Sediments, V. T. Chow(ed.), Handbook of Applied Hydrology, McGraw-Hill, New York.

Graf, W. A., 1971, Hydraulics of Sediment Transport, McGraw-Hill, New York.

Lane, E. W., 1947, Report of the Subcommittee on sediment terminology, Trans. American Geophysical Union, vol. 28, No. 6, 936～938.

Lane, E. W. and Koelzer, V. A., 1953, Density of sediments deposited in reservoirs, Report No. 9, St. Paul, U. S. Army Engineering District, St. Paul. Minnesota.

Ponce. V. M., 1989, Engineering Hydrology, Prentice Hall, Englewood Cliffs, N. J.

Renard, K. G., Foster, G. R., Weesies, G. A. and McCool, D. K., 1992(Draft), Predicting Soil Erosion by Water-A Guide to Conservation Planning With the Revised Universal Soil Loss Equation(RUSLE).

Renard, K. G., Laflen, J. M., Foster, G. R. and McCool, D. K., 1994, The Revised Universal Soil Loss Equation in Soil Erosion Research Methods, Rattan Lal(ed), St. Lucie Press, Delray Beach, Florida.

Shen, H. W. and Julian P., 1993, Handbook of Hydrology, Chapter 12, Erosion and Sediment Transport, editor, D. R. Maidment, McGraw-Hill, New York.

Simons, D. B. and Senturk, F., 1992, Sediment Transport Technology, Water Resources Publications, Fort Collins, CO.

Singh, V. P., 1992, Elementary Hydrology, Prentice Hall, Englewood Cliffs, N. J.

Straub, L. G., 1935, Missouri River Report, House Document 238, Appendix, Corps of Engineers, U. S. Department of Arm to 73rd U. S. Congress, 1156.

USDA, 1979, Field Manual for Research in Agricultural Hydrology, USDA Agriculture Handbook No. 224, U. S. Goverment Printing Office, Washington, D. C.

U. S. Natural Resources Conservation Service, 1971, National Engineering Handbook, Section 3, Chaper 6: Sediment sources, yield and delivery ratios, USDA NRCS, Washington, D. C.

U. S. Natural Resources Conservation Service, 1983, National Engineering Handbook, Section 3, Sedimentation, 2nd ed.

van Rijn, L. C., 1984, Sediment Transport, part I: Bed load transport, J. of Hydraulic Eng., ASCE, vol. 110, No. 11, 1431～1456.

van Rijn, L. C., 1984, Sediment Transport, part II: Suspended load transport, J. of Hydraulics Eng., ASCE, vol. 110, No. 10, 1613～1641.

Vanoni, V. A.(Ed.), 1975, Sedimentation Engineering, American Society of Civil Engineers.

Williams, J. R., 1975., Sediment Yield Prediction with Universal Equation using Runoff Energy Factor, in Present and Prospective Technology for Predicting Sediment Yield and Sources, ARS-S-40, USDA-ARS.

Winschmeier, W. H. and Smith, D. D., 1960, A Universal Soil Loss Equation to Guide Conservation Farm Planning, Trans. International Congress on Soil Science, Vol. 1.

Winschmeier, W. H. and Smith, D. D., 1978, Predicting Rainfall Erosion Losses-A Guide to Conservation Planning, Agricultural Handbook No. 537, Washington, D. C.

16장 Abbott, M. B., 1986, An Introduction to the European Hydrological System-Système Hydrologique Européen, 'she'-2: Structure of a Physically-Based, Distributed Modelling System, J. of Hydrology, vol. 87, 61～77.

Alley, W. M. and P. E. Smith, 1982, Distributed Routing Rainfall-Runoff Model-VersionⅡ, U. S. Geological Survey open file report 82～344.

Amorose, R. B., et al., 1987, A Hydrodynamic and Water Quality Model - Model Theory WASP4 User's Manual, and Programmer's guide, EPA/600/3-87/039/ U. S. Environmental Protection Agency Report, Athens, GA.

Arnold, J. G., P. M. Allen and G. Bernhardt, 1993, A comprehensive surface ground water flow model. Journal of Hydrology, 142: 47～69.

Arnold, J. G., R. Srinivasan, R. S. Muttiah, and J. R. Williams, 1998, Large area hydrologic modelling and assessment part Ⅰ: Model development. J. of Amer. Water Res. Assoc. 34(1): 73:89.

Aron, G. and D. F. Lakatos, 1976, Penn State Urban Runoff Model, User's Manual, Res. Pub. 96, Institute for research on Land and Water resources, Pennsylvania State University, University Park, Pennsylvania.

Arnold, J. G., J. R. Williams, A. D. Nicks and N. B. Sammons, 1990, SWRRB-A Basin Scale Model for Soil and Water Resources Management, Texas A & M University Press, College Station, Texas.

Boughton, M. E., 1966, A mathematical model for relating runoff to rainfall with daily data, Civil Engineering Transactions(Institute of engineers, Australia) CE 8(1), 83～97.

Brown, L. and T. O. Barnwell, 1987, The Enhanced stream water quality models, QUAL2E and QUAL2E-UNCAS: Documentation and User's Manual, Report EPA/600/3-87/007, U. S. Environmental Protection Agency, Athens, GA.

Bultot, F. and G. L. Dupriez, 1976, Conceptual hydrological model for an average-sized catchment area,Ⅱ. Estimate of Parameters, Validity of Model, Applications, Jour. of Hydrology, 29, 273～292.

Burnash, J. C., Rol. Ferral and R. A. McGuire, 1973, A generalized streamflow simulation system, conceptual modeling for digital computers, Joint Federal-State River Forecast Center, U. S. Department of Commerce, NOAA National Weather Service, and State of California, Dept. of Water Resources.

Charbonneau, R., et al., 1977, The CEQUEAU Model, Description and examples of its use in problems related to water resource management, Hydrological Sciences Bulletin 22(1/3), 193～202

Claborn, B. J. and W. Moore, 1970, Numerical simulation in watershed hydrology, Hydraulic Engineering Laboratory, University of Texas, Rept. No. HYD, 14～7001.

Crawford, N. H. and R. K. Linsley, 1966, Digital simulation in hydrology: Stanford Watershed Model Ⅳ, Department of Civil Engineering, Stanford University, Stanford, Calif., Tech. Report. No. 39.

Danish Hydraulic Institute, 1990, MIKE11-A microcomputer based modelling system for rivers and channels, Users manual, Horsholm, Denmark.

Dawdy, D. R., et al., 1972, A Rainfall-runoff simulation model for estimation of flood peaks for small drainage basins, U. S. Geological Survey, Professional Paper 506-B, Washington, D. C.

Deschesnes, J. et al., 1985, Modeling the hydrologic cycle, The MC Model, Nordic Hydrology, 16, 257～290.

DiToro, D. M., J. J. Fitzpatrick and R. V. Thomann, 1981, Water quality analysis simulation program(WASP) and model verification program(MVP)-Documentation, Hydroscience, Inc., for U. S. Environmental Protection Agency, Duluth, MN, Center No. 68-01-3872.

Eaglson, P. S., et al. 1970, Linear distributed model of catchment runoff, Rep. No. 123, Hydrodynamics Lab., MIT, Cambridge, MA.

Foroud, N. and R. D. Broughton, 1981, Flood hydrograph simulation model, Jour. of Hydrology 49, 139～172.

Fread, D. L., 1977, The Development and testing of a dam-break flood forecasting model, Proceedings, Dam-break Flood Modeling Workshop, U. S. Water Resources Council, Washington, D. C., 164～197.

Fread, D. L., 1978, NWS operational dynamic wave model, Proceedings, 25th Annual Hydraulics Division Specialty Conference, ASCE, 455～464.

Fread, D. L. and J. M. Lewis, 1988, FLDWAV: A generalized flood routing model, Proceedings of National Conference on Hydraulic Engineering, ASCE, Colorado Springs, Colo.

HEC-1, Flood Hydrograph Package, 1973, Hydrologic Engineering Center, U. S. Army Corps of Engineers, Davis, Calif.

Holtan, H. N., et al., 1975, USDA HL-74 Revised model of watershed hydrology, Technical Bulletin No. 1518, Washington, D. C., Agricultural Research Service, U. S. Department of Agriculture.

Hromadka, T. V. and C. C. Yen, 1987, A Diffusion hydrodynamic model, U. S. Geological Survey Water Resources Investigations report 87-4137, U. S. Government Printing Office, Washington, D. C.

Huber, W. C., et al., 1981, Storm Water Management Model User's Manual Version Ⅲ, EPA-600/2-84-109 a, Environmental Protection Agency, Athens, GA.

Huggins, L. F. and E. S. Monke, 1968, A Mathematical model for simulating the hydrologic responses of a watershed, Water Resources Research, 4(3), 529～539.

Hydrocomp Inc., 1969, Operational Manual, 3rd Ed, Pal. Alto, Calif.

Hydrologic Engineering Center, 1975, Urban Storm Water Runoff: STORM, Generalized computer program 723-58-L2520, U. S. Army Corps of Engineers, Davis, Calif.

Hydrologic Engineering Center, 1990, HEC-1 Flood Hydrograph Package, Program User's Manual, U. S. Army Corps of Engineers, Davis, Calif.

Hydrologic Engineering Center, 1991, HEC-2 Water Surface Profiles, Program User's Manual rev. February 1991, U. S. Army Corps of Engineers, Davis, Calif. National Weather Service River Forecast System; Forecast Procedures, NOAA Technical Memorandum NWS-HYDRO-14, Washington, D. C., U. S. Department of Commerce.

Hydrologic Research Laboratory, 1972, National Weather Service River Forecast System: Forecast Procedures, NOAA Technical Memorandum NWS-HYDRO-14, Washington, D. C., U. S. Department of Commerce.

James, L. D., 1972, Hydrologic modeling, Parameter estimation, and watershed characteristics, Jour. of Hydrology, 17, 283～307.

Johanson, R. C., J. C. Imhoff and H. Dana, Jr., 1980, Users manual for Hydrological Simulation Program-Fortran(HSPF), EPA/9-80-015, Environmental Protection Agency, Athens, GA.

Kirkby, M. J. and Beven K. J., 1979., A physically based, variable contributing area model of basin hydrology, Hydrol. Sci. Bull.: 24(1), 43～69.

Laurenson, E. M. and R. G. Mein, 1983, RORB-Version3: Runoff routing program-User Manual, 2nd ed. Monash, Australia, Dept. of Civil Engineering, Monash University.

Liou, E. Y., 1970, OPSET: Program for computerized selection of watershed parameter value for Stanford

Watershed Model, Research Rept. No. 34, Water Resources Institute, University of Kentucky.

Maddaus, W. O. and P. S. Eagleson, 1969, A distributed linear representation of surface runoff, Report No. 115, Hydrodynamic laboratory, MIT, Cambridge, MA.

Manly, R. E., 1978, Simulation of flows in ungaged basins, Hydrological Sciences Bulletin 23(1/9), 85～101.

Mash, D. F., et al., 1971, Simulation of Water Development Board, Simulation of Water Quality in stream and canals, theory and description of QUAL-I Mathematical modeling system, report No. 128, Texas Water Development Board, Austin, Texas.

Metcalf and Eddy, 1971, Storm Water Management Model, vol. 1. Environmental Protection Agency, Water Resources Engineers, University of Florida, Gainsville, FL.

Nash, J. E. and J. V. Sutcliffe, 1920, River flow forecasting through conceptual models, Jour. of Hydrology, 10, 282.

Natural Resources Conservation Service, 1973, Computer program for project formulation hydrology, Technical Release No. 20, Washington, D. C., Department of Agriculture.

Norton, W. R. et al., 1973, A finite element model for Lower Granite Reservoir, Water Resources Engineers, Inc. Walnut Greek.

Papadakis, C. N. and H. C. Preul, 1972, University of Cincinnati Urban Runoff Model, J. of Hydraulic Div., ASCE, Vol. 98, No. HY10, 1789～1804.

Quick, M. C. and A. Pipes, 1977, U. B. C. Watershed Model, Hydrological Sciences Bulletin 22(1/3), 153～161.

Ricca, V. T., 1972, The Ohio State University Version of the Stanford Streamflow Simulation Model, part 5-Technical aspects, Ohio State University.

Roesner, L. A., J. R. Monser and D. E. Evenson, 1973, Computer program documentation for the stream quality Model, QUAL-Ⅱ, U. S. EPA, Washington, D. C.

Roesner, L. A., et al., 1977, User's Manual for the Storm Runoff Quality Model, RUNQUAL, prepared for Southeast Michigan Council of Governments, Detroit, Michigan.

Roesner, L. A., et al., 1981a, Computer program documentation for stream quality modeling(QUALⅡ), EPA-600/9-81-014, U. S. EPA, Athens, GA

Roesner, L. A., et al., 1981b, User's Manual for Stream Quality Modeling(QUALⅡ), U. S. EPA, EPA-600/9-81-015, Athens, GA.

Shean, J. O., 1988, Users Manual for WAPRO: A Model for water surface profile computations, U. S. Geological Survey, Federal Highway Administration, U. S. Department of Transportation, Washington, D. C.

Sittner, W. C., et al., 1969, Continuous hydrograph synthesis with an API-type hydrologic model, Water Resources Res., 5(5), 1007～1022.

Stall, J. B. and M. L. Terstriep, 1972, Storm Sewer Design-an Evaluation of the RRL Method, Environmental Protection Agency technology series, EPA-R2-72-068.

Sugawara, M, 1967, The Flood forecasting by a series of type tank, International Symposium, Flood and Their Computation, Leningrad.

Terstriep, M. L. and J. B. Stall, 1974, The Illinois Urban Drainage Simulator, ILLUDAS, Bulletin 58, Illinois State Water Survey, Urbana, Ill.

Texas Water Department Board, 1970, QUAL-I Simulation of water quality in streams and Canals: Program

Documentation and User's Manual, Austin, Texas.

University of Colorado, 1991, HYDROPOND User's manual, Deparment of Civil Engineering, University of Colorado at Denver, Colo.

Urban Storm Water Runoff, 1976, STORM User's Manual, U. S. Army Corps of Engineers, Hydrologic Engineering Center, Davis, Calif.

Watkins, L. H., 1962, The Design of urban sewer systems, Road Research Technical Paper No. 55, Department of Scientific and Industrial Research, Her Majesty's Stationary Office, London.

Williams, J. R. and R. W. Hann, 1973, HYMO: Problem oriented computer language for hydrologic modeling, Washington, D. C., Agricultural Research Service, USDA.

U. S. Agricultural Research Service, 1975, USDAHL-74, Revised Model of Watershed Hydrology, Tech. Bull. 158.

U. S. Army Corps of Engineers, North Pacific Division, 1986, Program Description and User Manual for SSARR Model, Portland, Oregon.

U. S. Department of Agriculture, Natural Resources Conservation Service, 1983, Computer Program for Project Formulation: Hydrology, Technical Release No.(TR-20), Engineering Division, Washington, D. C.

Yen, B. C., et al., 1976, Advanced methodologies for design of storm sewer systems, Research report 112, Water Resources Center, University of Illinois.

Young, R. A., C. A. Onstad, D. D. Bosch and W. P. Anderson, 1987, AGNPS, Agricultural Non-Point Source Pollution Model, A Watershed Analysis Tool, Conservation research report 35, Agricultural Research Service, U. S. Department of Agriculture, Washington, D. C.

Young, R. A., C. A. Onstad, D. D. Bosch and W. P. Anderson, 1989, AGNPS, A Non-point source pollution model for evaluating agricultural watersheds, J. Soil Water Conserv., vol. 44, No. 2, 168～173.

17장 Blom, G. 1958, Statistical Estimates and Transformed beta-Variables, John Wiley, N. Y.

Bobee, B., 1975, The log-pearson type 3 distribution and its application in hydrology, Water Resources Res., vol. 11, No. 5, 681～689.

Bowker, A. H. and G. J. Liebean, 1972, Engineering Statistics, Prentice Hall, Englewood Ciffs, N. J.

Chow, V. T. et al., 1988, Applied Hydrology, McGraw-Hill, New York.

Chowdhury, J. U. and Stedinger, J. R., 1991, Confidence interval for design floods with estimated skew Coefficient, Journal of Hydraulic Engineering, 117-7, 811～31.

Dorenzo, S. E., 1977, Approximations for hand calculators using small integer coefficients, Math Computation, 31～137, 214～225.

Fill, H. and Stedinger, J. R. 1995, L-moment and PPCC goodness-of-fit tests for the Gumbel distribution and effect of autocorrelation. Water Resources Research, 31-1, 225～29.

Filliben, J. J., 1975, The probability plot correlation coefficient test for normality, Technometrics, 17(1).

Greenwood, J. A., Landwehr, J. M., Matalas, N. C. and Wallis, J. R. 1979, Probability weighted moments: Definition and relation to parameters of several distributions expressible in inverse form, Water Resources Res. 15(5), 1049～1054.

Haan, C. T., 1977, Statistical Methods in Hydrology, Iowa State Univ. Press, Ames, Iowa.

Hosking, J. R. M. and Wallis, J. R., 1997., Regional Frequency Analysis, Cambridge University Press.

Hosking, J. R. Mo, 1986, The Theory of Probability weighted moments, Res. Report RC12210, IBM Res. Div., Yorktown Heights, N. Y.

Hosking, J. R. M., 1990, L-moments: Analysis and estimation of distribution using linear combinations of order statistics. Journal of the Royal Statistical Society, Series B, 52, 105～124.

Houghton, J. C., 1977, The Wakeby distribution for modeling flood flows, Working Paper No. MIT-EL77-033WP, MIT Energy Laboratory.

Kite, G. W., 1977, Frequency and Risk analysis in Hydrology, Water Res. Publications, Fort Collins Co.

Karim, M. A. and Chowdhury, J. D., 1995, A comparison of four distribution used in flood frequency analysis in Bangladesh, Hydrological Sciences, 40(1), 55～66.

Joiner, B. L. and Rosenblatt, J. R., 1971, Some properties of the range in samples from Tukey's symmetric lambda distributions, J. Amer. Statistical Assoc., 66, 394～399.

McCuen, R. H., 1989, Hydrologic Analysis and Design, Prentice Hall, Englewood Cliffs, N. J.

Natural Environment Research Council, 1975, Flood Studies, Vol. 1, Hydrological Studies, London.

Rao, A. R. and Hamed, K. H., 2000, Flood Frequency Analysis, CRS Press, New York.

Soong, T. T., 1981, Probabilistic Modeling and Anaysis in Science and Engineering, Wiley.

Spiegel, M. R., 1961, Theory and Problems of Statistics, Schaum, New York.

Steel. R. G. D. and J. H. Torrie, 1960, Principles and Procedures of Statistics, McGraw-Hill, New York

Sturges, H. A., 1926, The Choice of a class interval, Jour. of American Statistical Association, vol. 21, 65～66.

Vogel, R. M., 1987, The probability plot correlation coefficient test for the normal, lognormal, and Gumbel distributional hypotheses, Water Resources Research, 22-4, 587～90.

18장 김창남, 1991, 확률홍수량 산정을 위한 지역빈도해석, 한양대학교 석사학위논문.

윤태훈, 1973, 지역화한 홍수빈도해석, 대한토목학회지, 21권 3호, 43～51.

Abramowitz, M. and Stegun, I. A., 1965, Handbook of Mathematical Functions, Dover Publications, New York.

Benson, M. A., 1952, Characteristics of frequency curves based on a theoretical 1000-year record, U. S. G. S. Water-Supply paper no. 1543-A, 51～74.

Benson, M. A., 1962, Evolution of method for evaluation of the occurrence of floods, U. S. Geological Survey, Water-Supply paper no. 1580-A, Department of Interior, Washington, D. C.

Blom, G., 1958, Statistical Estimates and Transformed Beta-variables, Wiley, New York.

Chow, V. T., 1951, A general formula for hydrologic frequency, Trans. American Geophysical Union, vol. 32, 231～237.

Chow, V. T., 1954, The log-probability law and its engineering applications, proc, ASCE, vol. 80, 1～25.

Chow, V. T., 1964, Handbook of Applied Hydrology, Sections 8-1, McGraw-Hill, New York.

Chow, V. T., D. R. Maidment and L. W. Mays, 1988, Applied Hydrology, McGraw-Hill, New York.

Condie, R., 1977, The Log-Pearson type 3 distribution; The T-year event and its asymptotic standard error by maximum likelihood theory, Water Resources Research, 13-6, 987～991.

Cunnane, C., 1978, Unbiased plotting positions-A Review. Jour. of Hydrology, 37, 205～222.

Dalrymple, T., 1960, Flood frequency analysis, Water Supply Paper no. 1543-A, U. S. Government Printing Office, Washington, D. C.

Dracup, J. A., K. S. Lee and E. J. Paulson, 1980, On the definition of droughts, Water Resources Res., 16(2), 297～302.

Flood Studies Report, 1975, Hydrological Studies, vol. 1, National Environmental Res. Council, London.

Grubbs, F. E. and G. Beck, 1922, Extensien of sample size and percentage points for significance test of outlying observations, Technometrics, vol. 14, 847～854.

Havens, A. V., 1954, Droughts and Agriculture, vol. 7, 51～55.

Herbst, P. H., D. B. Bredkamp and H. M. G. Barker, 1966, A technique for the evaluation of droughts from rainfall data, Jour. of Hydrology, 4, 264～272.

Hosking, J. R. M. and J. R. Wallis, 1997, Regional Frequency Analysis-An approach based on L-moments, Cambridge University Press.

Hosking, J. R. M., 1986, The theory of probability weight moments, Res. Rep. RC12210, IBM Res. Div., Yorktown Heights, N. Y.

Institute of Hydrology, 1980, Low Flow Studies, Wallingford, Oxon, UK.

Kite, G. W., 1977, Frequency and risk analysis in hydrology, Water Resources Publication, Fort Collins, CO.

Lim, Y. H. and L. M. Lye, 2003, Regional flood estimation for ungaged basins in Sarawak, Malaysia, Hydrological Sciences, 48(1), 79～94.

McKee, T. B., N. J. Doesken and J. Kleist, 1993, The relationship of drought frequency and duration 11 to time scales. Preprints, 8th Conference on Applied Climatology, 17-22 January, Anaheim, CA, 179～84.

Palmer, W. C., 1965, Meteorological droughts, Research Paper, No. 45, U. S. Weather Bureau, Washington, D. C.

Palmer, W. C., 1968, Keeping track of crop moisture conditions, nationwide: the new Crop Moisture Index, Weatherwise, 21, 156～161.

Rao, A. R. and Hamed, K. H., 2000, Flood Frequency Analysis, CRC Press, New York.

Riggs, H. C., 1985, Streamflows Characteristics, Elsevier.

Singh, K. P. and J. B. Stall, 1974, Hydrology of 7-day 10-year low flows, Jour. of Hydraulics Div., ASCE, vol. 100, No. HY12, 1753～1722.

Singh, V. P., 1922, Elementary Hydrology, Prentice Hall, Englewood Cliffs, N. J.

Stedinger, J. R., Vogel, R. M. and Efi Foufoula-Georgiou, 1992, Handbook of Hydrology, Chap. 18. Frequency Analysis of Extreme Events, D. R. Maidment(ed.), McGraw-Hill, New York.

Stedinger, J. R., Dikkan, J. P. M. and Villars, M. T., 2005, Water Resources Systems Planning and Management, UNESCO. Delft Hydraulics, The Netherlands.

Vogel, R. M. et al., 1989, Regional geohydrologic-geomorphic relationships for the estimation of low flows. Proc. Inter. Conference on channel flows and catchment runoff, B. C. Yen ed., Univ. of Virginia.

Vogel, R. M. and C. N. Knoll, 1990, Generalized low flow frequency relationship for the gaged site in Massachusetts, Water Resources Bull., vol. 26, No. 2, 241～253.

Willeke, G., J. R. M. Hosking, J. R. Wallis and N. B. Guttman, 1994, The National Drought Atlas.

Institute for Water Resources Report 94-NDS-4, U. S. Army Corps of Engineers.

Wilson, E. B. and Hilferty, M. M., 1931, The distribution of Chi-square, Proceedings, National Academy of Science(New York), 17(12), 684~688.

U. S. Water Resources Council(Interagency Advisory Committee on Water Data로 개칭), 1981, Guidelines of determining flood flow frequency, Bulletin 17B(Office of water Data Coordination, U. S. Geological Survey, Reston, VA 20092 USA).

19장 Anderson, R. L., 1941, Distribution of the serial correlation coefficients, Annals of Math. Statistics, vol. 8, No. 1, 1~13.

Bendat, J. S. and A. G. Piersol, 1971, Random Data, Wiley, New York.

Box, G. E. and G. M. Jenkins, 1976, Time Series Analysis: Forecasting and Control, San Francisco, Holden Day.

Box, G. E. P. and D. A. Pierce, 1970, Distribution of residual autocorrelations in autoregressive integrated moving average time series models, J. Am. Sta. Assoc., vol. 65, 1509~1526.

Bras, R. L. and I. Rodriguez-Iturbe, 1985, Random Functions and Hydrology, Addison-Wesley.

Fiering, M. B. and B. A. Jackson, 1971, Synthetic Streamflows, Water Resources Monograph, American Geophysical Union, Washington, D. C.

Gupta. R. S., 1989, Hydrology and Hydraulic Systems, Prentice Hall, Englewood Cliffs, N. J.

Haan, C. T., 1977, Statistical Methods in Hydrology, Iowa State University Press, Ames, Iowa.

Hogg, R. V. and Craig, A. T., 1995, Introduction to Mathematical Statistics, Macmillan, New York.

Kendall, M., 1976, Time Series, Charles Griffin, London.

Keeping, E. S., 1966, Distribution free methods in statistics, Proc. of Hydrology Symposium, No. 5 McGill Univ., Canada.

Kisiel, C. C., 1969, Time series analysis of hydrologic data, V. T. Chow, ed. Advances in Hydroscience, Academic Press, New York.

Linsley, R. K., et al., 1982, Hydrology for Engineers, McGraw-Hill, New York.

Matalas, N. C., 1967, Mathematical assessment of synthetic hydrology, Water Resources Research, 3-4, 93745.

Roesner, L. A. and V. M. Yevjevich, 1966, Mathematical model for time series of monthly precipitation and monthly runoff, Hydrological Paper, No. 15, Colorado State University, Fort Collins, CO.

Salas, J. D., J. W. Delleur, V. Yevjevich, W. L. Lane, 1980, Applied Modeling of Hedrologic Time Series, Water Resources publication, Fort collins, CO.

Salas, J. D., 1992, Analysis and Modeling of Hydrologic Time Series, D. R. Maidment Ed. Handbook of Hydrology, McGraw-Hill, New York.

Shahin, M., H. J. L., Van Oorschot, S. J., De Lange, 1993, Statistical Analysis in Water Resources Engineering, A. A. Balkema, Rotterdam.

Shaw, E. M., 1985, Hydrology in Practice, van Nostrand Reinhold, UK.

Valencia, D. and J. C. Schaake, 1973, Distribution process in stochastic hydrology, Water Resources Res., vol. 9, No. 3, 580~585.

Yevjevich, V. M., 1922, Stochastic Process in Hydrology, Water Resources Publication, Fort Collins, CO, 124.

20장 건설교통부, 하천설계기준 · 해설, 2009.

Chow, V. T., D. R. Maidment and L. W. Mays, 1988, Applied Hydrology, McGraw-Hill, New York.

Singh, V. P., 1992, Elementary Hydrology, Prentice Hall, Englewood Cliffs, N. J.

Snyder, F. F., 1964, Hydrology of spillway design: Large structures–adequate data, ASCE, J. Hyd. Div., vol. 90, No. HY3, 239～259.

U. S. Army Corps of Engineers, 1979, Engineering and Design, National Program for Inspection of Non-Federal Dams, ER no-1110-2-106, U. S. Department of Army, Washington, D. C.

U. S. Bureau of Reclamation, 1965, Design of Small Dams, Department of Interior, Washington, D. C.

USDA Natural Resources (Soil) Conservation Service, 1985, Earth Dams and Reservoirs, Technical Release No. 60(TR-60), 210-Ⅳ.

U. S. National Academy of Sciences, 1983, Safety of Existing Dams: Evaluation and Implementation, National Academy Press, Washington, D. C.

21장 건설부, 1988, 수자원관리기법개발연구 보고서, 별책부록 2권, 한국확률강우량망.

건설부, 1988, 수자원관리기법개발연구 보고서, 한국가능최대강우량도, 별책부록 3권.

건설교통부, 2000, 지역적 설계강우의 시간적 분포, 1999년도 수자원관리기법개발연구조사보고서, 별책 제2권.

건설교통부, 2000, 한국 가능최대강수량추정, 1999년도 수자원관리기법개발조사 보고서, 제2권.

고재웅, 1988, 우리나라 홍수량 공식들의 비교연구, 대한토목학회지, 8–1, 113～125.

한국건설기술연구원, 1989, 지역별설계강우의 시간적 분포.

한장회, 1966, 한국하천의 홍수량 산정을 위한 새로운 공식, 대한토목학회지, 19–4, 1～8.

American Society of Civil Engineering, 1960, Design and construction of sanitary and storm sewers, Manual of Engineering Practice No. 37.

ARR, Australian Rainfall and Runoff, 1987, The Institution of Engineers, Austalia.

Crippen, J. R. 1982, Envelope curves for extreme flood events, J. Hydr. Eng., 108(10), 1208～1212.

Hershfield, D. M., 1961, Estimating the probable maximum precipitation, Jour. Hydraulics Div., ASCE, vol. 87. No. HY5, 99～116.

Huff, F. A., 1967, Time distribution of rainfall in heavy storms, Water Resources Res., vol. 3, No. 4, 1007～1019.

Keifer, C. J. and H. H. Chu, 1957, Synthetic storm pattern of drainage design, Jour. Hydraulics Div. ASCE, vol. 83, No. HY4, 1～25.

Linsley, R. K., M. A. Kohler and J. L. H. Paulhus, 1982, Hydrology for Engineers, McGraw-Hill, New York.

Nicks, A. D. and F. A. Igo, 1980, A depth-area-duration model of storm rainfall with southern Great Plains, Water Resouces Res., 16(5), 935～945

Ponce, V. M., 1989, Engineering Hydrology, Prentice Hall, Eaglewood Cliffs, N. J.

Raudkivi, A. J., 1979, Hydrology, Pergarnon Press, Oxford, UK.

Terstriep, M. L. and J. B, Stall, 1974, The Illinois urban drainage area simulator, ILLUDAS, bulletin 58, Illinois State Water Survey, Urbana, Ill.

U. S. Department of Commerce, NOAA, 1978, Probable Maxium precipitation Estimates, U. S. East of the 105th Meridian, Hydrometerological Report No. 51. Washington, D. C.

U. S. Natural Resources Conservation Service, 1971, Hydrology, NRCS National Engineering Handbook, Section 4, U. S. Department of Agriculture, Washington, D. C.

U. S. Natural Resources Conservation Service, 1975, Urban hydrology for small watersheds, Technical release No. 55, U. S. Department of Agriculture, Washington, D. C.

U. S. National Weather Service, 1963, Rainfall Frequency Atlas of United States for Durations from 30 Minutes to 24 hours and Return Period from 1 to 100 Years, U. S. Weather Bureau Technical Paper, No. 4, Washington, D. C., Department of Commerce.

U. S. National Weather Service, 1969, Probable Maximum and TVA Precipitation for Tennessee River Basins up to 3,000 square miles in Area and Durations to 72 hours, Weather Bureau Hydrometeorological Report No. 45, Washington, D. C. Department of Commence.

U. S. National Weather Service, 1982, Application of probable maximum precipitation estimates, U. S. East of the 105th Meridian, NOAA Hydrometeorological Report No. 52. Washington, D. C.: Department of Commerce.

Wenzel, H. G., 1982, Rainfall for urban stormwater design, D. F. Kibler ed., Urban Stormwater Hydrology, American Geophysical Union, Washington, D. C.

World Meteorological Organization, 1986, Manual for Estimation of Probable Maximum Precipitation, second edition, Operational Hydrology Rept. No.1, WMO-No. 332, Geneva, Switzerland.

Yen, B. C. and V. T. Chow, 1980, Design Hyetograph for small drainage structures, Jour. Hydraulics Div., ASCE, vol. 106, No. HY6, 1055～1076.

22장 Akan, A. O. and Houghtalen, R. J., 2003, Urban Hydrology, Hydraulics, and Stormwater Quality, Wiley.

ASCE, 1959, Time of concentration for overland flow, Civil Engineering.

ASCE, 1982, Design and construction of sanitary and storm sewers, Manual on Engineering Practice, No. 37.

Bransby-Williams, G., 1922, Flood discharge and the dimensions of spillways in India, The Engineer(London), vol. 121, 321～322.

Bonan, G, 2002, Ecological Climate, Cambridge University Press, Cambridge, UK.

Brown, S. Q., Stein, S. M. and Warner, J. C., 1996, Urban Drainage Design Manual, Hydraulic Engineering Circular No. 22, FHMA, Washington, D. C.

Brutsaert, W, 2005, Hydrology, Cambridge University Press, Cambridge, UK.

Camp, T. R, 1946, Sedimentation and design of settling tanks, Transactions of ASCE, Paper No. 2285, 895 ～958.

CDOT, 2009, Drainage Design Manual, Chapter 7 Hydrology, Department of Transportation, Colorado.

Corder, G. P. et al., 1988, Hydrologic effects of urbanization: Case study, proc. Hydraulic and Water Resources Symposium, Australian National University, Canbera.

Denver, Urban Drainage and Flood Control District, 1991, Urban Storm Drainage Criteria, Denver, Colo., Revised.

Dobbin, E., 1994. Effect of turbulence on sedimentation, Trans of ASCE, Paper No. 2218, 629~78.

DRCOG, 1961, Urban Storm Drainage Criteria Manual, Denver Regional Council of Government, Denver, Colo.

Driscoll, E. D., 1983, Performance of detention basin for control of urban runoff quality, Proc. of Int. Sym. on Urban Hydrology, Hydraulics and Sediment Control, Univ. of Kentucky, Lexington, Ky.

Grimmond, C. S. B. and Oke, T. R., 1995, Comparison of heat fluxes from summertime observations in the suburbs of four Northern Cities, Journal of Applied Meteorology, 34, 878~889.

Guo, C. Y., 1987, Users manual for HYDROPOND, A personal computer software program for reservoir routing and outlet structure design, University of Colorado at Denver.

Gupta, R. S., 1989, Hydrology and Hydraulic Systems, Prentice Hall, Englewood Cliffs, N. J.

Hampton Roads Planning District Commission, 1991, Best Management Pracrices Design Guidance Manual for Hampton Roads

Harley, B. M., et al., 1970, A Modular Distributed Model of Catchment Dynamics, Pearsons Laboratory Report, no. 133, MIT, Cambridge, Mass.

Hartigan, J. P., 1989, Basis for design of wet detention basin BMP's, Design of Urban Runoff Quality Control, American Society of Civil Engineers, N. Y.

Huff, F. A., 1967, Time distribution of rainfall in heavy storms, Water Resources Res. 3(4), 1000~1008.

Hydrologic Engineering Center, 1977, Urban Storm Water Runoff: STORM. Generalized Computer Program 723-58-L2520, Davis, Calif.

Izzard, C. F., 1946, Hydraulics of runoff from developed surfaces, proc. Highway Research Board, vol. 26, 129~146.

Keifer, C. J. and H. H. Chu, 1957, Synthetic storm pattern for drainage design, J. Hydraulics Div., ASCE, vol. 83, No. HY4, 1332.

Kerby, W. S., 1959, Time of concentration for overland flow, Civil Engineering, 29(3), 174.

Kirpich, Z. P., 1940, Time of concentration of small agricultural watersheds, Civil Eng., 10(6), 362.

Kropf, A and A. Geiser, 1957, Detention basins and storm water clarification installations, Schweizerische Bauzeitung No. 18.

Kuichling. E., 1889, The relation between the rainfall and the discharge of sewers in populous districts, ASCE, Trans, 20, 1~56.

Linsley, R. K. and J. B. Franzini, 1972, Water Resources Engineering, McGraw-Hill, New York

Maryland Department of Natural Resources, 1984, Standards and Specifications for Infiltration Practices, Stormwater Management Division, Annapolis, MD.

Maryland Department of the environment, 1998, Maryland Stormwater design Manual, Maryland DEM, MD.

McCuen, R. H., 1989, Hydrologic Analysis and Design, Prentice Hall, Englewood Cliffs, N. J.

Morgali, J. R. and R. K. Linsley, 1985, Computer analysis of overland flow, J. Hyd. Div., ASCE, vol. 91, No. HY3, 81~100.

Mulvaney, T. J., 1850, On the use of self-registering rain and flood gauges, Trans, Inst. Civ. Eng. Ireland, 4(2), 1~8.

Pilgrim, D. H. and I. Cordery, 1975, Rainfall patterns for design floods, J. Hydraulics Div., ASCE, vol. 101, No. HY1, 81～95

Prince George County Department of Environmental Resources, 1984, Stormwater Management Design maual, Washington Suburban Sanitary Commission, Washington, D. C.

Riesber, L. A., et al., 1987, Storm Water Management Model Users Manual Version Ⅲ: Addendum Ⅰ, EXTRAN, EPA-600/2-84-1096(NTIS PB84-198431), U. S. EPA, Cincinnati, Ohio.

Ragan, R. M., 1971, A Nomograph based on kinematic wave theory for determining time of concentration for overland flow, Report no. 44, University of Maryland, College Park, MD.

Schueler, T. B., 1987, Controlling Urban Runoff: A Practical Manual for Planning and Designing Urban BMPs, Washington Metropolitan Water Resources Planning Board, Washington, D. C.

Stahre, P. and B. Urbonas, 1990, Stormwater Detention, Prentice Hall, Englewood Cliffs, N. J.

Storm Water Management Model, 1981, SWMM, User's Manual Version Ⅲ: EPA, Project No. CR-805664.

Terstriep, M. L. and J. B. Stall, 1974, The Illinois Urban Drainage Area Simulator, ILLUDAS, Illinois State Water Survey, Bull, 58, Urbana, Illinois.

Terstriep, M. L. and D. Noel, 1985, ILLUDRAIN Version 2.1-Users Manual, LE Software, Champaign, IL.

Tomo, H. C., 1982, Example model applications, Urban Stormwater Model, D. F. Kibler(ed.), American Geophysical Union, Water Resources Monograph No. 7, Washington, D. C., 249～271.

University of Colorado, HYDROPOND User's manual, Department of Civil Engineering, University of Colorado at Denver, 1991.

Urban Drainage Stormwater Management Model-PC Version(UDSWM 2), 1985, User's manual, Urban Drainage and Flood Control District, Denver, Colo.

Urbonas, B. R., et al., 1989, Stream stability under a changing environment. Proc. Stream Bank Erosion Symposium, Snowmass, Colo.

Urbonas, B. R., and L. A., Rosener, 1992, Hydrological design for urban drainage and flood control, Handbook of Applied Hydrology, D. R. Maidment, ed, McGraw-Hill.

U. S. Bureau of Reclamation, 1973, Design of Small Dams, 2nd ed. Washington, D. C.

U. S. Department of Transportation, 1979, Design of Urban Highway Drainage, The State of the art, Federal Highway Administration, Washington, D. C.

US EPA, 1986, Methodology for analysis of detention basic for control of urban runoff quality, U. S. Environmental Protection Agency, EPA 440/5-87-001.

U. S. FAA, 1966, Airport Drainage, Federal Aviation Agency, Washington, D. C.

U. S. Federal Aviation Agency(FAA), 1970, Department of Transportation Advisory Circular on airport drainage, Rep. A/C 050-5320-5B, Washington, D. C.

U. S. Natural Resources Conservation Service, 1975, 1986 Urban Hydrology for Small Watersheds, Technical report No. 55, Washington, D. C.

U. S. Natural Resources Conservation Service, 1976, Rainfall Runoff for Small Watersheds, Technical Releasee No. 55, US Government Printing Office, Washington, D. C.

U. S. Natural Resources Conservation Service, 1985, NRCS National Engineering Handbook, U. S. Department of Agriculture, Washington, D. C.

Walesh, S. G., 1989, Urban Surface Water Management, John Wiley & Sons.

Wanielista, M. P. and Y. A. Yousef, 1993, Stromwater Management, Wiley, New York.

Whipple, W. and Randall, C. W., 1983, Detention and Flow Retardation Devices, Stormwater Management in Urbanizing Areas, Prentice-Hall, Englewood Cliffs, N. J.

Ward, A. D., C. T. Hann and J. Tapp, 1979, The DEPOSITS, Sedimentation Pond Design Manual, Institute for Mining and Minerals Research, University of Kentucky, Lexington.

Wenzel, H. G., 1982, Rainfall for urban stormwater design, D. F. Kibler(ed.). Urban Stormwater Hydrology, American Geophysical Union, Washington, D. C.

Whipple, W. et al., 1987, Implementing dual purpose stormwater retention programs, J. Water Res. Plann, Management. ASCE, vol. 113, no. 6, 779～792.

Yen, B. C. and V. T, Chow, 1980, Design hyetograph for small drainage structures, J. Hydraulics Div., ASCE, vol. 100, No. HY6, 1055～1076.

23장 Allan, J. D., 1995, Stream Ecology, Structure and function of running waters, Chapman & Hall.

Allen, K. R., 1969, Distinctive aspects of the ecology of stream fishes: A review. J. Fish. Res. Board Can., 26, 1429～38.

Baird, A. J. and Wilby, R. L., 1999, Eco-hydrology, 1999, Routledge, London.

Benke, A. C., 1993, Concepts and pattern of invertebrate production in running waters, Verb. Int. Ver. Theor. Ang. Limnol., 25, 15～38.

Bovee, K. D., 1974, The determination, assessment, and design of "instream value" studies for the Northern Great Plains region, No. Great Plains REs. Prog.(as cited Stalnaker and Arnette, 1976).

Brussock, P. P, Brown, A. V. and Dixon, J. C., 1985, Channel form and stream ecosystem models, Water Resources Bulletin 21, 859～866.

Crites, R. W. and Tchobanoglous, G., 1998, Small and Decentralized Wastewater Management Systems, McGraw-hill, New York.

Crites, R. W., Middlebrooks, E. J. and Reed, S. C., 2006, Natural Wastewater Treatment Systems, Taylor & Francis, New York.

Dawson, F. H., 1978, The seasonal effects of aquatic plant growth on the flow of water in a stream, in Proceedings of the European Weed Research Symposium, 5th Symposium on Aquatic Weeds, Amsterdam: European Weed Research Society, 71～78.

DeBusk, W. F., 1999, Wastewater Treatment Wetlands: Contaminant Removal Processes, University of Florida, IFAS Extension, SL 155.

Eagleson, P. S., 2002, Ecohydrology, Cambridge University Press.

Elliott, J. M., 1978, The growth rate of brown trout(Salmo trutta L.) fed on maximum ration, Jour. Anim. Ecol. 44, 805～21.

Gordon, N. D., McMahon, T. A., Finlayson, B. L., Gippel, C. J. and Nathan, R. J. '2004' Stream Hydrology, 2nd ed., Wiley, West Sussex, England.

Hammer, D. A., 1990, Constructed Wetlands for Wastewater Treatment, Lewis Publishers, Chelsea, MI.

Hauer, F. R. and Lamberti, G. A., 1996, Methods in Stream Ecology, Academic Press, New York.

Hayes, T. D., Isaacson, H. R., Reddy, K. R., Chynoweth, D. P. and Biljetina, R., 1987, Water Hyacinth Systems for Water Treatment. In: Reddy, K. R. and W. H. Smith(Eds). Aquatic Plants for Water Treatment and Resource Recovery, 121～139.

Hillton, B. L., 1993, Performance evaluation of a closed ecological life support system employing constructed wetlands. 117～125 in Constructed Wetlands for Water Quality Improvement, G. A. Moshiri(ed.) CRC Press, Boca Raton, FL.

Hynes, H. B. N., 1970, The Ecology of Running Waters, University of Toronto Press.

Kadlec, R. H. and Knight, R. L., 1996, Treatment Wetlands, Lewis Publishers, Boca Raton, FL.

Knight, R. J., Ruble, R. W., Kadlec, R. H., Reed, S. C., 1994, Wetland Treatment Database(North American Wetlands for Water Quality Treatment Database, NADB). USEPA, Risk Reduction Engineering Laboratory, Cincinnati, OH.

Leopold, L. B., Wolman, M. G. and Miller, J. P., 1964, Fluvial Processes in Geomorphology, Freeman, San Francisco, CA.

McIntire, C. D. and Phinney, H. K., 1965, Laboratory studies of periphyton production and community metabolism in lotic environment, Ecol. Monogr., 35, 237～58.

Masterman, R. and Thorne, C. R., 992, Predicting influence of bank vegetation on channel capacity, Jour. of Hydraulic. Eng., 118～7, 1052～58.

Mitsch, W. J., 1992, Landscape design and the role of created, restored and natural riparian wetlands in controlling nonpoint source pollution, Ecological Engineering 1, 27～47.

Reed, S. C., 1990, Natural Systems for Wastewater Treatment: Manual of Practice, Water Pollution Control Federation, Alexandria, VA.

Schueler, T. R., 1992, Design of Stormwater Wetland Systems: Guideline for Creating Diverse and Effective Stormwater Wetland in the Mid-Atlantic Region, Metropolitan Washington Council of Government, Washington, D. C.

Smith, R. L., 2000, Ecology and Field Biology, Addison-Wesley.

Stephan, U. and Wychera, U., 1996, Analysis of flow velocity fluctuations in different macrophyte banks in a natural open channel, Proceedings of Symposium Ecohydraulics 2000, Quebec, Canada, A191-202.

Thackton, E. L., Shields, F. D. and Schroeder, P. R., 1987, Residence time distribution of shallow basins, Journal of Environmental Engineering, ASCE, 113(6), 1319～32.

Tiner, R. W., 1985, Wetlands of New Jersey, U. S. Fish and Wildlife Service, National Wetlands Inventory, Newton Comer, MA. 117

US EPA, 2000, Manual: Constructed Wetlands Treatment of Municipal Wastewaters, EPA/625/R-99/010.

SEPA, 2000a US EPA, 2000, Wastewater Technology Fact Sheet, FWS, EPA832-F-00-024.

US EPA, 2001, Types of Wetlands, US Environmental Protection Agency, Office of Wetlands, Oceans and Watersheds, EPA.

US EPA, A Handbook of Constructed Wetlands, A guide to creating wetlands, Vol. 1, US Environmental Protection Agency-Region III.

Vannote, R. L., Minshall, G. W., Cummins, K. W. et al., 1980, The river continuum concept, Can. Jour. Fish. Aquat. Sci., 37, 130～7.

Wallace, S. D., 1998, Putting wetlands to work, Civil Engineering, ASCE, July, 57～59.

Watson, D., 1987, Hydraulic effects of a aquatic weeds in UK rivers, Regulated Rivers: Research and management 1, 211～227.

Wiegleb, G, 1981, Analysis of flora and vegetation in rivers: concept and applications, Symoens, J. J.(ed) Vegetation of Inland Waters, Dordrecht: Kluwer, 311～340.

WRP, 1997, Screening-Level Technique for Testing Pollutant Removal by Wetlands, US Army Engineer Water Experiment Station, Technical Note WQ-EV-5.1, Vicksburg, MS.

Zalewski, M., Janauer, G. A. and Jolánkai G., 1997, Ecohydrology, A New Paradigm for the Sustainable Use of Aquatic Resources, IHP-V Projects 2.3/2.4, UNESCO, SC-97/WS/12, Paris.

찾아보기

Applied Hydrology

ㄱ

가강수량 / 65
가능양수량 / 224
가능최대강수량 / 102, 841
가능최대홍수량 / 845
가뭄 / 723
가용저류용량 / 162
가중평균 / 615
가중평균유출계수 / 860
간선수로 / 22
간선차수 / 30
간섭함수 / 762
간헐천 / 182
갈수 / 721
갈수량 / 722
갈수지속기간 / 725
감마분포 / 634
감쇠 / 420, 460
감쇠상수 / 157
감수부 / 241
강설 / 79
강수 / 75
강우강도 / 95
강우강도-지속기간-빈도곡선 / 813
강우깊이-면적관계 / 811
강우깊이-면적-지속기간해석 / 833
강우모의기 / 173
강우손실 / 238
강우-유출관계방법 / 830
강우인자 / 509
강정상 / 743
개거 / 905
개념적 모형 / 571
개정범용토양손실공식 / 516
건빙 / 80
건습구습도계 / 67
건정 / 908
건조정지 / 887, 909
검사경계면 / 154, 447
검사체적 / 153, 447
격자방법 / 28
격자전파속도 / 460
결빙핵 / 78
결정계수 / 664
결합확률 / 604
경계(전단)레이놀즈수 / 520
경사급변점 / 246
경사-면적방법 / 309
경향 / 745
계열상관계수 / 752
계열상관시계열 / 740
계통내조정지/저류지 / 887
계통외조정지/저류지 / 887
계함수 / 344
고도-면적곡선 / 28
고유투수계수 / 191
고이상치 / 705
고재웅공식 / 833
고적운 / 76
고정발전 / 273
고지침식 / 503
고층운 / 76
공극 / 152, 184
공극률 / 152, 184
공극비 / 152
공급률 / 156
공칭입경 / 498
공학수문학 / 1
과정 / 740
관측소-기록연수법 / 87
광정위어 / 319, 321
교집합 / 604
교호블록방법 / 823
구거법 / 227
구곡침식 / 503
구름파종 / 81
구형도 / 500
국부가속 / 452
권 / 40
권운 / 76
권적운 / 76
권층운 / 76
귀무가설 / 649
균일수로 / 448
균질등방성 매질 / 180
균질성 매질 / 180
균질이방성 매질 / 180
극소순환 / 47
극치Ⅲ(Weibull)분포 / 725

극치I(Gumbel)분포 / 702
극치계열 / 676
극치분포 / 638
긁는자 / 950
급경사수로와 웅덩이 / 524
기단 / 2, 48
기대치 / 611
기복 / 24
기복비 / 24
기상한발 / 723
기저시간의 일정 / 350
기저유출 / 238
기저유출의 분리 / 244
기준갈수량 / 722
기준관측소 / 327
기준면표고 / 542
기준증발산량 / 134
기포수위감지기 / 290
기하분포 / 625
기화숨은열 / 58
기화잠재열 / 58

ㄴ

난대수층 / 183
난수 / 765
난층운 / 77
내륙 늪 / 959
내부영역 / 297
노점 / 62
노점습도계 / 67
농업한발 / 723
누가밀도함수 / 610
누가분포함수 / 609
누가빈도함수 / 608
누가침투량 / 157
누가확률분포 / 610
누수대수층 / 184
늪 / 959

ㄷ

다계절 자기회귀모형 / 780
다공성 매질 / 179
다공성 포장 / 905
다변량 선형회귀식 / 660
다중시계열 / 740
다지체 Markov모형 / 782
단면지배 / 293
단수축사각형위어 / 320
단순전이 / 403
단순회귀분석 / 660
단열과정 / 51
단열체감률 / 51
단위계단응답함수 / 346
단위계단입력 / 346
단위맥동응답함수 / 347
단위밭 / 508
단위유량도(단위도) / 350
단위충격응답함수 / 345
단일시계열 / 740, 742
단일치 / 404
담수시간 / 166
담수심 / 164
대규모 수공구조물 / 794
대기수 / 182
대기압 / 55
대류권 / 39
대류권계면 / 39
대류형 강수 / 80
대사율 / 940
대수유속분포 / 297
대수정규분포 / 631, 689
대수층 / 183
대수피어선Ⅲ분포 / 637
대형식물 / 946
도달시간 / 243, 394, 862
도랑 / 905
도섭 / 295
도섭봉 / 301
도시위치 / 683
도약 / 746
도일 / 49
도플러변이 / 317
도플러효과 / 317
독립사상 / 604
독립영양생물 / 945
동시공성 / 744
동역학파 / 476
동역학파 선단 / 476
동역학파 추적방법 / 474
동질성검사 / 714, 718
듀핏식(Dupuit) / 201
듀핏포물선 / 201
등가경사 / 25
등고선법 / 28
등방성 매질 / 179
등속선도 / 306
등속선방법 / 306
등시간선 / 387
등우선 / 93
등우선법 / 93

ㅁ

마찰경사 / 449
마찰층 / 69
매개변수동정 / 600
매설증발접시 / 114
멱법칙 / 298
멱법칙분포 / 70
면적보정인자 / 811
면적부하율방법 / 980
면적제거율상수 / 978
면적평균강수량 / 92
모관력 / 156
모관수 / 181
모관수대 / 182
모관흡인수두 / 165
모립살포재 / 81
모멘트방법 / 643
모발습도계 / 67
모발자기습도계 / 67
모세관공극 / 156
모집단 / 604
모형 / 569
모형검정 / 600
모형검증 / 601
몸체흐름 / 919, 976
몸체흐름모형 / 977
무간섭 / 763
무작위 추계성분 / 745
무작위(확률)과정 / 767
무차원시간강우분포 / 97
무초과유출 / 887
물고통계수 / 137
물리적 제거과정 / 968

물수지 / 115
물의 순환 / 2
미립유기물 / 947
미생물 / 964
민감도해석 / 601
밀집비 / 23

ㅂ

바닥물질 / 944
박류 또는 판상류 / 261
반대수층 / 183
반사 태양복사에너지 / 118
반사계수 / 42
방사부정류 / 204
방사율 / 41, 121
방사정류 / 204
배수밀도 / 33
백분위수 / 612
백색잡음 / 759
벤투리수로 / 325
벽법칙 / 297
변동계수 / 616
변동성 / 615
변환변수 / 679
변환함수 / 343, 344
병합과정 / 78
보웬비 / 117
보유수율 / 185
보전형 연속방정식 / 448
보전형 운동량방정식 / 451
보조관측소 / 327
보통수위계 / 290
보통우량계 / 81
봉부자 / 302
부동화 / 970
부분(기간)계열 / 676
부분압 / 57
부상증발접시 / 114
부유(수)식물 / 946
부유사 / 518
부유사의 확산모형 / 539
부자감지기 / 290
부자수위계 / 290
부자형 자기우량계 / 83
부착조류 / 946
분기비 / 30
분류하수관거 / 853
분리 / 498
분리지 / 914
분산 / 460, 615
분산스펙트럼 / 758
분위수 / 612
분포모형 / 572
분포추적 / 420
분포함수 / 609
분해 / 498
분해모형 / 789
분해방법 / 765
불일치척도 / 717
비균질성 매질 / 179
비대수층 / 183
비례원리 / 344, 350
비보전형 연속방정식 / 448
비보전형 운동량방정식 / 451
비산출량 / 185
비상관시계열 / 741
비생물계 / 938
비선형 Boussinesq식 / 197
비선형모형 / 571
비설명변동 / 663
비습도 / 63
비연초과치계열 / 676
비유량 / 188, 240
비유사(산출)량 / 506
비저류상수 / 186
비정상 / 744
비정상시계열 / 741
비초과확률 / 611
비평형상태 / 204
비평형식 / 196, 210
비포화부정류 / 156
비포화흐름 / 152
비표준조건 증발산량 / 137
빈도계수 / 686
빈도막대그래프 / 607
빈도보정계수 / 858
빈도주상도 / 607
빈도해석 / 673
빙정과정 / 78

ㅅ

사구 / 523
사대 / 920
사련하상 / 523
사상 / 604
사상모형 / 573
사주 / 524
사파 / 524
4분위수 / 612
4차 영양단계 / 940
산술평균법 / 90, 92
산악형 강수 / 80
삼각형위어 / 320
3변수 대수정규분포 / 633
3차 소비자 / 940
3차 영양단계 / 940
3차하천 / 30
상관계수 / 663
상대빈도 / 604
상대빈도함수 / 608
상대습도 / 62
상부조정지 / 914
상층운 / 76
상호상관 / 741
상호상관계수 / 756
상호스펙트럼밀도함수 / 762
생물계 / 938
생물수 / 4
생물적 제거과정 / 968
생산 / 945
생태계 / 938
생태수문학 / 935
생태학 / 938
선풍 / 47
선풍형 강수 / 79
선행함수조건 / 252
선형계 / 344
선형모형 / 571
선형수로 / 405
선형저수지 / 343, 406
선형합동발생기 / 766
설계강우량 / 807
설계강우량주상도 / 807, 817
설계빈도 / 795

설계유량 / 807
설계호우 / 807
설계홍수량 / 794, 807
설명변동 / 663
성장지수 / 162
성층권 / 39
세류침식 / 503
세립유기물 / 949
세유사량 / 518
소규모 수공구조물 / 794
소류사 / 518
소류사층 / 543
소비수량 / 130
소택지 / 959
쇄설자 / 949
쇠살대유입구 / 881
수계밀도 / 33
수계빈도 / 34
수관밀도 / 145
수로(하도)종단도 / 24
수로경사비 / 32
수로길이비 / 31
수로면적비 / 32
수로방법 / 227
수로식발전 / 273
수로지배 / 293
수로확산계수 / 272, 468
수리학적 부하율 / 977, 981
수리학적 체류시간 / 977
수리확산계수 / 468
수면강하 / 204
수면강하곡선 / 204
수면부하이론 / 911
수문곡선 / 240
수문기간 / 958
수문설계 / 793
수문설계기준 / 799
수문순환 / 2
수문시계열 / 740
수문학 / 1
수문학적 과정 / 740
수문학적 추적 / 420
수문학적 토양군 / 251
수문한발 / 723
수분조정비 / 839
수분최대화 / 839
수분최대화비 / 839
수생식물 / 958
수생태학 / 939
수심-유속적분법 / 305
수심측정 / 301
수요율 / 276
수요율선 / 276
수위 / 289
수위-면적곡선 / 308
수위수문곡선 / 240
수위 - 유량곡선 / 326
수정 Clark방법 / 398
수정Puls추적방법 / 429
수정범용토양손실공식 / 515
수정합리식 / 877
수중위어 / 319, 322
수질체적 / 916
수집자 / 950
수착 / 970
수치모형 / 573
수파 / 458
순 무작위과정 / 767
순간강우강도방법 / 825
순간단위도 / 368
순간주입방법 / 311
순수무작위과정 / 754
스토크법칙 / 501
습구온도 / 62
습구온도강하 / 63, 67
습도 / 56
습도측정상수 / 126
습원 / 959
습윤전선 / 164
습윤토양 / 958
습조정지 / 887, 909
습지 / 957
습지가치 / 960
습지기능 / 960
습지수문학 / 958
승화 / 57, 110
시간강우량 / 95
시간-농도곡선 / 311
시간동질성 / 741
시간매개변수 / 270
시간-면적방법 / 387
시간-면적주상도 / 387, 396
시간분포곡선 / 817
시계열 / 740
시동 / 519
시변성모형 / 572
시불변성모형 / 572
시행 / 604
식물정화법 / 967
식물플랑크톤 / 947
신뢰구간 / 707
신뢰도 / 649
신뢰한계곡선 / 707
신뢰한계대 / 755
신속지표하유출 / 238
실제보유수량 / 248
실제증발산 / 130
십분위수 / 612
쐐기저류량 / 436

ㅇ

안전채수량 / 222
암석수 / 182
압력대수층 / 183
압력변환기 / 291
압력수면 / 184
약정상 / 743
양왜곡도 / 617
에너지수지방법 / 116
에너지수지-질량수송(조합)방법 / 125
여사상 / 605
여울 / 941
역거리법 / 91
역과정방법 / 356
역사구 / 524
역선풍 / 47
역치초과첨두 / 676
역회선방법 / 358
연 강우량 / 95
연 초과치계열 / 676
연 최대치계열 / 676
연 최소치계열 / 676
연석유입구 / 884
연속과정모형 / 573
연속모형 / 572

연열지수 / 139
연평균계열 / 676
연평균기온 / 49
연평균홍수 / 710
열대선풍 / 47
열대소순환 / 46
열대외선풍 / 47
열순환 / 45
열층권 / 39
염수면상승 / 229
염수침투 / 228
영상수위계 / 291
영상함양정 / 219
영점표고 / 290
영향반경 / 204
예상연피해액 / 802
오염물제거율 / 988
온기단 / 48
온난전선 / 48
온난전선형 강수 / 79
온도전도 / 50
온실효과 / 43
왜곡도 / 616
왜곡도계수 / 616
외부영역 / 297
외지성 에너지 / 948
요오드화은 / 80
요부저류 / 237
용존산소 / 943
용존유기물 / 949
우도 / 645
우량계 / 81
우량관측망 / 84
우량누가곡선 / 95
우량주상도 / 96
우물구역 설계 / 224
우물손실 / 223
우물함수 / 210
우물효율 / 223
우수관거 / 853
우수관리 / 885
운동파 / 453
운동파수 / 271
웅덩이 / 941
원관침투계 / 173
원상도 / 500
원지성 에너지 / 947
원통형 증발산계 / 131
월 강우량 / 95
월평균기온 / 49
위어 / 319
유기분해물 / 969
유도함양 / 227
유량누가곡선 / 276
유량수문곡선 / 240
유량지속곡선 / 272
유로연장 / 22
유사량곡선 / 507
유사산출량 / 502
유사생성 / 497
유사운반비 / 502
유사이송 / 497, 518
유사입경크기 / 498
유사저류지 / 563
유사추적 / 558
유사퇴적 / 497
유속결손법칙 / 297
유속계 / 294
유속-면적방법 / 303
유수계 / 943
유수생태계 / 938
유수지 / 886
유역 / 21, 239
유역경사 / 27
유역기복 / 24
유역길이 / 22
유역면적 / 21
유역면적백분율 / 981
유역모형 / 569
유역유출곡선번호 / 255
유역응답 / 23
유역중심거리 / 22
유역지체 / 377
유의수준 / 649
유입시간 / 865
유출 / 237
유출고 / 350
유출곡선번호 / 250
유출속도 / 188
유출순환 / 237
유출천 / 184
유출체적 / 276
유하시간 / 865
유한요소법 / 93
유효강수량 / 239
유효강우량 / 239
유형곡선 / 212
유황곡선 / 272
유효공극률 / 167, 184
유효우량주상도 / 829
음왜곡도 / 617
음파측심기 / 301
음향도플러흐름계측기 / 316
음향유속계 / 315
응결 / 57, 78
응결핵 / 78
응답함수 / 344
이동평균 / 757
이방성 대수층 / 192
이방성 매질 / 179
이산모형 / 572
이산시계열 / 740
이산확률변수 / 608
이상치 / 705
이송가속 / 452
이슬점 / 62
이중누가해석 / 87
이중치 / 404
이질성척도 / 718
이질이방성 압력대수층의 연속방정식 / 196
이탄지 / 959
이항분포 / 623
2변량 회귀식 / 660
2차 발전 / 273
2차 소비자 / 940
2차 영양단계 / 940
2차하천 / 30
인공강우 / 80
인공습지 / 961
일 강우량 / 95
일 기온범위 / 49
일관성 / 87
일기수정 / 80
일기조절 / 80

일류침투계 / 173
일반극치분포 / 638, 700
일반화가능최대강수량 / 844
일사 / 41
일수법 / 227
일정량손실우량법 / 830
일정률주입방법 / 314
일정비손실우량법 / 829
일평균기온 / 49
1차 ARMA모형 / 787
1차 생산자 / 939, 944
1차 소비자 / 940
1차 영양단계 / 939
1차 이동평균모형 / 769
1차원 Richard식 / 156
1차원 비포화부정류 연속방정식 / 154
1차하천 / 29
임시초과 / 918

ㅈ

자기상관계수 / 752
자기상관도 / 753
자기상관시계열 / 740
자기수위계 / 290
자기온도계 / 50
자기우량계 / 81
자기회귀과정 / 769
자기회귀모형 / 770
자기회귀-이동평균모형 / 786
자연과정 / 956
자유수면 포화흐름 / 154
자유수면대수층 / 183
작물계수 / 140
작물수분지수 / 724
작부체계 / 513
잔존계열 / 745
잡물저류지 / 563
재현기간 / 673
저류량-지시곡선 / 424
저류상수 / 186, 344, 394
저류지 / 887, 909
저류함수 / 420
저서생물 / 949
저수 / 721
저수량 / 722
저수지 설계수명 / 563
저수지추적 / 419
저이상치 / 706
저장형 우량계 / 83
저하 / 884
저항계수 / 265
적란운 / 77
적설 / 79
적운 / 77
적합도검정 / 649
전기간계열 / 676
전대수지방법 / 331
전력지속곡선 / 275
전방대입법 / 358
전선 / 48, 79
전선면 / 48
전선형 강수 / 79
전이 / 387
전이계수 / 405
전이수문곡선 / 388
전이시간 / 405
전자기방법 / 318
전진형 / 822
전파속도 / 458
전폭사각형위어 / 319
전폭위어 / 319
전환점 / 749
절대습도 / 63
점강우량 / 811
점강우량기록연장 / 87
정규분포 / 629, 687
정상 / 743
정상수위 강하 / 329
정상시계열 / 741
정수식물 / 946
정압비열 / 122
정온정 / 290
제거율 / 988
제1종 오류 / 649
제2Fick's법칙 / 540
조건부확률 / 605
조립유기물 / 949
조절기 / 853
조정지 / 886
종속영양생물 / 947
주 지하수감수곡선 / 244
주수 / 182
주수대수층 / 184
주행 / 751
주행장 / 751
준척수위계 / 290
줄기흐름 / 145
중간권 / 39
중간수대 / 182
중간유출 / 238
중규모 수공구조물 / 794
중량형 자기우량계 / 83
중력수 / 181
중심극한정리 / 629, 767
중앙집중도 / 614
중앙집중형 / 822
중앙치 / 614
중위소순환 / 47
중첩(가법)원리 / 344
중첩원리 / 351
중층운 / 76
중회귀방법 / 717
중회귀분석 / 660, 666
증기압 / 57
증기압부족량 / 57
증발 / 109
증발계 / 111
증발량 측정 / 112
증발산 시험장 / 131
증발산 / 130
증발산능 / 130
증발숨은열 / 109
증발잠재열 / 109
증발접시 / 112
증산 / 129
증산계 / 130
증수부 / 241
지구해양순환 / 3
지면저류 / 261
지상증발접시 / 112
지속(기간)곡선 / 272
지속기간 / 95
지속성 / 754

지수분포 / 627
지수–유속 / 308
지수–유속곡선 / 307
지수–유속곡선의 작성 / 307
지수–홍수방법 / 710
지역(홍수)빈도곡선 / 711
지역성장곡선 / 711
지역성장인자 / 712
지역홍수빈도해석 / 709
지연지표하유출 / 238
지연형 / 822
지체(중첩)방법 / 364
지체 / 420, 753
지체시간 / 243, 377
지표류 / 237, 261
지표류시간 / 865
지표수습지 / 964
지표유출 / 237
지표하수 / 179
지표하수습지 / 966
지표하유출 / 151, 238
지하수 / 179
지하수위변동 / 131
지하수유출 / 238
지하수함양 / 182, 226
지형영향비 / 838
지형인자 / 513
지형학적 순간단위도 / 386
직유하유량 / 894
직접유출 / 238
질량수송방법 / 124
질량평형설계모형 / 982
질화 / 970
집성방법 / 765
집체 / 832
집체모형 / 572
집합 / 742
집합평균 / 742

ㅊ

차단 / 143, 237
차집관거 / 853
천이 / 524
천집중류 / 862
첨(예)도 / 617
첨두수위계 / 293
첨두시간 / 243
첨예도계수 / 617
체감률 / 50
체입경 / 498
체적모형 / 979
초과강수 / 238
초과강우 / 238
초과강우량 / 247
초과유량 / 872
초과첨예도 / 617
초과확률 / 611
초기세류 / 910
초기손실 / 248
초단열 / 51
초생수 / 182
초지도랑 / 907
총 부유고형물 / 910
총 유사량 / 518
총 유사생성량 / 502
총변동 / 663
총유출 / 238
총확률 / 604
최고온도계 / 50
최대잠재보유수량 / 248
최빈수 / 614
최우도법 / 645
최저온도계 / 49
최적관측소수 / 85
최적선 / 660
추계과정 / 742
추계학적모형 / 570
추선수위계 / 290
추적 / 419
추적기간 / 423
추적매개변수 K / 440
추적매개변수 X / 440
추적물 / 311
충적하천 / 522
측고면적비 / 29
측구 / 879
측방유입량 / 447
측심추 / 302
층운 / 77
층적운 / 77
7–일 10년 갈수량 / 722
침강속도 / 501
침강입경 / 498
침루 / 156
침사지 / 887
침수식물 / 946
침식 / 502
침식조절인자 / 515
침윤속도 / 189
침출천 / 182
침투갱 / 907
침투계 / 172
침투곡선법 / 830
침투능 / 156
침투도랑 / 907
침투상 / 905
침투율 / 156
침투지 / 906
침투지법 / 227
침투지수 / 174

ㅋ

칼날위어 / 319

ㅌ

탈질화 / 970
태양복사 / 41
태양복사에너지 / 118
태양복사열 / 111
태양상수 / 41
태형저류량 / 436
탱크형 증발산계 / 131
토립자 / 497
토양수 / 152, 181
토양수대 / 181
토양수분부족 / 165
토양수확산계수 / 156
토양침식인자 / 512
토양함수비 / 152
통과류 / 145
통기대 / 181
투수계수 / 154, 191
투수량계수 / 192

ㅍ

파워스펙트럼 / 758
파워스펙트럼밀도함수 / 758
판상류 / 862
판상침식 / 503
편차 / 660
평균 / 614
평균입경 / 498, 499
평년강수량백분율 / 724
평년강우량비법 / 90
평년기온 / 49
평년연강우량 / 95
평년일평균기온 / 49
평년평균 / 97
평탄하상 / 524
평형상태 / 204
평형시간 / 262
평형식 / 206
평형유출 / 262, 365
평형저류체적 / 262
폐수처분 / 227
포락선 / 843
포식자 / 950
포화 / 57
포화단열체감률 / 51
포화대 / 182
포화도 / 152
포화증기압 / 57, 60
포화흐름 / 152
표본 / 604
표본공간 / 604
표본기록 / 742
표본함수 / 742
표준강수지수 / 724
표준기압 / 55
표준정규난수 / 767
표준정규변수 / 629
표준정규분포 / 629
표준조건 작물증발산량 / 137
표준추정오차 / 664
표준편차 / 616
표준화계열 / 747
프라이스유속계 / 294
피복관리인자 / 513
피어선Ⅲ분포 / 636
피해위험비용 / 804

ㅎ

하도종단도방법 / 390
하도추적 / 420, 435
하도침식 / 503
하상물질유사량 / 518
하상전단응력 / 519
하천경사법칙 / 32
하천과정 / 954
하천길이법칙 / 31
하천면적법칙 / 32
하천수법칙 / 30
하천연속개념 / 951
하천차수 / 29
하천통로 / 955
하천흐름 / 238
하층운 / 77
한계(하상)전단응력 / 519
한계소류력 / 519
한기단 / 48
한랭전선 / 48
한랭전선형 강수 / 79
한발 / 723
함양갱 / 227
함양우물 / 227
함양하천 / 182
합류하수관거 / 853
합리식 수문곡선방법 / 893
합리식 / 858
합성단위유량도 / 377
합집합 / 605
항류천 / 182
해석적 모형 / 573
해안 늪 / 959
현열 / 117
형상인자 / 23, 501
형성손실 / 223
호우전이 / 837
호우전진계수 / 822
호우최대화 / 837
혼합형 습지 / 967
홍수맥동 / 955
홍수추적 / 420
화학적 제거과정 / 970
확률가중모멘트 / 619
확률과정 / 742
확률도시 / 682
확률도시상관계수 / 657
확률변수 / 603
확률분포적합 / 643
확률적 수문학 / 739
확률지 / 682
확률질량함수 / 609
확산 / 460
확산파 / 271, 453, 468
확장조정지 / 915
확정론적 모형 / 570
확정론적 수문학
환경보전유량 / 725
회귀분석 / 660
회귀식 / 660
회귀식의 신뢰도 / 663
회선적분 / 352
후류함수 / 297
흐름계측 / 289
흐름추적 / 420
흡수 / 971
흡수계수 / 160
흡인력 / 154
흡인수두 / 155
흡착수 / 181
희석법 / 311

영문

Ackers – White공식 / 552
AGNPS / 599
albedo / 42
Anderson검정 / 755
Bernoulli시행 / 623
Blaney–Criddle방법 / 140
Box–Muller방법 / 765
Chicago방법 / 825
Chow방법 / 687
Cramer–von Mises방법 / 655
Dalton법칙 / 110
Darcy법칙 / 187
Darcy속도 / 188
DHM / 592
DRM3 / 582

Dupuit가정 / 200
Einstein 부유사 / 544
Einstein 소류사함수 / 530
Einstein-Brown공식 / 532
Einstein공식 / 527
Engelund-Hansen공식 / 551
Exner식 / 559
FAO Penman-Monteith방법 / 133
FESWMS / 593
FLDWAV / 590
Fleming 방법 / 28
Generalized Pareto분포 / 641
Green-Ampt모형 / 164
HEC-HMS / 580
HEC-RAS / 588
Herbst가뭄지수 / 724
Holtan모형 / 162
Horton모형 / 157
Horton방법 / 27
HSPF / 596
Huff분포 / 818
ILLUDAS / 594
$k-C^*$ 모형 / 979
Kolmogorov-Smirnov(K-S)검정 / 652
L-모멘트 / 620
L-모멘트비도 / 621
Markov과정 / 769
Markov모형 / 770
Meyer-Peter-Muller공식 / 526
Meyer-Peter공식 / 526
MIKE11 / 599
Mononobe방법 / 828
Muskingum-Cunge방법 / 469
Muskingum방법 / 439
Nash모형 / 410
Nielsen간략공식 / 535
NRCS모형 / 172
NRCS유출곡선번호방법 / 248
Nyquist주파수 / 759
Palmer가뭄지수 / 724
Penman방법 / 125, 132
Philip모형 / 160
Priestley-Taylor방법 / 129
QUAL2E / 597
q차 이동평균과정 / 769
Rijn부유사량공식 / 546
Schoklitsch공식 / 526
SHE / 585
Shields공식 / 526
SMS / 593
Stefan-Bolzman상수 / 121
Stevens방법 / 334
STORM / 596
SWAT / 583
SWM-IV / 585
SWMM / 595
SWRRB / 584
S-수문곡선 / 365
Theis식 / 210
Thiessen(다각형)방법 / 93
Thomas-Fiering모형 / 773
Thornthwaite방법 / 139
Tipping Bucket 자기우량계 / 82
TOPMODEL / 582
TR-20 / 581
Turc법 / 142
van Rijn공식 / 533
Wakeby분포 / 640
WASP5 / 598
W_{min}-지수 / 175
WSPRO / 589
Yen-Chow방법 / 821

응용수문학 이론과 실무 값 36,000원

제1판 1쇄 2011년 8월 1일 인쇄
제1판 1쇄 2011년 8월 8일 발행

인지 생략

著 者 윤 태 훈
發行人 金 洪 錫
發行處 淸 文 閣

경기도 파주시 교하읍 문발리 파주출판도시 513-7
(등록 1975. 05. 21. 제406-2005-000049호)
Tel. 031) 955-1451~7 Fax. 031) 955-1458
Homepage: http://www.cmgpg.com
Email: cmgbook@cmgbook.co.kr

ISBN: 978-89-6364-099-0